中国科学院科学出版基金资助出版

U0939501

中 国 生 物 物 种 名 录

第一卷 植 物

种子植物(Ⅰ)

裸子植物 GYMNOSPERMS

被子植物 ANGIOSPERMS

（莼菜科 Cabombaceae—兰科 Orchidaceae）

金效华 杨 永 编著

科 学 出 版 社

北 京

内 容 简 介

本书收录了中国裸子植物、被子植物基部类群和部分单子叶植物共50科419属，3328种，其中1562种（46.9%）为中国特有，96种（2.9%）为外来植物。每一种的内容包括中文名、学名和异名及原始发表文献、国内外分布等信息。

本书可作为中国植物分类系统学和多样性研究的基础资料，也可作为环境保护、林业、医学等从业人员及高等院校师生的参考书。

图书在版编目 (CIP)数据

中国生物物种名录. 第1卷. 植物. 种子植物. 1/金效华，杨永编著. —北京：科学出版社，2015.6

(中国生物物种名录)

ISBN 978-7-03-044661-9

Ⅰ. ①中… Ⅱ. ①金… ②杨… Ⅲ. ①生物-物种-中国-名录 ②种子植物-物种-中国-名录 Ⅳ. ①Q152-62 ②Q949.4-62

中国版本图书馆CIP数据核字（2015）第124797号

责任编辑：马俊 王静 / 责任校对：郑金红

责任印制：徐晓晨 / 封面设计：北京铭轩堂广告设计有限公司

科学出版社 出版

北京东黄城根北街16号

邮政编码：100717

http: //www.sciencep.com

北京厚诚则铭印刷科技有限公司 印刷

科学出版社发行 各地新华书店经销

*

2015年6月第 一 版 开本：889×1094 1/16

2020年5月第四次印刷 印张：24 3/4

字数：762 000

定价：158.00元

（如有印装质量问题，我社负责调换）

Species Catalogue of China

Volume 1 Plants

SPERMATOPHYTES(Ⅰ)

GYMNOSPERMS

ANGIOSPERMS (Cabombaceae — Orchidaceae)

Authors: Xiaohua Jin Yong Yang

Science Press

Bei jing

《中国生物物种名录》编委会

主任（主编）

陈宜瑜

副主任（副主编）

洪德元　刘瑞玉　马克平　魏江春　郑光美

委员（编委）

卜文俊　南开大学
洪德元　中国科学院植物研究所
李　玉　吉林农业大学
李振宇　中国科学院植物研究所
马克平　中国科学院植物研究所
覃海宁　中国科学院植物研究所
王跃招　中国科学院成都生物研究所
夏念和　中国科学院华南植物园
杨奇森　中国科学院动物研究所
张宪春　中国科学院植物研究所
郑光美　北京师范大学
周红章　中国科学院动物研究所
庄文颖　中国科学院微生物研究所
陈宜瑜　国家自然科学基金委员会
纪力强　中国科学院动物研究所
李枢强　中国科学院动物研究所
刘瑞玉　中国科学院海洋研究所
彭　华　中国科学院昆明植物研究所
邵广昭　“中研院”生物多样性研究中心
魏江春　中国科学院微生物研究所
杨　定　中国农业大学
姚一建　中国科学院微生物研究所
张志翔　北京林业大学
郑儒永　中国科学院微生物研究所
朱相云　中国科学院植物研究所

工作组

组　长： 马克平

副组长： 纪力强　覃海宁　姚一建

成　员： 韩　艳　纪力强　林聪田　刘忆南　马克平　覃海宁
王利松　魏铁铮　薛纳新　杨　柳　姚一建

总　　序

生物多样性保护研究、管理和监测等许多工作都需要翔实的物种名录作为基础。建立可靠的生物物种名录也是生物多样性信息学建设的首要工作。通过物种唯一的有效学名可查询关联到国内外相关数据库中该物种的所有资料，这一点在网络时代尤为重要，也是整合生物多样性信息最容易实现的一种方式。此外，“物种数目”也是一个国家生物多样性丰富程度的重要统计指标。然而，像中国这样生物种类非常丰富的国家，各生物类群研究基础不同，物种信息散见于不同的志书或不同时期的刊物中，加之分类系统及物种学名也在不断被修订。因此建立实时更新、资料翔实，且经过专家审订的全国性生物物种名录对我国生物多样性保护具有重要的意义。

生物多样性信息学的发展推动了生物物种名录编研工作。比较有代表性的项目，如全球鱼类数据库（FishBase）、国际豆科数据库（ILDIS）、全球生物物种名录（CoL）、全球植物名录（TPL）和全球生物名称（GNA）等项目；最有影响的全球生物多样性信息网络（GBIF）也专门设立子项目处理生物物种名称（ECAT）。生物物种名录的核心是明确某个区域或某个类群的物种数量，处理分类学名称，理清生物分类学上有效发表的拉丁学名的性质，即接受名还是异名及其演变过程；好的生物物种名录是生物分类学研究进展的重要标志，是各种志书编研必需的基础性工作。

自 2007 年以来，中国科学院生物多样性委员会组织国内外 100 多位分类学专家编辑中国生物物种名录；并于 2008 年 4 月正式发布《中国生物物种名录》光盘版和网络版（http: //www.sp2000.cn/joaen），此后，每年更新一次；2012 年版名录已于同年 9 月面世，包括 70 596 个物种（含种下等级）。该名录的发布受到广泛使用和好评，成为环境保护部物种普查和农业部作物野生近缘种普查的核心名录库，并为环境保护部中国年度环境公报物种数量的数据源，我国还是全球首个按年度连续发布全国生物物种名录的国家。

电子版名录发布以后，有大量的读者来信索取光盘或从网站上下载名录数据，获得了良好的社会效果。有很多读者和编者建议出版《中国生物物种名录》印刷版，以方便读者、扩大名录的影响。为此，在 2011 年 3 月 31 日中国科学院生物多样性委员会换届大会上正式征求委员的意见，与会者建议尽快编辑出版《中国生物物种名录》印刷版。该项工作得到原中国科学院生命科学与生物技术局的大力支持，设立专门项目，支持《中国生物物种名录》的编研，项目于 2013 年正式启动。

组织编研出版《中国生物物种名录》（印刷版）主要基于以下几点考虑：①及时反映和推动中国生物分类学工作。“三志”是本项工作的重要基础。从目前情况看，植物方面的基础相对较好，2004 年 10 月《中国植物志》80 卷 126 册全部正式出版，*Flora of China* 的编研也已完成；动物方面的基础相对薄弱，《中国动物志》虽已出版 130 余卷，但仍有很多类群没有出版；《中国孢子植物志》已出版 80 余卷，很多类群仍有待编研，且微生物名录数字化基础比较薄弱，在 2012 年版中国生物物种名录光盘版中仅收录 900 多种，而植物有 35 000 多种，动物 24 000 多种。需要及时总结分类学研究成果，把新种和新的修订，包括分类系统修订的信息及时整合到生物物种名录中，以克服志书编写出版周期长的不足，让各个方面的读者和用户及时了解和使用新的分类学成果。②生物物种名称的审订和处理是志书编写的基础性工作，名录的编研出版可以推动生物志书的编研；相关学科如生物地理学、保护生物学、生态学等的研究工作需要及时更新的生物物种名录。③政府部门和社会团体等在生物多样性保护和可持续利用的实践中，希望及时得到中国物种多样性的统计信息。④全球生物物种名录等国际项目需要中国生物物种名录等区域性名录信息不断更新完善，因此，我们的工作也可以在一定程度上推动全球生物多样性编目与保护工作的进展。

编研出版《中国生物物种名录》(印刷版）是一项艰巨的任务，尽管不追求短期内涉及所有类群，也是难度很大的。衷心感谢各位参编人员的严谨奉献精神，感谢几位副主编和工作组的把关和协调，特别感谢不幸过世的副主编刘瑞玉院士的积极支持。科学出版社慷慨资助出版经费，保证了本系列丛书的顺利出版。在此，对所有为《中国生物物种名录》编研出版付出艰辛努力的同仁表示诚挚的谢意。

虽然我们在《中国生物物种名录》网络版和光盘版的基础上，组织有关专家重新审订和编写名录的印刷版。但限于资料和编研队伍等多方面因素，肯定会有诸多不尽如人意之处，恳请各位同行和专家提出批评指正，以便不断更新完善。

陈宜瑜

2013 年 1 月 30 日于北京

植物卷前言

《中国生物物种名录》(印刷版)植物卷计十二个分册和总目录一册，涵盖中国全部野生高等植物，以及重要及常见栽培植物和归化植物。包括苔藓植物、蕨类植物各一分册，种子植物十个分册，提供每种植物(包括种下等级)名称及国内外分布等基本信息，学名及其异名还附有原始发表文献；总目录册为索引性质，也包括全部高等植物，但不引异名及文献。

根据《中国生物物种名录》编委会决议并经学科主编同意，植物卷在科的排列上按照最新分类系统进行。其中裸子植物科按 Christenhusz 等(2011)系统排列；被子植物科系统按被子植物系统发育研究组(Angiosperm Phylogeny Group，APG)第三版(APGIII)排列(APGIII, 2009; Haston et al., 2009; Reveal et Chase, 2011)，中文科名及科范畴(属级名单)基本上与刘冰等(2015)《生物多样性》文章基本一致(http://www.biodiversity-science.net/article/2015/1005-0094-23-2-225.html)，个别变动将在各册"编写说明"中加以解释。本卷包括种子植物 273 科，其中裸子植物 10 科，分属 4 亚纲 7 目，被子植物 263 科，分属 1 亚纲 15 超目 56 目。各册所包含类群及排列顺序见附录一。

工作组以 2013 版《中国生物物种名录》(网络版)(http://www.sp2000.cn/joaen)为基础，并补充 *Flora of China* 新出版卷册构建名录初稿，提供给卷册编著者作为编研基础和参考；各位编著者在广泛查阅近期分类学参考文献后，按照编写指南精心编制类群名录；初稿经过分类学同行审稿和作者反复修改后最终成文付梓。我们对名录编著者的辛勤劳动表示诚挚的谢意！2007～2009 年，我们曾广泛邀请国内植物分类学专家审核《中国生物物种名录》(电子版)高等植物名录部分。共有 28 家单位 79 位专家参加名录审核工作，涉及大多数高等植物种类，一些疑难科属甚至进行了数次或多人交叉审核。我们借此机会感谢这些专家学者的贡献，尤其感谢内蒙古大学赵一之教授和曲阜师范大学侯元同教授协助审核许多小型科属。可以说，没有这些专家的工作就没有物种名录电子版，也是他们的工作奠定了名录印刷版编研的基础。电子版名录审核专家(作者)名单见附录二，再次对众多同行专家的支持和帮助表示诚挚的谢意。

我们感谢赵莉娜、刘慧圆、纪红娟、包伯坚、刘博、叶建飞等许多同事、同学在名录录入和数据整理工作上提供的帮助；感谢科学出版社编辑耐心而周到的编辑及联系工作；特别感谢刘冰博士提供 APGIII系统框架，并协助查询大量资料以确定各科的范围。对名录早期工作贡献的还有何强、李奕等，也借此机会表达我们的谢意！

《中国生物物种名录》植物卷工作组

2015 年 6 月

附录一 《中国生物物种名录》植物卷种子植物部分系统排列

（Ⅰ分册）

裸子植物 GYNOSPERMS

苏铁亚纲 Cycadidae

苏铁目 Cycadales

1 苏铁科 Cycadaceae

银杏亚纲 Ginkgoidae

银杏目 Ginkgoales

2 银杏科 Ginkgoaceae

买麻藤亚纲 Gnetidae

买麻藤目 Gnetales

3 买麻藤科 Gnetaceae

麻黄目 Ephedrales

4 麻黄科 Ephedraceae

松柏亚纲 Pinidae

松目 Pinales

5 松科 Pinaceae

南洋杉目 Araucariales

6 南洋杉科 Araucariaceae

7 罗汉松科 Podocarpaceae

柏目 Cupressales

8 金松科 Sciadopityaceae

9 柏科 Cupressaceae

10 红豆杉科 Taxaceae

被子植物 ANGIOSPERMS

木兰亚纲 Magnoliidae

睡莲超目 Nymphaeanae

睡莲目 Nymphaeales

1 莼菜科 Cabombaceae

2 睡莲科 Nymphaeaceae

木兰藤超目 Austrobaileyanae

木兰藤目 Austrobaileyales

3 五味子科 Schisandraceae

木兰超目 Magnolianae

胡椒目 Piperales

4 三白草科 Saururaceae

5 胡椒科 Piperaceae

6 马兜铃科 Aristolochiaceae

木兰目 Magnoliales

7 肉豆蔻科 Myristicaceae

8 木兰科 Magnoliaceae

9 番荔枝科 Annonaceae

樟目 Laurales

10 蜡梅科 Calycanthaceae

11 莲叶桐科 Hernandiaceae

12 樟科 Lauraceae

金粟兰目 Chloranthales

13 金粟兰科 Chloranthaceae

百合超目 Lilianae

菖蒲目 Acorales

14 菖蒲科 Acoraceae

泽泻目 Alismatales

15 天南星科 Araceae

16 岩菖蒲科 Tofieldiaceae

17 泽泻科 Alismataceae

18 花蔺科 Butomaceae

19 水鳖科 Hydrocharitaceae

20 冰沼草科 Scheuchzeriaceae

21 水蕹科 Aponogetonaceae

22 水麦冬科 Juncaginaceae

23 大叶藻科 Zosteraceae

24 眼子菜科 Potamogetonaceae

25 波喜荡科 Posidoniaceae

26 川蔓藻科 Ruppiaceae

27 丝粉藻科 Cymodoceaceae

无叶莲目 Petrosaviales

28 无叶莲科 Petrosaviaceae

薯蓣目 Dioscoreales

29 肺筋草科 Nartheciaceae

30 水玉簪科 Burmanniaceae

31 薯蓣科 Dioscoreaceae

露兜树目 Pandanales

32 霉草科 Triuridaceae

33 翡若翠科 Velloziaceae

34 百部科 Stemonaceae

35 露兜树科 Pandanaceae

百合目 Liliales

36 藜芦科 Melanthiaceae

37 秋水仙科 Colchicaceae

38 菝葜科 Smilacaceae

39 白玉簪科 Corsiaceae

40 百合科 Liliaceae（移到III分册）

108 杨梅科 Myricaceae
109 胡桃科 Juglandaceae
110 木麻黄科 Casuarinaceae
111 桦木科 Betulaceae
葫芦目 Cucurbitales
112 马桑科 Coriariaceae
113 葫芦科 Cucurbitaceae
114 四数木科 Tetramelaceae
115 秋海棠科 Begoniaceae
卫矛目 Celastrales
116 卫矛科 Celastraceae
酢浆草目 Oxalidales
117 牛栓藤科 Connaraceae
118 酢浆草科 Oxalidaceae
119 杜英科 Elaeocarpaceae
金虎尾目 Malpighiales
120 小盘木科 Pandaceae
121 红树科 Rhizophoraceae
122 古柯科 Erythroxylaceae
123 大花草科 Rafflesiaceae
124 大戟科 Euphorbiaceae
125 扁距木科 Centroplacaceae
126 金莲木科 Ochnaceae
127 叶下珠科 Phyllanthaceae

（Ⅵ分册）

128 沟繁缕科 Elatinaceae
129 金虎尾科 Malpighiaceae
130 毒鼠子科 Dichapetalaceae
131 核果木科 Putranjivaceae
132 西番莲科 Passifloraceae
133 杨柳科 Salicaceae
134 堇菜科 Violaceae
135 钟花科（青钟麻科）Achariaceae
136 亚麻科 Linaceae
137 黏木科 Ixonanthaceae
138 红厚壳科 Calophyllaceae
139 藤黄科（山竹子科） Clusiaceae
140 川苔草科 Podostemaceae
141 金丝桃科 Hypericaceae
牻牛儿苗目 Geraniales
142 牻牛儿苗科 Geraniaceae
桃金娘目 Myrtales
143 使君子科 Combretaceae
144 千屈菜科 Lythraceae
145 柳叶菜科 Onagraceae
146 桃金娘科 Myrtaceae
147 野牡丹科 Melastomataceae
148 隐翼科 Crypteroniaceae
缨子木目 Crossosomatales
149 省沽油科 Staphyleaceae
150 旌节花科 Stachyuraceae
无患子目 Sapindales
151 熏倒牛科 Biebersteiniaceae
152 白刺科 Nitrariaceae
153 橄榄科 Burseraceae
154 漆树科 Anacardiaceae
155 无患子科 Sapindaceae
156 芸香科 Rutaceae
157 苦木科 Simaroubaceae
158 楝科 Meliaceae
腺椒树目 Huerteales
159 瘿椒树科 Tapisciaceae
160 十齿花科 Dipentodontaceae
锦葵目 Malvales
161 锦葵科 Malvaceae
162 瑞香科 Thymelaeaceae
163 红木科 Bixaceae
164 半日花科 Cistaceae
165 龙脑香科 Dipterocarpaceae
十字花目 Brassicales
166 叠珠树科 Akaniaceae
167 旱金莲科 Tropaeolaceae
168 辣木科 Moringaceae
169 番木瓜科 Caricaceae
170 刺茉莉科 Salvadoraceae
171 木犀草科 Resedaceae
172 山柑科 Capparaceae
173 节蒴木科 Borthwickiaceae
174 白花菜科 Cleomaceae
175 十字花科 Brassicaceae
檀香超目 Santalanae
檀香目 Santalales
176 蛇菰科 Balanophoraceae
177 铁青树科 Olacaceae
178 山柚子科 Opiliaceae
179 檀香科 Santalaceae
180 桑寄生科 Loranthaceae
181 青皮木科 Schoepfiaceae
石竹超目 Caryophyllanae
石竹目 Caryophyllales
182 瓣鳞花科 Frankeniaceae
183 柽柳科 Tamaricaceae
184 白花丹科 Plumbaginaceae
185 蓼科 Polygonaceae
186 茅膏菜科 Droseraceae
187 猪笼草科 Nepenthaceae
188 钩枝藤科 Ancistrocladaceae

附录二 《中国生物物种名录》（2007~2009）电子版

植物类群作者名单

曹　伟[中国科学院沈阳应用生态研究所]: 杨柳科.

曹　明[广西壮族自治区中国科学院广西植物研究所]: 芸香科.

陈家瑞[中国科学院植物研究所]: 假繁缕科、锁阳科、小二仙草科、菱科、柳叶菜科.

陈　介[中国科学院昆明植物研究所]: 野牡丹科、使君子科、桃金娘科.

陈世龙[中国科学院西北高原生物研究所]: 龙胆科.

陈文俐，刘　冰[中国科学院植物研究所]: 禾亚科.

陈艺林[中国科学院植物研究所]: 鼠李科.

陈又生[中国科学院植物研究所]: 槭树科、堇菜科.

陈之端[中国科学院植物研究所]: 葡萄科.

邓云飞[中国科学院华南植物园]: 爵床科.

方瑞征[中国科学院昆明植物研究所]: 旋花科.

高天刚[中国科学院植物研究所]: 菊科.

耿玉英[中国科学院植物研究所]: 杜鹃花科.

谷粹芝[中国科学院植物研究所]: 蔷薇科.

郭丽秀[中国科学院华南植物园]: 棕榈科、清风藤科.

郭友好[武汉大学]: 水蕹科、水鳖科、雨久花科、香蒲科、田葱科、花蔺科、茨藻科、浮萍科、泽泻科、黑三棱科、眼子菜科.

洪德元，潘开玉[中国科学院植物研究所]: 桔梗科、芍药科、鸭跖草科.

侯元同[曲阜师范大学]: 锦葵科、谷精草科、省沽油科、安息香科、苋科、椴树科、桃叶珊瑚科、蓼科、石蒜科等.

侯学良[厦门大学]: 番荔枝科.

胡启明[中国科学院华南植物园]: 报春花科、紫金牛科.

郎楷永[中国科学院植物研究所]: 兰科.

雷立功[中国科学院昆明植物研究所]: 冬青科.

黎　斌[西安植物园]: 石竹科.

李安仁[中国科学院植物研究所]: 藜科.

李秉滔[华南农业大学]: 萝藦科、夹竹桃科、马钱科.

李　恒[中国科学院昆明植物研究所]: 天南星科.

李建强[中国科学院武汉植物园]: 猕猴桃科、景天科.

李锡文[中国科学院昆明植物研究所]: 唇形科、藤黄科、龙脑香科.

李振宇[中国科学院植物研究所]: 车前科、狸藻科.

梁松筠[中国科学院植物研究所]: 百合科.

林　祁[中国科学院植物研究所]: 五味子科、荨麻科.

林秦文[中国科学院植物研究所]: 杜英科、梧桐科、黄杨科、漆树科、卫矛科、大风子科、山龙眼科.

刘启新[江苏省中国科学院植物研究所]: 伞形科、十字花科.

刘　青[中国科学院华南植物园]: 山矾科.

刘全儒[北京师范大学]: 败酱科、川续断科.

刘心恬[中国科学院植物研究所]: 马鞭草科.

刘　演[广西壮族自治区中国科学院广西植物研究所]: 山榄科、苦苣苔科、柿科.

陆玲娣[中国科学院植物研究所]: 虎耳草科.

罗　艳[中国科学院西双版纳热带植物园]: 毛茛科(乌头属).

马海英[云南大学]: 金虎尾科、远志科.

马金双[中国科学院上海辰山植物科学研究中心]: 大戟科、马兜铃科.

彭　华，刘恩德[中国科学院昆明植物研究所]: 茶茱萸科、楝科.

彭镜毅[中央研究院生物多样性中心]: 秋海棠科.

齐耀东[中国医科院药用植物研究所]: 瑞香科.

丘华兴[中国科学院华南植物园]: 桑寄生科、槲寄生科.

任保青[中国科学院植物研究所]: 桦木科.

萨　仁[中国科学院植物研究所]: 榆科.

覃海宁[中国科学院植物研究所]: 灯心草科、木通科、山柑科、海桑科.

王利松[中国科学院植物研究所]: 伞形科.

王瑞江[中国科学院华南植物园]: 茜草科（除粗叶木属外）.

王英伟[中国科学院植物研究所]: 罂粟科.

韦发南[广西壮族自治区中国科学院广西植物研究所]: 樟科.

文　军[美国史密斯研究院]、刘　博[中央民族大学]: 五加科、葡萄科.

吴德邻[中国科学院华南植物园]: 姜科.

武建勇[环境保护部南京环境科学研究所]: 小檗科.

夏念和[中国科学院华南植物园]: 竹亚科、木兰科、檀香科、无患子科、胡椒科.

向秋云[美国北卡罗来纳大学]: 山茱萸科（广义）.

谢　磊[北京林业大学]、阳文静[江西师范大学]: 毛茛科（铁线莲属、唐松草属）.

徐增莱[江苏省中国科学院植物研究所]: 薯蓣科.

许炳强[中国科学院华南植物园]: 木犀科.

阎丽春[中国科学院版西双版纳热带植物园]：茜草科（粗叶木属）.

杨福生[中国科学院植物研究所]：玄参科.

杨世雄[中国科学院昆明植物研究所]：山茶科.

杨　永[中国科学院植物研究所]：裸子植物.

于　慧[中国科学院华南植物园]：桑科.

于胜祥[中国科学院植物研究所]：凤仙花科.

袁　琼[中国科学院华南植物园]：毛茛科（除乌头属、铁线莲属和唐松草属外）.

张树仁[中国科学院植物研究所]：莎草科.

张志耘[中国科学院植物研究所]：海桐花科、金缕梅科、列当科、茄科、葫芦科、胡桃科、紫葳科.

张志翔[北京林业大学]：谷精草科.

赵一之[内蒙古大学]：柽柳科、胡颓子科、八角枫科、金粟兰科、桤叶树科、千屈菜科、忍冬科、牻牛儿苗科、车前科等.

赵毓棠[东北师范大学]：鸢尾科.

周庆源[中国科学院植物研究所]：莼菜科、莲科、芸香科、睡莲科.

周浙昆[中国科学院西双版纳热带植物园]：壳斗科.

朱格麟[西北师范大学]：紫草科.

朱相云[中国科学院植物研究所]：豆科.

本册编写说明

《中国生物物种名录》植物卷种子植物Ⅰ分册收录了中国裸子植物、被子植物基部类群和部分单子叶植物共50科419属3328种，其中1562种（46.9%）为中国特有，96种（2.9%）为外来植物。

近年来，由于类群针对性较强的野外工作的开展和分子系统学的快速发展及应用，自《中国植物志》、*Flora of China* 出版以来，中国维管植物的分类学研究有了很多新进展。一方面，许多类群的系统学位置发生很大变化，如单子叶植物、广义百合科、兰科等，部分科属的范围已被重新界定或重大调整，如列当科、杜鹃花科等；另一方面，部分类群的分类研究结果之间存在一些争议，如木兰科属的划分、红豆杉属种的界定等、兰科部分属的界定等。

根据编委会的决议，《中国生物物种名录》在科的排列上，按照最新的分类系统进行排列，其中裸子植物科按 Christenhusz 等（2011）系统排列，被子植物科按 APGIII排列（APGIII，2009；刘冰等，2015）；在科属的界定上基本上采用 APGIII和 *Flora of China* 有关类群处理的意见，但专家在编写时，原则上可采用一些近期可靠的研究资料，如樟科的赛楠属和柏科的柏木属的分类处理、兰科毛轴兰属（*Siridhornia*）、长喙兰属（*Tsaiorchis*）、安兰属（*Ania*）等的处理。本名录是在 *Flora of China*（第4~第7卷、第23~第25卷）的基础上，增加近年来（截至2014年11月）在中国本土发现的新属和新种、新记录属和种及部分种下等级，结合一些类群近期比较可靠的分类研究成果，进行了整合而形成。书中，“●”表示中国特有种、“☆”表示栽培种、“△”表示归化种。

本书在编写过程中，得到国内众多分类学专家的支持和协助：向巧萍博士（中国科学院植物研究所）对裸子植物名录进行审校；夏念和研究员（中国科学院华南植物园）和张寿洲研究员（深圳市中国科学院仙湖植物园）对木兰科的名录进行审校；傅承新教授（浙江大学）对菝葜科名录进行了审校；杭悦宇研究员（江苏省中国科学院植物研究所）对薯蓣科名录进行了审校；罗毅波研究员（中国科学院植物研究所）对兰科植物进行了审校；龙春林教授（中央民族大学）和李恒研究员（中国科学院昆明植物研究所）对天南星科名录进行审校；侯学良博士（厦门大学）和王瑞江研究员（中国科学院华南植物园）对番荔枝科名录进行审校；唐赛春博士（广西壮族自治区中国科学院广西植物研究所）对樟科植物名录进行审校；郭友好教授（武汉大学）对泽泻科和水鳖科等水生植物进行了审核。我们对这些专家的支持和帮助表示衷心感谢！

本分册裸子植物和樟科由杨永负责编写，其余的科由金效华负责编写。本名录类群覆盖非常广，而每个类群准确名录都需要类群专家多年的深入研究和积累。由于本书编研时间较短，加上作者水平所限，纰漏之处在所难免，恳请读者批评指正，提出宝贵意见。

金效华　杨永

2015年6月于香山

参 考 文 献

刘冰，叶建飞，刘夙，汪远，杨永，赖阳均，曾刚，林秦文．2015．中国被子植物科属概览：依据 APGⅢ系统．生物多样性，23(2): 225-231.

骆洋，何廷彪，李德铢，王雨华，伊廷双，王红．2012．中国植物志、Flora of China 和维管植物新系统中科的比较．植物分类与资源学报，34 (3): 231-238.

汤彦承，路安民．2004．《中国植物志》和《中国被子植物科属综论》所涉及"科"界定及比较．云南植物研究，26 (2): 129-138.

中国科学院中国植物志编辑委员会．1959-2004．中国植物志，第一至八十卷．北京：科学出版社．

Adams R. P. 2008. Junipers of the World: the Genus Juniperus. 2nd Ed. Vancouver: Trafford Publishing Co.

Angiosperm Phylogeny Group (APG). 2009. An update of the Angiosperm Phylogeny Group classification for the orders and families of flowering plants: APGⅢ. Bot. J. Linn. Soc., 161 (2): 105-121.

Cameron K. M., Chase M. W., Whitten W. M., Kores P. J., Jarrell D. C., et al. 1999. A phylogenetic analysis of the Orchidaceae: evidence from rbcL nucleotide sequences. American Journal of Botany, 86: 208-224.

Christenhusz M. J. M., Reveal J. L., Farjon A., Gardner M. F., Mill R. R., et al. 2011. A new classification and linear sequence of extant gymnosperms. Phytotaxa, 19: 55-70.

Farjon A. 2010. A Handbook of the World's Conifers. Brill, Leiden_Boston.

Haston E., Richardson J. E., Stevens P. F., et al. 2009. The linear angiosperm phylogeny group (LAPG) Ⅲ: a linear sequence of the families in APGⅢ. Bot. J. Linn. Soc., 161 (2): 128-131.

Jin W. T., Jin X. H., Schuiteman A., Li D. Z., Xiang X. G., et al. 2014. Molecular systematics of subtribe Orchidinae and Asian taxa of Habenariinae (Orchideae, Orchidaceae) based on plastid matK, rbcL and nuclear ITS. Molecular Phylogenetics and Evolution, 77: 41-53.

Kocyan A., Schuiteman A. 2014. New combinations in Aeridinae (Orchidaceae). Phytotaxa, 161: 61-85.

Pridgeon A. M., Cribb P. J., Chase M. W., Rasmussen R. N. 2005. Genera Orchidacearum. Vol. 4. Epidendroideae (Part One). New York: Oxford University Press.

Pridgeon A. M., Cribb P. J., Chase M. W., Rasmussen R. N. 2014. Genera Orchidacearum. Vol. 3. Orchidoideae (Part Two), Vanilloideae. New York: Oxford University Press.

Pridgeon A. M., Cribb P. J., Chase M. W., Rasmussen R. N. 2014. Genera Orchidacearum. Vol. 6. Epidendroideae (Part Three). New York: Oxford University Press.

Pridgeon A. M., Cribb P. J., Chase M. W., Rasmussen R. N. 2014. Genera Orchidacearum. Vol. 3. Orchidoideae (Part Two), Vanilloideae. New York: Oxford University Press.

Reveal J. L., Chase M. W. 2011. APGⅢ: Bibliographical Information and Synonymy of Magnoliidae. Phytotaxa, 19: 71-134.

Vermeulen J. J., Schuiteman A., De Vogel E. F. 2014. Nomenclatural changes in Bulbophyllum (Orchidaceae, Epidendroideae). Phytotaxa, 166: 101-113.

Wu C. Y., Raven P. H., Hong, D. Y. 1994-2013. Flora of China. Volume 1-25. Science Press, Beijing and Missouri Botanical Garden Press, St. Louis.

Wu Z. Y., Raven P. H. 1999. Flora of China. Vol. 4. Science Press, Beijing, Missouri Botanical Garden, St. Louis.

Wu Z. Y., Raven P. H. 2000. Flora of China. Vol. 24. Science Press, Beijing, Missouri Botanical Garden, St. Louis.

Wu Z. Y, Raven P. H. 2001. Flora of China. Vol. 6. Science Press, Beijing, Missouri Botanical Garden, St. Louis.

Wu Z. Y., Raven P. H., Hong D. Y. 2008. Flora of China. Vol. 7. Science Press, Beijing, Missouri Botanical Garden, St. Louis.

Wu Z. Y., Raven P. H., Hong D. Y. 2009. Flora of China. Vol. 25. Science Press, Beijing, Missouri Botanical Garden, St. Louis.

Wu Z. Y., Raven P. H., Hong D. Y. 2010. Flora of China. Vol. 23. Science Press, Beijing, Missouri Botanical Garden, St. Louis.

Xiang X. G., Jin W. T., Li D. Z., Schuiteman A., Huang W. C., et al. 2014. Phylogenetics of Tribe Collabieae (Orchidaceae, Epidendroideae) Based on Four Chloroplast Genes with Morphological Appraisal. Plos One, 9. e87625.

Xiang X. G., Schuiteman A., Li D. Z., Huang W. C., Chung S. W., et al. 2013. Molecular systematics of Dendrobium (Orchidaceae, Dendrobieae) from mainland Asia based on plastid and nuclear sequences. Molecular Phylogenetics and Evolution, 69: 950-960.

Zhang L. B., Gilbert M. G. 2015. Comparison of Classification of Vascular plants of China. Taxon., 64(1): 17-26.

主要参考网站

The Cycad Pages: http: //plantnet. rbgsyd. nsw. gov. au/PlantNet/cycad/wlist. html

The Gymnosperm Database: http: //www. conifers. org/zz/gymnosperms. php

The Plant List: http: //www. theplantlist. org/

World Checklist of Selected Plant Families: http: //apps.kew.org/wcsp/prepareChecklist.do;Jsessionid=0776C1C555D2CD3B1D775602CDDD4B78?checklist=selected_families%40%40138180520150705602

The International Plant Names Index: http: //www. ipni. org/

目　录

裸子植物 GYMNOSPERMS

1. 苏铁科 Cycadaceae [1 属：28 种]

苏铁属 **Cycas** L.

宽叶苏铁（十万大山苏铁）

Cycas balansae Warb., Monsunia. 1: 179 (1900).

Cycas siamensis subsp. *balansae* (Warb.) J. Schust. in H. G. A. Engler, Pflanzenr. 99: 1092 (1932); *Cycas shiwandashanica* Hung T. Chang et Y. C. Zhong, Acta Sci. Nat. Univ. Sunyatseni 36 (3): 67 (1997); *Cycas palmatifida* Hung T. Chang et al., Acta Sci. Nat. Univ. Sunyatseni 37 (4): 7 (1998).

广西；越南。

叉叶苏铁（龙口苏铁）

Cycas bifida (Dyer) K. D. Hill, Bot. Rev. 70 (2): 161 (2004).

Cycas rumphii var. *bifida* Dyer, J. Linn. Soc. Bot. 26 (179-180): 560 (1902).

广西；越南。

葫芦苏铁

●**Cycas changjiangensis** N. Liu, Acta Phytotax. Sin. 36 (6): 552, pl. 1 (1998).

Cycas hainanensis subsp. *changjiangensis* (N. Liu) N. Liu, Proc. Sixth Int. Conf. Cycad Biol.: 3 (2004).

海南。

越南苏铁（孔雀抱蛋）

Cycas collina K. D. Hill et al., Bot. Rev. 70 (2): 142 (2004).

云南；越南。

德保苏铁

●**Cycas debaoensis** Y. C. Zhong et C. J. Chen, Acta Phytotax. Sin. 35 (6): 571 (1997).

广西、云南。

滇南苏铁（多胚苏铁，元江苏铁）

●**Cycas diannanensis** Z. T. Guan et G. D. Tao, Sichuan Forest. Surv. Design, 1995 (4): 1 (1995).

Cycas pectinata subsp. *manhaoensis* C. Chen et P. Yun, Acta Bot. Yunnan. 17 (4): 400 (1995); *Cycas parvula* S. L. Yang ex D. Yue Wang in F. X. Wang et H. B. Liang, Cycads in China 93 (1996).

云南。

长叶苏铁

Cycas dolichophylla K. D. Hill, Bot. Rev. 70 (2): 157, fig. 7 (2004).

云南；越南。

仙湖苏铁

●**Cycas fairylakea** D. Yue Wang in F. X. Wang et H. B. Liang, Cycads in China 54 (1996).

Cycas szechuanensis subsp. *fairylakea* (D. Yue Wang) N. Liu, Proc. Sixth Int. Conf. Cycad Biol.: 2 (2004).

广东。

锈毛苏铁

Cycas ferruginea F. N. Wei, Guihaia 14 (4): 300 (1994).

广西；越南。

贵州苏铁（南盘江苏铁，隆林苏铁）

●**Cycas guizhouensis** K. M. Lan et R. F. Zou, Acta Phytotax. Sin. 21 (2): 209 (1983).

贵州、云南、广西。

海南苏铁（刺柄苏铁，枝花苏铁）

●**Cycas hainanensis** C. J. Chen, Acta Phytotax. Sin. 13 (4): 82, pl. 2, f. 5-6 (1975).

海南。

灰干苏铁（红河苏铁）

●**Cycas hongheensis** S. Y. Yang et S. L. Yang ex D. Yue Wang in F. X. Wang et H. B. Liang, Cycads in China 62 (1996).

Cycas pectinata f. *hongheensis* (S. Y. Yang et S. L. Yang ex D. Yue Wang) Z. T. Guan in Z. T. Guan et L. Zhou, Cycads in China 18 (1996).

云南。

陵水苏铁

Cycas lingshuiensis G. A. Fu, Bull. Bot. Res. 24 (4): 387 (2004).

海南。

长柄苏铁

Cycas longipetiolula D. Yue Wang in F. X. Wang et H. B. Liang, Cycads in China 68 (1996).

云南、广西；越南。

多羽叉叶苏铁（虾子苏铁）

•**Cycas multifrondis** D. Yue Wang in F. X. Wang et H. B. Liang, Cycads in China 80 (1996).

云南；越南。

多岐苏铁（龙爪苏铁）

Cycas multipinnata C. J. Chen et S. Y. Yang, Acta Phytotax. Sin. 32 (3): 239 (1994).

Cycas multipinnata f. *latilobus* C. T. Kuan in Z. T. Guan et L. Zhou, Cycads of China 20 (1996); *Epicycas multipinnata* (C. J. Chen et S. Y. Yang) de Laub., Blumea 43: 391 (1998); *Cycas micholitzii* subsp. *multipinnata* (C. J. Chen et S. Y. Yang) Lindstr. in C. J. Chen, Biol. Conserv. Cycads 266 (1999); *Cycas micholitzii* var. *multipinnata* (C. J. Chen et S. Y. Yang) Y. M. Shui, Seed Pl. Honghe 49 (2003).

云南、广西；越南。

多籽苏铁

Cycas multiovula D. Yue Wang in F. X. Wang et H. B. Liang, Cycads in China 83 (1996).

云南。

攀枝花苏铁（把关河苏铁）

•**Cycas panzhihuaensis** L. Zhou et S. Y. Yang, Acta Phytotax. Sin. 19 (3): 335 (1981).

Cycas baguanheensis L. K. Fu et S. Z. Cheng, Acta Phytotax. Sin. 19 (3): 337 (1981).

四川、云南。

篦齿苏铁

Cycas pectinata Buch.-Ham., Mém. Wern. Nat. Hist. Soc. 5 (2): 322 (1826).

Cycas dilatata Griff., Not. Pl. Asiat. 4: 15 (1854); *Cycas jenkinsiana* Griff., Not. Pl. Asiat. 4: 9, pl. 360, f. 1-2; pl. 362, f. 1 (1854); *Cycas circinalis* var. *pectinata* (Griff.) Schuslter, Pflanzenr. 99, 4 (1): 68 (1932).

云南；越南、老挝、缅甸、泰国、柬埔寨、孟加拉国、尼泊尔、印度、不丹。

苏铁（铁树，避火蕉，凤尾蕉）

Cycas revoluta Thunb., Verh. Holl. Maatsch Weetensch. Haarlem. 20 (2): 424 (1782).

Cycas revoluta var. *planifolia* Miq., Monogr. Cycad. 25-26 (1842); *Cycas revoluta* var. *prolifera* Siebold et Zucc., Abh. Math.-Physik. Cl. Konigl. Bayer. Akad. Wiss. 14 (3): 236 (1846); *Cycas revoluta* var. *brevifrons* Miq., Tijdschr. Wis-Natuurk. Wetensch. Eerste Kl. Kon. Ned. Inst. Wetensch. 1: 207 (1848); *Cycas miquelii* Warb., Monsunia. 1: 179, 181 (1900); *Cycas revoluta* var. *robusta* Messeri, Nuovo Giorn. Bot. Ital., n.s., 34: 324, 327 (1927); *Epicycas miquelii* (Warb.) de Laub., Blumea 43 (2): 393, map 8 (1998).

福建(?)、广泛栽培于各省；日本南部（琉球群岛）。

叉孢苏铁（西林苏铁，山菠萝，厚柄苏铁）

•**Cycas segmentifida** D. Yue Wang et C. Y. Deng, Encephalartos 43: 11 (1995).

Cycas longlinensis Hung T. Chang et Y. C. Zhong, Acta Sci. Nat. Univ. Sunyatseni 36 (3): 68 (1997); *Cycas xilingensis* Hung T. Chang et Y. C. Zhong, Acta Sci. Nat. Univ. Sunyatseni 36 (3): 69 (1997); *Cycas multifida* Hung T. Chang et Y. C. Zhong, Acta Sci. Nat. Univ. Sunyatseni 36 (3): 70 (1997); *Cycas longiconifera* Hung T. Chang, Y. C. Zhong et Y. Y. Huang, Acta Sci. Nat. Univ. Sunyatseni 37 (4): 6 (1998).

贵州、云南、广西。

石山苏铁（山菠萝，少刺苏铁）

Cycas sexseminifera F. N. Wei, Guihaia 16 (1): 1 (1996).

Cycas spiniformis J. Y. Liang, Guihaia 17 (3): 211 (1997); *Cycas longisporophylla* F. N. Wei, Guihaia 17 (3): 209 (1997); *Cycas brevipinnata* Hung T. Chang et al., Acta Sci. Nat. Univ. Sunyatseni 37 (4): 8 (1998); *Cycas acuminatissima* Hung T. Chang et al., Acta Sci. Nat. Univ. Sunyatseni 37 (4): 6 (1998); *Cycas septemsperma* Hung T. Chang et al., Acta Sci. Nat. Univ. Sunyatseni 37 (4): 8 (1998); *Cycas crassipes* Hung T. Chang et al., Acta Sci. Nat. Univ. Sunyatseni 38 (3): 121 (1999).

广西；越南。

三亚苏铁

Cycas shanyaensis G. A. Fu, Bull. Bot. Res. 26 (1): 2 (2006).

海南。

单羽苏铁（云南苏铁）

Cycas simplicipinna (Smitin.) K. D. Hill in P. Vorster, Proc. Third Internat. Conf. Cycad Biol. 150 (1995).

Cycas micholitzii var. *simplicipinna* Smitin., Nat. Hist. Bull. Siam Soc. 24: 164, f. 2, 3e, 4f (1971).

云南；越南、缅甸、老挝、泰国。

四川苏铁

•**Cycas szechuanensis** W. C. Cheng et L. K. Fu, Acta Phytotax. Sin. 13 (4): 81, pl. 1, f. 7-8 (1975).

福建、广东。

台东苏铁（台湾苏铁）

•**Cycas taitungensis** C. F. Shen et al., Bot. Bull. Acad. Sin. (Taipei), 35 (2): 135 (1994).

台湾。

闽粤苏铁（海铁鸥，广东苏铁）

•**Cycas taiwaniana** Carruth., J. Bot. 31 (1): 2, pl. 331 (1893).

Cycas revoluta var. *taiwaniana* (Carruth.) J. Schust. in H. G. A. Engler, Pflanzenr. 4 (1): 84 (1932).

贵州、湖南、福建、广东、广西。

绿春苏铁（谭清苏铁）

Cycas tanqingii D. Yue Wang in F. X. Wang et H. B. Liang, Cycads in China 134 (1996).

云南；越南(?)。

2. 银杏科 Ginkgoaceae [1 属：1 种]

银杏属 Ginkgo L.

银杏

•**Ginkgo biloba** L., Mant. Pl. 2: 313 (1771).

Salisburia adiantifolia Sm., Trans. Linn. Soc. London 3: 330 (1797); *Salisburia biloba* Hoffmanns., Verz. Pfl.-Kult. 109 (1824).

浙江、湖北、重庆、贵州，国内各省栽培；栽培于韩国、日本、欧洲、北美洲等地。

3. 买麻藤科 Gnetaceae [1 属：10 种]

买麻藤属 Gnetum L.

球子买麻藤

•**Gnetum catasphaericum** H. Shao, Guihaia 14 (4): 297, f. 1 (1994).

云南、广西。

闭苞买麻藤

•**Gnetum cleistostachyum** C. Y. Cheng, Acta Phytotax. Sin. 13 (4): 89 (1975).

云南。

巨子买麻藤

•**Gnetum giganteum** H. Shao, Guihaia 14 (4): 298, f. 2 (1994).

广西。

灌状买麻藤

Gnetum gnemon L., Syst. Nat., ed. 12. 2: 637 (1767).

云南、西藏；印度、印度尼西亚、马来西亚、缅甸、菲律宾、泰国、越南、孟加拉国、柬埔寨、斐济、巴布亚新几内亚、太平洋岛屿（所罗门群岛）、太平洋岛屿（瓦努阿图）。

细柄买麻藤

•**Gnetum gracilipes** C. Y. Cheng, Acta Phytotax. Sin. 13 (4): 88 (1975).

云南、广西。

海南买麻藤

•**Gnetum hainanense** C. Y. Cheng ex L. K. Fu et al., Novon 9: 187 (1999).

贵州、云南、福建、广东、广西、海南。

罗浮买麻藤

•**Gnetum luofuense** C. Y. Cheng, Acta Phytotax. Sin. 13 (4): 89 (1975).

江西、福建、广东、香港、澳门。

买麻藤

Gnetum montanum Markgraf, Bull. Jard. Bot. Buitenzorg, sér. 3 10: 406 (1930).

云南、广东、广西、海南；不丹、印度、越南、老挝、缅甸、泰国。

小叶买麻藤

Gnetum parvifolium (Warb.) Chun, Acta Phytotax. Sin. 9 (4): 386 (1964).

Gnetum scandens var. *parvifolium* Warb., Monsunia. 1: 196 (1900); *Gnetum montanum* f. *parvifolium* (Warb.) Markgr., Bull. Jard. Bot. Buitenzorg ser. 3, 10: 468 (1930); *Gnetum montanum* f. *parvifolium* (Warb.) Markgr., Bull. Jard. Bot. Buitenzorg ser. 3, 10: 468 (1930).

贵州、云南、福建、广东、广西、湖南、江西、澳门；老挝、越南。

垂子买麻藤

Gnetum pendulum C. Y. Cheng, Acta Phytotax. Sin. 13 (4): 88 (1975).

贵州、云南、西藏、广西；孟加拉国、印度。

4. 麻黄科 Ephedraceae [1 属：16 种]

麻黄属 Ephedra L.

道孚麻黄

•**Ephedra dawuensis** Y. Yang, Bot. Bull. Acad. Sin. 46: 363, f. 1. 2A (2005).

四川。

双穗麻黄

Ephedra distachya L., Sp. Pl. 2: 1040 (1753).

新疆；吉尔吉斯斯坦、哈萨克斯坦、土库曼斯坦、土耳其、乌克兰、阿尔巴尼亚、保加利亚、希腊、罗马尼亚、南斯拉夫、捷克斯洛伐克、匈牙利、奥地利、瑞士、法国、意大利、西班牙、俄罗斯（欧洲部分、西西伯利亚）、北高加索地区。

山岭麻黄

Ephedra gerardiana Wall. ex C. A. Mey., Mem. Acad. Sci. St. Petersb. ser. 6 (Sci. Nat.), 5: 292 (1846).

Ephedra gerardiana var. *congesta* C. Y. Cheng, Acta Phytotax. Sin. 13 (4): 87, pl. 59, f. 9-13 (1975).

青海、新疆、西藏；印度北部、尼泊尔、巴基斯坦、阿富汗、塔吉克斯坦。

灰麻黄

Ephedra glauca Regel, Trudy Imp. S.-Peterburgsk. Bot. Sada 6: 484 (1879).

Ephedra intermedia var. *glauca* (Regel) Stapf, Denkschr. Kaiserl. Akad. Wiss., Wien. Math.-Naturwiss. Kl. 56 (2): 63 (1889); *Ephedra heterosperma* V. A. Nikitin, Fl. Tadjikist. 1: 503 (1957).

内蒙古、甘肃、青海、新疆；吉尔吉斯斯坦、伊朗、蒙古、巴基斯坦、土库曼斯坦、塔吉克斯坦。

中麻黄

Ephedra intermedia Schrenk ex C. A. Mey., Mém. Acad. Imp. Sci. St.-Pétersbourg, Sér. 6, Sci. Math. 5: 278 (1846).

Ephedra intermedia var. *persica* Stapf, Denkschr. Kaiserl. Akad. Wiss., Wien. Math.-Naturwiss. Kl. 56 (2): 62 (1889); *Ephedra intermedia* var. *schrenkii* Stapf, Denkschr. Kaiserl. Akad. Wiss., Wien. Math.-Naturwiss. Kl. 56 (2): 62, taf. 2, f. 15-1 (1889); *Ephedra intermedia* var. *tibetica* Stapf, Akad. Wiss. Wien, Math.-Naturwiss. Kl., Denkschr. 56 (2): 63, taf. 2, f. 15-2 et 9 (1889); *Ephedra persica* (Stapf) V. V. Nikitin, Fl. Tadjikist. 1: 73, 504 (1957); *Ephedra ferganensis* V. V. Nikitin, Fl. Tadjikist. 1: 504 (1957); *Ephedra tibetica* (Stapf) V. V. Nikitin, Fl. Tadjikist. 1: 70, 503 (1957); *Ephedra tesquorum* V. V. Nikitin, Fl. Tadjikist. 1: 503 (1957); *Ephedra valida* V. V. Nikitin, Fl. Tadjikist. 1: 504 (1957); *Ephedra microsperma* V. V. Nikitin, Fl. Tadjikist. 1: 503 (1957).

辽宁、内蒙古、河北、陕西、宁夏、甘肃、青海、新疆、西藏；阿富汗、巴基斯坦、哈萨克斯坦、吉尔吉斯斯坦、塔吉克斯坦、土库曼斯坦、乌兹别克斯坦、中东地区、蒙古、俄罗斯。

丽江麻黄

●**Ephedra likiangensis** Florin, Svensk. Vet.-Akad. Handl. ser. 3. 12 (1): 33 (1933).

四川、贵州、云南、西藏。

丽江麻黄（原变种）

●**Ephedra likiangensis** var. **likiangensis**

四川、贵州、云南、西藏。

匍枝丽江麻黄（南方麻黄）

●**Ephedra likiangensis** var. **mairei** (Florin) L. K. Fu et Y. F. Yu, Novon 7: 444 (1997 publ. 1998).

Ephedra saxatilis var. *mairei* Florin, Kongl. Svenska Vetensk. Acad. Handl., III, 12 (1): 29 (1933); *Ephedra likiangensis* f. *mairei* (Florin) C. Y. Cheng in W. C. Cheng et L. K. Fu, Fl. Reipubl. Popularis Sin. 7: 480 (1978).

四川、云南、西藏。

窄膜麻黄

Ephedra lomatolepis Schrenk, Bull. Cl. Phys.-Math. Acad. Imp. Sci. Saint-Pétersbourg. 3: 2 (1845).

新疆；哈萨克斯坦、蒙古。

木贼麻黄（木麻黄，山麻黄）

Ephedra major Host, Fl. Austriac. 2: 71 (1831).

Ephedra nebrodensis Tineo in G. Gussone, Fl. Sicul. Syn. 2: 638 (1844); *Ephedra procera* C. A. Mey., Index Seminum (LE) 10: 45 (1845); *Ephedra equisetina* Bunge, Beitr. Fl. Russl.: 324 (1852); *Ephedra villarsii* Gren. et Godr., Fl. France 3: 161 (1855); *Ephedra scoparia* Lange, Vidensk. Meddel. Naturhist. Foren. Kjøbenhavn 1862: 33 (1862); *Ephedra nebrodensis* var. *procera* (C. A. Mey.) Stapf, Denkschr. Kaiserl. Akad. Wiss., Wien. Math.-Naturwiss. Kl. 56 (2): 80 (1889); *Ephedra nebrodensis* subsp. *procera* (C. A. Mey.) K. Richt., Pl. Eur. 1: 8 (1890); *Ephedra major* var. *procera* (C. A. Mey.) Hayek, Repert. Spec. Nov. Regni Veg. Beih. 30 (1): 45 (1924); *Ephedra major* var. *nebrodensis* (Tineo) Hayek, Repert. Spec. Nov. Regni Veg. Beih. 30 (1): 44 (1924); *Ephedra shennungiana* Tang, J. Amer. Pharm. Assoc. 17: 339 (1928); *Ephedra major* subsp. *procera* (C. A. Mey.) Bornm., Bot. Jahrb. Syst. 62 (140): 185 (1928); *Ephedra major* var. *suggarica* Maire, Bull. Soc. Hist. Nat. Afrique N. 20: 207 (1929); *Ephedra atlantica* Andr., Bot. Jahrb. Syst. 64: 265 (1931); *Ephedra nebrodensis* subsp. *equisetina* (Bunge) Breistr. ex Greuter et Burdet, Willdenowia 13: 278 (1983 publ. 1984); *Ephedra equisetina* var. *monoica* Y. Yang, Acta Phytotax. Sin. 38 (4): 385 (2000).

内蒙古、河北、北京、山西、山东、宁夏、甘肃、青海、新疆；阿富汗、哈萨克斯坦、吉尔吉斯斯坦、塔吉克斯坦、土库曼斯坦、乌兹别克斯坦、蒙古、俄罗斯。

矮麻黄

●**Ephedra minuta** Florin, Acta Horti Gothob. 3 (1): 8, pl. 4: 5-8 (1927).

Ephedra minuta var. *dioeca* C. Y. Cheng, Acta Phytotax. Sin. 13 (4): 88 (1975).

青海、四川。

单子麻黄（小麻黄）

Ephedra monosperma Gemlin ex C. A. Mey., Vers. Monogr. *Ephedra*: 89 (1846).

Ephedra fedtschenkoae Paulsen, Botanisk Tidsskrift. 26: 254 (1905); *Ephedra minima* K. S. Hao, Contr. Inst. Bot. Natl. Acad. Peiping 2: 178 (1934).

内蒙古、河北、北京、山西、宁夏、甘肃、青海、新疆、四川、云南、西藏；巴基斯坦、哈萨克斯坦、吉尔吉斯斯坦、塔吉克斯坦、蒙古、俄罗斯。

膜果麻黄

Ephedra przewalskii Stapf, Akad. Wiss. Wien, Math.-Naturwiss. Kl., Denkschr. 56 (2): 40, pl. 1, pl. 3, f. 1-6 (1889).

Ephedra kaschgarica B. Fedtsch. et Bobrov, Bot. Mater. Gerb. Bot. Inst. Komarova Akad. Nauk S. S. S. R. 13: 46 (1950); *Ephedra przewalskii* var. *kaschgarica* (B. Fedtsch. et Bobrov) C. Y. Cheng in W. C. Cheng et L. K. Fu, Fl. Reipubl. Popularis Sin. 7: 473, pl. 109, f. 7-8 (1978).

内蒙古、宁夏、甘肃、青海、新疆；巴基斯坦、哈萨克斯坦、吉尔吉斯斯坦、塔吉克斯坦、乌兹别克斯坦、蒙古。

细子麻黄

Ephedra regeliana Florin, Svensk. Vet.-Akad. Handl. ser. 3. 12 (1), 17 (1933).

Ephedra monosperma var. *disperma* Regel, Trudy Imp. S.-Peterburgsk. Bot. Sada. 6 (2): 479-480 (1882).

新疆；印度、阿富汗、巴基斯坦、哈萨克斯坦、吉尔吉斯斯坦、塔吉克斯坦、乌兹别克斯坦。

斑子麻黄

●**Ephedra rhytidosperma** Pachom., Not. Syst. Herb. Inst. Bot. Acad. Sci. Uzbekistan. 18: 51 (1967).

Ephedra lepidosperma C. Y. Cheng, Acta Phytotax. Sin. 13 (4): 87 (1955).

内蒙古、宁夏、甘肃；蒙古。

日土麻黄

Ephedra rituensis Y. Yang et al., Novon 13: 153, f. 1 (2003).

青海、新疆、西藏；巴基斯坦。

藏麻黄

Ephedra saxatilis (Stapf) Royle ex Florin, Svensk. Vet.-Akad. Handl. ser. 3. 12 (1): 25 (1933).

Ephedra gerardiana var. *saxatilis* Stapf, Akad. Wiss. Wien, Math.-Naturwiss. Kl., Denks. 56 (2): 76, pl. 3, pl. 18, f. 5 (1889); *Ephedra saxatilis* var. *mairei* Florin, Kongl. Svenska Vetensk. Acad. Handl. ser. 3, 12 (1): 33 (1933); *Ephedra likiangensis* var. *mairei* (Florin) L. K. Fu et Y. F. Yu, Novon 7: 444 (1997).

云南、西藏；不丹、尼泊尔、印度。

草麻黄（麻黄，华麻黄）

Ephedra sinica Stapf, Bull. Misc. Inform. Kew 1927 (3): 133 (1927).

Ephedra ma-huang Liu, Chin. J. 6 (5): 257 (1927).

黑龙江、吉林、辽宁、内蒙古、河北、山西、陕西、宁夏、甘肃；蒙古、俄罗斯（远东地区）。

5. 松科 Pinaceae
[11 属：110 种]

冷杉属 Abies Mill.

百山祖冷杉

●**Abies beshanzuensis** M. H. Wu, Acta Phytotax. Sin. 14 (2): 16, f. 1 (1976).

Abies fabri var. *beshanzuensis* (M. H. Wu) Silba, Phytologia 68: 13 (1990); *Abies fabri* subsp. *beshanzuensis* (M. H. Wu) Silba, J. Int. Conifer Preserv. Soc. 15: 39 (2008).

浙江。

秦岭冷杉（枞树，陕西冷杉）

●**Abies chensiensis** Tiegh., Bull. Soc. Bot. France. 38: 413 (1892).

河南、陕西、甘肃、湖北、四川、云南、西藏。

秦岭冷杉（原亚种）

●**Abies chensiensis** subsp. **chensiensis**

Abies shensiensis Tiegh., Bull. Soc. Bot. France 38: 413 (1892); *Abies shensiensis* Diels, Fl. Centr. China 218 (1901).

河南、陕西、甘肃、湖北、四川。

大黄果冷杉（澜沧冷杉）

●**Abies chensiensis** subsp. **salouenensis** (Bordères et Gaussen) Rushforth, Notes Roy. Bot. Gard. Edinburgh. 41 (3): 539 (1984).

Abies salouenensis Bordères et Gaussen, Trav. Lab. Forest. Toulouse 1. 4, Art. 15: 4 (1947); *Abies ernestii* var. *salouenensis* (Bordères et Gaussen) W. C. Cheng et

L. K. Fu, Fl. Reipubl. Popularis Sin. 7: 93 (1978); *Abies recurvata* var. *salouenensis* (Bordères et Gaussen) C. T. Kuan, Fl. Sichuan. 2: 48 (1983); *Abies chensiensis* var. *salouenensis* (Bordères et Gaussen) Silba, Phytologia 68: 10 (1990).
云南、西藏。

玉龙雪山冷杉

●**Abies chensiensis** subsp. **yulongxueshanensis** (Rushforth) Silba, Notes Roy. Bot. Gard. Edinburgh. 41 (3): 539 (1984).
Abies chensiensis var. *yulongxueshanensis* Rushforth, Phytologia 68: 10 (1990).
云南。

苍山冷杉

Abies delavayi Franch., J. Bot. (Morot) 13 (8): 255 (1899).
Abies delavayi var. *motuoensis* W. C. Cheng et L. K. Fu, Acta Phytotax. Sin. 13 (4): 83 (1975); *Abies delavayi* var. *nukiangensis* (W. C. Cheng et L. K. Fu) Farjon et Silba, Phytologia 68: 13 (1990); *Abies delavayi* subsp. *motuoensis* (W. C. Cheng et L. K. Fu) Silba, J. Int. Conifer Preserv. Soc. 15: 38 (2008); *Abies delavayi* var. *nukiangensis* (W. C. Cheng et L. K. Fu) Farjon et Silba, J. Int. Conifer Preserv. Soc. 15: 38 (2008).
四川、云南、西藏；印度东北部、缅甸北部、越南北部。

锡金冷杉

Abies densa Griff., Not. Pl. Asiat. 4: 19 (1854).
Abies spectabilis var. *densa* (Griff.) Silba, Phytologia Memoirs. 7: 10 (1984); *Abies spectabilis* subsp. *densa* (Griff.) Silba, J. Int. Conifer Preserv. Soc. 15: 46 (2008).
西藏；不丹、印度、尼泊尔。

黄果冷杉（柄果枞，箭炉冷杉）

●**Abies ernestii** Rehder, J. Arnold Arbor. 20 (1): 85 (1939).
Abies beissneriana Rehder et E. H. Wilson in C. S. Sargent, Pl. Wilson. 2 (1): 46 (1914); *Abies chensiensis* var. *ernestii* (Rehder) Tang S. Liu, Monogr. Gen. Abies. 135, f. 7B, 48b, pl. 7B (1971); *Abies recurvata* var. *ernestii* (Rehder) C. T. Kuan, Notes Roy. Bot. Gard. Edinburgh. 41 (3): 536 (1984); *Abies recurvata* subsp. *ernestii* (Rehder) Silba, J. Int. Conifer Preserv. Soc. 15: 44 (2008).
甘肃、湖北、四川、云南、西藏。

冷杉（塔杉）

●**Abies fabri** (Mast.) Craib, Notes Roy. Bot. Gard. Edinburgh. 11 (55): 278 (1919).
Keteleeria fabri Mast., J. Linn. Soc., Bot. 26: 555 (1902); *Pinus fabri* (Mast.) Voss in K. Putlitz et L. Meyer, Landlexikon 4: 773 (1913); *Abies delavayi* var. *fabri* (Mast.) D. R. Hunt, J. Roy. Hort. Soc. 92: 263 (1967).
四川。

冷杉（原亚种）

●**Abies fabri** subsp. **fabri**
四川。

岷江冷杉

●**Abies fabri** subsp. **minensis** (Bordères et Gaussen) Rushforth, Notes Roy. Bot. Gard. Edinburgh. 43 (2): 273 (1986).
Abies minensis Bordères et Gaussen, Trav. Lab. Forest. Toulouse 1. 4, Art. 15: 10 (1947); *Abies fabri* var. *minensis* (Bordères et Gaussen) Silba, Phytologia 68: 14 (1990).
四川。

梵净山冷杉

●**Abies fanjingshanensis** W. L. Huang et al., Acta Phytotax. Sin. 22 (2): 154, pl. 1 (1984).
Abies fargesii var. *fanjingshanensis* (W. L. Huang et al.) Silba, Phytologia 68: 15 (1990).
贵州。

巴山冷杉（鄂西冷杉，太白冷杉，川枞）

●**Abies fargesii** Franch., J. Bot. (Morot) 13 (8): 256 (1899).
河南、甘肃、陕西、湖北、四川。

巴山冷杉（原变种）

●**Abies fargesii** var. **fargesii**
Abies fargesii var. *tieghemii* Bordères et Gaussen, Trav. Lab. Forest. Toulouse 1 (4; 5): 7 (1944); *Abies fargesii* var. *hupehensis* Silba, Phytologia 68: 15 (1990); *Abies fargesii* subsp. *hupehensis* (Silba) Silba, J. Int. Conifer Preserv. Soc. 15: 39 (2008).
河南、陕西、甘肃、湖北、四川。

岷江冷杉

●**Abies fargesii** var. **faxoniana** (Rehder et E. H. Wilson) Tang S. Liu, Quart. J. Taiwan Mus. 24: 151, pl. 9B, 52a (1971).
Abies faxoniana Rehder et E. H. Wilson in C. S. Sargent, Pl. Wilson. 2 (1): 42 (1914); *Abies delavayi* var. *faxoniana* (Rehder et E. H. Wilson) A. B. Jacks., Cult. Conif. 246, f. 77 (1932); *Abies fargesii* subsp. *faxoniana* (Rehder et E. H. Wilson) Silba, J. Int. Conifer Preserv. Soc. 15: 39 (2008).

甘肃、四川。

四川冷杉

•**Abies fargesii** var. **sutchuenensis** Franch., J. Bot. (Morot) 8: 256 (1894).

Abies sutchuenensis (Franch.) Rehder et E. H. Wilson in C. S. Sargent, Pl. Wilson. 2: 48 (1914); *Abies kansouensis* Bordères et Gaussen, Trav. Lab. Forest. Toulouse 1 (4; 5): 6 (1944); *Abies fargesii* subsp. *sutchuenensis* (Franch.) Silba, J. Int. Conifer Preserv. Soc. 15: 39 (2008).

甘肃、四川。

中甸冷杉

•**Abies ferreana** Bordères et Gaussen, Trav. Lab. Forest. Toulouse 1 (4) Art. 15: 8 (1947).

Abies rolii Bordères et Gaussen, Trav. Lab. Forest. Toulouse 1. 4, Art. 26: 3 (1948); *Abies yuana* Bordères et Gaussen, Trav. Lab. Forest. Toulouse 1 (4) art. 26: 2 (1948); *Abies chayuensis* W. C. Cheng et L. K. Fu, Acta Phytotax. Sin. 13 (4): 83 (1975); *Abies forrestii* var. *chayuensis* (W. C. Cheng et L. K. Fu) Silba, Phytologia 68: 16 (1990); *Abies forrestii* var. *ferreana* (Bordères et Gaussen) Farjon et Silba, Phytologia 68: 17 (1990); *Abies ferreana* var. *longibracteata* L. K. Fu et Nan Li, Novon. 7 (3): 261 (1997); *Abies forrestii* subsp. *ferreana* (Bordères et Gaussen) Silba, J. Int. Conifer Preserv. Soc. 15: 40 (2008); *Abies forrestii* subsp. *chayuensis* (W. C. Cheng et L. K. Fu) Silba, J. Int. Conifer Preserv. Soc. 15: 40 (2008); *Abies forrestii* subsp. *longibracteata* (L. K. Fu et Nan Li) Silba, J. Int. Conifer Preserv. Soc. 16: 1 (2009).

四川、云南、西藏。

日本冷杉

☆**Abies firma** Siebold et Zucc., Fl. Jap. 2: 15, pl. 107 (1842).

Abies bifida Siebold et Zucc., Fl. Jap. 2 (2): 18, pl 109 (1842); *Pinus firma* (Siebold et Zucc.) Antoine, Coniferen: 70 (1843); *Picea firma* (Siebold et Zucc.) Sieber ex Gordon, Pinetum: 147 (1858); *Abies firma* var. *bifida* (Siebold et Zucc.) Mast., J. Linn. Soc. Bot. 18 (113): 514 (1881).

栽培于辽宁、山东、江苏、江西、台湾；日本。

多雄拉冷杉

•**Abies fordei** Rushforth, Int. Dendrol. Soc. Year Book 2008: 42 (2009).

Abies fabri subsp. *fordei* (Rushforth) Silba, J. Int. Conifer Preserv. Soc. 18: 13 (2011).

西藏。

川滇冷杉（毛枝冷杉，云南枞树）

•**Abies forrestii** Coltm.-Rog., Gard. Chron. ser. 3, 65: 150 (1919).

Abies delavayi var. *forrestii* (Coltm.-Rog.) A. B. Jacks., Conif. Cult. 245, f. 76 (1932).

四川、云南、西藏。

川滇冷杉（原变种）

•**Abies forrestii** var. **forrestii**

Abies delavayi Diels, Notes Roy. Bot. Gard. Edinburgh 8: 334 (1913), nom. illeg.; *Abies georgei* Hand.-Mazz., Symb. Sin. 7: 8 (1929); *Abies chengii* Rushforth, Notes Roy. Bot. Gard. Edinburgh 41: 333 (1983); *Abies forrestii* var. *chengii* (Rushforth) Silba, Phytologia 68: 17 (1990); *Abies forrestii* subsp. *chengii* (Rushforth) Silba, J. Int. Conifer Preserv. Soc. 15: 40 (2008).

四川、云南、西藏。

长苞冷杉（西康冷杉）

•**Abies forrestii** var. **georgei** (Orr) Farjon, Pinaceae (Regnum Veg.). 121: 59 (1990).

Abies georgei Orr, Notes Roy. Bot. Gard. Edinburgh. 18 (86): 1, f. 1, pl. 236 (1933); *Abies delavayi* var. *georgei* (Orr) Melville, Kew Bull. 13 (3): 533 (1958); *Abies georgei* subsp. *wumongensis* Silba, J. Int. Conifer Preserv. Soc. 16: 2 (2009).

四川、云南、西藏。

急尖长苞冷杉

•**Abies forrestii** var. **smithii** Viguié et Gaussen, Trav. Lab. Forest. Toulouse 1 (2, 1): 177 (1929).

Abies delavayi var. *smithii* (Viguié et Gaussen) Tang S. Liu, Monogr. Gen. Abies. 143, f. 8B, 50C, pl. 8B (1971); *Abies georgei* var. *smithii* (Viguié et Gaussen) W. C. Cheng et L. K. Fu, Acta Phytotax. Sin. 13 (4): 63 (1975); *Abies georgei* subsp. *smithii* (Viguié et Gaussen) Silba, J. Int. Conifer Preserv. Soc. 15: 40 (2008).

云南。

杉松（沙松，白松，杉木）

Abies holophylla Maxim., Bull. Acad. Imp. Sci. Saint-Pétersbourg 10: 487 (1866).

Pinus holophylla (Maxim.) Parl. in A. P. de Candolle, Prodr. 16 (2): 424 (1868); *Picea holophylla* (Maxim.) Gordon, Pinetum, ed. 2: 206 (1875).

黑龙江、吉林、辽宁；朝鲜半岛、俄罗斯（远东地区）。

台湾冷杉

•**Abies kawakamii** (Hayata) T. Ito, Encycl. Jap. 2: 167 (1909).

Abies mariesii var. *kawakamii* Hayata, J. Coll. Sci. Imp. Univ. Tokyo 25 (19): 223-224, f. 14 (1908).
台湾。

臭冷杉（臭松，白松，臭枞）

Abies nephrolepis (Trautv. ex Maxim.) Maxim., Bull. Acad. Imp. Sci. Saint-Pétersbourg 10 (3): 486 (1866).
Abies sibirica var. *nephrolepis* Trautv. ex Maxim., Mém. Acad. Imp. Sci. St.-Pétersbourg Divers Savans 9: 206 (1859); *Abies veitchii* var. *nephrolepis* (Trautv. ex Maxim.) Mast., Gard. Chron., n.s., 12: 589 (1880); *Abies sibirica* Korsh., Trudy Imp. S.-Peterburgsk. Bot. Sada 12: 424 (1892), nom. illeg.; *Pinus nephrolepis* (Trautv. ex Maxim.) Voss, Mitt. Deutsch. Dendrol. Ges. 16: 94 (1907); *Abies nephrolepis* f. *chlorocarpa* E. H. Wilson, J. Arnold Arbor. 1: 189 (1920); *Abies koreana* f. *prostrata* Kolesn., Vestn. Dal'nevost. Fil. Akad. Nauk S. S. S. R. 31: 115 (1938); *Abies yoneyamae* K. Sato, Ill. Trees Manch. et Mong. 5, f. 3 (1942); *Abies sibiriconephrolepis* Taken. et J. J. Chien, Acta Phytotax. Sin. 6: 153 (1957).
黑龙江、吉林、辽宁、陕西；朝鲜、俄罗斯（远东地区）。

紫果冷杉（岷江冷杉）

●**Abies recurvata** Mast., J. Linn. Soc. Bot. 37 (262): 423 (1906).
甘肃、四川。

西伯利亚冷杉（西伯利亚冷杉）

Abies sibirica Ledeb., Fl. Altaic. 4: 202 (1833).
Pinus sibirica (Ledeb.) Turcz., Bull. Soc. Imp. Naturalistes Moscou 11: 101 (1838), nom. illeg.
新疆；哈萨克斯坦、蒙古、俄罗斯。

藏冷杉（喜马拉雅冷杉，喜马拉雅枞）

Abies spectabilis (D. Don) Spach, Hist. Nat. Vég. (Spach) 11: 422 (1841).
Pinus spectabilis D. Don, Prodr. Fl. Nepal. 2: 55 (1825); *Pinus tinctoria* Wall. ex D. Don, Prodr. Fl. Nepal. 2: 55 (1825); *Pinus webbiana* Wall. ex D. Don, Descr. Pinus, ed. 2. 2: 77, pl. 44 (1828); *Abies webbiana* (Wall. ex D. Don) Lindl., Penny Cyclop. 1: 30 (1833); *Picea webbiana* (Wall. ex D. Don) Loudon, Arbor. Frutic. Brit. 4: 2344 (1838); *Picea naphta* Knight in J. C. Loudon, Encycl. Trees Shrubs: 1053 (1842); *Pinus striata* Buch.-Ham. ex Gord., Pinetum: 160 (1858), nom. inval.; *Abies chilrowensis* Parl. in A. P. de Candolle, Prodr. 16 (2): 425 (1868); *Abies webbiana* var. *brevifolia* A. Henry in H. J. Elwes et A. Henry, Trees Great Britain 4: 751 (1909); *Abies spectabilis* var. *brevifolia* (A. Henry) Rehder, J. Arnold Arbor. 1: 54 (1919); *Abies brevifolia* (A. Henry) Dallim., Rep. Conif. Conf. R. H. S.: 9 (1931 publ. 1932); *Abies spectabilis* var. *langtangensis* Silba, Phytologia 68: 22 (1990); *Abies spectabilis* subsp. *langtangensis* (Silba) Silba, J. Int. Conifer Preserv. Soc. 15: 46 (2008).
西藏；尼泊尔、印度、克什米尔、巴基斯坦、阿富汗。

鳞皮冷杉（鳞皮枞）

●**Abies squamata** Mast., Gard. Chron. ser. 3, 39: 299, f. 121 (1906).
甘肃、青海、四川、西藏。

元宝山冷杉

●**Abies yuanbaoshanensis** Y. J. Lu et L. K. Fu, Acta Phytotax. Sin. 18 (2): 206, f. 1 (1980).
Abies fabri subsp. *yuanbaoshanensis* (Y. J. Lu et L. K. Fu) Silba, J. Int. Conifer Preserv. Soc. 15: 39 (2008).
广西。

资源冷杉

●**Abies ziyuanensis** L. K. Fu et S. L. Mo, Acta Phytotax. Sin. 18 (2): 208, f. 2 (1980).
Abies dayuanensis Q. X. Liu, Bull. Bot. Res. 81 (3): 85 (1988); *Abies fabri* var. *ziyuanensis* (Mast.) Craib, Phytologia 68: 14 (1990); *Abies beshanzuensis* var. *ziyuanensis* (L. K. Fu et S. L. Mo) L. K. Fu et Nan Li, Novon 7 (3): 261 (1997); *Abies fabri* subsp. *dayuanensis* (Q. X. Liu) Silba, J. Int. Conifer Preserv. Soc. 15: 39 (2008); *Abies fabri* subsp. *ziyuanensis* (L. K. Fu et S. L. Mo) Silba, J. Int. Conifer Preserv. Soc. 15: 39 (2008).
江西、湖南、广西。

银杉属 Cathaya Chun et Kuang

银杉（杉公子）

●**Cathaya argyrophylla** Chun et Kuang, Acta Bot. Sin. 10 (3): 246 (1962).
Cathaya nanchuanensis Chun et Kuang, Acta Bot. Sin. 10 (3): 246 (1962); *Pseudotsuga argyrophylla* (Chun et Kuang) Greguss, Botanikai Kozlemenyek. 57: 54 (1970); *Tsuga argyrophylla* (Chun et Kuang) de Laub. et Silba, Phytologia Mem. 7: 75 (1984); *Cathaya argyrophylla* subsp. *nanchuanensis* (Chun et Kuang) Silba, J. Int. Conifer Preserv. Soc. 15: 47 (2008); *Cathaya argyrophylla* subsp. *sutchuenensis* Silba, J. Int. Conifer Preserv. Soc. 18: 5 (2011).
湖南、湖北、重庆、贵州、广西。

雪松属 Cedrus Trew

北非雪松

☆**Cedrus atlantica** (Endl.) Manetti ex Carrière, Traité

Gén. Conif. 285 (1855).

Pinus atlantica Endl., Syn. Conif. 137 (1847); *Cedrus libani* var. *atlantica* (Endl.) Hook. f., Nat. Hist. Rev. ser. 2, 2: 15 (1862); *Cedrus libani* subsp. *atlantica* (Endl.) Batt. et Trab., Fl. Alger. 397 (1905).

栽培于江苏；原产于非洲。

雪松（香柏）

Cedrus deodara (Roxb.) G. Don, Hort. Brit. (Loudon) ed. 1: 388, No. 23637 (1830).

Pinus deodara Roxb., Hort. Bengal. 69 (1814); *Cedrus libani* var. *deodara* (Roxb.) Hook. f., Himal. Journ. 1: 257 (1854); *Cedrus libani* subsp. *deodara* (Roxb.) P. D. Sell, Watsonia. 18 (1): 92 (1990).

栽培于辽宁、河北、北京、山东、河南、陕西、安徽、江苏、江西、湖北、湖南、云南、福建、广东、广西、台湾，原产于西藏；印度、尼泊尔、克什米尔、巴基斯坦、阿富汗。

油杉属 **Keteleeria** Carrière

铁坚油杉（罗松）

Keteleeria davidiana (Bertrand) Beissn., Handb. Nadelholzk. 424, f. 117 (1891).

Pseudotsuga davidiana C. E. Bertrand, Bull. Soc. Philom. Paris ser. 6, 9: 38 (1872); *Picea davidiana* (C. E. Bertrand) C. E. Bertrand, Ann. Sci. Nat., Bot. ser. 5, 20: 86 (1874); *Pinus davidiana* (C. E. Bertrand) W. R. McNab, Proc. Roy. Irish Acad. ser. 2, 2: 702 (1877); *Abies davidiana* (C. E. Bertrand) Franch., Nouv. Arch. Mus. Hist. Nat. ser. 2, 6: 96 (1884).

陕西、甘肃、湖北、湖南、四川、贵州、云南、广西、台湾；越南。

铁坚油杉（原变种）

Keteleeria davidiana var. **davidiana**

Abies sacra Franch., Nouv. Arch. Mus. Hist. Nat., II, 7: 290 (1882); *Keteleeria sacra* (Franch.) Beissn., Handb. Nadelholzk. 426 (1891); *Podocarpus sutchuenensis* Franch., J. Bot. (Morot) 13 (9): 265-266 (1899); *Keteleeria esquirolii* H. Lév., Repert. Spec. Nov. Regni Veg. 8 (160-162): 60-61 (1910); *Keteleeria davidiana* var. *sacra* (Franch.) Beissn. et Fitschen, Handb. Nadelholzk. 185 (1930); *Keteleeria chien-peii* Flous, Trav. Lab. Forest. Toulouse 1 (2) 14: 2 (1936); *Keteleeria calcarea* W. C. Cheng et L. K. Fu, Acta Phytotax. Sin. 13 (4): 82 (1975); *Keteleeria pubescens* W. C. Cheng et L. K. Fu, Acta Phytotax. Sin. 13 (4): 82 (1975); *Keteleeria davidiana* var. *chien-peii* (Flous) W. C. Cheng et L. K. Fu, Fl. Reipubl. Popul. Sin. 7: 48 (1978); *Keteleeria xerophila* J. R. Xue et S. H. Hao, Acta Bot. Yunnan. 3 (2): 249 (1981); *Keteleeria davidiana* var. *pubescens* (W. C. Cheng et L. K. Fu) Silba, Phytologia 68: 34 (1990); *Keteleeria fortunei* var. *xerophila* (J. R. Xue et S. H. Huo) Silba, Phytologia 68: 36 (1990); *Keteleeria davidiana* var. *calcarea* (W. C. Cheng et L. K. Fu) Silba, Phytologia 68: 34 (1990); *Keteleeria davidiana* subsp. *chien-peii* (Flous) Silba, J. Int. Conifer Preserv. Soc. 15: 48 (2008); *Keteleeria davidiana* subsp. *calcarea* (W. C. Cheng et L. K. Fu) Silba, J. Int. Conifer Preserv. Soc. 15: 48 (2008); *Keteleeria davidiana* subsp. *pubescens* (W. C. Cheng et L. K. Fu) Silba, J. Int. Conifer Preserv. Soc. 15: 48 (2008); *Keteleeria evelyniana* subsp. *xerophila* (Hsueh et S. H. Hao) Silba, J. Int. Conifer Preserv. Soc. 15: 49 (2008).

陕西、甘肃、湖北、湖南、四川、贵州、云南、广西；越南。

台湾油杉

●**Keteleeria davidiana** var. **formosana** (Hayata) Hayata, J. Coll. Sci. Imp. Univ. Tokyo 25 (19): 221 (1908).

Keteleeria formosana Hayata, Gard. Chron., III, 43: 194 (1908); *Keteleeria davidiana* subsp. *formosana* (Hayata) A. E. Murray, Kalmia 12: 21 (1982).

台湾。

云南油杉

Keteleeria evelyniana Mast., Gard. Chron., III, 33: 194 (1903).

Tsuga roulletii A. Chev., Bull. Écon. Indochine, n.s., 20: 878 (1918); *Tsuga roulletii* A. Chev., Cat. Pl. Jard. Bot. Saigon: 48 (1919), nom. nud.; *Keteleeria dopiana* Flous, Trav. Lab. Forest. Toulouse 1 (2) 14: 6 (1936); *Keteleeria roulletii* (A. Chev.) Flous, Trav. Lab. Forest. Toulouse 1 (2) 14: 8 (1936); *Keteleeria hainanensis* Chun et Tsiang, Acta Phytotax. Sin. 8: 259 (1963); *Keteleeria evelyniana* var. *pendula* Hsueh, Acta Phytotax. Sin. 21: 253 (1983); *Keteleeria evelyniana* var. *hainanensis* (Chun et Tsiang) Silba, Phytologia 68: 35 (1990); *Keteleeria evelyniana* var. *roulletii* (A. Chev.) Silba, Phytologia 68: 35 (1990); *Keteleeria evelyniana* var. *dopiana* (Flous) Silba, J. Int. Conifer Preserv. Soc. 7: 26 (2000); *Keteleeria evelyniana* subsp. *hainanensis* (Chun et Tsiang) Silba, J. Int. Conifer Preserv. Soc. 15: 49 (2008); *Keteleeria evelyniana* subsp. *roulletii* (A. Chev.) Silba, J. Int. Conifer Preserv. Soc. 15: 49 (2008); *Keteleeria davidiana* subsp. *evelyniana* (Mast.) Eckenw., Conifers World: 647 (2009).

四川、云南；老挝、越南。

油杉

Keteleeria fortunei (A. Murray) Carrière, Rev. Hort.

37: 449 (1866).

Picea fortunei A. Murray, Proc. Roy. Hort. Soc. London 2: 421 (1862); *Abies jezoensis* Lindl. et Paxton, Paxton's Fl. Gard. 1: 42 (1850), nom. illeg.; *Abies fortunei* (A. Murray) A. Murray, Pines Firs Japan: 49 (1863); *Pinus fortunei* (A. Murray) Parl. in A. P. de Candolle, Prodr. 16 (2): 430 (1868); *Pseudotsuga fortunei* (A. Murray) W. R. McNab, Proc. Roy. Irish Acad., II, 2: pl. 49 (1877); *Pseudotsuga jezoensis* W. R. McNab, Proc. Roy. Irish Acad., II, 2: pl. 49 (1877), nom. illeg.; *Abietia fortunei* (A. Murray) A. H. Kent in H. J. Veitch, Man. Conif., new ed.: 485 (1900); *Keteleeria cyclolepis* Flous, Trav. Lab. Forest. Toulouse 1 (2) 14: 4 (1936); *Keteleeria oblonga* W. C. Cheng et L. K. Fu, Acta Phytotax. Sin. 13 (4): 82 (1975); *Keteleeria fortunei* var. *cyclolepis* (Flous) Silba, Phytologia 68: 35 (1990); *Keteleeria fortunei* var. *oblonga* (W. C. Cheng et L. K. Fu) L. K. Fu et Nan Li, Novon 7: 261 (1997); *Keteleeria fortunei* subsp. *cyclolepis* (Flous) Silba, J. Int. Conifer Preserv. Soc. 15: 49 (2008); *Keteleeria fortunei* subsp. *oblonga* (W. C. Cheng et L. K. Fu) Silba, J. Int. Conifer Preserv. Soc. 15: 49 (2008).

江西、浙江、湖南、贵州、云南、福建、广东、广西；越南。

落叶松属 Larix Mill.

欧洲落叶松

☆**Larix decidua** Mill., Gard. Dict., ed. 8: 1 (1768).

栽培于辽宁、江西；原产于欧洲。

落叶松

Larix gmelinii (Rupr.) Kuzen., Trudy Bot. Inst. Akad. Nauk S. S. S. R., ser. 1, Fl. Sist. Vyssh. Rast. 18: 41 (1920).

Abies gmelinii Rupr., Beitr. Pflanzenk. Russ. Reiches 2: 56 (1845).

黑龙江、吉林、内蒙古、河北、山西、河南；朝鲜、蒙古、俄罗斯。

落叶松（原变种）

Larix gmelinii var. **gmelinii**

Larix dahurica C. Lawson, Agric. Man.: 389 (1836), no diagnostic descr.; *Larix europaea* var. *dahurica* Loudon, Arbor. Frutic. Brit. 4: 2352 (1838); *Pinus dahurica* Fisch. ex Turcz., Bull. Soc. Imp. Naturalistes Moscou 11: 101 (1838), nom. nud.; *Pinus larix* var. *dahurica* (Loudon) Antoine, Coniferen: 51 (1840); *Abies ledebourii* Rupr., Beitr. Pflanzenk. Russ. Reiches 2: 56 (1845); *Abies kamtschatica* Rupr., Beitr. Pflanzenk. Russ. Reiches 2: 57 (1845); *Pinus kamtschatica* (Rupr.) Endl., Syn. Conif.: 135 (1847); *Larix kamtschatica* (Rupr.) Carrière, Traité Gén. Conif.: 279 (1855); *Pinus ledebourii* (Rupr.) Endl., Syn. Conif.: 131 (1847); *Larix cajanderi* Mayr, Fremdländ. Wald-Parkbäume: 297 (1906); *Larix dahurica* var. *cajanderi* (Mayr) Staf., Kosmos (Lvov) 38: 1296 (1913); *Larix komarovii* Kolesn., Mat. Hist. Fl. et Veg. USSR. Fasc. 2: 356 (1946); *Larix middendorffii* Kolesn., Mat. Hist. Fl. et Veg. USSR. Fasc. 2: 358 (1946); *Larix dahurica* f. *denticulata* Liou et Q. L. Wang, Ill. Man. Woody Pl. N. E. China 547 (1955); *Larix dahurica* f. *macrocarpa* Liou et Q. L. Wang, Ill. Man. Woody Pl. N. E. China 547 (1955); *Larix dahurica* f. *glauca* Liou et Q. L. Wang, Ill. Man. Woody Pl. N. E. China 547 (1955); *Larix dahurica* f. *multilepis* Liou et Z. Wang in T. N. Liou, Ill. Fl. Lign. Pl. N. E. China 548 (1955); *Larix olgensis* var. *komarovii* (Kolesn.) Dylis, Larix Sib. Or. et Extrem. Or.: 202 (1961); *Larix gmelinii* f. *pubibasis* Yen C. Yang et S. C. Nie, Acta Phytotax. Sin. 9: 173 (1964); *Larix gmelinii* f. *macrocarpa* (Liou et Q. L. Wang) Yen C. Yang et Y. L. Chou, Acta Phytotax. Sin. 9: 172 (1964); *Larix gmelinii* var. *hsinganica* Yen C. Yang et Y. L. Chou, Acta Phytotax. Sin. 9: 177, pl. 21 (1964); *Larix gmelinii* var. *hsinganica* Yen C. Yang et Y. L. Chou, Acta Phytotax Sin. 9: 177 (1964); *Larix heilingensis* Yen C. Yang et Y. L. Chou, Acta Phytotax. Sin. 9 (2): 173-174, pl. 19 (1964); *Larix ledebourii* (Rupr.) Cinovskis, Bot. Sady Pribaltiki Okhrana Rast.: 140 (1977); *Larix dahurica* var. *heilingensis* (Yen C. Yang et Y. L. Chou) Kitag., Neo-Lineam. Fl. Manshur.: 47 (1979); *Larix gmelinii* subsp. *cajanderi* (Mayr) Kozhevn., Novosti Sist. Vyssh. Rast. 18: 233 (1981); *Larix olgensis* var. *heilingensis* (Yen C. Yang et Y. L. Chou) Y. L. Chou, Ligneous Fl. Heilongjiang: 40 (1986); *Larix gmelinii* f. *hsinganica* (Yen C. Yang et Y. L. Chou) Y. L. Chou, Ligneous Fl. Heilongjiang: 36 (1986); *Larix gmelinii* var. *cajanderi* (Mayr) Silba, Phytologia 68: 36 (1990); *Larix gmelinii* var. *genhensis* S. Y. Li et K. T. Adair, Sida 16 (1): 183 (1994); *Larix gmelinii* f. *genhensis* (S. Y. Li et K. T. Adair) L. K. Fu et Nan Li, Novon 7 (3): 262 (1997); *Larix gmelinii* subsp. *genhensis* (S. Y. Li et K. T. Adair) Silba, J. Int. Conifer Preserv. Soc. 15: 50 (2008); *Larix dahurica* subsp. *cajanderi* (Mayr) Nikolin, Turczaninowia 12 (3-4): 69 (2009), no basionym ref.

内蒙古；朝鲜、蒙古、俄罗斯（远东地区）。

黄花落叶松

Larix gmelinii var. **olgensis** (A. Henry) Ostenf. et Syrach, Pflanzenareale 2: 62 (1930).

Larix olgensis A. Henry, Gard. Chron., III, 57: 109 (1915); *Larix dahurica* var. *koreana* Nakai in M. Tozawa et T. Nakai, Atlas Geogr. Dist. Korean Woody Pl. Bamboos 1: 1 (1929); *Larix lubarskii* Sukaczev, Trudy Issl. Lesn. Khoz. Lesn. Promysl. 10: 9 (1931); *Larix olgensis* var. *koreana* (Nakai) Nakai, Chosen Sanrin Kaihô 165: 32 (1938); *Larix olgensis* f. *viridis* Nakai, Chosen Sanrin Kaihô 165: 31 (1938); *Larix gmelinii* var. *koreana* (Nakai) Uyeki, Woody Pl. Distr. Chôsen: 4 (1940); *Larix olgensis* var. *intermedia* Taken., Bull. Beaur. Infom. Centr. China 17: 8 (1942); *Larix amurensis* Kolesn. ex Dylis, Larix Sib. Or. et Extrem. Or.: 198 (1961); *Larix olgensis* var. *changpaiensis* Yen C. Yang et Y. L. Chou, Acta Phytotax. Sin. 9: 169 (1964); *Larix olgensis* f. *intermedia* Yen C. Yang et S. C. Nie, Acta Phytotax Sin. 9: 172 (1964); *Larix olgensis* f. *pubibasis* Yen C. Yang et S. C. Nie, Acta Phytotax Sin. 9: 172 (1964); *Larix olgensis* var. *amurensis* (Kolesn. ex Dylis) Kitag., Neo-Lineam. Fl. Manshur.: 47 (1979); *Larix gmelinii* subsp. *olgensis* (A. Henry) A. E. Murray, Kalmia 12: 21 (1982).

吉林、辽宁；朝鲜、俄罗斯。

华北落叶松

●**Larix gmelinii** var. **principis-rupprechtii** (Mayr) Pilg. in H. G. A. Engler, Nat. Pflanzenfam. ed. 2, 13: 327 (1926).

Larix principis-rupprechtii Mayr, Fremdländ. Wald-Parkbäume: 309 (1906); *Larix dahurica* var. *principis-rupprechtii* (Mayr) Rehder et E. H. Wilson in C. S. Sargent, Pl. Wilson. 2: 21 (1914); *Larix wulingschanensis* Liou et Z. Wang in T. N. Liou, Ill. Fl. Lign. Pl. N. E. China 547 (1958); *Larix principis-rupprechtii* var. *wulingschanensis* (Liou et Q. L. Wang) Kitag., Neo-Lineam. Fl. Manshur. 48 (1979); *Larix gmelinii* subsp. *principis-rupprechtii* (Mayr) A. E. Murray, Kalmia 12: 21 (1982); *Larix principis-rupprechtii* var. *pendula* D. S. Zhang et Y. M. Chen, J. Bejing Forest. Univ. 10 (2): 113 (1988); *Larix gmelinii* f. *pendula* (D. S. Zhang et Y. M. Chen) L. K. Fu et Nan Li, Novon 7: 261 (1997).

河北、山西、河南。

藏红杉

Larix griffithii Hook. f., Himal. J. 2: 44 (1854).

Abies griffithiana Lindl. et Gordon, J. Hort. Soc. London 5: 214 (1850), nom. nud.; *Larix griffithiana* Carrière, Traité Gén. Conif.: 278 (1855); *Pinus griffithii* (Hook. f.) Parl. in A. P. de Candolle, Prodr. 16 (2): 411 (1868), nom. illeg.; *Larix sikkimensis* Hook. ex Gordon, Pinetum, ed. 2: 171 (1875), nom. inval.; *Pinus griffithiana* (Carrière) Voss, Mitt. Deutsch. Dendrol. Ges. 16: 93 (1907); *Larix kongboensis* R. R. Mill, Novon 9: 79 (1999); *Larix griffithii* subsp. *kongboensis* (R. R. Mill) Silba, J. Int. Conifer Preserv. Soc. 15: 51 (2008).

西藏；不丹、尼泊尔、印度。

日本落叶松

☆**Larix kaempferi** (Lamb.) Carrière, J. Gén. Hort. 11: 97 (1856).

Pinus kaempferi Lamb., Descr. Pinus. 2: 5 (Pref.) (1824); *Abies kaempferi* (Lamb.) Lindl., Penny Cyclop. 1: 34 (1833); *Larix leptolepis* (Siebold et Zucc.) Gordon, Pinetum 128 (1858); *Pseudolarix kaempferi* (Lamb.) Gordon, Pinetum: 292 (1858); *Laricopsis kaempferi* (Lamb.) A. H. Kent in H. J. Veitch, Man. Conif., new ed. 403 (1900); *Larix leptolepis* var. *louchanensis* Ferré et Augère, Bull. Soc. Hist. Nat. Toulouse 78: 137-140 (1943); *Larix kaempferi* cv. *glabrescens* C. Wang et S. Y. Zhang, Bull. Bot. Res. 5 (2): 156 (1985).

栽培于黑龙江、辽宁、河北、山东、河南、江西；原产于日本。

四川红杉（四川落叶松）

●**Larix mastersiana** Rehder et E. H. Wilson in C. S. Sargent, Pl. Wilson. 2 (1): 19-21 (1914).

Larix griffithii var. *mastersiana* (Rehder et E. H. Wilson) Silba, Phytologia 7: 39 (1984); *Larix griffithiana* var. *mastersiana* (Rehder et E. H. Wilson) Silba, J. Int. Conifer Preserv. Soc. 7: 26 (2000).

四川。

红杉

Larix potaninii Batalin, Trudy Imp. S.-Peterburgsk. Bot. Sada. 13 (2): 385 (1894).

陕西、甘肃、四川、云南、西藏；尼泊尔。

红杉（原变种）

●**Larix potaninii** var. **potaninii**

Pinus griffithii McClell., Not. Pl. Asiat. 4: 17 (1854); *Larix thibetica* Franch., J. Bot. (Morot) 13 (9): 262 (1899); *Larix griffithii* Mast., J. Linn. Soc. Bot. 26: 558 (1902); *Pinus griffithiana* (Carrière) Voss, Mitt. Deutsch. Dendrol. Ges. 1907 (16): 93 (1907); *Larix potaninii* var. *australis* Hand.-Mazz., Symb. Sin. 7: 14 (1929).

甘肃、四川、云南。

大果红杉

●**Larix potaninii** var. **australis** A. Henry ex Hand.-Mazz., Symb. Sin. 7 (1): 14 (1929).

四川、云南、西藏。

秦岭红杉

●**Larix potaninii** var. **chinensis** (Voss) L. K. Fu et Nan Li, Novon. 7 (3): 262 (1997).

Larix chinensis Beissn., Mitt. Deutsch. Dendrol. Ges. 5: 68 (1896), nom. illeg.; *Pinus chinensis* Voss in K. Putlitz et L. Meyer, Landlexikon 4: 769 (1913); *Larix potaninii* subsp. *chinensis* (Voss) Silba, J. Int. Conifer Preserv. Soc. 15: 52 (2008).

陕西。

喜马拉雅红杉（喜马拉雅红落叶松）

Larix potaninii var. **himalaica** (W. C. Cheng et L. K. Fu) Farjon et Silba, Phytologia 68: 37 (1990).

Larix himalaica W. C. Cheng et L. K. Fu, Acta Phytotax. Sin. 13 (4): 84, pl. 26, f. 1-6 (1975); *Larix potaninii* subsp. *himalaica* (W. C. Cheng et L. K. Fu) Silba, J. Int. Conifer Preserv. Soc. 15: 52 (2008).

西藏；尼泊尔。

大果红杉

●**Larix potaninii** var. **macrocarpa** Y. W. Law, Acta Phytotax. Sin. 13 (4): 84 (1975).

Larix potaninii subsp. *macrocarpa* (Y. W. Law) Silba, J. Int. Conifer Preserv. Soc. 15: 52 (2008).

四川、云南。

西伯利亚落叶松（西伯利亚落叶松，俄国落叶松）

Larix sibirica Ledeb., Fl. Altaic. 4: 204 (1833).

Pinus larix var. *russica* Endl., Syn. Conif. 134 (1847); *Larix decidua* var. *sibirica* (Ledeb.) Regel, Gartenflora 20: 101, pl. 684, f. 1-2 (1871); *Larix russica* (Endl.) Sabine ex Trautv., Trudy Imp. S.-Peterburgsk. Bot. Sada. 9 (1): 212 (1884); *Larix decidua* subsp. *sibirica* (Ledeb.) Domin, Acta Bot. Bohem. 10: 6 (1931).

新疆；蒙古、俄罗斯（欧洲部分至远东地区）。

怒江红杉

●**Larix speciosa** W. C. Cheng et Y. W. Law, Acta Phytotax. Sin. 13 (4): 84 (1975).

Larix griffithiana var. *speciosa* (W. C. Cheng et Y. W. Law) Silba, Phytologia 68: 37 (1990); *Larix griffithii* var. *speciosa* (W. C. Cheng et Y. W. Law) Farjon, World Checklist Bibliogr. Conifers 139 (1998); *Larix griffithii* subsp. *speciosa* (W. C. Cheng et Y. W. Law) Silba, J. Int. Conifer Preserv. Soc. 15: 51 (2008).

云南、西藏。

长苞铁杉属 **Nothotsuga** Hu ex C. N. Page

长苞铁杉（贵州杉，铁油杉）

●**Nothotsuga longibracteata** (W. C. Cheng) H. H. Hu ex C. N. Page, Notes Roy. Bot. Gard. Edinburgh 45: 390 (1988 publ. 1989).

Tsuga longibracteata W. C. Cheng, Contr. Biol. Lab. Sci. Soc. China, Bot. ser. 7: 1 (1932); × *Tsugo-keteleeria longibracteata* (W. C. Cheng) Van Campo et Gaussen, Trav. Lab. Forest. Toulouse 1 (4) 24: 6 (1948); *Hesperopeuce longibracteata* (W. C. Cheng) W. C. Cheng, Forestry 1: 32. f. 13 (1961); *Nothotsuga longibracteata* subsp. *fanjingshenensis* Silba, J. Int. Conifer Preserv. Soc. 18: 8 (2011).

江西、湖南、贵州、福建、广东、广西。

云杉属 **Picea** A. Dietr.

欧洲云杉

☆**Picea abies** (L.) H. Karst., Deut. Fl. 325 (1881).

Pinus abies L., Sp. Pl. 2: 1002 (1753); *Pinus excelsa* Lam., Fl. Francoise 2: 202 (1778); *Picea excelsa* (Lam.) Link, Linnaea 15: 517 (1841).

栽培于北京、山东、江西等地；原产于欧洲。

云杉（茂县云杉，茂县杉，异鳞云杉）

●**Picea asperata** Mast., J. Linn. Soc. Bot. 37 (262): 419 (1906).

陕西、宁夏、甘肃、青海、四川。

云杉（原变种）

●**Picea asperata** var. **asperata**

Picea gemmata Rehder et E. H. Wilson in C. S. Sargent, Pl. Wilson. 2 (1): 24 (1916).

陕西、宁夏、甘肃、青海、四川。

裂鳞云杉

●**Picea asperata** var. **notabilis** Rehder et E. H. Wilson in C. S. Sargent, Pl. Wilson. 2: 23 (1914).

Picea heterolepis Rehder et E. H. Wilson in C. S. Sargent, Pl. Wilson. 2: 24 (1914); *Picea notabilis* (Rehder et E. H. Wilson) Lacass., Trav. Lab. Forest. Toulouse 1 (3, 1): 180 (1932); *Picea asperata* var. *heterolepis* (Rehder et E. H. Wilson) Rehder, Man. Cult. Trees, ed. 2: 24 (1940); *Picea asperata* subsp. *notabilis* (Rehder et E. H. Wilson) Silba, J. Int. Conifer Preserv. Soc. 15: 53 (2008); *Picea asperata* subsp. *heterolepis* (Rehder et E. H. Wilson) Silba, J. Int. Conifer Preserv. Soc. 15: 53

(2008).
四川。

大果云杉（灌县云杉）

•**Picea asperata** var. **ponderosa** Rehder et E. H. Wilson in C. S. Sargent, Pl. Wilson. 2: 23 (1914).

Picea ponderosa (Rehder et E. H. Wilson) Lacass., Trav. Lab. Forest. Toulouse 1 (3; 1): 203 (1932); *Picea asperata* subsp. *ponderosa* (Rehder et E. H. Wilson) Silba, J. Int. Conifer Preserv. Soc. 15: 54 (2008).

四川。

白皮云杉

•**Picea aurantiaca** Mast., J. Linn. Soc. Bot. 37 (262): 420 (1906).

Picea asperata var. *aurantiaca* (Mast.) Boom, Ned. Pendrol. ed. 10: 96 (1978).

四川、西藏(?)。

麦吊云杉（麦吊杉，川云杉，垂枝云杉）

Picea brachytyla (Franch.) E. Pritz., Bot. Jahrb. Syst. 29: 216 (1900).

Abies brachytyla Franch., J. Bot. (Morot) 13 (8): 258 (1899).

河南、湖北、陕西、甘肃、四川、云南、西藏；不丹、缅甸北部。

麦吊云杉（原变种）

•**Picea brachytyla** var. **brachytyla**

Picea ajanensis Mast., Gard. Chron., n.s., 12: 115 (1879), nom. illeg.; *Picea pachyclada* Patschke, Bot. Jahrb. Syst. 48: 630 (1913); *Picea ascendens* Patschke, Bot. Jahrb. Syst. 48: 632 (1913); *Picea sargentiana* Rehder et E. H. Wilson in C. S. Sargent, Pl. Wilson. 2 (1): 35 (1914); *Picea brachytyla* var. *rhombisquamea* Stapf, Bot. Mag. 148: sub pl. 8969 (1923); *Picea brachytyla* var. *latisquamea* Stapf, Bot. Mag. 148: sub pl. 8969 (1923); *Picea brachytyla* var. *pachyclada* (Patschke) Silba, Phytologia 68 (1): 39 (1990); *Picea brachytyla* subsp. *pachyclada* (Patschke) Silba, J. Int. Conifer Preserv. Soc. 15: 54 (2008).

河南、陕西、甘肃、湖北、四川、西藏、云南。

油麦吊云杉（油麦吊杉，美条杉，米条云杉）

Picea brachytyla var. **complanata** (Mast.) W. C. Cheng ex Rehder, Man. Cult. Trees 30 (1940).

Picea complanata Mast., Gard. Chron. ser. 3, 39: 146, f. 57 (1906); *Picea ascendens* Patschke, Bot. Jahrb. Syst. 48: 632 (1913); *Picea brachytyla* f. *rhombisquamea* Stapf, Bot. Mag. 148: pl. 8969 (1923); *Picea brachytyla* var. *ascendens* (Patschke) Silba, J. Int. Conifer Preserv. Soc. 7: 28 (2000); *Picea brachytyla* subsp. *complanata* (Mast.) Silba, J. Int. Conifer Preserv. Soc. 15: 54 (2008); *Picea brachytyla* subsp. *ascendens* (Patschke) Silba, J. Int. Conifer Preserv. Soc. 15: 54 (2008).

四川、云南、西藏；不丹、缅甸。

青海云杉

•**Picea crassifolia** Kom., Bot. Mater. Gerb. Glavn. Bot. Sada S. S. S. R. 4 (23-24): 177 (1923).

内蒙古、宁夏、甘肃、青海。

缅甸云杉

Picea farreri C. N. Page et Rushforth, Notes Roy. Bot. Gard. Edinburgh 38 (1): 130 (1980).

Picea brachytyla var. *farreri* (C. N. Page et Rushforth) Eckenw., Conifers World 647 (2009).

云南；缅甸。

鱼鳞云杉

Picea jezoensis (Siebold et Zucc.) Carrière, Traité Gén. Conif. 255 (1855).

Abies jezoensis Siebold et Zucc., Fl. Jap. 2 (2): 19, pl. 110 (1842).

黑龙江、吉林、内蒙古；日本、朝鲜、俄罗斯。

长白鱼鳞云杉（长白鱼鳞松）

Picea jezoensis var. **komarovii** (V. N. Vassil.) W. C. Cheng et L. K. Fu, Fl. Reipubl. Popularis Sin. 7: 161, pl. 38, f. 10-15 (1978).

Picea komarovii V. N. Vassil., Bot. Zhurn. (Moscow et Leningrad) 35 (5): 504 (1950); *Picea jezoensis* subsp. *komarovii* (V. N. Vassil.) Silba, J. Int. Conifer Preserv. Soc. 15: 56 (2008).

吉林；朝鲜、俄罗斯。

兴安鱼鳞云杉（鱼鳞松，鱼鳞杉）

Picea jezoensis var. **microsperma** (Lindl.) W. C. Cheng et L. K. Fu, Fl. Reipubl. Popularis Sin. 7: 159, pl. 38, f. 1-9 (1978).

Abies microsperma Lindl., Gard. Chron. 22 (1861); *Picea ajanensis* Fisch. ex Carrière, Reise Sibir. 1 (2): 87, pl. 22-24 (1856); *Picea microsperma* (Lindl.) Carrière, Traité Gén. Conif. 1: 339 (1867); *Picea ajanensis* var. *microsperma* (Lindl.) Mast., Gard. Chron., n.s., 12: 115 (1879); *Pinus jezoensis* f. *microsperma* (Lindl.) Voss in K. Putlitz et L. Meyer, Landlexikon 4: 772 (1913); *Picea kamtchatkensis* Lacass., Bull. Soc. Hist. Nat. Toulouse 58: 637 (1929); *Picea manshurica* Nakai, J. Jap. Bot. 19 (8): 251 (1943); *Picea jezoensis* var. *ajanensis* (Fisch. ex Carrière) W. C. Cheng et L. K. Fu,

Fl. Reipubl. Popularis Sin. 7: 162 (1978); *Picea jezoensis* subsp. *microsperma* (Lindl.) Silba, J. Int. Conifer Preserv. Soc. 15: 56 (2008).
黑龙江、吉林、内蒙古；日本、俄罗斯。

红皮云杉（红皮臭，虎尾松，高丽云杉）

Picea koraiensis Nakai, Bot. Mag. (Tokyo) 33: 195 (1919).
Picea intercedens Nakai, J. Jap. Bot. 17 (1): 4, pl. 4 (1941); *Picea tonaiensis* Nakai, J. Jap. Bot. 17 (1): 1 (1941); *Picea koyamae* var. *koraiensis* (Nakai) Liou et Q. L. Wang, Ill. Man. Woody Pl. N. E. China 88 (1955); *Picea pungsanensis* var. *intercedens* (Nakai) T. Lee, Ill. Woody Pl. Korea: 234 (1966); *Picea koraiensis* var. *tonaiensis* (Nakai) T. Lee, Ill. Woody Pl. Korea: 234 (1966); *Picea koraiensis* var. *intercedens* (Nakai) Y. L. Chou et S. L. Tung in Y. L. Chou, Ligneous Fl. Heilongjiang: 49 (1986); *Picea koraiensis* var. *intercedens* (Nakai) Y. L. Chou, Bull. Bot. Res. 7 (2): 142 (1987); *Picea koraiensis* var. *nenjiangensis* S. Q. Nie et X. Y. Yuan, Bull. Bot. Res., Harbin 24: 129 (2004); *Picea koraiensis* subsp. *tonaiensis* (Nakai) Silba, J. Int. Conifer Preserv. Soc. 15: 57 (2008).
黑龙江、吉林、辽宁；朝鲜、俄罗斯东部。

丽江云杉（丽江杉）

Picea likiangensis (Franch.) E. Pritz., Bot. Jahrb. 29: 217 (1900).
Abies likiangensis Franch., J. Bot. (Morot) 13 (8): 257 (1899).
四川、云南、西藏；不丹。

丽江云杉（原变种）

Picea likiangensis var. **likiangensis**
Picea yunnanensis Lacass., Trav. Lab. Forest. Toulouse 1 (3; 1): 246 (1934); *Picea likiangensis* var. *bhutanica* Silba, Phytologia 68: 41 (1990); *Picea likiangensis* var. *forrestii* Silba, Phytologia 68: 41 (1990); *Picea likiangensis* subsp. *bhutanica* (Silba) Silba, J. Int. Conifer Preserv. Soc. 15: 57 (2008); *Picea likiangensis* subsp. *forrestii* (Silba) Silba, J. Int. Conifer Preserv. Soc. 15: 57 (2008).
四川、云南、西藏；不丹。

黄果云杉（黄果杉）

•**Picea likiangensis** var. **hirtella** (Rehder et E. H. Wilson) W. C. Cheng, Taxon. Chin. Trees. 40 (1937).
Picea hirtella Rehder et E. H. Wilson in C. S. Sargent, Pl. Wilson. 2: 32 (1914), nom. illeg.; *Picea balfouriana* var. *hirtella* (Rehder et E. H. Wilson) W. C. Cheng, Res. Bull. Forest. Inst. Natl. Centr. Univ. Dendroi. ser. 1: 3 (1947); *Picea purpurea* var. *hirtella* (W. C. Cheng) Silba, Phytologia 68: 44 (1990); *Picea purpurea* subsp. *hirtella* (W. C. Cheng) Silba, J. Int. Conifer Preserv. Soc. 15: 59 (2008); *Picea purpurea* subsp. *pseudohirtella* Silba, J. Int. Conifer Preserv. Soc. 17: 3 (2010), nom. superfl.
四川、西藏。

川西云杉

•**Picea likiangensis** var. **rubescens** Rehder et E. H. Wilson in C. S. Sargent, Pl. Wilson. 2 (1): 31 (1916).
Tsuga balfouriana W. R. McNab, J. Linn. Soc., Bot. 19: 211 (1882), nom. invalid; *Picea balfouriana* Rehder et E. H. Wilson in C. S. Sargent, Pl. Wilson. 2: 30 (1914); *Picea sikangensis* W. C. Cheng, Contr. Biol. Lab. Sci. Soc. China, Bot. Ser. 6: 33 (1931); *Picea likiangensis* var. *balfouriana* (Rehder et E. H. Wilson) Hillier, Rep. Conif. Conf. Roy. Hort. Soc. London. 1931: 232 (1932); *Picea balfouriana* f. *bicolor* Shi Chen, Acta Phytotax. Sin. 20 (4): 409 (1982); *Picea balfouriana* f. *bicolor* Shi Chen, Acta Phytotax. Sin. 20 (4): 409 (1982); *Picea purpurea* var. *balfouriana* (Rehder et E. H. Wilson) Silba, Phytologia 68 (1): 44 (1990); *Picea likiangensis* subsp. *balfouriana* (Rehder et E. H. Wilson) Rushforth, Int. Dendrol. Soc. Year Book 1998: 61 (1999); *Picea purpurea* subsp. *balfouriana* (Rehder et E. H. Wilson) Silba, J. Int. Conifer Preserv. Soc. 15: 59 (2008); *Picea likiangensis* subsp. *rubescens* (Rehder et E. H. Wilson) Silba, J. Int. Conifer Preserv. Soc. 15: 58 (2008).
青海、四川、西藏。

林芝云杉

•**Picea linzhiensis** (W. C. Cheng et L. K. Fu) Rushforth, Int. Dendrol. Soc. Year Book 2007: 48 (2008).
Picea likiangensis var. *linzhiensis* W. C. Cheng et L. K. Fu, Acta Phytotax. Sin. 13 (4): 83 (1975); *Picea likiangensis* f. *bicolor* W. C. Cheng et L. K. Fu, Acta Phytotax. Sin. 13 (4): 84 (1975); *Picea likiangensis* subsp. *linzhiensis* (W. C. Cheng et L. K. Fu) Silba, J. Int. Conifer Preserv. Soc. 15: 57 (2008).
四川、云南、西藏。

白扦

Picea meyeri Rehder et E. H. Wilson in C. S. Sargent, Pl. Wilson. 2: 28 (1914).
Picea meyeri var. *mongolica* H. Q. Wu, Bull. Bot. Res., Harbin 6 (2): 153 (1986); *Picea meyeri* var. *pyramidalis* H. W. Jen et C. G. Bai, J. Beijing Forest. Univ. 17: 95 (1995); *Picea meyeri* f. *pyramidalis* (H. W. Jen et C. G.

Bai) L. K. Fu et Nan Li, Novon 7: 262 (1997); *Picea mongolica* (H. Q. Wu) W. D. Xu, Bull. Bot. Res. 14 (1): 66. (1994); *Picea meyeri* subsp. *mongolica* (H. Q. Wu) Silba, J. Int. Conifer Preserv. Soc. 15: 58 (2008).
内蒙古、河北、山西、陕西。

康定云杉（瘦叶杉，高山云杉）

•**Picea montigena** Mast., Gard. Chron. ser. 3, 39: 146, f. 56 (1906).
Picea likiangensis var. *montigena* (Mast.) W. C. Cheng, Taxon. Chin. Trees 40 (1937); *Picea likiangensis* subsp. *montigena* (Mast.) Silba, J. Int. Conifer Preserv. Soc. 15: 57 (2008).
四川。

台湾云杉（松萝杜，白松柏）

•**Picea morrisonicola** Hayata, J. Coll. Sci. Imp. Univ. Tokyo 25 (19): 220 (1908).
台湾。

大果青扦（青扦杉，紫树，爪松）

•**Picea neoveitchii** Mast., Gard. Chron. ser. 3, 33: 116, f. 50-51 (1903).
山西、河南、陕西、甘肃、湖北、四川。

新疆云杉（西伯利亚云杉）

Picea obovata Ledeb., Fl. Altaic. 4: 201 (1833).
Abies obovata (Ledeb.) Loudon, Arbor. Frutic. Brit. 4: 2329 (1838); *Pinus obovata* (Ledeb.) Turcz., Bull. Soc. Imp. Naturalistes Moscou 11: 101 (1838); *Pinus abies* var. *obovata* (Ledeb.) Andersson ex A. Murray bis in E. J. Ravenscroft, Pinet. Brit. 2: 162 (1868); *Picea vulgaris* var. *altaica* Tepl., Bull. Soc. Imp. Naturalistes Moscou. 41: 250 (1869); *Abies excelsa* var. *obovata* (Ledeb.) K. Koch, Dendrol. 2 (2): 238 (1873); *Picea excelsa* var. *obovata* (Ledeb.) Blytt, Norges Flora. 2: 391 (1874); *Pinus abies* f. *obovata* (Ledeb.) Voss, Mitt. Deutsch. Dendrol. Ges. 16: 93 (1907); *Picea abies* var. *obovata* (Ledeb.) Lindq., Acta Horti Berg. 14 (8): 307 (1948); *Picea abies* subsp. *obovata* (Ledeb.) Hultén, Svensk Bot. Tidskr. 43: 388 (1949).
新疆；哈萨克斯坦、蒙古、俄罗斯。

紫果云杉（紫果杉）

•**Picea purpurea** Mast., J. Linn. Soc. Bot. 37 (262): 418 (1906).
Picea likiangensis var. *purpurea* (Mast.) Dallim. et A. B. Jacks., Handb. Conif. 334 (1923); *Picea purpurea* subsp. *purdomii* Silba, J. Int. Conifer Preserv. Soc. 18: 6 (2011).
甘肃、青海、四川。

鳞皮云杉

•**Picea retroflexa** Mast., J. Linn. Soc., Bot. 37: 420 (1906).
Picea asperata var. *retroflexa* (Mast.) W. C. Cheng in R. Chen, Taxon. Chin. Trees: 38 (1937); *Picea aurantiaca* var. *retroflexa* (Mast.) C. T. Kuan et L. J. Zhou, Fl. Sichuanica 2: 71 (1983); *Picea gemmata* Rehder et E. H. Wilson in C. S. Sargent, Pl. Wilson. 2: 24 (1914).
青海、四川。

天山云杉（雪岭杉，雪岭云杉）

Picea schrenkiana subsp. **tianschanica** (Rupr.) Bykov, Izv. Akad. Nauk Kazakhsk. S. S. R., Ser. Bot. Pochvov. 5: 22 (1950).
Picea morinda subsp. *tianschanica* (Rupr.) Berezin, Bot. Zhurn. (Moscow et Leningrad) 50: 493 (1970); *Picea prostrata* Isakov, Fl. Kirgiz. 10: 374 (1962); *Picea schrenkiana* var. *tianschanica* (Rupr.) W. C. Cheng et S. H. Fu in W. C. Cheng et L. K. Fu, Fl. Reipubl. Popul. Sin. 7: 146 (1978); *Picea tianschanica* Rupr., F. von der Osten-Saken, Sert. Tianschan.: 72 (1869).
新疆；吉尔吉斯斯坦。

长叶云杉（长叶杉）

Picea smithiana (Wall.) Boiss., Fl. Orient. 5: 700 (1884).
Pinus smithiana Wall., Pl. Asiat. Rar. 3: 24, pl. 246 (1832); *Abies smithiana* (Wall.) Lindl., Penny Cyclop. 1: 31 (1833); *Pinus khutrow* Royle ex Turra, Ill. Bot. Himal. Mts. 350, 353, pl. 84, f. 1 (1839); *Abies khutrow* (Royle ex Turra) Loudon, Encycl. Trees Shrubs: 1032 (1842); *Picea morinda* Link, Linnaea 15: 522 (1842); *Pinus pendula* Griff., J. Trav. 1: 287 (1847), nom. illeg.; *Abies morinda* (Link) Wender., Pfl. Bot. Gärt. 1 (Conif.): 16 (1851); *Picea khutrow* (Royle ex Turra) Carrière, Traité Gén. Conif. 258 (1855); *Pinus morinda* Gordon, Pinetum: 12 (1858), nom. inval.; *Picea smithiana* var. *pendula* Sénécl., Conifères: 32 (1868); *Picea smithiana* var. *nepalensis* Franco, Enum. Fl. Pl. Nepal 1: 26 (1978); *Picea smithiana* subsp. *nepalensis* (Franco) Silba, J. Int. Conifer Preserv. Soc. 15: 60 (2008).
西藏；尼泊尔、印度、克什米尔、巴基斯坦、阿富汗。

喜马拉雅云杉（喜马拉雅云杉，喜马拉雅杉）

Picea spinulosa (Griff.) A. Henry, Gard. Chron. ser. 3, 39: 219, f. 84 (1906).
Abies spinulosa Griff., J. Trav. Arkansa Terr. 1: 259, 265, 275 (1847); *Pinus spinulosa* (Griff.) Griff., Not.

Pl. Asiat. 4: 17 (1854); *Picea morindoides* Rehder, Trees et Shrubs 1: 95, pl. 48 (1902); *Picea spinulosa* var. *yatungensis* Silba, Phytologia 68: 45 (1990); *Picea spinulosa* var. *pseudobrachytyla* Silba, Phytologia 68: 45 (1990); *Picea spinulosa* subsp. *yatungensis* (Silba) Silba, J. Int. Conifer Preserv. Soc. 15: 60 (2008); *Picea spinulosa* subsp. *pseudobrachytyla* (Silba) Silba, J. Int. Conifer Preserv. Soc. 15: 60 (2008).
西藏；不丹、尼泊尔、印度。

日本云杉（虎尾云杉）

☆**Picea torano** (Siebold ex K. Koch) Koehne, Traité Gén. Conif.: 256 (1855).
Abies polita Siebold et Zucc., Fl. Jap. 2: 20 (1842).
栽培于北京、山东、浙江；原产于日本。

青扦（刺儿松，黑扦松，白扦松）

•**Picea wilsonii** Mast., Gard. Chron. ser. 3, 33: 133, f. 55, 56 (1903).
Picea wilsonii var. *shanxiensis* Silba, Phytologia 68: 46 (1890); *Picea watsoniana* Mast., J. Linn. Soc. Bot. 37 (262): 419 (1906); *Picea mastersii* Mayr, Fremdländ. Wald-Parkbäume: 328 (1906); *Picea wilsonii* var. *watsoniana* (Mast.) Silba, Phytologia 68: 46 (1990); *Picea fricksii* Silba, J. Int. Conifer Preserv. Soc. 6: 32 (1999); *Picea shennongjianensis* Silba, J. Int. Conifer Preserv. Soc. 6: 34 (1999); *Picea wilsonii* subsp. *watsoniana* (Mast.) Silba, J. Int. Conifer Preserv. Soc. 15: 61 (2008); *Picea wilsonii* subsp. *shanxiensis* (Silba) Silba, J. Int. Conifer Preserv. Soc. 15: 61 (2008).
内蒙古、河北、山西、陕西、甘肃、青海、湖北、四川。

松属 Pinus L.

华山松（白松，五须松，果松）

Pinus armandii Franch., Nouv. Arch. Mus. Hist. Nat. ser. 2, 7: 95, pl. 12 (1884).
山西、河南、陕西、甘肃、安徽、湖北、四川、贵州、云南、西藏、台湾、海南；缅甸。

华山松（原变种）

Pinus armandii var. **armandii**
Pinus scipioniformis Mast., Bull. Herb. Boissier 6: 270 (1898); *Pinus levis* Lemée et H. Lév., Repert. Spec. Nov. Regni Veg. 8: 60 (1910); *Pinus excelsa* var. *chinensis* Patschke, Bot. Jahrb. Syst. 48: 657 (1913); *Pinus armandii* var. *farjonii* Silba, J. Int. Conifer Preserv. Soc. 7: 29 (2000); *Pinus armandii* subsp. *yuana* Silba, J. Int. Conifer Preserv. Soc. 15: 29 (2008); *Pinus armandii* subsp. *farjonii* (Silba) Silba, J. Int. Conifer Preserv. Soc. 16: 15 (2009).
山西、河南、陕西、甘肃、湖北、四川、贵州、云南、西藏、海南；缅甸。

大别五针松

•**Pinus armandii** var. **dabeshanensis** (W. C. Cheng et Y. W. Law) Silba, Phytologia 68: 47 (1990).
Pinus dabeshanensis W. C. Cheng et Y. W. Law, Acta Phytotax. Sin. 13 (4): 85 (1975); *Pinus fenzeliana* var. *dabeshanensis* (W. C. Cheng et Y. W. Law) L. K. Fu et Nan Li, Novon. 7 (3): 262 (1997); *Pinus armandii* subsp. *dabeshanensis* (W. C. Cheng et Y. W. Law) Silba, J. Int. Conifer Preserv. Soc. 16: 15 (2009).
河南、安徽、湖北。

台湾果松

•**Pinus armandii** var. **mastersiana** (Hayata) Hayata, J. Coll. Sci. Imp. Univ. Tokyo 25 (19): 217, f. 8 (1908).
Pinus mastersiana Hayata, Gard. Chron. ser. 3, 43: 194 (1908).
台湾。

北美短叶松（短叶松）

☆**Pinus banksiana** Lamb., Descr. Gen. Pin. 7, pl. 3 (1803).
栽培于黑龙江、辽宁、北京、山东、河南、江苏、江西；原产于北美洲。

不丹松

Pinus bhutanica Grierson, Notes Roy. Bot. Gard. Edinburgh. 38 (2): 299 (1980).
Pinus wallichiana subsp. *bhutanica* (Grierson, D. G. Long et C. N. Page) Businský, Acta Pruhon. 68: 10 (1999); *Pinus bhutanica* var. *ludlowii* Silba, J. Int. Conifer Preserv. Soc. 7: 29 (2000); *Pinus bhutanica* subsp. *ludlowii* (Silba) Silba, J. Int. Conifer Preserv. Soc. 16: 16 (2009).
云南、西藏；不丹、印度。

白皮松（白骨松，三针松，白果松）

•**Pinus bungeana** Zucc. ex Endl., Syn. Conif. 166 (1847).
Pinus excorticata Lindl. et Gordon, J. Hort. Soc. London 5: 217 (1850).
山东、山西、河南、陕西、甘肃、江苏、湖北、四川。

加勒比松（古巴松）

☆**Pinus caribaea** Morelet, Rev. Hort. Cote d'Or 1: 107 (1851).
栽培于江苏、江西、福建、广东、广西；原产于中美洲加勒比地区。

高山松（西康油松，西康赤松）

●**Pinus densata** Mast., J. Linn. Soc. Bot. 37 (262): 416 (1906).

Pinus prominens Mast., J. Linn. Soc. Bot. 37 (262): 417 (1906); *Pinus wilsonii* Shaw in C. S. Sargent, Pl. Wilson. 1 (1): 3 (1911); *Pinus sinensis* var. *densata* (Mast.) Shaw in C. S. Sargent, Pl. Wilson. 2 (1): 17 (1914); *Pinus tabuliformis* var. *densata* (Mast.) Rehder, J. Arnold Arbor. 7 (1): 23 (1926); *Pinus densata* subsp. *tibetica* Businský, Harvard Pap. Bot. 13: 12 (2008).

青海、四川、云南、西藏。

赤松(兴凯赤松，长白赤松，美人松，长果赤松)

Pinus densiflora Siebold et Zucc., Fl. Jap. 2 (3): 22 (1842).

Pinus scopifera Miq., Syst. Verz. (Zollinger) 82 (1854); *Pinus funebris* Kom., Trudy Imp. S.-Peterburgsk. Bot. Sada. 20: 117 (1901); *Pinus takahasii* Nakai, Bull. Forest Soc. Korea. 167: 32 (1939); *Pinus densiflora* f. *sylvestriformis* Taken., J. Jap. Forest. Soc. 24: 120, f. 1 (1942); *Pinus densiflora* var. *funebris* (Kom.) Liou et Q. L. Wang, Ill. Man. Woody Pl. N. E. China 98 (1955); *Pinus densiflora* var. *ussuriensis* Liou et Z. Wang, Ill. Fl. Lign. Pl. N.-E. China 98, 548 (1955); *Pinus densiflora* var. *liaotungensis* Liou et Q. L. Wang, Ill. Man. Woody Pl. N. E. China 98 (1958); *Pinus densiflora* var. *brevifolia* Liou et Z. Wang, Ill. Man. Woody Pl. N. E. China 98 (1958); *Pinus ussuriensis* (Liou et Z. Wang) W. C. Cheng et Y. W. Law, Dendrol. China 1: 206 (1961); *Pinus sylvestris* var. *sylvestriformis* (Taken.) W. C. Cheng et C. D. Chu, Fl. Reipubl. Popularis Sin. 7: 246, 248 (1978); *Pinus densiflora* f. *liaotungensis* (Liou et Q. L. Wang) Kitag., Neolin. Fl. Manshur. 50 (1979); *Pinus densiflora* f. *ussuriensis* (Liou et Z. Wang) Kitag., Neolin. Fl. Manshur. 50 (1979); *Pinus densiflora* var. *sylvestriformis* (Taken.) Q. L. Wang, Checklist of plants in Changbai Mt. 49 (1982); *Pinus densiflora* var. *zhangwuensis* S. J. Zhang, C. X. Li et X. Y. Yuan, Bull. Bot. Res. 15 (3): 338-341 (1995); *Pinus densiflora* subsp. *zhangwuensis* (S. J. Zhang, C. X. Li et X. Y. Yuan) Silba, J. Int. Conifer Preserv. Soc. 16: 38 (2009); *Pinus densiflora* subsp. *funebris* (Kom.) Silba, J. Int. Conifer Preserv. Soc. 16: 19 (2009).

黑龙江、吉林、辽宁；俄罗斯。

萌芽松

☆**Pinus echinata** Mill., Gard. Dict., ed. 8: Pinus no. 12 (1768).

栽培于江苏、浙江、福建；原产于北美洲。

湿地松

☆**Pinus elliottii** Engelm., Trans. Acad. Sci. St. Louis 4 (1): 186, pl. 1-3 (1880).

栽培于安徽、江苏、浙江、江西、湖北、湖南、云南、福建、台湾、广东、广西、澳门；原产于美国。

华南五针松（海南五针松，粤松）

Pinus fenzeliana Hand.-Mazz., Oesterr. Bot. Z. 80 (4): 337 (1931).

Pinus kwangtungensis Chun ex Tsiang, Sunyatsenia 7: 113 (1948); *Pinus parviflora* var. *fenzeliana* (Hand.-Mazz.) C. L. Wu, Acta Phytotax. Sin. 5 (3): 143-144, pl. 24, f. 9 (1956); *Pinus wangii* var. *kwangtungensis* (Chun ex Tsiang) Silba, Phytologia 68: 64 (1990); *Pinus kwangtungensis* var. *varifolia* Nan Li et Y. C. Zhong, Novon 7: 262 (1997); *Pinus wangii* subsp. *varifolia* (Nan Li et Y. C. Zhong) Businský, Acta Pruhon. 68: 11 (1999); *Pinus wangii* subsp. *kwangtungensis* (Chun ex Tsiang) Businský, Acta Pruhon. 68: 11 (1999); *Pinus fenzeliana* var. *annamiensis* Silba, J. Int. Conifer Preserv. Soc. 7: 30 (2000); *Pinus eremitana* Businský, Willdenowia 34: 234 (2004); *Pinus armandii* var. *fenzeliana* (Hand.-Mazz.) Eckenw., Conifers World: 647 (2009); *Pinus fenzeliana* subsp. *annamiensis* (Silba) Silba, J. Int. Conifer Preserv. Soc. 16: 21 (2009); *Pinus fenzeliana* subsp. *kwangtungensis* (Chun ex Tsiang) Silba, J. Int. Conifer Preserv. Soc. 16: 21 (2009); *Pinus parviflora* var. *kwangtungensis* (Chun ex Tsiang) Eckenw., Conifers World: 647 (2009); *Pinus fenzeliana* subsp. *varifolia* (Nan Li et Y. C. Zhong) Silba, J. Int. Conifer Preserv. Soc. 16: 38 (2009).

河南、安徽、湖北、贵州、四川、广东、广西、海南；越南。

脆果松

●**Pinus fragilissima** Businsky, Novon 13 (3): 282, f. 1 (2003).

Pinus taiwanensis var. *fragilissima* (Businský) Farjon, Handb. World's Conifers 2: 770 (2010).

台湾。

西藏白皮松

Pinus gerardiana Wall. ex D. Don in A. B. Lambert, Descr. *Pinus*, ed. 3, 2: 144 (1832).

西藏；阿富汗、印度、克什米尔、巴基斯坦。

巴山松

●**Pinus henryi** Mast., J. Linn. Soc. Bot. 26 (179-180): 550 (1902).

Pinus massoniana var. *henryi* (Mast.) C. L. Wu, Acta

Phytotax. Sin. 5 (3): 153, pl. 25, f. 14 (1956); *Pinus tabuliformis* var. *henryi* (Mast.) C. T. Kuan, Fl. Sichuan. 2: 113 (1983); *Pinus massoniana* var. *wulingensis* C. J. Qi et Q. Z. Lin, Bull. Bot. Res. 8 (3): 143, pl. 1 (1988).
陕西、湖南、湖北、四川、重庆。

黄山松

Pinus hwangshanensis W. Y. Hsia, Contr. Inst. Bot. Natl. Acad. Peiping 4: 155 (1936).
Pinus luchuensis var. *hwangshanensis* (W. Y. Hsia) C. L. Wu, Acta Phytotax Sin. 5 (3): 158 (1956); *Pinus taiwanensis* var. *damingshanensis* W. C. Cheng et L. K. Fu, Acta Phytotax. Sin. 13 (4): 85 (1975); *Pinus luchuensis* subsp. *hwangshanensis* (W. Y. Hsia) D. Z. Li, Edinburgh J. Bot. 54: 341 (1997); *Pinus taiwanensis* subsp. *damingshanensis* (W. C. Cheng et L. K. Fu) Silba, J. Int. Conifer Preserv. Soc. 16: 35 (2009).
河南、安徽、江苏、江西、浙江、湖北、湖南、贵州、云南、福建、广西。

卡西亚松

Pinus kesiya Royle ex Gordon, Loud. Gard. Mag. 16: 8 (1840).
Pinus khasyana Griff., Itin. Pl. Khasyah Mts.: 58 (1848); *Pinus kasya* Parl. in A. P. de Candolle, Prodr. 16 (2): 390 (1868); *Pinus khasia* Engelm., Trans. Acad. Sci. St. Louis 4: 179 (1880); *Pinus khasya* Hook. f., Fl. Brit. India 5: 652 (1888); *Pinus insularis* var. *khasyana* (Griff.) Silba, Phytologia 68: 51 (1990).
四川、云南、西藏；缅甸、柬埔寨、老挝、越南、泰国、印度、马来西亚、菲律宾。

卡西亚松（原变种）

Pinus kesiya var. **kesiya**
Pinus cavendishiana Parl. in A. P. de Candolle, Prodr. 16 (2): 390 (1868), nom. inval.
四川、云南、西藏；缅甸、柬埔寨、老挝、越南、泰国、印度、马来西亚、菲律宾。

思茅松

Pinus kesiya var. **langbianensis** (A. Chev.) Gaussen ex Bui, Adansonia, n.s., 2: 338 (1962).
Pinus langbianensis A. Chev., Rev. Bot. Appl. Agric. Trop. 24: 25 (1944); *Pinus insularis* var. *langbianensis* (A. Chev.) Silba, Phytologia 68: 51 (1990); *Pinus kesiya* subsp. *insularis* (Endl.) D. Z. Li, Edinburgh J. Bot. 54: 346 (1997); *Pinus kesiya* subsp. *langbianensis* (A. Chev.) Silba, J. Int. Conifer Preserv. Soc. 16: 24 (2009); *Pinus kesiya* subsp. *szemaoensis* Silba, J. Int. Conifer Preserv. Soc., Rev. vers. 16 (1): 52 (51) (2009).
云南；越南、老挝、泰国、菲律宾。

红松（海松，果松，韩松）

Pinus koraiensis Siebold et Zucc., Fl. Jap. 2: 28, pl. 116, f. 5-6 (1842).
Pinus mandschurica Rupr., Bull. Cl. Phys.-Math. Acad. Imp. Sci. Saint-Pétersbourg. 15: 382 (1857); *Strobus koraiensis* (Siebold et Zucc.) Moldenke, Revista Sudamer. Bot. 6: 30 (1939); *Apinus koraiensis* (Siebold et Zucc.) Moldenke, Phytologia 4 (2): 125 (1952); *Pinus prokoraiensis* Y. T. Zhao, J. M. Lu et A. G. Gu, Bull. Bot. Lab. N. E. Forest. Inst., Harbin 10 (4): 69 (1990).
黑龙江、吉林；日本、朝鲜、韩国、俄罗斯东部。

南亚松（越南松，南洋二针松）

Pinus latteri Mason, J. Asiat. Soc. Bengal 18 (1): 74 (1849).
Pinus ikedai Yamam., Contr. Fl. Hainanensis. 1: 20, pl. 1 (1943); *Pinus tonkinensis* A. Chev., Rev. Int. Bot. Appl. Agric. Trop. 24: 29 (1944); *Pinus merkusii* var. *tonkinensis* (A. Chev.) Gaussen ex Bui, Trav. Lab. Forest. Toulouse 2, 1 (11): 56, 148 (1960); *Pinus merkusii* var. *latteri* (Mason) Silba, Phytologia 68 (1): 53 (1990); *Pinus merkusii* subsp. *latteri* (Mason) D. Z. Li, Edinburgh J. Bot. 54 (3): 346 (1997).
广东、广西、海南；越南、老挝、缅甸、柬埔寨、泰国。

马尾松

●**Pinus massoniana** Lamb., Descr. Pinus 1: pl. 12 (1803).
Pinea massoniana (Lamb.) Opiz, Oekon. Neuigk. Verh. 1839: 526 (1839).
河南、陕西、安徽、江苏、江西、浙江、湖南、湖北、贵州、四川、云南、福建、台湾、广东、广西、海南、澳门。

马尾松（原变种）

●**Pinus massoniana** var. **massoniana**
Pinus sinensis D. Don in A. B. Lambert, Descr. Pinus, ed. 2, 1: 47 (1828); *Pinus nepalensis* J. Forbes, Pinet. Woburn.: 34 (1839); *Pinus canaliculata* Miq., J. Bot. Néerl. 1: 86 (1861); *Pinus massoniana* var. *planiceps* A. Murray ex Mast., J. Linn. Soc., Bot. 26: 551 (1902); *Pinus argyi* Lemée et H. Lév., Repert. Spec. Nov. Regni Veg. 8: 60 (1910); *Pinus argyi* var. *longivaginans* H. Lév., Repert. Spec. Nov. Regni Veg. 8: 60 (1910); *Pinus cavaleriei* Lemée et H. Lév., Repert. Spec. Nov. Regni Veg. 8: 60 (1910); *Pinus crassicorticea* Y. C. Zhong et K. X. Huang, Guihaia 10 (4): 287 (1990); *Pinus crassicorticea* Y. C. Zhong et K. X. Huang, Guihaia 10: 287

(1990); *Pinus massoniana* var. *shaxianensis* D. X. Zhou, Bull. Bot. Res., Harbin 11 (3): 41 (1991).
河南、陕西、安徽、浙江、江苏、江西、湖南、湖北、四川、贵州、云南、福建、台湾、广东、广西、澳门。

雅加松

●**Pinus massoniana** var. **hainanensis** W. C. Cheng et L. K. Fu, Acta Phytotax. Sin. 13 (4): 85 (1975).
Pinus massoniana subsp. *hainanensis* (W. C. Cheng et L. K. Fu) Silba, J. Int. Conifer Preserv. Soc. 16: 26 (2009).
海南。

台湾五针松（台湾松，台湾白松，台湾五须松）

●**Pinus morrisonicola** Hayata, Gard. Chron. ser. 3, 43: 194 (1908).
Pinus formosana Hayata, J. Linn. Soc. Bot. 38 (266): 297, pl. 22 (1908); *Pinus uyematsui* Hayata, Icon. Pl. Formosan. 3: 192-193, pl. 35 (1913); *Pinus parviflora* var. *morrisonicola* (Hayata) C. L. Wu, Acta Phytotax. Sin. 5 (3): 141-143, pl. 24, f. 8 (1956).
台湾。

欧洲黑松

☆**Pinus nigra** J. F. Arnold, Steyerm. 8 et tab. (1785).
栽培于辽宁、北京、山东、江苏、江西、浙江、湖北；原产于亚洲西南部、非洲、欧洲。

直叶五针松

Pinus orthophylla Businsky, Willdenowia 34: 229 (2004).
湖南、广东、广西、海南；越南。

长叶松（大王松）

☆**Pinus palustris** Mill., Gard. Dict., ed. 8: Pinus no. 14 (1768).
Pinus longifolia Salisb., Prodr. Stirp. Chap. Allerton 398 (1796); *Pinus australis* F. Michx., Hist. Arbr. Forest. 1: 64 (1810).
栽培于山东、江苏、江西、浙江、福建；原产于北美洲。

日本五针松（日本五须松，五钗松）

☆**Pinus parviflora** Siebold et Zucc., Fl. Jap. 2: 27, pl. 115 (1842).
广泛栽培于长江流域、山东；原产于朝鲜半岛、日本。

海岸松

☆**Pinus pinaster** Aiton, Hortus Kew. (W. Aiton) 3: 367 (1789).
栽培于江苏、江西；原产于地中海中西部。

西黄松（美国黄松，美国长三叶松）

☆**Pinus ponderosa** C. Lawson, Agric. Man. 354 (1836).
栽培于辽宁、河南、江苏、江西；原产于北美洲。

偃松（爬松，矮松，千叠松）

Pinus pumila (Pall.) Regel, Index Sem. [St. Petersburg]. 1858: 23 (1859).
Pinus cembra var. *pumila* Pall., Fl. Ross. (Pallas) 1 (1): 5, pl. 2, f. f-h (1784); *Pinus cembra* var. *pygmaea* Loudon, Arbor. Frutic. Brit. 4: 2276 (1838); *Pinus pumila* f. *auriamentata* Y. N. Lee, Bull. Korea Pl. Res. 7: 14 (2007).
黑龙江、吉林、辽宁、内蒙古；日本、朝鲜、蒙古北部、俄罗斯东部。

刚松（美国短三叶松，萌芽松，硬叶松）

☆**Pinus rigida** Mill., Gard. Dict., ed. 8: Pinus no. 10 (1768).
栽培于辽宁、山东、江苏、江西、福建；原产于美国西南部。

西藏长叶松（喜马拉雅长叶松）

Pinus roxburghii Sarg., Silva 11: 9 (1897).
西藏；印度、克什米尔、尼泊尔、不丹、巴基斯坦。

晚松

☆**Pinus serotina** Michx., Fl. Bor.-Amer. 2: 205 (1803).
栽培于江苏、江西、浙江等地；原产于北美洲。

西伯利亚五针松（西伯利亚红松）

Pinus sibirica Du Tour, Dict. Sci. Nat., ed. 2, 18: 18 (1803).
Pinus cembra subsp. *sibirica* (Du Tour) Krylov, Fl. Altai Gov. Tomsk 7: 1724 (1914); *Pinus hingganensis* H. J. Zhang, Bull. Bot. Lab. N. E. Forest. Inst., Harbin 5 (1): 151 (1985); *Pinus sibirica* var. *hingganensis* (H. J. Zhang) Silba, Phytologia 68 (1): 61 (1990).
黑龙江、内蒙古、新疆；哈萨克斯坦、蒙古、俄罗斯东部。

巧家五针松

●**Pinus squamata** X. W. Li, Acta Bot. Yunnan. 14 (3): 259 (1992).
Pinus bungeana subsp. *squamata* (X. W. Li) Silba, J. Int. Conifer Preserv. Soc. 16: 17 (2009).
云南。

北美乔松（美国五针松，美国白松）

☆**Pinus strobus** L., Sp. Pl. 2: 1001 (1753).
栽培于辽宁、北京、江苏、江西；原产于北美洲。

欧洲赤松

Pinus sylvestris L., Sp. Pl. 2: 1000 (1753).
黑龙江、吉林、内蒙古、栽培于辽宁、北京；哈萨克斯坦、蒙古、俄罗斯亚洲部分、欧洲。

欧洲赤松（原变种）

Pinus sylvestris var. **sylvestris**

黑龙江、吉林、内蒙古、栽培于辽宁、北京；哈萨克斯坦、蒙古、俄罗斯亚洲部分、欧洲。

樟子松（海拉尔松）

Pinus sylvestris var. **mongolica** Litv., Sched. Herb. Fl. Ross. 5: 160 (1905).

Pinus yamazutai Uyeki, J. Chosen Nat. Hist. Soc. 9: 20 (1929); *Pinus sylvestris* var. *manguiensis* S. Y. Li et K. T. Adair, Sida. 16 (1): 183-184 (1994).

黑龙江、内蒙古；蒙古、俄罗斯亚洲部分。

油松

Pinus tabuliformis Carrière, Traité Gén. Conif. ed. 2: 510 (1867).

Pinus densiflora var. *tabuliformis* (Carrière) Mast., J. Linn. Soc. Bot. 26: 549 (1902).

吉林、辽宁、内蒙古、河北、山东、山西、河南、湖北、湖南、陕西、宁夏、甘肃、青海、四川；朝鲜。

油松（原变种）

●**Pinus tabuliformis** var. **tabuliformis**

Pinus sinensis D. Don, Descr. Pinus, ed. 2. 1: 47, pl. 29 (1828); *Pinus leucosperma* Maxim., Bull. Acad. Imp. Sci. Saint-Pétersbourg 16: 558 (1881); *Pinus taihangshanensis* Hu et T. Y. Yao, Bull. Fan Mem. Inst. Biol. 6: 167 (1935); *Pinus tokunagai* Nakai, Rep. Exped. Manchoukuo Sect. IV, Pt. 2, Contr. Cogn. Fl. Manshuricae 4 (2): 164, pl. 19, f. 24 (1935); *Pinus tabuliformis* var. *bracteata* Takenouchi, Bull. Exper. Forest. 4: 1, f. 1 (1942); *Pinus tabuliformis* var. *tokunagai* (Nakai) Taken., J. Jap. Forest. Soc. 24: 123 (1942); *Pinus tabuliformis* f. *purpurea* Liou et Z. Wang, Ill. Man. Woody Pl. N. E. China 97, 548 (1955); *Pinus tabuliformis* f. *jeholensis* Liou et Z. Wang, Fl. Pl. Herb. Chin. Bor.-Or. 548 (1955); *Pinus tabuliformis* f. *densa* Q. Q. Liu et H. Y. Ye, Bull. Bot. Res. North-East. Forest. Univ. 13 (3): 220 (1993).

吉林、辽宁、内蒙古、河北、山东、山西、河南、陕西、宁夏、甘肃、青海、四川。

黑皮油松

Pinus tabuliformis var. **mukdensis** (Uyeki ex Nakai) Uyeki, J. Chosen Nat. Hist. Soc. 3: 45 (1925).

Pinus mukdensis Uyeki ex Nakai, Bot. Mag. (Tokyo) 33: 195 (1919); *Pinus tabuliformis* subsp. *mukdensis* (Uyeki ex Nakai) Businský, Acta Pruhon. 68: 26 (1999).

吉林、辽宁、河北；朝鲜。

扫帚油松

●**Pinus tabuliformis** var. **umbraculifera** Liou et Z. Wang, Ill. Man. Woody Pl. N. E. China 97, 548 (1958).

Pinus tabuliformis f. *umbraculifera* (Liou et Q. L. Wang) Q. L. Wang, in Fl. Liaoningica 1: 156 (1988); *Pinus tabuliformis* subsp. *umbraculifera* (Liou et Z. Wang) Silba, J. Int. Conifer Preserv. Soc. 16: 35 (2009).

辽宁、河北。

火炬松

☆**Pinus taeda** L., Sp. Pl. 2: 1000 (1753).

栽培于河南、安徽、江苏、江西、浙江、湖南、湖北、福建、台湾、广东、广西；原产于北美洲。

台湾松（长穗松，台湾二针松）

●**Pinus taiwanensis** Hayata, J. Coll. Sci. Imp. Univ. Tokyo 30 (1): 307-308 (1911).

Pinus brevispica Hayata, Icon. Pl. Formosan. 3: 191 (1913); *Pinus luchuensis* subsp. *taiwanensis* (Hayata) D. Z. Li, Edinburgh J. Bot. 54 (3): 342 (1997); *Pinus luchuensis* var. *shenkanensis* Silba, J. Int. Conifer Preserv. Soc. 6: 26 (1999); *Pinus luchuensis* subsp. *shenkanensis* (Silba) Silba, J. Int. Conifer Preserv. Soc. 16: 25 (2009).

河南、安徽、江苏、江西、浙江、湖南、湖北、贵州、云南、福建、台湾、广西。

黑松（日本黑松）

☆**Pinus thunbergii** Parl. in A. P. de Candolle, Prodr. 16 (2): 388 (1868).

Pinus thunbergiana (Parl.) Franco, Anais Inst. Super. Agron. 16: 130 (1949).

栽培于辽宁、北京、山东、江苏、江西、浙江、湖北、云南等地；原产于韩国、日本。

热带松

☆**Pinus tropicalis** Morelet, Rev. Hort. Côte d''Or 1: 106 (1885).

栽培于广东；原产于古巴。

矮松

☆**Pinus virginiana** Mill., Gard. Dict., ed. 8: *Pinus* no. 9 (1768).

栽培于江苏、江西；原产于美国。

乔松

Pinus wallichiana A. B. Jacks., Bull. Misc. Inform. Kew. 1938 (2): 85 (1938).

云南、西藏；缅甸、不丹、尼泊尔、印度、克什米尔、巴基斯坦、阿富汗。

毛枝五针松（云南五针松，滇南松）

Pinus wangii Hu et W. C. Cheng, Bull. Fan Mem. Inst.

Biol. Bot., n.s. 1 (2): 191 (1948).

Pinus parviflora var. *wangii* (Hu et W. C. Cheng) Eckenw., Conifers World: 647 (2009).

云南；越南。

云南松（青松，飞松，长毛松）

●**Pinus yunnanensis** Franch., J. Bot. (Morot) 13 (8): 253 (1899).

Pinus sinensis var. *yunnanensis* (Franch.) Shaw, Sargentia 2: 17 (1914); *Pinus tabuliformis* var. *yunnanensis* (Franch.) Dallim. et A. B. Jacks., Handb. Conif. 3: 563 (1948); *Pinus insularis* var. *yunnanensis* (Franch.) Silba, Phytologia Memoirs. 7: 52 (1984); *Pinus kesiya* subsp. *yunnanensis* (Franch.) Businský, Acta Pruhon. 68: 24 (1999).

贵州、四川、云南、西藏、广西。

云南松（原变种）

●**Pinus yunnanensis** var. **yunnanensis**

Pinus yunnanensis var. *tenuifolia* W. C. Cheng et Y. W. Law, Acta Phytotax. Sin. 13 (4): 85 (1975); *Pinus insularis* var. *tenuifolia* (W. C. Cheng et Y. W. Law) Silba, Phytologia 68 (1): 51 (1990); *Pinus yunnanensis* subsp. *tenuifolia* (W. C. Cheng et Y. W. Law) Silba, J. Int. Conifer Preserv. Soc. 16: 37 (2009).

贵州、云南、西藏、广西。

地盘松

●**Pinus yunnanensis** var. **pygmaea** (J. R. Xue) J. R. Xue, Fl. Reipubl. Popularis Sin. 7: 258 (1978).

Pinus densata var. *pygmaea* J. R. Xue, Acta Phytotax. Sin. 13 (4): 85 (1975); *Pinus tabuliformis* var. *pygmaea* (J. R. Xue) Silba, Phytologia 68: 63 (1990).

四川、云南。

金钱松属 Pseudolarix Gordon

金钱松

●**Pseudolarix amabilis** (J. Nelson) Rehder, J. Arnold Arbor. 1 (1): 53 (1919).

Larix amabilis J. Nelson, Pinaceae 84 (1866); *Pseudolarix fortunei* Mayr, Monogr. Abiet. Japan. Reich: 99 (1890); *Pseudolarix pourtetii* Ferré, Trav. Lab. Forest. Toulouse 4 (4): 1, f. 1-11. 12A (1944); *Chrysolarix amabilis* (J. Nelson) H. E. Moore, Baileya 13 (3): 133 (1965).

江西、浙江、湖南、福建。

黄杉属 Pseudotsuga Carrière

短叶黄杉

●**Pseudotsuga brevifolia** W. C. Cheng et L. K. Fu, Acta Phytotax. Sin. 13 (4): 83, pl. 16 (1975).

Pseudotsuga sinensis var. *brevifolia* (W. C. Cheng et L. K. Fu) Farjon et Silba, Phytologia 68: 71 (1990); *Pseudotsuga sinensis* subsp. *brevifolia* (W. C. Cheng et L. K. Fu) Silba, J. Int. Conifer Preserv. Soc. 15: 63 (2008).

贵州、广西。

华东黄杉

●**Pseudotsuga gaussenii** Flous, Bull. Soc. Hist. Nat. Toulouse 69: 417, f. 1-11 (1936).

Pseudotsuga sinensis var. *gaussenii* (Flous) Silba, Phytologia 68: 71 (1990); *Pseudotsuga sinensis* subsp. *gaussenii* (Flous) Silba, J. Int. Conifer Preserv. Soc. 15: 63 (2008).

安徽、浙江。

大果黄杉（大果花旗松）

☆**Pseudotsuga macrocarpa** (Vasey) Mayr, Wald. Nordamer.: 278, pl. 6, 8, 9 (1899).

Abies macrocarpa Vasey, Gard. Monthly et Hort. 18: 21 (1876).

栽培于江西；原产于北美洲。

花旗松

☆**Pseudotsuga menziesii** (Mirb.) Franco, Conif. Duarum Nominibus: 4 (1950).

Abies menziesii Mirb., Mém. Mus. Hist. Nat. 13: 63, 70 (1825).

栽培于北京、江西；原产于北美洲。

黄杉（短片花旗松，罗汉松澜沧黄杉，湄公黄杉，长片花旗松）

●**Pseudotsuga sinensis** Dode, Bull. Soc. Dendrol. France 23-24: 58 (1912).

Pseudotsuga wilsoniana Hayata, Icon. Pl. Formosan. 5: 204-206, pl. 15 (1915); *Pseudotsuga forrestii* Craib, Notes Roy. Bot. Gard. Edinburgh. 11 (55): 189, pl. 160 (1919); *Pseudotsuga salvadori* Flous, Bull. Soc. Hist. Nat. Toulouse 69: 419, f. 1-13 (1936); *Pseudotsuga xichangensis* C. T. Kuan et L. J. Zhou, Fl. Sichuan. 2: 54 (1983); *Pseudotsuga wilsoniana* subsp. *forrestii* (Craib) A. E. Murray, Kalmia 14: 17 (1984); *Pseudotsuga shaanxiensis* S. Z. Qu et K. Y. Wang, Acta Bot. Boreal.-Occid. Sin. 8 (2): 129 (1988); *Pseudotsuga sinensis* var. *gaussenii* (Flous) Silba, Phytologia 68: 71 (1990); *Pseudotsuga sinensis* var. *forrestii* (Craib) Silba, Phytologia 68: 72 (1990); *Pseudotsuga sinensis* var. *wilsoniana* (Hayata) L. K. Fu et Nan Li, Novon. 7 (3): 263 (1997); *Pseudotsuga sinensis* subsp. *forrestii* (Craib) Silba, J. Int. Conifer Preserv. Soc. 15: 63 (2008).

陕西、安徽、江西、浙江、湖南、湖北、四川、贵州、云南、福建、台湾。

铁杉属 **Tsuga** (Endl.) Carrière

铁杉

●**Tsuga chinensis** (Franch.) Pritz., Bot. Jahrb. Syst. 29 (2): 217 (1900).

Abies chinensis Franch., J. Bot. (Morot) 13 (8): 259-260 (1899); *Tsuga dumosa* var. *chinensis* (Franch.) E. Pritz., Bot. Jahrb. Syst. 29 (2): 217 (1900).

河南、陕西、甘肃、安徽、江西、浙江、湖南、湖北、四川、贵州、云南、西藏、福建、台湾、广东、广西。

铁杉（原变种）

●**Tsuga chinensis** var. **chinensis**

Tsuga formosana Hayata, Gard. Chron. ser. 3, 43: 194 (1908); *Tsuga patens* Downie, Notes Roy. Bot. Gard. Edinburgh. 14 (67): 16, pl. 194, f. 6 (1923); *Tsuga tchekiangensis* Flous, Bull. Soc. Hist. Nat. Toulouse 69: 6, f. 1-12 (1936); *Tsuga chinensis* var. *formosana* (Hayata) H. L. Li et H. Keng, Taiwania 5: 64, pl. 19 (1954); *Tsuga chinensis* var. *daibuensis* S. S. Ying, Bull. Exp. Forest Natl. Taiwan Univ. 114: 150 (1974); *Tsuga chinensis* var. *tchekiangensis* (Flous) W. C. Cheng et L. K. Fu, Fl. Reipubl. Popularis Sin. 7: 119 (1978); *Tsuga chinensis* subsp. *patens* (Downie) E. Murray, Kalmia 12: 26 (1982); *Tsuga chinensis* var. *patens* (Downie) L. K. Fu et Nan Li, Novon 7 (3): 263 (1997).

河南、陕西、甘肃、安徽、江西、浙江、湖南、湖北、四川、贵州、云南、西藏、福建、台湾、广东、广西。

大果铁杉

●**Tsuga chinensis** var. **robusta** W. C. Cheng et L. K. Fu, Acta Phytotax. Sin. 13 (4): 83, pl. 18, f. 11-15 (1975).

湖北、四川。

云南铁杉（云南栂，硬栂，高山栂）

Tsuga dumosa (D. Don) Eichler, Nat. Pflanzenfam. 2 (1): 80 (1887).

Pinus dumosa D. Don, Descr. Pinus. 2: 55 (1824); *Pinus brunoniana* Wall., Pl. Asiat. Rar. 3: 24, pl. 247 (1832); *Tsuga brunoniana* (Wall.) Carrière, Traité Gén. Conif. 188 (1855); *Abies yunnanensis* Franch., J. Bot. (Morot) 13 (8): 258 (1899); *Tsuga yunnanensis* (Franch.) E. Pritz., Bot. Jahrb. Syst. 29: 217 (1901); *Tsuga calcarea* Downie, Notes Roy. Bot. Gard. Edinburgh. 14 (67): 17, pl. 194, f. 3 (1923); *Tsuga dura* Downie, Notes Roy. Bot. Gard. Edinburgh. 14 (67): 16, pl. 194, f. 2 (1923); *Tsuga wardii* Downie, Notes Roy. Bot. Gard. Edinburgh. 14 (67): 17, pl. 17, f. 4 (1923); *Tsuga intermedia* Hand.-Mazz., Kaiserl. Akad. Wiss. Wien, Math.-Naturwiss. Kl., Denkschr. 61: 82 (1924); *Tsuga leptophylla* Hand.-Mazz., Kaiserl. Akad. Wiss. Wien, Math.-Naturwiss. Kl., Denkschr. 61: 83 (1924); *Tsuga chinensis* subsp. *wardii* (Downie) E. Murray, Kalmia 12: 26 (1982); *Tsuga yunnanensis* subsp. *dura* (Downie) E. Murray, Kalmia 12: 26 (1982); *Tsuga dumosa* var. *yunnanensis* (Franch.) Silba, Phytologia 68: 73 (1990).

四川、云南、西藏；越南、缅甸、印度、不丹、尼泊尔。

丽江铁杉

●**Tsuga forrestii** Downie, Notes Roy. Bot. Gard. Edinburgh. 14 (67): 18, pl. 194, f. 7 (1923).

Tsuga chinensis subsp. *forrestii* (Downie) A. E. Murray, Kalmia 12: 26 (1982); *Tsuga chinensis* var. *forrestii* (Downie) Silba, Phytologia 68: 72 (1990).

四川、贵州、云南。

矩鳞铁杉

●**Tsuga oblongisquamata** (W. C. Cheng et L. K. Fu) L. K. Fu et Nan Li, Novon. 7 (3): 263 (1997).

Tsuga chinensis var. *oblongisquamata* W. C. Cheng et L. K. Fu, Acta Phytotax. Sin. 13 (4): 83, pl. 18, f. 16-20 (1975); *Tsuga chinensis* subsp. *oblongisquamata* (W. C. Cheng et L. K. Fu) Silba, J. Int. Conifer Preserv. Soc. 15: 64 (2008).

甘肃、湖北、四川。

6. 南洋杉科 Araucariaceae [2 属：4 种]

贝壳杉属 **Agathis** Salisb.

贝壳杉

☆**Agathis dammara** (Lamb.) Rich. et A. Rich., Comment. Bot. Conif. Cyc. 83, pl. 19 (1826).

Pinus dammara Lamb., Descr. Pinus. 1: 61 (1803).

栽培于福建、广东；原产于马来西亚、印度尼西亚。

南洋杉属 **Araucaria** Juss.

大叶南洋杉（洋刺杉，澳洲南洋杉，披针叶南洋杉）

☆**Araucaria bidwillii** Hook., London J. Bot. 2: 503 (1843).

栽培于云南、福建、广东、广西；原产于澳大利亚东北部。

南洋杉

☆**Araucaria cunninghamii** Aiton ex D. Don, Descr.

Pinus, ed. 2. 3, pl. 79 (1837).

Eutassa cunninghamii (Aiton ex D. Don) Spach, Hist. Nat. Veg. (Spach) 11: 362 (1841).

栽培于云南、福建、广东、海南、澳门；原产于巴布亚新几内亚、澳大利亚。

异叶南洋杉（诺和克南洋杉）

☆**Araucaria heterophylla** (Salisb.) Franco, Anais Inst. Super. Agron. 19: 11 (1952).

Eutassa heterophylla Salisb., Trans. Linn. Soc. London 8: 316 (1807).

栽培于云南、福建、广东、海南、澳门；原产于澳大利亚（诺福克岛）。

7. 罗汉松科 Podocarpaceae [4 属：13 种]

鸡毛松属 **Dacrycarpus** (Endl.) de Laub.

鸡毛松

Dacrycarpus imbricatus (Blume) de Laub., J. Arnold Arbor. 50: 317 (1969).

Podocarpus imbricatus Blume, Enum. Pl. Javae: 89 (1827); *Bracteocarpus imbricatus* (Blume) A. V. Bobrov et Melikyan, Byull. Moskovsk. Obshch. Isp. Prir., Otd. Biol., n.s., 103 (1): 58 (1998).

云南、广西、海南、栽培于广东；越南、缅甸、老挝、柬埔寨、泰国、马来西亚、菲律宾、印度尼西亚、文莱、巴布亚新几内亚、斐济、太平洋岛屿（瓦努阿图）。

陆均松属 **Dacrydium** Sol. ex G. Forst.

陆均松

Dacrydium pectinatum de Laub., J. Arnold Arbor. 50 (2): 289 (1969).

Dacrydium pierrei Hickel, Bull. Soc. Dendrol. France 76: 74 (1930).

海南；印度尼西亚、菲律宾。

竹柏属 **Nageia** Gaertn.

长叶竹柏

Nageia fleuryi (Hickel) de Laubenfels, Blumea 32: 210 (1987).

Podocarpus fleuryi Hickel, Bull. Soc. Dendrol. France 1930: 75 (1930); *Decussocarpus fleuryi* (Hickel) de Laub., J. Arnold Arbor. 50: 355 (1969); *Podocarpus fleuryi* var. *parvifolia* Gaussen, Trav. Lab. Forest. Toulouse 1 (1, 1(2)) 21: 16, 22 (1976).

云南、台湾、广东、广西、海南；老挝、越南、柬埔寨。

竹柏

Nageia nagi (Thunb.) Kuntze, Revis. Gen. Pl. 2: 798 (1891).

Myrica nagi Thunb., Fl. Jap. 76 (1784); *Podocarpus nageia* R. Br. ex Mirb., Mém. Mus. Hist. Nat. 13: 75 (1825); *Podocarpus nagi* (Thunb.) Pilg. in H. G. A. Engler, Pflanzenr. Heft 18, 4 (5): 60 (1903); *Podocarpus formosensis* Dummer, Gard. Chron. ser. 3, 52: 295 (1912); *Podocarpus nankoensis* Hayata, Icon. Pl. Formosan. 7: 39-40 (1918); *Podocarpus nagi* var. *koshuensis* Kaneh., Trans. Nat. Hist. Soc. Taiwan 21: 145 (1931); *Podocarpus koshuensis* (Kaneh.) Kaneh., Formosan Trees (rev. ed.) 36 (1936); *Decussocarpus nagi* (Thunb.) de Laub., J. Arnold Arbor. 50 (3): 357 (1969); *Decussocarpus nagi* var. *formosensis* (Dummer) Silba, Phytologia 58 (6): 366 (1985); *Nageia formosensis* (Dummer) C. N. Page, Notes Roy. Bot. Gard. Edinburgh 45 (2): 382 (1988 publ. 1989); *Nageia nagi* var. *formosensis* (Dummer) Silba, Phytologia 68: 38 (1990).

浙江、湖南、四川、福建、台湾、广东、广西、海南；日本。

肉托竹柏

Nageia wallichiana (C. Presl) Kuntze, Revis. Gen. Pl. 2: 800 (1891).

Podocarpus wallichianus C. Presl, Abh. Königl. Böhm. Ges. Wiss., V, 3: 540 (1845); *Podocarpus latifolius* Blume, Enum. Pl. Javae: 89 (1827), nom. illeg.; *Podocarpus latifolius* Wall., Pl. Asiat. Rar. 1: 26 (1830), nom. illeg.; *Podocarpus blumei* Endl., Syn. Conif.: 208 (1847); *Podocarpus agathifolius* Blume, Rumphia 3: 217 (1847 publ. 1849), nom. superfl.; *Nageia blumei* (Endl.) Gordon, Pinetum: 135 (1858); *Nageia latifolia* Gordon, Pinetum: 138 (1858), nom. superfl.; *Decussocarpus wallichianus* (C. Presl) de Laub., J. Arnold Arbor. 50: 349 (1969).

云南；越南、老挝、缅甸、柬埔寨、菲律宾、泰国、马来西亚、印度尼西亚、巴布亚新几内亚、孟加拉国、印度。

罗汉松属 **Podocarpus** L'Hér. ex Pers.

海南罗汉松

Podocarpus annamiensis N. E. Gray, J. Arnold Arbor. 39: 451 (1958).

海南；越南、老挝、缅甸、柬埔寨、泰国、马来西亚、菲律宾、文莱、斐济、印度尼西亚、太平洋岛屿（所罗门群岛）、印度、尼泊尔。

短叶罗汉松

●**Podocarpus chinensis** (Roxb.) J. Forbes, Pinetum Woburn. 212 (1839).

Juniperus chinensis Roxb., Fl. Ind. ed. 1832, 3: 840 (1832), nom. illeg.; *Podocarpus macrophyllus* var. *maki* Siebold et Zucc., Abh. Math. Phys. Cl. Königl. Bayer. Akad. Wiss. 4 (3): 232 (1846); *Podocarpus japonicus* Siebold ex Endl., Syn. Conif. 217 (1847); *Podocarpus macrophyllus* var. *chinensis* (Wall. ex J. Forbes) Maxim., Mélanges Biol. Bull. Phys.-Math. Acad. Imp. Sci. Saint-Pétersbourg 7: 562 (1870); *Nageia chinensis* (Wall. ex J. Forbes) Kuntze, Revis. Gen. Pl. 2: 800 (1891); *Podocarpus macrophyllus* subsp. *maki* (Siebold et Zucc.) Pilg. in H. G. A. Engler, Pflanzenr. 45 (18): 80 (1903); *Nageia macrophylla* var. *maki* (Siebold et Zucc.) Voss, Mitt. Deutsch. Dendrol. Ges. 1907 (16): 90 (1907); *Myrica esquirolii* H. Lév., Repert. Spec. Nov. Regni Veg. 12 (341-345): 537 (1913); *Podocarpus chinensis* var. *maki* (Siebold et Zucc.) K. S. Hao, Fl. Gymnosperms China 27 (1945); *Margbensonia chinensis* (Wall. ex J. Forbes) A. V. Bobrov et Melikyan, Byull. Moskovsk. Obshch. Isp. Prir., Otd. Biol., n.s., 103 (1): 59 (1998); *Margbensonia maki* (Siebold et Zucc.) A. V. Bobrov et Melikyan, Byull. Mosk. Obshch. Isp. Prir. Biol. 103 (1): 60 (1998).

陕西、安徽、江苏、江西、湖南、湖北、四川、贵州、云南、福建、广西、澳门；日本。

柱冠罗汉松

●**Podocarpus chingianus** S. Y. Hu, Taiwania 10: 32 (1964).

Podocarpus macrophyllus var. *chingii* N. E. Gray, J. Arnold Arbor. 39: 474 (1958); *Margbensonia chingiana* (S. Y. Hu) A. V. Bobrov et Melikyan, Byull. Moskovsk. Obshch. Isp. Prir., Otd. Biol., n.s. 103 (1): 59 (1998).

江苏、浙江。

兰屿罗汉松

Podocarpus costalis C. Presl, Epimel. Bot.: 236 (1851).

台湾；菲律宾。

罗汉松

Podocarpus macrophyllus (Thunb.) Sweet, Hort. Suburb. Lond.: 211 (1818).

Taxus macrophylla Thunb. in J. A. Murray (ed.), Syst. Veg. ed. 14: 895 (1784); *Podocarpus verticillatus* G. Don in J. C. Loudon, Hort. Brit.: 388 (1830); *Taxus makoya* Forbes, Pinet. Woburn.: 218 (1839); *Podocarpus sweetii* C. Presl, Abh. Königl. Böhm. Ges. Wiss., V, 3: 540 (1845), nom. superfl.; *Podocarpus macrophyllus* var. *angustifolius* Blume, Rumphia. 3: 215 (1847); *Podocarpus canaliculatus* Carrière, Traité Gén. Conif., ed. 2: 659 (1867), nom. inval.; *Podocarpus macrophyllus* var. *rubra* Carrière, Traité Gén. Conif., ed. 2: 665 (1867); *Nageia macrophylla* (Thunb.) F. Muell., Select Pl., German ed.: 245 (1883); *Podocarpus macrophyllus* var. *albovariegatus* Pilg. in H. G. A. Engler, Pflanzenr., IV, 5: 80 (1903); *Podocarpus macrophyllus* var. *luteovariegatus* Pilg. in H. G. A. Engler, Pflanzenr., IV, 5: 80 (1903); *Podocarpus macrophyllus* f. *angustifolius* (Blume) Pilg. in H. G. A. Engler, Pflanzenr. 18 Heft, 4 (5): 80 (1903); *Podocarpus forrestii* Craib et W. W. Sm., Notes Roy. Bot. Gard. Edinburgh 12: 219 (1920); *Podocarpus macrophyllus* var. *piliramulus* Zhi X. Chen et Zhen Q. Li, Bull. Bot. Res., Harbin 9 (3): 69 (1989); *Margbensonia macrophylla* (Thunb.) A. V. Bobrov et Melikyan, Byull. Moskovsk. Obshch. Isp. Prir., Otd. Biol., n.s. 103 (1): 59 (1998); *Margbensonia sweetii* (C. Presl) A. V. Bobrov et Melikyan, Byull. Moskovsk. Obshch. Isp. Prir., Otd. Biol., n.s. 103 (1): 60 (1998), nom. superfl.; *Margbensonia forrestii* (Craib et W. W. Sm.) A. V. Bobrov et Melikyan, Byull. Moskovsk. Obshch. Isp. Prir., Otd. Biol., n.s., 103 (1): 60 (1998); *Podocarpus macrophyllus* subsp. *forrestii* (Craib et W. W. Sm.) Silba, J. Int. Conifer Preserv. Soc. 17: 14 (2010); *Podocarpus macrophyllus* subsp. *piliramulus* (Zhi X. Chen et Zhen Q. Li) Silba, J. Int. Conifer Preserv. Soc. 17: 14 (2010); *Podocarpus macrophyllus* subsp. *angustifolius* (Blume) Silba, J. Int. Conifer Preserv. Soc. 17: 14 (2010).

安徽、江苏、江西、浙江、湖南、湖北、四川、贵州、云南、福建、台湾、广东、广西；日本。

台湾罗汉松（百日青）

●**Podocarpus nakaii** Hayata, Icon. Pl. Formosan. 6: 66 (1916).

Podocarpus macrophyllus var. *nakaii* (Hayata) H. L. Li et H. Keng, Taiwania 5: 39 (1954).

台湾。

百日青

Podocarpus neriifolius D. Don, Descr. Pinus. 2: 21 (1824).

Podocarpus neglectus Blume, Rumphia. 3: 213 (1847); *Podocarpus discolor* Blume, Rumphia. 3: 213 (1847); *Podocarpus leptostachyus* Blume, Rumphia. 3: 214 (1847); *Podocarpus macrophyllus* var. *acuminatissimus* E. Pritz., Bot. Jahrb. Syst. 29: 213 (1900); *Margbensonia neriifolia* (D. Don) A. V. Bobrov et Melikyan,

Byull. Mosk. Obshch. Isp. Prir. Biol. 103 (1): 60 (1998).
江西、湖南、贵州、福建、广东、广西；越南、缅甸、老挝、柬埔寨、泰国、马来西亚、印度尼西亚、菲律宾、巴布亚新几内亚、太平洋岛屿、尼泊尔、不丹、印度。

小叶罗汉松

Podocarpus pilgeri Foxw., Philipp. J. Sci., C 2: 259 (1907).
Podocarpus celebicus Warb., Monsunia 1: 192 (1900), nom. illeg.; *Podocarpus schlechteri* Pilg., Bot. Jahrb. Syst. 54: 209 (1916); *Podocarpus wangii* C. C. Chang, Sunyatsenia 6: 26 (1941); *Podocarpus pilgeri* var. *thailandensis* Gaussen, Trav. Lab. Forest. Toulouse 1 (1, 1(2)) 21: 204 (1976); *Podocarpus tixieri* Gaussen ex Silba, J. Int. Conifer Preserv. Soc. 15: 34 (2008); *Podocarpus pilgeri* subsp. *wangii* (C. C. Chang) Silba, J. Int. Conifer Preserv. Soc. 17: 17 (2010).
云南、广东、广西、海南；越南、老挝、柬埔寨、泰国、菲律宾、文莱、印度尼西亚、巴布亚新几内亚。

8. 金松科 Sciadopityaceae [1 属：1 种]

金松属 **Sciadopitys** Siebold et Zucc.

金松

☆**Sciadopitys verticillata** (Thunb.) Siebold et Zucc., Fl. Jap. 2: 1, pl. 101-102 (1842).
Taxus verticillata Thunb., Syst. Veg., ed. 14 (J. A. Murray) ed. 14: 895 (1784); *Podocarpus verticillatus* (Thunb.) Wall. ex Steud., Nomencl. Bot., ed. 2 (Stendel) 2: 365 (1841).
栽培于山东、江苏、江西、上海、浙江、湖北；原产于日本。

9. 柏科 Cupressaceae [18 属：59 种]

翠柏属 **Calocedrus** Kurz

台湾翠柏（肖楠，黄肉树）

•**Calocedrus formosana** (Florin) W. C. Cheng et L. K. Fu, Fl. Reipubl. Popularis Sin. 7: 327, pl. 73, f. 4-5 (1978).
Libocedrus formosana Florin, Svensk Bot. Tidskr. 24: 126, f. 2, pl. 2 (1930); *Libocedrus macrolepis* var. *formosana* (Florin) Kudr., J. Soc. Trop. Agric. 3: 16 (1931); *Calocedrus macrolepis* var. *formosana* (Florin) W. C. Cheng et L. K. Fu, Fl. Reipubl. Popularis Sin. 7: 327 (1978).
台湾。

翠柏

Calocedrus macrolepis Kurz., J. Bot. 11 (127): 196, pl. 133, f. 3 (1873).
Libocedrus macrolepis (Kurz.) Benth., Gen. Pl. (Juss.) 3: 426 (1880); *Thuja macrolepis* (Kurz.) Voss, Mitt. Deutsch. Dendrol. Ges. 16: 88 (1907).
贵州、云南、广东、广西、海南；越南、老挝、缅甸、泰国、印度。

岩生翠柏

Calocedrus rupestris Aver. et al., Proc. Nat. Conf. Life Sci. Thai Nguyen Univ. 2004: 41 (2004).
广西；越南。

扁柏属 **Chamaecyparis** Spach

红桧（薄皮松罗，松梧，台湾扁柏）

•**Chamaecyparis formosensis** Matsum., Bot. Mag. (Tokyo) 15 (177): 137-138 (1901).
Cupressus formosensis (Matsum.) A. Henry, Trees Great Britain 5: 1149 (1910).
台湾。

美国尖叶扁柏

☆**Chamaecyparis lawsoniana** (A. Murray) Parl., Ann. Mus. Imp. Fis. Firenze. n.s. 1: 181 (1864).
Cupressus lawsoniana A. Murray, Edinburgh New Philos. J. 1: 292, pl. 10 (1855); *Cupressus fragrans* Kellogg, Proc. Caiif. Acad. Sci. 1: 103 (1857); *Chamaecyparis boursieri* Auct., Traité Gén. Conif. ed. 2, 1: 125 (1867).
栽培于江苏、江西、浙江、澳门；原产于美国。

日本扁柏（白柏，钝叶扁柏，扁柏）

Chamaecyparis obtusa (Siebold et Zucc.) Endl., Syn. Conif. 63 (1847).
Retinispora obtusa Siebold et Zucc., Fl. Jap. 2: 38, pl. 121 (1844); *Chamaepeuce obtusa* (Siebold et Zucc.) Zucc. ex Gordon, Pinetum, Suppl.: 93 (1862); *Cupressus obtusa* (Siebold et Zucc.) F. Muell., Ann. Rep. Acclim. Soc. Victoria. 1871: 31 (1871).
台湾，栽培于山东、河南、江苏、江西、浙江、云南、广东、广西、澳门；日本。

日本扁柏（原变种）

Chamaecyparis obtusa var. **obtusa**

Chamaecyparis pendula Maxim., Bull. Acad. Imp. Sci. Saint-Pétersbourg 10: 489 (1866); *Chamaecyparis breviramea* Maxim., Bull. Acad. Imp. Sci. Saint-Pétersbourg 10: 489 (1866).
栽培于山东、河南、江苏、江西、浙江、云南、广东、广西、澳门；原产于日本。

台湾扁柏

●**Chamaecyparis obtusa** var. **formosana** (Hayata) Hayata, Repert. Spec. Nov. Regni Veg. 8: 365 (1910).

Chamaecyparis obtusa f. *formosana* Hayata, J. Coll. Sci. Imp. Univ. Tokyo 25 (19): 208 (1908); *Cupressus obtusa* f. *formosana* (Hayata) Clinton-Baker, Ill. Conif. 3: 56 (1913); *Cupressus obtusa* var. *formosana* (Hayata) Dallim. et A. B. Jacks., Handb. Conif. 215 (1923); *Chamaecyparis taiwanensis* Masam. et Suzuki, Sylva. 4: 57, pl. 1. f. B3-4, pl. 2, f. B54 (1933); *Chamaecyparis obtusa* subsp. *formosana* (Hayata) H. L. Li, Taiwania 1: 305 (1950).
台湾。

日本花柏（五彩松）

☆**Chamaecyparis pisifera** (Siebold et Zucc.) Endl., Syn. Conif. 64 (1847).

Retinispora pisifera Siebold et Zucc., Fl. Jap. 2 (5): 39, pl. 122 (1844); *Cupressus pisifera* (Siebold et Zucc.) F. Muell., Ann. Rep. Acclim. Soc. Victoria 1871: 31 (1871); *Thuja pisifera* (Siebold et Zucc.) Mast., J. Linn. Soc. Bot. 27: 489 (1891).
栽培于山东、江苏、江西、浙江、四川、贵州、云南、广西；原产于日本。

北美尖叶扁柏

☆ **Chamaecyparis thyoides** (L.) Britton, Sterns et Poggenb., Prelim. Cat. 71 (1888).

Cupressus thyoides L., Sp. Pl. 2: 1003 (1753).
栽培于江苏、江西、浙江、四川；原产于北美洲。

柳杉属 Cryptomeria D. Don

日本柳杉（孔雀松）

Cryptomeria japonica (Thunb. ex L. f.) D. Don, Trans. Linn. Soc. London 18: 167, pl. 13, f. 1 (1839).

Cupressus japonica Thunb. ex L. f., Suppl. Pl. 421 (1781); *Schubertia japonica* (Thunb. ex L. f.) Spach, Hist. Nat. Veg. (Spach) 11: 352 (1841); *Cryptomeria lobbiana* Hooibr. ex Billain, Allg. Gartenzeitung. 21: 233 (1853); *Cryptomeria fortunei* Hooibr., Wienar J. Gesammte Pflanzenr. 1: 22 (1853); *Cryptomeria japonica* var. *lobbii* Hort. ex Carrière, Traité Gén. Conif. 154 (1855); *Cryptomeria lobbii* Hort. ex Fr. Schneider, Berlin. Allg. Gartenzeit. 1857 (5): 37 (1857); *Cryptomeria japonica* var. *pungens* Carrière, Traité Gén. Conif. ed. 2, 1: 194 (1867); *Cryptomeria japonica* var. *sinensis* Miq., Fl. Jap. 2: 52 (1870); *Cryptomeria nigricans* Carrière, Rev. Hort. 41: 119 (1870); *Cryptomeria generalis* E. H. L. Krause, Sturm"s Fil. Deutschland, ed. 2, 1: 23 (1906); *Cryptomeria japonica* var. *fortunei* (Hooibr.) Henry, Trees Great Britain 1: 129 (1906); *Cupressus mairei* H. Lév., Cat. Pl. Yunnan 4: 56 (1916); *Cryptomeria kawaii* Hayata, Bot. Mag. (Tokyo) 31 (364): 117 (1917); *Cryptomeria mairei* (H. Lév.) Nakai, J. Jap. Bot. 13 (6): 395 (1937); *Cryptomeria japonica* var. *radicans* Nakai, J. Jap. Bot. 17: 277 (1941); *Cryptomeria japonica* subsp. *sinensis* (Miq.) P. D. Sell, Watsonia 18 (1): 92 (1990).
栽培于山东、河南、甘肃、安徽、江苏、江西、浙江、湖南、湖北、四川、贵州、云南、福建、台湾、广东、广西，原产于江西、浙江、四川、云南、福建；日本。

杉木属 Cunninghamia R. Br. ex A. Rich.

台湾杉木

●**Cunninghamia konishii** Hayata, Gard. Chron. ser. 3, 43: 194 (1908).

Cunninghamia kawakamii Hayata, Icon. Pl. Formosan. 5: 207 (1915); *Cunninghamia lanceolata* var. *konishii* (Hayata) Fujita, Trans. Nat. Hist. Soc. Taiwan 22: 49, 476 (1932).
福建、台湾；越南、老挝、泰国。

杉木（沙木，沙树，正杉）

Cunninghamia lanceolata (Lamb.) Hook., Bot. Mag. 54: pl. 2743 (1827).

Pinus lanceolata Lamb., Descr. Pinus. 1: 52, pl. 34 (1803); *Abies lanceolata* (Lamb.) Poir., Encycl. 6: 523 (1805); *Belis jaculifolia* Salisb., Trans. Linn. Soc. London 8: 315 (1807); *Belis lanceolata* (Lamb.) Hoffmanns., Verz. 42 (1824); *Cunninghamia sinensis* R. Br. ex Rich. et A. Rich., Comment. Bot. Conif. Cyc. 80, pl. 18, f. 3 (1826); *Raxopitys cunninghamii* J. Nelson, Pinaceae: 97 (1866); *Cunninghamia sinensis* var. *prolifera* Lemée et H. Lév., Monde Pl. 2 (16): 20 (1914); *Cunninghamia jaculifolia* (Salisb.) Druce, Bot. Soc. Exch. Club. Brit. Isles. 1916 (Suppl. 2): 618 (1917); *Cunninghamia unicanaliculata* var. *pyramidalis* D. Yue Wang et H. L. liu, Acta Phytotax. Sin. 20 (2): 231 (1982); *Cunninghamia unicanaliculata* D. Yue Wang et H. L. liu, Acta Phytotax. Sin. 20 (2): 230 (1982);

Cunninghamia lanceolata var. *unicanaliculata* (D. Yue Wang et H. L. liu) Silba, J. Int. Conifer Preserv. Soc. 7 (1): 23 (2000).
河南、陕西、甘肃、安徽、江苏、江西、浙江、四川、湖南、湖北、重庆、贵州、云南、福建、广东、广西、海南；越南、老挝、柬埔寨。

柏木属 Cupressus L.

岷江柏木

●**Cupressus chengiana** S. Y. Hu, Taiwania 10: 57 (1964).
Chamaecyparis chengiana (S. Y. Hu) Gaussen, Trav. Lab. Forest. Toulouse 2 (13): 58, 70 (1968).
甘肃、四川。

岷江柏木（原变种）

●**Cupressus chengiana** var. **chengiana**
Cupressus fallax Franco, Portugaliae Acta Biol., Sér. B, Sist. 9: 190 (1969); *Cupressus chengiana* var. *kansouensis* Silba, J. Int. Conifer Preserv. Soc. 1 (1): 25 (1994); *Cupressus chengiana* var. *wenchuanhsiensis* Silba, J. Int. Conifer Preserv. Soc. 1 (1): 25 (1994); *Cupressus chengiana* subsp. *kansouensis* (Silba) Silba, J. Int. Conifer Preserv. Soc. 12: 59 (2005).
甘肃、四川。

剑阁柏木

●**Cupressus chengiana** var. **jiangeensis** (N. Zhao) Silba, Phytologia 49: 394 (1981).
Cupressus jiangeensis N. Zhao, Acta Phytotax. Sin. 18 (2): 210, f. 1 (1980); *Cupressus chengiana* subsp. *jiangensis* (N. Zhao) Silba, J. Int. Conifer Preserv. Soc. 12: 58 (2005).
四川。

干香柏（冲天柏，干柏杉，云南柏）

●**Cupressus duclouxiana** B. Hickel, Encycl. Econ. Sylv. 2: 91, pl. 3, f. 419-424 (1914).
Cupressus duclouxiana subsp. *likiangensis* Silba, J. Int. Conifer Preserv. Soc. 15: 8 (2008).
四川、贵州(?)、云南、西藏。

柏木（香扁柏，垂丝柏，黄柏）

Cupressus funebris Endl., Syn. Conif.: 58 (1847).
Cupressus pendula Abel in G. L. Staunton, Embassy China 2: 525 (1798), nom. illeg.; *Juniperus quaternata* Miq., Cat. Hort. Amstelod.: 20 (1857); *Cupressus funebris* var. *gracilis* Carrière, Traité Gén. Conif., ed. 2, 1: 162 (1867); *Chamaecyparis funebris* (Endl.) Franco, Agros (Lisbon) 24: 93 (1941); *Platycyparis funebris* (Endl.) A. V. Bobrov et Melikyan, Komarovia 4: 73 (2006); *Callitropsis funebris* (Endl.) de Laub. et Husby, Novon 22: 12 (2012).
河南、陕西、甘肃、安徽、江西、浙江、湖南、湖北、四川、贵州、云南、福建、广东、广西；越南。

巨柏（雅鲁藏布江柏木）

●**Cupressus gigantea** W. C. Cheng et L. K. Fu, Acta Phytotax. Sin. 13 (4): 85, pl. 16, f. 1 (1975).
Cupressus torulosa var. *gigantea* (W. C. Cheng et L. K. Fu) Farjon, Monogr. Cupressaceae Sciadopitys 224 (2005).
云南、西藏。

地中海柏木

☆**Cupressus sempervirens** L., Sp. Pl. 2: 1002 (1753).
栽培于江苏、江西；原产于地中海东部至伊朗。

西藏柏木（喜马拉雅柏木，喜马拉雅柏，干柏杉）

Cupressus torulosa D. Don ex Lamb., Descr. Pinus. 2: 18 (1824).
Cupressus nepalensis Loudon, Encycl. Trees Shrubs: 1118 (1842); *Cupressus flagelliformis* Knight, Syn. Conif. Pl.: 20 (1850); *Cupressus majestica* Knight, Syn. Conif. Pl.: 20 (1850); *Cupressus tournefortii* Ten., Index Seminum (NAP) 1852: (1852); *Cupressus corneyana* Knight et Perry ex Carrière, Traité Gén. Conif.: 128 (1855); *Cupressus whitleyana* Carrière, Traité Gén. Conif.: 128 (1855); *Juniperus gracilis* Carrière, Traité Gén. Conif.: 56 (1855), nom. illeg.; *Sabina corneyana* Antoine, Cupress.-Gatt.: 54 (1857); *Thuja curviramea* Miq., Cat. Hort. Amstelod.: 21 (1857); *Athrotaxis joucadan* Carrière, Traité Gén. Conif., ed. 2: 55 (1867); *Cupressus sempervirens* var. *indica* Parl. in A. P. de Candolle, Prodr. 16 (2): 471 (1868); *Juniperus pendula* Parl. in A. P. de Candolle, Prodr. 16 (2): 470 (1868), pro syn.; *Cupressus balfouriana* W. Bull, Nursery Cat. (William Bull) 60: 45 (1871); *Cupressus doniana* Hook. f., Fl. Brit. India 5: 645 (1888); *Cupressus austrotibetica* Silba, Phytologia 65: 334 (1988); *Cupressus karnaliensis* Silba, J. Int. Conifer Preserv. Soc. 1: 19 (1994); *Cupressus karnaliensis* var. *mustangensis* Silba, J. Int. Conifer Preserv. Soc. 1: 22 (1994); *Cupressus tongmaiensis* Silba, J. Int. Conifer Preserv. Soc. 1 (1): 24 (1994); *Cupressus tongmaiensis* var. *ludlowii* Silba, J. Int. Conifer Preserv. Soc. 1 (1): 24 (1994); *Cupressus tonkinensis* Silba, J. Int. Conifer Preserv. Soc. 1 (1): 23 (1994); *Cupressus duclouxiana* subsp. *austrotibetica* (Silba) Silba, J. Int. Conifer Preserv. Soc. 12: 62 (2005); *Cupressus gigantea* subsp. *ludlowii* (Silba)

Silba, J. Int. Conifer Preserv. Soc. 12: 70 (2005); *Cupressus gigantea* subsp. *tongmaiensis* (Silba) Silba, J. Int. Conifer Preserv. Soc. 12: 71 (2005); *Cupressus karnaliensis* subsp. *mustangensis* (Silba) Silba, J. Int. Conifer Preserv. Soc. 12: 78 (2005); *Cupressus lusitanica* subsp. *kuluensis* Silba, J. Int. Conifer Preserv. Soc. 12: 84 (2005); *Cupressus lusitanica* subsp. *torulosa* (D. Don ex Lamb.) Silba et Brian Chen, J. Int. Conifer Preserv. Soc. 12: 85 (2005); *Cupressus sempervirens* subsp. *indica* (Parl.) Silba, J. Int. Conifer Preserv. Soc. 12: 97 (2005); *Cupressus pakistanensis* Silba, J. Int. Conifer Preserv. Soc. 15: 4 (2008); *Cupressus torulosa* subsp. *karnaliensis* (Silba) Silba, J. Int. Conifer Preserv. Soc. 18: 26 (2011).

云南、西藏；不丹(?)、印度北部、克什米尔、尼泊尔。

福建柏属 **Fokienia** A. Henry et H. H. Thomas

福建柏（建柏，滇柏，广柏）

Fokienia hodginsii (Dunn) A. Henry et H. H. Thomas, Gard. Chron. ser. 3, 49: 66, f. 32-35 (1911).

Cupressus hodginsii Dunn, J. Linn. Soc. Bot. 38 (267): 367 (1908); *Fokienia kawaii* Hayata, Bot. Mag. (Tokyo) 31 (364): 116 (1917); *Fokienia maclurei* Merr., Philipp. J. Sci. 21 (5): 492, f. 1a (1922).

江西、浙江、湖南、四川、贵州、云南、福建、广东、广西；老挝、越南。

水松属 **Glyptostrobus** Endl.

水松

Glyptostrobus pensilis (Staunton ex D. Don) K. Koch, Dendrologie 2 (2): 191 (1873).

Thuja pensilis Staunton ex D. Don, A. B. Lambert, Descr. Pinus, ed. 2, 2: 115 (1828); *Thuja pensilis* Abel, G. L. Staunton, Account Embassy China 1: 436 (1797), nom. inval.; *Thuja lavandulifolia* Poir., J. B. A. M. de Lam., Encycl., Suppl. 5: 303 (1817); *Juniperus aquatica* Roxb., Fl. Ind. ed. 1832, 3: 838 (1832); *Taxodium japonicum* var. *heterophyllum* Brongn., Ann. Sci. Nat. (Paris) 30: 184 (1833); *Taxodium sinense* J. Forbes, Pinet. Woburn.: 179 (1839); *Glyptostrobus heterophyllus* (Brongn.) Endl., Syn. Conif.: 70 (1847); *Schubertia nucifera* Denham ex Endl., Syn. Conif.: 70 (1847); *Cupressus nucifera* Carrière, Traité Gén. Conif.: 151 (1855); *Sabina aquatica* (Roxb.) Antoine, Cupress.-Gatt.: 70 (1857); *Taxodium japonicum* Dehnh. ex Gordon, Pinetum: 89 (1858), nom. inval.; *Cuprespinnata heterophylla* (Brongn.) J. Nelson, Pinaceae 62 (1866); *Cupressepinnata sinensis* (J. Forbes) J. Nelson, Pinaceae: 61 (1866); *Glyptostrobus sinensis* A. Henry ex Lodder, Gard. Chron., III, 66: 259 (1919); *Glyptostrobus aquaticus* (Roxb.) R. Parker, Indian Forester 51: 61 (1925).

江西、四川、云南、福建、广东、广西、海南；老挝、越南。

美洲柏木属 **Hesperocyparis** Bartel et R. A. Price

绿干柏（美洲柏木）

☆**Hesperocyparis arizonica** (Greene) Bartel, Phytologia 91: 180 (2009).

Cupressus arizonica Greene, Bull. Torrey Bot. Club 9: 64 (1882); *Callitropsis arizonica* (Greene) D. P. Little, Syst. Bot. 31: 473 (2006); *Neocupressus arizonica* (Greene) de Laub., Novon 19: 301 (2009).

江苏、江西、广西；原产于墨西哥、美国。

加州柏木

☆**Hesperocyparis goveniana** (Gordon) Bartel, Phytologia 91: 181 (2009).

Cupressus goveniana Gordon, J. Hort. Soc. London 4: 295 (1849); *Callitropsis goveniana* (Gordon) D. P. Little, Syst. Bot. 31: 473 (2006); *Cupressus silbae* B. Huang bis, J. Int. Conifer Preserv. Soc. 15: 10 (2008); *Neocupressus goveniana* (Gordon) de Laub., Novon 19: 303 (2009).

栽培于江苏；原产于美国加利福尼亚州。

墨西哥柏木（葡萄牙柏木，速生柏）

☆**Hesperocyparis lusitanica** (Mill.) Bartel, Phytologia 91: 181 (2009).

Cupressus lusitanica Mill., Gard. Dict., ed. 8: Cupressus no. 3 (1768); *Callitropsis lusitanica* (Mill.) D. P. Little, Syst. Bot. 31: 474 (2006); *Neocupressus lusitanica* (Mill.) de Laub., Novon 19: 304 (2009).

栽培于江苏、江西；原产于北美洲。

刺柏属 **Juniperus** L.

圆柏

Juniperus chinensis L., Syst. Nat., ed. 12, 2: 660; Mant. Pl. 1: 127 (1767).

Sabina chinensis (L.) Antoine, Cupress.-Gatt. 54 (1857).

黑龙江、内蒙古、河北、山东、山西、河南、陕西、甘肃、安徽、江苏、江西、浙江、湖北、四川、贵州、云南、福建、台湾、广东、广西；缅甸、朝鲜、日本、俄罗斯。

圆柏（原变种）

Juniperus chinensis var. **chinensis**

Juniperus virginica Thunb., Fl. Japon.: 264 (1784); *Juniperus barbadensis* Thunb., Fl. Japon.: 264. non 50, 1753 (1784); *Juniperus sinensis* J. F. Gmel., Syst. Nat. 2 (2): 1004 (1791); *Juniperus dimorpha* Roxb., Fl. Ind. 3: 839 (1832); *Juniperus cernua* Roxb., Fl. Ind. 3: 839 (1832); *Juniperus flagelliformis* Hort. ex London, Encycl. Trees Shrubs: 1090 (1842); *Juniperus sphaerica* Lindl., Paxton's Fl. Gard. 1: 58, f. 35 (1851); *Juniperus fortunei* Hort. ex Carrière, Traité Gén. Conif. 11 (1855); *Juniperus cabiancae* Vis., Mém. Reale Ist. Veneto Sc. 6: 246 (1856); *Sabina cabiancae* (Vis.) Antoine, Cupress.-Gatt.: 41 (1857); *Sabina dimorpha* (Roxb.) Antoine, Cupress.-Gatt.: 70 (1857); *Sabina sphaerica* (Lindl.) Antoine, Cupress.-Gatt.: 52 (1857); *Juniperus chinensis* var. *pendula* Franch., Nouv. Arch. Mus. Hist. Nat. sér. 2, 7: 101 (1884).

内蒙古、吉林、辽宁、河北、北京、天津、山东、山西、河南、陕西、宁夏、甘肃、安徽、福建、广东、广西、江苏、江西、浙江、湖南、湖北、四川、重庆、贵州、云南、台湾、香港；缅甸、朝鲜、韩国、日本。

偃柏

Juniperus chinensis var. **sargentii** A. Henry, Trees Great Britain 6: 1432 (1912).

Juniperus procumbens Sargent, Forest Fl. Japan: 78 (1894), nom. illeg.; *Juniperus sargentii* (A. Henry) Takeda ex Nakai, Bot. Mag. (Tokyo) 44: 511 (1930); *Sabina pacifica* Nakai, Tyosen Sanrin Kaiho 158: 31 (1938); *Sabina sargentii* (A. Henry) Nakai, Tyosen Sanrin Kaiho 158: 32 (1938); *Sabina chinensis* var. *sargentii* (A. Henry) W. C. Cheng et L. K. Fu, Fl. Reipubl. Popul. Sin. 7: 363 (1978); *Juniperus sargentii* var. *coeruleum* Pshenn., Byull. Glavn. Bot. Sada 181: 117 (2001); *Juniperus sargentii* var. *cyanus* Pshenn., Byull. Glavn. Bot. Sada 181: 117 (2001); *Juniperus chinensis* subsp. *sargentii* (A. Henry) Silba, J. Int. Conifer Preserv. Soc. 13 (1): 6 (2006).

黑龙江；日本、俄罗斯（远东地区）。

西北刺柏

Juniperus communis var. **saxatilis** Pall., Fl. Ross. 1 (2): 12 (1789).

Juniperus alpina Hill, Brit. Herb.: 511 (1756); *Juniperus sibirica* Burgsd., Anleit. Sich. Erzieh. Holzart. 2: 124 (1787); *Juniperus communis* var. *montana* Aiton, Hortus Kew. 3: 414 (1789); *Juniperus nana* Willd., Berlin. Baumz.: 159 (1796), nom. superfl.; *Juniperus communis* var. *alpina* Suter, Helvet. Fl. 2: 292 (1802); *Juniperus communis* var. *arborea* Suter, Helvet. Fl. 2: 292 (1802); *Juniperus oblonga* M. Bieb., Fl. Taur.-Caucas. 2: 426 (1808); *Juniperus communis* var. *nana* (Willd.) Baumg., Enum. Stirp. Transsilv. 2: 308 (1816); *Juniperus alpina* Gray, Nat. Arr. Brit. Pl. 2: 226 (1821), nom. illeg.; *Juniperus communis* var. *nana* (Willd.) Loudon, Arbor. Frutic. Brit. 4: 2489 (1838); *Juniperus communis* var. *caucasica* Endl., Syn. Conif.: 16 (1847); *Juniperus nana* var. *alpina* (Gaudin) Endl., Syn. Conif. 14 (1847); *Juniperus nana* var. *alpina* (Suter) Endl., Syn. Conif.: 14 (1847); *Juniperus nana* var. *montana* (Aiton) Endl., Syn. Conif. 14 (1847); *Juniperus montana* (Aiton) Lindl. et Gordon, J. Hort. Soc. London 5: 200 (1850); *Juniperus pygmaea* K. Koch, Linnaea 22: 302 (1849); *Juniperus caesia* Regel, Gartenflora 6: 346 (1857), nom. illeg.; *Juniperus communis* subsp. *alpina* (Suter) čelak., Prodr. Fl. Böhmen: 17 (1867); *Juniperus communis* subsp. *nana* Syme, J. E. Smith, Engl. Bot., ed. 3, 8: 275 (1868); *Juniperus communis* var. *oblonga* (M. Bieb.) Parl. in A. P. de Candolle, Prodr. 16 (2): 479 (1868), nom. illeg.; *Juniperus sibirica* var. *montana* (Aiton) Beck, Blätt. Vereins Landesk. Nieder-österreich 1890: 78 (1890); *Juniperus nana* f. *canadensis-aurea* Beissn., Handb. Nadelholzk.: 133 (1891); *Juniperus communis* var. *sibirica* (Burgsd.) Rydb., Contr. U. S. Natl. Herb. 3: 533 (1896); *Juniperus rebunensis* Kudô et Sasaki, Med. Pl. Hokk.: t. 6 (1922); *Juniperus communis* var. *aureospica* Rehder, L. H. Bailey, Cult. Evergreens: 199 (1923); *Juniperus communis* f. *aureospica* (Rehder) O. L. Lipa, Dendrofl. URSR 1: 168 (1939); *Juniperus communis* subsp. *oblonga* (M. Bieb.) Galushko, Mat. Izuch. Shalf. Sr. Az. 2-3: 165 (1950), nom. illeg.; *Juniperus communis* subsp. *saxatilis* (Pallas) A. E. Murray, Kalmia 12: 21 (1982); *Juniperus communis* subsp. *pygmaea* (K. Koch) Imkhan., Novosti Sist. Vyssh. Rast. 27: 10 (1990).

黑龙江、吉林、辽宁、内蒙古、新疆；蒙古、日本、哈萨克斯坦、吉尔吉斯斯坦、土库曼斯坦、塔吉克斯坦、乌兹别克斯坦、阿富汗、伊朗、伊拉克、黎巴嫩、叙利亚、土耳其、外高加索地区、乌克兰、阿尔巴尼亚、塞浦路斯、东爱琴岛、希腊、罗马尼亚、南斯拉夫、意大利、科西嘉岛、法国、捷克、波兰、瑞士、德国、挪威、瑞典、西班牙、俄罗斯（远东地区）、北高加索地区、美国、加拿大。

密枝圆柏

●**Juniperus convallium** Rehder et E. H. Wilson in C. S.

Sargent, Pl. Wilson. 2: 62 (1914).

Juniperus mekongensis Kom., Bot. Mater. Gerb. Glavn. Bot. Sada R. S. F. S. R. 5: 28 (1924); *Sabina mekongensis* (Kom.) Kom., Bot. Mater. Gerb. Glavn. Bot. Sada RSFSR 5: 29 (1924); *Juniperus ramulosa* Florin, Acta Horti Gothob. 3: 5 (1927); *Sabina convallium* (Rehder et E. H. Wilson) W. C. Cheng et W. T. Wang, Fl. Reipubl. Popularis Sin. 7: 372 (1978).

甘肃、青海、四川、云南、西藏。

小果垂枝柏

Juniperus coxii A. B. Jacks., New Fl. et Silva 5: 33 (1932).

Juniperus recurva var. *coxii* (A. B. Jacks.) Melville, Kew Bull. 13: 533 (1958 publ. 1959). *Sabina recurva* var. *coxii* (A. B. Jacks.) W. C. Cheng et L. K. Fu, Fl. Reipubl. Popul. Sin. 7: 352 (1978).

云南、西藏；不丹、印度、缅甸。

松潘圆柏

Juniperus erectopatens (W. C. Cheng et L. K. Fu) R. P. Adams, Biochem. Syst. Ecol. 27: 723 (1999).

Sabina vulgaris var. *erectopatens* W. C. Cheng et L. K. Fu, Acta Phytotax. Sin. 13 (4): 86 (1975); *Juniperus sabina* var. *erectopatens* (W. C. Cheng et L. K. Fu) Y. F. Yu et L. K. Fu, Novon. 7 (4): 444 (1997); *Juniperus erectopatens* (W. C. Cheng et L. K. Fu) R. P. Adams, Biochem. Syst. Ecol. 27 (7): 723 (1999).

四川。

刺柏（柔弱刺柏，山刺柏，台桧，山杉）

●**Juniperus formosana** Hayata, J. Coll. Sci. Imp. Univ. Tokyo 25 (19): 209 (1908).

Juniperus taxifolia Parl., Prodr. 16 (2): 481 (1868); *Juniperus formosana* var. *concolor* Hayata, Icon. Pl. Formosan. 7: 39, f. 2 (1918); *Juniperus formosana* f. *tenella* Hand.-Mazz., Symb. Sin. 7 (1): 6 (1929); *Juniperus formosana* var. *sinica* Nakai, Chosen Sanrin Kaiho. 163: 25 (1938); *Juniperus chekiangensis* Nakai, Chosen Sanrin Kaiho. 163: 26 (1938); *Juniperus formosana* var. *mairei* (Lemée et H. Lév.) R. P. Adans et C. F. Hsieh, Biochem. Syst. Ecol. 30: 239 (2002).

陕西、甘肃、青海、安徽、江苏、江西、浙江、湖南、湖北、四川、贵州、云南、西藏、福建、台湾。

昆明柏

●**Juniperus gaussenii** W. C. Cheng, Trav. Lab. Forest. Toulouse 1, 3 (8): 139 (1940).

Sabina gaussenii (W. C. Cheng) W. C. Cheng et W. T. Wang, Fl. Reipubl. Popularis Sin. 7: 358, pl. 83, f. 1 (1978).

云南。

滇藏方枝柏

Juniperus indica Bertol., Misc. Bot. (Bertol.). 23: 16, pl. 1 (1862).

Sabina indica (Bertol.) L. K. Fu et Y. F. Yu, Higher Pl. China 3: 90 (2000).

四川、云南、西藏；尼泊尔、不丹、印度、克什米尔、巴基斯坦。

滇藏方枝柏（原变种）

Juniperus indica var. **indica**

Juniperus wallichiana Hook. f. et Thomson ex E. Brandis, Forest Fl. N. W. India: 537 (1874); *Juniperus wallichiana* var. *meionocarpa* Hand.-Mazz., Sitzungsber. Kaiserl. Akad. Wiss., Wien, Math.-Naturwiss. Cl., Abt. 1, 61: 107 (1879); *Juniperus wallichiana* var. *meionocarpa* Hand.-Mazz., Akad. Wiss. Wien, Math.-Naturwiss. Kl., Anz. 61: 107 (1924); *Sabina wallichiana* var. *meionocarpa* (Hand.-Mazz.) W. C. Cheng et L. K. Fu, Chinese Dendrol. 1: 322 (1972); *Sabina wallichiana* (Hook. f. et Thomson ex E. Brandis) W. C. Cheng et L. K. Fu, Fl. Reipubl. Popularis Sin. 7: 367 (1978).

云南、西藏；不丹、尼泊尔、印度、克什米尔。

簇生滇藏方枝柏

Juniperus indica var. **caespitosa** Farjon, Monogr. Cupressaceae Sciadopitys: 313 (2005).

西藏；尼泊尔、不丹、印度。

昆仑圆柏

Juniperus jarkendensis Kom., Bot. Mater. Gerb. Glavn. Bot. Sada R. S. F. S. R. 4: 181 (1923).

Sabina jarkendensis Kom., Bot. Mater. Gerb. Glavn. Bot. Sada RSFSR 4: 181 (1925); *Sabina vulgaris* var. *jarkendensis* (Kom.) Chang Y. Yang ex W. T. Wang et al. in W. C. Cheng et L. K. Fu, Fl. Fl. Reipubl. Popularis Sin. 7: 360 (1978); *Juniperus sabina* var. *jarkendensis* (Kom.) Silba, Phytologia 68: 33 (1990).

新疆、西藏；塔吉克斯坦、吉尔吉斯斯坦。

塔枝圆柏

●**Juniperus komarovii** Florin, Acta Horti Gothob. 3 (1): 3, pl. 1: 1-3 (1927).

Juniperus glaucescens Florin, Acta Horti Gothob. 3 (1): 5, pl. 4, 1-2 (1927); *Sabina komarovii* (Florin) W. C. Cheng et W. T. Wang, Forest Sin. 1: 261 (1961).

甘肃、青海、四川。

小籽刺柏

•**Juniperus microsperma** (W. C. Cheng et L. K. Fu) R. P. Adams, Biochem. Syst. Ecol. 28: 540 (2000).

Sabina convallium var. *microsperma* W. C. Cheng et L. K. Fu, Acta Phytotax. Sin. 13 (4): 86 (1975); *Sabina microsperma* (W. C. Cheng et L. K. Fu) W. C. Cheng et L. K. Fu, Fl. Xizangica 1: 390 (1983); *Juniperus convallium* var. *microsperma* (W. C. Cheng et L. K. Fu) Silba, Phytologia Mem. 7: 33 (1984).

四川、西藏。

玉山刺柏

•**Juniperus morrisonicola** Hayata, Gard. Chron., III, 43: 194 (1908).

Juniperus squamata var. *morrisonicola* (Hayata) H. L. Li et H. Keng, Taiwania 5: 81 (1954); *Sabinella morrisonicola* (Hayata) Nakai, Tyosen Sanrin Kaiho 165: 14 (1938).

台湾。

垂枝香柏

•**Juniperus pingii** W. C. Cheng ex Ferré, Bull. Soc. Hist. Nat. Toulouse 79: 76 (1944).

Sabina pingii (W. C. Cheng ex Ferré) W. C. Cheng et W. T. Wang, Fl. Reipubl. Popularis Sin. 7: 355 (1978).

陕西、甘肃、青海、湖北、四川、云南、西藏。

垂枝香柏（原变种）

•**Juniperus pingii** var. **pingii**

四川、云南。

龙骨叶刺柏

•**Juniperus pingii** var. **carinata** Y. F. Yu et L. K. Fu, Novon 7: 443 (1997 publ. 1998).

Juniperus carinata (Y. F. Yu et L. K. Fu) R. P. Adams, Biochem. Syst. Ecol. 28: 541 (2000).

四川、云南。

万钧柏

•**Juniperus pingii** var. **chengii** (L. K. Fu et Y. F. Yu) A. Farjon, Monogr. Cupressaceae Sciadopitys 344 (2005).

Juniperus chengii L. K. Fu et Y. F. Yu, Novon. 7 (4): 443 (1997); *Juniperus pingii* subsp. *chengii* (L. K. Fu et Y. F. Yu) Silba, J. Int. Conifer Preserv. Soc. 13 (1): 13 (2006).

云南。

西藏香柏

•**Juniperus pingii** var. **miehei** Farjon, Monogr. Cupressaceae Sciadopitys 346 (2005).

西藏。

香柏

•**Juniperus pingii** var. **wilsonii** (Rehder) Silba, Phytologia Memoirs. 7: 36 (1984).

Juniperus squamata f. *wilsonii* Rehder, J. Arnold Arbor. 1 (3): 191 (1920); *Juniperus wallichiana* var. *loderi* Hornibr., Gard. Chron. Ser. 3, 85: 50 (1929); *Juniperus squamata* var. *loderi* (Hornibr.) Hornibr. in F. J. Chittenden, Rep. Conif. Conf. R. H. S.: 74 (1932); *Sabina squamata* var. *wilsonii* (Rehder) W. C. Cheng et L. K. Fu, Iconogr. Cormophyt. Sin. 1: 320 (1972); *Sabina pingii* var. *wilsonii* (Rehder) W. C. Cheng et L. K. Fu, Fl. Reipubl. Popularis Sin. 7: 356, pl. 82, f. 4 (1978); *Sabina wilsonii* (Rehder) W. C. Cheng et L. K. Fu, Forest Sci. Technol. (Harbin) 4: 455 (1981); *Juniperus squamata* subsp. *wilsonii* (Rehder) Silba, J. Int. Conifer Preserv. Soc. 13 (1): 16 (2006).

陕西、甘肃、青海、湖北、四川、云南、西藏。

铺地柏

☆**Juniperus procumbens** (Siebold ex Endl.) Miq., Fl. Jap. 2: 59, pl. 127, f. 3 (1842).

Juniperus chinensis var. *procumbens* Siebold ex Endl., Syn. Conif. 21 (1847); *Sabina procumbens* (Siebold ex Endl.) Iwata et Kusaka, Conif. Japon. Ill. ed. 2. 199, pl. 79 (1954); *Juniperus japonica* Carrière, Traité Gén. Conif. 33 (1855).

栽培于辽宁、山东、安徽、江苏、江西、浙江、云南、福建；原产于韩国、日本。

祁连圆柏

•**Juniperus przewalskii** Kom., Bot. Mater. Gerb. Glavn. Bot. Sada RSFSR. 5: 28 (1924).

Sabina przewalskii f. *pendula* W. C. Cheng et L. K. Fu, Acta Phytotax. Sin. 13 (4): 86 (1975).

甘肃、青海、四川。

新疆方枝柏

Juniperus pseudosabina Fisch. et C. A. Mey., Index Sem. [St. Petersburg]. 8: 15 (1842).

Sabina fischeri Antoine, Die Cupressineen-Gattungen. 53, pl. 73 (1857); *Juniperus turkestanica* var. *trisperma* Kom., Bot. Mater. Gerb. Glavn. Bot. Sada RSFSR 5: 27 (1924); *Sabina pseudosabina* (Fisch. et C. A. Mey.) W. C. Cheng et W. T. Wang, Acta Phytotax. Sin. 13 (4): 75 (1975); *Sabina centrasiatica* (Kom.) W. C. Cheng et L. K. Fu, Fl. Reipubl. Popularis Sin. 7: 370 (1978); *Sabina pseudosabina* var. *turkestanica* C. Y. Yang, Fl. Reipubl. Popularis Sin. 7: 369-370 (1978); *Juniperus pseudosabina* var. *turkestanica* (Kom.) Silba, Phytologia Memoirs. 7: 36 (1984).

新疆；阿富汗、巴基斯坦、哈萨克斯坦、吉尔吉斯斯坦、塔吉克斯坦、乌兹别克斯坦、蒙古。

杜松（刚桧，崩松，棒儿松）

Juniperus rigida Siebold et Zucc., Abh. Math.-Phys. Cl. Königl. Bayer. Akad. Wiss. 4 (3): 233 (1846).

Juniperus soulensis Nakai, Bot. Mag. (Tokyo) 31: 23 (1917); *Juniperus utilis* var. *modesta* Nakai, Bot. Mag. (Tokyo) 158: 26 (1938); *Juniperus regida* f. *modesta* (Nakai) Y. C. Zhu, Pl. Medic. Chinae Bor.-orient. (ed. Z. Y. Chang): 59 (1989); *Juniperus rigida* var. *cispidatus* Pshenn., Byull. Glavn. Bot. Sada 181: 116 (2001); *Juniperus rigida* var. *hibernica* Pshenn., Byull. Glavn. Bot. Sada 181: 116 (2001); *Juniperus rigida* var. *pendula* Pshenn., Byull. Glavn. Bot. Sada 181: 117 (2001); *Juniperus rigida* var. *piramidalis* Pshenn., Byull. Glavn. Bot. Sada 181: 116 (2001).

黑龙江、吉林、辽宁、内蒙古、河北、山西、陕西、宁夏、青海、甘肃；日本、朝鲜。

叉子圆柏

Juniperus sabina L., Sp. Pl. 2: 1039 (1753).

Juniperus foetida var. *sabine* (L.) Spach, Ann. Sci. Nat. Bot. sér. 2, 16: 295 (1841).

内蒙古、陕西、宁夏、甘肃、青海、新疆、四川；哈萨克斯坦、蒙古、俄罗斯、亚洲西部、欧洲。

叉子圆柏（原变种）

Juniperus sabina var. **sabina**

Juniperus lusitanica Mill., Gard. Dict., ed. 8: Juniperus No. 11 (1753); *Juniperus sabina* var. *tamariscifolia* Aiton, Hort. Kew. 3: 414 (1789); *Juniperus sabina* var. *cupressifolia* Aiton, Hort. Kew. 3: 414 (1789); *Juniperus humilis* Salisb., Prodr. Chap. Allerton: 397 (1796); *Juniperus foetida* Spach, Ann. Sci. Nat. Bot. sér. 2, 16: 294 (1841); *Juniperus foetida* var. *multicaulis* Spach, Ann. Sci. Nat. Bot. sér. 2, 16: 295 (1841); *Juniperus sabina* var. *vulgaris* Endl., Syn. Conif.: 22 (1847); *Sabina vulgaris* Antoine, Cupress.-Gatt. 58 (1857); *Sabina vulgaris* var. *arborescens* Antonie, Cupress.-Gatt.: 58 (1857); *Sabina officinalis* Garcke, Fl. Nord.-Mitt. Deutschl. ed. 4: 387 (1858); *Juniperus kanitzii* Csató, Magyar Bot. Lapok 10: 145 (1886); *Sabina alpestris* Jord., Icon. Fl. Eur. 3: 5, pl. 369 (1903); *Juniperus sabina* var. *lusitanica* (Mill.) C. K. Schneid. in E. E. Silva Tarouca, Uns. Freil.-Nadelhölzer 206 (1913); *Sabina vulgaris* var. *yulinensis* T. C. Chang et C. C. Chen, Acta Phytotax. Sin. 19 (2): 263 (1981); *Juniperus sabina* var. *monosperma* C. Y. Yang, Fl. Xinjiang. 1: 305 (1993); *Juniperus sabina* var. *yulinensis* (T. C. Chang et C. C. Chen) Y. F. Yu et L. K. Fu, Novon. 7 (4): 444 (1997).

内蒙古、陕西、宁夏、甘肃、青海、新疆；哈萨克斯坦、蒙古、俄罗斯、亚洲西部、欧洲。

沙柏

Juniperus sabina var. **arenaria** (E. H. Wilson) Farjon, Monogr. Cupressaceae Sciadopitys 366 (2005).

Juniperus chinensis var. *arenaria* E. H. Wilson, J. Arnold Arbor. 9 (1): 20 (1928); *Juniperus arenaria* (E. H. Wilson) Florin, Acta Horti Berg. 14: 353 (1948); *Juniperus sabina* subsp. *arenaria* (E. H. Wilson) Silba, J. Int. Conifer Preserv. Soc. 13 (1): 15 (2006); *Juniperus sabina* var. *mongolensis* R. P. Adams, Phytologia 88: 182 (2006).

内蒙古、陕西、甘肃、青海；蒙古。

兴安圆柏

Juniperus sabina var. **davurica** (Pall.) Farjon, Monogr. Cupressaceae Sciadopitys 367 (2005).

Juniperus davurica Pall., Fl. Ross. (Pallas) 1 (2): 13, pl. 55 (1789); *Juniperus foetida* var. *davarica* (Pall.) Spach, Ann. Sci. Nat. Bot. sér. 2, 16: 296 (1841); *Sabina davurica* (Pall.) Antoine, Cupress.-Gatt. 56, pl. 77 (1857); *Juniperus davurica* subsp. *maritima* Urussov, Byull. Glavn. Bot. Sada 122: 55 (1981).

黑龙江、内蒙古；朝鲜、俄罗斯（西伯利亚、远东地区）。

方枝柏

●**Juniperus saltuaria** Rehder et E. H. Wilson in C. S. Sargent, Pl. Wilson. 2 (1): 61 (1914).

Sabina saltuaria (Rehder et E. H. Wilson) W. C. Cheng et W. T. Wang, Forest Sin. 1: 257 (1961).

甘肃、青海、四川、云南、西藏。

昆仑多子柏

Juniperus semiglobosa Regel, Trudy Imp. S.-Peterburgsk. Bot. Sada 6: 487 (1879).

Juniperus excelsa Wall., Numer. List: no. 6041 (1831), nom. nud.; *Juniperus talassica* Lipsky, Trudy Lyes. Opit. Dyelu Ross. 30: 33 (1911), nom. nud.; *Juniperus schugnanica* Kom., Bot. Zhurn. S. S. S. R. 17: 482 (1932); *Juniperus media* Dmitr., Trudy Sektora Agrolesomelior. Lesn. Khoz. Komiteta Nauk Uzbek S. S. R. 4: 31 (1938); *Juniperus intermedia* Drobow, Bot. Mater. Gerb. Bot. Inst. Uzbekistansk. Fil. Akad. Nauk S. S. S. R. 7: 6 (1941), nom. illeg.; *Juniperus drobovii* Sumnev., Bot. Mater. Gerb. Inst. Bot. Zool. Akad. Nauk Uzbeksk. S. S. R. 10: 22 (1948); *Juniperus tianschanica* Sumnev., Bot. Mater. Gerb. Inst. Bot. Zool. Akad.

Nauk Uzbeksk. S. S. R. 10: 24 (1948); *Juniperus semiglobosa* var. *drobovii* (Sumnev.) Silba, Phytologia 68: 33 (1990); *Juniperus semiglobosa* var. *talassica* (Lipsky) Silba, Phytologia 68: 34 (1990); *Sabina semiglobosa* (Regel) L. K. Fu et Y. F. Yu in L. K. Fu et T. Hong, Higher Pl. China 3: 88 (2000); *Juniperus semiglobosa* subsp. *talassica* (Lipsky) Silba, J. Int. Conifer Preserv. Soc. 13 (1): 15 (2006).
西藏；阿富汗、印度、哈萨克斯坦、吉尔吉斯斯坦、塔吉克斯坦、乌兹别克斯坦。

高山柏

Juniperus squamata Buch.-Ham. ex D. Don in A. B. Lambert, Descr. Pinus 2: 17 (1824).

Sabina squamata (Buch.-Ham. ex D. Don) Antoine, Cupress.-Gatt.: 66 (1857); *Juniperus recurva* var. *squamata* (Buch.-Ham. ex D. Don) Parl. in A. P. de Candolle, Prodr. 16 (2): 482 (1868).
陕西、甘肃、青海、安徽、湖北、四川、贵州、云南、西藏、福建；不丹、印度、尼泊尔、阿富汗、巴基斯坦。

高山柏（原变种）

Juniperus squamata var. **squamata**

Juniperus recurva var. *densa* Carrière, Traité Gén. Conif. 27 (1855); *Sabina recurva* var. *densa* (Carrière) Antoine, Cupress.-Gatt.: 67 (1857); *Juniperus densa* (Carrière) Gordon, Pinetum, Suppl.: 32 (1862); *Juniperus squamata* var. *meyeri* Rehder, J. Arnold Arbor. 3: 207 (1922); *Juniperus squamata* var. *prostrata* Hornibr., Dwarf Conifers: 77 (1923); *Juniperus franchetiana* H. Lév. ex Kom., Bot. Mater. Gerb. Glavn. Bot. Sada R. S. F. S. R. 5: 30 (1924); *Juniperus kansuensis* Kom., Bot. Mater. Gerb. Glavn. Bot. Sada R. S. F. S. R. 5: 31 (1924); *Juniperus squamata* f. *prostrata* (Hornibr.) Rehder, Bibl. Cult. Trees: 58 (1949); *Sabina lemeeana* (H. Lév. et Blin.) W. C. Cheng et W. T. Wang, For. Sinica 1: 250 (1961); *Juniperus squamata* var. *hongxiensis* Y. F. Yu et L. K. Fu, Novon 7: 444 (1997 publ. 1998); *Juniperus squamata* var. *parvifolia* Y. F. Yu et L. K. Fu, Novon 7: 444 (1997 publ. 1998); *Juniperus baimashanensis* Y. F. Yu et L. K. Fu, Novon 7: 443 (1997 publ. 1998); *Juniperus pingii* subsp. *baimashanensis* (Y. F. Yu et L. K. Fu) Silba, J. Int. Conifer Preserv. Soc. 13 (1): 13 (2006).
陕西、甘肃、青海、湖北、四川、贵州、云南、西藏；阿富汗、不丹、印度、尼泊尔、巴基斯坦。

大香桧

•**Juniperus squamata** var. **fargesii** Rehder et E. H. Wilson in C. S. Sargent, Pl. Wilson. 2: 59 (1914).

Juniperus fargesii (Rehder et E. H. Wilson) Kom., Bot. Mater. Gerb. Glavn. Bot. Sada R. S. F. S. R. 5: 30 (1924); *Juniperus kansuensis* Kom., Bot. Mater. Gerb. Glavn. Bot. Sada R. S. F. S. R. 5: 31 (1924); *Juniperus lemeeana* H. Lév. et Blin. in A. A. H. Léveillé, Fl. Kouy-Tchéou: 111 (1914); *Juniperus squamata* subsp. *fargesii* (Rehder et E. H. Wilson) Silba, J. Int. Conifer Preserv. Soc. 13 (1): 16 (2006); *Sabina squamata* var. *fargesii* (Rehder et E. H. Wilson) L. K. Fu et Y. F. Yu in L. K. Fu et T. Hong, Higher Pl. China 3: 86 (2000).
陕西、甘肃、安徽、四川、贵州、云南、福建。

西藏圆柏（大果圆柏）

•**Juniperus tibetica** Kom., Bot. Mater. Gerb. Glavn. Bot. Sada R. S. F. S. R. 5: 27 (1924).

Juniperus distans Florin, Acta Horti Gothob. 3: 6 (1927); *Juniperus potaninii* Kom., Bot. Mater. Gerb. Glavn. Bot. Sada R. S. F. S. R. 5: 28 (1924); *Juniperus zaidamensis* Kom., Bot. Mater. Gerb. Glavn. Bot. Sada R. S. F. S. R. 5: 29 (1924); *Juniperus zaidamensis* f. *squarrosa* Kom., Bot. Mater. Gerb. Glavn. Bot. Sada R. S. F. S. R. 5: 29 (1924); *Sabina potaninii* (Kom.) Kom., Bot. Mater. Gerb. Glavn. Bot. Sada R. S. F. S. R. 5: 27 (1924); *Sabina tibetica* (Kom.) Kom., Not. Syst. Herb. Hort. Petrop. 5: 27 (1924).
甘肃、青海、四川、西藏。

台湾清水圆柏

•**Juniperus tsukusiensis** var. **taiwanensis** (R. P. Adams et C. F. Hsieh) R. P. Adams, Phytologia 93: 127 (2011).

Juniperus chinensis var. *taiwanensis* R. P. Adams et C. F. Hsieh, Biochem. Syst. Ecol. 30: 235 (2002); *Juniperus chinensis* subsp. *taiwanensis* (R. P. Adams et C. F. Hsieh) Silba, J. Int. Conifer Preserv. Soc. 13 (1): 6 (2006).
台湾。

水杉属 Metasequoia Hu et W. C. Cheng

水杉

•**Metasequoia glyptostroboides** Hu et W. C. Cheng, Bull. Fan Mem. Inst. Biol. Bot., new series. 1 (2): 54 (1948).

Sequoia glyptostroboides (Hu et W. C. Cheng) Weide, Bot. Jahrb. Syst. 66: 185 (1962); *Metasequoia glyptostroboides* var. *caespitosa* Y. H. Long et Y. Wu, Bull. Bot. Res., Harbin 4 (1): 149 (1984); *Metasequoia honshuenensis* Silba et Callahan, J. Int. Conifer Preserv. Soc. 7: 2 (2000); *Metasequoia neopangaea* Silba, J. Int. Conifer Preserv. Soc. 9 (1): 9 (2002); *Metasequoia glyptostroboides* subsp. *caespitosa* (Y. H. Long et Y. Wu) Silba, J. Int. Conifer Preserv. Soc. 17: 25 (2010);

Metasequoia glyptostroboides subsp. *neopangaea* (Silba) Silba, J. Int. Conifer Preserv. Soc. 17: 25 (2010).
湖南、湖北、重庆。

侧柏属 **Platycladus** Spach

侧柏（黄柏，香柏，扁柏）

Platycladus orientalis (L.) Franco, Portugaliae Act. Biol., Sér. B, Sist., Julio Henriques: 33 (1949).
Thuja orientalis L., Sp. Pl. 2: 1002 (1753); *Platycladus stricta* Spach, Hist. Nat. Veg. (Spach) 11: 335 (1842); *Biota orientalis* (L.) Endl., Syn. Conif. 47 (1847); *Thuja orientalis* var. *argyi* Lemée et H. Lév., Monde Pl. Rev. Mens. Bot. 17 (95): 15 (1915); *Thuja chengii* Bordères et Gaussen, Bull. Soc. Hist. Nat. Toulouse 73: 284 (1939); *Thuja orientalis* var. *beverleyensis* Rehder, Man. Cult. Trees, ed. 2: 54 (1940); *Thuja orientalis* f. *aurea* (Carrière) Rehder, Bibl. Cult. Trees: 48 (1949); *Thuja orientalis* f. *beverleyensis* (Rehder) Rehder, Bibl. Cult. Trees: 48 (1949); *Thuja orientalis* f. *conspicua* (Berckm. ex Rehder) Rehder, Bibl. Cult. Trees: 48 (1949); *Thuja orientalis* f. *flagelliformis* (Jacques) Rehder, Bibl. Cult. Trees: 48 (1949); *Thuja orientalis* f. *meldensis* (M. A. Lawson ex Gordon) Rehder, Bibl. Cult. Trees: 49 (1949); *Thuja orientalis* f. *sieboldii* (C. Lawson) Rehder, Bibl. Cult. Trees: 48 (1949); *Thuja pyramidalis* f. *stricta* (Rehder) Rehder, Bibl. Cult. Trees: 48 (1949); *Biota orientalis* var. *beverleyensis* Hu, Manual Econ. Pl.: 131 (1955); *Biota orientalis* f. *sieboldii* W. C. Cheng et W. T. Wang, Forest Sin. 1: 234 (1961); *Biota chengii* (Bordères et Gaussen) Bordères et Gaussen, Trav. Lab. Forest. Toulouse 2 (1; 2), 11: 236 (1968); *Platycladus orientalis* f. *pendula* Q. Q. Liu et H. Y., Bull. Bot. Res. North-East. Forest. Univ. 13 (3): 221 (1993); *Platycladus chengii* (Bordères et Gaussen) A. V. Bobrov in H. Manitz et F. H. Hellwig (eds.), Sympos. Biodivers. Evolutionsbiol. 14: 18 (1999); *Platycladus orientalis* subsp. *chengii* (Bordères et Gaussen) Silba, J. Int. Conifer Preserv. Soc. 13 (1): 19 (2006).
吉林、辽宁、内蒙古、河北、山东、山西、河南、陕西、甘肃、安徽、江苏、江西、浙江、湖南、湖北、四川、云南、贵州、西藏、福建、广东、广西；俄罗斯（远东地区）、朝鲜。

北美红杉属 **Sequoia** Endl.

北美红杉（长叶世界爷，红杉）

☆**Sequoia sempervirens** (D. Don) Endl., Syn. Conif. 198 (1847).
Taxodium sempervirens D. Don, Descr. Pinus. 2: 24 (1824).
栽培于江苏、江西、浙江、福建、台湾、广西；原产于北美洲。

巨杉属 **Sequoiadendron** J. Buchholz

巨杉

☆**Sequoiadendron giganteum** (Lindl.) J. Buchholz, Amer. J. Bot. 26 (7): 536 (1939).
Wellingtonia gigantea Lindl., Gard. Chron. 10: 823 (1853).
栽培于山东、江苏、江西、浙江；原产于北美洲。

台湾杉属 **Taiwania** Hayata

台湾杉（台湾松，台杉，秃杉）

Taiwania cryptomerioides Hayata, J. Linn. Soc. Bot. 37 (260): 330, pl. 16 (1906).
Taiwania flousiana Gaussen, Trav. Lab. Forest. Toulouse 1. 3 (2): 6 (1939); *Taiwania yunnanensis* Koidz., Acta Phytotax. Geobot. 11 (2): 138 (1942); *Taiwania cryptomerioides* var. *flousiana* (Gaussen) Silba, Phytologia Mem. 7: 72 (1984).
湖北、四川、贵州、云南、西藏、台湾；越南、缅甸。

落羽杉属 **Taxodium** Rich.

落羽杉（落羽松）

☆**Taxodium distichum** (L.) Rich., Ann. Mus. Natl. Hist. Nat. 16: 298 (1810).
Cupressus disticha L., Sp. Pl.: 1003 (1753).
栽培于河南、安徽、江苏、江西、浙江、湖北、四川、云南、福建、广东、广西、澳门等地；原产于北美洲至中美洲。

落羽杉（原变种）

☆**Taxodium distichum** var. **distichum**
栽培于河南、安徽、江苏、江西、浙江、湖北、四川、云南、福建、广东、广西等地；原产于北美洲。

池杉

☆**Taxodium distichum** var. **imbricatum** (Nutt.) Croom, Cat. Pl. New Bern, ed. 2: 3048 (1837).
Cupressus disticha var. *imbricata* Nutt., Gen. N. Amer. Pl. (Nuttall) 2: 224 (1818).
栽培于河南、安徽、江苏、江西、浙江、湖北、福建、澳门；原产于北美洲。

墨西哥落叶松（墨西哥落羽松，尖叶落羽杉）

☆**Taxodium mucronatum** Ten., Ann. Sci. Nat., Bot. ser. 3, 19: 355 (1853).
栽培于江苏、江西、浙江、湖北、四川；原产于北美洲。

崖柏属 **Thuja** L.

朝鲜崖柏（长白侧柏，朝鲜柏）

Thuja koraiensis Nakai, Bot. Mag. (Tokyo) 33 (395): 196 (1919).
吉林；韩国、朝鲜。

北美香柏（香柏，美国侧柏，黄心柏木）

☆**Thuja occidentalis** L., Sp. Pl. 2: 1002 (1753).
栽培于河北、山东、河南、安徽、江苏、江西、浙江、湖北、四川、贵州；原产于加拿大、美国。

北美乔柏

☆**Thuja plicata** Donn ex D. Don, Descr. Pinus. 2: 19 (1824).
栽培于江苏、江西；原产于北美洲。

日本香柏

☆**Thuja standishii** (Gordon) Carrière, Traité Gén. Conif. ed. 2, 1: 108 (1867).
Thujopsis standishii Gordon, A Supplement to Gordon's Pinetum. 100 (1862).
栽培于山东、江苏、江西、浙江；原产于日本。

崖柏（崖柏树，四川侧柏）

•**Thuja sutchuenensis** Franch., J. Bot. (Morot) 13 (9): 262-263 (1899).
重庆。

罗汉柏属 **Thujopsis** Siebold et Zucc. ex Endl.

罗汉柏（蜈蚣柏）

☆**Thujopsis dolabrata** (Thunb. ex L. f.) Siebold et Zucc., Fl. Jap. 2 (4): 34, tt 119 (1844).
Thuja dolabrata Thunb. ex L. f., Suppl. Pl. 420 (1782).
栽培于山东、江苏、江西、浙江、湖北、贵州、云南、福建、广西；原产于日本。

金柏属 **Xanthocyparis** Farjon et T. H. Nguyên

越南金柏

Xanthocyparis vietnamensis Farjon et T. H. Nguyên, Novon 12: 180 (2002).
Callitropsis vietnamensis (Farjon et T. H. Nguyên) D. P. Little, Amer. J. Bot. 91: 1879 (2004); *Cupressus vietnamensis* (Farjon et T. H. Nguyên) Silba, J. Int. Conifer Preserv. Soc. 12: 100 (2005).
广西；越南。

10. 红豆杉科 Taxaceae [5 属：21 种]

穗花杉属 **Amentotaxus** Pilg.

穗花杉（华西穗花杉）

Amentotaxus argotaenia (Hance) Pilg., Bot. Jahrb. Syst. 54 (1): 41 (1917).
Podocarpus argotaenia Hance, J. Bot. 21 (12): 357 (1883); *Cephalotaxus argotaenia* (Hance) Pilg. in H. G. A. Engler, Pflanzenr. IV, 5 (18): 104 (1903).
甘肃、江苏、江西、浙江、湖南、湖北、四川、贵州、西藏、福建、台湾、广东、广西；越南北部。

穗花杉（原变种）

Amentotaxus argotaenia var. **argotaenia**
Podocarpus insignis Hemsl., J. Bot. 23: 287 (1885); *Nageia insignis* (Hemsl.) Kuntze, Revis. Gen. Pl. 2: 800 (1891); *Amentotaxus cathayensis* H. L. Li, J. Arnold Arbor. 33: 195 (1952); *Amentotaxus argotaenia* var. *cathayensis* (H. L. Li) Keng f., Rep. 1957 Anniv. Nanjing Univ. (2): 2 (1957).
甘肃、江苏、江西、浙江、湖南、湖北、四川、贵州、西藏、福建、台湾、广东、广西；越南北部。

短叶穗花杉

•**Amentotaxus argotaenia** var. **brevifolia** K. M. Lan et F. H. Zhang, Acta Phytotax. Sin. 22 (6): 492, pl. 1 (1984).
贵州。

台湾穗花杉

•**Amentotaxus formosana** H. L. Li, J. Arnold Arbor. 33 (2): 196 (1952).
Amentotaxus yunnanensis var. *formosana* (H. L. Li) Silba, Phytologia 68: 25 (1990).
台湾。

云南穗花杉

Amentotaxus yunnanensis H. L. Li, J. Arnold Arbor. 33 (2): 197 (1952).
Amentotaxus argotaenia var. *yunnanensis* (H. L. Li) Keng f., Rep. 1957 Anniv. Nanjing Univ. (2) 7: 451 (1957).
贵州、云南；越南。

三尖杉属 **Cephalotaxus** Siebold et Zucc. ex Endl.

三尖杉（藏杉，桃松，狗尾松）

Cephalotaxus fortunei Hook., Bot. Mag. 76: pl. 4499 (1850).

Taxus fortunei (Hook.) C. Lawson in P. Lawson et al., Abietineae-List Pl. Fir Tribe 10: 79 (1851).
河南、陕西、甘肃、安徽、江西、浙江、湖南、湖北、四川、重庆、贵州、云南、福建、广东、广西；缅甸北部。

三尖杉（原变种）

Cephalotaxus fortunei var. **fortunei**
Cephalotaxus fortunei var. *pendula* Carrière, Traité Gén. Conif.: 508 (1855); *Cephalotaxus robusta* Rafarin, Rev. Hort. 46: 74 (1874); *Cephalotaxus fortunei* var. *concolor* Franch., J. Bot. (Morot) 13 (9): 265 (1899); *Cephalotaxus fortunei* var. *globosa* S. Y. He, Taiwania 10: 28 (1964).
河南、陕西、甘肃、安徽、江西、浙江、湖南、湖北、四川、重庆、贵州、云南、福建、广东、广西；缅甸北部。

高山三尖杉（密油果）

●**Cephalotaxus fortunei** var. **alpina** H. L. Li, Lloydia 16: 164 (1953).
Cephalotaxus alpina (H. L. Li) L. K. Fu, Acta Phytotax. Sin. 22 (4): 282 (1984); *Cephalotaxus fortunei* subsp. *alpina* (H. L. Li) Silba, J. Int. Conifer Preserv. Soc. 14 (1): 4 (2007).
陕西、甘肃、四川、云南。

贡山三尖杉

Cephalotaxus griffithii Hook. f., Fl. Brit. India 5: 648 (1888).
Cephalotaxus lanceolata K. M. Feng, Acta Phytotax. Sin. 13 (4): 86, pl. 50, f. 1 (1975); *Cephalotaxus fortunei* var. *lanceolata* (K. M. Feng) Silba, Phytologia 68: 27 (1990).
云南；缅甸北部。

海南粗榧

Cephalotaxus hainanensis H. L. Li, Lloydia 16: 164 (1954).
Cephalotaxus harringtonii var. *thailandensis* Silba, J. Int. Conifer Preserv. Soc. 7: 22 (2000); *Cephalotaxus sinensis* subsp. *hainanensis* (H. L. Li) Silba, J. Int. Conifer Preserv. Soc. 14 (1): 17 (2007); *Cephalotaxus mannii* subsp. *thailandensis* (Silba) Silba, J. Int. Conifer Preserv. Soc. 14 (1): 13 (2007).
云南、西藏、广东、广西、海南；越南、缅甸、泰国。

喜马拉雅粗榧

Cephalotaxus harringtonii (Knight ex J. Forbes) K. Koch, Dendrologie 2 (2): 102 (1873).
Taxus harringtonii Knight ex J. Forbes, Pinet. Woburn.: 217 (1839); *Cephalotaxus drupacea* var. *harringtonii* (Knight ex J. Forbes) Pilg. in H. G. A. Engler, Pflanzenr., IV, 5: 102 (1903).
四川、台湾；韩国、日本、印度、越南、缅甸、老挝、泰国、马来西亚。

喜马拉雅粗榧（原变种）

Cephalotaxus harringtonii var. **harringtonii**
Taxus baccata Thunb., Fl. Jap.: 275 (1784), nom. illeg.; *Cephalotaxus drupacea* Siebold et Zucc., Fl. Jap. Fam. Nat. 2: 108 (1846); *Cephalotaxus pedunculata* Siebold et Zucc., Fl. Jap. Fam. Nat. 2: 108 (1846); *Podocarpus koraianus* Siebold ex Endl., Syn. Conif.: 217 (1847); *Taxus coriacea* Knight, Syn. Conif. Pl.: 51 (1850), nom. inval.; *Taxus inukaja* Knight, Syn. Conif. Pl.: 51 (1850), nom. inval.; *Taxus drupacea* (Siebold et Zucc.) C. Lawson in P. Lawson et al., Abietineae-List Pl. Fir Tribe 10: 79 (1851); *Taxus pedunculata* (Siebold et Zucc.) C. Lawson in P. Lawson et al., Abietineae-List Pl. Fir Tribe 10: 79 (1851); *Cephalotaxus fortunei* var. *foemina* Carrière, Traité Gén. Conif.: 509 (1855); *Taxus japonica* Lodd. ex Gordon, Pinetum: 275 (1858), nom. inval.; *Cephalotaxus pedunculata* var. *fastigiata* Carrière, Prod. Fix. Var. Veget.: 44 (1865); *Cephalotaxus buergeri* Miq., Ann. Mus. Bot. Lugduno-Batavi 3: 169 (1867); *Cephalotaxus drupacea* var. *pedunculata* (Siebold et Zucc.) Miq., Ann. Mus. Bot. Lugduno-Batavi 3: 169 (1867); *Cephalotaxus pedunculata* var. *sphaeralis* Mast., Gard. Chron., n.s., 21: 113 (1884); *Cephalotaxus mannii* Hook. f., Hooker's Icon. Pl. 16: pl. 1523 (1886); *Nageia koraiana* (Siebold ex Endl.) Kuntze, Revis. Gen. Pl. 2: 800 (1891); *Cephalotaxus harringtonii lusus koraiana* (Siebold ex Endl.) K. Koch ex Asch. et Graebn., Syn. Mitteleur. Fl. 1: 181 (1897); *Cephalotaxus drupacea* f. *fastigiata* (Carrière) Pilg. in H. G. A. Engler, Pflanzenr., IV, 5: 103 (1903); *Cephalotaxus drupacea* f. *sphaeralis* (Mast.) Pilg. in H. G. A. Engler, Pflanzenr., IV, 5: 103 (1903); *Cephalotaxus harringtonii* var. *sphaeralis* (Mast.) C. K. Schneid. in E. E. Silva Tarouca, Uns. Freil.-Nadelhölzer: 162 (1913); *Cephalotaxus harringtonii* var. *fastigiata* (Carrière) C. K. Schneid. in E. E. Silva Tarouca, Uns. Freil.-Nadelhölzer: 162 (1913); *Cephalotaxus harringtonii* f. *sphaeralis* (Mast.) Rehder, Mitt. Deutsch. Dendrol. Ges. 24: 213 (1915 publ. 1916); *Cephalotaxus harringtonii* var. *drupacea* (Siebold et Zucc.) Koidz., Bot. Mag. (Tokyo) 44: 98 (1930); *Cephalotaxus harringtonii* var. *koraiana* (Siebold ex Endl.) Koidz., Bot. Mag. (Tokyo) 44: 98

(1930); *Cephalotaxus harringtonii* f. *fastigiata* (Carrière) Rehder, Bibl. Cult. Trees: 5 (1949); *Cephalotaxus harringtonii* f. *drupacea* (Siebold et Zucc.) Kitam., Acta Phytotax. Geobot. 26: 9 (1974); *Cephalotaxus harringtonii* subsp. *drupacea* (Siebold et Zucc.) Silba, J. Int. Conifer Preserv. Soc. 14 (1): 7 (2007).
四川；韩国、日本、印度、越南、缅甸、老挝、泰国、马来西亚。

台湾粗榧

•**Cephalotaxus harringtonii** var. **wilsoniana** (Hayata) Kitam., Acta Phytotax. Geobot. 26 (1-2): 9 (1974).
Cephalotaxus wilsoniana Hayata, Ic. Fl. Formosa 4: 22 (1914); *Cephalotaxus sinensis* var. *wilsoniana* (Hayata) L. K. Fu et Nan Li, Novon. 7 (3): 263 (1997); *Cephalotaxus sinensis* subsp. *wilsoniana* (Hayata) Silba, J. Int. Conifer Preserv. Soc. 14 (1): 18 (2007).
台湾。

矮三尖杉

Cephalotaxus nana Nakai, Bot. Mag. (Tokyo) 33: 193 (1919).
Cephalotaxus nana var. *adstringens* Nakai, Bot. Mag. (Tokyo) 33: 193 (1919); *Cephalotaxus drupacea* var. *nana* (Nakai) Rehder, J. Arnold Arbor. 4: 107 (1923); *Cephalotaxus koreana* Nakai, Bot. Mag. (Tokyo) 44: 508 (1930); *Cephalotaxus drupacea* var. *koreana* (Nakai) Hatus., Exp. Forest. Kyushu Imp. Univ. 5: 38 (1934); *Cephalotaxus harringtonii* var. *koreana* (Nakai) Rehder, J. Arnold Arbor. 22: 569 (1941); *Cephalotaxus harringtonii* var. *nana* (Nakai) Rehder, J. Arnold Arbor. 22: 371 (1941); *Cephalotaxus sinensis* var. *latifolia* W. C. Cheng et L. K. Fu, Bull. Bot. Res., Harbin, Suppl.: 98 (1988); *Cephalotaxus latifolia* W. C. Cheng et L. K. Fu ex L. K. Fu et R. R. Mill, Novon 9: 185 (1999); *Cephalotaxus harringtonii* var. *latifolia* (W. C. Cheng et L. K. Fu) Silba, J. Int. Conifer Preserv. Soc. 7: 22 (2000), nom. inval.; *Cephalotaxus harringtonii* subsp. *hokkaidoensis* Silba, J. Int. Conifer Preserv. Soc. 14 (1): 9 (2007); *Cephalotaxus harringtonii* subsp. *koreana* (Nakai) Silba, J. Int. Conifer Preserv. Soc. 14 (1): 8 (2007); *Cephalotaxus sinensis* subsp. *latifolia* (W. C. Cheng et L. K. Fu ex L. K. Fu et R. R. Mill) Silba, J. Int. Conifer Preserv. Soc. 14 (1): 16 (2007).
湖南、湖北、四川、重庆、贵州、福建、广西；日本、韩国。

篦子三尖杉（阿里杉，梳叶圆头杉，花枝杉）

•**Cephalotaxus oliveri** Mast., Bull. Herb. Boissier. 6: 270 (1898).
江西、湖南、湖北、四川、重庆、贵州、云南、广东、广西。

粗榧（鄂西粗榧，中华粗榧杉，粗榧杉）

•**Cephalotaxus sinensis** (Rehder et E. H. Wilson) H. L. Li, Lloydia 16: 162 (1953).
Cephalotaxus drupacea var. *sinensis* Rehder et E. H. Wilson in C. S. Sargent, Pl. Wilson. 2: 3 (1914); *Cephalotaxus drupacea* f. *globosa* Rehder et E. H. Wilson in C. S. Sargent, Pl. Wilson. 2 (1): 4 (1914); *Cephalotaxus sinensis* f. *globosa* (Rehder et E. H. Wilson) H. L. Li, Sargentia 4: 118 (1923); *Cephalotaxus harringtonii* var. *sinensis* (Rehder et E. H. Wilson) Rehder, J. Arnold Arbor. 22: 571 (1941).
河南、陕西、甘肃、安徽、江苏、江西、浙江、湖南、湖北、四川、贵州、云南、福建、台湾、广东、广西。

白豆杉属 **Pseudotaxus** W. C. Cheng

白豆杉（短水松）

•**Pseudotaxus chienii** (W. C. Cheng) W. C. Cheng, Res. Bull. Forest. Inst. Natl. Centr. Univ. Dendroi. ser. 1: 1 (1947).
Taxus chienii W. C. Cheng, Contr. Biol. Lab. Sci. Soc. China, Bot. Ser. 9: 240 (1934); *Nothotaxus chienii* (W. C. Cheng) Florin, Acta Horti Berg. 14: 394 (1948); *Pseudotaxus liana* Silba, Phytologia 81 (4): 327 (1996); *Pseudotaxus chienii* subsp. *liana* (Silba) Silba, J. Int. Conifer Preserv. Soc. 14 (1): 19 (2007).
江西、浙江、湖南、广东、广西。

红豆杉属 **Taxus** L.

石灰岩红豆杉

Taxus calcicola L. M. Gao et Mich. Möller, Taxon 62: 1174 (2013).
贵州、云南；越南。

东北红豆杉（紫杉，赤柏松，米树）

Taxus cuspidata Siebold et Zucc., Abh. Math.-Phys. Cl. Königl. Bayer. Akad. Wiss. 4 (3): 232, pl. 3 (1846).
Taxus baccata subsp. *cuspidata* (Siebold et Zucc.) Pilg. in H. G. A. Engler, Pflanzenr. 4, 5 (18): 112 (1903); *Taxus baccata* var. *cuspidata* (Siebold et Zucc.) Carrière, Traité Gén. Conif., ed. 2: 733 (1867).
黑龙江、吉林、辽宁、陕西；日本、朝鲜、俄罗斯东部。

东北红豆杉（原变种）

Taxus cuspidata var. **cuspidata**
Cephalotaxus umbraculifera Siebold ex Endl., Syn.

Conif.: 239 (1847); *Taxus umbraculifera* (Siebold ex Endl.) C. Lawson in P. Lawson et al., Abietineae-List Pl. Fir Tribe 10: 80 (1851); *Taxus baccata* var. *microcarpa* Trautv., Mém. Acad. Imp. Sci. St.-Pétersbourg, sér. 6, Sci. Math. 9: 259 (1859); *Taxus cuspidata* var. *umbraculifera* (Siebold ex Endl.) Makino, Ill. Fl. Nippon: 910 (1862); *Taxus baccata* var. *latifolia* Pilg. in H. G. A. Engler, Pflanzenr., IV, 5: 112 (1903); *Taxus cuspidata* f. *fructu-luteo* Froebel ex Beissn., Handb. Nadelholzk., ed. 2: 51 (1909); *Taxus cuspidata* f. *densa* Rehder ex E. H. Wilson, Conif. Tax. Japan: 13 (1916); *Taxus cuspidata* var. *densa* (Rehder ex E. H. Wilson) Rehder in L. H. Bailey, Cycl. Amer. Hort. 6: 3316 (1917); *Taxus cuspidata* f. *aurescens* Rehder, J. Arnold Arbor. 1: 191 (1920); *Taxus cuspidatathayerae* E. H. Wilson, Horticulture (Boston) 8: 424 (1930); *Taxus cuspidata* f. *minima* Slavin in F. J. Chittenden, Rep. Conif. Conf. R. H. S.: 142 (1932); *Taxus cuspidata* var. *luteobaccata* Miyabe et Tatew., Trans. Sapporo Nat. Hist. Soc. 13: 377 (1934); *Taxus cuspidata* var. *microcarpa* (Trautv.) Kolesn., Vestn. Dal'nevost. Fil. Akad. Nauk S. S. S. R. 7: 43 (1935); *Taxus caespitosa* Nakai, J. Korean Pl. Forest. Soc. 158: 20 (1938); *Taxus cuspidata* var. *latifolia* (Pilg.) Nakai, J. Korean Pl. Forest. Soc. 158: 39 (1938); *Taxus cuspidata* var. *minima* (Slavin) Hornibr., Dwarf Conifers, ed. 2: 243 (1939); *Taxus cuspidata* f. *thayerae* (E. H. Wilson) Rehder, Bibl. Cult. Trees: 3 (1949); *Taxus cuspidata* f. *luteobaccata* (Miyabe et Tatew.) Rehder, Bibl. Cult. Trees: 4 (1949); *Taxus cuspidata* var. *caespitosa* (Nakai) Q. L. Wang, Clavis Pl. Chinae Bor.-Or., ed. 2: 73 (1995); *Taxus biternata* Spjut, J. Bot. Res. Inst. Texas 1: 266 (2007); *Taxus caespitosa* var. *latifolia* (Pilg.) Spjut, J. Bot. Res. Inst. Texas 1: 269 (2007); *Taxus umbraculifera* var. *microcarpa* (Trautv.) Spjut, J. Bot. Res. Inst. Texas 1: 279 (2007); *Taxus cuspidata* subsp. *umbraculifera* (Siebold ex Endl.) Silba, J. Int. Conifer Preserv. Soc. 17: 24 (2010); *Taxus cuspidata* subsp. *biternata* (Spjut) Silba, J. Int. Conifer Preserv. Soc. 17: 22 (2010).

黑龙江、吉林、辽宁、陕西；日本、韩国、俄罗斯。

矮紫杉

☆**Taxus cuspidata** var. **nana** Rehder in L. H. Bailey, Cycl. Amer. Hort. 4: 1773 (1902).

Taxus cuspidata var. *compacta* Bean, Trees Shrubs Brit. Isl. 2: 582 (1914); *Taxus cuspidata* f. *nana* (Rehder) E. H. Wilson, Publ. Arnold Arbor. 8: 13 (1916); *Taxus caespitosa* var. *angustifolia* Spjut, J. Bot. Res. Inst. Texas 1: 268 (2007); *Taxus umbraculifera* var. *nana* (Rehder) Spjut, J. Bot. Res. Inst. Texas 1: 281 (2007); *Taxus cuspidata* subsp. *nana* (Rehder) Silba, J. Int. Conifer Preserv. Soc. 17: 22 (2010).

栽培于大连、北京等地；原产于日本。

密叶红豆杉（西藏红豆杉，喜马拉雅红豆杉）

Taxus contorta Griff., Itin. Pl. Khasyah Mts.: 351 (1848).

Taxus fuana Nan Li et R. R. Mill, Novon 7: 263 (1997); *Taxus wallichiana* subsp. *contorta* (Griff.) Silba, J. Int. Conifer Preserv. Soc. 17: 24 (2010).

西藏；印度、克什米尔、尼泊尔、巴基斯坦。

佛洛林红豆杉

●**Taxus florinii** Spjut, J. Bot. Res. Inst. Texas 1: 222 (2007).

四川、云南。

须弥红豆杉（云南红豆杉，西南红豆杉）

Taxus wallichiana Zucc., Abh. Math.-Phys. Cl. Königl. Bayer. Akad. Wiss. 3: 803, pl. 5 (1843).

Taxus baccata subsp. *wallichiana* (Zucc.) Pilg. in H. G. A. Engler, Pflanzenr. 18 Heft 4 (5): 112 (1903).

河南、陕西、甘肃、安徽、江西、浙江、湖南、湖北、四川、贵州、云南、西藏、福建、台湾、广东、广西；不丹、印度、老挝、缅甸、越南。

须弥红豆杉（原变种）

Taxus wallichiana var. **wallichiana**

Taxus nucifera Wall., Tent. Fl. Napal.: 57 (1826), nom. illeg.; *Cephalotaxus sumatrana* Miq., Fl. Ned. Ind. 2: 1076 (1858); *Taxus orientalis* Bertol., Misc. Bot. 24: 17 (1863); *Podocarpus celebicus* Hemsl., Bull. Misc. Inform. Kew 1896: 39 (1896); *Cephalotaxus celebica* Warb., Monsunia 1: 194 (1900); *Cephalotaxus mannii* E. Pritz. ex Diels, Bot. Jahrb. Syst. 29: 214 (1900), nom. illeg.; *Taxus celebica* (Warb.) H. L. Li, Woody Fl. Taiwan: 34 (1963); *Taxus yunnanensis* W. C. Cheng et L. K. Fu, Acta Phytotax. Sin. 13 (4): 86 (1975); *Taxus sumatrana* (Miq.) de Laub., Kalikasan 7: 151 (1978); *Taxus wallichiana* var. *yunnanensis* (W. C. Cheng et L. K. Fu) C. T. Kuan, Fl. Sichuanica 2: 215 (1983); *Taxus chinensis* var. *yunnanensis* (W. C. Cheng et L. K. Fu) L. K. Fu, Vasc. Pl. Hengduan Mount. 1: 214 (1993); *Taxus contorta* var. *mucronata* Spjut, J. Bot. Res. Inst. Texas 1: 260 (2007); *Taxus florinii* Spjut, J. Bot. Res. Inst. Texas 1: 222 (2007); *Taxus obscura* Spjut, J. Bot. Res. Inst. Texas 1: 235 (2007); *Taxus phytonii* Spjut, J. Bot. Res. Inst. Texas 1: 237 (2007); *Taxus suffnesii* Spjut, J.

Bot. Res. Inst. Texas 1: 226 (2007); *Taxus sumatrana* subsp. *celebica* (Warb.) Silba, J. Int. Conifer Preserv. Soc. 17: 23 (2010); *Taxus sumatrana* subsp. *obscura* (Spjut) Silba, J. Int. Conifer Preserv. Soc. 17: 23 (2010); *Taxus sumatrana* subsp. *rehderiana* Silba, J. Int. Conifer Preserv. Soc. 17: 24 (2010), no Latin descr.; *Taxus wallichiana* subsp. *yunnanensis* (W. C. Cheng et L. K. Fu) Silba, J. Int. Conifer Preserv. Soc. 17: 24 (2010).
四川、云南、西藏；不丹、印度、缅甸、越南。

红豆杉

Taxus wallichiana var. **chinensis** (Pilg.) Florin, Acta Hort. Berg. 14: 355 (1948).

Taxus baccata var. *chinensis* Pilg. in H. G. A. Engler, Pflanzenr., IV, 5: 112 (1903); *Taxus baccata* var. *sinensis* A. Henry in H. J. Elwes et A. Henry, Trees Great Britain 1: 100 (1906); *Taxus cuspidata* var. *chinensis* (Pilg.) C. K. Schneid. in E. E. Silva Tarouca, Uns. Freil.-Nadelhölzer: 276 (1913); *Taxus chinensis* (Pilg.) Rehder, J. Arnold Arbor. 1: 51 (1919); *Taxus sumatrana* subsp. *chinensis* (Pilg.) Silba, J. Int. Conifer Preserv. Soc. 17: 23 (2010).
陕西、甘肃、安徽、浙江、湖南、湖北、四川、贵州、云南、福建、广西；越南。

南方红豆杉

Taxus wallichiana var. **mairei** (Lemée et H. Lév.) L. K. Fu et Nan Li, Novon 7: 263 (1997).

Tsuga mairei Lemée et H. Lév., Monde Pl. 16: 20 (1914); *Taxus speciosa* Florin, Acta Horti Berg. 14: 382 (1948); *Taxus mairei* (Lemée et H. Lév.) S. Y. Hu ex T. S. Liu, Ill. Native Introd. Lign. Pl. Taiwan 1: 16 (1960); *Taxus chinensis* var. *mairei* (Lemée et H. Lév.) W. C. Cheng et L. K. Fu, in Fl. Hupehensis 1: 28 (1976); *Taxus kingstonii* Spjut, J. Bot. Res. Inst. Texas 1: 240 (2007); *Taxus mairei* var. *speciosa* (Florin) Spjut, J. Bot. Res. Inst. Texas 1: 246 (2007); *Taxus sumatrana* subsp. *mairei* (Lemée et H. Lév.) Silba, J. Int. Conifer Preserv. Soc. 17: 23 (2010).
河南、陕西、甘肃、安徽、浙江、湖南、湖北、四川、贵州、云南、福建、台湾、广东、广西；印度、缅甸、菲律宾、马来西亚、印度尼西亚。

榧树属 Torreya Arn.

巴山榧树（铁头枞，紫柏，篦子杉）

●**Torreya fargesii** Franch., J. Bot. (Morot) 13 (9): 264 (1899).

Tumion fargesii (Franch.) Skeels, Proc. Biol. Soc. Wash. 38: 88 (1925); *Torreya grandis* var. *fargesii* (Franch.) Silba, Phytologia Memoirs. 7: 74 (1984).
陕西、安徽、江西、湖南、湖北、四川。

榧树

●**Torreya grandis** Fortune ex Lindl., Gard. Chron. 1857: 788 (1857).

Caryotaxus grandis (Fortune ex Lindl.) Henkel et W. Hochst., Syn. Nadelholz. 367 (1865); *Tumion grande* (Fortune ex Lindl.) Greene, Pittonia 2: 194 (1891); *Torreya nucifera* var. *grandis* (Fortune ex Lindl.) Pilg. in H. G. A. Engler, Pflanzenr. 45 (18): 107 (1903).
安徽、江苏、江西、浙江、湖南、贵州、福建。

榧树（原变种）

●**Torreya grandis** var. **grandis**

Torreya grandis f. *non-apiculata* Hu, Contr. Biol. Lab. Sci. Soc. China, Bot. Ser. 3 (5): 6, pl. 9 (1927); *Torreya grandis* f. *major* Hu, Contr. Biol. Lab. Sci. Soc. China, Bot. Ser. 3 (5): 6, pl. 9 (1927); *Torreya grandis* var. *chingii* Hu, Contr. Biol. Lab. Sci. Soc. China, Bot. Ser. 3 (5): 6, pl. 9 (1927); *Torreya grandis* var. *dielsii* Hu, Contr. Biol. Lab. Sci. Soc. China, Bot. Ser. 3 (5): 6, pl. 9 (1927); *Torreya grandis* var. *sargentii* Hu, Contr. Biol. Lab. Sci. Soc. China, Bot. Ser. 3 (5): 6, pl. 9 (1927); *Torreya grandis* var. *merrillii* Hu, Contr. Biol. Lab. Sci. Soc. China, Bot. Ser. 3 (5): 6, pl. 9 (1927).
安徽、江苏、江西、浙江、湖南、贵州、福建。

九龙山榧树

●**Torreya grandis** var. **jiulongshanensis** Zhi Y. Li et al., Bull. Bot. Res. 15 (3): 356 (1995).
浙江。

长叶榧树（浙榧）

●**Torreya jackii** Chun, J. Arnold Arbor. 6 (3): 144 (1925).
江西、浙江、福建。

日本榧树（日榧）

☆**Torreya nucifera** (L.) Siebold et Zucc., Abh. Math.-Phys. Cl. Königl. Bayer. Akad. Wiss. 4 (3): 234 (1846).

Taxus nucifera L., Sp. Pl. 2: 1040 (1753).
栽培于山东、上海、江苏、江西、浙江；原产于日本。

云南榧树

●**Torreya yunnanensis** W. C. Cheng et L. K. Fu, Acta Phytotax. Sin. 13 (4): 87, f. 55 (1975).

Torreya grandis var. *yunnanensis* (W. C. Cheng et L. K. Fu) Silba, Phytologia 68: 72 (1990); *Torreya fargesii* var. *yunnanensis* (W. C. Cheng et L. K. Fu) N. Kang, Bull. Bot. Res. 15: 353 (1995).
云南。

被子植物 ANGIOSPERMS

1. 莼菜科 Cabombaceae [2 属：2 种]

莼菜属 **Brasenia** Schreb.

莼菜（水案板）

△**Brasenia schreberi** J. F. Gmel., Syst. Nat. ed. 13[bis]. 2 (1): 853 (1791).

Brasenia purpurea Casp. in Engler, Pflanzenr. III (Abth. 2): 6 (1890).

安徽、江苏、浙江、江西、湖南、湖北、四川、云南、台湾；印度、日本、朝鲜、俄罗斯、澳大利亚、非洲、北美洲、南美洲。

水盾草属 **Cabomba** Aubl.

水盾草（竹节水松）

△**Cabomba caroliniana** A. Gray, Ann. Lyceum Nat. Hist. New York 4: 47 (1837).

山东、江苏、浙江；北美洲、南美洲。

2. 睡莲科 Nymphaeaceae [3 属：9 种]

芡实属 **Euryale** Salisb.

芡实（鸡头米，鸡头莲，鸡头荷）

Euryale ferox Salisb. ex K. D. Koenig et Sims, Ann. Bot. 2. 74 (1805).

黑龙江、吉林、辽宁、内蒙古、河北、山西、山东、河南、陕西、安徽、江苏、浙江、江西、湖南、湖北、四川、贵州、云南、福建、台湾、广东、广西、海南；孟加拉国、印度、日本、克什米尔、朝鲜、俄罗斯（远东地区）。

萍蓬草属 **Nuphar** Sm.

欧亚萍蓬草

Nuphar lutea (L.) Sm., Fl. Graec. Prodr. 1: 361 (1809).

Nymphaea lutea L., Sp. Pl. 1: 510 (1753).

新疆；哈萨克斯坦、俄罗斯、非洲、中东地区、欧洲。

萍蓬草（黄金莲，萍蓬莲）

Nuphar pumila (Timm) DC., Syst. Nat. 2: 61 (1821).

Nymphaea lutea var. *pumila* Timm, Mag. Naturk. Oekon. Mecklenburgs. 2: 250 (1795).

萍蓬草（原变种）

Nuphar pumila var. **pumila**

Nymphaea lutea subsp. *pumila* (Timm) Bonnier et Layens, Mag. Naturk. Oekon. Mecklenburgs 2: 250 (1795); *Nymphaea lutea* var. *minima* Willd., Sp. Pl. ed. 2 (2): 1151 (1799); *Nymphaea pumila* (Timm) Hoffm., Deut. Fl. (Karsten), ed. 2 1 (1): 241. (1800); *Nuphar minima* (Willd.) Sm., Engl. Bot. 32: pl. 2292 (1811); *Nuphar bornetii* H. Lév. et Vaniot, Bull. Soc. Bot. France. 51: Sess. Extraord. 143 (1904); *Nuphar shimadae* Hayata, Icon. Pl. Formosan. 6: 2, pl. (1916).

黑龙江、吉林、内蒙古、河北、河南、新疆、安徽、江苏、浙江、江西、湖北、贵州、福建、台湾、广东、广西；日本、朝鲜、蒙古、俄罗斯、欧洲。

中华萍蓬草

●**Nuphar pumila** subsp. **sinensis** (Hand.-Mazz.) D. E. Padgett, Sida. 18: 825 (1999).

Nuphar sinensis Hand.-Mazz., Kaiserl. Akad. Wiss. Wien, Math.-Naturwiss. Kl., Anz. 63: 8 (1926).

安徽、浙江、江西、湖南、贵州、福建、广东、广西。

睡莲属 **Nymphaea** L.

白睡莲

☆**Nymphaea alba** L., Sp. Pl. 1: 510 (1753).

Nymphaea alba var. *rubra* Lonnr., J. Linn. Soc., Bot. (1865-1968) (1865).

河北、山东、陕西、浙江；克什米尔、俄罗斯、亚洲西南部、欧洲、非洲。

雪白睡莲

Nymphaea candida C. Presl, Delic. Prag. 224 (1822).

新疆；克什米尔、哈萨克斯坦、俄罗斯、亚洲西南部、欧洲。

齿叶睡莲

☆**Nymphaea lotus** L., Sp. Pl. 1: 511 (1753).

云南、台湾；印度、越南、缅甸、泰国、非洲、欧洲。

柔毛齿叶睡莲

Nymphaea lotus var. **pubescens** (Willd.) Hook. f. et Thomson in Hook. f., Fl. Brit. Ind. 1 (1): 114 (1872).

Nymphaea pubescens Willd., Sp. Pl., 2: 1154 (1799).

云南；孟加拉国、印度、印度尼西亚、缅甸、巴布亚新几内亚、巴基斯坦、菲律宾、印度、斯里兰卡、泰国、越南。

黄睡莲

△**Nymphaea mexicana** Zucc., Abh. Math.-Phys. Cl. Königl. Bayer. Akad. Wiss. 1: 365 (1832).

黑龙江、吉林、辽宁、内蒙古、河北、北京、河南、宁夏、甘肃、青海、安徽、江苏、江西、湖南、湖北、贵州、福建、广东、广西、海南、香港、澳门；北美洲、南美洲。

延药睡莲

Nymphaea nouchali N. L. Burmann, Fl. Indica 120 (1768).

Nymphaea stellata Willd., Sp. Pl. Editio quarta 2: 1153 (1799).

安徽、湖北、云南、台湾、广东、广西、海南；阿富汗、印度、印度尼西亚、缅甸、斯里兰卡、越南、澳大利亚。

睡莲

Nymphaea tetragona Georgi, Bemerk. Reise Russ. Reich 1: 220 (1775).

黑龙江、吉林、辽宁、内蒙古、河北、山西、山东、河南、陕西、新疆、江苏、浙江、江西、湖南、湖北、四川、贵州、云南、西藏、福建、台湾、广东、广西、海南；印度、日本、克什米尔、哈萨克斯坦、朝鲜、俄罗斯、越南、北美洲、欧洲。

3. 五味子科 Schisandraceae [3 属：57 种]

八角属 **Illicium** L.

大屿八角（香港植物名录）

•**Illicium angustisepalum** A. C. Smith, Sargentia 7: 36 (1947).

安徽、福建、广东、香港。

台湾八角（红花八角，八角仔）

•**Illicium arborescens** Hayata, Icon. Pl. Formosan. 2: 105 (1912).

台湾。

短柱八角

•**Illicium brevistylum** A. C. Smith, Sargentia 7: 50 (1947).

湖南、云南、广东、广西。

中缅八角（新拟）

Illicium burmanicum Wils., Journ. Arn. Arb. 7: 238 (1926).

云南；缅甸。

地枫皮（枫榔，矮顶香，钻地枫）

•**Illicium difengpi** K. I. B. et K. I. M. ex B. N. Chang, Acta Phytotax. Sin. 15 (2): 76, f. 1. (1977).

广西。

红花八角

•**Illicium dunnianum** Tutch., J. Linn. Soc. Bot. 37: 62 (1905).

湖南、贵州、福建、广东、广西。

西藏八角

Illicium griffithii Hook. f. et Thomson, Fl. Ind. (Hook. f. et Thomson) 1: 74 (1855).

Ternstroemia khasyana Choisy, Mém. Soc. Phys. Genéve 14: 108 (1855).

西藏；不丹、印度东北部。

红茴香（红毒茴）

•**Illicium henryi** Diels, Bot. Jahrb. Syst. 29: 323 (1900).

Illicium silvestrii Pavol., Nuovo Giorn. Bot. Ital. n.s. 15 (3): 403 (1908); *Illicium henryi* var. *multistamineum* A. C. Sm., Sargentia 7: 64 (1947); *Illicium pseudosimonsii* Q. Lin, Acta Bot. Austro Sin. 10: 12, f. 1 (1995).

河南、陕西、甘肃、安徽、江西、湖南、湖北、四川、贵州、云南、福建、广东、广西。

假地枫皮

•**Illicium jiadifengpi** B. N. Chang, Acta Bot. Yunnan 4: 47 (1982).

Illicium jiadifengpi var. *baishanense* B. N. Chang et S. H. Ou, Guihaia 5 (3): 177. 1985.

浙江、江西、湖南、湖北、四川、广东、广西。

红毒茴（莽草，披针叶茴香，红茴香）

•**Illicium lanceolatum** A. C. Sm., Sargentia 7: 43 (1947).

安徽、江苏、浙江、江西、湖南、湖北、贵州、福建。

平滑八角（花叶八角，野八角）

•**Illicium leiophyllum** A. C. Sm., Sargentia 7: 54 (1947).

香港。

大花八角

• **Illicium macranthum** A. C. Smith, Sargentia 7: 21. fig. 6. a-g (1947).

云南。

大八角（神仙果）

Illicium majus Hook. f. et Thomson in Hook. f., Fl.

Brit. Ind. 1 (1): 40 (1872).

Badianifera major Kuntze, Revis. Gen. Pl. 1: 6 (1891); *Glochidion cavaleriei* H. Lév., Repert. Spec. Nov. Regni Veg. 12: 183 (1913).

湖南、贵州、云南、广东、广西；缅甸南部、越南。

滇西八角

Illicium merrillianum A. C. Smith, Sargentia 7: 67 (1947).

云南；缅甸。

小花八角

●**Illicium micranthum** Dunn, Icon. Pl. 28: pl. 2714 (1901).

Illicium wangii H. H. Hu, Bull. Fan Mem. Inst. Biol. Bot. 10: 120 (1940); *Illicium jinyunensis* Z. He, J. Sw. Agric. Univ. 10 (3): 292, pl. 1, f. 1-9 (1988).

湖南、湖北、四川、贵州、云南、广东、广西。

滇南八角（小八角）

●**Illicium modestum** A. C. Sm., Sargentia 7: 51 (1947).

云南。

少药八角

●**Illicium oligandrum** Merr. et Chun, Sunyatsenia 5 (1-3): 57 (1940).

Illicium parvifolium subsp. *oligandrum* (Merr. et Chun) Q. Lin, Acta Phytotax. Sin. 38 (2): 176 (2000).

广西、海南。

短梗八角（厚叶八角）

●**Illicium pachyphyllum** A. C. Sm., Sargentia 7: 64 (1947).

广西。

少果八角

Illicium petelotii A. C. Sm., Sargentia 7: 76 (1947).

云南；越南。

白花八角

Illicium philippinense Merr., Philipp. J. Sci. 4: 254 (1909).

Illicium arborescens var. *oblongum* Hayata, Icon. Pl. Formosan. 2: 106 (1912); *Illicium leucanthum* Hayata, Icon. Pl. Formosan. 9: 2, f. 2 (1920); *Illicium philippinense* var. *daibuense* (Yamam.) S. S. Ying, Col. Illustr. Fl. Taiwan 1: 235, f. 100 (1985).

台湾；菲律宾。

野八角

Illicium simonsii Maxim., Bull. Acad. Imp. Sci. Saint-Pétersb., ser. 3, 32: 480 (1888).

Illicium griffithii var. *yunnanense* Franch., Bull. Soc. Bot. France. 33: 383 (1886); *Illicium szechuanense* C. Y. Cheng, Icon. Pl. Omeiensium 1 (1): pl. 6 (1942); *Illicium jiadifengpi* var. *szechuanense* (C. Y. Cheng) Law et B. N. Chang, J. Sichuan Norm. Univ. (Nat. Sci.) 16 (6): 46 (1993).

四川、贵州、云南；印度东北部、缅甸北部。

峦大八角

Illicium tashiroi Maxim., Bull. Acad. Sci. St. Petersb. Ser. 3, 32: 479 (1888).

Illicium randaiense Hayata, Ic. Pl. Formos. 9: 2. fig. 3 (1920).

台湾；日本。

厚皮香八角

Illicium ternstroemioides A. C. Smith, Sargentia 7: 58. fig. 11. s-v. (1947).

福建、海南。

文山八角

Illicium tsaii A. C. Smith, Sargentia 7: 27 (1947).

云南。

粤中八角

●**Illicium tsangii** A. C. Sm., Sargentia 7: 61 (1947).

Illicium micranthum subsp. *tsangii* (A. C. Sm.) Q. Lin, Acta Phytotax. Sin. 38 (2): 176 (2000).

广东。

八角（八角茴香，大茴香，唛角）

●**Illicium verum** Hook. f., Bot. Mag. 114: t. 7005 (1888).

Illicium san-ki Perrottet, Cat. Pl. Intr. Colon 33 (1824).

广西。

贡山八角

Illicium wardii A. C. Sm., Sargentia 7: 20 (1947).

云南；缅甸。

南五味子属 **Kadsura** Juss.

狭叶南五味子

Kadsura angustifolia A. C. Sm., Sargentia 7: 177 (1947).

Kadsura guangxiensis S. F. Lan, Acta Sci. Nat. Univ. Sunyatseni. (2): 121 (1983).

广西；越南。

黑老虎

Kadsura coccinea (Lem.) A. C. Sm., Sargentia 7: 166 (1947).

Cosbaea coccinea Lem., Ill. Hort. 2: 71 (1855); *Schisandra hanceana* Baillon, Hist. Pl. 1: 150 (1868);

Kadsura hainanensis Merr., Philipp. J. Sci. 23 (3): 240 (1923).
江西、湖南、四川、贵州、云南、广东、广西、海南；缅甸、越南。

异形南五味子（大风沙藤，吹风散，大钻骨风）

Kadsura heteroclita (Roxb.) Craib, Fl. Siam. 1: 28 (1925).
Uvaria heteroclita Roxb., Hort. Bengal. 43 (1814); *Kadsura wightiana* Arn., Mag. Zool. et Bot. ii. (1838) 546. (1838); *Kadsura roxburghiana* Arn., Mag. Zool. et Bot. ii. (1838) 546. (1838); *Kadsura wattii* C. B. Clarke, Journ. Linn. Soc. xxv. (1889) 4. (1889); *Kadsura championii* C. B. Clarke, J. Linn. Soc., Bot. 25: 4 (1889); *Kadsura polysperma* Yang, Contr. Biol. Lab. Sci. Soc. China, Bot. Ser. 12: 104, f. 5 (1939); *Kadsura interior* A. C. Sm., Sargentia 7: 178 (1947).
贵州、福建、广东、广西、海南；孟加拉国、不丹、印度、印度尼西亚（婆罗洲、爪哇、苏门答腊）、老挝、马来西亚、缅甸、斯里兰卡、泰国、越南。

毛南五味子

•**Kadsura induta** A. C. Sm., Sargentia 7: 173 (1947).
云南、广西。

日本南五味子（南五味子，红骨蛇，美男葛）

Kadsura japonica (L.) Dunal, Monogr. Anon. 57 (1817).
Uvaria japonica L., Sp. Pl. 536 (1753); *Kadsura matsudae* Hayata, Icon. Pl. Formosan. 9: 4 (1920).
台湾；朝鲜、日本。

南五味子

•**Kadsura longipedunculata** Finet et Gagnep., Bull. Soc. Bot. France. 52 (Mem. 4): 53 (1906).
Kadsura discigera Finet et Gagnep., Bull. Soc. Bot. France 52 (Mem. 4): 52 (1905); *Kadsura peltigera* Rehder et E. H. Wilson in Sargent, Pl. Wilson. 1 (3): 410 (1913); *Kadsura omeiensis* S. F. Lan, Acta Sci. Nat. Univ. Sunyatseni. (2): 122 (1983).
安徽、江苏、浙江、江西、湖南、湖北、四川、贵州、云南、福建、广东、广西、海南。

冷饭藤（饭团藤）

•**Kadsura oblongifolia** Merr., Philipp. J. Sci., Bot. 23: 241 (1923).
广东、广西、海南。

仁昌南五味子

•**Kadsura renchangiana** S. F. Lan, Acta Sci. Nat. Univ. Sunyatseni. (2): 120 (1983).
贵州、广西。

五味子属 Schisandra Michx.

阿里山五味子（台湾五味子）

•**Schisandra arisanensis** Hayata, Icon. Pl. Formosan. 5: 1, pl. 1. (1915).

阿里山五味子（原变种）

•**Schisandra arisanensis** var. **arisanensis**
安徽、浙江、江西、湖南、贵州、福建、台湾、广东、广西。

绿叶五味子

•**Schisandra arisanensis** subsp. **viridis** (A. C. Sm.) R. M. K. Saunders, Syst. Bot. Monogr. 58: 72 (2000).
Schisandra viridis A. C. Sm., Sargentia 7: 129, f. 22. (1947).
安徽、浙江、江西、湖南、贵州、福建、广东、广西。

二色五味子

•**Schisandra bicolor** Cheng, Contr. Biol. Lab. Sci. Soc. China, Bot. ser. 8: 137, f. 5 (1932).
Schisandra wilsoniana A. C. Sm., Sargentia 7: 122 (1947); *Schisandra tuberculata* Y. W. Law, Bull. Bot. Lab. N. E. Forest. Inst., Harbin 3 (3): 148 (1983); *Schisandra bicolor* var. *tuberculata* (Y. W. Law) Y. W. Law, Fl. Reipubl. Popularis Sin. 30 (1): 273. pl. 78: 1-11 (1996).
浙江、湖南、云南、广西。

五味子

Schisandra chinensis (Turcz.) Baill., Hist. Pl. 1: 148 (1868).
Maximowiczia amurensis Rupr., Bull. Cl. Phys.-Math. Acad. Imp. Sci. Saint-Pétersbourg 15: 124 (1856); *Maximowiczia chinensis* (Turcz.) Rupr., Mém. Acad. Imp. Sci. St. Pétersbourg ser. 6, Sci. Math. Seconde Pt. Sci. Nat. 9: 31 (1859); *Schisandra chinensis* var. *leucocarpa* P. H. Huang et L. H. Zhuo, Bull. Bot. Res. 14 (1): 35 (1994).
黑龙江、吉林、辽宁、内蒙古、河北、山西；俄罗斯、朝鲜、日本北部。

金山五味子

•**Schisandra glaucescens** Diels, Bot. Jahrb. 29: 323 (1900).
湖北、重庆。

大花五味子

Schisandra grandiflora (Wall.) Hook. f. et Thomson in Hook. f., Fl. Brit. Ind. 1 (1): 44 (1872).
西藏；不丹、印度北部、尼泊尔。

翼梗五味子

•**Schisandra henryi** C. B. Clarke, Gard. Chron. ser. 3.

38: 162, f. 55 (1905).

Schisandra elongata var. *longissima* Dunn, J. Linn. Soc., Bot. 38: 354 (1908); *Schisandra hypoglauca* H. Lév., Repert. Spec. Nov. Regni Veg. 9: 459 (1911).

翼梗五味子（原亚种）

Schisandra henryi subsp. **henryi**

河南、浙江、江西、湖南、湖北、四川、重庆、贵州、云南、福建、广东、广西。

东南五味子

●**Schisandra henryi** subsp. **marginalis** (A. C. Smith) R. M. K. Saunders, Syst. Bot. Monogr. 58: 90. (2000).

Schisandra henryi var. *marginalis* A. C. Sm., Sargentia. 7: 115, f. 19 (1947).

浙江、湖南、福建、广东、广西。

滇五味子

●**Schisandra henryi** subsp. **yunnanensis** (A. C. Smith) R. M. K. Saunders, Syst. Bot. Monogr. 58: 89. (2000).

Schisandra henryi var. *yunnanensis* A. C. Sm., Sargentia. 7: 116 (1947).

云南。

兴山五味子

●**Schisandra incarnata** Stapf, Bot. Mag. 152: t. 9146 (1928).

湖北。

狭叶五味子

●**Schisandra lancifolia** (Rehder et E. H. Wilson) A. C. Sm., Sargentia 7: 133 (1947).

Schisandra sphenanthera var. *lancifolia* Rehder et E. H. Wilson in Sargent Pl. Wilson. 1 (3): 415 (1913).

四川、云南。

长柄五味子

●**Schisandra longipes** (Merr. et Chun) R. M. K. Saunders, Syst. Bot. Monogr. 58: 90. (2000).

Schisandra sphenanthera var. *longipes* Merr. et Chun, Sunyatsenia 2 (1): 5 (1934); *Schisandra henryi* var. *longipes* (Merr. et Chun) A. C. Smith, Sargentia 7: 115 (1947).

广东、广西。

大果五味子

Schisandra macrocarpa Q. Lin et Y. M. Shui, Sys. Bot. 36 (3): 597 (2011).

云南。

小花五味子

●**Schisandra micrantha** A. C. Sm., Sargentia 7: 135 (1947).

Schisandra elongata var. *dentata* Finet et Gagnep., Bull. Soc. Bot. France 52: Mem. 4: 49. (1905); *Schisandra gracilis* A. C. Sm., Sargentia 7: 132 (1947).

云南；印度北部、缅甸。

滇藏五味子（小血藤，东亚五味子）

●**Schisandra neglecta** A. C. Sm., Sargentia 7: 127 (1947).

云南；印度东北部、不丹、尼泊尔、缅甸。

贵州五味子

Schisandra parapropinqua Z. R. Yang et Q. Lin, Ann. Bot. Fenn. 46: 139, f. 1-3. (2009).

贵州。

重瓣五味子

Schisandra plena A. C. Sm., Sargentia 7: 154 (1947).

云南；印度东北部。

合蕊五味子

Schisandra propinqua (Wall.) Baill., Hist. Pl. 1: 148, f. 183 (1868).

Kadsura propinqua Wall., Tent. Fl. Napal. 11: t. 15 (1824); *Sphaerostema axillare* Blume, Bijdr. Fl. Ned. Ind. 22 (1825); *Sphaerostema pyrifolium* Blume, Fl. Jav. 16. t. 4. (1830); *Schisandra axillaris* (Blume) Hook. f. et Thomson in Hook. f., Fl. Brit. Ind. 1: 45 (1872); *Schisandra propinqua* subsp. *axillaris* (Blume) R. M. K. Saunders, Edinburgh J. Bot. 54 (3): 282, f. 2. (1997).

山西、河南、甘肃、湖南、湖北、四川、贵州、云南、西藏；印度北部、印度尼西亚（巴厘岛、爪哇）、缅甸东部、尼泊尔、泰国北部。

合蕊五味子（原亚种）

Schisandra propinqua subsp. **propinqua**

山西、河南、甘肃、湖南、湖北、四川、贵州、云南、西藏；印度北部、印度尼西亚（巴厘岛、爪哇）、缅甸东部、尼泊尔、泰国北部。

中间五味子

Schisandra propinqua subsp. **intermedia** (A. C. Sm.) R. M. K. Saunders, Edinburgh J. Bot. 54: 278. (1997).

Schisandra propinqua var. *intermedia* A. C. Sm., Sargentia 7: 152, f. 28 (1947).

云南；印度北部、缅甸东部、泰国北部。

铁箍散

●**Schisandra propinqua** subsp. **sinensis** (Oliv.) R. M. K. Saunders, Edinburgh J. Bot. 54 (3): 280 (1997).

Schisandra propinqua var. *sinensis* Oliv., Icon. Pl. 18: pl. 1715 (1887); *Schisandra propinqua* var. *linearis*

Finet et Gagnep., Bull. Soc. Bot. France. 52: Mem. 4: 51 (1905); *Embelia valbrayi* H. Lév., Cat. Pl. Yunnan 177 (1916).
山西、河南、甘肃、湖南、湖北、四川、贵州、云南、西藏。

毛叶五味子

•**Schisandra pubescens** Hemsl. et E. H. Wilson, Bull. Misc. Inform. Kew. 1906 (5): 150 (1906).
Schisandra vestita Pax et K. Hoffm., Repert. Spec. Nov. Regni Veg. Beih. 12: 381 (1922).
湖北、四川、重庆。

毛脉五味子

•**Schisandra pubinervis** (Rehder et E. H. Wilson) R. M. K. Saunders, Syst. Bot. Monogr. 58: 81. (2000).
Schisandra sphenanthera var. *pubinervis* Rehder et E. H. Wilson, Pl. Wilson. 1 (3): 415 (1913); *Schisandra pubescens* var. *pubinervis* (Rehder et E. H. Wilson) A. C. Sm., Sargentia 7: 119 (1947).
湖北、四川。

波叶五味子（新拟）

Schisandra repanda (Siebold et Zucc.) Radlk., Sitzungsber. Math.-Phys. Cl. Bayer. Akad. Wiss. 16: 303 (1886).
Trochostigma repanda Sieb. et Zucc., Abh. Math.-Phys. Cl. Königl. Bayer. Akad. Wiss. 3: 728 (1843); *Schisandra nigra* Maxim., Bull. Acad. Imp. Sci. Saint-Pétersbourg 17: 144 (1872); *Schisandra discolor* Nakai, Fl. Sylv. Kor. 20: 103 (1933).
安徽、浙江、江西、湖南、云南、广西；日本、韩国。

红花五味子

Schisandra rubriflora (Franch.) Rehder et E. H. Wilson in Sargent, Pl. Wilson. 1 (3): 412 (1913).
四川、云南；印度东北部、缅甸北部。

球蕊五味子

Schisandra sphaerandra Stapf, Bot. Mag. 152: t. 9146 (1928).
Schisandra grandiflora var. *cathayensis* C. K. Schneid., Botanical Gazette. 63: 522 (1917); *Schisandra sphaerandra* f. *pallida* A. C. Sm., Sargentia 7: 109 (1947).
四川、云南。

华中五味子

Schisandra sphenanthera Rehder et E. H. Wilson in Sargent, Pl. Wilson. 1: 414 (1913).
安徽、甘肃、河南、湖北、湖南、江苏、陕西、山西、四川、云南、浙江。

柔毛五味子

•**Schisandra tomentella** A. C. Sm., Sargentia 7: 119 (1947).
四川。

4. 三白草科 Saururaceae [3 属：4 种]

裸蒴属 Gymnotheca Decne.

裸蒴

Gymnotheca chinensis Decne., Ann. Sci. Nat., Bot. ser. 3. 3: 100, pl. 5 (1845).
Saururus cavaleriei H. Lév., Repert. Spec. Nov. Regni Veg. 10 (243-247): 149 (1911).
湖南、湖北、四川、贵州、云南、广东、广西；越南。

白苞裸蒴

•**Gymnotheca involucrata** S. J. Pei, Contr. Biol. Lab. Chin. Assoc. Advancem. Sci. Sect. Bot. 9: 111. f. 11 (1934).
四川。

蕺菜属 Houttuynia Thunb.

蕺菜（鱼腥草，狗贴耳，侧耳根）

Houttuynia cordata Thunb., Kongl. Vetensk. Acad. Nya Handl. 4: 149, 151 (1783).
Polypara cochinchinensis Lour., Fl. Cochinch., ed. 2, 61 (1790); *Polypara cordata* Kuntze, Revis. Gen. Pl. 565 (1891).
河南、陕西、甘肃、安徽、江西、湖南、湖北、四川、贵州、福建、台湾、广东、广西、海南；不丹、印度、印度尼西亚、日本、朝鲜、缅甸、尼泊尔、泰国。

三白草属 Saururus L.

三白草（塘边藕）

Saururus chinensis (Lour.) Baill., Adansonia. 10 (2): 71 (1871).
Saururus cernuus Thunb., Fl. Jap. 154 (1784); *Spathium chinense* Lour., Fl. Cochinch., ed. 2, 1: 217 (1790); *Saururus loureiri* Decne., Ann. Sci. Nat., Bot. ser. 3. 3: 102 (1845); *Sauropsis chinensis* (Lour.) Turcz., Bull. Soc. Imp. Naturalistes Moscou. 21: 590 (1848); *Sauruopsis cumingii* C. DC. in A. de Candole, Prodr. (DC.). 16: 239 (1868).
河北、山东、河南、陕西、青海、安徽、江苏、浙江、江西、湖南、湖北、四川、贵州、云南、福建、台湾、广东、广西、海南；印度、日本（包括琉球

群岛）、朝鲜、菲律宾、越南。

5. 胡椒科 Piperaceae [3 属：69 种]

草胡椒属 Peperomia Ruiz et Pav.

石蝉草（柬埔寨草胡椒，东亚细穗草胡椒，红茎椒草）

△**Peperomia blanda** (Jacq.) Kunth, Nov. Gen. Sp. [H. B. K.] (quarto ed.). 1: 67 (1816).

Piper blandum Jacquin, Collectanea. 3: 211 (1789); *Peperomia dindygulensis* Miq., Syst. Piperac. 1: 122 (1843); *Peperomia japonica* Makino, Bot. Mag. 15: 145 (1901); *Peperomia laticaulis* C. DC., Bot. Mag. 15: 145 (1902); *Peperomia leptostachya* f. *cambodiana* C. DC., Fl. Indo-Chine. 5: 64 (1910); *Peperomia leptostachya* f. *cambodiana* C. DC., Fl. Indo-Chine. 5: 64 (1910); *Peperomia esquirolii* H. Lév., Repert. Spec. Nov. Regni Veg. 10 (243-247): 149 (1911); *Peperomia formosana* C. DC., Annuaire Conserv. Jard. Bot. Geneve 21: 223 (1920); *Peperomia leptostachya* var. *cambodiana* (C. DC.) Merr., Lingnan Sci. J. 5 (1-2): 58 (1927); *Peperomia arabica* var. *floribunda* Miq., Bull. Seances Inst. Roy. Colon. Belge (1930-1954) (1930); *Peperomia blanda* var. *floribunda* (Miq.) H. Huber, Revis. Handb. Fl. Ceylon. 6: 294 (1988); *Peperomia sui* T. T. Lin et S. Y. Lu, Taiwania 40 (4): 353. (1995).

贵州、云南、福建、台湾、广东、广西、海南；孟加拉国、柬埔寨、印度、日本、马来西亚、缅甸、斯里兰卡、泰国、越南北部、非洲、南美洲。

硬毛草胡椒

●**Peperomia cavaleriei** C. DC., Nouv. Ann. Mus. Hist. Nat. 3: 41 (1914).

广西、贵州、云南。

蒙自草胡椒

Peperomia heyneana Miq., Syst. Piperac. 1: 123 (1843).

Peperomia duclouxii C. DC., Notul. Syst. (Paris) 3: 41 (1914).

四川、贵州、云南、西藏、广西；不丹、印度、缅甸、尼泊尔。

山椒草（阿里山草胡椒，山草椒）

●**Peperomia nakaharai** Hayata, J. Coll. Sci. Imp. Univ. Tokyo 25 (19): 188, pl. 32 (1908).

台湾。

草胡椒

△**Peperomia pellucida** (L.) Kunth, Nov. Gen. Sp. [H. B. K.] (quarto ed.). 1: 64 (1816).

Piper pellucidum L., Sp. Pl. 1: 30 (1753).

云南、福建、广东、广西、海南；北美洲、南美洲。

兰屿椒草

Peperomia rubrivenosa C. DC., Philipp. J. Sci. 5. 409 (1910).

Peperomia kotoensis Yamam., Icon. Pl. Formosan. 2: 9, f. 4 (1926).

台湾；菲律宾。

豆瓣绿（豆瓣菜，豆瓣如意，小椒草）

△**Peperomia tetraphylla** (G. Forst.) Hook. et Arn., Bot. Beechey Voy. 97 (1832).

Piper reflexum L. f., Suppl. Pl. 91 (1781); *Piper tetraphyllum* G. Forst., Fl. Ins. Austr. 5 (1786); *Peperomia reflexa* (L. f.) A. Dietr., Sp. Pl. 1: 180. (1831); *Peperomia reflexa* f. *sinensis* C. DC., Notul. Syst. (Paris) 3: 40 (1914); *Peperomia tetraphylla* var. *sinensis* (C. DC.) P. S. Chen et P. C. Zhu, Fl. Reipubl. Popularis Sin. 20 (1): 73 (1982).

甘肃、四川、贵州、云南、西藏、福建、台湾、广东、广西；不丹、印度、印度尼西亚、马来西亚、菲律宾、斯里兰卡、泰国、非洲、北美洲、南美洲、太平洋岛屿。

胡椒属 Piper L.

兰屿胡椒（兰屿风藤）

Piper arborescens Roxb., Fl. Ind. 1: 161 (1820).

Piper arborescens var. *angustilimbum* Quisumb., Philipp. J. Sci. 43 (1): 22, f. 2, 5-6 (1930); *Piper kotoense* Yamam., J. Soc. Trop. Agric. 4: 304 (1932).

台湾；马来西亚、菲律宾。

西藏胡椒

●**Piper arunachalensis** Gajurel, P. R., P. Rethy et Y. Kumar, J. Linn. Soc., Bot., 137: 418 (2001).

西藏。

卵叶胡椒

Piper attenuatum Buch.-Ham. ex Miq., Syst. Piperac. 306 (1843).

云南；不丹、印度。

华南胡椒

●**Piper austrosinense** Y. C. Tseng, Acta Phytotax. Sin. 17 (1): 36, f. 12 (1979).

广东、广西、海南、香港。

竹叶胡椒

●**Piper bambusifolium** Y. C. Tseng, Acta Phytotax. Sin. 17 (1): 38, pl. 14 (1979).

江西、湖北、四川、贵州。

蒌叶（蒟酱）

☆**Piper betle** L., Sp. Pl. 1: 28 (1753).

全国从东南到西南均有栽培；印度、印度尼西亚、马来西亚、菲律宾、斯里兰卡、越南、非洲（原产地不明）。

苎叶蒟（光茎苎叶蒟，顶花胡椒）

Piper boehmeriifolium (Miq.) Wall. ex C. DC. in A. Candolle, Prodr. 16 (1): 348 (1868).

Chavica boehmeriifolia Miq., Syst. Piperac. 1: 265 (1843); *Piper spirei* var. *pilosius* C. DC., Fl. Indo-Chine 5: 88. (1910); *Piper boehmeriifolium* var. *tonkinense* C. DC., Fl. Indo-Chine 5: 81. (1910); *Piper spirei* C. DC., Fl. Indo-Chine 5: 87. (1910); *Piper terminaliflorum* Y. Q. Tseng, Acta Phytotax. Sin. 17 (1): 30. f. 7. (1979).

贵州、云南、广东、广西；不丹、印度、马来西亚、缅甸、泰国、越南。

苎叶蒟（原变种）

Piper boehmeriifolium var. **boehmeriifolium**

贵州、云南、广东、广西；不丹、印度、马来西亚、缅甸、泰国、越南。

光茎胡椒

●**Piper boehmeriifolium** var. **glabricaule** (C. DC.) M. G. Gilbert et N. H. Xia, Novon. 9 (2): 191 (1999).

Piper glabricaule C. DC., Notizbl. Bot. Gart. Berlin-Dahlem. 6 (62): 477 (1917).

云南。

复毛胡椒

Piper bonii C. DC. in Lecomte, Fl. Indo-Chine. 5: 85 (1910).

复毛胡椒（原变种）

Piper bonii var. **bonii**

云南、广西；越南。

大叶复毛胡椒

●**Piper bonii** var. **macrophyllum** Y. Q. Tseng, Acta Phytotax. Sin. 17 (1): 31, pl. 8 (1979).

云南、海南。

华山蒌

●**Piper cathayanum** M. G. Gilbert et N. H. Xia, Novon 9 (2): 191 (1999).

Chavica sinensis Champion ex Benth., Hooker's J. Bot. Kew Gard. Misc. 6: 116 (1854); *Piper sinense* (Champ. ex Benth.) C. DC. in A. de Candolle, Prodr. 16 (1): 361 (1869).

四川、贵州、广东、广西、海南。

勐海胡椒

Piper chaudocanum C. DC., Annuaire Conserv. Jard. Bot. Geneve 2: 274 (1898).

云南；老挝、越南南部。

中华胡椒

●**Piper chinense** Miq., London J. Bot. 4: 439 (1845).

广东。

大苗山胡椒

●**Piper damiaoshanense** Y. Q. Tseng, Acta Phytotax. Sin. 17 (1): 25, f. 2 (1979).

广西。

长穗胡椒

●**Piper dolichostachyum** M. G. Gilbert et N. H. Xia, Novon 9 (2): 192 (1999).

云南。

黄花胡椒

●**Piper flaviflorum** C. DC., Notizbl. Bot. Gart. Berlin-Dahlem. 6 (62): 477 (1917).

云南。

海南蒟

●**Piper hainanense** Hemsl., J. Linn. Soc., Bot. 26: 365 (1891).

Piper flagelliforme Yamam., Contr. Fl. Kainan. 1: 21 (1943).

广东、广西、海南。

山蒟

●**Piper hancei** Maxim., Bull. Acad. Imp. Sci. Saint-Pétersbourg 31 (1): 94 (1886).

Chavica leptostachya Hance, J. Bot. 6 (70): 301 (1868); *Piper matthewii* Dunn, J. Bot. 47 (10): 377 (1909).

浙江、湖南、贵州、云南、福建、广东、广西。

河池胡椒

●**Piper hochiense** Y. Q. Tseng, Acta Phytotax. Sin. 17 (1): 24, f. 1 (1979).

广西。

毛蒟

●**Piper hongkongense** C. DC., Prodr. (DC.). 16 (1): 347 (1869).

Chavica puberula Benth., Fl. Hongk. 335 (1861); *Piper puberulum* (Benth.) Maxim., Bull. Acad. Imp. Sci. Saint-Pétersbourg 31: 94 (1887).

广东、广西、海南。

嵌果胡椒

●**Piper infossibaccatum** A. Huang, Guihaia 10 (4): 295,

f. 1 (1990).
海南。

沉果胡椒

•**Piper infossum** Y. Q. Tseng, Acta Phytotax. Sin. 24 (5): 383, pl. 2, f. 1-7 (1986).

沉果胡椒（原变种）

•**Piper infossum** var. **infossum**
西藏。

裸叶沉果胡椒

•**Piper infossum** var. **nudum** Y. Q. Tseng, Acta Phytotax. Sin. 24 (5): 385, pl. 2, f. 8-10 (1986).
西藏。

疏果胡椒（多脉风藤）

Piper interruptum Opiz in Presl, Reliq. Haenk. 1 (3): 157 (1828).
Piper interruptum var. *multinervum* C. DC., Leafl. Philipp. Bot. 3: 785. (1910).
台湾；印度尼西亚、菲律宾、太平洋岛屿。

风藤（大风藤）

Piper kadsura (Choisy) Ohwi, Acta Phytotax. Geobot. 3 (2): 81 (1934).
Ipomoea kadsura Choisy, Mém. Soc. Phys. Genéve 6: 475 (1833); *Piper futokadsura* Siebold, Fl. Jap. 2: 107 (1846); *Piper arboricola* C. DC., Annuaire Conserv. Jard. Bot. Geneve 21: 221 (1920); *Piper subglaucescens* C. DC., Annuaire Conserv. Jard. Bot. Geneve 21: 222 (1920).
台湾；日本、朝鲜。

恒春胡椒（恒春风藤）

Piper kawakamii Hayata, J. Coll. Sci. Imp. Univ. Tokyo 30 (1): 234 (1911).
台湾；菲律宾北部。

绿岛胡椒（绿岛风藤）

•**Piper kwashoense** Hayata, J. Coll. Sci. Imp. Univ. Tokyo 30 (1): 235 (1911).
台湾。

大叶蒟

•**Piper laetispicum** C. DC., Notul. Syst. (Paris) 3: 42 (1914).
Piper maclurei Merr., Philipp. J. Sci. 21 (4): 339 (1922).
广东、海南。

陵水胡椒

•**Piper lingshuiense** Y. Q. Tseng, Acta Phytotax. Sin. 17 (1): 28, f. 5 (1979).
海南。

荜茇

Piper longum L., Sp. Pl. 1: 29 (1753).
Chavica roxburghii Miq., Syst. Piperac. 239 (1843).
云南、福建、广东、广西、海南；印度、马来西亚、尼泊尔、斯里兰卡、越南。

粗梗胡椒（思茅胡椒）

•**Piper macropodum** C. DC., Bull. Herb. Boissier, ser. 2. 4 (10): 1026 (1904).
Piper szemaoense C. DC., Notizbl. Bot. Gart. Berlin-Dahlem. 6[7] (62): 481 (1917).
云南。

柄果胡椒

•**Piper mischocarpum** Y. C. Tseng, Acta Phytotax. Sin. 17 (1): 29, f. 6 (1979).
云南。

短蒟（钮子跌打，细芦子藤）

Piper mullesua Buch.-Ham. ex D. Don, Prodr. Fl. Nepal. 20 (1825).
Piper guigual Buch.-Ham. ex D. Don, Prodr. Fl. Nepal. 20 (1825); *Chavica mullesua* (Buch.-Ham. ex D. Don) Miq., Syst. Piperac. 280 (1843); *Chavica sphaerostachya* Wall. ex Miq., Syst. Piperac. 278 (1843); *Piper brachystachyum* Wall. ex Hook. f., Fl. Brit. Ind. 5 (13): 87 (1886).
四川、云南、西藏、海南；不丹、印度、尼泊尔。

变叶胡椒

Piper mutabile C. DC in Lecomte, Fl. Gen. Indo-Chine 5: 92 (1910).
广东、广西；越南。

胡椒

Piper nigrum L., Sp. Pl. 1: 28 (1753).
云南、福建、广东、广西；原产于东南亚。

裸果胡椒

•**Piper nudibaccatum** Y. Q. Tseng, Acta Phytotax. Sin. 17 (1): 37 (1979).
Piper betle var. *psilocarpum* C. DC., Notizbl. Bot. Gart. Berlin-Dahlem. 6 (62): 478 (1917).
云南。

角果胡椒（细茎胡椒）

Piper pedicellatum C. DC., J. Bot. 4: 164 (1866).
Piper curtipedunculum C. DC., Notizbl. Bot. Gart. Berlin-Dahlem. 6 (62): 481 (1917).
云南；孟加拉国、不丹、印度东北部、越南北部。

屏边胡椒

•**Piper pingbienense** Y. Q. Tseng, Acta Phytotax. Sin. 17 (1): 26, f. 3 (1979).
云南。

线梗胡椒

•**Piper pleiocarpum** C. C. Chang ex Y. Q. Tseng, Acta Phytotax. Sin. 17 (1): 40, pl. 16 (1979).
云南。

樟叶胡椒

Piper polysyphonum C. DC., Bull. Herb. Boissier, ser. 2. 4 (10): 1026 (1904).
Piper mekongense C. DC., Fl. Gen. Indo-Chine 5: 90 (1910).
贵州、云南；老挝。

肉轴胡椒

Piper ponesheense C. DC., Notizbl. Bot. Gart. Berlin-Dahlem. 6 (62): 476 (1917).
云南；缅甸。

毛叶胡椒

•**Piper puberulilimbum** C. DC., Notizbl. Bot. Gart. Berlin-Dahlem. 6[7] (62): 479 (1917).
云南。

假荜菝

Piper retrofractum Vahl, Enum. Pl. 1: 314 (1804).
Piper chaba Hunter, Asiat. Res. 9: 391 (1809); *Chavica officinarum* Miq., Syst. Piperac. 256 (1843); *Piper officinarum* (Miq.) C. DC. in A. de Candolle, Prodr. (DC.). 16 (1): 356 (1869).
广东；印度、印度尼西亚、马来西亚、菲律宾、泰国、越南。

皱果胡椒

Piper rhytidocarpum Hook. f., Fl. Brit. Ind. 5 (13): 92 (1886).
Piper nigrum var. *macrostachyum* C. DC. in de Candolle, Prodr. (DC.). 16 (1): 363 (1869); *Piper madidum* Y. Q. Tseng, Acta Phytotax. Sin. 24 (5): 382, pl. 1 (1986).
西藏；孟加拉国、印度。

红果胡椒

Piper rubrum C. DC., Annuaire Conserv. Jard. Bot. Geneve 2: 273 (1898).
云南；越南北部。

假蒟（蛤蒟）

Piper sarmentosum Roxb., Fl. Ind. 1: 162 (1820).
Chavica sarmentosa (Roxb.) Miq., Syst. Piperac. 242 (1843); *Piper lolot* C. DC., Annuaire Conserv. Jard. Bot. Geneve 2: 272 (1898); *Piper brevicaule* C. DC., Annuaire Conserv. Jard. Bot. Geneve 2: 272 (1898); *Chavica hainana* C. DC., Annuaire Conserv. Jard. Bot. Geneve 2: 275 (1898); *Piper saigonense* C. DC., Fl. Indo-Chine. 5: 79 (1910); *Piper pierrei* C. DC., Fl. Indo-Chine. 5: 78 (1910); *Piper albispicum* C. DC., Fl. Indo-Chine. 5: 85 (1910); *Piper gymnostachyum* C. DC., Fl. Indo-Chine. 5: 72 (1910).
贵州、云南、西藏、福建、广东、广西、海南；柬埔寨、印度、印度尼西亚、老挝、马来西亚、菲律宾、越南。

缘毛胡椒

Piper semiimmersum C. DC., Notizbl. Bot. Gart. Berlin-Dahlem. 6[7] (62): 479 (1917).
贵州、云南、广西；越南北部。

斜叶蒟

•**Piper senporeiense** Yamam., Contr. Fl. Kainan. 1: 21 (1943).
海南。

小叶爬崖香（薄叶风藤）

•**Piper sintenense** Hatus., Acta Phytotax. Geobot. 4 (4): 210 (1935).
Piper hispidum Hayata, J. Coll. Sci. Imp. Univ. Tokyo 30 (1): 234 (1911).
台湾。

短柄胡椒

•**Piper stipitiforme** C. C. Chang ex Y. C. Tseng, Acta Phytotax. Sin. 17 (1): 28, f. 4 (1979).
云南。

多脉胡椒

•**Piper submultinerve** C. DC., Notizbl. Bot. Gart. Berlin-Dahlem. 6[7] (62): 480 (1917).

多脉胡椒（原变种）

•**Piper submultinerve** var. **submultinerve**
云南、广西。

狭叶多脉胡椒

•**Piper submultinerve** var. **nandanicum** Y. C. Tseng, Acta Phytotax. Sin. 17 (1): 31 (1979).
广西。

滇西胡椒（尼泊尔胡椒）

Piper suipigua Buch.-Ham. ex D. Don, Prodr. Fl. Nepal. 20 (1825).
Piper nepalense Miq., Syst. Piperac. 318 (1843); *Chavica suipigua* (Buch.-Ham. ex D. Don) Miq., Syst.

Piperac. 275 (1843).
云南；不丹、印度、尼泊尔。

长柄胡椒

Piper sylvaticum Roxb., Fl. Ind. 1: 158 (1820).
Chavica sylvatica (Roxb.) Miq., Syst. Piperac. 248 (1843).
云南、西藏；孟加拉国、印度、缅甸。

台湾胡椒

●**Piper taiwanense** Lin et L. T. Lu, Taiwania 40: 356 (1995).
台湾。

球穗胡椒

Piper thomsonii (C. DC.) Hook. f., Fl. Brit. Ind. 5 (13): 87 (1886).
Chavica thomsonii C. DC. in A. de Candolle, Prodr. 16 (1): 389 (1869); *Piper bavinum* C. DC., Annuaire Conserv. Jard. Bot. Geneve 2: 270 (1898); *Piper punctulivenum* var. *parvifolium* C. DC., Fl. Gen. Indo-Chine 5: 77 (1910); *Piper punctulivenum* C. DC., Fl. Gen. Indo-Chine 5: 77 (1910).

球穗胡椒（原变种）

Piper thomsonii var. **thomsonii**
云南；不丹、印度、越南。

小叶球穗胡椒

●**Piper thomsonii** var. **microphyllum** Y. C. Tseng, Acta Phytotax. Sin. 17 (1): 39, pl. 15 (1979).
云南。

三色胡椒

●**Piper tricolor** Y. Q. Tseng, Acta Phytotax. Sin. 17 (1): 35, f. 11 (1979).
云南。

粗穗胡椒（狗芦子）

●**Piper tsangyuanense** P. S. Chen et P. C. Zhu, Acta Phytotax. Sin. 17 (1): 36 (1979).
云南。

瑞丽胡椒

●**Piper tsengianum** M. G. Gilbert et N. H. Xia, Novon 9 (2): 196 (1999).
云南。

大胡椒（台湾胡椒）

Piper umbellatum L., Sp. Pl. 1: 30 (1753).
Piper subpeltatum Willd., Sp. Pl., ed. 1 (1): 166 (1797); *Heckeria subpeltata* (Willd.) Kunth, Linnaea 13: 571 (1839); *Pothomorphe subpeltata* (Willd.) Miq., Comm. Phytogr. 37 (1840); *Pothomorphe umbellata* (L.) Miq., Comm. Phytogr. 36 (1840); *Piper postelsianum* Maxim., Bull. Acad. Imp. Sci. Saint-Pétersbourg 31 (1): 93 (1886); *Piper umbellatum* var. *subpeltatum* (Willd.) C. DC., Annuaire Conserv. Jard. Bot. Geneve 11: 57 (1908); *Lepianthes umbellatum* (L.) Ramamoorthy, Fl. Hassan Dist. 52 (1976).
台湾；柬埔寨、印度、印度尼西亚、马来西亚、菲律宾、斯里兰卡、泰国、越南、非洲、北美洲、南美洲。

石南藤（峨嵋胡椒）

Piper wallichii (Miq.) Hand.-Mazz., Symb. Sin. 7 (1): 155 (1929).
Chavica wallichii Miq., Syst. Piperac. 2: 254 (1843); *Piper aurantiacum* Wall. ex C. DC., Prodr. (DC.). 16 (1): 357 (1868); *Piper henryci* C. DC., Annuaire Conserv. Jard. Bot. Geneve 2: 271 (1898); *Piper martinii* C. DC., Notul. Syst. (Paris) 3: 41 (1914); *Piper ichangense* C. DC., Notizbl. Bot. Gart. Berlin-Dahlem. 6 (62): 480 (1917); *Piper aurantiacum* var. *hupeense* C. DC., Notizbl. Bot. Gart. Berlin-Dahlem. 6 (62): 478 (1917); *Piper wallichii* var. *hupeense* (C. DC.) Hand.-Mazz., Symb. Sin. 7 (1): 155 (1929); *Piper emeiense* Y. Q. Tseng, Acta Phytotax. Sin. 24 (5): 385, pl. 3 (1986).
甘肃、湖南、湖北、四川、贵州、云南、广东、广西；孟加拉国、印度东部、印度尼西亚、尼泊尔。

景洪胡椒

●**Piper wangii** M. G. Gilbert et N. H. Xia, Novon 9 (2): 197 (1999).
云南。

盈江胡椒

●**Piper yinkiangense** Y. Q. Tseng, Acta Phytotax. Sin. 17 (1): 33, f. 10 (1979).
云南。

椭圆叶胡椒

●**Piper yui** M. G. Gilbert et N. H. Xia, Novon 9 (2): 197 (1999).
云南。

蒟子（大麻疙瘩）

●**Piper yunnanense** Y. C. Tseng, Acta Phytotax. Sin. 17 (1): 32, f. 9 (1979).
云南。

齐头绒属 **Zippelia** Blume

齐头绒

Zippelia begoniifolia Blume ex Schultes et Schult. f., Syst. Veg., ed. 15, 7 (2): 1651 (1830).

Zippelia lappacea Benn., Pl. Jav. Rar. 76, pl. 16 (1838); *Piper zippelia* C. DC., Prodr. (DC.). 16 (1): 256 (1869); *Piper begoniifolia* (Blume) C. DC., Fl. Gen. Indo-Chine 5: 68 (1910); *Circaeocarpus saururoides* C. Y. Wu, Acta Phytotax. Sin. 6 (2): 223, pl. 45, 47, f. 8 (1957).
云南、广西、海南；印度尼西亚、老挝、马来西亚、菲律宾、越南。

6. 马兜铃科 Aristolochiaceae [4 属：96 种]

马兜铃属 **Aristolochia** L.

华南马兜铃

•**Aristolochia austrochinensis** C. Y. Ching et J. S. Ma, Acta Phytotax. Sin. 27 (4): 293 (1989).
福建、广东、广西、海南。

竹叶马兜铃

•**Aristolochia bambusifolia** C. F. Liang ex H. Q. Wen, Guihaia 12 (3): 217 (1992).
广西。

翅茎马兜铃

•**Aristolochia caulialata** C. Y. Wu ex J. S. Ma et C. Y. Cheng, Acta Phytotax. Sin. 27 (4): 294 (1989).
云南、福建。

长叶马兜铃（扁茎马兜铃，竹叶薯，三筒管）

•**Aristolochia championii** Merr. et W. Y. Chun, Sunyatsenia 5: 47 (1940).
Aristolochia longifolia Champion ex Benth., Fl. Hongk. 333 (1861); *Aristolochia compressicaulis* Z. L. Yang, J. Wuhan Bot. Res. 6 (1): 32 (1988).
四川、贵州、广东、广西。

苞叶马兜铃（十八钻）

•**Aristolochia chlamydophylla** C. Y. Wu ex S. M. Hwang, Acta Phytotax. Sin. 19 (2): 223 (1981).
云南、广西。

北马兜铃

Aristolochia contorta Bunge, Enum. Pl. Chin. Bor. 58 (1831).
黑龙江、吉林、辽宁、河北、山西、山东、河南、陕西、甘肃；日本、朝鲜、俄罗斯。

瓜叶马兜铃（黄藤，青木香）

•**Aristolochia cucurbitifolia** Hayata, Icon. Pl. Formosan. 5: 137 (1915).
台湾。

葫芦叶马兜铃

•**Aristolochia cucurbitoides** C. F. Liang, Acta Phytotax. Sin. 13 (2): 15, pl. 3, f. 1-2 (1975).
贵州、云南、广西；缅甸。

马兜铃（兜铃根，独铃根，青木香）

Aristolochia debilis Siebold et Zucc., Abh. Math.-Phys. Cl. Königl. Bayer. Akad. Wiss. 4 (3): 197 (1846).
Aristolochia sinarum Lindl., Gard. Chron. 1850: 708 (1850); *Aristolochia recurvilabra* Hance, London J. Bot. 11: 75 (1873).
山东、河南、安徽、江苏、浙江、江西、湖南、湖北、四川、贵州、福建、广东、广西；日本。

贯叶马兜铃（山草果）

•**Aristolochia delavayi** Franch., J. Bot. (Morot) 12 (19-20): 315 (1898).
Aristolochia delavayi var. *micrantha* W. W. Sm., Notes Roy. Bot. Gard. Edinburgh. 12 (59): 195 (1920).
四川、云南。

广防己（防己，藤防己，防己马兜铃）

•**Aristolochia fangchi** Y. C. Wu ex L. D. Chow et S. M. Hwang, Acta Phytotax. Sin. 13 (2): 108 (1975).
贵州、广东、广西。

通城虎（五虎通城，定心草，万丈藤）

•**Aristolochia fordiana** Hemsl., J. Bot. 23 (273): 286 (1885).
广东、广西。

大囊马兜铃

•**Aristolochia forrestiana** J. S. Ma, Acta Bot. Yunnan. 11 (3): 321 (1989).
云南。

蜂窝马兜铃（高氏马兜铃）

Aristolochia foveolata Merr., Philipp. J. Sci. 13 (5): 280 (1918).
Aristolochia kaoi T. S. Liu et M. J. Lai, Fl. Taiwan 2: 573 (1976).
台湾；菲律宾。

福建马兜铃（小条根，小号山东瓜，浦梨）

•**Aristolochia fujianensis** S. M. Hwang, Guihaia 3 (2): 81 (1983).
浙江、福建。

黄毛马兜铃

•**Aristolochia fulvicoma** Merr. et Chun, Sunyatsenia 5 (1-3): 48, f. 2 (1940).

海南。

优贵马兜铃

•**Aristolochia gentilis** Franch., J. Bot. (Morot) 12 (19-20): 314 (1898).

Aristolochia gracillima Hemsl., Bull. Misc. Inform. Kew. 36: 457 (1905); *Aristolochia chuandianensis* Z. L. Yang, Bull. Bot. Lab. N. E. Forest. Inst., Harbin 10 (1): 39 (1990).

四川、云南。

西藏马兜铃（藏木通）

Aristolochia griffithii Hook. f. et Thomson ex Duch. in A. de Candolle, Prodr. 15: 437 (1864).

Aristolochia yunnanensis var. *meionantha* Hand.-Mazz., Sitzungsber. Kaiserl. Akad. Wiss., ath.-Naturwiss. Cl., Abt. 1. 61: 163 (1879); *Aristolochia yunnanensis* Franch., J. Bot. (Morot) 12 (19-20): 313 (1898).

云南、西藏；不丹、印度、尼泊尔、印度、缅甸。

海南马兜铃（假青黄藤）

•**Aristolochia hainanensis** Merr., Philipp. J. Sci. 21 (4): 341 (1922).

Aristolochia carinata Merr. et Chun, Sunyatsenia 2 (3-4): 219, t. 42 (1935).

广西、海南。

南粤马兜铃（侯氏马兜铃，汪喉和，雅布伦）

•**Aristolochia howii** Merr. et Chun, Sunyatsenia 5 (1-3): 46, pl. 7, f. 1 (1940).

海南。

环江马兜铃

•**Aristolochia huanjiangensis** Yan Liu et L. Wu, Ann. Bot. Fenn. 50 (6): 413 (2013).

广西。

凹脉马兜铃（穿石藤）

•**Aristolochia impressinervis** C. F. Liang, Acta Phytotax. Sin. 13 (2): 15, pl. 1, f. 6; pl. 3, f. 3 (1975).

广西。

尖峰岭马兜铃

•**Aristolochia jianfenglingensis** Han Xu, Y. D. Li et H. Q. Chen, Novon 21 (2): 287 (2011).

海南。

异叶马兜铃（汉中防己，山豆根，小南木香）

Aristolochia kaempferi Willd., Sp. Pl., 4 (1): 152 (1805).

Aristolochia heterophylla Hemsl., J. Linn. Soc., Bot. 26 (176): 361 (1891); *Aristolochia mollis* Dunn, J. Linn. Soc., Bot. 38 (267): 364 (1908); *Aristolochia shimadai* Hayata, Icon. Pl. Formosan. 6: 36 (1916); *Aristolochia chrysops* (Stapf) E. H. Wilson ex Rehder, J. Arnold Arbor. 22 (4): 574 (1941); *Aristolochia kaempferi* f. *mirabilis* S. M. Hwang, Acta Phytotax. Sin. 19 (2): 231 (1981); *Aristolochia neolongifolia* J. L. Wu et Z. L. Yang, J. Wuhan Bot. Res. 5 (3): 223 (1987); *Aristolochia dabieshanensis* C. Y. Cheng et W. Yu, Bull. Bot. Res. 12 (1): 110, pl. 2 (1992).

陕西、甘肃、安徽、湖北、四川、台湾；日本。

昆明马兜铃

•**Aristolochia kunmingensis** C. Y. Cheng et J. S. Ma, Acta Phytotax. Sin. 27 (4): 296 (1989).

Aristolochia salweenensis C. Y. Cheng et J. S. Ma, Acta Phytotax. Sin. 27 (4): 295 (1989).

贵州、云南。

广西马兜铃（大叶马兜铃，大百解薯，圆叶马兜）

•**Aristolochia kwangsiensis** Chun et F. C. How, Acta Phytotax. Sin. 13 (2): 12, pl. 1, f. 1, 4, pl. 2 (1975).

Aristolochia austroszechuanica C. B. Chien et C. Y. Cheng, Iconogr. Cormophyt. Sin. Suppl. 1: 255, f. 8510 (1982).

浙江、湖南、四川、贵州、云南、福建、广东、广西。

乐东马兜铃

•**Aristolochia ledongensis** Han Xu, Y. D. Li et H. J. Yang, Novon 21 (2): 285 (2011).

海南。

弄岗马兜铃（弄岗通城虎）

•**Aristolochia longgangensis** C. F. Liang, Guihaia 2 (3): 143, f. 1 (1982).

广西；越南。

木通马兜铃（关木通，东北木通，马木通）

Aristolochia manshuriensis Kom., Trudy Imp. S.-Peterburgsk. Bot. Sada. 22 (1): 112 (1903).

Isotrema manshuriense (Kom.) H. Huber, Mitt. Bot. Staatssamml. München 3: 550 (1960).

黑龙江、吉林、辽宁、山西、陕西、甘肃、湖北、四川；朝鲜、俄罗斯（远东地区）。

寻骨风（穿地筋，毛风草，猫耳朵草）

•**Aristolochia mollissima** Hance, J. Bot. 17 (202): 300 (1879).

山西、山东、河南、陕西、安徽、江苏、浙江、江西、湖南、湖北、贵州。

准通（藤藤黄，准通，老蛇藤）

●**Aristolochia moupinensis** Franch., Nouv. Arch. Mus. Hist. Nat. ser. 2. 10: 79 (1887).

Aristolochia bonatii H. Lév., Bull. Soc. Bot. France. 56: 608 (1909); *Aristolochia jinshanensis* Z. L. Yang et S. X. Tan, Bull. Bot. Lab. N. E. Forest. Inst., Harbin 7 (2): 129 (1987).

浙江、江西、湖南、四川、贵州、云南、福建。

木仑马兜铃

●**Aristolochia mulunensis** Y. S. Huang et Yan Liu, Ann. Bot. Fenn. 50 (3): 175 (2013).

广西。

偏花马兜铃（汉防已）

●**Aristolochia obliqua** S. M. Hwang, Acta Phytotax. Sin. 19 (2): 226 (1981).

云南。

卵叶马兜铃（大寒药）

●**Aristolochia ovatifolia** S. M. Hwang, Acta Phytotax. Sin. 19 (2): 226 (1981).

四川、贵州、云南。

滇南马兜铃

●**Aristolochia petelotii** O. C. Schmidt, Repert. Spec. Nov. Regni Veg. 32: 95 (1933).

Aristolochia austroyunnanensis S. M. Hwang, Acta Phytotax. Sin. 19 (2): 228 (1981).

云南、广西；越南。

多型马兜铃

●**Aristolochia polymorpha** S. M. Hwang, Acta Phytotax. Sin. 19 (2): 222 (1981).

海南。

袋形马兜铃（管兰香）

Aristolochia saccata Wall., Pl. Asiat. Rar. 2: 2 (1829).

Aristolochia cathcartii Hook. f., Fl. Brit. Ind. 5 (13): 77 (1886).

云南、西藏；不丹、印度、缅甸、尼泊尔、印度。

革叶马兜铃（银带）

●**Aristolochia scytophylla** S. M. Hwang et D. Y. Chen, Acta Phytotax. Sin. 19 (2): 224 (1981).

四川、贵州、云南、广西。

耳叶马兜铃（卵叶马兜铃，卵叶雷公藤，黑面防已）

Aristolochia tagala Cham., Linnaea 7: 207, pl. 5, f. 3 (1832).

Aristolochia roxburghiana Klotzsch, Monatsber. Konigl. Preuss. Akad. Wiss. Berlin 1859: 596 (1859).

贵州、云南、福建、台湾、广东、广西；不丹、柬埔寨、印度、印度尼西亚、日本、马来西亚、尼泊尔、缅甸、菲律宾、越南。

川西马兜铃

●**Aristolochia thibetica** Franch., J. Bot. (Morot) 12 (19-20): 313 (1898).

Aristolochia setchuenensis Franch., J. Bot. (Morot) 12 (19-20): 312 (1898); *Aristolochia setchuenensis* var. *holotricha* Diels, Bot. Jahrb. Syst. 29 (2): 310 (1900); *Aristolochia feddei* H. Lév., Repert. Spec. Nov. Regni Veg. 12 (325-330): 287 (1913); *Aristolochia kaempferi* f. *thibetica* (Franch.) S. M. Hwang, Acta Phytotax. Sin. 19 (2): 230 (1981); *Aristolochia liangshanensis* Z. L. Yang, J. Wuhan Bot. Res. 6 (1): 30 (1988).

四川、云南。

海边马兜铃（石蟾蜍，钟花马兜铃）

●**Aristolochia thwaitesii** Hook., Bot. Mag. 82: pl. 4918 (1856).

广东。

粉质花马兜铃

Aristolochia transsecta (Chatterjee) C. Y. Wu ex S. M. Hwang, Acta Phytotax. Sin. 19 (2): 231 (1981).

Isotrema transsecta Chatterjee, Kew Bull. 3 (1): 64 (1948).

云南；缅甸。

背蛇生（毒蛇药，避蛇生，牛血莲）

Aristolochia tuberosa C. F. Liang et S. M. Hwang, Acta Phytotax. Sin. 13 (2): 17 (1975).

Aristolochia cinnabarina C. Y. Cheng et J. L. Wu, J. Wuhan Bot. Res. 5 (3): 219 (1987).

湖南、湖北、四川、贵州、云南、广西；泰国。

管花马兜铃（一点血，独一味，辟蛇雷）

●**Aristolochia tubiflora** Dunn, J. Linn. Soc., Bot. 38 (267): 364 (1908).

Aristolochia triangulifolia W. Yu, Guihaia 12 (1): 3 f. 1 (1992); *Aristolochia longilingua* C. Y. Cheng et W. Yu, Bull. Bot. Res. 12 (1): 109. pl. 1 (1992).

河南、甘肃、安徽、浙江、江西、湖南、湖北、四川、贵州、福建、广东、广西。

囊花马兜铃

●**Aristolochia utriformis** S. M. Hwang, Acta Phytotax. Sin. 19 (2): 228 (1981).

云南。

变色马兜铃（白金古榄，苦凉藤，青藤香）

●**Aristolochia versicolor** S. M. Hwang, Acta Phytotax. Sin. 19 (2): 224 (1981).

云南、广东、广西。

香港马兜铃

●**Aristolochia westlandii** Hemsl., J. Bot. 23 (273): 286 (1885).

广东、香港。

大果马兜铃

●**Aristolochia wuana** Zhen W. Liu et Y. F. Deng, Novon 19 (3): 370 (2009).

Aristolochia macrocarpa C. Y. Wu et S. K. Wu ex D. D. Tao, Fl. Xiang. 1: 585 (1963), not Duchartre (1864).

西藏。

中甸马兜铃

●**Aristolochia zhongdianensis** J. S. Ma, Acta Phytotax. Sin. 27 (5): 339 (1989).

云南。

港口马兜铃

Aristolochia zollingeriana Miq., Fl. Ned. Ind. 1 (1): 1066 (1858).

Aristolochia kankauensis Sasaki, Trans. Nat. Hist. Soc. Taiwan 21: 251 (1931); *Aristolochia roxburghiana* subsp. *kankauensis* (Sasaki) Kitam., Acta Phytotax. Geobot. 20: 135 (1962); *Aristolochia tagala* var. *kankauensis* (Sasaki) T. Yamaz., J. Jap. Bot. 50 (11): 341 (1976).

台湾；印度尼西亚、日本、马来西亚。

细辛属 Asarum L.

巴山细辛

●**Asarum bashanense** Z. L. Yang, Acta Bot. Boreal.-Occid. Sin. 5 (1): 50 (1985).

四川。

钟花细辛

●**Asarum campaniflorum** Yong Wang et Q. F. Wang, Novon 14 (2): 239 (2004).

湖北。

花叶细辛

●**Asarum cardiophyllum** Franch., Bull. Mus. Natl. Hist. Nat. 1 (2): 65 (1895).

Asarum caudigerum var. *cardiophyllum* (Franch.) C. Y. Cheng et C. S. Yang, J. Arnold Arbor. 64 (4): 568 (1983).

四川、云南。

短尾细辛（接气草）

●**Asarum caudigerellum** C. Y. Cheng et C. S. Yang, J. Arnold Arbor. 64 (4): 571, f. 2 (1983).

湖北、四川、贵州、云南。

尾花细辛（白三百棒，顺河香）

Asarum caudigerum Hance, J. Bot. 19 (221): 142 (1881).

Asarum arrhizoma H. Lév. et Vaniot, Repert. Spec. Nov. Regni Veg. 5 (85-90): 101 (1908); *Asarum leptophyllum* Hayata, Icon. Pl. Formosan. 5: 147 (1915); *Asarum leptophyllum* var. *triangulare* Hayata, Icon. Pl. Formosan. 5: 148 (1915); *Asarum caudigerum* var. *leptophyllum* (Hayata) S. S. Ying, Mém. Coll. Agric. Natl. Taiwan Univ. 30 (2): 64 (1990); *Asarum caudigerum* var. *triangulare* (Hayata) S. S. Ying, Mém. Coll. Agric. Natl. Taiwan Univ. 31 (1): 33 (1991).

湖南、湖北、四川、贵州、云南、福建、台湾、广东、广西；越南。

双叶细辛

●**Asarum caulescens** Maxim., Bull. Acad. Imp. Sci. Saint-Pétersbourg xvii. 162. (1872).

贵州、湖北、陕西、四川。

神秘湖细辛

●**Asarum chatienshanianum** Bot. Stud. (Taipei) 50: 230. 2009.

台湾。

城口细辛

●**Asarum chengkouense** Z. L. Yang, Acta Bot. Boreal.-Occid. Sin. 5 (1): 54 (1985).

重庆。

川北细辛（中国细辛）

●**Asarum chinense** Franch., J. Bot. (Morot) 12 (19-20): 303 (1898).

Asarum chinense f. *fargesii* Franch., J. Bot. (Morot) 12: 306 (1898); *Asarum fargesii* Franch., J. Bot. (Morot) 12 (19-20): 306 (1898); *Asarum wulongense* Z. L. Yang, Acta Bot. Yunnan. 8 (3): 277 (1986).

湖北、四川。

鸳鸯湖细辛

●**Asarum crassisepalum** S. F. Huang, C. X. Xie et T. C. Huang, Taiwania 40 (2): 100 (1995).

台湾。

皱花细辛（盆草细辛）

●**Asarum crispulatum** C. Y. Cheng et C. S. Yang, J. Arnold Arbor. 64 (4): 585, f. 6 (1983).

四川。

铜钱细辛（胡椒七，铜钱乌金，毛细辛）

•**Asarum debile** Franch., J. Bot. (Morot) 12 (19-20): 305 (1898).

陕西、安徽、湖北、四川。

川滇细辛（牛蹄细辛）

•**Asarum delavayi** Franch., Bull. Mus. Natl. Hist. Nat. 1 (2): 66 (1895).

Asarum maekawae H. Hara, J. Jap. Bot. 59 (8): 233 (1984).

四川、云南。

台湾细辛（上花细辛）

•**Asarum epigynum** Hayata, Icon. Pl. Formosan. 5: 140 (1915).

Geotaenium epigynum (Hayata) F. Maek., Proc. Sixth Pacific Sci. Congr. 5: 217 (1953).

台湾、海南。

杜衡（马辛，双龙麻消）

•**Asarum forbesii** Maxim., Bull. Acad. Imp. Sci. Saint-Pétersbourg 31 (1): 92 (1887).

河南、安徽、江苏、浙江、江西、湖北、四川。

福建细辛（土里开花，薯叶细辛，马脚蹄）

•**Asarum fukienense** C. Y. Cheng et C. S. Yang, J. Arnold Arbor. 64 (4): 581, f. 4 (1983).

安徽、浙江、江西、福建。

地花细辛（大块瓦，铺地细辛）

•**Asarum geophilum** Hemsl., Gard. Chron. ser. 3, 7: 422 (1890).

Asarum cavaleriei H. Lév. et Vaniot, Repert. Spec. Nov. Regni Veg. 9 (199-201): 78 (1910); *Asarum cavaleriei* var. *esquirolii* H. Lév., Repert. Spec. Nov. Regni Veg. 9 (222-226): 451 (1911); *Geotaenium geophilum* (Hemsl.) F. Maek., Proceed. 7th Pacific Congr. 5: 219 (1953); *Asarum taiwanense* S. S. Ying, Mém. Coll. Agric. Nation. Taiwan Univ. 30 (2): 54 (1990).

贵州、广东、广西。

库页细辛

Asarum heterotropoides F. Schmidt, Mém. Acad. Imp. Sci. St.-Pétersbourg, ser. 7, 12 (2): 71 (1868).

Asiasarum heterotropoides (F. Schmidt) F. Maek., Fl. Sylv. Kor. 21: 19 (1936).

黑龙江、吉林、辽宁；俄罗斯（远东地区）、日本、朝鲜。

单叶细辛（毛细辛，水细辛，土癞蜘蛛香）

Asarum himalaicum Hook. f. et Thomson ex Klotzsch, Monatsber. Konigl. Preuss. Akad. Wiss. Berlin 1: 585 (1859).

Asarum himalaicum var. *bhutanicum* W. W. Sm., Rec. Bot. Surv. India 4: 271 (1911).

陕西、甘肃、湖北、四川、贵州、西藏；不丹、印度、尼泊尔。

香港细辛

•**Asarum hongkongense** S. M. Hwang et T. P. Wong Sui, Acta Phytotax. Sin. 28 (5): 406 (1990).

香港。

下花细辛

•**Asarum hypogynum** Hayata, Icon. Pl. Formosan. 5: 144. f. 53 (1915).

Asarum grandiflorum var. *colocasiifolium* Hayata, Icon. Pl. Formosan. 5: 144 (1915); *Asarum grandiflorum* Hayata, Icon. Pl. Formosan. 5: 141. f. 52 (1915); *Heterotropa hayatana* f. *colocasiifolia* (Hayata) F. Maek. ex Nemoto, Fl. Jap. Suppl. 160 (1936); *Asarum hayatanum* F. Maek. ex Masam., J. Bot. Jap. 12: 35. (1936).

台湾。

小叶马蹄香（马蹄香，土细辛）

•**Asarum ichangense** C. Y. Cheng et C. S. Yang, J. Arnold Arbor. 64 (4): 579, 581, f. 3 (1983).

安徽、浙江、江西、湖南、湖北、福建、广东、广西。

灯笼细辛

•**Asarum inflatum** C. Y. Cheng et C. S. Yang, J. Arnold Arbor. 64 (4): 589, f. 9 (1983).

Asarum dabieshanense D. Q. Wang et S. H. Hwang, Bull. Bot. Lab. N. E. Forest. Inst., Harbin 11 (2): 23 (1991).

四川。

金耳环（马蹄细辛，一块瓦，小犁头）

•**Asarum insigne** Diels, Notizbl. Bot. Gart. Berlin-Dahlem. 10 (99): 885 (1930).

Asarum longepedunculatum O. C. Schmidt, Sunyatsenia 1: 121 (1933); *Asarum gracilipes* C. S. Yang, Acta Phytotax. Sin. 13 (2): 19, pl. 4, f. 3-8 (1975).

江西、广东、广西。

长茎金耳环（金耳环，一块瓦）

•**Asarum longirhizomatosum** C. F. Liang et C. S. Yang, Acta Phytotax. Sin. 13 (2): 21, pl. 2, f. 4-10 (1975).

广西。

大花细辛

•**Asarum macranthum** Hook. f., Bot. Mag. 114, pl. 7022 (1888).

Asarum albomaculatum Hayata, Icon. Pl. Formosan. 5: 139-140, f. 51 (1915); *Asarum taitonense* Hayata, Icon. Pl. Formosan. 5: 148-149 (1915); *Asarum infrapurpureum* Hayata, Icon. Pl. Formosan. 5: 146-147 (1915); *Heterotropa taitonensis* (Hayata) F. Maek. ex Nemoto, Fl. Jap. Suppl. 165 (1936).
台湾。

祁阳细辛（山慈菇，南细辛）

●**Asarum magnificum** Tsiang ex C. Y. Cheng et C. S. Yang, J. Arnold Arbor. 64 (4): 593-596, f. 11-12 (1983).

祁阳细辛（原变种）

●**Asarum magnificum** var. **magnificum**
湖南。

鼎湖细辛（山慈菇）

●**Asarum magnificum** var. **dinghuense** C. Y. Cheng et C. S. Yang, J. Arnold Arbor. 64 (4): 596, f. 12 (1983).
广东。

大叶细辛（马蹄细辛，大叶细辛）

●**Asarum maximum** Hemsl., Gard. Chron. ser. 3. 7: 422 (1890).
湖北、四川。

南川细辛（山花椒）

●**Asarum nanchuanense** C. S. Yang et J. L. Wu, J. Arnold Arbor. 64 (4): 591 (1983).
重庆。

高贵细辛

●**Asarum nobilissimum** Z. L. Yang, Acta Bot. Boreal.-Occid. Sin. 5 (1): 56 (1985).
四川。

红金耳环

●**Asarum petelotii** O. C. Schmidt, Notizbl. Bot. Gart. Berlin-Dahlem 11: 100 (1931).
云南；越南。

紫背细辛

●**Asarum porphyronotum** C. Y. Cheng et C. S. Yang, J. Arnold Arbor. 64 (4): 586, f. 7-8 (1983).

紫背细辛（原变种）

●**Asarum porphyronotum** var. **porphyronotum**
四川。

深绿细辛

●**Asarum porphyronotum** var. **atrovirens** C. Y. Cheng et C. S. Yang, J. Arnold Arbor. 64 (4): 586, f. 8 (1983).
四川。

长毛细辛（白毛细辛，毛乌金，牛毛细辛）

●**Asarum pulchellum** Hemsl., Gard. Chron. ser. 3. 7: 442 (1890).
Asarum caulescens var. *setchuenense* Franch., J. Bot. (Morot) 12 (19-20): 302 (1898); *Geotaenium pulchellum* (Hemsl.) F. Maek., Proc. Pacific Sci. Congr. 5: 217. (1953).
安徽、江西、湖北、四川、贵州、云南。

肾叶细辛（马蹄香）

●**Asarum renicordatum** C. Y. Cheng et C. S. Yang, J. Arnold Arbor. 64 (4): 569, f. 1 (1983).
安徽。

慈姑叶细辛（岩慈菇）

Asarum sagittarioides C. F. Liang, Acta Phytotax. Sin. 13 (2): 23, pl. 4, f. 1; pl. 5, f. 7-11 (1975).
广西。

汉城细辛

●**Asarum sieboldii** Miq., Ann. Mus. Bot. Lugduno-Batavi. 2: 134 (1865).
Asiasarum heterotropoides var. *seoulense* (Nakai) F. Maek., Fl. Sylv. Kor. 21: 20 (1936); *Asiasarum sieboldii* (Miq.) F. Maek., Fl. Sylv. Kor. 21: 22 (1936); *Asarum sieboldii* var. *seoulensis* (Nakai) C. Y. Cheng et C. S. Yang, J. Arnold Arbor. 64 (4): 577 (1983).
辽宁；日本、朝鲜。

青城细辛（花脸细辛，花脸王，翻天印）

●**Asarum splendens** (F. Maek.) C. Y. Cheng et C. S. Yang, Fl. Reipubl. Popularis Sin. 24: 180, pl. 40, f. 1-6 (1988).
Asarum chingchengense C. Y. Cheng et C. S. Yang, J. Arnold Arbor. 64 (4): 583, f. 5 (1983).
湖北、四川、贵州、云南。

南漳细辛

●**Asarum sprengeri** Pamp., Nuovo Giorn. Bot. Ital. n.s. 18 (1): 113 (1911).
湖北。

太平山细辛

●**Asarum taipingshanianum** S. F. Huang, C. X. Xie et T. C. Huang, Taiwania 40 (2): 106 (1995).
台湾。

大武山细辛

●**Asarum tawushanianum** C. T. Lu et J. C. Wang, Bot. Stud. (Taipei), 50 (2) (2009).
台湾。

同江细辛

●**Asarum tongjiangense** Z. L. Yang, Acta Bot. Boreal.-Occid. Sin. 5 (1): 52 (1985).
四川。

插天山细辛

●**Asarum villisepalum** C. T. Lu et J. C. Wang, Bot. Stud. (Taipei), 50 (2) (2009).
台湾。

五岭细辛（山慈菇，倒插花）

●**Asarum wulingense** C. F. Liang, Acta Phytotax. Sin. 13 (2): 22 (1975).
江西、湖南、贵州、广东、广西。

云南细辛

●**Asarum yunnanense** T. Sugawara, Ogisu et C. Y. Cheng, Acta Phytotax. Geobot. 41: 7 (1990).
云南。

马蹄香属 **Saruma** Oliv.

马蹄香（冷水丹，高脚细辛，狗肉香）

●**Saruma henryi** Oliv., Hooker's Icon. Pl. 19 (4): pl. 1895 (1889).
陕西、甘肃、江西、湖北、四川、贵州。

线果兜铃属 **Thottea** Rottb

海南线果兜铃（阿柏麻）

●**Thottea hainanensis** (Merr. et W. Y. Chun) Ding Hou, Blumea 27 (2): 321 (1981).
Apama hainanensis Merr. et W. Y. Chun, Sunyatsenia 2 (3-4): 220, pl. 43 (1935).
海南。

7. 肉豆蔻科 Myristicaceae [3 属：11 种]

风吹楠属 **Horsfieldia** Willd.

风吹楠

Horsfieldia amygdalina (Wall. ex Hook. f. et Thomson) Warb., Monogr. Myristic. 310 (1897).
Myristica amygdalina Wall. ex Hook. f. et Thomson, Pl. Asiat. Rar. 1: 79. (1830); *Horsfieldia tonkinensis* Lecomte, Syn. Musc. Frond. 2: 52 52 (1850); *Horsfieldia prunoides* C. Y. Wu, Eco. Pl. Yunnan 74, fig: 56 (1973).
云南、广东、广西、海南；孟加拉国、印度、老挝、缅甸、泰国、越南。

大叶风吹楠

Horsfieldia kingii (Hook. f.) Warb., Monogr. Myristic. 308 (1897).
Myristica kingii Hook. f., Fl. Brit. Ind. 5 (13): 106 (1886); *Horsfieldia hainanensis* Merr., Lingnan Sci. J. 11 (1): 43 (1932); *Horsfieldia tetratepala* C. Y. Wu, Acta Phytotax. Sin. 6 (2): 218, pl. 47, f. 6 (1957).
云南、广西、海南；印度、泰国北部。

云南风吹楠

Horsfieldia prainii (King) Warb., Monogr. Myristic. 292. (1897).
Myristica prainii King, Ann. Roy. Bot. Gard. (Calcutta) 3: 299. (1891); *Horsfieldia pandurifolia* H. H. Hu, Acta Phytotax. Sin. 8 (3): (1963); *Horsfieldia longipedunculata* H. H. Hu, Acta Phytotax. Sin. 8 (3): 198 (1963); *Endocomia macrocoma* subsp. *prainii* (King) de Wilde, Blumea 30 (1): 187 (1984).
云南；印度（安达曼群岛）、印度尼西亚、巴布亚新几内亚、菲律宾、泰国。

红光树属 **Knema** Lour.

假广子

Knema elegans Warb., Monogr. Myristic. 615 (1897).
Knema siamensis Warb., Repert. Spec. Nov. Regni Veg. 16 (456-461): 254 (1919).
云南；柬埔寨、缅甸、泰国、越南。

小叶红光树

Knema globularia (Lam.) Warb., Monog. Myrist. 601 (1897).
Myristica globularia Lam., Mém. Ac. Paris. 162 (1778); *Knema corticosa* Lour., Fl. Cochinch. 605 (1790); *Myristica lanceolata* Wall., Numer. List no. 6794 (1828); *Myristica missionis* Wall., Numer. List no. 6788 (1828); *Myristica corticosa* (Lour.) Hook. f. et Thomson in Hook. f., Fl. Ind. (Hook. f. et Thomson) 1: 158 (1855); *Myristica glaucescens* Hook. f., Fl. Brit. Ind. 5 (13): 111 (1886); *Myristica sphaerula* Hook. f., Fl. Brit. Ind. 5 (16): 859 (1890); *Knema missionis* (Wall.) Warb., Monog. Myrist. 602, t. 24 (1-2) (1897); *Knema wangii* H. H. Hu, J. Roy. Hort. Soc. 63 (8): 387 (1938); *Knema sphaerula* (Hook. f.) Airy Shaw, Bull. Misc. Inform. Kew. 1939 (10): 545 (1939).
云南；柬埔寨、印度尼西亚、老挝、马来西亚、缅甸、泰国、越南。

狭叶红光树

Knema lenta Warb., Monogr. Myristic. 584. (1897).

云南；孟加拉国、印度、缅甸、泰国、越南。

大叶红光树

Myristica linifolia Roxb., Fl. Ind. 3: 847 (1832); *Myristica clarkeana* King, Ann. Roy. Bot. Gard. (Calcutta) iii. 3: 325 (1891); *Knema linifolia* var. *clarkeana* (King) Warb., Monog. Myrist. 561, f. 17 (1897).

云南；印度、孟加拉国、缅甸。

红光树

Knema tenuinervia W. J. de Wilde, Blumea 25: 405. (1979).

云南；印度、老挝、尼泊尔、泰国。

密花红光树

Knema tonkinensis (Warb.) W. J. de Wilde, Blumea 25: 381. (1979).

Myristica conferta var. *tonkinensis* Warb., Monogr. Myristic. 581. (1897).

云南；老挝、越南。

肉豆蔻属 **Myristica** Gronov.

肉豆蔻（肉果，玉果）

☆**Myristica fragrans** Houtt., Nat. Hist. 2 (3): 333 (1774).

栽培于云南、台湾、广东；原产于印度尼西亚（马鲁古群岛），广泛栽培于热带地区。

云南肉豆蔻

Myristica yunnanensis Y. H. Li, Acta Phytotax. Sin. 14 (1): 94, t. 8 (1976).

云南；泰国北部。

8. 木兰科 Magnoliaceae [13 属：136 种]

长蕊木兰属 **Alcimandra** Dandy

长蕊木兰

Alcimandra cathcartii (Hook. f. et Thomson) Dandy, Bull. Misc. Inform. Kew. 1927 (7): 260 (1927).

Michelia cathcartii Hook. f. et Thomson in Hook. f., Fl. Ind. 1: 79 (1855); *Sampacca cathcartii* (Hook. f. et Thomson) Kuntze, Revis. Gen. Pl. 1: 6 (1891); *Magnolia cathcartii* (Hook. f. et Thomson) Noot., Blumea 31 (1): 88 (1985).

云南、西藏；不丹、印度、缅甸、越南。

厚朴属 **Houpoea** N. H. Xia et C. Y. Wu

日本厚朴

☆**Houpoea obovata** (Thunb.) N. H. Xia et C. Y. Wu, Fl. China 7: 65 (2008).

Magnolia glauca Thunb., Fl. Jap. 236. (1784); *Magnolia obovata* Thunb., Trans. Linn. Soc. London 2: 336 (1794); *Magnolia hoonokii* Siebold, Verh. Batav. Genootsch. Kunsten 12: 50. (1830); *Liriodendron liliiflorum* Steud., Nomencl. Bot., ed. 2 (Steudel). 2: 55. (1841); *Magnolia hypoleuca* Siebold et Zucc., Abh. Math.-Phys. Cl. Königl. Bayer. Akad. Wiss. 4 (2): 187. (1845); *Magnolia hypoleuca* var. *concolor* Siebold et Zucc., Abh. Math.-Phys. Cl. Königl. Bayer. Akad. Wiss. 4 (2): 187 (1845); *Yulania japonica* var. *obovata* (Thunb.) P. Parm., Bull. Sc. France Belgique 27: 258 (1896); *Magnolia honogi* P. Parm., Bull. Sci. France Belgique 27: 195. (1896).

栽培于中国东北部、广东；原产于日本。

厚朴

Houpoea officinalis (Rehder et E. H. Wilson) N. H. Xia et C. Y. Wu, Fl. China 7: 65 (2008).

Magnolia officinalis Rehder et E. H. Wilson in Sargent, Pl. Wilson. 1 (3): 391 (1913); *Magnolia officinalis* var. *biloba* Rehder et E. H. Wilson in Sargent, Pl. Wilson. 1 (3): 392 (1913); *Magnolia officinalis* var. *pubescens* C. Y. Deng, J. Nanjing Inst. Forest. 1: 145 (1986); *Magnolia officinalis* subsp. *biloba* (Rehd. et E. H. Wilson) Law, Acta Phytotax. Sin. 34 (1): 91 (1996); *Magnolia cathayana* D. L. Fu et T. B. Chao, Nature et Science 1 (1): 49. (2003); *Magnolia officinalis* var. *glabra* D. L. Fu, T. B. Zhao et H. T. Dai, Bull. Bot. (Harbin) 27 (4): 389 (2007).

河南、陕西、甘肃、安徽、浙江、江西、湖南、湖北、四川、贵州、福建、广东、广西。

长喙厚朴（大叶木兰）

Houpoea rostrata (W. W. Sm.) N. H. Xia et C. Y. Wu, Fl. China 7: 65 (2008).

Magnolia rostrata W. W. Sm., Notes Roy. Bot. Gard. Edinburgh. 12 (59): 213 (1920).

云南、西藏；缅甸东南部。

长喙木兰属 **Lirianthe** Spach

绢毛木兰（桉叶树）

●**Lirianthe albosericea** (Chun et C. H. Tsoong) N. H. Xia et C. Y. Wu, Fl. China 7: 63 (2008).

Magnolia albosericea Chun et C. H. Tsoong, Acta Phytotax. Sin. 9: 117. (1964).

海南。

香港木兰（香港玉兰）

Lirianthe championii (Benth.) N. H. Xia et C. Y. Wu, Fl. China 7: 64 (2008).

Magnolia championii Benth., Fl. Hongk. 8 (1861); *Magnolia pumila* var. *championii* (Benth.) Finet et Gagnep., Bull. Soc. Bot. France. 52 (4): 36 (1906); *Magnolia liliifera* var. *championii* (Benth.) Pamp., Bull. Soc. Tosc. Ort. Ser. 4. 1: 136 (1916); *Talauma gitingensis* Elmer, Lingnan Sci. J. 7: 142 (1929); *Magnolia paenetalauma* Dandy, J. Bot. 68 (7): 206 (1930); *Magnolia tenuicarpa* Hung T. Chang, Acta Sci. Nat. Univ. Sunyatseni. 1: 54 (1961); *Magnolia shangsiensis* Y. W. Law, R. Z. Zhou et H. F. Chen, Ann. Bot. Fenn. 43 (2): 129. Fig. 1. (2005).

贵州、广东、广西、海南；越南北部。

越南木兰

Lirianthe clemensiorum (Dandy) Sima, S. G. Lu, N. H. Xia et Q. N. Vu, Proc. Second Internat. Symp. Fam. Magnoliac. 61, 103 (2012).

Magnolia clemensiorum Dandy, J. Bot. 68: 207 (1930); *Talauma gigantifolia* Miq., Fl. Ned. Ind. 1 (2): 15 (1858); *Magnolia lasia* Noot., Blumea 32 (2): 377 (1987).

云南；越南。

夜香木兰（夜合花）

Lirianthe coco (Lour.) N. H. Xia et C. Y. Wu, Fl. China 7: 64 (2008).

Liriodendron coco Lour., Fl. Cochinch., ed. 2, 1: 347 (1790); *Magnolia pumila* Andrews, Bot. Repos. 4: t. 226 (1802); *Magnolia coco* (Lour.) DC., Syst. Nat. 1: 459 (1817); *Talauma pumila* Blume, Fl. Jav. Mangnol. 38. pl. 12c. (1828); *Talauma coco* (Lour.) Merr., Species Blancoanae. 12 (1918).

浙江、云南、福建、台湾、广东、广西；越南。

山玉兰（优昙花，山波萝）

•**Lirianthe delavayi** (Franch.) N. H. Xia et C. Y. Wu, Fl. China 7: 63 (2008).

Magnolia delavayi Franch., Pl. Delavay. 1: 33, pl. 9-10 (1889); *Magnolia carpumii* M. S. Romanov et A. V. Bobrov, Novosti Sist. Vyssh. Rast. 35: 90 (2003).

四川、贵州、云南。

显脉木兰

•**Lirianthe fistulosa** (Finet et Gagnep.) N. H. Xia et C. Y. Wu, Fl. China 7: 62 (2008).

Talauma fistulosa Finet et Gagnep., Bull. Soc. Bot. France. 52 (Mém. 4): 31 (1905); *Magnolia talaumoides* Dandy, J. Bot. 68 (7): 208 (1930); *Magnolia phanerophlebia* B. L. Chen, Acta Sci. Nat. Univ. Sunyatseni. 1988 (1): 107 (1988); *Magnolia championii* subsp. *fistulosa* (Finet et Gagnep.) J. Li, Acta Bot. Yannan. 19 (2): 133 (1997).

云南。

福建木兰

•**Lirianthe fujianensis** N. H. Xia et C. Y. Wu, Fl. China 7: 64 (2008).

Magnolia fujianensis R. Z. Zhou, J. Trop. Subtrop. Bot. 12: 473. 2004, not *Magnolia fujianensis* (Q. F. Zheng) Figlar, Proc. Internat. Symp. Fam. Magnolrac. 22 (2000).

福建。

大叶木兰（思茅玉兰）

Lirianthe henryi (Dunn) N. H. Xia et C. Y. Wu, Fl. China 7: 63 (2008).

Magnolia henryi Dunn, J. Linn. Soc., Bot. 35 (247): 484 (1903); *Talauma kerrii* Craib, Bull. Misc. Inform. Kew. 1922 (8): 226 (1922); *Manglietia wangii* Hu et Chun, Bull. Fan Mem. Inst. Biol. Bot. Ser. 8, 33 (1937).

云南；缅甸、泰国。

木论木兰

•**Lirianthe mulunica** (Y. W. Law et Q. W. Zeng) N. H. Xia et C. Y. Wu, Bull. Bot. Res., Harbin 24: 2 (2004).

Magnolia mulunica Y. W. Law et Q. W. Zeng, Bull. Bot. Res., Harbin 24 (1): 2 (2004).

广西。

矮玉兰

Lirianthe nana (Dandy) Sima, S. G. Lu, N. H. Xia et Q. N. Vu, Proc. Second Internat. Symp. Fam. Magnoliac. 61, 104 (2012).

Magnolia nana Dandy, J. Bot. 68: 207 (1930).

云南；越南。

馨香玉兰

•**Lirianthe odoratissima** (Y. W. Law et R. Z. Zhou) N. H. Xia et C. Y. Wu, Fl. China 7: 63 (2008).

Magnolia odoratissima Y. W. Law et R. Z. Zhou, Bull. Bot. Res., Harbin 6 (2): 139 (1986).

云南。

鹅掌楸属 Liriodendron L.

鹅掌楸

Liriodendron chinense (Hemsl.) Sarg., Trees et Shrubs 1: 103, pl. 52 (1903).

Liriodendron tulipifera var. *chinense* Hemsl., J. Linn. Soc. Bot. 23 (152): 25 (1886); *Liriodendron tulipifera* var. *sinensis* Diels, Bot. Jahrb. Syst. 29 (3-4): 322 (1900).

陕西、安徽、浙江、江西、湖南、湖北、四川、重庆、贵州、云南、福建、广西；越南北部。

北美鹅掌楸

Liriodendron tulipifera L., Sp. Pl. 1: 535 (1753).

栽培于山东、江苏、江西、云南、广东；原产于北美洲。

木兰属 Magnolia L.

☆荷花木兰（洋玉兰，广玉兰）

Magnolia grandiflora L., Syst. Nat., ed. 10, 2: 1082 (1759).

栽培于长江流域各省；原产于北美洲。

霸王岭木兰

●**Magnolia bawangensis** Y. W. Law, R. Z. Zhou et D. M. Liu, Nordic J. Bot. 27 (1): 4 (2009).

海南。

木莲属 Manglietia Blume

香木莲

Manglietia aromatica Dandy, J. Bot. 69 (9): 231 (1931).

Paramanglietia aromatica (Dandy) Hu et W. C. Cheng, Acta Phytotax. Sin. 1 (3-4). 256 (1951); *Magnolia aromatica* (Dandy) C. S. Kumar, Kew Bull. 61 (2): 183 (2006).

贵州、云南、广西；越南。

石山木莲

●**Manglietia calcarea** X. H. Song, J. Nanjing Inst. Forest. 4: 46 (1984).

Manglietia fordiana var. *calcarea* (X. H. Song) B. L. Chen et Noot. b., Ann. Missouri Bot. Gard. 80 (4): 1040 (1993); *Magnolia fordiana* var. *calcarea* (X. H. Song) V. S. Kumar, Kew Bull. 61 (2): 184 (2006).

贵州。

西藏木莲

Manglietia caveana Hook. f. et Thomson in Hook. f., Fl. Ind. 1: 76 (1855).

Magnolia caveana (Hook. f. et Thomson) D. C. Raju et M. P. Nayar, Indian J. Bot. 3: 171 (1980); *Manglietia tenuifolia* Hung. T. Chang et B. L. Chen, Acta Sci. Nat. Univ. Sunyatseni. 1988 (1): 110 (1988); *Magnolia tibetica* V. S. Kumar, Kew Bull. 61 (2): 185 (2006).

云南、西藏；印度东北部、缅甸。

睦南木莲

Manglietia chevalieri Dandy, J. Bot. 68: 204 (1930).

Maglietia phuthoensis Dandy ex Gagnep., P. H. Lecomte, Fl. Indo-Chine, Suppl. 1: 36 (1938). *Magnolia chevalieri* (Dandy) C. S. Kumar, Kew Bull. 61 (2): 183. (2006).

云南、广东（栽培）；老挝北部、越南。

桂南木莲

Manglietia conifera Dandy, J. Bot. 68 (7): 205 (1930).

Manglietia chingii Dandy, J. Bot. 69 (9): 232 (1931); *Manglietia conifera* subsp. *chingii* (Dandy) J. Li, Acta Bot. Yannan. 19 (2): 131 (1997); *Magnolia conifera* var. *chingii* (Dandy) V. S. Kumar, Kew Bull. 61 (2): 183 (2006); *Magnolia conifera* (Dandy) C. S. Kumar, Kew Bull. 61 (2): 183 (2006).

湖南、贵州、云南、广东、广西；越南北部。

粗梗木莲（姑大）

●**Manglietia crassipes** Y. W. Law, Bull. Bot. Lab. N. E. Forest. Inst. Res., Harbin 2 (4): 133 (1982).

Magnolia crassipes (Y. W. Law) V. S. Kumar, Kew Bull. 61 (2): 184. (2006).

广西。

大叶木莲（大毛叶木莲，绿豆树）

Manglietia dandyi (Gagnep.) Dandy, World Pollen Spore Fl. 3 (Magnoliaceae): 5 (1974).

Manglietia megaphylla Hu et W. C. Cheng, Acta Phytotax. Sin. 1 (2): 158 (1951); *Magnolia megaphylla* (Hu et W. C. Cheng) V. S. Kunar, Kew Bull. 61 (2): 184 (2006).

贵州、云南、广西；老挝、越南。

华落木莲

●**Manglietia decidua** Q. Y. Zheng, J. Nanjing Forest. Univ. 19 (1): 46 (1995).

Sinomanglietia glauca Z. X. Yu et Q. Y. Zheng, Acta Agric. Univ. Jiangxi. 16 (2): 202 (1994); *Magnolia decidua* (Q. Y. Zheng) V. S. Kumar, Kew Bull. 61 (2): 183 (2006).

江西。

川滇木莲

Manglietia duclouxii Finet et Gagnep., Bull. Soc. Bot. France 52 (Mém. 4): 33 (1906).

Magnolia magnolia (Finet et Gagnep.) H. H. Hu, Icon. Pl. Sin. 2: 18. (1929).

四川、云南、广西；越南北部。

木莲

Manglietia fordiana Oliv., Hooker's Icon. 20 (3): 1891.

Magnolia fordiana (Oliv.) H. H. Hu, J. Arnold Arbor. 5 (4): 228 (1924); *Manglietia chevalieri* Dandy, J. Bot. 68: 204 (1930); *Paramanglietia microcarpa* H. T.

Chang, Acta Sci. Nat. Univ. Sunyantseni 1: 53 (1961); *Manglietia globosa* H. T. Chang, Acta Sci. Nat. Univ. Sunyantseni 1: 53 (1961); *Manglietia oblonga* Y. W. Law, et al., Ann. Bot. Fenn. 43: 64 (2006); *Magnolia chevalieri* (Dandy) V. S. Kumar, Kew Bull. 61 (2): 183 (2006).
浙江、江西、湖南、贵州、福建、广东、广西、云南、香港；越南。

海南木莲（龙楠树，绿楠，绿兰）

●**Manglietia fordiana** var. **hainanensis** (Dandy) N. H. Xia, Fl. China 7: 58 (2008).
Magnolia fordiana (Oliv.) H. H. Hu, J. Arnold Arbor. 5 (4): 228 (1924); *Manglietia hainanensis* Dandy, J. Bot. 68 (7): 204 (1930); *Manglietia albistaminea* Y. W. Law, R. Z. Zhou et S. Qin, Novon 16 (2): 260 (2006).
海南。

滇桂木莲

●**Manglietia forrestii** W. W. Sm. ex Dandy, Notes Roy. Bot. Gard. Edinburgh. 16 (77): 126, pl. 226 (1928).
Manglietia fordiana var. *forrestii* (W. W. Sm. ex Dandy) B. L. Chen et Noot., Ann. Missouri Bot. Gard. 80 (4): 1040 (1993); *Magnolia fordiane* var. *forrestii* (W. W. Sm. ex Dandy) V. S. Kumar, Kew Bull. 61 (2): 184 (2006).
云南、广西。

泰国木莲

Manglietia garrettii Craib, Bull. Misc. Inform. Kew. 1922 (5): 166 (1922).
Magnolia garrettii (Craib) C. S. Kumar, Kew Bull. 61 (2): 184 (2006).
云南；泰国、越南。

苍背木莲

●**Manglietia glaucifolia** Y. W. Law et Y. F. Wu, Guihaia 6 (4): 263 (1986).
贵州。

大果木莲

●**Manglietia grandis** Hu et W. C. Cheng, Acta Phytotax. Sin. 1 (2): 158 (1951).
Magnolia grandis (Hu et W. C. Cheng) V. S. Kunar, Kew Bull. 61 (2): 184 (2006).
云南、广西。

广州木莲

Manglietia guangzhouensis A. Q. Dong, Q. W. Zeng et F. W. Xing, Nordic J. Bot. 27: 339 (2009).
广东。

广南木莲

Manglietia guangnanica D. X. Li et R. Z. Zhou, Novon 23: 172 (2014).
云南。
附注：本种的命名人与论文的作者之间没有重合，在命名法方面存在一些问题。

开甫木莲

Manglietia kaifui Q. W. Zeng et X. M. Hu, Pak. J. Bot., 43 (5): 2269 (2011).
云南。

红河木莲

●**Manglietia hongheensis** Y. M. Shui et W. H. Chen, Bull. Bot. Res., Harbin 23: 129 (2003).
Magnolia hongheensis (Y. M. Shui et W. H. Chen) V. S. Kumar, Kew Bull. 61 (2): 184 (2006).
云南。

中缅木莲

Manglietia hookeri Cubitt et W. W. Sm., Rec. Bot. Surv. India 4: 273 (1913).
Magnolia hookeri (Cubitt et W. W. Sm.) Raju et Nayar, Indian J. Bot. 3 (2): 170 (1980).
贵州、云南；缅甸、泰国。

红花木莲

Manglietia insignis (Wall.) Blume, Fl. Jav. 19-20 (Magnoliaceae): 23 (1829).
Magnolia insignis Wall., Tent. Fl. Napal. 1: 3 (1824); *Manglietia insignis* var. *latifolia* Hook. f. et Thomson in Hook. f., Fl. Brit. Ind. 1: 42 (1872); *Manglietia insignis* var. *angustifolia* Hook. f. et Thomson in Hook. f., Fl. Brit. Ind. 1: 42 (1872); *Manglietia yunnanensis* H. H. Hu, Acta Phytotax. Sin. 1 (2): 159 (1951); *Magnolia shangpaensis* H. H. Hu, Acta Phytotax. Sin. 1 (2): 157 (1951); *Magnolia insignis* var. *latifolia* (Hook. f. et Thomson) H. J. Chowdhery et P. Daniel, Indian J. Forest. 4: 64 (1981); *Magnolia insignis* var. *angustifolia* (Hook. f. et Thomson) H. J. Chowdhery et P. Daniel, Indian J. Forest. 4: 64 (1981); *Manglietia rufisyncarpa* Y. W. Law et al., Nord. J. Bot. 24 (5): 519. (2007).
湖南、四川、贵州、云南、西藏、广西；印度东北部、缅甸北部、尼泊尔、泰国。

毛桃木莲

●**Manglietia kwangtungensis** (Merr.) Dandy, Bull. Misc. Inform. Kew. 1927 (7): 264 (1927).
Magnolia kwangtungensis Merr., J. Arnold Arbor. 8 (1): 5 (1927); *Manglietia moto* Dandy, Notes Roy. Bot. Gard. Edinburgh. 16 (77): 128-129 (1928); *Manglietia*

fordiana var. *kwangtungensis* (Merr.) B. L. Chen et Noot. b., Ann. Missouri Bot. Gard. 80 (4): 1041 (1993); *Magnolia moto* (Dandy) C. S. Kumar, Kew Bull. 61 (2): 185 (2006); *Magnolia fordiana* var. *kwangtungensis* (Merr.) V. S. Kumar, Kew Bull. 61 (2): 184 (2006).
湖南、广东、广西。

长梗木莲

●**Manglietia longipedunculata** Q. W. Zeng et Y. W. Law, Ann. Bot. Fenn. 41: 151 (2004).
Magnolia longipedunculata (Q. W. Zeng et Y. W. Law) V. S. Kumar, Kew Bull. 61 (2): 184 (2006).
广东。

亮叶木莲

●**Manglietia lucida** B. L. Chen et S. C. Yang, Acta Sci. Nat. Univ. Sunyatseni. 1988 (3): 94 (1988).
Magnolia lucida (B. L. Chen et S. C. Yang) V. S. Kumar, Kew Bull. 61 (2): 184 (2006).
云南。

马关木莲

Manglietia maguanica Hung T. Chang et B. L. Chen, Acta Sci. Nat. Univ. Sunyatseni. 1988 (1): 108 (1988).
云南。

金毛木莲

●**Manglietia oblonga** Y. W. Law, R. Z. Zhou et X. S. Qin, Ann. Bot. Fenn. 43 (1): 64 (2006).
广东。

倒卵叶木莲

●**Manglietia obovalifolia** C. Y. Wu et Y. W. Law, Acta Phytotax. Sin. 34 (1): 89 (1996).
Magnolia obovalifolia (C. Y. Wu et Y. W. Law) V. S. Kumar, Kew Bull. 61 (2): 185 (2006).
贵州、云南。

卵果木莲

●**Manglietia ovoidea** H. T. Chang et B. L. Chen, Acta Sci. Nat. Univ. Sunyatseni 1988 (1): 108 (1988).
Magnolia ovoidea (Hung T. Chang et B. L. Chen) V. S. Kumar, Kew Bull. 61 (2): 185 (2006).
云南。

厚叶木莲

●**Manglietia pachyphylla** Hung T. Chang, Acta Sci. Nat. Univ. Sunyatseni 1: 55 (1961).
广东。

巴东木莲

●**Manglietia patungensis** H. H. Hu, Acta Phytotax. Sin. 1 (3-4): 335 (1951).
湖南、湖北、四川、重庆。

毛瓣木莲

Manglietia rufibarbata Dandy, Notes Roy. Bot. Gard. Edinburgh 16: 128 (1928).
Magnolia rufibarbata (Dandy) C. S. Kumar, Kew Bull. 61 (2): 185 (2006); *Manglietia pubipetala* Q. W. Zeng, Pakistan J. Bot. 39 (6): 1917, f. 1A-K. (2007).
云南；越南。

那坡木莲

●**Manglietia sinoconifera** F. N. Wei, Guihaia 13 (1): 5 (1993).
广西。

四川木莲（瓢儿花）

●**Manglietia szechuanica** H. H. Hu, Bull. Fan Mem. Inst. Biol. Bot. 10: 117 (1940).
Magnolia figlarii V. S. Kumar, Kew Bull. 61 (2): 184 (2006).
四川、云南。

毛果木莲

Manglietia ventii Tiep, Feddes Repert. 91 (9-10): 560 (1980).
Manglietia hebecarpa C. Y. Wu et Y. W. Law, Acta Phytotax. Sin. 34 (1): 88 (Feb. 1996); *Magnolia hebecarpa* (C. Y. Wu et Y. W. Law) V. S. Kumar, Kew Bull. 61 (2): 184 (2006); *Magnolia ventii* (N. V. Tiep) V. S. Kumar, Kew Bull. 61: 185 (2006).
云南；越南。

乳源木莲

Manglietia yuyuanensis Y. W. Law, Bull. Bot. Res., Harbin 5 (3): 125 (1985).
Magnolia yuyuanensis (Y. W. Law) V. S. Kumar, Kew Bull. 61 (2): 185 (2006).
安徽、浙江、江西、湖南、福建、广东。

锈毛木莲

●**Manglietia zhengyiana** N. H. Xia, Fl. China 7: 55 (2008).
Magnolia zhengyiana (N. H. Xia) Noot., Fl. China 7: 50 (2008); *Manglietia lawii* N. H. Xia et W. F. Liao, Nordic J. Bot., 27: 1-3 (2009).
云南。

含笑属 Michelia L.

白兰

△**Michelia ×alba** DC., Syst. Nat. 1: 449 (1817).

Michelia longifolia Blume, Verh. Batav. Genootsch. Kunsten 9: 155 (1823); *Michelia longifolia* var. *racemosa* Blume, Fl. Javae 19: 13 (1829); *Sampacca longifolia* (Blume) Kuntze, Revis. Gen. Pl. 1: 6 (1891); *Magnolia* × *alba* (DC.) Figlar, Proc. Int. Symp. Magnoliac 21 (2000).
栽培于云南、福建、广东、广西、海南；原产于印度尼西亚（爪哇）。

狭叶含笑

•**Michelia angustioblonga** Y. W. Law, Bull. Bot. Lab. N. E. Forest. Inst., Harbin 6 (2): 97 (1986).
Magnolia angustioblonga (Y. W. Law et Y. F. Wu) Figlar, Proc. Internat. Symp. Fam. Magnoliac. 21 (2000).
贵州。

合果木（合果含笑，山桂花，山缅桂）

Michelia baillonii (Pierre) Finet et Gagnep., Bull. Soc. Bot. France. 52 (Mem. 4): 46 (1906).
Magnolia baillonii Pierre, Fl. Forest. Cochinch. 1: t. 2 (1880); *Talauma phellocarpa* King, Ann. Roy. Bot. Gard. (Calcutta) 3 (2): 205 (1891); *Talauma spongocarpa* King, Ann. Roy. Bot. Gard. (Calcutta) 3 (2): 205, t. 47 bis (1891); *Michelia phellocarpa* (King) Finet et Gagnep., Bull. Soc. Bot. France 4: 44 (1905); *Aromadendron baillonii* (Pierre) Craib, Flora Siamemsis Enumeratio 26 (1925); *Aromadendron spongocarpum* (King) Craib, Fl. Siam. 1: 25 (1925); *Aromadendron yunnanense* H. H. Hu, J. Roy. Hort. Soc. 63 (8): 387, f. 103 (1938); *Paramichelia baillonii* (Pierre) H. H. Hu, Sunyatsenia4 (3-4): 144 (1940); *Magnolia phellocarpa* (King) H. J. Chowdhery et P. Daniel, Indian J. Forest. 4: 64 (1981); *Magnolia baillonii* var. *bailingia* Sima et H. Jiang, Bull. Bot. Res., Harbin 23 (3): 266 (2003).
云南；柬埔寨、印度、缅甸、泰国、越南。

苦梓含笑

Michelia balansae (Aug. DC.) Dandy, Bull. Misc. Inform. Kew 1927 (7): 263 (1927).
Magnolia balansae Aug. DC., Bull. Herb. Boissier, ser. 2. 4 (3): 294 (1904); *Michelia baviensis* Finet et Gagnep., Bull. Soc. Bot. France 52 (4): 44 (1906); *Michelia tonkinensis* A. Chev., Bull. écon. Indochine 20: 792 (1918); *Michelia balansae* var. *appressipubescens* Y. W. Law, Bull. Bot. Res. 5 (3): 124 (1985); *Michelia balansae* var. *brevipes* B. L. Chen, Acta Sci. Nat. Univ. Sunyatseni. 1: 112 (1988).
贵州、云南、福建、广东、广西、海南；越南。

平伐含笑

•**Michelia cavaleriei** Finet et Gagnep., Bull. Soc. Bot. France. 53: 573, t. 1, f. 1-8 (1906).
Michelia fallax Dandy, Notes Roy. Bot. Gard. Edinburgh. 16: 131 (1928); *Michelia hunanensis* C. L. Peng et L. H. Yan, J. Hunan Forest. Techn. Coll. 1: 15 (1995); *Magnolia cavaleriei* (Fiaet et Gagnep.) Figlar, Proc. Internat. Symp. Fam. Magnoliac. 21 (2000); *Magnolia maudiae* var. *hunanensis* (C. L. Peng et L. H. Yan) Sima, Yunnan Forest. Sci. Technol. 2: 33 (2001).

平伐含笑（原变种）

•**Michelia cavaleriei** var. **cavaleriei**
湖南、湖北、四川、贵州、云南、福建、广东、广西。

阔瓣含笑

•**Michelia cavaleriei** var. **platypetala** (Hand.-Mazz.) N. H. Xia, Fl. China 7: 85 (2008).
Michelia platypetala Hand.-Mazz., Anz. Akad. Wiss. Wien. Math.-Naturwiss. Kl. 58: 89 (1921); *Magnolia maudiae* var. *platypetala* (Hand.-Mazz.) Sima, Yunnan Forest. Sci. Technol. 2: 33 (2001); *Michelia xinningia* Y. W. Law et R. Z. Zhou, Pakistan J. Bot. 36 (4): 37 (2005).
湖南、湖北、贵州、广东、广西。

黄兰含笑

Michelia champaca L., Sp. Pl. 1: 536 (1753).
Michelia euonymoides Burm. f., Fl. Ind. 124 (1768); *Michelia suaveolens* Pers., Syn. Pl. 2 (1): 94 (1806); *Michelia tsiampacca* Blume, Bijdr. Fl. Ned. Ind. 1: 7 (1825); *Michelia rheedii* Wight, Ill. Ind. Bot. 1: 13 (1840); *Michelia blumei* Steud., Nomencl. Bot., ed. 2. 2: 139 (1841); *Michelia tsiampacca* var. *blumei* Moritzi in Zollinger, Syst. Verz. (Zollinger) 36 (1846); *Magnolia champaca* (L.) Baill. ex Pierre, Fl. Forest. Cochinch. 536 (1880); *Sampacca suaveolens* (Pers.) Kuntze, Revis. Gen. Pl. 1: 6 (1891); *Magnolia membranacea* P. Parm., Bull. Sci. France Belgique 27: 200, 258 (1895); *Michelia pilifera* Bakh. f., Blumea 12 (1): 61 (1963).

黄兰含笑（原变种）

Michelia champaca var. **champaca**
栽培于云南、西藏、福建、台湾、广东、广西、海南；印度、印度尼西亚、马来西亚、缅甸、尼泊尔、泰国、越南。

毛叶脉黄兰

Michelia champaca var. **pubinervia** (Blume) Miq., Ann. Mus. Bot. Lugduno-Batavi. 4: 72 (1868).
Michelia pubinervia Blume, Fl. Javae Magnoliaceae: 14, t. 4 (1829); *Magnolia champaca* var. *pubinervia*

(Blume) Figlar et Noot., Blumea 49 (1): 96 (2004).
云南、西藏；印度、印度尼西亚、马来西亚、缅甸、尼泊尔、泰国、越南。

乐昌含笑

Michelia chapensis Dandy, J. Bot. 67 (8): 222 (1929).
Michelia constricta Dandy, J. Bot. 67 (8): 223-224 (1929); *Michelia tsoi* Dandy, J. Bot. 68 (7): 213 (1930); *Michelia glaberrima* Hung T. Chang, Acta Sci. Nat. Univ. Sunyatseni. 1: 54 (1961); *Michelia microcarpa* B. L. Chen et S. C. Yang, Acta Sci. Nat. Univ. Sunyatseni. 3: 96 (1988); *Michelia chartacea* B. L. Chen et S. C. Yang, Acta Sci. Nat. Univ. Sunyatseni. 3: 97 (1988); *Michelia brachyandra* B. L. Chen et S. C. Yang, Acta Sci. Nat. Univ. Sunyatseni. 3: 98 (1988); *Michelia jiangxiensis* Hung. T. Chang et B. C. Chen, Acta Sci. Nat. Univ. Sunyatseni. 31 (1): 77 (1992); *Magnolia jiangxiensis* (Hung T. Chang et B. L. Chen) Figlar, Proc. Int. Symp. Magnoliac. 22 (2000); *Magnolia microcarpa* (B. L. Chen et S. C. Yang) Sima, Yunnan Forest. Sci. Technol. 2001 (2): 34 (2001); *Magnolia chapensis* (Dandy) Sima, Yunnan Foreot. Sci. Technol. 2: 29 (2001).
江西、湖南、贵州、云南、广东、广西；越南北部。

台湾含笑（乌心石，台湾白玉花，黄心树）

Michelia compressa (Maxim.) Sarg., Gard. et Forest 4: 75, 77, t. 13 (1893).
Magnolia compressa Maxim., Bull. Acad. Imp. Sci. Saint-Pétersbourg 17 (4): 417 (1872); *Michelia compressa* var. *formosana* Kaneh., Trans. Nat. Hist. Soc. Taiwan 20: 384 (1930); *Michelia formosana* Masam. et Suzuki, Annual Rep. Taihoku Bot. Gard. 3: 57 (1933); *Michelia taiwaniana* Masam., Iconogr. Cormophyt. Sin. 1: 796. fig: 1592 (1972); *Michelia compressa* var. *lanyuensis* S. Y. Lu, Taiwan J. Forest Sci. 15 (4): 523 (2000).
台湾；日本南部、菲律宾。

合蕊木兰

●**Michelia concinna** H. Jiang et E. D. Liu, Ann. Bot. Fenn. 45 (4): 290 (2008).
云南。

西畴含笑

●**Michelia coriacea** Hung T. Chang et B. L. Chen, Acta Sci. Nat. Univ. Sunyatseni. 3: 89 (1988).
Michelia polyneura C. Y. Wu ex Y. W. Law et Y. F. Wu, Acta Bot. Yunnan. 10 (3): 340 (1988); *Michelia nitida* B. L. Chen, Acta Sci. Nat. Univ. Sunyatseni. 1988 (1): 111 (1988); *Magnolia coriacea* (Hung T. Chang et B. C. Chen) Figlar, Proc. Internat. Symp. Fam. Magnoliace 21 (2000).
云南。

紫花含笑

●**Michelia crassipes** Y. W. Law, Bull. Bot. Lab. N. E. Forest. Inst., Harbin 5 (3): 121 (1985).
Michelia brevipes Y. K. Li et X. M. Wang, Acta Phytotax. Sin. 25 (5): 408 (1987); *Michelia figo* var. *crassipes* (Y. W. Law) B. L. Chen et Noot., Ann. Missouri Bot. Gard. 80 (4): 1085 (1993); *Magnolia figo* var. *crassipes* (Law) Figlar et Noot., Blumea 49 (1): 96 (2004).
湖南、广东、广西。

南亚含笑

Michelia doltsopa Buch.-Ham. ex DC., Syst. Nat. (Candolle). 1: 448 (1817).
Michelia excelsa (Wall.) Blume, Fl. Javae Magnoliaceae: 9 (1829); *Magnolia excelsa* (Wall.) Blume ex Wight, Ill. Ind. Bot. 1: 14 (1838); *Sampacca excelsa* (Wall.) Kuntze, Revis. Gen. Pl. 1: 6 (1891); *Magnolia calcuttensis* P. Parm., Bull. Sc. France Belgique 27: 214, 283 (1896); *Michelia manipurensis* G. Watt ex Brandis, Indian Trees 8 (1906); *Magnolia wardii* Dandy, Kew Bull. 1929: 222 (1929); *Magnolia doltsopa* (Buch.-Ham. ex DC.) Figlar, Proc. Internat. Symp. Fam. Magnoliac. 21 (2000).
云南、西藏；不丹、印度东北部、缅甸北部、尼泊尔。

雅致含笑

●**Michelia elegans** Y. W. Law et Y. F. Wu, Bull. Bot. Res., Harbin 8 (3): 71 (1988).
浙江。

含笑花

Michelia figo (Lour.) Spreng., Syst. Veg., 2: 643 (1825).
Liriodendron figo Lour., Fl. Cochinch., ed. 2, 1: 347 (1790); *Magnolia fuscata* Andrews, Bot. Repos. 4: t. 229 (1802); *Magnolia annonifolia* Salisb., Parad. Lond. 1 (1): fig. 5. (1806); *Magnolia fuscata* var. *hebeclada* DC., Syst. Nat. (Candolle). 1: 458 (1817); *Magnolia fuscata* var. *annonaefolia* (Salisb.) DC., Syst. Nat. (Candolle). 1: 458 (1817); *Magnolia figo* (Lour.) DC., Syst. Nat. (Candolle). 1: 460 (1817); *Michelia parviflora* Deless., Icon. Select. Pl. 1: 22, t. 85 (1821); *Magnolia parviflora* Blume, Bijdr. Fl. Ned. Ind. 9 (1825); *Michelia fuscata* (Andrews) Blume, Fl. Jav. 19-20: 8 (1829); *Liriopsis fuscata* (Andrews) Spach, Hist. Nat. Veg. (Spach) 7: 461 (1839); *Magnolia fusca-*

ta var. *parviflora* (Blume) Steud., Nomencl. Bot., ed. 2 (Steudel). 2: 89 (1841); *Sampacca parviflora* (Deless.) Kuntze, Revis. Gen. Pl. 1: 6 (1891).
栽培于华南。

素黄含笑

●**Michelia flaviflora** Y. W. Law et Y. F. Wu, Acta Bot. Yunnan. 10 (3): 340 (1988).
Magnolia flaviflora (Law et Y. F. Wu) Figlar, Proc. Internat. Symp. Fam. Magnoliac. 21 (2000).
云南；越南。

多花含笑

Michelia floribunda Finet et Gagnep., Bull. Soc. Bot. France. 52 ((Mém. 4): 46 (1906).
Michelia kerrii Craib, Bull. Misc. Inform. Kew. 1922 (5): 166 (1922); *Magnolia microtricha* (Hand.-Hazz.) Figlar, Proc. Internat. Symp. Fam. Magndliac 23 (2000); *Magnolia floribunda* (Finet et Gagnep.) Figlar, Proc. Internat. Symp. Fam. Magnoliac 21 (2000).
湖南、湖北、四川、重庆、云南、西藏；老挝、缅甸、泰国、越南。

金叶含笑

Michelia foveolata Merr. ex Dandy, J. Bot. 66 (12): 360 (1928).
Michelia aenea Dandy, J. Bot. 68 (7): 211 (1930); *Michelia fulgens* Dandy, J. Bot. 68 (7): 210 (1930); *Michelia foveolata* var. *cinerascens* Y. W. Law et Y. F. Wu, Bull. Bot. Res. 6 (2): 99 (1986); *Michelia oblongifolia* Chang et B. L. Chen, Acta Sci. Nat. Univ. Sunyatseni. 3: 86 (1987); *Michelia longistyla* Y. W. Law et Y. F. Wu, Acta Bot. Yunnan. 10 (3): 341 (1988); *Michelia foveolata* var. *xiangnanensis* C. L. Peng et C. H. Yan, J. Hunan Forest. Techn. Coll. 1: 15 (1995); *Magnolia foveolata* (Merr. ex Dandy) Figlar, Proc. Internat. Symp. Fam. Magnoliac 22 (2000).
江西、湖南、湖北、贵州、云南、福建、广东、广西、海南；越南北部。

福建含笑

●**Michelia fujianensis** Q. F. Zheng, Bull. Bot. Res., Harbin 1 (3): 92 (1981).
Michelia caloptila Y. W. Law et Y. F. Wu, Bull. Bot. Res., Harbin 4 (2): 152 (1984); *Michelia septipetala* Z. L. Nong, Guihaia 13 (3): 220 (1993).
江西、福建。

棕毛含笑

●**Michelia fulva** Chang et B. L. Chen, Acta Sci. Nat. Univ. Sunyatseni. 3: 87 (1987).
Michelia calcicola C. Y. Wu ex Y. W. Law et Y. F. Wu, Acta Bot. Yunnan. 10 (3): 339 (1988); *Michelia ingrata* B. L. Chen et S. C. Yang, Acta Sci. Nat. Univ. Sunyatseni. 1988 (3): 95 (1988); *Magnolia ingrata* (B. L. Chen et S. C. Yang) Figlar, Proc. Internat. Symp. Fam. Magnoliac 22 (2000); *Magnolia fulva* (Hung T. Chang et B. L. Chen) Figlar, Proc. Internat. Symp. Fam. Magnoliac 22 (2000); *Michelia fulva* var. *calcicola* (C. Y. Uw ex Y. H. Law et Y. F. Wu) Sima et Yu, Seed Pl. Honghe Reg. SE Yunnan 55 (2003); *Magnolia glaucophylla* Sima et H. Yu, Bulletin of Botanical Research, 27 (3): 258 (2007).
云南、广西。

香子含笑

Michelia gioii (A. Chev.) Sima et H. Yu, Seed Pl. Honghe Reg. SE Yunnan 55 (2003).
Talauma gioi A. Chev., Bull. Econ. Indochine 20: 790. (1918); *Michelia hypolampra* Dandy, J. Bot. 66 (11): 321 (1928); *Michelia hedyosperma* Y. W. Law, Bull. Bot. Lab. N. E. Forest. Inst., Harbin 5 (3): 123 (1985); *Magnolia hypolampra* (Dandy) Figlar, Proc. Internat. Symp. Fam. Magnoliac 22 (2000).
云南、广西、海南；越南。

广东含笑

●**Michelia guangdongensis** Y. H. Yan, Q. W. Zeng et F. W. Xing, Ann. Bot. Fenn. 41: 491 (2004).
广东。

广西含笑

●**Michelia guangxiensis** Y. W. Law et R. Z. Zhou, J. Trop. Subtrop. Bot. 7 (3): 191 (1999).
Magnolia guangxiensis (Law et R. Z. Zhou) Sima, Yunnan Forest. Sci. Technol. 2: 32 (2001).
广西。

鼠刺含笑

●**Michelia iteophylla** C. Y. Wu ex Y. W. Law et Y. F. Wu, Acta Bot. Yunnan. 10 (3): 337 (1988).
云南。

尖峰岭含笑

●**Michelia jianfenglingensis** G. A. Fu et Kun Pan, Bull. Bot. Res., Harbin 32 (3): 257 (2012).
海南。

西藏含笑

Michelia kisopa Buch.-Ham. ex DC., Syst. Nat. 1: 448 (1817).
Sampacca kisopa (Buch.-Ham. ex DC.) Kuntze, Revis. Gen. Pl. 1: 6 (1891); *Michelia doltsopa* subsp. *kisopa* (Buch.-Ham. ex DC.) J. Li, Acta Bot. Yannan. 19 (2):

135 (1997); *Magnolia kisopa* (Buch.-Ham. ex DC.) Figlar, Proc. Internat. Symp. Fam. Magnoliac 22 (2000).
西藏；不丹、印度东北部、尼泊尔。

壮丽含笑

Michelia lacei W. W. Sm., Notes Roy. Bot. Gard. Edinburgh. 12 (59): 216 (1920).

Michelia uniflora Dandy, Bull. Misc. Inform. Kew. 1927 (5): 203 (1927); *Michelia tignifera* Dandy, J. Bot. 68 (7): 213-214 (1930); *Michelia magnifica* H. H. Hu, Bull. Fan Mem. Inst. Biol. Bot. 10: 118 (1940); *Michelia pachycarpa* Y. W. Law et R. Z. Zhou, Bull. Bot. Lab. N. E. Forest. Inst., Harbin 7 (1): 85 (1987); *Magnolia lacei* (W. W. Sm.) Figlar, Prov. Internat. Symp. Fam. Magnoliaceae 22 (2000).
云南；缅甸、泰国北部、越南。

长柄含笑

●**Michelia leveilleana** Dandy, Bull. Misc. Inform. Kew. 1927 (7): 263 (1927).

Michelia chongjiangensis Y. K. Li et X. M. Wang, Guizhou Sin. 1983 (2): 18 (1983); *Michelia longipetiolata* C. Y. Wu ex Y. W. Law et Y. F. Wu, Acta Bot. Yunnan. 10 (3): 336 (1988); *Magnolia leveilleana* (Dandy) Figlar, Proc. Internat. Symp. Fam. Magnoliac 22 (2000).
湖南、湖北、贵州、云南。

醉香含笑

Michelia macclurei Dandy, J. Bot. 66 (12): 360 (1928).

Michelia macclurei var. *sublanea* Dandy, J. Bot. 68 (7): 212 (1930); *Magnolia macclurei* (Dandy) Figlar, Proc. Internat. Symp. Fam. Magnoliac 22 (2000); *Michelia multitepala* R. Z. Zhou et S. G. Jian, Ann. Bot. Fenn. 44: 65. pl. 1. (2007).
云南、广东、广西、海南；越南北部。

黄心含笑

Michelia martini (H. Lév.) H. Lév., Fl. Kouy-Tcheou 270 (1914).

Magnolia martinii H. Lév., Bull. Soc. Agric. Sarthe. 59: 321 (1904); *Michelia bodinieri* Finet et Gagnep., Bull. Soc. Bot. France. 53: 574 (1906); *Michelia longistamina* Y. W. Law, Bull. Bot. Res., Harbin 5 (3): 122 (1985).
河南、湖南、湖北、四川、贵州、云南、广东、广西；越南。

屏边含笑

Michelia masticata Dandy, J. Bot. 67 (8): 222 (1929).

Magnolia masticata (Dandy) Figlar, Proc. Internat. Symp. Fam. Magnoliac 23 (2000).
云南；老挝、越南。

深山含笑

●**Michelia maudiae** Dunn, J. Linn. Soc., Bot. xxxviii. 353 (1908).

Michelia maudiae Dunn var. *rubicunda* T. P. Yi et J. C. Fan, Fl. Sichuan. 21: 495. 2012.
浙江、福建、湖南、广东、广西、贵州。

白花含笑（苦子，苦梓）

Michelia mediocris Dandy, J. Bot. 66 (2): 47 (1928).

Michelia sublifera Danoly, J. Bot. 68: 212 (1930); *Michelia chingii* W. C. Cheng, Contr. Biol. Lab. Sci. Soc. China, Bot. Ser. 10: 110 (1936); *Michelia mediocris* var. *angustifolia* G. A. Fu, Guihaia 12 (1): 5, f. 1-9 (1992); *Magnolia maudiae* (Dunn) Figlar, Proc. Internat. Symp. Fam. Magnoliac. 23 (2000); *Magnolia mediocris* (Dandy) Figlar, Proc. Internat. Symp. Fam. Magnoliac 23 (2000); *Michelia rubriflora* Y. W. Law et R. Z. Zhou, Pakistan J. Bot. 37 (3): 559 (2005).
湖南、广东、广西、海南；柬埔寨、越南。

小毛含笑

●**Michelia microtricha** Hand.-Mazz., Kaiserl. Akad. Wiss. Wien, Math.-Naturwiss. Kl., Denkschr. 58 (18): 81 (1921).
云南。

观光木

Michelia odora (Chun) Noot. et B. L. Chen, Ann. Missouri Bot. Gard. 80 (4): 1086 (1993).

Tsoongiodendron odorum Chun, Acta Phytotax. Sin. 8 (4): 283 (1963); *Magnolia odora* (Chun) Figlar et Noot., Blumea 49 (1): 97 (2004).
江西、湖南、云南、福建、广东、广西、海南；越南北部。

马关含笑

●**Michelia opipara** Hung T. Chang et B. L. Chen, Acta Sci. Nat. Univ. Sunyatseni. 3: 90 (1987).

Magnolia opipara (Hung T. Chang et B. L. Chen) Sima, Yunnan Forest. Sci. Technol. 2: 34 (2001).
云南。

石碌含笑

●**Michelia shiluensis** Chun et Y. F. Wu, Acta Phytotax. Sin. 8. 286 (1963).

Magnolia shiluensis (Chun et Y. F. Wu) Figlar, Proe. Internat. Symp. Fam. Magnoliac 23 (2000).
海南。

野含笑

●**Michelia skinneriana** Dunn, J. Linn. Soc., Bot. 38 (267): 354 (1908).

Michelia amoena Q. F. Zheng et M. M. Lin, Bull. Bot. Res. 7 (1): 63 (1987); *Michelia linyaoensis* D. C. Zhang et S. B. Zhou, Bull. Bot. Lab. N. E. Forest. Inst., Harbin 22 (2): 129 (2002).

浙江、江西、湖南、福建、广东、广西。

球花含笑

●**Michelia sphaerantha** C. Y. Wu ex Y. W. Law et Y. F. Wu, Acta Bot. Yunnan. 9: 413 (1987).

Magnolia elliptilimba Y. W. Law et Z. Y. Gao, Bull. Bot. Lab. N. E. Forest. Inst., Harbin 4 (4): 190 (1984); *Michelia elliptilimba* B. L. Chen et Noot., Ann. Missouri Bot. Gard. 80 (4): 1064 (1993); *Magnolia sphaerantha* (C. Y. Wu ex Z. S. Yue) Sima, Yunnan Forest. Sci. Technol. 2: 34 (2001).

云南。

绒毛含笑

Michelia velutina DC., Prodr. 1: 79 (1824).

Michelia lanuginosa Wall., Tent. Fl. Napal. 1: 8-0, pl. 5 (1824); *Sampacca lanuginosa* (Wall.) Kuntze, Revis. Gen. Pl. 1: 6 (1891); *Michelia lanceolata* E. H. Wilson, J. Arnold Arbor. 7 (4): 237 (1926); *Magnolia velutina* (DC.) Fighr., Proc. Internat. Symp. Fam. Magnoliac 23 (2000); *Magnolia lanuginosa* (Wall.) Figlar et Noot., Blumea 49 (1): 96 (2004).

云南、西藏；不丹、印度东北部、尼泊尔。

绿瓣含笑

●**Michelia viridipetala** Y. W. Law, R. Z. Zhou et Q. F. Yi, Nordic J. Bot. 26: 338 (2009).

云南。

峨眉含笑

●**Michelia wilsonii** Finet et Gagnep., Bull. Soc. Bot. France. 52 (Mém. 4): 45, pl. 7A (1906).

Michelia sinensis Hemsl. et E. H. Wilson, Bull. Misc. Inform. Kew. 1906 (5): 149 (1906); *Magnolia ernestii* Figlar, Proc. Internat. Symp. Fam. Magnoliac 21 (2000).

峨眉含笑（原亚种）

●**Michelia wilsonii** subsp. **wilsonii**

江西、湖南、湖北、四川、重庆、贵州、云南。

川含笑

●**Michelia wilsonii** subsp. **szechuanica** (Dandy) J. Li, Acta Bot. Yunnan. 19: 137 (1997).

Michelia szechuanica Dandy, Notes Roy. Bot. Gard. Edinburgh. 16 (77): 131 (1928); *Magnolia szechuanica* (Dandy) Figlar, Proc. Internat. Symp. Fam. Magnoliac. 23 (2000); *Magnolia ernestii* subsp. *szechuanica* (Dandy) Sima et Figlar, Yunnan Forest. Sci. Technol. 2: 31 (2001).

湖南、湖北、四川、重庆、贵州、云南。

五指山含笑

●**Michelia wuzhishangensis** G. A. Fu et Kun Pan, Bull. Bot. Res., Harbin 32 (3): 258 (2012).

海南。

黄花含笑

●**Michelia xanthantha** C. Y. Wu ex Y. W. Law et Y. F. Wu, Acta Bot. Yunnan. 10 (3): 338 (1988).

Magnolia xanthantha (C. Y. Wu ex Y. W. Law et Y. F. Wu) Figlar, Proc. Internat. Symp. Fam. Magnoliac 23 (2000).

云南。

云南含笑（皮袋香）

●**Michelia yunnanensis** Franch. ex Finet et Gagnep., Bull. Soc. Bot. France. Mem. 52 (Mém. 4): 43, t. 6A (1905).

Michelia yunnanensis var. *angustifolia* Finet et Gagnep., Bull. Soc. Bot. France 52 (4): 44 (1906); *Michelia dandyi* H. H. Hu, Bull. Fan Mem. Inst. Biol. Bot. 8: 34 (1937); *Michelia laevifolia* Y. W. Law et Y. F. Wu, Bull. Bot. Lab. N. E. Forest. Inst., Harbin 8 (3): 72 (1988); *Michelia yunnanensis* subsp. *glabrifolia* Y. K. Li et J. F. Zuo, Stud. Michelia Yunnan 138 (1996); *Magnolia laevifolia* (Y. W. Law et Y. F. Wu) Figlar, Proc. Internat Symp. Fam. Magnoliac 24 (2000); *Magnolia dianica* Sima et Figler, Yunnan Foreot. Sci. Technol. 2: 30 (2001); *Magnolia amabilis* Y. K. Sima et Y. H. Wang, Novon 16: 133 (2006).

四川、贵州、云南、西藏。

天女花属 Oyama (Nakai) N. H. Xia et C. Y. Wu

毛叶天女花（毛叶玉兰）

Oyama globosa (Hook. f. et Thomson) N. H. Xia et C. Y. Wu, Fl. China 7: 67 (2008).

Magnolia globosa Hook. f. et Thomson in Hook. f., Fl. Ind. 1: 77 (1855); *Yulania japonica* var. *globosa* (Hook. f. et Thomson) P. Parm., Bull. Sci. France Belgique 27: 258 (1896); *Magnolia tsarongensis* W. W. Sm. et Forrest, Notes Roy. Bot. Gard. Edinburgh. 12 (59): 215 (1920).

四川、云南、西藏；不丹、缅甸、印度。

天女花（小花木兰，天女木兰）

Oyama sieboldii (K. Koch) N. H. Xia et C. Y. Wu, Fl. China 7: 67 (2008).

Manglietia parviflora Siebold et Zucc., Abh. Math.-Phys. Cl. Königl. Bayer. Akad. Wiss. 4, 2: 187 (1845); *Magnolia sieboldii* K. Koch, Hort. Dendrol. 4: 11 (1853); *Magnolia verecunda* Koidz., Bot. Mag. (Tokyo) 40: 339 (1926); *Magnolia oyama* Millais, Magnolias 68 (1927).

吉林、辽宁、河北、安徽、浙江、江西、湖南、湖北、贵州、福建、广西；日本、朝鲜。

圆叶天女花（圆叶玉兰，锈毛木兰）

•**Oyama sinensis** (Rehder et E. H. Wilson) N. H. Xia et C. Y. Wu, Fl. China 7: 67 (2008).

Magnolia globosa var. *sinensis* Rehder et E. H. Wilsonin Sargent, Pl. Wilson. 1 (3): 393 (1913); *Magnolia sinensis* (Rehder et E. H. Wilson) Stapf, Bot. Mag. 149: sub. t. 9004 (1924); *Magnolia sieboldii* subsp. *sinensis* (Rehder et E. H. Wilson) Spongberg, J. Arnold Arbor. 57 (3): 279, f. 3, h-i (1976).

四川。

西康天女花（西康玉兰）

•**Oyama wilsonii** (Finet et Gagnep.) N. H. Xia et C. Y. Wu, Fl. China 7: 67 (2008).

Magnolia parviflora var. *wilsonii* Finet et Gagnep., Bull. Soc. Bot. France. Mem. 4: 39 (1905); *Magnolia nicholsoniana* Rehder et E. H. Wilson, Pl. Wilson. 1 (3): 394 (1913); *Magnolia taliensis* W. W. Sm., Notes Roy. Bot. Gard. Edinburgh. 8 (40): 341 (1915); *Magnolia liliflora* var. *taliensis* (W. W. Sm.) Pamp., Boll. Reale Soc. Tosc. Ortic. 41: 137 (1916); *Magnolia wilsonii* f. *nicholsoniana* (Rehder et E. H. Wilson) Rehder, J. Arnold Arbor. 20 (1): 91 (1939); *Magnolia wilsonii* f. *nicholsoniana* (Rehder et E. H. Wilson) Rehder, J. Arnold Arbor. 20 (1): 91 (1939); *Magnolia wilsonii* f. *taliensis* (W. W. Sm.) Rehder, Man. Cult. Trees ed. 2 249 (1940); *Magnolia globosa* subsp. *wilsonii* (Finet et Gagnep.) J. Li, Acta Bot. Yannan. 19 (2): 134 (1997).

四川、贵州、云南。

厚壁木属 Pachylarnax Dandy

华盖木

•**Pachylarnax sinica** (Law) N. H Xia et C. Y. Wu, Fl. China 7: 68 (2008).

Manglietiastrum sinicum Y. W. Law, Acta Phytotax. Sin. 17 (4): 73 (1979); *Magnolia sinica* (Y. W. Law) Noot., Blumea 31 (1): 91 (1985); *Manglietia sinica* (Y. W. Law) B. L. Chen et Noot., Ann. Missouri Bot. Gard. 80 (4): 1051 (1993).

云南。

拟单性木兰属 Parakmeria H. H. Hu et W. C. Cheng

恒春拟单性木兰（恒春厚朴，乌心石舅）

•**Parakmeria kachirachirai** (Kaneh. et Yamam.) Y. W. Law, Acta Phytotax. Sin. 34 (1): 91 (1996).

Michelia kachirachirai Kaneh. et Yamam., Trans. Nat. Hist. Soc. Taiwan 84: 78 (1926); *Magnolia kachirachirai* (Kaneh. et Yamam.) Dandy, Bull. Misc. Inform. Kew. 7: 264 (1927); *Micheliopsis kachirachirai* (Kaneh. et Yamam.) H. Keng, Quart. J. Taiwan Mus. 8: 210, f. 1, t. 1 (1955).

台湾。

乐东拟单性木兰

•**Parakmeria lotungensis** (Chun et C. H. Tsoong) Y. W. Law, Acta Phytotax. Sin. 34 (1): 91 (1996).

Magnolia lotungensis Chun et C. H. Tsoong, Acta Phytotax. Sin. 8: 225 (1963); *Magnolia nitida* var. *lotungensis* (Chun et C. H. Tsoong) B. L. Chen et Noot., Ann. Missouri Bot. Gard. 80 (4): 1016 (1993); *Parakmeria lotungensis* var. *xiangxiensis* C. L. Peng et L. H. Yan, J. Hunan Forest. Techn. Coll. 1: 16 (1995).

浙江、江西、湖南、贵州、福建、广东、广西、海南。

光叶拟单性木兰

Parakmeria nitida (W. W. Sm.) Y. W. Law, Acta Phytotax. Sin. 34 (1): 91 (1996).

Magnolia nitida W. W. Sm., Notes Roy. Bot. Gard. Edinburgh. 12 (59): 212 (1920); *Magnolia nitida* var. *robusta* B. L. Chen et Noot., Ann. Missouri Bot. Gard. 80 (4): 1016, f. 1 (1993).

云南、西藏；缅甸北部。

峨眉拟单性木兰（峨眉拟克株丽木）

•**Parakmeria omeiensis** W. C. Cheng, Acta Phytotax. Sin. 1 (1): 2 (1951).

Magnolia omeiensis (W. C. Cheng) Dandy, World Pollen Spore Fl. 3 (Magnoliaceae): 5 (1974).

四川。

云南拟单性木兰

Parakmeria yunnanensis H. H. Hu, Acta Phytotax. Sin. 1 (1): 2 (1951).

Magnolia yunnanensis (H. H. Hu) Noot., Blumea 31 (1): 88 (1985).

云南、西藏；缅甸北部。

盖裂木属 Talauma Juss.

盖裂木

Talauma hodgsonii Hook. f. et Thoms. in Hook. f., Fl. Ind. 1: 74 (1855).

Magnolia hodgsonii (Hook. f. et Thomson) H. Keng, Gard. Bull. Singapore 31: 129 (1978); *Magnolia candollii* var. *obovata* (Korth.) Noot., Blumea 32 (2): 374 (1987); *Magnolia liliifera* var. *obovata* (Korth.) Govaerts, World Checklist Bibliogr. Magnoliaceae 34. (1996).

云南、西藏；不丹、印度东北部、缅甸北部、尼泊尔、泰国、马来西亚。

焕镛木属 Woonyoungia Y. W. Law

焕镛木

•**Woonyoungia septentrionalis** (Dandy) Y. W. Law, Bull. Bot. Res., Harbin 17 (4): 356 (1997).

Kmeria septentrionalis Dandy, J. Bot. 69 (9): 233 (1931); *Magnolia kwangsiensis* Figlar et Noot., Blumea 49 (1): 96 (2004).

贵州、云南、广西。

玉兰属 Yulania Spach

天目玉兰（天目木兰）

•**Yulania amoena** (W. C. Cheng) D. L. Fu, J. Wuhan Bot. Res. 19 (3): 198 (2001).

Magnolia amoena W. C. Cheng, Contr. Biol. Lab. Sci. Soc. China, Bot. Ser. 9: 280 (1933).

安徽、江苏、浙江、江西、湖北、福建。

望春玉兰

•**Yulania biondii** (Pamp.) D. L. Fu, J. Wuhan Bot. Res. 19 (3): 198 (2001).

Magnolia biondii Pamp., Nuovo Giorn. Bot. Ital., n.s., 17: 275 (1910); *Magnolia conspicua* var. *fargesii* Finet et Gagnep., Bull. Soc. Bot. France. Mem. 4: 38 (1905); *Magnolia aulacosperma* Rehder et E. H. Wilson in Sargrent, Pl. Wilson. 1 (3): 396 (1913); *Magnolia denudata* var. *fargesii* (Finet et Gagnep.) Pamp., Arboretum Amazonicum. 20: 200 (1915); *Magnolia fargesii* (Finet et Gagnep.) W. C. Cheng, J. Bot. Soc. China 1 (3): 296 (1934); *Magnolia biondii* var. *axilliflora* T. B. Chao, T. X. Zhang et J. T. Tao, J. Henan Agric. Coll. 1983 (4): 9 (1983); *Magnolia biondii* var. *ovata* T. B. Chao et T. X. Zhang, J. Henan Agric. Coll. 1983 (4): 10 (1983); *Magnolia henanensis* B. Y. Ding et T. B. Chao, J. Henan Agric. Coll. 1983 (4): 7. (1983); *Magnolia biondii* var. *multialabastra* T. B. Chao, J. T. Gao et Y. H. Ren, J. Henan Agric. Coll. 1983 (4): 9 (1983); *Magnolia biondii* var. *planities* T. B. Chao et Y. Z. Qiao, J. Henan Agric. Coll. 1983 (4): 10 (1983); *Magnolia biondii* f. *purpurascens* Y. W. Law et Z. Y. Gao, Bull. Bot. Lab. N. E. Forest. Inst., Harbin 4 (4): 192 (1984); *Magnolia biondii* f. *purpurascens* Y. W. Law et Z, Bull. Bot. Lab. N. E. Forest. Inst., Harbin 4 (4): 192 (1984); *Magnolia biondii* var. *latitepala* T. B. Chao et J. T. Gao, Acta Agric. Univ. Henan. 19 (4): 363. (1985); *Magnolia funiushanensis* T. B. Chao, J. T. Gao et Y. H. Ren, Acta Agric. Univ. Henan. 19 (4): 362. Photo 5 (1985); *Magnolia funiushanensis* var. *purpurea* T. B. Chao et J. T. Gao, Acta Agric. Univ. Henan. 19 (4): 362 (1985); *Magnolia axilliflora* (T. B. Chao, T. X. Zhang et J. T. Tao) T. B. Chao, Acta Agric. Univ. Henan. 19 (4): 360 (1985); *Magnolia biondii* var. *flava* T. B. Chao, H. T. Gao et Y. Ren, Acta Agric. Univ. Henan. 19 (4): 362 (1985); *Yulania biondii* var. *angustitepala* D. L. Fu, T. B. Zhao et D. W. Zhao, Bull. Bot. Res., Harbin 27 (5): 525, pl. 1, f. A, B. (2007).

河南、陕西、甘肃、湖南、湖北、四川、重庆。

滇藏玉兰（滇藏木兰）

Yulania campbellii (Hook. f. et Thomson) D. L. Fu, J. Wuhan Bot. Res. 19 (3): 198 (2001).

Magnolia campbellii Hook. f. et Thomson in Hook. f., Fl. Ind. 1: 77 (1855); *Magnolia mollicomata* W. W. Sm., Notes Roy. Bot. Gard. Edinburgh. 12 (59): 211 (1920); *Magnolia campbellii* subsp. *mollicomata* (W. W. Sm.) Johnstone, Asiatic Magnolias Cult. 53 (1955); *Magnolia campbellii* var. *mollicomata* (W. W. Sm.) F. S. Ward, Gard. Chron. Ser. 3, 137: 238 (1955).

云南、西藏；不丹、印度东北部、缅甸北部、尼泊尔。

北川玉兰

•**Yulania carnosa** D. L. Fu et D. L. Zhang, Bull. Bot. Res., Harbin 30 (4): 385 (2010).

湖北。

锲叶玉兰

•**Yulania cuneatifolia** T. B. Chao, Zhi X. Chen et D. L. Fu, Bull. Bot. Res., Harbin 30 (6): 643 (2010).

湖北。

黄山玉兰（黄山木兰）

•**Yulania cylindrica** (E. H. Wilson) D. L. Fu, J. Wuhan Bot. Res. 19 (3): 198 (2001).

Magnolia cylindrica E. H. Wilson, J. Arnold Arbor. 8 (2): 109 (1927).

河南、安徽、浙江、江西、湖北、福建。

光叶玉兰（光叶木兰）

•**Yulania dawsoniana** (Rehder et E. H. Wilson) D. L. Fu, J. Wuhan Bot. Res. 19 (3): 198 (2001).

Magnolia dawsoniana Rehder et E. H. Wilson, Pl. Wilson. 1 (3): 397 (1913).
湖南、四川。

玉兰（木兰，玉堂春，迎春花）

●**Yulania denudata** (Desr.) D. L. Fu, J. Wuhan Bot. Res. 19 (3): 198 (2001).
Magnolia denudata Desr., Encycl. 3 (2): 675 (1792); *Lassonia heptapeta* Buc'hoz, Pl. Nouv. Decouv. 21, pl. 19, f. 1. (1779); *Magnolia conspicua* Salisb., Parad. Lond. 1: 38, pl. 38 (1806); *Magnolia yulan* Desf., Hist. Arbr. France 2: 6 (1809); *Magnolia obovata* var. *denudata* (Desr.) DC., Syst. Nat. 1: 457 (1817); *Michelia yulan* (Desf.) Kostel., Allg. Med.-Pharm. Fl. 5: 1700 (1836); *Gwillimia yulan* (Desf.) Vos, Allg. Med.-Pharm. Fl. 5: 1700 (1836); *Yulania conspicua* (Salisb.) Spach, Hist. Nat. Veg. 7: 464 (1839); *Magnolia alexandrina* Steud., Nomencl. Bot., ed. 2: 89 (1841); *Magnolia citriodora* Steud., Nomencl. Bot., ed. 2: 89 (1841); *Magnolia cyathiformis* Rinz ex K. Koch, Dendrologie 1: 376 (1869); *Magnolia conspicua* var. *purpurascens* Maxim., Bull. Acad. Imp. Sci. Saint-Petersbourg 17 (4): 419 (1872); *Magnolia heptapetala* (Buc'hoz) Dandy, J. Bot. 72 (856): 103 (1934); *Magnolia denudata* var. *pyramidalis* T. B. Chao et Z. X. Chen, J. Henan Agric. Coll. 1983 (4): 11 (1983); *Magnolia denudata* var. *angustitepala* T. B. Chao et Z. S. Chun, Acta Agric. Univ. Henan. 19 (4): 363 (1985); *Magnolia denudata* var. *pyriformis* T. D. Yang et T. C. Cui, Guihaia 13 (1): 7 (1993); *Yulania denudata* var. *pubescens* D. L. Fu, T. B. Chao et G. H. Tian, J. Wuhan Bot. Res. 22 (4): 327, f. (2004); *Yulania denudata* var. *flava* D. L. Fu, T. B. Chao et Zhi X. Chen, Bull. Bot. Res., Harbin 26 (1): 35 (2006); *Yulania denudata* subsp. *pubescens* (D. L. Fu, T. B. Chao et G. H. Tian) D. L. Fu, T. B. Chao et G. H. Tian, Bull. Bot. Res., Harbin 26 (1): 36 (2006); *Yulania denudata* var. *purpurascens* (Maxim.) D. L. Fu, Bull. Bot. Res., Harbin 26 (1): 35 (2006); *Yulania pyriformis* (T. D. Yang et T. C. Cui) D. L. Fu, Bull. Bot. Res., Harbin 26 (1): 35 (2006); *Yulania denudata* var. *pyramidalis* (T. B. Chao et Zhi X. Chen) D. L. Fu, Bull. Bot. Res., Harbin 26 (1): 35 (2006).
陕西、安徽、浙江、江西、湖南、湖北、重庆、贵州、云南、广东。

椭蕾玉兰

●**Yulania elliptigemmata** (C. L. Guo et L. L. Huang) N. H. Xia, Fl. China 7: 74 (2008).
Magnolia elliptigemmata C. L. Guo et L. L. Huang, J. Wuhan Bot. Res. 10 (4): 325 (1992).
湖北。

鸡公山玉兰

●**Yulania jigongshanensis** (T. B. Chao, D. L. Fu, W. B. Sun) D. L. Fu, J. Wuhan Bot. Res. 19: 198 (2001).
Magnolia jigongshanensis T. B. Chao, D. L. Fu, W. B. Sun, J. Henan Univ., Nat. Sci. 26: 62 (2000).
河南。

日本辛夷（皱叶木兰）

Yulania kobus (DC.) Spach, Hist. Nat. Veg. (Lam. et Mirbel) 7: 467 (1839).
Magnolia kobus DC., Syst. Nat.1: 456 (1817); *Magnolia praecocissima* Koidz., Bot. Mag. 43 (512): 386 (1929).
山东；日本。

紫玉兰（辛夷，木笔）

●**Yulania liliiflora** (Desr.) D. C. Fu, J. Wuhan Bot. Res. 19 (3): 198 (2001).
Magnolia liliflora Desr., Encycl. 3: 675 (1792); *Lassonia quinquepeta* Buc'hoz, Pl. Nouv. Decouv. 2: t. 19, f. 2 (1779); *Yulania japonica* Spach, Hist. Nat. Veg. (Spach) 7: 466 (1839); *Magnolia quinquepeta* (Buc'hoz) Dandy, J. Bot. 72 (856): 103 (1934); *Magnolia plena* C. L. Peng et L. H. Yan, J. Hunan Forest. Techn. Coll. 1: 14 (1995); *Magnolia polytepala* Law, R. Z. Zhou et R. J. Zhang, Bot. Journ. Linn. Soc. 151 (2): 289 (2006).
陕西、湖北、四川、重庆、云南、福建。

奇叶玉兰

●**Yulania mirifolia** D. L. Fu, T. B. Zhao et Zhi X. Chen, Bull. Bot. Res., Harbin 24: 261 (2004).
河南。

多花玉兰（多花木兰）

●**Yulania multiflora** (M. C. Wang et C. L. Min) D. L. Fu, J. Wuhan Bot. Res. 19 (3): 198 (2001).
Magnolia multiflora M. C. Wang et C. L. Min, Acta Bot. Boreal.-Occid. Sin. 12 (1): 85 (1992).
陕西。

罗田玉兰

●**Yulania pilocarpa** (Z. Z. Zhao et Z. W. Xie) D. L. Fu, J. Wuhan Bot. Res. 19 (3): 198 (2001).
Magnolia pilocarpa Z. Z. Zhao et Z. W. Xie, Acta Pharm. Sin. 22 (10): 777 (1987); *Yulania pilocarpa* var. *ellipticifolia* D. L. Fu, T. B. Zhao et J. Zhao, Bull. Bot. Res., Harbin 27 (5): 526, pl. 1, f. C, D. (2007).
湖北。

凹叶玉兰（凹叶木兰，姜朴，应春花）

●**Yulania sargentiana** (Rehder et E. H. Wilson) D. L.

Fu, J. Wuhan Bot. Res. 19 (3): 198 (2001).

Magnolia conspicua var. *emarginata* Finet et Gagnep., Bull. Soc. Bot. France. 52 (4): 38 (1905); *Magnolia sargentiana* Rehder et E. H. Wilson, Pl. Wilson. 1 (3): 398 (1913); *Magnolia sargentiana* var. *robusta* Rehder et E. H. Wilson, Pl. Wilson. 1 (3): 399 (1913); *Magnolia denudata* var. *emarginata* (Finet et Gagnep.) Pamp., Boll. Reale Soc. Tosc. Ortic. 20: 200 (1915); *Magnolia emarginata* (Finet et Gagnep.) W. C. Cheng, J. Bot. Soc. China 1 (3): 298 (1934).

四川、云南。

时珍玉兰

●**Yulania shizhenii** D. L. Fu et F. W. Li, Bull. Bot. Res., Harbin 30 (4): 387 (2010).

四川。

景宁玉兰

●**Yulania sinostellata** (P. L. Chiu et Z. H. Chen) D. L. Fu, J. Wuhan Bot. Res. 19 (3): 198 (2001).

Magnolia sinostellata P. L. Chiu et Z. H. Chen, Acta Phytotax. Sin. 27 (1): 79 (1989).

浙江。

二乔木兰

Yulania soulangeana (Soul.-Bod.) D. L. Fu, J. Wuhan Bot. Res. 19 (3): 198 (2001).

Magnolia soulangeana Soul.-Bod., Mém. Soc. Linn. Paris 269 (1826); *Magnolia yulan* var. *soulangeana* (Soul.-Bod.) Lindl., Bot. Reg. 14: 1164 (1828).

栽培遍及中国大部分地区。

武当玉兰（湖北木兰，迎春树）

●**Yulania sprengeri** (Pamp.) D. L. Fu, J. Wuhan Bot. Res. 19 (3): 198 (2001).

Magnolia denudata var. *elongata* Rehder et E. H. Wilson, Pl. Wilson. (Sargent) 1 (3): 402 (1913); *Magnolia denudata* var. *purpurascens* (Maxim.) Rehder et E. H. Wilson, Pl. Wilson. 1 (3): 401 (1913); *Magnolia sprengeri* Pamp., Nuovo Giorn. Bot. Ital. n.s. 22 (2): 295 (1915); *Magnolia diva* Stapf ex Dandy, Magnolia. 51, 120 (1927); *Magnolia sprengeri* var. *diva* (Stapf ex Dandy) Stapf, Bot. Mag. 153: t. 9116 (1927); *Magnolia sprengeri* var. *elongata* (Rehder et E. H. Wilson) Johnstone, Asiatic Magnolias in Cultivation 87 (1955); *Yulania denudata* var. *elongata* (Rehder et E. H. Wilson) D. L. Fu et T. B. Chao, Bull. Bot. Res., Harbin 26 (1): 35 (2006); *Magnolia wufengensis* L. Y. Ma et L. R. Wang, Bull. Bot. Res., Harbin 26 (1): 4 (2006); *Magnolia wufengensis* var. *multitepala* C. Y. Ma et L. R. Wang, Bull. Bot. Res., Harbin 26 (5): 517 (2006).

河南、陕西、甘肃、江西、湖南、湖北、四川、重庆、贵州、云南。

星花玉兰（日本毛木兰，星花木兰）

△**Yulania stellata** (Siebold et Zucc.) N. H. Xia, Fl. China 7: 75 (2008).

Magnolia tomentosa Thunb., Trans. Linn. Soc. London 2: 236 (1794); *Magnolia kobus* DC., Syst. Nat. (Candolle). 1: 456 (1817); *Talauma stellata* (Siebold et Zucc.) Miq., Ann. Mus. Bot. Lugduno-Batavi. 2: 257 (1866); *Magnolia stellata* (Siebold et Zucc.) Maxim., Bull. Acad. Imp. Sci. Saint-Pétersbourg 17 (4): 419 (1872); *Magnolia kobus* f. *stellata* (Siebold et Zucc.) Blackb., Popular Gardening. 5 (3): 68 (1954); *Magnolia kobus* var. *stellata* (Siebold et Zucc.) Blackb., Amatores Herb. 17: 2 (1955); *Yulania tomentosa* (Thunb.) D. L. Fu, J. Wuhan Bot. Res. 19 (3): 198. (2001).

浙江（栽培）；原产于日本。

湖北玉兰

Yulania verrucata D. L. Fu, T. B. Chao et S. S. Chen, Bull. Bot. Res., Harbin 30 (6): 641 (2010).

湖北。

青皮玉兰

●**Yulania viridula** D. L. Fu et al., Bull. Bot. Res., Harbin 24: 263 (2004).

陕西。

舞钢玉兰

●**Yulania wugangensis** (T. B. Chao, W. B. Sun et Zhi X Chen) D. L. Fu, J. Wuhan Bot. Res. 19 (3): 198 (2001).

Magnolia wugangensis T. B. Zhao, W. B. Sun et Zhi X, Acta Bot. Yunnan. 21 (2): 171 (1999).

河南。

宝华玉兰

●**Yulania zenii** (W. C. Cheng) D. L. Fu, J. Wuhan Bot. Res. 19 (3): 198 (2001).

Magnolia zenii W. C. Cheng, Contr. Biol. Lab. Sci. Soc. China, Bot. Ser. 8: 291, f. 20 (1933).

江苏。

9. 番荔枝科 Annonaceae [25 属：112 种]

藤春属 **Alphonsea** Hook. f. et Thoms.

金平藤春

Alphonsea boniana Finet et Gagnep., Bull. Soc. Bot. France. 53 (Mem 4): 162 (1906).

云南；泰国、越南。

海南藤春（海南阿芳，扮颇）

●**Alphonsea hainanensis** Merr. et Chun, Sunyatsenia 5 (1-3): 62 (1940).

云南、广西、海南。

毛叶藤春（毡衡，嘿林蘑）

●**Alphonsea mollis** Dunn, J. Linn. Soc., Bot. 35 (247): 485 (1903).

云南、广东、广西、海南。

藤春（阿芳，单果阿芳）

●**Alphonsea monogyna** Merr. et Chun, Sunyatsenia 2 (1): 26 (1934).

云南、广西、海南。

多苞藤春（牛奶果）

Alphonsea squamosa Finet et Gagnep., Bull. Soc. Bot. France. 53 (Mem. 4): 161 (1906).

云南、广西；越南。

多脉藤春

●**Alphonsea tsangyuanensis** P. T. Li, Acta Phytotax. Sin. 14 (1): 112, f. 6 (1976).

云南。

蒙蒿子属 Anaxagorea A. St.-Hil.

蒙蒿子（长柄灯台树）

●**Anaxagorea luzonensis** A. Gray, U. S. Expl. Exped., Phan. 1: 27 (1854).

广西、海南；印度、印度尼西亚、老挝、缅甸、菲律宾、斯里兰卡、泰国。

番荔枝属 Annona L.

刺果番荔枝（红毛榴莲）

☆**Annona muricata** L., Sp. Pl. 1: 536 (1753).

栽培于云南、台湾、广东、广西、海南；原产于美洲热带地区。

番荔枝（洋波罗）

☆**Annona squamosa** L., Sp. Pl. 1: 537 (1753).

栽培于浙江、云南、福建、台湾、广东、广西、海南；原产于美洲。

鹰爪花属 Artabotrys R. Br.

香鹰爪花

Artabotrys fragrans Ast ex Jovet-Ast, Notul. Syst. (Paris) 9: 77 (1940).

云南；越南。

海南鹰爪花（狭瓣鹰爪）

●**Artabotrys hainanensis** R. E. Fries, Ark. Bot. n.s. 3. 41 (1955).

Artabotrys stenopetalus Merr. et Chun, Sunyatsenia, 2 (3-4): 226, f. 24 (1935).

广东、广西、海南。

鹰爪花（鹰爪，莺爪）

△**Artabotrys hexapetalus** (L. f.) Bhandari, Baileya 12: 149 (1965).

Anona hexapetala L. f., Suppl. Pl. 270. (1781); *Anona uncinata* Lam., Encycl. 2 (1): 127 (1786); *Uvaria uncata* Lour., Fl. Cochinch. 1: 349 (1790); *Uvaria esculenta* Roxb. ex Rottler, Ges. Naturf. Freunde Berlin Neue Schriften 4: 201 (1803); *Unona uncinata* (Lam.) Dunal, Monogr. Annonac. 105, t. 12, 12A (1817); *Artabotrys odoratissimus* R. Br. ex Ker, Bot. Reg. 5: t. 423. (1820); *Uvaria odoratissima* Roxb., Fl. Ind. 2: 666 (1824); *Artabotrys uncatus* (Lour.) Baill., Hist. Pl. (Baillon) 1: 232 (1868); *Artabotrys uncinatus* (Lam.) Merr., Philipp. J. Sci. 7 (4): 234 (1912).

栽培于浙江、江西、贵州、云南、福建、台湾、广东、广西、海南；原产于印度南部和斯里兰卡。

香港鹰爪花（港鹰爪，香港鹰爪，野鹰爪藤）

Artabotrys hongkongensis Hance, J. Bot. 8: 71 (1870).

湖南、贵州、云南、广东、广西、海南；越南。

多花鹰爪花

Artabotrys multiflorus C. E. C. Fisch., Bull. Misc. Inform. Kew. 1937 (8): 436 (1937).

云南、广东、广西；缅甸。

毛叶鹰爪花（毛叶鹰爪）

Artabotrys pilosus Merr. et Chun, Sunyatsenia 2 (3-4): 224, f. 23 (1935).

广东、海南。

点叶鹰爪

●**Artabotrys punctulatus** C. Y. Wu ex S. H. Yuan, Acta Bot. Yunnan. 4: 260, t. 1. (1982).

云南。

喙果鹰爪

●**Artabotrys rhynchocarpus** C. Y. Wu ex S. H. Yuan, Acta Bot. Yunnan. 4: 261, t. 2. (1982).

云南。

依兰属 Cananga (DC.) Hook. f. et Thomson

依兰（加拿楷，依兰香）

☆**Cananga odorata** (Lam.) Hook. f. et Thomson in Hook. f., Fl. Ind. 1. 130 (1855).

Uvaria odorata Lam., Encycl. 1 (2): 595 (1783); *Canangium odoratum* Baill., Hist. Des. Pl. 1: 213. (1868).
栽培于四川、云南、福建、台湾、广东、广西、海南等；原产于印度尼西亚、缅甸、菲律宾、马来西亚、印度、老挝、泰国、澳大利亚。

小依兰

☆**Cananga odorata** var. **fruticosa** (Craib) J. Sincl., Sarawak Mus. J. 5 (3): 599 (1951).
Canangium fruticosum Craib, Bull. Misc. Inform. Kew. 1922 (5): 166 (1922); *Canangium odoratum* var. *fruticosum* (Craib) Corner, Gard. Bull. Str. Settl. 10: 15. (1939).
栽培于云南、广东；原产于印度尼西亚、马来西亚、泰国。

杯冠木属 **Cyathostemma** Griff.

杯冠木

Cyathostemma yunnanense H. H. Hu, Bull. Fan Mem. Inst. Biol. Bot. 10 (3): 121 (1940).
云南；越南。

皂帽花属 **Dasymaschalon** (Hook. f. Thomson) Dalla Torre et Harms

钝叶皂帽花（新拟）

Dasymaschalon robinsonii Jovet-Ast, Notul. Syst. (Paris) 9: 84 (1940).
Desmos robinsonii (Jovet-Ast) P. T. Li, J. S. China Agric. Univ.14: 155 (1993).
贵州；越南。

喙果皂帽花（白叶皂帽花）

Dasymaschalon rostratum Merr. et Chun, Sunyatsenia 2 (3-4): 8, pl. 4. (1934).
Dasymaschalon glaucum Merr. et Chun, Sunyatsenia 2: 227 (1935); *Dasymaschalon rostratum* var. *glaucum* (Merr. et Chun) Ban, Bot. Zhurn. SSSR 60 (2): 229, f. 2 (z) (1975); *Desmos rostrata* (Merr. et Chun) P. T. Li, Guihaia 13 (4): 314 (1993).
云南、西藏、福建、广东、广西、海南；越南、老挝、泰国。

黄花皂帽花

Dasymaschalon sootepense Craib, Bull. Misc. Inform. Kew 1912 (3): 144 (1912).
云南；泰国。

西藏皂帽花

●**Dasymaschalon tibetense** X. L. Hou, Nord. J. Bot. 23 (3): 276, fig. 1 (2005).
西藏。

皂帽花

●**Dasymaschalon trichophorum** Merr., Lingnan Sci. J. 6 (4): 326 (1930).
广东、广西、海南。

假鹰爪属 **Desmos** Lour.

假鹰爪（山指甲，酒饼叶）

Desmos chinensis Lour., Fl. Cochinch. 1: 352 (1790).
Unona discolor Vahl, Symb. Bot. 2: 63, t. 36 (1791); *Unona chinensis* DC., Syst. Nat. (Candolle). 1: 495 (1817); *Desmos cochinchinensis* Merr., Lingnan Sci. J. 5: 77. (1927).
贵州、云南、广东、广西；柬埔寨、印度、印度尼西亚、老挝、马来西亚、菲律宾、新加坡、越南。

毛叶假鹰爪（云南山指甲）

Desmos dumosus (Roxb.) Saff., Bull. Torrey Bot. Club. 39: 506 (1912).
Unona dumosa Roxb., Fl. Ind. 2: 670 (1832).
贵州、云南、广西；不丹、印度、泰国、老挝、越南、新加坡。

大叶假鹰爪

Desmos grandifolius (Finet et Gagnep.) C. Y. Wu ex P. T. Li, Acta Phytotax. Sin. 14 (1): 104 (1976).
Unona desmos var. *grandifolia* Finet et Gagnep., Bull. Soc. Bot. Francé 53 (Mém. 4): 81. (1906); *Desmos cochinchinensis* var. *grandifolia* (Finet et Gagnep.) Ast, Suppl. Fl. Gen. Indo-Chine 1: 66 (1938).
云南；越南。

亮花假鹰爪（囊瓣假鹰爪）

●**Desmos saccopetaloides** (W. T. Wang) P. T. Li, Guihaia 13 (4): 314 (1993).
Phaeanthus saccopetaloides W. T. Wang, Acta Phytotax. Sin. 6 (2): 199 (1957).
云南。

云南假鹰爪

●**Desmos yunnanensis** (Hu) P. T. Li, Fl. Reipubl. Popularis Sin. 30 (2): 51, pl. 20 (1979).
Phaeanthus yunnanensis H. H. Hu, Bull. Fan Mem. Inst. Biol. Bot. 10: 125 (1940); *Dasymaschalon yunnanensis* (Hu) Ban, Bot. J. URSS. 60 (2): 230 (1975).
云南。

异萼花属 **Disepalum** Hook. f.

窄叶异萼花

Disepalum petelotii (Merr.) D. M. Johnson, Brittonia 41: 364 (1989).

Polyalthia petelotii Merr., Univ. Calif. Publ. Bot. 13: 131. 1926; *Uvaria oblanceolata* W. T. Wang, Acta Phytotax. Sin. 6 (2): 197 (1957).
广西、贵州、海南、云南；越南。

斜脉异萼花

Disepalum plagioneurum (Diels) D. M. Johnson, Brittonia41: 366 (1989).
Polyalthia plagioneura Diels, Notizbl. Bot. Gart. Mus. Berlin-Dahlem 10: 886 (1930).
广西、贵州、海南；越南。

瓜馥木属 Fissistigma Griff.

尖叶瓜馥木（火绳树）

Fissistigma acuminatissimum Merr., J. Arnold Arbor. 19 (1): 29 (1938).
贵州、云南；越南。

多脉瓜馥木

Fissistigma balansae (Aug. DC.) Merr., Philipp. J. Sci. 15 (2): 130 (1919).
Melodorum balansae Aug. DC., Bull. Herb. Boissier, ser. 2. 4: 1070 (1904).
云南；越南。

排骨灵（多苞瓜馥木）

Fissistigma bracteolatum Chatterjee, Kew Bull. 3 (1): 58 (1948).
云南；缅甸。

独山瓜馥木

●**Fissistigma cavaleriei** (H. Lév.) Rehder, J. Arnold Arbor. 10 (3): 192 (1929).
Uvaria cavaleriei H. Lév., Fl. Kouy-Tcheou 29 (1914).
贵州、云南、广西。

阔叶瓜馥木（香藤）

Fissistigma chloroneurum (Hand.-Mazz.) Tsiang, J. Bot. Soc. China 2 (3): 693 (1935).
Melodorum chloroneurum Hand.-Mazz., Anz. Akad. Wiss. Wien, Math.-Naturwiss. Kl. 61: 83 (1924).
湖南、贵州、云南、广西；越南。

金果瓜馥木（十万大山瓜馥木）

Fissistigma cupreonitens Merr. et Chun, Sunyatsenia 2 (1): 8, t. 3 (1934).
广西；越南。

白叶瓜馥木（大样酒饼藤，火索藤）

Fissistigma glaucescens (Hance) Merr., Philipp. J. Sci. 15 (2): 132 (1919).
Melodorum glaucescens Hance, J. Bot. 19: 112 (1881); *Fissistigma obtusifolium* Merr., Philipp. J. Sci. 23 (3): 242 (1923).
福建、台湾、广东、广西、海南；越南。

广西瓜馥木

Fissistigma kwangsiense Tsiang et P. T. Li, Acta Phytotax. Sin. 10 (4): 323, pl. 62 (1965).
云南、广西。

大叶瓜馥木

Fissistigma latifolium (Dunal) Merr., Philipp. J. Sci. 15 (2): 132 (1919).
Unona latifolia Dunal, Monogr. Anonac. 115 (1817); *Melodorum latifolium* (Dunal) Hook. f. et Thomson in Hook. f., Fl. Ind. 117 (1855).
云南；印度、印度尼西亚、马来西亚、菲律宾、泰国、越南。

毛瓜馥木

Fissistigma maclurei Merr., Philip. Journ. Sci. Bot. 21: 342 (1922).
Melodorum maclurei (Merr.) Ast in Humb. Suppl. Fl. Gen. Indo-Chine 1: 111 (1938).
云南、广西、海南；越南。

小萼瓜馥木（火绳树）

Fissistigma minuticalyx (R. W. MacGregor et W. W. Sm.) Chatterjee, Kew Bull. 3 (1): 58 (1948).
Melodorum minuticalyx R. W. MacGregor et W. W. Sm., Rec. Bot. Surv. India. 4 (5): 274 (1911).
贵州、云南；缅甸、老挝、越南。

●瓜馥木（山龙眼藤，钻山风，火索藤）

Fissistigma oldhamii (Hemsl.) Merr., Philipp. J. Sci. 15 (2): 134 (1919).
Melodorum lanuginosum Hook. f. et Thomson in Hook. f., Fl. Ind. (Hook. f. et Thomson) 117 (1855); *Melodorum oldhamii* Hemsl., J. Linn. Soc., Bot. 23 (152): 27 (1886); *Fissistigma oldhamii* var. *longistipitatum* Tsiang, Acta Phytotax. Sin. 9 (4): 379 (1964).
浙江、江西、湖南、云南、福建、台湾、广东、广西、海南。

苍叶瓜馥木

Fissistigma pallens (Finet et Gagnep.) Merr., Philipp. J. Sci. 15 (2): 134 (1919).
Melodorum pallens Finet et Gagnep., Bull. Soc. Bot. France. 53 (Mem. 4): 137 (1906).
Fissistigma petelotii Merr., J. Arnold Arbor. 19 (1): 29 (1938).
广西；越南。

火绳藤

Fissistigma poilanei (Ast) Tsiang et P. T. Li, Acta Phytotax. Sin. 10. 316 (1965).

Melodorum poilanei Ast, Suppl. Fl. Gen. Indo-Chine 1. 109 (1938).

云南；越南。

黑风藤（拉藤公，酒饼子公，雷公根）

Fissistigma polyanthum (Hook. f. et Thomson) Merr., Philipp. J. Sci. 15 (2): 135 (1919).

Melodorum polyanthum Hook. f. et Thomson in Hook. f., Fl. Ind. 121 (1855).

贵州、云南、西藏、广东、广西；不丹、印度、缅甸、越南。

凹叶瓜馥木（头序瓜馥木）

Fissistigma retusum (H. Lév.) Rehder, J. Arnold Arbor. 10 (3): 191 (1929).

Melodorum retusum H. Lév., Repert. Spec. Nov. Regni Veg. 9: 458 (1911); *Fissistigma capitatum* Merr. ex H. L. Li, J. Arnold Arbor. 26 (1): 60 (1945); *Fissistigma guinanense* Y. Wan, Bull. Bot. Res. 6 (1): 145, f. 1 (1986).

贵州、云南、西藏、广西、海南。

上思瓜馥木（藤蕉）

•**Fissistigma shangtzeense** Tsiang et P. T. Li, Acta Phytotax. Sin. 10 (4): 324, f. 63 (1965).

广西。

天堂瓜馥木

•**Fissistigma tientangense** Tsiang et P. T. Li, Acta Phytotax. Sin. 10 (4): 326, pl. 64 (1965).

云南、广西、海南。

东京瓜馥木

Fissistigma tonkinense (Finet et Gagnep.) Merr., Philipp. J. Sci.15: 136 (1919).

Melodorum tonkinense Finet et Gagnep., Bull. Soc. Bot. France 53 (Mem. 4): 135 (1906).

云南；越南。

东方瓜馥木

•**Fissistigma tungfangense** Tsiang et P. T. Li, Acta Phytotax. Sin. 9 (4): 377, pl. 37, f. 1 (1964).

海南。

香港瓜馥木（港瓜馥木，角洛子藤，大酒饼子）

Fissistigma uonicum (Dunn) Merr., Philipp. J. Sci. 15 (2): 137 (1919).

Melodorum uonicum Dunn, J. Bot. 48: 323-324 (1910).

湖南、福建、贵州、广东、广西、海南；印度尼西亚。

贵州瓜馥木

Fissistigma wallichii (Hook. f. et Thomson) Merr., Philipp. J. Sci. 15 (2): 137 (1919).

Melodorum wallichii Hook. f. et Thomson in Hook. f., Fl. Ind. 118 (1855); *Fissistigma oligocarpum* W. T. Wang, Acta Phytotax. Sin. 6 (2): 205, pl. 46, f. 1 (1957).

贵州、云南、广西；印度。

木瓣瓜馥木

Fissistigma xylopetalum Tsiang et P. T. Li, Acta Phytotax. Sin. 10 (4): 318, pl. 60 (1965).

云南、广西、海南；越南。

哥纳香属 **Goniothalamus** (Blume) Hook. f. et Thomson

台湾哥纳香

Goniothalamus amuyon (Blanco) Merr., Philipp. J. Sci. 10 (4): 264 (1915).

Uvaria amuyon Blanco, Fl. Filip. 463 (1837); *Polyalthia sasakii* Yamam., Icon. Pl. Formosan. Suppl. 3: 38 (1927).

台湾；菲律宾。

景洪哥纳香

•**Goniothalamus cheliensis** H. H. Hu, Bull. Fan Mem. Inst. Biol. Bot. 10: 122 (1940).

云南。

哥纳香

•**Goniothalamus chinensis** Merr. et Chun, Sunyatsenia 2 (1): 6, t. 1 (1934).

广西、海南。

田方骨

Goniothalamus donnaiensis Finet et Gagnep., Bull. Soc. Bot. France 53 (Mem. 4): 121 (1906).

云南、贵州、广西；越南。

保亭哥纳香

Goniothalamus gabriacianus (Baill.) Ast, Suppl. Fl. Gen. Indo-Chine . 1: 95 (1938).

Oxymitra gabriaciana Baill., Adansonia. 10: 106 (1871); *Goniothalamus saigonensis* Pierre apud Finet et Gagnep., Bull. Soc. Bot. France Mem. 4: 117 (1906).

海南；柬埔寨、老挝、泰国、越南。

长叶哥纳香

Goniothalamus gardneri Hook. f. et Thomson in Hook. f., Fl. Ind. 1: 107 (1855).

海南；印度、斯里兰卡、越南。

海南哥纳香

•**Goniothalamus howii** Merr. et Chun, Sunyatsenia 5 (1-3): 60, f. 4 (1940).

云南、海南。

柄芽银钩花

Goniothalamus laoticus (Finet et Gagnep.) Bân, Bot. Zhurn. (Moscow et Leningrad). 59: 554. 1974.

Mitrephora laotica Finet et Gagnep., Bull. Soc. Bot. France 54 (Mém. 5): 87. 1907.

云南；老挝、泰国。

金平哥纳香

•**Goniothalamus leiocarpus** (W. T. Wang) P. T. Li, Acta Phytotax. Sin. 14 (1): 112 (1976).

Mitrephora leiocarpa W. T. Wang, Acta Phytotax. Sin. 6 (2): 207, pl. 46, f. 2 (1957).

云南。

盈江哥纳香

•**Goniothalamus lii** X. L. Hou et Y. M. Shui, Acta Bot. Yunnan. 25 (3): 258 (2003).

云南。

云南哥纳香

•**Goniothalamus yunnanensis** W. T. Wang, Acta Phytotax. Sin. 6 (2): 209, pl. 46, f. 3 (1957).

云南。

红果木属（新拟）**Hubera** Chaowasku

细基丸（老人皮树，老人皮）

Hubera cerasoides (Roxb.) Chaowasku, Phytotaxa 69: 47. (2012).

Uvaria cerasoides Roxb., Plants Coromandel. 1: 30, t. 33 (1795); *Polyalthia cerasoides* (Roxb.) Benth. et Hook. f. ex Bedd., Fl. Sylv. S. India, pl. 1 (1869); *Polyalthia crassipetala* Merr., Philipp. J. Sci. 23 (3): 243 (1923).

云南、广东、广西、海南；柬埔寨、印度、老挝、缅甸、泰国、越南。

香花红果木（大花暗罗）

Hubera rumphii (Blume ex Hensch.) Chaowasku, Phytotaxa 69: 50. (2012).

Guatteria rumphii Blume ex Hensch., Vita Rumphii 153 (1833); *Polyalthia rumphii* (Blume ex Hensch.) Merr., Enum. Philipp. Fl. Pl. 2: 162 (1923).

海南；印度尼西亚、马来西亚、菲律宾、泰国。

囊瓣木属 **Marsypopetalum** Scheff.

弯瓣木

•**Marsypopetalum littorale** (Bl.) B. Xue et R. M. K. Saunders, Syst. Biodivers. 9 (1): 17 (2011).

Guatteria littoralis Blume, Fl. Java. (Anon.) 30: 99. Fig. 49A (1830); *Polyalthia zhui* X. L. Hou et S. J. Li, Novon, 14 (2): 173 (2004).

云南、广东、广西、海南；泰国、印度尼西亚、越南。

鹿茸木属 **Meiogyne** Miq.

蕉木（山蕉，海南山指甲，钱木）

•**Meiogyne hainanensis** (Merr.) N. T. Ban, Bot. Journ. URSS. 58: 1148. (1973).

Fissistigma maclurei Merr., Philipp. J. Sci. 23 (3): 241 (1923), non Merr. 1922; *Fissistigma hainanense* Merr., J. Arnold Arbor. 6 (3): 131 (1925); *Desmos hainanensis* (Merr.) Merr. et Chun, Sunyatsenia 2 (3-4): 229 (1935); *Melodorum maclurei* (Merr.) Ast, Suppl. Fl. Gen. Indo-Chine 1. 111 (1938); *Meiogyne maclurei* (Merr.) Sincl., Gard. Bull. Singapore 14: 41 (1953); *Chieniodendron hainanense* (Merr.) Tsiang et P. T. Li, Acta Phytotax. Sin. 9 (4): 375, pl. 36 (1964); *Meiogyne hainanensis* (Merr.) Ban, Bot. Zhurn. 58 (8): 1148 (1973); *Oncodostigma hainanense* (Merr.) Tsiang et P. T. Li, Fl. Reipubl. Popularis Sin. 30 (2): 81, pl. 34 (1979).

广西、海南。

鹿茸木

•**Meiogyne kwangtungensis** P. T. Li, Acta Phytotax. Sin. 14 (1): 104, f. 1 (1976).

海南。

野独活属 **Miliusa** Lesch. ex A. DC.

版纳野独活

Miliusa bannaensis X. L. Hou, Acta Phytotax. Sin. 42 (1): 79 (2004).

云南。

楔叶野独活

Miliusa cuneata Craib, Bull. Misc. Inform. Kew 1912: 145 (1912).

云南；泰国。

广西野独活

Miliusa glochidioides Hand.-Mazz., Sinensia 3 (8): 185 (1933).

云南、广西。

囊瓣木（囊瓣野独活）

Miliusa horsfieldii (Bennett) Pierre, Fl. Forest. Cochinch. t. 38 (1881).

Saccopetalum horsfieldii Bennett, Pl. Jav. Rar. 165 (1840); *Saccopetalum arboreum* Elmer, Leafl. Philipp.

Bot. 5: 1739 (1913); *Alphonsea prolifica* Chun et F. C. How, Acta Phytotax. Sin. 7: I, t. 1. (1958); *Saccopetalum prolificum* (Chun et F. C. How) Tsiang, Acta Phytotax. Sin. 9 (4): 380, pl. 37, f. 2 (1964); *Miliusa prolifica* (Chun et F. C. How) P. T. Li, Guihaia 13 (4): 315 (1993); *Miliusa tectona* C. E. Parkinson; *Saccopetalum lineatum* Craib; *Saccopetalum unguiculatum* Fischer.
广东、海南；印度、缅甸、泰国、老挝、马来西亚、印度尼西亚、菲律宾、澳大利亚。

中华野独活（中华密榴木）

•**Miliusa sinensis** Finet et Gagnep., Bull. Soc. Bot. France 53, Mem. 4: 151 (1906).
Evodia lyi H. Lév., Bull. Acad. Int. Geogr. Bot. 24 (294): 142 (1914).
贵州、云南、广东、广西。

云南野独活（短柄密榴木）

•**Miliusa tenuistipitata** W. T. Wang, Acta Phytotax. Sin. 6 (2): 200 (1957).
云南、西藏。

大叶野独活

Miliusa velutina Hook. f. et Thomson in Hook. f., Fl. Ind. 1: 151 (1768).
Uvaria velutina Dunal, Monogr. Anonac. 91 (1817).
云南；印度、缅甸、尼泊尔、越南、老挝、柬埔寨、泰国、马来西亚。

银钩花属 **Mitrephora** Hook. f. et Thomson

山蕉

Mitrephora macclurei Weeras. et R. M. K. Saunders, Syst. Bot. 30: 251: (2005).
贵州、云南、广西、海南；老挝、马来西亚、越南。

银钩花

Mitrephora tomentosa Hook. f. et Thomson in Hook. f., Fl. Ind. 1: 113 (1855).
Mitrephora thorelii Pierre, Fl. Forest. Cochinch. 1: pl. 37 (1881); *Mitrephora bousigoniana* Pierre, Fl. Forest. Cochinch. 1: pl. 36 (1881); *Mitrephora thorelii* Pierre, Fl. For. Cochinch. 1: tab. 37. 1881.
贵州、云南、广西、海南；印度、泰国、越南、老挝、柬埔寨。

云南银钩花

Mitrephora wangii H. H. Hu, Bull. Fan Mem. Inst. Biol. Bot. 10: 123 (1940).
云南；泰国北部。

单子木属（新拟）**Monoon** Miq.

海南单子木（新拟）（藤椿，大黑皮藤椿，山蕉槁）

Monoon laui (Merr.) B. Xue et R. M. K. Saunders, Taxon 61 (5): 1032. (2012).
Polyalthia laui Merr., Lingnan Sci. J. 14: 5 (1935).
海南；越南。

毛脉单子木（新拟）（毛脉暗罗）

Monoon viridis (Craib) B. Xue et R. M. K. Saunders, Taxon. 61 (5): 1034 (2012).
Polyalthia viridis Craib, Bull. Misc. Inform. Kew. 1914 (1): 4 (1914).
云南；泰国。

腺叶单子木（新拟）（景洪暗罗）

Monoon simiarum (Buch.-Ham. ex Hook. f. et Thomson) B. Xue et R. M. K. Saunders, Taxon. 61 (5): 1033. (2012).
Guatteria simiarum Buch.-Ham. ex Hook. f. et Thomson in Hook. f., Fl. Ind. 1: 142 (1855); *Polyalthia simiarum* (Buch.-Ham. ex Hook. f. et Thomson) Hook. f. et Thomson in Hook. f., Fl. Brit. Ind. 1 (1): 63 (1872); *Unona simiarum* Baill. ex Pierre, Fl. Forest. Cochinch. 1: t. 23 (1880); *Polyalthia cheliensis* H. H. Hu, Bull. Fan Mem. Inst. Biol. Bot. 10: 127 (1940); *Polyalthia simiarum* subsp. *cheliensis* (Hu) Ban, Novosti Sist. Vyssh. Rast. 11: 190 (1974).
云南；印度、不丹、缅甸、泰国、越南、老挝、柬埔寨。

澄广花属 **Orophea** Blume

澄广花

•**Orophea hainanensis** Merr., J. Arnold Arbor. 6 (3): 132 (1925).
海南、广西。

毛澄广花

Orophea hirsuta King, J. Asiat. Soc. Bengal Pt.2, Nat. Hist. 61 (2): 81 (1892).
海南、云南；柬埔寨、印度、老挝、马来西亚、越南。

蚁花

•**Orophea laui** Leonardia et Kessler, Blumea 46: 157 (2001).
海南、云南。

多花澄广花（新拟）

Orophea multiflora Jovet-Ast, Notul. Syst. (Paris) 9: 85 (1940).

广西；越南。

广西澄广花

Orophea polycarpa A. Candolle, Mém. Soc. Phys. Genève. 5: 215. 1832.

Orophea anceps Pierre, Fl. Forest. Cochinch. pl. 46 (1881); *Orophea undulata* Pierre, Fl. Forest. Cochinch. pl. 45 (1881); *Orophea gracilis* King, Mat. Fl. Malay. Penins. 4: 332 (1893); *Orophea polycarpa* var. *anceps* (Pierre) Jovet-Ast ["Ast"], Fl. Gén. Indo-Chine 1: 123 (1938); *Orophea polycarpa* var. *undulata* (Pierre) Jovet-Ast ["Ast"], Fl. Gén. Indo-Chine 1: 123 (1938); *Orophea olycephala* Pierre.

云南、广西、海南；缅甸、孟加拉国、斯里兰卡、老挝、越南、柬埔寨、马来西亚、泰国。

云南澄广花

●**Orophea yunnanensis** P. T. Li, Acta Phytotax. Sin. 14 (1): 106, f. 2 (1976).

云南。

暗罗属 Polyalthia Blume

小花暗罗

●**Polyalthia florulenta** C. Y. Wu ex P. T. Li, Acta Phytotax. Sin. 14 (1): 107 (1976).

云南。

伞花暗罗

Polyalthia fragrans (Dalzell) Benth. et Hook. f. in Hook. f., Fl. Brit. India1: 63. (1872).

云南；印度。

剑叶暗罗

●**Polyalthia lancilimba** C. Y. Wu ex P. T. Li, Acta Phytotax. Sin. 14 (1): 109 (1976).

云南。

木姜叶暗罗

●**Polyalthia litseifolia** C. Y. Wu ex P. T. Li, Acta Phytotax. Sin. 14 (1): 110 (1976).

云南。

长叶暗罗

☆**Polyalthia longifolia** (Sonn.) Thwaites, Enum. Pl. Zeyl. 398 (1864).

云南、福建、台湾、广东、海南；原产于印度、斯里兰卡。

硫球暗罗

Polyalthia liukiuensis Hatus., J. Geobot. 27 (4): 86, f. 1 (1979).

台湾；日本。

沙煲暗罗

Polyalthia obliqua Hook. f. et Thomson in Hook. f., Fl. Ind. 1: 138 (1855).

Polyalthia consanguinea Merr., Philipp. J. Sci. 23 (3): 243 (1923).

海南；马来西亚。

暗罗（老人皮，眉尾木，山观音）

Polyalthia suberosa (Roxb.) Thwaites, Enum. Pl. Zeyl. (Thwaites) 398 (1864).

Uvaria suberosa Roxb., Plants Coromandel. 1: 31, t. 34 (1795); *Guatteria suberosa* Dunal, Monog. Anon. 128. (1817).

广东、广西、海南；印度、老挝、马来西亚、缅甸、菲律宾、斯里兰卡、泰国、越南。

疣叶暗罗

●**Polyalthia verrucipes** C. Y. Wu ex P. T. Li, Acta Phytotax. Sin. 14 (1): 110 (1976).

Polyalthia chinensis S. K. Wu et P. T. Li, Acta Phytotax. Sin. 14 (1): 108, f. 4 (1976).

云南、西藏。

嘉陵花属 Popowia Endl.

嘉陵花

Popowia pisocarpa (Blume) Endl. in Walpers, Repert. Bot. Syst. 1: 252 (1842).

Guatteria pisocarpa Blume, Bijdr. Fl. Ned. Ind. 1: 21 (1825).

广东、海南；印度尼西亚、马来西亚、缅甸、菲律宾、泰国、越南。

金钩花属 Pseuduvaria Miq.

金钩花

Pseuduvaria indochinensis Merr., J. Arnold Arbor. 19 (1): 28 (1938).

云南；越南、缅甸、泰国。

尖花藤属 Richella A. Gray

尖花藤

●**Richella hainanensis** (Tsiang et P. T. Li) Tsiang et P. T. Li, Fl. Reipubl. Popularis Sin. 30 (2): 128, pl. 58, f. 10 (1979).

Friesodielsia hainanensis Tsiang et P. T. Li, Acta Phytotax. Sin. 9 (4): 377 (1964).

海南。

海岛木属 Trivalvaria (Miq.) Miq.

海岛木

Trivalvaria costata (Hook. f. et Thomson) I. M.

Turner, Kew Bull. 64: 577. 2009.
Guatteria costata Hook. f. et Thomson, Fl. Ind. 1: 143. 1855; *Polyalthia nemoralis* Aug. DC, Bull. Herb. Boissier sér. 2, 4: 1906 (1904); *Polyalthia oligogyna* Merr. et Chun., Sunyatsenia 2 (1): 27 (1934).
海南；印度、老挝、缅甸、泰国、马来西亚。

紫玉盘属 Uvaria L.

光叶紫玉盘（挪藤）

Uvaria boniana Finet et Gagnep., Bull. Soc. Bot. France 53 (Mem. 4): 71, pl. 11a (1906).
江西、广东、广西；越南。

刺果紫玉盘（山香蕉，毛荔枝藤）

Uvaria calamistrata Hance, J. Bot. 20 (231): 77 (1882).
广东、广西；越南。

大花紫玉盘（川血乌，红肉梨，山芭蕉罗）

Uvaria grandiflora Roxb., Fl. Ind. 2: 665 (1824).
Unona grandiflora DC., Prodr. 1: 90 (1824); *Uvaria purpurea* Blume, Bijdr. Fl. Ned. Ind. 1: 11 (1825); *Uvaria rhodantha* Hance, Ann. Bot. Syst. 2: 19 (1851); *Uvaria platypetala* Champion ex Benth., Hooker's J. Bot. Kew Gard. Misc. 3. 257 (1851).
广东、广西、海南；印度、印度尼西亚、马来西亚、缅甸、菲律宾、斯里兰卡、泰国、越南。

黄花紫玉盘

Uvaria kurzii (King) P. T. Li, Acta Phytotax. Sin. 14 (1): 106 (1976).
Uvaria hamiltonii var. *kurzii* King, Mat. Fl. Malay. Penins 1 (4): 263 (1892).
云南、广西；印度。

瘤果紫玉盘

Uvaria kweichowensis P. T. Li, Acta Phytotax. Sin. 14 (1): 107 (1976).
贵州、云南。

紫玉盘（那大紫玉盘，油椎，蕉藤）

Uvaria macrophylla Roxb., Fl. Ind. 2: 663 (1824).
Guatteria cordata Dunal, Monogr. Anonac. 129, t. 30 (1817); *Uvaria badiiflora* Hance, Ann. Bot. Syst. 2: 119 (1851); *Uvaria microcarpa* Champion ex Benth., Hooker's J. Bot. Kew Gard. Misc. 3: 256 (1851); *Uvaria macrophylla* var. *microcarpa* (Champion ex Benth.) Finet et Gagnep., Bull. Soc. Bot. France. 53, Mem. 4: 67 (1906); *Uvaria obovatifolia* Hayata, Icon. Pl. Formosan. 3: 11 (1913); *Uvaria dolichoclada* Hayata, Icon. Pl. Formosan. 3: 10 (1913); *Uvaria macclurei* Diels, Notizbl. Bot. Gart. Berlin-Dahlem. 11 (102): 73 (1931).
福建、台湾、云南、广东、广西；孟加拉国、泰国、越南、老挝、菲律宾、斯里兰卡、印度尼西亚、马来西亚、巴布亚新几内亚。

小花紫玉盘

Uvaria rufa Blume, Fl. Jav. 19, t. 4, 13c (1828).
云南、海南；印度、泰国、越南、老挝、柬埔寨、马来西亚、菲律宾、印度尼西亚。

扣匹（东京紫玉盘）

Uvaria tonkinensis Finet et Gagnep., Bull. Soc. Bot. France. 53 (Mem. 4): 74, pl. 14a (1906).
Uvaria tonkinensis var. *subglabra* Finet et Gagnep., Bull. Soc. Bot. France. 53 (Mem. 4): 74 (1906); *Melodorum vietnamensis* var. *calcareum* Ban, Bot. Zhurn. 59 (2): 242 (1974); *Melodorum subglabrum* Ban, Bot. Zhurn. 59 (2): 242 (1974); *Melodorum vietnamense* Ban, Bot. Zhurn. 59 (2): 242 (1974).
云南、广东、广西；越南。

木瓣树属 Xylopia L.

木瓣树

Xylopia vielana Pierre, Fl. Forest. Cochinch. 1: t. 34 (1881).
广西；柬埔寨、泰国北部、越南。

10. 蜡梅科 Calycanthaceae [2 属：8 种]

夏蜡梅属 Calycanthus L.

夏蜡梅

•**Calycanthus chinensis** W. C. Cheng et S. Y. Chang, Sci. Silv. (Beijing) 8 (1): 2 (1963).
Sinocalycanthus chinensis (W. C. Cheng et S. Y. Chang) W. C. Cheng et S. Y. Chang, Acta Phytotax. Sin. 9 (2): 137, t. 9 (1964).
浙江。

美国蜡梅

☆**Calycanthus floridus** L., Syst. Nat. 2: 1066 (1759).
栽培于江西、浙江；原产于北美洲。

☆长叶美国蜡梅（光叶红）

Calycanthus floridus var. **oblongifolius** (Nutt.) D. E. Boufford et S. A. Spogbe, J. Arnold Arbor. 62 (2): 265 (1981).
Calycanthus glaucus var. *oblongifolius* Nutt., Gen. N. Amer. Pl. (Nuttall) 1: 312. (1818).

栽培于江西、浙江；北美洲。

蜡梅属 **Chimonanthus** Lindl.

西南蜡梅

●**Chimonanthus campanulatus** R. H. Chang et C. S. Ding, Acta Phytotax. Sin. 18 (3): 330 (1980).

Chimonanthus campanulatus var. *guizhouensis* R. H. Chang, Journal of Zhejiang Forestry University 11 (1): 45 (1994).

贵州、云南。

突托蜡梅

●**Chimonanthus grammatus** M. C. Liu, J. Nanjing Inst. Forest. 1984 (2): 78 (1984).

江西。

山蜡梅（臭蜡梅，秋蜡梅，亮叶蜡梅）

●**Chimonanthus nitens** Oliv., Hooker's Icon. Pl. 16 (4): t. 1600 (1887).

Calycanthus nitens (Oliv.) Rehder, Cycl. Amer. Hort. 1: 223 (1900); *Meratia nitens* (Oliv.) Rehder et E. H. Wilson, Pl. Wilson. 1 (3): 420 (1913).

陕西、安徽、江苏、浙江、江西、湖南、湖北、贵州、云南、福建、广西。

蜡梅（蜡木，黄梅花，腊梅）

●**Chimonanthus praecox** (L.) Link in Willd., Enum. Pl. 2: 66 (1822).

Calycanthus praecox L., Sp. Pl. ed. 2, 1: 718 (1762); *Meratia fragrans* Loisel., Herb. Gén. Amateur, 3: 173 (1818); *Chimonanthus fragrans* Lindl., Bot. Reg. 5: t. 404 (1819); *Chimonanthus fragrans* var. *grandiflora* Lindl., Bot. Reg. 6: t. 451 (1820); *Chimonanthus parviflorus* Raf., Alsogr. Amer. 6 (1838); *Chimonanthus praecox* var. *concolor* Makino, Bot. Mag. 23 (265): 23 (1909); *Chimonanthus praecox* var. *intermedius* Makino, Bot. Mag. 24 (287): 300 (1910); *Chimonanthus praecox* var. *grandiflorus* (Lindl.) Makino, Bot. Mag. 24 (287): 301 (1910); *Meratia praecox* (L.) Rehder et E. H. Wilson, Pl. Wilson. 1 (3): 419 (1913); *Butneria praecox* (L.) Schneid., Dendr. Winterstud. 204. 241, fig. 221 (i-o). (1913); *Chimonanthus yunnanensis* Sm., Notes Bot. Gard. Edin. 8. 182 (1914); *Meratia yunnanensis* (Sm.) H. H. Hu, J. Arnold Arbor. 6: 140 (1925); *Chimonanthus baokanensis* var. *yupiensis* D. M. Chen et Z. I. Dai, J. Cent. China Normal Univ., Nat. Sci. 1985 (1): 67 (1985); *Chimonanthus baokanensis* D. M. Cen et Z. I. Dai, J. Cent. China Normal Univ., Nat. Sci. 1985 (1): 67 (1985); *Chimonanthus caspitosus* T. B. Chao, Z. X. I Chen et Z. Q. Li, Bull. Bot. Res., Harbin 9 (4): 47, pl. (1989); *Chimonanthus praecox* var. *reflexus* B. Zhao, Bulletin of Botanical Research, 27 (2): 131 (2007).

山东、河南、陕西、安徽、江苏、浙江、江西、湖南、湖北、四川、贵州、云南、福建。

柳叶蜡梅

●**Chimonanthus salicifolius** H. H. Hu, J. Arnold Arbor. 35. 197 (1954).

Chimonanthus anhunensis T. B. Chao et Z. S. Chen, Acta Agric. Univ. Henan. 21: 419 (1987); *Chimonanthus caespitosus* T. B. Chao, Z. X. Chen et Z. Q. Li, Bull. Bot. Lab. N. E. Forest. Inst., Harbin 9 (4): 47 (1989).

安徽、浙江、江西。

浙江蜡梅

●**Chimonanthus zhejiangensis** M. C. Liu, J. Nanjing Inst. Forest. 1984 (2): 79 (1984).

浙江。

11. 莲叶桐科 Hernandiaceae [2 属：16 种]

莲叶桐属 **Hernandia** L.

莲叶桐

Hernandia nymphaeifolia (C. Presl) Kubitzki, Bot. Jahrb. Syst. 90: 272 (1970).

Hernandia sonora L., Sp. Pl. 2: 981 (1753); *Hernandia ovigera* L., Herb. Amboin. (Linn.) 14 (1754); *Biasolettia nymphaeifolia* C. Presl., Reliq. Haenk. 2: 142 (1835); *Hernandia peltata* Meissn., Prodr. (DC.). 15 (1): 263 (1864).

台湾、海南；柬埔寨、印度尼西亚、日本、马来西亚、菲律宾、斯里兰卡、泰国、越南、东非至太平洋东部。

青藤属 **Illigera** Blume

香青藤

●**Illigera aromatica** S. Z. Huang et S. L. Mo, Guihaia 5 (1): 17. f. 1-4 (1985).

广西。

短蕊青藤

●**Illigera brevistaminata** Y. R. Li, Acta Phytotax. Sin. 17 (2): 77, pl. 1, f. 2-4 (1979).

湖南、贵州。

宽药青藤（大青藤，保龙师）

Illigera celebica Miq., Ann. Mus. Bot. Lugduno-Batavi. 2: 215 (1866).

Illigera platyandra Dunn, J. Linn. Soc., Bot. 38 (266): 296 (1908); *Illigera ovatifolia* Quisumb. et Merr., Philipp. J. Sci. 37: 149 (1920); *Illigera yaoshanensis* Hao, Repert. Spec. Nov. Regni Veg. 42 (1071-1080): 84 (1937).

云南、广东、广西、海南；柬埔寨、印度尼西亚、马来西亚、巴布亚新几内亚、菲律宾、泰国、越南。

心叶青藤

●**Illigera cordata** Dunn, J. Linn. Soc., Bot. 38 (266): 296 (1908).

心叶青藤（原变种）

●**Illigera cordata** var. **cordata**

四川、贵州、云南、广西。

多毛青藤（葛根）

●**Illigera cordata** var. **mollissima** (W. W. Sm.) Kubitzki, Bot. Jahrb. Syst. 89 (2): 176 (1969).

Illigera mollissima W. W. Sm., Notes Roy. Bot. Gard. Edinburgh. 10 (46): 42 (1917).

云南。

无毛青藤

Illigera glabra Y. R. Li, Acta Phytotax. Sin. 17 (2): 77, pl. 2, f. 1-3 (1979).

云南。

大花青藤（青藤，红豆七，通气跌打）

Illigera grandiflora W. W. Sm. et Jeffrey, Notes Roy. Bot. Gard. Edinburgh. 8 (38): 189 (1914).

Illigera villosa f. *subglabra* Kubitzki, Bot. Jahrb. Syst. 89 (2): 171 (1969); *Illigera villosa* f. *subglabra* Kubitzki, Bot. Jahrb. Syst. 89 (2): 171 (1969); *Illigera grandiflora* var. *pubescens* Y. R. Li, Acta Phytotax. Sin. 17 (2): 75 (1979); *Illigera grandiflora* var. *microcarpa* C. Y. Wu, Acta Phytotax. Sin. 17 (2): 75 (1979).

贵州、云南；印度、缅甸北部。

蒙自青藤

●**Illigera henryi** W. W. Sm., Notes Roy. Bot. Gard. Edinburgh. 10 (46): 42 (1917).

云南、广西。

披针叶青藤

Illigera khasiana C. B. Clarke, Fl. Brit. Ind. 2 (5): 461 (1878).

云南；印度、马来西亚、缅甸。

台湾青藤

Illigera luzonensis (C. Presl) Merr., Publ. Bur. Sci. Gov. Lab. 17: 18 (1904).

Henschelia luzonensis C. Presl, Reliq. Haenk. 2 (2): 81, f. 63 (1835); *Gronovia ternata* Blanco, Fl. Filip. 186 (1837); *Halesia ternata* Blanco, Fl. Filip. 399 (1837); *Illigera meyeniana* Kunth ex Walp., Nov. Actorum Acad. Caes. Leop.-Carol. German. Nat. Cur. 19 (1843); *Illigera ternata* (Blanco) Dunn, J. Linn. Soc., Bot. 38 (266): 294 (1908); *Illigera pubescens* Merr., Philipp. J. Sci. 9 (5): 446 (1914).

台湾；日本（琉球群岛）、菲律宾。

显脉青藤

Illigera nervosa Merr., Brittonia. 4 (1): 63 (1941).

云南；缅甸北部。

圆叶青藤

●**Illigera orbiculata** C. Y. Wu, Acta Phytotax. Sin. 17 (2): 75 (1979).

云南。

小花青藤（黑九牛，翅果藤）

Illigera parviflora Dunn, J. Linn. Soc., Bot. 38 (266): 296 (1908).

Illigera lucida Teysm. et Binn., Hend. Gard. Bull. SS 4: 102 (1926).

贵州、云南、福建、广东、广西、海南；马来西亚、越南。

尾叶青藤

●**Illigera pseudoparviflora** Y. R. Li, Acta Phytotax. Sin. 17 (2): 77, pl. 2, f. 4-6 (1979).

贵州。

红花青藤（毛青藤）

Illigera rhodantha Hance, J. Bot. 21 (11): 321 (1883).

Illigera petelotii Merr., J. Arnold Arbor. 23 (2): 165 (1943); *Illigera rhodantha* var. *orbiculata* Y. R. Li, Acta Phytotax. Sin. 17 (2): 76 (1979); *Illigera rhodantha* var. *angustifoliolata* Y. R. Li, Acta Phytotax. Sin. 17 (2): 76, pl. 2, f. 7 (1979).

红花青藤（原变种）

Illigera rhodantha var. **rhodantha**

贵州、云南、广东、广西、海南；柬埔寨、老挝、泰国、越南。

锈毛青藤

Illigera rhodantha var. **dunniana** (H. Lév.) Kubitzki, Bot. Jahrb. Syst. 89 (2): 168 (1969).

Illigera dunniana H. Lév., Repert. Spec. Nov. Regni Veg. 2: 326 (1911); *Illigera glandulosa* Gagnep., Notul. Syst. (Paris) 3: 364 (1918); *Illigera fordii* Gagnep.,

Notul. Syst. (Paris) 3: 363 (1918).
贵州、云南、广东、广西；柬埔寨、老挝、泰国、越南。

兜状青藤

Illigera trifoliata (Griff.) Dunn subsp. **cucullata** (Merr.) Kubitzki, Bot. Jahrb. Syst. 89 (2): 169 (1969).
Illigera cucullata Merr., Univ. Calif. Publ. Bot. 13 (6): 132 (1926).
云南；老挝、泰国、越南。

12. 樟科 Lauraceae [24 属：446 种]

黄肉楠属 Actinodaphne Nees

南投黄肉楠

Actinodaphne acuminata (Blume) Meisn. in A. P. de Candolle, Prodr. 15 (1): 211 (1864).
Iozoste acuminata Blume, Mus. Bot. 1: 364 (1851); *Machilus longifolia* Blume, Mus. Bot. 1: 331 (1851); *Litsea nantoensis* Hayata, J. Coll. Sci. Imp. Univ. Tokyo 30 (1): 251 (1911); *Actinodaphne nantoensis* (Hayata) Hayata, Icon. Pl. Formosan. 3: 165 (1913); *Litsea dolichocarpa* Hayata, Icon. Pl. Formosan. 5: 166, f. 59d (1915); *Actinodaphne longifolia* (Blume) Nakai, Bot. Mag. (Tokyo) 41: 517 (1928); *Tetradenia dolichocarpa* (Hayata) Makino et Nemoto, Fl. Japan 374 (1931); *Actinodaphne morrisonensis* var. *nantoensis* (Hayata) Yamam., J. Soc. Trop. Agric. 4: 52 (1932); *Fiwa longifolia* (Blume) Nakai, Journ. Jap. Bot. 14: 193 (1938); *Fiwa nantoensis* (Hayata) Nakai, J. Jap. Bot. 14 (3): 193 (1938); *Litsea acuminata* (Blume) Kurata, Ill. Imp. Trees Jap. 2: 48, pl. 24 (1968).
台湾；日本。

红果黄肉楠

•**Actinodaphne cupularis** (Hemsl.) Gamble in C. S. Sargent, Pl. Wilson. 2 (1): 75 (1914).
Litsea cupularis Hemsl., J. Linn. Soc. Bot. 26: 380 (1891); *Fiwa cupularis* (Hemsl.) Nakai, J. Jap. Bot. 16 (3): 130 (1940).
湖南、湖北、四川、贵州、云南、广西。

毛尖树

•**Actinodaphne forrestii** (C. K. Allen) Kosterm., Reinwardtia 9: 97 (1974).
Actinodaphne reticulata var. *forrestii* C. K. Allen, Ann. Missouri Bot. Gard. 25: 412 (1938).
贵州、云南、广西。

白背黄肉楠

•**Actinodaphne glaucina** C. K. Allen, Ann. Missouri Bot. Gard. 25: 410 (1938).
海南。

思茅黄肉楠（麦硬）

Actinodaphne henryi Gamble, Bull. Misc. Inform. Kew 1913 (7): 265 (1913).
云南；泰国北部。

广东黄肉楠

•**Actinodaphne koshepangii** Chun ex Hung T. Chang, Acta Sci. Nat. Univ. Sunyatseni 2 (1): 24 (1960).
湖南、广东。

黔桂黄肉楠

•**Actinodaphne kweichowensis** Yen C. Yang et P. H. Huang, Acta Phytotax. Sin. 16 (4): 61, pl. 21 (1978).
贵州、广西。

柳叶黄肉楠

•**Actinodaphne lecomtei** C. K. Allen, Ann. Missouri Bot. Gard. 25: 413 (1938).
Litsea hupehana var. *longifolia* Lecomte, Nouv. Arch. Mus. Hist. Nat. sér. 5, 5: 88 (1913).
四川、贵州、广东。

勐海黄肉楠

•**Actinodaphne menghaiensis** J. Li, Novon 15: 555 (2005).
云南。

雾社黄肉楠

•**Actinodaphne mushaensis** (Hayata) Hayata, Icon. Pl. Formosan. 5: 171 (1915).
Litsea mushaensis Hayata, J. Coll. Sci. Imp. Univ. Tokyo 30 (1): 250 (1911); *Fiwa mushaensis* (Hayata) Nakai, J. Jap. Bot. 14 (3): 193 (1938); *Litsea elongata* var. *mushaensis* (Hayata) J. C. Liao, Taxon. Rev. Fam. Lauraceae in Taiwan 92 (1988).
台湾。

倒卵叶黄肉楠

Actinodaphne obovata (Nees) Blume, Mus. Bot. 1: 342 (1851).
Tetradenia obovata Nees, Pl. Asiat. Rar. 2: 64 (1831); *Litsea obovata* (Nees) Nees, Syst. Laur. 636 (1836), auct. non Hayata in J. Coll. Sc. Tokyo 30: 252 (1911).
云南、西藏；不丹、印度、尼泊尔。

隐脉黄肉楠

•**Actinodaphne obscurinervia** Yen C. Yang et P. H.

Huang, Acta Phytotax. Sin. 16 (4): 61, pl. 20 (1978).
四川。

峨眉黄肉楠

•**Actinodaphne omeiensis** (H. Liu) C. K. Allen, Ann. Missouri Bot. Gard. 25: 411 (1938).

Actinodaphne reticulata var. *omeiensis* H. Liu, Laurac. Chine et Indochine 158 (1934).

四川、贵州。

保亭黄肉楠

•**Actinodaphne paotingensis** Yen C. Yang et P. H. Huang, Acta Phytotax. Sin. 16 (4): 63, pl. 22 (1978).

海南。

毛黄肉楠（茶胶树，刨花，胶木）

Actinodaphne pilosa (Lour.) Merr., Trans. Amer. Philos. Soc. n.s. 24 (2): 156 (1935).

Laurus pilosa Lour., Fl. Cochinch. 1: 253 (1790); *Tetranthera pilosa* (Lour.) Sprengel., Syst. Veg. 2: 267 (1825); *Machilus pilosa* (Lour.) Nees, Syst. Laur. 176 (1836); *Actinodaphne cochinchinensis* Meisn. in A. P. de Candolle, Prodr. 15 (1): 216 (1864); *Machilus hainanensis* Merr., Philipp. J. Sci. 21 (4): 342 (1922).

广东、广西、海南；老挝、越南。

毛果黄肉楠

•**Actinodaphne trichocarpa** C. K. Allen, Ann. Missouri Bot. Gard. 25: 402 (1938).

四川、贵州、云南。

马关黄肉楠

•**Actinodaphne tsaii** Hu, Bull. Fan Mem. Inst. Biol. Bot. 5: 307 (1934).

云南。

油丹属 Alseodaphne Nees

毛叶油丹

Alseodaphne andersonii (King ex Hook. f.) Kosterm., Reinwardtia 6: 159 (1962).

Cryptocarya andersonii King ex Hook. f., Fl. Brit. India 5: 120 (1886); *Alseodaphne keenanii* Gamble, Bull. Misc. Inform. Kew 1914 (5): 188 (1914); *Alseodaphne medogensis* H. P. Tsui, Acta Bot. Yunnan. 16 (1): 29 (1994).

云南、西藏；印度东北部、老挝、缅甸、泰国、越南。

细梗油丹

•**Alseodaphne gracilis** Kosterm., Candollea 28: 109 (1973).

云南。

油丹（黄丹，三次香，黄丹公）

Alseodaphne hainanensis Merr., Lingnan Sci. J. 13: 57 (1934).

海南；越南北部。

河口油丹

•**Alseodaphne hokouensis** H. W. Li, Acta Phytotax. Sin. 17 (2): 71, pl. 10, f. 3 (1979).

云南。

黄连山油丹

•**Alseodaphne huanglianshanensis** H. W. Li et Y. M. Shui, Acta Phytotax. Sin. 42: 551, f. 1 (2004).

云南。

麻栗坡油丹

•**Alseodaphne marlipoensis** (H. W. Li) H. W. Li, Acta Phytotax. Sin. 17 (2): 71 (1979).

Cinnamomum marlipoense H. W. Li, Acta Phytotax. Sin. 13 (4): 48 (1975).

云南。

长柄油丹

Alseodaphne petiolaris (Meisn.) Hook. f., Fl. Brit. India 5: 145 (1886).

Nothaphoebe petiolaris Meisn. in A. P. de Candolle, Prodr. 15 (1): 59 (1864).

云南；印度、缅甸。

皱皮油丹（黄丹）

•**Alseodaphne rugosa** Merr. et Chun, Sunyatsenia 2: 232, pl. 44 (1935).

海南。

西畴油丹

•**Alseodaphne sichourensis** H. W. Li, Acta Phytotax. Sin. 17 (2): 70, pl. 10, f. 2 (1979).

云南。

云南油丹

•**Alseodaphne yunnanensis** Kosterm., Candollea 28: 133 (1973).

云南。

琼楠属 Beilschmiedia Nees

山潺（梅乐樟）

•**Beilschmiedia appendiculata** (C. K. Allen) S. K. Lee et Y. T. Wei, Acta Phytotax. Sin. 17 (2): 65 (1979).

Lauromerrillia appendiculata C. K. Allen, J. Arnold Arbor. 23: 460 (1942).

海南。

保亭琼楠

●**Beilschmiedia baotingensis** S. K. Lee et Y. T. Wei, Acta Phytotax. Sin. 17 (2): 64, pl. 3, f. 2 (1979).

海南。

勐仑琼楠

●**Beilschmiedia brachythyrsa** H. W. Li, Acta Phytotax. Sin. 17 (2): 65, pl. 11, f. 6 (1979).

云南。

短叶琼楠

●**Beilschmiedia brevifolia** Y. T. Wei, Guihaia 4: 195-196, pl. s. n. f. 10 (1984).

海南。

短序琼楠

●**Beilschmiedia brevipaniculata** C. K. Allen, J. Arnold Arbor. 23: 446 (1942).

广东、广西、海南。

柱果琼楠

●**Beilschmiedia cylindrica** S. K. Lee et Y. T. Wei, Acta Phytotax. Sin. 17 (2): 63, pl. 3, f. 1 (1979).

云南。

台琼楠

Beilschmiedia erythrophloia Hayata, Icon. Pl. Formosan. 4: 20 (1914).

Beilschmiedia tanakae Hayata, Icon. Pl. Formosan. 5: 150, f. 53-Ab (1915); *Beilschmiedia erythrophloia* var. *tanakae* (Hayata) Kaneh., Trans. Nat. Hist. Soc. Taiwan 25: 241 (1935).

台湾；日本（琉球群岛）。

白柴果

●**Beilschmiedia fasciata** H. W. Li, Acta Phytotax. Sin. 17 (2): 66, pl. 12, f. 1 (1979).

云南。

广东琼楠

Beilschmiedia fordii Dunn, J. Bot. 45: 404 (1907).

江西、湖南、四川、广东、广西、香港；越南。

糠秕琼楠

●**Beilschmiedia furfuracea** Chun ex Hung T. Chang, Acta Sci. Nat. Univ. Sunyatseni 1963 (4): 133 (1963).

广东、广西。

香港琼楠

●**Beilschmiedia glandulosa** N. H. Xia, F. N. Wei et Y. F. Deng, J. Trop. et Subtrop. Bot. 14 (1): 78 (2006).

香港。

粉背琼楠

Beilschmiedia glauca S. K. Lee et L. F. Lau, Acta Phytotax. Sin. 8: 193 (1963).

云南、海南；文莱、泰国、越南、马来西亚、印度尼西亚。

粉背琼楠（原变种）

Beilschmiedia glauca var. **glauca**

海南；文莱、马来西亚、印度尼西亚。

顶序琼楠

Beilschmiedia glauca var. **glaucoides** H. W. Li, Acta Phytotax. Sin. 17 (2): 66, pl. 12, f. 2 (1979).

Beilschmiedia glaucoides (H. W. Li) H. W. Li, Acta Bot. Yannan. 18 (1): 54 (1996).

云南；泰国、越南。

横县琼楠

●**Beilschmiedia henghsienensis** S. K. Lee et Y. T. Wei, Acta Phytotax. Sin. 17 (2): 68, pl. 3, f. 4 (1979).

广西。

琼楠（荔枝公）

●**Beilschmiedia intermedia** C. K. Allen, J. Arnold Arbor. 23: 448 (1942).

Beilschmiedia discolor C. K. Allen, J. Arnold Arbor. 23 (4): 448 (1942); *Beilschmiedia grandiosa* C. K. Allen, J. Arnold Arbor. 23 (4): 449 (1942).

广西、海南。

贵州琼楠

●**Beilschmiedia kweichowensis** W. C. Cheng, Notes For. Inst. Nat. Centr. Univ. Nanking, Dendrol. Ser. 1: 3 (1947).

贵州、四川、重庆、广西。

红枝琼楠（大叶槁，平滑琼楠）

Beilschmiedia laevis C. K. Allen, J. Arnold Arbor. 23: 446 (1942).

广西、海南；越南。

李榄琼楠

●**Beilschmiedia linocieroides** H. W. Li, Acta Phytotax. Sin. 17 (2): 67, pl. 12, f. 5 (1979).

云南。

长柄琼楠

●**Beilschmiedia longepetiolata** C. K. Allen, J. Arnold Arbor. 23: 450 (1942).

海南。

肉柄琼楠

●**Beilschmiedia macropoda** C. K. Allen, J. Arnold Arbor. 23: 452 (1942).

海南。

瘤果琼楠

●**Beilschmiedia muricata** Hung T. Chang, Acta Sci. Nat. Univ. Sunyatseni 1960 (1): 22 (1960).
广西。

宁明琼楠

●**Beilschmiedia ningmingensis** S. K. Lee et Y. T. Wei, Acta Phytotax. Sin. 17 (2): 66, pl. 3, f. 3 (1979).
广西。

锈叶琼楠

●**Beilschmiedia obconica** C. K. Allen, J. Arnold Arbor. 23: 453 (1942).
海南。

隐脉琼楠

●**Beilschmiedia obscurinervia** Hung T. Chang, Acta Sci. Nat. Univ. Sunyatseni 1960 (1): 23 (1960).
云南、广西。

卵果琼楠

●**Beilschmiedia ovoidea** F. N. Wei, Guihaia 15: 209, f. 1 (1995).
广西。

少花琼楠

●**Beilschmiedia pauciflora** H. W. Li, Acta Phytotax. Sin. 17 (2): 64, pl. 11, f. 5 (1979).
云南。

厚叶琼楠

●**Beilschmiedia percoriacea** C. K. Allen, J. Arnold Arbor. 23: 450 (1942).
云南、广西、海南。

厚叶琼楠（原变种）

●**Beilschmiedia percoriacea** var. **percoriacea**
云南、广西、海南。

缘毛琼楠

●**Beilschmiedia percoriacea** var. **ciliata** H. W. Li, Acta Phytotax. Sin. 17 (2): 67, pl. 12, f. 4 (1979).
云南。

纸叶琼楠（黑叶琼楠）

●**Beilschmiedia pergamentacea** C. K. Allen, J. Arnold Arbor. 23: 449 (1942).

Beilschmiedia atrata C. K. Allen, J. Arnold Arbor. 23 (4): 451 (1942).
云南、广西、海南。

点叶琼楠

●**Beilschmiedia punctilimba** H. W. Li, Acta Phytotax. Sin. 17 (2): 64 (1979).
云南。

紫叶琼楠

●**Beilschmiedia purpurascens** H. W. Li, Acta Phytotax. Sin. 17 (2): 63, pl. 11, f. 3 (1979).
云南。

粗壮琼楠

●**Beilschmiedia robusta** C. K. Allen, J. Arnold Arbor. 23: 447 (1942).

Beilschmiedia xizangensis H. P. Tsui, Acta Bot. Yunnan. 16 (1): 31 (1994).
贵州、云南、西藏、广西。

稠琼楠

Beilschmiedia roxburghiana Nees, Pl. Asiat. Rar. 2: 69 (1831).

Beilschmiedia fagifolia Nees, Pl. Asiat. Rar. 2: 69 (1831).
西藏；不丹、印度、缅甸、尼泊尔、泰国。

红毛琼楠

●**Beilschmiedia rufohirtella** H. W. Li, Acta Phytotax. Sin. 17 (2): 63, pl. 11, f. 4 (1979).
云南、广西。

上思琼楠

●**Beilschmiedia shangsiensis** Y. T. Wei, Guihaia 4: 196, pl. s. n. f. 1-9 (1984).
广西。

西畴琼楠

●**Beilschmiedia sichourensis** H. W. Li, Acta Phytotax. Sin. 17 (2): 67, pl. 12, f. 3 (1979).
云南。

网脉琼楠（牛奶奶果）

Beilschmiedia tsangii Merr., Lingnan Sci. J. 13 (1): 27 (1934).

Beilschmiedia formosana C. E. Chang, Bull. Taiwan Prov. Pingt. Inst. Agr. 7: 87 (1966).
云南、台湾、广东、广西、海南；越南。

东方琼楠

●**Beilschmiedia tungfangensis** S. K. Lee et L. F. Lau, Acta Phytotax. Sin. 8: 194 (1963).
海南。

陀螺果琼楠

Beilschmiedia turbinata Bing Liu et Y. Yang, PLoS One 8 (6): 2 (2013).
云南；越南。

海南琼楠

Beilschmiedia wangii C. K. Allen, J. Arnold Arbor. 23: 452 (1942).

云南、广西、海南；越南。

美脉琼楠

•**Beilschmiedia yaanica** (N. Chao) N. Chao, Fl. Sichuan. 1: 5 (1981).

Cryptocarya reticulata Yen C. Yang in J. W. China Border Res. Soc. 15: 70, f. 1 (1945), auct. non Blume in Ann. Mus. Bot. Lugduno-Batavi 1: 335 (1851); *Cryptocarya yaanica* N. Chao, Comm. For. Tech. Sichuan, 14: 45 (1974); *Beilschmiedia delicata* S. K. Lee et Y. T. Wei, Acta Phytotax. Sin. 17 (2): 65 (1979); *Cryptocarya yaanica* N. Chao, Acta Phytotax. Sin. 17 (2): 68 (1979); *Beilschmiedia tsangii* var. *delicata* (S. K. Lee et Y. T. Wei) J. Li et H. W. Li, Acta Bot. Yannan. 18 (1): 54 (1996).

湖南、湖北、四川、重庆、贵州、云南、广东、广西。

滇琼楠

•**Beilschmiedia yunnanensis** Hu, Bull. Fan Mem. Inst. Biol. Bot. 5: 306 (1934).

云南、广东、广西、海南。

檬果樟属 Caryodaphnopsis Airy Shaw

小花檬果樟（亨利假檬果）

•**Caryodaphnopsis henryi** Airy Shaw, Bull. Misc. Inform. Kew. 1940: 75 (1940).

Nothaphoebe tonkinensis f. *brevipedicelata* H. Liu, Laurac. Chine et Indochine 77 (1934); *Persea henryi* (Airy Shaw) Kosterm., J. Sci. Res. (Jakarta) 1: 151 (1952).

云南。

老挝檬果樟

Caryodaphnopsis laotica Airy Shaw, Kew Bull. 14: 250 (1960).

Caryodaphnopsis baviensis auct. non (Lecomte) Airy Shaw: Li et Bai in Fl. Reipubl. Popularis Sin. 31: 84 (1982).

云南；老挝、越南北部。

宽叶檬果樟（宽叶假檬果）

•**Caryodaphnopsis latifolia** W. T. Wang, Acta Phytotax. Sin. 6 (2): 213, pl. 47, f. 5 (1957).

云南。

麻栗坡檬果樟

Caryodaphnopsis malipoensis Bing Liu et Y. Yang, Phytotaxa 118 (1): 1 (2013).

云南；越南。

檬果樟（假檬果）

Caryodaphnopsis tonkinensis (Lecomte) Airy Shaw, Bull. Misc. Inform. Kew. 1940: 75 (1940).

Nothaphoebe tonkinensis Lecomte, Nouv. Arch. Mus. Hist. Nat. Paris sér. 5, 5: 106 (1913); *Persea pyriformis* Elmer, Leafl. Philipp. Bot. 8: 2727 (1915); *Nothaphoebe pyriformis* (Elmer) Merr., Univ. Calif. Publ. Bot. 15: 77 (1929); *Persea tonkinensis* (Lecomte) Kosterm., J. Sci. Res. (Jakarta) 1: 151 (1952).

云南；马来西亚、菲律宾、越南北部。

无根藤属 Cassytha L.

无根藤（无头草，无爷藤，罗网藤）

Cassytha filiformis L., Sp. Pl. 1: 35 (1753).

江西、浙江、湖南、贵州、云南、福建、台湾、广东、广西、海南；亚洲、非洲、澳大利亚的热带地区。

樟属 Cinnamomum Schaeff.

毛桂（假桂皮，山桂皮，土肉桂）

•**Cinnamomum appelianum** Schewe, Anz. Akad. Wiss. Wien, Math.-Naturwiss. Kl. 61: 20 (1925).

Cinnamomum appelianum var. *tripartitum* Yen C. Yang, J. W. China Border Res. Soc. 15: 71, pl. 2 (1945); *Cinnamomum szechuanense* Yen C. Yang, J. W. China Border Res. Soc. 15: 71 (1945); *Cinnamomum trinervatum* Yen C. Yang, J. W. China Border Res. Soc. 15: 72 (1945); *Cinnamomum taimoshanicum* Chun ex Hung T. Chang, Acta Sci. Nat. Univ. Sunyatseni 21 (1959); *Cinnamomum villosulum* S. K. Lee et F. N. Wei, Guihaia 8: 301, f. 1 (1988).

江西、湖南、四川、贵州、云南、广东、广西。

华南桂（大叶辣樟树，大叶樟，野桂皮）

•**Cinnamomum austrosinense** Hung T. Chang, Acta Sci. Nat. Univ. Sunyatseni 1: 20 (1959).

Cinnamomum cassia subsp. *pseudomelastoma* Liao, Kuo et Lin, Bull. Exp. Forest Natl. Taiwan Univ. 1976 (117): 137, f (1976); *Cinnamomum pseudomelastoma* (J. C. Liao et al.) J. C. Liao, Mem. Coll. Agric. Natl. Taiwan Univ. 22 (2): 2 (1982).

江西、浙江、贵州、福建、广东、广西。

滇南桂（野肉桂）

•**Cinnamomum austroyunnanense** H. W. Li, Acta Phytotax. Sin. 16 (2): 92, pl. 7, f. 4 (1978).

云南。

钝叶桂（假桂皮，大叶山桂，山玉桂）

Cinnamomum bejolghota (Buch.-Ham.) Sweet, Hort.

Brit. (Sweet) 344 (1827).

Laurus bejolghota Buch.-Ham., Trans. Linn. Soc. London 13: 559 (1822); *Cinnamomum obtusifolium* (Roxb.) Nees, Pl. Asiat. Rar. 2: 73 (1831); *Laurus obtusifolia* Roxb., Fl. Ind. (Roxb.) 2: 302 (1832).

云南、广东、海南；孟加拉国、不丹、印度、老挝、缅甸、尼泊尔、泰国、越南。

猴樟（香樟，香树，楠木）

●**Cinnamomum bodinieri** H. Lév., Repert. Spec. Nov. Regni Veg. 10: 369 (1912).

陕西、湖北、湖南、贵州、四川、云南。

猴樟（原变种）

●**Cinnamomum bodinieri** var. **bodinieri**

Cinnamomum glanduliferum var. *longipaniculata* Lecomte, Nouv. Arch. Mus. Hist. Nat. sér. 5, 5: 74 (1913); *Cinnamomum hupehanum* Gamble in C. S. Sargent, Pl. Wilson. 2 (1): 69 (1914); *Cinnamomum inunctum* var. *fulvipilosum* Yen C. Yang, J. W. China Border Res. Soc. 15: 73 (1945).

湖南、湖北、四川、贵州、云南。

光叶猴樟

●**Cinnamomum bodinieri** var. **glabrum** C. F. Ji, J. Nanjing For. Univ. 25 (3): 76 (2001).

陕西。

短序樟

●**Cinnamomum brachythyrsum** J. Li, Acta Bot. Yannan. 18 (1): 53, pl. 1 (1996).

云南。

樟

Cinnamomum camphora (L.) J. Presl, Prir. Rostlin 2: 36, pl. 8 (1825).

Laurus camphora L., Sp. Pl. 1: 369 (1753); *Persea camphora* (L.) Spreng., Syst. Veg. 2: 268 (1825); *Camphora officinarum* Nees, Pl. Asiat. Rar. 2: 72 (1831); *Camphora officinalis* Steud., Nomencl. Bot., ed. 2 (Steudel) 1: 271 (1840); *Camphora officinarum* var. *glaucescens* A. Br., Verb. Preuss. Gartenb. Ver. 21: 9 (1850); *Cinnamomum camphora* var. *glaucescens* (Braun) Meisn. in A. P. de Candolle, Prodr. 15 (1): 24 (1864); *Cinnamomum camphora* var. *nominale* Hayata, J. Coll. Sci. Imp. Univ. Tokyo 22: 349 (1906); *Cinnamomum taquetii* H. Lév., Feddes Repert. 10: 370 (1912); *Cinnamomum camphoroides* Hayata, Icon. Pl. Formosan. 3: 158 (1913); *Cinnamomum nominale* (Hayata) Hayata, Icon. Pl. Formosan. 3: 160 (1913); *Cinnamomum camphora* var. *lanata* Nakai, Fl. Sylv. Kor. 22: 32 (1939); *Cinnamomum simondii* Lecomte, J. Arnold Arbor. 20: 45 (1939).

台湾、长江以南各省；日本、朝鲜、越南。

坚叶樟

●**Cinnamomum chartophyllum** H. W. Li, Acta Phytotax. Sin. 13 (4): 49 (1975).

云南。

聚花桂（柴桂，桂树）

●**Cinnamomum contractum** H. W. Li, Acta Phytotax. Sin. 16 (2): 91, pl. 7, f. 3 (1978).

云南、西藏。

圆头叶桂

Cinnamomum daphnoides Siebold et Zucc., Abh. Math.-Phys. Cl. Königl. Bayer. Akad. Wiss. 4 (3): 202 (1846); Zhang et al. in J. Trop. Subtrop. Bot. 22: 453 (2014).

浙江；日本。

尾叶樟

Cinnamomum foveolatum (Merr.) H. W. Li et J. Li, Fl. China 7: 170 (2008).

Beilschmiedia foveolata Merr., J. Arnold Arbor. 19 (1): 30 (1938); *Machilus comphorata* H. Lév., Repert. Spec. Nov. Regni Veg. 9: 460 (1911); *Alseodaphne caudata* Lecomte, Nouv. Arch. Mus. Hist. Nat. sér. 5, 5: 97 (1913); *Alseodaphne camphorata* (H. Lév.) C. K. Allen, J. Arnold Arbor. 17 (4): 326 (1936); *Cinnamomum caudiferum* Kosterm., Reinwardtia 8: 35 (1970); *Litsea foveolata* (Merr.) Yen C. Yang et P. H. Huang, Acta Phytotax. Sin. 16 (4): 50, f. 9 (1978).

贵州、云南；越南北部。

云南樟（樟叶树，大黑叶樟，香樟）

Cinnamomum glanduliferum (Wall.) Meisn. in A. P. de Candolle, Prodr. 15 (1): 25 (1864).

Laurus glandulifera Wall., Trans. Med. Soc. Calcutta 1: 45, 51, pl. 1 (1825); *Camphora glandulifera* (Wall.) Nees, Pl. Asiat. Rar. 2: 72 (1831); *Machilus mekongensis* Diels, Notes Roy. Bot. Gard. Edinburgh 5 (25): 244 (1912); *Cinnamomum cavaleriei* H. Lév., Repert. Spec. Nov. Regni Veg. 10 (257-259): 370 (1912); *Machilus dominii* H. Lév., Repert. Spec. Nov. Regni Veg. 13 (355-358): 174 (1914); *Cinnamomum dominii* (Levl.) C. F. Ji, J. Nanjing For. Univ. 25 (3): 76 (2001).

四川、贵州、云南、西藏；不丹、印度、尼泊尔、缅甸、马来西亚。

狭叶桂（狭叶阴香）

Cinnamomum heyneanum Nees, Pl. As. Rar. 2: 76

(1831).

Laurus burmannii Nees et T. Ness, Disput. Cinn. 57, pl. 4 (1823); *Cinnamomum chinense* Blume, Bijdr. Fl. Ned. Ind. 11: 569 (1825); *Cinnamomum dulce* (Roxb.) Sweet, Hort. Brit. (Loudon) (ed. 3) 441 (1830); *Cinnamomum kiamis* Nees, Pl. Asiat. Rar. 2: 75 (1831); *Laurus dulcis* Roxb., Fl. Ind. 2: 303 (1832); *Cinnamomum pedunculatum* var. *angustifolium* Hemsl., J. Linn. Soc. Bot. 26 (176): 373 (1891); *Cinnamomum linearifolium* Lecomte, Nouv. Arch. Mus. Hist. Nat. sér. 5, 5: 79 (1913); *Cinnamomum hainanense* Nakai, Fl. Sylv. Kor. 22: 24, in adnot. (1939); *Cinnamomum burmannii* var. *angustifolium* (Hemsl.) C. K. Allen, J. Arnold Arbor. 20 (1): 51 (1939); *Cinnamomum burmannii* f. *heyneanum* (Nees) H. W. Li, Acta Phytotax. Sin. 16 (2): 90 (1978); *Cinnamomum miaoshanense* S. K. Lee et F. N. Wei, Guihaia 8 (4): 302, f. 2 (1988).

湖北、四川、贵州、云南、广西；印度。

八角樟

Cinnamomum ilicioides A. Chev., Bull. Écon. Indochine n.s. 20: 855 (1918).

广西、海南；泰国北部、越南北部。

大叶桂

Cinnamomum iners Reinw. ex Blume, Bijdr. Fl. Ned. Ind. 11: 570 (1826).

云南、西藏、广西；柬埔寨、印度、印度尼西亚、老挝、马来西亚、缅甸、斯里兰卡、泰国、越南。

天竺桂（大叶天竺桂，竺香，山肉桂）

Cinnamomum japonicum Siebold, Verh. Batav. Genootsch. Kunsten 12: 23 (1830).

Cinnamomum pedunculatum Nees, Syst. Laur. 79 (1836); *Cinnamomum insularimontanum* Hayata, Icon. Pl. Formosan. 3: 158-159 (1913); *Cinnamomum acuminatifolium* Hayata in C. S. Sargent, Pl. Wilson. 2 (1): 67 (1914); *Cinnamomum pseudoloureiroi* Hayata, Icon. Pl. Formosan. 4: 20-21 (1914); *Cinnamomum macrostemon* var. *pseudoloureirii* (Hayata) Yamam., J. Soc. Trop. Agric. 4: 53 (1932); *Cinnamomum chenii* Nakai, Fl. Sylv. Kor. 22: 23 (1939); *Cinnamomum chekiangense* Nakai, Fl. Sylv. Kor. 22: 23, in adnot. (1939); *Cinnamomum japonicum* var. *chekiangense* (Nakai) M. B. Deng et G. Yao, Fl. Jiangsu. 2: 205 (1982).

安徽、江苏、江西、浙江、福建、台湾；日本、朝鲜。

爪哇肉桂

Cinnamomum javanicum Blume, Bijdr. Fl. Ned. Ind. 11: 570 (1825).

云南；印度尼西亚、马来西亚、越南。

野黄桂（桂皮树，三条筋树，稀花樟）

•**Cinnamomum jensenianum** Hand.-Mazz., Anz. Akad. Wiss. Wien, Math.-Naturwiss. Kl. 58: 63 (1921).

Cinnamomum pauciflorum Chun ex Hung T. Chang, Acta Sci. Nat. Univ. Sunyatseni 1959 (2): 22 (1959), auct. non Nees in Pl. Asiat. Rar. 2: 75 (1831).

江西、湖北、湖南、四川、福建、广东。

兰屿肉桂

•**Cinnamomum kotoense** Kaneh. et Sasaki, Trans. Nat. Hist. Soc. Taiwan 20: 380, f. 150 (1930).

台湾。

红辣槁树（红叶辣汁树）

•**Cinnamomum kwangtungense** Merr., Lingnan Sci. J. 13: 25 (1934).

广东。

软皮桂（向阳樟）

Cinnamomum liangii C. K. Allen, J. Arnold Arbor. 20: 58 (1939).

广东、广西、海南；越南北部。

油樟（香叶子树，香樟，黄葛树）

•**Cinnamomum longepaniculatum** (Gamble) N. Chao ex H. W. Li, Acta Phytotax. Sin. 13 (4): 48, f. 2 (1975).

Cinnamomum inunctum var. *longepaniculatum* Gamble in C. S. Sargent, Pl. Wilson. 2 (1): 69 (1916).

四川。

长柄樟

•**Cinnamomum longipetiolatum** H. W. Li, Acta Phytotax. Sin. 13 (4): 47 (1975).

云南。

银叶桂 （桂皮树，樟桂，银叶樟）

•**Cinnamomum mairei** H. Lév., Repert. Spec. Nov. Regni Veg. 13: 174 (1914).

Cinnamomum argenteum Gamble in C. S. Sargent, Pl. Wilson. 2 (1): 67 (1914).

四川、云南。

沉水樟（水樟，臭樟，牛樟）

Cinnamomum micranthum (Hayata) Hayata, Icon. Pl. Formosan. 3: 160 (1913).

Machilus micrantha Hayata, Icon. Pl. Formosan. 2: 130 (1912); *Cinnamomum kanehirai* Hayata, Icon. Pl. Formosan. 3: 159 (1913); *Cinnamomum xanthophyllum* H. W. Li, Acta Phytotax. Sin. 13 (4): 47 (1975); *Cinnamomum micranthum* f. *kanehirai* (Hayata) S. S. Ying, Mém. Coll. Agric. Natl. Taiwan Univ. 25 (1): 108 (1986).

江西、贵州、福建、台湾、广东、广西、海南；越南北部。

米槁（麻告，大果樟）

•**Cinnamomum migao** H. W. Li, Acta Phytotax. Sin. 16 (2): 90, pl. 7, f. 1 (1978).
云南、广西。

毛叶樟（罗木来，中沙海，香茅樟）

•**Cinnamomum mollifolium** H. W. Li, Acta Phytotax. Sin. 13 (4): 45, f. 1 (1975).
云南。

土肉桂

•**Cinnamomum osmophloeum** Kaneh., Formosan Trees 428 (1917).
台湾。

少花桂（岩桂，香桂，三条筋）

Cinnamomum pauciflorum Nees, Pl. Asiat. Rar. 2: 75 (1831).
Laurus recurvata Roxb., Fl. Ind. 2: 301 (1824); *Cinnamomum recurvatum* (Roxb.) Wight, Icon. Pl. Ind. Orient. (Wight) t. 133 (1839); *Cinnamomum petrophilum* N. Chao, Fl. Sichuan. 1: 460, f. 19 (1981); *Cinnamomum calcareum* Y. K. Li, Acta Phytotax. Sin. 22 (1): 79 (1984).
江西、湖南、湖北、四川、贵州、云南、广东、广西；印度、尼泊尔。

菲律宾樟树

Cinnamomum philippinense (Merr.) C. E. Chang, Fl. Taiwan 2: 417 (1976).
Machilus philippinensis Merr., Philipp. J. Sci. 1 (Suppl. 1): 56 (1906); *Persea philippinensis* (Merr.) Elmer, Leafl. Philipp. Bot. 2: 384 (1908); *Cinnamomum acuminatissimum* Hayata, Icon. Pl. Formosan. 3: 157 (1913); *Cinnamomum caudatifolium* Hayata, Icon. Pl. Formosan. 5: 155, f. 54b (1915); *Machilus acuminatissima* (Hayata) Kaneh., Formosan Trees (rev. ed.) 219 (1936); *Persea acuminatissima* (Hayata) Kosterm., Reinwardtia 6 (2): 191 (1962); *Machilus acuminatissima* var. *tasulinensis* J. C. Liao, Formosan Sci. 2 (34): 79 (1970).
台湾；菲律宾。

屏边桂

•**Cinnamomum pingbienense** H. W. Li, Acta Phytotax. Sin. 16 (2): 91, pl. 7, f. 2 (1978).
贵州、云南、广西。

刀把木（大果香樟，桂皮树）

•**Cinnamomum pittosporoides** Hand.-Mazz., Anz. Akad. Wiss. Wien, Math.-Naturwiss. Kl. 61: 19, pl. 5, f. 3-4 (1925).
四川、云南。

阔叶樟

•**Cinnamomum platyphyllum** (Diels) C. K. Allen, J. Arnold Arbor. 20: 46 (1939).
Machilus platyphylla Diels, Bot. Jahrb. Syst. 29: 348 (1900); *Cinnamomum chengkouense* N. Chao, Fl. Sichuan. 1: 459-460, f. 13 (1981).
四川、重庆。

紫樟

•**Cinnamomum purpureum** H. G. Ye et F. G. Wang in Novon 16: 439, f. 1 (2006).
广东。

网脉桂（土樟）

•**Cinnamomum reticulatum** Hayata, J. Coll. Sci. Imp. Univ. Tokyo 30 (1): 239 (1911).
台湾。

卵叶桂（卵叶樟，硬叶樟）

•**Cinnamomum rigidissimum** Hung T. Chang, Acta Sci. Nat. Univ. Sunyatseni 1959 (1): 19 (1959).
Cinnamomum ovatum C. K. Allen, J. Arnold Arbor. 20: 56 (1939), auct non Lukman. in Nomencl. Icon. Cannel. 4 (1889); *Cinnamomum brevipedunculatum* C. E. Chang, Bull. Taiwan Prov. Ping. Inst. Agr. 11: 57 (1970).
云南、台湾、广东、广西、海南。

绒毛樟

•**Cinnamomum rufotomentosum** K. M. Lan, Fl. Guizhou. 2: 674 (1985).
贵州。

岩樟（米槁，米瓜，沟厚）

•**Cinnamomum saxatile** H. W. Li, Acta Phytotax. Sin. 13 (4): 44 (1975).
贵州、云南、广西。

银木（香樟，土沉香）

•**Cinnamomum septentrionale** Hand.-Mazz., Oesterr. Bot. Z. 85: 213 (1936).
Cinnamomum inunctum var. *albosericeum* Gamble in C. S. Sargent, Pl. Wilson. 2 (1): 69 (1916).
陕西、甘肃、四川。

香桂（香树皮，土肉桂，假桂皮）

Cinnamomum subavenium Miq., Fl. Ind. Bat. 1 (1): 902 (1858).
Cinnamomum randaiense Hayata, J. Coll. Sci. Imp. Univ. Tokyo 30 (1): 238 (1911); *Cinnamomum bart-*

heifolium Hayata, Icon. Pl. Formosan. 5: 153 (1915); *Cinnamomum longicarpum* Kaneh., Formosan Trees 425 (1917); *Cinnamomum chingii* Metcalf, Lingnan Sci. J. 10: 416 (1931); *Cinnamomum albiflorum* var. *kwangtungensis* H. Liu, Laurac. Chine et Indochine 35 (1934); *Cinnamomum validinerve* var. *poilanei* H. Liu, Laurac. Chine et Indochine 40 (1934); *Cinnamomum lioui* C. K. Allen, J. Arnold Arbor. 20: 54 (1939).
安徽、江西、浙江、湖北、贵州、四川、云南、福建、广东、广西、台湾；柬埔寨、印度、越南、老挝、缅甸、泰国北部、马来西亚、印度尼西亚。

细毛樟

●**Cinnamomum tenuipile** Kosterm., Reinwardtia 8: 74 (1970).
Alseodaphne mollis W. W. Sm., Notes Roy. Bot. Gard. Edinburgh 13 (63-64): 153 (1921).
云南。

假桂皮树

Cinnamomum tonkinense (Lecomte) A. Chev., Bull Econ. Indochine, n.s. 21: 856 (1918).
Cinnamomum albiflorum var. *tonkinensis* Lecomte, Fl. Indo-Chine [P. H. Lecomte et al.] 5: 115 (1914).
云南；越南北部。

辣汁树（怀德樟，海南樟）

●**Cinnamomum tsangii** Merr., Lingnan Sci. J. 13 (1): 26 (1934).
Cinnamomum merrillianum C. K. Allen, J. Arnold Arbor. 20: 57 (1939).
江西、福建、广东、海南。

平托桂（景烈樟，乌身香槁）

●**Cinnamomum tsoi** C. K. Allen, J. Arnold Arbor. 20: 57 (1939).
广西、海南。

粗脉桂

●**Cinnamomum validinerve** Hance, J. Bot. 20: 80 (1882).
广东、广西。

锡兰肉桂

☆**Cinnamomum verum** Presl, Prir. Rostlin 2 (2): 36, pl. 7 (1825).
Laurus cinnamomum L., Sp. Pl. 1: 369 (1753); *Cinnamomum zeylanicum* Blume, Bijdr. Fl. Ned. Ind. 11: 568 (1825).
栽培于广东、台湾；原产于斯里兰卡。

川桂（臭樟木，大叶叶子树，桂皮树）

●**Cinnamomum wilsonii** Gamble in C. S. Sargent, Pl. Wilson. 2: 66 (1914).
Cinnamomum wilsonii var. *multiflorum* Gamble in C. S. Sargent, Pl. Wilson. 2 (1): 67 (1914).
陕西、江西、湖南、湖北、四川、广东、广西。

厚壳桂属 Cryptocarya R. Br.

尖叶厚壳桂

●**Cryptocarya acutifolia** H. W. Li, Acta Phytotax. Sin. 17 (2): 69, pl. 6, f. 6 (1979).
云南。

杏仁厚壳桂

Cryptocarya amygdalina Nees, Pl. Asiat. Rar. 2: 69 (1831).
西藏；不丹、印度、尼泊尔。

短序厚壳桂

●**Cryptocarya brachythyrsa** H. W. Li, Acta Phytotax. Sin. 17 (2): 68, pl. 6, f. 4 (1979).
云南。

岩生厚壳桂

●**Cryptocarya calcicola** H. W. Li, Acta Phytotax. Sin. 17 (2): 69, pl. 6, f. 5 (1979).
贵州、云南、广西。

厚壳桂（硬壳槁，香花桂，铜锣桂）

●**Cryptocarya chinensis** (Hance) Hemsl., J. Linn. Soc. Bot. 26 (176): 370 (1891).
Beilschmiedia chinensis Hance, J. Bot. 20: 79 (1882).
四川、福建、台湾、广东、广西、海南。

硬壳桂（芳果槁，流鼻槁，流涎槁）

Cryptocarya chingii W. C. Cheng, Contr. Biol. Lab. Sci. Soc. China, Bot. Ser. 10: 111 (1936).
Cryptocarya laui Merr. et F. P. Metcalf, Lingnan Sci. J. 16 (1): 83, f. 3 (1937); *Cryptocarya merrilliana* C. K. Allen, J. Arnold Arbor. 23: 456 (1942).
江西、浙江、福建、广东、广西、海南；越南北部。

黄果厚壳桂（香港厚壳桂，黄果桂，海南厚壳桂）

Cryptocarya concinna Hance, J. Bot. 20: 79 (1882).
Cryptocarya konishii Hayata, J. Coll. Sci. Imp. Univ. Tokyo 30 (1): 237 (1911); *Cryptocarya lenticellata* Lecomte, Notul. Syst. (Paris) 2: 333 (1913); *Cryptocarya microcarpa* F. N. Wei, Guihaia 15 (3): 210, f. 2 (1995).
贵州、江西、台湾、广东、广西、海南；越南北部。

丛花厚壳桂（白面槁，硬壳槁，大果铜锣桂）

Cryptocarya densiflora Blume, Bijdr. Fl. Ned. Ind.

11: 556 (1826).

Cryptocarya laevigata Elmer, Leafl. Philipp. Bot. 8: 2720 (1915).

云南、福建、广东、广西、海南；老挝、越南、菲律宾、马来西亚、印度尼西亚。

贫花厚壳桂

•**Cryptocarya depauperata** H. W. Li, Acta Phytotax. Sin. 17 (2): 69 (1979).

云南。

菲岛厚壳桂

Cryptocarya elliptifolia Merr., Philipp. J. Sci. 14: 396 (1919).

台湾；菲律宾。

海南厚壳桂

Cryptocarya hainanensis Merr., Philipp. J. Sci. 21 (4): 343 (1922).

Cryptocarya rolletii H. Wang et H. Zhu, Guihaia 19 (3): 197, f. 1 (1999).

云南、广西、海南；越南。

钝叶厚壳桂（那果，大叶乌面槁，钝叶桂）

•**Cryptocarya impressinervia** H. W. Li, Acta Phytotax. Sin. 17 (2): 70 (1979).

Cryptocarya obtusifolia Merr., Philipp. J. Sci. 21 (4): 344 (1922).

海南。

广东厚壳桂

•**Cryptocarya kwangtungensis** Hung T. Chang, Acta Sci. Nat. Univ. Sunyatseni 1963 (4): 132 (1963).

广东。

鸡卵槁（黎厚壳桂）

•**Cryptocarya leiana** C. K. Allen, J. Arnold Arbor. 23: 456 (1942).

海南。

南烛厚壳桂

•**Cryptocarya lyoniifolia** S. K. Lee et F. N. Wei, Guihaia 8: 303. f. 3 (1988).

广西。

白背厚壳桂（白叶厚壳桂）

•**Cryptocarya maclurei** Merr., Philipp. J. Sci. 21: 344 (1922).

广东、广西、海南。

斑果厚壳桂

•**Cryptocarya maculata** H. W. Li, Acta Phytotax. Sin. 17 (2): 68, pl. 6, f. 3 (1979).

云南、广西。

长序厚壳桂（麦桂，麦氏厚壳桂，小果厚壳桂）

•**Cryptocarya metcalfiana** C. K. Allen, J. Arnold Arbor. 23: 457 (1942).

Cryptocarya howii C. K. Allen, J. Arnold Arbor. 23: 458 (1942).

海南。

红柄厚壳桂（怀德厚壳桂）

•**Cryptocarya tsangii** Nakai, J. Jap. Bot. 16 (2): 121 (1940).

海南。

云南厚壳桂

•**Cryptocarya yunnanensis** H. W. Li, Acta Phytotax. Sin. 17 (2): 70, pl. 7, f. 1 (1979).

云南。

莲桂属 **Dehaasia** Blume

莲桂

•**Dehaasia hainanensis** Kosterm., Bot. Jahrb. Syst. 93: 439, f. 8 (1973).

海南。

腰果楠

•**Dehaasia incrassata** (Jack) Kosterm., J. Sci. Res. (Jakarta) 1: 91 (1952).

Laurus incrassata Jack, Malayan Misc. 2 (7): 33 (1822); *Endiandra lanyuensis* C. E. Chang, Bot. Bull. Acad. Sin. (Taiwan) 4 (1): 6. f. 1 (1903); *Dehaasia triandra* Merr., Philipp. J. Sci. 2: 199 (1923); *Dehaasia lanyuensis* (Hung T. Chang) Kosterm., Bull. Bot. Surv. India 7: 128 (1965).

台湾；泰国、菲律宾、马来西亚、印度尼西亚。

广东莲桂

•**Dehaasia kwangtungensis** Kosterm., Bot. Jahrb. Syst. 93: 461, f. 10 (1973).

广东。

单花木姜子属 **Dodecadenia** Nees

单花木姜子

Dodecadenia grandiflora Nees, Pl. As. Rar. 2: 63 (1831).

四川、云南、西藏；缅甸、印度、不丹、尼泊尔。

单花木姜子（原变种）

Dodecadenia grandiflora var. **grandiflora**

Litsea monantha Yen C. Yang et P. H. Huang, Acta Phytotax. Sin. 16 (4): 61 (1978); *Actinodaphne monantha* (Yen C. Yang et P. H. Huang) H. P. Hsui, Bull. Bot.

Res., Harbin 7 (4): 4 (1987).
四川、云南、西藏；缅甸、印度、不丹、尼泊尔。

无毛单花木姜子

Dodecadenia grandiflora var. **griffithii** (Hook. f.) D. G. Long, Notes Roy. Bot. Gard. Edinburgh. 41 (3): 507 (1984).
Dodecadenia griffithii Hook. f., Fl. Brit. India 5: 181 (1886).
云南；印度、不丹。

土楠属 Endiandra R. Br.

革叶土楠（三蕊楠）

Endiandra coriacea Merr., Publ. Bur. Sci. Gov. Lab. 35: 14 (1905).
台湾；菲律宾。

长果土楠

●**Endiandra dolichocarpa** S. K. Lee et Y. T. Wei, Acta Phytotax. Sin. 17 (2): 74, pl. 3, f. 5 (1979).
云南、广西。

土楠

●**Endiandra hainanensis** Merr. et F. P. Metcalf ex C. K. Allen, J. Arnold Arbor. 23: 461 (1942).
海南。

香面叶属 Iteadaphne Blume

香面叶（香油果，朴香果）

Iteadaphne caudata (Nees) H. W. Li, Acta Bot. Yunnan. 7 (2): 132 (1985).
Daphnidium caudatum Nees, Pl. Asiat. Rar. 2: 63 (1831); *Lindera caudata* (Nees) Hook. f., Fl. Brit. India 5: 184 (1886); *Benzoin caudatum* (Nees) Kuntze, Revis. Gen. Pl. 2: 569 (1891).
云南、广西；印度、越南、缅甸、老挝、泰国。

月桂属 Laurus L.

月桂

☆**Laurus nobilis** L., Sp. Pl. 1: 369 (1753).
栽培于江苏、浙江、四川、云南、福建、台湾；原产于地中海地区。

山胡椒属 Lindera Thunb.

乌药

Lindera aggregata (Sims) Kosterm., Reinwardtia 9 (1): 98 (1974).
Laurus aggregata Sims, Bot. Mag. 51: tab 2497 (1824).
安徽、江西、湖南、贵州、福建、台湾、广东、广西、海南、浙江；越南、菲律宾。

乌药（原变种）

Lindera aggregata var. **aggregata**
Daphnidium strychnifolium Siebold et Zucc., Abh. Bayer. Akad. Wiss., Math.-Naturwiss. Abt. 4 (3): 207 (1846); *Lindera strychnifolia* (Siebold et Zucc.) Fern.-Vill., Blanco. Fl. Filip. Ed. 3 Noviss. Append. 182 (1880); *Benzoin strychnifolium* (Siebold et Zucc.) Kuntze, Revis. Gen. Pl. 2: 569 (1891); *Lindera eberhardtii* Lecomte, Nouv. Arch. Mus. Hist. Nat. sér. 5, 5: 118 (1913).
安徽、江西、浙江、湖南、贵州、福建、广东、广西、海南、台湾；越南、菲律宾。

小叶乌药（小叶钓樟，细叶乌药，小辣子）

●**Lindera aggregata** var. **playfairii** (Hemsl.) H. P. Tsui, Acta Phytotax. Sin. 16 (4): 69 (1978).
Litsea playfairii Hemsl., J. Linn. Soc. Bot. 26 (176): 384 (1891); *Lindera alongensis* Lecomte, Nouv. Arch. Mus. Hist. Nat. sér. 5, 5: 118 (1913); *Neolitsea playfairii* (Hemsl.) Chun, J. Arnold Arbor. 8 (1): 22 (1927); *Lindera playfairii* (Hemsl.) C. K. Allen, Ann. Missouri Bot. Gard. 25: 400 (1937).
广东、广西、海南。

台湾香叶树

●**Lindera akoensis** Hayata, J. Coll. Sci. Imp. Univ. Tokyo 30 (1): 252 (1911).
Benzoin akoense (Hayata) Kamik., Annual Rep. Taihoku Bot. Gard. 3: 79 (1933).
台湾。

台湾香叶树（原变种）

●**Lindera akoensis** var. **akoensis**
台湾。

竹头角香叶树

●**Lindera akoensis** var. **chitouchiaoensis** Liao, Mém. Coll. Agr. National Taiwan Univ. 22 (2): 8. pl. 3 (1982).
台湾。

狭叶山胡椒（鸡婆子，小鸡条，见风消）

Lindera angustifolia W. C. Cheng, Contr. Biol. Lab. Sci. Soc. China, Bot. Ser. 18 (3): 294, f. 21 (1933).
Benzoin angustifolium (W. C. Cheng) Nakai, Fl. Sylv. Kor. 22: 78, pl. 13 (1939).
山东、河南、陕西、安徽、江苏、江西、浙江、湖北、福建、广东、广西；朝鲜。

江浙山胡椒（江浙钓樟，钱氏钓樟）

●**Lindera chienii** W. C. Cheng, Contr. Biol. Lab. Sci. Soc. China, Bot. Ser., 9: 193-196, f. 18 (1934).
河南、安徽、江苏、浙江。

鼎湖钓樟（白胶木，耙齿钓，陈氏钓樟）

●**Lindera chunii** Merr., Lingnan Sci. J. 7: 307 (1929).

广东、广西、海南。

香叶树（香果树，细叶假樟，野木姜子）

Lindera communis Hemsl., J. Linn. Soc. Bot. 26 (176): 387 (1891).

Lindera formosana Hayata, J. Coll. Sci. Imp. Univ. Tokyo 30 (1): 255 (1911); *Lindera bodinieri* H. Lév., Repert. Spec. Nov. Regni Veg. 10 (257-259): 371 (1912); *Lindera yunnanensis* H. Lév., Repert. Spec. Nov. Regni Veg. 10 (257-259): 371 (1912); *Litsea cavaleriei* H. Lév., Repert. Spec. Nov. Regni Veg. 10: 371 (1912); *Beilschmiedia parvifolia* Lecomte, Nouv. Arch. Mus. Hist. Nat. sér. 5, 5: 110 (1913); *Lindera glauca* var. *nitidula* Lecomte, Nouv. Arch. Mus. Hist. Nat. sér. 5, 5: 115 (1913); *Benzoin commune* (Hemsl.) Rehder, J. Arnold Arbor. 1 (2): 144 (1919); *Lindera paxiana* H. Winkl., Repert. Spec. Nov. Regni Veg. Beih. 12: 382 (1922); *Benzoin formosanum* (Hayata) Kamikoti, Annual Rep. Taihoku Bot. Gard. 3: 79 (1933); *Lindera sterrophylla* C. K. Allen, J. Arnold Arbor. 22: 12 (1941); *Lindera communis* var. *esquirolii* (H. Lév.) S. Y. Hu, J. Arnold Arbor. 61 (1): 76 (1980).

陕西、甘肃、江西、浙江、湖南、湖北、四川、贵州、云南、福建、台湾、广东、广西；印度、越南、老挝、缅甸、泰国。

贡山山胡椒

Lindera doniana C. K. Allen, J. Arnold Arbor. 22: 10 (1941).

云南；印度东北部。

红果山胡椒（红果钓樟，詹糖香）

Lindera erythrocarpa Makino, Bot. Mag. (Tokyo) 11 (124): 219 (1897).

Lindera thunbergii Makino, Bot. Mag. (Tokyo) 14 (166): 184 (1900); *Benzoin erythrocarpum* (Makino) Rehder, J. Arnold Arbor. 1 (2): 144 (1919); *Lindera henanensis* H. P. Tsui, Acta Phytotax. Sin. 25 (5): 412 (1987); *Lindera erythrocarpa* var. *longipes* S. B. Liang, Bull. Bot. Res., Harbin 8 (4): 90 (1988); *Lindera funiushanensis* C. S. Zhu, Acta Bot. Yannan. 17 (1): 23-24, f. 1 (1995).

山东、河南、陕西、安徽、江苏、江西、湖南、湖北、四川、台湾、广东、广西；朝鲜、日本。

绒毛钓樟

●**Lindera floribunda** (C. K. Allen) H. P. Tsui, Acta Phytotax. Sin. 16 (4): 68 (1978).

Lindera gambleana var. *floribunda* C. K. Allen, J. Arnold Arbor. 22: 28 (1941).

陕西、甘肃、湖北、湖南、贵州、广东、四川。

蜂房叶山胡椒

●**Lindera foveolata** H. W. Li, Acta Phytotax. Sin. 16 (4): 64, pl. 4, f. 3 (1978).

云南。

香叶子

●**Lindera fragrans** Oliv., Hooker's Icon. Pl. 18 (4): pl. 1788 (1888).

Lindera rosthornii Diels, Bot. Jahrb. Syst. 29 (3-4): 350 (1900); *Benzoin fragrans* (Oliv.) Rehder, J. Arnold Arbor. 1 (2): 145 (1919); *Lindera supracostata* var. *chuaneensis* H. S. Kung, Fl. Sichuan. 1: 460, f. 36, 6-7 (1981); *Lindera fragrans* var. *linearifolia* Y. K. Li, Guihaia 5 (4): 345, f. 2 (1985).

陕西、湖北、四川、贵州、广西。

纤梗山胡椒

Lindera gracilipes H. W. Li, Acta Phytotax. Sin. 16 (4): 64, pl. 4, f. 1 (1978).

Lindera gracilipes var. *macrocarpa* H. Zhu et H. Wang, Acta Bot. Yannan. 20 (1): 32, f. 1 (1998).

云南、西藏；越南北部。

广西钓樟

●**Lindera guangxiensis** H. P. Tsui, Acta Phytotax. Sin. 16 (4): 67 (1978).

广西。

更里山胡椒（无毛山胡椒）

●**Lindera kariensis** W. W. Sm., Notes Roy. Bot. Gard. Edinburgh. 13: 165. 1921.

Benzoin kariensis (W. W. Sm.) Hand.-Mazz., Symb. Sin. 7: 259 (1931); *Lindera kariensis* f. *glabrescens* H. W. Li, Acta Phytotax. Sin. 16 (4): 63, pl. 4, f. 2 (1978).

云南。

广东山胡椒（广东钓樟，柳槁，猪母楠）

●**Lindera kwangtungensis** (H. Liu) C. K. Allen, J. Arnold Arbor. 22: 2 (1941).

Lindera meissneri f. *kwangtungensis* H. Liu, Laurac. Chine et Indochine 126 (1934).

江西、四川、贵州、福建、广东、广西、海南。

团香果（牛面兰果，大毛叶楠，毛香果）

Lindera latifolia Hook. f., Fl. Brit. India 5: 183 (1886).

云南、西藏；越南北部、印度、孟加拉国。

卵叶钓樟

●**Lindera limprichtii** H. Winkl., Repert. Spec. Nov.

Regni Veg. Beih. 12: 382 (1922).
Lindera strychnifolia var. *limprichtii* (H. Winkl.) Yen C. Yang, J. W. China Border Res. Soc. 15: 84 (1945).
陕西、甘肃、四川。

山柿子果

●**Lindera longipedunculata** C. K. Allen, J. Arnold Arbor. 22: 6 (1941).
云南、西藏。

龙胜钓樟

●**Lindera lungshengensis** S. K. Lee, Acta Phytotax. Sin. 16 (4): 67 (1978).
广西。

勐海山胡椒

●**Lindera menghaiensis** H. W. Li, Acta Phytotax. Sin. 16 (4): 64 (1978).
云南。

滇粤山胡椒

Lindera metcalfiana C. K. Allen, J. Arnold Arbor. 22: 3 (1941).
云南、福建、广东、广西、海南；越南北部。

滇粤山胡椒（原变种）

●**Lindera metcalfiana** var. **metcalfiana**
云南、福建、广东、广西、海南。

网叶山胡椒（山香果，化楠木，连杆果）

Lindera metcalfiana var. **dictyophylla** (C. K. Allen) H. P. Tsui, Acta Phytotax. Sin. 16 (4): 64 (1978).
Lindera dictyophylla C. K. Allen, J. Arnold Arbor. 22: 5 (1941).
云南、福建、广西；越南北部。

西藏山胡椒

●**Lindera motuoensis** H. P. Tsui, Acta Phytotax. Sin. 16 (4): 65, pl. 5, f. 1 (1978).
Lindera gracilis H. P. Tsui, Acta Bot. Yunnan. 16 (1): 36 (1994).
西藏。

绒毛山胡椒（绒钓樟，大石楠树）

Lindera nacusua (D. Don) Merr., Lingnan Sci. J. 15 (3): 419 (1936).
Laurus nacusua D. Don, Prodr. Fl. Nepal. 64 (1825); *Benzoin nacusua* Kuntze, Revis. Gen. Pl. 2: 569 (1891).
江西、四川、云南、西藏、福建、广东、广西、海南；越南、缅甸、印度、不丹、尼泊尔。

绒毛山胡椒（原变种）

Lindera nacusua var. **nacusua**
Daphnidium bifaria Wall., Numer. List no. 2530 (1830); *Daphnidium bifarium* Nees, Pl. Asiat. Rar. 2: 63 (1831); *Lindera bifaria* (Nees) Hosseus, Beih. Bot. Centralbl. 28 (2): 389 (1911); *Lindera communis* var. *grandifolia* Lecomte, Nouv. Arch. Mus. Hist. Nat. sér. 5, 5: 118 (1913); *Lindera duclouxii* Lecomte, Nouv. Arch. Mus. Hist. Nat. sér. 5, 5: 113 (1913); *Benzoin bifarium* (Nees) Chun, Contr. Biol. Lab. Sci. Soc. China, Bot. Ser. 1 (5): 44 (1925); *Lindera nacusua* var. *sutchuanensis* Yen C. Yang, J. W. China Border Res. Soc. 15: 84 (1945).
江西、四川、云南、西藏、福建、广东、广西、海南；越南、缅甸、印度、不丹、尼泊尔。

勐仑山胡椒

●**Lindera nacusua** var. **menglungensis** H. P. Tsui, Acta Phytotax. Sin. 16 (4): 65, pl. 5, f. 2 (1978).
云南。

绿叶甘橿（波密钓樟）

Lindera neesiana (Wall. ex Nees) Kurz., Prelim. Rep. Forest Pegu. App. A. 103 (1875).
Benzoin neesianum Wall. ex Nees, Pl. Asiat. Rar. 2: 63 (1831); *Aperula neesiana* (Wall. ex Nees) Blume, Mus. Bot. 1 (23): 366 (1851); *Lindera fruticosa* Hemsl., J. Linn. Soc. Bot. 26 (176): 388 (1891); *Litsea fruticosa* (Hemsl.) Gamble in C. S. Sargent, Pl. Wilson. 2 (1): 77 (1914); *Benzoin fruticosum* (Hemsl.) Rehder, J. Arnold Arbor. 1 (2): 145 (1919); *Lindera fruticosa* var. *pomiensis* H. P. Tsui, Acta Phytotax. Sin. 16 (4): 65, pl. 5, f. 3 (1978); *Lindera pomiensis* (H. P. Tsui) H. P. Tsui, Acta Bot. Yunnan. 10 (1): 124 (1988).
河南、陕西、安徽、江西、浙江、湖南、湖北、四川、贵州、云南、西藏；不丹、印度、缅甸北部、尼泊尔。

三桠乌药（红叶甘檀，三键风，山姜）

Lindera obtusiloba Blume, Ann. Mus. Bot. Lugduno-Batavi. 1: 325 (1851).
Benzoin obtusilobum (Blume) Kuntze, Revis. Gen. Pl. 2: 569 (1891).
辽宁、山东、河南、陕西、甘肃、安徽、江苏、江西、浙江、湖南、湖北、四川、云南、西藏、福建；韩国、日本、印度、不丹、尼泊尔。

三桠乌药（原变种）

Lindera obtusiloba var. **obtusiloba**
Lindera mollis Oliv., J. Linn. Soc. Bot. 9: 168 (1867); *Lindera cercidifolia* Hemsl., J. Linn. Soc. Bot. 26 (176): 387 (1891); *Benzoin cercidifolium* (Hemsl.) Rehder, J. Arnold Arbor. 1: 144 (1919); *Lindera praeter-*

missa Grierson et D. G. Long, Notes Roy. Bot. Gard. Edinburgh, 36 (1): 149 (1978); *Lindera obtusiloba* var. *praetermissa* (Grierson et D. G. Long) H. P. Tsui, Acta Phytotax. Sin. 16 (4): 66 (1978).
辽宁、山东、河南、陕西、甘肃、安徽、江苏、江西、浙江、湖南、湖北、四川、云南、西藏、福建；韩国、日本。

滇藏钓樟

Lindera obtusiloba var. **heterophylla** (Meisn.) H. P. Tsui, Fl. Reipubl. Popularis Sin. 31: 416, pl. 107, f. 10 (1982).
Lindera heterophylla Meisn. in A. P. de Candolle, Prodr. 15 (1): 246 (1864).
云南、西藏；印度、不丹、尼泊尔。

大果山胡椒

Lindera praecox (Siebold et Zucc.) Blume, Ann. Mus. Bot. Lugduno-Batavi. 9: 301 (1851).
Benzoin praecox Siebold et Zucc., Abh. Bayer. Akad. Wiss., Math.-Naturwiss. Abt. 4 (3): 205 (1846); *Parabenzoin praecox* (Siebold et Zucc.) Nakai, Bull. Soc. Bot. France 71: 1181 (1924).
安徽、浙江、湖北；日本。

峨眉钓樟

Lindera prattii Gamble in C. S. Sargent, Pl. Wilson. 2 (1): 83 (1914).
Benzoin prattii (Gamble) Rehder, J. Arnold Arbor. 1 (2): 145 (1919).
四川、贵州。

西藏钓樟

Lindera pulcherrima (Nees) Hook. f., Gen. Pl. 3: 163 (1880).
Daphnidium pulcherrimum Nees, Pl. Asiat. Rar. 2: 63 (1831); *Benzoin pulcherrimum* (Nees) Kuntze, Symb. Sin. 7: 259 (1931).
陕西、湖北、湖南、四川、贵州、云南、西藏、广东、广西；印度、不丹、尼泊尔。

西藏钓樟（原变种）

Lindera pulcherrima var. **pulcherrima**
西藏；印度、不丹、尼泊尔。

香粉叶（香叶树，山叶树，假桂皮）

•**Lindera pulcherrima** var. **attenuata** C. K. Allen, J. Arnold Arbor. 22 (1): 21 (1941).
Neolitsea subcaudata Merr., Philipp. J. Sci. 13 (3): 137-138 (1918); *Lindera subcaudata* (Merr.) Merr., Philipp. J. Sci. 15 (3): 237 (1919); *Benzoin subcaudatum* (Merr.) Chun, Contr. Biol. Lab. Sci. Soc. China, Bot. Ser. 1 (5): 38 (1925).
湖南、湖北、四川、贵州、云南、广东、广西。

川钓樟（山香桂，三条筋，香叶子）

•**Lindera pulcherrima** var. **hemsleyana** (Diels) H. P. Tsui, Acta Phytotax. Sin. 16 (4): 67 (1978).
Lindera strychnifolia var. *hemsleyana* Diels, Bot. Jahrb. Syst. 29 (3-4): 352 (1900); *Benzoin urophyllum* Rehder, J. Arnold Arbor. 1 (2): 146 (1919); *Benzoin strychnifolium* var. *hemsleyanum* (Diels) Rehder, J. Arnold Arbor. 1 (2): 145 (1919); *Daphnidium strychnifolium* var. *hemsleyanum* (Diels) Nakai, J. Jap. Bot. 16 (3): 131 (1940); *Lindera urophylla* (Rehder) C. K. Allen, J. Arnold Arbor. 22: 23 (1941); *Lindera stewardiana* C. K. Allen, J. Arnold Arbor. 22: 26 (1941); *Lindera gambleana* C. K. Allen, J. Arnold Arbor. 22: 27 (1941); *Lindera hemsleyana* (Diels) C. K. Allen, J. Arnold Arbor. 22: 25 (1941).
陕西、湖南、湖北、四川、贵州、云南、广西。

山橿（野樟树，钓樟，木姜子）

•**Lindera reflexa** Hemsl., J. Linn. Soc. Bot. 26 (176): 391 (1891).
Benzoin reflexum (Hemsl.) Rehder, J. Arnold Arbor. 1 (2): 145 (1919); *Lindera umbellata* var. *latifolia* Gamble in C. S. Sargent, Pl. Wilson. 2: 81 (1914); *Benzoin umbellatum* var. *latifolium* W. C. Cheng, Mém. Sci. Soc. China. 1 (1): 62 (1924); *Benzoin sericeum* var. *tenue* Nakai, Fl. Sylv. Kor. 22: 77 (1939).
河南、安徽、江苏、江西、浙江、湖北、湖南、贵州、云南、福建、广东、广西。

海南山胡椒（广东钓樟大叶变型）

•**Lindera robusta** (C. K. Allen) H. P. Tsui, Acta Phytotax. Sin. 16 (4): 64 (1978).
Lindera kwangtungensis f. *robusta* C. K. Allen, J. Arnold Arbor. 22 (1): 3 (1941).
海南。

红脉钓樟（庐山乌药）

•**Lindera rubronervia** Gamble in C. S. Sargent, Pl. Wilson. 2 (1): 84 (1914).
Benzoin rubronervium (Gamble) Rehder, J. Arnold Arbor. 1 (2): 145 (1919).
河南、安徽、江苏、江西、浙江。

四川山胡椒（石桢楠）

•**Lindera setchuenensis** Gamble in C. S. Sargent, Pl. Wilson. 2 (1): 82 (1914).
Benzoin setchuenense (Gamble) Rehder, J. Arnold Arbor. 1: 145 (1919); *Actinodaphne setchuenensis* (Gamble) C. K. Allen, Ann. Missouri Bot. Gard. 25: 411 (1938).

四川、贵州。

菱叶钓樟（山香桂，铁桂皮，川滇三股筋香）

•**Lindera supracostata** Lecomte, Nouv. Arch. Mus. Hist. Nat. sér. 5, 5: 47, 112 (1913).

Benzoin supracostatum (Lecomte) Rehder, J. Arnold Arbor. 1 (2): 146 (1919); *Lindera supracostata* var. *attenuata* C. K. Allen, J. Arnold Arbor. 22 (1): 24 (1941).

四川、贵州、云南。

三股筋香

Lindera thomsonii C. K. Allen, J. Arnold Arbor. 22: 22 (1941).

贵州、云南、广西；越南、缅甸、印度。

三股筋香（原变种）

Lindera thomsonii var. **thomsonii**

Lindera pulcherrima var. *glauca* Lecomte, Nouv. Arch. Mus. Hist. Nat. sér. 5, 5: 117 (1913).

贵州、云南、广西；越南、缅甸、印度。

长尾钓樟

Lindera thomsonii var. **velutina** (Forrest) L. C. Wang, Acta Bot. Boreal.-Occid. Sin. 6 (1): 64 (1986).

Lindera strychnifolia var. *velutina* Forrest, Notes Roy. Bot. Gard. Edinburgh. 13 (63-64): 166 (1921); *Lindera vernayana* C. K. Allen, J. Arnold Arbor. 22: 24 (1941); *Lindera hemsleyana* var. *velutina* (Forrest) C. K. Allen, J. Arnold Arbor. 22 (1): 25 (1941); *Lindera thomsonii* var. *vernayana* (Allen) H. P. Tsui, Acta Phytotax. Sin. 16 (4): 68 (1978).

云南；缅甸北部。

天全钓樟

•**Lindera tienchuanensis** W. P. Fang et H. S. Kung, Acta Phytotax. Sin. 16 (4): 66, pl. 5, f. 4 (1978).

Lindera chengii H. P. Tsui, Acta Bot. Yunnan. 16 (1): 37, f. 6 (1994).

四川、西藏。

假桂钓樟

Lindera tonkinensis Lecomte, Nouv. Arch. Mus. Hist. Nat., sér. 5, 5: 112 (1913).

云南、广东、广西、海南；越南、老挝。

假桂钓樟（原变种）

Lindera tonkinensis var. **tonkinensis**

云南、广东、广西、海南；越南、老挝。

无梗钓樟

•**Lindera tonkinensis** var. **subsessilis** H. W. Li, Acta Phytotax. Sin. 16 (4): 66, pl. 4, f. 4 (1978).

云南、广西。

毛柄钓樟

•**Lindera villipes** H. P. Tsui, Acta Phytotax. Sin. 16 (4): 68, pl. 5, f. 6 (1978).

云南、西藏。

木姜子属 Litsea Lam.

尖叶木姜子（毛叉树，黄桂，长果木姜子）

Litsea acutivena Hayata, Icon. Pl. Formosan. 5: 163, f. 58d (1915).

Litsea nakaii Hayata, Icon. Pl. Formosan. 5: 168, f. 58c (1915); *Tetradenia acutivena* (Hayata) Nemoto ex Makino et Nemoto, Fl. Japan., ed. 2: 373 (1931); *Tetradenia nakaii* (Hayata) Makino et Nemoto, Fl. Japan., ed. 2: 373 (1931); *Actinodaphne acutivena* (Hayata) Nakai, J. Jap. Bot. 14 (3): 191 (1938); *Actinodaphne nakaii* (Hayata) Tang S. Liu et J. C. Liao, Sci. Ann. Taiwan Mus. 14: 7 (1971); *Litsea elongata* var. *acutivena* (Hayata) S. S. Ying, Mém. Coll. Agric. Natl. Taiwan Univ. 25 (1): 99 (1986).

贵州、福建、台湾、广东、广西、海南、江西；越南、老挝、柬埔寨。

屏东木姜子

•**Litsea akoensis** Hayata, J. Coll. Sci. Imp. Univ. Tokyo 30 (1): 245 (1911).

Tetradenia akoensis (Hayata) Nemoto ex Makino et Nemoto, Fl. Japan., ed. 2: 373 (1931); *Cylicodaphne akoensis* (Hayata) Nakai, J. Jap. Bot. 14 (3): 192 (1938); *Actinodaphne akoensis* (Hayata) Tang S. Liu et J. C. Liao, Sci. Ann. Taiwan Mus. 14: 5 (1971).

台湾。

屏东木姜子（原变种）

•**Litsea akoensis** var. **akoensis**

台湾。

浸水营木姜子

•**Litsea akoensis** var. **sasakii** (Kamik.) J. C. Liao, Coll. Agr. National Taiwan Univ. 26 (2): 110. f. 10 (1986).

Litsea sasakii Kamik., Trans. Nat. Hist. Soc. Taiwan 22: 411 (1932); *Fiwa sasakii* (Kamik.) Nakai, J. Jap. Bot. 14 (3): 194 (1938); *Actinodaphne sasakii* (Kamik.) Tang S. Liu et J. C. Liao, Annual of Taiwan Mus. 14: 8 (1971); *Litsea linii* C. E. Chang, Fl. Taiwan 2: 443 (1976).

台湾。

白叶木姜子

Litsea albescens (Hook. f.) D. G. Long, Notes Roy.

Bot. Gard. Edinburgh 41 (3): 508 (1984).
Litsea oblonga var. *albescens* Hook. f., Fl. Brit. India 5: 169 (1886).
西藏；印度、不丹。

天目木姜子

•**Litsea auriculata** S. S. Chien et W. C. Cheng, Contr. Biol. Lab. Sci. Soc. China, Bot. Ser. 6 (7): 59 (1931).
安徽、浙江。

假辣子（米粮价）

Litsea balansae Lecomte, Fl. Indo-Chine [P. H. Lecomte et al.] 5: 135 (1914).
云南；越南。

大萼木姜子（托壳果，白面槁，捍椒槁）

Litsea baviensis Lecomte, Nouv. Arch. Mus. Hist. Nat. sér. 5, 5: 87 (1913).
Litsea maclurei Merr., Philipp. J. Sci. 23 (3): 244-245 (1923).
云南、广西、海南；越南、泰国北部。

琼楠叶木姜子

•**Litsea beilschmiediifolia** H. W. Li, Acta Phytotax. Sin. 16 (4): 50, pl. 2, f. 4 (1978).
云南。

少花木姜子

•**Litsea biflora** H. P. Tsui, Acta Bot. Yunnan. 16 (1): 32 (1994).
西藏。

沧源木姜子

•**Litsea cangyuanensis** J. Li et H. W. Li, Acta Bot. Yannan. 28 (2): 103 (2006).
云南。

树志木姜子

•**Litsea chengshuzhii** H. P. Tsui, Acta Bot. Yunnan. 16 (1): 34 (1994).
西藏。

金平木姜子

•**Litsea chinpingensis** Yen C. Yang et P. H. Huang, Acta Phytotax. Sin. 16 (4): 57, f. 15 (1978).
云南。

高山木姜子

•**Litsea chunii** W. C. Cheng, Contr. Biol. Lab. Sci. Soc. China, Bot. Ser. 9: 196, f. 19 (1934).
甘肃、四川、云南。

高山木姜子（原变种）

•**Litsea chunii** var. **chunii**
Litsea chunii var. *longipedicellata* Yen C. Yang, J. W. China Border Res. Soc. Res. 5: 78 (1945); *Litsea chunii* f. *latifolia* Yen C. Yang, Contr. Biol. Lab. Sci. Soc. China, Bot. Ser. 13: 27 (1948); *Litsea chunii* var. *latifolia* (Yen C. Yang) H. S. Kung, Acta Phytotax. Sin. 16 (4): 46 (1978).
甘肃、四川、云南。

丽江木姜子

•**Litsea chunii** var. **likiangensis** Yen C. Yang et P. H. Huang, Acta Phytotax. Sin. 16 (4): 46 (1978).
云南。

蓝叶木姜子

•**Litsea coelestis** H. P. Tsui, Acta Bot. Yunnan. 16 (1): 34 (1994).
西藏。

朝鲜木姜子（鹿皮斑木姜子）

Litsea coreana H. Lév., Repert. Spec. Nov. Regni Veg. 10 (257-259): 370 (1912).
河南、安徽、江苏、江西、浙江、湖南、湖北、四川、贵州、云南、福建、台湾、广东、广西；朝鲜、日本。

朝鲜木姜子（原变种）

Litsea coreana var. **coreana**
Daphnidium lancifolium Siebold et Zucc., Abh. Bayer. Akad. Wiss., Math.-Naturwiss. Abt. 4 (3): 207 (1846), nom. nud.; *Iozoste lancifolia* (Siebold et Zucc.) Blume, Mus. Bot. 1: 364 (1851); *Actinodaphne lancifolia* (Siebold et Zucc.) Meisn. in A. P. de Candolle, Prodr. 15 (1): 211 (1864); *Litsea zuccarinii* Kosterm., Reinwardtia 8: 117 (1970); *Litsea orientalis* C. E. Chang, Fl. Taiwan 2: 446 (1976).
台湾；朝鲜、日本。

毛豹皮樟

•**Litsea coreana** var. **lanuginosa** (Migo) Yen C. Yang et P. H. Huang, Acta Phytotax. Sin. 16 (4): 50 (1978).
Iozoste hirtipes var. *lanuginosa* Migo, Bull. Shanghai Sci. Inst. 14: 300 (1944).
河南、安徽、江苏、江西、浙江、湖北、湖南、四川、贵州、云南、福建、广东、广西。

豹皮樟（扬子黄肉樟）

•**Litsea coreana** var. **sinensis** (C. K. Allen) Yen C. Yang et P. H. Huang, Acta Phytotax. Sin. 16 (4): 49 (1978).
Actinodaphne lancifolia var. *sinensis* C. K. Allen, Ann. Missouri Bot. Gard. 25: 406 (1938); *Iozoste hirtipes* Migo, Bull. Shanghai Sci. Inst. 14: 300 (1944).
河南、安徽、江苏、江西、浙江、湖北、福建。

山鸡椒

Litsea cubeba (Lour.) Pers., Syn. Pl. 2: 4 (1807).
Laurus cubeba Lour., Fl. Cochinch. 1: 252 (1790).
安徽、江苏、江西、浙江、湖南、湖北、四川、贵州、云南、西藏、福建、台湾、广东、广西、海南；东南亚。

山鸡椒（原变种）

Litsea cubeba var. **cubeba**
Litsea mollis var. *glabrata* Diels, Bot. Jahrb. Syst. 29 (3-4): 349 (1900); *Lindera dielsii* H. Lév., Repert. Spec. Nov. Regni Veg. 10 (257-259): 370 (1912); *Litsea dielsii* (H. Lév) H. Lév., Fl. Kouy-Tchéou 220 (1914-1915); *Litsea mollifolia* var. *glabrata* (Diels) Chun, Sunyatsenia 1 (4): 237 (1934); *Litsea cubeba* f. *obtusifolia* Yen C. Yang et P. C. Huang, Acta Phytotax. Sin. 16 (4): 46 (1978); *Benzoin cubeba* (Lour.) Hatus., Forest Exp. Rec. 3: 90 (1993).
安徽、江苏、江西、浙江、湖南、湖北、四川、贵州、云南、西藏、福建、台湾、广东、广西、海南；东南亚。

毛山鸡椒

●**Litsea cubeba** var. **formosana** (Nakai) Yen C. Yang et P. H. Huang, Acta Phytotax. Sin. 16 (4): 46 (1978).
Aperula formosana Nakai, J. Jap. Bot. 14 (3): 195 (1938).
江西、浙江、福建、台湾、广东。

扁果木姜子

●**Litsea depressa** H. P. Tsui, Acta Bot. Yunnan. 16 (1): 31 (1994).
西藏。

五桠果叶木姜子

●**Litsea dilleniifolia** P. Y. Pai et P. H. Huang, Acta Phytotax. Sin. 16 (4): 51, pl. 3, f. 1 (1978).
云南。

拟黄丹木姜子

●**Litsea dorsalicana** M. Q. Han et Y. S. Huang, Phytotaxa 118 (2): 56 (2013).
广西。

出蕊木姜子

●**Litsea dunniana** H. Lév., Repert. Spec. Nov. Regni Veg. 9 (222-226): 460 (1911).
贵州。

黄丹木姜子（毛丹，野枇杷木，黄壳兰）

Litsea elongata (Wall. ex Ness) Benth. et Hook. f., Gen. Pl. (Juss.) 3: 163, in nota sub Lindera (1880).
Daphnidium elongata Wall. ex Nees, Pl. Asiat. Rar. 2: 63 (1831).
安徽、江苏、江西、浙江、湖南、湖北、四川、贵州、云南、西藏、福建、广东、广西、海南；印度、尼泊尔。

黄丹木姜子（原变种）

Litsea elongata var. **elongata**
安徽、江苏、江西、浙江、湖南、湖北、贵州、云南、西藏、福建、广东、广西、海南；印度、尼泊尔。

石木姜子（石桢楠）

●**Litsea elongata** var. **faberi** (Hemsl.) Yen C. Yang et P. H. Huang, Acta Phytotax. Sin. 16 (4): 59 (1978).
Litsea faberi Hemsl., J. Linn. Soc. Bot. 26: 381 (1891); *Litsea faberi* f. *dolichophylla* Yen C. Yang, J. W. China Border Res. Soc. 15: 79 (1945).
四川、贵州、云南。

近轮叶木姜子

●**Litsea elongata** var. **subverticillata** (Yen C. Yang) Yen C. Yang et P. H. Huang, Acta Phytotax. Sin. 16 (4): 59 (1978).
Litsea subverticillata Yen C. Yang, J. W. China Border Res. Soc. 15: 79 (1945).
湖南、湖北、四川、贵州、云南、广西。

蜂窝木姜子

●**Litsea foveola** Kosterm., Reinwardtia 10 (5): 466 (1988).
Litsea foveolata Yen C. Yang et P. H. Huang in Acta Phytotax. Sin. 16 (4): 50, f. 9 (1978), auct. non. (Merr.) Kosterm.
广西。

兰屿木姜子

Litsea garciae Vidal, Revis. Pl. Vasc. Filip. 228 (1886).
Litsea kawakamii Hayata, Icon. Pl. Formosan. 3: 165 (1913); *Tetradenia kawakamii* (Hayata) Nemoto ex Makino et Nemoto, Fl. Japan., ed. 2 (Makino et Nemoto) 2: 374 (1931); *Cylicodaphne garciae* (Vidal) Nakai, Bull. Tokyo Sci. Mus. 22: 32 (1948); *Lepidadenia kawakamii* (Hayata) Masam., Taiwania 1: 69 (1948).
台湾；菲律宾。

潺槁木姜子（潺槁树，油槁树，胶樟）

Litsea glutinosa (Lour.) C. B. Rob., Philipp. J. Sci. C. 6: 321 (1911).
Sebifera glutinosa Lour., Fl. Cochinch., ed. 2, 2: 638 (1790).
云南、福建、广东、广西、海南；越南、缅甸、泰国、菲律宾、印度、不丹、尼泊尔。

潺槁木姜子（原变种）

Litsea glutinosa var. **glutinosa**

Litsea sebifera Pers., Syn. Pl. (Pers.) 2 (1): 4 (1806).

云南、福建、广东、广西；越南、菲律宾、印度、不丹、尼泊尔。

白野槁树

Litsea glutinosa var. **brideliifolia** (Hayata) Merr., Lingnaam Agric. Rev. 1: 84 (1923).

Litsea brideliifolia Hayata, Icon. Pl. Formosan. 5: 166, f. 58b (1915); *Litsea sebifera* var. *brachyphylla* Hand.-Mazz., Oesterr. Bot. Z. 80: 341 (1931); *Litsea glutinosa* var. *brachyphylla* (Hand.-Mazz.) L. C. Wang, Acta Bot. Boreal.-Occid. Sin. 6: 64 (1986).

广东、广西、海南；缅甸、泰国。

贡山木姜子

●**Litsea gongshanensis** H. W. Li, Acta Phytotax. Sin. 16 (4): 56, pl. 3, f. 3 (1978).

西藏、云南。

华南木姜子

●**Litsea greenmaniana** C. K. Allen, Ann. Missouri Bot. Gard. 25: 394 (1937).

Litsea greenmaniana var. *angustifolia* Yen C. Yang et P. H. Huang, Acta Phytotax. Sin. 16 (4): 56 (1978).

江西、福建、广东、广西。

台湾木姜子

●**Litsea hayatae** Kaneh., Formosan Trees (rev. ed.) 217, f. 161 (1936).

Litsea obovata Hayata, J. Coll. Sci. Imp. Univ. Tokyo 30 (1): 252 (1911), auct non *Litsea obovata* (Nees) Nees, Syst. Laur. 636 (1836); *Tetradenia obovata* (Hayata) Nemoto ex Makino et Nemoto, Fl. Japan., ed. 2 (Makino et Nemoto) 2: 375 (1931); *Cylicodaphne hayatae* (Kaneh.) Nakai, J. Jap. Bot. 14 (3): 192 (1938); *Litsea akoensis* var. *hayatae* (Kaneh.) J. C. Liao, Bull. Exp. Forest Natl. Taiwan Univ. 1976 (118): 201 (1976); *Litsea akoensis* var. *chitouchiaoensis* J. C. Liao, Mém. Coll. Agric. Natl. Taiwan Univ. 22 (2): 8, pl. 3 (1982); *Litsea akoensis* f. *hayatae* (Kaneh.) S. S. Ying, Mem. Coll. Agric. Natl. Taiwan Univ. 25 (1): 95 (1986).

台湾。

红河木姜子（文山木姜子）

●**Litsea honghoensis** H. Liu, Bull. Soc. Bot. France. 80: 567, f. 2 (1933).

Litsea wenshanensis Hu, Bull. Fan Mem. Inst. Biol. Bot. 5: 308 (1934).

云南。

湖南木姜子

●**Litsea hunanensis** Yen C. Yang et P. H. Huang, Acta Phytotax. Sin. 16 (4): 53, f. 12 (1978).

湖南。

湖北木姜子

●**Litsea hupehana** Hemsl., J. Linn. Soc. Bot. 26 (176): 382 (1891).

湖北、四川。

黄肉树

●**Litsea hypophaea** Hayata, Icon. Pl. Formosan. 5: 167 (1915).

Actinodaphne pedicellata Hayata, J. Coll. Sci. Imp. Univ. Tokyo 22: 351 (1906); *Tetradenia hypophaea* (Hayata) Makino et Nemoto, Fl. Japan., ed. 2: 375 (1931); *Litsea taiwaniana* Kamik., Bull. Kagoshima Imp. Coll. Agric. Forest (25 Anniv.) 1: 140 (1934); *Fiwa hypophaea* (Hayata) Nakai, J. Jap. Bot. 14 (3): 192 (1938); *Fiwa pedicellata* (Hayata) Nakai, J. Jap. Bot. 14 (3): 193 (1938); *Litsea kostermansii* C. E. Chang, Fl. Taiwan 2: 441, f. 367 (1976); *Litsea pedicellata* (Hayata) Hatus., J. Geobot. 19 (1-2): 25 (1971), auct. non Barlett in Proc. Amer. Acad. Arts 44: 598 (1909); *Litsea krukovii* Kosterm., Reinwardtia 9 (1): 108 (1974).

台湾。

宜昌木姜子（狗酱子树）

●**Litsea ichangensis** Gamble in C. S. Sargent, Pl. Wilson. 2 (1): 77 (1914).

湖南、湖北、四川。

秃净木姜子

Litsea kingii Hook. f., Fl. Brit. India 5: 156 (1886).

江西、湖南、四川、贵州、云南、西藏、福建、广西；缅甸北部、印度、不丹、尼泊尔。

安顺木姜子

●**Litsea kobuskiana** C. K. Allen, J. Arnold Arbor. 18: 290 (1937).

Eurya esquirolii H. Lév., Fl. Kouy-Tcheou 414 (1915); *Litsea esquirolii* (H. Lév.) C. K. Allen (1936), not H. Lév. (1911), Repert. Spec. Nov. Regni Veg. 9 (222-226): 459 (1911); *Litsea faberi* var. *ganchouensis* H. Liu, Laurac. Chine et Indochine 187 (1934).

贵州、广西。

注：*Litsea esquirolii* H. Lév.是 *Lindera communis* Hemsl.的异名。*Litsea esquirolii* (H. Lév.) C. K. Allen 是基于 *Eurya esquirolii* H. Lév.，不同于 *Litsea esquirolii* H. Lév.。

红楠刨

●**Litsea kwangsiensis** Yen C. Yang et P. H. Huang, Acta Phytotax. Sin. 16 (4): 58, pl. 16, f. 1-3 (1978).

广西。

广东木姜子

●**Litsea kwangtungensis** Hung T. Chang, Acta Sci. Nat. Univ. Sunyatseni 1960 (1): 26 (1960).

广东。

剑叶木姜子

Litsea lancifolia (Roxb. ex Nees) Fern.-Vill. in Blanco, Fl. Filip., ed. 3, 4: 181 (1880).

Tetranthera lancifolia Roxb. ex Nees, Pl. As. Rar. 2: 65 (1831).

云南、广西、海南；越南、泰国、菲律宾、印度、不丹。

剑叶木姜子（原变种）

Litsea lancifolia var. **lancifolia**

云南、广西、海南；越南、菲律宾、印度、不丹。

椭圆果木姜子

●**Litsea lancifolia** var. **ellipsoidea** Yen C. Yang et P. H. Huang, Acta Phytotax. Sin. 16 (4): 49 (1978).

云南。

有梗木姜子

Litsea lancifolia var. **pedicellata** Hook. f., Fl. Brit. India 5 (13): 159 (1886).

云南；印度。

大果木姜子（毛丹，青吐木，青吐八角）

●**Litsea lancilimba** Merr., Philipp. J. Sci. 23 (3): 244 (1923).

湖南、云南、福建、广东、广西、海南；越南、老挝。

勃生木姜子

●**Litsea liboshengii** H. P. Tsui, Acta Bot. Yunnan. 16 (1): 32 (1994).

西藏。

海南木姜子（木姜叶黄肉楠）

●**Litsea litseifolia** (C. K. Allen) Yen C. Yang et P. H. Huang, Acta Phytotax. Sin. 16 (4): 57 (1978).

Actinodaphne litseifolia C. K. Allen, Ann. Missouri Bot. Gard. 25: 408 (1938).

海南。

圆锥木姜子

●**Litsea liyuyingii** H. Liu, Bull. Soc. Bot. France 80: 566, f. 1 (1933).

云南。

长蕊木姜子

Litsea longistaminata (H. Liu) Kosterm., Reinwardtia 7: 106 (1969).

Litsea garrettii var. *longistaminata* H. Liu, Laurac. Chine et Indochine 196 (1934); *Litsea longistaminata* var. *pubescens* H. P. Tsui, Acta Bot. Yannan. 16 (1): 35 (1994).

云南、西藏；越南。

润楠叶木姜子

●**Litsea machiloides** Yen C. Yang et P. H. Huang, Acta Phytotax. Sin. 16 (4): 60, f. 18 (1978).

广东。

滇南木姜子

Litsea martabanica (Kurz.) Hook. f., Fl. Brit. India 5: 164 (1886).

Tetranthera martabanica Kurz., Forest Fl. Burma 2: 301 (1877); *Tetranthera calophylla* Kurz., J. Asiat. Soc. Bengal. Pt. 2, Nat. Hist. 42: 192 (1873), auct. non Miquel, Pl. Jungh. 183 (1852); *Litsea garrettii* Gamble, Bull. Misc. Inform. Kew. 1913 (6): 204 (1913).

云南；缅甸、泰国。

毛叶木姜子（大木姜，香桂子，山胡椒）

Litsea mollis Hemsl., J. Linn. Soc. Bot. 26 (176): 383 (1891).

Litsea euosma W. W. Sm., Notes Roy. Bot. Gard. Edinburgh. 13 (63-64): 166 (1921); *Litsea mollifolia* Chun, Sunyatsenia 1 (4): 236-237 (1934).

湖南、湖北、四川、贵州、云南、西藏、广东、广西；泰国北部。

假柿木姜子（毛腊树，假柿树，山菠萝树）

Litsea monopetala (Roxb.) Pers., Syn. 2: 4 (1807).

Tetranthera monopetala Roxb. ex Baker, Plants Coromandel. 2: 26, pl. 148 (1798); *Litsea polyantha* Juss., Ann. Mus. Natl. Hist. Nat. 6: 211 (1805).

贵州、云南、广东、广西、海南；越南、缅甸、老挝、柬埔寨、泰国、马来西亚、印度、不丹、尼泊尔、巴基斯坦。

玉山木姜子（玉山黄肉楠）

●**Litsea morrisonensis** Hayata, J. Coll. Sci. Imp. Univ. Tokyo 30 (1): 350 (1911).

Actinodaphne morrisonensis (Hayata) Hayata, Icon. Pl. Formosan. 3: 165 (1913); *Fiwa morrisonensis* (Hayata) Nakai, J. Jap. Bot. 14 (3): 193 (1938).

台湾。

宝兴木姜子（吃木姜，木姜子，老哇皮）

●**Litsea moupinensis** Lecomte, Bull. Soc. Bot. France

60: 84 (1913).
四川。

宝兴木姜子（原变种）

•**Litsea moupinensis** var. **moupinensis**

Lindera puberula Franch., Pl. David. 2: 115 (1887), not (Blume) Boerl., Handl. Fl. Ned. Ind. (Boerlage) 3 (1): 147 (1900); *Benzoin puberulum* (Franch.) Rehder, J. Arnold Arbor. 1: 145 (1919); *Litsea microcarpa* Yen C. Yang, J. W. China Border Res. Soc. 25: 78 (1945); *Litsea moupinensis* var. *glabrescens* H. S. Kung, Fl. Sichuan. 1: 461 (1981).

四川。

注：*Lindera puberula* (Blume) Boerl.的基名为 *Aperula puberula* Blume, Mus. Bot. 1 (23): 367 (1851), Franchet 的种加词发表较晚。

四川木姜子

•**Litsea moupinensis** var. **szechuanica** (C. K. Allen) Yen C. Yang et P. H. Huang, Acta Phytotax. Sin. 16 (4): 47 (1978).

Litsea szechuanica Allen, J. Arnold Arbor. 22 (1): 18 (1941).

四川。

沐川木姜子

•**Litsea muchuanensis** Z. Y. Zhu, Chn. J. Chn. M. S. Sc. 14 (4): 21 (1997).

四川。

少脉木姜子

•**Litsea oligophlebia** Hung T. Chang, Acta Sci. Nat. Univ. Sunyatseni 1960 (1): 25 (1960).

广西。

红皮木姜子

•**Litsea pedunculata** (Diels) Yen C. Yang et P. H. Huang, Acta Phytotax. Sin. 16 (4): 52 (1978).

Lindera pedunculata Diels, Bot. Jahrb. Syst. 29 (3-4): 350 (1901); *Benzoin pedunculatum* (Diels) Rehder, J. Arnold Arbor. 1 (2): 145 (1919).

江西、湖南、湖北、四川、贵州、云南、广西。

红皮木姜子（原变种）

•**Litsea pedunculata** var. **pedunculata**

Litsea merrilliana C. K. Allen, J. Arnold Arbor. 22: 11 (1941); *Pseudolitsea tsaii* Yen C. Yang, J. W. China Border Res. Soc. 15: 83 (1945).

江西、湖南、湖北、四川、贵州、云南、广西。

毛红皮木姜子

•**Litsea pedunculata** var. **pubescens** Yen C. Yang et P. H. Huang, Acta Phytotax. Sin. 16 (4): 53, pl. 3, f. 4 (1978).

云南。

海桐叶木姜子

•**Litsea pittosporifolia** Yen C. Yang et P. H. Huang, Acta Phytotax. Sin. 16 (4): 53 (1978).

广东。

杨叶木姜子（老鸦皮）

•**Litsea populifolia** (Hemsl.) Gamble in C. S. Sargent, Pl. Wilson. 2: 77 (1914).

Lindera populifolia Hemsl., J. Linn. Soc. Bot. 26 (176): 390 (1891); *Lindera obovata* Franch., Nouv. Arch. Mus. Hist. Nat. ser. 2, 10: 76 (1887); *Litsea longipetiolata* Lecomte, Bull. Soc. Bot. France. 60: 85 (1913); *Benzoin obovatum* (Franch.) Rehder, J. Arnold Arbor. 1 (2): 145 (1919).

四川、云南、西藏。

竹叶木姜子（竹叶松，柳叶樟，山古羊）

•**Litsea pseudoelongata** H. Liu, Laurac. Chine et Indochine 179, f. 13 (1934).

Litsea lii C. E. Chang, Fl. Taiwan 2: 441 (1976); *Litsea nunkao-tahangensis* J. C. Liao, Mém. Coll. Agric. Nation. Taiwan Univ. 22 (2): 10 (1982); *Litsea morrisonensis* var. *lii* (C. E. Chang) S. S. Ying, Mém. Coll. Agric. Natl. Taiwan Univ. 25 (1): 97 (1986); *Litsea lii* var. *nunkao-tahangensis* (J. C. Liao) J. C. Liao, Mém. Coll. Agric. Natl. Taiwan Univ. 26 (2): 114, f. 12 (1986).

台湾、广东、广西、海南。

木姜子（木香子，山胡椒，香桂子）

•**Litsea pungens** Hemsl., J. Linn. Soc. Bot. 26 (176): 384 (1891).

Litsea kangdingensis H. S. Kung, Fl. Sichuan. 1: 460 (1981).

山西、河南、陕西、甘肃、浙江、湖南、湖北、四川、贵州、云南、西藏、广东、广西。

圆叶豺皮樟

Litsea rotundifolia Nees, J. Linn. Soc. Bot. 26 (176): 385 (1891).

Iozoste rotundifolia Nees, Pl. Asiat. Rar. 2: 63 (1831); *Actinodaphne chinensis* var. *rotundifolia* Nees, Syst. Laur. 600 (1836); *Iozoste chinensis* var. *rotundifolia* Blume, Mus. Bot. 1: 364 (1851); *Actinodaphne rotundifolia* Merr., Lingnan Sci. J. 15 (3): 419 (1936).

江西、浙江、湖南、福建、台湾、广东、广西、海南；越南。

圆叶豺皮樟（原变种）

●**Litsea rotundifolia** var. **rotundifolia**
广东、广西。

豺皮樟（白叶仔，硬钉树，假面果）

Litsea rotundifolia var. **oblongifolia** (Nees) C. K. Allen, Ann. Missouri Bot. Gard. 25: 386 (1938).
Actinodaphne chinensis var. *oblongifolia* Nees, Syst. Laur. 600 (1836); *Actinodaphne chinensis* Nees, Syst. Laur. 600 (1836); *Iozoste rotundifolia* var. *oblongifolia* Nees, Bot. Beechey Voy. 209 (1837); *Litsea chinensis* Blume, Bijdr. Fl. Ned. Ind. 11: 565 (1825), auct. non Lam.; *Iozoste chinensis* Blume, Mus. Bot. 1: 364 (1851); *Actinodaphne hypoleucophylla* Hayata, Icon. Pl. Formosan. 5: 169, f. 60e (1915); *Fiwa hypoleucophylla* (Hayata) Nakai, J. Jap. Bot. 14 (3): 192 (1938); *Litsea hypoleucophylla* (Hayata) Tang S. Liu et J. C. Liao, Cat. Woody Pl. Taiwan 13 (1978).
江西、浙江、湖南、福建、台湾、广东、广西、海南；越南。

卵叶豺皮樟

●**Litsea rotundifolia** var. **ovatifolia** Yen C. Yang et P. H. Huang, Acta Phytotax. Sin. 16 (4): 49 (1978).
广东。

红叶木姜子

●**Litsea rubescens** Lecomte, Nouv. Arch. Mus. Hist. Nat., sér. 5, 5: 86 (1913).
陕西、湖南、湖北、四川、重庆、贵州、云南、西藏。

红叶木姜子（原变种）

●**Litsea rubescens** var. **rubescens**
Litsea forrestii Diels, Notes Roy. Bot. Gard. Edinburgh 5 (25): 244 (1912); *Litsea rubescens* f. *nanchuanensis* Yen C. Yang, J. W. China Border Res. Soc. 15: 79 (1945).
陕西、湖南、湖北、四川、重庆、贵州、云南、西藏。

滇木姜子

●**Litsea rubescens** var. **yunnanensis** Lecomte, Nouv. Arch. Mus. Hist. Nat. sér. 5, 5: 86 (1913).
贵州、云南。

玉兰叶木姜子

Litsea semecarpifolia (Wall. ex Nees) Hook. f., Fl. Brit. India 5: 165 (1886).
Tetranthera semecarpifolia Wall. ex Nees, Pl. Asiat. Rar. 3: 31 (1832); *Litsea magnoliifolia* Yen C. Yang et P. H. Huang, Acta Phytotax. Sin. 16 (4): 52, pl. 3, f. 2 (1978).
云南；缅甸、泰国北部、孟加拉国。

绢毛木姜子

Litsea sericea (Wall. ex Nees) Hook. f., Fl. Brit. India 5 (13): 156 (1886).
Tetranthera sericea Wall. ex Nees, Pl. Asiat. Rar. 2: 67 (1831); *Lindera griffithii* Meisn. in A. P. de Candolle, Prodr. 15 (1): 245 (1864); *Lindera hookeri* Meisn. in A. P. de Candolle, Prodr. 15 (1): 245 (1864); *Litsea oreophila* Hook. f., Fl. Brit. India 5: 156 (1886); *Lindera esquirolii* H. Lév., Repert. Spec. Nov. Regni Veg. 9 (214-216): 327 (1911).
贵州、四川、云南、西藏；印度、尼泊尔。

圆果木姜子

●**Litsea sinoglobosa** J. Li et H. W. Li, Acta Bot. Yunnan. 28 (2): 107 (2006).
Litsea globosa Yen C. Yang et P. H. Huang, Acta Phytotax. Sin. 16 (4): 58, f. 17 (1978), auct. non Kosterm.
湖南、广东。

桂北木姜子

●**Litsea subcoriacea** Yen C. Yang et P. H. Huang, Acta Phytotax. Sin. 16 (4): 55 (1978).
Litsea subcoriacea var. *stenophylla* Yen C. Yang et P. H. Huang, Acta Phytotax. Sin. 16 (4): 55-56 (1978).
浙江、湖南、贵州、广东、广西。

栓皮木姜子

●**Litsea suberosa** Yen C. Yang et P. H. Huang, Acta Phytotax. Sin. 16 (4): 54 (1978).
Litsea elongata var. *suberosa* (Yen C. Yang et P. H. Huang) N. Chao et J. S. Liu, Acta Phytotax. Sin. 16 (4): 59 (1978).
湖南、湖北、四川、广东。

思茅木姜子

●**Litsea szemois** (H. Liu) J. Li et H. W. Li, Acta Bot. Yunnan. 28 (2): 105 (2006).
Litsea pierrei var. *szemaois* H. Liu, Laurac. Chine et Indochine 174 (1934); *Litsea baviensis* var. *szemois* (H. Liu) Allen, Ann. Missouri Bot. Gard. 25: 377 (1938).
云南。

独龙木姜子

●**Litsea taronensis** H. W. Li, Acta Phytotax. Sin. 16 (4): 47, pl. 2, f. 3 (1978).
云南。

西藏木姜子

●**Litsea tibetana** Yen C. Yang et P. H. Huang, Acta Phytotax. Sin. 16 (4): 52, f. 10 (1978).

西藏。

秦岭木姜子

●**Litsea tsinlingensis** Yen C. Yang et P. H. Huang, Acta Phytotax. Sin. 16 (4): 46, f. 7 (1978).

山西、河南、陕西、甘肃。

伞花木姜子（米打东）

Litsea umbellata (Lour.) Merr., Philipp. J. Sci. 14 (2): 242 (1919).

Hexanthus umbellatus Lour., Fl. Cochinch., ed. 2, 1: 196 (1790); *Litsea hexantha* Juss., Ann. Mus. Natl. Hist. Nat. 6: 212 (1805); *Litsea amara* Blume, Bijdr. Fl. Ned. Ind. 11: 563 (1825); *Tetranthera amara* (Blume) Nees, Syst. Laur. 551 (1836).

云南、广西；越南、老挝、泰国、柬埔寨、马来西亚、印度尼西亚。

薄托木姜子

Litsea vang Lecomte, Nouv. Arch. Mus. Hist. Nat. sér. 5, 5: 84 (1913).

云南；老挝、越南、柬埔寨。

沧源薄托木姜子

Litsea vang var. **lobata** Lecomte, Nouv. Arch. Mus. Hist. Nat. sér. 5, 5: 84 (1913).

Litsea pierrei var. *lobata* (Lecomte) C. K. Allen, Ann. Missouri Bot. Gard. 25: 382 (1938).

云南；柬埔寨。

黄椿木姜子（黄心槁，尖尾树，黄肚槁）

Litsea variabilis Hemsl., J. Linn. Soc. Bot. 26 (176): 386 (1891).

云南、广东、广西、海南；越南、老挝、泰国北部。

黄椿木姜子（原变种）

Litsea variabilis var. **variabilis**

Litsea iteodaphne f. *chinensis* C. K. Allen, Ann. Missouri Bot. Gard. 25: 393 (1938); *Litsea variabills* f. *chinensis* (C. K. Allen) Yen C. Yang et P. H. Huang, Acta Phytotax. Sin. 16 (4): 49 (1978).

云南、广东、广西、海南；越南、老挝。

毛黄椿木姜子

Litsea variabilis var. **oblonga** Lecomte, Nouv. Arch. Mus. Hist. Nat. sér. 5, 5: 90 (1913).

Litsea variabilis var. *tonkinensis* Lecomte, Fl. Indo-Chine [P. H. Lecomte et al.] 5: 134 (1914).

云南、广西；越南。

钝叶木姜子（木香子）

●**Litsea veitchiana** Gamble in C. S. Sargent, Pl. Wilson. 2 (1): 76 (1914).

湖北、四川、贵州、云南。

钝叶木姜子（原变种）

●**Litsea veitchiana** var. **veitchiana**

Litsea chenii H. Liu, Laurac. Chine et Indochine 183 (1934).

湖北、四川、贵州、云南。

毛果木姜子

●**Litsea veitchiana** var. **trichocarpa** (Yen C. Yang) H. S. Kung, Acta Phytotax. Sin. 16 (4): 48 (1978).

Litsea sericea var. *trichocarpa* Yen C. Yang, J. W. China Border Res. Soc. 15: 79 (1945).

四川。

琼南木姜子

●**Litsea verticillifolia** Yen C. Yang et P. H. Huang, Acta Phytotax. Sin. 16 (4): 48, f. 8 (1978).

海南。

干香柴

Litsea viridis H. Liu, Laurac. Chine et Indochine 188, f. 14 (1934).

云南；越南。

绒叶木姜子

●**Litsea wilsonii** Gamble in C. S. Sargent, Pl. Wilson. 2 (1): 78 (1914).

四川、贵州。

香料树

●**Litsea xiangliaoshu** Z. Y. Zhu in Chn. J. Chn. M. S. Sc. 14 (4): 23 (1997).

四川。

瑶山木姜子

●**Litsea yaoshanensis** Yen C. Yang et P. H. Huang, Acta Phytotax. Sin. 16 (4): 58, pl. 16, f. 4-6 (1978).

广西。

云南木姜子（黄心木）

Litsea yunnanensis Yen C. Yang et P. H. Huang, Acta Phytotax. Sin. 16 (4): 56, f. 14 (1978).

Litsea baviensis var. *venulosa* H. Liu, Laurac. Chine et Indochine 177 (1934); *Litsea napoensis* D. Fang, Acta Phytotax. Sin. 37 (6): 595, pl. 1, f. 1-4 (1999).

云南、广西；越南。

润楠属 Machilus Rumph. ex Nees

狭基润楠

●**Machilus attenuata** F. N. Wei et S. C. Tang, J. Trop. Subtrop. Bot. 16 (6): 568 (2008).

广西。

黔南润楠

•**Machilus austroguizhouensis** S. K. Lee et F. N. Wei, Guihaia 4: 95, pl. 2, f. 1 (1984).

Persea austroguizhouensis (S. K. Lee et F. N. Wei) Kosterm., Ann. Missouri Bot. Gard. 77 (3): 546 (1990).

贵州、广西。

枇杷叶润楠

Machilus bonii Lecomte, Nouv. Arch. Mus. Hist. Nat. sér. 5, 5: 58, 102 (1913).

Persea bonii (Lecomte) Kosterm., Reinwardtia 6 (2): 191 (1962).

贵州、云南、广西；越南。

短序润楠（短序桢楠，较树，白皮槁）

•**Machilus breviflora** (Benth.) Hemsl., J. Linn. Soc. Bot. 26: 374 (1891).

Alseodaphne breviflora Benth., Fl. Hongk. 292 (1861); *Persea breviflora* (Benth.) Pax, Nat. Pflanzenfam. 3 (2): 115 (1889).

广东、广西、海南。

灰岩润楠

•**Machilus calcicola** C. J. Qi, Bull. Bot. Res., Harbin 1 (1-2): 153 (1981).

湖南、广东、广西。

安顺润楠

•**Machilus cavaleriei** H. Lév., Bull. Acad. Int. Géogr. Bot. 24: 142 (1914).

Alseodaphne cavaleriei (H. Lév.) Kosterm., Candollea 28: 104 (1973).

贵州、广西。

察隅润楠

•**Machilus chayuensis** S. K. Lee, Acta Phytotax. Sin. 17 (2): 46 (1979).

Persea chayuensis (S. K. Lee) Kosterm., Ann. Missouri Bot. Gard. 77 (3): 546 (1990).

西藏。

浙江润楠

•**Machilus chekiangensis** S. K. Lee, Acta Phytotax. Sin. 17 (2): 53, pl. 5, f. 4 (1979).

Machilus longipedunculata S. K. Lee et F. N. Wei, Guihaia 4 (2): 93 (1984); *Persea chekiangensis* (S. K. Lee) Kosterm., Ann. Missouri Bot. Gard. 77 (3): 546 (1990); *Persea longipedunculata* (S. K. Lee et F. N. Wei) Kosterm., Ann. Missouri Bot. Gard. 77 (3): 546 (1990).

江西、浙江、福建、广东、香港。

黔桂润楠

•**Machilus chienkweiensis** S. K. Lee, Acta Phytotax. Sin. 17 (2): 48, pl. 4, f. 6 (1979).

Persea chienkweiensis (S. K. Lee) Kosterm., Ann. Missouri Bot. Gard. 77 (3): 546 (1990).

贵州、广西。

华润楠（桢南，黄槁，八角楠）

Machilus chinensis (Champ. ex Benth.) Hemsl., J. Linn. Soc., Bot. 26: 374 (1891).

Alseodaphne chinensis Champion ex Benth., Hooker's J. Bot. Kew Gard. Misc. 5: 198 (1853); *Persea chinensis* (Benth.) Pax, Nat. Pflanzenfam. 3: 115 (1889).

广东、广西、海南；越南。

黄毛润楠

•**Machilus chrysotricha** H. W. Li, Acta Phytotax. Sin. 17 (2): 50, pl. 7, f. 4 (1979).

Persea chrysotricha (H. W. Li) Kosterm., Ann. Missouri Bot. Gard. 77 (3): 546 (1990).

云南。

川黔润楠

•**Machilus chuanchienensis** S. K. Lee, Acta Phytotax. Sin. 17 (2): 47 (1979).

Persea chuanchienensis (S. K. Lee) Kosterm., Ann. Missouri Bot. Gard. 77 (3): 546 (1990).

四川、贵州。

刻节润楠

Machilus cicatricosa S. K. Lee, Acta Phytotax. Sin. 8: 182 (1963).

Persea cicatricosa (S. K. Lee) Kosterm., Ann. Missouri Bot. Gard. 77 (3): 546 (1990).

海南；越南。

道真润楠

•**Machilus daozhenensis** Y. K. Li, Acta Phytotax. Sin. 22: 77 (1984).

贵州。

基脉润楠（香皮树）

Machilus decursinervis Chun, Acta Phytotax. Sin. 2: 170, pl. 34 (1953).

Persea decursinervis (Chun) Kosterm., Reinwardtia 6 (2): 191 (1962).

湖南、贵州、云南、广西；越南。

定安润楠

•**Machilus dinganensis** S. K. Lee et F. N. Wei, Guihaia 4: 94, pl. 1, f. 2-7 (1984).

Persea dinganensis (S. K. Lee et F. N. Wei) Kosterm.,

Ann. Missouri Bot. Gard. 77 (3): 546 (1990).
广东、海南。

灌丛润楠

•**Machilus dumicola** (W. W. Sm.) H. W. Li, Acta Phytotax. Sin. 17 (2): 49 (1979).

Alseodaphne dumicola W. W. Sm., Notes Roy. Bot. Gard. Edinburgh. 13: 152 (1921); *Persea dumicola* (W. W. Sm.) Airy Shaw, Hooker's Icon. Pl. 35 (3): pl. 3473 (1947).

云南。

长梗润楠（树八咱，臭樟树）

Machilus duthiei King ex Hook. f., Fl. Birt. India 5: 861 (1890).

Persea duthiei (King ex Hook. f.) Kosterm., Reinwardtia 6: 191 (1962); *Machilus longipedicellata* S. Lee in Fl. Reipubl. Popularis Sin. 31: 49 (1982), auct. non Lecomte, Nouv. Arch. Mus. Hist. Nat., sér. 5, 101 (1913).

四川、云南、西藏；印度、尼泊尔、不丹、克什米尔。

竹叶楠

•**Machilus faberi** Hemsl., J. Linn. Soc. Bot. 26: 375 (1891).

Phoebe faberi (Hemsl.) Chun, Contr. Biol. Lab. Sci. Soc. China, Bot. Ser. 1 (5): 31 (1925); *Phoebe omeiensis* R. H. Miao, Acta Sci. Nat. Univ. Sunyatseni 32 (4): 57 (1993).

陕西、湖北、四川、贵州、云南。

簇序润楠

•**Machilus fasciculata** H. W. Li, Acta Phytotax. Sin. 17 (2): 53, pl. 7, f. 6 (1979).

Persea fasciculata (H. W. Li) Kosterm., Ann. Missouri Bot. Gard. 77 (3): 546 (1990).

云南、广西。

琼桂润楠（宽昭桢楠）

•**Machilus foonchewii** S. K. Lee, Acta Phytotax. Sin. 8 (3): 183 (1963).

Persea foonchewii (S. K. Lee) Kosterm., Ann. Missouri Bot. Gard. 77 (3): 546 (1990).

广西、海南。

长毛润楠（长毛楠，红楠木）

•**Machilus forrestii** (W. W. Smith) L. Li et al., Pl. Diversity Resources 33 (2): 160 (2011).

Phoebe forrestii W. W. Sm., Notes Roy. Bot. Gard. Edinburgh. 13: 176 (1921).

云南、西藏。

闽润楠

•**Machilus fukienensis** Hung T. Chang et S. K. Lee, Acta Phytotax. Sin. 17 (2): 52, pl. 5, f. 3 (1979).

Persea fukienensis (Hung T. Chang) Kosterm., Ann. Missouri Bot. Gard. 77 (3): 546 (1990).

福建。

黄心树

Machilus gamblei King ex Hook. f., Fl. Brit. India 5: 138 (1886).

Persea gamblei (King ex Hook. f.) Kosterm., Reinwardtia 6: 192 (1962); *Machilus bombycina* King ex Hook. f., Fl. Brit. India 5 (16): 861 (1890); *Persea bombycina* (King ex Hook. f.) Kosterm., Reinwardtia 6 (2): 191 (1962); *Machilus suaveolens* S. K. Lee, Acta Phytotax. Sin. 8 (3): 187 (1963); *Persea suaveolens* (S. K. Lee) Kosterm., Ann. Missouri Bot. Gard. 77 (3): 547 (1990).

贵州、云南、西藏、广东、广西、海南；越南、老挝、缅甸、泰国、柬埔寨、印度、不丹、尼泊尔。

光叶润楠

•**Machilus glabrophylla** J. F. Zuo, J. Trop. Subtrop. Bot. 3: 34 (1995).

Machilus reticulata auct. non K. M. Lan: S. K. Lee et F. N. Wei, Guihaia 8 (4): 306 (1988).

广东、广西。

粉叶润楠

•**Machilus glaucifolia** S. K. Lee et F. N. Wei, Guihaia 4: 98. f. 4: 4 (1984).

Machilus lipoensis C. S. Chao ex X. H. Song, J. Nanjing Inst. Forest. 1984 (4): 48 (1984); *Persea glaucifolia* (S. K. Lee et F. N. Wei) Kosterm., Ann. Missouri Bot. Gard. 77 (3): 546 (1990).

贵州、广西。

贡山润楠

•**Machilus gongshanensis** H. W. Li, Acta Phytotax. Sin. 17 (2): 48, pl. 7, f. 2 (1979).

Persea gongshanensis (H. W. Li) Kosterm., Ann. Missouri Bot. Gard. 77 (3): 546 (1990).

云南。

柔弱润楠

•**Machilus gracillima** Chun, Acta Phytotax. Sin. 2: 171, pl. 35 (1953).

Persea gracillima (Chun) Kosterm., Reinwardtia 6 (2): 192 (1962).

广西。

大苞润楠

Machilus grandibracteata S. K. Lee et F. N. Wei, Guihaia 4: 97, f. 2: 3-9 (1984).

Persea grandibracteata (S. K. Lee et F. N. Wei) Kosterm., Ann. Missouri Bot. Gard. 77 (3): 546 (1990).

广西；越南。

黄绒润楠（黄桢楠，黄楠）

●**Machilus grijsii** Hance, Ann. Sci. Nat., Bot. sér. 4, 18: 226 (1863).

Persea grijsii (Hance) Kosterm., Reinwardtia 6 (2): 192 (1962).

江西、浙江、福建、广东、海南。

宜昌润楠

●**Machilus ichangensis** Rehder et E. H. Wilson in C. S. Sargent, Pl. Wilson. 2: 621 (1916).

Persea ichangensis (Rehder et E. H. Wilson) Kosterm., Reinwardtia 6: 192 (1962).

陕西、甘肃、湖南、湖北、四川、贵州、广西。

宜昌润楠（原变种）

●**Machilus ichangensis** var. **ichangensis**

陕西、甘肃、湖北、四川。

滑叶润楠

●**Machilus ichangensis** var. **leiophylla** Hand.-Mazz., Anz. Akad. Wiss. Wien Sitzungsber., Math.-Naturwiss. Kl. 58: 146 (1921).

湖南、贵州、广西。

长叶润楠

Machilus japonica Siebold et Zucc., Abh. Math.-Phys. Cl. Königl. Bayer. Akad. Wiss. 4 (3): 302 (1846).

台湾；韩国、日本南部。

长叶润楠（原变种）

Machilus japonica var. **japonica**

Persea japonica Siebold et Zucc., Fl. Jap. Fam. Nat. 2: 78 (1846); *Machilus thunbergii* var. *japonica* (Siebold et Zucc.) Yatabe, Bot. Mag. (Tokyo) 6: 177, pl. 5 (1892); *Machilus pseudolongifolia* Hayata, Icon. Pl. Formosan. 5: 160-162, f. 56a (1915); *Persea pseudolongifolia* (Hayata) Kosterm., Reinwardtia 6 (2): 193 (1962).

台湾；韩国、日本。

大叶润楠

●**Machilus japonica** var. **kusanoi** (Hayata) J. C. Liao, Mém. Coll. Agr. Nat. Taiwan Univ. 22: 15 (1982).

Machilus kusanoi Hayata, J. Coll. Sci. Imp. Univ. Tokyo 30 (1): 241 (1911); *Persea kusanoi* (Hayata) H. L. Li, Woody Fl. Taiwan 26 (1963).

台湾。

台湾润楠

Machilus konishii Hayata, J. Coll. Sci. Imp. Univ. Tokyo 30 (1): 240 (1911).

Nothaphoebe konishii (Hayata) Hayata, Icon. Pl. Formosan. 3: 164 (1913); *Persea konishii* (Hayata) Kosterm., Reinwardtia 6 (2): 192 (1962).

台湾。

秃枝润楠

Machilus kurzii King ex Hook. f., Fl. Brit. India 5: 860 (1890).

Persea kurzii (King ex Hook. f.) Kosterm., Reinwardtia 6: 186 (1962).

云南；缅甸北部。

广东润楠

●**Machilus kwangtungensis** Yen C. Yang, J. W. China Border Res. Soc. 15: 77 (1945).

Machilus cathayensis Chun ex Hung T. Chang, Acta Sci. Nat. Univ. Sunyatseni 1963 (4): 133 (1963); *Machilus kwangtungensis* var. *sanduensis* Y. K. Li, Acta Phytotax. Sin. 22 (1): 78-79, pl. 1, f. 3 (1984); *Persea kwangtungensis* (Yen C. Yang) Kosterm., Ann. Missouri Bot. Gard. 77 (3): 546 (1990).

湖南、贵州、广东、广西。

疣序润楠

●**Machilus lenticellata** S. K. Lee et F. N. Wei, Guihaia 4: 97, pl. 3, f. 7-8 (1984).

Persea lenticellata (S. K. Lee et F. N. Wei) Kosterm., Ann. Missouri Bot. Gard. 77 (3): 546 (1990).

广西。

薄叶润楠（华东楠，大叶楠）

●**Machilus leptophylla** Hand.-Mazz., Symb. Sin. 7: 252 (1931).

Persea leptophylla (Hand.-Mazz.) Kosterm., Reinwardtia 6 (2): 192 (1962).

江苏、浙江、湖南、贵州、福建、广东、广西。

利川润楠

●**Machilus lichuanensis** W. C. Cheng ex S. K. Lee, Acta Phytotax. Sin. 17 (2): 51, pl. 5, f. 1 (1979).

Persea lichuanensis (W. C. Cheng ex S. K. Lee) Kosterm., Ann. Missouri Bot. Gard. 77 (3): 546 (1990).

湖南、湖北、四川、贵州、广东。

木姜润楠

●**Machilus litseifolia** S. K. Lee, Acta Phytotax. Sin. 17 (2): 46 (1979).

Persea litseifolia (S. K. Lee) Kosterm., Ann. Missouri Bot. Gard. 77 (3): 546 (1990).
浙江、贵州、广东、广西。

乐会润楠

●**Machilus lohuiensis** S. K. Lee, Acta Phytotax. Sin. 8: 184 (1963).
Persea lohuiensis (S. K. Lee) Kosterm., Ann. Missouri Bot. Gard. 77 (3): 546 (1990); *Machilus wenchangensis* G. A. Fu et X. J. Hong, Bull. Bot. Res., Harbin 24 (3): 261 (2004).
海南；越南。

东莞润楠（长梗楠）

●**Machilus longipes** Hung T. Chang, Acta Sci. Nat. Univ. Sunyatseni 1960 (1): 20 (1960).
Persea pedicellata Kosterm., Ann. Missouri Bot. Gard. 77 (3): 547 (1990).
广东。

茫荡山润楠

●**Machilus mangdangshanensis** Q. F. Zheng, Fl. Fujian 2: 393, f. 98 (1985).
福建。

暗叶润楠

●**Machilus melanophylla** H. W. Li, Acta Phytotax. Sin. 17 (2): 54, pl. 8, f. 3 (1979).
Persea melanophylla (H. W. Li) Kosterm., Ann. Missouri Bot. Gard. 77 (3): 546 (1990).
云南。

苗山润楠

●**Machilus miaoshanensis** F. N. Wei et C. Q. Lin, Guihaia 8: 305, f. 4 (1988).
广西。

小果润楠

●**Machilus microcarpa** Hemsl., J. Linn. Soc. Bot. 26: 376 (1891).
Persea microcarpa (Hemsl.) Kosterm., Reinwardtia 6 (2): 193 (1962).
湖北、四川、贵州。

小果润楠（原变种）

Machilus microcarpa var. **microcarpa**
湖北、四川、贵州。

峨眉润楠

●**Machilus microcarpa** var. **omeiensis** S. K. Lee, Acta Phytotax. Sin. 17 (2): 46, pl. 3. f. 6 (1979).
四川。

小叶润楠（小叶楠）

●**Machilus microphylla** (H. W. Li) L. Li et al., Pl. Diversity Resources 33 (2): 160 (2011).
Phoebe microphylla H. W. Li, Acta Phytotax. Sin. 17 (2): 57, pl. 8, f. 6 (1979).
云南。

闽桂润楠

Machilus minkweiensis S. K. Lee, Acta Phytotax. Sin. 17 (2): 52. pl. 5, f. 2 (1979).
Persea minkweiensis (S. K. Lee) Kosterm., Ann. Missouri Bot. Gard. 77 (3): 546 (1990).
福建、广东、广西；越南。

小花润楠（小花楠）

●**Machilus minutiflora** (H. W. Li) L. Li et al, Pl. Diversity Resources 33 (2): 158 (2011).
Phoebe minutiflora H. W. Li, Acta Phytotax. Sin. 17 (2): 57, pl. 9, f. 1 (1979).
云南。

雁荡润楠

●Machilus minutiloba S. K. Lee, Acta Phytotax. Sin. 17 (2): 50, pl. 5, f. 5 (1979).
Persea minutiloba (S. K. Lee) Kosterm., Ann. Missouri Bot. Gard. 77 (3): 546 (1990).
浙江。

山润楠山楠

●**Machilus montana** L. Li et al., Pl. Diversity Resources 33 (2): 158 (2011).
Machilus macrophylla Hemsl. in Journ. Linn. Soc. Bot. 26: 373 (1891), auct. non Blume, nor Nees; *Phoebe macrophylla* Gamble in C. S. Sargent, Pl. Wilson. 2: 71 (1914), auct. non Blume; *P. chinensis* Chun, Chinese Econ. Trees 158 (1921).
陕西、甘肃、湖北、四川、贵州、云南、西藏。

尖峰润楠

●**Machilus monticola** S. K. Lee, Acta Phytotax. Sin. 8: 185 (1963).
Persea monticola (S. K. Lee) Kosterm., Ann. Missouri Bot. Gard. 77 (3): 547 (1990).
海南。

多脉润楠

●**Machilus multinervia** H. Liu, Laurac. Chine et Indochine 56, f. 2 (1934).
Persea multinervia (H. Liu) Kosterm., Reinwardtia 6 (2): 193 (1962).
贵州、广西。

纳槁润楠（纳槁）

Machilus nakao S. K. Lee, Acta Phytotax. Sin. 8: 188 (1963).

Persea nakao (S. K. Lee) Kosterm., Ann. Missouri Bot. Gard. 77 (3): 547 (1990).

广西、海南；越南。

南川润楠

•**Machilus nanchuanensis** N. Chao ex S. K. Lee et al., Acta Phytotax. Sin. 17 (2): 47 (1979).

Persea nanchuanensis (N. Chao ex S. K. Lee et al.) Kosterm., Ann. Missouri Bot. Gard. 77 (3): 547 (1990).

重庆。

润楠

•**Machilus nanmu** (Oliv.) Hemsl., J. Linn. Soc. Bot. 26: 376 (1891).

Persea nanmu Oliv., Hooker's Icon. Pl. 14: 10, pl. 1316 (1880); *Phoebe nanmu* (Oliv.) Gamble in C. S. Sargent, Pl. Wilson. 2 (1): 72 (1914); *Machilus pingii* W. C. Cheng ex Yen C. Yang, J. W. China Border Res. Soc. 15: 76 (1945); *Persea pingii* (W. C. Cheng) Kosterm., Reinwardtia 6: 193 (1962).

四川、云南。

倒卵叶润楠

•**Machilus obovatifolia** (Hayata) Kaneh. et Sasaki, Trans. Nat. Hist. Soc. Taiwan 20: 381 (1930).

Cinnamomum obovatifolium Hayata, Icon. Pl. Formosan. 3: 161 (1913); *Machilus suffrutescens* Hayata, Icon. Pl. Formosan. 5: 162, f. 56e (1915); *Persea obovatifolia* (Hayata) Kosterm., Reinwardtia 6 (2): 193 (1962).

台湾。

隐脉润楠

•**Machilus obscurinervis** S. K. Lee, Acta Phytotax. Sin. 17 (2): 51, f. 1 (1979).

Persea obscurinervia (S. K. Lee) Kosterm., Ann. Missouri Bot. Gard. 77 (3): 547 (1990).

西藏。

龙眼润楠（龙眼楠）

•**Machilus oculodracontis** Chun, Acta Phytotax. Sin. 2: 168, pl. 33 (1953).

Persea oculodracontis (Chun) Kosterm., Reinwardtia 6 (2): 193 (1962).

江西、广东。

建润楠

•**Machilus oreophila** Hance, Ann. Sci. Nat., Bot. sér. 4, 18: 277 (1863).

Persea oreophila (Hance) Kosterm., Reinwardtia 6 (2): 193 (1962).

湖南、贵州、福建、广东、广西。

糙枝润楠

•**Machilus ovatiloba** S. K. Lee, Acta Phytotax. Sin. 17 (2): 56, f. 2 (1979).

Persea ovatiloba (S. K. Lee) Kosterm., Ann. Missouri Bot. Gard. 77 (3): 547 (1990).

西藏。

赛短花润楠

•**Machilus parabreviflora** Hung T. Chang, Acta Sci. Nat. Univ. Sunyatseni 1960 (1): 17 (1960).

广西。

拟刨花润楠

•**Machilus parapauhoi** F. N. Wei et al., Nord. J. Bot. 28: 503 (2011).

广西。

刨花润楠（刨花楠，刨花，粘柴）

Machilus pauhoi Kaneh., Trop. Woods. 23: 8 (1930).

Machilus polyneura Hung T. Chang, Acta Sci. Nat. Univ. Sunyatseni 1963 (4): 132 (1963); *Persea pauhoi* (Kaneh.) Kosterm., Reinwardtia 6 (2): 193 (1962).

江西、浙江、湖南、福建、广东、广西、香港。

凤凰润楠

Machilus phoenicis Dunn, Bull. Misc. Inform. Kew. 1910: 279 (1910).

Machilus levinei Merr., Philipp. J. Sci. 15 (3): 236 (1919); *Persea levinei* (Merr.) Kosterm., Reinwardtia 6 (2): 192 (1962); *Persea phoenicis* (Dunn) Kosterm., Reinwardtia 6 (2): 193 (1962).

江西、浙江、湖南、福建、广东。

扁果润楠（扁果楠）

Machilus platycarpa Chun, Acta Phytotax. Sin. 2: 164, pl. 29 (1953).

Persea platycarpa (Chun) Kosterm., Reinwardtia 6 (2): 193 (1962).

广东、广西；越南.

梨润楠（梨桢楠）

Machilus pomifera (Kosterm.) S. K. Lee, Acta Phytotax. Sin. 8: 186 (1963).

Persea pomifera Kosterm., Reinwardtia 5: 394 (1961).

海南。

塔序润楠

Machilus pyramidalis H. W. Li, Acta Phytotax. Sin. 17 (2): 53, pl. 8, f. 1 (1979).

Persea pyramidalis (H. W. Li) Kosterm., Ann. Missouri Bot. Gard. 77 (3): 547 (1990).
云南。

狭叶润楠

Machilus rehderi C. K. Allen, J. Arnold Arbor. 17: 326 (1936).
Persea rehderi (C. K. Allen) Kosterm., Reinwardtia 6: 193 (1962).
湖南、贵州、广西。

粗壮润楠

Machilus robusta W. W. Sm., Notes Roy. Bot. Gard. Edinburgh 13: 169 (1921).
Machilus liangkwangensis Chun, Acta Phytotax. Sin. 2 (3): 165, pl. 30 (1953); *Persea liangkwangensis* (Chun) Kosterm., Reinwardtia 6 (2): 192 (1962); *Persea robusta* (W. W. Sm.) Kosterm., Reinwardtia 6 (2): 193 (1962).
贵州、云南、西藏、广东、广西、海南；缅甸。

红梗润楠

Machilus rufipes H. W. Li, Acta Phytotax. Sin. 17 (2): 55, pl. 8, f. 4 (1979).
Persea rufipes (H. W. Li) Kosterm., Ann. Missouri Bot. Gard. 77 (3): 547 (1990).
云南、西藏。

柳叶润楠

Machilus salicina Hance, J. Bot. 23: 327 (1885).
Machilus salicina var. *glabra* Allen ex Tanaka et Odash., J. Soc. Trop. Agric. 10: 367 (1938); *Persea salicina* (Hance) Kosterm., Reinwardtia 6 (2): 193 (1962).
贵州、云南、广东、广西、海南；越南、老挝、柬埔寨。

华蓥润楠

•**Machilus salicoides** S. K. Lee, Acta Phytotax. Sin. 17 (2): 48, pl. 4, f. 5 (1979).
Persea salicoides (S. K. Lee) Kosterm., Ann. Missouri Bot. Gard. 77 (3): 547 (1990).
四川、重庆。

十万大山润楠

•**Machilus shiwandashanica** Hung T. Chang, Acta Sci. Nat. Univ. Sunyatseni 1963 (4): 132 (1963).
Persea shiwandashanica (Hung T. Chang) Kosterm., Ann. Missouri Bot. Gard. 77 (3): 547 (1990).
广西。

瑞丽润楠

•**Machilus shweliensis** W. W. Sm., Notes Roy. Bot. Gard. Edinburgh. 13: 170 (1921).
Persea shweliensis (W. W. Sm.) Kosterm., Reinwardtia 6 (2): 194 (1962).
云南。

西畴润楠

•**Machilus sichourensis** H. W. Li, Acta Phytotax. Sin. 17 (2): 51, pl. 7, f. 5 (1979).
Persea sichourensis (H. W. Li) Kosterm., Ann. Missouri Bot. Gard. 77 (3): 547 (1979).
云南。

四川润楠

•**Machilus sichuanensis** N. Chao, Acta Phytotax. Sin. 17 (2): 47 (1979).
Persea sichuanensis (N. Chao) Kosterm., Ann. Missouri Bot. Gard. 77 (3): 547 (1990).
四川。

册亨润楠

•**Machilus submultinervia** Y. K. Li, Acta Phytotax. Sin. 22 (1): 78, pl. 1, f. 2 (1984).
Machilus pachyclada D. Fang, Acta Phytotax. Sin. 37 (6): 597 (1999).
贵州、广西。

细毛润楠

•**Machilus tenuipilis** H. W. Li, Acta Phytotax. Sin. 17 (2): 54. pl. 8. f. 2 (1979).
Persea tenuipilis (H. W. Li) Kosterm., Ann. Missouri Bot. Gard. 77 (3): 547 (1990).
云南。

红楠

Machilus thunbergii Siebold et Zucc., Muench. Abl. II cl. Bayr. Akad. Wiss. IV, 3 Abtl: 302 (1846).
Machilus macrophylla var. *arisanensis* Hayata, J. Coll. Sci. Imp. Univ. Tokyo 30 (1): 243-244 (1911); *Machilus kwashotensis* Hayata, Icon. Pl. Formosan. 5: 160, f. 56d (1915); *Machilus arisanensis* (Hayata) Hayata, Icon. Pl. Formosan. 5: 160, f. 56b et f. 57 (1915); *Machilus nanshoensis* Kaneh., Formosan trees 449 (1918); *Machilus thunbergii* var. *kwashotensis* (Hayata) Yamam., J. Soc. Trop. Agric. 5: 53 (1932); *Machilus taiwanensis* Kamik., Trans. Nat. Hist. Soc. Taiwan 24: 277 (1934); *Machilus thunbergii* var. *trochodendroides* Masam., Trans. Nat. Hist. Soc. Taiwan 29: 273 (1939); *Persea thunbergii* (Siebold et Zucc.) Kosterm., Commun. Forest Res. Inst. 57: 35 (1957); *Persea arisanensis* (Hayata) Kosterm., Reinwardtia 6 (2): 191 (1962).
山东、安徽、江苏、江西、浙江、湖南、福建、台湾、广东、广西；日本、朝鲜。

汀州润楠

•**Machilus tingzhourensis** M. M. Lin et al., Bull. Bot. Res. 25 (1): 5, f. 1 (2005).

福建。

绒毛润楠（绒楠，猴高铁，香胶木）

Machilus velutina Champ. ex Benth., Hooker's J. Bot. Kew Gard. Misc. 5: 198 (1853).

Actinodaphne magniflora C. K. Allen, Ann. Missouri Bot. Gard. 25: 403 (1938); *Persea velutina* (Champ. ex Benth.) Kosterm., Reinwardtia 6 (2): 194 (1962).

江西、浙江、贵州、福建、广东、广西、海南；越南、老挝、柬埔寨。

东兴润楠

•**Machilus velutinoides** S. K. Lee et F. N. Wei, Guihaia 4: 101, f. 4: 1-3 (1984).

Persea velutinoides (S. K. Lee et F. N. Wei) Kosterm., Ann. Missouri Bot. Gard. 77 (3): 547 (1990).

广西。

疣枝润楠

Machilus verruculosa H. W. Li, Acta Phytotax. Sin. 17 (2): 55, pl. 8, f. 5 (1979).

Persea verruculosa (H. W. Li) Kosterm., Ann. Missouri Bot. Gard. 77 (3): 547 (1990).

云南；越南。

黄枝润楠

•**Machilus versicolora** S. K. Lee et F. N. Wei, Guihaia 4: 98, f. 5 (1984).

Persea versicolora (S. K. Lee et F. N. Wei) Kosterm., Ann. Missouri Bot. Gard. 77 (3): 547 (1990).

江西、湖南、福建、广东、广西。

柔毛润楠

Machilus villosa (Roxb.) Hook. f., Fl. Brit. India 5: 140 (1886).

Laurus villosa Roxb., Hort. Bengal. 89 (1814), nom. nud., et Fl. Ind. 2: 310 (1832); *Ocotea glaucescens* Nees, Wall., Pl. Asiat. Rar. 2: 71 (1831); *Persea villosa* (Roxb.) Kosterm., Reinwardtia 6: 194 (1962); *Persea glaucescens* (Nees) D. G. Long, Notes Roy. Bot. Gard. Edinb. 41 (3): 521 (1984); *Machilus glaucescens* (Nees) H. W. Li, Acta Bot. Yunnan. 10 (4): 490 (1988), auct. non Wight (1852), Icon. Pl. Ind. Orient. 5 (2): 12 (1852).

云南；缅甸、印度、孟加拉国、不丹、尼泊尔。

绿叶润楠

•**Machilus viridis** Hand.-Mazz., Symb. Sin. 7 (2): 253 (1931).

Persea viridis (Hand.-Mazz.) Kosterm., Reinwardtia 6 (2): 194 (1962).

四川、云南。

信宜润楠

•**Machilus wangchiana** Chun, Acta Phytotax. Sin. 2: 166, pl. 31 (1953).

Persea wangchiana (Chun) Kosterm., Reinwardtia 6 (2): 194 (1962); *Persea kadooriei* Kosterm., J. S. African Bot. 47 (1): 110 (1981).

贵州、广东、广西、香港。

文山润楠

•**Machilus wenshanensis** H. W. Li, Acta Phytotax. Sin. 17 (2): 49, pl. 7, f. 3 (1979).

Persea wenshanensis (H. W. Li) Kosterm., Ann. Missouri Bot. Gard. 77 (3): 547 (1990).

贵州、云南、广西。

滇润楠（白香樟，香桂子，滇桢楠）

•**Machilus yunnanensis** Lecomte, Nouv. Arch. Mus. Hist. Nat. sér. 5, 5: 100 (1913).

Persea yunnanensis (Lecomte) Kosterm., Reinwardtia 6 (2): 194 (1962).

四川、云南、西藏、广西。

滇润楠（原变种）

•**Machilus yunnanensis** var. **yunnanensis**

Machilus bracteata Lecomte, Nouv. Arch. Mus. Hist. Nat., sér. 5, 5: 101 (1913); *Machilus longipedicellata* Lecomte, Nouv. Arch. Mus. Hist. Nat. sér. 5, 5: 101 (1913); *Machilus yunnanensis* var. *duclouxii* Lecomte, Nouv. Arch. Mus. Hist. Nat. sér. 5, 5: 100 (1913); *Machilus ichangensis* var. *synechothrix* Hand.-Mazz., Akad. Wiss. Wien Sitzungsber., Math.-Naturwiss. Kl. 218 (1925); *Machilus longipedicellata* var. *synechothrix* (Hand.-Mazz.) Hand.-Mazz., Symb. Sin. 7 (2): 253 (1931); *Persea longipedicellata* (Lecomte) Kosterm., Reinwardtia 6 (2): 193 (1962); *Persea bracteata* (Lecomte) Kosterm., Reinwardtia 6 (2): 191 (1962).

四川、云南、广西。

西藏润楠

•**Machilus yunnanensis** var. **tibetana** S. K. Lee, Acta Phytotax. Sin. 17 (2): 45 (1979).

西藏。

香润楠（香楠，瑞芳楠）

•**Machilus zuihoensis** Hayata, J. Coll. Sci. Imp. Univ. Tokyo 30 (1): 244-245 (1911).

台湾。

香润楠（原变种）

•**Machilus zuihoensis** var. **zuihoensis**

Machilus longisepala Hayata, Icon. Pl. Formosan. 3: 162, 164 (1913); *Machilus longipaniculata* Hayata, Icon. Pl. Formosan. 3: 162, pl. 30 (1913); *Persea zuihoensis* (Hayata) H. L. Li, Woody Fl. Taiwan 227 (1963).

台湾。

青叶润楠

•**Machilus zuihoensis** var. **mushaensis** (F. Y. Lu) Y. C. Liu, Lign. Pl. Taiwan 144 (1981).

Machilus mushaensis F. Y. Lu, Quart. J. Chin. Forest. 2 (3): 19, pl. 6 (1969).

台湾。

新樟属 Neocinnamomum H. Liu

滇新樟（羊角香，梅根，茶蚬）

Neocinnamomum caudatum (Nees) Merr., Contr. Arnold Arbor. 8: 64 (1934).

Cinnamomum caudatum Nees, Pl. Asiat. Rar. 2: 76 (1831); *Neocinnamomum yunnanense* H. Liu, Laurac. Chine et Indochine 90, f. 8 (1934); *Neocinnamomum poilanei* H. Liu, Laurac. Chine et Indochine 92, f. 9 (1934).

贵州、云南、广西；越南、缅甸、泰国北部、印度、不丹、尼泊尔。

新樟（云南桂，少花新樟，肉桂树）

•**Neocinnamomum delavayi** (Lecomte) H. Liu, Laurac. Chine et Indochine 90 (1932).

Cinnamomum delavayi Lecomte, Nouv. Arch. Mus. Hist. Nat. sér. 5, 5: 77 (1913); *Cinnamomum parvifolium* Lecomte, Nouv. Arch. Mus. Hist. Nat. sér. 5, 5: 80 (1913); *Neocinnamomum parvifolium* (Lecomte) H. Liu, Laurac. Chine et Indochine 88-90, f. 6-7 (1934); *Neocinnamomum delavayi* var. *pauciflorum* Yen C. Yang, J. W. China Border Res. Soc. 15: 73 (1945).

四川、云南、西藏。

川鄂新樟（三条筋）

•**Neocinnamomum fargesii** (Lecomte) Kosterm., Reinwardtia 9: 91 (1974).

Cinnamomum fargesii Lecomte, Nouv. Arch. Mus. Hist. Nat. sér. 5, 5: 78 (1913); *Neocinnamomum wilsonii* C. K. Allen, J. Arnold Arbor. 20: 63 (1939).

湖北、四川。

海南新樟

Neocinnamomum lecomtei H. Liu, Laurac. Chine et Indochine 93 (1932).

Neocinnamomum hainanianum C. K. Allen, J. Arnold Arbor. 20: 62 (1939); *Neocinnamomum complanifructum* S. K. Lee et F. N. Wei, Guihaia 8 (4): 307, f. 6 (1988).

贵州、云南、广西、海南；越南北部。

沧江新樟

•**Neocinnamomum mekongense** (Hand.-Mazz.) Kosterm., Reinwardtia 9: 93 (1974).

Cinnamomum delavayi var. *mekongense* Hand.-Mazz., Sitzungsber. Kaiserl. Akad. Wiss., Math.-Naturwiss. Cl., Abt. 1. 62: 218 (1880); *Cinnamomum delavayi* var. *aromatica* Lecomte ex Lee, For. Bot. China 501 (1935).

云南、西藏。

新木姜子属 Neolitsea (Benth. et Hook. f.) Merr.

台湾新木姜子（香桂，锐叶新木姜子）

Neolitsea aciculata (Blume) Koidz., Bot. Mag. (Tokyo) 32: 258 (1998).

Litsea aciculata Blume, Mus. Bot. 1: 347 (1851); *Tetradenia acutotrinervia* Hayata, Icon. Pl. Formosan. 3: 166 (1913); *Neolitsea acutotrinervia* (Hayata) Kaneh. et Sasaki, Trans. Nat. Hist. Soc. Taiwan 20: 381 (1930).

台湾；日本。

尖叶新木姜子（高山新木姜子）

•**Neolitsea acuminatissima** (Hayata) Kaneh. et Sasaki, Trans. Nat. Hist. Soc. Taiwan 20: 381 (1930).

Tetradenia acuminatissima Hayata, Icon. Pl. Formosan. 3: 166 (1913).

台湾。

下龙新木姜子

Neolitsea alongensis Lecomte, Fl. Indo-Chine [P. H. Lecomte et al.] 5: 143 (1914).

云南、广西；越南。

新木姜子

Neolitsea aurata (Hayata) Koidz., Bot. Mag. (Tokyo) 32 (384): 256 (1918).

Litsea aurata Hayata, J. Coll. Sci. Imp. Univ. Tokyo 30 (1): 246 (1911); *Tetradenia aurata* (Hayata) Hayata, Icon. Pl. Formosan. 3: 167 (1913); *Neolitsea sericea* var. *aurata* (Hayata) Hatsu., J. Geobot. 17 (4): 106 (1969).

安徽、江苏、江西、浙江、湖南、湖北、四川、贵州、云南、福建、台湾、广东、广西；日本。

新木姜子（原变种）

Neolitsea aurata var. **aurata**

Neolitsea aurata (Hayata) Koidz. f. *glabrescens* H. Liu, Laurac. Chine et Indochine 149 (1934); *Neolitsea kwangtungensis* Hung T. Chang, Acta Sci. Nat. Univ. Sunyatseni 2 (1): 26 (1960).
江苏、江西、湖南、湖北、四川、贵州、云南、福建、台湾、广东、广西；日本。

浙江新木姜子（假桂花，红皮树，香桂）

●**Neolitsea aurata** var. **chekiangensis** (Nakai) Yen C. Yang et P. H. Huang, Acta Phytotax. Sin. 16 (4): 39 (1978).
Neolitsea chekiangensis Nakai, J. Jap. Bot. 16: 128 (1940).
安徽、江苏、江西、浙江、福建。

粉叶新木姜子

●**Neolitsea aurata** var. **glauca** Yen C. Yang, J. W. China Border Res. Soc. 15: 80 (1945).
四川。

云和新木姜子

●**Neolitsea aurata** var. **paraciculata** (Nakai) Yen C. Yang et P. H. Huang, Acta Phytotax. Sin. 16 (4): 40 (1978).
Neolitsea paraciculata Nakai, Fl. Sylv. Kor. 22: 46 (1939).
江西、浙江、湖南、广东、广西。

浙闽新木姜子

●**Neolitsea aurata** var. **undulatula** Yen C. Yang et P. H. Huang, Acta Phytotax. Sin. 16 (4): 40 (1978).
浙江、福建。

坝王新木姜子

●**Neolitsea bawangensis** R. H. Miao, Acta Sci. Nat. Univ. Sunyatseni 32 (4): 57 (1993).
海南。

短梗新木姜子

Neolitsea brevipes H. W. Li, Acta Phytotax. Sin. 16 (4): 43 (1978).
湖南、贵州、云南、福建、广东、广西；印度、尼泊尔。

武威山新木姜子（武威山新木姜）

●**Neolitsea buisanensis** Yamam. et S. Kamikoti, Trans. Nat. Hist. Soc. Taiwan 22: 411 (1932).
Neolitsea zeylanica var. *obovata* H. Liu, Laurac. Chine et Indochine 153 (1934).
台湾、广西、海南。

锈叶新木姜子（辣汁树，大叶樟，白背樟）

Neolitsea cambodiana Lecomte, Notul. Syst. (Paris) 2 (11): 335 (1913).
Neolitsea ferruginea Merr., Lingnan Sci. J. 7: 305 (1929).
江西、湖南、福建、广东、广西、海南；老挝、柬埔寨。

锈叶新木姜子（原变种）

Neolitsea cambodiana var. **cambodiana**
江西、湖南、福建、广东、广西、海南；老挝、柬埔寨。

香港新木姜子

●**Neolitsea cambodiana** var. **glabra** C. K. Allen, Ann. Missouri Bot. Gard. 25: 418 (1938).
Actinodaphne hongkongensis Chun, J. Arnold Arbor. 8 (1): 22 (1927); *Neolitsea hongkongensis* (Chun) C. K. Allen, Ann. Missouri Bot. Gard. 25: 414, 418 (1938).
福建、广东、广西。

金毛新木姜子

●**Neolitsea chrysotricha** H. W. Li, Acta Phytotax. Sin. 16 (4): 40-41, pl. 1, f. 4 (1978).
云南。

簇叶新木姜子（丛叶楠，香桂子树，蜜叶新木姜）

●**Neolitsea confertifolia** (Hemsl.) Merr., Lingnan Sci. J. 15 (3): 419 (1936).
Litsea confertifolia Hemsl., J. Linn. Soc. Bot. 26 (176): 379, pl. 7 (1891); *Actinodaphne confertifolia* (Hemsl.) Gamble in C. S. Sargent, Pl. Wilson. 2 (1): 74 (1914); *Fiwa confertifolia* (Hemsl.) Nakai, J. Jap. Bot. 16 (3): 130 (1940).
河南、陕西、江西、湖南、湖北、四川、贵州、广东、广西。

大武山新木姜子

●**Neolitsea daibuensis** Kamik., Trans. Nat. Hist. Soc. Taiwan 22: 411 (1932).
台湾。

香果新木姜子（乌身香槁，香果，奉楠）

●**Neolitsea ellipsoidea** C. K. Allen, Ann. Missouri Bot. Gard. 25: 428 (1938).
广东。

海南新木姜子

●**Neolitsea hainanensis** Yen C. Yang et P. H. Huang, Acta Phytotax. Sin. 16 (4): 43 (1978).
海南。

南仁山新木姜子

●**Neolitsea hiiranensis** Tang S. Liu et J. C. Liao, Quart.

J. Taiwan Mus. 24 (3-4): 411 (1971).
台湾。

团花新木姜子

●**Neolitsea homilantha** C. K. Allen, Ann. Missouri Bot. Gard. 25: 419 (1938).
云南、西藏。

保亭新木姜子（宽昭新木姜子）

●**Neolitsea howii** C. K. Allen, Ann. Missouri Bot. Gard. 25: 424 (1938).
海南。

湘桂新木姜子

●**Neolitsea hsiangkweiensis** Yen C. Yang et P. H. Huang, Acta Phytotax. Sin. 16 (4): 41 (1978).
湖南、广西。

凹脉新木姜子

●**Neolitsea impressa** Yen C. Yang, J. W. China Border Res. Soc. 15: 81 (1945).
四川。

五掌楠

Neolitsea konishii (Hayata) Kaneh. et Sasaki, Trans. Nat. Hist. Soc. Taiwan 20: 381 (1930).
Litsea konishii Hayata, J. Coll. Sci. Imp. Univ. Tokyo 30 (1): 248 (1911); *Tetradenia konishii* (Hayata) Hayata, Icon. Pl. Formosan. 3: 167 (1913).
台湾；日本。

广西木姜子

●**Neolitsea kwangsiensis** H. Liu, Laurac. Chine et Indochine 146 (1934).
福建、广东、广西。

大叶新木姜子（厚壳树，土玉桂，假玉桂）

●**Neolitsea levinei** Merr., Philipp. J. Sci. 13 (3): 138 (1918).
Benzoin levinei (Merr.) Chun ex H. Liu, Laurac. Chine et Indochine 148 (1934).
江西、湖南、湖北、四川、贵州、云南、西藏、福建、广东、广西。

大叶新木姜子（原变种）

●**Neolitsea levinei** var. **levinei**
Neolitsea lanuginosa var. *chinensis* Gamble in C. S. Sargent, Pl. Wilson. 2 (1): 79 (1914); *Neolitsea chinensis* (Gamble) Chun, Contr. Biol. Lab. Sci. Soc. China, Bot. Ser. 1 (5): 68 (1925).
江西、湖南、湖北、四川、贵州、云南、福建、广东、广西。

西藏新木姜子

●**Neolitsea levinei** var. **tibetica** H. P. Tsui, Acta Bot. Yannan. 16 (1): 35 (1994).
西藏。

长梗新木姜子

●**Neolitsea longipedicellata** Yen C. Yang et P. H. Huang, Acta Phytotax. Sin. 16 (4): 42, f. 3 (1978).
广西。

龙陵新木姜子（狗头骨，三股筋，大香果）

●**Neolitsea lunglingensis** H. W. Li, Acta Phytotax. Sin. 16 (4): 40, pl. 1, f. 2 (1978).
云南。

勐腊新木姜子

●**Neolitsea menglaensis** Yen C. Yang et P. H. Huang, Acta Phytotax. Sin. 16 (4): 39, pl. 1, f. 1 (1978).
云南。

长圆叶新木姜子（柳槁，番椒槁，鸡卵槁）

●**Neolitsea oblongifolia** Merr. et Chun, Sunyatsenia, 2 (3-4): 234, pl. 45 (1935).
广西、海南。

钝叶新木姜子（黄果，芳槁，钝叶新木姜）

●**Neolitsea obtusifolia** Merr., Lingnan Sci. J. 14 (1): 6 (1935).
海南。

卵叶新木姜子

●**Neolitsea ovatifolia** Yen C. Yang et P. H. Huang, Acta Phytotax. Sin. 16 (4): 44 (1978).
Neolitsea phanerophlebia f. *glabra* H. Liu, Laurac. Chine et Indochine 149 (1932); *Neolitsea ovatifolia* var. *puberula* Yen C. Yang et P. H. Huang, Acta Phytotax. Sin. 16 (4): 44 (1978).
云南、广东、广西、海南。

灰白新木姜子

Neolitsea pallens (D. Don) Momiy. et H. Hara, J. Jap. Bot. 47 (9): 269 (1972).
Tetranthera pallens D. Don, Prodr. Fl. Nepal. 66 (1825); *Tetradenia consimilis* Nees, Pl. Asiat. Rar. 2: 64 (1831); *Litsea consimilis* (Nees) Nees, Syst. Laur. 628 (1836); *Litsea umbrosa* var. *consimilis* (Nees) Hook. f., Fl. Brit. India 5 (13): 180 (1886).
西藏；印度、尼泊尔、巴基斯坦。

小芽新木姜子（小芽新木姜）

●**Neolitsea parvigemma** (Hayata) Kaneh. et Sasaki, Trans. Nat. Hist. Soc. Taiwan 20: 381 (1930).

Tetradenia parvigemma Hayata, Icon. Pl. Formosan. 5: 175, f. 61f (1915).
台湾。

屏边新木姜子

●**Neolitsea pingbienensis** Yen C. Yang et P. H. Huang, Acta Phytotax. Sin. 16 (4): 45, pl. 2, f. 2 (1978).
云南。

羽脉新木姜子

●**Neolitsea pinninervis** Yen C. Yang et P. H. Huang, Acta Phytotax. Sin. 16 (4): 38, pl. 1 (1978).
湖南、贵州、广东、广西。

多果新木姜子（野桂皮）

Neolitsea polycarpa H. Liu, Laurac. Chine et Indochine 150 (1934).
Neolitsea chuii var. *brevipes* Yen C. Yang, J. W. China Border Res. Soc. 15: 82 (1845).
云南；越南。

美丽新木姜子

●**Neolitsea pulchella** (Meisn.) Merr., Philipp. J. Sci. 13 (3): 137 (1918).
Litsea pulchella Meisn. in A. P. de Candolle, Prodr. 15 (1): 224 (1864); *Litsea zeylanica* var. *chinensis* Benth. ex Hook. f., Hooker's J. Bot. Kew Gard. Misc. 5: 199 (1853).
福建、广东、广西、海南。

紫新木姜子

●**Neolitsea purpurascens** Yen C. Yang, J. W. China Border Res. Soc. 15: 81 (1945).
Neolitsea zeylanica var. *fangii* H. Liu, Laurac. Chine et Indochine 154 (1934).
四川。

舟山新木姜子（男刁樟）

Neolitsea sericea (Blume) Koidz., Bot. Mag. (Tokyo) 40 (474): 343 (1926).
Laurus sericea Blume, Bijdr. Fl. Ned. Ind. 11: 554 (1825); *Litsea glauca* Sieber, Verh. Batav. Genootsch. Kunsten. 12: 24 (1830); *Tetradenia glauca* (Siebold) Matsum., Index Pl. Jap. 2: 572 (1891); *Malapoenna sieboldii* Kuntze, Revis. Gen. Pl. 2: 572 (1891); *Neolitsea glauca* (Sieber) Koidz., Bot. Mag. (Tokyo) 32 (384): 257 (1918); *Neolitsea sieboldii* (Kuntze) Nakai, Bot. Mag. (Tokyo) 41 (488): 520 (1927).
浙江、台湾；朝鲜、日本。

新宁新木姜子

●**Neolitsea shingningensis** Yen C. Yang et P. H. Huang, Acta Phytotax. Sin. 16 (4): 44, pl. 6 (1978).
湖南、贵州。

四川新木姜子

●**Neolitsea sutchuanensis** Yen C. Yang, J. W. China Border Res. Soc. 15: 82 (1945).
Neolitsea sutchuanensis f. *longipedicellata* Yen C. Yang, J. W. China Border Res. Soc. 15: 82 (1945); *Neolitsea sutchuanensis* var. *gongshanensis* H. W. Li, Acta Phytotax. Sin. 16 (4): 44, pl. 1, f. 3 (1978).
湖南、四川、贵州、云南。

绒毛新木姜子

●**Neolitsea tomentosa** H. W. Li, Acta Phytotax. Sin. 16 (4): 41, pl. 2, f. 1 (1978).
云南。

波叶新木姜子

●**Neolitsea undulatifolia** (H. Lév.) C. K. Allen, J. Arnold Arbor. 17: 328 (1936).
Litsea undulatifolia H. Lév., Fl. Kouy-Tchéou 220 (1914).
贵州、云南、广西。

变叶新木姜子（变叶新木姜）

●**Neolitsea variabillima** (Hayata) Kaneh. et Sasaki, Trans. Nat. Hist. Soc. Taiwan 20: 382 (1930).
Tetradenia variabillima Hayata, Icon. Pl. Formosan. 3: 167 (1913); *Neolitsea aciculata* var. *variabillima* (Hayata) J. C. Liao, Mem. Coll. Agric. Natl. Taiwan Univ. 26 (2): 119 (1986).
台湾。

毛叶新木姜子

●**Neolitsea velutina** W. T. Wang, Acta Phytotax. Sin. 6 (2): 216 (1957).
云南、广东、广西。

兰屿新木姜子

●**Neolitsea villosa** (Blume) Merr., Philipp. J. Sci. 4: 261 (1909).
Litsea villosa Blume, Mus. Lugd.-Bat. 1: 349 (1851); *Tetradenia kotoensis* Hayata, Icon. Pl. Formosan. 5: 174, f. 61b (1915); *Litsea kotoensis* (Hayata) Kaneh., Formosan trees 443 (1918); *Neolitsea kotoensis* (Hayata) Kaneh. et Sasaki, Trans. Nat. Hist. Soc. Taiwan 20: 381 (1930); *Tetradenia hayatae* Nemoto, Fl. Japan. (ed. 2) 375 (1931).
台湾。

巫山新木姜子

●**Neolitsea wushanica** (Chun) Merr., Sunyatsenia 3 (4):

250 (1937).
Litsea wushanica Chun, J. Arnold Arbor. 9: 153 (1928); *Litsea gracilipes* Hemsl., Journ. Linn. Soc. Bot. 26: 381 (1891), auct. non Hook. f., Fl. Brit. India 5: 159 (1886); *Neolitsea gracilipes* (Hemsl.) H. Liu, Laurac. Chine et Indochine 143 (1934); *Neolitsea viridis* W. C. Cheng et S. Y. Hu, J. Arnold Arbor. 61 (1): 76 (1980).
陕西、湖南、湖北、四川、贵州、云南、福建、广东。

巫山新木姜子（原变种）

●**Neolitsea wushanica** var. **wushanica**
陕西、湖北、四川、贵州、云南、福建、广东。

紫云山新木姜子

●**Neolitsea wushanica** var. **pubens** Yen C. Yang et P. H. Huang, Acta Phytotax. Sin. 16 (4): 38 (1978).
湖南。

南亚新木姜子（南亚新木姜）

Neolitsea zeylanica (Nees et T. Nees) Merr., Philipp. J. Sci. 1: 57 (1906).
Litsea zeylanica Nees et T. Nees, Amoen. Bot Bonn. Fasc. 1: 58, pl. 5 (1823); *Tetradenia zeylanica* (Nees et T. Nees) Nees, Pl. Asiat. Rar. 2: 64 (1831).
广西；越南、泰国、马来西亚、印度尼西亚、澳大利亚、印度、斯里兰卡。

拟檫木属 Parasassafras D. G. Long

拟檫木（密花黄肉楠）

Parasassafras conifertiflora (Meisn.) D. G. Long, Notes Roy. Bot. Gard. Edinburgh, 41 (3): 513 (1984).
Actinodaphne confertiflora Meisn. in A. P. de Candolle, Prodr. 15 (1): 219 (1864); *Litsea shweliensis* W. W. Sm., Notes Roy. Bot. Gard. Edinburgh. 13 (63-64): 167 (1921); *Neocinnamomum confertiflora* (Meisn.) Kosterm., Bull. Bot. Surv. India. 10: 287 (1969); *Litsea confertiflora* (Meisn.) Kosterm., Reinwardtia 9 (1): 86 (1974).
云南；缅甸、印度、不丹。

鳄梨属 Persea Mill.

鳄梨（油梨，樟梨）

☆**Persea americana** Mill., Gard. Dict., ed. 8, *Persea* (1768).
Laurus persea L., Sp. Pl. 1: 130 (1753); *Persea gratissima* Gaertn. f., Fruct. Sem. Pl. 3: 222 (1805).
栽培于四川、云南、福建、台湾、广东、海南；原产于热带美洲；广泛栽培于热带到暖温带地区。

楠属 Phoebe Nees

沼楠

Phoebe angustifolia Meisn. in A. P. de Candolle, Prodr. 15 (1): 34 (1864).
Phoebe angustifolia var. *annamensis* H. Liu, Laurac. Chine et Indochine 73 (1934).
云南；越南、缅甸、印度。

闽楠（兴安楠木，楠木，竹叶楠）

●**Phoebe bournei** (Hemsl.) Yen C. Yang, J. W. China Border Res. Soc. 15: 73 (1945).
Machilus bournei Hemsl., J. Linn. Soc. Bot. 26: 373 (1891); *Phoebe blepharopus* Hand.-Mazz., Anz. Akad. Wiss. Wien, Math.-Naturwiss. Kl. 59: 102 (1922); *Phoebe acuminata* Merr., J. Arnold Arbor. 8 (1): 5 (1927); *Persea bournei* (Hemsl.) Kosterm., Reinwardtia 6 (2): 191 (1962).
江西、湖北、贵州、福建、广东、广西、海南。

短序楠

●**Phoebe brachythyrsa** H. W. Li, Acta Phytotax. Sin. 17 (2): 59, pl. 9, f. 2 (1979).
云南。

石山楠

●**Phoebe calcarea** S. K. Lee et F. N. Wei, Guihaia 3: 7, f. 1 (1983).
Phoebe reticulata Y. K. Li et X. M. Wang, Guizhou Sci. 10: 44 (1983); *Phoebe liana* Y. Yang, Guihaia 29 (3): 314 (2009).
贵州、广西。

赛楠（运兰树，假桂枝，峨眉赛楠）

●**Phoebe cavaleriei** (H. Lév.) Y. Yang et Bing Liu, **comb. nov.**
Lindera cavaleriei H. Lév., Repert. Spec. Nov. Regni Veg. 10: 371 (1912); *Nothaphoebe duclouxii* Lecomte, Nouv. Arch. Mus. Hist. Nat. sér. 5, 5: 106 (1913); *Machilus mairei* H. Lév., Repert. Spec. Nov. Regni Veg. 13 (355-358): 174 (1914); *Machilus dunnianus* H. Lév., Repert. Spec. Nov. Regni Veg. 13 (355-358): 174 (1914); *Alseodaphne omeiensis* Gamble in C. S. Sargent, Pl. Wilson. 2 (1): 70 (1914); *Nothaphoebe omeiensis* (Gamble) Chun, Contr. Biol. Lab. Sci. Soc. China, Bot. Ser. 1 (5): 33 (1925); *Nothaphoebe cavaleriei* (Lév.) Yen C. Yang, J. W. China Border Res. Soc. 15: 75 (1945); *Persea cavaleriei* (H. Lév.) Kosterm., Reinwardtia 6 (2): 191 (1962); *Phoebe dunniana* (H. Lév.) Kosterm., Reinwardtia 9 (1): 112 (1974); *Phoebe tenuirhachis* R. H. Miao, Acta Sci. Nat. Univ. Sunyatseni 32 (4): 58 (1993).

四川、贵州、云南。

浙江楠

●**Phoebe chekiangensis** P. T. Li, J. S. China Agric. Univ. 21 (4): 59 (2000).

江西、浙江、福建。

粗柄楠

●**Phoebe crassipedicella** S. K. Lee et F. N. Wei, Guihaia 3 (1): 8, f. 2 (1983).

贵州、广西。

台楠（火炭楠）

●**Phoebe formosana** (Matsum. et Hayata) Hayata, Icon. Pl. Formosan. 5: 162 (1915).

Machilus formosana Hayata ex Matsum. et Hayata, J. Coll. Sci. Imp. Univ. Tokyo 22: 350 (1906); *Phoebe sheareri* var. *formosana* (Hayata) Nakai, J. Jap. Bot. 16 (3): 125 (1940); *Phoebe sheareri* var. *stenophylla* Nakai, J. Jap. Bot. 16 (3): 125 (1940).

安徽、台湾。

白背楠

●**Phoebe glaucifolia** S. K. Lee et F. N. Wei, Guihaia 8: 298 (1988).

云南、西藏。

粉叶楠

●**Phoebe glaucophylla** H. W. Li, Acta Phytotax. Sin. 17 (2): 60, pl. 9, f. 4 (1979).

云南。

茶槁楠（长叶楠）

●**Phoebe hainanensis** Merr., Philipp. J. Sci. 21: 343 (1922).

海南。

细叶楠

●**Phoebe hui** W. C. Cheng ex Yen C. Yang, J. W. China Border Res. Soc. 15: 74 (1945).

陕西、四川、云南。

湘楠（湖南楠）

●**Phoebe hunanensis** Hand.-Mazz., Anz. Akad. Wiss. Wien. Math.-Naturwiss. Kl. 58: 146 (1921).

陕西、甘肃、安徽、江苏、江西、湖南、湖北、贵州。

红毛山楠（毛丹，红丹）

●**Phoebe hungmoensis** S. K. Lee, Acta Phytotax. Sin. 8 (3): 190 (1963).

广西、海南；越南。

桂楠

●**Phoebe kwangsiensis** H. Liu, Laurac. Chine et Indochine 70 (1932).

贵州、广西。

披针叶楠

Phoebe lanceolata (Nees) Nees, Syst. Laur. 109 (1836).

Ocotea lanceolata Nees, Pl. Asiat. Rar. 2: 71 (1831); *Laurus ligustrina* Wall. ex Nees, Pl. Asiat. Rar. 2: 71 (1831); *Laurus lanceolaria* Roxb., Fl. Ind. 2: 309 (1832).

云南；泰国、马来西亚、印度尼西亚、印度、不丹、尼泊尔。

雅砻江楠

●**Phoebe legendrei** Lecomte, Nouv. Arch. Mus. Hist. Nat. sér. 5, 5: 103 (1913).

四川、云南。

利川楠

●**Phoebe lichuanensis** S. K. Lee, Acta Phytotax. Sin. 17 (2): 57, pl. 5, f. 6 (1979).

湖北。

大果楠

Phoebe macrocarpa C. Y. Wu, Acta Phytotax. Sin. 6 (2): 211, pl. 46, f. 4 (1957).

Phoebe poilanei Kosterm., Adansonia 13 (3): 340, pl. 2, f. 7-9 (1973).

云南；越南北部。

大萼楠

Phoebe megacalyx H. W. Li, Acta Phytotax. Sin. 17 (2): 60, pl. 9, f. 6 (1979).

云南；越南北部。

墨脱楠

●**Phoebe motuonan** S. K. Lee et F. N. Wei, Acta Phytotax. Sin. 17 (2): 61, pl. 6, f. 2 (1979).

西藏。

白楠

●**Phoebe neurantha** (Hemsl.) Gamble in C. S. Sargent, Pl. Wilson. 2 (1): 72 (1914).

Machilus neurantha Hemsl., J. Linn. Soc. Bot. 26: 376 (1891).

甘肃、江西、湖南、湖北、四川、贵州、云南、广西。

白楠（原变种）

●**Phoebe neurantha** var. **neurantha**

甘肃、江西、湖南、湖北、四川、贵州、云南、广西。

短叶白楠

●**Phoebe neurantha** var. **brevifolia** H. W. Li, Acta Phytotax. Sin. 17 (2): 62, pl. 10, f. 1 (1979).

云南。

兴义白楠

•**Phoebe neurantha** var. **cavaleriei** H. Liu, Laurac. Chine et Indochine 69 (1934).
贵州。

光枝楠

•**Phoebe neuranthoides** S. K. Lee et F. N. Wei, Acta Phytotax. Sin. 17 (2): 58, pl. 6, f. 1 (1979).
Phoebe pandurata S. K. Lee et F. N. Wei, Acta Phytotax. Sin. 17 (2): 59 (1979).
陕西、湖北、湖南、四川、贵州、广西。

黑叶楠

•**Phoebe nigrifolia** S. K. Lee et F. N. Wei, Acta Phytotax. Sin. 17 (2): 58 (1979).
广西。

普文楠

•**Phoebe puwenensis** W. C. Cheng, Sci. Silvae Sin. 8 (1): 3 (1963).
Phoebe sheareri var. *longepaniculata* H. Liu, Laurac. Chine et Indochine 69 (1934).
云南。

红梗楠

•**Phoebe rufescens** H. W. Li, Acta Phytotax. Sin. 17 (2): 59, pl. 9, f. 3 (1979).
云南。

紫楠

Phoebe sheareri (Hemsl.) Gamble in C. S. Sargent, Pl. Wilson. 2: 72 (1914).
Machilus sheareri Hemsl., J. Linn. Soc. Bot. 26: 377 (1891).
安徽、江苏、江西、浙江、湖南、湖北、四川、贵州、云南、福建、广东、广西；越南。

紫楠（原变种）

Phoebe sheareri var. **sheareri**
安徽、江苏、江西、浙江、湖南、湖北、贵州、云南、福建、广东、广西；越南。

峨眉楠

•**Phoebe sheareri** var. **omeiensis** (Yen C. Yang) N. Chao, Acta Phytotax. Sin. 17 (2): 62 (1979).
Phoebe neurantha var. *omeiensis* Yen C. Yang, J. W. China Border Res. Soc. 15: 75 (1945).
四川、贵州。

乌心楠（尖尾槁，白椰槁）

Phoebe tavoyana (Meisn.) Hook. f., Fl. Brit. India 5 (13): 143 (1886).
Machilus tavoyana Meisn. in A. P. de Candolle, Prodr. 15 (1): 41 (1864); *Machilus henryi* Hemsl., J. Linn. Soc., Bot. 26 (176): 375 (1891); *Phoebe henryi* (Hemsl.) Merr., Lingnan Sci. J. 11 (1): 43 (1932); *Phoebe cuneata* var. *poilanei* H. Liu, Laurac. Chine et Indochine 67 (1934).
云南、广东、广西、海南；越南、老挝、缅甸、泰国、柬埔寨、马来西亚、印度尼西亚。

崖楠

Phoebe yaiensis S. K. Lee, Acta Phytotax. Sin. 8: 190 (1963).
Phoebe cuneata var. *glabra* H. Liu, Laurac. Chine et Indochine 67 (1934).
广西、海南；越南。

景东楠

•**Phoebe yunnanensis** H. W. Li, Acta Phytotax. Sin. 17 (2): 60, pl. 9, f. 5 (1979).
云南。

楠木（桢楠，雅楠）

•**Phoebe zhennan** S. K. Lee et F. N. Wei, Acta Phytotax. Sin. 17 (2): 61, pl. 12, f. 6 (1979).
湖北、四川、贵州。

檫木属 Sassafras J. Presl

台湾檫木

•**Sassafras randaiense** (Hayata) Rehder, J. Arnold Arbor. 1 (4): 244 (1920).
Lindera randaiensis Hayata, J. Coll. Sci. Imp. Univ. Tokyo 30 (1): 257 (1911); *Yushunia randaiensis* (Hayata) Kamik., Annual Rep. Taihoku Bot. Gard. 3: 78 (1933); *Pseudosassafras laxiflora* var. *randaiensis* (Hayata) Nakai, J. Jap. Bot. 16 (3): 126 (1940).
台湾。

檫木（檫树，南树，山檫）

•**Sassafras tzumu** (Hemsl.) Hemsl., Bull. Misc. Inform. Kew. 1907 (2): 55 (1907).
Lindera tzumu Hemsl., J. Linn. Soc. Bot. 26 (176): 392 (1891); *Litsea laxiflora* Hemsl., J. Linn. Soc. Bot. 26 (176): 383, pl. 8 (1891); *Lindera camphorata* H. Lév., Repert. Spec. Nov. Regni Veg. 9 (222-226): 459 (1911); *Pseudosassafras tzumu* (Hemsl.) Lecomte, Notul. Syst. (Paris) 2 (9): 269 (1912); *Pseudosassafras laxiflora* (Hemsl.) Nakai, J. Jap. Bot. 16 (3): 126 (1940).
安徽、江苏、浙江、湖南、湖北、四川、贵州、云南、福建、广东、广西。

孔药楠属 Sinopora J. Li et al.

孔药楠

●**Sinopora hongkongensis** (N. H. Xia et al.) J. Li et al., Novon. 18: 200, f. 1 (2008).

Syndiclis hongkongensis N. H. Xia et al., J. Trop. Subtrop. Bot. 14 (1): 75, f. 1 (2006).

香港。

华檫木属 Sinosassafras H. W. Li

华檫木（黄脉钓樟）

●**Sinosassafras flavinervium** (C. K. Allen) H. W. Li, Acta Bot. Yunnan. 7: 134 (1985).

Lindera flavinervia C. K. Allen, J. Arnold Arbor. 22: 30 (1941).

云南、西藏。

油果樟属 Syndiclis Hook. f.

安龙油果樟

●**Syndiclis anlungensis** H. W. Li, Acta Phytotax. Sin. 17 (2): 72 (1979).

贵州。

油果樟（白面柴，油樟）

●**Syndiclis chinensis** C. K. Allen, J. Arnold Arbor. 23: 462 (1942).

Potameia chinensis (C. K. Allen) Kosterm., J. Sci. Res. (Jakarta) 1: 144 (1952).

海南。

富宁油果樟

●**Syndiclis fooningensis** H. W. Li, Acta Phytotax. Sin. 17 (2): 72, pl. 10, f. 6 (1979).

云南、广西。

鳞秕油果樟

●**Syndiclis furfuracea** H. W. Li, Acta Phytotax. Sin. 17 (2): 71, pl. 10, f. 4 (1979).

云南。

广西油果樟

●**Syndiclis kwangsiensis** (Kosterm.) H. W. Li, Acta Phytotax. Sin. 17 (2): 73 (1979).

Beilschmiedia kwangsiensis Kosterm., Reinwardtia 7: 453, f. 8 (1969); *Potameia kwangsiensis* Kosterm., Adansonia. 17 (1): 92 (1977).

广西。

乐东油果樟（乐东油樟）

●**Syndiclis lotungensis** S. K. Lee, Acta Phytotax. Sin. 8 (3): 191 (1963).

海南。

麻栗坡油果樟

●**Syndiclis marlipoensis** H. W. Li, Acta Phytotax. Sin. 17 (2): 72, pl. 10, f. 5 (1979).

云南。

屏边油果樟

●**Syndiclis pingbienensis** H. W. Li, Acta Phytotax. Sin. 17 (2): 73, pl. 11, f. 2 (1979).

云南。

西畴油果樟

●**Syndiclis sichourensis** H. W. Li, Acta Phytotax. Sin. 17 (2): 72, pl. 11, f. 1 (1979).

云南。

13. 金粟兰科 Chloranthaceae [3 属：15 种]

金粟兰属 Chloranthus Swartz

狭叶金粟兰

●**Chloranthus angustifolius** Oliv., Hooker's Icon. Pl. 16 (4): pl. 1580 (1887).

湖北、四川。

安徽金粟兰（黑细辛）

●**Chloranthus anhuiensis** K. F. Wu, Acta Phytotax. Sin. 18 (2): 222 (1980).

安徽。

鱼子兰（石风节，节节茶，九节风）

Chloranthus erectus (Buch.-Ham.) Verdc., Kew Bull. 40: 217 (1985).

Chloranthus elatior Link, Enum. Hort. Berol. Alt. 1: 140 (1821); *Cryphaea erecta* Buch.-Ham., Edinburgh J. Sci. 2: 11 (1825); *Chloranthus officinalis* Blume, Enum. Pl. Javae 1: 79 (1827).

四川、贵州、云南、广西；不丹、柬埔寨、印度、印度尼西亚、老挝、马来西亚、缅甸、尼泊尔、菲律宾、印度、泰国、越南。

丝穗金粟兰（水晶花，四大金刚，四大天王）

Chloranthus fortunei (A. Gray) Solms in A. de Candolle, Prodr. 16: 476 (1868).

Tricercandra fortunei A. Gray, Mém. Amer. Acad. Arts new series 6 (2): 405 (1858).

山东、安徽、江苏、浙江、江西、湖南、湖北、四川、云南、台湾、广东、广西、海南；印度。

宽叶金粟兰（大叶及己，四块瓦，四大金刚）

●**Chloranthus henryi** Hemsl., J. Linn. Soc., Bot. 26

(176): 367 (1891).
陕西、甘肃、安徽、浙江、湖南、湖北、四川、贵州、福建、广东、广西、海南。

宽叶金粟兰（原变种）

Chloranthus henryi var. **henryi**
陕西、甘肃、安徽、浙江、湖南、湖北、四川、贵州、福建、广东、广西、海南。

湖北金粟兰（四叶七）

•**Chloranthus henryi** var. **hupehensis** (Pamp.) K. F. Wu, Acta Phytotax. Sin. 18 (2): 223 (1980).
Chloranthus hupehensis Pamp., Nuovo Giorn. Bot. Ital. new series 22 (2): 272-273, f. 2 (1915).
陕西、甘肃、湖北。

全缘金粟兰（四块瓦，四叶金，黑细辛）

•**Chloranthus holostegius** (Hand.-Mazz.) S. J. Pei et Shan, Contr. Biol. Lab. Chin. Assoc. Advancem. Sci. sect. Bot. 10: 210 (1938).
Chloranthus fortunei var. *holostegius* Hand.-Mazz., Symb. Sin. 7 (1): 156 (1929).
四川、贵州、云南、广西。

全缘金粟兰（原变种）（四块瓦，四叶金，黑细辛）

•**Chloranthus holostegius** var. **holostegius**
四川、贵州、云南、广西。

石棉金粟兰

•**Chloranthus holostegius** var. **shimianensis** K. F. Wu, Acta Phytotax. Sin. 18 (2): 222 (1980).
四川。

毛脉金粟兰

•**Chloranthus holostegius** var. **trichoneurus** K. F. Wu, Acta Phytotax. Sin. 18 (2): 223 (1980).
贵州、云南。

银线草（灯笼花，四叶七，四块瓦）

Chloranthus japonicus Siebold, Nov. Actorum Acad. Caes. Leop.-Carol. Nat. Cur. 14 (2): 681 (1829).
Chloranthus mandshuricus Rupr., Dec. Pl. Amur. pl. 2 (1859); *Tricercandra japonica* (Siebold) Nakai, Fl. Sylv. Kor. 18: 14 (1930).
吉林、辽宁、内蒙古、河北、山西、山东、陕西、甘肃；日本、朝鲜、俄罗斯（远东地区）。

多穗金粟兰（四块瓦，大四块瓦，四大天王）

•**Chloranthus multistachys** S. J. Pei, Sinensia, 6: 681 (1935).
河南、陕西、甘肃、安徽、江苏、江西、湖南、湖北、四川、贵州、福建、广东、广西、海南。

台湾金粟兰（台湾及己）

•**Chloranthus oldhamii** Solms in A. de Candolle, Prodr. 16: 476 (1869).
台湾。

及已（四叶箭，四大天王，四大金刚）

Chloranthus serratus (Thunb.) Roem. et Schult., Syst. Veg., 3: 461 (1818).
Nigrina serrata Thunb., Nova Acta Regiae Soc. Sci. Upsal. 7: 142, pl. 5, f. 1 (1815).

及已（原变种）

Chloranthus serratus var. **serratus**
安徽、江苏、江西、湖南、湖北、四川、贵州、云南、福建、台湾、广东、广西、海南；日本、俄罗斯。

台湾及已（变种）

•**Chloranthus serratus** var. **taiwanensis** K. F. Wu, Acta Phytotax. Sin. 18 (2): 222 (1980).
台湾。

四川金粟兰（四块瓦，红毛七，四大天王）

•**Chloranthus sessilifolius** K. F. Wu, Acta Phytotax. Sin. 18 (2): 220 (1980).
江西、四川、贵州、福建、广东、广西。

四川金粟兰（原变种）

Chloranthus sessilifolius var. **sessilifolius**
江西、四川、贵州、福建、广东、广西。

华南金粟兰

•**Chloranthus sessilifolius** var. **austrosinensis** K. F. Wu, Acta Phytotax. Sin. 18 (2): 221, f. 1, 7-10 (1980).
江西、贵州、福建、广东、广西。

金粟兰（珠兰，珍珠兰）

•**Chloranthus spicatus** (Thunb.) Makino, Bot. Mag. 16 (188): 180 (1902).
Nigrina spicata Thunb., Nova Gen. Pl. (Juss.) 59 (1783); *Chloranthus inconspicuus* Sw., Philos. Trans. 78: 359, pl. 15 (1787).
四川、贵州、云南、福建、广东；国外栽培。

天目金粟兰

•**Chloranthus tianmushanensis** K. F. Wu, Acta Phytotax. Sin. 18 (2): 221 (1980).
浙江。

雪香兰属 **Hedyosmum** Sw.

雪香兰

Hedyosmum orientale Merr. et Chun, Sunyatsenia

5 (1-3): 36, pl. 5 (1940).
广东、海南；印度尼西亚、越南。

草珊瑚属 **Sarcandra** Gardner

草珊瑚（接骨金粟兰，肿节风，九节风）

Sarcandra glabra (Thunb.) Nakai, Fl. Sylv. Kor. 18: 17 (1930).

Bladhia glabra Thunb., Trans. Linn. Soc. London 2: 331 (1794); *Ardisia glabra* (Thunb.) A. DC., Trans. Linn. Soc. London 17: 123 (1834); *Sarcandra chloranthoides* Gardner, Calcutta J. Nat. Hist. 6: 3 (1846); *Chloranthus denticulatus* Cordem., Adansonia. 3: 296 (1862); *Chloranthus glaber* (Thunb.) Makino, Bot. Mag. 26 (312): 386 (1912); *Chloranthus esquirolii* H. Lév., Fl. Kouy-Tcheou 74 (1914).

草珊瑚（原亚种）

Sarcandra glabra subsp. **glabra**

安徽、浙江、江西、湖南、湖北、四川、贵州、云南、福建、台湾、广东、广西、海南；柬埔寨、印度、日本、朝鲜、老挝、马来西亚、菲律宾、斯里兰卡、泰国、越南。

海南草珊瑚（山牛耳青，驳节莲树，九节风）

Sarcandra glabra subsp. **brachystachys** (Blume) Verdc., Kew Bull. 40: 216 (1985).

Ascarina serrata Blume, Enum. Pl. Javae 1: 79 (1827); *Chloranthus brachystachys* Blume, Fl. Javae 8: 13, pl. 2 (1829); *Chloranthus hainanensis* S. J. Pei, Sinensia, 6: 674 (1935); *Sarcandra hainanensis* (S. J. Pei) Swamy et I. W. Bailey, J. Arnold Arbor. 31: 128 (1950).
云南、广东、广西、海南；老挝、泰国、越南。

14. 菖蒲科 Acoraceae [1 属：3 种]

菖蒲属 **Acorus** L.

菖蒲

Acorus calamus L., Sp. Pl., 1: 324 (1753).

Acorus calamus var. *vulgaris* L., Sp. Pl., 1: 324 (1753); *Acorus calamus* var. *verus* L., Sp. Pl., 1: 324 (1753); *Orontium cochinchinense* Lour., Fl. Cochinch. 208. (1790); *Acorus calamus* var. *americanus* Raf., Med. Fl. 1. 25. (1828); *Acorus cochinchinensis* (Lour.) Schott, Melet. Bot. 1. 22. (1832); *Acorus calamus* var. *angustus* Besser, Flora 17 (Beibl.): 30. (1834); *Acorus americanus* (Raf.) Raf., New Fl. 1: 57. (1836); *Acorus angustatus* Raf., Autik. Bot. 196. (1840); *Acorus angustifolius* Schott, Ann. Mus. Bot. Lugduno-Batavi 1: 284. (1846); *Acorus griffithii* Schott, Oesterr. Bot. Zeit. 8: 351. (1858); *Acorus triqueter* Turczaninow, Prodr. Syst. Aroid. 578. (1860); *Acorus spurius* Schott, Ann. Mus. Bot. Lugduno-Batavi 1: 284. (1863); *Acorus calamus* var. *spurius* (Scott) Engler, Monogr. Phan. 2. 217. (1879); *Acorus calamus* var. *angustifolius* (Scott) Engler, Monogr. Phan. 2. 217. (1879); *Acorus asiaticus* Nakai, Rep. Exped. Manchoukuo Sect. IV, Pt. 2, Contr. Cogn. Fl. Manshuricae 4 (Index Fl. Jehol.) 105 (1936).
中国广布；阿富汗、孟加拉国、不丹、印度、印度尼西亚、日本、韩国、马来西亚（沙捞越）、蒙古、尼泊尔、巴基斯坦、俄罗斯（远东地区、西伯利亚）、斯里兰卡、泰国、越南、亚洲西南部、欧洲（除南部）、北美洲。

金钱蒲

Acorus gramineus Soland., Hort. Kew. Ed. 1: 474 (1789).

Acorus humilis Salisb., Prodr. Stirp. Chap. Allerton 263. (1796); *Acorus pusillus* Siebold, Verh. Batav. Genootsch. Kunsten 12: 2 (1830); *Acorus tatarinowii* Schott, Oesterr. Bot. Z. 9: 101 (1859); *Acorus gramineus* var. *pusillus* (Siebold) Engl. in A. de Candolle and C. de Candolle, Monogr. Phan. 2: 218 (1879); *Acorus gramineus* var. *crassispadix* Lingelsh., Repert. Spec. Nov. Regni Veg. Beih. 12: 312 (1922); *Acorus gramineus* var. *macrospadiceus* Yamam., Contr. Fl. Kainan-to 1: 13 (1943); *Acorus gramineus* var. *japonicus* M. Hotta, Mem. Fac. Sci. Kyoto Univ., Ser. Biol. 4 (1970); *Acorus xiangyeus* Z. Y. Zhu, Acta Bot. Boreal.-Occid. Sin. 5 (2): 119. (1985); *Acorus macrospadiceus* (Yamam.) F. N. Wei et Y. K. Li, Guihaia 5 (3): 179. (1985); *Acorus latifolius* Z. Y. Zhu, Acta Bot. Boreal.-Occid. Sin. 5 (1): 118, pl. 1, 1. (1985).
中国广布；柬埔寨、印度东北部、日本、朝鲜、老挝、缅甸、菲律宾、俄罗斯（东西伯利亚）、泰国、越南。

长苞菖蒲

Acorus rumphianus S. Y. Hu, Dansk Bot. Ark. 23 (4): 416 (1968).
云南；印度尼西亚、泰国、越南。

15. 天南星科 Araceae [36 属：228 种]

广东万年青属 **Aglaonema** Schott

广东万年青

☆**Aglaonema modestum** Schott ex Engl. in A. DC. et C.

DC., Monogr. Phan. 2: 442. (1879).
贵州、广东、广西；老挝北部、泰国北部、越南北部。

越南万年青

☆**Aglaonema simplex** (Blume) Blume, Rumphia 1: 152 (1837).

Caladium simplex Blume, Catalogus 103. (1823); *Aglaonema longicuspidatum* Schott, Prodr. Syst. Aroid. 304 (1860); *Aglaonema fallax* Schott ex Engl. in A. de Candolle and C. de Candolle, Monogr. Phan. 2: 439 (1879); *Aglaonema birmanicum* Hook. f., Fl. Brit. India 6: 529 (1893); *Aglaonema angustifolium* N. E. Br., Bull. Misc. Inform. Kew 1895: 18 (1895); *Aglaonema siamense* Engl., Bot. Tidsskr. 24 (3): 275 (1902); *Aglaonema tenuipes* Engl., Botanisk Tidsskrift. 24 (3): 275 (1902); *Aglaonema schottianum* fo. Angustifolium (N. E. Br.) Engl., Pflanzenr. 23Dc: 20 (1915); *Aglaonema pierreanum* Engl., Pflanzenr. 4 23Dc (Heft 64): 24 (1915).

云南；柬埔寨、印度（尼科巴群岛）、印度尼西亚、老挝、马来西亚、缅甸、菲律宾（巴拉望）、泰国、越南。

海芋属 Alocasia (Schott) G. Don

越境海芋

Alocasia acuminata Schott, Bonplandia (Hannover) 7: 28. (1859).

云南；孟加拉国、印度东北部、老挝北部、缅甸北部、尼泊尔、泰国北部、越南北部。

尖尾芋（老虎芋，大麻芋，不拱）

Alocasia cucullata (Lour.) G. Don in Sweet, Hort. Brit., ed. 3. 631 (1839).

Arum cucullatum Lour., Fl. Cochinch., ed. 2, 2: 536 (1790); *Caladium cucullatum* (Lour.) Pers., Syn. 2: 575 (1807); *Caladium rugosum* Desf., Tabl. école Bot. (ed. 3) 386 (1829); *Colocasia cucullata* (Lour.) Schott, Melet. Bot. 1: 18 (1832); *Colocasia rugosa* Kunth, Enum. Pl. 3: 41 (1841); *Colocasia cochleata* Miq., Index Seminum (AMD) 1853 (1853); *Alocasia rugosa* (Kunth) Schott, Oesterr. Bot. Wochenbl. 4: 410 (1854); *Alocasia macrorrhiza* (L.) Schott, H. Li, Fl. Reipubl. Popularis Sin. 13 (2): 76, pl. 14, f. 2-9 (1979); *Panzhuyuia omeiensis* Z. Y. Zhu, J. Sichuan Chinese Med. School 4 (5): 50 (1985).

四川、贵州、云南、福建、台湾、广东、广西、海南；孟加拉国、印度东北部、老挝、缅甸、尼泊尔、斯里兰卡、泰国、越南。

南海芋

Alocasia hainanica N. E. Br., J. Linn. Soc., Bot. 36 (251): 183 (1903).

Alocasia hainanensis K. Krause in Engler, Pflanzenr. 4 23E (Heft 71): 91 (1920).

海南；越南北部。

紫苞海芋

Alocasia hypnosa J. T. Yin, Y. H. Wang et Z. F. Xu, Ann. Bot. Fenn. 42: 395 (2005).

云南；老挝北部、泰国北部。

尖叶海芋

Alocasia longiloba Miq., Fl. Ned. Ind. 3: 207 (1855).

Caladium veitchii Lindl., Gard. Chron. 1859: 740 (1859); *Alocasia veitchii* (Lindl.) Schott, Ann. Mus. Bot. Lugduno-Batavi 1: 125 (1863); *Alocasia amabilis* W. Bull, Cat. 143: 9. (1878); *Alocasia lowii* var. *veitchii* (Lindl.) Engl. in A. de Candolle and C. de Candolle, Monogr. Phan. 2: 508 (1879); *Alocasia cuspidata* Engl., Bot. Jahrb. Syst. 25: 25 (1898); *Alocasia cochinchensis* Pierre ex Engl. et K. Krause, Pflanzenr. IV, 23E: 103 (1920).

云南、广东、广西、海南；柬埔寨、印度尼西亚、老挝、马来西亚、缅甸、新加坡、泰国、越南。

大海芋

Alocasia macrorrhizos (L.) G. Don in Sweet, Hort. Brit. ed. 3, 631 (1839).

Arum macrorrhizum L., Sp. Pl. 2: 965 (1753); *Arum peregrinum* L., Sp. Pl. 2: 966 (1753); *Arum mucronatum* Lam., Encycl. 3: 12 (1789); *Arum indicum* Lour., Fl. Cochinch. 2: 536 (1790); *Arum cordifolium* Bory, Voy. Îles Afrique 1: 376 (1804); *Caladium macrorrhizon* (L.) R. Br., Prodr. 336 (1810); *Caladium odoratum* Lodd., Bot. Cab. t. 416 (1820); *Colocasia macrorrhizos* (L.) Schott et Endl., Melet. Bot. 1: 18 (1832); *Colocasia peregrina* (L.) Raf., Fl. Tellur. 3: 65 (1837); *Calla maxima* Blanco, Fl. Filip. 658. (1837); *Calla badian* Blanco, Fl. Filip. 658 (1837); *Philodendron peregrinum* (L.) Kunth, Enum. Pl. 3: 51 (1841); *Colocasia rapiformis* Kunth, Enum. Pl. 3: 40 (1841); *Philodendron punctatum* Kunth, Enum. Pl. 3: 48 (1841); *Colocasia boryi* Kunth, Enum. Pl. 3: 41 (1841); *Colocasia mucronata* Kunth, Enum. Pl. 3: 40 (1841); *Alocasia indica* (Lour.) Spach, Hist. Nat. Vég. (Phan.) 12: 47 (1846); *Colocasia indica* var. *rubra* Hassk., Pl. Jav. Rar. 145 (1848); *Alocasia pallida* K. Koch et Bouché, Index Sem. [Berlin] 1854 (App): 5 (1854); *Alocasia metallica* Schott, Oesterr. Bot. Wochenbl. 4: 410 (1854); *Alocasia variegata* K. Koch et Bouché, Index Sem. [Berlin] 1854 (App.): 5 (1854); *Caladium plumbeum* K. Koch, Berliner Allg. Gartenzeitung 25: 136 (1857); *Caladium indicum* K. Koch, Berliner Allg. Gartenzeitung 25: 136 (1857); *Alocasia indica* var. *metallica* (Schott) Schott, Prodr. Syst. Aroid. 145 (1860); *Alocasia grandis* N. E. Br., Gard. Chron., n.s., 1886 (2): 890 (1868); *Colocasia indica* Engl. in A. de Candolle and C. de Candolle, Monogr. Phan. 2: 494 (1870); *Alocasia plumbea* Van Houtte, Ann. Gén. Hort. 21: 93-94, pl. 2206. (1875); *Caladium metallicum* (Schott) Engl. in A. de Candolle and C. de Candolle, Monogr. Phan. 2: 502 (1879); *Alocasia indica* var. *variegata* (K. Koch et Bouché) Engl. in A. de Candolle and C. de Candolle, Monogr. Phan. 2: 502 (1879); *Alocasia indica* var. *heterophylla* Engl. in A. de Candolle and C. de Candolle, Monogr. Phan. 2: 502 (1879); *Alocasia marginata* N. E. Br., Gard. Chron., ser. 3 1887 (2): 712 (1887); *Alocasia cordifolia* (Bory) Cordem., Fl. Réunion 136 (1895); *Alocasia indica* var. *rubra* (Hassk.) Engl., Pflanzenr. IV 23E (Heft 71): 88 (1920); *Alocasia indica* var. *diversifolia* Engl., Pflanzenr. 23E: 88 (1920); *Alocasia uhinkii* Engl. et K. Krause in Engler, Pflanzenr. 23E: 110 (1920).

四川、贵州、云南、西藏、福建、台湾、广东、广西、海南；亚洲热带地区、泛热带栽培。

黄苞海芋

•**Alocasia navicularis** (K. Koch et C. D. Bouché) K. Koch et C. D. Bouché, Index Seminum Hort. Berol. 1855 (App.): 2 (1855).

Colocasia navicularis K. Koch et C. D. Bouché, Index Seminum Hort. Berol. 1853: 13. (1853).

云南南部。

海芋（滴水观音，隔河仙，天荷）

Alocasia odora (Roxb.) K. Koch, Index Sem. Hort. Berlin (App.): 5 (1854).

Caladium odorum Lindl., Bot. Reg. 8: t. 641 (1822); *Arum odorum* Roxb., Fl. Ind. 3: 499-500 (1832); *Colocasia odora* (Lindl.) Brongn., Nouv. Ann. Mus. Hist. Nat. 3: 145, t. 7 (1834); *Arum odoratum* Heynh., Nom. Bot. Hort. 2: 46 (1841); *Alocasia commutata* Schott, Oesterr. Bot. Wochenbl. 4: 409 (1854); *Caladium odoratissimum* K. Koch, Berliner Allg. Gartenzeitung 25: 20 (1857); *Alocasia tonkinensis* Engl., Pflanzenr. 23E: 91 (1920).

江西、湖南、四川、贵州、云南、福建、台湾、广东、广西、海南；孟加拉国、不丹、柬埔寨、印度东北部、日本（琉球群岛）、老挝、缅甸、尼泊尔、泰国。

磨芋属 **Amorphophallus** Blume ex Decne.

白磨芋

•**Amorphophallus albus** P. Y. Liu et J. F. Chen, J. S. China Agric. Coll. 1: 67 (1984).

四川、云南。

珠芽磨芋

Amorphophallus bulbifer (Roxb.) Blume, Rumphia. 1: 148 (1835).

Amorphophallus xiei H. Li et e. L. Dao, Novon 16 (2): 240 (2006).

云南；缅甸、孟加拉国、印度、不丹、尼泊尔。

桂平磨芋

Amorphophallus coaetaneus S. Y. Liu et S. J. Wei, Guihaia 6 (3): 183 (1986).

Amorphophallus pingbianensis H. Li et C. L. Long, Aroideana 11 (1): 4 (1988 publ. 1989). (1989); *Amorphophallus arnautovii* Hett., Blumea 39: 245 (1994).

云南、广西；越南东部及北部。

田阳磨芋

Amorphophallus corrugatus N. E. Br., Bull. Misc. Inform Kew 1912: 269 (1912).

Thomsonia sutepensis S. Y. Hu, Dansk Bot. Ark. 23. 443 (1968); *Amorphophallus tianyangensis* P. Y. Liu et S. L Zhang, Southw. Agric. Sci. 5 (1994).

云南、广西；缅甸北部、泰国北部。

南蛇棒（蛇枪头）

•**Amorphophallus dunnii** Tutcher, J. Bot. 49 (584): 273 (1911).

Amorphophallus mellii Engl., Notizbl. Bot. Gart. Berlin-Dahlem. 8 (72): 187 (1922); *Amorphophallus odoratus* Hetterscheid et H. Li, Blumea 39: 265 (1994).

广东、广西。

红河磨芋

Amorphophallus hayi Hett., Blumea 39: 258 (1994).

云南；越南北部。

台湾磨芋

•**Amorphophallus henryi** N. E. Br., J. Linn. Soc., Bot 36 (251): 181. (1903).

Amorphophallus niimurai Yamam., J. Soc. Trop. Agric. 5: 346 (1933).

台湾。

密毛磨芋（白毛磨芋）

•**Amorphophallus hirtus** N. E. Br., J. Linn. Soc., Bot.

36 (251): 181. (1903).
Amorphophallus hirta Yamam., J. Soc. Trop. Agric. 5: 180, f. 7: A, B (1933).
台湾。

勐海磨芋

Amorphophallus kachinensis Engl. et Gehrmann in Engler, Pflanzenr. 48 (4, 23C): 91 (1911).
Amorphophallus bannanensis H. Li, J. Wuhan Bot. Res. 6 (3): 210, f. 1. (1988).
云南；老挝、缅甸、泰国北部。

东亚磨芋（疏毛磨芋，土半夏，伍花莲）

Amorphophallus kiusianus (Makino) Makino, Bot. Mag. Tokyo 27: 244 (1913).
Amorphophallus konjac var. *kiusianus* Makino, Bot. Mag. (Tokyo) 25: 16 (1911); *Amorphophallus sinensis* Belval, Bull. Soc. Bot. France. 80: 98 (1933).
安徽、浙江、江西、湖南、福建、台湾、广东；日本南部。

花磨芋（磨芋，蒟蒻，蒻头）

●**Amorphophallus konjac** K. Koch, Wochenschr. Gartnerei Pflanzenk. 1 (4): 262 (1858).
Brachyspatha konjac Schott ex Miq., Ann. Mus. Bot. Lugduno-Batavi. 2: 202 (1865); *Amorphophallus palmiformis* Durand ex Carrière, Actes Soc. Linn. Bordeaux. 28: 15 (1869); *Amorphophallus rivieri* Durand ex Carrière, Rev. Hort. 42: 573 (1870); *Tapeinophallus rivieri* (Durand ex Carrière) Baill., Dict. Bot. 1 (5) (1875); *Proteinophallus rivieri* (Durand ex Carrière) Hook. f., Bot. Mag. 101: t. 6195 (1875); *Amorphophallus rivieri* var. *konjac* (K. Koch) Engl. in A. de Candolle and C. de Candolle, Monogr. Phan. 2: 313 (1879); *Hydrosme rivieri* Hook. f., Engl. Bot. 1: 188 (1881); *Conophallus konniaku* Schott ex Fesca, Breitr. Jap. Landwirthsch. 2 (Spec. Theil): 241 (1893); *Amorphophallus mairei* H. Lév., Repert. Spec. Nov. Regni Veg. 13 (363-367): 259 (1914); *Amorphophallus nanus* H. Li et C. L. Long, Aroideana 11 (1): 8 (1988 publ. 1989). (1989).
云南，长江流域及以南大部分地区栽培；归化于西南热带、亚热带地区；日本栽培。

西盟磨芋

Amorphophallus krausei Engl., Pflanzenr. 48 (4, 23C): 94 (1911).
Amorphophallus sutepensis Gagnep., Notul. Syst. (Paris) 9: 123. (1941); *Amorphophallus ximengensis* H. Li, J. Wuhan Bot. Res. 6 (3): 212, f. 3 (1988).
云南；孟加拉国、老挝、缅甸、泰国。

疣柄磨芋（南星头，鸡爪芋，鞋板芋）

Amorphophallus paeoniifolius (Dennst.) Nicolson, Taxon 26: 338 (1977).
Dracontium paeoniifolium Dennst., Schlüssel Hortus Malab., 13: 38 (1818); *Amorphophallus campanulatus* Blume ex Decne., Nouv. Ann. Mus. Hist. Nat. 3: 366 (1834); *Amorphophallus sativus* Blume, Rumphia 1: 145 (1837); *Amorphophallus dubius* Blume, Rumphia 1: 142 (1837); *Amorphophallus decurrens* (Blanco) Kunth, Enum. Pl. 3: 581 (1841); *Amorphophallus chatty* André, Ill. Hort. 19. 361. (1872); *Amorphophallus virosus* N. E. Br., Gard. Chron. 1: 759. (1885); *Amorphophallus malaccensis* Ridl., J. Straits Branch Roy. Asiat. Soc. 41. 46. (1903); *Amorphophallus gigantiflorus* Hayata, Icon. Pl. Formosan. 6: 101-103, f. 22. (1916); *Amorphophallus microappendiculatus* Engl., Notizbl. Bot. Gart. Berlin-Dahlem. 8 (76): 458 (1923); *Amorphophallus bankokensis* Gagnep., Notul. Syst. (Paris) 9 (3): 117 (1941); *Amorphophallus dixenii* K. Larsen et S. S. Larsen, Reinwardtia 9 (1): 141 (1974); *Amorphophallus paeoniifolius* var. *campanulatus* (Decne.) Sivad., Taxon 32: 130 (1983); *Hydrosme gigantiflora* (Hayata) S. S. Ying, Mem. Coll. Agric. Natl. Taiwan Univ. 31 (1): 31 (1991).
云南、广东、广西、海南；孟加拉国、印度、印度尼西亚、老挝、缅甸、巴布亚新几内亚、菲律宾、斯里兰卡、泰国、越南、澳大利亚北部、太平洋群岛，归化于印度洋群岛（塞舌尔）。

梗序磨芋

●**Amorphophallus stipitatus** Engl., Notizbl. Bot. Gart. Berlin-Dahlem. 8 (76): 457 (1923).
广东。

东京磨芋

Amorphophallus tonkinensis Engl. et Gehrmann in Engler, Pflanzenr. 48 (4, 23C): 86 (1911).
云南；越南北部。

谢君魔芋

●**Amorphophallus xiei** H. Li et Z. L. Dao, Novon 16: 240 (2006).
云南。

攸乐磨芋

Amorphophallus yuloensis H. Li, J. Wuhan Bot. Res. 6 (3): 211 (1988).
云南；老挝北部、缅甸北部。

滇磨芋（岩芋）

Amorphophallus yunnanensis Engl., Pflanzenr. 4 23C (Heft 48): 109 (1911).

Amorphophallus kerrii N. E. Br., Bull. Misc. Inform. Kew 43 (1912).
贵州、云南、广西；老挝、泰国北部、越南北部。

雷公连属 Amydrium Schott

穿心藤（穿孔藤）

Amydrium hainanense (Ting et C. Y. Wu) H. Li, Fl. Reipubl. Popularis Sin. 13 (2): 24, pl. 4, f. 11 (1979).
Epipremnopsis hainanensis Ting et C. Y. Wu, Acta Phytotax. Sin. 15 (2): 102, pl. 5, f. 1 (1977).
湖南、云南、广东、广西、海南；越南北部。

雷公连（大匹药，风湿药，软筋藤）

Amydrium sinense (Engl.) H. Li, Fl. Reipubl. Popularis Sin. 13 (2): 23, pl. 4, f. 8-10 (1979).
Scindapsus sinensis Engl., Bot. Jahrb. Syst. 29 (2): 234 (1900); *Rhaphidophora dunniana* H. Lév., Repert. Spec. Nov. Regni Veg. 9 (214-216): 325 (1911); *Epipremnopsis sinensis* (Engl.) H. Li, Acta Phytotax. Sin. 15 (2): 102 (1977).
湖南、湖北、四川、贵州、云南、广西；越南北部。

上树南星属 Anadendrum Schott

宽叶上树南星

Anadendrum latifolium Hook. f., Fl. Brit. Ind. 6 (19): 540 (1893).
云南；越南、马来西亚。

上树南星

Anadendrum montanum (Blume) Schott, Bonplandia. 5: 45 (1857).
Calla montana Blume, Catalogue 62 (1823); *Scindapsus montanus* (Blume) Kunth, Enum. Pl. 3: 64 (1841); *Anadendrum lobbii* Schott, Bonplandia. 5: 45 (1857); *Pothos malaianus* Miq., Fl. Ned. Ind., Eerste Bijv. 596 (1861).
云南、海南；印度尼西亚、老挝、马来西亚、新加坡、泰国、越南。

花烛属 Anthurium Schott

红掌（安祖花）

☆**Anthurium andraeanum** Linden, Ill. Hort. 43: 271 (1877).
栽培于云南、广东、广西、海南；原产于中美洲、南美洲。

掌叶花烛

☆**Anthurium pedatoradiatum** Schott, Bonplandia. 7 (24): 337 (1859).
栽培于云南、广东；原产于墨西哥。

天南星属 Arisaema Mart.

东北南星（长虫苞米，山苞米，大参）

Arisaema amurense Maxim., Prim. Fl. Amur. 264 (1859).
Arisaema amurense var. *robustum* Engl. in A. de Candolle and C. de Candolle, Monogr. Phan. 2: 559 (1879); *Arisaema amurense* var. *violaceum* Engl., Pflanzenr. 73 (4. 23F): 203 (1920); *Arisaema amurense* var. *typicum* Engl., Pflanzenr. 73 (4. 23F): 203 (1920); *Arisaema amurense* var. *denticulatum* Engl., Pflanzenr. 73 (4. 23F): 204 (1920); *Arisaema amurense* var. *serratum* Nakai, Bot. Mag. 43 (514): 530 (1929).
黑龙江、吉林、辽宁、内蒙古、河北、山西、山东、河南、宁夏；朝鲜、俄罗斯（西伯利亚东南部）。

狭叶南星

Arisaema angustatum Franch. et Sav., Enum. Pl. Jap. 2 (2): 507 (1878).
Arisaema japonicum Blume, Kew Bull. 1912: 216 (1912); *Arisaema pseudojaponicum* Nakai, Bot. Mag. 43 (514): 535 (1929).
吉林、辽宁、山东、河南；日本。

旱生南星

●**Arisaema aridum** H. Li, Acta Phytotax. Sin. 15 (2): 107, pl. 9, f. 4 (1977).
Arisaema yunnanense var. *aridum* (H. Li) Gusman et L. Gusman, Gen. Arisaema 394 (2002).
云南。

刺柄南星（三步跳，白南星，三角莲）

●**Arisaema asperatum** N. E. Br., J. Linn. Soc., Bot., Bot. 36 (251): 176. (1903).
Arisaema cochleatum Stapf ex H. Li, Kew Bull. 55: 417-419 (2000).
山西、河南、甘肃、湖南、湖北、四川、重庆。

滇南南星

Arisaema austroyunnanense H. Li, Acta Phytotax. Sin. 15 (2): 105, pl. 9, t. 1, f. 1-2 (1977).
云南；越南。

元江南星

Arisaema balansae Engl., Pflanzenr. 73 (IV, 23F): 163 (1920).
云南；越南、泰国。

版纳南星

●**Arisaema bannaense** H. Li, Bull. Bot. Res. 8 (3): 101, f. 3 (1988).
云南。

灯台莲（大叶天南星，全缘灯台莲，绿南星）

●**Arisaema bockii** Engl., Bot. Jahrb. Syst. 29 (2): 235 (1900).

Arum sazensoo Buerger ex Blume, Rumphia 1: 107 (1835); *Arisaema japonicum* var. *sazensoo* Blume, Rumphia. 1: 107 (1835); *Arisaema sikokianum* Franch. et Sav., Enum. Pl. Jap. 2: 507 (1879); *Arisaema amurense* var. *sazensoo* Engl. in A. de Candolle and C. de Candolle, Monogr. Phan. 2: 550 (1879); *Arisaema sazensoo* var. *serratum* Makino, Bot. Mag. (Tokyo) 15: 132 (1901); *Arisaema sazensoo* (Buerger ex Blume) Makino, Bot. Mag. (Tokyo) 15. 133. (1901); *Arisaema sazenso* var. *integrifolium* Makino, Bot. Mag. Tokyo 15: 132 (1901); *Arisaema sazensoo* var. *magnidens* N. E. Br., J. Linn. Soc., Bot., Bot. 36: 176 (1903); *Arisaema sprengerianum* var. *dentatum* Pamp., Nuovo Giorn. Bot. Ital. n.s. 17 (2): 238 (1910); *Arisaema engleri* Pamp., Nuovo Giorn. Bot. Ital. n.s. 17 (2): 236 (1910); *Arisaema sazensoo* var. *henryanum* Engl., Pflanzenr. 73 (4. 23F): 205 (1920); *Arisaema sazensoo* var. *serrato-dentatum* Engl., Pflanzenr. 73 (4. 23F): 205 (1920); *Arisaema sikokianum* var. *serratum* (Makino) Hand.-Mazz., Symb. Sin. 7 (5): 1367 (1936); *Arisaema sikokianum* var. *henryanum* (Engl.) H. Li, Acta Phytotax. Sin. 15 (2): 108 (1977).

河南、安徽、江苏、浙江、江西、湖南、湖北、贵州、福建、广东、广西。

丹珠南星

●**Arisaema bonatianum** Engl., Pflanzenr. 73 (4. 23F): 214 (1920).

Arisaema smithii K. Krause, Acta Horti Gothob. 1 (6): 186 (1924); *Arisaema salwinense* Hand.-Mazz., Anz. Akad. Wiss. Wien. Math.-Naturwiss. Kl. 1924. 61: 123 (1925); *Arisaema danzhuense* T. S. Yi et H. Li, Novon 11 (4): 512 (2001).

四川、云南。

贝氏南星

●**Arisaema brucei** H. Li, R. Li et J. Murata, Fl. China 23: 54 (2010).

云南。

北缅南星

Arisaema burmaense P. Boyce et H. Li, Acta Bot. Yunnan. Suppl. 11: 59 (1999).

云南；缅甸。

金江南星（红根，长虫包谷，小独角莲）

●**Arisaema calcareum** H. Li, Acta Phytotax. Sin. 15 (2): 106, pl. 9, t. 1, f. 3-5 (1977).

Arisaema jinshajiangense H. Li, Bull. Bot. Res. 5 (1): 161 (1985).

云南。

白苞南星

●**Arisaema candidissimum** W. W. Sm., Notes Roy. Bot. Gard. Edinburgh. 10 (46): 8 (1917).

四川、云南、西藏。

川西天南星

●**Arisaema chuanxiense** Z. Y. Zhu, B. Q. Min et S. J. Zhu, Guihaia. 31: 572. (2011).

四川。

缘毛南星

●**Arisaema ciliatum** H. Li, Acta Phytotax. Sin. 15 (2): 108, pl. 10, f. 3 (1977).

四川、云南。

棒头南星（蛇包谷，麻芋子，虎掌）

●**Arisaema clavatum** Buchet, Notul. Syst. (Paris) 2 (4): 121 (1911).

湖北、四川、重庆、贵州。

皱序南星

●**Arisaema concinnum** Schott, Bonplandia. 7: 27 (1859).

Arisaema alienatum Schott, Bonplandia. 7: 26 (1859); *Arisaema affine* Schott, Bonplandia. 7: 27 (1859); *Arisaema concinum* var. *alienatum* (Schott) Engl., Pflanzenr. 4 23F (Heft 73): 178 (1920).

西藏。

心檐南星（七叶莲）

●**Arisaema cordatum** N. E. Br., J. Linn. Soc., Bot., Bot. 36 (251): 177. (1903).

广东、广西。

多脉南星

Arisaema costatum (Wall.) Martius ex Schott et Endl., Melet. Bot. 17 (1832).

Arum costatum Wall., Tent. Fl. Napal. 1: 28, t. 19 (1824).

西藏；尼泊尔。

会泽南星

●**Arisaema dahaiense** H. Li, Acta Phytotax. Sin. 15 (2): 107, pl. 9, f. 3 (1977).

Arisaema dulongense H. Li, Acta Bot. Yunnan. Suppl. 5: 11-12, f. 4 (1992).

云南。

雪里见（蛇饭，铁灯台，青脚莲）

Arisaema decipiens Schott, Oesterr. Bot. Z. 7: 373 (1857).

Arisaema rhizomatum var. *nudum* Engl., Bull. Misc. Inform. Kew. 1936 (4): 285, f. 2 (1936). *Arisaema guixiense* S. Y. Liu, Guihaia 15 (4): 302-304 (1995).

湖南、四川、贵州、云南、西藏、广西；印度东北部、缅甸、越南。

刺棒南星

Arisaema echinatum (Wall.) Schott, Melet. Bot. 1: 17 (1832).

Arum echinatum Wall., Pl. Asiat. Rar. 2: 30, t. 136 (1831).

云南、西藏；不丹、尼泊尔、印度。

拟刺棒南星

●**Arisaema echinoides** H. Li, Kew Bull. 55: 425 (2000).

云南。

象南星（大麻芋子，麻芋子，银半夏）

Arisaema elephas Buchet, Notul. Syst. (Paris) 1 (12): 370 (1911).

Arisaema rhombiforme Buchet, Notul. Syst. (Paris) 1 (12): 373 (1911); *Arisaema dilatatum* Buchet, Notul. Syst. (Paris) 1 (12): 369 (1911).

甘肃、四川、重庆、贵州、云南、西藏；不丹、缅甸。

一把伞南星（天南星，虎掌南星，法夏）

Arisaema erubescens (Wall.) Schott, Melet. Bot. 1: 17 (1832).

Arum erubescens Wall., Pl. Asiat. Rar. 2: 30, t. 135 (1831); *Arisaema tatarinowii* Schott, Bonplandia. 7: 27 (1859); *Arisaema fraternum* Schott, Bonplandia. 7: 26 (1859); *Arisaema vituperatum* Schott, Bonplandia. 7: 28 (1859); *Arisaema consanguineum* Schott, Bonplandia. 7: 27 (1859); *Arisaema erubescens* var. *consanguineum* (Schott) Engl. in A. de Candolle and C. de Candolle, Monogr. Phan. 2: 558 (1879); *Arisaema divaricatum* Engl., Bot. Jahrb. Syst. 25: 27 (1898); *Arisaema brevipes* Engl., Bot. Jahrb. Syst. 36 (5, Beibl. 82): 11 (1905); *Arisaema alienatum* var. *formosanum* Hayata, J. Coll. Sci. Imp. Univ. Tokyo 30 (1): 371 (1911); *Arisaema hypoglaucum* Craib, Bull. Misc. Inform. Kew. 1912 (10): 418 (1912); *Arisaema formosanum* (Hayata) Hayata, Icon. Pl. Formosan. 5: 243, f. 87 (1915); *Arisaema formosanum* var. *stenophyllum* Hayata, Icon. Pl. Formosan. 5: 244 (1915); *Arisaema kelung-insulare* Hayata, Icon. Pl. Formosan. 5: 246, f. 88 (1915); *Arisaema consanguineum* var. *divaricatum* (Engl.) Engl., Pflanzenr. 73 (4. 23F): 177 (1920); *Arisaema undulatum* K. Krause, Repert. Spec. Nov. Regni Veg. Beih. 12: 313 (1922); *Arisaema oblanceolatum* Kitam., Acta Phytotax. Geobot. 10 (3): 188 (1941); *Arisaema kerrii* Gagnep., Bull. Misc. Inform. Kew. 1912 (10): 418 (1941); *Arisaema biradiatifoliatum* Kitam., Acta Phytotax. Geobot. 10 (3): 187 (1941); *Arisaema formosanum* var. *bicolorifolium* Huang, Taiwania 27: 30, f. 50. pl. 1-5 (1982); *Arisaema consanguineum* subsp. *kelung-insulare* (Hayata) Gusman, Bull. Jard. Bot. Belg. 67: 223 (1999); *Arisaema linearifolium* G. Gusman et J. T. Yin, Ann. Bot. Fennici, 47 (1): 76, f. 1 et 2 (2010).

河北、山西、山东、河南、陕西、甘肃、安徽、江西、湖南、湖北、四川、贵州、福建、台湾、广东、广西；不丹、印度东北部、老挝、缅甸、尼泊尔、泰国北部、越南。

圈药南星

Arisaema exappendiculatum H. Hara, J. Jap. Bot. 40 (1): 21, pl. 1 (1965).

西藏；尼泊尔。

螃蟹七（天南星，虎掌南星，白南星）

●**Arisaema fargesii** Buchet, Notul. Syst. (Paris) 1 (12): 371 (1911).

Arisaema bogneri P. C. Boyce et H. Li, Areae Journal 1998: 5 (June 1998). (1998).

甘肃、湖南、湖北、四川、重庆、云南、西藏。

黄苞南星

Arisaema flavum (Forssk.) Schott, Prodr. Syst. Aroid. 40 (1860).

四川、云南、西藏；不丹、印度东北部。

Arisaema flavum var. **flavum**

原变种中国不产。

西藏黄苞南星

Arisaema flavum subsp. **tibeticum** J. Murata, J. Jap. Bot. 65 (3): 71 (1990).

Arisaema daochengense P. C. Kao, Acta Bot. Yannan. 11 (3): 309, f. 2 (1989); *Arisaema flavum* var. *tibeticum* (Murata) Gusman et L. Gusman, Gen. Arisaema ed. 2, 198 (2006).

四川、云南、西藏；不丹、印度东北部。

象头花（老母猪半夏，岩芋，大理南星）

Arisaema franchetianum Engl., Bot. Jahrb. Syst. 1 (5): 487 (1881).

Arisaema delavayi Buchet, Notul. Syst. (Paris) 1 (12): 372 (1911); *Arisaema monbeigii* Gamble ex C. E. C.

Fisch., Bull. Misc. Inform. Kew. 1928 (4): 146 (1928); *Arisaema purpureogaleatum* Engl., Fl. Tsinling. 1 (1): 218 (1976).
广西、贵州、湖南、四川、云南；缅甸北部。

盔檐南星

Arisaema galeatum N. E. Br., Gard. Chron. 3: 102. (1879).
西藏；不丹、印度、缅甸、印度东北部。

毛笔南星（二色南星）

•**Arisaema grapsospadix** Hayata, Icon. Pl. Formosan. 5: 244. (1915).

Arisaema quinquefoliolum Hayata, Icon. Pl. Formosan. 9: 146, t. 7 (1920); *Arisaema nanjeneense* T. C. Huang et M. J. Wu, Taiwania 42 (3): 173 (1997).
台湾。

疣柄翼檐南星

Arisaema griffithii var. **verrucosum** (Schott) H. Hara, University Museum, Univeristy of Tokyo, Bulletin. 2: 340 (1971).

Arisaema verrucosum Schott, Oesterr. Bot. Wochenbl. 7: 341 (1857).
云南；印度。

广西南星

Arisaema guangxiense G. W. Hu et H. Li, Journ. Syst. Evol. 50 (6): 577 (2012).
广西。

黎婆花

•**Arisaema hainanense** C. Y. Wu ex H. Li, Acta Phytotax. Sin. 15 (2): 107, pl. 10, t. 1, f. 1-4 (1977).
海南。

疣序南星

•**Arisaema handelii** Stapf ex Hand.-Mazz., Symb. Sin. 7 (5): 1367 (1936).
云南、西藏。

天南星（南星，半边莲，狗爪半夏）

Arisaema heterophyllum Blume, Rumphia. 1: 110 (1835).

Arisaema thunbergii var. *heterophyllum* Engl. in A. de Candolle and C. de Candolle, Monogr. Phan. 2: 105 (1879); *Arisaema heterophyllum* var. *typicum* Makino, Bot. Mag. 25 (298): 228 (1911); *Arisaema takeoi* Hayata, Icon. Pl. Formosan. 5: 246 (1915); *Arisaema brachyspathum* Hayata, Icon. Pl. Formosan. 5: 241, f. 86 (1915); *Arisaema kwangtungense* Merr., Philipp. J. Sci. 15 (3): 228 (1919); *Arisaema multisectum* Engl., Pflanzenr. 4 23F (Heft 73): 186 (1920); *Arisaema ambiguum* Engl., Pflanzenr. 73 (4. 23F): 187, f. 40 A-B (1920); *Arisaema limprichtii* K. Krause, Repert. Spec. Nov. Regni Veg. Beih. 12: 314 (1922); *Arisaema stenospathum* Hand.-Mazz., Anz. Akad. Wiss. Wien, Math.-Naturwiss. Kl. 61: 122 (1925); *Arisaema stenophyllum* Hand.-Mazz., Bot. Mag. 46: 564. (1932); *Arisaema manshuricum* Nakai, Iconogr. Pl. As. Orient. 3: 199 (1939); *Heteroarisaema manshuricum* (Nakai) Nakai, J. Jap. Bot. 25: 6 (1950); *Asteroarisaema heterophyllum* (Blume) Nakai, J. Jap. Bot. 25: 6 (1950); *Heteroarisaema heterophyllum* (Blume) Nakai, J. Jap. Bot. 25 (1-2): 6 (1950); *Arisaema thunbergii* subsp. *urashima* (Hara) H. Ohashi et J. Murata, J. Fac. Sci. Univ. Tokyo, Sect. 3, Bot. 12 (6): 307 (1980).
除西藏外几乎遍布全国；日本、朝鲜。

湘南星

•**Arisaema hunanense** Hand.-Mazz., Symb. Sin. 7 (5): 1365 (1936).
湖南、湖北、四川、重庆、广东。

宜兰南星

•**Arisaema ilanense** J. C. Wang, Bot. Bull. Acad. Sin. 37 (1): 71, f. 11 (1996).
台湾。

高原南星（土半夏）

Arisaema intermedium Blume, Rumphia. 1: 102 (1835).

Arisaema stracheyanum Schott, Oesterr. Bot. Wochenbl. 7: 333 (1857); *Arisaema dolosum* Schott, Bonplandia. 7: 26 (1859).
云南、西藏；印度、克什米尔、尼泊尔。

藏南绿南星

Arisaema jacquemontii Blume, Rumphia. 1: 95 (1835).

Arisaema exile Schott, Bonplandia. 7: 26 (1859); *Arisaema cornutum* Schott, Bonplandia. 7: 27 (1859).
西藏；阿富汗、孟加拉国、不丹、印度北部、克什米尔、尼泊尔、巴基斯坦。

景东南星

•**Arisaema jingdongense** H. Peng et H. Li, Acta Phytotax. Sin. 33 (1): 97 (1995).

Arisaema cangshanense X. D. Dong, Bull. Bot. Res., Harbin 23 (1): 1, f. 1 (2003).
云南。

勐海南星

Arisaema lackneri Engler, Notizbl. Königl. Bot. Gart.

Berlin 2: 186 (1898).

Arisaema menghaiense J. T. Yin, H. Li et Z. F. Xu, Novon 14 (3): 372, f. 1. (2004).

云南；缅甸北部。

丽江南星

●**Arisaema lichiangense** W. W. Sm., Notes Roy. Bot. Gard. Edinburgh. 8 (38): 178 (1914).

四川、云南。

文山南星

●**Arisaema lidaense** J. Murata et S. G. Wa, J. Jap. Bot. 78 (2): 81 (2003).

云南。

李恒南星

●**Arisaema lihengianum** J. Murata et S. G. Wu, J. Jap. Bot. 78 (2): 83 (2003).

云南。

凌云南星（三步跳）

Arisaema lingyunense H. Li, Acta Phytotax. Sin. 15 (2): 107, pl. 9, t. 2, f. 1-6 (1977).

广西；缅甸西部。

花南星（蛇芋头，大麦冬，狼毒）

●**Arisaema lobatum** Engl., Bot. Jahrb. Syst. 1 (5): 487 (1881).

Arisaema pictum N. E. Br., J. Linn. Soc., Bot. 29. 321. (1892); *Arisaema lobatum* var. *rosthornianum* Engl., Bot. Jahrb. 29: 235 (1901); *Arisaema onoticum* Buchet, Notul. Syst. (Paris) 1 (12): 374 (1911); *Arisaema lobatum* var. *latisectum* Engl., Pflanzenr. 73 (4. 23F): 202 (1920).

河北、山西、河南、甘肃、安徽、江苏、浙江、江西、湖南、湖北、四川、重庆、贵州、云南、广西。

泸水南星

Arisaema lushuiense G. W. Hu et H. Li, Nord. J. Bot. 30: 684-686 (2012).

云南。

乌蒙南星

●**Arisaema mairei** H. Lév., Cat. Pl. Yunnan 10 (1915).

Arisaema maireanum Engl., Pflanzenr. 73 (4. 23F): 161 (1920).

四川、云南。

勐海南星

●**Arisaema manghaiense** J. T. Yin, H. Li et Z. F. Xu, Novon 14: 372 (2004).

云南。

线花南星

●**Arisaema matsudai** Hayata, Icon. Pl. Formosan. 9: 149, f. 55 (1920).

台湾。

褐斑南星

●**Arisaema meleagris** Buchet, Notul. Syst. (Paris) 2 (4): 122 (1911).

Arisaema meleagris var. *sinuatum* Buchet, Notul. Syst. (Paris) 2 (4): 123 (1911); *Arisaema shimienense* H. Li, Acta Phytotax. Sin. 15 (2): 108, pl. 10, t. 2, f. 1-3 (1977); *Arisaema paichuanense* Z. Y. Zhu, Acta Bot. Yunnan. 5 (3): 279 (1983).

四川、重庆、云南。

勐腊南星

●**Arisaema menglaense** H. Ji, H. Li et Z. F. Xu, Ann. Bot. Fenn. 41: 133 (2004).

云南。

邑田南星

●**Arisaema muratae** G. Gusaman et J. T. Yin, Ann. Bot. Fenn. 44 (3): 231 (2007).

云南。

南漳南星

●**Arisaema nangtciangense** Pamp., Nuovo Giorn. Bot. Ital. n.s. 22 (2): 261 (1915).

湖北。

猪笼南星

Arisaema nepenthoides (Wall.) Martius ex Schott et Endl., Melet. Bot. 17 (1832).

西藏、云南；缅甸、印度、尼泊尔。

香南星

●**Arisaema odoratum** J. Murata et S. K. Wu, J. Jap. Bot. 69 (3): 153, f. 1 (1994).

云南。

小南星

●**Arisaema parvum** N. E. Br., J. Linn. Soc., Bot. 29: 320 (1892).

四川、云南、西藏。

画笔南星

●**Arisaema penicillatum** N. E. Br., J. Linn. Soc., Bot. 18. 248. 1. 5. (1881).

Arisaema laminatum Benth., Fl. Hongk. 342 (1861), not Blume (1836).

台湾、广东、广西、海南。

细齿南星

Arisaema peninsulae Nakai, Bot. Mag. Tokyo 43: 537 (1929).

Arisaema angustatum var. *peninsulae* (Nakai) Nakai, Pl. Hokkaido et Saghalien. 3: 283 (1933).

黑龙江、吉林、河南；日本、朝鲜。

紫根南星

Arisaema petelotii K. Krause, Notizbl. Bot. Gart. Berlin-Dahlem 11: 332 (1932).

云南；越南。

三匹箭

Arisaema petiolulatum Hook. f., Fl. Brit. India 6: 498. (1894).

Arisaema inkiangense var. *maculatum* H. Li, Acta Phytotax. Sin. 15 (2): 106 (1977); *Arisaema inkiangense* H. Li, Acta Phytotax. Sin. 15 (2): 106, pl. 9, t. 1, f. 6-12 (1977).

云南；印度、缅甸。

片马南星

●**Arisaema pianmaense** H. Li, Acta Bot. Yannan. Suppl. 5: 9, f. 3 (1992).

云南。

屏边南星

●**Arisaema pingbianense** H. Li, Bull. Bot. Res. 8 (3): 99, f. 2 (1988).

云南。

河谷南星（半夏）

Arisaema prazeri Hook. f., Fl. Brit. Ind. 6 (19): 501 (1893).

Arisaema prazeri var. *variegatum* Engl., Pflanzenr. 73 (4.23F): 160 (1920); *Arisaema prazeri* var. *viride* Engl., Pflanzenr. 73 (4. 23F): 160 (1920).

云南；缅甸、泰国。

藏南星

Arisaema propinquum Schott, Oesterr. Bot. Wochenbl. 7: 333 (1857).

Arisaema intermedium var. *propinquum* (Schott) Engl. in A. de Candolle and C. de Candolle, Monogr. Phan. 2: 541 (1879); *Arisaema sikkimense* Stapf ex Chatterjee, Bull. Bot. Soc. Bengal 3: 17 (1949); *Arisaema ostiolatum* H. Hara, J. Jap. Bot. 36. 75 (1961); *Arisaema wallichianum* f. *propingnum* (Schott) Hare, J. Jap. Bot. 40 (1): 21 (1965); *Arisaema wallichianum* var. *sikkimense* (Stapf ex Chatterjee) H. Hara, J. Jap. Bot. 40 (1): 21 (1965); *Arisaema wallichianum* f. *propingnum* (Schott) Hare, J. Jap. Bot. 40 (1): 21 (1965).

西藏；不丹、印度、尼泊尔、巴基斯坦。

五叶山珠南星

●**Arisaema quinquelobatum** H. Li et J. Murata, Fl. China 23: 59 (2010).

云南。

普陀南星

Arisaema ringens (Thunb.) Schott in Schott et Endl., Melet. Bot. 17 (1832).

江苏、台湾、浙江；日本、韩国。

红根南星

●**Arisaema rubrirhizomatum** H. Li et J. Murata, Fl. China 23: 46 (2010).

台湾。

银南星

●**Arisaema saxatile** Buchet, Notul. Syst. (Paris) 2 (4): 124 (1911).

Arisaema lineare Buchet, Notul. Syst. (Paris) 2 (4): 125 (1911); *Arisaema bathycoleum* Hand.-Mazz., Anz. Akad. Wiss. Wien, Math.-Naturwiss. Kl. 61: 122 (1925).

四川、云南。

云台南星

●**Arisaema silvestrii** Pamp., Nuovo Giorn. Bot. Ital. n.s. 22 (2): 262 (1915).

Arisaema zanlanscianense Pamp., Nuovo Giorn. Bot. Ital. n.s. 22 (2): 262 (1915); *Arisaema duboisreymondiae* Engl., Pflanzenr. 4 23F (Heft 73): 173 (1920).

山西、河南、安徽、江苏、浙江、江西、湖南、湖北、贵州、福建、广东。

瑶山南星（独角莲，三角条）

●**Arisaema sinii** K. Krause, Notizbl. Bot. Gart. Berlin-Dahlem 10 (100): 1047 (1930).

湖南、贵州、云南、广西。

披发南星

Arisaema smitinandii S. Y. Hu, Dansk Bot. Arkiv 23 (4): 455 (1968).

Arisaema tsangpoense J. T. Yin et G. Gusman, Ann. Bot. Fenn. 43: 156 (2006).

西藏；泰国。

东俄洛南星

●**Arisaema souliei** Buchet, Notul. Syst. (Paris) 2 (4): 127 (1911).

Arisaema brevistipitatum Merr., Lingnan Sci. J. 13 (1): 19 (1934); *Arisaema xiangchengense* H. Li et A. M. Li, Acta Bot. Yunnan. 5 (1): 69 (1983).

四川、重庆。

美丽南星

Arisaema speciosum (Wall.) Mart. ex Schott, Melet. Bot. 17 (1832).

Arum speciosum Wall., Tent. Fl. Napal. 1: 29, t. 20 (1824); *Arisaema eminens* Schott, Oesterr. Bot. Wochenbl. 7: 357 (1857); *Arisaema speciosum* var. *eminens* (Schott) Engl. in A. de Candolle and C. de Candolle, Monogr. Phan. 2: 540 (1879).

西藏；不丹、印度、尼泊尔。

中泰南星

●**Arisaema sukotaiense** Gagnep., Notul. Syst. (Paris) 9: 129 (1941).

云南；泰国北部。

蓬莱天南星

●**Arisaema taiwanense** J. Murata, J. Jap. Bot. 60 (12): 353, f. 1, 2, 3 (1985).

台湾。

蓬莱天南星（原变种）

Arisaema taiwanense var. **taiwanense**

台湾。

短梗天南星

●**Arisaema taiwanense** var. **brevipedunculatum** J. Murata, J. Jap. Bot. 60 (12): 356, f. 3A (1985).

台湾。

腾冲南星

Arisaema tengtsungense H. Li, Acta Phytotax. Sin. 15 (2): 106, pl. 9, t. 2, f. 7-8 (1977).

Arisaema tengtsungense var. *pentaphyllum* H. Li, Acta Bot. Yannan. Suppl. 11: 58, f. 2 (1999).

云南；缅甸北部。

东台南星

Arisaema thunbergii Blume, Rumphia 1: 105 (1835).

台湾；日本。

Arisaema thunbergii var. **thunbergii**

原变种中国不产。

●**Arisaema thunbergii** subsp. **autumnale** J. C. Wang, J. Murata et H. Ohashi, Bot. Bull. Acad. Sin. 37: 75 (1996).

台湾。

曲序南星

Arisaema tortuosum (Wall.) Schott, Melet. Bot. 1: 17 (1832).

Arum tortuosum Wall., Pl. Asiat. Rar. 2: 10, t. 114 (1831); *Arisaema helleborifolium* Schott, Syn. Aroid. (1856); *Arisaema curvatum* Kunth: Hook. f., Curtis's Bot. Mag. T. 5931 (1871); *Arisaema tortuosum* var. *helleborifolium* (Schott) Engl. in A. de Candolle and C. de Candolle, Monogr. Phan. 2: 545 (1879).

四川、云南、西藏；不丹、印度、克什米尔、尼泊尔。

网檐南星

Arisaema utile Hook. f. ex Schott, Prodr. Syst. Aroid. Syst. Aroid. 30 (1860).

云南、西藏；不丹、印度、缅甸、尼泊尔、巴基斯坦。

细腰南星

Arisaema vexillatum Hara et Ohashi, J. Jap. Bot. 48 (4): 99 (1973).

西藏；尼泊尔。

桂越南星

Arisaema victoriae V. D. Nguyen, Aroideana Vol. 23: 38 (2000).

Arisaema hippocaudatum S. C. Chen et H. Li, Acta Bot. Yunnan. 24 (5): 607 (2002).

广西；越南。

贵州南星

Arisaema wangmoense M. T. An, H. H. Zhang et Qi Lin, Novon 21 (1): 1 (2011).

贵州。

隐序南星（天南星）

●**Arisaema wardii** C. Marquand et Airy Shaw, J. Linn. Soc., Bot. 48 (321): 228 (1929).

山西、青海、云南、西藏。

双耳南星

Arisaema wattii Hook. f., Fl. Brit. Ind. 6 (19): 498 (1893).

Arum nepenthoides Wall., Tent. Fl. Napal. 1: 26, t. 18 (1824); *Arisaema ochraeum* Schott, Bonplandia (Hannover) 7: 27 (1859); *Arisaema auriculatum* Buchet, Notul. Syst. (Paris) 2 (4): 123 (1911); *Arisaema nepenthoides* Mart. in Engl., Pflanzenr. 73 (4, 23F): 209 (1920); *Arisaema biauriculatum* W. W. Sm. ex Hand.-Mazz., Symb. Sin. 7 (5): 1366 (1936); *Arisaema hungyaense* H. Li, Acta Phytotax. Sin. 15 (2): 108, pl. 10, t. 2, f. 4-5 (1977); *Arisaema omeiense* P. C. Kao, Acta Bot. Yannan. 11 (3): 308, f. 1 (1989); *Arisaema pangii* H. Li, Acta Bot. Yannan. Suppl. 5: 8 (1992); *Arisaema auriculatum* var. *hungyaense* (H. Li) Gusman et L. Gusman, Gen. Arisaema ed. 2, 238 (2006).

云南、西藏；印度、缅甸。

川中南星

●**Arisaema wilsonii** Engl., Pflanzenr. Heft 73 (IV. 23F):

212 (1920).
甘肃、四川、云南、西藏。

宣威南星

●**Arisaema xuanweiense** H. Li, Kew Bull. 55: 419 (2000).
云南。

山珠南星（长虫蘑芋，半夏，山珠半夏）

Arisaema yunnanense Buchet, Notul. Syst. (Paris) 1 (12): 367 (1911).
Arisaema taliense var. *latisectum* Engl., Pflanzenr. 73 (4. 23F): 156 (1920); *Arisaema taliense* Engl., Pflanzenr. 73 (4. 23F): 156, f. 28 G (1920).
四川、贵州、云南；缅甸。

维明南星

●**Arisaema zhui** H. Li, Kew Bull. 55: 423 (2000).
云南。

疆南星属 Arum L.

疆南星

Arum jacquemontii Blume, Rumplia 1: 118 (1836).
Arum griffithii Schott, Syn. Aroid. 15 (1857).
新疆；阿富汗、印度、尼泊尔西部、巴基斯坦北部、塔吉克斯坦、土库曼斯坦东部、乌兹别克斯坦、亚洲西南部。

科氏疆南星

Arum korolkowii Regel, Trudy Glavnago Botanicheskago Sada. 2: 407 (1877).
Arum elongatum Iedrenko, Bull. Soc. Imp. Naturalistes Moscou 30 (2): 67. (1857); *Biarum sewerzowii* Regel, Trudy Glavnago Botanicheskago Sada. 6: 489 (1880).
新疆；中亚地区。

水芋属 Calla L.

水芋（水葫芦，水浮莲）

Calla palustris L., Sp. Pl. 2: 968 (1753).
黑龙江、吉林、辽宁、内蒙古；亚洲、欧洲北部、北美洲。

芋属 Colocasia Schott

卷苞芋

Colocasia affinis Schott, Bonplandia (Hannover) 7: 28 (1859).
云南；孟加拉国、印度、缅甸、尼泊尔。

滇南芋

Colocasia antiquorum Schott in Schott et Endl., Melet. Bot. 18 (1832).
云南；印度、老挝、泰国、缅甸。

双色芋（花叶芋）

●**Colocasia bicolor** L. M. Cao et C. L. Long, Ann. Bot. Fenn. 40: 283 (2003).
云南；越南。

芋（芋头，台芋，紫芋）

Colocasia esculenta (L.) Schott, Melet. Bot. 1: 18 (1832).
Arum esculentum L., Sp. Pl. 2: 965 (1753); *Arum colocasia* L., Sp. Pl. 2: 965 (1753); *Arum chinense* L., Amoen. Acad. L. ed. 4: 234 (1754); *Arum peltatum* Lam., Encycl. 3. 13. (1789); *Caladium esculentum* (L.) Vent., Mag. Encycl. 4 (16): 471 (1801); *Calla gaby* Blanco, Fl. Filip. 659 (1837); *Colocasia vera* Haskarl, Flora 25 (2, Beibl.): 81 (1842); *Colocasia antiquorum* var. *esculenta* (L.) Schott ex Seem., Syn. Aroid. I 41 (1856); *Caladium colocasia* W. Wight ex Saff., Contr. U. S. Natl. Herb. 9: 206 (1905); *Colocasia peltata* (Lam.) Samp., Herb. Port. 12 (1913); *Colocasia formosana* Hayata, Icon. Pl. Formosan. 8: 133 (1919); *Colocasia konishii* Hayata, Icon. Pl. Formosan. 8: 134 (1919).
安徽、江苏、浙江、江西、湖南、湖北、四川、贵州、云南、福建、台湾、广东、广西、海南；热带和亚热带地区广泛栽培。

野芋（红芋，野山芋）

Colocasia esculenta var. **antiquorum** (Schott) Hubbard et Rehder, Bot. Mus. Leafl. 1: 5 (1932).
Colocasia antiquorum Schott in Schott et Endlisher, Melet. Bot. 1: 18 (1832); *Colocasia antiquorum* var. *typica* K. Krause, Monogr. Phan. 2: 491. (1879); *Colocasia antiquorum* var. *stolonifera* Haines, Bot. Bihar Orissa 5: 867 (1924); *Colocasia antiquorum* var. *rupicola* Haines, Bot. Bchar Orissa 5: 867 (1924); *Colocasia esculenta* var. *stolonifera* (Haines) H. B. Naithani, Fl. Pl. Ind.: 454 (1990); *Colocasia esculenta* var. *rupicola* (Haines) H. B. Naithani, Fl. Pl. India: 454 (1990).
安徽、江苏、浙江、江西、湖南、湖北、四川、贵州、云南、福建、广东、广西、海南；热带亚洲各国。

假芋（野芋头，山芋）

Colocasia fallax Schott, Bonplandia. 7: 28 (1859).
Colocasia kerrii Gagnep., Notul. Syst. (Paris) 9 (3): 130 (1941); *Colocasia yunnanensis* C. L. Long et X. Z. Cai, Ann. Bot. Fenn. 43: 139, f. 1 (2006); *Colocasia tibetensis* J. T. Yin, Ann. Bot. Fenn. 43: 53 (2006).
云南、西藏；不丹、印度、尼泊尔、孟加拉国、泰国。

大野芋（山野芋，水芋，象耳芋）

Colocasia gigantea (Blume) Hook. f., Fl. Brit. Ind. 6 (19): 524 (1893).

Caladium giganteum Blume, Cat. Gew. Buitenzorg, 103 (1823); *Colocasia prunipes* K. Koch et C. D. Bouche, Index Sem. (Berlin) 1854: 4 (1854); *Leucocasia gigantea* (Blume) Schott, Oesterr. Bot. Wochenbl. 7: 34 (1857).

江西、云南、福建、广东、广西、栽培于安徽、浙江、湖南、四川、贵州；柬埔寨、老挝、马来西亚、缅甸、泰国、越南，广泛栽培于东南亚。

高黎贡芋

Colocasia gaoligongensis H. Li et C. L. Long, Feddes Repert. 110 (1999) 5-6: 423 (1999).

云南。

龚氏芋

●**Colocasia gongii** C. L. Long et H. Li, Feddes Repert. 111 (2000) 7-8: 559 (2000).

云南。

异色芋

●**Colocasia heterochroma** H. Li et Z. X. Wei, Acta Bot. Yunnan. 15 (1): 16 (1993).

云南。

李恒香芋

Colocasia lihengiae C. L. Long et K. M. Liu, Bot. Bull. Acad. Sin. 42: 313 (2000).

云南；越南、老挝、缅甸。

勐腊芋

Colocasia menglaensis J. T. Yin, H. Li et Z. F. Xu, Ann. Bot. Fenn. 41: 223 (2004).

云南；老挝、缅甸北部（八莫）、泰国北部。

隐棒花属 **Cryptocoryne** Fisch. ex Wydl.

八仙过海

Cryptocoryne crispatula Engl., Pflanzenr. 73 (4. 23F): 247 (1920).

贵州、云南、广东、广西；孟加拉国、柬埔寨、泰国、缅甸、老挝、越南。

八仙过海（原变种）

Cryptocoryne crispatula var. **crispatula**

Cryptocoryne sinensis Merr., Sunyatsenia 3 (4): 247 (1937); *Cryptocoryne yunnanensis* H. Li, Acta Phytotax. Sin. 15 (2): 108, pl. 10, f. 4 (1977); *Cryptocoryne crispatula* var. *sinensis* (Merr.) N. Jacobsen, Aqua. Pl. 1991 (1): 29 (1991); *Cryptocoryne crispatula* var. *yunnanensis* (H. Li) H. Li et N. Jacobsen, Fl. China 23: 21 (2010).

贵州、云南、广东、广西；孟加拉国、柬埔寨、泰国、缅甸、老挝、越南。

广西隐棒花

Cryptocoryne crispatula var. **balansae** (Gagnep.) N. Jacobsen, Aqua Pl. 16: 29 (1991).

Cryptocoryne balansae Gagnep., Notul. Syst. (Paris) 9: 131 (1941); *Cryptocoryne longispatha* Merr., J. Arnold Arbor. 23: 156 (1942); *Cryptocoryne kwangsiensis* H. Li, Acta Phytotax. Sin. 15 (2): 109, pl. 6, f. 5 (1977).

广西；老挝、泰国、越南。

柔叶隐棒花

Cryptocoryne crispatula var. **flaccidifolia** N. Jacobsen, Aqua Pl. 16: 26 (1991).

广西；泰国、越南。

旋苞隐棒花

Cryptocoryne retrospiralis (Roxb.) Fisch. ex Wydler, Linnaea 5: 428 (1830).

Ambrosini retrospiralis Roxb., Hort. Bengal. 65 (1814); *Ambrosinia retrospiralis* Roxb., Fl. Ind. 3: 492-493 (1832).

广东；孟加拉国、印度、老挝、缅甸、马来西亚。

花叶万年青属 **Dieffenbachia** Schott

白斑万年青

△**Dieffenbachia bowmannii** Carrière, Rev. Hort. 198 (1872).

栽培于台湾；原产于南美洲。

白肋万年青

△**Dieffenbachia leopoldii** Bull., Catal. 4 (1878).

栽培于台湾；原产于南美洲。

花叶万年青

△**Dieffenbachia picta** (Lodd.) Schott, Oesterr. Bot. Wochenbl. 2 (9): 68. (1852).

Caladium maculatum Lodd., Bot. Cab. t. 608 (1822); *Caladium pictum* Lodd., Bot. Cab. t. 608 (1822); *Dieffenbachia maculata* (Lodd.) D. Don, Hort. Brit. (Loudon) (ed. 3) 632 (1839).

栽培于福建、广东；原产于南美洲。

彩叶万年青

△**Dieffenbachia seguine** (Jacq.) Schott, Melet. Bot. 1: 20 (1832).

Arum seguine Jacquem., Enum. Syst. Pl. 31 (1760).

栽培于台湾；原产于中美洲和南美洲。

麒麟尾属 Epipremnum Schott

麒麟叶（百宿蕉，上树龙，百足藤）

Epipremnum pinnatum (L.) Engl., Pflanzenr. 37 (IV. 23B): 60 (1908).

Pothos pinnatus L., Sp. Pl., ed. 2, 2: 1324 (1763).

台湾；孟加拉国、柬埔寨、印度、印度尼西亚、日本、老挝、马来西亚、缅甸、巴布亚新几内亚、菲律宾、新加坡、泰国、越南、澳大利亚（昆士兰州）、太平洋岛屿。

细柄芋属 Hapaline Schott

细柄芋

●**Hapaline ellipticifolium** C. Y. Wu et H. Li, Acta Phytotax. Sin. 15 (2): 104, pl. 7, f. 1 (1977).

云南。

千年健属 Homalomena Schott

芬芳千年健

Homalomena aromatica Gagnep., Fl. Gén. Indo-Chine 6: 1114. (1942).

Zantedeschia aromatica Spreng., Syst. Veg. 3: 765 (1826); *Calla aromatica* (Spreng.) Roxb., Fl. Ind., ed. 1832 3: 513 (1832); *Zantedeschia foetida* K. Koch, Ind. Sem. Hort. Berol. App. 9 (1854).

云南、广西；孟加拉国、印度东北部、老挝、缅甸北部、泰国北部、越南。

海南千年健

●**Homalomena hainanensis** H. Li, Acta Phytotax. Sin. 15 (2): 103, pl. 5, 3 (1977).

海南。

台湾千年健（基隆扁叶芋）

●**Homalomena kelungensis** Hayata, Icon. Pl. Formosan. 8: 135, f. 61 (1919).

台湾。

千年健（香芋，团芋）

Homalomena occulta (Lour.) Schott, Melet. Bot. 1: 20 (1832).

Calla occulta Lour., Fl. Cochinch., ed. 2, 2: 532 (1790); *Zantedeschia occulta* (Lour.) Spreng., Syst. Veg., 3: 765 (1826); *Spirospatha occulta* (Lour.) Raf., Fl. Tellur. 4: 8 (1838); *Homalomena tonkinensis* Engl., Bot. Jahrb. Syst. 48: 55, f (1912); *Homalomena cochinchinensis* Engl., Pflanzenr. 4 23Da (Heft 55): 55 (1912).

云南、广东、广西、海南；老挝、泰国、越南。

菲律宾千年健（菲律宾扁叶芋）

Homalomena philippinensis Engl. ex Engl. et Krause in Engler, Pflanzenr. 55: 55, f. 33 (1912).

台湾；菲律宾。

兰氏萍属 Landoltia Les et D. J. Crawford

兰氏萍

Landoltia punctata (G. Mey.) Les et Crawford, Novon 9: 532 (1999).

Lemna punctata G. Mey., Fl. Esseq. 262 (1818); *Lemna melanorrhiza* Muell. et Kurz, J. Bot. 115 (1867); *Lemna oligorrhiza* Kurz., J. Linn. Soc., Bot. 9: 267, t. 5. (1867); *Spirodela oligorrhiza* (Kurz.) Hegelm, Lemnac. 147. (1868); *Spirodela punctata* (G. Mey.) C. H. Thompson, Rep. (Annual) Missouri Bot. Gard. 9: 28 (1898); *Spirodela sichuanensis* M. G. Liu et K. M. Xie, J. South W. Agric. Univ. 1983 (4): 56. (1983).

河南、浙江、湖北、四川、云南、西藏、福建、台湾；印度、印度尼西亚、日本、马来西亚、菲律宾、泰国、越南、非洲、澳大利亚、北美洲、南美洲、太平洋岛屿。

刺芋属 Lasia Lour.

刺芋（刺过江，旱茨菇，金茨菇）

Lasia spinosa (L.) Thwaites, Enum. Pl. Zeyl. (Thwaites) 336 (1864).

Dracontium spinosum L., Sp. Pl. 2: 967 (1753); *Lasia aculeata* Lour., Fl. Cochinch., ed. 2, 1: 81 (1790); *Pothos lasia* Roxb., Hort. Bengal. II (1814); *Pothos heterophyllus* Roxb., Hort. Bengal. 83 (1814); *Pothos spinosus* (L.) Buch.-Ham. ex Wall., Cat. Pl. Madagascar 4447 C (1831); *Lasia loureirii* Schott, Melet. Bot. 1: 21 (1832); *Lasia heterophylla* Schott, Melet. Bot. 1: 21 (1832); *Lasia roxburghii* Griff., Not. Pl. Asiat. 3: 155 (1851); *Lasia jenkinsii* Schott, Bonplandia (Hanover) 5: 125 (1857); *Lasia hermanni* Schott, Bonplandia 5: 125 (1857); *Lasia zollingeri* Schott, Bonplandia (Hanover) 5: 125 (1857); *Lasia desciscens* Schott, Ann. Mus. Bot. Lugduno-Batavi 1: 127 (1863); *Lasia crassifolia* Engl., Bot. Jahrb. Syst. 25: 15 (1898).

云南、西藏、台湾、广东、广西、海南；孟加拉国、不丹、柬埔寨、印度、印度尼西亚、老挝、马来西亚、缅甸、尼泊尔、巴布亚新几内亚、斯里兰卡、泰国、越南。

浮萍属 Lemna L.

稀脉浮萍

Lemna aequinoctialis Welwitsch, Apont. 578 (1859).

Lemna perpusilla var. *trinervis* Austin, Man. Bot. (ed. 5) 479 (1867); *Lemna paucicostata* Hegelmaier, Lemnac. 139, t. 8. (1868); *Lemna trinervis* (Austin) Small, Fl. SEUS 230, 1328 (1903).

辽宁、河北、山西、山东、河南、陕西、青海、安徽、江苏、浙江、江西、湖北、贵州、云南、福建、台湾、广东；世界广布。

日本浮萍

Lemna japonica Landolt, Veröff. Geobot. Inst. ETH Stiftung Rübel Zürich 70: 23 (1980).

Lemna leiboensis M. G. Liu et C. H. Hou, J. Southwest. Agric. Coll. (Chongqing) 4: 58. f. 2. (1983).

黑龙江、内蒙古、河北、山西、山东、河南、陕西、江苏、浙江、湖北、四川、云南；日本、朝鲜。

浮萍（青萍，田萍，浮萍草）

Lemna minor L., Sp. Pl. 2: 970 (1753).

西藏；阿富汗、印度北部、哈萨克斯坦、尼泊尔、巴基斯坦北部、俄罗斯、土库曼斯坦、非洲、欧洲、北美洲，引入澳大利亚、日本、太平洋岛屿（新西兰）。

单脉萍

△**Lemna minuta** Kunth in Humboldt et al., Nov. Gen. Sp. 1, ed. 4: 372 (1816).

Lemna minima Phil., Linn. 33: 239 (1864); *Lemna minuscula* Herter, Revista Sudamer. Bot. 9: 185 (1954).

原产于美国，引入中国栽培。

品藻

Lemna trisulca L., Sp. Pl. 2: 970 (1753).

黑龙江、内蒙古、河北、山西、陕西、新疆、安徽、江苏、浙江、湖北、四川、云南、台湾；除南美洲外所有大陆。

鳞根萍

△**Lemna turionifera** Landolt, Aquatic Bot. 1: 355 (1975).

黑龙江、内蒙古、河北、安徽；日本北部、韩国、蒙古、俄罗斯、亚洲中部及西南部、北美洲，引入欧洲。

喜林芋属 Philodendron Schott

红苞喜林芋（红宝石）

△**Philodendron erubescens** C. Koch et Angustim, Ind. Sem. Hort. Berol. App 6 (1854).

国内广泛栽培；原产于南美洲。

心叶喜林芋

△**Philodendron gloriosum** André, Ill. Hort. 23. 194. t. 262 (1876).

栽培于北京、台湾；原产于哥伦比亚。

三裂喜林芋

△**Philodendron tripartitum** (Jacq.) Schott, Wiener Z. Kunst (3): 780 (1829).

栽培于北京、福建、广东；原产于墨西哥和南美洲。

半夏属 Pinellia Ten.

滴水珠（斑叶滴水珠，岩芋，石半夏）

Pinellia cordata N. E. Br., J. Linn. Soc., Bot. 36 (251): 173 (1903).

Pinellia browniana Dunn, J. Linn. Soc., Bot. 38 (267): 370 (1908).

安徽、浙江、江西、湖南、湖北、贵州、福建、广东、广西。

闽半夏

Pinellia fujianensis H. Li, Willdenowia, 37: 512, f. 5a-e. (2007).

福建。

湖南半夏

Pinellia hunanensis C. L. Long et X. J. Wu, Phytotaxa 130 (1): 9 (2013).

湖南。

石蜘蛛（一面锣，白铃子）

●**Pinellia integrifolia** N. E. Br., Hooker's Icon. Pl. 19. t. 1875 (1889).

湖北、四川、重庆。

虎掌（掌叶半夏，麻芋果，狗爪半夏）

●**Pinellia pedatisecta** Schott, Oesterr. Bot. Wochenbl. 7: 341 (1857).

Arisaema cochinchinense Blume, Rumphia 1: 107 (1835); *Pinellia wawrae* Engl. in A. de Candolle and C. de Candolle, Monogr. Phan. 2: 567 (1879); *Pinellia tuberifera* var. *pedatisecta* (Schott) Engl. in A. de Candolle and C. de Candolle, Monogr. Phan. 2: 557 (1879); *Pinellia cochinchinensis* (Blume) W. Wight, USDA Bur Pl Indus Circ X 142: 35 (1908).

河北、山西、山东、河南、陕西、安徽、江苏、浙江、湖南、湖北、四川、贵州、云南、福建、广西。

盾叶半夏

●**Pinellia peltata** C. P'ei, Contr. Biol. Lab. Sc. Soc. China, Bot. Ser. 10. 1 (1935).

浙江、福建。

大半夏

●**Pinellia polyphylla** S. L. Hu, Acta Pharm. Sin. 19 (9): 713 (1984).
四川。

半夏（三叶半夏，三步跳，田里心）

Pinellia ternata (Thunb.) Breitenb., Botanische Zeitung. Berlin. 37: 687 (1879).
Arum triphyllum Houtt., Handl. Pl.-Kruidk. 2 (2): 184 (1774); *Arum ternatum* Thunb., Syst. Veg., ed. 14: 827 (1784); *Arum fornicatum* Roth, Nov. Pl. Sp. 362 (1821); *Arum atrorubens* Spreng., Syst. Veg. 3: 769 (1826); *Arum subulatum* Desf., Tabl. école Bot. (ed. 3) 3: 7 (1829); *Arum bulbiferum* Roxb., Fl. Ind. 3: 510 (1832); *Arum macrourum* Bunge, Enum. Pl. China Bor. 67 (1833); *Arisaema loureiri* Blume, Rumphia 1: 108 (1835); *Pinellia tuberifera* Ten., Atti Reale Accad. Sci. Sez. Reale Borbon. 4: 57 (1839); *Hemicarpurus fornicatus* (Roth) Nees, Index Seminum (SLO) 1839: 4. (1839); *Arisaema macrourum* (Bunge) Kunth, Enum. Pl. 3: 644 (1841); *Arum bulbosum* Pers. ex Kunth, Enum. Pl. 3: 54 (1841); *Arisaema ternatum* (Thunb.) Schott, Melet. Bot. 60. (1860); *Typhonium tuberculigerum* Schott, Ann. Mus. Bot. Lugduno-Batavi 1: 123 (1863); *Pinellia angustata* Schott, Ann. Mus. Bot. Lugduno-Batavi 1: 123 (1863); *Pinellia ternata* var. *angustata* (Schott) Engl. in A. de Candolle and C. de Candolle, Monogr. Phan. 2: 256 (1879); *Pinellia ternata* var. *giraldiana* Engl., Pflanzenr. 73: 224 (1920); *Pinellia ternata* var. *subpandurata* Engl., Pflanzenr. 73: 224 (1920); *Pinellia ternata* var. *vulgaris* Engl., Pflanzenr. 73: 224 (1920); *Pinellia koreana* K. Tae et J.-H. Kim, Novon 15 (3): 484, f. 1, f. 2. 2 (2005).
广泛分布全国除内蒙古、青海、新疆、西藏；日本（琉球群岛）、朝鲜，归化至欧洲和北美洲。

三裂叶半夏

Pinellia tripartita (Blume) Schott, Syn. Aroid. 5 (1856).
Atherurus tripartitus Blume, Rumphia 1: 137 (1835); *Arisaema tripartitum* (Blume) Engl. in A. de Candolle and C. de Candolle, Monogr. Phan. 2: 544 (1879); *Pinellia tripartita* var. *atropurpurea* Makino, Bot. Mag. (Tokyo) 15: 135 (1901).
香港；日本。

鹞落坪半夏

●**Pinellia yaoluopingensis** X. H. Guo et X. L. Liu, Acta Bot. Yunnan. 8 (2): 223 (1986).
安徽、江苏。

大薸属 Pistia L.

大漂（天浮萍，水浮萍，水荷莲）

Pistia stratiotes L., Sp. Pl. 2: 963 (1753).
Zala asiatica Lour., Fl. Cochinch. 405 (1790); *Pistia crispata* Blume, Rumphia. 1: 78 (1835); *Pistia minor* Blume, Rumphia. 1: 78 (1835); *Pistia obcordata* Schleid., Allg. Gartenzeitung 6: 20 (1838); *Apiospermum obcordatum* (Schleid.) Klotzsch, Abh. Königl. Akad. Wiss. Berlin 1853: 351 (1853).
云南、福建、台湾、广东、广西；栽培于山东、安徽、江苏、江西、湖南、湖北、四川；世界热带和亚热带地区。

假石柑属 Pothoidium Schott

假石柑

Pothoidium lobbianum Schott, Oesterr. Bot. Wochenbl. 7: 70, t. 57 (1857).
台湾；印度尼西亚（马鲁古群岛、苏拉威西）、菲律宾。

石柑属 Pothos L.

石柑子（竹结草，爬山虎，风瘫药）

Pothos chinensis (Raf.) Merr., J. Arnold Arbor. 29 (2): 210 (1948).
Tapanava chinensis Raf., Fl. Tellur. 4: 14 (1838); *Pothos cathcartii* Schott, Aroideae. 1: 12, t. 44 (1853); *Pothos seemannii* Schott, Bonplandia. 5: 45 (1857); *Pothos balansae* Engl., Bot. Jahrb. Syst. 25 (1-2): 3. (1898); *Pothos warburgii* Engl., Bot. Jahrb. Syst. 25 (1-2): 2-3. (1898); *Pothos yunnanensis* Engl., Pflanzenr. (Engler) Arac.-Poth. 28 (1905); *Pothos chinensis* var. *lotienensis* C. Y. Wu et H. Li, Acta Phytotax. Sin. 15 (2): 101 (1977).
湖南、湖北、四川、贵州、云南、西藏、台湾、广东、广西、海南；孟加拉国、不丹、柬埔寨、印度、老挝、缅甸、尼泊尔、泰国、越南。

长梗石柑

Pothos kerrii Buchet ex Gagnep., Fl. Gen. Indo-Chine 6: 1085, f. 102: 5 (1942).
广西；老挝、越南。

地柑（葫芦藤）

Pothos pilulifer Buchet ex Gagnep., Fl. Gen. Indo-Chine 6: 1084, f. 102: 4 (1942).
云南、广西；越南北部。

百足藤（细蜈蚣草，姜藤，石蜈蚣）

Pothos repens (Lour.) Druce, Bot. Exch. Club Brit. Isles Rep. 4: 641 (1917).

Flagellaria repens Lour., Fl. Cochinch., ed. 2, 1: 212 (1790); *Pothos loureirii* Hook. et Arn., Bot. Beechey Voy. 220 (1837); *Pothos terminalis* Hance, Ann. Sci. Nat., Bot. 5: 247 (1866).
云南、广东、广西、海南；老挝、越南北部。

螳螂跌打

Pothos scandens Lindl., Sp. Pl. 2: 968 (1753).
Pothos angustatus Kunth, Nov. Gen. Sp. (quarto ed.) 1: 77 (1815); *Batis hermaphrodita* Blanco, Fl. Filip. 791 (1837); *Podospadix angustifolia* Raf., Fl. Tellur. 4: 124 (1838); *Pothos scandens* var. *sumatranus* de Vriese, Pl. Jungh. 103 (1851); *Pothos longifolius* C. Presl, Abh. Königl. Böhm. Ges. Wiss., ser. 55 6: 602 (1851); *Pothos leptospadix* de Vriese, Pl. Jungh. 105 (1851); *Pothos scandens* var. *zeylanicus* de Vriese, Pl. Jungh. 103 (1851); *Pothos roxburghii* de Vriese, Pl. Jungh. 103 (1851); *Pothos microphyllus* C. Presl, Abh. Königl. Böhm. Ges. Wiss., ser. 55 6: 603 (1851); *Pothos cathcartii* Schott, Aroideae. 1: 12, t. 44 (1853); *Pothos cognatus* Schott, Aroideae 22, t. 48 (1853); *Pothos zollingerianus* Schott Oesterr., Bot. Wochenbl. 5: 19 (1855); *Pothos chapelieri* Schott, Oesterr. Bot. Wochenbl. 5: 19 (1855); *Pothos exiguiflorus* Schott, Aroideae 21, t. 41 (1856); *Pothos horsfeldii* Miq., Fl. Ned. Ind. 3: 178 (1856); *Pothos seemannii* Schott, Bonplandia. 5: 45 (1857); *Pothos decipiens* Schott, Bonplandia (Hanover) 7: 165 (1859); *Pothos fallax* Schott, Prodr. Syst. Aroid. 560 (1860); *Pothos scandens* var. *cognatus* (Schott) Engl. in A. de Candolle and C. de Candolle, Monogr. Phan. 2: 84 (1879); *Pothos scandens* var. *zollingeranus* (Schott) Engl., Pflanzenr. IV. 23 B (Heft 23): 26 (1905); *Pothos scandens* var. *helferanus* Engl., Pflanzenr. IV. 23 B (Heft 23): 26 (1905); *Pothos longipedunculatus* Engl., Pflanzenr. 4, 23B: 27 (1905); *Pothos hermaphroditus* (Blanco) Merr., Sp. Blancoan. 90 (1918).
湖南、湖北、四川、贵州、云南、西藏、台湾、广东、广西、海南；孟加拉国、不丹、柬埔寨、印度、老挝、缅甸、尼泊尔、泰国、越南。

岩芋属 **Remusatia** Schott

早花岩芋

Remusatia hookeriana Schott, Oesterr. Bot. Z. 7: 133 (1858).
Gonatanthus ornatus Schott, Oesterr. Bot. Z. 8: 121 (1858); *Remusatia ornata* (Schott) H. Li et Q. F. Guo, Acta Phytotax. Sin. 25 (5): 414 (1987).
云南；不丹、印度、尼泊尔、缅甸、泰国北部。

曲苞芋

Remusatia pumila (D. Don) H. Li et A. Hay, Acta Bot. Yunnan. Suppl. 5: 28, 32 (1992).
Caladium pumilum D. Don, Prodr. Fl. Nepal. 21 (1825); *Colocasia pumila* Kunth, Enum. Pl. 3: 40 (1841); *Gonatanthus pumilus* (D. Don) Engl. et K. Krause in Engler Pflanzenr. 4 23E (Heft 71): 19, f. 5, A-K (1920); *Remusatia garrettii* Gagnep., Notul. Syst. (Paris) 9 (3): 138 (1941); *Arum sarmentosum* Fisch., Fl. Reipubl. Popularis Sin. 13 (2): 63 (1979).
云南、西藏；不丹、印度、尼泊尔、泰国北部。

岩芋（红芋，红半夏，红岩芋）

Remusatia vivipara (Roxb.) Schott, Melet. Bot. 1: 18 (1832).
Arum viviparum Roxb., Hort. Bengal. 65 (1814); *Caladium viviparum* (Roxb.) Nees, Melat. Bot. 18 (1832); *Colocasia vivipara* (Lodd.) Thwaites, Enum. Pl. Zeyl. 336 (1864); *Remusatia bulbifera* Hort. ex Vilm., Vilm. Blumengaertn., ed. 3 1: 1163 (1895); *Remusatia formosana* Hayata, Icon. Pl. Formosan. 8: 136 (1919).
孟加拉国、不丹、印度、印度尼西亚（爪哇）、老挝北部、尼泊尔、斯里兰卡、泰国北部、越南北部、缅甸、非洲、亚洲西南部、澳大利亚北部、马达加斯加、太平洋。

云南岩芋

●**Remusatia yunnanensis** (H. Li et A. Hay) H. Li et A. Hay, Acta Bot. Yunnan. Suppl. 5: 28, 32 (1992).
Gonatanthus yunnanensis H. Li et A. Hay, Acta Bot. Yunnan. 14 (4): 375 (1992).
云南。

崖角藤属 **Rhaphidophora** Hassk.

粗茎崖角藤

Rhaphidophora crassicaulis Engl. et K. Krause in Engler, Pflanzenr. 4 23B (Heft 37): 52 (1908).
云南、广西、海南；越南北部、老挝北部。

爬树龙

Rhaphidophora decursiva (Roxb.) Schott, Bonplandia. (Hannover) 5: 45 (1857).
Pothos decursivus Roxb., Fl. Ind. 1: 456 (1820); *Monstera decursiva* (Roxb.) Schott, Wiener Z. Kunst 1830 (4): 1028 (1830); *Scindapsus decursivus* (Roxb.) Schott, Melet. Bot. 1: 21 (1832); *Rhaphidophora eximia* Schott, Bonplandia (Hannover) 5: 45 (1857); *Rhaphidophora insignis* Schott, Gen. Aroid. exposita t. 77 (1858); *Rhaphidophora grandis* Schott, Oesterr. Bot. Z. 8: 349 (1858); *Rhaphidophora affinis* Schott, Prodr.

Syst. Aroid. 385 (1860).
四川、贵州、云南、西藏、福建、台湾、广东、广西、海南；孟加拉国、不丹、柬埔寨、印度东北部、老挝、缅甸、尼泊尔、斯里兰卡、泰国北部、越南。

独龙崖角藤

•**Rhaphidophora dulongensis** H. Li, Acta Bot. Yunnan. 5: 7 (1992).
云南。

粉背崖角藤

Rhaphidophora glauca (Wall.) Schott, Bonplandia (Hannover) 5: 45 (1857).
Pothos glaucus Wall., Pl. Asiat. Rar. 2: 45 (1831); *Scindapsus glaucus* (Wall.) Schott, Melet. Bot. 21. (1832); *Pothos wallichii* Steud., Nomencl. Bot. (ed. 2) 2: 391 (1841); *Monstera glauca* K. Koch ex Ender, Index Aroid. 54 (1864); *Rhaphidophora glauca* var. *khasiana* Hook. f., Fl. Brit. India 6: 547 (1893).
西藏；孟加拉国、不丹、印度东北部、缅甸、尼泊尔、泰国北部。

狮子尾（过山龙，大蛇翁，石壁枫）

Rhaphidophora hongkongensis Schott, Bonplandia (Hannover) 5: 45 (1857).
Rhaphidophora tonkinensis Engl. et K. Krausein Engler, Pflanzenr. 4 23B (Heft 37): 34 (1908).
贵州、云南、福建、台湾、广东、广西、海南；印度尼西亚、老挝、马来西亚、缅甸、泰国北部、越南北部。

毛过山龙（大岩藤，过山龙，大百部还阳）

Rhaphidophora hookeri Schott, Bonplandia (Hannover) 5: 45 (1857).
四川、贵州、云南、西藏、广东、广西；孟加拉国、不丹、印度东北部、老挝、缅甸、泰国、越南北部。

莱州崖角藤

Rhaphidophora laichauensis Gagnep., Notul. Syst. (Paris) 9 (3): 137 (1941).
云南、海南；越南北部。

上树蜈蚣（过山龙，小青龙）

Rhaphidophora lancifolia Schott, Bonplandia (Hannover) 5: 45 (1857).
云南、广西；孟加拉国、印度东北部。

针房藤（爬树龙）

Rhaphidophora liukiuensis Hatusima, Acta Phytotax. Geobot. 20: 56. f. 1 (1962).
台湾；日本（琉球群岛）。

绿春崖角藤

•**Rhaphidophora luchunensis** H. Li, Acta Phytotax. Sin. 15 (2): 103, pl. 5, t. 2, f. 1-5; pl. 6, f. 1-3 (1977).
云南、西藏。

大叶崖角藤

Rhaphidophora megaphylla H. Li, Acta Phytotax. Sin. 15 (2): 102, t. 5, f. 2 (6-10), t. 6, f. 4 (1977).
云南；老挝北部、泰国北部、越南北部。

大叶南苏（金竹标，青边竹标，小过山龙）

Rhaphidophora peepla (Roxb.) Schott, Bonplandia (Hannover) 5: 45 (1857).
Pothos peepla Roxb., Fl. Ind. 1: 545 (1820); *Monstera peepla* (Roxb.) Schott, Wiener Z. Kunst 4: 1028 (1830); *Scindapsus peepla* (Roxb.) Schott, Melet. Bot. 1: 21 (1832).
贵州、云南；孟加拉国、不丹、印度东北部、缅甸北部、老挝、尼泊尔、泰国北部、柬埔寨北部、越南北部。

斑龙芋属 Sauromatum Schott

短柄斑龙芋

Sauromatum brevipes (Hook. f.) N. E. Br., Gard. Chron. ser. 3 34: 93 (1903).
Typhonium brevipes Hook. f., Fl. Brit. Ind. 6 (19): 511 (1893).
西藏；孟加拉国、印度、尼泊尔。

高原犁头尖

Sauromatum diversifolium (Wall. ex Schott) Cusimano et Hetterscheid, Taxon 59: 445 (2010).
Typhonium diversifolium Wall. ex Schott, Aroideae. 1: 13, t. 20 (1853); *Typhonium huegelianum* Schott, Aroideae. 1: 13, t. 19 (1853); *Heterostalis foliolosa* Schott, Oesterr. Bot. Wochenbl. 7: 261 (1857); *Heterostalis diverifolia* (Wall. ex Schott) Schott, Oesterr. Bot. Wochenbl. 7: 261 (1857); *Heterostalis huegeliana* (Schott) Schott, Oesterr. Bot. Wochenbl. 7: 261 (1857); *Typhonium foliolosum* (Schott) Engl. in A. de Candolle and C. de Candolle, Monogr. Phan. 2: 618 (1879); *Typhonium diversifolium* var. *huegelianum* (Schott) Engl. in A. de Candolle and C. de Candolle, Monogr. Phan. 2: 618 (1879); *Typhonium austrotibeticum* H. Li, Acta Phytotax. Sin. 15 (2): 104, pl. 7, t. 2, f. 1-3 (1977); *Typhonium alpinum* C. Y. Wu ex H. Li, Acta Phytotax. Sin. 15 (2): 104, pl. 7, t. 3, f. 8-9; pl. 8, f. 1 (1977); *Typhonium mangkangense* H. Li, Acta Phytotax. Sin. 18 (1): 118, f. 3 (1980).
四川、云南、西藏；不丹、柬埔寨、印度东北部和西北部、缅甸、尼泊尔。

贡山斑龙芋

•**Sauromatum gaoligongense** Z. L. Wang et H. Li, Acta Bot. Yunnan. Suppl. 10: 61 (1999).

Typhonium gaoligongense (Z. L. Wang et H. Li) Hett. et P. C. Boyce, Aroideana 23: 51 (2000).

云南。

独角莲

•**Sauromatum giganteum** (Engler) Cusimano et Hetterscheid, Taxon 59: 445 (2010).

Typhonium giganteum var. *giraldii* Baroni, Nuovo Giorn. Bot. Ital. 4: 189, t. 6 (1879); *Typhonium giraldii* (Baroni) Engl., Pflanzenr. 4 23F (Heft 73): 110 (1920); *Typhonium stoliczkae* Engl., Pflanzenr. 4 23F (Heft 73): 110 (1920).

辽宁、河北、山西、山东、河南、吉林、甘肃、安徽、四川、西藏，栽培于吉林、广东、广西、云南。

毛犁头尖

Sauromatum hirsutum (S. Y. Hu) Cusimano et Hetterscheid, Taxon 59: 445 (2010).

Arisaema hirsutum S. Y. Hu, Dansk Bot. Ark. 23: 454 (1968); *Typhonium hirsutum* (S. Y. Hu) J. Murata et Mayo, Kew Bull. 46 (1): 129 (1991).

云南；泰国。

西南犁头尖

Sauromatum horsfieldii Miquel, Fl. Ned. Ind. 3: 196 (1856).

Typhonium fallax N. E. Br., J. Linn. Soc., Bot. 18: 260 (1880); *Arisaema submonoicum* Gagnep., Notul. Syst. (Paris) 9: 128 (1941); *Typhonium kerrii* Gagnep., Bull. Soc. Bot. France 89 (1): 11 (1942); *Typhonium horsfieldii* (Miq.) Steenis, Bull. Jard. Bot. Buitenzorg 17: 403 (1948); *Typhonium larsenii* S. Y. Hu, Dansk Bot. Ark. 23: 448 (1968); *Typhonium kunmingense* H. Li, Acta Phytotax. Sin. 15 (2): 104 (1977); *Typhonium calcicola* C. Y. Wu ex H. Li, Acta Phytotax. Sin. 15 (2): 104, pl. 7, t. 3, f. 10-14 (1977); *Typhonium omeiense* H. Li, Acta Phytotax. Sin. 15 (2): 105, pl. 7, t. 2, f. 6; pl. 8, f. 4 (1977); *Typhonium hongyanense* Z. Y. Zhu, Acta Bot. Yunnan. 5 (3): 277 (1983); *Typhonium kunmingense* var. *cerebriforme* H. Li ex H. Peng et S. Z. He, Acta Bot. Yannan. 19 (1): 40 (1997); *Typhonium kunmingense* var. *alatum* H. Li ex H. Peng et S. Z. He, Acta Bot. Yannan. 19 (1): 40 (1997).

四川、贵州、云南、广西；柬埔寨、印度尼西亚、老挝、缅甸、泰国、越南。

斑龙芋

•**Sauromatum venosum** (Aiton) Kunth, Enum. Pl. 3: 281 (1841).

Arum venosum Aiton, Hortus Kew 3: 315 (1789); *Arum guttatum* Wall., Pl. Asiat. Rar. 2: 10, t. 115 (1831); *Sauromatum guttatum* (Wall.) Schott, Melet. Bot. 1: 17 (1832); *Arisaema venosum* (Aiton) Blume, Rumphia 1: 109 (1836); *Desmesia venosum* (Aiton) Raf., Fl. Tellur. 3: 63 (1837); *Sauromatum nubicum* Schott, Syn. Aroid. 25 (1856); *Sauromatum abyssinicum* Schott, Syn. Aroid. 25 (1856); *Sauromatum simlense* Schott, Oesterr. Bot. Z. 8: 349 (1858); *Sauromatum punctatum* K. Koch, Wochenschr. Gärtnerei Pflanzenk. 1: 263 (1858); *Sauromatum pulchrum* Miq., Ann. Mus. Bot. Lugduno-Batavi 1: 221 (1864); *Sauromatum angolense* N. E. Br., Fl. Trop. Afr. 8: 142 (1901); *Sauromatum guttatum* var. *typicum* Engl., Pflanzenr. 73 (4. 23F): 124 (1920); *Sauromatum guttatum* var. *pulchrum* (Miq.) Engl., Pflanzenr. 73 (4. 23F): 125 (1920); *Sauromatum guttatum* var. *venosum* Engl., Pflanzenr. 73 (4. 23F): 125 (1920); *Sauromatum guttatum* var. *simlense* (Schott) Engl., Pflanzenr. 73 (4. 23F): 125 (1920); *Jaimenostia fernandopoana* Guinea et Gómez Mor., Ensayo Geobot. Guin. Continent. Espan. 248 (1946); *Typhonium venosum* (Aiton) Hett. et P. C. Boyce, Aroideana 23: 51 (2000).

云南、西藏；不丹、印度东北部和西北部、缅甸、尼泊尔、非洲。

落檐属 **Schismatoglottis** Zoll. et Moritzi

广西落檐（过山龙）

Schismatoglottis calyptrata (Roxb.) Zoll. et Moritzi, Syst. Verz. 83 (1846).

Calla calyptrata Roxb., Fl. Ind. 3: 514 (1832) *Schismatoglottis parviflora* M. Hotta, Mem. Coll. Sci. Kyoto Imp. Univ., Ser. B, Biol. 32 (3): 225 (1966); *Schismatoglottis kotoensis* (Hayata) T. C. Huang, J. Y. Hsiao et Z. Y. Yeh, Taiwania 45 (4): 305 (2000).

广西；东南亚、太平洋岛屿。

落檐（万年青草）

•**Schismatoglottis hainanensis** H. Li, Acta Phytotax. Sin. 15 (2): 103, pl. 5, t. 4, f. 1-8 (1977).

海南。

藤芋属 **Scindapsus** Schott

海南藤芋（吊头藤，吊东根藤）

Scindapsus maclurei (Merr.) Merr. et F. P. Metcalf, Lingnan Sci. J. 21 (1-4): 5 (1945).

Rhaphidophora maclurei Merr., Philipp. J. Sci. 21 (4): 337 (1922); *Scindapsus megaphyllus* Merr., Lingnan

Sci. J. 9: 36 (1930).
海南；泰国北部、越南北部。

白鹤芋属 **Spathiphyllum** Schott

白鹤芋（白掌，银苞芋，苞叶芋）

☆**Spathiphyllum floribundum** N. E. Br., Gard. Chron. II: 783 (1878).
温室栽培；原产于热带美洲。

紫萍属 **Spirodela** Schleid.

紫萍

Spirodela polyrhiza (L.) Schleid., Linnaea 13: 392 (1839).
Lemna polyrhiza L., Sp. Pl. 2: 970. 1753.
国内广泛栽培；世界广布。

泉七属 **Steudnera** K. Koch

泉七（小毒芋）

Steudnera colocasiifolia K. Koch, Wochenschr. Vereines Beförd. Gartenbaues Königl. Preuss. Staaten. 5: 114 (1862).
Gonatanthus peltatus Hort. ex Van Houtte, Fl. Serres Jard. Eur. 21: 83 (1875).
云南、广西；孟加拉国、印度东北部、老挝北部、缅甸北部、泰国北部、越南北部。

全缘泉七

Steudnera griffithii (Schott) Schott, Bonplandia (Hannover). 10: 222 (1862).
Gonatanthus griffithii Schott, Prodr. Syst. Aroid. 143 (1860).
云南；印度东北部、缅甸。

滇南泉七

Steudnera henryana Engl., Pflanzenr 1 (IV. 23E): 13 (1920).
云南；老挝北部、越南北部。

广西泉七

Steudnera kerrii Gagnep., Notul. Syst. (Paris) 9: 140. (1941).
广西；泰国北部、越南北部。

臭菘属 **Symplocarpus** Salisb. ex W. P. C. Barton

日本臭菘

Symplocarpus nipponicus Makino, J. Jap. Bot. 5: 24 (1928).
黑龙江；日本、朝鲜。

臭菘

Symplocarpus renifolius Schott ex Tzvelev, Novosti Sist. Vyssh. Rast. 28: 28 (1991).
黑龙江；俄罗斯（远东地区）、日本。

合果芋属 **Syngonium** Schott

合果芋（箭叶芋，绿精灵，白斑叶）

△**Syngonium podophyllum** Schott, Bot. Zeitung (Berlin) 9: 85 (1851).
国内温室栽培；原产于热带美洲。

独脚莲属 **Typhonium** Schott

白脉犁头尖

Typhonium albidinervium C. Z. Tang et H. Li, Acta Phytotax. Sin. 15 (2): 105, pl. 8, f. 3 (1977).
云南、广东；泰国北部。

保山犁头尖

●**Typhonium baoshanense** Z. L. Dao et H. Li, Acta Phytotax. Sin. 45 (2): 234 (2007).
云南。

犁头尖（茨菇七，百步还原，三角青）

Typhonium blumei Nicolson et Sivadasan, Blumea 27 (2): 494 (1981).
Typhonium divaricatum (L.) Decne., H. Li, Fl. Reipubl. Populeris Sin. 13 (2): 111 (1979).
湖南、湖北、贵州、福建、广东、广西、海南；柬埔寨、印度、印度尼西亚、日本、缅甸、泰国、越南，引入非洲、尼泊尔、新热带区、菲律宾、太平洋岛屿。

鞭檐犁头尖（半夏，田三七，疯狗薯）

Typhonium flagelliforme (Lodd.) Blume, Rumphia. 1: 134 (1837).
Arum flagelliforme Lodd., Bot. Cab. t. 396 (1819); *Arum cuspidatum* Blume, Catalogus 101 (1823); *Typhonium cuspidatum* (Blume) Decne., Nouv. Ann. Mus. Hist. Nat. 3: 367 (1834); *Heterostalis flagelliformis* (Lodd.) Schott, Oesterr. Bot. Wochenbl. 7: 261 (1857).
广东、广西；孟加拉国、不丹、柬埔寨、印度东北部和南部、印度尼西亚、老挝、马来西亚、缅甸、菲律宾、新加坡、斯里兰卡、泰国北部、澳大利亚北部。

湖南犁头尖

●**Typhonium hunanense** H. Li et Z. Q. Liu, Bull. Bot. Lab. N. E. Forest. Inst., Harbin 3 (2): 155 (1983).
湖南。

金平犁头尖

●**Typhonium jinpingense** Z. L. Wang, H. Li et F. H. Bian, Novon 12: 286 (2002).

云南。

金慈姑

Typhonium roxburghii Schott, Aroideae. 1: 12, t. 17 (1855).

Arum divaricatum L., Sp. Pl. 2: 966 (1753); *Arum diversifolium* Blume, Catalogus 102 (1823); *Arum roxburghii* Thwaites, Enum. Pl. Zeyl. (Thwaites) 432 (1864).

云南、台湾；孟加拉国、印度、印度尼西亚、日本（小笠原群岛）、马来西亚、巴布亚新几内亚、菲律宾、斯里兰卡、泰国，引入东非、澳大利亚西部、南美洲。

三叶犁头尖（代半夏，范半夏）

●**Typhonium trifoliatum** F. T. Wang et Lo ex H. Li, Y. Shiao et S. L. Tseng, Acta Phytotax. Sin. 15 (2): 105, pl. 7, t. 2, f. 4-5 (1977).

内蒙古、河北、山西、陕西。

马蹄犁头尖（马蹄跌打，小黑牛，山半夏）

Typhonium trilobatum (L.) Schott, Wiener Z. Kunst 3 (88): 732 (1829).

Arum trilobatum Thunb., Fl. Jap. 234 (1784); *Typhonium orixense* (Roxb. ex Andrews) Schott, Wiener Z. Kunst 3: 72 (1829); *Arum orixense* Roxb., Fl. Ind. 3: 503 (1832); *Typhonium siamense* Engl. in A. de Candolle and C. de Candolle, Monogr. Phan. 2: 615 (1879).

云南、广东、广西、海南；孟加拉国、不丹、柬埔寨、印度、老挝、马来西亚、缅甸、尼泊尔、斯里兰卡、泰国，引入非洲西部、婆罗洲西部、新热带地区、菲律宾、新加坡。

微萍属 **Wolffia** Horkel ex Schleid.

无根萍

Wolffia globosa Hartog et Plas, Blumea 18: 367 (1970).

Lemna globosa Roxburgh, Fl. Ind., ed. 1832, 3: 565 (1832).

福建；孟加拉国、柬埔寨、印度、印度尼西亚、日本、老挝、马来西亚、缅甸、尼泊尔、巴基斯坦、菲律宾、新加坡、斯里兰卡、泰国、越南，引入北美洲和南美洲。

马蹄莲属 **Zantedeschia** Spreng.

马蹄莲

△**Zantedeschia aethiopica** (L.) Spreng., Syst. Veg., 3: 765 (1826).

Calla aethiopica L., Sp. Pl. 2: 968 (1753).

栽培于北京、陕西、江苏、四川、云南、福建、台湾；原产于非洲。

白马蹄莲

△**Zantedeschia albomaculata** (Hook.) Baill., Bull. Mens. Soc. Linn. Paris. 1 (32): 254 (1880).

Richardia albomaculata Hook., Bot. Mag. 85: t. 5140 (1859).

栽培于云南；原产于南非。

紫心黄马蹄莲

△**Zantedeschia melanoleuca** (Hook. f.) Engl., Bot. Jahrb. Syst. 4 (1): 64 (1883).

Richardia melanoleuca Hook. f., Bot. Mag. 95: t. 5765 (1869).

栽培于云南；原产于非洲。

红马蹄莲

△**Zantedeschia rehmannii** Engl., Bot. Jahrb. Syst. 4 (1): 63 (1883).

Richardia rehmannii N. E. Br. ex W. Harrow, Gard. Chron. 2: 564 et 770, fig. 94 (err. cal. Lehmanni) (1893).

栽培于云南；原产于非洲。

16. 岩菖蒲科 Tofieldiaceae [1 属：3 种]

岩菖蒲属 **Tofieldia** Huds.

长白岩菖蒲

Tofieldia coccinea Richardson in Franklin, Narr. Journey Polar Sea 736 (1823).

Tofieldia taquetii H. Lév. et Vaniot, Fl. Angl. Editio Altera 157 (1778); *Tofieldia nutans* Willd., Syst. Veg., 7 (2): 1573 (1830); *Tofieldia fauriei* H. Lév. et Vaniot, Repert. Spec. Nov. Regni Veg. 5: 283 (1908).

吉林、安徽；日本、朝鲜、蒙古、俄罗斯、北美洲。

叉柱岩菖蒲

●**Tofieldia divergens** Bureau et Franch., J. Bot. (Morot) 5 (10): 157 (1891).

Tofieldia yunnanensis Franch., J. Bot. (Morot) 12 (15-16): 225-227 (1898); *Tofieldia brevistyla* Franch., J. Bot. (Morot) 12 (13-14): 223 (1898); *Tofieldia labordei* H. Lév. et Vaniot, Nouv. Contrib. Liliac. etc. Chine 48 (1905); *Tofieldia esquirolii* H. Lév., Nouv. Contrib. Liliac. etc. Chine 18 (1906); *Tofieldia tenella* Hand.-Mazz., Symb. Sin. 7 (5): 1192 (1936).

四川、贵州、云南。

岩菖蒲（岩飘子）

●**Tofieldia thibetica** Franch., Nouv. Arch. Mus. Hist. Nat. ser. 2. 10: 95 (1888).

Tofieldia macilenta Franch., Nouv. Arch. Mus. Hist. Nat. ser. 2. 10: 95 (1888); *Tofieldia iridacea* Franch., J. Bot. (Morot) 12 (13-14): 224 (1898); *Tofieldia setchuenensis* Franch., J. Bot. (Morot) 12 (13-14): 224 (1898).

四川、贵州、云南。

17. 泽泻科 Alismataceae [6 属：18 种]

泽泻属 **Alisma** L.

窄叶泽泻

Alisma canaliculatum A. Braun et Bouché, Index Sem. Hort. Berol. 1867 (App.): 4 (1867).

Alisma plantgo var. *canaliculatum* A. Braun, Index Sem. Hort. Berol. 1867 (App.): 4 (1867).

山东、河南、安徽、江苏、浙江、江西、湖南、湖北、四川、贵州、福建、台湾；印度、日本（琉球群岛）、朝鲜。

草泽泻

Alisma gramineum Lej., Fl. Env. Paris 1: 175 (1811).

Alisma loeselii Gorski, Eichw. Nat. Skiz. Lith. 127 (1830); *Alisma longifolium* J. Presl, Sommer. Koniger. Boham 15: 46 (1847); *Alisma validum* Greene, Pittonia IV: 158 (1896); *Alisma gramineum* var. *angustissimum* (DC.) Hendricks, Amer. Midl. Naturalist. 57 (2): 489 (1957); *Alisma gramineum* var. *graminifolia* (Vahlen.) Hendricks, Amer. Midl. Naturalist. 57 (2): 487 (1957).

黑龙江、吉林、辽宁、内蒙古、河南、甘肃；阿富汗、哈萨克斯坦、蒙古、巴基斯坦、俄罗斯、塔吉克斯坦、乌兹别克斯坦、非洲、亚洲西南部、欧洲、北美洲。

膜果泽泻

Alisma lanceolatum With., Arr. Brit. Pl., ed. 3 2: 362 (1796).

Alisma plantago-aquatica var. *lanceolatum* (With.) Lej., Fl. Spa 74 (1824).

黑龙江、吉林、辽宁、内蒙古、新疆；阿富汗、哈萨克斯坦、吉尔吉斯斯坦、巴基斯坦、塔吉克斯坦、乌兹别克斯坦、非洲北部、亚洲西南部、欧洲、澳大利亚。

小泽泻

●**Alisma nanum** D. F. Cui, Bull. Bot. Res. 12 (4): 369, f. 1 (1992).

新疆。

东方泽泻（泽泻）

Alisma orientale (Samuel) Juz., Fl. URSS 1: 281 (1934).

Alisma plantago-aquatica var. *orientale* Samuel., Acta Horti Gothob. 2 (2): 84 (1926); *Alisma plantago-aquatica* subsp. *orientale* (Samuel) Samuel, Ark. Bot. 24 (7): 11, 16 f. 16, 2b, 3 cd (1932); *Alisma jianshiensis* J. K. Chen et al., Bull. Bot. Res. 1 (2): 248 (1983). Nom. Nud.

黑龙江、吉林、河北、内蒙古、河南、甘肃、安徽、江苏、江西、湖南、湖北、贵州、福建、广东、广西；印度、日本、克什米尔、朝鲜、蒙古、缅甸、尼泊尔、俄罗斯、越南。

泽泻（水泻，水泽）

Alisma plantago-aquatica L., Sp. Pl. 1: 342 (1753).

黑龙江、吉林、辽宁、内蒙古、陕西、新疆、云南；阿富汗、印度、日本、哈萨克斯坦、韩国、吉尔吉斯斯坦、蒙古、缅甸、尼泊尔、巴基斯坦、俄罗斯、塔吉克斯坦、泰国、乌兹别克斯坦。

假花蔺属 **Butomopsis** Kunth

拟花蔺

Butomopsis latifolia (D. Don) Kunth, Enum. Pl. 3: 165 (1841).

Butomus latifolius D. Don, Prodr. Fl. Nepal. 22 (1825); *Butomus lanceolatus* Roxb., Fl. Ind. 2: 315 (1832); *Butomopsis lanceolata* (Roxb.) Kunth, Enum. Pl. 3: 165 (1841); *Tenagocharis latifolia* (D. Don) Buchenau, Abh. Naturwiss. Vereine Bremen 2: 1 et 5 (1868).

云南；孟加拉国、印度、印度尼西亚（爪哇）、老挝、缅甸、尼泊尔、泰国、越南、北非、澳大利亚北部。

泽苔草属 **Caldesia** Parl.

宽叶泽苔草（圆叶泽泻）

Caldesia grandis Samuel., Svensk Bot. Tidskr. 24: 116, f. 1 a, b (1930).

湖南、湖北、云南、台湾、广东；印度、马来西亚、孟加拉国。

泽苔草

Caldesia parnassifolia (Bassi ex L.) Parl., Nuov. Gen. Spec. Monocot. 57 (1854).

Alisma parnassifolia Bassi ex L., Syst. Nat., ed. 12, 3: 230 (1768); *Alisma reniforme* D. Don, Prodr. Fl. Nepal. 22 (1825); *Caldesia reniformis* (D. Don) Makino, Bot. Mag. 20 (229): 34 (1906).

黑龙江、内蒙古、山西、江苏、浙江、湖南、云南；印度、日本、朝鲜、尼泊尔、巴基斯坦、俄罗斯、泰国、越南、非洲、澳大利亚、欧洲。

黄花蔺属 **Limnocharis** Humb. et Bonpl.

黄花蔺

△**Limnocharis flava** (L.) Buchenau, Abh. Naturwiss. Vereine Bremen 2: 2 (1869).

Alisma flava L., Sp. Pl. 1: 343 (1753); *Damasonium flavum* (L.) Mill., Gard. Dict. ed. 8, 2 (1768); *Limnocharis emarginata* Bonpl., Pl. Aequinoct. 1: 116, t. 34 (1808).

栽培于云南、广东；原产于加勒比海、中美洲、北美洲（墨西哥）、南美洲，引种于南亚和东南亚。

毛茛泽泻属 **Ranalisma** Stapf

长喙毛茛泽泻

Ranalisma rostrata Stapf, Icon. Pl. 7: 4, t. 2652 (1900).

浙江、江西、湖南；印度、马来西亚、越南。

慈姑属 **Sagittaria** L.

冠果草

Sagittaria guayanensis Kuth, Nov. Gen. Sp. (quarto ed.) 1: 250. 1815 (1816).

安徽、浙江、江西、湖南、贵州、云南、福建、台湾、广东、广西、海南；阿富汗、柬埔寨、印度、印度尼西亚、马来西亚、尼泊尔、巴基斯坦、泰国、越南、非洲。

Sagittaria guayanensis var. **guayanensis**

原变种中国不产。

Sagittaria guayanensis subsp. **lappula** (D. Don) Bogin, Mém. New York Bot. Gard. 9: 192 (1955).

Sagittaria lappula D. Don, Prodr. Fl. Nepal. 22 (1825); *Sagittaria pusilla* Blume, Enum. Pl. Javae. 34 (1827); *Sagittaria cordifolia* Roxb., Fl. Ind. 3: 647 (1832); *Sagittaria blumei* Kunth, Enum. Pl. 3: 158 (1841); *Lophotocarpus guayanensis* (Kunth) Griseb., Fl. Brit. W. I. 505 (1864); *Lophiocarpus lappula* (D. Don) Miq., Ill. Fl. Archip. Ind. 50 (1870); *Lophiocarpus cordifolius* (Roxb.) Miq., Ill. Fl. Archip. Ind. 2: 50 (1870); *Lophotocarpus guayanensis* var. *lappula* (D. Don) Buchenau, Pflanzenr. IV, 15: 36 (1903); *Lophotocarpus formosanus* Hayata, Icon. Pl. Formosan. 5: 249 (1915); *Sagittaria guyanensis* H. B. K., Ill. Aqua Pl. China 221. fig. 162. (1983).

安徽、浙江、江西、湖南、贵州、云南、福建、台湾、广东、广西、海南；阿富汗、柬埔寨、印度、印度尼西亚、马来西亚、尼泊尔、巴基斯坦、泰国、越南、非洲。

利川慈姑

●**Sagittaria lichuanensis** J. K. Chen, S. C. Sun et H. Q. Wang, Bull. Bot. Res. 4 (2): 129 (1984).

Sagittaria wuyiensis J. K. Chen, Syst. Evol. Bot. Stud. Chinese Sagittaria. 18 (1989).

江苏、浙江、江西、湖北、贵州、福建、广东。

浮叶慈姑

Sagittaria natans Pall., Reise Russ. Reich. 3: 757 (1776).

Sagittaria alpina Willd., Sp. Pl. 4: 410 (1805); *Sagittaria sagittifolia* var. *tenuior* Wahl., Fl. Suec., ed. 2: 621 (1826); *Sagittaria sagittifolia* var. *diversifolia* Michli, DC. Monogr. Phan. 3: 66 (1881); *Sagittaria sagittifolia* f. *minor* Komarov, Fl. Mansh. 1: 232 (1901); *Sagittaria sagittifolia* f. *sinensis* (Sims) Makino, Bot. Mag. 15 (174): 105 (1901).

黑龙江、吉林、辽宁、内蒙古、新疆；日本、哈萨克斯坦、朝鲜、蒙古、俄罗斯、欧洲。

小慈姑

●**Sagittaria potamogetonifolia** Merr., Sunyatsenia 1 (4): 189 (1934).

安徽、浙江、江西、湖南、湖北、云南、福建、广东、广西、海南。

矮慈姑（瓜皮草）

Sagittaria pygmaea Miq., Ann. Mus. Bot. Lugduno-Batavi. 2: 138 (1865).

Sagittaria sagittaria var. *oliocarpus* Micheli, DC. Monogr. Phan. 3: 68 (1881); *Sagittaria sagittifolia* var. *pygmaea* (Miq.) Makino, Bot. Mag. (Tokyo) 16: 106 (1902); *Sagittaria altigena* Hand.-Mazz. ex Sam., Symb. Sin. 7 (5): 1187 (1936).

山东、河南、陕西、安徽、江苏、浙江、江西、湖南、湖北、四川、贵州、云南、福建、台湾、广东、广西、海南；日本（琉球群岛）、朝鲜、泰国、越南。

腾冲慈姑

Sagittaria tengtsungensis H. Li, Fl. Yunnan. 4: 767, pl. 212, f. 7-11 (1986).

西藏、云南；不丹、尼泊尔。

野慈姑（剪刀草慈姑）

Sagittaria trifolia L.,Sp. Pl.2: 993 (1753).

野慈姑（原亚种）

●**Sagittaria trifolia** subsp. **trifolia**

Sagittaria trifolia f. *longiloba* (Turcz.) Makino, J. Jap. Bot. 1 (11): 38 (1918); *Sagittaria sagittifolia* var. *angustifolia* Siebold, Verh. Batav. Genootsch. Kunsten 17 (1830); *Sagittaria sagittifolia* var. *longiloba* Turcz., Bull.

Soc. Imp. Naturalistes Moscou. 3: 57 (1854); *Sagittaria trifolia* f. *longiloba* (Turcz.) Makino, J. Jap. Bot. 1 (11): 38 (1918); *Sagittaria trifolia* var. *angustifolia* (Siebold) Kitag., Lin. Fl. Manshur. 56 (1939); *Sagittaria latifolia* Willd., Fl. Tsinling. 1: 45. fig. 45. (1970); *Sagittaria trifolia* var. *longiloba* (Turcz.) Kitag., Neo-Lineam. Fl. Manshur. 62 (1979); *Sagittaria trifolia* var. *retusa* J. K. Chen, S. C. Sun et H. Q. Wang, Bull. Bot. Res. 4 (2): 130, f. 3 (1984).

辽宁、北京、山东、河南、甘肃、安徽、江苏、浙江、湖北、四川、贵州、云南、福建、台湾、广东、广西、海南。

华夏慈姑

Sagittaria trifolia subsp. **leucopetala** (Miquel) Q. F. Wang, Fl. China 23: 85 (2010).

Sagittaria sinensis Sims, Bot. Mag. 39: 163 (1814); *Sagittaria aguatica* S. F. Gray, Nat. Arr. Brit. Pl. 2: 215 (1821); *Sagittaria edulis* Schltdl., Linnaea 18: 432 (1844); *Sagittaria sagittifolia* var. *edulis* Siebold ex Miq., Ann. Mus. Bot. Lugduno-Batavi. 2: 138 (1865); *Sagittaria sagittifolia* var. *leucopetala* Miq., Ill. Fl. Archip. Ind. 2: 49 (1870); *Sagittaria trifolia* var. *sinensis* Sims, Ill. Fl. Nippon. 886, t. 2657 (1940); *Sagittaria trifolia* var. *edulis* (Siebold ex Miq.) Ohwi, Fl. Jap. 6 (1956); *Sagittaria sagittifolia* subsp. *leucopetala* (Miq.) Hartog, Fl. Males., Ser. 1, Spermat. 5: 332. (1957).

栽培于长江以南、河南、陕西、安徽、浙江、贵州、云南、福建、广西、海南；栽培于日本和朝鲜。

18. 花蔺科 Butomaceae [1 属：1 种]

花蔺 **Butomus** L.

花蔺

Butomus umbellatus L., Sp. Pl. 1: 372 (1753).

黑龙江、内蒙古、河北、山西、山东、河南、陕西、新疆、安徽、江苏、湖北；阿富汗、印度、克什米尔、哈萨克斯坦、吉尔吉斯斯坦、蒙古、巴基斯坦、俄罗斯、塔吉克斯坦、乌兹别克斯坦、欧洲，引入北美洲。

19. 水鳖科 Hydrocharitaceae [11 属：34 种]

水筛属 **Blyxa** Noronha ex Thouars

无尾水筛

Blyxa aubertii Rich., Mém. Cl. Sci. Math. Inst. Natl. France 1811 (2): 19 (1814).

Blyxa ecaudata Hayata, Icon. Pl. Formosan. 5: 208, f. 77c-f (1915).

浙江、江西、湖南、四川、云南、福建、台湾、广东、广西、海南；孟加拉国、不丹、印度、印度尼西亚、日本（琉球群岛）、朝鲜、马来西亚、缅甸、尼泊尔、巴布亚新几内亚、菲律宾、斯里兰卡、泰国、越南、非洲、澳大利亚、引入北美洲。

有尾水筛

Blyxa echinosperma (C. B. Clarke) Hook. f., Fl. Brit. Ind. 5 (15): 661 (1888).

Hydrotrophus echinospermus C. B. Clarke, J. Linn. Soc., Bot. 14 (73): 8, pl. 1 (1873); *Blyxa ceratosperma* Maxim. ex Asch. et Gürke, Nat. Pflanzenfam. 2. 1. 253. (1889); *Blyxa somai* Hayata, Icon. Pl. Formosan. 5: 210 (1915); *Blyxa shimadai* Hayata, Icon. Pl. Formosan. 5: 209 (1915); *Blyxa bicaudata* Nakai, J. Jap. Bot. 19 (8): 249 (1943); *Blyxa aubertii* var. *echinosperma* (C. B. Clarke) C. D. K. Cook et Lüönd, Aquatic Bot. 15: 14, f. 3e-h (1983).

河北、陕西、安徽、江苏、浙江、江西、湖南、四川、贵州、福建、台湾、广东、广西；孟加拉国、印度、印度尼西亚、日本、朝鲜、马来西亚、缅甸、尼泊尔、巴布亚新几内亚、菲律宾、斯里兰卡、泰国、越南、澳大利亚。

水筛

Blyxa japonica (Miq.) Maxim. ex Asch. et Gürke in Engler, Pflanzenr. 2 (1): 253 (1889).

Hydrilla japonica Miq., Ann. Mus. Bot. Lugduno-Batavi. 2: 271 (1866); *Blyxa laevissima* Hayata, Icon. Pl. Formosan. 5: 208 (1915); *Blyxa angustipetala* var. *laevissima* (Hayata) Masam., Trans. Nat. Hist. Soc. Formosa 33: 12 (1943).

辽宁、安徽、江苏、江西、湖南、湖北、贵州、福建、广东、广西、海南；孟加拉国、印度、日本、韩国、马来西亚、缅甸、尼泊尔、巴布亚新几内亚、泰国、越南、欧洲。

光滑水筛

Blyxa leiosperma Koidz., Bot. Mag. 31 (369): 257 (1917).

安徽、浙江、江西、福建、广东、海南；日本。

八药水筛

Blyxa octandra (Roxb.) Planch. ex Thwaites, Enum. Pl. Zeyl. 332 (1864).

Vallisneria octandra Roxb., Plants Coromandel. 2: 34, t. 165 (1802); *Blyxa roxburghii* Rich., Mém. Inst. Paris. 12 (2): 77 (1811); *Blyxa saivala* Steud., Nomencl. Bot.

ed. 2, 212 (1840).
四川、云南、广东、广西；孟加拉国、印度、缅甸、巴布亚新几内亚、斯里兰卡、越南、澳大利亚。

水蕴草属 **Egeria** Planch.

水蕴草

△**Egeria densa** Planch., Ann. Sci. Nat., Bot., sér. 3, 11: 80. (1849).
Elodea densa (Planch.) Caspary, Monatsber. Konigl. Preuss. Akad. Wiss. Berlin 1857: 49 (1857); *Anacharis densa* (Planchon) Victorin, Contr. Lab. Bot. Univ. Montréal 18: 41 (1931); *Philotria densa* (Planchon) Small., Man. S. E. Fl. 28 (1933).
栽培于广东；原产于南美洲。

海菖蒲属 **Enhalus** Rich.

海菖蒲

Enhalus acoroides (L. f.) Royle, Ill. Bot. Himal. Mts. 1: 377 (1839).
Stratiotes acoroides L. f. in L., Suppl. Pl. 268 (1781); *Enhalus koenigii* Rich., Mém. Cl. Sci. Math. Inst. Natl. France 12 (2): 64 (1814).
海南；柬埔寨、印度、印度尼西亚、马来西亚、缅甸、菲律宾、斯里兰卡、泰国、越南、非洲、澳洲。

喜盐草属 **Halophila** Thouars

贝克喜盐草

Halophila beccarii Asch., Nuovo Giorn. Bot. Ital. 3: 302 (1871).
台湾、广东、海南；婆罗洲、印度、马来西亚、缅甸、菲律宾、斯里兰卡、越南。

毛叶喜盐草

Halophila decipiens Ostenfeld, Bot. Tidsskr. 24: 260 (1902).
台湾；孟加拉国、印度、印度尼西亚、缅甸、斯里兰卡、泰国、越南、非洲、澳大利亚、中美洲和南美洲、加勒比海、印度洋的热带和亚热带海域、太平洋。

小喜盐草

Halophila minor (Zoll.) Hartog, Fl. Males., Ser. 1, Spermat. 5: 410 (1957).
Lemnopsis minor Zoll., Syst. Verz. 1: 75 (1854); *Halophila lemnopsis* Miq., Fl. Ned. Ind. 3: 230, f. 176 (1855); *Halophila ovalis* var. *minor* (Zoll.) Asch., Linnaea 35: 173 (1868); *Halophila ovata* Merr., Fl. Manila. 70 (1912).
台湾、广东、海南；印度、印度尼西亚（爪哇）、日本、马来西亚、巴布亚新几内亚、菲律宾、泰国、越南、非洲。

喜盐草

Halophila ovalis (R. Br.) Hook. f., Fl. Tasman. 2: 45 (1858).
Caulinia ovalis R. Br., Prodr. Fl. Nov. Holland. 1: 339 (1810); *Kernera ovalis* (R. Br.) Schult. et Schult. f., Syst. Veg. 7 (1): 170 (1829); *Halophila euphlebia* Makino, Bot. Mag. 26 (307): 208, f. 15 (1912); *Halophila hawaiiana* Doty et B. C. Stone, Brittonia 18: 303 (1967).
台湾、广东、海南；印度、印度尼西亚（爪哇）、日本、马来西亚、缅甸、巴布亚新几内亚、巴基斯坦、菲律宾、斯里兰卡、泰国、越南、非洲、澳大利亚、红海到西太平洋。

黑藻属 **Hydrilla** Rich.

黑藻（水王孙）

Hydrilla verticillata (L. f.) Royle, Ill. Bot. Himal. Mts. 1: t. 376 (1839).
Serpicula verticillata L. f. in Linneaus,Suppl. Pl.416 (1782).
中国广布；阿富汗、孟加拉国、不丹、印度、印度尼西亚、日本、哈萨克斯坦、朝鲜、马来西亚、缅甸、尼泊尔、巴布亚新几内亚、巴基斯坦、菲律宾、俄罗斯、斯里兰卡、泰国、越南、澳大利亚、欧洲，引入北美洲。

黑藻（原变种）（水王孙）

Hydrilla verticillata var. **verticillata**
中国广布；阿富汗、孟加拉国、不丹、印度、印度尼西亚、日本、哈萨克斯坦、朝鲜、马来西亚、缅甸、尼泊尔、巴布亚新几内亚、巴基斯坦、菲律宾、俄罗斯、斯里兰卡、泰国、越南、澳大利亚、欧洲，引入北美洲。

罗氏轮叶黑藻

Hydrilla verticillata var. **roxburghii** Casp., Jahrb. Wiss. Bot. 1: 494 (1858).
中国广布；日本、马来西亚、菲律宾、澳大利亚、欧洲。

水鳖属 **Hydrocharis** L.

水鳖（马尿花，苤菜）

Hydrocharis dubia (Blume) Backer, Handb. Fl. Jav. 1: 64 (1925).
Hydrocharis morsus-ranae L., Sp. Pl. 2: 1036 (1753); *Pontederia dubia* Blume, Enum. Pl. Javae. 1: 33 (1827); *Hydrocharis asiatica* Miq., Fl. Ned. Ind. 3: 239 (1856); *Monochoria dubia* (Blume) Miq., Fl. Ned. Ind.

3: 549 (1859); *Hydrocharis morsus-ranae* var. *asiatica* (Miq.) Makino, Bot. Mag. (Tokyo) 28: 26 (1914).
中国广布；孟加拉国、印度、印度尼西亚、日本、朝鲜、缅甸、巴布亚新几内亚、菲律宾、泰国、越南、澳大利亚北部。

茨藻属 Najas L.

弯果茨藻（士林拂尾藻）

Najas ancistrocarpa A. Braun ex Magnus, Beitr. Kenntn. Najas. 7 (1870).
Caulinia ancistrocarpa (A. Braun ex Magnus) Nakai, Ordines 212 (1943); *Najas poyangensis* S. F. Guan et Q. Lang, Bull. Bot. Res. 7 (1): 78, f. 2 (1987).
浙江、江西、湖北、福建、台湾；日本。

高雄茨藻

Najas browniana Rendle, Trans. Linn. Soc. London Bot. ser. 2 5: 420 (1899).
台湾、广东、广西；印度、印度尼西亚、巴布亚新几内亚、澳大利亚。

东方茨藻

Najas chinensis N. Z. Wang, J. Wuhan Bot. Res. 3: 32 (1985).
吉林、辽宁、浙江、江西、湖北、云南、福建、台湾、广东、广西、海南；日本、欧洲。

多孔茨藻

Najas foveolata A. Braun et Magnus, Beitr. Kenntn. Najas . 7 (1870).
安徽、浙江、湖北、台湾、广西；印度、印度尼西亚、马来西亚。

纤细茨藻

Najas gracillima (A. Braun ex Engelmann) Magnus, Beitr. Kenntn. Najas. 23 (1870).
Najas indica (Willd.) Chamisso var. *gracillima* A. Braun ex Engelmann in A. Gray, Manual, ed. 5, 681 (1867).
中国广布；日本、北美洲。

草茨藻

Najas graminea Delile, Descr. égypte, Hist. Nat. 2: 282 (1813).

草茨藻（原变种）

Najas graminea var. **graminea**
辽宁、河北、河南、安徽、江苏、浙江、湖北、四川、云南、福建、台湾、广东、广西、海南；印度、印度尼西亚、日本、朝鲜、马来西亚、缅甸、巴基斯坦、菲律宾、欧洲、非洲、澳大利亚，引入北美洲。

弯果草茨藻

Najas graminea var. **recurvata** J. B. He, Bull. Bot. Res. 8 (3): 126, f. 2a (1988).
浙江、湖北。

大茨藻

Najas marina L., Sp. Pl. 2: 1015 (1753).
Najas major All., Fl. Pedem. 2: 221 (1785); *Ittnera major* (All.) C. C. Gmel., Fl. Bad. 3: 590 (1808); *Najas intermedia* Gorski, Naturhist. Skizze 126 (1830); *Najas major* var. *angustifolia* A. Braun, J. Bot. 2: 275 (1864); *Najas marina* var. *intermedia* A. Braun, Jap. J. Bot. 2 (1864); *Najas marina* var. *angustifolia* (A. Braun) K. Schum., Fl. Bras. 3 (3): 725 (1884).

大茨藻（原变种）

Najas marina var. **marina**
中国广布；印度、日本、哈萨克斯坦、韩国、吉尔吉斯斯坦、马来西亚、蒙古、缅甸、巴基斯坦、俄罗斯、斯里兰卡、塔吉克斯坦、土库曼斯坦、乌兹别克斯坦、越南非洲、澳大利亚、欧洲、北美洲和南美洲。

短果茨藻

Najas marina var. **brachycarpa** Trautv., Bull. Soc. Imp. Naturalistes Moscou. 40 (3): 97 (1867).
Najas marina subsp. *brachycarpa* (Trautv.) Tzvelev, Novosti Sist. Vyss. Rast. (New Delhi) 13: 17 (1976); *Najas introamongolica* Ma, need trans 7: 27 (1983).
内蒙古、新疆；中亚地区。

粗齿大茨藻

Najas marina var. **grossedentata** Rendle, Trans. Linn. Soc. London Bot. ser. 2 5: 396 (1899).
黑龙江、吉林、辽宁；朝鲜。

小果大茨藻

Najas marina var. **intermedia** (Gorski) Ascherson, Fl. Brandenburg. 1: 670 (1864).
Najas intermedia Gorski in Eichwald, Naturhist. Skizze, 126 (1830); *Najas marina* subsp. *intermedia* (Gorski) Casper., Feddes Repert. 90: 236 (1979).
云南；欧洲、中亚。

小茨藻

Najas minor All., Auct. Syn. 3 (1773).
Fluvialis minor (All.) Pers., Syn. Pl. 2: 530 (1807); *Ittnera minor* (All.) C. C. Gmel., Fl. Bad. 3: 590 (1808); *Caulinia minor* (All.) Coss. et Germ., Fl. Paris 575 (1845); *Najas moshanensis* N. Z. Wang, J. Wuhan Bot. Res. 3 (1): 31 (1985).

中国广布；阿富汗、印度、印度尼西亚、日本、哈萨克斯坦、朝鲜、尼泊尔、巴基斯坦、菲律宾、斯里兰卡、塔吉克斯坦、泰国、乌兹别克斯坦、越南、非洲、欧洲，引入北美洲。

澳古茨藻

Najas oguraensis Miki, Bot. Mag. 49 (587): 775 f. (1935).

Caulinia oguraensis (Miki) Nakai, Ordines 212 (1943).

江西、湖北、台湾；印度、日本、朝鲜、尼泊尔、巴基斯坦。

拟纤细茨藻

Najas pseudogracillima Triest, Mém. Acad. Roy. Sci. Outre-Mer, Cl. Sci. Nat. Méd., Collect. 8vo. 22: 98 (1988).

香港。

拟草茨藻

Najas pseudograminea W. Koch, Ber. Schweiz. Bot. Ges. 44: 339 (1935).

Najas tenuifolia subsp. *pseudograminea* (W. Koch) W. J. de Wilde, Fl. Males. 6: 168 (1962).

香港；东帝汶、印度尼西亚、菲律宾、泰国、澳大利亚。

虾子草属 **Nechamandra** Planch.

虾子草

Nechamandra alternifolia (Roxb.) Thwaites, Enum. Pl. Zeyl. 332 (1864).

Vallisneria alternifolia Roxb., Plants Coromandel. 234, t. 165 (1802); *Nechamandra roxburghii* Planch., Ann. Sci. Nat. (Paris) 11: 78 (1849); *Lagarosiphon roxburghii* (Planch.) Benth. et Hook. f. in Juss. Gen. Pl. 3: 451 (1883); *Lagarosiphon alternifolia* (Roxb.) Druce, Bot. Soc. Exch. Club Brit. Isles 4 (Suppl. 2): 630 (1917).

广东、广西；孟加拉国、印度、缅甸、尼泊尔、斯里兰卡、越南。

水车前属 **Ottelia** Pers.

海菜花（异叶水车前，龙爪菜）

Ottelia acuminata (Gagnep.) Dandy, J. Bot. 72 (857): 137 (1934).

Xystrolobos yunnanensis Gagnep., Bull. Soc. Bot. France. 54 (7): 544 (1907); *Boottia yunnanensis* Gagnep., Bull. Soc. Bot. France. 54 (7): 542 (1907); *Boottia acuminata* Gagnep., Bull. Soc. Bot. France. 54 (7): 538 (1907); *Boottia polygonifolia* Gagnep., Bull. Soc. Bot. France. 54 (7): 540 (1907); *Oligolobos triflorus* Gagnep., Bull. Soc. Bot. France. 55: 43 (1908); *Boottia esquirolii* H. Lév. et Vaniot, Repert. Spec. Nov. Regni Veg. 5 (79-80): 9 (1908); *Boottia echinata* W. W. Sm., Notes Roy. Bot. Gard. Edinburgh. 8 (40): 333 (1915); *Ottelia yunnanensis* (Gagnep.) Dandy, J. Bot. 72 (857): 138 (1934); *Ottelia esquirolii* (H. Lév. et Vaniot) Dandy, J. Bot. 72 (857): 137 (1934); *Ottelia cavaleriei* Dandy, J. Bot. 73 (8): 213, 215, f. 6 (1935); *Ottelia polygonifolia* (Gagnep.) Dandy, J. Bot. 73 (8): 213, f. 3 (1935); *Ottelia acuminata* var. *tonaiensis* H. Li, Acta Phytotax. Sin. 19 (1): 36, f. 3: 13 (1981).

海菜花（原变种）

Ottelia acuminata var. **acuminata**

四川、贵州、云南、广东、广西、海南。

波叶海菜花

Ottelia acuminata var. **crispa** (Hand.-Mazz.) H. Li, Acta Phytotax. Sin. 19 (1): 36, f. 3, 10-12 (1981).

Boottia crispa Hand.-Mazz., Sitzungsber. Kaiserl. Akad. Wiss., Math.-Naturwiss. K1. 62: 253 (1880); *Xystrolobos crispus* (Hand.-Mazz.) Dandy ap Hand.-Mazz., Vegetationsbilder 22. Heft 8, p. 14 (1932); *Ottelia crispa* (Hand.-Mazz.) Dandy, J. Bot. 63: 216 (1935).

云南。

靖西海菜花

●**Ottelia acuminata** var. **jingxiensis** H. Q. Wang et X. Z. Sun, J. Wuhan Bot. Res. 10 (1): 12 (1992).

广西。

路南海菜花

●**Ottelia acuminata** var. **lunanensis** H. Li, Acta Phytotax. Sin. 19 (1): 38, f. 3, 14 (1981).

云南。

龙舌草（水车前，水白菜）

Ottelia alismoides (L.) Pers., Syn. Pl. 1: 400 (1805).

Stratiotes alismoides L., Sp. Pl. 1: 535 (1753); *Damasonium indicum* Willd., Sp. Pl. ed. 4 2 (1): 276 (1799); *Damasonium alismoides* (L.) R. Br., Prodr.) 344 (1810); *Stratiotes quinquealatus* Stokes, Bot. Mat. Med. 3: 53. (1812); *Ottelia indica* (Willd.) Planch. ex Dalzell et A. Gibson, Bombay Fl. 278 (1861); *Ottelia japonica* Miq., Ann. Mus. Bot. Lugduno-Batavi. 2: 271 (1866); *Ottelia condorensis* Gagnep., Bull. Soc. Bot. France. 54 (7): 543 (1907); *Ottelia dioecia* Yan, J. Sci. Med. Jinan Univ. 2: 162, f. 187 (1982).

中国广布；柬埔寨、印度、印度尼西亚、日本（包括琉球群岛）、朝鲜、老挝、马来西亚、缅甸、尼泊尔、巴布亚新几内亚、菲律宾、泰国、斯里兰卡、越南、非洲、澳大利亚，引入北美洲。

贵州水车前

Ottelia balansae (Gagnep.) Dandy, J. Bot. 72 (4): 137 (1934).

Oligolobos balansae Gagnep., Bull. Soc. Bot. France 54: 543 (1907); *Boottia sinensis* H. Lév. et Vaniot, Repert. Spec. Nov. Regni Veg. 5 (79-80): 10, 20 (1908); *Ottelia sinensis* (H. Lév. et Vaniot) H. Lév. ex Dandy, J. Bot. 72 (857): 137 (1934); *Ottelia demersa* H. Li et C. X. You, Acta Phytotax. Sin. 23 (5): 394 (1985).

贵州、云南、广西；越南。

水菜花

Ottelia cordata (Wall.) Dandy, J. Bot. 72 (857): 137 (1934).

Boottia cordata Wall., Pl. Asiat. Rar. 1: 52, pl. 65 (1830); *Boottia heterophylla* Merr. et F. P. Metcalf, Lingnan Sci. J. 17 (4): 568, pl. 24, 25 (1938); *Ottelia heterophylla* (Merr. et F. P. Metcalf) T. L. Wu, Fl. Hainan. 4: 532 (1977).

海南；柬埔寨、缅甸、泰国。

出水水菜花

●**Ottelia emersa** Z. C. Zhao et R. L. Luo, J. Wuhan Bot. Res. 4: 339 (1987).

广西。

泰来藻属 **Thalassia** Banks ex K. D. Koenig

泰来藻

Thalassia hemprichii (Ehreub.) Asch., Petermanns Geogr. Mitt. 17: 242 (1871).

Schizotheca hemprichii Ehrenb., Abh. Acad. Berl. Wiss. 1: 429 (1832).

台湾、海南；印度、印度尼西亚、日本（琉球群岛）、马来西亚、缅甸、巴布亚新几内亚、菲律宾、斯里兰卡、泰国、越南、红海至印度洋和西太平洋。

苦草属 **Vallisneria** L.

密刺苦草

Vallisneria denseserrulata (Makino) Makino, J. Jap. Bot. 2 (5): 19 (1921).

Vallisneria spiralis var. *denseserrulata* Makino, Bot. Mag. 28 (325): 27 (1914).

辽宁、安徽、浙江、湖北、广东、广西；日本。

苦草

Vallisneria natans (Lour.) H. Hara, J. Jap. Bot. 49 (5): 136 (1974).

Vallisneria spiralis L., Sp. Pl. 2: 1015 (1753); *Physkium natans* Lour., Fl. Cochinch., ed. 2, 2: 663 (1790); *Vallisneria physcium* Juss. ex Spreng., Syst. Veg. 3: 900 (1826); *Vallisneria spiraloides* Roxb., Fl. Ind. 3: 750 (1832); *Vallisneria gigantea* Graebn., Bot. Jahrb. Syst. 49 (1): 68 (1912); *Vallisneria asiatica* var. *higoensis* Miki, Bot. Mag. (Tokyo) 48 (566): 331, f. s. n. (1934); *Vallisneria asiatica* Miki, Bot. Mag. 48 (569): 329, f. 4A-F, 5A, t. 1A-B (1934); *Vallisneria higoensis* (Miki) Ohwi, Bull. Sci. Mus. Tokyo 26: 1 (1949); *Vallisneria gigantea* var. *higoensis* (Miki) Kitam., Acta Phytotax. Geobot. 22 (3): 74 (1966); *Vallisneria natans* var. *higoensis* (Miki) H. Hara, J. Jap. Bot. 49 (5): 136 (1974).

中国广布；印度、日本（包括琉球群岛）、朝鲜、马来西亚、尼泊尔、俄罗斯（远东地区）、越南、澳大利亚。

刺苦草

Vallisneria spinulosa Yan, J. Sci. Med. Jinan Univ. 2: 161, f. 108 (1982).

江苏、湖南、湖北、广西。

20. 冰沼草科 Scheuchzeriaceae [1 属：1 种]

冰沼草属 **Scheuchzeria** L.

冰沼草

Scheuchzeria palustris L., Sp. Pl. 1: 338 (1753).

Papillaria patustris Dulac, Fl. Hautes-Pyrenees 45 (1867).

吉林、河南、陕西、宁夏、青海、四川；日本、朝鲜、蒙古、俄罗斯、亚洲西南部、欧洲、北美洲。

21. 水蕹科 Aponogetonaceae [1 属：1 种]

水蕹属 **Aponogeton** L. f.

水蕹（田干菜）

Aponogeton lakhonensis A. Camus, Notul. Syst. (Paris) 1 (9): 273, f. 18 (1910).

Aponogeton pygmaeus Krause, Botanisch Jaarboek. 44, Beibl. 101: 8 (1910); *Aponogeton taiwanensis* Masamune, Kudoa 2 (1): 1 (1941); *Aponogeton natans* (L.) Engl., Fl. Guangdong. 652 (1956).

浙江、江西、云南、福建、台湾、广东、广西、海南；柬埔寨、印度、印度尼西亚、马来西亚、缅甸、泰国、越南。

22. 水麦冬科 Juncaginaceae [1 属：2 种]

水麦冬属 Triglochin L.

海韭菜

Triglochin maritima L., Sp. Pl. 1: 339 (1753).
内蒙古、河北、山西、山东、陕西、甘肃、青海、新疆、四川、云南、西藏；阿富汗、不丹、印度、日本、哈萨克斯坦、韩国、吉尔吉斯斯坦、蒙古、尼泊尔、巴基斯坦、俄罗斯、塔吉克斯坦、广泛分布于北半球的北温带和寒冷地区。

水麦冬

Triglochin palustris L., Sp. Pl. 338 (1753).
Juncago palustris Moench, Methodus (Moench) 644 (1794); *Tristemon palustris* (L.) Raf., Amer. Monthly Mag. et Crit. Rev. 1: 192. (1819); *Abbotia palustris* (L.) Raf., New Fl. 1: 37 (1836).
黑龙江、吉林、辽宁、内蒙古、河北、山西、陕西、宁夏、甘肃、青海、新疆、四川、重庆、云南、西藏；阿富汗、不丹、印度、尼泊尔、巴基斯坦、中亚、蒙古、俄罗斯、日本、朝鲜半岛。

23. 大叶藻科 Zosteraceae [2 属：7 种]

虾海藻属 Phyllospadix Hook.

红纤维虾海藻

Phyllospadix iwatensis Makino, J. Jap. Bot. 7 (7): 15 (1931).
河北、辽宁、山东；日本、朝鲜、俄罗斯（远东地区）。

黑纤维虾海藻

Phyllospadix japonica Makino, Bot. Mag. (Tokyo) 11 (122): 137 (1897).
河北、辽宁、山东；日本、朝鲜、俄罗斯（远东地区）。

大叶藻属 Zostera L.

宽叶大叶藻

Zostera asiatica Miki, Bot. Mag. 46 (552): 776, f. 4, t. 13, f, G. (1932).
Zostera pacifica S. Watson., Kitagama. Neolin. Fl. Manshur. 55 (1939).
辽宁；日本、朝鲜、俄罗斯（远东地区）。

丛生叶大叶藻

Zostera caespitosa Miki, Bot. Mag. 46 (552): 780, f. 5, t. 13D-E, H. (1932).
辽宁；日本、朝鲜。

具茎大叶藻

Zostera caulescens Miki, Bot. Mag. 46 (552): 779, f. 4, t. 13A-C, F. (1932).
辽宁；日本、朝鲜。

矮大叶藻

Zostera japonica Asch. et Graebn. in Engler, Pflanzenr. 31[IV, 11]: 32 (1907).
Zostera nana Reth., Mik. Bot. Mag. Tokyo 17: 582 (1933); *Nanozostera japonica* (Asch. et Graebn.) Toml. et Posl., Taxon 50: 432 (2001).
河北、辽宁、山东、台湾；日本、朝鲜、俄罗斯（远东地区）、越南；非洲、亚洲、欧洲、北美洲。

大叶藻

Zostera marina L., Sp. Pl., 2: 968 (1753).
河北、辽宁、山东；日本、朝鲜、缅甸、俄罗斯、泰国；非洲北部、欧洲、北美洲。

24. 眼子菜科 Potamogetonaceae [3 属：25 种]

眼子菜属 Potamogeton L.

高山眼子菜

Potamogeton alpinus Balbis, Misc. Bot. 13 (1804).
Potamogeton tenuifolius Raf., Med. Repos. Hexade 3, 2: 409 (1811); *Potamogeton rufescens* Schrad., Fl. Berol. 5 (1815).
黑龙江；阿富汗、印度（阿萨姆）、日本、哈萨克斯坦、韩国、缅甸、巴基斯坦、俄罗斯、乌兹别克斯坦、欧洲、北美洲。

纤细眼子菜

Potamogeton berchtoldii Fieber, Oekon.-techn. Fl. Böhm. 2: 40, 277 (1838).
Potamogeton pusillus var. *tenuissimus* Mert. et W. D. J. Koch, Deutschl. Fl. 1: 857 (1823); *Potamogeton pusillus* subsp. *tenuissimus* (Mert. et W. D. J. Koch) K. Richt., Pl. Eur. 1: 15 (1890); *Potamogeton pusillus* var. *berchtoldii* (Fieber) Ascherson et Graebner., Synops. Mittleleur. Fl. 1: 345 (1897); *Potamogeton berchtoldii* var. *tenuissimus* (Mert. et W. D. J. Koch) Fernald, Rhodora 42 (499): 246 (1940).
黑龙江、河北、山西、云南；不丹、印度尼西亚（苏门答腊）、日本、朝鲜、俄罗斯、欧洲、北美洲。

扁茎眼子菜

Potamogeton compressus L., Sp. Pl. 1: 127 (1753).

Potamogeton zosterifolius Schum., Enum. Pl. 50, 168 (1801).

云南；日本、哈萨克斯坦、蒙古、俄罗斯、亚洲和欧洲的北方和温带地区。

菹草（马藻，虾藻）

Potamogeton crispus L., Sp. Pl. 1: 126 (1753).

Potamogeton crispus var. *serrulatus* Reich., Icon. Fl. Germ. Helv. 7: 18 (1845).

除华南外大部分省区；阿富汗、孟加拉国、不丹、印度、缅甸、尼泊尔、巴基斯坦、老挝、印度尼西亚（苏门答腊）、日本、韩国、蒙古、俄罗斯、中亚。

鸡冠眼子菜（小叶眼子菜，水竹叶）

Potamogeton cristatus Regel et Maack, Tent. Fl. Ussur. 153, t. 10, f. 3-6 (1861).

Potamogeton iriomotensis Masam., Trans. Nat. Hist. Soc. Taiwan 24: 281 (1934).

黑龙江、辽宁、河北、河南、安徽、江苏、浙江、江西、湖南、湖北、四川、福建、台湾；日本、韩国、俄罗斯。

眼子菜（共匙眼子草，鸭子草）

Potamogeton distinctus A. Benn., J. Bot. 42 (9): 72 (1904).

Potamogeton franchetii A. Benn. et Baagoe, J. Bot. 45. 234 (1907); *Potamogeton longipetiolatus* E. G. Camus, Notul. Syst. (Paris) 1: 88 (1909); *Potamogeton perversus* A. Benn., Philipp. J. Sci., C. 9: 343 (1914); *Potamogeton fontigenus* Y. H. Guo, Acta Bot. Boreal.-Occid. Sin. 5 (4): 301 (1985).

中国广布；不丹、印度尼西亚、日本、韩国、马来西亚、尼泊尔、菲律宾、俄罗斯、泰国、越南、太平洋岛屿。

弗里斯眼子菜

Potamogeton friesii Ruprecht, Berit. Pflanzenk. Russ. Reiches 4: 43 (1845).

Potamogeton mucronatus Presl, Abh. Böhm. Ges. Wiss. 6: 245 (1851); *Potamogeton pusillus* subsp. *friesii* (Ruprecht) Hook. f. Stud., Fl. Brit. Isl. ed. 3: 435 (1884).

内蒙古；哈萨克斯坦、俄罗斯、塔吉克斯坦、欧洲、北美洲。

禾叶眼子菜

Potamogeton gramineus L., Sp. Pl. 1: 127 (1753).

Potamogeton heterophyllus Schreb., Philipp. J. Sci. 74 (4): 403 (1941); *Potamogeton heterocaulis* Dia, Yuzhou Univ., Nat. Sci. ed. 11 (1): 1 (1994).

黑龙江、吉林、辽宁、内蒙古、陕西、新疆、四川、云南、西藏；日本、哈萨克斯坦、韩国、蒙古、巴基斯坦、俄罗斯、土库曼斯坦、乌兹别克斯坦、伊朗、欧洲、北美洲。

光叶眼子菜

Potamogeton lucens L., Sp. Pl. 1: 126 (1753).

Potamogeton gaudichaudii Cham. et Schltdl., Linnaea 2: 177 (1827); *Potamogeton sinicus* Migo, J. Shanghai Sci. Inst. 3 (3): 1 (1934).

黑龙江、吉林、内蒙古、河北、山西、山东、河南、陕西、宁夏、甘肃、青海、新疆、安徽、江苏、江西、湖北、云南、西藏；阿富汗、印度、缅甸、尼泊尔、巴基斯坦、俄罗斯、中亚、菲律宾、欧洲、非洲北部。

微齿眼子菜（黄丝草）

Potamogeton maackianus A. Benn., J. Bot. 42: 74 (1904).

Potamogeton serrulatus Regel et Maack, Mém. Acad. Imp. Sci. St.-Pétersbourg 4 (4): 139 (1861).

黑龙江、吉林、辽宁、河北、山东、陕西、安徽、江苏、浙江、湖北、四川、云南、台湾；印度尼西亚、日本、朝鲜、菲律宾、俄罗斯（西伯利亚）。

东北眼子菜

Potamogeton mandschuriensis Bennell, Contr. W. Bot. (1891).

Potamogeton acutifolius subsp. *mandschuriensis* A. Bennett, J. Bot. 42: 76 (1904).

黑龙江、吉林、辽宁；俄罗斯。

浮叶眼子菜

Potamogeton natans L., Sp. Pl. 1: 126 (1753).

Potamogeton morongii A. Bennett, J. Bot. 42: 145 (1904).

黑龙江、吉林、辽宁、西藏；阿富汗、日本、哈萨克斯坦、朝鲜、吉尔吉斯斯坦、蒙古、缅甸、尼泊尔、俄罗斯、塔吉克斯坦、乌兹别克斯坦、欧洲、北美洲。

小节眼子菜

Potamogeton nodosus Poir., Encycl. Suppl. 4 (2): 535 (1816).

Potamogeton indicus Roxbargh, Hort. Bengal. 12 (1814); *Potamogeton malaianus* Miq., Ill. Fl. Archip. Ind. 46 (1871).

陕西、新疆、云南；印度、尼泊尔、孟加拉国、巴基斯坦、斯里兰卡、缅甸、泰国、印度尼西亚、巴布亚新几内亚、俄罗斯、中亚、日本、欧洲、北美洲和南美洲。

钝叶眼子菜

Potamogeton obtusifolius Mert. et W. D. J. Koch, Deut. Fl. ed. 3, 1: 855 (1823).

黑龙江；日本、哈萨克斯坦、吉尔吉斯斯坦、蒙古、缅甸、俄罗斯、欧洲、北美洲。

南方眼子菜（南方眼菜，小浮叶眼子菜）

Potamogeton octandrus Poir., Encycl. Suppl. 4: 534 (1816).

Hydrogeton heterophyllus Lour., Fl. Cochinch. 244 (1790); *Potamogeton javanicus* Hassk., Acta Soc. Regiae Sci. Indo-Neerl. I (8) 26 (1856); *Potamogeton miduhikimo* Makino, Ill. Bot. Himal. Mts. 1 (9): 2, t. 54 (1891); *Potamogeton limosellifolius* Maxim., Trudy Imp. S.-Peterburgsk. Bot. Sada. 12 (2): 393 (1893); *Potamogeton asiaticus* A. Benn., Aunuare Couserv. Jard. Bot. Geneve 9: 104 (1905); *Potamogeton octandrus* var. *minduhikimo* (Makino) Hara, J. Jap. Bot. 20 (6-7): 331 (1944); *Potamogeton hubeiensis* W. X. Wang, Acta Phytotax. Sin. 26 (2): 160 (1988).

黑龙江、辽宁、内蒙古、河北、山东、陕西、江苏、浙江、湖南、湖北、四川、云南、福建、台湾、广东、广西、海南；孟加拉国、印度、印度尼西亚、日本、朝鲜、马来西亚、缅甸、尼泊尔、巴布亚新几内亚、俄罗斯、泰国、越南、非洲、澳大利亚。

尖叶眼子菜（线叶藻）

Potamogeton oxyphyllus Miq., Ann. Mus. Bot. Lugduno-Batavi. 3: 161 (1867).

Potamogeton chongyongensis W. X. Wang, Acta Phytotax. Sin. 22 (6): 490 (1984).

黑龙江、辽宁、陕西、安徽、江苏、浙江、江西、湖北、云南、西藏、台湾；印度尼西亚（苏门答腊）、日本、朝鲜、俄罗斯。

穿叶眼子菜（抱茎眼子菜）

Potamogeton perfoliatus L., Sp. Pl. 1: 126 (1753).

Potamogeton perfoliatus var. *mandshuriensis* A. Benn., Annuaire Conserv. Jard. Bot. Geneve 9: 100 (1905).

黑龙江、吉林、辽宁、内蒙古、河北、北京、陕西、宁夏、甘肃、青海、新疆、江西、湖南、湖北、四川、贵州、云南、西藏；阿富汗、印度、巴基斯坦、俄罗斯、蒙古、中亚、亚洲西南部、印度尼西亚（苏门答腊）、日本、韩国、欧洲、非洲、中美洲、北美洲、澳大利亚。

白茎眼子菜

Potamogeton praelongus Wulfen, Arch. Bot. (Leipzig) 3 (3): 331 (1805).

黑龙江、吉林、辽宁、新疆、云南；日本、哈萨克斯坦、蒙古、俄罗斯、欧洲、北美洲。

小眼子菜

Potamogeton pusillus L., Sp. Pl. 1: 127 (1753).

Potamogeton pusillus var. *vulgaris* (L.) Fr., Novit. Fl. Suec. Alt. 49 (1828); *Potamogeton panormitanus* Biv., Nouve Pl. Ined. 6. (1838).

黑龙江、吉林、辽宁、内蒙古、河北、山西、河南、陕西、宁夏、甘肃、青海、新疆、安徽、江苏、浙江、江西、湖南、湖北、四川、云南、西藏、福建、台湾、海南；阿富汗、印度、巴基斯坦、缅甸、尼泊尔、俄罗斯、中亚、亚洲西南部、菲律宾、印度尼西亚（苏门答腊）、巴布亚新几内亚、日本、朝鲜、欧洲、非洲、北美洲。

竹叶眼子菜（箬叶藻，马来眼子菜）

Potamogeton wrightii Morong, Bull. Torrey Bot. Club 13: 158 (1886).

Potamogeton japonicus Franch. et Sav., Enum. Pl. Jap. 2 (1): 15 (1877); *Potamogeton intortusifolius* J. B. He, Bull. Bot. Lab. N. E. Forest. Inst., Harbin 8 (3): 125 (1988).

河北、安徽、福建；印度、印度尼西亚、日本、哈萨克斯坦、韩国、老挝、马来西亚、缅甸、巴布亚新几内亚、巴基斯坦、菲律宾、俄罗斯、泰国、越南、太平洋岛屿。

蓖齿眼子菜属 Stuckenia Börner

钝叶菹草

Stuckenia amblyophylla (C. A. Meyer) Holub, Preslia 68: 364 (1997).

Potamogeton amblyophyllus C. A. Meyer, Beitr. Pflanzenk. Russ. Reich. 6: 10 (1849).

青海、新疆、云南、西藏；阿富汗、哈萨克斯坦、吉尔吉斯斯坦、俄罗斯、塔吉克斯坦、亚洲西南部。

丝叶眼子菜

Stuckenia filiformis (Pers.) Börner, Fl. Deut. Volk, 713. (1912).

Potamogeton filiformis Pers., Syn. Pl. 1: 152 (1805); *Potamogeton applanatus* Y. D. Chen, Acta Hydrobiol. Sin. 11 (3): 234 (1987); *Potamogeton filiformis* var. *applanatus* (Y. D. Chen) Q. Y. Li, J. Wuhan Bot. Res. 10 (1): 13 (1992); *Coleogeton filiformis* (Pers.) Les et R. R. Haynes, Novon 6 (4): 390 (1996).

内蒙古、陕西、甘肃、青海、四川、云南、西藏；阿富汗、不丹、吉尔吉斯斯坦、蒙古、尼泊尔、巴基斯坦、俄罗斯、塔吉克斯坦、乌兹别克斯坦、亚洲西南部、欧洲、北美洲和南美洲。

长鞘菹草

Stuckenia pamirica (Baagoe) Z. Kaplan, Folia Geobot. 43: 194 (2008).

Potamogeton pamiricus Baagoe, Vidensk. Meddel. Dansk Naturhist. Foren. Kjobenhavn 182 (1903); *Potamogeton recurvatus* Hagstr., Bih. Kongl. Svenska Vetensk.-Akad. Handl. 55 (5): 37, f. 13-14 (1916).
青海、西藏；吉尔吉斯斯坦、塔吉克斯坦。

蓖齿眼子菜

Stuckenia pectinata (L.) Börner, Fl. Deut. Volk, 713. (1912).
Potamogeton pectinatus L., Sp. Pl. 1: 127 (1753); *Potamogeton interruptus* Kit., Oestr. Fl. ed. 2, 1: 328 (1814); *Potamogeton pectinatus* var. *interruptus* (Kit.) Asch., Fl. Brandenburg 1: 666 (1864); *Potamogeton pectinatus* var. *diffusus* Hagstr., Bih. Kongl. Svenska Vetensk.-Akad. Handl. 55 (5): 46 (1916); *Potamogeton intramongolicus* Ma, Acta Bot. Boreal.-Occid. Sin. 3 (1): 8 (1983); *Potamogeton erhaiensis* Y. D. Chen, Acta Hydrobiol. Sin. 11 (3): 234 (1987); *Potamogeton bracteatus* Y. D. Chen, Acta Hydrobiol. Sin. 11 (3): 234 (1987); *Potamogeton nanus* Y. D. Chen, Acta Hydrobiol. Sin. 11 (3): 235 (1987); *Potamogeton miniatus* Y. D. Chen, Acta Hydrobiol. Sin. 11 (3): 234 (1987); *Coleogeton pectinatus* (L.) Les et R. R. Haynes, Novon 6 (4): 390 (1996).
我国大部分省区；阿富汗、孟加拉国、印度、尼泊尔、巴基斯坦、缅甸、斯里兰卡、印度尼西亚（苏门答腊）、太平洋岛屿、菲律宾、日本、朝鲜、俄罗斯、中亚、蒙古、亚洲西南部、欧洲、南美洲、北美洲、澳大利亚。

角果藻属 Zannichellia L.

角果澡（角茨藻）

Zannichellia palustris L., Sp. Pl. 2: 969 (1753).
Zannichellia palustris var. *pedicellata* Rosen et Wahlenb., Nova Acta Regiae Soc. Sci. Upsal. 8: 227 (1821); *Zannichellia pedunculata* Reichb., Handb. Nat. Pfl.-Syst. 3: 1591 (1829); *Zannichellia pedicellata* (Rosen et Wahlenb.) Fr., Novit. Fl. Suec. Mant. 1: 18 (1832); *Zannichellia palustris* var. *pedunculata* (Reichb. f.) A. Gray, Manual (Gray), ed. 2: 432 (1865); *Pelta palustris* (L.) Dulac, Fl. Hautes-Pyrénées 43 (1867).
黑龙江、辽宁、内蒙古、河北、山东、陕西、宁夏、青海、新疆、安徽、江苏、浙江、湖北、西藏、台湾；世界广布。

25. 波喜荡科 Posidoniaceae [1 属：1 种]

波喜荡草属 Posidonia K. D. Koenig

波喜荡

Posidonia australis Hook. f., Fl. Tasman. 2: 43 (1858).
Alga australis (Hook. f.) Kuntze, Revis. Gen. Pl. 2: 744 (1891).
海南；澳大利亚、西太平洋岛屿。

26. 川蔓藻科 Ruppiaceae [1 属：1 种]

川蔓藻属 Ruppia L.

川蔓藻

Ruppia maritima L., Sp. Pl. 1: 127 (1753).
Ruppia rostellata W. D. J. Koch ex Rchb., Iconogr. Bot. Pl. Crit. 2: 66, pl. 174, f. 306 (1824).
辽宁、山东、甘肃、青海、新疆、江苏、浙江、福建、台湾、广东、广西、海南；广泛分布于全球温带和亚热带地区的咸水水域。

27. 丝粉藻科 Cymodoceaceae [3 属：4 种]

丝粉藻属 Cymodocea K. D. Koenig

丝粉藻

Cymodocea rotundata Asch. et Schweinf., Sitzungsber. Ges. Naturf. Freunde Berlin 84 (1870).
Phucagrostis rotundata (Ascherson et Schweinfurth) Ehrenberg., Symb. Phys., Bot. t. 11 (1900).
海南；印度、印度尼西亚（爪哇）、马来西亚、缅甸、菲律宾、泰国、越南、非洲、澳大利亚、西太平洋和印度洋到红海。

二药藻属 Halodule Endl.

羽叶二药藻

Halodule pinifolia (Miki) Hartog, Blumea 12 (2): 309, f. 10 (1964).
Diplanthera pinifolia Miki, Bot. Mag. 46 (552): 787, f. 9. (1932).
台湾、海南；印度、印度尼西亚、日本、马来西亚、缅甸、菲律宾、斯里兰卡、越南、澳大利亚。

二药藻

Halodule uninervis (Forssk.) Asch., Fl. Orient. 5: 24 (1882).
Zostera uninervis Forssk., Fl. Aegypt.-Arab. 120: 157 (1775); *Diplanthera uninervis* Asch. et Graebn., Pflanzenr. 31 (IV11): 152 (1907).
台湾、海南；印度、泰国、越南、缅甸、斯里兰卡、亚洲西南部、日本、西太平洋、马来西亚、菲律宾、印度尼西亚、非洲、澳大利亚。

针叶藻属 **Syringodium** Kütz.

针叶藻

Syringodium isoetifolium (Asch.) Dandy, J. Bot. 77 (4): 116 (1939).

Cymodocea isoetifolia Asch., Ges. Nat. Freunde 3 (1867); *Phucagrostis isoetifolia* (Asch.) Kunze, Revisio Generum Plantarum 2: 744 (1891); *Phycoschoenus isoetifolia* (Asch.) Nakai, Ordines 211 (1943).

广东、东沙群岛；印度、缅甸、斯里兰卡、越南、印度尼西亚、马来西亚、菲律宾、西太平洋、非洲、澳大利亚。

28. 无叶莲科 Petrosaviaceae [1 属：2 种]

无叶莲属 **Petrosavia** Becc.

疏毛无叶莲

Petrosavia sakuraii (Makino) J. J. Sm. ex Steenis, Trop. Natuur, 23. 52 (1934).

Protolirion miyoshia-sakuraii Makino, Bot. Mag. 17 (202): 208 (1903); *Miyoshia sakuraii* Makino, Bot. Mag. 17 (199): 145 (1903); *Protolirion sakuraii* (Makino) Dandy, J. Bot. 69 (2): 53 (1931).

四川、台湾、广西；印度尼西亚、日本、缅甸、越南。

无叶莲

●**Petrosavia sinii** (K. Krause) Gagnep., Fl. Gen. Indo-Chine 6: 802 (1934).

Protolirion sinii K. Krause, Notizbl. Bot. Gart. Berlin-Dahlem. 10 (98): 806 (1929); *Miyoshia sinii* (K. Krause) Nakai, J. Jap. Bot. 17 (4): 191 (1941).

广西。

29. 肺筋草科 Nartheciaceae [1 属：16 种]

粉条儿菜属 **Aletris** L.

高山粉条儿菜

●**Aletris alpestris** Diels, Bot. Jahrb. Syst. 36 (Heft 5, Beibl. 82): 20 (1905).

Aletris dielsii F. T. Wang et Tang, Bull. Fan Mem. Inst. Biol. Bot. 7 (2): 83 (1936).

陕西、四川、贵州、云南。

头花粉条儿菜

●**Aletris capitata** F. T. Wang et Tang, Fl. Reipubl. Popularis Sin. 15: 254, pl. 58, f. 1-3 (1978).

四川。

灰鞘粉条儿菜

●**Aletris cinerascens** F. T. Wang et Tang, Fl. Reipubl. Popularis Sin. 15: 254, pl. 58, f. 4-6 (1978).

云南、广西。

无毛粉条儿菜

Aletris glabra Bureau et Franch., J. Bot. (Morot) 5 (10): 156 (1891).

Metanarthecium foliatum Maxim., Decas Pl. Nov. 10 (1882); *Aletris dickinsii* Franch., Bull. Soc. Philom. Paris sér. 7, 10. 102. (1886); *Aletris sikkimensis* Hook. f., Fl. Brit. Ind. 6 (18): 265 (1892); *Aletris foliata* var. *sikkimensis* (Hook. f.) Franch., J. Bot. (Morot) 10 (12): 198 (1896); *Aletris tavelii* H. Lév., Cat. Pl. Yunnan 130 (1916); *Metanarthecium formosanum* Hayata, Icon. Pl. Formosan. 9: 142 (1920); *Aletris formosana* (Hayata) Makino et Nemoto, Fl. Japan., ed. 2, 1534. (1931); *Aletris foliata* var. *glabra* (Bureau et Franch.) Yamam., J. Soc. Trop. Agric. 10: 121 (1938).

陕西、甘肃、江西、湖北、四川、贵州、云南、西藏、福建、台湾；不丹、印度。

腺毛粉条儿菜

●**Aletris glandulifera** Bureau et Franch., J. Bot. (Morot) 5 (10): 156 (1891).

Aletris lactiflora Franch., J. Bot. (Morot) 10 (12): 200 (1896); *Aletris biondiana* Diels, Bot. Jahrb. Syst. 36 (5, Beibl. 82): 19-20 (1905).

陕西、甘肃、四川。

星花粉条儿菜

Aletris gracilis Rendle, J. Bot. 44 (2): 41 (1906).

Aletris stelliflora Hand.-Mazz., Symb. Sin. 7 (5): 1219, pl. 33, f. 4 (1936).

云南、西藏；缅甸、不丹、印度。

疏花粉条儿菜

●**Aletris laxiflora** Bureau et Franch., J. Bot. (Morot) 5 (10): 155 (1891).

Aletris revoluta Franch., J. Bot. (Morot) 10 (12): 202 (1896); *Ophiopogon cavaleriei* H. Lév., Fl. Kouy-Tcheou 195 (1914); *Mondo cavaleriei* (H. Lév.) Farw., Amer. Midl. Naturalist. 7 (2): 43 (1921); *Aletris elata* F. T. Wang et Tang, Bull. Fan Mem. Inst. Biol. Bot., new series. 1: 108 (1943); *Aletris gracilipes* F. T. Wang et Tang, Bull. Fan Mem. Inst. Biol. Bot., new series. 1: 107 (1943).

四川、贵州、西藏。

大花粉条儿菜

●**Aletris megalantha** F. T. Wang et C. L. Tang, Acta Phytotax. Sin. 1. 119 (1951).
云南。

短粉条儿菜

Aletris nana S. C. Chen, Acta Phytotax. Sin. 19 (4): 503 (1981).
Aletris alpestris var. *occidentalis* H. Hara, J. Jap. Bot. 47 (9): 276 (1972).
云南、西藏；尼泊尔。

少花粉条儿菜

Aletris pauciflora (Klotzsch) Hand.-Mazz., Symb. Sin. 7 (5): 1220 (1936).
Stachyopogon pauciflorus Klotzsch, Bot. Ergebn. Reise Waldemar (1862); *Aletris nepalensis* Hook. f., Fl. Brit. Ind. 6 (18): 264 (1892); *Aletris nepalensis* var. *delavayi* Franch., J. Bot. (Morot) 10 (12): 198 (1896); *Aletris mairei* H. Lév., Bull. Acad. Int. Geogr. Bot. 24: 37 (1915); *Aletris pauciflora* f. *minuscula* Hand.-Mazz., Symb. Sin. 7 (5): 1220 (1936).
四川、云南、西藏；缅甸北部、不丹、尼泊尔、印度、克什米尔。

穗花粉条儿菜

Aletris pauciflora var. **khasiana** F. T. Wang et Tang, Fl. Reipubl. Popularis Sin. 15: 172 (1978).
Stachyopogon spicatus Klotzsch, Bot. Ergebn. Reise Waldemaren. 49 (1862); *Aletris lanuginosa* Bureau et Franch., J. Bot. (Morot) 5 (10): 155 (1891); *Aletris khasiana* Hook. f., Fl. Brit. Ind. 6 (18): 265 (1892); *Aletris lanuginosa* var. *khasiana* (Hook. f.) Franch., J. Bot. (Morot) 10 (12): 202 (1896).
四川、云南、西藏；印度。

长柄粉条儿菜

●**Aletris pedicellata** F. T. Wang et Tang, Bull. Fan Mem. Inst. Biol. Bot., n.s. 1: 109 (1943).
四川。

短柄粉条儿菜（铁卵子）

Aletris scopulorum Dunn, J. Linn. Soc., Bot. 38 (267): 370 (1908).
Aletris makiyataroi Naruh., Acta Phytotax. Geobot. 25 (4-6): 131 (1973).
浙江、江西、湖南、福建、广东；日本。

单花粉条儿菜

●**Aletris simpliciflora** R. Li et S. D. Zhang, Nordic J. Bot. 29: 440 (2011).
西藏。

粉条儿菜（金线吊白米）

Aletris spicata (Thunb.) Franch., J. Bot. (Morot) 10 (12): 199 (1896).
Hypoxis spicata Thunb., Fl. Jap. 136. (1784); *Aletris japonica* Lamb., Trans. Linn. Soc. London 10: 407 (1811); *Aletris spicata* var. *micrantha* Satake, Caldasia (1940).
河北、山西、河南、陕西、甘肃、安徽、江苏、浙江、江西、湖南、湖北、四川、贵州、云南、福建、台湾、广东、广西；日本、菲律宾、马来西亚。

狭瓣粉条儿菜

●**Aletris stenoloba** Franch., J. Bot. (Morot) 10 (12): 203 (1896).
Aletris spicata var. *fargesii* Franch., J. Bot. (Morot) 10 (12): 200 (1896); *Aletris longibracteata* T. L. Xu, Acta Bot. Yunnan. 17 (1): 21 (1995).
陕西、甘肃、湖北、四川、贵州、云南、广东、广西。

雅安粉条儿菜

●**Aletris yaanica** G. H. Yang, Acta Phytotax. Sin. 25 (3): 237 (1987).
四川。

30. 水玉簪科 Burmanniaceae [3 属：15 种]

水玉簪属 **Burmannia** L.

头花水玉簪

Burmannia championii Thwaites, Enum. Pl. Zeyl. 325 (1864).
Burmannia dalzieli Rendle, J. Bot. 49 (9): 311, t. 441 (1902); *Burmannia hunanensis* K. M. Liu et C. L. Long, Ann. Bot. Fenn. 38: 211 (2001).
湖南、福建、台湾、广东、广西；印度、印度尼西亚、日本、马来西亚、巴布亚新几内亚、斯里兰卡、泰国、太平洋岛屿。

香港水玉簪

Burmannia chinensis Gand., Bull. Soc. Bot. France 66 (7): 290 (1919).
Burmannia pusilla var. *hongkongensis* Jonk., Mongr. Burm. 131, f. 11b (1938).
浙江、江西、湖南、云南、福建、广东、广西、海南；印度、老挝、泰国、越南。

三品一枝花（少花水玉簪）

Burmannia coelestis D. Don, Prodr. Fl. Nepal. 44

(1825).
广东、广西、海南；孟加拉国、柬埔寨、印度、印度尼西亚、老挝、马来西亚、缅甸、尼泊尔、巴布亚新几内亚、泰国、越南、澳大利亚。

透明水玉簪

Burmannia cryptopetala Makino, Bot. Mag. Tokyo. 27 (313): 3, (no. 324), f. 2 (1913).
Burmannia cryptopetala var. *baxikangensis* Y. B. Chang et Z. Wei, Bull. Bot. Res., Harbin 9 (2): 37-38, f. 3 (1989); *Burmannia daxikangensis* (Y. B. Chang et Z. Wei) S. C. Chen et H. Li, Acta Bot. Yunnan. 27: 248 (2005).
浙江、广东、海南；日本。

水玉簪

Burmannia disticha L., Sp. Pl. 1: 287 (1753).
湖南、贵州、云南、福建、广东、广西、海南；柬埔寨、印度、印度尼西亚、老挝、马来西亚、缅甸、尼泊尔、巴布亚新几内亚、斯里兰卡、泰国、越南、澳大利亚。

粤东水玉簪

•**Burmannia filamentosa** D. X. Zhang et R. M. K. Saunders, Nordic. J. Bot. 20: 392 (2001).
广东。

纤草

Burmannia itoana Makino, Bot. Mag. Tokyo. 27 (313): 1, f, 1 (1913).
Gonianthes wallichii Miers, Trans. Linn. Soc. London 18: 537 (1841); *Burmannia takeoi* Hayata, Icon. Pl. Formosan. 5: 212 (1915).
云南、台湾、广东、广西、海南；日本。

宽翅水玉簪

Burmannia nepalensis (Miers) Hook. f., Fl. Brit. Ind. 5 (15): 666 (1888).
Gonyanthes nepalensis Miers, Trans. Linn. Soc. London 18 (4): 537, t. 38, f. 1 (1841); *Burmannia liukiuensis* Hayata, Icon. Pl. Formosan. 5: 211-212, f. 77-A (1915); *Burmannia fadouensis* H. Li, Acta Phytotax. Sin. 21 (2): 125-127, pl. 5, f. 1-9 (1983).
湖南、云南、福建、台湾、广东、广西；印度、印度尼西亚、日本、尼泊尔、菲律宾、泰国。

裂萼水玉簪

Burmannia oblonga Ridl., J. Straits Branch Roy. Asiat. Soc. 41: 33 (1904).
Burmannia bifida Gagnep., Bull. Soc. Bot. France. 54 (6): 462 (1907).
海南；柬埔寨、印度尼西亚、马来西亚、泰国、越南。

亭立

Burmannia wallichii (Miers) Hook. f., Fl. Brit. India. 5 (15): 666 (1888).
云南、广东、海南；泰国、越南、缅甸。

腐管草属 Gymnosiphon Blume

腐草

Gymnosiphon aphyllus Blume, Enum. Pl. Javae. 1: 29 (1827).
Gymnosiphon nana (Fukuy. et Suzuki) Tuyama, Iconogr. Pl. Asiae Orient. 3: 239 (1940); *Burmannia nana* Fukuy. et Suzuki, J. Jap. Bot. xii. 415. (1936); *Gymnosiphon nanus* (Fukuy. et T. Suzuki) Tuyama, Iconogr. Pl. Asiae Orient. 3: 239 (1940).
台湾；印度尼西亚、马来西亚、巴布亚新几内亚、泰国。

水玉杯属 Thismia Griff.

贡山水玉杯

•**Thismia gongshanensis** H. Q. Li et Y. K. Bi, Phytotaxa. 105 (1): 25 (2013).
云南。

黄金水玉杯

•**Thismia huangii** P. Y. Jiang et T. H. Hsieh, Taiwania 56 (2): 139 (2011).
台湾。

台湾水玉杯

•**Thismia taiwanensis** Sheng Z. Yang, R. M. K. Saunders et C. J. Hsu, Syst. Bot. 27: 485 (2002).
台湾。

三丝水玉杯

Thismia tentaculata K. Larsen et Averyanov, Rheedea 17: 16 (2007).
香港；越南。

31. 薯蓣科 Dioscoreaceae [3 属：59 种]

薯蓣属 Dioscorea L.

参薯（云饼山药，脚板薯，大薯）

Dioscorea alata L., Sp. Pl. 2: 1033 (1753).
Dioscorea purpurea Roxb., Fl. Ind. 3: 799 (1832); *Dioscorea alata* var. *purpurea* (Roxb.) A. Pouchet, Bull. Econ. Indochine n.s. 8: 117 (1950).
栽培于浙江、江西、湖南、湖北、四川、贵州、云南、西藏、福建、台湾、广东、广西等省区；可能

起源于东南亚，热带地区广泛栽培。

蜀葵叶薯蓣

Dioscorea althaeoides R. Knuth in Engler, Pflanzenr. 87 (IV. 43): 180 (1924).

Dioscorea platanifolia Prain et Burkill, Bull. Misc. Inform. Kew. 1925 (2): 60 (1925).

四川、贵州、云南、西藏；泰国。

丽叶薯蓣

Dioscorea aspersa Prain et Burkill, J. Asiat. Soc. Bengal, Pt. 2, Nat. Hist. 4: 447 (1908).

Dioscorea pulverea Prain et Burkill, J. Asiat. Soc. Bengal, Pt. 2, Nat. Hist. 10: 31 (1914).

贵州、云南。

板砖薯蓣（板砖）

●**Dioscorea banzhuana** C. Pei et C. T. Ting, Acta Phytotax. Sin. 14 (1): 70 (1976).

云南。

大青薯

●**Dioscorea benthamii** Prain et Burkill, J. Asiat. Soc. Bengal, Pt. 2, Nat. Hist. 4: 448 (1908).

Dioscorea tarokoensis Hayata, Icon. Pl. Formosan. 10: 44, f. 25 (1921).

福建、台湾、广东、广西。

尖头果薯蓣

●**Dioscorea bicolor** Prain et Burkill, J. Asiat. Soc. Bengal, Pt. 2, Nat. Hist. 4: 449 (1908).

四川、云南。

异叶薯蓣

●**Dioscorea biformifolia** C. Pei et C. T. Ting, Acta Phytotax. Sin. 14 (1): 69 (1976).

云南。

独龙薯蓣

Dioscorea birmanica Prain et Burkill, J. Asiat. Soc. Bengal, Pt. 2, Nat. Hist. 73: 185 (1904).

云南；缅甸、泰国。

黄独（黄药，山慈姑，零余子薯蓣）

Dioscorea bulbifera L., Sp. Pl. 2: 1033 (1753).

Helmia bulbifera (L.) Kunth, Enum. Pl. 5: 435 (1850).

河南、陕西、甘肃、安徽、江苏、浙江、江西、湖南、湖北、四川、贵州、云南、西藏、福建、台湾、广东、广西、海南；不丹、柬埔寨、印度、日本、朝鲜、缅甸、泰国、越南、非洲、大洋州。

黄独（原变种）

Dioscorea bulbifera var. **bulbifera**

河南、陕西、甘肃、安徽、江苏、浙江、江西、湖南、湖北、四川、贵州、云南、西藏、福建、台湾、广东、广西、海南；不丹、柬埔寨、印度、日本、朝鲜、缅甸、泰国、越南、非洲、大洋州。

白金山药

Dioscorea bulbifera var. **albotuberosa** Y. F. Zhou, Z. L. Xu et Y. Y. Hang, Novon, 18 (4): 555 (2008).

云南。

山葛薯（三百捧，山葛薯）

Dioscorea chingii Prain et Burkill, Bull. Misc. Inform. Kew. 1931 (8): 425 (1931).

云南、广西；越南。

薯莨

Dioscorea cirrhosa Lour., Fl. Cochinch. 2: 625 (1790).

Dioscorea rhipogonoides Oliv., Hooker's Icon. Pl. 19 (3): pl. 1868 (1889); *Dioscorea matsudai* Hayata, Icon. Pl. Formosan. 10: 39, f. 20 (1921); *Dioscorea formosana* R. Knuth in Engler, Pflanzenr. 268 (1924); *Dioscorea angusta* R. Knuth in Engler, Pflanzenr. 288 (1924).

浙江、江西、湖南、四川、贵州、云南、西藏、福建、台湾、广东、广西、海南；泰国、越南。

薯莨（原变种）

Dioscoreacirrhosa var. **cirrhosa**

浙江、江西、湖南、四川、贵州、云南、西藏、福建、台湾、广东、广西、海南；泰国、越南。

异块茎薯莨

●**Dioscorea cirrhosa** var. **cylindrica** C. T. Ting et M. C. Chang, Acta Phytotax. Sin. 20 (2): 206 (1982).

海南。

叉蕊薯蓣

Dioscorea collettii Hook. f., Fl. Brit. Ind. 6: 290 (1892).

Dioscorea oenea Prain et Burkill, J. Asiat. Soc. Bengal n.s. 10: 16 (1914); *Dioscorea tashiroi* Hayata, Icon. Pl. Formosan. 10: 44, f. 26 (1921); *Dioscorea kelungensis* Hayata, Icon. Pl. Formosan. 10: 36, f. 19 (1921); *Dioscorea nigrescens* R. Knuth in Engler, Pflanzenr. 87 (4-43): 253 (1924); *Dioscorea hui* R. Knuth, Feddes Repert. Spec. Nov. Regni Veg. 21: 80 (1925); *Dioscorea gracillima* var. *wllettii* (Hook. f.) Unline ex Yamam., Icon. Pl. Formosan. Suppl. 3: 6 (1927).

叉蕊薯蓣（原变种）

Dioscorea collettii var. **collettii**

河南、安徽、浙江、江西、湖南、湖北、四川、贵州、云南、福建、台湾、广东、广西；印度、老挝、缅甸、泰国、越南。

粉背薯蓣

•**Dioscorea collettii** var. **hypoglauca** (Palib.) C. Pei et C. T. Ting, Acta Phytotax. Sin. 14 (1): 66 (1976).

Dioscorea hypoglauca Palib., Bull. Herb. Boiss. Ser. 2. 6: 21 (1906); *Dioscorea morsei* Prain et Burkill, J. Asiat. Soc. Bengal n.s. 4: 454 (1908); *Dioscorea undulata* R. Knuth, Pflanzenr. 87 (4-43): 315 (1924); *Dioscorea izuensis* Akahori, Acta Phytotax. Geobot. 14: 161 (1936); *Dioscorea kaoi* Tang S. Liu et T. C. Huang, Taiwania 7: 33 (1960).

河南、安徽、浙江、江西、湖南、湖北、福建、台湾、广东、广西。

吕宋薯蓣

Dioscorea cumingii Prain et Burkill, J. Asiat. Soc. Bengal 4: 449 (1908).

Dioscorea inaequifolia Elmer ex Prain et Burkill, Leafl. Philipp. Bot. 5: 1595 (1913); *Dioscorea polyphylla* R. Knuth, Pflanzenr. 148 (1924); *Dioscorea heptaphylla* Sasaki, Trans. Nat. Hist. Soc. Taiwan 21: 147 (1931); *Dioscorea cumingii* var. *inaequifolia* (Elmer ex Prain et Burkill) Burkill, Icon. Pl. Trop. (1980).

台湾；印度尼西亚、菲律宾。

多毛叶薯蓣（粘山药，黄山药）

Dioscorea decipiens Hook. f., Fl. Brit. Ind. 6 (18): 293 (1892).

多毛叶薯蓣（原变种）

Dioscorea decipiens var. **decipiens**

云南；老挝、缅甸、泰国。

滇薯

Dioscorea decipiens var. **glabrescens** C. T. Ting et M. C. Zhang, Acta Phytotax. Sin, 20 (2): 206 (1982).

云南。

高山薯蓣

•**Dioscorea delavayi** Franch., Rev. Hort. Bouches-du-Rhone. 68: 541 (1896).

Dioscorea kamoonensis var. *henryi* Prain et Burkill, J. Asiat. Soc. Bengal, Pt. 2, Nat. Hist. 10: 22 (1914); *Dioscorea kamoonensis* var. *engleriana* Prain et Burkill, J. Asiat. Soc. Bengal, Pt. 2, Nat. Hist. 10: 21 (1914); *Dioscorea engleriana* R. Knuth in Engler, Pflanzenr. 87 (IV. 43): 140, pl. 31 (1924); *Dioscorea burkillii* R. Knuth in Engler, Pflanzenr. 87 (IV. 43): 143 (1924); *Dioscorea rotundifoliolata* R. Knuth in Engler, Pflanzenr. 87 (IV. 43): 142, pl. 31 (1924); *Dioscorea kamoonensis* var. *delavayi* Prain et Burkill, Ann. Roy. Bot. Gard. (Calcutta) 14 (1): 146 (1936); *Dioscorea henryi* (Prain et Burkill) C. T. Ting, Acta Phytotax. Sin. 20 (2): 208 (1982).

四川、贵州、云南。

三角叶薯蓣

Dioscorea deltoidea Wall. ex Griseb., Fl. Bras. (Martius) 3 (1): 43, in nota. (1842).

四川、云南、西藏；不丹、印度、缅甸、尼泊尔、印度、泰国、越南。

甘薯（甜薯）

Dioscorea esculenta (Lour.) Burkill, Gard. Bull. Straits Settlem. 1: 396, pl. 17 (1917).

Oncus esculentus Lour., Fl. Cochinch., ed. 2, 1: 194 (1790); *Dioscorea fasciculata* Roxb., Hort. Bengal. 72 (1814); *Dioscorea esculenta* var. *fasciculata* (Roxb.) R. Knuth, Orchis 1906-1920 (1906).

栽培于广西、海南；原产于印度、马来西亚、巴布亚新几内亚、泰国、中东地区；热带亚洲栽培。

甘薯（原变种）

Dioscorea esculenta var. **esculenta**

广西、海南有栽培；印度、马来西亚、巴布亚新几内亚、泰国、中东地区。

有刺甘薯（刺薯蓣）

Dioscorea esculenta var. **spinosa** (Roxb. ex Prain et Burkill) R. Knuth in Engler, Pflanzenr. 87 (IV. 43): 189, 317 (1924).

Dioscorea aculeata var. *spinosa* Roxb. ex Prain et Burkill, J. Proc. Asiat. Soc. Bengal 10: 20 (1914).

广西、海南有栽培；印度、马来西亚、巴布亚新几内亚、泰国。

七叶薯蓣（盘参有，血参，七爪金龙）

•**Dioscorea esquirolii** Prain et Burkill, Bull. Misc. Inform. Kew. 1931 (8): 426 (1931).

贵州、云南、广西。

无翅参薯

Dioscorea exalata C. T. Ting et M. C. Chang, Acta Phytotax. Sin. 20 (2): 208 (1982).

四川、贵州、云南、广东、广西；泰国、越南。

山薯

•**Dioscorea fordii** Prain et Burkill, J. Asiat. Soc. Bengal, Pt. 2, Nat. Hist. 4: 450 (1908).

Dioscorea hainanensis Prain et Burkill, Bull. Misc. Inform. Kew. 1936 (9): 494 (1936).

浙江、湖南、福建、广东、广西、香港。

福州薯蓣（萆薢）

•**Dioscorea futschauensis** Uline ex R. Knuth in Engler, Pflanzenr. 87 (4-43): 264 (1924).
浙江、湖南、福建、广东、广西。

宽果薯蓣

Dioscorea garrettii Prain et Burkill, Bull. Misc. Inform. Kew. 1936 (9): 493 (1936).
云南；泰国。

光叶薯蓣（苦山药，莨菇）

Dioscorea glabra Roxb., Fl. Ind. 3: 804 (1832).
Dioscorea nummularia Lam., Encycl. 3 (1): 231 (1789); *Dioscorea glabra* var. *longifolia* Prain et Burkill, J. Asiat. Soc. Bengal, Pt. 2, Nat. Hist. 10: 37 (1914); *Dioscorea hongkongense* Uline ex R. Knuth, Pflanzenr. 87 (IV-43): 288 (1924).
云南、广西；不丹、柬埔寨、印度、印度尼西亚、老挝、马来西亚、缅甸、泰国、越南。

纤细薯蓣

Dioscorea gracillima Miq., Prolus. Fl. Jap. 324 (1865).
安徽、浙江、江西、湖南、湖北、福建；日本。

粘山药（粘黏黏）

Dioscorea hemsleyi Prain et Burkill, J. Asiat. Soc. Bengal, Pt. 2, Nat. Hist. 4: 451 (1908).
Dioscorea praecox Prain et Burkill, J. Asiat. Soc. Bengal, Pt. 2, Nat. Hist. 4: 451 (1908).
四川、贵州、云南、广西；柬埔寨、老挝、缅甸、越南。

白薯莨（榜薯，野葛薯，山薯）

Dioscorea hispida Dennst., Schlüssel Hortus Malab., 15, 33 (1818).
Dioscorea daemona Roxb., Hort. Bengal. 72 (1814); *Dioscorea mollissima* Blume, Enum. Pl. Javae. 1: 21 (1827); *Dioscorea hispida* var. *daemona* (Roxb.) Prain et Burkill, Fl. Ecuador (1973).
云南、西藏、福建、广东、广西；不丹、印度、印度尼西亚、印度、泰国。

日本薯蓣（山蝴蝶，千斤拔，野白菇）

Dioscorea japonica Thunb., Syst. Veg. 889 (1784).
Dioscorea belophylloides Prain et Burkill, J. Asiat. Soc. Bengal n.s. 4: 448 (1908); *Dioscorea japonica* var. *tenuiaxon* Prain et Burkill, J. Asiat. Soc. Bengal n.s. 10: 28 (1914); *Dioscorea pseudo-japonica* Hayata, Icon. Pl. Formosan. 10: 42, f. 21 (1921); *Dioscorea kiangsiensis* R. Knuth, Repert. Spec. Nov. Regni Veg. 21: 80 (1925); *Dioscorea japonica* var. *pseudo-japonica* Yamamota., J. Soc. Trop. Agric. 10: 182 (1938).

日本薯蓣（原变种）

Dioscorea japonica var. **japonica**
安徽、江苏、浙江、江西、湖南、湖北、四川、贵州、福建、台湾、广东、广西；日本、朝鲜。

细叶日本薯蓣（竹高薯）

Dioscorea japonica var. **oldhamii** Uline ex R. Knuth in Engler, Pflanzenr. 87 (IV. 43): 263 (1924).
台湾、广东、广西。

毛藤日本薯蓣

•**Dioscorea japonica** var. **pilifera** C. T. Ting et M. C. Chang, Acta Phytotax. Sin. 20 (2): 206 (1982).
安徽、江苏、浙江、江西、湖南、湖北、贵州、福建、广西。

毛芋头薯蓣（毛芋头）

Dioscorea kamoonensis Kunth, Enum. Pl. 5: 395 (1850).
Dioscorea fargesii Franch., Rev. Hort. Bouches-du-Rhone. 541 (1896); *Dioscorea kamoonensis* var. *praecox* Prain et Burkill, J. Asiat. Soc. Bengal 10: 21 (1914); *Dioscorea kamoonensis* var. *straminea* Prain et Burkill, J. Asiat. Soc. Bengal, Pt. 2, Nat. Hist. 10: 21 (1914); *Dioscorea kamoonensis* var. *fargesii* Prain et Burkill, J. Asiat. Soc. Bengal, Pt. 2, Nat. Hist. 10: 21 (1914); *Dioscorea kamoonensis* var. *brevifolia* Prain et Burkill, J. Asiat. Soc. Bengal, Pt. 2, Nat. Hist. 10: 21 (1914); *Dioscorea mairei* R. Knuth in Engler, Pflanzenr. 87 (IV. 43): 144 (1924); *Dioscorea dissecta* R. Knuth in Engler, Pflanzenr. 87 (4-43): 355 (1924); *Dioscorea mengtzeana* R. Knuth in Engler, Pflanzenr. 87 (IV. 43): 142 (1924); *Dioscorea subfusca* R. Knuth in Engler, Pflanzenr. 87 (IV. 43): 143 (1924); *Dioscorea firma* R. Knuth in Engler, Pflanzenr. 87 (IV. 43): 141 (1924); *Dioscorea bonatiana* Prain et Burkill, Bull. Misc. Inform. Kew. 1925 (2): 61 (1925); *Dioscorea brevifolia* K. Y. Guan et D. F. Chamb., Edinburgh J. Bot. 49: 46 (1992); *Dioscorea ochroleuca* K. Y. Guan et D. F. Chamb., Edinburgh J. Bot. 49: 48 (1992).
浙江、江西、湖南、湖北、四川、贵州、云南、西藏、福建、广东、广西；不丹、印度、越南。

柳叶薯蓣

•**Dioscorea linearicordata** Prain et Burkill, Bull. Misc. Inform. Kew. 1925 (2): 61 (1925).
湖南、广东、广西。

柔毛薯蓣

•**Dioscorea martini** Prain et Burkill, J. Asiat. Soc.

Bengal, Pt. 2, Nat. Hist. 10: 18 (1914).
Dioscorea nanlaensis H. Li, Fl. Yunnan. 3: 739 (1983).
四川、贵州、云南。

黑珠芽薯蓣（黑弹子）

Dioscorea melanophyma Prain et Burkill, J. Asiat. Soc. Bengal, Pt. 2, Nat. Hist. 4: 452 (1908).
Dioscorea tenii R. Knuth in Engler, Pflanzenr. 87 (4-43): 142 (1924).
四川、贵州、云南、西藏；尼泊尔。

石山薯蓣

●**Dioscorea menglaensis** H. Li, Fl. Yunnan. 3: 744, pl. 230, pl. 1-3 (1983).
云南。

穿龙薯蓣（穿山龙，山常山）

Dioscorea nipponica Makino, Ill. Fl. Japan 1 (7): 2, pl. 45 (1891).
Dioscorea acerifolia Uline ex Diels., Engl. Bot. 29: 261 (1900); *Dioscorea giraldii* R. Knuth, Pflanzenr. 87 (4-43): 315 (1924).
黑龙江、吉林、辽宁、内蒙古、河北、山西、山东、河南、陕西、宁夏、甘肃、青海、安徽、浙江、江西、湖北、四川、贵州；日本、朝鲜、俄罗斯。

穿龙薯蓣（原变种）

Dioscorea nipponica var. **nipponica**
黑龙江、吉林、辽宁、内蒙古、河北、山西、山东、河南、陕西、宁夏、甘肃、青海、安徽、浙江、江西、湖北、四川、贵州；日本、朝鲜、俄罗斯。

柴黄姜

●**Dioscorea nipponica** subsp. **rosthornii** (Prain et Burkill) C. T. Ting, Acta Phytotax. Sin. 17 (3): 70, pl. 4, f. 3-4 (1979).
Dioscorea nipponica var. *rosthornii* Prain et Burkill, J. Asiat. Soc. Bengal, Pt. 2, Nat. Hist. 10: 13 (1914); *Dioscorea nipponica* var. *jamesii* Prain et Burkill, Bull. Misc. Inform. Kew. 1925 (2): (1925).
陕西、甘肃、湖北、贵州。

光亮薯蓣

●**Dioscorea nitens** Prain et Burkill, J. Asiat. Soc. Bengal, Pt. 2, Nat. Hist. 10: 18 (1914).
云南。

黄山药（黄姜，老虎姜）

Dioscorea panthaica Prain et Burkill, J. Asiat. Soc. Bengal, Pt. 2, Nat. Hist. 73 (Suppl.): 6 (1904).
Dioscorea biserialis Prain et Burkill, Bull. Misc. Inform. Kew. 1925 (2): 58 (1925).
湖南、湖北、四川、贵州、云南；泰国。

五叶薯蓣

Dioscorea pentaphylla L., Sp. Pl. 2: 1032 (1753).
Dioscorea codonopsidifolia Kamik., Trans. Nat. Hist. Soc. Taiwan 25: 115 (1935); *Dioscorea changjiangensis* F. W. Xing et Z. X. Li, Acta Bot. Austro Sin. 10: 19 (1995).
江西、湖南、西藏、福建、台湾、广东、广西；印度、印度尼西亚、日本、老挝、马来西亚、缅甸、尼泊尔、巴布亚新几内亚、菲律宾、非洲、澳大利亚、太平洋岛屿。

褐苞薯蓣（淮山）

Dioscorea persimilis Prain et Burkill, J. Asiat. Soc. Bengal, Pt. 2, Nat. Hist. 4: 454 (1908).

褐苞薯蓣（淮山）

Dioscorea persimilis var. **persimilis**
湖南、贵州、云南、福建、广东、广西；越南。

毛褐苞薯蓣

●**Dioscorea persimilis** var. **pubescens** C. T. Ting et M. C. Chang, Acta Phytotax. Sin. 20 (2): 205 (1982).
云南、广西。

吊罗薯蓣（疏花薯蓣）

Dioscorea poilanei Prain et Burkill, Bull. Misc. Inform. Kew. 1933 (5): 240 (1933).
海南；柬埔寨、老挝、马来西亚、泰国、越南。

薯蓣（山药，野山豆，野脚板苕）

Dioscorea polystachya Turcz., Bull. Soc. Imp. Naturalistes Moscou. 10 (7): 158 (1837).
Dioscorea opposita Thunb., Fl. Jap. 151 (1784); *Dioscorea batatas* Decne., Rev. Hort. Bouches-du-Rhone, ser. 4, 3: 243 (1854); *Dioscorea decaisneana* Carrière, Rev. Hort. 11 (1865); *Dioscorea doryphora* Hance, Ann. Sci. Nat., Bot. ser. 5, 5: 244 (1866); *Dioscorea swinhoei* Rolfe, J. Bot. 20 (240): 359 (1882); *Dioscorea rosthornii* Diels, Bot. Jahrb. Syst. 29 (2): 261 (1900); *Dioscorea potaninii* Prain et Burkill, Bull. Misc. Inform. Kew. 1933 (5): 243 (1933).
吉林、辽宁、河北、山东、河南、陕西、甘肃、江苏、浙江、江西、湖南、湖北、四川、贵州、云南、福建、台湾、广东、广西；日本、朝鲜。

小花刺薯蓣

Dioscorea scortechinii Prain et Burkill, J. Proc. Asiat. Soc. Bengal 4: 455 (1908).
云南、海南；泰国、缅甸、越南、印度尼西亚。
Dioscorea scortechinii var. **scortechinii**

原变种中国不产。

小花刺薯蓣

Dioscorea scortechinii var. **parviflora** Prain et Burkill, 1936 (9): 494. 1936. (Bull. Misc. Inform. Kew).
云南、海南；泰国、越南、印度尼西亚。

马肠薯蓣（野山薯）

●**Dioscorea simulans** Prain et Burkill, Bull. Misc. Inform. Kew. 1931 (8): 427 (1931).
湖南、广东、广西。

小花盾叶薯蓣（苦良姜）

●**Dioscorea sinoparviflora** C. T. Ting, M. G. Gilbert et Turland, Novon 10 (1): 13 (2000).
Dioscorea parviflora C. T. Ting, Acta Phytotax. Sin. 17 (3): 69 (1979).
云南。

绵萆薢

●**Dioscorea spongiosa** J. Q. Xi, M. Mizuno et W. L. Zhao, Acta Phytotax. Sin. 25 (1): 52 (1987).
浙江、江西、湖南、湖北、福建、广东、广西。
注：本种以前被误定为 *Dioscorea septemloba* Thunb.。

毛胶薯蓣（近光薯蓣）

●**Dioscorea subcalva** Prain et Burkill, J. Asiat. Soc. Bengal, Pt. 2, Nat. Hist. 10: 18 (1914).
湖南、四川、贵州、云南、广西。

毛胶薯蓣（原变种）

Dioscorea subcalva var. **subcalva**
广西、贵州、湖南、四川、云南。

略毛薯蓣

Dioscorea subcalva var. **submollis** (R. Knuth) C. T. Ting et P. P. Ling, Fl. Reipubl. Popularis Sin. 16 (1): 85 (1985).
Dioscorea submollis R. Knuth in Engler, Pflanzenr. 87 (IV. 43): 318 (1924).
贵州、云南。

卷须状薯蓣

Dioscorea tentaculigera Prain et Burkill, J. Asiat. Soc. Bengal, Pt. 2, Nat. Hist. 10: 15 (1914).
云南；缅甸、泰国。

细柄薯蓣

Dioscorea tenuipes Franch. et Sav., Enum. Pl. Jap. 2: 523 (1879).
Dioscorea maximowiczii Uline ex R. Knuth in Engler, Pflanzenr. 87 (4-43): 178 (1924).
安徽、浙江、江西、湖南、福建、广东；日本。

山萆薢（粉萆薢，土黄连）

Dioscorea tokoro Makino, Bot. Mag. 3: 112 (1889).
Dioscorea yokusai Prain et Burkill, J. Asiat. Soc. Bengal, Pt. 2, Nat. Hist. 73 (Suppl.): 10 (1904); *Dioscorea wichurae* Uline ex R. Knuth, Pflanzenr. in Engler 87 (4-43): 316 (1924); *Dioscorea saidae* R. Knuth, Pflanzenr. in Engler 87 (4-43): 317 (1924).
河南、安徽、江苏、浙江、江西、湖南、湖北、四川、贵州、福建；日本。

毡毛薯蓣

Dioscorea velutipes Prain et Burkill, J. Asiat. Soc. Bengal, Pt. 2, Nat. Hist. 10: 19 (1914).
贵州、云南；缅甸、泰国。

盈江薯蓣

Dioscorea wallichii Hook. f., Fl. Brit. Ind. 6: 295 (1892).
云南；孟加拉国、印度、马来西亚、缅甸、泰国。

藏刺薯蓣

●**Dioscorea xizangensis** C. T. Ting, Acta Phytotax. Sin. 20 (2): 205 (1982).
西藏。

云南薯蓣

●**Dioscorea yunnanensis** Prain et Burkill, J. Asiat. Soc. Bengal, Pt. 2, Nat. Hist. 73 (2): 186 (1904).
贵州、云南。

盾叶薯蓣（黄姜，火头根）

●**Dioscorea zingiberensis** C. H. Wright, J. Linn. Soc., Bot. 36: 93 (1903).
河南、陕西、甘肃、湖南、湖北、四川。

裂果薯属 Schizocapsa Hance

广西裂果薯

●**Schizocapsa guangxiensis** P. P. Ling et C. T. Ting, Acta Phytotax. Sin. 20 (2): 202 (1982).
广西。

裂果薯（水田七）

Schizocapsa plantaginea Hance, J. Bot. 19 (226): 292 (1881).
Tacca plantaginea (Hance) Drenth, Blumea 20 (2): 391, map 3, pl. 3 (25), f. 1d (1972).
江西、湖南、贵州、云南、广东、广西；老挝、泰国、越南。

蒟蒻薯属 Tacca J. R. Forster et G. Forster

白柄箭根薯

●**Tacca ampliplacenta** L. Zhang et Q. J. Li, Ann. Bot.

Fenn. 45 (4): 311 (2008).
云南。

箭根薯（蒟蒻薯，大叶屈头鸡）

Tacca chantrieri André, Rev. Hort. 73: 541 (1901).

Tacca minor Ridl., Mat. Fl. Malay. Penins. 2: 78 (1907); *Tacca paxiana* H. Limpr. in Engler, Pflanzenr. 92 (4-42): 16 (1928); *Tacca esquirolii* (H. Lév.) Rehder, J. Arnold Arbor. 17 (2): 64 (1936); *Schizocapsa itagakii* Yamam., Contr. Fl. Kainan. 1: 32 (1942).

湖南、贵州、云南、西藏、广东、广西、海南；孟加拉国、柬埔寨、印度、老挝、马来西亚、缅甸、斯里兰卡、泰国、越南。

丝须蒟蒻薯

Tacca integrifolia Ker Gawl., Bot. Mag. 36: pl. 1488 (1812).

Tacca laevis Roxb., Hort. Bengal. 25 (1814); *Tacca cristata* Jack, Malayan Misc. 1 (5): 23 (1821); *Ataccia integrifolia* (Ker Gawl.) J. Presl, Reliq. Haenk. 1 (3): 149 (1828).

西藏；孟加拉国、不丹、柬埔寨、印度东部、印度尼西亚、老挝、马来西亚西部、缅甸、巴基斯坦、斯里兰卡、泰国、越南。

蒟蒻薯

Tacca leontopetaloides (L.) Kuntze, Revis. Gen. Pl. 2: 704 (1891).

Tacca pinnatifida J. R. Forst. et G. Forst., Char. Gen. Pl., ed. 2: 70. pl. 35. (1775); *Tacca involucrata* Schumach. et Thonn., Beskr. Guin. Pl. 177 (1827); *Tacca gaogao* Blanco, Fl. Filip. 1: 262 (1837); *Tacca hawaiiensis* H. Limpr. in Engler, Pflanzenr. 4 42: 30 (1928).

台湾；非洲、澳大利亚、太平洋岛屿。

扇苞蒟蒻薯

•**Tacca subflabellata** P. P. Ling et C. T. Ting, Acta Phytotax. Sin. 20 (2): 202 (1982).
云南。

32. 霉草科 Triuridaceae [1 属：6 种]

霉草属 **Sciaphila** Blume

兰屿霉草

Sciaphila arfakiana Becc., Malesia 3: 336 (1890).
台湾；印度尼西亚、马来西亚、巴布亚新几内亚、菲律宾、太平洋岛屿（密克罗尼西亚、波利尼西亚西部、所罗门群岛）。

尖峰岭霉草

•**Sciaphila jianfenglingensis** Han Xu, Y. D. Li et H. Q. Chen, Novon 21 (1): 154 (2011).
海南。

斑点霉草

Sciaphila maculata Miers, Proc. Linn. Soc. London 2: 73 (1850).
台湾；马来西亚（婆罗洲）、巴布亚新几内亚、菲律宾。

多枝霉草

Sciaphila ramosa Fukuy. et T. Suzuki, J. Jap. Bot. 12 (6): 414, f. 3, 4 (1936).
台湾、香港；日本（小笠原群岛）。

大柱霉草

Sciaphila secundiflora Thwaites ex Benth., Hooker's J. Bot. Kew Gard. Misc. 7: 10 (1855).

Sciaphila megastyla Fukuy. et T. Suzuki, J. Jap. Bot. 12 (6): 412, f. 1, 2 (1936); *Sciaphila tosaensis* var. *megastyla* (Fukuy. et T. Suzuki) S. S. Ying, Mem. Coll. Agric. Natl. Taiwan Univ. 29: 89 (1989).

台湾、广西、香港；印度尼西亚、日本、马来西亚、巴布亚新几内亚、斯里兰卡、太平洋岛屿（所罗门群岛）。

喜荫草（霉草）

Sciaphila tenella Blume, Bijdr. Fl. Ned. Ind. 514 (1825).
海南；印度尼西亚、日本、马来西亚、巴布亚新几内亚、菲律宾、斯里兰卡、太平洋岛屿（所罗门群岛）。

33. 翡若翠科 Velloziaceae [1 属：1 种]

芒苞草属 **Acanthochlamys** P. C. Kao

芒苞草

•**Acanthochlamys bracteata** P. C. Kao, Phytotax. Res. 1: 2, pl. 1-3 (1980).

Didymocolpus nanus S. C. Chen, Acta Phytotax. Sin. 19 (3): 323 (1981) (nom. invalid).

四川、西藏。

34. 百部科 Stemonaceae [2 属：8 种]

黄精叶钩吻属 **Croomia** Torr.

黄精叶钩吻（金刚大）

Croomia japonica Miq., Ann. Mus. Bot. Lugduno-Batavi. 2: 138 (1865).

安徽、浙江、江西、福建；日本。

百部属 **Stemona** Lour.

百部（蔓生百部，婆妇草，药虱药）

Stemona japonica (Blume) Miq., Prolus. Fl. Jap. 386 (1867).

Roxburghia japonica Blume, Enum. Pl. Javae. 1: 9 (1827); *Helwingia argyi* H. Lév. et Vaniot, Bull. Herb. Boissier, ser. 2, 6 (6): 506 (1906); *Stemona argyi* (H. Lév. et Vaniot) H. Lév., Repert. Spec. Nov. Regni Veg. 10 (260-262): 441 (1912); *Stemona ovata* Nakai, J. Jap. Bot. 10 (5): 296, f. 29 (1934).

安徽、江苏、浙江、江西、湖北、福建；日本。

克氏百部

Stemona kerrii Craib, Bull. Misc. Inform. Kew. 1912 (10): 408 (1912).

Stemona saxorum Gagnep., Bull. Soc. Bot. France, 81: 148 (1934).

云南；泰国、越南。

云南百部（狭叶百部，线叶百部，丽江百部）

Stemona mairei (H. Lév.) K. Krause, Notizbl. Bot. Gart. Berlin-Dahlem. 10: 289 (1928).

Dianella mairei H. Lév., Bull. Acad. Int. Geogr. Bot. 25: 39 (1915); *Disporum mairei* H. Lév., Bull. Acad. Int. Geogr. Bot. 27: 54 (1917); *Stemona vagula* W. W. Sm., Notes Roy. Bot. Gard. Edinburgh. 10 (46): 70 (1917); *Stemona wardii* W. W. Sm., Notes Roy. Bot. Gard. Edinburgh. 10 (46): 71 (1917); *Stemona filifolia* Schltr., Notizbl. Bot. Gart. Berlin-Dahlem. 9: 194 (1924); *Stemona stenophylla* Diels ex Schltr., Notizbl. Bot. Gart. Berlin-Dahlem. 194 (1924).

四川、云南。

细花百部（小花百部，披针叶百部）

●**Stemona parviflora** C. H. Wright, J. Linn. Soc., Bot., Bot. 32: 496 (1896).

海南。

直立百部

Stemona sessilifolia (Miq.) Miq., Prolus. Fl. Jap. 386 (1867).

Roxburghia sessilifolia Miq., Ann. Mus. Bot. Lugduno-Batavi. 2 (7): 211 (1866); *Stemona erecta* C. H. Wright, Bull. Misc. Inform. Kew 1895 (100-101): 117 (1895).

山东、河南、安徽、江苏、浙江、江西、湖北、福建；日本。

山东百部

●**Stemona shandongensis** D. K. Zang, Bull. Bot. Res. 16 (4): 413 (1996).

山东。

大百部（对叶百部，九重根，山百部根）

Stemona tuberosa Lour., Fl. Cochinch., ed. 2, 2: 404 (1896).

Stemona acuta C. H. Wright, J. Linn. Soc., Bot., Bot. 32: 493. (1896).

江西、湖南、湖北、四川、贵州、云南、福建、台湾、广东、广西、海南；孟加拉国、柬埔寨、印度、老挝、缅甸、菲律宾、泰国、越南。

35. 露兜树科 Pandanaceae [2 属：7 种]

藤露兜属 **Freycinetia** Gaudich.

山露兜

Freycinetia formosana Hemsl., Bull. Misc. Inform. Kew. 1896 (117-118): 166 (1896).

Freycinetia williamsii Merr., Philipp. J. Sci. 3 (5): 315 (1908); *Freycinetia batanensis* Martelli, Webbia 3: 29 (1910); *Freycinetia formosana* f. *typica* Kimura, Jap. J. Bot. 17: 161 (1941).

台湾；菲律宾（巴坦群岛）、日本（琉球群岛）。

露兜树属 **Pandanus** Parkinson

香露兜（板兰香）

☆**Pandanus amaryllifolius** Roxb., Fl. Ind. 3: 743 (1832).

Pandanus latifolius Hassk., Flora II, Beibl. 13 (1842); *Pandanus odorus* Ridl., Fl. Malay. Penin. 5: 81 (1925).

栽培于海南；印度尼西亚，栽培于印度尼西亚（西巴布亚）、马来西亚、菲律宾、斯里兰卡、泰国、越南。

露兜草

Pandanus austrosinensis T. L. Wu, Fl. Hainan. 4: 535 (1977).

Pandanus austrosinensis var. *longifolius* L. Y. Zhou ex X. W. Zhong, J. Wuhan Bot. Res. 10 (1): 12 (1992).

广东、广西、海南。

小露兜

Pandanus fibrosus Gagnep. ex Humbert., Notul. Syst. (Paris) 6: 177 (1938).

Pandanus gressittii B. C. Stone, J. Arnold Arbor. 43. 348 (1962).

台湾、海南；越南。

勒古子

Pandanus kaida Kurz., J. Asiat. Soc. Bengal 38: 148 (1869).

Pandanus forceps Martelli, Webbia 1: 363 (1905).
广东、海南；越南。

露兜树（林投，露兜簕）

Pandanus tectorius Parkinson, J. Voy. South Seas. 46 (1773).

Pandanus fascicularis Lam., Encycl. 1: 372 (1785); *Pandanus tectorius* var. *sinensis* Warb. in Engler, Pflanzenr. 3 (9): 48 (1900); *Pandanus sinensis* (Warb. in Engl.) Martelli, Fl. Micron. 69 (1933); *Pandanus odoratissimus* var. *sinensis* (Warb.) Kaneh., Formosan Trees ed. rev. 63, f. 24 (1936); *Pandanus remotus* H. St. John, Pacific Sci. 16: 70 (1962).
贵州、云南、福建、台湾、广东、广西、海南；东南亚、热带澳大利亚、太平洋群岛（波利尼西亚）。

分叉露兜

Pandanus urophyllus Hance, Gard. Chron. 349 (1868).

Pandanus furcatus Roxb., Fl. Ind. 3: 744 (1832).
云南、西藏、广东、广西；印度、越南。

36. 藜芦科 Melanthiaceae [7 属：50 种]

白丝草属 **Chionographis** Maxim.

白丝草

•**Chionographis chinensis** K. Krause, Notizbl. Bot. Gart. Berlin-Dahlem. 10 (98): 807 (1929).

Siraitos chinensis (K. Krause) F. T. Wang et Tang, Contr. Inst. Bot. Natl. Acad. Peiping. 6: 109 (1949); *Chionographis merrilliana* H. Hara, J. Jap. Bot. 43 (9): 264-265, f. 3e (1968).
湖南、福建、广东、广西。

十万大山白丝草

•**Chionographis shiwandashanensis** Y. F. Huang et R. H. Jiang, Nordic J. Bot. 29: 605 (2011).
广西。

胡麻花属 **Heloniopsis** A. Gray

胡麻花

•**Heloniopsis umbellata** Baker, J. Bot. 12 (141): 278 (1874).

Heloniopsis acutifolia Hayata, Icon. Pl. Formosan. 9: 144, f. 53 (1920); *Sugerokia umbellata* (Baker) Koidz., Fl. Symb. Orient.-Asiat. 95 (1930); *Sugerokia acutifolia* (Hayata) Koidz., Fl. Symb. Orient.-Asiat. 95 (1930); *Heloniopsis arisanensis* Hayata ex Honda, Bot. et Zool. 6 (10): 1679 (1938); *Sugerokia arisanensis* (Hayata ex Honda) Koidz., Acta Phytotax. Geobot. 8 (1): 53 (1939); *Heloniopsis taiwaniana* S. S. Ying, Col. Illustr. Pl. Taiwan 1: 222, f. 108 (p. 67) (1980); *Helonias umbellata* (Baker) N. Tanaka, J. Jap. Bot. 73 (2): 108 (1998).
台湾。

重楼属 **Paris** L.

五指莲重楼

•**Paris axialis** H. Li, Acta Bot. Yannan. 6 (3): 272, pl. 1 (1984).

Paris axialis var. *rubra* H. H. Zhou, K. Y. Wu et R. Tao, Acta Bot. Yannan. 13 (4): 424 (1991).
四川、云南。

巴山重楼

•**Paris bashanensis** F. T. Wang et Tang, Fl. Reipubl. Popularis Sin. 15: 88, 250 (Addenda), pl. 30, f. 4 (1978).

Paris quadrifolia var. *setchuenensis* Franch., J. Bot. (Morot) 12 (12): 191 (1898); *Paris setchuenensis* (Franch.) Barkalov, Sosudistye Rasteniia Sovetskogo Dal'nego Vostoka. 3: 171 (1988).
湖北、四川。

凌云重楼

•**Paris cronquistii** (Takht.) H. Li, Acta Bot. Yannan. 6 (4): 357 (1984).

Daiswa cronquistii Takht., Brittonia. 35 (3): 262, f. 4 (1983).
四川、贵州、云南、广西。

凌云重楼（原变种）

Paris cronquistii var. **cronquistii**
四川、贵州、云南、广西。

西畴重楼

•**Paris cronquistii** var. **xichouensis** H. Li, Bull. Bot. Res. 6 (1): 113 (1986).
云南。

大理重楼

•**Paris daliensis** H. Li et V. G. Soukup, Acta Bot. Yunnan. Suppl. 5: 15 (1992).
云南。

金线重楼

Paris delavayi Franch., J. Bot. (Morot) 12 (12): 190 (1898).

Paris henryi Diels, Bot. Jahrb. Syst. 29 (2): 252 (1901); *Daiswa delavayi* (Franch.) Takht., Brittonia. 35 (3): 269 (1983).

江西、湖南、湖北、四川、贵州、云南；越南。

独龙重楼

•**Paris dulongensis** H. Li et Kurita, Acta Bot. Yunnan. Suppl. 5: 14 (1992).

云南。

海南重楼

•**Paris dunniana** H. Lév., Repert. Spec. Nov. Regni Veg. 9: 78 (1910).

Paris hainanensis Merr., Philipp. J. Sci. 23 (3): 238-239 (1923); *Daiswa hainanensis* (Merr.) Takht., Brittonia. 35 (3): 258 (1983); *Daiswa dunniana* (H. Lév.) Takht., Brittonia. 35 (3): 257 (1983).

贵州、云南、海南。

球药隔重楼

Paris fargesii Franch., J. Bot. (Morot) 12 (12): 190 (1895).

Paris petiolata var. *membranacea* C. H. Wright, J. Linn. Soc., Bot., Bot. 36 (251): 145 (1903); *Paris hookeri* H. Lév., Feddes Repert. 2: 231 (1909); *Paris polyphylla* subsp. *fargesii* (Franch.) H. Hara, J. Fac. Sci. Univ. Tokyo, Sect. 3, Bot. 10 (10): 177 (1969); *Daiswa fargesii* (Franch.) Takht., Brittonia. 35 (3): 264 (1983); *Daiswa fargesii* var. *brevipetalata* T. C. Huang et K. C. Yang, Taiwania 33: 123, f. 1 (1988); *Paris fargesii* var. *brevipetalata* (T. C. Huang et K. C. Yang) T. C. Huang et K. C. Yang, Taiwania 34 (1): 52 (1989); *Paris fargesii* var. *latipetala* H. Li et V. G. Soukup, Acta Bot. Yunnan. Suppl. 5: 17 (1992).

球药隔重楼（原变种）

Paris fargesii var. **fargesii**

江西、湖南、湖北、四川、贵州、云南、广东、广西；越南。

具柄重楼

•**Paris fargesii** var. **petiolata** (Baker ex C. H. Wright) F. T. Wang et Tang, Fl. Reipubl. Popularis Sin. 15: 91 (1978).

Paris petiolata Baker ex C. H. Wright, J. Linn. Soc., Bot. 36. 145 (1903); *Paris delavayi* var. *ovalifolia* H. Li, Bull. Bot. Res. 6 (1): 115-116 (1986); *Paris delavayi* var. *petiolata* (Baker ex C. H. Wright) H. Li, Genus Paris. 30 (1998).

江西、四川、贵州、广西。

长柱重楼

Paris forrestii (Takht.) H. Li, Acta Bot. Yannan. 6 (4): 359 (1984).

Daiswa forrestii Takht., Brittonia. 35 (3): 268, f. 5 (1983); *Paris longistigmata* H. Li, Acta Bot. Yannan. 6 (3): 275, pl. 2 (1984).

云南、西藏；缅甸。

禄劝花叶重楼

•**Paris luquanensis** H. Li, Acta Bot. Yannan. 4 (4): 353, pl. 1 (1982).

云南。

毛重楼

•**Paris mairei** H. Lév., Repert. Spec. Nov. Regni Veg. 11: 302 (1912).

Paris violacea H. Lév., Repert. Spec. Nov. Regni Veg. 11: 302 (1912); *Paris polyphylla* var. *pubescens* Hand.-Mazz., Anz. Akad. Wiss. Wien, Math.-Naturwiss. Kl. 62: 145 (1925); *Paris pubescens* (Hand.-Mazz.) F. T. Wang et Tang, Fl. Reipubl. Popularis Sin. 15: 96 (1978); *Daiswa violacea* (H. Lév.) Takht., Brittonia 35 (3): 266 (1983); *Daiswa pubescens* (Hand.-Mazz.) Takht., Brittonia. 35 (3): 268 (1983).

四川、贵州、云南。

花叶重楼

Paris marmorata Stearn, Bull. Brit. Mus. (Nat. Hist.), Bot. 2 (3): 79, pl. 8, f. 11 (1956).

Paris polyphylla subsp. *marmorata* (Stearn) H. Hara, J. Fac. Sci. Univ. Tokyo, Sect. 3, Bot. 10 (10): 176 (1969).

四川、云南、西藏；不丹、尼泊尔、印度。

多蕊重楼

•**Paris polyandra** S. F. Wang, Bull. Bot. Lab. N. E. Forest. Inst., Harbin 5 (1): 169 (1985).

四川。

七叶一枝花

Paris polyphylla Sm. in Rees, Cycl. 26: Paris no. 2. (1813).

Daiswa polyphylla (Sm.) Raf., Fl. Tellur. 4: 18 (1838); *Paris debeauxii* H. Lév., Nouv. Contrib. Liliac. etc. Chime 21 (1906); *Paris biondii* Pamp., Nuovo Giorn. Bot. Ital. new series. 17 (2): 241 (1910); *Paris taitungensis* S. S. Ying, Quart. J. Chin. Forest. 8 (4): 139 (1975).

七叶一枝花（原变种）

Paris polyphylla var. **polyphylla**

山西、河南、陕西、甘肃、安徽、江苏、湖北。

白花重楼

•**Paris polyphylla** var. **alba** H. Li et R. J. Mitch., Bull. Bot. Res. 6 (1): 123 (1986).

Paris marchandii H. Lév., Repert. Spec. Nov. Regni

Veg. 12 (341-345): 533 (1913).
湖北、贵州、云南。

华重楼

Paris polyphylla var. **chinensis** (Franch.) H. Hara, J. Fac. Sci. Univ. Tokyo, Sect. 3, Bot. 10 (10): 176, f. 3D (1969).

Paris chinensis Franch., Nouv. Arch. Mus. Hist. Nat. ser. 2. 10: 97 (1888); *Paris brevipetala* Y. K. Yang, Proc. Calif. Acad. Sci. ser. 2, (1854); *Paris fauchtiana* H. Lév., Bull. Acad. Int. Géogr. Bot. 12 (161-162): 256 (1903); *Paris formosana* Hayata, J. Coll. Sci. Imp. Univ. Tokyo 30 (1): 367 (1911); *Paris brachysepala* Pamp., Nuovo Giorn. Bot. Ital. new series. 22 (2): 266 (1915); *Daiswa chinensis* (Franch.) Takht., Brittonia. 35 (3): 259 (1983); *Daiswa chinensis* subsp. *brachysepala* (Pamp.) Takht., Brittonia. 35 (3): 262 (1983).

安徽、江苏、浙江、江西、湖南、湖北、四川、贵州、云南、福建、台湾、广东、广西；越南、老挝、缅甸、泰国。

峨眉重楼

•**Paris polyphylla** var. **emeiensis** H. X. Yin, H. Zhang et D. Xue, Acta Phytotax. Sin. 45 (6); 823 (2007).

四川。

广东重楼

•**Paris polyphylla** var. **kwantungensis** (R. H. Miao) S. C. Chen et S. Yun Liang, Acta Phytotax. Sin. 33 (5): 490 (1995).

Paris kwantungensis R. H. Miao, Acta Sci. Nat. Univ. Sunyatseni. (3): 74 (1982).

广东。

宽叶重楼

•**Paris polyphylla** var. **latifolia** F. T. Wang et C. Yu Chang, Fl. Reipubl. Popularis Sin. 15: 94, 250 (1978).

山西、河南、陕西、安徽、江西、湖北。

小重楼

•**Paris polyphylla** var. **minor** S. F. Wang, Bull. Bot. Res. 8 (3): 139, photos 1-9 (1988).

四川。

矮重楼

•**Paris polyphylla** var. **nana** H. Li, Bull. Bot. Res. 6 (1): 123 (1986).

四川。

攀西直瓣重楼

•**Paris polyphylla** var. **panxiensis** J. L. Liu, Acta Bot. Boreal.-Occident. Sin., 29 (8): 1698 (2009).

四川。

狭叶重楼

Paris polyphylla var. **stenophylla** Franch., Nouv. Arch. Mus. Hist. Nat. ser. 2. 10: 97 (1888).

Paris polyphylla var. *brachystemon* Franch., J. Bot. (Morot) 12 (12): 191 (1898); *Paris bockiana* Diels, Bot. Jahrb. Syst. 29 (2): 253 (1900); *Paris lancifolia* Hayata, Bot. Mag. 20 (231): 52 (1906); *Paris hamifer* H. Lév., Repert. Spec. Nov. Regni Veg. 12 (325-330): 288 (1913); *Paris arisanensis* Hayata, Icon. Pl. Formosan. 9: 141 (1920); *Daiswa lancifolia* (Hayata) Takht., Brittonia. 35 (3): 266 (1983); *Daiswa bockiana* (Diels) Takht., Brittonia. 35 (3): 267 (1983).

山西、陕西、甘肃、安徽、江苏、浙江、江西、湖南、湖北、四川、贵州、云南、西藏、福建、台湾、广西；缅甸、不丹、尼泊尔、印度。

四叶重楼

Paris quadrifolia L., Sp. Pl., 1: 367 (1753).

Paris quadrifolia var. *angustiovata* D. Z. Ma et H. L. liu, Fl. Ningxianensis. 2: 523 (1988).

黑龙江、新疆；蒙古、俄罗斯、欧洲。

皱叶重楼

•**Paris rugosa** H. Li et Kurita, Acta Bot. Yunnan. Suppl. 5: 13, fig. 1 (1992).

云南。

药山重楼

•**Paris stigmatosa** S. D. Zhang, Novon 18 (4): 551 (2008).

云南。

黑籽重楼

Paris thibetica Franch., Nouv. Arch. Mus. Hist. Nat. ser. 2. 10: 184 (1888).

Paris polyphylla var. *appendiculata* H. Hara, Fl. E. Himalaya 1: 410 (1966); *Paris polyphylla* var. *thibetica* (Franch.) H. Hara, J. Fac. Sci. Univ. Tokyo, Sect. 3, Bot. 10 (10): 159, 176, f. 6d (1969); *Daiswa thibetica* (Franch.) Takht., Brittonia. 35 (3): 265 (1983).

黑籽重楼（原变种）

Paris thibetica var. **thibetica**

甘肃、四川、贵州、云南、西藏；缅甸、不丹、印度。

无瓣黑籽重楼

Paris thibetica var. **apetala** Hand.-Mazz., Anz. Akad. Wiss. Wien, Math.-Naturwiss. Kl. 62: 149 (1925).

四川、云南、西藏；缅甸、不丹、印度。

卷瓣重楼

•**Paris undulata** H. Li et V. G. Soukup, Acta Bot. Yannan. 5: 16, f. 4 (1992).
四川。

平伐重楼

Paris vaniotii H. Lév., Mém. Pontif. Accad. Romana Nuovi Lincei. 24: 355 (1906).
湖南、贵州、云南；缅甸。

南重楼

Paris vietnamensis (Takht.) H. Li, Acta Bot. Yannan. 6 (4): 357 (1984).
Daiswa hainanensis subsp. *vietnamensis* Takht., Brittonia. 35: 259 (1983).
云南、广西；越南。

文县重楼

•**Paris wenxianensis** Z. X. Peng et R. N. Zhao, Acta Bot. Boreal.-Occid. Sin. 6 (2): 133 (1986).
甘肃。

延龄草属 Trillium L.

西藏延龄草

Trillium govanianum Wall. ex Royle, Ill. Bot. Himal. Mts. 1: 384, pl. 93, f. 1 (1839).
Trillidium govanianum (Wall. ex Royle) Kunth, Enum. Pl. (Kunth) 5: 120 (1850).
西藏；不丹、尼泊尔、印度。

台湾延龄草

•**Trillium taiwanense** S. S. Ying, J. Jap. Bot. 64 (5): 154, 156, f. 5 (1989).
台湾。

延龄草

Trillium tschonoskii Maxim., Bull. Acad. Imp. Sci. Saint-Pétersbourg 29 (1): 218 (1884).
Trillium tschonoskii f. *morii* (Hayata) Yamam., Publ. Field Columbian Mus. Bot. Ser. (1895); *Trillium morii* Hayata, Icon. Pl. Formosan. 7: 41, p (1918); *Trillium tschonoskii* var. *morii* (Hayata) Masam., List Pl. Formosa (Kawakami) 135 (1954); *Trillium tschonoskii* var. *himalaicum* H. Hara, J. Jap. Bot. 44: 373. fig. 1-2 (1969).
陕西、甘肃、安徽、浙江、湖北、四川、云南、西藏、福建、台湾；日本、朝鲜、缅甸、不丹、印度。

藜芦属 Veratrum L.

兴安藜芦

Veratrum dahuricum (Turcz.) Loes., Verh. Bot. Vereins Prov. Brandenburg 68: 134 (1926).
Veratrum album var. *dahuricum* Turcz., Bull. Soc. Imp. Naturalistes Moscou. 28 (1): 295 (1855).
黑龙江、吉林、辽宁、内蒙古；朝鲜、俄罗斯。

台湾藜芦

•**Veratrum formosanum** Loes., Verh. Bot. Vereins Prov. Brandenburg. 68: 142 (1926).
Veratrum kudoi Masam., J. Soc. Trop. Agric. 4: 193 (1932); *Veratrum formosanum* var. *albiflorum* Masam., Short Fl. Formosa 274 (1936); *Veratrum formosanum* f. *albiflorum* (Masam.) Masam., List Vasc. Pl. Taiwan 132 (1954).
台湾。

贡山藜芦

•**Veratrum gongshanense** S. Z. Chen et G. J. Xu, J. China Pham. Univ. 22 (6): 340. f. 2 (1989).
云南。

毛叶藜芦

•**Veratrum grandiflorum** (Maxim. ex Baker) Loes., Verh. Bot. Vereins Prov. Brandenburg 68: 135 (1926).
Veratrum album var. *grandiflorum* Maxim. ex Baker, J. Linn. Soc., Bot., Bot. 17: 471 (1879); *Veratrum puberulum* Loes., Verh. Bot. Vereins Prov. Brandenburg 68: 135 (1926); *Veratrum bracteatum* var. *tibeticum* Loes., Repert. Spec. Nov. Regni Veg. 24 (659-668): 67 (1927).
浙江、江西、湖南、湖北、四川、云南。

阿尔泰藜芦

Veratrum lobelianum Bernh., Neues J. Bot. 2: 356 (1807).
新疆；蒙古、哈萨克斯坦、俄罗斯、欧洲。

毛穗藜芦

Veratrum maackii Regel, Mém. Acad. Imp. Sci. Saint-Pétersbourg, Ser. 7. 4 4. 154 (1861).
Veratrum nigrum var. *maackii* (Regel) Maxim., Sp. Pl. 2: 1044 (1753); *Zigadenus japonicus* Miq., Verslagen Meded. Afd. Natuurk. Kon. Akad. Wetensch. ser. 2. 2: 88-89 (1868); *Veratrum bohnhofii* Loes., Verh. Bot. Vereins Prov. Brandenburg 68: 143 (1926); *Veratrum mandschuricum* Loes., Verh. Bot. Vereins Prov. Brandenburg 68: 140 (1926); *Veratrum oblongum* var. *macranthum* Loes. f., Feddes Repert. 24: 68 (1927); *Veratrum versicolor* f. *brunneum* Nakai, Rep. Inst. Sci. Res. Manchoukuo. 1: 341 (1937); *Veratrum maackii* var. *macramthum* (Loes. f.) Nakai, Rep. Inst. Sci. Res. Manchoukuo. 1: 339 (1937); *Veratrum versicolor* f. *brunneum* Nakai, Rep. Inst. Sci. Res. Manchoukuo. 1:

341 (1937); *Veratrum nigrum* subsp. *maackii* (Regel) Kitam., Acta Phytotax. Geobot. 22: 71 (1966).
黑龙江、吉林、辽宁、内蒙古、河北、山东；日本、朝鲜、俄罗斯。

蒙自藜芦（披麻草，小棕包）

•**Veratrum mengtzeanum** Loes., Verh. Bot. Vereins Prov. Brandenburg 68: 145 (1926).
Veratrum wilsonii C. H. Wright ex Loes., Verh. Bot. Vereins Prov. Brandenburg. 68. 145, 146 (1926).
贵州、云南。

小花藜芦

Veratrum micranthum F. T. Wang et Tang, Contr. Inst. Bot. Natl. Acad. Peiping. 6: 215 (1949).
四川、云南。

南川藜芦

•**Veratrum nanchuanense** S. Z. Chen et G. J. Xu, J. China Pham. Univ. 22 (6): 338. f. 1 (1991).
四川。

藜芦（黑藜芦，山葱）

Veratrum nigrum L., Sp. Pl., 2: 1044 (1753).
Veratrum bracteatum Batalin, Trudy Imp. S.-Peterburgsk. Bot. Sada. 13 (1): 106 (1893); *Veratrum nigrum* var. *ussuriense* Loes., Repert. Spec. Nov. Regni Veg. 24 (659-668): 70 (1927); *Veratrum nigrum* var. *microcarpum* Loes., Repert. Spec. Nov. Regni Veg. 25 (681-683): 8 (1928); *Veratrum ussuriense* (Loes.) Nakai, Rep. Exped. Manchoukuo Sect. IV, Pt. 2, Contr. Cogn. Fl. Manshuricae 1: 335 (1937); *Veratrum nigrum* subsp. *ussuriense* (Loes.) Vorosch., Florist. issl. v razn. raionakh SSSR. 158 (1985).
黑龙江、吉林、辽宁、内蒙古、河北、山西、山东、河南、陕西、甘肃、湖北、四川、贵州；蒙古、哈萨克斯坦、俄罗斯、欧洲。

长梗藜芦

•**Veratrum oblongum** Loes., Verh. Bot. Vereins Prov. Brandenburg (1926).
Veratrum maximowiczii C. H. Wright, J. Linn. Soc., Bot. 36: 147 (1903); *Veratrum maximowiczii* var. *hupehense* Pamp., Nuovo Giorn. Bot. Ital. new series. 17 (2): 243 (1910).
江西、湖北、四川。

尖被藜芦（光脉藜芦，毛脉藜芦）

Veratrum oxysepalum Turcz., Bull. Soc. Imp. Naturalistes Moscou. 13: 79 (1840).
Veratrum dolichopetalum Loes. f., Verb. Bot. Ver. Brand. 68: 138 (1926); *Veratrum patulum* Loes., Verh. Bot. Vereins Prov. Brandenburg (1926).
黑龙江、吉林、辽宁；日本、朝鲜、俄罗斯。

牯岭藜芦（天目藜芦，闽泊藜芦）

•**Veratrum schindleri** Loes., Verh. Bot. Vereins Prov. Brandenburg 68: 139 (1926).
Veratrum japonicum (Baker) Loes., Verh. Bot. Vereins Prov. Brandenburg 68: 141 (1926); *Veratrum warburgii* Loes., Repert. Spec. Nov. Regni Veg. 24 (659-668): 70 (1927); *Veratrum atroviolaceum* Loes., Repert. Spec. Nov. Regni Veg. 25 (681-683): 2 (1928).
河南、安徽、江苏、浙江、江西、湖南、湖北、福建、广东、广西。

狭叶藜芦

•**Veratrum stenophyllum** Diels, Notes Roy. Bot. Gard. Edinburgh. 5 (25): 303 (1912).
Veratrum yunnanense Loes., Verh. Bot. Vereins Prov. Brandenburg 68: 144, 163 (1926).

狭叶藜芦（原变种）

Veratrum stenophyllum var. **stenophyllum**
四川、云南。

滇北藜芦

Veratrum stenophyllum var. **taronense** F. T. Wang et Z. H. Tsi, Fl. Reipubl. Popularis Sin. 14: 29, 282 (Addenda) (1980).
云南。

大理藜芦

•**Veratrum taliense** Loes., Verh. Bot. Vereins Prov. Brandenburg 68: 145 (1926).
Veratrum cavaleriei Loes., Repert. Spec. Nov. Regni Veg. 25 (681-683): 4 (1928).
四川、云南。

丫蕊花属 Ypsilandra Franch.

高山丫蕊花

Ypsilandra alpina F. T. Wang et Tang, Bull. Fan Mem. Inst. Biol. Bot. 7 (2): 81, 88 (1936).
Helonias alpina (F. T. Wang et Tang) N. Tanaka, J. Jap. Bot. 73 (2): 106 (1998).
云南、西藏；缅甸。

小果丫蕊花

•**Ypsilandra cavaleriei** H. Lév. et Vaniot, Mém. Pontif. Accad. Romana Nuovi Lincei. 23: 375 (1905).
Ypsilandra parviflora F. T. Wang et Tang, Bull. Fan Mem. Inst. Biol. Bot., new series. 1: 106 (1943).
湖南、贵州、广东、广西。

金平丫蕊花

•**Ypsilandra jinpingensis** W. H. Chen et Y. M. Shui, Bull. Bot. Res. 23 (3): 267. f. 1 (2003).
云南。

甘肃丫蕊花

•**Ypsilandra kansuensis** R. N. Zhao et Z. X. Peng, Acta Bot. Boreal.-Occid. Sin. 7 (1): 57 (1987).
甘肃。

丫蕊花

•**Ypsilandra thibetica** Franch., Nouv. Arch. Mus. Hist. Nat. ser. 2. 10: 93 (1887).

Ypsilandra thibetica var. *angustifolia* F. T. Wang et Tang, Bull. Fan Mem. Inst. Biol. Bot., new series. 1: 106 (1943); *Helonias thibetica* (Franch.) N. Tanaka, J. Jap. Bot. 73 (2): 106 (1998).
湖南、四川、广西。

云南丫蕊花

Ypsilandra yunnanensis W. W. Sm. et Jeffrey, Notes Roy. Bot. Gard. Edinburgh. 9 (42): 143-144 (1916).
Ypsilandra yunnanensis var. *micrantha* Hand.-Mazz., Sitzungsber. Kaiserl. Akad. Wiss., Math.-Naturwiss. Cl., Abt. 1. 60: 155 (1878); *Ypsilandra yunnanensis* var. *himalaica* H. Hara, Enum. Fl. Pl. Nepal 1: 80 (1978); *Helonias yunnanensis* (W. W. Sm. et Jeffrey) N. Tanaka, J. Jap. Bot. 73 (2): 105 (1998).
云南、西藏；缅甸、不丹、尼泊尔。

棋盘花属 **Zigadenus** Michx.

棋盘花

Zigadenus sibiricus (L.) A. Gray, Ann. Lyceum Nat. Hist. New York. 4: 112 (1857).
Melanthium sibiricum L., Sp. Pl., 1: 339 (1753); *Anticlea sibirica* (L.) Kunth, Enum. Pl. (Kunth) 4: 191 (1843).
黑龙江、吉林、辽宁、内蒙古、河北、山西、湖北、四川；蒙古、日本、朝鲜、俄罗斯。

37. 秋水仙科 Colchicaceae [3 属：16 种]

万寿竹属 **Disporum** Salisb. ex D. Don

尖被万寿竹

•**Disporum acuminatissimum** W. L. Sha, Guihaia 5 (1): 13 (1985).
广西。

短蕊万寿竹

•**Disporum bodinieri** (H. Lév. et Vaniot) F. T. Wang et Tang, Contr. Inst. Bot. Natl. Acad. Peiping. 6: 20 (1949).
Tovaria bodinieri H. Lév. et Vaniot, Mém. Pontif. Accad. Romana Nuovi Lincei. 23: 360 (1905); *Disporum pullum* var. *ovalifolium* H. Lév., Repert. Spec. Nov. Regni Veg. 7 (152-156): 384 (1909); *Disporum brachystemon* F. T. Wang et Tang, Contr. Inst. Bot. Natl. Acad. Peiping. 6: 19 (1949).
湖南、四川、贵州、云南。

距花万寿竹

Disporum calcaratum D. Don, Proc. Linn. Soc. London 1: 45 (1839).
Disporum hamiltonianum D. Don, Proc. Linn. Soc. London 1: 45 (1839); *Disporum latipetalum* Collett et Hemsl., J. Linn. Soc., Bot. 28 (181-191): 139 (1890); *Disporum calcaratum* var. *hamiltonianum* (D. Don) Baker, Bot. Mus. Leafl. (1932); *Disporum pedunculatum* H. Li et J. L. Huang, Guihaia 9 (4): 294 (1989); *Disporum jiangchengense* Y. Y. Qian, Guihaia 10 (3): 184 (1990).
云南；不丹、印度、缅甸、尼泊尔、泰国、越南。

万寿竹

Disporum cantoniense (Lour.) Merr., Philipp. J. Sci. 15 (3): 229 (1919).
Fritillaria cantoniensis Lour., Fl. Cochinch., ed. 2, 1: 206 (1790); *Uvularia chinensis* Ker Gawl., Bot. Mag. 23: pl. 916 (1806); *Disporum pullum* Salisb. ex Hook. f., Trans. Linn. Soc. London 1: 331 (1812); *Streptopus chinensis* (Ker Gawl.) Sm., Cycl. (Rees) 37. sub Uvularia, n. 4. (1819); *Disporum chinense* D. Don, Prodr. Fl. Nepal. 50 (1825); *Disporum pullum* var. *brunneum* C. H. Wright, Bot. Mag. 145: pl. 8807 (1919); *Disporum cantoniense* var. *brunneum* (C. H. Wright) Hand.-Mazz., Symb. Sin. 7 (5): 1207 (1936); *Disporum cantoniense* f. *brunneum* (C. H. Wright) H. Hara, Himalayan Pl. 1: 186 (1988).
陕西、安徽、湖南、湖北、四川、贵州、云南、西藏、福建、台湾、广东、广西；不丹、印度、老挝、缅甸、尼泊尔、越南、泰国。

海南万寿竹

•**Disporum hainanense** Merr., Philipp. J. Sci. 21 (4): 338 (1922).
Disporum senpomonticolum Yamam., Contr. Fl. Kainan. 1: 28 (1943).
海南。

台湾万寿竹

•**Disporum kawakamii** Hayata, J. Coll. Sci. Imp. Univ. Tokyo 30 (1): 365 (1911).
Disporum cantoniense var. *kawakamii* (Hayata) H.

Hara, Himalayan Pl. 1 (Univ. Mus. Univ. Tokyo Bull. 31): 187 (1988); *Disporum taiwanense* S. S. Ying, J. Jap. Bot. 64 (5): 151, 153, f. 3 (1989).
台湾。

长蕊万寿竹

●**Disporum longistylum** (H. Lév. et Vaniot) H. Hara, J. Jap. Bot. 59 (2): 40 (1984).
Tovaria longistyla H. Lév. et Vaniot, Mém. Pont. Acad. Rom. Nuov. Lincei. 23: 361 (1905); *Disporum cavaleriei* H. Lév., Repert. Spec. Nov. Regni Veg. 6 (119-124): 264 (1909).
陕西、甘肃、湖北、四川、贵州、云南、西藏。

大花万寿竹

Disporum megalanthum F. T. Wang et Tang, Fl. Reipubl. Popularis Sin. 15: 45, 250 (Addenda), pl. 16, f. 1 (1978).
陕西、甘肃、湖北、四川。

南投万寿竹

●**Disporum nantouense** S. S. Ying, Mém. Coll. Agric. Natl. Taiwan Univ. 30: 59 (1990).
Uvularia sessilis Thunb., Fl. Jap. 135 (1784); *Disporum taipingense* M. N. Tamura et Kawano, Anales Univ. Chile (1843-1922) (1843); *Disporum sessile* var. *stenophyllum* Franch. et Sav., Enum. Pl. Jap. 2: 52 (1876); *Disporum sessile* f. *intermedium* H. Hara, Bull. Univ. Mus. Univ. Tokyo 31: 203 (1988); *Disporum sessile* var. *shimadae* f. *intermedium*, Bull. Univ. Mus. Univ. Tokyo 31: 203 (1988); *Disporum sessile* f. *intermedium* H. Hara, Bull. Univ. Mus. Univ. Tokyo 31: 203 (1988).
台湾。

山万寿竹

●**Disporum shimadae** Hayata, J. Coll. Sci. Imp. Univ. Tokyo 30 (1): 367 (1911).
Disporum sessile var. *shimadae* f. *intermedium* H. Hara, Bull. Univ. Mus. Univ. Tokyo 31: 203 (1988).
台湾。

山东万寿竹

Disporum smilacinum A. Gray, Narr. Exped. China Japan 2: 321 (1857).
Disporum smilacinum var. *album* Maxim., Bull. Acad. Imp. Sci. Saint-Pétersbourg 29 (1): 215 (1884); *Disporum smilacinum* var. *ramosum* Nakai, Bot. Mag. (Tokyo) 45: 107. (1931).
山东；日本、朝鲜、俄罗斯。

横脉万寿竹

Disporum trabeculatum Gagnep., Bull. Soc. Bot. France. 81: 286 (1934).
Tovaria esquirolii H. Lév., Repert. Spec. Nov. Regni Veg. 6 (119-124): 264 (1909); *Disporum austrosinense* H. Hara, Ill. Himal Pl. 1: 192 (1988).
贵州、云南、广东；越南。

少花万寿竹

Disporum uniflorum Baker ex S. Moore, J. Bot. 13 (152): 230 (1875).
Disporum flavens Kitag., Bot. Mag. 48: 92, f. 9 (1934); *Disporum sessile* var. *pachyrrhizum* Hand.-Mazz., Symb. Sin. 7 (5): 1207 (1936); *Disporum sessile* subsp. *flavens* (Kitag.) Kitag., Lin. Fl. Manshur. 135 (1939).
辽宁、河北、山东、陕西、安徽、江苏、江西、湖北、四川；朝鲜。

宝珠草

Disporum viridescens (Maxim.) Nakai, J. Coll. Sci. Imp. Univ. Tokyo 31: 246 (1911).
Uvularia viridescens Maxim., Prim. Fl. Amur. 9: 273 (1859); *Prosartes viridescens* (Maxim.) Regel, Tent. Fl. Ussur. 148 (1861); *Disporum smilacinum* var. *viridescens* (Maxim.) Maxim., Mélanges Biol. Bull. Phys.-Math. Acad. Imp. Sci. Saint-Pétersbourg 11: 859 (1883).
黑龙江、吉林、辽宁；日本、朝鲜、俄罗斯（远东地区）。

嘉兰属 **Gloriosa** L.

嘉兰

Gloriosa superba L., Sp. Pl. 1: 305 (1753).
云南、非洲。

山慈菇属 **Iphigenia** Kunth

山慈菇

Iphigenia indica Kunth, Enum. Pl. 4: 213 (1843).
Lloydia melanantha H. Lév., Repert. Spec. Nov. Regni Veg. 11 (301-303): 493 (1913).
云南、海南；柬埔寨、印度、印度尼西亚、缅甸、尼泊尔、菲律宾、斯里兰卡、泰国、越南、澳大利亚北部。

38. 菝葜科 Smilacaceae [1 属：90 种]

菝葜属 **Smilax** L.

弯梗菝葜

Smilax aberrans Gagnep., Bull. Soc. Bot. France. 81: 71 (1934).

Smilax tsaii F. T. Wang, Bull. Fan Mem. Inst. Biol. Bot. 5: 117 (1934).
四川、贵州、云南、广东、广西；越南。

尖叶菝葜

Smilax arisanensis Hayata, J. Coll. Sci. Imp. Univ. Tokyo 30 (1): 356 (1911).
浙江、江西、四川、贵州、云南、福建、台湾、广东、广西；越南。

穗菝葜

Smilax aspera L., Sp. Pl. 2: 1028 (1753).
Smilax maculata Roxb., Fl. Ind. 3: 796 (1832); *Smilax aspera* var. *maculata* (Roxb.) A. DC., Monogr. Phan. 1: 163 (1878).
云南、西藏；不丹、印度、缅甸、尼泊尔、斯里兰卡、西亚（环地中海沿岸）、欧洲中部和南部、非洲东部和北部。

疣枝菝葜

Smilax aspericaulis Wall. ex A. DC., Monogr. Phan. 1: 195 (1878).
Smilax verruculosa Merr., Philipp. J. Sci. 5 (3): 173 (1910); *Smilax trachyclada* Hayata, Icon. Pl. Formosan. 9: 138, f. 50: 3 (1920); *Smilax bracteata* var. *verruculosa* (Merr.) T. Koyama, Quart. J. Taiwan Mus. 10: 18 (1957); *Smilax bracteata* subsp. *verruculosa* (Merr.) T. Koyama, Fl. E. Himalaya 1: 415 (1966).
贵州、云南、西藏、台湾、广西、海南；印度、缅甸、菲律宾、越南。

灰叶菝葜

Smilax astrosperma F. T. Wang et Tang, Fl. Hainan. 4: 534 (1977).
广西、海南。

浙南菝葜

Smilax austrozhejiangensis Q. Lin, Acta Phytotax. Sin. 28 (1): 71, pl. 1 (1990).
浙江。

巴坡菝葜

Smilax bapouensis H. Li, Acta Bot. Yunnan. Suppl. 5: 20 (1992).
云南。

少花菝葜

Smilax basilata F. T. Wang et Tang, Fl. Reipubl. Popularis Sin. 15: 254 (1978).
云南、广西。

圆叶菝葜

Smilax bauhinioides Kunth, Enum. Pl. 5: 243 (1850).
广西；越南。

云南肖菝葜

Smilax binchuanensis P. Li et C. X. Fu, Phytotaxa 117 (2): 58 (2013).
Heterosmilax yunnanensis Gagnep., Bull. Soc. Bot. France 81: 70 (1934).
云南。
附注：这是一个新名称。

西南菝葜

Smilax biumbellata T. Koyama, Brittonia. 26: 133 (1974).
甘肃、湖南、四川、贵州、云南、西藏、广西；印度、缅甸。

圆锥菝葜

Smilax bracteata C. Presl, Reliq. Haenk. 1 (2): 131 (1827).
Smilax stenopetala A. Gray, Mém. Amer. Acad. Arts n.s. 6 (2): 412 (1858); *Smilax lyi* H. Lév., Repert. Spec. Nov. Regni Veg. 8 (166-172): 171 (1910).
贵州、云南、福建、台湾、广东、广西、海南；柬埔寨、印度尼西亚、日本、老挝、马来西亚、菲律宾、泰国、越南。

密疣菝葜

Smilax chapaensis Gagnep., Bull. Soc. Bot. France. 81: 72 (1934).
Smilax micropoda var. *reflexa* J. B. Norton in Sargent, Pl. Wilson. 3 (1): 6 (1916); *Smilax lanceifolia* var. *reflexa* (J. B. Norton) T. Koyama, Quart. J. Taiwan Mus. 13: 26 (1960).
湖南、湖北、四川、贵州、云南、广西；越南。

菝葜（金刚兜）

Smilax china L., Sp. Pl. 2: 1029 (1753).
Smilax china f. *obtusa* H. Lév., Sp. Pl. 2: 1029 (1753); *Coprosmanthus japonicus* Kunth, Enum. Pl. 5: 268 (1850); *Smilax pteropus* Miq., J. Bot. Néerl. 1: 89 (1861); *Smilax taiheiensis* Hayata, Icon. Pl. Formosan. 9: 134 (1920); *Smilax china* var. *taiheiensis* (Hayata) T. Koyama, Quart. J. Taiwan Mus. 10: 9 (1957).
辽宁、山东、河南、安徽、江苏、浙江、江西、湖南、湖北、四川、贵州、云南、福建、台湾、广东、广西；日本、缅甸、朝鲜、菲律宾、韩国、泰国、越南。

华肖菝葜

Smilax chinensis (F. T. Wang) P. Li et C. X. Fu, Phytotaxa 117 (2): 58 (2013).
Heterosmilax chinensis F. T. Wang, Bull. Fan Mem. Inst. Biol., Bot. 5: 121 (1934).

四川、云南、广东、广西。

柔毛菝葜

●**Smilax chingii** F. T. Wang et Tang, Sinensia, 5 (3-4): 426 (1934).

Smilax megalantha var. *ferruginea* F. T. Wang, Bull. Fan Mem. Inst. Biol. Bot. 5: 114 (1934); *Smilax megalantha* var. *maclurei* Merr., Lingnan Sci. J. 13 (1): 20 (1934); *Smilax chingii* var. *papillosifolia* J. M. Xu, Fl. Sichuan. 7: 350 (1991).

江西、湖南、湖北、四川、贵州、云南、福建、广东、广西。

银叶菝葜

●**Smilax cocculoides** Warb., Bot. Jahrb. Syst. 29 (2): 257 (1900).

Smilax polycolea var. *acuminata* Warb., Bot. Jahrb. Syst. 29 (2): 257 (1900).

湖南、湖北、四川、贵州、云南、广东、广西。

筐条菝葜

Smilax corbularia Kunth, Enum. Pl. 5: 262 (1850).

Smilax banglaoensis R. H. Miao, Acta Sci. Nat. Univ. Sunyatseni. (3): 76 (1982).

云南、广东、广西、海南；缅甸、越南。

筐条菝葜（原变种）

Smilax corbularia var. **corbularia**

云南、广东、广西、海南；缅甸、越南。

光叶菝葜

Smilax corbularia var. **woodii** (Merr.) T. Koyama, Quart. J. Taiwan Mus. 13: 15 (1960).

Smilax woodii Merr., Univ. Calif. Publ. Bot. 15: 27 (1929); *Smilax amaurophlebia* Merr., Lingnan Sci. J. 11 (1): 39 (1932); *Smilax balansana* Baill. ex Gagnep., Fl. Gen. Indo-Chine 6: 760 (1934).

云南、海南；印度尼西亚、马来西亚。

合蕊菝葜

●**Smilax cyclophylla** Warb., Bot. Jahrb. Syst. 29 (2): 257 (1900).

四川、云南。

平滑菝葜

●**Smilax darrisii** H. Lév., Repert. Spec. Nov. Regni Veg. 12 (341-345): 533 (1913).

四川、贵州、云南。

小果菝葜

Smilax davidiana A. DC., Monogr. Phan. 1: 104 (1878).

Smilax china var. *brachypoda* Rehder, J. Arnold Arbor. 8 (2): 92 (1927).

安徽、江苏、浙江、江西、湖南、贵州、云南、福建、广东、广西；日本、老挝、泰国、越南。

密刺菝葜

●**Smilax densibarbata** F. T. Wang et Tang, Fl. Reipubl. Popularis Sin. 15: 255 (1978).

云南。

托柄菝葜

●**Smilax discotis** Warb., Bot. Jahrb. Syst. 29 (2): 256 (1900).

河南、陕西、甘肃、安徽、浙江、江西、湖南、湖北、四川、贵州、云南、福建。

西藏菝葜

Smilax elegans Wall. ex Kunth, Enum. Pl. 5: 163 (1850).

Smilax glaucophylla Klotzsch, Bot. Ergebn. Reise Waldemar 45, t. 91 (1862); *Smilax parvifolia* Wall. ex Hook. f., Fl. Brit. Ind. 6 (18): 304 (1892).

西藏；不丹、印度、缅甸、尼泊尔。

四棱菝葜

●**Smilax elegantissima** Gagnep., Bull. Soc. Bot. France. 81: 619 (1934).

Smilax polycephala F. T. Wang et Tang, Fl. Reipubl. Popularis Sin. 15: 255 (1978).

云南；越南。

台湾菝葜

Smilax elongatoumbellata Hayata, J. coll. Sci. Imp. Univ. Tokyo 30: 358 (1911).

Smilax elongatoreticulata Hayata, J. Coll. Sci. Imp. Univ. Tokyo 30 (1): 357 (1911); *Smilax elongatoumbellata* f. *elongatoreticulata* (Hayata) T. Koyama; Quart. J. Taiwan Mus. 10: 12 (1957).

台湾；日本。

峨眉菝葜

●**Smilax emeiensis** J. M. Xu, Acta Phytotax. Sin. 23 (3): 234 (1985).

四川。

长托菝葜（刺萆薢）

Smilax ferox Wall. ex Kunth, Enum. Pl. 5: 251 (1850).

四川、贵州、云南、台湾、广东、广西；不丹、印度、缅甸、尼泊尔、越南。

富宁菝葜

●**Smilax fooningensis** F. T. Wang et Tang, Fl. Reipubl. Popularis Sin. 15: 255 (1978).

云南。

四翅菝葜

Smilax gagnepainii T. Koyama, Bull. Natl. Sci. Mus.

Tokyo, B. 3 (4): 163 (1977).

Smilax tetraptera Gagnep., Bull. Soc. Bot. France. 81: 74 (1934).

云南、广东、广西；越南。

土伏苓（光叶菝葜）

Smilax glabra Roxb., Fl. Ind. 3: 792 (1832).

Smilax hookeri Kunth, Enum. Pl. 5: 162 (1850); *Smilax trigona* Warb., Bot. Jahrb. Syst. 29 (2): 258 (1900); *Smilax calophylla* var. *concolor* C. H. Wright, J. Linn. Soc., Bot. 36 (250): 96 (1903); *Smilax glabra* var. *maculata* E. Bodinier ex H. Lév., Liliac. etc. Chine 23 (1905); *Smilax dunniana* H. Lév., Repert. Spec. Nov. Regni Veg. 9 (222-226): 446 (1911); *Smilax blinii* H. Lév., Fl. Kouy-Tcheou 256 (1914); *Smilax mengmaensis* R. H. Miao, Acta Sci. Nat. Univ. Sunyatseni 1982 (3): 75 (1982).

陕西、甘肃、安徽、江苏、浙江、江西、湖南、湖北、四川、贵州、云南、西藏、福建、台湾、广东、广西、海南；印度、缅甸、泰国、越南。

黑果菝葜（金刚藤头）

•**Smilax glaucochina** Warb., Bot. Jahrb. Syst. 29 (2): 255 (1900).

Smilax bodinieri H. Lév. et Vaniot, Liliac. et c. Chine 27 (1905); *Smilax sebeana* var. *glaucochina* (Warb.) T. Koyama, Quart. J. Taiwan Mus. 13: 44 (1960).

山西、河南、陕西、甘肃、安徽、江苏、浙江、江西、湖南、湖北、四川、贵州、台湾、广东、广西。

合丝肖菝葜

Smilax gaudichaudiana Kunth,Enum. Pl. 5: 252 (1850).

Smilax hongkongensis Seem., Bot. Voy. Herald 420 (1857); *Oligosmilax gaudichaudiana* (Kunth) Seem., J. Bot. 6 (68): 258, pl. 83 (1868); *Heterosmilax gaudichaudiana* (Kunth) Maxim,Bull. Acad. Imp. Sci. Saint-Petersbourg 17 (2): 176 (1872); *Heterosmilax gaudichaudiana* var. *hongkongensis* (Seem.) A. DC., Monogr. Phan. 1: 45 (1878); *Heterosmilax gaudichaudiana* var. *latifolia* Bodinier ex H. Lév., Liliac. etc. Chine 22 (1905); *Heterosmilax japonica* var. *gaudichaudiana* (Kunth) F. T. Wang et Tang, Fl. Reipubl. Popularis Sin. 15: 244 (1978).

福建、台湾、广东、广西、海南；越南。

墨脱菝葜

Smilax griffithii A. DC. in A. de Candolle and C. de Candolle, Monogr. Phan. 1: 198 (1878).

Smilax griffithii var. *pallescens* (A. DC.) T. Koyama, Monogr. Phan. 1: 198 (1878); *Smilax pallescens* A. DC. in A. de Candolle and C. de Candolle, Monogr. Phan. 1: 198 (1878).

西藏；印度、缅甸、泰国。

花叶菝葜

•**Smilax guiyangensis** C. X. Fu et C. D. Shen, Acta Phytotax. Sin. 35 (1): 70 (1997).

贵州。

菱叶菝葜

•**Smilax hayatae** T. Koyama, Quart. J. Taiwan Mus. 10: 15, pl. 2 (1957).

台湾、广东、广西。

束丝菝葜

Smilax hemsleyana Craib, Bull. Misc. Inform. Kew. 1912 (10): 409 (1912).

Smilax zeylanica subsp. *hemsleyana* (Craib) T. Koyama, Fl. Thailand 2: 218 (1975).

贵州、云南；印度、缅甸、泰国。

刺枝菝葜

•**Smilax horridiramula** Hayata, Icon. Pl. Formosan. 9: 131 (1920).

台湾。

粉背菝葜

•**Smilax hypoglauca** Benth., Fl. Hongk. 369 (1861).

Smilax corbularia var. *hypoglauca* (Benth.) T. Koyama, Quart. J. Taiwan Mus. 13: 15 (1960).

江西、贵州、云南、福建、广东。

肖菝葜

Smilax japonica (Kunth) P. Li et C. X. Fu, Phytotaxa 117 (2): 58 (2013).

Heterosmilax japonica Kunth, Enum. Pl. (Kunth) 5: 270 (1850); *Heterosmilax indica* A. DC., Monogr. Phan. 1: 43 (1878); *Smilax bockii* Warb., Bot. Jahrb. Syst. 29 (2): 259 (1900); *Smilax stemonifolia* H. Lév. et Vaniot, Liliac. etc. Chine 28 (1905); *Smilax planipedunculata* Hayata, J. Coll. Sci. Imp. Univ. Tokyo 30 (1): 361 (1911); *Heterosmilax arisanensis* Hayata, Icon. Pl. Formosan. 5: 235, f. 83 (1915); *Heterosmilax raishaensis* Hayata, Icon. Pl. Formosan. 9: 138, f. 51 (1920); *Heterosmilax tsaii* F. T. Wang et Ts. Tang, Bull. Fan Mem. Inst. Biol. Bot. 7 (2): 87 (1936).

陕西、甘肃、安徽、浙江、江西、湖南、四川、云南、福建、台湾、广东；日本、不丹、印度东北部。

缘毛菝葜

•**Smilax kwangsiensis** F. T. Wang et Tang, Sinensia, 5 (3-4): 425 (1934).

广东、广西。

缘毛菝葜（原变种）

●**Smilax kwangsiensis** var. **kwangsiensis**

广东、广西。

小钢毛菝葜

●**Smilax kwangsiensis** var. **setulosa** F. T. Wang et Tang, Fl. Reipubl. Popularis Sin. 15: 226, 254 (1978).

广东。

马甲菝葜

Smilax lanceifolia Roxb., Fl. Ind. 3: 792 (1832).

Smilax laevis Wall. ex A. DC., Monogr. Phan. 1: 56 (1878); *Smilax lanceifolia* var. *opaca* A. DC., Monogr. Phan. 1: 57 (1878); *Smilax laevis* var. *ophirensis* A. DC., Monogr. Phan. 1: 57 (1878); *Smilax laevis* var. *parkii* A. DC., Monogr. Phan. 1: 57 (1878); *Smilax micropoda* A. DC., Monogr. Phan. 1: 58 (1878); *Smilax microphylla* var. *elongata* Warb., Bot. Jahrb. Syst. 29 (2): 259 (1900); *Smilax tortipetiolata* H. Lév. et Vaniot, Liliac. etc. Chine 26 (1905); *Smilax cocculoides* var. *lanceolata* J. B. Norton, Pl. Wilson. 3 (1): 11 (1916); *Smilax opaca* (A. DC.) J. B. Norton, Pl. Wilson. 3 (1): 11 (1916); *Smilax impressinervia* F. T. Wang et Tang, Sinensia, 5 (3-4): 425 (1934); *Smilax lanceifolia* var. *impressinervia* (F. T. Wang et Tang) T. Koyama, Quart. J. Taiwan Mus. 13: 26 (1960); *Smilax lanceifolia* var. *lanceolata* (J. B. Norton) T. Koyama, Quart. J. Taiwan Mus. 13: 26 (1960); *Smilax lanceifolia* subsp. *opaca* (A. DC.) T. Koyama, Fl. E. Himalaya 2: 172 (1971); *Smilax lanceifolia* var. *elongata* (Warb.) F. T. Wang et Tang, Fl. Reipubl. Popularis Sin. 15: 220 (1978).

浙江、江西、湖南、湖北、四川、贵州、云南、福建、台湾、广东、广西、海南；不丹、柬埔寨、印度、印度尼西亚、老挝、马来西亚、缅甸、菲律宾、泰国、越南。

粗糙菝葜

Smilax lebrunii H. Lév., Fl. Kouy-Tcheou 257 (1914).

Smilax megalantha var. *asperata* F. T. Wang, Bull. Fan Mem. Inst. Biol. Bot. 5: 114 (1934).

甘肃、湖南、四川、贵州、云南、广西；缅甸。

木本牛尾菜

Smilax ligneoriparia C. X. Fu et P. Li, Taxon 60 (4): 1104 (2011).

浙江、云南。

长苞菝葜

Smilax longebracteolata Hook. f., Fl. Brit. Ind. 6 (18): 305 (1892).

Smilax elegans subsp. *subrecta* Noltie, Edinburgh J. Bot. 51 (2): 155 (1994).

四川、贵州、云南、西藏；不丹、印度、缅甸。

长花肖菝葜

Smilax longiflora (K. Y. Guan et Noltie) P. Li et C. X. Fu, Phytotaxa 117 (2): 59 (2013).

Heterosmilax longiflora Guan et Noltie, Edinburgh J. Bot. 50 (1): 59 (1993).

云南。

及缘脉菝葜

●**Smilax luei** T. Koyama, Taiwania 20 (2): 117 (1975).

台湾。

马钱叶菝葜（白萆薢）

●**Smilax lunglingensis** F. T. Wang et Tang, Bull. Fan Mem. Inst. Biol. Bot. 7 (2): 86 (1936).

Smilax siderophylla Hand.-Mazz., Symb. Sin. 7 (5): 1224, pl. 35 (1936).

云南。

泸水菝葜

●**Smilax lushuiensis** S. C. Chen, Acta Phytotax. Sin. 26 (2): 142 (1988).

云南。

无刺菝葜（红萆薢）

●**Smilax mairei** H. Lév., Bull. Acad. Int. Geogr. Bot. 25: 39 (1915).

云南、西藏。

麻栗坡菝葜

●**Smilax malipoensis** S. C. Chen, Bull. Bot. Lab. N. E. Forest. Inst., Harbin 3 (3): 113 (1983).

云南。

大果菝葜

Smilax megacarpa A. DC., Monogr. Phan. 1: 186 (1878).

Smilax macrocarpa Blume, Enum. Pl. Javae. 1: 19 (1827).

云南、广西、海南；柬埔寨、印度、印度尼西亚、老挝、马来西亚、缅甸、菲律宾、泰国、新加坡、越南。

大花菝葜

●**Smilax megalantha** C. H. Wright, Bull. Misc. Inform. Kew 1895: 118 (1895).

Smilax cinerea Warb., Bot. Jahrb. Syst. 29 (2): 258 (1900); *Smilax tortuosa* Diels, Notes Roy. Bot. Gard. Edinburgh. 5 (25): 297 (1912); *Smilax loupouensis* H. Lév., Bull. Acad. Int. Geogr. Bot. 25: 38 (1915); *Smilax megalantha* var. *alata* F. T. Wang et Tang, Bull. Fan Mem. Inst. Biol. Bot. 5: 113 (1934).

湖北、四川、贵州、云南。

防己叶菝葜

●**Smilax menispermoidea** A. DC. in A. de Candolle and C. de Candolle, Monogr. Phan. 1: 108 (1878).

Smilax luteocaulis H. Lév., Repert. Spec. Nov. Regni Veg. 13 (368-369): 339 (1914); *Smilax rubriflora* Rehder, J. Arnold Arbor. 9 (1): 21-22 (1928).

陕西、甘肃、湖北、四川、贵州、云南、西藏；不丹、印度、缅甸。

小花肖菝葜

Smilax micrandra (T. Koyama) P. Li et C. X. Fu, Phytotaxa 117 (2): 59 (2013).

Heterosmilax micrandra Koyama, Brittonia 36: 201 (1984).

海南。

小叶菝葜

●**Smilax microphylla** C. H. Wright, Bull. Misc. Inform. Kew 1895: 117 (1895).

Smilax microphylla var. *angustifolia* Warb., Bot. Jahrb. Syst. 29 (2): 259 (1900); *Smilax labordei* H. Lév. et Vaniot, Liliac. etc. Chine 27 (1905); *Smilax gracillima* Hayata, J. Coll. Sci. Imp. Univ. Tokyo 30 (1): 359 (1911); *Smilax castaneiflora* H. Lév., Bull. Acad. Int. Geogr. Bot. 25: 39 (1915); *Smilax elegans* subsp. *microphylla* (C. H. Wright) Noltie, Edinburgh J. Bot. 51 (2): 158 (1994).

陕西、甘肃、湖南、湖北、四川、贵州、云南。

劲直菝葜

Smilax munita S. C. Chen, Acta Phytotax. Sin. 34 (4): 436 (1996).

Smilax rigida Wall. ex Kunth, Enum. Pl. 5: 164 (1850); *Smilax myrtillus* var. *rigida* Noltie, Edinburgh J. Bot. 51 (2): 160 (1994).

云南、西藏；印度、不丹、尼泊尔、缅甸。

乌饭叶菝葜

Smilax myrtillus A. DC. in A. de Candolle and C. de Candolle, Monogr. Phan. 1: 106 (1878).

Smilax rigida subsp. *myrtillus* (A. DC.) T. Koyama, Bull. Univ. Mus. Univ. Tokyo 2: 173 (1971); *Smilax myrtillus* var. *dulongensis* H. Li, Acta Bot. Yunnan. Suppl. 5: 19 (1992).

云南、西藏；不丹、印度、缅甸。

矮菝葜

●**Smilax nana** F. T. Wang, Bull. Fan Mem. Inst. Biol. Bot. 5: 116 (1934).

云南、西藏。

南投菝葜

●**Smilax nantoensis** T. Koyama, Taiwania 20: 120 (1975).

台湾。

缘脉菝葜

Smilax nervomarginata Hayata, J. Coll. Sci. Imp. Univ. Tokyo 30 (1): 361 (1911).

Smilax liukiuensis Hayata, J. Coll. Sci. Imp. Univ. Tokyo 30 (1): 360 (1911); *Smilax sempervirens* F. T. Wang, Bull. Fan Mem. Inst. Biol. Bot. 5: 116 (1934); *Smilax nervomarginata* var. *liukiuensis* F. T. Wang et Tang, Fl. Reipubl. Popularis Sin. 15: 217 (1978).

安徽、浙江、江西、湖南、贵州、台湾；日本。

黑叶菝葜

●**Smilax nigrescens** F. T. Wang et C. L. Tang ex P. Y. Li, Acta Phytotax. Sin. 11 (3): 253 (1966).

陕西、甘肃、湖南、湖北、四川、贵州、云南。

缘脉菝葜（原变种）

Smilax nervomarginata var. **nervomarginata**

安徽、浙江、江西、湖南、贵州；日本。

无疣菝葜

Smilax nervomarginata var. **liukiuensis** F. T. Wang et Tang, Fl. Reipubl. Popularis Sin. 15: 217 (1978).

Smilax liukiuensis Hayata, J. Coll. Sci. Imp. Univ. Tokyo 30 (1): 360-361 (1911).

安徽、浙江、江西、台湾；日本。

白背牛尾菜（大伸筋）

Smilax nipponica Miq., Verslagen Meded. Afd. Naturk. Kon. Akad. Wetensch ser. 2. 2: 87 (1868).

Smilax herbacea var. *nipponica* (Miq.) Maxim., Bull. Acad. Imp. Sci. Saint-Pétersbourg 17 (2): 174 (1872); *Smilax herbacea* var. *oblonga* C. H. Wright, J. Linn. Soc., Bot. 36 (250): 98 (1903); *Smilax herbacea* var. *intermedia* C. H. Wright, J. Linn. Soc., Bot. 36 (250): 97 (1903); *Smilax oblonga* (C. H. Wright) J. B. Norton, Gentes Herb. 1: 15 (1920); *Smilax longipedunculata* Merr., Sunyatsenia 1 (4): 190, pl. 34 (1934); *Smilax simadae* Masam., Trans. Nat. Hist. Soc. Taiwan 29: 270 (1939); *Coprosmanthus simadae* (Masam.) Masam., Trans. Nat. Hist. Soc. Taiwan 29: 342 (1939); *Smilax nipponica* subsp. *manshurica* Kitag., Rep. Inst. Sci. Res. Manchoukuo. 4: 102 (1946); *Smilax nipponica* var. *manshurica* (Kitag.) Kitag., J. Jap. Bot. 25: 45 (1950).

辽宁、山东、河南、安徽、浙江、江西、湖南、四川、贵州、云南、福建、台湾、广东；日本、朝鲜。

抱茎菝葜

Smilax ocreata A. DC. in A. de Candolle and C. de Candolle, Monogr. Phan.1: 191 (1878).

Smilax perulata H. Lév. et Vaniot, Repert. Spec. Nov. Regni Veg. 9 (199-201): 78 (1910).

四川、贵州、云南、西藏、广东、广西、海南；不丹、印度、缅甸、尼泊尔。

武当菝葜

•**Smilax outanscianensis** Pamp., Nuovo Giorn. Bot. Ital. n.s. 18 (1): 109 (1911).

Smilax discotis var. *concolor* J. B. Norton, Pl. Wilson. 3 (1): 6 (1916); *Smilax discotis* subsp. *concolor* (J. B. Norton) T. Koyama, Bull. Nation. Sci. Mus. B (Tokyo), 3 (4): 157 (1977).

江西、湖北、四川。

卵叶菝葜

Smilax ovalifolia Roxb., Hort. Bengal. 72 (1814).

Smilax macrophylla Roxb., Hort. Bengal. 72 (1814).

海南；印度、缅甸、尼泊尔、泰国、越南。

川鄂菝葜

•**Smilax pachysandroides** T. Koyama, Brittonia. 26 (2): 136 (1974).

Smilax umbrosa J. M. Xu, Bull. Bot. Lab. N. E. Forest. Inst., Harbin 6 (2): 67 (1986).

湖北、四川。

穿鞘菝葜

Smilax perfoliata Lour., Fl. Cochinch., ed. 2, 2: 622 (1790).

Smilax prolifera Wall. ex Roxb., Fl. Ind. 3: 795 (1832).

云南、台湾、海南；印度、老挝、缅甸、斯里兰卡、泰国、越南。

平伐菝葜

•**Smilax pinfaensis** H. Lév. et Vaniot, Mém. Pontif. Accad. Romana Nuovi Lincei. 23: 355 (1905).

贵州。

扁柄菝葜

•**Smilax planipes** F. T. Wang et Tang, Fl. Reipubl. Popularis Sin. 15: 255, pl. 76, f. 2 (1978).

云南、广西。

多蕊肖菝葜

Smilax polyandra (Gagnep.) P. Li et C. X. Fu, Phytotaxa 117 (2): 59 (2013).

Heterosmilax polyandra Gagnep., Bull. Soc. Bot. France 81: 70. (1934).

云南；老挝、泰国、越南。

红果菝葜

•**Smilax polycolea** Warb., Bot. Jahrb. Syst. 29 (2): 257 (1900).

湖南、湖北、四川、贵州、广西。

纤柄菝葜

Smilax pottingeri Prain, J. Asiat. Soc. Bengal 69: 174 (1900).

Heterosmilax pottingeri (Prain) F. T. Wang et Tang, Fl. Reipubl. Popularis Sin. 15: 245 (1978); *Smilax jiankunii* H. Li, Acta Bot. Yunnan. Suppl. 5: 21 (1992).

云南；老挝、缅甸、泰国、越南。

峦大菝葜

Smilax pygmaea Merr., Philipp. J. Sci. 5 (4): 339 (1910).

Smilax glaucophylla var. *randaiensis* (Hayata) T. Koyama, Mém. Foug. (1842); *Smilax randaiensis* Hayata, J. Coll. Sci. Imp. Univ. Tokyo 30 (1): 362 (1911); *Smilax menispermoites* subsp. *randaiensis* (Hayata) T. Koyama, Quart. J. Taiwan Mus. 13: 32 (1960); *Smilax menispermoidea* subsp. *randaiensis* (Hayata) T. Koyama, Bull. Natl. Sci. Mus. Tokyo, B. 3 (4): 160 (1977).

台湾；菲律宾。

方枝菝葜

Smilax quadrata A. DC. in A. de Candolle and C. de Candolle, Monogr. Phan. 1: 183 (1878).

云南、西藏；印度、缅甸。

苍白菝葜

Smilax retroflexa (F. T. Wang et Tang) S. C. Chen, Acta Phytotax. Sin. 34 (4): 436 (1996).

Smilax aberrans var. *retroflexa* F. T. Wang et Tang, Fl. Reipubl. Popularis Sin. 15: 210, 254 (1978); *Smilax aberrans* subsp. *retroflexa* (F. T. Wang et Tang) T. Koyama, Fl. Cambodge, Laos et Vietnam 20: 82 (1983).

四川、贵州、云南、广西；越南。

牛尾菜（草菝葜，白须公，软叶菝葜）

Smilax riparia A. DC. in A. DC. et C. DC, Monogr. Phan. 1: 55 (1878).

Coprosmanthus pseudochina var. *daibuensis* (Hayata) Masam., Expos. Fam. Nat. (1805); *Smilax excelsa* var. *ussuriensis* Regel, Tent. Fl. Ussur. 150 (1861); *Smilax oldhamii* var. *ussuriensis* (Regel) A. DC. in A. DC. et C. DC., Monogr. Phan. 1: 54 (1878); *Smilax flaccida* C. H. Wright, Bull. Misc. Inform. Kew 1895: 118 (1895); *Smilax herbacea* var. *angusta* C. H. Wright, J. Linn. Soc., Bot. 36 (250): 97 (1903); *Smilax herbacea* var. *acuminata* C. H. Wright, J. Linn. Soc., Bot., Bot. 36

(250): 97 (1903); *Smilax herbacea* var. *pubescens* C. H. Wright, J. Linn. Soc., Bot., Bot. 36 (250): 98 (1903); *Smilax herbacea* var. *heterophylla* H. Lév., Liliac. etc. Chine 23 (1905); *Smilax herbacea* var. *foetida* H. Lév., Liliac. etc. Chine 23 (1905); *Smilax takaoensis* Hayata, Icon. Pl. Formosan. 9: 135 (1920); *Smilax ovatorotunda* Hayata, Icon. Pl. Formosan. 9: 133, f. 48. 2. (1920); *Smilax herbacea* var. *daibuensis* Hayata, Icon. Pl. Formosan. 9: 131, f. 45. 4. (1920); *Smilax herbacea* var. *lancilimba* Merr., Lingnan Sci. J. 5 (1-2): 48 (1927); *Smilax maximowicznii* Koidz., Fl. Symb. Orient.-Asiat. 10 (1930); *Coprosmanthus oldhamii* var. *daibuensis* (Hayata) Masam., Trans. Nat. Hist. Soc. Taiwan 29: 342 (1939); *Coprosmanthus pseudochina* (Blanco) Masam., Trans. Nat. Hist. Soc. Taiwan 29: 341 (1939); *Smilax higoensis* var. *maximowicznii* (Koidz.) Kitag., Bull. Bot. Res. 4: 103 (1940); *Smilax oldhamii* var. *daibuensis* (Hayata) T. Koyama, Quart. J. Taiwan Mus. 10: 6 (1957); *Smilax ovatorotunda* var. *ussuriensis* (Regel) H. Hara, J. Jap. Bot. 33 (5): 151 (1958); *Smilax riparia* f. *ovatorotunda* (Hayata) T. Koyama, Quart. J. Taiwan Mus. 13: 40 (1960); *Smilax riparia* var. *ussuriensis* (Regel) H. Hara et T. Koyama, Quart. J. Taiwan Mus. 13: 41 (1960); *Smilax riparia* var. *acuminata* (C. H. Wright) F. T. Wang et Tang, Fl. Reipubl. Popularis Sin. 15: 192 (1978); *Smilax riparia* var. *pubescens* (C. H. Wright) F. T. Wang et Tang, Fl. Reipubl. Popularis Sin. 15: 192 (1978).
中国广布；朝鲜、俄罗斯、日本、菲律宾。

牛尾菜（原变种）

Smilax riparia var. **riparia**
中国广布；朝鲜、菲律宾、韩国、俄罗斯、日本。

尖叶牛尾菜

●**Smilax riparia** var. **acuminata** (C. H. Wright) F. T. Wang et Tang, Fl. Reipubl. Popularis Sin. 15: 192 (1978).
Smilax herbacea var. *acuminata* C. H. Wright, J. Linn. Soc., Bot. 36 (250): 97-98 (1903).
河南、陕西、湖北、四川。

毛牛尾菜

●**Smilax riparia** var. **pubescens** (C. H. Wright) F. T. Wang et Tang, Fl. Reipubl. Popularis Sin. 15: 192 (1978).
Smilax herbacea var. *pubescens* C. H. Wright, J. Linn. Soc., Bot. 36 (250): 98 (1903).
湖北。

短梗菝葜（威灵仙）

●**Smilax scobinicaulis** C. H. Wright, Bull. Misc. Inform. Kew 1895: 117 (1895).
Smilax brevipes Warb., Bot. Jahrb. Syst. 29 (2): 256 (1900); *Smilax microphylla* var. *nigrescens* Warb., Bot. Jahrb. Syst. 29 (2): 259 (1900); *Smilax cavaleriei* H. Lév. et Vaniot, Liliac. et c. Chine 27 (1905); *Smilax martinii* H. Lév. et Vaniot, Liliac. etc. Chine 27 (1905); *Smilax scobinicaulis* var. *brevipes* (Warb.) Hand.-Mazz., Symb. Sin. 7 (5): 1221 (1936); *Smilax sieboldii* var. *scobinicaulis* (C. H. Wright) T. Koyama, Quart. J. Taiwan Mus. 13: 48 (1960).
河北、山西、河南、陕西、甘肃、安徽、江西、湖南、湖北、四川、贵州、云南、广东、广西。

台湾肖菝葜

Smilax seisuiensis (Hayata) P. Li et C. X. Fu, Phytotaxa 117 (2): 59 (2013).
Pseudosmilax seisuiensis Hayata, Icon. Pl. Formosan. 9: 125, pl. 6. (1920); *Pseudosmilax hogoensis* Hayata, Icon. Pl. Formosan. 9: 125 (1920); *Heterosmilax seisuiensis* (Hayata) F. T. Wang et Tang, Sinensia 5 (3-4): 427 (1934). *Heterosmilax hogoensis* (Hayata) T. Koyama, Quart. J. Taiwan Mus. 10: 219 (1957).
台湾。

短柱肖菝葜

Smilax septemnervia (F. T. Wang et Tang) P. Li et C. X. Fu, Phytotaxa 117 (2): 59 (2013).
Heterosmilax septemnervia F. T. Wang et Tang, Sinensia 5 (3-4): 428 (1934).
湖南、湖北、四川、贵州、云南、广东、广西；越南。

密刚毛菝葜

●**Smilax setiramula** F. T. Wang et T. Tang, Fl. Reipubl. Popularis Sin. 15: 255 (1978).
云南。

华东菝葜

Smilax sieboldii Miq., Vers. Med. Akad. Amsterdam ser. 2, 2: 87 (1868).
Smilax oldhami Miq., ibid.; *Smilax herbacea* L. var. *oldhami* (Miq.) Maxim., Bull. Acad. Sci. Petersb. 17: 174 (1872); *Smilax nebelii* Gilg in Bot. Jahrb. 34, Beibl. 75: 26 (1904); *Smilax sieboldii* Miq. var. *formosana* Hayata, Journ. Coll. Sci. Univ. Tokyo 30: 363 (1911); *Smilax formosana* (Hayata) Hayata, Icon. Pl. Form. 9: 127, f. 43. 1-6 (1920); *Coprosmanthus oldhamii* (Miq.) Masam., Trans. Nat. Hist. Soc. Taiwan 29: 342 (1939); *Smilax sieboldii* Miq. var. *inermis* Nakai, Fl. Sylv. Korean 22: 101 (1939); *Smilax sieboldii* Miq. f. *inermis* (Nakai) Hara in Journ. Jap.

Bot. 33: 151 (1958).
辽宁、山东、安徽、江苏、浙江、福建、台湾；日本、朝鲜。

鞘柄菝葜

Smilax stans Maxim., Bull. Acad. Imp. Sci. Saint-Pétersbourg 17 (2): 170 (1872).

Smilax vaginata Decne., Jacquem. Voy. Bot. 169. t. 169. (1844); *Smilax pekingensis* A. DC., Monogr. Phan. 1: 108 (1878); *Smilax tenuissima* Hayata, Icon. Pl. Formosan. 9: 137, f. 50: 2 (1920); *Smilax vaginata* var. *stans* (Maxim.) T. Koyama, Quart. J. Taiwan Mus. 10: 15 (1957); *Smilax vaginata* var. *pekingensis* (A. DC.) T. Koyama, Quart. J. Taiwan Mus. 13: 49 (1960).

河北、山西、河南、陕西、甘肃、安徽、江苏、浙江、江西、湖南、湖北、贵州、云南、台湾、广东、广西；日本。

简被菝葜

Smilax synandra Gagnep., Bull. Soc. Bot. France. 81: 73 (1934).

Smilax corbularia subsp. *synandra* (Gagnep.) T. Koyama, Fl. Thailand 2 (3): 242 (1975); *Heterosmilax erecta* F. T. Wang et Tang, Fl. Reipubl. Popularis Sin. 15: 255, pl. 80, f. 4 (1978).

云南、广东、海南；泰国、越南。

糙柄菝葜

●**Smilax trachypoda** J. B. Norton in Sargent, Pl. Wilson. 3: 3 (1916).

Smilax stans var. *verruculosifolia* J. M. Xu, Fl. Sichuan. 7: 363 (1991).

河南、陕西、甘肃、湖北、四川。

三脉菝葜

●**Smilax trinervula** Miq., Verslagen Meded. Afd. Natuurk. Kon. Akad. Wetensch. 2, 2: 87 (1868).

Smilax china var. *trinervula* (Miq.) Makino, Bot. Mag. 14 (166): 184 (1900); *Smilax leucocarpa* H. Lév. et Vaniot, Liliac. etc. Chine 26 (1905); *Smilax esquirolii* H. Lév., Fl. Kouy-Tcheou 257 (1914); *Smilax biflora* var. *trinervula* (Miq.) Hatus. ex T. Koyama, Quart. J. Taiwan Mus. 10: 12 (1957).

浙江、江西、湖南、贵州、福建；日本。

青城菝葜

●**Smilax tsinchengshanensis** F. T. Wang, Bull. Fan Mem. Inst. Biol. Bot. 5: 119 (1934).

四川、贵州、云南。

梵净山菝葜

●**Smilax vanchingshanensis** (F. T. Wang et Tang) F. T. Wang et Tang, Fl. Reipubl. Popularis Sin. 15: 224, pl. 72: 2 (1978).

Smilax laevis var. *vanchingshanensis* F. T. Wang et Tang, Sinensia, 5 (3-4): 424 (1934).

湖北、四川、贵州。

云南菝葜

●**Smilax yunnanensis** S. C. Chen, Bull. Bot. Lab. N. E. Forest. Inst., Harbin 3 (3): 111 (1983).

云南。

39. 白玉簪科 Corsiaceae [1 属：1 种]

白玉簪属 **Corsiopsis** D. X. Zhang, R. M. K. Saunders et C. M. Hu

白玉簪

●**Corsiopsis chinensis** D. X. Zhang, R. M. K. Saunders et C. M. Hu, Syst. Bot. 24 (3): 313 (1999).

广东。

40. 兰科 Orchidaceae [189 属：1484 种]

脆兰属 **Acampe** Lindl.

窄果脆兰

Acampe ochracea (Lindl.) Hochr., Bull. New York Bot. Gard. 6: 270 (1910).

Saccolabium ochraceum Lindl., Bot. Reg. 28 (Misc.): 2 (1842); *Acampe dentata* Lindl., Fol. Orchid. 4: 3 (1853); *Saccolabium lineolatum* Thwaites, Enum. Pl. Zeyl. 304 (1861); *Acampe griffithii* Rchb. f., Flora 55: 277 (1872).

云南；柬埔寨、老挝、缅甸、泰国、越南、不丹、印度东北部、斯里兰卡。

短序脆兰

Acampe papillosa (Lindl.) Lindl., Fol. Orch. Acampe. 4: 2 (1853).

Saccolabium papillosum Lindl., Bot. Reg. 18: pl. 1552 (1833); *Saccolabium carinatum* Griff., Not. Pl. Asiat. 3: 354 (1851); *Gastrochilus papillosus* (Lindl.) Kuntze, Revis. Gen. Pl. 2: 661 (1891); *Gastrochilus carinatus* (Griff.) Schltr., Repert. Spec. Nov. Regni Veg. 12: 314 (1913); *Acampe carinata* (Griff.) Panigrahi, Taxon 34: 689 (1985).

云南、海南；老挝、缅甸、泰国、越南、孟加拉国、不丹、印度东北部、尼泊尔。

多花脆兰

Acampe rigida (Buch.-Ham. ex J. E. Sm.) P. F. Hunt, Kew Bull. 24: 98 (1970).

Aerides rigida Buch.-Ham. ex J. E. Sm. in Rees, Cycl. 39 (1819); *Vanda multiflora* Lindl., Coll. Bot. pl. 38 (1826); *Vanda longifolia* Lindl., Gen. Sp. Orchid. Pl. 215 (1833); *Acampe longifolia* (Lindl.) Lindl., Orchid. 4: 1 (1853); *Acampe multiflora* (Lindl.) Lindl., Orch. 4 (1853); *Acampe intermedia* Rchb. f., Allg. Gartenzeitung 24: 217 (1856); *Saccolabium longifolium* (Lindl.) Hook. f., Fl. Brit. India 6: 62 (1890); *Gastrochilus longifolius* (Lindl.) Kuntze, Revis. Gen. Pl. 2: 661 (1891); *Acampe taiwaniana* S. S. Ying, Chin. Fl. 9: 30 (1974).

贵州、云南、广东、广西、海南；缅甸、泰国、老挝、越南、柬埔寨、马来西亚、菲律宾、不丹、印度东北部、尼泊尔、斯里兰卡、非洲。

坛花兰属 Acanthephippium Blume ex Endl.

中华坛花兰

Acanthephippium gougahense (Guillaumin) Seidenf., Contr. Revis. Orchid Fl. Cambodia, Laos et Vietnam. 4 (1975).

Calanthe gougahensis Guillaumin, Bull. Mus. Natl. Hist. Nat. II, 26: 537 (1954); *Acanthephippium thailandicum* Seidenf., Bot. Tidsskr. 66: 335 (1971); *Acanthephippium odoratum* Aver., Opred. Orkhid. V'etnama 112 (1994).

广东；泰国、越南南部。

锥囊坛花兰（台湾坛花兰，一叶钟馗兰）

Acanthephippium striatum Lindl., Bot. Reg. 24: 41, Misc. 68 (1838).

Acanthephippium sinense Rolfe, Kew Bull. 1913: 142 (1913); *Tainia unguiculata* Hayata, Icon. Pl. Formosan. 4: 61, f. 2 (1914); *Acanthephippium unguiculatum* (Hayata) Fukuy., Bot. Mag. Tokyo 48: 301 (1934); *Acanthephippium simplex* Aver., Opred. Orkhid. V'etnama 109 (1994).

云南、福建、台湾、广西；印度尼西亚、马来西亚、泰国、越南、印度东北部、尼泊尔。

坛花兰（钟馗兰，台湾坛花兰）

Acanthephippium sylhetense Lindl., Gen. Sp. Orchid. Pl. 177 (1833).

Acanthephippium ringiflorum Griff., Not. Pl. Asiat. 3: 347 (1851); *Acanthephippium curtisii* var. *albidum* Linden, Lindenia 13: t. 619 (1898); *Acanthephippium yamamotoi* Hayata, Icon. Pl. Formosan. 6: 73 (1916); *Acanthephippium pictum* Fukuy., Bot. Mag. Tokyo 49: 666 (1935); *Acanthephippium sylhetense* var. *pictum* (Fukuy.) T. Hashim., Ann. Tsukuba Bot. Gard. 3: 11 (1985).

云南、台湾；日本、老挝、马来西亚、缅甸、泰国、孟加拉国、印度东北部。

合萼兰属 Acriopsis Blume

合萼兰

Acriopsis indica Wight, Icon. Pl. Ind. Orient. 5: pl. 1748 (1851).

云南；缅甸、老挝、柬埔寨、菲律宾、泰国、越南、马来西亚、印度尼西亚、印度东北部。

指甲兰属 Aerides Lour.

指甲兰

Aerides falcata Lindl., Paxton's Fl. Gard. 2: 142 (1852).

Aerides larpentae Rchb. f., Allg. Gartenzeitung 24: 219 (1856).

云南；缅甸、泰国、柬埔寨、老挝、越南、印度东北部。

扇唇指甲兰

Aerides flabellata Rolfe ex Downie, Bull. Misc. Inform. Kew. 1925: 387 (1925).

Vanda flabellata (Rolfe ex Downie) Christenson, Indian Orchid J. 1: 156 (1985).

云南；老挝、缅甸、泰国。

香花指甲兰

Aerides odorata Lour., Fl. Cochinch. 2: 525 (1790).

云南、广东；印度尼西亚、老挝、马来西亚、缅甸、菲律宾、泰国、越南、不丹、印度、尼泊尔。

小蓝指甲兰

●**Aerides orthocentra** Hand.-Mazz., Oesterr. Bot. Z. 87: 132 (1938).

云南。

多花指甲兰

Aerides rosea Lodd. ex Lindl. et Paxt., Paxton's Fl. Gard. 2: 109, pl. 60 (1852).

Aerides williamsii R. Warner, Sel. Orch. ser. 1, pl. 21 (1862); *Aerides fieldingii* Lodd. ex E. Morren, Belgique Hort. 286. t. 10. (1876); *Aerides affinis* var. *rosea* (Lodd. ex Lindl. et Paxton) E. C. Parish, Burmah 2: 198 (1883); *Aerides fieldingii* var. *williamsii* (R. Warner) A. H. Kent, Man. Orchid. Pl. 7: 69 (1891).

贵州、云南、广西；老挝、缅甸、泰国、越南、不丹、印度东北部。

气穗兰属 Aeridostachya (Hook. f.) Brieger ex Brieger

气穗兰

Aeridostachya robusta (Blume) Brieger in Schltr., Orchideen, ed. 3. 1A (11-12): 714 (1981).

Dendrolirium robustum Blume, Bijdr. 347 (1825); *Eria robusta* (Blume) Lindl., Gen. Sp. Orchid. Pl. 69 (1830); *Eria aeridostachya* Rchb. f. ex Lindl., J. Proc. Linn. Soc., Bot. 3: 48 (1859); *Pinalia robusta* (Blume) Kuntze, Revis. Gen. Pl. 2: 679 (1891); *Pinalia aeridostachya* (Rchb. f. ex Lindl.) Kuntze, Revis. Gen. Pl. 2: 679 (1891); *Eria brunea* Ridl., J. Linn. Soc., Bot. 32: 297 (1896); *Eria lorifolia* Ridl., J. Linn. Soc., Bot. 32: 296 (1896); *Eria sawadae* Yamam., J. Soc. Trop. Agric. Taiwan, 3: 238 (1931); *Eria uchiyamae* Tuyama, Bot. Mag. (Tokyo) 54: 269 (1940).

台湾；印度尼西亚、马来西亚、菲律宾、泰国、巴布亚新几内亚、太平洋岛屿。

禾叶兰属 Agrostophyllum Blume

禾叶兰

Agrostophyllum callosum Rchb. f., Fl. Vit. 296 (1868).

云南、西藏、海南；缅甸、泰国、越南、尼泊尔、不丹、印度东北部。

台湾禾叶兰

Agrostophyllum inocephalum (Schauer) Ames, Orchidaceae (Ames) 2: 148 (1908).

Diploconchium inocephalum Schauer, Nov. Act. Acad. Caes. Leop.-Carol. Nat. Cur. 19 (1843); *Agrostophyllum formosanum* Rolfe, Ann. Bot. 9: 157 (1895).

台湾；菲律宾。

扁茎禾叶兰

Agrostophyllum planicaule (Wall. ex Lindl.) Rchb. f., Ann. Bot. Syst. 6: 909 (1864).

Eria planicualis Wall. ex Lindl., Bot. Reg. 26: 8, misc. 8, no. 4. (1840).

云南；缅甸、泰国、印度、尼泊尔。

兜蕊兰属 Androcorys Schltr.

兜蕊兰

●**Androcorys ophioglossoides** Schltr., Feddes Repert. Spec. Nov. Regni Veg. Beih. 4: 53, 136 (1919).

陕西、甘肃、青海、贵州。

尖萼兜蕊兰

●**Androcorys oxysepalus** K. Y. Lang, Guihaia 16 (2): 106, f. 1 (1996).

云南。

剑唇兜蕊兰（剑唇角盘兰）

Androcorys pugioniformis (Lindl. ex Hook. f.) K. Y. Lang, Guihaia 16 (2): 105 (1996).

Herminium pugioniformis Lindl. ex Hook. f., Fl. Brit. Ind. 6: 130 (1890); *Monorchis pugioniformis* (Lindl. ex Hook. f.) O. Schwarz, Mitt. Thüring. Bot. Ges. 1: 96 (1949).

青海、四川、云南、西藏；不丹、尼泊尔、印度、克什米尔。

小兜蕊兰（小无距兰）

Androcorys pusillus (Ohwi et Fukuy.) Masam., J. Geobot. 12: 88 (1963).

Herminium pusillum Ohwi et Fukuy., Bot. Mag. Tokyo 48: 430 (1934); *Androcorys japonensis* F. Maek., J. Jap. Bot. 12: 96 (1936); *Androcorys pusillensis* (Ohwi et Fukuy.) S. S. Ying, Col. Illustr. Indig. Orch. Taiwan 1: 382, 418 (1977).

台湾；日本。

蜀藏兜蕊兰

●**Androcorys spiralis** Tang et F. T. Wang, Bull. Fan Mem. Inst. Biol. Bot. Ser. 10: 38 (1940).

四川、云南、西藏。

附注：目前的研究表明，兜蕊兰属应该并入角盘兰属（*Herminium*）。

安兰属 Ania Lindl.

狭叶安兰（狭叶带唇兰）

Ania angustifolia Lindl, Gen. Sp. Orchid. Pl.129. (1831).

Mitopetalum angustifolium Blume, Mus. Bot. 2: 185 (1856); *Tainia angustifolia* (Lindl.) Benth. et Hook. f. in Juss., Gen. Pl. 3: 515 (1883); *Ascotainia angustifolia* (Lindl.) Schltr., Repert. Spec. Nov. Regni Veg. Beih. 4: 246 (1919); *Eulophia evrardii* Guillaumin, Bull. Soc. Bot. France 77: 337 (1930); *Nephelaphyllum evrardii* (Guillaumin) Tang et F. T. Wang, Acta Phytotax. Sin. 1: 77 (1951).

贵州、云南；缅甸、泰国、越南。

香港安兰（香港带唇兰）

Ania hongkongensis (Rolfe) Tang et F. T. Wang, Acta Phytotax. Sin. 1 (1): 46, 88 (1951).

Tainia hongkongensis Rolfe, Bull. Misc. Inform. Kew. 1896: 195 (1896); *Ascotainia hongkongensis* (Rolfe) Schltr., Orchideen (Schltr.) 317 (1914).

福建、广东；越南。

绿花安兰（新拟）

Ania penangiana (Hook. f.) Summerh., Bot. Mag. 161: t. 9553 (1939).

Tainia penangiana Hook. f., Fl. Brit. Ind. 5: 820 (1890); *Tainia hookeriana* King et Pantl., J. Asiat. Soc. Bengal 64: 336 (1895); *Ascotainia penangiana* (Hook. f.) Ridl., Mat. Fl. Malay. Penins. 1: 116 (1907); *Ascotainia hookeriana* (King et Pantl.) Ridl., Mat. Fl. Malay. Penins. 1: 116 (1907); *Tainia taiwaniana* S. S. Ying, Quart. J. Chin. Forest. 20 (2): 55 (1987).

台湾、海南；越南、泰国、马来西亚、印度东北部。

南方安兰（南方带唇兰）

Ania ruybarrettoi S. Y. Hu et Barretto, Chung Chi J. 3 (2): 25, f. 12 (1976).

Tainia ruybarrettoi (S. Y. Hu et Barretto) Z. H. Tsi, Fl. Reipubl. Popularis Sin. 18: 243 (1999).

广西、海南、香港；越南北部。

高褶安兰（高褶带唇兰，滇粤安兰，五脊安兰）

Ania viridifusca (Hook.) Tang et F. T. Wang ex Summerh., Curtis's Bot. Mag. 161: t. 9553 (1939).

Calanthe viridifusca Hook., Curtis's Bot. Mag. 78: pl. 4669 (1852); *Tainia viridifusca* (Hook.) Benth. et Hook. f., Gen. Pl. (Juss.) 3: 515 (1883); *Ascotainia viridifusca* (Hook.) Schltr., Orchideen (Schltr.) 317 (1914); *Ascotainia elata* Schltr., Repert. Spec. Nov. Regni Veg. Beih. 4: 246 (1919); *Tainia elata* (Schltr.) P. F. Hunt, Kew Bull. 26: 181 (1971); *Ania elata* (Schltr.) S. Y. Hu, Quart. J. Taiwan Mus. 25: 48 (1972).

云南；缅甸、泰国、越南、印度东北部。

金线兰属 **Anoectochilus** Blume

保亭金线兰

•**Anoectochilus baotingensis** (K. Y. Lang) Ormer., Taiwania 48 (2): 87 (2003).

Anoectochilus roxburghii var. *baotingensis* K. Y. Lang, Acta Phytotax. Sin. 34 (5): 557 (1996).

海南。

滇南开唇兰

Anoectochilus burmannicus Rolfe, Kew Bull. 1922: 24 (1922).

云南；马来西亚、缅甸、老挝、泰国。

滇越金线兰

Anoectochilus chapaensis Gagnep., Bull. Mus. Hist. Nat. (Paris) 2, ser. 3. 7: 679 (1931).

云南；越南北部。

峨眉金线兰（峨眉开唇兰）

•**Anoectochilus emeiensis** K. Y. Lang, Acta Phytotax. Sin. 20 (2): 183-184, pl. 2 (1982).

四川。

台湾银线兰（金线兰，台湾金线莲）

Anoectochilus formosanus Hayata, Icon. Pl. Formosan. 4: 101, pl. 53 (1914).

台湾；日本（琉球群岛）。

海南开唇兰

•**Anoectochilus hainanensis** H. Z. Tian, F. W. Xing et L. Li, Ann. Bot. Fennici, 45 (3): 220 (2008).

海南。

恒春银线兰（恒春金线莲，高雄金线莲，恒春齿唇兰）

•**Anoectochilus koshunensis** Hayata, Icon. Pl. Formosan. 4: 104, f. (1914).

Odontochilus koshunensis (Hayata) S. S. Ying, Col. Illustr. Orch. Fl. Taiwan 1: 64 (1996).

台湾。

长裂片金线兰（新拟）

Anoectochilus longilobus H. Jiang et H. Z. Tian, Phytotaxa 164 (4): 276 (2014).

云南。

麻栗坡金线兰

•**Anoectochilus malipoensis** W. H. Chen et Y. M. Shui, Ann. Bot. Finn. 47 (2): 130 (2010).

云南。

丽蕾金线兰

Anoectochilus lylei Rolfe ex Downie, Bull., Misc. Inform. Kew. 411. 1925.

云南；泰国。

屏边金线兰

•**Anoectochilus pingbianensis** K. Y. Lang, Acta Phytotax. Sin. 34 (5): 556-557, pl. 2 (1996).

云南。

金线兰（花叶开唇兰）

Anoectochilus roxburghii (Wall.) Lindl., Ill. Bot. Himal. Mts. 368 (1939).

Chrysobaphus roxburghii Wall., Tent. Fl. Nepal. 37, t. 27 (1826); *Zeuxine roxburghii* (Lindl.) Hiroë, Orchid Flowers 2: 68 (1971); *Anoectochilus yungianus* S. Y. Hu, Quart. J. Taiwan Mus. 24 (3-4): 257, f. 1a et 2a-e (1971).

浙江、江西、湖南、四川、云南、西藏、福建、广东、广西、海南；日本、泰国、老挝、越南、印度、不丹、尼泊尔、孟加拉国。

兴仁金线兰

●**Anoectochilus xingrenensis** Z. H. Tsi et X. H. Jin, Acta Phytotax. Sin. 40 (1): 84 (2002); *Anoectochilus dulongensis* Ormer., Taiwania 58 (1): 20 (2013).
贵州、云南。

浙江金线兰（浙江开唇兰）

●**Anoectochilus zhejiangensis** Z. Wei et Y. B. Chang, Bull. Bot. Lab. N. E. Forest. Inst., Harbin 9 (2): 39, f. 4 (1989).
浙江、福建、广西。

筒瓣兰属 Anthogonium Wall. ex Lindl.

筒瓣兰

Anthogonium gracile Lindl., Gen. Sp. Orchid. Pl. 426 (1830).
Anthogonium griffithii Rchb. f., Bonplandia (Hannover) 2: 90 (1854); *Anthogonium corydaloides* Schltr., Feddes Repert. Spec. Nov. Regni Veg. Beih. 4: 66, 230 (1919).
贵州、云南、西藏、广西；柬埔寨、老挝、缅甸、泰国、越南、孟加拉国、不丹、尼泊尔、斯里兰卡、印度北部。

无叶兰属 Aphyllorchis Blume

高山无叶兰

Aphyllorchis alpina King et Pantl., Ann. Roy. Bot. Gard. (Calcutta) 8: 261, pl. 347 (1898).
西藏；尼泊尔、印度。

尾萼无叶兰

Aphyllorchis caudata Rolfe ex C. Downie, Kew Bull. 1925: 415 (1925).
云南；泰国、越南。

大花无叶兰

Aphyllorchis gollanii Duthie, J. Asiat. Soc. Bengal 71: 42 (1902).
西藏；印度。

无叶兰

Aphyllorchis montana Rchb. f., Linnaea 41: 57 (1877).
Aphyllorchis prainii Hook. f., Fl. Brit. Ind. 6: 117 (1890); *Aphyllorchis benguetensis* Ames, Orchidaceae 2: 49 (1908); *Aphyllorchis tanegashimensis* Hayata, J. Coll. Sci. Imp. Univ. Tokyo 30 (1): 344-345 (1911); *Aphyllorchis unguiculata* Rolfe ex Downie, Kew Bull. 1925: 415 (1925); *Aphyllorchis purpurata* Fukuy., Bot. Mag. Tokyo 48: 431 (1934).
贵州、云南、台湾、广西、海南、香港；日本、越南、柬埔寨、泰国、马来西亚、印度尼西亚、菲律宾、印度、斯里兰卡。

小花无叶兰

Aphyllorchis pallida Bl., Bijdr. Fl. Ned. Ind t. 77. (1855).
海南；印度尼西亚、菲律宾。

圆瓣无叶兰

●**Aphyllorchis rotundatipetala** C. S. Leou, S. K. Yu et C. T. Lee, Ann. Bot. Fenn. 50 (3): 179 (2013).
台湾。

单唇无叶兰（梅兰）

●**Aphyllorchis simplex** Tang et F. T. Wang, Acta Phytotax. Sin. 1 (1): 67 (1951).
Sinorchis simplex (Tang et F. T. Wang) S. C. Chen, Acta Phytotax. Sin. 16 (4): 83 (1978).
广东、海南。

拟兰属 Apostasia Blume

拟兰（假兰）

Apostasia odorata Blume, Bijdr. Fl. Ned. Ind. 423 (1825).
Apostasia gracilis Rolfe, J. Linn. Soc., Bot. 25: 242 (1889); *Apostasia alba* Rolfe, Orchid Rev. 4: 329 (1889); *Apostasia platystylis* J. J. Sm., Bull. Jard. Bot. Buitenzorg, sér. 3, 2: 16 (1920); *Apostasia curvata* J. J. Sm., Mitt. Inst. Allg. Bot. Hamburg 7: 11 (1927); *Apostasia selebica* J. J. Sm., Bot. Jahrb. Syst. 65 (4-5): 449 (1933); *Apostasia thorelii* Gagnep., Bull. Soc. Bot. France. 80: 350 (1933); *Apostasia shenzhenia* Z. J. Liu et L. J. Chen, Plant Sci. J. 29 (1): 39 (2011).
云南、广东、广西、海南；柬埔寨、印度尼西亚、老挝、马来西亚、泰国、越南、印度。

多枝拟兰

●**Apostasia ramifera** S. C. Chen et K. Y. Lang, Acta Phytotax. Sin. 24 (5): 349, f. 2 (1986).
海南。

剑叶拟兰

Apostasia wallichii R. Br., Pl. Asiat. Rar. 1: 75, pl. 84 (1830).
Niemeyera stylidioides F. Muell., Fragm. 6: 96 (1867); *Apostasia stylidioides* (F. Muell.) Rchb. f., Flora 55: 278 (1872); *Apostasia lucida* Blume ex Siebe, Anat. Bau Apost. 16 (1903); *Apostasia papuana* Schltr., Fl. Schutzgeb. Südsee 72 (1905).
云南。

牛齿兰属 Appendicula Blume

小花牛齿兰

Appendicula annamensis Guillaumin, Bull. Soc. Bot. France 77: 340 (1930).

Appendicula micrantha Merr. et Metcalfe, Ann. Mag. Nat. Hist. 15: 386 (1845).

海南；越南。

牛齿兰

Appendicula cornuta Blume, Bijdr. Fl. Ned. Ind. 6: f. 12, et 7: 302 (1825).

Appendicula bifaria Lindl. ex Benth., Hooker's J. Bot. Kew Gard. Misc. 7: 35 (1855); *Dendrobium bifarium* (Lindl.) Hook. f., Fl. Brit. India 5: 732 732 (1890); *Appendicula bifaria* var. *wallichiana* Hook. f., Fl. Brit. India 6: 83 (1890); *Podochilus cornuta* (Blume) Schltr., Mém. Herb. Boiss. 21: 34 (1900).

广东、海南；缅甸、泰国、越南、马来西亚、印度尼西亚、菲律宾、柬埔寨、印度东北部。

长叶牛齿兰

Appendicula fenixii (Ames) Schltr., Feddes Repert. Spec. Nov. Regni Veg. Beih. 1: 336 (1912).

Podochilus fenixii Ames, Philipp. J. Soi. 6: (48) (1911); *Appendicula terrestris* Fukuy., Bot. Mag. Tokyo 50: 22 (1936).

台湾；菲律宾。

台湾牛齿兰

Appendicula reflexa Blume, Bijdr. 301 (1825).

Appendicula formosana Hayata, J. Coll. Sci. Imp. Univ. Tokyo 30 (1): 340 (1911); *Appendicula kotoensis* Hayata, J. Coll. Sci. Imp. Univ. Tokyo 30 (1): 341 (1911); *Podochilus taiwanianus* S. S. Ying, Col. Illustr. Indig. Orch. Taiwan 1. 1 (2): 297, f. 108 (1977); *Appendicula formosana* var. *kotoensis* (Hayata) T. P. Lin, Native Orchids Taiwan 2: 54 (1977); *Appendicula cornuta* var. *formosana* (Hayata) S. S. Ying, Col. Illustr. Indig. Orch. Taiwan 2: 395 (1990); *Podochilus kotoensis* (Hayata) S. S. Ying, Col. Illustr. Orch. Fl. Taiwan 1: 74 (1996); *Podochilus formosana* (Hayata) S. S. Ying, Col. Illustr. Orch. Fl. Taiwan 1: 74 (1996).

台湾；印度尼西亚、马来西亚、菲律宾、泰国、越南、印度（尼科巴群岛）、澳大利亚、巴布亚新几内亚、太平洋岛屿（所罗门群岛）。

蜘蛛兰属 Arachnis Blume

窄唇蜘蛛兰

Arachnis labrosa (Lindl. et Paxton) Rchb. f., Bot. Centralbl. 28: 343 (1886).

Arrhynchium labrosum Lindl. ex Paxton, Paxton's Fl. Gard. 1: 142 (1850); *Renanthera bilinguis* Rchb. f., Xenia Orchid. 1: 7 (1854); *Armodorum labrosum* (Lindl. ex Paxton) Schltr., Feddes Repert. Spec. Nov. Regni Veg. 10: 197 (1911); *Arachnis zhaoi* Z. J. Liu, S. C. Chen et S. P. Lei, Acta Bot. Yunnan., 30 (5): 529 (2008); *Arachnis labrosa* var. *zhaoi* (Z. J. Liu, S. C. Chen et S. P. Lei) S. C. Chen et J. J. Wood, Fl. China. 25: 466 (2009), syn. nov.

云南、台湾、广西、海南；日本、缅甸、越南南部、不丹、印度东北部。

竹叶兰属 Arundina Blume

竹叶兰

Arundina graminifolia (D. Don) Hochr., Bull. New York Bot. Gard. 6: 270 (1910).

Bletia graminifolia D. Don, Prodr. Fl. Nepal. 29 (1825); *Arundina chinensis* Blume, Bijdr. Fl. Ned. Ind. 8: 402 (1825); *Arundina bambusifolia* Lindl., Gen. Sp. Orchid. Pl. 125 (1831); *Arundina stenopetala* Gagnep., Bull. Soc. Bot. France. 79: 32 (1932); *Arundina chinensis* var. *major* S. Y. Hu, Quart. J. Taiwan Mus. 25: 54 (1972); *Arundina graminifolia* var. *chinensis* (Blume) S. S. Ying, Col. Illustr. Indig. Orch. Taiwan 1: 51, 421 (1977).

浙江、江西、湖南、四川、贵州、云南、西藏、福建、台湾、广东、广西、海南；柬埔寨、印度尼西亚、老挝、马来西亚、缅甸、泰国、越南、不丹、印度、尼泊尔、斯里兰卡。

鸟舌兰属 Ascocentrum Schltr. ex J. J. Sm.

鸟舌兰

Ascocentrum ampullaceum (Roxb.) Schltr., Feddes Repert. Spec. Nov. Regni Veg. Beih. 1: 975 (1913).

Aerides ampullacela Roxb., Fl. Ind. ed. 2, 3: 476 (1832); *Saccolabium ampullaceum* (Roxb.) Lindl. ex Wall., Numer. List 7307 (1832); *Oeceoclades ampullacea* (Roxb.) Lindl. ex Voigt, Hort. Suburb. Calcutt. 630 (1845); *Gastrochilus ampullaceus* (Roxb.) Kuntze, Revis. Gen. Pl. 2: 661 (1891).

云南；缅甸、泰国、老挝、尼泊尔、不丹、印度。

附注：有学者将本种并入万代兰属（*Vanda*）。

高山兰属 Bhutanthera Renz

高山兰

Bhutanthera alpina (Hand.-Mazz.) Renz, Edinburgh J.

Bot. 58 (1): 102 (2001).

Habenaria alpina Hand.-Mazz., Symb. Sin. 7: 1336, 1342, fig. 41, no. 9-11 (1936); *Peristylus alpinus* (Hand.-Mazz.) K. Y. Lang, Acta Phytotax. Sin. 34 (6): 639-640 (1996).

云南；不丹、印度。

白边高山兰

Bhutanthera albomarginata (King et Pantl.) Renz, Edinburgh J. Bot.58 (1): 101 (2001).

Habenaria albomarginata King et Prantl, Ann. Roy. Bot. Gard. (Caleutta) 8: 322. t. 425 (1898); *Platanthera albomarginata* (King et Pantl.) Kraenzl., Orchid. Gen. Sp. 1: 939 (1901); *Peristylus albomarginatus* (King) K. Y. Lang, Acta Phytotax. Sin. 34 (6): 640 (1996).

西藏；不丹、尼泊尔。

附注：目前的研究表明，高山兰属应并入角盘兰属（*Herminium*）。

胼胝兰属 **Biermannia** King et Pantl.

胼胝兰

Biermannia calcarata Aver., Bot. J. (Leningr.) 73 (3): 429, fig. 8 (1988).

广西；越南。

白及属 **Bletilla** Rchb. f.

小白及

Bletilla formosana (Hayata) Schltr., Fedde Repert. Sp. Nov. 10: 256 (1911).

Bletia formosana Hayata, J. Coll. Sci. Imp. Univ. Tokyo30 (1): 323 (1911); *Bletilla morrisonensis* (Hayata) Schltr., Fedde Repert. Sp. Nov. 10: 256 (1911); *Bletilla kotoensis* (Hayata) Schltr., Fedde Repert. Sp. Nov. 10: 256 (1911); *Coelogyne elegantula* Kraenzl., Fedde Repert. Sp. Nov. 17: 111. (1921); *Bletilla szetchuanica* Schltr. ex Limpricht, Fedde Repert. Sp. Nov. Beih. 12: 344 (1922); *Bletilla yunnanensis* Schltr. ex Limpricht, Fedde Repert. Sp. Nov. Beih. 343; *Bletilla yunnanensis* var. *limprichtii* Schltr. ex Limpricht, Fedde Repert. Sp. Nov. Beih. 344.; *Jimensia formosana* (Hayata) Garay et Schultes, Bot. Mus. Leafl. Harv. Univ. 18: 183 (1958); *Jimensia morrisonensis* (Hayata) Garay et Schultes, Bot. Mus. Leafl. Harv. Univ. 18: 183 (1958); *Jimensia szetchuanica* (Schltr.) Garay et Schultes, Bot. Mus. Leafl. Harv. Univ. 18: 185 (1958); *Jimensia yunnanensis* (Schltr.) Garay et Schultes, Bot. Mus. Leafl. Harv. Univ. 18: 183 (1958); *Bletilla striata* var. *kotoensis* (Hayata) Masarmune, Sci. Rep. Kanazawa Univ. 9: 126 (1964); *Bletilla formosana kotoensis* (Hayata) T. P. Lin, Nat. Orch. Taiwan 2: 65 (1977); *Bletilla formosana* f. *rubrolabella* S. S. Ying, Mem. Coll. Agric. Nat. Taiwan Univ. 30 (2): 69, col. photo 16. (1990); *Bletilla elegantula* (Kraenzl.) Garay et Romero, Harvard Pap. Bot. 3 (1): 53. (1998).

陕西、甘肃、江西、四川、贵州、云南、台湾、广西；日本。

黄花白及

Bletilla ochracea Schltr., Feddes Repert. Spec. Nov. Regni Veg. 12: 105-106 (1913).

河南、陕西、甘肃、湖南、湖北、四川、贵州、云南、广西；越南。

华白及

Bletilla sinensis (Rolfe) Schltr., Feddes Repert. Spec. Nov. Regni Veg. Beih. 10: 256 (1911).

Arethusa sinensis Rolfe, J. Linn. Soc., Bot. 36: 46 (1903); *Bletilla chinensis* Schltr., Orchis 107 (1914).

云南；泰国、缅甸。

白及

Bletilla striata (Thunb. ex A. Murray) Rchb. f., Bot. Zeit. 36: 75 (1878).

Limodorum striatum Thunb. ex A. Murray, Syst. Veg., ed. 14. 816 (1784); *Cymbidium hyacinthinum* J. E. Sm., Exot. Bot. 1: 117. t. 60 (1804); *Limodorum hyacinthinum* (J. E. Sm.) Donn, Hortus Cantabrig. ed. 4: 201 (1807); *Jimensia nervosa* Raf., Fl. Tellur. 4: 38 (1838); *Bletia gebina* Lindl., J. Hort. Soc. London 2: 307 (1847); *Bletilla gebina* (Lindl.) Rchb. f., Fl. Serres Jard. Eur. 8: 246 (1853); *Calanthe gebina* (Lindl.) Lindl., Fol. Orchid. 6: 11 (1855); *Bletia hyacinthina* var. *gebina* (Lindl.) Blume, Coll. Orchid. 17 (1858); *Bletia hyacinthina* (J. E. Sm.) R. Br., Bot. Zeit. 36: 75 (1878); *Bletilla hyacinthina* (J. E. Sm.) Rchb. f., Bot. Zeit. 36: 75 (1878); *Bletilla striata* var. *gebina* (Lindl.) Rchb. f., Bot. Zeit. 36: 75 (1878); *Bletia striata* (Thunb. ex A. Murray) Druce, Rep. Bot. Exch. Club 4: 609 (1917); *Coelogyne elegantula* Kraenzl., Feddes Repert. Spec. Nov. Regni Veg. 17: 111-112 (1921); *Bletilla striata* var. *albomarginata* Makino, J. Jap. Bot. 6: 31 (1929); *Jimensia striata* (Thunb. ex A. Murray) Garay et R. E. Schult., Bot. Mus. Leafl. 18: 184 (1958); *Bletilla elegantula* (Kraenzl.) Garay et Romero, Harvard Pap. Bot. 3 (1): 53 (1998).

陕西、甘肃、安徽、江苏、浙江、江西、湖南、湖北、四川、贵州、福建、广东、广西；日本、朝鲜、缅甸。

苞叶兰属 Brachycorythis Lindl.

短距苞叶兰（拟粉蝶兰）

Brachycorythis galeandra (Rchb. f.) Summerh., Kew Bull. 1955: 241 (1955).

Platanthera galeandra Rchb. f., Linnaea 25: 226 (1852); *Platanthera championii* Lindl., Hooker's J. Bot. Kew Gard. Misc. 7: 37 (1855); *Gymnadenia obcordata* Rchb. f., Rev. Gén. Bot. 13: 516 (1901); *Platanthera truncatolabellata* Hayata, Icon. Pl. Formosan. 4: 124, f. (1914); *Phyllomphax truncatolabellata* (Hayata) Schltr., Feddes Repert. Spec. Nov. Regni Veg. Beih. 4: 119 (1919); *Phyllomphax championii* (Lindl.) Schltr., Feddes Repert. Spec. Nov. Regni Veg. Beih. 4: 119 (1919); *Phyllomphax galeandra* (Rchb. f.) Hand.-Mazz., Akad. Wiss. Wien Sitzungsber., Math.-Naturwiss. Kl., 62: 253 (1925); *Habenaria galeandra* var. *annamica* Gagnep., Fl. Gen. Indo-Chine 6: 598 (1934); *Brachycorythis truncatolabellata* (Hayata) S. S. Ying, Coloured Illustr. Pl. Taiwan 1: 422 (1977); *Brachycorythis menglianensis* Y. Y. Qian, Acta Phytotax. Sin. 39 (3): 278 (2001).

湖南、四川、贵州、云南、台湾、广东、广西；缅甸、泰国、越南、印度东北部。

长叶苞叶兰

Brachycorythis henryi (Schltr.) Summerh., Kew Bull. 1955: 235 (1955).

Phyllomphax henryi Schltr., Feddes Repert. Spec. Nov. Regni Veg. Beih. 4: 45 (1919); *Platanthera dielsiana* Soó, Ann. Hist.-Nat. Mus. Natl. Hung. 26: 357 (1929); *Brachycorythis peitawuensis* T. P. Lin et W. M. Lin, Taiwania, 54 (4): 323 (2009), syn. nov.

贵州、云南；缅甸、泰国、越南。

藓兰属 Bryobium Lindl.

藓兰

Bryobium pudicum (Ridl.) Y. P. Ng et P. J. Cribb, Orchid Rev. 113: 272 (2005).

Eria pudica Ridl., J. Linn. Soc., Bot. 32: 294 (1896).

云南；马来西亚、新加坡。

石豆兰属 Bulbophyllum Thouars

赤唇石豆兰（高士佛豆兰，恒春石豆兰）

Bulbophyllum affine Lindl., Gen. Sp. Orchid. Pl. 48 (1830).

Sarcopodium affine (Lindl.) Lindl. et Paxton, Paxton's Fl. Gard. 1: 155 (1850); *Phyllorkis affinis* (Lindl.) Kuntze, Revis. Gen. Pl. 2: 677 (1891); *Bulbophyllum kusukusense* Hayata, Icon. Pl. Formosan. 4: 48, f. 19 (1914).

云南、台湾、广东、广西、海南；日本（琉球群岛）、泰国、老挝、越南、尼泊尔、不丹、印度东北部。

白毛卷瓣兰（白缘石豆兰，大白毛卷瓣兰）

•**Bulbophyllum albociliatum** (T. S. Liu et H. J. Su) Seidenf., Dansk Bot. Ark. 29 (1): 89 (1973 publ. 1974) (1974).

Cirrhopetalum albociliatum T. S. Liu et H. J. Su, Quart. J. Taiwan Mus. 24 (1-2): 173 (1971).

白毛卷瓣兰（原变种）

•**Bulbophyllum albociliatum** var. **albociliatum**

Bulbophyllum taichungianum S. S. Ying, Quart. J. Chin. Forest. 11: 102 (1978).

台湾。

维明石豆兰（新变种）

•**Bulbophyllum albociliatum** var. **weimingianum** T. P. Lin et Kuo Huang, Taiwania 50 (4): 290, fig. 1, 4A-C (2005).

台湾。

芳香石豆兰

Bulbophyllum ambrosia (Hance) Schltr., Feddes Repert. Spec. Nov. Regni Veg. Beih. 4: 247 (1919).

Eria ambrosia Hance, J. Bot. 21: 232 (1883); *Bulbophyllum watsonianum* Rchb. f., Flora 71: 155 (1888).

芳香石豆兰（原亚种）

Bulbophyllum ambrosia subsp. **ambrosia**

云南、福建、广东、广西、海南；越南、尼泊尔。

西南石豆兰

Bulbophyllum ambrosia subsp. **nepalense** J. J. Wood, Kew Bull. 41: 820 (1986).

云南；尼泊尔。

大叶卷瓣兰

Bulbophyllum amplifolium (Rolfe) M. S. Balakr. et Chowdhuri, Bull. Bot. Surv. India 9: 89, t. 14 (1967).

Cirrhopetalum amplifolium Rolfe, Notes Roy. Bot. Gard. Edinburgh. 36: 21-22, pl. 10 (1913).

贵州、云南、西藏；缅甸、印度西北部、不丹。

梳帽卷瓣兰

Bulbophyllum andersonii (Hook. f.) J. J. Sm., Bull. Jard. Bot. Buitenz. ser. 2, 8: 22 (1912).

Cirrhopetalum andersonii Hook. f., Fl. Brit. Ind. 5: 777 (1890); *Phyllorkis andersonii* (Hook. f.) Kuntze, Revis. Gen. Pl. 2: 677 (1891); *Cirrhopetalum henryi* Rolfe, J. Linn. Soc., Bot. 36: 15 (1903); *Bulbophyllum henryi* (Rolfe) J. J. Sm., Bull. Jard. Bot. Buiten. ser. 2, 8: 25

(1912).
四川、贵州、云南、广西；缅甸、越南、印度东北部。

柄叶石豆兰

Bulbophyllum apodum Hook. f., Fl. Brit. India. 5: 766 (1890).
Bulbophyllum spathaceum Rolfe, Kew Bull. 1893: 170 (1893); *Bulbophyllum ebulbum* King et Pantl., J. Asiat. Soc. Bengal 64: 334 (1895).
云南；印度尼西亚、老挝、马来西亚、缅甸、菲律宾、泰国、越南、印度、巴布亚新几内亚、太平洋岛屿。

聚花石豆兰

Bulbophyllum aureolabellum T. P. Lin, Native Orchids Taiwan 1: 38-39 (t.) (1975).
台湾、云南。

二色卷瓣兰

•**Bulbophyllum bicolor** Lindl., Gen. Sp. Oreh. Pl.: 49 (1830).
Cirrhoptalum bicolor (Lindl.) Rolfe, J. Linn. Soc. Bot. 36: 14 (1903).
广东、香港。

团花石豆兰

Bulbophyllum bittnerianum Schltr., Orchis 4: 108 (1910).
云南；泰国。

波密卷瓣兰

•**Bulbophyllum bomiensis** Z. H. Tsi, Acta Phytotax. Sin. 16 (4): 128, t. 4 (1978).
云南、西藏。

短葶卷瓣兰

•**Bulbophyllum brevipedunculatum** T. C. Hsuet S. W. Chung, Taiwania 53: 23 (2008).
台湾。

短序石豆兰

•**Bulbophyllum brevispicatum** Z. H. Tsi et S. C. Chen, Acta Phytotax. Sin. 32 (6): 554, t. 1 (7-12) (1994).
云南。

尖叶石豆兰

Bulbophyllum cariniflorum Rchb. f., Ann. Bot. Syst. 6: 258 (1861).
Bulbophyllum densiflorum Rolfe, Kew Bull. 1892: 139 (1892).
西藏；泰国、不丹、印度东北部、尼泊尔。

链状石豆兰

Bulbophyllum catenarium Ridl., Trans. Linn. Soc. London, Bot. 4: 235 (1894).
云南；马来西亚、越南。

尾萼卷瓣兰

Bulbophyllum caudatum Lindl., Gen. Sp. Orchid. Pl. 56 (1830).
Cirrhopetalum caudatum (Lindl.) King et Pantl., Ann. Roy. Bot. Gard. (Calcutta) 93 (1898).
西藏；印度、尼泊尔。

茎花石豆兰

Bulbophyllum cauliflorum Hook. f., Fl. Brit. Ind. 5: 758 (1890).
西藏；印度东北部。

中华卷瓣兰

•**Bulbophyllum chinense** (Lindl.) Rchb. f., Ann. Bot. Syst. 6: 260 (1864).
Cirrhopetalum chinense Lindl., Bot. Reg. 28 (Misc.): 37 (1842); *Phyllorkis chinensis* (Lindl.) Kuntze, Revis. Gen. Pl. 2: 677 (1891).
中国。

城口卷瓣兰

•**Bulbophyllum chondriophorum** (Gagnep.) Seidenf., Dansk Bot. Ark. 29 (1): 53 (1974).
Cirrhopetalum chondriophorum Gagnep., Bull. Soc. Bot. France 78: 4 (1931).
陕西、四川、重庆。

环唇石豆兰

Bulbophyllum corallinum Tixier et Guillaumin, Bull. Mus. Hist. Nat. (Paris) ser. 2. 35 (2): 204 (1963).
云南；缅甸、越南、泰国北部。

短耳石豆兰

Bulbophyllum crassipes Hook. f., Fl. Brit. Ind. 5: 760 (1890).
云南；缅甸、泰国、马来西亚（槟榔屿）、不丹、印度东北部。

大苞石豆兰

Bulbophyllum cylindraceum Lindl., Gen. Sp. Orch. Pl.: 53. 1830.
云南；缅甸、印度。

直唇卷瓣兰

Bulbophyllum delitescens Hance, J. Bot. 14 (2): 44-45 (1876).
Cirrhopetalum delitescens (Hance) Rolfe, Gard. Chron. 18: 461 (1882).
云南、西藏、福建、广东、海南；越南、印度东

北部。

戟唇石豆兰

Bulbophyllum depressum King et Pantl., J. Asiat. Soc. Bengal, Pt. 2, Nat. Hist. 66: 585 (1897).

Bulbophyllum hastatum Tang et F. T. Wang, Acta Phytotax. Sin. 12 (1): 44-45 (1974).

云南、广东、海南；泰国、印度。

拟泰国卷瓣兰

Bulbophyllum didymotropis Seidenf., Dansk Bot. Ark. 33 (3): 53, f. 28 (1979).

云南；泰国。

圆叶石豆兰（狭萼豆兰，小石豆兰，狭萼石豆兰）

Bulbophyllum drymoglossum Maxim. ex M. Okubo, Bot. Mag. Tokyo 1: 14 (fig.). (1884).

Bulbophyllum gracillimum Hayata, Icon. Pl. Formosan. 2: 132-133 (1912); *Bulbophyllum somai* Hayata, Icon. Pl. Formosan. 9: 109, f. 37 (1920); *Bulbophyllum tenuislinguae* T. P. Lin et S. H. Wu, Taiwania 57 (4): 377 (2012).

云南、台湾、广东、广西；日本、朝鲜。

独龙江石豆兰

•**Bulbophyllum dulongjiangense** X. H. Jin, Novon. 16: 497 (2006).

云南。

高茎卷瓣兰

Bulbophyllum elatum (Hook. f.) J. J. Sm., Bull. Jard. Bot. Buitenzorg ser. 2, 8: 23 (1912).

Cirrhopetalum elatum Hook. f., Fl. Brit. Ind. 5: 775 (1890).

云南、西藏；越南、不丹、尼泊尔、印度。

匍茎卷瓣兰

Bulbophyllum emarginatum (Finet) J. J. Sm., Bull. Jard. Bot. Buitenzorg ser. 2, 8: 24 (1912).

Cirrhopetalum emarginatum Finet, Bull. Soc. Bot. France. 44: 369, pl. 8 (1897); *Cirrhopetalum brevipes* Hook. f., Fl. Brit. Ind. 5: 777 (1890); *Bulbophyllum yoksunense* J. J. Sm., Bull. Jard. Bot. Buitenz. Ser. 2, 8: 29 (1912).

云南、西藏；缅甸、越南、不丹、印度东北部、尼泊尔。

墨脱石豆兰

Bulbophyllum eublepharum Rchb. f., Ann. Bot. Syst. 6: 252 (1861).

Bulbophyllum yuanyangense Z. H. Tsi, Guihaia 15 (2): 106 (1995).

云南、西藏；不丹、印度东北部。

麻栗坡卷瓣兰

Bulbophyllum farreri (W. W. Smith) Seidenf., Dansk Bot. Ark. 29 (1): 212 (1974).

Cirrhopetalum farreri W. W. Sm., Notes Roy. Bot. Gard. Edinburgh 13: 196 (1921); *Bulbophyllum malipoense* Z. J. Liu, S. C. Chen et S. P. Lei, Acta Bot. Yunnan., 30 (5): 528 (2008).

云南；缅甸、越南。

钝萼卷瓣兰

•**Bulbophyllum fimbriperianthium** W. M. Lin, L. L. Huang et T. P. Lin, Taiwania 51 (3): 162-163, fig. 1 et 5A (2006).

台湾。

狭唇卷瓣兰

•**Bulbophyllum fordii** (Rolfe) J. J. Sm., Bull. Jard. Bot. Buitenz. ser. 2, 8: 24 (1912).

Cirrhopetalum fordii Rolfe, Kew Bull. 1896: 193-194 (1896).

云南、广东。

尖角卷瓣兰

Bulbophyllum forrestii Seidenf., Dansk Bot. Ark. 29 (1): 120 (1973).

Cirrhopetalum aemulum W. W. Sm., Notes Roy. Bot. Gard. Edinburgh. 13: 195 (1921).

云南；缅甸、泰国。

富宁卷瓣兰

Bulbophyllum funingense Z. H. Tsi et Chen, Bull. Bot. Lab. N. E. Forest. Inst., Harbin 1 (1-2): 112 (1982).

云南；越南北部。

贡山卷瓣兰

•**Bulbophyllum gongshanense** Z. H. Tsi, Bull. Bot. Lab. N. E. Forest. Inst., Harbin 1 (1-2): 111 (1981).

Cirrhopetalum gongshanense (Z. H. Tsi) Garay, Hamer et Siegerist, Nordic J. Bot. 14: 621 (1994).

云南。

短齿石豆兰

Bulbophyllum griffithii (Lindl.) Rchb. f., Ann. Bot. Syst. 6: 247 (1861).

Sarcopodium griffithii Lindl., Fol. Orch. Sarcopodium. 6 (1853); *Bulbophyllum calodictyon* Schltr., Feddes Repert. Spec. Nov. Regni Veg. Beih. 4: 70-71 (1919); *Bulbophyllum chitouense* S. S. Ying, Col. Illustr. Orch. Fl. Taiwan Col. Pl. 83-84 (1995).

云南、台湾；越南、尼泊尔、不丹、印度。

钻齿卷瓣兰

Bulbophyllum guttulatum (Hook. f.) Balakr., J. Bomb. Nat. Hist. Soc. 67 (1): 66 (1970).

Cirrhopetalum guttulatum Hook. f., Fl. Brit. Ind. 5: 776 (1890).

西藏；越南、印度、尼泊尔、不丹。

线瓣石豆兰

Bulbophyllum gymnopus Hook. f., Fl. Brit. Ind. 5: 764 (1890).

Phyllorkis gymnopus (Hook. f.) Kuntze, Revis. Gen. Pl. 2: 677 (1891); *Drymoda gymnopus* (Hook. f.) Garay, Hamer et Siegerist, Nordic J. Bot. 14: 641 (1994).

云南；泰国、不丹、印度。

海南石豆兰

•**Bulbophyllum hainanense** Z. H. Tsi, Bull. Bot. Lab. N. E. Forest. Inst., Harbin 1 (1-2): 118 (1982).

海南。

飘带石豆兰

Bulbophyllum haniffii Carrière, Gard. Bull. Singapore 7: 20 (1932).

云南；老挝、缅甸、泰国、马来西亚。

角萼卷瓣兰

Bulbophyllum helenae (Kuntze) J. J. Sm., Bull. Buitaenz. 2 ser. 8: 24 (1912).

Phyllorchis helenae Kuntze, Rev. Gén. Bot. Pl. 2: 676 (1891).

云南；缅甸、不丹、印度东北部、尼泊尔。

河南卷瓣兰

•**Bulbophyllum henanense** J. L. Lu, Bull. Bot. Lab. N. E. Forest. Inst., Harbin 12 (4): 331 (1992).

河南。

落叶石豆兰

Bulbophyllum hirtum (J. E. Sm.) Lindl., Gen. Sp. Orchid. Pl. 51 (1830).

Stelis hirta J. E. Sm., Cycl. (Rees) 34: no. 11 (1816); *Tribrachia hirta* (Sm.) Lindl., Coll. Bot. t. 41 (1826); *Phyllorkis hirta* (Sm.) Kuntze, Revis. Gen. Pl. 2: 677 (1891).

云南；缅甸、泰国、越南、尼泊尔、印度东北部。

莲花卷瓣兰（红花缘石豆兰，朱红冠毛兰，疏花石豆兰）

Bulbophyllum hirundinis (Gagnep.) Seidenf., Dansk Bot. Ark. 29 (1): 76, f. 31 (1973).

Cirrhopetalum hirundinis Gagnep., Bull. Soc. Bot. France. 78: 5 (1931); *Cirrhopetalum melinanthum* Schltr., Feddes Repert. Spec. Nov. Regni Veg. Beih. 4: 71-72, 254 (1919); *Cirrhopetalum aurantiacum* W. W. Sm., Notes Roy. Bot. Gard. Edinburgh. 13: 195-196 (1921); *Cirrhopetalum remotifolium* Fukuy., Bot. Mag. Tokyo 49: 669 (1935); *Bulbophyllum electrinum* Seidenf., Dansk Bot. Ark. 29 (1): 77, f. 32 (1973); *Bulbophyllum hirundinis* var. *electrinum* (Seidenf.) S. S. Ying, Col. Illustr. Indig. Orch. Taiwan 2: 408 (1990); *Bulbophyllum electrinum* var. *sui* T. P. Lin et W. M. Lin, Taiwania, 54 (4): 324 (2009); *Bulbophyllum electrinum* var. *calvum* T. P. Lin et W. M. Lin, Taiwania, 54 (4): 325 (2009).

安徽、云南、台湾、广西、海南；越南。

穗花卷瓣兰

•**Bulbophyllum insulsoides** Seidenf., Dansk Bot. Ark. 29 (1): 88, f. 41, e-d (1973).

Bulbophyllum racemosum Hayata, J. Coll. Sci. Imp. Univ. Tokyo 30 (1): 317 (1911), not Rolfe (1893); *Cirrhopetalum racemosum* (Hayata) Hayata, Icon. Pl. Formosan. 76 (1917).

台湾。

瘤唇卷瓣兰（日本卷瓣兰，日本红花石豆兰）

Bulbophyllum japonicum (Makino) Makino, Bot. Mag. Tokyo 24: 31 (1910).

Cirrhopetalum japonicum Makino, Ill. Bot. Himal. Mts. 1: pl. 42 (1891); *Bulbophyllum inabai* Hayata, Icon. Pl. Formosan. 4: 47, pl. (1914); *Cirrhopetalum inabai* Hayata, Icon. Pl. Formosan. 4: 47 (1919).

湖南、福建、台湾、广东、广西；日本。

白花卷瓣兰

Bulbophyllum khaoyaiense Seidenf., Bot. Tidsskr. 65: 342 (1970).

Bulbophyllum tripudians var. *pumilum* Seidenf. et Smitin., Orch. Thail. (Prelim. List) 4 (2): 795, f. 600 (1965).

云南；泰国。

卷苞石豆兰

Bulbophyllum khasyanum Griff., Not. Pl. Asiat. 3: 284 (1851).

Bulbophyllum cylindraceum var. *khasyanum* Hook. f., Fl. Brit. Ind. 5: 765 (1890); *Phyllorkis cylindracea* (Wall. ex Lindl.) Kuntze, Revis. Gen. Pl. 2: 677 (1891).

云南；越南、泰国、马来西亚、不丹、印度东北部。

台南卷瓣兰

•**Bulbophyllum kuanwuensis** S. W. Chung et T. C. Hsu, Taiwania 51 (2): 139-142 (2006).

Bulbophyllum kuanwuensis var. *luchuensis* T. P. Lin et

W. M. Lin, Taiwania. 54: 325 (2009); *Bulbophyllum kuanwuensis* var. *rutilum* T. P. Lin et W. M. Lin, Taiwania. 54: 327 (2009).
台湾。

广东石豆兰

●**Bulbophyllum kwangtungense** Schltr., Feddes Repert. Spec. Nov. Regni Veg. 19: 381 (1924).
浙江、江西、湖南、湖北、贵州、云南、福建、广东、广西。

乐东石豆兰

●**Bulbophyllum ledungense** Tang et F. T. Wang, Acta Phytotax. Sin. 12 (1): 45-46 (1974).
海南。

短葶石豆兰

Bulbophyllum leopardinum (Wall.) Lindl., Gen. Sp. Orchid. Pl. 48 (1830).
Dendrobium leopardinum Wall., Tent. Fl. Napal. 39, pl. 28 (1824); *Sarcopodium leopardinum* (Wall.) Lindl. et Paxton, Paxton's Fl. Gard. 1: 155 (1851); *Bulbophyllum colomaculosum* Z. H. Tsi et S. C. Chen, Acta Phytotax. Sin. 32 (6): 553 (1994).
云南、西藏；缅甸、老挝、越南、尼泊尔、不丹、印度。

南方卷瓣兰

Bulbophyllum lepidum (Blume) J. J. Smith, Orch. Java. 471 (1905).
Ephippium lepidum Blume, Bijdr. 310 (1825); *Bulbophyllum obtusiangulum* Z. H. Tsi, Acta Phytotax. Sin. 33 (6): 578 (1995).
海南；柬埔寨、印度尼西亚、老挝、马来西亚、泰国、越南。

齿瓣石豆兰

Bulbophyllum levinei Schltr., Feddes Repert. Spec. Nov. Regni Veg. 19: 381 (1924).
Cirrhopetalum insulsum Gagnep., Bull. Mus. Hist. Nat. (Paris) ser. 2. 22: 403 (1950); *Bulbophyllum insulsum* (Gagnep.) auct. non Seidenf. et H. J. Su (1989).
浙江、江西、湖南、云南、福建、广东、广西、香港；越南。

长臂卷瓣兰

Bulbophyllum longibrachiatum Z. H. Tsi, Bull. Bot. Lab. N. E. Forest. Inst., Harbin 1 (1-2): 115 (1981).
Cirrhopetalum longibrachiatum (Z. H. Tsi) Garay, Hamer et Siegerist, Nordic J. Bot. 14: 621 (1994); *Bulbophyllum purpureifolium* Aver., Bot. Zhurn. (Moscow et Leningrad) 82 (3): 141 (1997).
云南；越南北部。

副萼石豆兰

●**Bulbophyllum maanshanense** Z. J. Liu, L. J. Chen et W. H. Rao, J. Wuhan Bot. Res. 28: 772 (2010).
Bulbophyllum minor Z. J. Liu, L. J. Chen et W. H. Rao, J. Wuhan Bot. Res. 28 (4): 421 (2010); *Bulbophyllum xiajinchuangense* Z. J. Liu, L. J. Chen et W. H. Rao, J. Wuhan Bot. Res. 28: 772 (2010).
云南。

乌来卷瓣兰（一枝瘤，乌来石豆兰，紫花石豆兰）

Bulbophyllum macraei (Lindl.) Rchb. f., Ann. Bot. Syst. 6: 263 (1861).
Cirrhopetalum macraei Lindl., Gen. Sp. Orchid. Pl. 59 (1830); *Cirrhopetalum uraiense* Hayata, Icon. Pl. Formosan. 4: 51 (1914); *Cirrhopetalum autumnale* Fukuy., Bot. Mag. Tokyo 49: 760 (1935); *Bulbophyllum macraei* var. *autumnale* (Fukuy.) S. S. Ying, Col. Illustr. Indig. Orch. Taiwan 1: 424 (1977).
台湾；日本（琉球群岛）、越南北部、斯里兰卡、印度。

紫纹卷瓣兰（紫纹石豆兰）

Bulbophyllum melanoglossum Hayata, Icon. Pl. Formosan. 4: 49, pl. 10 (1914).
Cirrhopetalum striatum T. S. Liu et H. J. Su, Quart. J. Taiwan Mus. 241 (1-2): 176 (1971); *Bulbophyllum rubropunctatum* S. S. Ying, Col. Ill. Indig. Orch. Taiwan 1: 75 (1977); *Bulbophyllum linchianum* S. S. Ying, Col. Illustr. Indig. Orchi. 1 (2): 61, 424, f. 11 (1977); *Bulbophyllum melanoglossum* var. *rubropunctatum* S. S. Ying, Col. Illustr. Indig. Orch. Taiwan 2: 415 (1990).
福建、台湾、海南。

勐海石豆兰

●**Bulbophyllum menghaiense** Z. H. Tsi, Bull. Bot. Lab. N. E. Forest. Inst., Harbin 1 (1-2): 109, t. 1 (1-2) (1982).
云南。

勐仑石豆兰

●**Bulbophyllum menlunense** Z. H. Tsi et Y. Z. Ma, Acta Bot. Yannan. 7 (1): 83-85, pl. 1, f. 1-2 (1985).
云南。

钩梗石豆兰

Bulbophyllum nigrescens Rolfe, Kew Bull. 1910: 158 (1910).
Bulbophyllum angusteellipticum Seidenf., Nordic J. Bot. 1: 209 (1981).
云南；泰国、越南。

黑瓣石豆兰

Bulbophyllum nigripetalum Rolfe, Bull. Misc. Inform. Kew. 1891: 197 (1891).

云南；泰国。

拟泰国石豆兰

Bulbophyllum nipondhii Seidenf., Nordic J. Bot. 5: 162. Fig. 5. 1985.

云南；泰国。

密花石豆兰

Bulbophyllum odoratissimum (J. E. Sm.) Lindl., Gen. Sp. Orchid. Pl. 55 (1830).

Stelis odoratissima J. E. Sm., Cycl. (Rees) 34: 12 (1814); *Bulbophyllum congestrum* Rolfe, Kew Bull. 1912: 131 (1912); *Cirrhopetalum trichocephalum* Schltr., Feddes Repert. Spec. Nov. Regni Veg. Beih. 4: 72, 255 (1919); *Bulbophyllum hyacinthiodorum* W. W. Sm., Notes Roy. Bot. Gard. Edinburgh. 13: 190 (1921); *Bulbophyllum trichocephalum* (Schltr.) Tang et F. T. Wang, Acta Phytotax. Sin. 1 (1): 90 (1951); *Bulbophyllum trichocephalum* var. *wallongense* Agrawala, Sabap. et H. J. Chowdhery, Indian J. Forest. 27: 305 (2004).

四川、云南、西藏、福建、广东、广西、香港；缅甸、泰国、老挝、越南、尼泊尔、不丹、印度东北部。

毛药卷瓣兰（溪头卷瓣兰，黄唇卷瓣兰）

●**Bulbophyllum omerandrum** Hayata, Icon. Pl. Formosan. 4: 50 (1914).

Cirrhopetalum omerandrum (Hayata) Hayata, Gen. Ind. Fl. Formos. 76 (1917).

浙江、湖南、湖北、福建、台湾、广东、广西。

麦穗石豆兰

Bulbophyllum orientale Seidenf., Dansk Bot. Ark. 33 (3): 138, f. 92 (1979).

云南；泰国、越南。

德钦石豆兰

Bulbophyllum otoglossum Tuyama, Fl. E. Himalaya 2: 177, pl. 16 (1971).

云南；尼泊尔、印度。

卵叶石豆兰

Bulbophyllum ovalifolium (Blume) Lindl., Gen. Sp. Orchid. Pl. 49 (1830).

Diphyes ovalifolia Blume, Bijdr. 318 (1825); *Bulbophyllum ovatilabellum* Seidenf., Dansk Bot. Ark. 33 (3): 53 (1979).

云南；印度尼西亚、马来西亚、泰国。

白花石豆兰

●**Bulbophyllum pauciflorum** Ames, Philipp. J. Sci., C. 7: 132 (1912).

Bulbophyllum riyanum Fukuy., Bot. Mag. Tokyo 49: 668 (1935).

台湾、海南。

斑唇卷瓣兰

Bulbophyllum pecten-veneris (Gagnep.) Seidenf., Dansk Bot. Ark. 29 (1): 37. 1974.

Cirrhopetalum pecten-veneris Gagnep., Bull. Soc. Bot. France 78: 6 (1931); *Cirrhopetalum miniatum* Rolfe, Bull. Misc. Inform. Kew1913 (1): 28 (1913); *Cirrhopetalum flaviflorum* T. S. Liu et H. J. Su, Quart. J. Taiwan Mus. 24 (1-2): 174 (1971).

安徽、湖北、福建、台湾、广西、海南、香港；老挝、越南。

长足石豆兰

Bulbophyllum pectinatum Finet, Bull. Soc. Bot. France. 44: 268, pl. 7 (1897).

Bulbophyllum viridiflorum Hayata, Icon. Pl. Formosan. 2: 133-134 (1912); *Bulbophyllum transarisanense* f. *alboviride* Fukuy., List Vasc. Pl. Taiwan 167 (1955); *Bulbophyllum pectinatum* var. *transarisanense* (Hayata) S. S. Ying, Col. Illustr. Orch. Fl. Taiwan 1: 138, 143 (1996).

云南、台湾；缅甸、泰国北部、越南、印度东北部。

彩色卷瓣兰

Bulbophyllum picturatum (Lodd.) Rchb. f., Ann. Bot. Syst. 6: 262 (1861).

Cirrhopetalum picturatum Lodd., Bot. Reg. 46, Misc. 49 (1840); *Cirrhopetalum eberhardtii* Gagnep., Bull. Soc. Bot. France 78: 4 (1931).

云南；缅甸、泰国、越南、印度。

屏东卷瓣兰

●**Bulbophyllum pingtungense** S. S. Ying et C. Chen, Col. Illustr. Pl. Taiwan 1: 499 (1985).

台湾。

锥茎石豆兰

Bulbophyllum polyrrhizum Lindl., Gen. Sp. Orchid. Pl. 53 (1830).

云南；泰国、缅甸、印度、尼泊尔。

版纳石豆兰

Bulbophyllum protractum Hook. f., Fl. Brit. India 5: 758 (1890).

云南；泰国、缅甸、印度。

滇南石豆兰

Bulbophyllum psittacoglossum Rchb. f., Bot. Zeit. 21: 236 (1863).

Sarcopodium psittacoglossum (Rchb. f.) Hook., Bot. Mag. 89: pl. 5408 (1863); *Phyllorkis psittacoglossa* (Rchb. f.) Kuntze, Revis. Gen. Pl. 2: 677 (1891).

云南；越南、泰国、缅甸。

曲萼石豆兰

Bulbophyllum pteroglossum Schltr., Feddes Repert. Spec. Nov. Regni Veg. Beih. 4: 71 (1919).

Bulbophyllum uniflorum Griff., Not. Pl. Asiat. 3: 293 (1851), not Hasskarl (1844); *Sarcopodium uniflorum* Lindl., Fol. Orchid. 2: 6 (1853); *Phyllorkis monantha* Kuntze, Revis. Gen. Pl. 2: 676 (1891); *Bulbophyllum monanthum* (Kuntze) J. J. Sm., Bull. Jard. Bot. Buitenz. ser. 2, 8: 26 (1912), not *Bulbophyllum monanthos* Ridl. (1896); *Bulbophyllum devangiriense* N. P. Balakr., J. Bombay Nat. Hist. Soc. 67: 66 (1970); *Bulbophyllum tiagii* A. S. Chauhan, J. Econ. Taxon. Bot. 5: 995 (1984).

云南；缅甸、不丹、印度东北部。

浙杭卷瓣兰

Bulbophyllum quadrangulum Z. H. Tsi, Bull. Bot. Lab. N. E. Forest. Inst., Harbin 1 (1-2): 114, t. 2 (4) (1981).

浙江。

球花石豆兰

Bulbophyllum repens Griff., Not. Pl. Asiat. 3: 293 (1851).

Bulbophyllum poilanei Gagnep., Bull. Mus. Hist. Nat. (Paris) ser. 2. 2 (1): 147 (1930).

海南；越南、印度。

伏生石豆兰

Bulbophyllum reptans (Lindl.) Lindl., Gen. Sp. Orchid. Pl. 51 (1830).

Tribrachia reptans Lindl., Coll. Bot. (Lindl.). 41a (1821); *Phyllorkis reptans* (Lindl.) Kuntze, Revis. Gen. Pl. 2: 677 (1891).

贵州、云南、西藏、广西、海南；缅甸、越南、尼泊尔、不丹、印度东北部。

藓叶卷瓣兰

Bulbophyllum retusiusculum Rchb. f., Gard. Chron. 1182 (1869).

Phyllorkis retusiuscula (Rchb. f.) Kuntze, Revis. Gen. Pl. 2: 677 (1891); *Bulbophyllum flavisepalum* Hayata, Icon. Pl. Formosan. 2: 131 (1912); *Cirrhopetalum flavisepalum* Hayata, Icon. Pl. Formosan. 4: 45-46, f (1914); *Cirrhopetalum oreogenes* W. W. Sm., Notes Roy. Bot. Gard. Edinb. 13: 197-198 (1921); *Bulbophyllum oreogenses* (W. W. Sm.) Seidenf., Dansk Bot. Ark. 29 (1): 212, fig, 116 (1973); *Bulbophyllum retusiusculum* var. *oreogenes* (W. W. Sm.) Z. H. Tsi, Guihaia 15 (2): 107-108 (1995).

甘肃、湖南、四川、贵州、云南、西藏、台湾、海南；马来西亚、缅甸、泰国、老挝、越南、尼泊尔、不丹、印度东北部。

高山卷瓣兰

Bulbophyllum rolfei (Kuntze) Seidenf., Dansk Bot. Ark. 33 (3): 149 (1979).

Phyllorchis rolfei Kuntze, Revis. Gen. Pl. 2: 276 (1891); *Cirrhopetalum dyerianum* King et Pantl., J. Asiat. Soc. Bengal, Pt. 2, Nat. Hist. 64 (2): 335 (1895); *Bulbophyllum parvulum* (Hook. f.) J. J. Sm., Bull. Jard. Bot. Buitenzorg II, 8: 27 (1912); *Bulbophyllum dyerianum* (King et Pantl.) Seidenf., Dansk Bot. Ark. 29: 175 (1974).

云南；尼泊尔、印度。

美花卷瓣兰

Bulbophyllum rothschildianum (O'Brien) J. J. Sm., Bull. Jard. Bot. Buitenz. ser. 2, 8: 27 (1912).

Cirrhopetalum rotschildianum O'Brien, Gard. Chron. Ser. 3, 18: 608 (1895).

云南；印度东北部。

红心石豆兰（红心豆兰，凤凰山石豆兰）

●**Bulbophyllum rubrolabellum** T. P. Lin, Taiwania 20 (2): 163 (1975).

Bulbophyllum odoratissimum var. *rubrolabellum* (T. P. Lin) S. S. Ying, Mém. Coll. Agric. Natl. Taiwan Univ. 2 (2): 51 (1989); *Bulbophyllum fenghuangshanianum* S. S. Ying, Col. Illustr. Indig. Orch. Taiwan 2: 113, 407 (1990).

云南、台湾。

窄苞石豆兰

Bulbophyllum rufinum Rchb. f., Xenia Orchid. 3: 44, pl. 219, f. 1 (1900).

云南；缅甸、老挝、越南、泰国。

囊唇石豆兰

Bulbophyllum scaphiforme J. J. Vermeulen, Gard. Bull. Singapore. 54: 84 (2002).

云南；泰国、越南。

少花石豆兰

Bulbophyllum secundum Hook. f., Fl. Brit. India5: 764 (1890).

Phyllorkis secunda (Hook. f.) Kuntze, Revis. Gen. Pl.

2: 678 (1891); *Bulbophyllum subparviflorum* Z. H. Tsi et S. C. Chen, Acta Phytotax. Sin. 32 (6): 555 (1994).
云南；缅甸、泰国、越南、印度、尼泊尔。

鹳冠卷瓣兰（鹳冠兰）

•**Bulbophyllum setaceum** T. P. Lin, Native Orchids Taiwan 1: 55 (1975).
Bulbophyllum taitungianum S. S. Ying, Col. Ill. Orch. Taiwan 2: 111 (1990); *Bulbophyllum ciliisepalum* T. C. Hsu et S. W. Chung, Taiwania 53: 26 (2008); *Bulbophyllum confragosum* T. P. Link et Y. N. Chang, Taiwania 58 (4): 257 (2013).
台湾。

二叶石豆兰

Bulbophyllum shanicum King et Pantl., J. Asiat. Soc. Bengal 66: 587 (1897).
云南；缅甸。

伞花石豆兰

Bulbophyllum shweliense W. W. Sm., Notes Roy. Bot. Gard. Edinburgh. 13: 191 (1921).
Bulbophyllum craibianum Kerr, Kew Bull. 1927: 219 (1927).
云南、广东；泰国北部、越南北部。

匙萼卷瓣兰

Bulbophyllum spathulatum (Rolfe ex Cooper) Seidenf., Bot. Tidsskr. 65: 347 (1970).
Cirrhopetalum spathulatum Rolfe ex E. Cooper, Orchid Rev. 37: 106 (1929).
云南；老挝、缅甸、泰国、越南、印度。

球茎卷瓣兰

•**Bulbophyllum sphaericum** Z. H. Tsi et H. Li, Bull. Bot. Lab. N. E. Forest. Inst., Harbin 1 (1-2): 117 (1982).
Rhytionanthos sphaericus (Z. H. Tsi et H. Li) Garay, Hamer et Siegerist, Nordic J. Bot. 14 (6): 639 (1994).
四川、云南。

短足石豆兰

Bulbophyllum stenobulbon E. C. Parish et Rchb. f., Trans. Linn. Soc. London 30: 153 (1874).
Phyllorchis stenobulbon (E. C. Parish et Rchb. f.) Kuntze, Rev. Gén. Bot. Pl. 2: 678 (1891); *Bulbophyllum clarkeanum* King et Pantl., J. Asiat. Soc. Bengal 64: 333 (1895); *Bulbophyllum youngsayeanum* S. Y. Hu et Barretto, Chung Chi J. 13 (2): 29 (1976).
贵州、云南、广东、香港；缅甸、泰国、老挝、越南、不丹、印度。

细柄石豆兰

Bulbophyllum striatum (Griff.) Rchb. f., Ann. Bot. Syst. 6: 257 (1861).
Dendrobium striatum Griff., Not. Pl. Asiat. 3: 318 (1851); *Sarcopodium striatum* (Griff.) Lindl., Fol. Orchid. 5 (1853).
云南；泰国、越南北部、不丹、印度、尼泊尔。

直萼石豆兰

Bulbophyllum suavissimum Rolfe, Gard. Chron. ser. 3, 5: 297 (1889).
云南；越南、印度。

聚株石豆兰

Bulbophyllum sutepense (Rolfe ex Downie) Seidenf. et Smitinand, Orch. Thail. (Prelim. List) 3: 366 (1961).
Cirrhopetalum sutepense Rolfe ex Downie, Kew Bull. 1925: 376 (1925).
云南；泰国北部、老挝。

带叶卷瓣兰

Bulbophyllum taeniophyllum E. C. Parish et Rchb. f., J. Bot. n.s. 3: 198 (1874).
Cirrhopetalum taeniophyllum (E. C. Parish et Rchb. f.) Hook. f., Fl. Brit. Ind. 5: 780 (1890); *Phyllorkis taeniophylla* (E. C. Parish et Rchb. f.) Kuntze, Revis. Gen. Pl. 2: 677 (1891).
云南；印度尼西亚、老挝、马来西亚、缅甸、泰国、越南。

台湾卷瓣兰

•**Bulbophyllum taiwanense** (Fukuy.) Seidenf., Dansk Bot. Ark. 29 (1): 89 (1973).
Cirrhopetalum taiwanense Fukuy., Bot. Mag. Tokyo 49: 761 (1935).
台湾。

云北石豆兰

•**Bulbophyllum tengchongense** Z. H. Tsi, Bull. Bot. Lab. N. E. Forest. Inst., Harbin 9 (2): 29 (1989).
云南。

天贵卷瓣兰

•**Bulbophyllum tianguii** K. Y. Lang et D. Luo, J. Wuhan Bot. Res. 25 (6): 558 (2007).
广西。

虎斑卷瓣兰

•**Bulbophyllum tigridum** Hance, J. Bot. 21: 232 (1883).
Cirrhopetalum tigridum (Hance) Rolfe, J. Linn. Soc., Bot. 36: 15 (1903); *Bulbophyllum retusiusculum* var. *tigridum* (Hance) Z. H. Tsi, Guihaia 15 (2): 108 (1995).

广东。

小叶石豆兰

Bulbophyllum tokioi Fukuy., Bot. Mag. (Tokyo). 49: 439 (1935).

Bulbophyllum tokioi f. *alboviride* Fukuy., Bot. Mag. (Tokyo) 52 (589): 245 (1938).

台湾。

球茎石豆兰

•**Bulbophyllum triste** Rchb. f., Ann. Bot. Syst. 6: 253 (1861).

Phyllorkis tristis (Rchb. f.) Kuntze, Revis. Gen. Pl. 2: 676 (1891).

云南；缅甸、泰国、印度、尼泊尔。

香港卷瓣兰

•**Bulbophyllum tseanum** (S. Y. Hu et Barretto) Z. H. Tsi, Fl. Reipubl. Popularis Sin. 19: 239 (1999).

Cirrhopetalum tseanum S. Y. Hu et Barretto, Chung Chi J. 13 (12): 30, f. 14 (1970).

香港。

伞花卷瓣兰（伞形卷瓣兰）

Bulbophyllum umbellatum Lindl., Gen. Sp. Orchid. Pl. 56 (1830).

Phyllorkis umbellata (Lindl.) Kuntze, Revis. Gen. Pl. 2: 675 (1891); *Bulbophyllum tibeticum* Rolfe, Notes Roy. Bot. Gard. Edinburgh. 8: 21, pl. 9 (1913); *Bulbophyllum saruwatarii* Hayata, Icon. Pl. Formosan. 6: 72-73 (1916); *Cirrhopetalum saruwatarii* (Hayata) Hayata, Gen. Ind. Fl. Formos. 76 (1917).

四川、贵州、云南、西藏、台湾；缅甸、泰国、越南、不丹、印度东北部、尼泊尔。

直立卷瓣兰

Bulbophyllum unciniferum Seidenf., Bot. Tidsskr. 68: 58 (1973).

云南；泰国北部。

等萼卷瓣兰

Bulbophyllum violaceolabellum Seidenf., Nord. J. Bot. 1: 210, f. 14 (1981).

云南；老挝。

双叶卷瓣兰

Bulbophyllum wallichii (Lindl.) Rchb. f., Ann. Bot. Syst. 6: 259 (1861).

Cirrhopetalum wallichii Lindl., Pl. Asiat. Rar. 1: 53, pl. 67 (1830); *Phyllorkis wallichii* (Lindl.) Kuntze, Revis. Gen. Pl. 2: 676 (1891); *Bulbophyllum refractoides* Seidenf., Bot. Tidsskr. 65: 342 (1970); *Tripudianthes wallichii* (Lindl.) Szlach. et Kras, Richardiana 7: 96 (2007).

云南；缅甸、泰国、越南、不丹、印度东北部和西北部、尼泊尔。

五指山石豆兰

•**Bulbophyllum wuzhishanense** X. H. Jin, Brittonia 57 (3): 255 (2005).

海南。

革叶石豆兰

Bulbophyllum xylophyllum Par. et Rchb. f., Trans. Linn. Soc. London 30: 151 (1874).

贵州；缅甸、越南、不丹、印度。

云南石豆兰

Bulbophyllum yunnanense Rolfe, J. Linn. Soc., Bot. 36: 14 (1903).

Trias verrucosa Z. J. Liu, L. J. Chen et S. P. Lei, Acta Ecol. Sin. 27: 4461 (2007).

云南；不丹、尼泊尔。

蜂腰兰属 Bulleyia Schltr.

蜂腰兰（云南蜂腰兰）

Bulleyia yunnanensis Schltr., Notes Roy. Bot. Gard. Edinburgh. 5: 108-109, pl. 82 (1912).

云南；缅甸、不丹、印度。

虾脊兰属 Calanthe R. Br.

白花长距虾脊兰

Calanthe × dominyi Lindl., Gard. Chron. 1858: 4 (1858).

Calanthe × matsumurana Schltr., Repert. Spec. Nov. Regni Veg. 2: 168 (1906); *Calanthe albolongicalcarata* S. S. Ying, Bull. Exp. Forest Nat. Taiwan Univ. 114: 155 (1974).

台湾。

辐射虾脊兰（辐射鹤顶兰，小黄花根节兰）

•**Calanthe actinomorpha** Fukuy., Bot. Mag. Tokyo 49: 668 (1935).

Phaius actinomorphus (Fukuy.) T. P. Lin, Native Orchids Taiwan 1: 224 (1975).

台湾。

泽泻虾脊兰

Calanthe alismatifolia Lindl., Fol. Orchid. 6 (Calanthe): 8 (1855).

Calanthe japonica Blume ex Mig, Ann. Mus. Bot. Lugduno-Batavi. 2: 205 (1866); *Alismorkis japonica* (Blume ex Miq.) Kuntze, Revis. Gen. Pl. 2: 650 (1891); *Calanthe fauriei* Schltr., Feddes Repert. Spec. Nov.

Regni Veg. Beih. 4: 66-67 (1919); *Calanthe nigropuncticulata* Fukuy., Bot. Mag. Tokyo 48: 437 (1934); *Calanthe austrokiusiuensis* Ohwi, Acta Phytotax. Geobot. 5: 55 (1936).
河北、浙江、湖南、四川、贵州、云南、西藏、台湾、广西；日本、越南、不丹、印度东北部。

长柄虾脊兰

Calanthe alleizettei Gagnep., Bull. Mus. Natl. Hist. Nat., sér. 2. 22: 508 (1950).
云南；越南。

流苏虾脊兰（高山虾脊兰，羽唇根节兰）

Calanthe alpina Hook. f. ex Lindl., Fol. Orch. Calanthe. 4 (1855).
Calanthe fimbriata Franch., Nouv. Arch. Mus. Hist. Nat. ser. 2. 10: 86 (1887); *Alismorkis alpina* (Hook. f. ex Lindl.) Kuntze, Revis. Gen. Pl. 2: 650 (1891); *Calanthe buccinifera* Rolfe, J. Linn. Soc., Bot. 29: 318 (1892); *Calanthe schlechteri* H. Hara, J. Jap. Bot. 9: 122 (1933); *Calanthe fimbriatomarginata* Fukuy., Bot. Mag. Tokyo 48: 301 (1934).
陕西、甘肃、四川、云南、西藏、台湾；日本、不丹、印度东北部、尼泊尔。

狭叶虾脊兰（矮根节兰，小根节兰）

Calanthe angustifolia (Blume) Lindl., Gen. Sp. Orchid. Pl. 251 (1833).
Amblyglottis angustifolia Blume, Bijdr. Fl. Ned. Ind. 369 (1825); *Calanthe phajoides* Rchb. f., Bonplandia. 5: 37 (1857); *Alismorkis clavata* (Lindl.) Kuntze, Revis. Gen. Pl. 2: 650 (1891); *Alismorkis angustifolia* (Blume) Kuntze, Revis. Gen. Pl. 2: 650 (1891); *Calanthe pumila* Fukuy., Bot. Mag. Tokyo. 49: 438 (1935); *Calanthe striata* var. *pumila* (Fukuy.) S. S. Ying, Col. Illustr. Indig. Orch. Taiwan 1: 430 (1977); *Calanthe clavata* var. *malipoensis* Z. H. Tsi, Acta Phytotax. Sin. 19 (4): 508 (1981).
台湾、广东、海南；印度尼西亚、马来西亚、菲律宾。

弧距虾脊兰

Calanthe arcuata Rolfe, Kew Bull. 196 (1896).
Calanthe caudatilabella Hayata, Icon. Pl. Formos. 4: 66. t. 13 (1914); *Calanthe arcuata* var. *brevifolia* Z. H. Tsi, Acta Phytotax. Sin.19 (4): 508 (1981).
云南、西藏；印度、缅甸。

银带虾脊兰

Calanthe argenteostriata C. Z. Tang et S. J. Cheng, Orchid Rev. 89: 144, f. (1981).
贵州、云南、广东、广西；越南。

台湾虾脊兰（阿里山根节兰）

•**Calanthe arisanensis** Hayata, J. Coll. Sci. Imp. Univ. Tokyo 30 (1): 327 (1911).
Calanthe sasakii Hayata, Icon. Pl. Formosan. 4: 71, f. 35 (1914).
台湾。

翘距虾脊兰（翘距根节兰，垂花根节兰）

Calanthe aristulifera Rchb. f., Bot. Zeit. Berlin. 36: 74 (1878).
Alismorkis aristulifera Kuntze, Revis. Gen. Pl. 2: 650 (1891); *Calanthe kirishimensis* Yatabe, Bot. Mag. Tokyo 6: 253, pl. 7 (1893); *Calanthe elliptica* Hayata, J. Coll. Sci. Imp. Univ. Tokyo 30 (1): 329 (1911); *Calanthe raishaensis* Hayata, Icon. Pl. Formosan. 6: 77 (1916); *Calanthe amamiana* Fukuy., Acta Phytotax. Geobot. 14: 134 (1952); *Calanthe tokunoshimensis* Hatus. et Ida, J. Geobot. 17: 98 (1969); *Calanthe aristulifera* var. *amamiana* (Fukuy.) Hatus., Fl. Ryukyus 823 (1971).
福建、台湾、广东、广西；日本。

二裂虾脊兰

Calanthe biloba Lindl., Fol. Orchid. Calanthe 6-7: 3 (1855).
Alismorkis biloba (Lindl.) Kuntze, Revis. Gen. Pl. 2: 650 (1891).
云南；缅甸、不丹、印度东北部、尼泊尔。

大序虾脊兰

•**Calanthe bingtaoi** J. W. Zhai, F. W. Xinget Z. J. Liu, Phytotaxa 123 (1): 52 (2013).
云南。

肾唇虾脊兰

Calanthe brevicornu Lindl., Gen. Sp. Orchid. Pl. 251 (1833).
Alismorkis brevicornu (Lindl.) Kuntze, Revis. Gen. Pl. 2: 650 (1891); *Calanthe lamellosa* Rolfe, Kew Bull. 1896: 197 (1896); *Calanthe yunnanensis* Rolfe, J. Linn. Soc., Bot. 36: 27 (1903); *Calanthe arcuata* var. *brevifolia* Z. H. Tsi, Acta Phytotax. Sin. 19 (4): 508 (1981); *Calanthe scaposa* Z. H. Tsi et K. Y. Lang, Acta Phytotax. Sin. 23 (5): 385 (1985).
湖北、四川、云南、西藏、广西；缅甸、尼泊尔、不丹、印度北部。

棒距虾脊兰

Calanthe clavata Lindl., Gen. Sp. Orchid. Pl. 251 (1833).
Calanthe clavata Lindl. var. *malipoensis* Z. H. Tsi, Acta Phytotax. Sin. 19 (4): 508 (1981).

福建、广东、广西、云南、西藏；缅甸、印度、越南、泰国。

剑叶虾脊兰（长叶根节兰）

Calanthe davidii Franch., Nouv. Arch. Mus. Hist. Nat. ser. 2. 10: 85 (1888).

Calanthe pachystalix Rchb. f. ex Hook. f., Fl. Brit. India 5: 850 (1890); *Calanthe ensifolia* Rolfe, Kew Bull. 1896: 197 (1896); *Calanthe matsudai* Hayata, Icon. Pl. Formosan. 9: 112, f. 38. 39 (1920); *Calanthe bungoana* Ohwi, Acta Phytotax. Geobot. 5: 56 (1936); *Calanthe davidii* var. *bungoana* (Ohwi) T. Hashim., Proc. World Orchid Conf. 12: 124 (1987).

陕西、甘肃、湖南、湖北、四川、贵州、云南、西藏、台湾；日本、越南、印度北部、尼泊尔。

少花虾脊兰

●**Calanthe delavayi** Finet, Bull. Soc. Bot. France. 46: 434, pl. 9 (1899).

Calanthe coelogyniformis Kraenzl., Feddes Repert. Spec. Nov. Regni Veg. 5: 196 (1908); *Phaius delavayi* (Finet) P. J. Cribb et Perner, Alpine Gardener 70 (3): 293 (2002).

甘肃、四川、云南、西藏。

密花虾脊兰（竹叶根节兰，密花根节兰）

Calanthe densiflora Lindl., Gen. Sp. Orchid. Pl. 250 (1833).

Alismorkis densiflora (Lindl.) Kuntze, Revis. Gen. Pl. 2: 650 (1891); *Calanthe kazuoi* Yamam., Trans. Nat. Hist. Soc. Formos. 20: 38 (1930).

四川、云南、西藏、台湾、广东、广西、海南；越南、不丹、印度东北部。

虾脊兰

Calanthe discolor Lindl., Sert. Orch. sub pl. 9 (1838).

Alismorkis discolor (Lindl.) Kuntze, Revis. Gen. Pl. 2: 650 (1891); *Calanthe esquirolei* Schltr., Feddes Repert. Spec. Nov. Regni Veg. 12: 108-109 (1913); *Calanthe cheniana* Hand.-Mazz., Oesterr. Bot. Z. 85: 228, f. 1 (1936).

安徽、江苏、浙江、江西、湖南、湖北、贵州、福建、广东、香港；日本、韩国。

独龙虾脊兰

●**Calanthe dulongensis** H. Li, R. Li et Z. L. Dao, Acta Phytotax. Sin. 41 (3): 267 (2003).

云南。

天全虾脊兰

●**Calanthe ecarinata** Rolfe, J. Linn. Soc., Bot. 29: 318 (1892).

四川。

峨眉虾脊兰

●**Calanthe emeishanica** K. Y. Lang et Z. H. Tsi, Acta Phytotax. Sin. 20 (2): 186 (1982).

四川。

天府虾脊兰

●**Calanthe fargesii** Finet, Bull. Soc. Bot. France. 46: 434, pl. 9, f. 1-8 (1899).

甘肃、四川、重庆、贵州。

福贡虾脊兰

●**Calanthe fugongensis** X. H. Jin et S. C. Chen, Nordic J. Bot. 25: 20 (2008).

云南。

钩距虾脊兰

●**Calanthe graciliflora** Hayata, J. Coll. Sci. Imp. Univ. Tokyo 30 (1): 329-330 (1911).

Calanthe hamata Hand.-Mazz., Symb. Sin. 7: 1357 (1936); *Calanthe graciliflora* var. *xuefengensis* Z. H. Tsi, Acta Phytotax. Sin. 19 (4): 510 (1981).

安徽、浙江、江西、湖南、湖北、四川、贵州、云南、福建、台湾、广东、广西、香港。

通麦虾脊兰

●**Calanthe griffithii** Lindl., Paxton's Fl. Gard. 3: 37, sub. Pl. 31 (1852).

Calanthe tangmaiensis K. Y. Lang et Y. Tateishi, Acta Phytotax. Sin. 30 (6): 563 (1992).

西藏；缅甸、不丹、印度东北部。

叉唇虾脊兰

●**Calanthe hancockii** Rolfe, Kew Bull. 1896: 197 (1896).

四川、云南、广西。

疏花虾脊兰

●**Calanthe henryi** Rolfe, Bull. Misc. Inform. Kew. 1896 (119): 197 (1896).

湖北、四川。

西南虾脊兰

Calanthe herbacea Lindl., Fol. Orch. Calanthe. 10 (1854).

Alismorkis herbacea (Lindl.) Kuntze, Revis. Gen. Pl. 2: 650 (1891); *Calanthe brevicolumna* Hayata, J. Coll. Sci. Imp. Univ. Tokyo 30 (1): 328 (1911).

云南、西藏、广西；越南、印度。

葫芦茎虾脊兰

Calanthe labrosa (Rchb. f.) Rchb. f., Gard. Chron. 19:

44 (1883).

Calanthidium labrosum (Rchb. f.) Pfitzer, Nat. Pflanzenfam. 2 (6): 153 (1888); *Alismorkis labrosa* (Rchb. f.) Kuntze, Revis. Gen. Pl. 2: 650 (1891).

云南；缅甸、泰国。

乐昌虾脊兰

•**Calanthe lechangensis** Z. H. Tsi et Tang, Acta Phytotax. Sin. 19 (4): 506 (1981).

广东。

开唇虾脊兰

•**Calanthe limprichtii** Schltr., Feddes Repert. Spec. Nov. Regni Veg. Beih. 12: 349 (1922).

四川。

南方虾脊兰（连翘根节兰，黄花根节兰）

Calanthe lyroglossa Rchb. f., Otia Bot. Hamburg. 1: 53 (1878).

Calanthe foerstermannii Rchb. f., Gard. Chron. n.s. 19: 814 (1883); *Alismorkis lyroglossa* (Rchb. f.) Kuntze, Revis. Gen. Pl. 2: 650 (1891); *Alismorkis foerstermannii* (Rchb. f.) Kuntze, Revis. Gen. Pl. 2: 650 (1891); *Calanthe forsythiiflora* Hayata, Icon. Pl. Formosan. 4: 67, pl. (1914); *Calanthe liukiuensis* Schltr., Repert. Spec. Nov. Regni Veg. Beih. 4: 67 (1919); *Calanthe lyroglossa* var. *forsythiiflora* (Hayata) S. S. Ying, Col. Ill. Indig. Orch. Taiwan 1: 88 (1977).

台湾、海南；日本（琉球群岛）、柬埔寨、老挝、马来西亚、缅甸、菲律宾、泰国、越南、印度东北部。

细花虾脊兰

Calanthe mannii Hook. f., Fl. Brit. Ind. 5: 850 (1890).

Alismorkis mannii (Hook. f.) Kuntze, Revis. Gen. Pl. 2: 650 (1891); *Calanthe pusilla* Finet, Bull. Soc. Bot. France. 46: 436, pl. 10, (B. 16-28) (1899); *Calanthe brachychila* Gagnep., Bull. Soc. Bot. France. 79: 162 (1932).

江西、湖南、湖北、四川、贵州、云南、西藏、广东、广西；缅甸、越南、不丹、印度、尼泊尔。

长距虾脊兰（长距根节兰）

Calanthe masuca (D. Don) Lindl., Gen. Sp. Orchid. Pl. 249 (1833).

Zoduba masuca (D. Don) Buch.-Ham., Prodr. Fl. Nepal. 30 (1825); *Bletia masuca* D. Don, Prodr. Fl. Nepal. 30 (1825); *Calanthe textori* Miq., Ann. Mus. Bot. Lugduno-Batavi. 2: 204 (1866); *Alismorkis masuca* (D. Don) Kuntze, Revis. Gen. Pl. 2: 650 (1891); *Calanthe masuca* var. *sinensis* Rendle, J. Bot. 40: 310 (1902); *Calanthe longicalcarata* Hayata ex Yamam., Trans. Nat. Hist. Soc. Formos. 20: 39 (1930); *Calanthe seikooensis* K. Yamam., J. Soc. Trop. Agric. 3: 237 (1931); *Calanthe kintaroi* Yamam., J. Soc. Trop. Agric. 6: 550 (1934); *Calanthe textorii* var. *longicalcarata* (Hayata ex Yamam.) Garay et H. R. Sweet, Orchids S. Ryukyu Is. 121 (1974).

湖南、云南、西藏、台湾、广东、广西；日本、印度尼西亚、马来西亚、缅甸、泰国、越南、不丹、印度、尼泊尔、斯里兰卡。

墨脱虾脊兰

Calanthe metoensis Z. H. Tsi et K. Y. Lang, Acta Phytotax. Sin. 16 (4): 129 (1978).

云南、西藏；缅甸。

南昆虾脊兰

•**Calanthe nankunensis** Z. H. Tsi, Acta Phytotax. Sin. 19 (4): 507 (1981).

广东。

戟形虾脊兰

Calanthe nipponica Makino, Bot. Mag. Tokyo 13: 128 (1899).

Calanthe trulliformis var. *hastata* Finet, Bull. Soc. Bot. France. 47: 267 (1900).

西藏；日本。

香花虾脊兰

Calanthe odora Griff., Not. Pl. Asiat. 3: 365 (1851).

Calanthe angusta Lindl., Fol. Orch. Calanthe. 7 (1854); *Alismorkis odora* (Griff.) Kuntze, Revis. Gen. Pl. 2: 650 (1891); *Alismorkis angusta* (Lindl.) Kuntze, Revis. Gen. Pl. 2: 650 (1891); *Calanthe angusta* var. *laeta* Hand.-Mazz., Anz. Akad. Wiss. Wien, Math.-Naturwiss. Kl. 58: 95 (1921); *Calanthe shweliensis* W. W. Sm., Notes Roy. Bot. Gard. Edinburgh. 13: 193 (1921).

贵州、云南、广西；柬埔寨、老挝、泰国北部、越南、孟加拉国、不丹、印度东北部。

圆唇虾脊兰

Calanthe petelotiana Gagnep., Bull. Soc. Bot. France. 79: 163 (1932).

贵州、云南；越南北部。

车前虾脊兰

Calanthe plantaginea Lindl., Gen. Sp. Orchid. Pl. 252 (1833).

车前虾脊兰（原变种）

Calanthe plantaginea var. **plantaginea**

云南、西藏；印度、尼泊尔、不丹、克什米尔。

泸水车前虾脊兰

●**Calanthe plantaginea** var. **lushuiensis** K. Y. Lang et Z. H. Tsi, Acta Phytotax. Sin. 25 (5): 404 (1987).

云南。

镰萼虾脊兰

●**Calanthe puberula** Lindl., Gen. Sp. Orchid. Pl. 252 (1833).

Alismorkis puberula (Lindl.) Kuntze, Revis. Gen. Pl. 2: 650 (1891); *Calanthe lepida* W. W. Sm., Notes Roy. Bot. Gard. Edinburgh. 13: 192 (1921); *Calanthe amoena* W. W. Sm., Notes Roy. Bot. Gard. Edinburgh. 13: 191 (1921); *Paracalanthe reflexa* var. *puberula* (Lindl.) Kudo, J. Soc. Trop. Agric. 2: 235 (1930).

云南、西藏；日本、越南北部、不丹、印度东北部、尼泊尔。

反瓣虾脊兰

Calanthe reflexa Maxim., Bull. Acad. Imp. Sci. Saint-Pétersbourg 18: 68 (1873).

Alismorchis reflexa (Maxim.) Kuntze, Rev. Gén. Bot. Pl. 650. (1891); *Calanthe similis* Schltr., Feddes Repert. Spec. Nov. Regni Veg. Beih. 4: 68 (1919); *Paracalanthe reflexa* (Maxim.) Kudo, J. Soc. Trop. Agric. 2: 235 (1930); *Calanthe puberula* var. *reflexa* (Maxim.) M. Hiroe, Orchid Flowers 2: 86 (1971).

安徽、浙江、江西、湖南、湖北、四川、贵州、云南、台湾、广东、广西；日本、朝鲜。

囊爪虾脊兰

●**Calanthe sacculata** Schltr., Feddes Repert. Spec. Nov. Regni Veg. Beih. 4: 67-68, 211 (1919).

Calanthe sacculata var. *tchenkeoutinensis* Tang et F. T. Wang, Acta Phytotax. Sin. 1 (1): 87 (1951).

重庆、贵州。

大黄花虾脊兰（黄根节兰）

Calanthe sieboldii Decne. ex Regel, Rev. Hort. ser. IV, 4: 381 (1855).

Calanthe discolor var. *sieboldii* (Decne. ex Regel) Maxim., Mélanges Biol. Bull. Phys.-Math. Acad. Imp. Sci. Saint-Pétersbourg 8: 641 (1872); *Calanthe striata* var. *sieboldii* (Decne.) Maxim., Bull. Acad. Imp. Sci. Saint-Pétersbourg 8: 641 (1872); *Calanthe kawakamii* Hayata, J. Coll. Sci. Imp. Univ. Tokyo 30 (1): 330 (1911); *Calanthe takeoi* Hayata, Icon. Pl. Formosan. 9: 111-112 (1920).

湖南、台湾；日本（琉球群岛）、朝鲜。

匙瓣虾脊兰

Calanthe simplex Seidenf., Dansk Bot. Ark. 29 (2): 42 (1975).

云南；泰国北部。

中华虾脊兰

●**Calanthe sinica** Z. H. Tsi, Bull. Bot. Lab. N. E. Forest. Inst., Harbin 15 (4): 419 (1995).

云南。

二列叶虾脊兰

●**Calanthe speciosa** (Blume) Lindl., Gen. Sp. Orchid. Pl. 250 (1833).

Amblyglottis speciosa Blume, Bijdr. 371 (1825); *Alismorkis speciosa* (Blume) Kuntze, Revis. Gen. Pl. 2: 650 (1891); *Calanthe formosana* Rolfe, Ann. Bot. 9: 157 (1895); *Calanthe yushuni* Mori et Yamam., J. Soc. Trop. Agric. 4: 188 (1932); *Calanthe patsinensis* S. Y. Hu, Chung Chi J. 11: 13, f. 1 (1972); *Calanthe disticha* Tang et F. T. Wang, Acta Phytotax. Sin. 12 (1): 43-44 (1974); *Calanthe pulchra* var. *formosana* (Rolfe) S. S. Ying, Col. Illustr. Indig. Orch. Taiwan 1: 432 (1977).

台湾、海南、香港。

三棱虾脊兰（三板根节兰）

●**Calanthe tricarinata** Lindl., Gen. Sp. Orchid. Pl. 252 (1833).

Calanthe megalopha Franch., Pl. David. 2: 123 (1887); *Alismorkis tricarinata* (Lindl.) Kuntze, Revis. Gen. Pl. 2: 650 (1891); *Calanthe undulata* Schltr., Notes Roy. Bot. Gard. Edinburgh. 5: 110-111, pl. 84 (1912); *Calanthe lamellata* Hayata, Icon. Pl. Formosan. 4: 70, f. 3 (1914); *Paracalanthe tricarinata* (Lindl.) Kudô, J. Soc. Trop. Agric. 2: 236 (1930); *Paracalanthe lamellata* (Hayata) Kudô, J. Soc. Trop. Agric. 2: 237 (1930).

陕西、甘肃、湖北、四川、贵州、云南、西藏、台湾；日本、尼泊尔、不丹、印度东北部、克什米尔。

裂距虾脊兰

Calanthe trifida Tang et F. T. Wang, Acta Phytotax. Sin. 1 (1): 45 (1951).

云南；缅甸。

三褶虾脊兰

Calanthe triplicata (Willem.) Ames, Philip. J. Sci. Bot. 2: 326 (1907).

Orchis triplicata Willem., Usteri Ann. Bot. 6: 52 (1796); *Limodorum veratrifolium* Willem., Sp. Pl. 4: 122 (1805); *Calanthe furcata* Batem. ex Lindl, Bot. Reg. 24: 28. Misc. (1838); *Calanthe triplicata* (Willem.) Ames f. *purpureoflora* S. S. Ying, Col. Illustr. Orch. Fl. Taiwan 1: 204 (1996).

云南、福建、台湾、广西、海南、香港；日本、菲律宾、越南、马来西亚、印度尼西亚、印度、澳大利亚。

无距虾脊兰

•**Calanthe tsoongiana** Tang et F. T. Wang, Acta Phytotax. Sin. 1 (1): 45 (1951).

无距虾脊兰（原变种）

Calanthe tsoongiana var. **tsoongiana**
浙江、江西、贵州、福建。

贵州虾脊兰

•**Calanthe tsoongiana** var. **guizhouensis** Z. H. Tsi, Acta Phytotax. Sin. 23 (5): 386, pl. 1, f. 3 (1985).
贵州。

文山虾脊兰

•**Calanthe wenshanensis** J. W. Zhai, L. J. Chen et Z. J. Liu, Phytotaxa 123 (1): 51. (2013).
云南。

四川虾脊兰

Calanthe whiteana King et Pantl., J. Asiat. Soc. Bengal 15: 121 (1896).
Calanthe wardii W. W. Sm., Notes from the Bot. Gard. Edinb. 13: 194 (1921).
四川；缅甸北部、印度东北部、不丹。

药山虾脊兰

•**Calanthe yaoshanensis** Z. X. Ren et H. Wang, Nordic J. Bot. 29: 54 (2011).
云南。

峨边虾脊兰

•**Calanthe yuana** Tang et F. T. Wang, Bull. Fan Mem. Inst. Biol. Bot. 7: 7 (1936).
湖北、四川。

美柱兰属 **Callostylis** Blume

竹叶美柱兰

Callostylis bambusifolia (Lindl.) S. C. Chen et J. J. Wood, Fl. China. 25: 359 (2009).
Eria bambusifolia Lindl., J. Linn. Soc., Bot. 3: 61 (1859); *Cylindrolobus bambusifolius* (Lindl.) Brieger, Schltr. Orchideen 1 (11-12): 664 (1881); *Pinalia bambusifolia* (Lindl.) Kuntze, Revis. Gen. Pl. 2: 679 (1891).
云南、广西；缅甸、泰国、越南、印度东北部。

美柱兰

Callostylis rigida Blume, Bijdr. Fl. Ned. Ind. 6: 340, pl. 4, f. 74 (1825).
Tylostylis rigida (Blume) Blume, Fl. Javae 8 (1828); *Eria elongata* Blume, Mus. Bot. 2: 183 (1856); *Eria rigida* Rchb. f., Bonplandia 5: 55 (1857); *Eria discolor* Lindl., J. Linn. Soc., Bot. 3: 51 (1859); *Eria pendula* Ridl., J. Straits Branch Roy. Asiat. Soc. 39: 78 (1870); *Tylostylis discolor* (Lindl.) Hook. f., Ann. Roy. Bot. Gard. (Calcutta) 5: 22 (1895); *Eria pholidotoides* Gagnep., Bull. Mus. Hist. Nat. (Paris) ser. 2. 3: 682 (1931); *Callostylis rigida* subsp. *discolor* (Lindl.) Brieger, Schltr. Orchideen 1 (11-12): 749 (1981).
云南；印度尼西亚、老挝、马来西亚、缅甸、泰国、越南、印度。

布袋兰属 **Calypso** Salisb.

布袋兰

Calypso bulbosa (L.) Oakes, Cat. Vermont Pl. 1: 200 (1842).
Calypso bulbosa var. **bulbosa**
原变种中国不产。
Calypso bulbosa var. **speciosa** (Schltr.) Makino, J. Jap. Bot. 3 (7): 25 (1926).
Calypso speciosa Schltr., Feddes Repert. Spec. Nov. Regni Veg. Beih. 4: 228 (1919); *Cytherea speciosa* (Schltr.) Makino, J. Jap. Bot. 6: 11 (1929).
吉林、内蒙古、甘肃、四川、云南、西藏；日本。

钟兰属 **Campanulorchis** Brieger

钟兰

Campanulorchis thao (Gagnep.) S. C. Chen et J. J. Wood, Fl. China. 25: 346. (2009).
Eria thao Gagnep., Bull. Mus. Hist. Nat. (Paris) ser. 2. 22 (4): 503 (1950); *Eria bulbophylloides* Tang et F. T. Wang, Acta Phytotax. Sin. 12: 42 (1974).
海南；越南。

头蕊兰属 **Cephalanthera** Rich.

硕距头蕊兰

•**Cephalanthera calcarata** S. C. Chen et K. Y. Lang, Acta Bot. Yunnan. 8 (3): 271 (1986).
云南。

大花头蕊兰

Cephalanthera damasonium (Mill.) Druce, Ann. Scott. Nat. Hist. 60: 225 (1906).
Serapias damasonium Mill., Gard. Dict., ed. 8: no. 2 (1768); *Cephalanthera yunnanensis* Hand.-Mazz., Symb. Sin. 7: 1339, Abb. 41, f. 14 (1936).
云南；缅甸、不丹、印度、亚洲西南部、欧洲。

银兰

Cephalanthera erecta (Thunb.) Bl., Coll. Orchid. 188

(1859).
Serapias erecta Thunb., Syst. Veg. (ed. 14) 81. (1784); *Epipactis erecta* Sw., Vet. Acad. Nya Handl. 21: 232 (1800); *Cephalanthera erecta* var. *szechuanica* Schltr., Fedde Repert. Sp. Nov. Beih. 12: 342 (1922); *Cephalanthera szechuanica* (Schltr.) Schltr., Acta Hort. Gothob. 1: 146 (1924).

银兰（原变种）

Cephalanthera erecta var. **erecta**
河北、陕西、甘肃、安徽、江西、四川、重庆、贵州、云南、西藏、福建、台湾、广东、广西；尼泊尔、不丹。

南岭头蕊兰

•**Cephalanthera erecta** var. **oblanceolata** N. Pearce et P. J. Cribb, Edinburgh J. Bot.58: 110 (2001).
Cephalanthera nanlingensis A. Q. Hu et F. W. Xing, Novon 19 (1): 56 (2009).
重庆、云南、广东；不丹、尼泊尔。

金兰

Cephalanthera falcata (Thunb. ex A. Murray) Blume, Fl. Jav. 187, pl. 68, f. 1 (1858).
Serapias falcata Thunb. ex A. Murray, Syst. Veg., ed. 14, 816 (1784); *Cymbidium falcatum* (Thunb.) Sw., J. Bot. (Schrader) 2: 226 (1799); *Epipactis falcata* Sw., Vet. Acad. Nya Handl. 21: 232 (1805); *Pelexia japonica* Spreng., Syst. Veg. 3: 704 (1826); *Pelexia falcata* (Thunb.) Spreng., Syst. Veg. 3: 704 (1826); *Cephalanthera platycheila* Rchb. f., Bot. Zeit. 3: 335 (1845); *Cephalanthera japonica* A. Gray, Perry Exped. Japan. 2: 319 (1856); *Cephalanthera raymondiae* Schltr., Feddes Repert. Spec. Nov. Regni Veg. Beih. 12: 342 (1922); *Cephalanthera bijiangensis* S. C. Chen, Acta Phytotax. Sin. 25 (6): 472 (1987).
安徽、江苏、浙江、江西、湖南、湖北、四川、贵州、云南、福建、广东、广西；日本、朝鲜。

金兰（原变种）

Cephalanthera falcata var. **falcata**
安徽、江苏、浙江、江西、湖南、湖北、四川、贵州、云南、福建、广东、广西；日本、朝鲜。

怒江头蕊兰

Cephalanthera falcata var. **flava** X. H. Jin et S. C. Chen, Native Orchids Gaoligongshan Mountain 140 (2009).
云南。

纤细头蕊兰

•**Cephalanthera gracilis** S. C. Chen et G. H. Zhu, Acta Bot. Yunnan. 24 (5): 600 (2002).
云南。

湿生头蕊兰

•**Cephalanthera humilis** X. H. Jin, Nordic. J. Bot. 29 (5): 598 (2011).
云南。

长苞头蕊兰

Cephalanthera longibracteata Blume, Orch. Arch. Ind. 188. t. 65. fig. a-c (1858).
Serapias longibracteata (Blume) A. A. Eaton, Proc. Biol. Soc. Wash. 21: 67 (1908); *Cephalanthera elegans* Schltr., Feddes Repert. Spec. Nov. Regni Veg. Beih. 4: 58 (1919).
吉林、辽宁；日本、朝鲜、俄罗斯（远东地区）。

头蕊兰（长叶头蕊兰）

Cephalanthera longifolia (L.) Fritsch, Oesterr. Bot. Z. 38: 81 (1888).
Serapias helleborine f. *longifolia* L., Sp. Pl. 950 (1753); *Serapias grandiflora* var. *ensifolia* L. f., Suppl. Pl. 404 (1781); *Epipactis ensifolia* Sw., Kongl. Vetensk. Acad. Nya Handl. 21: 232 (1800); *Cephalanthera ensifolia* (Sw.) Rich., Mém. Mus. Hist. Nat. 4: 60 (1818); *Cephalanthera acuminata* Lindl., Numer. List 7405 (1832); *Cephalanthera thomsonii* Rchb. f., Linnaea 41: 54 (1876); *Cephalanthera mairei* Schltr., Feddes Repert. Spec. Nov. Regni Veg. Beih. 4: 38 (1919); *Cephalanthera alpicola* Fukuy., Bot. Mag. Tokyo 52: 242 (1938); *Cephalanthera ensifolia* var. *acuminata* (Lindl.) Tang et F. T. Wang, Acta Phytotax. Sin. 1 (1): 67 (1951); *Cephalanthera taiwaniana* S. S. Ying, Mém. Coll. Agric. Natl. Taiwan Univ. 28 (2): 37, pl. 3 (1988).
山西、河南、陕西、甘肃、湖北、四川、云南；缅甸、巴基斯坦、不丹、印度、尼泊尔、克什米尔、亚洲西南部、欧洲、非洲北部。

金佛山兰

Cephalanthera nanchuanica (S. C. Chen) X. H. Jin et Xiang X. G, Taxon. 61 (1): 52 (2012).
Tangtsinia nanchuanica S. C. Chen, Acta Phytotax. Sin. 10 (3): 193, f. 39 (1965).
重庆、贵州。

黄兰属 Cephalantheropsis Guillaumin

铃兰黄兰

Cephalantheropsis halconensis (Ames) S. S. Ying, Coloured Ill. Fl. Taiwan 3: 622 (1988).
Phaius halconensis Ames, Philipp. J. Sci. 2: 323 (1907);

Phaius calanthoides Ames, Orchidaceae (Ames) 2: 153 (1908); *Calanthe kooshunensis* Fukuy., Ann. Rep. Taihoku Bot. Gard. 3: 85 (1933); *Cephalantheropsis gracilis* (Lindl.) S. Y. Hu, Quart. J. Taiwan Mus. 25 (3-4): 213 (1972); *Phaius longipes* var. *calanthoides* (Ames) T. P. Lin, Native Orchids Taiwan 1: 232-233, (f.) (1975); *Phaius gracilis* var. *calanthoides* (Ames) S. S. Ying, Col. Ill. Indig. Orch. Taiwan 1 (2): 489 (1977); *Cephalantheropsis calanthoides* (Ames) T. S. Liu et H. J. Su, Fl. Taiwan 5: 918 (1978); *Gastrorchis calanthoides* (Ames) Z. H. Tsi, S. C. Chen et K. Mari, Wild. Orch. China 95. pl. 150 (1997).
台湾；菲律宾。

白花黄兰

Cephalantheropsis longipes (Hook. f.) Ormer., Orchid Digest. 62: 156 (1998).
Calanthe longipes Hook. f., Fl. Brit. India 6: 195 (1890); *Alismorkis longipes* (Hook. f.) Kuntze, Revis. Gen. Pl. 2: 650 (1891); *Phaius mindorensis* Ames, Philipp. J. Sci. 2: 324 (1907); *Calanthe dolichopoda* Fukuy., Bot. Mag. Tokyo 49: 296 (1935); *Phaius longipes* (Hook. f.) Holttum, Gard. Bull. Singapore 11: 286 (1947).
云南、西藏、台湾、广西；缅甸、菲律宾、越南、不丹、印度东北部。

黄兰

Cephalantheropsis obcordata (Lindl.) Ormer., Orchid Digest. 62: 157 (1998).
Bletia obcordata Lindl., Gen. Sp. Orchid. Pl. 123 (1831); *Limatodis gracilis* (Lindl.) Lindl., Fol. Orchid. 6: 1 (1855); *Calanthe tubifera* Hook. f., Fl. Brit. India 5: 855 (1890); *Phaius gracilis* Hayata, J. Coll. Sci. Imp. Univ. Tokyo 3: 322 (1911); *Calanthe ramosii* Ames, Philipp. J. Sci., C 7: 12 (1912); *Phaius ramosii* (Ames) Ames, Orchidaceae 5: 96 (1915); *Calanthe venusta* Schltr., Repert. Spec. Nov. Regni Veg. Beih. 4: 69 (1919); *Paracalanthe venusta* (Schltr.) Kudô, J. Soc. Trop. Agric. 2: 236 (1930); *Paracalanthe gracilis* (Lindl.) Kudô, J. Soc. Trop. Agric. 2: 236 (1930); *Calanthe gracilis* Lindl., Gen. Sp. Orchid. Pl. 251 (1933); *Calanthe bursicola* Gagnep., Bull. Mus. Natl. Hist. Nat. II, 22: 509 (1950); *Cephalantheropsis venusta* (Schltr.) S. Y. Hu, Quart. J. Taiwan Mus. 25: 213 (1972); *Gastrorchis gracilis* (Lindl.) Aver., Prelim. list Vietnam Orch. 1 (2): 3 (1988).
云南、福建、台湾、广东、海南；日本（琉球群岛）、印度尼西亚、老挝、马来西亚、缅甸、菲律宾、泰国、越南、印度东北部。

牛角兰属 **Ceratostylis** Blume

牛角兰（集束牛角兰）

•**Ceratostylis caespitosa** (Rolfe) Tang et F. T. Wang, Acta Phytotax. Sin. 1 (1): 87 (1951).
Eria caespitosa Rolfe, Kew Bull. 1896: 194 (1896); *Trichotosia caespitosa* (Rolfe) Kraenzl., Pflanzenr. 50 (IV. 50. 2. B. 21): 157 (1911); *Ceratostylis hainanensis* Z. H. Tsi, Acta Phytotax. Sin. 33 (6): 582 (1995).
海南。

叉枝牛角兰

Ceratostylis himalaica Hook. f., Fl. Brit. Ind. 5: 826 (1890).
Ritaia himalaica (Hook. f.) King et Pantl., Ann. Roy. Bot. Gard. (Calcutta) 8: 157. pl. 214 (1898).
云南、西藏；缅甸、老挝、越南、马来西亚、尼泊尔、不丹、印度东北部。

管叶牛角兰

Ceratostylis subulata Blume, Bijdr. Fl. Ned. Ind. 7: 306 (1825).
Appendicula teres Griff., Not. Pl. Asiat. 3: 359 (1851); *Ceratostylis teres* (Griff.) Rchb. f., Bonplandia 2: 89 (1854).
海南；柬埔寨、印度尼西亚、老挝、马来西亚、菲律宾、泰国、越南、印度。

低药兰属 **Chamaeanthus** Schltr. ex J. J. Sm.

低药兰

Chamaeanthus wenzelii Ames, Orchidaceae (Ames) 5: 200 (1915).
台湾；菲律宾。

叠鞘兰属 **Chamaegastrodia** Makino et F. Maek.

川滇叠鞘兰（西南翻唇兰）

•**Chamaegastrodia inverta** (W. W. Sm.) Seidenf., Nord. J. Bot. 14 (3): 297, f. 2 (1994).
Zeuxine inverta W. W. Sm., Notes Roy. Bot. Gard. Edinburgh. 13: 122 (1921); *Evrardianthe inverta* (W. W. Sm.) Rauschert, Feddes Repert. Spec. Nov. Regni Veg. 94 (7-8): 433 (1983).
四川、云南。

叠鞘兰（小喙翻唇兰）

Chamaegastrodia shikokiana Makino et F. Maek., Bot. Mag. Tokyo, 49: 496, pl. 2, fig. 4-7 (1935).

四川、西藏；日本、印度东北部。

载唇叠鞘兰

Chamaegastrodia vaginata (Hook. f.) Seidenf., Nord. J. Bot. 14 (3): 294, f. 1 (1994).

Aphyllorchis vaginata Hook. f., Fl. Brit. India6: 117 (1890); *Spiranthes exigua* Rolfe, Kew Bull. 1896: 200 (1896); *Chamaegastrodia exigua* (Rolfe) F. Maek., Wild Orch. Jap. 469 (1971); *Evrardianthe exigua* (Rolfe) Rauschert, Feddes Repert. Spec. Nov. Regni Veg. 94 (7-8): 433 (1983).

湖北、四川；印度东北部。

独花兰属 Changnienia S. S. Chien

独花兰

●**Changnienia amoena** S. S. Chien, Contr. Biol. Lab. Sci. Soc. China, Bot. Ser. 10: 90, f. 12 (1935).

陕西、安徽、江苏、浙江、江西、湖南、湖北、四川。

麻栗坡独花兰

●**Changnienia malipoensis** D. H. Peng, Z. J. Liu et J. W. Zhai, Phytotaxa 115 (2): 55 (2013).

云南。

叉柱兰属 Cheirostylis Blume

短距叉柱兰

●**Cheirostylis calcarata** X. H. Jin et S. C. Chen, Acta Phytotax. Sin. 45 (6): 797 (2007).

云南。

中华叉柱兰（中国指柱兰，指柱兰，台湾指柱兰）

Cheirostylis chinensis Rolfe, Ann. Bot. 9: 158 (1895).

Cheirostylis philippinensis Ames, Orchidaceae (Ames) 2: 59, f. (1908); *Cheirostylis taiwanensis* Yamam., J. Soc. Trop. Agric. 5: 54 (1933).

贵州、台湾、广西、海南；缅甸、菲律宾、越南。

叉柱兰

●**Cheirostylis clibborndyeri** S. Y. Hu et Barreto, Chug Chi J. 13 (2): 15 (1976).

Cheirostylis hungyehensis T. P. Lin, Native Orchids Taiwan. 2: 73 (1977); *Cheirostylis derchiensis* S. S. Ying, Mem. Coll. Agric. Natl. Taiwan Univ.31 (1): 20 (1991).

台湾。

雉尾叉柱兰

Cheirostylis cochinchinensis Blume, Coll. Orchid. t. 39, f. 2 (1858-1859).

Cheirostylis taichungensis S. S. Ying, Col. Illustr. Indig. Orch. Taiwan 2: 135, 444 (1990).

台湾；越南。

大花叉柱兰

Cheirostylis griffithii Lindl., J. Linn. Soc., Bot. 1: 188 (1857).

Cheirostylis macrantha Schltr., Repert. Spec. Nov. Regni Veg. 2: 83 (1906).

云南；缅甸、泰国、印度、尼泊尔。

粉红叉柱兰

●**Cheirostylis jamesleungii** S. Y. Hu et Barretto, Chung Chi J. 13 (2): 13, f. 6 (1976).

香港。

琉球叉柱兰（琉球指柱兰，墨绿指柱兰）

Cheirostylis liukiuensis Masam., J. Soc. Trop. Agric. 2: 36 (1930).

Cheirostylis kanashiroi Ohwi, Acta Phytotax. Geobot. 7: 134 (1938).

台湾、香港；日本。

麻栗坡叉柱兰

●**Cheirostylis malipoensis** X. H. Jin et S. C. Chen, Acta Phytotax. Sin. 45 (6): 797 (2007).

云南。

箭药叉柱兰

●**Cheirostylis monteiroi** S. Y. Hu et Barretto, Chung Chi J. 13 (2): 15, f. 7 (1976).

香港。

羽唇叉柱兰（羽唇指柱兰，扇叶指柱兰）

Cheirostylis octodactyla Ames, Philipp. J. Sci. Bot. 2: 314 (1907).

Cheirostylis inabai Hayata, Icon. Pl. Formosan. 4: 108, f. 56 (1914); *Cheirostylis oligantha* Masam. et Fukuy., Trans. Nat. Hist. Soc. Taiwan 30: 241 (1940).

台湾；菲律宾、越南南部。

屏边叉柱兰

●**Cheirostylis pingbianensis** K. Y. Lang, Acta Phytotax. Sin. 34 (6): 635-636, pl. 1 (1996).

云南。

细小叉柱兰

Cheirostylis pusilla Lindl., Gen. Sp. Orchid. Pl. 489 (1840).

云南、香港；泰国、马来西亚、印度东北部。

红衣指柱兰

●**Cheirostylis rubrifolius** T. P. Lin et W. M. Lin, Taiwania, 54 (4): 327 (2009).

台湾。

匍匐叉柱兰

Cheirostylis serpens Aver., Rheedea 15 (2): 87 (2005).
广西；越南。

东部叉柱兰（东部线柱兰，台湾拟线柱兰）

Cheirostylis tabiyahanensis (Hayata) Pearce et Cribb, Edinburgh J. Bot. 56, 2: 278 (1999).

Zeuxine tabiyahanensis Hayata, Icon. Pl. Formosan. 6: 89 (1916); *Cheirostylis nemorosa* Fukuy., Bot. Mag. 49: 760 (1935); *Zeuxine nemorosa* (Fukuy.) T. P. Lin, Native Orchids Taiwan 2: 69 (1977); *Macodes tabiyahanensis* (Hayata) S. S. Ying, Col. Illustr. Indig. Orch. Taiwan 1: 478 (1977).
台湾。

全唇叉柱兰（全唇指柱兰，无叶指柱兰，阿里山指柱兰）

Cheirostylis takeoi (Hayata) Schltr., Feddes Repert. Spec. Nov. Regni Veg. Beih. 4: 161 (1919).

Arisanorchis takeoi Hayata, Icon. Pl. Formosan. 4: 109, pl. 57 (1914); *Arisanorchis tairae* Fukuy., Acta Phytotax. Geobot. 14: 136 (1952); *Cheirostylis tairae* Fukuy., Acta Phytotax. Geobot. 14: 136 (1952); *Cheirostylis anomala* Ohwi, Bull. Natl. Sci. Mus. 34: 2 (1954); *Goodyera tatewakii* (Masam.) S. S. Ying, Quart. J. Chin. Forest. 11 (2): 102 (1978); *Cheirostylis eglandulosa* Aver., Bot. Žurn. (Kiev) 81 (10): 80 (1996).
台湾；日本（琉球群岛）、越南北部。

反瓣叉柱兰

Cheirostylis thailandica Seidenf., Dansk Bot. Ark. 32 (2): 74, Fig. 44 (1978).
云南；泰国。

和社叉柱兰（和社指柱兰）

●**Cheirostylis tortilacinia** C. S. Leou, Quart. J. Exp. Forest, NTU. 4 (4): 72. f. 1-2 (1990).

Cheirostylis chinensis var. *tortilacinia* (C. S. Leou) S. S. Ying, Col. Illustr. Orch. Fl. Taiwan 1: 224 (1996).
台湾。

云南叉柱兰

Cheirostylis yunnanensis Rolfe, Kew Bull. 1896: 201 (1896).

Cheirostylis josephi Schltr., Feddes Repert. Spec. Nov. Regni Veg. 17: 65 (1921); *Cheirostylis munnacampensis* A. N. Rao, Nordic J. Bot. 8 (4): 340 (1988); *Cheirostylis pabongnensis* Lucksom, Indian J. Forest. 20: 305 (1997).
湖南、四川、贵州、云南、广东、广西、海南；缅甸、泰国、越南、印度。

异型兰属 **Chiloschista** Lindl.

广东异型兰

●**Chiloschista guangdongensis** Z. H. Tsi, Acta Phytotax. Sin. 22 (6): 481, f. 2 (6-11) (1984).
广东。

宽唇异形兰

●**Chiloschista parishii** Seidenf., Opera Bot. 95: 176. 1998.
台湾。

台湾异型兰（梅兰，大蜘蛛兰）

●**Chiloschista segawai** (Masam.) Masam. et Fukuy., Bot. Mag. 52: 247 (1938).

Thrixspermum segawai Masam., Trans. Nat. Hist. Soc. Formos. 24: 212 (1934); *Sarcochilus segawai* Masam., Trans. Nat. Hist. Soc. Taiwan 24: 212 (1934); *Chiloschista segawae* var. *taiwaniana* S. S. Ying, Col. Ill. Indig. Orch. Taiwan 1 (2): 107 (1977); *Chiloschista hoi* S. S. Ying, Quart. J. Exp. Forest. Nation. Taiwan Univ. 1 (1): 89 (1987); *Chiloschista segawae* f. *taiwaniana* (S. S. Ying) S. S. Ying, Col. Ill. Orch. Taiwan 2: 446 (1990).
台湾。

异型兰

●**Chiloschista yunnanensis** Schltr., Feddes Repert. Spec. Nov. Regni Veg. Beih. 4: 74, 275 (1919).

Chiloschista lunifera (Rchb. f.) auct. non J. J. Smith., Quart. J. Taiwan Mus. 25 (3, 4): 216 (1972).
四川、云南。

金唇兰属 **Chrysoglossum** Blume

锚钩金唇兰

Chrysoglossum assamicum Hook. f., Fl. Brit. Ind. 5: 784 (1890).
西藏、广西；越南、印度东北部。

金唇兰（台湾金唇兰，金蝉兰）

Chrysoglossum ornatum Blume, Bijdr. Fl. Ned. Ind. 7: 338 (1825).

Ania maculata Thwaites, Enum. Pl. Zeyl. 301 (1861); *Tainia maculata* (Thwaites) Trimen, Syst. Cat. Fl. Pl. Ceylon 88 (1885); *Chrysoglossum maculatum* (Thwaites) Hook. f., Fl. Brit. India 5: 784 (1890); *Chrysoglossum erraticum* Hook. f., Fl. Brit. Ind. 5: 784 (1890); *Chrysoglossum formosanum* Hayata, J. Coll. Sci. Imp. Univ. Tokyo 30 (1): 318-319 (1911).
云南、台湾、广西、海南；柬埔寨、印度尼西亚、马来西亚、菲律宾、泰国、越南、不丹、印度、尼

泊尔、斯里兰卡。

隔距兰属 **Cleisostoma** Blume

美花隔距兰

Cleisostoma birmanicum (Schltr.) Garay, Bot. Mus. Leafl. 23 (4): 170 (1972).

Echioglossum birmanicum Schltr., Notizbl. Bot. Gart. Berlin-Dahlem. 8: 125 (1922); *Sarcanthus ophioglossa* Guillaumin, Bull. Soc. Bot. France. 77: 330 (1930); *Sarcanthus birmanicus* (Schltr.) Seidenf. et Smitinand, Orch. Thail. (Prelim. List) 665 (1965).

海南；缅甸、泰国、越南。

金塔隔距兰

Cleisostoma filiforme (Lindl.) Garay, Bot. Mus. Leafl. 23 (4): 171 (1972).

Sarcanthus filiformis Lindl., Edw. Bot. Reg. 28 (Misc.): 61 (1842).

云南、广西、海南；缅甸、泰国、越南、尼泊尔、印度东北部。

长叶隔距兰

Cleisostoma fuerstenbergianum Kraenzl., Feddes Repert. Spec. Nov. Regni Veg. 7: 39 (1908).

Sarcanthus fuerstenbergianus (Kraenzl.) J. J. Sm., Natuurw. Tijdschr. Ned.-Indië 72: 87 (1912); *Sarcanthus flagellaris* Schltr., Feddes Repert. Spec. Nov. Regni Veg. Beih. 4: 76 (1919); *Sarcanthus flagelliformis* Rolfe ex Downie, Kew Bull. 1925: 393 (1925); *Cleisostoma flagellare* (Schltr.) Garay, Bot. Mus. Leafl. 23: 171 (1972); *Cleisostoma flagelliforme* (Rolfe et Downie) auct. non Garay., Fl. Hainan. 4: 261 (1977).

贵州、云南；老挝、越南、柬埔寨、泰国。

隔距兰

Cleisostoma linearilobatum (Seidenf. et Smitinand) Garay, Bot. Mus. Leafl. 23: 172 (1972).

Sarcanthus linearilobatus Seidenf. et Smitinand, Orch. Thail. (Prelim. List) 684 (1965); *Sarcanthus sagittatus* King et Pantl., J. Asiat. Soc. Bengal, Pt. 2, Nat. Hist. 66: 595 (1895), not *Sarcanthus sagittatus* (Blume) J. J. Smith (1905); *Cleisostoma sagittiforme* Garay, Bot. Mus. Leafl. 23 (4): 174 (1972); *Ormerodia sagittata* (King et Pantl.) Szlach., Ann. Bot. Fenn. 40: 68 (2003); *Ormer.ia linearilobata* (Seidenf. et Smitinand) Szlach., Ann. Bot. Fenn. 40: 68 (2003).

云南；泰国、不丹、印度东北部。

长帽隔距兰

•**Cleisostoma longioperculatum** Z. H. Tsi, Guihaia 15 (2): 108, f. 2 (1995).

云南。

西藏隔距兰

•**Cleisostoma medogense** Z. H. Tsi, Acta Phytotax. Sin. 23 (5): 387, f. 2 (1985).

西藏。

勐海隔距兰

•**Cleisostoma menghaiense** Z. H. Tsi, Bull. Bot. Lab. N. E. Forest. Inst., Harbin 3 (4): 76, f. 1 (1-4) (1983).

云南。

南贡隔距兰

•**Cleisostoma nangongense** Z. H. Tsi, Bull. Bot. Lab. N. E. Forest. Inst., Harbin 9 (2): 26, f. 3 (1-5) (1989).

云南。

大序隔距兰（虎皮隔距兰）

Cleisostoma paniculatum (Ker Gawl.) Garay, Bot. Mus. Leafl. 23 (4): 173 (1972).

Aerides paniculatum Ker Gawl., Bot. Reg. 3: pl. 220 (1817); *Vanda paniculata* (Ker Gawl.) R. Br., Bot. Reg. 6: t. 506 (1821); *Sarcanthus paniculatus* (Ker Gawl.) Lindl., Bauer Ill. Orch. Pl. t. 9. (1832); *Cleisostoma cerinum* Hance, J. Bot. 20: 359 (1882); *Cleisostoma formosanum* Hance, J. Bot. 22: 364 (1884); *Sarcanthus formosanus* (Hance) Rolfe, J. Linn. Soc., Bot. 36: 37 (1903); *Sarcanthus cerinus* (Hance) Rolfe, J. Linn. Soc., Bot. 36: 36 (1903); *Sarcanthus fuscomaculatus* Hayata, Icon. Pl. Formosan. 4: 94, f. 4 (1914); *Sarcanthus unciferus* Schltr., Feddes Repert. Spec. Nov. Regni Veg. 19: 383 (1924); *Cleisostoma unciferum* (Schltr.) Garay, Bot. Mus. Leafl. 23: 175 (1972); *Cleisostoma fuscomaculatum* (Hayata) Garay, Bot. Mus. Leafl. 23: 171 (1972); *Vandopsis osmantha* Fukuy. ex Masam., J. Bot. 24 (3): pl. 231 (1977); *Garayanthus paniculatus* (Ker Gawl.) Szlach., Fragm. Florist. Geobot. Suppl. 3: 136 (1995); *Garayanthus fuscomaculatus* (Hayata) Szlach., Ann. Bot. Fenn. 40: 69 (2003).

江西、四川、西藏、福建、台湾、广东、广西、海南、香港；泰国。

短茎隔距兰

Cleisostoma parishii (Hook. f.) Garay, Bot. Mus. Leafl. 23 (4): 173 (1972).

Sarcanthus parishii Hook. f., Bot. Mag. 86: pl. 5217 (1860).

广东、广西、海南；缅甸。

大叶隔距兰

Cleisostoma racemiferum (Lindl.) Garay, Bot. Mus. Leafl. 23 (4): 173 (1972).

Saccolabium racemiferum Lindl., Gen. Sp. Orchid. Pl. 224 (1833); *Sarcanthus pallidus* Lindl., Bot. Reg. 26 (Misc.): 78 (1840); *Sarcanthus racemiferum* (Lindl.) Rchb. f., Ann. Bot. Syst. 6: 68 (1861); *Aerides racemifera* (Lindl.) Wall. ex Hook. f., Fl. Brit. India 6: 68 (1890); *Sarcanthus yunnanensis* Schltr., Feddes Repert. Spec. Nov. Regni Veg. Beih. 4: 77 (1919).
云南；老挝、缅甸、泰国、越南、不丹、印度、尼泊尔。

尖喙隔距兰

Cleisostoma rostratum (Lodd. ex Lind.) Garay, Bot. Mus. Leafl.23 (4): 174 (1972).
Sarcanthus rostratus Lodd. ex Lind., Coll. Bot. (Lindl.) 39 B (1821); *Cleisostoma fordii* Hance, J. Bot. 14: 45 (1876); *Sarcanthus fordii* (Hance) Rolfe, J. Linn. Soc., Bot. 36: 37 (1903).
贵州、云南、广西、海南、香港；柬埔寨、老挝、泰国、越南。

蜈蚣兰

●**Cleisostoma scolopendrifolium** (Makino) Garay, Bot. Mus. Leafl. 23 (3): 174 (1972).
Sarcanthus scolopendrifolius Makino, Ill. Fl. Japan 1: pl. 40 (1890); *Pelatantheria scolopendrifolia* (Makino) Aver., Bot. Zhurn. (Moscow et Leningrad). 73: 432 (1988).
山东、安徽、江苏、浙江、四川、福建；日本、韩国。

毛柱隔距兰

Cleisostoma simondii (Gagnep.) Seidenf., Dansk Bot. Ark. 29 (3): 66 (1975).
Vanda simondii Gagnep., Bull. Mus. Hist. Nat. (Paris) ser. 2. 22 (5): 628 (1950); *Vanda teretifolia* Lindl., Coll. Bot. (Lindl.). 6 (1821); *Echioglossum simondii* (Gagnep.) Szlach., Fragm. Florist. Geobot. Suppl. 3: 137 (1995).

毛柱隔距兰（原变种）

Cleisostoma simondii var. **simondii**
云南；老挝、泰国、越南、印度东北部。

广东隔距兰

●**Cleisostoma simondii** var. **guangdongense** Z. H. Tsi, Bull. Bot. Res. 3 (4): 84-85, f. 1 (5-6) (1983).
福建、广东、海南。

短序隔距兰

Cleisostoma striatum (Rchb. f.) Garay, Bot. Mus. Leafl. 23 (4): 175 (1972).
Echioglossum striatum Rchb. f., Gard. Chron. 12: 390 (1879); *Cleisostoma brevipes* Hook. f., Fl. Brit. Ind. 6: 73 (1890); *Sarcanthus striatus* (Rchb. f.) J. J. Sm., Natuurw. Tijdschr. Ned.-Indië 72: 93 (1912); *Sarcanthus brevipes* (Hook. f.) J. J. Sm., Nat. Tijds. Ned. Ind. 72: 84 (1912); *Raciborskanthos striatus* (Rchb. f.) Szlach., Ann. Bot. Fenn. 40: 68 (2003).
云南、广西、海南；马来西亚、泰国、越南、印度东北部。

绿花隔距兰（乌来闭口兰，乌来隔距兰）

Cleisostoma uraiense (Hayata) Garay et Sweet, Orchids S. Ryukyu Islands 156 (1974).
Sarcanthus uraiensis Hayata, Icon. Pl. Formosan. 8: 130, f. 58 (1919); *Sarcanthus viridescens* Fukuy., Bot. Mag. Tokyo. 50: 24 (1936); *Cleisostoma viridescens* (Fukuy.) Garay, Bot. Mus. Leafl. 23 (4): 175 (1972).
台湾；日本（琉球群岛）、菲律宾。

红花隔距兰

Cleisostoma williamsonii (Rchb. f.) Garay, Bot. Mus. Leafl. 23 (4): 176 (1972).
Sarcanthus williamsoni Rchb. f., Gard. Chron. 674 (1865); *Sarcanthus hongkongensis* Rolfe, Kew Bull. 1898: 198 (1898); *Sarcanthus elongatus* Rolfe, J. Linn. Soc., Bot. 36: 36 (1903); *Cleisostoma elongatum* (Rolfe) Garay, Bot. Mus. Leafl. 23 (4): 171 (1972); *Cleisostoma hongkongense* (Rolfe) Garay, Bot. Mus. Leafl. 23 (4): 172 (1972); *Echioglossum williamsonii* (Rchb. f.) Szlach., Fragm. Florist. Geobot. Suppl. 3: 137 (1995).
贵州、云南、广东、广西、海南；越南、泰国、马来西亚、印度尼西亚、缅甸、不丹、印度东北部。

拟隔距兰属 **Cleisostomopsis** Seidenf.

拟隔距兰

Cleisostomopsis eberhardtii (Finet) Seidenf., Opera Bot. 114: 372 (1992).
Saccolabium eberhardtii Finet, Notul. Syst. (Paris) 1: 258, fig. 17 (1910); *Sarcanthus eberhardtii* (Finet) Tang et F. T. Wang, Acta Phytotax. Sin. 1 (1): 97 (1951); *Schoenorchis eberhardtii* (Finet) Aver., Bot. J. (Leningr.) 73 (1): 107 (1988).
广西；越南。

贝母兰属 **Coelogyne** Lindl.

云南贝母兰

Coelogyne assamica Linden et Rchb. f., Berliner Allg. Gartenzeitung. 25: 403 (1857).
Coelogyne fuscescens var. *assamica* (Linden et Rchb. f.) Pfitzer, Pflanzenr. 50 II B 7: 43 (1907); *Coelogyne siamensis* Rolfe, Bull. Misc. Inform. Kew. 1914. 373 (1914); *Coelogyne annamensis* Rolfe, Bull. Misc. In-

form. Kew. 1914. 211 (1914); *Cymbidium evrardii* Guillaumin, Bull. Soc. Bot. France 77: 339 (1930); *Coelogyne dalatensis* Gagnep., Bull. Mus. Natl. Hist. Nat., sér. 2 (2): 423 (1930); *Coelogyne saigonensis* Gagnep., Bull. Mus. Natl. Hist. Nat., sér. 2 (10): 435 (1938).
云南；老挝、缅甸、泰国、越南、不丹、印度。

髯毛贝母兰

Coelogyne barbata Griff., Itin. Pl. Khasyah Mts. 72 (1848).
四川、云南、西藏；尼泊尔、不丹、印度东北部。

滇西贝母兰

Coelogyne calcicola Kerr, J. Siam Soc., Nat. Hist. Suppl. 9: 233, f. 3 (1933).
云南；老挝、越南、泰国、缅甸。

眼斑贝母兰

Coelogyne corymbosa Lindl., Fol. Orchid. 5 (Coelogyne): 7 (1854).
Coelogyne brevifolia Lindl., Fol. Orchid. 5: 7 (1854); *Pleione corymbosa* (Lindl.) Kuntze, Revis. Gen. Pl. 2: 680 (1891).
云南、西藏；缅甸、尼泊尔、不丹、印度东北部。

贝母兰（毛唇贝母兰）

Coelogyne cristata Lindl., Coll. Bot. (Lindl.), sub pl. 33 (1821).
Cymbidium speciosissimum D. Don, Prodr. Fl. Nepal. 35 (1825).
西藏；尼泊尔、不丹、印度东南部。

红花贝母兰

Coelogyne ecarinata C. Schweinf., Brittonia 4: 33 (1941).
Coelogyne tsii X. H. Jin et H. Li, Ann. Bot. Finn. 43: 259 (2006).
云南；缅甸。

流苏贝母兰

Coelogyne fimbriata Lindl., Bot. Reg. 11, pl. 868 (1825).
Coelogyne ovalis Lindl., Edwards's Bot. Reg. 24: Misc. 91 (1838); *Coelogyne decora* Wall. ex Voigt, Hort. Suburb. Calcutt. 621 (1845); *Coelogyne pilosissima* Planch., Hort. Donat. 144 (1858); *Pleione chinensis* (Lindl.) Kuntze, Revis. Gen. Pl. 2: 680 (1891); *Pleione fimbriata* (Lindl.) Kuntze, Revis. Gen. Pl. 2: 680 (1891); *Coelogyne laotica* Gagnep., Bull. Mus. Hist. Nat. (Paris) ser. 2. 2: 425 (1930); *Coelogyne xerophyta* Hand.-Mazz., Symb. Sin. 7 (5): 1346-1347, pl. 42, f. 1, 2 (1936).
江西、云南、西藏、福建、广东、广西、海南；柬埔寨、印度尼西亚、老挝、马来西亚、缅甸、泰国、越南、不丹、印度东北部、尼泊尔。

栗鳞贝母兰

Coelogyne flaccida Lindl., Gen. Sp. Orchid. Pl. 39 (1830).
Coelogyne lactea Rchb. f., Gard. Chron. n.s., 1885 (1): 692 (1885); *Pleione flaccida* (Lindl.) Kuntze, Revis. Gen. Pl. 2: 680 (1891); *Coelogyne esquirolii* Schltr., Repert. Spec. Nov. Regni Veg. Beih. 4: 60 (1919).
贵州、云南、广西；缅甸、老挝、泰国、越南、印度东北部、尼泊尔、不丹。

褐唇贝母兰

Coelogyne fuscescens Lindl., Gen. Sp. Orchid. Pl.: 41 (1830).
Coelogyne brunnea Lindl., Gard. Chron. 71, f. c (1848); *Coelogyne cycnoches* E. C. Parish et Rchb. f., Trans. Linn. Soc. London 30: 147 (1874).
云南；老挝、缅甸、泰国、越南、不丹、印度东北部、尼泊尔。

贡山贝母兰

•**Coelogyne gongshanensis** H. Li, Fl. Reipubl. Popularis Sin. 18: 354, 412 (Addenda) (1999).
云南。

格力贝母兰

Coelogyne griffithii Hook. f., Fl. Brit. India. 5: 838 (1890).
云南；缅甸、印度东北部。

白花贝母兰

Coelogyne leucantha W. W. Sm., Notes Roy. Bot. Gard. Edinburgh. 13: 198 (1921).
Coelogyne leucantha var. *heterophylla* Tang et F. T. Wang, Acta Phytotax. Sin. 1 (1): 78 (1951).
四川、云南；缅甸北部。

单唇贝母兰

•**Coelogyne leungiana** S. Y. Hu, Quart. J. Taiwan Mus. 25: 223, f. 9 (a-e) (1972).
香港。

长柄贝母兰

Coelogyne longipes Lindl., Fol. Orchid. 10 (1854).
Pleione longipes (Lindl.) Kuntze, Revis. Gen. Pl. 2: 680 (1891); *Coelogyne raizadae* Jain et Das, Proc. Indian Acad. Sci. 87B, 5: 119 (1978); *Coelogyne ruidianensis* Ormer., Taiwania. 56: 42 (2011).
云南、西藏；缅甸、老挝、泰国、尼泊尔、不丹、印度东北部。

麻栗坡贝母兰

Coelogyne malipoensis Z. H. Tsi, Bull. Bot. Lab. N. E. Forest. Inst., Harbin 15 (1): 43 (1995).

云南；越南。

小花贝母兰

Coelogyne micrantha Lindl., Gard. Chron. 173. (1855).

云南；缅甸、印度。

密茎贝母兰

Coelogyne nitida (Wall. ex D. Don) Lindl., Gen. Sp. Orchid. Pl. 40 (1830).

Cymbidium nitidum Wall. ex D. Don, Prodr. Fl. Nepal. 35 (1825); *Coelogyne ochracea* Lindl., Edwards's Bot. Reg. 32: pl. 69 (1846); *Coelogyne ochracea* subsp. *conferta* Parish et Rchb. f., Trans. Linn. Soc. London 30 (1): 146, pl. 30B, 6-8 (1874); *Pleione ochracea* (Lindl.) Kuntze, Revis. Gen. Pl. 2: 680 (1891); *Pleione nitida* (Lindl.) Kuntze, Revis. Gen. Pl. 2: 680 (1891); *Coelogyne punctata* var. *conferta* (E. C. Parish et Rchb. f.) Tang et F. T. Wang, Acta Phytotax. Sin. 1 (1): 78 (1951).

云南；越南、老挝、泰国、缅甸、印度、尼泊尔、不丹。

卵叶贝母兰

Coelogyne occultata Hook. f., Fl. Brit. Ind. 5: 832 (1886).

Pleione occultata (Hook. f.) Kuntze, Revis. Gen. Pl. 2: 680 (1891).

云南、西藏；缅甸、不丹、印度东北部。

片马贝母兰

●**Coelogyne pianmaensis** R. Li et Z. L. Dao, Phytotaxa 162: 115 (2014).

云南。

报春贝母兰

●**Coelogyne primulina** Barretto, Orchid Rev. 98 (1156): 39 (1990).

香港。

黄绿贝母兰

Coelogyne prolifera Lindl., Gen. Sp. Orch. Pl. 40 (1830).

Coelogyne flavida Wall. ex Lindl., Fol. Orch. Coelogyne 10 (1854).

云南；老挝、泰国、越南、不丹、尼泊尔。

美丽贝母兰

Coelogyne pulchella Rolfe, Bull. Misc. Inform. Kew. 1898: 194 (1898).

云南；缅甸。

狭瓣贝母兰

Coelogyne punctulata Lindl., Coll. Bot. sub t. 33 (1821).

Coelogyne ocellata Lindl., Gen. Sp. Orchid. Pl. 40 (1831); *Coelogyne brevifolia* Lindl., Fol. Orchid. Coelogyne 7. 1853 (1853); *Coelogyne goweri* Rchb. f.; Gard. Chron. 1869. 443. 1869 (1869); *Pleione goweri* (Rchb. f.) Kuntze, Revis. Gen. Pl. 2: 680 (1891).

云南、西藏；印度、尼泊尔。

三褶贝母兰

Coelogyne raizadae S. K. Jain et S. Das, Proc. Indian Aca. Sci., B, 87 (5): 119 (1978).

云南、西藏；老挝、不丹、印度、尼泊尔。

挺茎贝母兰

Coelogyne rigida E. C. Parish et Rchb. f., Trans. Linn. Soc. London 30: 146 (1874).

云南；缅甸、泰国、越南、印度东北部。

撕裂贝母兰

Coelogyne sanderae Kraenzl., Reichenbachia., pl. 52 (1893).

Coelogyne ridleyi Gagnep., Fl. Gén. Indo-Chine, 6: 320 (1933); *Coelogyne darlacensis* Gagnep., Bull. Mus. Natl. Hist. Nat., sér. 2 22: 505 (1950).

云南；缅甸、越南。

疣鞘贝母兰

Coelogyne schultesii Jain et S. Das, Proc. Indian Acad. Sci. 87B, 5: 121 (1978).

云南；缅甸、泰国、越南、不丹、印度东北部、尼泊尔。

双褶贝母兰

Coelogyne stricta (D. Don) Schltr., Repert. Spec. Nov. Regni Veg. Beih. 4: 184 (1919).

Cymbidium strictum D. Don, Prodr. Fl. Nepal. 35 (1825); *Coelogyne elata* Lindl., Gen. Sp. Orchid. Pl. 40 (1830).

云南、西藏；老挝、缅甸、越南、不丹、印度东北部、尼泊尔。

疏茎贝母兰

Coelogyne suaveolens (Lindl.) Hook. f., Fl. Brit. Ind. 5: 832 (1890).

Pholidota suaveolens Lindl., Gard. Chron. 372 (1856); *Pleione suaveolens* (Lindl.) Kuntze, Revis. Gen. Pl. 2: 680 (1891).

云南；泰国、印度东北部。

高山贝母兰

●**Coelogyne taronensis** Hand.-Mazz., Anz. Akad. Wiss. Wien, Math.-Naturwiss. Kl. 59: 254. (1922).

云南；缅甸。

禾叶贝母兰

Coelogyne viscosa Rchb. f., Allg. Gartenzeitung. 24: 218 (1856).

Coelogyne graminifolia E. C. Parish et Rchb. f., Trans. Linn. Soc. London 30: 146 (1874); *Pleione viscosa* (Rchb. f.) Kuntze, Revis. Gen. Pl. 2: 680 (1891); *Pleione graminifolia* (E. C. Parishet Rchb. f.) Kuntze, Revis. Gen. Pl. 2: 680 (1891).

云南；老挝、马来西亚、缅甸、泰国、越南、印度东北部。

维西贝母兰

●**Coelogyne weixiensis** X. H. Jin, Ann. Bot. Fenn. 42: 135 (2005).

云南。

镇康贝母兰

●**Coelogyne zhenkangensis** S. C. Chen et K. Y. Lang, Acta Phytotax. Sin. 21 (3): 345 (1983).

云南。

吻兰属 Collabium Blume

锚钩吻兰

Collabium assamicum Hook. f., Fl. Brit. India 5 (16): 784 (1890).

Chrysoglossum sinense Mansf., Repert. Spec. Nov. Regni Veg. 27: 295 (1930).

西藏、广西；越南、印度。

吻兰（中国吻兰，柯丽白兰）

Collabium chinense (Rolfe) Tang et F. T. Wang, Fl. Hainan. 4: 217, f. 1101 (1977).

Nephelaphyllum chinense Rolfe, Bull. Misc. Inform. Kew. 1896 (119): 194 (1896); *Chrysoglossum robinsonii* Ridl., J. Fed. Malay States Mus. 5: 157 (1915); *Tainia chinensis* (Rolfe) Gagnep., Bull. Mus. Natl. Hist. Nat. II, 4: 706 (1932); *Collabium uraiense* Fukuy., Bot. Mag. 48: 360 (1934); *Collabiopsis uraiensis* (Fukuy.) S. S. Ying, Col. Illustr. Orch. Fl. Taiwan 1: 263, 435 (1996).

云南、西藏、福建、台湾、广东、广西、海南；越南、泰国。

南方吻兰

Collabium delavayi (Gagnep.) Seidenf., Opera Bot. 72: 26 (1984).

Tainia delavayi Gagnep., Bull. Mus. Hist. Nat. (Paris) ser. 2. 4: 708 (1932); *Chrysoglossum delavayi* (Gagnep.) Tang et F. T. Wang, Acta Phytotax. Sin. 1 (1): 77 (1951); *Collabiopsis delavayi* (Gagnep.) Seidenf., Opera Bot. 72: 26, pl. 11 (1983).

湖南、湖北、贵州、云南、广东、广西。

台湾吻兰（台湾柯丽白兰，金唇兰）

Collabium formosanum Hayata, J. Coll. Sci. Imp. Univ. Tokyo 30 (1): 319-320 (1911).

Tainia chapaensis Gagnep., Bull. Mus. Hist. Nat. (Paris) ser. 2. 4: 707 (1932); *Chrysoglossum chapaense* (Gagnep.) Tang et F. T. Wang, Acta Phytotax. Sin. 1 (1): 38, 77 (1951); *Collabiopsis formosanum* (Hayata) S. S. Ying, Col. Illustr. Indig. Orch. Taiwan 1 (2): 112 (1977); *Collabium yunnanense* Ormer., Taiwania 58 (1): 22 (2013).

台湾、云南、四川、贵州；越南。

蛤兰属 Conchidium Griff.

高山蛤兰

Conchidium japonicum (Maxim.) S. C. Chen et J. J. Wood, Fl. China. 25: 348 (2009).

Eria japonica Maxim., Bull. Acad. Imp. Sci. Saint-Petersbourg 31: 103 (1887).

安徽、浙江、贵州、福建、台湾；日本南部。

网鞘蛤兰

Conchidium muscicola (Lindl.) Rauschert, Feddes Repert. 94: 444 (1983).

Dendrobium muscicola Lindl., Gen. Sp. Orchid. Pl. 75 (1830); *Dendrobium parviflorum* D. Don, Prodr. Fl. Nepal. 34 (1825); *Pinalia muscicola* (Lindl.) Kuntze, Revis. Gen. Pl. 2: 679 (1891).

云南；老挝、缅甸、泰国、越南、不丹、印度东北部、尼泊尔、斯里兰卡。

蛤兰

Conchidium pusillum Griff., Icon. Pl. Asiat. 3: 321, pl. 310 (1851).

Phreatia uniflora Wight, Icon. Pl. Ind. Orient. 5: t. 1734 (1851); *Conchidium sinicum* Lindl., Hooker's J. Bot. Kew Gard. Misc. 7: 34 (1855); *Eria sinica* (Lindl.) Lindl., Hooker's J. Bot. Kew Gard. Misc. 3: 48 (1859); *Pinalia pusilla* (Griff.) Kuntze, Revis. Gen. Pl. 2: 679 (1891); *Pinalia sinica* (Lindl.) Kuntze, Revis. Gen. Pl. 2: 679 (1891).

云南、西藏、福建、广东、广西、海南；缅甸、泰国、越南、印度。

菱唇蛤兰

Conchidium rhomboidale (Tang et F. T. Wang) S. C.

Chen et J. J. Wood, Fl. China. 25: 347 (2009).
Eria rhomboidalis Tang et F. T. Wang, Acta Phytotax. Sin. 1 (1): 86 (1951).
贵州、云南、广西、海南；越南。

珊瑚兰属 **Corallorhiza** Gagnebin

珊瑚兰

Corallorhiza trifida Chatel., Spec. Inaug. Corallorh. 8 (1760).
Ophrys corallorhiza L., Sp. Pl., 2: 945 (1753); *Corallorhiza innata* R. Br., Hortus Kew. (W. Aiton) ed. 2. 5: 209 (1813).
吉林、内蒙古、河北、甘肃、青海、新疆、四川、贵州；日本、朝鲜、印度、尼泊尔、俄罗斯、欧洲、北美洲。

铠兰属 **Corybas** Salisb.

梵净山铠兰

Corybas fanjingshanensis Y. X. Xiong, Acta Phytotax. Sin. 45 (6): 809 (2007).
贵州。

杉林溪铠兰

Corybas himalaicus Pradhan, Indian Orchids: guide Identif. 1: 143 (1976).
Corybas purpureus J. Joseph et Yogan., Indian Forester 93: 815 (1967); *Corybas shanlinshiensis* W. M. Lin, T. C. Hsu et T. P. Lin, Taiwania 52 (4): 281 (2007).
台湾；不丹、印度。

艳紫盔兰

•**Corybas puniceus** T. P. Lin et W. M. Lin, Taiwania, 54 (4): 329 (2009).
台湾。

铠兰（辛氏铠兰，辛氏盔兰）

•**Corybas sinii** Tang et F. T. Wang, Acta Phytotax. Sin. 1 (2): 186-187 (1951).
Calcearia sinii (Tanget F. T. Wang) M. A. Clem. et D. L. Jones, Orchadian 13: 446 (2002).
台湾、广西。

大理铠兰

•**Corybas taliensis** Tang et F. T. Wang, Acta Phytotax. Sin. 1 (2): 185 (1951).
Corybas taiwanensis T. P. Lin et S. Y. Leu, Taiwania 20 (2): 162, pl. 1 (1975); *Calcearia taliensis* (Tang et F. T. Wang) M. A. Clem. et D. L. Jones, Orchadian 13: 446 (2002); *Calcearia taiwanensis* (T. P. Lin et S. Y. Leu) M. A. Clem. et D. L. Jones, Orchadian 13: 446 (2002).
四川、云南、台湾。

管花兰属 **Corymborkis** Thouars

管花兰

Corymborkis veratrifolia (Reinw.) Blume, Fl. Jav. Orch. 105. fig. 9 (1858).
Hysteria veratrifolia Reinw., Syll. Pl. Nov. 2: 5 (1826); *Corymborkis assamica* Blume, Coll. Orchid. 126 (1859); *Corymbis veratrifolia* (Reinw.) Rchb. f., Flora 48: 184 (1865); *Corymborchis sakisimensis* Fukuy., Trans. Nat. Hist. Soc. Formos. 32: 267 (1941).
云南、台湾；日本（琉球群岛）、柬埔寨、印度尼西亚、泰国、马来西亚、老挝、马来西亚、缅甸、越南、菲律宾、印度、斯里兰卡、澳大利亚北部、太平洋岛屿西南部。

杜鹃兰属 **Cremastra** Lindl.

杜鹃兰（多变杜鹃兰）

Cremastra appendiculata (D. Don) Makino, Bot. Mag. 18: 24 (1904).
Cymbidium appendiculatum D. Don, Prodr. Fl. Nepal. 36 (1825); *Cremastra wallichiana* Lindl., Gen. Sp. Orchid. Pl. 173 (1833); *Hyacinthorchis variabilis* Blume, Mus. Bot. Lugd. Bat. 1: 48, pl. 16 (1849); *Cremastra mitrata* A. Gray, Mém. Amer. Acad. Arts n.s. 6: 411 (1858); *Pogonia lanceolata* Kraenzl. ex Diels, Bot. Jahrb. Engler 29: 267 (1900); *Cremastra triloba* Hayata, Icon. Pl. Formosan. 2: 135-136 (1912); *Cremastra lanceolata* (Kraenzl.) Schltr., Repert. Spec. Nov. Regni Veg. Beih. 4: 225 (1919); *Cremastra variabilis* (Blume) Nakai, Rep. Veg. Mt. Daisetusan. 27 (1930); *Cremastra bifolia* C. L. Tso, Sunyatsenia, 1: 151. (1933); *Cremastra variabilis* var. *viridiflora* Honda, Bot. Mag. (Tokyo) 50: 390 (1936); *Aplectrum appendiculatum* (D. Don) F. Maek., Wild. Orch. Japan colour 60 (1971); *Cremastra appendiculata* var. *triloba* (Hayata) S. S. Ying, Chin. Flowers. 26: 4, f. 3 (1976); *Cremastra appendiculata* var. *variabilis* (Blume) I. D. Lund, Nord. J. Bot. 8 (2): 201 (1987); *Cremastra appendiculata* var. *viridiflora* (Honda) Aver., Opred. Orkhid. V'etnama 399 (1994).
山西、河南、陕西、甘肃、安徽、江苏、浙江、江西、湖南、湖北、四川、重庆、贵州、西藏、台湾、广东、广西；日本、朝鲜、越南、泰国、不丹、印度、尼泊尔。

贵州杜鹃兰

•**Cremastra guizhouensis** Q. H. Chen et S. C. Chen, Acta Phytotax. Sin. 41 (3): 264 (2003).

贵州。

麻栗坡杜鹃兰

•**Cremastra malipoensis** G. W. Hu, Syst. Bot. 38 (1): 64 (2013).
云南。

斑叶杜鹃兰

Cremastra unguiculata (Finet) Finet, Bull. Soc. Bot. France. 44: 235 (1897).
Oreorchis unguiculata Finet, Bull. Soc. Bot. France. 43: 698 (1896); *Aplectrum unguiculatum* (Finet) F. Maek., Wild. Orch. Japan colour 380 (1971).
江西；日本、朝鲜。

沼兰属 **Crepidium** Blume

浅裂沼兰

Crepidium acuminatum (D. Don) Szlach., Fragm. Florist. Geobot., suppl. 3: 123 (1995).
Malaxis acuminata D. Don, Prodr. Fl. Nepal. 29 (1825); *Microstylis biloba* Lindl., Cat. n. 1940 1 (1829); *Microstylis pierrei* Finet, Bull. Soc. Bot. France. 54: 534, pl. 12, f. 1-12 (1907); *Microstylis siamensis* Rolfe ex Downie, Bull. Misc. Inform. Kew 1925: 368 (1925); *Malaxis acuminata* var. *biloba* (Lindl.) Ames, Enum. Philipp. Apost. 302 (1926); *Malaxis pierrei* (Finet) Tang et F. T. Wang, Acta Phytotax. Sin. 1 (1): 74-75 (1951); *Malaxis siamensis* (Rolfe ex Downie) Seidenf. et Smitinand, Orch. Thail. 2 (1): 150 (1959); *Malaxis wallichii* (Lindl.) Deb, Bull. Bot. Surv. India 3: 128 (1962); *Malaxis allanii* S. Y. Hu et Barretto, Chung Chi J. 13 (2): 18, f. 9 (1976); *Crepidium bilobum* (Lindl.) Szlach. ex Lucksom, Orchids Sikkim N. E. Himalaya 323 (2007).
贵州、云南、西藏、台湾、广东；柬埔寨、印度尼西亚、老挝、缅甸、菲律宾、泰国、越南、不丹、印度、尼泊尔、澳大利亚。

无叶沼兰

Crepidium aphyllum (King et Pantl.) A. N. Rao, J. Orchid Soc. India 14: 65 (2000).
Microstylis aphylla King et Pantl., Ann. Roy. Bot. Gard. (Calcutta) 8: 18 (1898).
西藏；印度东北部。

云南沼兰

Crepidium bahanense (Hand.-Mazz.) S. C. Chen et J. J. Wood, Fl. China. 25: 232 (2009).
Microstylis bahanensis Hand.-Mazz., Symb. Sin. 7: 1350, Abb. 42, f. 6, 7 (1936).
云南；越南西北部。

兰屿沼兰

Crepidium bancanoides (Ames) Szlach., Fragm. Florist. Geobot., suppl. 3: 124 (1995).
Malaxis bancanoides Ames, Orchidaceae 2: 129. 1908; *Microstylis miyakei* Schltr., Repert. Spec. Nov. Regni Veg. 9: 437 (1911); *Microstylis roohutuensis* Fukuy., Trans. Nat. Hist. Soc. Formos. 22: 415. Pl. 3 (1932); *Microstylis iriomotensis* Masam., Trans. Nat. Hist. Soc. Taiwan 24: 208 (1934).
台湾；日本（琉球群岛）、菲律宾。

二耳沼兰

Crepidium biauritum (Lindl.) Szlach., Fragm. Florist. Geobot., suppl. 3: 124 (1995).
Microstylis biaurita Lindl., Gen. Sp. Orchid. Pl. 20 (1830); *Malaxis biaurita* (Lindl.) Kuntze, Revis. Gen. Pl. 2: 673 (1891); *Microstylis brevicaulis* Schltr., Repert. Spec. Nov. Regni Veg. Beih. 4: 62, 191 (1919); *Malaxis sutepensis* (Rolfe ex Downie) Seidenf. et Smitinand, Orch. Thail. 2 (1): 148 (1959); *Malaxis brevicaulis* (Schltr.) S. Y. Hu, Quart. J. Taiwan Mus. 27 (3-4): 433 (1974).
云南；老挝、缅甸、泰国、印度东北部。

美叶沼兰

Crepidium calophyllum (Rchb. f.) Szlach., Fragm. Florist. Geobot., suppl. 3: 125 (1995).
Microstylis calophylla Rchb. f., Gard. Chron., n.s. 12: 718 (1879); *Microstylis wallichii* var. *brachycheila* Hook. f., Fl. Brit. Ind. 5: 686 (1888); *Microstylis scottii* Hook. f., Fl. Brit. India 5: 687 (1890); *Malaxis calophylla* (Rchb. f.) Kuntze, Revis. Gen. Pl. 2: 673 (1891); *Malaxis calophylla* var. *brachycheila* (Hook. f.) Tang et F. T. Wang, Acta Phytotax. Sin. 1 (1): 71 (1951).
云南、海南；柬埔寨、印度尼西亚、马来西亚、缅甸、泰国、越南、印度。

凹唇沼兰

Crepidium concavum (Seidenf.) Szlach., Fragm. Florist. Geobot., suppl. 3: 125 (1995).
Malaxis concava Seidenf., Bot. Tidsskr. 65: 325, f. 7 (1970).
云南；泰国。

二脊沼兰

Crepidium finetii (Gagnep.) S. C. Chen et J. J. Wood, Fl. China. 25: 230 (2009).
Microstylis finetii Gagnep., Bull. Soc. Bot. France. 79: 167 (1932); *Malaxis finetii* (Gagnep.) Tanget F. T. Wang, Acta Phytotax. Sin. 1 (1): 72 (1951); *Glossochi-*

lopsis finetii (Gagnep.) Szlach., Fragm. Florist. Geobot. Suppl. 3: 123 (1995).
海南；越南。

海南沼兰

•**Crepidium hainanense** (Tang et F. T. Wang) S. C. Chen et J. J. Wood, Fl. China. 25: 234 (2009).
Malaxis hainanensis Tang et F. T. Wang, Acta Phytotax. Sin. 12 (1): 37 (1974).
海南。

琼岛沼兰

•**Crepidium insulare** (Tang et F. T. Wang) S. C. Chen et J. J. Wood, Fl. China. 25: 233 (2009).
Malaxis insularis Tang et F. T. Wang, Acta Phytotax. Sin. 12 (1): 36 (1974).
海南。

细茎沼兰

Crepidium khasianum (Hook. f.) Szlach., Fragm. Florist. Geobot., suppl. 3: 127 (1995).
Microstylis khasiana Hook. f., Fl. Brit. Ind. 5: 686 (1890); *Malaxis khasiana* (Hook. f.) Kuntze, Revis. Gen. Pl. 2: 673 (1891).
云南；泰国、印度东北部。

铺叶沼兰

Crepidium mackinnonii (Duthie) Szlach., Fragm. Florist. Geobot., suppl. 3: 128 (1995).
Microstylis mackinnonii Duthie, J. Asiat. Soc. Bengal 71 (2): 37 (1902); *Seidenforchis mackinnonii* (Duthie) Marg., Acta Soc. Bot. Poloniae 75: 303 (2006).
云南；孟加拉国、印度。

鞍唇沼兰

Crepidium matsudae (Yamam.) Szlach., Fragm. Florist. Geobot., suppl. 3: 129 (1995).
Microstylis matsudai Yamam., Icon. Pl. Formosan. Suppl. 2: 4 (1926); *Malaxis matsudae* (Yamam.) Hatus. ex Nakaj., J. Geobot. 20: 65 (1972).
台湾；日本（琉球群岛）。

齿唇沼兰

•**Crepidium orbiculare** (W. W. Smith et Jeffrey) Seidenf., Contr. Orchid Fl. Thailand. 13: 18 (1997).
Microstylis orbicularis W. W. Sm. et Jeffrey, Notes Bot. Gard. Edin. 9: 111 (1916); *Malaxis orbicularis* (W. W. Sm. et Jeffrey) Tang et F. T. Wang, Acta Phytotax. Sin. 1 (1): 73 (1951).
云南。

卵萼沼兰

Crepidium ovalisepalum (J. J. Smith) Szlach., Fragm. Florist. Geobot., suppl. 3: 130 (1995).
Microstylis ovalisepala J. J. Sm., Bull. Jard. Bot. Buitenzorg Ser. 3, 10: 42 (1928); *Malaxis szemaoensis* Tang et F. T. Wang, Acta Phytotax. Sin. 1 (1): 75 (1951); *Malaxis ovalisepala* (J. J. Sm.) Seidenf., Dansk Bot. Ark. 33 (1): 79 (1978).
云南；泰国、印度尼西亚。

深裂沼兰

Crepidium purpureum (Lindl.) Szlach., Fragm. Florist. Geobot., suppl. 3: 131 (1995).
Microstylis purpurea Lindl., Gen. Sp. Orchid. Pl. 20 (1830); *Malaxis purpurea* (Lindl.) Kuntze, Revis. Gen. Pl. 2: 673 (1891); *Microstylis wallichii* var. *biloba* King et Pantl., Ann. Roy. Bot. Gard. (Calcutta) 8: 16 (1898); *Microstylis liparidioides* Schltr., Repert. Spec. Nov. Regni Veg. Beih. 4: 62 (1919).
四川、云南、台湾、广西；菲律宾、泰国、越南、印度东北部、斯里兰卡。

心唇沼兰

Crepidium ramosii (Ames) Szlach., Fragm. Florist. Geobot., suppl. 3: 131 (1995).
Malaxis ramosii Ames, Philipp. J. Sci. 6: 45 (1911); *Pseudoliparis ramosii* (Ames) Marg. et Szlach., Polish Bot. J. 46: 42 (2001).
台湾；菲律宾。

四川沼兰

•**Crepidium sichuanicum** (Tang et F. T. Wang) S. C. Chen et J. J. Wood, Fl. China. 25: 233 (2009).
Malaxis sichuanica Tang et F. T. Wang ex S. C. Chen, Acta Phytotax. Sin. 26: 239 (1988).
四川。

宿苞兰属 Cryptochilus Wall.

宿苞兰

Cryptochilus lutea Lindl., J. Linn. Soc., Bot. 3: 21 (1859).
Cryptochilus farreri Schltr., Repert. Spec. Nov. Regni Veg. 20: 384 (1924).
云南；越南北部、不丹、印度东北部。

玫瑰宿苞兰

Cryptochilus roseus (Lindl.) S. C. Chen et J. J. Wood, Fl. China. 25: 362 (2009).
Eria rosea Lindl., Bot. Reg. 12: pl. 978 (1826); *Octomeria rosea* (Lindl.) Spreng., Syst. Veg., 4 (2): 310 (1828); *Xiphosium roseum* (Lindl.) Griff., Calcutta J.

Nat. Hist. 5: 3 (1845); *Pinalia rosea* (Lindl.) Kuntze, Rev. Gén. Bot. 2: 679 (1891).
海南、香港；越南。

红花宿苞兰

Cryptochilus sanguinea Wall., Tent. Fl. Nepal. 36. t. 26 (1824).
云南、西藏；缅甸、尼泊尔、印度东北部、不丹。

隐柱兰属 **Cryptostylis** R. Br.

隐柱兰（红唇隐柱兰，满绿隐柱兰）

Cryptostylis arachnites (Blume) Hassk., Cat. Horto Bot. Bogor. 8 (1844).
Zosterostylis arachnites Blume, Bijdr. Fl. Ned. Ind. 19, 419, pl. 32 (1825); *Chlorosa latifolia* Blume, Bijdr. Fl. Ned. Ind. 420, t. 31 (1825); *Zosterostylis zeylanica* Lindl., Gen. Sp. Orchid. Pl. 446 (1840); *Zosterostylis walkerae* Wight, Icon. Pl. Ind. Orient. t. 1748 (1852); *Cryptostylis zeylanica* (Lindl.) Blume, Coll. Orchid. 133 (1858); *Cryptostylis walkerae* Blume, Coll. Orchid. 133 (1858); *Cryptostylis alismatifolia* F. Mueller, S. Sci. Rec. 1: 172 (1881); *Cryptostylis papuana* Schltr., Fl. Schutzgeb. Südsee 82 (1905); *Cryptostylis vitiensis* Schltr., Repert. Spec. Nov. Regni Veg. 3: 16 (1906); *Cryptostylis stenochila* Schltr., Bot. Jahrb. Syst. 39: 49 (1906); *Cryptostylis fulva* var. *subregularis* Schltr., Repert. Spec. Nov. Regni Veg. Beih. 1: 27 (1911); *Cryptostylis fulva* Schltr., Repert. Spec. Nov. Regni Veg. Beih. 1: 26 (1911); *Cryptostylis erythroglossa* Hayata, Icon. Pl. Formosan. 4: 117-118, (1914); *Cryptostylis philippinensis* Schltr., Bot. Jahrb. Syst. 58: 54 (1922).
台湾、广东、广西；柬埔寨、缅甸、越南、泰国、老挝、马来西亚、菲律宾、印度尼西亚、印度、斯里兰卡、巴布亚新几内亚。

台湾隐柱兰

Cryptostylis taiwaniana Masam., Trans. Nat. Hist. Soc. Taiwan 23: 208 (1933).
Cryptostylis arachnites var. *philippinensis* (Schltr.) S. S. Ying, Col. Illustr. Orch. Fl. Taiwan 1: 118, 437, f. 37 (1977); *Cryptostylis arachnites* var. *taiwaniana* (Masam.) S. S. Ying, Col. Illustr. Fl. Taiwan 1: 118, 437, f. 37 (1988).
台湾；菲律宾。

柱兰属 **Cylindrolobus** Blume

鸡冠柱兰

Cylindrolobus cristatus (Rolfe) S. C. Chen et J. J. Wood, Fl. China. 25: 349 (2009).
Eria cristata Rolfe, Kew Bull. 1892: 139 (1892).
云南；缅甸、泰国。

柱兰

Cylindrolobus marginatus (Rolfe) S. C. Chen et J. J. Wood, Fl. China. 25: 350 (2009).
Eria marginata Rolfe, Gard. Chron. ser. 3. 1: 200 (1889); *Pinalia marginata* (Rolfe) Kuntze, Revis. Gen. Pl. 2: 679 (1891).
云南；缅甸、泰国。

细茎柱兰

Cylindrolobus tenuicaulis (S. C. Chen et Z. H. Tsi) S. C. Chen et J. J. Wood, Fl. China. 25: 349 (2009).
Eria tenuicaulis S. C. Chen et Z. H. Tsi, Guihaia 15: 109 (1995).
西藏。

兰属 **Cymbidium** Sw.

纹瓣兰

Cymbidium aloifolium (L.) Sw., Nova Acta Regiae Soc. Sci. Upsal. 6: 73 (1799).
Epidendrum aloifolium L., Sp. Pl., 2: 953 (1753); *Epidendrum pendulum* Roxb., Plants Coromandel. 1: 35, pl. 44 (1795); *Cymbidium simulans* Rolfe, Orchid Rev. 25: 175 (1917).
贵州、云南、广东、广西；柬埔寨、印度尼西亚、老挝、马来西亚、缅甸、泰国、越南、孟加拉国、印度、尼泊尔、斯里兰卡。

椰香兰

Cymbidium atropurpureum (Lindl.) Rolfe, Orchid Rev. 11: 190 (1903).
Cymbidium pendulum var. *atropurpureum* Lindl., Gard. Chron. 1854. 287 (1854); *Cymbidium pendulum* var. *purpureum* Watson, Orchids. 151 (1890).
海南；越南、泰国、印度尼西亚。

保山兰

●**Cymbidium baoshanense** F. Y. Liu et H. Perner, Orchideen (Schltr.) 52 (1): 61 (2001).
云南。

垂花兰

Cymbidium cochleare Lindl., J. Linn. Soc., Bot. 3: 28 (1858).
Cyperorchis cochlearis (Lindl.) Benth., J. Linn. Soc., Bot. 18: 317 (1881); *Cyperorchis babae* Kudo ex Masam., J. Jap. Bot. 8: 258-260, f. 1-2 (1932); *Cymbidium babae* (Kudo ex Masam.) Kudo ex Masam., Trop. Hort. 3: 33 (1933); *Cymbidium kanran* var. *babae*

(Kudo ex Masam.) S. S. Ying, Chin. Flowers. 23: 7 (1976).
云南、台湾；缅甸、越南北部、印度。

丽花兰

•**Cymbidium concinnum** Z. J. Liu et S. C. Chen, Acta Phytotax. Sin. 44: 179 (2006).
云南。

莎叶兰（套叶兰）

Cymbidium cyperifolium Wall. ex Lindl., Gen. Sp. Orchid. Pl. 163 (1833).
Cymbidium viridiflorum Griff., Itin. Pl. Khasyah Mts. Bhutan 53 (1835); *Cymbidium carnosum* Griff., Not. Pl. Asiat. 3: 339 (1851); *Cyperorchis wallichii* Blume, Coll. Orchid. 92 (1858); *Cymbidium cyperifolium* subsp. *indochinense* Du Pug et Cribb., Gen. Cypripedium 176 (1988).

莎叶兰（原变种）

Cymbidium cyperifolium var. **cyperifolium**
四川、贵州、云南、广东、广西、海南；缅甸、泰国、越南、柬埔寨、菲律宾、尼泊尔、不丹、印度。

送春

Cymbidium cyperifolium var. **szechuanicum** (Y. S. Wu et S. C. Chen) S. C. Chen et Z. J. Liu, Acta Phytotax. Sin. 41 (1): 83 (2003).
Cymbidium szechuanicum Y. S. Wu et S. C. Chen, Acta Phytotax. Sin. 11 (1): 33 (1966); *Cymbidium faberi* var. *szechuanicum* (Y. S. Wu et S. C. Chen) Y. S. Wu et S. C. Chen, Acta Phytotax. Sin. 18 (3): 299, pl. 2, f. 10 (1980).
四川、贵州、云南；不丹。

冬凤兰

Cymbidium dayanum Rchb. f., Gard. Chron. 1869: 710 (1869).
Cymbidium leachianum Rchb. f., Gard. Chron. n.s. 10: 106 (1878); *Cymbidium simonsianum* King et Pantl., J. Asiat. Soc. Bengal 64: 239 (1895); *Cymbidium alborubens* Makino, Bot. Mag. (Tokyo) 16: 11 (1902); *Cymbidium sutepense* Rolfe ex Downie, Bull. Misc. Inform. Kew. 1925: 382 (1925); *Cymbidium poilanei* Gagnep., Bull. Mus. Natl. Hist. Nat. II, 3: 681 (1931); *Cymbidium dayanum* var. *austro-japonicum* Tuyama, Iconogr. Pl. Asiae Orient. 4: 363, pl. 118 (1941); *Cymbidium eburneum* var. *austro-japonicum* (Tuyama) Hiroe, Orchid Flowers 2: 96 (1971); *Cymbidium dayanum* subsp. *leachianum* (Rchb. f.) S. S. Ying, Mém. Coll. Agric. Natl. Taiwan Univ. 29 (1): 84 (1989); *Cymbidium dayanum* var. *albiflorum* S. S. Ying, Col. Illustr. Fl. Taiwan 5: 594 (1995); *Cymbidium aestivum* Z. J. Liu et S. C. Chen, J. Wuhan Bot. Res. 22 (4): 323 (2004).
云南、西藏、福建、台湾、广东、广西、海南；日本、缅甸、越南、老挝、柬埔寨、泰国、马来西亚、印度尼西亚、菲律宾、不丹、印度。

落叶兰

•**Cymbidium defoliatum** Y. S. Wu et S. C. Chen, Acta Phytotax. Sin. 29 (6): 549 (1991).
四川、贵州、云南、福建。

福兰

Cymbidium devonianum Paxton, Mag. Bot. 10: 97 (fig) (1843).
Cymbidium sikkimense Hook. f., Fl. Brit. Ind. 6: 9 (1891); *Cymbidium rigidum* Z. J. Liu et S. C. Chen, Acta Phytotax. Sin. 38 (6): 570 (2000).
云南；越南北部、泰国东北部、不丹、印度、尼泊尔。

独占春

Cymbidium eburneum Lindl., Bot. Reg. 33, pl. 67 (1847).
Cyperorchis eburnea (Lindl.) Schltr., Repert. Spec. Nov. Regni Veg. 20: 107 (1924); *Cymbidium eburneum* var. *longzhouense* Z. J. Liu et S. C. Chen, Acta Phytotax. Sin. 44 (2): 179 (2006).
云南、广西、海南；缅甸、越南、印度、尼泊尔。

莎草兰

Cymbidium elegans Lindl., Gen. Sp. Orchid. Pl. 163 (1833).
Cyperorchis elegans (Lindl.) Blume, Rumphia. 4, pl. 47 (1849); *Cymbidium lushuiense* Z. J. Liu, S. C. Chen et X. C. Shi, Shenzhen Sci. Technol. 139: 200 (2005); *Cymbidium elegans* var. *lushuiense* (Z. J. Liu, S. C. Chen et X. C. Shi) Z. J. Liu et S. C. Chen, Gen. Cymbidium China. 144 (2006).
四川、云南、西藏；缅甸、越南北部、不丹、印度、尼泊尔。

建兰（四季兰）

Cymbidium ensifolium (L.) Sw., Nova Acta Regiae Soc. Sci. Upsal. 6: 77 (1799).
Epidendrum ensifolium L., Sp. Pl., 2: 954 (1753); *Limodorum ensatum* Thunb., Fl. Jap. 29 (1784); *Cymbidium xiphiifolium* Lindl., Bot. Reg. 7: pl. 529 (1822); *Cymbidium ensifolium* var. *striatum* Lindl., Bot. Reg. 23: pl. 1976 (1837); *Cymbidium micans* Schauer, Nov. Actorum Acad. Caes. Leop.-Carol. German. Nat. Cur. 19 (Suppl. 1) (1843); *Cymbidium yakibaran* Makino,

Somoku-Dzusetsu, ed. 3. 4 (18): 1183 (1912); *Cymbidium misericors* Hayata, Icon. Pl. Formosan. 4: 79, f. 3 (1914); *Cymbidium arrogans* Hayata, Icon. Pl. Formosan. 4: 76-77 (1914); *Cymbidium rubrigemmum* Hayata, Icon. Pl. Formosan. 6: 81, f. 1 (1916); *Cymbidium ensifolium* var. *susin* T. K. Yen, Icon. Cymb. Amoy D (b): 1 (1964); *Cymbidium ensifolium* f. *falcatum* T. K. Yen, Icon. Cymb. Amoy D. b. 1 (1964); *Cymbidium gyokuchin* var. *arrogans* (Hayata) S. S. Ying, Col. Illustr. Indig. Orch. Taiwan 1: 126, pl. 43 (1977); *Cymbidium kanran* var. *misericors* (Hayata) S. S. Ying, Col. Illustr. Indig. Orch. Taiwan 1: 440 (1977); *Cymbidium ensifolium* var. *misericors* (Hayata) T. P. Lin, Native Orchids Taiwan 2: 105 (1977); *Cymbidium ensifolium* var. *rubrigemmum* (Hayata) T. S. Liu et H. J. Su, Fl. Taiwan 5: 940 (1978); *Cymbidium ensifolium* var. *yakibaran* (Makino) Y. S. Wu et S. C. Chen, Acta Phytotax. Sin. 18 (3): 296-297 (1980); *Cymbidium ensifolium* var. *xiphiifolium* (Lindl.) S. S. Ying, Mém. Coll. Agric. Natl. Taiwan Univ. 30 (1): 38 (1990); *Cymbidium prompovenium* Z. J. Liu et J. N. Zhang, J. S. China Agric. Coll. 19 (3): 114 (1998); *Cymbidium yongfuense* Z. J. Liu et J. N. Zhang, J. S. China Agric. Coll. 19 (3): 116 (1998); *Cymbidium longipes* Z. J. Liu et J. Y. Zhang, J. S. China Agric. Coll. 19 (3): 115, f. 2 (1998); *Liuguishania taiwanensis* Z. J. Liu et J. N. Zhang, J. S. China Agric. Univ. 19 (1): 74 (1998).

安徽、浙江、江西、湖南、湖北、四川、贵州、云南、西藏、福建、台湾、广东、广西、海南；日本、柬埔寨、印度尼西亚、老挝、马来西亚、菲律宾、泰国、越南、印度、斯里兰卡、巴布亚新几内亚。

长叶兰

Cymbidium erythraeum Lindl., J. Linn. Soc., Bot. 3: 30 (1859).

Cymbidium hennisianum (Schltr.) Schltr., Repert. Spec. Nov. Regni Veg. 20: 107 (1924); *Cyperorchis longifolia* (D. Don) Schltr., Repert. Spec. Nov. Regni Veg. 20: 108 (1924); *Cymbidium flavum* Z. J. Liu et J. N. Zhang, Orchideen (Schltr.) 53 (1): 94 (2002); *Cymbidium erythraeum* var. *flavum* (Z. J. Liu et J. Yong Zhang) Z. J. Liu, S. C. Chen et P., Fl. China. 25: 268 (2009).

四川、贵州、云南、西藏；缅甸、尼泊尔、不丹、印度。

蕙兰（一茎九华）

Cymbidium faberi Rolfe, Bull. Misc. Inform. Kew. 1896: 198 (1896).

Cymbidium scabroserrulatum Makino, Bot. Mag. 16: 154 (1902); *Eulophia yunnanensis* Rolfe, J. Linn. Soc., Bot. 36: 29 (1903); *Cymbidium oiwakense* Hayata, Icon. Pl. Formosan. 6: 80, f. 1 (1916); *Cymbidium crinum* Schltr., Feddes Repert. Beih. 12: 350 (1922); *Semiphajus evrardii* Gagnep., Bull. Mus. Hist. Nat. Paris 2 ser. 4: 599 (1932); *Cymbidium fukienense* T. K. Yen, Icon. Cymb. Amoy A. 1. figs. (1964); *Cymbidium faberi* f. *viridiflorum* S. S. Ying, Mém. Coll. Agric. Natl. Taiwan Univ. 30 (1): 41 (1990).

河南、陕西、甘肃、安徽、浙江、江西、湖南、湖北、四川、贵州、云南、西藏、福建、台湾、广东、广西；尼泊尔、印度北部。

多花兰

Cymbidium floribundum Lindl., Gen. Sp. Orchid. Pl. 162 (1833).

Cymbidium pumilum Rolfe, Bull. Misc. Inform. Kew. 1907: 103, 130 (1907); *Cymbidium illiberale* Hayata, Icon. Pl. Formosan. 4: 78-79 (1914); *Cymbidium floribundum* var. *pumilum* (Rolfe) Y. S. Wu et S. C. Chen, Acta Phytotax. Sin. 18 (3): 301, f. 3, 3-4 (1980); *Cymbidium chawalongense* C. L. Long, H. Li et Z. L. Dao, Novon 13 (2): 203 (2003).

浙江、江西、湖南、湖北、四川、贵州、云南、西藏、福建、台湾、广东、广西；越南。

春兰

Cymbidium goeringii (Rchb. f.) Rchb. f., Ann. Bot. Syst. 3: 547 (1852).

Maxillaria goeringii Rchb. f., Botanische Zeitung. Berlin. 3: 334 (1845); *Cymbidium virescens* Lindl., Bot. Reg. 24 (Misc.): 37 (1838); *Cymbidium virens* Rchb. f., Ann. Bot. Syst. 6: 626 (1863); *Cymbidium formosanum* Hayata, J. Coll. Sci. Imp. Univ. Tokyo 30 (1): 335 (1911); *Cymbidium forrestii* Rolfe, Notes Roy. Bot. Gard. Edinburgh. 8: 23, pl. 11 (1913); *Cymbidium yunnanense* Schltr., Repert. Spec. Nov. Regni Veg. Beih. 4: 74 (1919); *Cymbidium pseudovirens* Schltr., Repert. Spec. Nov. Regni Veg. Beih. 12: 351 (1922); *Cymbidium tentyozanense* Masam., Trans. Nat. Hist. Soc. Taiwan 25: 14 (1935); *Cymbidium uniflorum* T. K. Yen, Icon. Cymb. Amoy A. 2 (1964); *Cymbidium chuan-lan* C. H. Chow, Formosan Orchid. ed. 1 21 (1968); *Cymbidium goeringii* var. *formosanum* (Hayata) S. S. Ying, Mém. Coll. Agric. Natl. Taiwan Univ. 30 (1): 31 (1990); *Cymbidium goeringii* var. *papyriflorum* Y. S. Wu, Chinese Cymbidium (ed. 2); 137 (1993).

河南、陕西、甘肃、安徽、江苏、浙江、江西、湖南、湖北、四川、贵州、云南、福建、台湾、广东、广西；日本、朝鲜、印度西北部、不丹。

秋墨兰

Cymbidium haematodes Lindl., Gen. Sp. Orchid. Pl. 162 (1834).

Cymbidium ensifolium var. *haematodes* (Lindl.) Trimen, Syst. Cat. Fl. Pl. Ceylon 89 (1885); *Cymbidium sundaicum* Schltr., Repert. Spec. Nov. Regni Veg. Beih. 4: 266 (1919); *Cymbidium siamense* Rolfe ex Downie, Bull. Misc. Inform. Kew 1925: 382 (1925); *Cymbidium ensifolium* subsp. *haematodes* (Lindl.) Du Puy et P. J. Cribb ex Govaerts, World Checklist Seed Pl. 3 (1): 20 (1999); *Cymbidium sinense* var. *haematodes* (Lindl.) Z. J. Liu et S. C. Chen, Gen. Cymbidium China 172 (2006).

云南、海南；印度尼西亚、老挝、泰国、印度、斯里兰卡、巴布亚新几内亚。

虎头兰

Cymbidium hookerianum Rchb. f., Gard. Chron. 7 (1866).

Cymbidium grandiflorum Griff., Icon. Pl. Asiat. 3: pl. 321 (1851); *Cymbidium giganteum* var. *hookerianum* (Rchb. f.) Bois, Orchid 119 (1893); *Cyperorchis grandiflora* (Griff.) Schltr., Repert. Spec. Nov. Regni Veg. 20: 107 (1924).

四川、贵州、云南、西藏、广西；越南北部、不丹、印度东北部、尼泊尔。

美花兰

Cymbidium insigne Rolfe, Gard. Chron. ser. 3. 35 (1): 387 (1905).

Cymbidium sanderi O'Brien, Gard. Chron. Ser. 3, 37: 115, t. 49 (1905); *Cymbidium insigne* var. *sanderi* (O'Brien) Hort., J. Hort. Soc. London 58: 415 (fig.) (1909); *Cyperorchis insignis* (Rolfe) Schltr., Repert. Spec. Nov. Regni Veg. 20: 108 (1924).

海南；泰国北部、越南。

黄蝉兰

Cymbidium iridioides D. Don, Prodr. Fl. Nepal. 36 (1825).

Cymbidium giganteum Wall. ex Lindl., Gen. Sp. Orchid. Pl. 163 (1833); *Cyperorchis gigantea* (Wall. ex Lindl.) Schltr., Repert. Spec. Nov. Regni Veg. 20: 107 (1924).

四川、贵州、云南、西藏；缅甸、越南北部、不丹、印度、尼泊尔。

寒兰

Cymbidium kanran Makino, Bot. Mag. 16: 10 (1902).

Cymbidium misericors var. *oreophyllum* (Hayata) Hayata, Icon. Pl. Formosan. 4: 81 (1914); *Cymbidium oreophyllum* Hayata, Icon. Pl. Formosan. 4: 80. fig. 380 (1914); *Cymbidium misericors* var. *oreophilum* (Hayata) Hayata, Icon. Pl. Formosan. 4: 81 (1914); *Cymbidium purpureo-hiemale* Hayata, Icon. Pl. Formosan. 4: 81 (1914); *Cymbidium linearisepalum* f. *atrovirens* Yamam., Trans. Nat. Hist. Soc. Formos. 20: 41 (1930); *Cymbidium linearisepalum* f. *atropurpureum* Yamam., Trans. Nat. Hist. Soc. Formos. 20: 41 (1930); *Cymbidium linearisepalum* var. *atrovirens* (Yamam.) Masam., Trop. Hort. 3: 30 (1933); *Cymbidium tosyaense* Masam., Trans. Nat. Hist. Soc. Formos. 25: 14 (1935); *Cymbidium sinokanran* T. K. Yen, Icon. Cymb. Amoy G. 1 (1964); *Cymbidium sinokanran* var. *atropurpureum* T. K. Yen, Icon. Cymb. Amoy G: 2 (1964); *Cymbidium kanran* var. *purpureohiemale* (Hayata) S. S. Ying, Col. Ill. Indig. Orch. Taiwan 1 (2): 440 (1977); *Cymbidium kanran* var. *aestivale* Y. S. Wu, Chinese Cymbidium (ed. 2): 51 (1993); *Cymbidium nigrovenium* Z. J. Liu et J. N. Zhang, J. South Norm. Univ. (Nat. Sci.) 19 (3): 117 (1998).

安徽、浙江、江西、湖南、四川、贵州、云南、西藏、福建、台湾、广东、广西、海南；日本南部、朝鲜南部。

兔耳兰

Cymbidium lancifolium Hook., Exot. Fl. 1, pl. 51 (1823).

Cymbidium nagifolium Masam., Bot. Mag. (Tokyo) 44: 220 (1930); *Cymbidium aspidistrifolium* Fukuy., Bot. Mag. 48: 438-439, f. 213 (1934); *Cymbidium syunitianum* Fukuy., Bot. Mag. 49: 757 (1935); *Cymbidium javanicum* var. *aspidistrifolium* (Fukuy.) F. Maek., J. Jap. Bot. 33: 320 (1958); *Cymbidium maclehoseae* S. Y. Hu, Chung Chi J. 11: 15, f. 2 (1972); *Cymbidium lancifolium* var. *aspidistrifolium* (Fukuy.) S. S. Ying, Col. Illustr. Indig. Orch. Taiwan 1: 439 (1977); *Cymbidium lancifolium* var. *syunitianum* (Fukuy.) S. S. Ying, Col. Illustr. Indig. Orch. Taiwan, 1 (2): 439 (1977); *Cymbidium bambusifolium* Fowlie, Mark et Ho, Orchid Digest 50: 19 (1986); *Cymbidium lancifolium* var. *papuanum* (Schltr.) S. S. Ying, Mém. Coll. Agric. Natl. Taiwan Univ. 30 (1): 22 (1990); *Cymbidium rhizomatosum* Z. J. Liu et S. C. Chen, J. Wuhan Bot. Res. 20 (6): 421 (2002); *Cymbidium recurvatum* Z. J. Liu, S. C. Chen et P. J. Cribb, Fl. China. 25: 278 (2009).

浙江、湖南、云南、福建、台湾、广东、海南；日本、缅甸、老挝、泰国、越南、柬埔寨、马来西亚、印度尼西亚、尼泊尔、不丹、印度、巴布亚新几内亚。

碧玉兰

Cymbidium lowianum (Rchb. f.) Rchb. f., Gard. Chron. n.s. 11: 332, 405, f. 56 (1879).

Cymbidium giganteum var. *lowianum* Rchb. f., Gard. Chron. 7: 685 (1877); *Cymbidium iansonii* Rolfe, Orchid Rev. 8: 191 (1900); *Cymbidium mandaianum* Gower, Orchid Rev. 20: 167 (1912); *Cyperorchis lowiana* (Rchb. f.) Schltr., Repert. Spec. Nov. Regni Veg. 20: 108 (1924); *Cymbidium grandiflorum* var. *kalawense* Colyear, Orchid Rev. 42: 248 (1934); *Cymbidium hookerianum* var. *lowianum* (Rchb. f.) Y. S. Wu et S. C. Chen, Acta Phytotax. Sin. 18 (3): 303, f. 2 (2) (1980); *Cymbidium lowianum* var. *iansonii* (Rolfe) P. J. Cribb et Du Puy, Kew Bull. 40: 432 (1985); *Cymbidium lowianum* var. *kalawense* (Colyear) Govaerts, World Checklist Seed Pl. 3 (1): 21 (1999); *Cymbidium gaoligongense* Z. J. Liu et J. Y. Zhang, J. Wuhan Bot. Res. 21 (4): 316 (2003); *Cymbidium lowianum* var. *ailaoense* X. M. Xu, J. S. China Agric. Coll. 26 (4): 121, fig. 1 (2005); *Cymbidium changningense* (X. M. Xu) Z. J. Liu et S. C. Chen, Acta Bot. Yunnan. 27 (4): 378 (2005); *Cymbidium lowianum* var. *changningense* X. M. Xu, J. S. China Agric. Coll. 26 (3): 120, fig. 1 (2005).

云南；缅甸、泰国、越南。

大根兰

Cymbidium macrorhizum Lindl., Gen. Sp. Orchid. Pl. 162 (1833).

Cymbidium aphyllum Ames et Schltr., Repert. Spec. Nov. Regni Veg. Beih. 4: 73 (1919); *Pachyrhizanthe macrorhizon* (Lindl.) Nakai, Bot. Mag. 45: 109 (1931); *Pachyrhizanthe aphylla* (Ames et Schltr.) Nakai, Bot. Mag. 45: 109 (1931); *Cymbidium szechuanensis* S. Y. Hu, Quart. J. Taiwan Mus. 26 (1, 2): 134, 140 (1973); *Cymbidium multiradicatum* Z. J. Liu ex S. C. Chen, Acta Bot. Yunnan. 26 (3): 297 (2004).

四川、重庆、贵州、云南；日本、巴基斯坦、缅甸、越南、老挝、泰国、尼泊尔、印度北部。

象牙白（马关兰）

•**Cymbidium maguanense** F. Y. Liu, Acta Bot. Yunnan. 18 (4): 412 (1996).

云南。

硬叶兰

Cymbidium mannii Rchb. f., Flora 55: 274 (1872).

Cymbidium flaccidum Schltr., Repert. Spec. Nov. Regni Veg. 12 (312-316): 109 (1913); *Cymbidium bicolor* subsp. *obtusum* Du puy et Gribb, Gen. Cypripedium 70 (1988); *Cymbidium paucifolium* Z. J. Liu et S. C. Chen, J. Wuhan Bot. Res. 20 (5): 350 (2002).

贵州、云南、广东、广西、海南；缅甸、越南、老挝、柬埔寨、泰国、马来西亚、孟加拉国、尼泊尔、不丹、印度。

大雪兰

Cymbidium mastersii Griff. ex Lindl., Edwards's Bot. Reg. 31: pl. 50 (1845).

Cymbidium affine Griff., Not. Pl. Asiat. 3: 336 (1851); *Cymbidium micromeson* Lindl., J. Proc. Linn. Soc., Bot. 3: 29 (1859); *Cyperorchis mastersii* (Griff.) Benth., J. Linn. Soc., Bot. 18: 318 (1881).

云南；缅甸、泰国北部、不丹、印度。

细花兰

Cymbidium micranthum Z. J. Liu et S. C. Chen, J. Wuhan Bot. Res. 22 (6): 500 (2004).

云南。

附注：本种可能是一个栽培变异。

珍珠矮

•**Cymbidium nanulum** Y. S. Wu et S. C. Chen, Acta Phytotax. Sin. 29 (6): 551-552, pl. 1, f. 1-6 (1991).

贵州、云南、海南。

峨眉春蕙

•**Cymbidium omeiense** Y. S. Wu et S. C. Chen, Acta Phytotax. Sin. 11 (1): 32 (1966).

Cymbidium faberi var. *omeiense* (Y. S. Wu et S. C. Chen) Y. S. Wu et S. C. Chen, Acta Phytotax. Sin. 18 (3): 299, pl. 2, f. 11 (1980).

四川。

邱北冬蕙兰

•**Cymbidium qiubeiense** K. M. Feng et H. Li, Acta Bot. Yannan. 2 (3): 334, pl. 1 (1980).

贵州、云南。

薛氏兰

Cymbidium schroederi Rolfe, Gard. Chron., ser. 3, 37: 243 (1905).

Cyperorchis schroederi (Rolfe) Schltr., Repert. Spec. Nov. Regni Veg. 20: 108 (1924).

云南；越南北部。

豆瓣兰（线叶春兰）

•**Cymbidium serratum** Schltr., Repert. Spec. Nov. Regni Veg. Beih. 4: 73-74 (1919).

Cymbidium gracillimum Fukuy., Trans. Nat. Hist. Soc. Taiwan 22: 413-414, f. 12 (1932); *Cymbidium formosanum* var. *gracillimum* (Fukuy.) T. S. Liu et H. J. Su, Fl. Taiwan 5: 943 (1978); *Cymbidium goeringii* var.

serratum (Schltr.) Y. S. Wu et S. C. Chen, Acta Phytotax. Sin. 18 (3): 300, pl. 2, f. 7 (1980); *Cymbidium goeringii* var. *gracillimum* (Fukuy.) Govaerts, World Checklist Seed Pl. 3 (1): 20 (1999).
湖北、四川、贵州、云南、台湾。

川西兰

●**Cymbidium sichuanicum** Z. J. Liu et S. C. Chen, Gen. Cymbidium China. 82 (2006).
四川。
附注：本种可能是一个栽培变异。

墨兰

Cymbidium sinense (Jack. ex Andr.) Willd., Sp. Pl. 4: 111 (1805).
Epidendrum sinense Jackson ex Andr., Bot. Rep. 3: t. 216. (1802); *Cymbidium chinense* Heynh., Nomencl. 2; 179 (1846); *Cymbidium hoosai* Makino, Bot. Mag. (Tokyo) 16: 27 (1902); *Cymbidium albo-jucundissimum* Hayata, Icon. Pl. Formos. 4: 74. 1914, et 6: 80. fig. 13. (1916); *Cymbidium sinense* (Jackson ex Andr.) Willd. var. *margicoloratum* Hayata, Icon. Pl. Formos. 6: 82. fig. 16 (13-17) (1916); *Cymbidium sinense* (Jackson ex Andr.) Willd. f. *albo-jucundissimum* (Hayata) Fukuy., Trans. Nat. Hist. Soc. Formosa 22: 415 (1932); *Cymbidium sinense* (Jackson ex Andr.) Willd. var. *albo-jucundissimum* (Hayata) Masamune in Frop. Hort. 3: 31 (1933); *Cymbidium sinense* var. *bellum* T. K. Yen, Icon. Cymbid. Amoyens. E. a. 1 (1964); *Cymbidium sinense* var. *album* T. K. Yen, Icon. Cymbid. Amoyens., F. a. 1 (1964).
安徽、江西、四川、贵州、云南、福建、台湾、广东、广西、海南、香港；日本、缅甸、泰国、越南、印度尼西亚、菲律宾、印度。

果香兰

Cymbidium suavissimum Sander ex C. H. Curtis, Gard. Chron. 84: 137 (1928).
贵州、云南；缅甸、越南北部。

奇瓣红春素

Cymbidium teretipetiolatum Z. J. Liu et S. C. Chen, Orchideen (Schltr.) 53 (3): 338 (2002).
云南。
附注：本种可能是一个栽培变异。

斑舌兰

Cymbidium tigrinum E. C. Parish ex Hook., Bot. Mag. 90: t. 5457 (1864).
Cyperorchis tigrina (E. C. Parish ex Hook.) Schltr., Repert. Spec. Nov. Regni Veg. 20: 108 (1924).
云南；缅甸、印度东北部。

莲瓣兰（管草兰）

●**Cymbidium tortisepalum** Fukuy., Bot. Mag. 48 (569): 304 (1934).
Cymbidium longibracteatum Y. S. Wu et S. C. Chen, Acta Phytotax. Sin. 11: 31 (1966); *Cymbidium tsukengensis* C. Chow, Taiwan Orch. Bull. 8: no. 2 (1970); *Cymbidium tortisepalum* var. *viridiflorum* S. S. Ying, Col. Illustr. Indig. Orch. Taiwan 1: 415 (1977); *Cymbidium goeringii* var. *tortisepalum* (Fukuy.) Y. S. Wu et S. C. Chen, Acta Phytotax. Sin. 18 (3): 300 (1980); *Cymbidium goeringii* var. *longibracteatum* (Y. S. Wu et S. C. Chen) Y. S. Wu et S. C. Chen, Acta Phytotax. Sin. 18 (3): 300, f. 2 (8) (1980); *Cymbidium lianpan* Tang et F. T. Wang ex Y. S. Wu, Chinese Cymbidium (ed. 2): 138 (1993); *Cymbidium longibracteatum* var. *flaccidifolium* Y. S. Wu, Chinese Cymbidium (ed. 2): 138 (1993); *Cymbidium longibracteatum* var. *tortisepalum* (Fukuy) Y. S. Wu, Chinese Cymbidium (ed. 2): 139 (1993); *Cymbidium longibracteatum* var. *rubrisepalum* Y. S. Wu, Chinese Cymbidium (ed. 2): 138 (1993); *Cymbidium longibracteatum* var. *tonghaiense* Y. S. Wu, Chinese Cymbidium (ed. 2): 138 (1993); *Cymbidium tortisepalum* var. *longibracteatum* (Y. S. Wu et S. C. Chen) S. C. Chen et Z. J. Liu, Acta Phytotax. Sin. 41 (1): 80-81 (2003).
四川、贵州、云南、台湾。

西藏虎头兰

Cymbidium tracyanum Rofle, J. Hort. Cottage Gard. 21: 513 (1890).
贵州、云南、西藏；缅甸、泰国北部、越南北部。

文山红柱兰

Cymbidium wenshanense Y. S. Wu et F. Y. Liu, Acta Bot. Yunnan. 12 (3): 291 (1990).
Cymbidium quinquelobum Z. J. Liu et J. N. Zhang, Acta Bot. Yunnan. 28 (1): 13 (2006); *Cymbidium wenshanense* var. *quinquelobum* (Z. J. Liu et S. C. Chen) Z. J. Liu, S. C. Chen et P. J. Cribb, Fl. China. 25: 270 (2009).
云南；越南。

滇南虎头兰

Cymbidium wilsonii (Rolfe ex Cook) Rolfe, Orchid Rev. 12: 97 (1904).
Cymbidium giganteum var. *wilsonii* Rolfe ex Cook, Gardenia 65: 158, 189, (f). (1904); *Cyperorchis wilsonii* (Rolfe ex Cook) Schltr., Repert. Spec. Nov. Regni Veg. 20: 108 (1924).
云南；越南。

杓兰属 Cypripedium L.

无苞杓兰

•**Cypripedium bardolphianum** W. W. Sm. et Farrer, Notes Bot. Gard. Edinb. 9: 101 (1916).

Cypripedium nutans Schltr., Acta Horti Gothob. 1 (3): 128-129 (1924).

甘肃、四川、西藏。

杓兰（黄囊杓兰）

Cypripedium calceolum L., Sp. Pl., 2: 951 (1753).

黑龙江、吉林、辽宁、内蒙古；日本、朝鲜、俄罗斯、欧洲。

褐花杓兰（杓兰）

•**Cypripedium calcicolum** Schltr., Acta Horti Gothob. 1 (3): 126 (1924).

Cypripedium smithii Schltr., Acta Horti Gothob. 1 (3): 129 (1924).

四川、云南。

白唇杓兰

Cypripedium cordigerum D. Don, Prodr. Fl. Nepal. 37 (1825).

西藏；巴基斯坦、不丹、印度、尼泊尔、克什米尔。

大围山杓兰

•**Cypripedium daweishanense** (S. C. Chen et Z. J. Liu) S. C. Chen et Z. J. Liu, J. Wuhan Bot. Res. 23 (3): 233 (2005).

Cypripedium lichiangense var. *daweishanense* S. C. Chen ex Z. J. Liu, Acta Bot. Yunnan. 26 (4): 384 (2004).

云南。

对叶杓兰（小喜普鞋兰）

Cypripedium debile Rchb. f., Xenia Orchid. 2: 223 (1874).

Cypripedium cardiophyllum Franch. et Sav., Enum. Pl. Jap. 2 (1): 39 (1876).

甘肃、湖北、四川、重庆；日本。

雅致杓兰

Cypripedium elegans Rchb. f., Flora 69: 560-561 (1886).

云南、西藏；尼泊尔、不丹、印度北部。

毛瓣杓兰

•**Cypripedium fargesii** Franch., J. Bot. (Morot) 8: 267 (1894).

Cypripedium ebracteatum Rolfe, Bull. Misc. Inform. Kew. 1896: 204 (1896); *Cypripedium margaritaceum* var. *fargesii* (Franch.) Pfitzer, Pflanzenr. 12: 40 (1903).

甘肃、湖北、四川、重庆。

华西杓兰

•**Cypripedium farreri** W. W. Sm., Notes Roy. Bot. Gard. Edinburgh. 9: 102-103 (1916).

Cypripedium zhongdianense Z. D. Fang, Wild. Fl. Hengduan Mt. 209, pl. 37 (1993).

甘肃、四川、贵州、云南。

大叶杓兰

•**Cypripedium fasciolatum** Franch., J. Bot. (Morot) 8: 232 (1894).

Cypripedium wilsonii Rolfe, Bull. Misc. Inform. Kew. 1906: 379 (1906); *Cypripedium langrhoa* Gattef., Rev. Parfum Mod. 4: 53 (1918).

湖北、四川、重庆。

黄花杓兰

Cypripedium flavum P. F. Hunt et Summerh., Kew Bull. 20: 51 (1966).

Cypripedium luteum Franch., Nouv. Arch. Mus. Hist. Nat. ser. 2. 10: 88 (1887), not Raf. (1828).

甘肃、湖北、四川、云南、西藏；缅甸。

台湾杓兰（台湾喜普鞋兰）

•**Cypripedium formosanum** Hayata, Icon. Pl. Formosan. 6: 66, f. 9 (1916).

Cypripedium japonicum var. *formosanum* (Hayata) S. S. Ying, Chin. Flowers. 15: 33, pl. 1 (1975).

台湾。

玉龙杓兰

•**Cypripedium forrestii** Cribb, Bull. Alp. Gard. Soc. Brit. 60 (2): 172 (1992).

Cypripedium bardolphianum var. *zhongdianense* S. C. Chen, Acta Phytotax. Sin. 23 (5): 371 (1985).

云南。

毛杓兰

•**Cypripedium franchetii** E. H. Wilson, Orch. Rev. 1912, 20. 358. (1912).

Cypripedium pulchrum Ames et Schltr., Repert. Spec. Nov. Regni Veg. Beih. 4: 39 (1919); *Cypripedium macranthum* var. *villosum* Hand.-Mazz., Botanische Zeitscher. 85: 227 (1936).

山西、河南、陕西、甘肃、湖北、四川、重庆。

紫点杓兰

Cypripedium guttatum Sw., Kongl. Vetensk. Acad. Nya Handl. 21: 251 (1800).

Cypripedium orientale Spreng., Syst. Veg., 3: 746

(1826); *Cypripedium bouffordianum* Y. H. Zhang et H. Sun, Ann. Bot. Fenn. 43: 481 (2006).
黑龙江、吉林、辽宁、内蒙古、河北、山西、山东、陕西、宁夏、四川、云南、西藏；朝鲜、俄罗斯（远东地区、西伯利亚）、不丹、欧洲、北美洲。

绿花杓兰

●**Cypripedium henryi** Rolfe, Bull. Misc. Inform. Kew. 1892: 211 (1892).
Cypripedium chinensis Franch., J. Bot. (Morot) 8 (13): 230-231 (1894).
陕西、甘肃、湖北、四川、贵州、云南、广西。

高山杓兰

Cypripedium himalaicum Rolfe, J. Linn. Soc., Bot. 29: 319 (1892).
西藏；尼泊尔、不丹、印度北部。

扇脉杓兰

Cypripedium japonicum Thunb., Fl. Jap. 30 (1784).
Cypripedium cathayenum S. S. Chien, Contr. Biol. Lab. Sci. Soc. China Bot. Ser. 6: 23 (1930).
安徽、浙江、江西、湖南、湖北、四川、重庆、福建；日本。

长瓣杓兰

●**Cypripedium lentiginosum** P. J. Cribb et S. C. Chen, Quart. Bull. Alpine Gard. Soc. Gr. Brit. 67: 155 (1999).
Cypripedium lichiangense subsp. *lentiginosum* (P. J. Cribb et S. C. Chen) Eccarius, Orchideengattung Cypripedium 289 (2009).
云南。

丽江杓兰

●**Cypripedium lichiangense** S. C. Chen et Cribb, Orchid Rev. 102: 323 (1994).
四川、云南。

波密杓兰

●**Cypripedium ludlowii** Cribb, Gen. Cypripedium 204, f. 31 (1997).
西藏。

大花杓兰

Cypripedium macranthos Sw., Kongl. Vetensk. Acad. Nya Handl. 21: 251 (1800).
Sacodon macranthos (Sw.) Raf., Flora Telluriana 4: 45 (1836); *Cypripedium speciosum* Rolfe, Bull. Misc. Inform. Kew. 1911: 207 (1911); *Cypripedium macranthos* var. *taiwanianum* F. Mack., Wild. Orchid. Japan. 80 (1971); *Cypripedium taiwanianum* Masam., Nat. Orch. Nippon 4: 68 (1987).
黑龙江、吉林、辽宁、内蒙古、山东、湖北、台湾；日本、朝鲜、俄罗斯。

麻栗坡杓兰

●**Cypripedium malipoense** S. C. Chen ex Z. J. Liu, Acta Bot. Yunnan. 26 (4): 382 (2004).
云南。

斑叶杓兰

●**Cypripedium margaritaceum** Franch., Bull. Soc. Philom. Paris sér. 7, 12. 141 (1888).
Cypripedium daliense S. C. Chen et J. L. Wu, Acta Phytotax. Sin. 29 (1): 86-88, pl. 1. (1991).
四川、云南。

小花杓兰

●**Cypripedium micranthum** Franch., J. Bot. (Morot) 8: 265 (1894).
四川、重庆。

巴郎山杓兰

●**Cypripedium palangshanense** Tang et F. T. Wang, Bull. Fan Mem. Inst. Biol. Bot. 7: 1 (1936).
四川、重庆。

离萼杓兰

Cypripedium plectrochilum Franch., Bull. Soc. Bot. France. 32: 27 (1885).
湖北、四川、云南、西藏；缅甸。

宝岛杓兰

●**Cypripedium segawae** Masamune, Trans. Nat. Hist. Soc. Taiwan 23: 209 (1933).
台湾。

宝岛杓兰（宝岛喜普鞋兰）

●**Cypripedium segawai** Masam., Trans. Nat. Hist. Soc. Formos. 23: 209 (1933).
Cypripedium guttatum var. *segawai* (Masam.) S. S. Ying, Col. Illustr. Indig. Orch. Taiwan 1: 442 (1977); *Cypripedium reginae* var. *segawai* (Masam.) S. S. Ying, Col. Illustr. Orch. Fl. Taiwan 1: 340 (1996).
台湾。

山西杓兰

Cypripedium shanxiense S. C. Chen, Acta Phytotax. Sin. 21 (3): 343 (1983).
内蒙古、陕西、甘肃、青海、湖北、四川；日本南部、俄罗斯东南部。

四川杓兰

●**Cypripedium sichuanense** H. Perner, Orchideen (Schltr.) 53 (1): 89 (2002).

四川。

暖地杓兰

•**Cypripedium subtropicum** S. C. Chen et K. Y. Lang, Acta Phytotax. Sin. 24 (4): 317 (1986).

Cypripedium singchii Z. J. Liu et L. J. Chen, J. Fairylake Bot. Gard. 27 (1): 1 (2009).

云南、西藏。

太白杓兰

•**Cypripedium taibaiense** G. H. Zhu et S. C. Chen, Novon 9 (3): 454 (1999).

陕西。

西藏杓兰

Cypripedium tibeticum King ex Rolfe, J. Linn. Soc., Bot. 29: 320 (1892).

Cypripedium corrugatum Franch., J. Bot. (Morot) 8: 251 (1894); *Cypripedium corrugatum* var. *obesum* Franch., J. Bot. (Morot) 8: 251 (1894); *Cypripedium macranthon* var. *tibeticum* (King ex Rolfe) Kraenzl., Orchid. Gen. Sp. 1: 26 (1897); *Cypripedium lanuginosum* Schltr., Repert. Spec. Nov. Regni Veg. Beih. 4: 38 (1919); *Cypripedium compactum* Schltr., Repert. Spec. Nov. Regni Veg. Beih. 12: 327 (1922).

甘肃、四川、贵州、云南、西藏；不丹、印度。

宽口杓兰

Cypripedium wardii Rolfe, Notes Bot. Gard. Edinb. 8: 128 (1913).

Cypripedium guttatum Sw. var. *wardii* (Rolfe) P. Taylor, Indian Orchids 1: 45 (1976).

四川、云南、西藏；缅甸、尼泊尔、印度。

乌蒙杓兰

•**Cypripedium wumengense** S. C. Chen, Acta Phytotax. Sin. 23 (5): 372 (1985).

云南。

东北杓兰

Cypripedium xventricosum Sw., Kongl. Vetensk. Akad. Handl. 21: 251 (1800).

Cypripedium macranthum var. *ventricosum* (Sw.) Rchb. f., Icon. Fl. Germ. Helv. Orch. 210 (1851); *Cypripedium manshuricum* var. *virescens* Stapf, Bot. Mag. 152: sub pl. 9117 (1927); *Cypripedium manshuricum* Stapf, Bot. Mag. 152: sub pl. 9117 (1927).

黑龙江、内蒙古；朝鲜、俄罗斯。

云南杓兰

•**Cypripedium yunnanense** Franch., J. Bot. (Morot) 8 (13): 231 (1894).

Cypripedium amesianum Schltr., Repert. Spec. Nov. Regni Veg. Beih. 4: 38 (1919).

四川、云南、西藏。

肉果兰属 Cyrtosia Blume

二色肉果兰

Cyrtosia integra (Rolfe ex Downie) Garay, Bot. Mus. Leafl. 30: 232. 1986.

Galeola inegra Rolfe ex Downie, Kew Bull. 409 (1925).

云南；泰国。

肉果兰（爪哇山珊瑚）

Cyrtosia javanica Blume, Bijdr. Fl. Ned. Ind. 6. pl. 6 (1825).

Galeola javanica (Blume) Benth. et Hook. f., Gen. Pl. (Juss.) 3: 590 (1883).

台湾；印度尼西亚、马来西亚、菲律宾、泰国、越南、印度、斯里兰卡。

矮小肉果兰

Cyrtosia nana (Rolfe ex Downie) Garay, Bot. Mus. Leafl. 30 (4): 233 (1986).

Galeola nana Rolfe ex Downie, Bull. Misc. Inform. Kew. 409 (1925).

贵州、广西；泰国、越南北部。

血红肉果兰（红果山珊瑚）

Cyrtosia septentrionalis (Rchb. f.) Garay, Bot. Mus. Leafl. 30 (4): 233 (1986).

Galeola septentrionalis Rchb. f., Xenia Orchid. 2: 78 (1865).

河南、安徽、浙江、湖南；日本（琉球群岛）。

缥唇兰属 Cystorchis Blume

缥唇兰

Cystorchis aphylla Ridl., in J. Linn. Soc., Bot. 32: 400 (1896).

云南，海南；马来西亚。

掌裂兰属 Dactylorhiza Necker ex Nevski

芒尖掌裂兰

Dactylorhiza aristata (Fisch. ex Lindl.) Soó, Nom. Nova Gen. Dactylorhiza 5 (1962).

Orchis aristata Fisch. ex Lindl., Gen. Sp. Orchid. Pl.: 262 (1835); *Dactylorhiza aristata* var. *kodiakensis* Luer et G. M. Luer, Amer. Orchid Soc. Bull. 41 (3): 207 (1972).

河北、山西、山东、河南；日本、朝鲜、俄罗斯（远东地区）、北美洲（阿拉斯加）。

紫斑掌裂兰

Dactylorhiza fuchsii (Druce) Soó, Nom. Nova Gen. Dactylorhiza 8 (1962).

Orchis fuchsii Druce, Report. Botanical Exchange Club. Brit. Isles 4: 105 (1914); *Dactylorchis fuchsii* (Druce) Verm., Stud. Dactylorch. 69. 147 (1947).

新疆；蒙古北部、俄罗斯、欧洲。

掌裂兰

Dactylorhiza hatagirea (D. Don) Soó, Nom. Nova Gen. Dactylorhiza. 5 (1962).

Orchis hatagirea D. Don, Prodr. Fl. Nepal. 23 (1825).

黑龙江、吉林、内蒙古、宁夏、甘肃、青海、新疆、四川、西藏；蒙古、巴基斯坦、不丹、尼泊尔、克什米尔。

紫点掌裂兰

Dactylorhiza incarnata subsp. **cruenta** (Müll.) P. D. Sell, Watsonia 6: 317 (1967).

Orchis cruenta Müll. Arg., Fl. USSR 4: 716 (1935); *Orchis latifolia* var. *cruenta* Lindl., Gen. Sp. Orchid. Pl. 260 (1835); *Dactylorhiza cruenta* (O. F. Müll.) Soó, Nom. Nova Gen. Dactylorhiza 4 (1962).

新疆；俄罗斯、欧洲。

阴生掌裂兰

Dactylorhiza umbrosa (Kar. et Kir.) Nevski, Trudy Bot. Inst. Akad. Nauk S. S. S. R., Ser. 1, Fl. Sist. Vyssh. Rast. 4: 332 (1937).

Orchis umbrosa Kar. et Kir., Bull. Soc. Imp. Naturalistes Moscou. 15: 504 (1842); *Orchis orientalis* subsp. *turcestanica* Klinge, Dactylorch. 41 (1898); *Orchis turkestanica* (Klinge) Klinge ex B. Fedtsch., Russkii Botanicheskii Zhurnal 191 (1908); *Orchis sanasunitensis* H. Fleischm., Annalen des Naturhistorischen Hofmuseums 28: 35 (1914); *Orchis persica* Schltr., Repert. Spec. Nov. Regni Veg. 15: 290 (1918); *Orchis kotschyi* (Rchb. f.) Schltr., Repert. Spec. Nov. Regni Veg. 19: 48 (1923); *Orchis merovensis* Grossh., Beihefte zum Botanischen Centralblatt 44 (2): 407 (1927); *Orchis hatagirea* var. *afghanica* Soó, J. Bot. 66: 19 (1928); *Orchis incarnata* var. *knorringiana* Kraenzl., Repert. Spec. Nov. Regni Veg. 65: 34 (1931); *Orchis incarnata* f. *ochroleuca* Bornm., Repert. Spec. Nov. Regni Veg. 47: 72 (1939); *Orchis knorringiana* (Kraenzl.) Czerniak. ex Nikitin, Flora Kirgizskoi SSR 3: 138 (1951); *Dactylorchis umbrosa* (Kar. et Kir.) Wendelbo, Nytt Magasin for Botanik 1: 24 (1952); *Dactylorhiza persica* (Schltr.) Soó, Nom. Nova Gen. Dactylorhiza 4 4 (1962); *Dactylorhiza umbrosa* var. *knorringiana* Soó, Ann. Univ. Sci. Budapest. Rolando Eötvös, Sect. Biol. 5: 4 (1962); *Dactylorhiza sanasunitensis* (H. Fleischm.) Soó, Nom. Nova Gen. Dactylorhiza 4. (1962); *Dactylorhiza kotschyi* (Rchb. f.) P. F. Hunt et Summerh., Watsonia 6: 130 (1965); *Dactylorhiza knorringiana* (Kraenzl.) Ikonn., Novosti Sistematiki Vysshchikh Rastenii 6: 267 (1970); *Dactylorhiza umbrosa* var. *ochroleuca* (Bornm.) Renz, in Fl. Iran. 126: 131 (1978); *Dactylorhiza umbrosa* var. *longibracteata* Renz, in Fl. Iran. 126: 131 (1978); *Dactylorhiza incarnata* subsp. *turcestanica* (Klinge) H. Sund., Europ. Medit. Orchid. ed. 3: 40 (1980); *Dactylorhiza merovensis* (Grossh.) Aver., Bot. Zhurn. SSSR 67: 307 (1983); *Dactylorhiza renzii* Aver., Bot. Zhurn. SSSR 68: 893 (1983); *Dactylorhiza chuhensis* Renz et Taubenheim, Flora of Turkey and the East Aegean Islands 8: 564 (1984); *Dactylorhiza umbrosa* var. *chuhensis* (Renz et Taubenheim) Kreutz, Orch. Tur. 181 (1998).

新疆；巴基斯坦、阿富汗、哈萨克斯坦、土库曼斯坦、乌兹别克斯坦、俄罗斯。

凹舌掌裂兰

Dactylorhiza viridis (L.) R. M. Bateman, Pridgeon et M. W. Chase, Lindleyana 12: 129 (1997).

Satyrium viride L., Sp. Pl. 944 (1753); *Orchis bracteata* Muhl. ex Willd., Sp. Pl. ed. 4. 4 (1): 34 (1805); *Habenaria viridis* (L.) R. Br., Hort. Kew. ed. 2, 5: 192 (1813); *Coeloglossum viride* (L.) Hartm., Handb. Skand. Fl. 329 (1820); *Platanthera viridis* (L.) Lindl., Syn. Brit. Fl. 261 (1829); *Peristylus bracteatus* Lindl., Gen. Sp. Orchid. Pl. 298 (1835); *Peristylus viridis* (L.) Lindl., Syn. Brit. Fl. ed. 2. 2: 261 (1835); *Coeloglossum bracteatum* Parl., Fl. Ital. 3: 409 (1850); *Coeloglossum viride* var. *bracteatum* (Muhl. ex Willd.) A. Gray, Manual 500 (1867); *Habenaria viridis* var. *bracteata* (Muhl. ex Willd.) A. Gray, Manual (ed. 5) 500 (1867); *Platanthera nankotaizanensis* (Masam.) Masam., Bot. Mag. Tokyo 46: 773 (1932); *Herminium nankotaizanense* Masam., J. Soc. Trop. Agric. 4: 194 (1932); *Coeloglossum taiwanianum* S. S. Ying, Alp. Pl. Taiwan Color. 1: 71, 74, col. Photo 101 (1975); *Coeloglossum nankotaizanensis* (Masam.) S. S. Ying, Quart. J. Chin. Forest. 8 (4): 149 (1975).

黑龙江、吉林、河北、河南、甘肃、湖北；蒙古、日本、朝鲜、不丹、尼泊尔、哈萨克斯坦、吉尔吉斯斯坦、土库曼斯坦、俄罗斯、克什米尔、亚洲西南部、欧洲、北美洲。

丹霞兰属 **Danxiaorchis** J. W. Zhai, F. W. Xing et Z. J. Liu

丹霞兰

Danxiaorchis singchiana J. W. Zhai, F. W. Xing et Z. J. Liu, PLoS ONE 8 (4): e60371.

广东。

石斛属 **Dendrobium** Sw.

钩状石斛

Dendrobium aduncum Wall. ex Lindl., Bot. Reg. Misc. 28: 58 (1842).

Callista adunca Kuntze, Revis. Gen. Pl. 2: 654 (1891); *Dendrobium vexans* Dammer, Orchis iv. 87 (1910); *Callista vexans* (Dammer) Kraenzl., Pflanzenr. IV, 50 (45): 365 (1910); *Callista annamensis* Kraenzl., Pflanzenr. IV, 50 (45): 365 (1910); *Dendrobium faulhaberianum* Schltr., Orchis 5: 58, pl. 5 (A), f. 1-9 (1911); *Dendrobium poilanei* Guillaumin, Bull. Mus. Natl. Hist. Nat. 31: 263 (1925); *Dendrobium wangii* C. L. Tso, Sunyatsenia, 1: 138 (1933); *Dendrobium aduncum* var. *faulhaberianum* (Schltr.) Tang et F. T. Wang, Acta Phytotax. Sin. 1 (1): 80 (1951); *Dendrobium hercoglossum* var. *album* S. J. Cheng et C. Z. Tang, Acta Bot. Yannan. 6 (3): 281 (1984).

湖南、贵州、云南、广东、广西、海南；缅甸、泰国、越南、不丹、印度东北部。

兜唇石斛

Dendrobium aphyllum (Roxb.) C. E. C. Fisch., Fl. Madras 8: 1416 (1928).

Limodorum aphyllum Roxb., Plants Coromandel. 1 (2): 34, pl. 41 (1795).

贵州、云南、广西；缅甸、老挝、越南、马来西亚、印度、尼泊尔、不丹。

矮石斛（小美石斛）

Dendrobium bellatulum Rolfe, J. Linn. Soc., Bot. 36: 10 (1903).

云南；老挝、缅甸、泰国、越南、印度东北部。

双槽石斛

Dendrobium bicameratum Lindl., Bot. Reg. 25: 85, misc. 59 (1839).

云南；泰国。

长苏石斛（纯唇石斛）

Dendrobium brymerianum Rchb. f., Gard. Chron. n.s. 4: 323 (1875).

云南；泰国北部、缅甸、老挝、越南。

短棒石斛（丝梗石斛）

Dendrobium capillipes Rchb. f., Gard. Chron. 997 (1867).

Callista capillipes (Rchb. f.) Kuntze, Revis. Gen. Pl. 2: 654 (1891).

云南；缅甸、泰国、老挝、越南、印度东北部、尼泊尔。

翅萼石斛

Dendrobium cariniferum Rchb. f., Gard. Chron. 611 (1869).

Callista carinifera (Rchb. f.) Kuntze, Revis. Gen. Pl. 2: 654 (1891).

云南；老挝、缅甸、泰国北部、越南、印度东北部。

长爪石斛（峦大石斛，长距石斛）

Dendrobium chameleon Ames, Orchidaceae (Ames) 2: 174 (1908).

Dendrobium randaiense Hayata, J. Coll. Sci. Imp. Univ. Tokyo 30 (1): 315 (1911); *Dendrobium longicalcaratum* Hayata, Icon. Pl. Formosan. 4: 43, pl. (1914); *Pedilonum longicalcaratum* (Hayata) Rauschert, Feddes Repert. 94: 461 (1983).

台湾；菲律宾。

毛鞘石斛

Dendrobium christyanum Rchb. f., Gard. Chron. 1882 (1): 175 (1882).

Dendrobium margaritaceum Finet, Bull. Soc. Bot. France 50: 379, pl. 14 (1903).

云南；越南、泰国。

束花石斛（金兰）

Dendrobium chrysanthum Lindl., Bot. Reg. 15: t. 1299 (1829).

Dendrobium chrysanthum var. *microphthalma* Rchb. f., Gard. Chron. n.s., 11: 366 (1879); *Dendrobium chrysanthum* var. *anophthalma* Rchb. f., Gard. Chron. n.s., 19: 44 (1883); *Callista chrysantha* (Wall. ex Lindl.) Kuntze, Revis. Gen. Pl. 2: 654 (1891).

贵州、云南、西藏、广西；老挝、缅甸、泰国北部、越南、不丹、印度北部、尼泊尔。

线叶石斛

Dendrobium chryseum Rolfe, Gard. Chron., ser. 3, 3: 233 (1888).

Dendrobium aurantiacum Rchb. f. (1887), not (F. Mueller) F. Mueller (1870); *Dendrobium flaviflorum* Hayata, J. Coll. Sci. Imp. Univ. Tokyo 30 (1): 312 (1911); *Dendrobium clavatum* Wall. ex Lindl. var. *aurantiacum* Tang et F. T. Wang, Acta Phytotax. Sin. 1 (1): 80 (1951); *Dendrobium chryseum* var. *bulangense*

G. X. Ma et J. Xu, Pl. Resource Environ. 1 (4): 64 (1992); *Dendrobium aurantiacum* var. *zhaojuense* (S. C. Sun et L. G. Xu) Z. H. Tsi, Fl. Reipubl. Popularis Sin. 19: 89 (1999).
四川、云南、台湾；缅甸、印度。

勐腊石斛

Dendrobium chrysocrepis E. C. Parish et Rchb. f. ex Hook. f., Bot. Mag. 98: t. 6007 (1872).
Dendrobium menglaense X. H. Jin et H. Li, Ann. Bot. Fenn. 43: 296 (2006).
云南；缅甸。

鼓槌石斛（金弓石斛）

Dendrobium chrysotoxum Lindl., Edwards's Bot. Reg. 33: sub t. 19, 36 (1847).
Dendrobium suavissimum Rchb. f., Gard. Chron. n.s. 1: 406 (1874); *Dendrobium chrysotoxum* var. *suavissimum* (Rchb. f.) Hook. f. et Veitch, Man. Orch. Pl. Dendrob. 29 (1888); *Callista chrysotoxa* (Lindl.) Kuntze, Revis. Gen. Pl. 2: 654 (1891).
云南；缅甸、泰国、老挝、越南、印度东北部。

草石斛（小密石斛）

Dendrobium compactum Rolfe ex W. Hackett, Gard. Chron. ser. 3. 36: 400 (1904).
Dendrobium wilmsianum Schltr., Repert. Spec. Nov. Regni Veg. 2: 86 (1906).
云南；缅甸、泰国北部。

玫瑰石斛

Dendrobium crepidatum Lindl. ex Paxton, Paxton's Fl. Gard. 1: 63, f. 45 (1850).
Dendrobium lawianum Lindl., J. Proc. Linn. Soc., Bot. 3: 10 (1859); *Callista lawiana* (Lindl.) Kuntze, Revis. Gen. Pl. 2: 655 (1891); *Callista crepidata* (Lindl. et Paxton) Kuntze, Revis. Gen. Pl. 2: 654 (1891).
贵州、云南；老挝、缅甸、泰国、越南、不丹、印度、尼泊尔。

木石斛（鸽石斛，木斛）

Dendrobium crumenatum Sw., die Botanik 2: 237 (1799).
Callista crumenata (Sw.) Kuntze, Revis. Gen. Pl. 2: 654 (1891); *Dendrobium schmidtianum* Kraenzl., Bot. Tidsskr. 24: 7 (1901); *Dendrobium kwashotense* Hayata, Icon. Pl. Formosan. 4: 41, fig. 13d-g et f. 15 (1914); *Dendrobium crumenatum* var. *parviflora* Ames et C. Schweinf., Orchidaceae 6: 100 (1920); *Aporum crumenatum* (Sw.) Brieger, Schltr. Orchideen 1 (11-12): 671 (1981); *Aporum kwashotense* (Hayata) Rauschert, Feddes Repert. 94: 440 (1983); *Ceraia parviflora* (Ames et C. Schweinf.) M. A. Clem., Telopea 10: 292 (2003).
台湾；缅甸、老挝、越南、柬埔寨、马来西亚、印度尼西亚、菲律宾、泰国、印度（安达曼群岛）、斯里兰卡。

晶帽石斛

Dendrobium crystallinum Rchb. f., Gard. Chron. 572 (1868).
Callista crystallina (Rchb. f.) Kuntze, Revis. Gen. Pl. 2: 654 (1891); *Dendrobium crystallinum* var. *hainanense* S. J. Cheng et C. Z. Tang, Acta Bot. Austro Sin. 2: 26 (1986).
云南、海南；柬埔寨、老挝、缅甸、泰国、越南。

叠鞘石斛

Dendrobium denneanum Kerr, J. Siam Soc., Nat. Hist. Suppl. 9: 229 (1933).
Dendrobium clavatum Lindl., Paxton's Fl. Gard. 2: 104, pl. 189 (1851); *Callista clavata* Kuntze, Revis. Gen. Pl. 2: 654 (1891); *Dendrobium tibeticum* Schltr., Repert. Spec. Nov. Regni Veg. 17: 68 (1921); *Dendrobium rolfei* A. D. Hawkes et A. H. Heller, Lloydia 20: 123 (1957); *Dendrobium zhaojuense* S. C. Sun et L. G. Xu, Bull. Bot. Lab. N. E. Forest. Inst., Harbin 8 (2): 59 (1988); *Dendrobium zhaojuense* S. C. Sun et L. G. Xu, Bull. Bot. Res., Harbin8 (2): 59 (1988); *Dendrobium aurantiacum* var. *denneanum* (Kerr) Z. H. Tsi, Fl. Reipubl. Popularis Sin. 19: 89 (1999).
贵州、云南、广西、海南；老挝、缅甸、泰国、越南、印度、尼泊尔。

密花石斛

Dendrobium densiflorum Lindl., Pl. Asiat. Rar. 1: 34, t. 40 (1829).
Callista densiflora (Lindl.) Kuntze, Revis. Gen. Pl. 2: 654 (1891).
西藏、广东、广西、海南；缅甸、泰国北部、不丹、印度东北部、尼泊尔。

齿瓣石斛

Dendrobium devonianum Paxton, Paxton's Mag. Bot. 7: 167, 169 (1840).
Dendrobium pulchellum var. *devonianum* (Paxton) Rchb. f., Ann. Bot. Syst. 6: 284 (1861); *Dendrobium devonianum* var. *rhodoneurum* Rchb. f., Gard. Chron. 28: 682 (1868); *Callista moulmeinensis* (E. C. Parish ex Hook. f.) Kuntze, Revis. Gen. Pl. 2: 655 (1891); *Callista devoniana* (Paxton) Kuntze, Revis. Gen. Pl. 2: 654 (1891); *Dendrobium moulmeinense* S. C. Chen et Z. H.

Tsi, Orch. China 156 (1998).
贵州、云南、西藏、广西；缅甸、泰国北部、越南、不丹、印度东部。

黄花石斛

Dendrobium dixanthum Rchb. f., Gard. Chron. 674 (1865).

Callista dixantha (Rchb. f.) Kuntze, Revis. Gen. Pl. 2: 654 (1891).

云南；缅甸、泰国、老挝。

反瓣石斛（黄毛石斛）

Dendrobium ellipsophyllum Tang et F. T. Wang, Acta Phytotax. Sin. 1 (1): 41, 81 (1951).

Distichorchis ellipsophylla (Tang et F. T. Wang) M. A. Clem., Telopea 10: 281 (2003).

云南；柬埔寨、老挝、缅甸、泰国、越南。

燕石斛（套叶石斛，燕子石斛）

Dendrobium equitans Kraenzl., Pflanzenr. 45 (IV. 50, 2. B. 21) 228 (1910).

Dendrobium batanense Ames et Quisumb., Philipp. J. Sci. 47 (2): 200, pl. 5, 16, 17 (1932); *Aporum equitans* (Kraenzl.) Brieger, Schltr. Orchideen 1 (11-12): 673 (1981); *Ceraia equitans* (Kraenzl.) M. A. Clem., Telopea 10: 291 (2003); *Ceraia batanensis* (Ames et Quisumb.) M. A. Clem., Telopea 10: 290 (2003).

台湾；菲律宾。

景洪石斛

Dendrobium exile Schltr., Repert. Spec. Nov. Regni Veg. Beih. 2: 85 (1906).

Ceraia exilis (Schltr.) M. A. Clem., Telopea 10: 291 (2003).

云南；泰国、越南。

串珠石斛（红鹏石斛，新竹石斛）

Dendrobium falconeri Hook., Bot. Mag. 82: t. 4944 (1856).

Callista falconeri (Hook.) Kuntze, Revis. Gen. Pl. 2: 654 (1891); *Dendrobium erythroglossum* Hayata, Icon. Pl. Formos. 4: 36, f. 13a (1914).

湖南、云南、台湾、广西；缅甸、泰国北部、越南、不丹、印度东北部。

梵净山石斛

•**Dendrobium fanjingshanense** Z. H. Tsi ex X. H. Jin et Y. W. Zhang, Acta Phytotax. Sin. 39 (3): 269 (2001).

贵州。

流苏石斛

Dendrobium fimbriatum Hook., Exot. Fl. 1: pl. 71 (1823).

Dendrobium paxtonii Paxton, Paxton's Mag. Bot. 6: 169 (1839); *Dendrobium fimbriatum* var. *oculatum* Hook. f., Bot. Mag. 71: pl. 4160 (1845); *Callista oculata* (Hook.) Kuntze, Revis. Gen. Pl. 2: 653 (1891); *Callista fimbriata* (Hook.) Kuntze, Revis. Gen. Pl. 2: 653 (1891).

贵州、云南、广西；缅甸、泰国、越南、印度、尼泊尔、不丹。

棒节石斛

Dendrobium findlayanum E. C. Parish et Rchb. f., Trans. Linn. Soc. London 30: 149 (1874).

Callista findlayana (E. C. Parish et Rchb. f.) Kuntze, Revis. Gen. Pl. 2: 654 (1891).

云南；老挝北部、缅甸、泰国北部。

曲茎石斛

•**Dendrobium flexicaule** Z. H. Tsi, S. C. Sun et L. G. Xu, Bull. Bot. Lab. N. E. Forest. Inst., Harbin 6 (2): 113 (1986).

河南、湖南、湖北、四川。

双花石斛

•**Dendrobium furcatopedicellatum** Hayata, Icon. Pl. Formosan. 4: 39, f. 14 (1914).

Grastidium furcatopedicellatum (Hayata) Rauschert, Feddes Repert. 94: 449 (1983).

台湾。

曲轴石斛（紫斑石斛）

Dendrobium gibsonii Lindl., Paxton's Mag. Bot. 5: 169 (1838).

Dendrobium fuscatum Lindl., J. Linn. Soc., Bot. 3: 8 (1859); *Dendrobium binoculare* Rchb. f., Gard. Chron. 1869: 785 (1869); *Callista binocularis* (Rchb. f.) Kuntze, Revis. Gen. Pl. 2: 654 (1891); *Callista gibsonii* (Lindl.) Kuntze, Revis. Gen. Pl. 654 (1891).

云南、广西；缅甸、泰国北部、越南、尼泊尔、不丹、印度东北部。

红花石斛

Dendrobium goldschmidtianum Kraenzl., Feddes Repert. Spec. Nov. Regni Veg. 7: 40 (1909).

Dendrobium miyakei Schltr., Repert. Spec. Nov. Regni Veg. Beih. 4: 64-65 (1919); *Dendrobium pseudohainanense* Masam., Trop. Hort. 3: 33 (1933); *Dendrobium irayense* Ames et Quisumb., Philipp. J. Sci. 52: 446 (1934); *Dendrobium victoriae-reginae* var. *miyakei* (Schltr.) T. S. Liu et J. H. Su, in Fl. Taiwan 5: 969 (1978); *Dendrobium victoriaereginae* var. *miyakei* (Schltr.) T. S. Liu et H. J. Su, Fl. Taiwan 5: 969, pl. 1585 (1978); *Pedilonum miyakei* (Schltr.) Rauschert,

Feddes Repert. 94: 461 (1983); *Pedilonum goldschmidtianum* (Kraenzl.) Rauschert, Feddes Repert. 94: 460 (1983).
台湾；菲律宾。

杯鞘石斛

Dendrobium gratiosissimum Rchb. f., Botanische Zeitung. Berlin. 23: 99 (1865).
Dendrobium bullerianum Bateman, Bot. Mag. 93: t. 5652 (1867); *Dendrobium boxallii* Rchb. f., Gard. Chron. 1874 (1): 315 (1874); *Callista gratiosissima* (Rchb. f.) Kuntze, Revis. Gen. Pl. 2: 654 (1891); *Callista boxalii* (Rchb. f.) Kuntze, Revis. Gen. Pl. 2: 654 (1891).
云南；缅甸、泰国北部、老挝、越南、印度东北部。

海南石斛

●**Dendrobium hainanense** Rolfe, Bull. Misc. Inform. Kew 1896 (119): 193 (1896).
海南。

细叶石斛

Dendrobium hancockii Rolfe, J. Linn. Soc., Bot. 36: 11 (1903).
Dendrobium odiosum Finet, Bull. Soc. Bot. France. 50: 372, pl. 12, f. 1-10 (1903).
河南、陕西、甘肃、湖南、湖北、四川、贵州、云南、广西；越南北部。

苏瓣石斛

Dendrobium harveyanum Rchb. f., Gard. Chron. n.s. 19: 624 (1883).
Callista harveyana (Rchb. f.) Kuntze, Revis. Gen. Pl. 2: 654 (1891).
云南；缅甸、泰国北部、越南。

河口石斛

●**Dendrobium hekouense** Z. J. Liu et L. J. Chen, Ann. Bot. Fenn. 48 (1): 87 (2011).
云南。

河南石斛

●**Dendrobium henanense** J. L. Lu et L. X. Gao, Bull. Bot. Lab. N. E. Forest. Inst., Harbin 10 (4): 29 (1990).
河南。

疏花石斛

Dendrobium henryi Schltr., Repert. Spec. Nov. Regni Veg. 17: 67 (1921).
Dendrobium evaginatum Gagnep., Bull. Soc. Bot. France. 79: 164 (1932); *Dendrobium daoense* Gagnep., Bull. Mus. Natl. Hist. Nat. II, 21: 740 (1950); *Grastidium daoense* (Gagnep.) Rauschert, Feddes Repert. 94: 448 (1983).
湖南、贵州、云南、广西；泰国、越南北部。

重唇石斛

Dendrobium hercoglossum Rchb. f., Gard. Chron. n.s., 25: 487 (1886).
Dendrobium hercoglossum Rchb. f. var. *album* S. J. Cheng et C. Z. Tang in Acta Bot. Yunnan. 6 (3): 281 (1984).
安徽、江西、湖南、贵州、云南、广西；泰国、老挝、越南、马来西亚。

尖刀唇石斛

Dendrobium heterocarpum Lindl., Gen. Sp. Orchid. Pl. 78 (1830).
Dendrobium aureum Lindl., Gen. Sp. Orchid. Pl. 77 (1830); *Dendrobium atractodes* Ridl., J. Bot. 23: 123 (1885); *Callista heterocarpa* (Wall. ex Lindl.) Kuntze, Revis. Gen. Pl. 2: 654 (1891); *Callista aurea* (Lindl.) Kuntze, Revis. Gen. Pl. 2: 654 (1891); *Dendrobium minahassae* Kraenzl., Pflanzenr. IV, 50 II B 21: 107 (1910).
云南；缅甸、泰国、老挝、越南、菲律宾、马来西亚、印度尼西亚、斯里兰卡、印度、尼泊尔、不丹。

金耳石斛

Dendrobium hookerianum Lindl., J. Linn. Soc., Bot. 3: 8 (1859).
Callista hookeriana (Lindl.) Kuntze, Revis. Gen. Pl. 2: 654 (1891); *Dendrobium fimbriatum* var. *bimaculosum* Tang et F. T. Wang, Acta Phytotax. Sin. 1 (1): 41, 81 (1951).
云南、西藏；印度东北部。

霍山石斛

●**Dendrobium huoshanense** C. Z. Tang et S. J. Cheng, Bull. Bot. Lab. N. E. Forest. Inst., Harbin 4 (3): 141 (1984).
安徽。

夹江石斛

●**Dendrobium jiajiangense** Z. Y. Zhu, S. J. Zhu et H. B. Wang, Bulletin of Botanical Research, 28 (4): 385 (2008).
四川。

小黄花石斛

Dendrobium jenkinsii Lindl., Bot. Reg. n.s., 2: t. 37. 1839.
Dendrobium aggregatum Roxb. var. *jenkinsii* (Lindl.) King et Pantl., Ann. Bot. Gard. Calcutta 8: 60, pl. 85 (1898).
云南；泰国、老挝、不丹、印度。

广东石斛

Dendrobium kwangtungense C. L. Tso, Sunyatsenia 1 (2-3): 140 (1933).

Dendrobium wenshanense Q. Xu, Y. B. Luo et Z. J. Liu, Phytotaxa 174 (3): 129-143 (2014).

云南、广东、广西。

广坝石斛

Dendrobium lagarum Seidenf., Opera Bot. 83: 187 (1985).

海南；泰国。

菱唇石斛（细茎石斛，禾叶石斛）

•**Dendrobium leptocladum** Hayata, Icon. Pl. Formosan. 4: 43 (1914).

Grastidium leptocladum (Hayata) Rauschert, Feddes Repert. 94: 450 (1983).

台湾。

矩唇石斛

•**Dendrobium linawianum** Rchb. f., Ann. Bot. Syst. 6: 284 (1861).

广西。

聚石斛

Dendrobium lindleyi Steud., Nomencl. Bot., ed. 2. 1: 490 (1840).

Dendrobium aggregatum Roxb., Fl. Ind. ed. 2, 3: 447 (1832), not Kunth (1816); *Epidendrum aggregatum* Roxb. ex Steud., Nomencl. Bot. ed. 2, 1: 556 (1840); *Callista aggregata* Kuntze, Revis. Gen. Pl. 2: 654 (1891); *Dendrobium aggregatum* var. *jenkinsii* (Lindl.) King et Pantl., Ann. Roy. Bot. Gard. (Calcutta) 8: 60, pl. 85 (1898); *Dendrobium alboviride* var. *majus* Rolfe, Orchid Rev. 40: 206 (1932); *Dendrobium marseillei* Gagnep., Bull. Mus. Natl. Hist. Nat. II, 6: 119 (1934); *Dendrobium lindleyi* var. *majus* (Rolfe) S. Y. Hu, Quart. J. Taiwan Mus. 26 (1-2): 157 (1974).

贵州、广东、广西、海南；老挝、缅甸、泰国、越南、不丹、印度。

喇叭唇石斛

Dendrobium lituiflorum Lindl., Gard. Chron. 372 (1856).

Dendrobium hanburyanum Rchb. f., Bonplandia (Hannover) 4: 329 (1856); *Callista lituiflora* (Lindl.) Kuntze, Revis. Gen. Pl. 2: 655 (1891).

云南、广西；老挝、缅甸、泰国、越南、印度东北部。

美花石斛

Dendrobium loddigesii Rolfe, Gard. Chron. ser. 3. 2: 155 (1887).

Callista loddigesii (Rolfe) Kuntze, Revis. Gen. Pl. 2: 655 (1891); *Dendrobium loddigesii* var. *album* Tang et F. T. Wang, Acta Phytotax. Sin. 1 (1): 41, 81 (1951).

贵州、云南、广东、广西、海南；老挝、越南北部。

罗河石斛

•**Dendrobium lohohense** Tang et F. T. Wang, Acta Phytotax. Sin. 1 (1): 82 (1951).

湖南、湖北、重庆、贵州、云南、广东、广西。

长距石斛（长角石斛）

Dendrobium longicornu Lindl., Gen. Sp. Orchid. Pl. 80 (1830).

Dendrobium hirsutum Griff., Not. Pl. Asiat. 3: 318 (1851); *Dendrobium flexuosum* Griff., Not. Pl. Asiat. 3: 317 (1851); *Dendrobium bulleyi* Rolfe, Notes Roy. Bot. Gard. Edinburgh. 8: 20 (1913); *Dendrobium longlingense* Q. Xu, Y. B. Luo et Z. J. Liu, Phytotaxa 174 (3): 129-143 (2014).

云南、西藏、广西；缅甸、越南北部、不丹、印度东北部、尼泊尔。

吕宋石斛

Dendrobium luzonense Lindl., Bot. Reg. Misc. 54 (1844).

Dendrobium alagense Ames, Philipp. J. Sci. 2: 328 (1907); *Grastidium luzonense* (Lindl.) M. A. Clem. et D. L. Jone, Lasianthera 1: 89 (1997).

台湾；菲律宾。

细茎石斛

Dendrobium moniliforme (L.) Sw., Nova Acta Regiae Soc. Sci. Upsal. 6: 85, f. 5B. (1799).

Epidendrum moniliforme L., Sp. Pl., 954 (1753); *Epidendrum monile* Thunb. ex A. Murray, Syst. Veg., ed. 14: 811 (1784); *Limodorum monile* (Thunb.) Thunb., Trans. Linn. Soc. London 2: 327 (1794); *Dendrobium japonicum* (Blume) Lindl., Gen. Sp. Orchid. Pl. 89 (1830); *Dendrobium spathaceum* Lindl., J. Proc. Linn. Soc., Bot. 3: 15 (1859); *Dendrobium castum* Bateman ex Rchb. f., Gard. Chron. 943 (1868); *Callista spathacea* (Lindl.) Kuntze, Revis. Gen. Pl. 2: 655 (1891); *Callista japonica* (Blume) Kuntze, Revis. Gen. Pl. 2: 654 (1891); *Callista candida* (Wall. ex Lindl.) Kuntze, Revis. Gen. Pl. 2: 654 (1891); *Callista moniliforme* Kuntze, Rev. Gén. Bot. 655 (1891); *Dendrobium yunnanense* Finet, Bull. Soc. Bot. France. 44: 419, pl. 13, f. (A-H) (1897); *Dendrobium zonatum* Rolfe, J. Linn. Soc., Bot. 36 (249): 13 (1903); *Dendrobium heishanense* Hayata, Icon. Pl. Formosan. 4: 30, f. 1 (1914); *Dendrobium alboviride* Hayata, Icon. Pl. For-

mosan. 9: 108, f. (1920); *Dendrobium nienkui* C. L. Tso, Sunyatsenia, 1: 142. (1933); *Dendrobium crispulum* Kimura et Migo, J. Shanghai Sci. Inst. Sect. 3. 3: 123 (1936); *Dendrobium candidum* Lindl., Iconogr. Cormophyt. Sin. 5: 695. fig. 8222 (1976); *Dendrobium taiwanianum* S. S. Ying, Quart. J. Chin. Forest. 11 (2): 102 (1978); *Dendrobium moniliforme* var. *taiwanianum* S. S. Ying, Col. Illustr. Orch. Fl. Taiwan 1: 377 (1996); *Dendrobium tosaense* var. *chingshuishanianum* S. S. Ying, Col. Illustr. Orch. Fl. Taiwan 1: 381, f. 61 (1996).
河南、安徽、湖南、湖北、四川、重庆、贵州、云南、西藏、福建、台湾、广西；日本、韩国、缅甸、印度。

藏南石斛

Dendrobium monticola P. F. Hunt et Summerh., Taxon 10: 110 (1961).
Dendrobium pusillum D. Don, Prodr. Fl. Nepal. 35 (1825); *Dendrobium alpestre* Royle, Ill. Bot. Himal. Mts. 370 (1839), not Sw. (1799); *Callista alpestris* Kuntze, Revis. Gen. Pl. 2: 654 (1891); *Dendrobium roylei* A. D. Hawkes et A. H. Heller, Orquídea (Rio de Janeiro) 24: 114 (1962).
西藏、广西；泰国北部、越南北部、印度北部、尼泊尔。

杓唇石斛

Dendrobium moschatum (Buch.-Ham.) Sw., Neues J. Bot. 1: 94 (1805).
Epidendrum moschatum Buch.-Ham., Emb. Kingd. Ava. 1: 478 (1800); *Cymbidium moschatum* (Buch.-Ham.) Willd., Sp. Pl. 4: 98 (1805); *Dendrobium calceolaria* Carey ex Hook., Exot. Fl. 3: t. 184 (1825); *Dendrobium cupreum* Herb. ex Lindl., Edwards's Bot. Reg. 21: t. 1779 (1835); *Thicuania moschata* (Buch.-Ham.) Raf., Fl. Tellur. 4: 47 (1838); *Callista moschata* (Buch.-Ham.) Kuntze, Revis. Gen. Pl. 2: 655 (1891); *Dendrobium moschatum* var. *unguipetalum* I. Barua, Orchid Fl. Kamrup Distr. Assam 160 (2001).
云南；老挝、缅甸、泰国、越南、不丹、印度北部、尼泊尔。

石斛（金钗石斛）

Dendrobium nobile Lindl., Gen. Sp. Orchid. Pl. 79 (1830).
Dendrobium nobile var. *nobilus* Burb., Garden. 24: 206, pl. 104 (1833); *Dendrobium coerulescens* Wall. ex Lindl., Sert. Orchid. 3: t. 18 (1838); *Dendrobium lindleyanum* Griff., Not. Pl. Asiat. 3: 309 (1851); *Dendrobium nobile* var. *formosanum* Rchb. f., Gard. Chron. n.s. 19: 432 (1883); *Callista nobilis* (Lindl.) Kuntze, Revis. Gen. Pl. 2: 655 (1891); *Dendrobium formosanum* (Rchb. f.) Masam., Trop. Hort. 3: 32 (1933); *Dendrobium nobile* var. *alboluteum* Huyen et Aver., Bot. Zhurn. (Moscow et Leningrad) 74: 1039 (1989); *Dendrobium jiaolingense* L. J. Chen et W. H. Rao, Journal of Fairlake Botanic Garden, 10 (1): 2 (2011).
湖北、四川、贵州、云南、西藏、台湾、广西、海南、香港；老挝、缅甸、泰国北部、越南、不丹、印度、尼泊尔。

铁皮石斛

Dendrobium officinale Kimura et Migo, J. Shanghai Sci. Inst. 3: 122 (1936).
Dendrobium stricklandianum Rchb. f., Gard. Chron. 1877 (1): 749 (1877); *Callista stricklandiana* (Rchb. f.) Kuntze, Revis. Gen. Pl. 2: 655 (1891); *Dendrobium tosaense* Makino, Ill. Fl. Japan 1: t. 46 (1891); *Dendrobium perefauriei* Hayata, Icon. Pl. Formosan. 6: 70 (1916); *Dendrobium tosaense* var. *pere-fauriei* (Hayata) Masam., J. Soc. Trop. Agric. 4: 196 (1932).
安徽、浙江、四川、云南、福建、台湾、广西；日本。
附注：建议使用 *Dendrobium officinale* Kimura et Migo, *Dendrobium catenatum* Lindl., Gen. Sp. Orchid. Pl. 84 (1830)名称地位不清，已向植物命名法规委员会建议，文章 2015 年 5 月在 *Taxon* 发表。

琉球石斛

Dendrobium okinawense Hatusima et Ida, J. Geobot. 18: 77 (1970).
台湾；日本。

少花石斛

Dendrobium parciflorum Rchb. f. ex Lindl., J. Linn. Soc., Bot. 3: 4 (1859).
云南；泰国、老挝、越南、印度东北部。

紫瓣石斛

Dendrobium parishii Rchb. f., Botanische Zeitung. Berlin. 21: 236 (1863).
Dendrobium polyphlebium Rchb. f., Gard. Chron. 1887 (2): 242 (1887); *Callista parishii* (Rchb. f.) Kuntze, Revis. Gen. Pl. 2: 655 (1891).
贵州、云南；缅甸、泰国、老挝、越南、印度东北部。

肿节石斛

Dendrobium pendulum Roxb., Fl. Ind. 2. ed. 3: 484 (1832).
Dendrobium crassinode Benson et Rchb. f., Gard. Chron. 1869: 164 (1869); *Callista pendula* (Roxb.) Kuntze, Revis. Gen. Pl. 2: 655 (1891); *Callista crassi-*

nodis (Benson et Rchb. f.) Kuntze, Revis. Gen. Pl. 2: 654 (1891).
云南；老挝、缅甸、泰国北部、越南、印度东北部。

报春石斛

Dendrobium polyanthum Wall. ex Lindl., Gen. Sp. Orchid. Pl. 81 (1830).
云南；老挝、缅甸、泰国、越南、印度北部、尼泊尔。

单葶草石斛（紫唇石斛）

Dendrobium porphyrochilum Lindl., J. Linn. Soc., Bot. 3: 18 (1859).
Callista porphyrochila (Lindl.) Kuntze, Revis. Gen. Pl. 2: 655 (1891); *Dendrobium caespitosum* King et Pantl., J. Asiat. Soc. Bengal, Pt. 2, Nat. Hist. 64 (2): 332 (1895).
云南、广东；缅甸、泰国北部、越南北部、不丹、印度东北部、尼泊尔。

针叶石斛

Dendrobium pseudotenellum Guillaumin, Bull. Mus. Hist. Nat. (Paris) ser. 2, 36, 5: 697 (1965).
Ceraia pseudotenella (Guillaumin) M. A. Clem., Telopea 10: 293 (2003).
云南；越南。

竹枝石斛

Dendrobium salaccense (Blume) Lindl., Gen. Sp. Orchid. Pl. 86 (1830).
Dendrobium intermedium Teijsm. et Binn., Natuurw. Tijdschr. Ned.-Indië 5: 490 (1853); *Dendrobium haemoglossum* Thwaites, Enum. Pl. Zeyl. 429 (1864); *Dendrobium bambusifolium* E. C. Parishet Rchb. f., Trans. Linn. Soc. London 30: 149 (1874); *Dendrobium cathcartii* Hook. f., Fl. Brit. India 5: 727 (1890); *Callista salaccense* (Blume) Kuntze, Revis. Gen. Pl. 2: 655 (1891); *Callista intermedia* (Teijsm. et Binn.) Kuntze, Revis. Gen. Pl. 2: 655 (1891).
云南、西藏、海南；缅甸、泰国、老挝、越南、马来西亚、印度尼西亚、不丹、印度、斯里兰卡。

滇桂石斛

Dendrobium scoriarum W. M. Sw., Notes Roy. Bot. Gard. Edinburgh 13: 201 (1921).
Dendrobium guangxiense S. J. Cheng et C. Z. Tang, Orchid Digest 50: 95 (1986); *Dendrobium mitriferum* Aver., Lindleyana 15: 76 (2000).
云南、广西；越南。

始兴石斛

●**Dendrobium shixingense** Z. L. Chen, S. J. Zeng et J. Duan, Nordic J. Bot. 28: 723 (2010).
江西、广东。

华石斛

●**Dendrobium sinense** Tang et F. T. Wang, Acta Phytotax. Sin. 12 (1): 41 (1974).
海南。

勐海石斛

●**Dendrobium sinominutiflorum** S. C. Chen, J. J. Wood et H. P. Wood, Fl. China. 25: 394 (2009).
Dendrobium minutiflorum S. C. Chen et Z. H. Tsi, Bull. Bot. Lab. N. E. Forest. Inst., Harbin 9 (2): 27 (1989), not Krazel. 1914, not Gagnep 1950 .
云南。

小双花石斛

●**Dendrobium somae** Hayata, Icon. Pl. Formosan. 6: 71 (1916).
台湾。

剑叶石斛

Dendrobium spatella Rchb. f., Hamburger Garten-Blumenzeitung. 21: 298 (1865).
Callista spatella (Rchb. f.) Kuntze, Revis. Gen. Pl. 2: 655 (1891); *Dendrobium banaense* Gagnep., Bull. Mus. Natl. Hist. Nat. II, 2: 232 (1930); *Dendrobium acinaciforme* var. *minus* Tang et F. T. Wang, Acta Phytotax. Sin. 1 (1): 80 (1951).
云南、福建、广西、海南、香港；印度东北部、不丹、柬埔寨、老挝、缅甸、泰国、越南。

梳唇石斛（圆花石斛）

Dendrobium strongylanthum Rchb. f., Gard. Chron. n.s. 9: 462 (1878).
Callista strongylantha (Rchb. f.) Kuntze, Revis. Gen. Pl. 2: 655 (1891); *Dendrobium stenoglossum* Schltr., Repert. Spec. Nov. Regni Veg. 17: 66 (1921).
云南、海南；缅甸、泰国北部、越南北部。

叉唇石斛（长柔毛石斛）

Dendrobium stuposum Lindl., Edwards's Bot. Reg. 24: Misc. 52 (1838).
Dendrobium sphegidoglossum Rchb. f., Bonplandia (Hannover) 2: 88 (1854); *Dendrobium exsculptum* Teijsm. et Binn., Natuurk. Tijdschr. Ned.-Indië xxiv. 316 (1862); *Dendrobium flavidulum* Ridl. ex Hook. f., Fl. Brit. India [Hook. f.] 6: 185, in add (1890); *Callista stuposa* Kuntze, Revis. Gen. Pl. 2: 653 (1891); *Callista flavidula* Kuntze, Revis. Gen. Pl. 2: 654 (1891); *Dendrobium pristinum* Ames, Orchidaceae (Ames) 5: 133 (1915).
云南；印度尼西亚、马来西亚、缅甸、菲律宾、泰国、不丹、印度东北部。

具槽石斛

Dendrobium sulcatum Lindl., Edwards's Bot. Reg. 24: pl. 65 (1838).

Callista sulcata (Lindl.) Kuntze, Revis. Gen. Pl. 2: 655 (1891).

云南；缅甸、泰国北部、老挝北部、印度东北部。

刀叶石斛

Dendrobium terminale E. C. Parish et Rchb. f., Trans. Linn. Soc. London 30: 149 (1874).

Callista terminalis (Parishet Rchb. f.) Kuntze, Revis. Gen. Pl. 2: 655 (1891); *Dendrobium verlaquii* Costantin, Bull. Mus. Natl. Hist. Nat. 23: 49 (1917); *Aporum verlaquii* (Costantin) Rauschert, Feddes Repert. 94: 443 (1983); *Aporum terminale* (E. C. Parishet Rchb. f.) M. A. Clem., Telopea 10: 297 (2003).

云南；马来西亚、缅甸、泰国、越南、印度东北部。

球花石斛

Dendrobium thyrsiflorum Rchb. f., Ill. Hort. 22: 88, pl. 207 (1875).

Dendrobium densiflorum var. *alboluteum* Hook. f., Bot. Mag. 95: t. 5780 (1869); *Dendrobium galliceanum* Linden, Lindenia 6: 5 (1890); *Callista thyrsiflora* (Rchb. f. ex André) M. A. Clem., Telopea 10: 289 (2003).

云南；老挝、缅甸、泰国北部、越南、印度东北部。

翅梗石斛

Dendrobium trigonopus Rchb. f., Gard. Chron. ser. 3. 2: 682 (1887).

Callista trigonopus (Rchb. f.) Kuntze, Revis. Gen. Pl. 2: 655 (1891); *Dendrobium velutinum* Rolfe, Bull. Misc. Inform. Kew. 1895: 33 (1895).

云南；缅甸、泰国北部、老挝、越南。

五色石斛

●**Dendrobium wangliangii** G. W. Hu, C. L. Long et X. H. Jin, Bot. J. L. Soc., 157: 217 (2008).

云南。

大苞鞘石斛

Dendrobium wardianum R. Warner, Select. Orch. Pl. 1: t. 19 (1862).

Callista wardiana (R. Warner) Kuntze, Revis. Gen. Pl. 2: 655 (1891).

云南；缅甸、泰国北部、越南北部、不丹、印度东北部。

高山石斛

Dendrobium wattii (Hook. f.) Rchb. f., Gard. Chron., ser. 3, 4: 725 (1888).

Dendrobium cariniferum var. *wattii* Hook. f., Bot. Mag. 109: t. 6715 (1883); *Callista wattii* (Hook. f.) Kuntze, Revis. Gen. Pl. 2: 655 (1891).

云南；缅甸、泰国北部、越南、印度东北部。

黑毛石斛

Dendrobium williamsonii Day et Rchb. f., Gard. Chron. 78. (1869).

Callista williamsonii (Day et Rchb. f.) Kuntze, Revis. Gen. Pl. 2: 655 (1891).

云南、广西、海南；缅甸、越南、印度东北部。

大花石斛

●**Dendrobium wilsonii** Rolfe, Gard. Chron. ser. 3. 39: 185 (1906).

四川、重庆、云南、贵州、湖南。

西畴石斛

●**Dendrobium xichouense** S. J. Cheng et Z. J. Tang, Acta Bot. Yannan. 6 (3): 280, pl. 1 (1984).

云南。

镇源石斛

●**Dendrobium zhenyuanense** D. P. Ye ex J. W. Li, D. P. Ye et X. H. Jin, Phytotaxa 173: 217 (2014).

云南。

足柱兰属 Dendrochilum Blume

足柱兰（穗花兰，黄穗兰）

Dendrochilum uncatum Rchb. f., Bonplandia. 3: 222 (1855).

Platyclinis formosana Schltr., Bull. Herb. Boissier, ser. 2. 6: 302 (1906); *Dendrochilum formosanum* (Schltr.) Schltr., Repert. Spec. Nov. Regni Veg. Beih. 4: 185 (1919); *Dendrochilum uncatum* var. *formosanum* T. Hashim., J. Jap. Bot. 57 (1): 26 (1982).

台湾；菲律宾。

绒兰属 Dendrolirium Blume

白绵绒兰

Dendrolirium lasiopetalum (Willd.) S. C. Chen et J. J. Wood, Fl. China. 25: 351 (2009).

Aerides lasiopetala Willd., Sp. Pl., ed. 4: 130 (1805); *Epidendrum lasiopetalum* (Willd.) Poir., Encycl. Suppl. 1: 384 (1810); *Dendrobium pubescens* Hook., Exot. Fl. 2: pl. 124 (1825); *Octomeria pubescens* (Hook.) Spreng., Syst. Veg., 4 (2): Cur. Post. 310 (1827); *Eria albidotomentosa* (Blume) Lindl., Gen. Sp. Orchid. Pl. 66 (1830); *Eria pubescens* (Hook.) Steud., Nomencl. Bot., ed. 2 (Steudel). 1: 566 (1840); *Pinalia pubescens* (Hook.) Kuntze, Revis. Gen. Pl. 2: 679 (1891); *Pinalia albidotomentosa* (Blume) Kuntze, Revis. Gen. Pl. 2: 679 (1891);

Eria flava Lindl., Wall. Cat. n. 1973 (1829) (1973).
海南、香港；柬埔寨、老挝、缅甸、泰国、越南、不丹、印度、尼泊尔。

绒兰

Dendrolirium tomentosum (J. Koenig) S. C. Chen et J. J. Wood, Fl. China. 25: 350 (2009).
Epidendrum tomentosum J. Koenig, Retzia. 6: 53 (1791); *Eria tomentosa* (J. Koenig) Hook. f., Fl. Brit. Ind. 5: 803 (1890); *Pinalia tomentosa* (J. Koenig) Kuntze, Revis. Gen. Pl. 2: 679 (1891); *Eria hainanensis* Rolfe, J. Linn. Soc., Bot. 36: 16 (1903).
云南、海南；老挝、缅甸、泰国、越南、印度东北部。

锚柱兰属 **Didymoplexiella** Garay

锚柱兰

Didymoplexiella siamensis (Rolfe ex Downie) Seidenf., Bot. Tidsskrift. 67: 99 (1972).
Leucolaena siamensis Rolfe ex Downie, Bull. Misc. Inform. Kew. 416 (1925).
台湾、海南；日本（琉球群岛）、泰国、越南。

拟锚柱兰属 **Didymoplexiopsis** Seidenf.

拟锚柱兰

Didymoplexiopsis khiriwongensis Seidenf., Contr. Orchid Fl. Thailand. 13: 13 (1997).
Didymoplexiella hainanensis X. H. Jin et S. C. Chen, Novon 14 (2): 176 (2004).
云南、海南；泰国、越南。

双唇兰属 **Didymoplexis** Griff.

小双唇兰

Didymoplexis micradenia (Rchb. f.) Hemsley, J. Linn. Soc., Bot. 20: 311 (1883).
Epiphanes micradenia Rchb. f., Fl. Vit. 295 (1868); *Didymoplexis minor* J. J. Sm., Bull. Inst. Bot. Buitenzorg 7: 1 (1900).
台湾；印度尼西亚、太平洋岛屿。

双唇兰（鬼兰）

Didymoplexis pallens Griff., Calcutta J. Nat. Hist. 4: 383, pl. 17 (1844).
Leucorchis sylvatica Blume, Mus. Bot. 1: 31 (1849); *Arethusa ecristata* Griff., Not. Pl. Asiat. 3: 378 (1851); *Apetalon minutum* Wight, Icon. Pl. Ind. Orient. (Wight) 5: 22, t. 1758 (1852); *Gastrodia pallens* (Griff.) F. Muell., Contr. Phytogr. New Hebrides 22 (1873); *Didymoplexis subcampanulata* Hayata, Icon. Pl. Formosan. 2: 136-137 (1912); *Cheirostylis kanarensis* Blatt. et McCann, J. Bombay Nat. Hist. Soc. 35: 732 (1932); *Didymoplexis brevipes* Ohwi, Acta Phytotax. Geobot. 6: 238 (1937); *Didymoplexis sylvatica* (Blume) Garay, Opera Bot. 124: 15 (1995).
福建、台湾；日本（琉球群岛）、印度尼西亚、马来西亚、菲律宾、泰国、越南、孟加拉国、印度东北部、阿富汗、巴布亚新几内亚、澳大利亚、太平洋岛屿西南部。

广西双唇兰

Didymoplexis vietnamica Ormd., Oasis 1 (4): 15, pl. p. 17. 2000.
广西；越南。

无耳沼兰属 **Dienia** Lindl.

简穗无耳沼兰

Dienia cylindrostachya Lindl., Gen. Sp. Orchid. Pl. 22 (1830).
Malaxis cylindrostachya (Lindl.) Kuntze, Revis. Gen. Pl. 2: 673 (1891).
西藏；不丹、印度、尼泊尔。

无耳沼兰

Dienia ophrydis (J. Koenig) Ormer. et Seidenf., Contr. Orchid Fl. Thailand. 13: 18 (1997).
Epidendrum ophrydis J. Koenig, Observ. Bot. 6: 46 (1791); *Dienia congesta* Lindl., Bot. Reg. 10: sub t. 825 (1825); *Gastroglottis montana* Blume, Bijdr. 397 (1825); *Microstylis congesta* (Lindl.) Rchb. f., Ann. Bot. Syst. 6: 206 (1861); *Microstylis latifolia* (J. E. Sm.) J. J. Sm., Fl. Buitenz. 6: 248, fig. 185 (1905); *Microstylis carnosula* Rolfe ex Downie, Bull. Misc. Inform. Kew. 1925: 368 (1925); *Liparis turfosa* Gagnep., Bull. Soc. Bot. France. 76: 515 (1929); *Liparis krempfii* Gagnep., Bull. Soc. Bot. France. 76: 514 (1929); *Anaphora liparioides* Gagnep., Bull. Mus. Hist. Nat. (Paris) ser. 2, 4: 592 (1932); *Microstylis kizanensis* Masam., Annual Rep. Taihoku Bot. Gard. 3: 75 (1933); *Malaxis kizanensis* (Masam.) S. Y. Hu, Quart. J. Taiwan Mus. 27 (3-4): 433 (1974); *Malaxis parvissima* S. Y. Hu et Barretto, Chung Chi J. 13 (2): 22, f. 10 (1976); *Malaxis latifolia* var. *nana* S. S. Ying, Mém. Coll. Agric. Natl. Taiwan Univ. 25 (2): 101 (1985); *Malaxis shuicae* S. S. Ying, J. Jap. Bot. 62 (3): 70, f. 1 (1987); *Gastroglottis latifolia* (Sm.) Szlach., Fragm. Florist. Geobot. Suppl. 3: 123 (1995); *Crepidium ophrydis* (J. Koenig) M. A. Clem. et D. L. Jones, Lasianthera 1: 38 (1996); *Dienia latifolia* (Sm.) M. A. Clem. et D. L. Jones, Lasianthera 1: 41 (1996); *Dienia montana* (Blume) M. A. Clem. et D. L.

Jones, Lasianthera 1: 41 (1996); *Glossochilopsis carnosula* (Rolfe ex Downie) Szlach. et Marg., Polish Bot. J. 46: 114 (2001); *Malaxis sampoae* T. P. Lin et W. M. Lin, Taiwania. 56: 319 (2011).
福建；日本（琉球群岛）、柬埔寨、印度尼西亚、老挝、马来西亚、缅甸、菲律宾、泰国、越南、不丹、印度、尼泊尔、斯里兰卡、巴布亚新几内亚、澳大利亚。

密花兰属 **Diglyphosa** Blume

密花兰

Diglyphosa latifolia Blume, Bijdr. Fl. Ned. Ind. 6. pl. 4, f. 60 (1825).
Diglyphis latifolia Blume, Fl. Jav. n.s. 138. t. 55. (1859); *Chrysoglossum latifolium* (Blume) Benth., Gen. Pl. 3: 508 (1880); *Chrysoglossum macrophyllum* King et Pantl., J. Asiat. Soc. Bengal, Pt. 2, Nat. Hist. 64 (2): 335 (1895); *Diglyphosa macrophyllum* King et Pantl., Ann. Roy. Bot. Gard. (Calcutta) 8: 98. pl. 136 (1898).
云南；印度尼西亚、马来西亚、菲律宾、印度东北部、巴布亚新几内亚。

双蕊兰属 **Diplandrorchis** S. C. Chen

双蕊兰

●**Diplandrorchis sinica** S. C. Chen, Acta Phytotax. Sin. 17 (1): 2 (1979).
辽宁。
附注：部分学者建议将双蕊兰属并入鸟巢兰属（*Neottia*）。

合柱兰属 **Diplomeris** D. Don

毛叶合柱兰

Diplomeris hirsuta (Lindl.) Lindl., Gen. Sp. Orchid. Pl. 331 (1835).
Diplochilus hirsutus Lindl., Edwards's Bot. Reg. 18: sub t. 1499 (1832).
中国南部；印度东北部、尼泊尔。

合柱兰

Diplomeris pulchella D. Don, Prodr. Fl. Nepal. 26 (1825).
Paragnathis pulchella (D. Don) Spreng., Syst. Veg. 3: 695 (1826); *Orchis uniflora* Roxb., Fl. Ind. ed. 1832 3: 452 (1832); *Diplochilus longifolius* Lindl., Edwards's Bot. Reg. 18: sub t. 1499 (1832); *Habenaria uniflora* (Roxb.) Griff., Ic. Pl. Asiat. 3: t. 338, f. 2 (1851); *Diplomeris boxallii* Rolfe, Orchid. Gen. Sp. 1: 470 (1898).
四川、贵州、云南、西藏；缅甸、越南、印度东北部。

蛇舌兰属 **Diploprora** Hook. f.

蛇舌兰（倒吊兰，黄吊兰）

Diploprora championii (Lindl.) Hook. f., Fl. Brit. Ind. 6: 26 (1890).
Cottonia championii Lindl., Hooker's J. Bot. Kew Gard. Misc. 7: 35 (1855); *Luisia bicaudata* Thwaites, Enum. Pl. Zeyl. 302 (1861); *Diploprora uraiensis* Hayata, Icon. Pl. Formosan. 4: 87, f. 4 (1914); *Diploprora kusukusensis* Hayata, Icon. Pl. Formosan. 4: 86, f. 4 (1914); *Diploprora bicaudata* (Thwaites) Schltr., Repert. Spec. Nov. Regni Veg. Beih. 4: 281 (1919); *Stauropsis kusukusensis* (Hayata) Tang et F. T. Wang, Acta Phytotax. Sin. 1 (1): 93 (1951); *Stauropsis championii* (Lindl.) Tang et F. T. Wang, Acta Phytotax. Sin. 1 (1): 93 (1951); *Diploprora championii* var. *uraiensis* (Hayata) S. S. Ying, Mem. Coll. Agric. Natl. Taiwan Univ. 28: 36 (1988).
云南、福建、台湾、广西、海南、香港；缅甸、泰国、越南、印度、斯里兰卡。

双袋兰属 **Disperis** Sw.

双袋兰

Disperis neilgherrensis Wight, Icon. Pl. Ind. Orient. 5: t. 1719 (1851).
Disperis walkerae Rchb. f., Linnaea 41: 101 (1876); *Disperis zeylanica* Trimen, J. Bot. 23: 245 (1885); *Disperis papuana* Michol. et Kraenzl., Orchid. Gen. Sp. 1: 844 (1900); *Disperis rhodoneura* Schltr., Fl. Schutzgeb. Südsee Nachtr.: 81 (1905); *Disperis philippinensis* Schltr., Repert. Spec. Nov. Regni Veg. 9: 436 (1911); *Disperis javanica* J. J. Sm., Bull. Inst. Bot. Buitenzorg II, 14: 19 (1914); *Disperis siamensis* Rolfe ex Downie, Bull. Misc. Inform. Kew. 1925: 422 (1925); *Disperis orientalis* Fukuy., Bot. Mag. 50: 17 (1936); *Stigmatodactylus palawensis* Tuyama, Bot. Mag. (Tokyo) 53: 57 (1939); *Disperis palawensis* (Tuyama) Tuyama, Bot. Mag. (Tokyo) 54: 267 (1940); *Disperis lantauensis* S. Y. Hu, Chung Chi J. 11: 17 (1972); *Disperis teleplana* F. Maek., J. Jap. Bot. 10: 308 (1974); *Pantlingia palawensis* (Tuyama) Rauschert, Feddes Repert. 94: 434 (1983).
台湾、香港；日本（琉球群岛）、印度尼西亚、菲律宾、泰国、印度、斯里兰卡、巴布亚新几内亚、太平洋岛屿。

厚唇兰属 **Epigeneium** Gagnep.

宽叶厚唇兰

Epigeneium amplum (Lindl.) Summerh., Kew Bull.

13 (2): 260 (1957).

Dendrobium amplum Lindl., Gen. Sp. Orchid. Pl. 74 (1830); *Sarcopodium amplum* (Lindl.) Lindl., Paxton's Fl. Gard. 1: 155 (1850); *Bulbophyllum amplum* (Lindl.) Rchb. f., Ann. Bot. Syst. 6: 244 (1861); *Dendrobium coelogyne* Rchb. f., Gard. Chron. 1871: 136 (1871); *Callista coelogyne* (Rchb. f.) Kuntze, Revis. Gen. Pl. 2: 654 (1891); *Callista ampla* (Lindl.) Kuntze, Revis. Gen. Pl. 2: 654 (1891); *Sarcopodium coelogyne* (Rchb. f.) Rolfe, Orchid Rev. 18: 238 (1910); *Katherinea coelogyne* (Rchb. f.) A. D. Hawkes, Lloydia 19: 95 (1956); *Katherinea ampla* (Lindl.) A. D. Hawkes, Lloydia 19: 95 (1956); *Epigeneium coelogyne* (Rchb. f.) Summerh, Kew Bull. 12: 261 (1957).

云南、西藏、广西；缅甸、泰国、越南、尼泊尔、不丹、印度东北部。

厚唇兰

Epigeneium clemensiae Gagnep., Bull. Mus. Hist. Nat. (Paris) ser. 2. 4: 595 (1932).

Sarcopodium clemensiae (Gagnep.) Tang et F. T. Wang, Acta Phytotax. Sin. 1 (1): 42, 83 (1951); *Epigeneium tsangianum* Ormer., Taiwania 49 (2): 97 (2004).

贵州、云南、海南；老挝、越南。

单叶厚唇兰

Epigeneium fargesii (Finet) Gagnep., Bull. Mus. Natl. Hist. Nat., sér. 2 4 (5): 594 (1932).

Dendrobium fargesii Finet, Bull. Soc. Bot. France. 50: 374, pl. 12, f. 11-18 (1903); *Desmotrichum fargesii* (Finet) Kraenzl., Pflanzer. 45 (IV. 50, 2. B. 21): 358 (1910); *Sarcopodium fargesii* (Finet) Tang et F. T. Wang, Acta Phytotax. Sin. 1 (1): 83 (1951).

安徽、浙江、江西、湖南、湖北、四川、福建、台湾、广东、广西。

景东厚唇兰

Epigeneium fuscescens (Griff.) Summerh., Kew Bull. 13 (2): 262 (1957).

Dendrobium fuscescens Griff., Not. Pl. Asiat. 3: 308 (1851); *Sarcopodium fuscescens* (Griff.) Lindl., Fol. Orchid. 2 (1853); *Callista fuscescens* (Griff.) Kuntze, Revis. Gen. Pl. 2: 654 (1891); *Katherinea fuscescens* (Griff.) A. D. Hawkes, Lloydia 19: 95 (1956).

云南、西藏、广西；不丹、印度东北部、尼泊尔。

高黎贡厚唇兰

•**Epigeneium gaoligongense** H. Yu et S. G. Zhang, Novon 15 (3): 495 (2005).

云南。

台湾厚唇兰（连珠石斛，瘚兰）

Epigeneium nakaharaei (Schltr.) Summerh., Kew Bull. 13 (2): 263 (1957).

Dendrobium nakaharaei Schltr., Repert. Spec. Nov. Regni Veg. 2: 169 (1906); *Dendrobium sanseiense* Hayata, Icon. Pl. Formosan. 6: 70 (1916); *Epigeneium sanseiense* (Hayata) Summerh., Kew Bull. 13 (2): 264 (1957); *Epigeneium mimicum* Ormer., Taiwania 48 (3): 139 (2003).

台湾、广东、广西；泰国。

双叶厚唇兰

Epigeneium rotundatum (Lindl.) Summerh., Kew Bull. 13 (2): 264 (1957).

Sarcopodium rotundatum Lindl., Fol. Orchid. 2 (1853); *Bulbophyllum rotundatum* (Lindl.) Rchb. f., Ann. Bot. Syst. 6: 244 (1861); *Dendrobium rotundatum* (Lindl.) Hook. f., Fl. Brit. Ind. 5: 712 (1890); *Callista rotundata* (Lindl.) Kuntze, Revis. Gen. Pl. 2: 655 (1891); *Katherinea rotundata* (Lindl.) A. D. Hawkes, Lloydia 19: 97 (1956); *Dendrobium cobra* Ormer., Taiwania. 57: 120 (2012).

云南、西藏、广西；缅甸、不丹、印度东北部、尼泊尔。

长爪厚唇兰

Epigeneium treutleri (Hook. f.) Ormer., Oasis. 1 (3): 3 (2000).

Coelogyen treutleri Hook. f., Fl. Brit. India 5: 194 (1890); *Epigeneium yunnanense* Tang ex Z. H. Tsi, Acta Phytotax. Sin. 22 (6): 484 (1984); *Epigeneium forrestii* Ormer., Taiwania 52 (4): 307, fig. 1 (2007).

云南；印度。

火烧兰属 Epipactis Zinn

短苞火烧兰

Epipactis alata Aver. et Efimov, Rheedea. 16: 4 (2006).

广西、云南；越南。

火烧兰（小花火烧兰）

Epipactis helleborine (L.) Crantz, Stirp. Austr. Fasc. ed. 2 467 (1769).

Serapias helleborine L., Sp. Pl. 2: 949 (1753); *Serapias helleborine* var. *latifolia* L., Sp. Pl. 950 (1753); *Epipactis helleborine* var. *viridans* Crantz, Stirp. Austr. ed. 2. 467 (1769); *Epipactis helleborine* var. *rubiginosa* Crantz, Stirp. Austr. ed. 2. 467 (1769); *Epipactis latifolia* (L.) All., Fl. Pedem. 2: 151 (1785); *Epipactis longibracteata* (Blume) Wettst., Oesterr. Bot. Z. 39: 428

(1889); *Epipactis squamellosa* Schltr., Repert. Spec. Nov. Regni Veg. Beih. 4: 56, 149 (1919); *Epipactis tanggutica* Schltr., Repert. Spec. Nov. Regni Veg. Beih. 4: 57 (1919); *Epipactis discolor* Kraenzl., Repert. Spec. Nov. Regni Veg. 17: 100 (1921); *Epipactis tenii* Schltr., Repert. Spec. Nov. Regni Veg. 17: 64 (1921); *Epipactis monticola* Schltr., Acta Horti Gothob. 1 (3): 144 (1924); *Epipactis nephrocordia* Schltr., Repert. Spec. Nov. Regni Veg. 19: 374 (1924); *Amesia yunnanensis* (Schltr.) H. H. Hu, Rhodora. 27: 106 (1925); *Amesia tangutica* (Schltr.) H. H. Hu, Rhodora. 27: 106 (1925); *Amesia tenii* (Schltr.) H. H. Hu, Rhodora. 27: 106 (1925); *Amesia monticola* (Schltr.) H. H. Hu, Rhodora. 27: 105 (1925); *Amesia discolor* (Kraenzl.) H. H. Hu, Rhodora. 27: 105 (1925); *Amesia squamellosa* (Schltr.) H. H. Hu, Rhodora. 27: 106 (1925); *Amesia longibracteata* Schweinf., J. Arnold Arbor. 10: 172 (1929); *Epipactis ohwii* Fukuy., Bot. Mag. 48: 298 (1934); *Epipactis micrantha* E. Peter ex Hand.-Mazz., Oesterr. Bot. Z. 86: 303. (1937); *Epipactis lingulata* Hand.-Mazz., Symb. Sin. 7 (5): 1341, pl. 41, f. 12, 13 (1936); *Epipactis helleborine* subsp. *ohwii* (Fukuy.) H. J. Su, in Fl. Taiwan ed. 2, 5: 861 (2000); *Epipactis helleborine* var. *tangutica* (Schltr.) S. C. Chen et G. H. Zhu, Novon. 13 (4): 423 (2003).

辽宁、河北；巴基斯坦、不丹、尼泊尔、阿富汗、哈萨克斯坦、吉尔吉斯斯坦、塔吉克斯坦、乌兹别克斯坦、俄罗斯、亚洲西南部、欧洲、非洲北部、北美洲。

大叶火烧兰

Epipactis mairei Schltr., Repert. Spec. Nov. Regni Veg. Beih. 4: 55, 148 (1919).

Epipactis setschuanica Ames et Schltr., Repert. Spec. Nov. Regni Veg. Beih. 4: 56 (1919); *Epipactis schensiana* Schltr. ex Limpr., Repert. Spec. Nov. Regni Veg. Beih. 12: 341 (1922); *Epipactis wilsoni* Schltr., Repert. Spec. Nov. Regni Veg. 20: 382-383 (1924); *Amesia wilsonii* (Schltr.) H. H. Hu, Rhodoro 27: 106 (1925); *Amesia schensiana* (Schltr.) H. H. Hu, Rhodora. 27: 106 (1925); *Amesia mairei* (Schltr.) H. H. Hu, Rhodora. 27: 105 (1925); *Amesia setschuanica* (Ames et Schltr.) H. H. Hu, Rhodora. 27: 106 (1925); *Helleborine wilsonii* (Schltr.) Soó, Ann. Hist.-Nat. Mus. Natl. Hung. 26: 381 (1929); *Helleborine schensiana* (Schltr.) Soó, Ann. Hist.-Nat. Mus. Natl. Hung. 26: 381 (1929); *Helleborine mairei* (Schltr.) Soó, Ann. Hist.-Nat. Mus. Natl. Hung. 26: 380 (1929); *Arthrochilium wilsonii* (Schltr.) Szlach., Orchidee (Hamburg) 54: 588 (2003); *Arthrochilium setschuanicum* (Ames et Schltr.) Szlach., Orchidee (Hamburg) 54: 588 (2003); *Arthrochilium schensianum* (Schltr.) Szlach., Orchidee (Hamburg) 54: 588 (2003); *Arthrochilium mairei* (Schltr.) Szlach., Orchidee (Hamburg) 54: 588 (2003).

陕西、甘肃、湖南、湖北、四川、贵州、云南、西藏；缅甸、不丹、尼泊尔。

新疆火烧兰

Epipactis palustris (L.) Crantz, Stirp. Austr. ed. 2: 462 (1769).

Serapias helleborine var. *palustris* L., Sp. Pl. 950 (1753); *Serapias palustris* L., Sp. pl. ed. 1. 950 (1753); *Serapias longifolia* Huds., Fl. Angl. 341 (1762); *Arthrochilium palustre* (L.) Beck, Fl. Nieder-Österreich 1: 212 (1890); *Limodorum palustre* (L.) Kuntze, Revis. Gen. Pl. 2: 671 (1891).

新疆；俄罗斯、欧洲。

细毛火烧兰

Epipactis papillosa Franch. et Sav., Enum. Pl. Jap. 2: 519 (1879).

Epipactis latifolia var. *papillosa* (Franch. et Sav.) Maxim. ex Kom., Acta Horti Petrop. 20: 523-524 (1901); *Epipactis sayekiana* Makino, J. Jap. Bot. 2: 22 (1918); *Epipactis helleborine* var. *papillosa* (Franch. et Sav.) T. Hashim., Proc. World Orchid Conf. 12: 120 (1987).

辽宁；日本、朝鲜。

卵叶火烧兰

Epipactis royleana Lindl., Gen. Sp. Orchid. Pl. 461 (1840).

Cephalanthera royleana (Lindl.) Regel, Trudy Imp. S.-Peterburgsk. Bot. Sada 6: 490 (1876); *Limodorum royleanum* (Lindl.) Kuntze, Revis. Gen. Pl. 2: 671 (1891); *Amesia royleana* (Lindl.) H. H. Hu, Rhodora 27: 106 (1925); *Helleborine royleana* (Lindl.) Soó, Repert. Spec. Nov. Regni Veg. 24: 35 (1927); *Arthrochilium royleanum* (Lindl.) Szlach., Orchidee (Hamburg) 54: 588 (2003).

西藏；巴基斯坦、不丹、印度北部、尼泊尔、哈萨克斯坦、塔吉克斯坦、乌兹别克斯坦、克什米尔。

尖叶火烧兰

Epipactis thunbergii A. Gray, Perry, Exp. Jap. 2, 319 (1856).

Limodorum thunhergii Kuntze, Rev. Gen. Pl, 2: 671 (1891); *Helleborine thunbergii* Druce in Bull. Torrey Bot. Club 36: 547 (1909).

浙江；日本。

疏花火烧兰

Epipactis veratrifolia Boiss., Diagn. Pl. Orient. Ser. 1, 13: 11 (1853).

Helleborine veratrifolia (Boiss. et Hohen.) Bornm., in Beih. Bot. Centrabl. 33: 205 (1915); *Epipactis wallichii* Schltr., Anz. Akad. Wiss. Wien, Math.-Naturwiss. Kl. 57: 275 (1920); *Epipactis handelii* Schltr., Anz. Akad. Wiss. Wien, Math.-Naturwiss. Kl. 57: 274. (1920); *Epipactis mairei* var. *humilior* Tang et F. T. Wang, Acta Phytotax. Sin. 1 (1): 33, 67 (1951); *Arthrochilium veratrifolium* (Boiss. et Hohen.) Szlach., Orchidee (Hamburg) 54: 588 (2003); *Epipactis humilior* (Tang et F. T. Wang) S. C. Chen et G. H. Zhu, Novon 13 (4): 423 (2003).

四川、云南、西藏；缅甸、巴基斯坦、阿富汗、印度、尼泊尔、亚洲西南部、高加索地区、非洲（埃塞俄比亚、索马里）。

北火烧兰

Epipactis xanthophaea Schltr., Repert. Spec. Nov. Regni Veg. Beih. 12: 341 (1922).

Epipactis gigantea var. *manshurica* Maxim. ex Kom., Fl. Manshur. 1: 524 (1901); *Amesia thunbergii* (A. Gray) A. Nelson et J. F. Macbr., Bot. Gaz. 56: 473 (1913); *Amesia xanthophaea* (Schltr.) H. H. Hu, Rhodora. 27: 106 (1925); *Helleborine xanthophaea* (Schltr.) Soó, Ann. Hist.-Nat. Mus. Natl. Hung. 26: 381 (1929); *Helleborine chinensis* Soó, Ann. Hist.-Nat. Mus. Natl. Hung. 26: 380 (1929); *Epipactis thunbergii* var. *manshurica* (Maxim. ex Kom.) Tang et F. T. Wang, Acta Phytotax. Sin. 1 (1): 67 (1951); *Arthrochilium xanthophaeum* (Schltr.) Szlach., Orchidee (Hamburg) 54: 588 (2003).

黑龙江、吉林、辽宁、河北、山东。

虎舌兰属 Epipogium J. F. Gmel. ex Borkh.

裂唇虎舌兰（无叶上须兰）

Epipogium aphyllum Sw., Summa Veg. Scand. 32 (1814).

Orchis aphylla F. W. Schmidt, Samml. Phys. Aufs. 1: 240 (1791); *Satyrium epipogium* L., Sp. Pl., 945 (1753); *Epipactis epipogium* (L.) All., Auct. Fl. Pedem. 32 (1789); *Limodorum epipogium* (L.) Sw., Nova Acta Regiae Soc. Sci. Upsal. 6: 80 (1799); *Epipogium gmelinii* Rich., De Orchid. Eur. 36 (1817); *Serapias epipogium* (L.) Steud., Nomencl. Bot. 766 (1821); *Epipogium aphyllum* var. *stenochilum* Hand.-Mazz., Anz. Akad. Wiss. Wien, Math.-Naturwiss. Kl. 62: 241 (1925); *Epipogium kentingense* T. P. Lin et Shu H. Wu, Taiwania 57 (4): 378 (2012).

黑龙江、吉林、辽宁、内蒙古、山西、陕西、甘肃、新疆、四川、云南、西藏；日本、朝鲜、不丹、印度、俄罗斯、克什米尔、欧洲。

日本虎舌兰

Epipogium japonicum Makino, Bot. Mag. (Tokyo). 18: 131 (1904).

Galera japonica (Makino) Makino, Bot. Mag. (Tokyo). 25: 228, pl. 3. (1911).

四川、台湾；日本。

虎舌兰

Epipogium roseum (D. Don) Lindl., J. Linn. Soc., Bot. 1: 177 (1857).

Limodorum roseum D. Don, Prodr. Fl. Nepal. 30 (1825); *Galera nutans* Blume, Bijdr. Fl. Ned. Ind. 8: 416 (1825); *Ceratopsis rosea* Lindl., Gen. Sp. Orchid. Pl. 384 (1840); *Podanthera pallida* Wight, Icon. Pl. Ind. Orient. 5: 22 (1851); *Galera rosea* (D. Don) Blume, Mus. Bot. 2: 188 (1856); *Epipogium nutans* (Blume) Rchb. f., Bonplandia. 5: 36 (1857); *Epipogium guilfoylii* F. Muell., Fragm. 8: 30 (1872); *Epipogium tuberosum* Duthie, Ann. Roy. Bot. Gard. (Calcutta) 9 (2): 151 (1906); *Epipogium rolfei* (Hayata) Schltr., Repert. Spec. Nov. Regni Veg. 10: 5 (1911); *Galera rolfei* Hayata, J. Coll. Sci. Imp. Univ. Tokyo 30 (1): 348-349 (1911); *Galera kusukusensis* Hayata, Icon. Pl. Formosan. 4: 121, pl. (1914); *Epipogium kassnerianum* Kraenzl., Bot. Jahrb. Syst. 51: 370 (1914); *Epipogium kusukusense* (Hayata) Schltr., Repert. Spec. Nov. Regni Veg. Beih. 4: 153 (1919); *Epipogium makinoanum* Schltr., Repert. Spec. Nov. Regni Veg. Beih. 4: 153 (1919); *Gastrodia schinziana* Kraenzl., Vierteljahrsschr. Naturf. Ges. Zürich 74: 66 (1929); *Epipogium sinicum* C. L. Tso, Sunyatsenia, 1: 132 (1933); *Epipogium poneranthum* Fukuy., Trans. Nat. Hist. Soc. Formosa 32: 243 (1942); *Stereosandra schinziana* (Kraenzl.) Garay, Arch. Jard. Bot. Rio de Janeiro 13: 32 (1954); *Epipogium dentilabellum* Ohtani et S. Suzuki, Sci. Rep. Yokosuka City Mus. 6: 28 (1961); *Epipogium sessanum* S. N. Hegde et A. N. Rao, J. Econ. Taxon. Bot. 3: 598 (1982); *Epipogium indicum* H. J. Chowdhery, G. D. Pal et G. S. Giri, Nordic J. Bot. 13: 419 (1993).

台湾、广东；日本、越南、老挝、泰国、马来西亚、印度尼西亚、菲律宾、印度、尼泊尔、斯里兰卡、克什米尔、热带非洲、太平洋岛屿。

毛兰属 Eria Lindl.

匍茎毛兰

Eria clausa King et Pantl., J. Asiat. Soc. Bengal 65: 121 (1895).

Eria corneri var. *clausa* (King et Pantl.) A. N. Rao, J. Econ. Taxon. Bot. 20: 708 (1996).

云南、西藏、广西；缅甸、越南、印度北部、不丹。

半柱毛兰（黄绒兰，干氏毛兰）

Eria corneri Rchb. f., Gard. Chron. n.s. 2: 106 (1878).

Eria goldschmidtiana Schltr., Orchis 4: 107 (1910); *Eria septemlamella* Hayata, Icon. Pl. Formosan. 4: 56, f. 2 (1914).

贵州、云南、福建、台湾、广东、广西、海南；日本（琉球群岛）、越南。

足茎毛兰

Eria coronaria (Lindl.) Rchb. f., Walp. Ann. Bot. Syst. 6: 272 (1861).

Coelogyne coronaria Lindl., Bot. Reg. 27: (Misc.) 83 (1841); *Trichosma suavis* Lindl., Bot. Reg. 28: t. 21. (1842); *Eria cylindropoda* Griff., Icon. Pl. Asiat. 3: t. 351 (1851); *Trichosma cylindropoda* Griff., Icon. Pl. Asiat. 3: t. 351 (1851); *Eria suavis* (Lindl.) Lindl. in J. Linn. Soc. Bot. 3: 52 (1859); *Trichosma coronaria* (Lindl.) Kuntze, Rev. Gen. 2: 681 (1891).

云南、西藏、广西、海南；泰国、越南、不丹、印度、尼泊尔。

香港毛兰

Eria gagnepainii Hawkes et Heller, Lloydia 20: 130 (1957).

Trichosma simondii Gagnep., Bull. Mus. Hist. Nat. (Paris) ser. 2. 22 (4): 505 (1950); *Eria herklotsii* Cribb, Orchid Rev. 84 (991): 130, f. 76, 77 (1976); *Eria rubropunctata* Seidenf., Opera Bot. 114: 167, pl. 11c (1992), nom. illeg. superfl.

云南、西藏、海南、香港；越南。

香花毛兰（大叶绒毛）

Eria javanica (Sw.) Blume, Rumphia. 2: 23 (1836).

Dendrobium javanicum Sw., Kongl. Vetensk. Acad. Nya Handl. 21: 247 (1800); *Eria stellata* Lindl., Bot. Reg. 11: t. 904 (1825); *Octomeria stellata* (Lindl.) Spreng., Syst. Veg. 4 (2): 310 (1827); *Eria fragrans* Rchb. f., Botanische Zeitung. Berlin. 22: 415 (1864); *Tainia stellata* (Lindl.) Pfitzer, Nat. Pflanzenfam. 2 (6): 153 (1888); *Eria striolata* Rchb. f., Gard. Chron. 1888 (1): 554 (1888); *Pinalia striolata* (Rchb. f.) Kuntze, Revis. Gen. Pl. 2: 679 (1891); *Pinalia stellata* (Lindl.) Kuntze, Revis. Gen. Pl. 2: 679 (1891); *Pinalia fragrans* (Rchb. f.) Kuntze, Revis. Gen. Pl. 2: 679 (1891).

云南、台湾；印度尼西亚、老挝、马来西亚、缅甸、菲律宾、泰国、印度东北部、巴布亚新几内亚。

绿花毛兰

Eria lanigera Seidenf., Opera Bot. 114: 177 (1992).

云南；缅甸、泰国、老挝、越南、印度东北部。

墨脱毛兰

Eria medogensis S. C. Chen et Z. H. Tsi, Acta Phytotax. Sin. 25 (5): 329 (1987).

西藏。

竹枝毛兰

Eria paniculata Lindl., Pl. Asiat. Rar. 1: 32, pl. 36 (1830).

云南；缅甸、泰国、老挝、柬埔寨、尼泊尔、不丹、印度。

版纳毛兰

Eria pudica Ridl., J. Linn. Soc., Bot. 32: 294 (1896).

云南；新加坡、马来西亚。

高山毛兰（高山绒兰）

Eria reptans (Franch. et Sav.) Makino, Bot. Mag. 15: 128 (1905).

Dendrobium reptans Franch. et Sav., Enum. Pl. Jap. 2: 510 (1879); *Eria japonica* Maxim., Bull. Acad. Imp. Sci. Saint-Pétersbourg 31: 103 (1887); *Eria arisanensis* Hayata, Icon. Pl. Formosan. 4: 54, pl. (1914); *Eria matsudai* Hayata, Icon. Pl. Formosan. 9: 110-111 (1920).

安徽、浙江、贵州、福建、台湾；日本。

条纹毛兰

Eria vittata Lindl., J. Linn. Soc., Bot. 3: 51 (1859).

Pinalia vittata (Lindl.) Kuntze, Revis. Gen. Pl. 2: 679 (1891).

西藏；缅甸、泰国、印度东北部。

砚山毛兰

●**Eria yanshanensis** S. C. Chen, Acta Phytotax. Sin. 26 (3): 239 (1988).

云南。

毛梗兰属 Eriodes Rolfe

毛梗兰

Eriodes barbata (Lindl.) Rolfe, Orchid Rev. 23: 326 (1915).

Tainia barbata Lindl., Gard. Chron. 68 (1857); *Eria barbata* (Lindl.) Rchb. f., Ann. Bot. Syst. 6: 270 (1861); *Pinalia barbata* (Lindl.) Kuntze, Revis. Gen.

Pl. 2: 679 (1891); *Tainiopsis barbata* (Lindl.) Schltr., Orchis 9: 9, 12 (1915); *Neotainiopsis barbata* (Lindl.) Bennet et Raizada, Indian Forester 107: 433 (1981).
云南；缅甸、泰国、越南、不丹、印度东北部。

钳唇兰属 Erythrodes Blume

钳唇兰

Erythrodes blumei (Lindl.) Schltr., Nachtr. Fl. Deutsch. Sudsee. 87 (1905).
Physurus blumei Lindl., Gen. Sp. Orchid. Pl. 504 (1840); *Microchilus blumei* (Lindl.) D. Dietr., Syn. Pl. 5: 166 (1852); *Physurus chinensis* Rolfe, Bull. Misc. Inform. Kew. 1896: 200-201 (1896); *Erythrodes henryi* Schltr., Nachtr. Fl. Deutsch. Sudsee. 87 (1905); *Erythrodes chinensis* (Rolfe) Schltr., Orchideen (Schltr.) 117 (1914); *Erythrodes formosana* Schltr., Repert. Spec. Nov. Regni Veg. Beih. 4: 169 (1919); *Erythrodes brevicalcar* J. J. Sm., Bull. Jard. Bot. Buitenzorg, sér. 3, 5: 17 (1922); *Erythrodes triantherae* C. L. Yeh et C. S. Leou, Taiwania 51 (4): 266, f. 1-2 (2006); *Erythrodes blumei* var. *aggregatus* T. P. Lin et W. M. Lin, Taiwania, 54 (4): 329 (2009).
云南、台湾、广东、广西；印度尼西亚、马来西亚、缅甸北部、泰国、越南、印度东北部。

硬毛钳唇兰

Erythrodes hirsuta (Griff.) Ormer., Contr. Orchid Fl. Thailand 13: 12 (1997).
Goodyera hirsuta Griff., Not. Pl. Asiat. 3: 393 (1851); *Physurus hirsutus* (Griff.) Lindl., J. Linn. Soc., Bot. 1: 180 (1857); *Physurus herpysmoides* King et Pantl., J. Asiat. Soc. Bengal 65: 124 (1895); *Erythrodes herpysmoides* (King et Pantl.) Schltr., Bot. Jahrb. Syst. 45: 392 (1911); *Erythrodes seshagiriana* A. N. Rao, Indian Forester 123: 643 (1997).
云南、海南；缅甸、泰国、越南、不丹、印度东北部。

倒吊兰属 Erythrorchis Blume

倒吊兰（高山珊瑚，蔓茎山珊瑚）

Erythrorchis altissima (Blume) Blume, Rumphia. 1: 200, pl. 70 (1837).
Cyrtosia altissima Blume, Bijdr. Fl. Ned. Ind. 396, pl. 6 (1825); *Galeola altissima* (Blume) Rchb. f., Xenia Orchid. 2: 77 (1865); *Galeola ochobiensis* Hayata, Icon. Pl. Formosan. 6: 87, f. 1 (1916); *Erythrorchis ochobiensis* (Hayata) Garay, Bot. Mus. Leafl. 30 (4): 234 (1986).
台湾、海南；日本（琉球群岛）、柬埔寨、印度尼西亚、老挝、马来西亚、缅甸、菲律宾、泰国、越南、印度东北部。

花蜘蛛兰属 Esmeralda Rchb. f.

口盖花蜘蛛兰

Esmeralda bella Rchb. f., Gard. Chron. ser. 3. 3: 136 (1888).
Arachnis bella (Rchb. f.) J. J. Sm., Natuurk. Tijdschr. Ned.-Indië. 72: 76 (1912).
云南、西藏；缅甸、泰国、印度、尼泊尔。

花蜘蛛兰

Esmeralda clarkei Rchb. f., Gard. Chron. n.s. 25: 552 (1886).
Vanda clarkei (Rchb. f.) N. E. Br., Bull. Misc. Inform. Kew 1888: 122 (1888); *Arachnanthe clarkei* Rolfe, Gard. Chron. 2: 567 (1888); *Arachnis clarkei* (Rchb. f.) J. J. Sm., Natuurk. Tijdschr. Ned.-Indi 72: 73, 76 (1912).
云南、海南；缅甸、泰国、越南西北部、尼泊尔、不丹、印度东北部。

美冠兰属 Eulophia R. Br.

台湾美冠兰

Eulophia bicallosa (D. Don) P. F. Hunt et Summerh., Kew Bull. 20: 60 (1966).
Bletia bicallosa D. Don, Prodr. Fl. Nepal. 30 (1825); *Limodorum bicallosum* (D. Don) Buch.-Ham. ex D. Don, Prodr. Fl. Nepal. 30 (1825); *Cyrtopera bicarinata* Lindl., Gen. Sp. Orchid. Pl. 189 (1833); *Cyrtopera candida* Lindl., J. Proc. Linn. Soc., Bot. 3: 31 (1859); *Eulophia fitzalanii* F. Muell., Fragm. 8: 30 (1872); *Cyrtopera papuana* Ridl., J. Bot. 24: 354 (1886); *Eulophia candida* (Lindl.) Hook. f., Fl. Brit. India 6: 6 (1890); *Eulophia bicarinata* (Lindl.) Hook. f., Fl. Brit. Ind. 6: 6 (1890); *Graphorkis bicallosa* (D. Don) Kuntze, Revis. Gen. Pl. 2: 662 (1891); *Graphorkis candida* (Lindl.) Kuntze, Revis. Gen. Pl. 2: 662 (1891); *Graphorchis bicarinata* (Lindl.) Kuntze, Revis. Gen. Pl. 2: 662 (1891); *Graphorkis fitzalanii* (F. Muell.) Kuntze, Revis. Gen. Pl. 2: 662 (1891); *Eulophia bicarinata* var. *major* King et Pantl., Ann. Roy. Bot. Gard. (Calcutta) 8: 181 (1898); *Eulophia versteegii* J. J. Sm., Bull. Dép. Agric. Indes Néerl. 19: 24 (1908); *Eulophia brachycentra* Hayata, Icon. Pl. Formosan. 4: 72, f. 3 (1914); *Eulophia merrillii* Ames, Orchidaceae 5: 104 (1915); *Liparis bicallosa* (D. Don) Schltr., Repert. Spec. Nov. Regni Veg. Beih. 4: 196 (1919).
海南；印度尼西亚、马来西亚、缅甸、泰国、印度、尼泊尔、巴布亚新几内亚、澳大利亚。

长苞美冠兰

Eulophia bracteosa Lindl., Gen. Sp. Orchid. Pl. 180 (1833).

Eulophia grandiflora Lindl., Gen. Sp. Orchid. Pl. 181 (1833); *Graphorkis bracteosa* (Lindl.) Kuntze, Revis. Gen. Pl. 2: 662 (1891).

云南、广东、广西；缅甸、孟加拉国、印度。

长距美冠兰

Eulophia dabia (D. Don) Hochr., Bull. New York Bot. Gard. 6: 270 (1910).

Bletia dabia D. Don,Bull. New York Bot. Gard. 6: 270 (1910); *Limodorum ramentaceum* Roxb., Fl. Ind. ed. 3: 467 (1832); *Eulophia rupestris* Lindl., Gen. Sp. Orchid. Pl. 185 (1833); *Eulophia ramentacea* (Roxb.) Lindl., Gen. Sp. Orchid. Pl. 185. (1833); *Geodorum ramentaceum* (Roxb.) Voigt, Hort. Suburb. Calcutt. 628 (1845); *Eulophia hemileuca* Lindl., J. Proc. Linn. Soc., Bot. 3: 25 (1859); *Graphorkis rupestris* (Wall. ex Lindl.) Kuntze, Revis. Gen. Pl. 2: 882 (1891); *Graphorkis dabia* (D. Don) Kuntze, Revis. Gen. Pl. 2: 662 (1891); *Graphorkis campestris* (Wall. ex Lindl.) Kuntze, Revis. Gen. Pl. 2: 662 (1891); *Limodorum turkestanicum* Litv., Trudy Bot. Muz. Imp. Akad. Nauk 1: 18 (1902); *Eulophia hormusjii* Duthie, Ann. Roy. Bot. Gard. (Calcutta) 9 (2): 125 (1906); *Bletia dabia* (D. Don) Hochr., Bull. New York Bot. Gard. 6: 270 (1910); *Eulophia turkestanica* (Litv.) Schltr., Repert. Spec. Nov. Regni Veg. 12: 374 (1913); *Eulophia pelorica* D. L. Jones et M. A. Clem., Orchadian 14 (8: Sci. Suppl.): ix (2004); *Eulophia pulchra* var. *actinomorpha* W. M. Lin, L. L. Huang er T. P. Lin, Taiwania 51 (3): 163-164, fig. 2 et 5B (2006).

湖北、四川、贵州、云南；巴基斯坦、孟加拉国、不丹、印度、尼泊尔、阿富汗、土库曼斯坦、塔吉克斯坦、乌兹别克斯坦、克什米尔。

宝岛美冠兰

Eulophia dentata Ames, Philipp. J. Sci., C, 6: 51 (1911).

Eulophia taiwanensis Hayata, J. Coll. Sci. Imp. Univ. Tokyo. 30 (1): 333-334 (1911); *Eulophia kitamurai* Masam., J. Soc. Trop. Agric. 4: 192 (1932); *Eulophia segawae* Fukuy., Bot. Mag. (Tokyo). 48 (571): 437, f. 1 (1934).

台湾。

黄花美冠兰

Eulophia flava (Lindl.) Hook. f., Fl. Brit. Ind. 6: 7 (1890).

Cyrtopera flava Lindl., Gen. Sp. Orchid. Pl. 189 (1833); *Cyrtopera cullenii* Wight, Icon. Pl. Ind. Orient. 5: t. 1754 (1851); *Eulophia cullenii* (Wight) Blume, Coll. Orchid. 182 (1859); *Cyrtopodium flavum* (Lindl.) Benth., J. Linn. Soc., Bot. 18: 320 (1881); *Graphorkis flava* (Lindl.) Kuntze, Revis. Gen. Pl. 2: 662 (1891).

广西、海南、香港；老挝、缅甸、泰国、越南、印度、尼泊尔。

美冠兰

Eulophia graminea Lindl., Gen. Sp. Orchid. Pl. 182 (1833).

Eulophia inconspicua Griff., Not. Pl. Asiat. 3: 349 (1851); *Eulophia decipiens* Kurz., J. Asiat. Soc. Bengal, Pt. 2, Nat. Hist. 45 (2): 155 (1876); *Graphorkis inconspicua* (Griff.) Kuntze, Revis. Gen. Pl. 2: 662 (1891); *Graphorkis decipiens* (Kurz.) Kuntze, Revis. Gen. Pl. 2: 662 (1891); *Eulophia ramosa* Hayata, J. Coll. Sci. Imp. Univ. Tokyo 30 (1): 332-333 (1911); *Eulophia venusta* Schltr., Repert. Spec. Nov. Regni Veg. Beih. 4: 72-73, 263 (1919); *Eulophia gusukumai* Masam., Trans. Nat. Hist. Soc. Taiwan 24: 208 (1934); *Eulophia ucbii* Malhotra et Balodi, Bull. Bot. Surv. India 26: 92 (1985).

安徽、贵州、云南、台湾、广东、广西、海南；日本（琉球群岛）、印度尼西亚、老挝、马来西亚、缅甸、新加坡、泰国、越南、印度、尼泊尔、斯里兰卡。

毛唇美冠兰

Eulophia herbacea Lindl., Gen. Sp. Orchid. Pl. 182 (1833).

Limodorum bicolor Roxb., Fl. Ind. 3: 469 (1832); *Eulophia vera* Royle, Ill. Bot. Himal. Mts. 366 (1839); *Geodorum bicolor* (Roxb.) Voigt, Hort. Suburb. Calcutt. 628 (1845); *Eulophia albiflora* Edgew. ex Lindl., J. Proc. Linn. Soc., Bot. 3: 24 (1859); *Eulophia brachypetala* Lindl., J. Linn. Soc., Bot. 3: 24 (1859); *Graphorchis bicolor* (Roxb.) Kuntze, Revis. Gen. Pl. 2: 663 (1891); *Graphorkis herbacea* (Lindl.) Lyons, Pl. Nam. ed. 2: 215 (1907).

云南、广西；老挝、泰国、孟加拉国、印度、尼泊尔。

单花美冠兰

●**Eulophia monantha** W. W. Sm., Notes Roy. Bot. Gard. Edinburgh. 13: 203 (1921).

云南。

美花美冠兰（南洋芋兰）

Eulophia pulchra (Thouars) Lindl., Gen. Sp. Orchid. Pl. 182 (1833).

Limodorum pulchrum Thouars, Orch. Iles Afr. t. 43

(1822); *Eulophia macrostachya* Lindl., Gen. Sp. Orchid. Pl. 183 (1833); *Graphorkis pulchra* (Thouars) Kuntze, Revis. Gen. Pl. 2: 662 (1891); *Graphorkis macrostachya* (Lindl.) Kuntze, Revis. Gen. Pl. 2: 662 (1891); *Eulophia striata* Rolfe, J. Linn. Soc., Bot. 29: 53 (1891); *Eulophia guamensis* Ames, Philipp. J. Sci., C 9: 12 (1914); *Eulophia silvatica* Schltr., Bot. Jahrb. Syst. 53: 586 (1915).
台湾；越南、老挝、柬埔寨、泰国、马来西亚、印度尼西亚、菲律宾、斯里兰卡、印度、巴布亚新几内亚、非洲东部、澳大利亚、马斯克林群岛、太平洋岛屿。

线叶美冠兰

Eulophia siamensis Rolfe ex Downie, Bull. Misc. Inform. Kew. 380 (1925).
贵州；泰国。

剑叶美冠兰

•**Eulophia sooi** W. T. Chun et Tang ex S. C. Chen, Fl. Reipubl. Popularis Sin. 18: 179 (1999).
贵州、广西。

紫花美冠兰

Eulophia spectabilis (Dennst.) Suresh, Reg. Veg. Syst. Nat. 119: 300 (1988).
Wolfia spectabilis Dennst., Schlüssel Hortus Malab., 38 (1818); *Eulophia nuda* Lindl., Gen. Sp. Orchid. Pl. 180 (1833); *Eulophia bicolor* Dalzell, Hooker's J. Bot. Kew Gard. Misc. 3: 343 (1851); *Cyrtopera nuda* (Lindl.) Rchb. f., Flora 55: 274 (1872); *Cyrtopodium bicolor* Ridl., J. Linn. Soc., Bot. 21: 472 (1885); *Eulophia holochila* Collett et Hemsl., J. Linn. Soc., Bot. 28: 132 (1890); *Eulophia macgregorii* Ames, Philipp. J. Sci., C 9: 12 (1914); *Phaius steppicolus* Hand.-Mazz., Anz. Akad. Wiss. Wien, Math.-Naturwiss. Kl. 62: 253. (1925); *Eulophia burkei* Rolfe ex Downie, Bull. Misc. Inform. Kew. 1925: 380 (1925); *Semiphajus chevalieri* Gagnep., Bull. Mus. Hist. Nat. (Paris) ser. 2. 4: 598 (1932).
江西、云南；缅甸、老挝、越南、柬埔寨、泰国、马来西亚、印度尼西亚、菲律宾、尼泊尔、不丹、印度、斯里兰卡、巴布亚新几内亚、澳大利亚、太平洋岛屿。

无叶美冠兰（山芋兰）

Eulophia zollingeri (Rchb. f.) J. J. Sm., Fl. Buitenz. 6: 228 (1905).
Neuwiedia zollingeri Rchb. f., Bonplandia (Corrientes). 5: 58 (1857); *Cyrtopera zollingeri* Rchb. f., Bonplandia. 5: 38 (1857); *Eulophia macrorhiza* Blume, Fl. Javae et Insularum Adjacentium Nova Series. 155, pl. 3 (1858); *Cyrtopera sanguinea* Lindl., J. Linn. Soc., Bot. 3: 32 (1859); *Cyrtopera rufa* Thwaites, Enum. Pl. Zeyl. 302 (1861); *Cyrtopodium sanguineum* (Lindl.) N. E. Br., Suppl. Johnson's Gard. Dict. 912 (1882); *Cyrtopodium rufum* (Thwaites) Trimen, Syst. Cat. Fl. Pl. Ceylon 89 (1885); *Eulophia sanguinea* (Lindl.) Hook. f., Fl. Brit. Ind. 6: 8 (1890); *Graphorkis sanguinea* (Lindl.) Kuntze, Rcvis. Gcn. Pl. 2: 662 (1891); *Graphorkis macrorhiza* (Blume) Kuntze, Revis. Gen. Pl. 2: 662 (1891); *Graphorkis rufa* (Thwaites) Kuntze, Revis. Gen. Pl. 2: 662 (1891); *Cyrtopera formosana* Rolfe, Bull. Misc. Inform. Kew. 198 (1896); *Eulophia formosana* (Rolfe) Rolfe, J. Linn. Soc., Bot. 36: 28 (1903); *Graphorkis papuana* (Ridl.) Kuntze, Deutsche Bot. Monatsschr. 21: 173 (1903); *Eulophia ochobiensis* Hayata, Icon. Pl. Formosan. 6: 78 (1916); *Eulophia carrii* C. T. White, Proc. Roy. Soc. Queensland 47: 82 (1936); *Eulophia yushuiana* S. Y. Hu, Chung Chi J. 11 (1): 19, f. 3 (d-h) (1972).
江西、云南、福建、台湾、广东、广西；日本（琉球群岛）、马来西亚、印度尼西亚、泰国、越南、菲律宾、斯里兰卡、印度、巴布亚新几内亚、澳大利亚。

金石斛属 Flickingeria A. D. Hawkes

滇金石斛

Flickingeria albopurpurea Seidenf., Dansk Bot. Ark. 34 (1): 48 (1980).
云南；泰国、越南、老挝。

狭叶金石斛

Flickingeria angustifolia (Blume) Hawkes, Orchid Weekly 2 (46): 452 (1961).
Desmotrichum angustifolium Blume, Bijdr. Fl. Ned. Ind. 7: 330 (1825); *Dendrobium angustifolium* (Blume) Lindl., Gen. Sp. Orchid. Pl. 76 (1830); *Callista angustifolia* (Blume) Kuntze, Revis. Gen. Pl. 2: 654 (1891); *Ephemerantha angustifolia* (Blume) P. F. Hunt et Summerh., Taxon 10 (4): 102 (1961).
广西、海南；越南、泰国、马来西亚、印度尼西亚。

二色金石斛

•**Flickingeria bicolor** Z. H. Tsi et S. C. Chen, Acta Phytotax. Sin. 33 (2): 204 (1995).
云南。

红头金石斛

•**Flickingeria calocephala** Z. H. Tsi et S. C. Chen, Acta Phytotax. Sin. 33 (2): 203 (1995).

云南。

金石斛

Flickingeria comata (Blume) Hawkes, Orchid Weekly 2 (46): 453 (1961).

Desmotrichum comata Blume, Bijdr. Fl. Ned. Ind. 7: 330 (1825); *Dendrobium comatum* (Blume) Lindl., Gen. Sp. Orchid. Pl. 76 (1830); *Callista comata* (Blume) Kuntze, Revis. Gen. Pl. 2: 645 (1891); *Desmotrichum fimbriatolabellum* Hayata, Icon. Pl. Formosan. 4: 38 (1914); *Dendrobium fimbriatolabellum* Hayata, Icon. Pl. Formosan. 4: 38, f. 136 (1914); *Ephemerantha fimbriatolabella* (Hayata) P. F. Hunt et Summerh., Taxon 10: 104 (1961); *Flickingeria fimbriatolabella* (Hayata) Hawkes, Orchid Weekly 2 (46): 454 (1961); *Ephemerantha comata* (Blume) P. F. Hunt et Summerh., Taxon 10 (4): 102 (1961); *Ephemerantha tairukounia* S. S. Ying, Quart. J. Chin. Forest. 11 (2): 103, f. 2 (1978); *Flickingeria tairukounia* (S. S. Ying) T. P. Lin, Native Orchids Taiwan 3: 85-86 (t.) (1987).

台湾；印度尼西亚、马来西亚、菲律宾、巴布亚新几内亚、澳大利亚、太平洋岛屿。

同色金石斛

•**Flickingeria concolor** Z. H. Tsi et S. C. Chen, Acta Phytotax. Sin. 33 (2): 204 (1995).

云南。

流苏金石斛

Flickingeria fimbriata (Blume) Hawkes, Orchid Weekly 2 (46): 454. (1961).

Desmotrichum fimbriatum Blume, Bijdr. Fl. Ned. Ind. 7: 329 (1825); *Dendrobium plicatile* Lindl., Edwards's Bot. Reg. 26 (Misc.): 10 (1840); *Ephemerantha fimbriata* (Blume) P. F. Hunt et Summerh., Taxon 10 (4): 103 (1961).

云南、广西、海南；印度尼西亚、马来西亚、菲律宾、泰国、越南、印度。

土富金石斛

•**Flickingeria shihfuana** Lin et Huang, Taiwania 50 (4): 290, fig. 3 (2005).

台湾。

三脊金石斛

•**Flickingeria tricarinata** Z. H. Tsi et S. C. Chen, Acta Phytotax. Sin. 33 (2): 201 (1995).

Flickingeria tricarinata var. *viridilamella* Z. H. Tsi et S. C. Chen, Acta Phytotax. Sin. 33 (2): 203, pl. 2, f. 2 (3) (1995).

云南。

附注：目前的研究表明，金石斛属应并入广义的石斛属（*Dendrobium*）。

盔花兰属 Galearis Raf.

卵唇盔花兰

Galearis cyclochila (Franch. et Sav.) Soó, Ann. Univ. Sci. Budapest. Rolando Eotvos, Sect. Biol. 11: 72 (1969).

Habenaria cyclochila Franch. et Sav., Enum. Pl. Jap.2: 516 (1879); *Orchis cyclochila* (Franch. et Sav.) Maxim., Bull. Acad. Imp. Sci. Saint-Pétersbourg 31: 104 (1887); *Galeorchis cyclochila* (Franch. et Sav.) Nevski, Fl. USSR 4: 669, pl. 42, f. 11 (1935).

黑龙江、吉林、青海；日本、朝鲜、俄罗斯。

黄龙盔花兰

•**Galearis huanglongensis** Q. W. Meng et Y. B. Luo, Bot. J. Linn. Soc.158: 690 (2008).

四川。

北方盔花兰

Galearis roborowskyi (Maxim.) S. C. Chen, P. J. Cribb et S. W. Gale, Fl. China 25: 92 (2009).

Orchis roborowskii Maxim., Mel. Biol. 12: 547 (1886); *Orchis stracheyi* Hook. f., Fl. Brit. Ind. 6: 128 (1890); *Orchis szechenyiana* Rchb. f. ex Kanitz, Pl. Exped. Szechen. in As. Centr. Collect. 58, t. 61, fig. 1-4 (1891); *Orchis paxiana* Schltr., Repert. Spec. Nov. Regni Veg. Beih. 12: 330 (1922); *Galeorchis roborovskii* (Maxim.) Nevski, Fl. USSR 4: 670 (1935); *Galeorchis szechenyiana* (Rchb. f. ex Kanitz) Soó, Acta Bot. Acad. Sci. Hung. 12: 352 (1966); *Galeorchis stracheyi* (Hook. f.) Soó, Acta Bot. Acad. Sci. Hung. 12: 352 (1966); *Galeorchis paxiana* (Schltr.) Soó, Acta Bot. Acad. Sci. Hung. 12: 352 (1966); *Galearis szechenyiana* (Rchb. f. ex Kanitz) P. F. Hunt, Kew Bull. 26: 172 (1971); *Galearis stracheyi* (Hook. f.) P. F. Hunt, Kew Bull. 26: 172 (1971); *Galearis paxiana* (Schltr.) P. F. Hunt, Kew Bull. 26: 172 (1971); *Chusua roborowskii* (Maxim.) P. F. Hunt, Kew Bull. 26: 175 (1971); *Aorchis roborovskii* (Maxim.) Seidenf., Nordic J. Bot. 2: 9 (1982).

河北、河南、甘肃、青海、新疆、四川、云南、西藏；不丹、印度、尼泊尔。

二叶盔花兰

Galearis spathulata (Lindl.) P. F. Hunt, Kew Bull. 26: 172 (1971).

Gymnadenia spathulata Lindl., Gen. Sp. Orchid. Pl. 280 (1835); *Orchis spathulata* (Lindl.) Rchb. f. ex Benth., J. Linn. Soc., Bot. 18: 355 (1881); *Habenaria spathulata* (Lindl.) Benth., J. Linn. Soc., Bot. 18: 355 (1881); *Orchis spathulata* var. *foliosa* Finet, Rev. Gén. Bot. 13: 516 (1901); *Orchis diantha* Schltr., Acta Horti Gothob. 1 (3): 131 (1924); *Orchis spathulata* var. *wilsonii* Schltr., Acta Horti Gothob. 1: 132 (1924); *Galeorchis reichenbachii* Nevski, Fl. USSR 4: 670 (1935); *Galeorchis spathulata* var. *wilsonii* (Schltr.) Soó, Acta Bot. Acad. Sci. Hung. 12: 351 (1966); *Galeorchis diantha* (Schltr.) Soó, Acta Bot. Acad. Sci. Hung. 12: 352 (1966); *Galeorchis spathulata* (Lindl.) Soó, Acta Bot. Acad. Sci. Hung. 12: 351 (1966); *Ponerorchis spathulata* (Lindl.) Soó, Acta Bot. Acad. Sci. Hung. 12: 351 (1966); *Galearis diantha* (Schltr.) P. F. Hunt, Kew Bull. 26: 171 (1971); *Aorchis spathulata* (Lindl.) Verm., Jahresber. Naturwiss. Vereins Wuppertal 25: 33 (1972); *Aorchis spathulata* var. *wilsonii* (Lindl.) Verm., Acta Bot. Acad. Sci. Hung. 20 (3-4): 350 (1974); *Aorchis spathulata* var. *foliosa* (Lindl.) Verm., Acta Biol. Acad. Sci. Hung. 20 (3-4): 350 (1974); *Ponerorchis diantha* (Schltr.) Soó, Acta Bot. Acad. Sci. Hung. 20 (3-4): 352 (1975).

陕西、甘肃、青海、四川、云南、西藏；不丹、印度、尼泊尔。

白花盔花兰

●**Galearis tschiliensis** (Schltr.) S. C. Chen, P. J. Cribb et S. W. Gale, Fl. China 25: 91 (2009).

Aceratorchis tschiliensis Schltr., Repert. Spec. Nov. Regni Veg. Beih. 12: 329 (1922); *Aceratorchis albiflora* Schltr., Repert. Spec. Nov. Regni Veg. Beih. 12: 328 (1922); *Orchis tschiliensis* (Schltr.) Soó, Ann. Hist.-Nat. Mus. Natl. Hung. 26: 351 (1929); *Orchis aceratorchis* Soó, Ann. Hist.-Nat. Mus. Natl. Hung. 26: 350 (1929); *Galeorchis albiflora* (Schltr.) Grubov, Rast. Tsent. Asii Mater. Bot. Inst. Komarova 7: 114 (1977).

河北、山西、陕西、甘肃、青海、四川、云南、西藏。

斑唇盔花兰

●**Galearis wardii** (W. W. Sm.) P. F. Hunt, Kew Bull. 26: 173 (1971).

Orchis wardii W. W. Sm., Notes Roy. Bot. Gard. Edinburgh. 13: 215 (1921).

四川、云南、西藏。

山珊瑚属 Galeola Lour.

反瓣山珊瑚

Galeola cathcartii Hook. f., Fl. Brit. Ind. 6 (1): 89 (1890).

Galeola kerrii Rolfe ex Downie, Kew Bull. 409 (1925).

云南；泰国、印度。

山珊瑚

●**Galeola faberi** Rolfe, Bull. Misc. Inform. Kew. 1896: 200 (1896).

Galeola shweliensis W. W. Sm., Notes Roy. Bot. Gard. Edinburgh 13: 204 (1921).

四川、贵州、云南。

直立山珊瑚

Galeola falconeri Hook. f., Fl. Brit. India. 6: 88 (1890).

安徽、湖南、台湾；泰国、不丹、印度。

毛萼山珊瑚

Galeola lindleyana (Hook. f. et Thomson) Rchb. f., Xenia Orchid. 2: 78 (1865).

Cyrtosia lindleyana Hook. f. et Thomson in Hook. f., Ill. Himal. Pl. t. 22 (1855); *Erythrorchis lindleyana* (Hook. f. et Thomson) Rchb. f., Bonplandia (Corrientes) 5: 37 (1857); *Galeola lindleyana* var. *unicolor* Hand.-Mazz., Anz. Akad. Wiss. Wien, Math.-Naturwiss. Kl. 59: 253 (1922); *Galeola kwangsiensis* Hand.-Mazz., Sinensia, 7: 620 (1936).

河南、陕西、安徽、湖南、四川、贵州、云南、西藏、台湾、广东、广西；印度尼西亚、不丹、印度、尼泊尔。

蔓生山珊瑚

Galeola nudifolia Lour., Fl. Cochinch., ed. 2, 2: 521 (1790).

Cranichis nudifolia (Lour.) Pers., Syn. 2: 511 (1807); *Galeola hydra* Rchb. f., Xenia Orchid. 2: 77 (1865); *Erythrorchis kuhlii* Rchb. f., Xenia Orchid. 2: 78, pl. 119 (1865).

海南；缅甸、越南、泰国、马来西亚、印度尼西亚、菲律宾、印度、不丹。

盆距兰属 Gastrochilus D. Don

镰叶盆距兰

●**Gastrochilus acinacifolius** Z. H. Tsi, Bull. Bot. Lab. N. E. Forest. Inst., Harbin 9 (2): 25 (1989).

海南。

二脊盆距兰

Gastrochilus affinis (King et Pantl.) Schltr., Feddes Repert. Spec. Nov. Regni Veg. 12: 34 (1918).

Saccolabium affinis King et Pantl., Ann. Roy. Bot. Gard. (Calcutta) 8: 228, t. 304 (1898).

云南；印度。

膜翅盆距兰

●**Gastrochilus alatus** X. H. Jin et S. C. Chen, Acta Phytotax. Sin. 45 (6): 800 (2007).

云南。

短苏盆距兰

•**Gastrochilus brevifimbriatus** S. R. Yi, Novon. 20: 113 (2010).
重庆。

盆距兰（囊唇兰）

Gastrochilus calceolaris (Buch.-Ham. ex J. E. Sm.) D. Don, Prodr. Fl. Nepal. 32 (1825).
Aerides calceolaris Buch.-Ham. ex J. E. Sm., Cycl. (Rees) 39: 11 (1819); *Epidendrum calceolare* Buch.-Ham. ex J. E. Sm., Prodr. Fl. Nepal. 32 (1825); *Saccolabium calceolare* (Buch.-Ham. ex J. E. Sm.) Lindl., Gen. Sp. Orchid. Pl. 223 (1833).
云南、西藏、海南；缅甸、泰国、越南、马来西亚、尼泊尔、印度东北部、不丹。

缘毛盆距兰

Gastrochilus ciliaris F. Maekawa, J. Jap. Bot. 12: 92 (1936).
台湾；日本。

列叶盆距兰

Gastrochilus distichus (Lindl.) Kuntze, Revis. Gen. Pl. 2: 661 (1891).
Saccolabium distichum Lindl., J. Linn. Soc., Bot.3: 36 (1859); *Gastrochilus jietouensis* Ormer., Taiwania 58 (1): 24 (2013).
云南、西藏；不丹、印度东北部、尼泊尔。

城口盆距兰

•**Gastrochilus fargesii** (Kraenzl.) Schltr., Repert. Spec. Nov. Regni Veg. Beih. 4: 288 (1919).
Saccolabium fargesii Kraenzl., J. Bot. (Morot) 17: 423 (1903).
四川、重庆、云南。

台湾盆距兰（台湾松兰，台湾囊唇兰）

Gastrochilus formosanus (Hayata) Hayata, Icon. Pl. Formosan. 78 (1917).
Saccolabium formosanum Hayata, J. Coll. Sci. Imp. Univ. Tokyo 30 (1): 336 (1911); *Gastrochilus quercetorus* Fukuy., Bot. Mag. Tokyo 49: 826, et 50: 16 (1935); *Gastrochilus rupestris* Fukuy., Bot. Mag. Tokyo 49: 826 (1935); *Gastrochilus nebulosus* Fukuy., Bot. Mag. 49 (587): 762 (1935); *Saccolabium quercetorum* (Fukuy.) S. Y. Hu, Quart. J. Taiwan Mus. 26: 395 (1973); *Saccolabium rupestre* (Fukuy.) S. Y. Hu, Quart. J. Taiwan Mus. 26: 395 (1973); *Gastrochilus fuscopunctatum* Hayata. et Masam., J. Geobot. 23 (3): t. 219 (1975); *Saccolabium shaoyaoii* S. S. Ying, Col. Indig. Orch. Taiwan 1 (2): 310 (1977); *Gastrochilus formosanus* var. *shaoyaoii* (S. S. Ying) S. S. Ying, Col. Ill. Orch. Taiwan 2: 522 (1990).
陕西、湖北、福建、台湾。

红斑盆距兰（红斑松兰）

•**Gastrochilus fuscopunctatus** (Hayata) Hayata, Icon. Pl. Formosan. 78 (1917).
Saccolabium fuscopunctatum Hayata, Icon. Pl. Formosan. 2: 143 (1912).
台湾。

贡山盆距兰

•**Gastrochilus gongshanensis** Z. H. Tsi, Guihaia 16 (2): 149 (1996).
云南。

广东盆距兰

•**Gastrochilus guangtungensis** Z. H. Tsi, Guihaia 16 (2): 139 (1996).
云南、广东。

海南盆距兰

•**Gastrochilus hainanensis** Z. H. Tsi, Bull. Bot. Lab. N. E. Forest. Inst., Harbin 9 (2): 21 (1989).
海南；泰国、越南。

何氏盆距兰

Gastrochilus hoi T. P. Lin, Native Orchids Taiwan 3: 103 (1987).
台湾。

细茎盆距兰

Gastrochilus intermedius (Griff. ex Lindl.) Kuntze, Rev. Gen. Pl.: 661 (1891).
Saccolabium intermedium Griff. ex Lindl., J. Linn. Soc. Bot. 3: 33 (1859).
四川；越南、泰国、印度。

小花盆距兰

Gastrochilus kadooriei Kumar, S. W. Gale, Kocyan, G. A. Fisch. et Aver., Phytotaxa 164: 92 (2014).
云南、香港；越南、老挝。

狭叶盆距兰

Gastrochilus linearifoliius Z. H. Tsi et Garay, Guihaia 12 (2): 146, f. 1 (a-b) (1996).
西藏；印度。

金松盆距兰

•**Gastrochilus linii** Ormer., Taiwania 47 (4): 242 (2002).
Gastrochilus flavus T. P. Lin, Native Orchids Taiwan 3: 95-96 (t.) (1987), not (Hook. f.) Kuntze (1891); *Gastrochilus raraensis* var. *flavus* (T. P. Lin) S. S. Ying,

Col. Illustr. Indig. Orch. Taiwan 2: 526 (1996).
台湾。

麻栗坡盆距兰

•**Gastrochilus malipoensis** X. H. Jin et S. C. Chen, Acta Phytotax. Sin. 45 (6): 801 (2007).
云南。

宽唇盆距兰（宽唇松兰，松田氏囊唇兰）

•**Gastrochilus matsudae** Hayata, Icon. Pl. Formosan. 9: 116, pl. (1920).
Saccolabium matsudae (Hayata) Makino et Nemoto, Fl. Japan., ed. 2 167 (1931).
台湾。

南川盆距兰

•**Gastrochilus nanchuanensis** Z. H. Tsi, Guihaia 16 (2): 149 (1996).
重庆。

江口盆距兰

•**Gastrochilus nanus** Z. H. Tsi, J. Arnold Arbor. 71 (1): 122, pl. 2 (1990).
贵州。

无茎盆距兰

Gastrochilus obliquus (Lindl.) Kuntze, Revis. Gen. Pl. 2: 661 (1891).
Saccolabium obliquum Lindl., Gen. Sp. Orchid. Pl. 223 (1833).
四川、云南；老挝、缅甸、泰国、越南、不丹、印度、尼泊尔。

滇南盆距兰

Gastrochilus platycalcaratus (Rolfe) Schltr., Orchideen. 582 (1914).
Saccolabium platycalcaratum Rolfe, Bull. Misc. Inform. Kew. 368 (1909); *Gastrochilus diannanensis* Z. H. Tsi et Y. C. Ma, Acta Bot. Yunnan. 7 (1): 85 (1985).
云南；缅甸、泰国。

小唇盆距兰

Gastrochilus pseudodistichus (King et Pantl.) Schltr., Repert. Spec. Nov. Regni Veg. 12: 315 (1913).
Saccolabium pseudodistichum King et Pantl., J. Asiat. Soc. Bengal 64 (3): 341 (1895); *Saccolabium hoyopse* Rolfe ex Downie, Bull. Misc. Inform. Kew. 387 (1925).
云南、西藏；泰国北部、越南北部、印度东北部、不丹。

合欢盆距兰（合欢松兰）

•**Gastrochilus rantabunensis** C. Chow ex T. P. Lin, Native Orchids Taiwan 3: 109 (1987).
湖南、台湾。

大花盆距兰

Gastrochilus bellinus (Rchb. f.) Kuntze, Rev. Gen. Pl. 2: 661 (1891).
Saccolabium bellinum Rchb. f., Gard. Chron. n.s. 21: 174 (1884).
云南；泰国、缅甸。

红松盆距兰（红桧松兰）

•**Gastrochilus raraensis** Fukuy., Bot. Mag. 48: 441 (1934).
Saccolabium raraense (Fukuy.) S. Y. Hu, Quart. J. Taiwan Mus. 28 (1-2): 152 (1975).
台湾。

四肋盆距兰

•**Gastrochilus saccatus** Z. H. Tsi, Guihaia 16 (2): 149 (1996).
云南。

中华盆距兰

•**Gastrochilus sinensis** Z. H. Tsi, Bull. Bot. Lab. N. E. Forest. Inst., Harbin 9 (2): 23 (1989).
浙江、贵州、云南、福建。

美丽盆距兰

•**Gastrochilus somai** (Hayata) Hayata,Icon. Pl. Formosan.6 (Suppl.): 79 (1917).
Saccolabium somai Hayata, Icon. Pl. Formosan. 4: 93 (1914).
福建、台湾。

歪头盆距兰

•**Gastrochilus subpapillosus** Z. H. Tsi, Guihaia 16 (2): 142 (1996).
云南。

宣恩盆距兰

•**Gastrochilus xuanenensis** Z. H. Tsi, Acta Bot. Yunnan. 4 (3): 269 (1982).
湖北、贵州。

云南盆距兰

Gastrochilus yunnanensis Schltr., Repert. Spec. Nov. Regni Veg. Beih. 4: 76 (1919).
Saccolabium monticolum Rolfe ex Downie, Bull. Misc. Inform. Kew. 388 (1925); *Gastrochilus monticola* (Rolfe et Downie) Seidenf. et Sm., Orch. Thail. (Prelim. List) 624 (1963); *Saccolabium yunnanense* (Schltr.) S. Y. Hu, Quart. J. Taiwan Mus. 26 (3-4): 395 (1973).
云南；泰国北部、越南北部、孟加拉国。

天麻属 Gastrodia R. Br.

无喙天麻

Gastrodia albida T. C. Hsu et C. M. Kuo, Ann. Bot. Fenn. 48 (3): 272 (2011).

台湾。

长果梗天麻

•**Gastrodia albidoides** Y. H. Tan et T. C. Hsu, Phytotaxa 66: 38 (2013).

云南。

原天麻

•**Gastrodia angusta** S. Chow et S. C. Chen, Acta Bot. Yunnan. 5 (4): 363 (1983).

云南。

台湾天麻

•**Gastrodia appendiculata** C. S. Leou et N. J. Chung, Quart. J. Exp. Forest, NTU. 5 (4): 138, f. 2 (1991).

台湾。

闭花天麻

•**Gastrodia clausa** T. C. Hsu, S. W. Chung et C. M. Kuo, Taiwania 57 (3): 271 (2012).

台湾。

八代天麻（八代赤箭）

Gastrodia confusa Honda et Tuyama, J. Jap. Bot. 15: 659 (1939).

台湾；日本（琉球群岛）、朝鲜。

拟八代天麻

•**Gastrodia confusioides** T. C. Hsu, S. W. Chung et C. M. Kuo, Taiwania 57 (3): 273 (2012).

台湾。

大名山天麻

•**Gastrodia damingshanensis** A. Q. Hu et T. C. Hsu, Phytotaxa 175 (5): 256 (2014).

广西。

天麻

Gastrodia elata Bl., Mus. Bot. Ludg. Bat. 2: 174 (1856).

Gastrodia mairei Schltr., Fedde Repert. Sp. Nov. 12: 105 (1913); *Gastrodia elata* var. *graciles* Pamp., Nouv. Bot. Ital. n.s., 22: 271 (1915); *Gastrodia elata* f. *pilifera* Tuyama, J. Jap. Bot. 17: 582 (1941).

吉林、辽宁、内蒙古、河北、山西、河南、陕西、安徽、江苏、浙江、江西、湖南、湖北、四川、贵州、西藏、台湾；日本、朝鲜、尼泊尔、不丹、印度、俄罗斯。

卵果天麻

•**Gastrodia elata** var. **obovata** Y. J. Zhang, Acta Bot. Boreal.-Occident. Sin. 30 (6): 1277 (2010).

陕西。

高山天麻

Gastrodia dyeriana King et Pantl., J. Asiat. Soc. Bengal 64: 342. (1895).

云南、西藏；印度、尼泊尔。

夏天麻（黄唇赤箭）

•**Gastrodia flavilabella** S. S. Ying, Quart. J. Chin. Forest. 17 (4): 83, f. 1-3 (1984).

云南、西藏、台湾。

折柱赤箭

•**Gastrodia flexistyla** T. C. Hsu et C. M. Kuo, Taiwania, 55 (3): 243 (2010).

台湾。

春天麻（春赤箭）

•**Gastrodia fontinalis** T. P. Lin, Native Orchids Taiwan 3: 129-130 (t.) (1987).

台湾。

细天麻（细赤箭）

Gastrodia gracilis Blume, Mus. Bot. 2: 174 (1856).

Gastrodia dioscoreirhiza Hayata, Icon. Pl. Formosan. 6: 93 (1916); *Gastrodia taiwaniana* Fukuy., Bot. Mag. 48: 299 (1934).

台湾；日本。

南天麻（爪哇赤箭）

Gastrodia javanica (Blume) Lindl., Gen. Sp. Orchid. Pl. 384 (1840).

Epiphanes javanica Blume, Bijdr. Fl. Ned. Ind. 8: 421, pl. 4 (1825); *Gastrodia stapfii* Hayata, J. Coll. Sci. Imp. Univ. Tokyo 30 (1): 347-348 (1911); *Gastrodia lutea* Fukuy., Bot. Mag. 49: 666 (1935).

福建、台湾；日本（琉球群岛）、印度尼西亚、马来西亚、菲律宾、泰国。

海南天麻

•**Gastrodia longitubularis** Q. W. Meng, X. Q. Song et Y. B. Luo, Nordic J. Bot. 25: 23 (2008).

海南。

勐海天麻

•**Gastrodia menghaiensis** Z. H. Tsi et S. C. Chen, Acta Phytotax. Sin. 32 (6): 559 (1994).

云南。

北插天天麻（北插天赤箭）

•**Gastrodia peichatieniana** S. S. Ying, Col. Illustr. Pl. Taiwan 2: 690, f. 404 (1987).

台湾、广东。

冬天麻

Gastrodia pubilabiata Sawa, Res. Rep. Kochi Univ. 29: 60 (1980).

Gastrodia nipponica var. *hiemalis* (T. P. Lin) S. S. Ying, Quart. J. Chin. Forest. 21 (2): 131 (1987); *Gastrodia hiemalis* T. P. Lin, Native Orchids Taiwan 3: 131 (1987).

台湾；日本。

叉脊天麻

Gastrodia shimizuana Tuyama, Acta Phytotax. Geobot. 33: 380 (1982).

台湾；日本（琉球群岛）。

屏东天麻

•**Gastrodia sui** C. S. Leou, T. C. Hsu et C. L. Yeh, Nordic J. Bot. 29: 417 (2011).

台湾。

短柱天麻

Gastrodia theana Aver., Rheedea 15 (2): 90 (2005).

台湾；越南。

疣天麻

•**Gastrodia tuberculata** F. Y. Liu et S. C. Chen, Acta Bot. Yunnan. 5 (1): 75 (1983).

云南。

乌来赤箭

•**Gastrodia uraiensis** T. C. Hsu et C. M. Kuo, Taiwania, 55 (3): 244 (2010).

台湾。

武夷山天麻

•**Gastrodia wuyishanensis** D. M. Li et C. D. Liu, Novon 17 (3): 354 (2007).

福建。

怒江兰属 Gennaria Parl.

怒江兰

Gennaria griffithii (Hook. f.) X. H. Jin et D. Z. Li, Biodiver. Sci. 23: 240 (2015).

Habenaria griffithii Hook. f., Fl. Brit. India 6: 197 (1890); *Nujiangia griffithii* (Hook. f.) X. H. Jin et D. Z. Li, J. Syst. Evol. 50 (1): 68 (2012); *Dithrix griffithii* (Hook. f.) Ormer. et Gandi, Phytoneuron 61: 3 (2012).

云南；巴基斯坦、印度、阿富汗。

地宝兰属 Geodorum Jacks.

大花地宝兰（越南地宝兰）

Geodorum attenuatum Griff., Calcutta J. Nat. Hist. 5: 2 (1845).

Geodorum cochinchinense Gagnep., Bull. Mus. Hist. Nat. (Paris) ser. 2. 4 (5): 711 (1932); *Geodorum laoticum* Guillaumin, Bull. Mus. Hist. Nat. Paris, Ser. 2, 36: 697 (1965).

云南、海南；越南、老挝、泰国、缅甸。

地宝兰

Geodorum densiflorum (Lam.) Schltr., Repert. Spec. Nov. Regni Veg. Beih. 4: 259 (1919).

Limodorum densiflorum Lam., Encycl. 3: 516 (1783); *Malaxis cernua* Willd., Sp. Pl., ed. 4: 93 (1805); *Cymbidium pictum* R. Br., Prodr. Fl. Nov. Holl. 331 (1810); *Otandra cernua* (Willd.) Salisb., Trans. Linn. Soc. London 1: 298 (1812); *Geodorum purpureum* R. Br., Hortus Kew. (W. Aiton) ed. 2. 5: 207 (1813); *Cistella cernua* (Willd.) Blume, Bijdr. Fl. Ned. Ind. 7: 293, pl. 55 (1825); *Dendrobium nutans* C. Presl, Reliq. Haenk. 1: 34, 102, pl. 23 (1827); *Geodorum pictum* (R. Br.) Lindl., Gen. Sp. Orchid. Pl. 175 (1833); *Geodorum fucatum* Lindl., Edwards's Bot. Reg. 20: t. 1687 (1834); *Ortmannia cernua* (Willd.) Opiz, Flora 17: 592 (1834); *Tropidia grandis* Hance, J. Linn. Soc., Bot. 13: 128-129 (1873); *Geodorum formosanum* Rolfe, Ann. Bot. 9: 157 (1895); *Geodorum pacificum* Rolfe, Bull. Misc. Inform. Kew 1908: 71 (1908); *Geodorum nutans* (Presley) Ames, Orchidaceae (Ames) 2: 164 (1908).

四川、台湾、广东、广西、海南；日本（琉球群岛）、缅甸、越南、老挝、柬埔寨、泰国、马来西亚、印度尼西亚、斯里兰卡、印度、巴布亚新几内亚、澳大利亚。

西南地宝兰

•**Geodorum esquirolei** Schltr., Repert. Spec. Nov. Regni Veg. 17: 69 (1921).

贵州。

贵州地宝兰

•**Geodorum eulophioides** Schltr., Repert. Spec. Nov. Regni Veg. 17: 70 (1921).

贵州。

美丽地宝兰

Geodorum pulchellum Ridl., J. Asiat. Soc., Sci. 50: 138 (1908).

云南；泰国、越南。

多花地宝兰

Geodorum recurvum (Roxb.) Alston, Fl. Ceyl. 6: 276 (1937).

Limodorum recurvum Roxb., Corom. Pl. 1: 33. t. 39 (1795); *Geodorum dilatatum* R. Br. in Aiton. Hort. Kew (et. 2) 5: 207 (1813).

云南、广东、海南；缅甸、泰国、越南、柬埔寨、印度。

斑叶兰属 Goodyera R. Br.

大花斑叶兰

Goodyera biflora (Lindl.) Hook. f., Fl. Brit. India. 6 (17): 114 (1890).

Georchis biflora Lindl., Gen. Sp. Orchid. Pl. 496 (1840).

云南、四川、西藏、海南、台湾。

波密斑叶兰

●**Goodyera bomiensis** K. Y. Lang, Acta Phytotax. Sin. 16 (4): 128, f. 3 (1978).

湖北、云南、西藏、台湾。

莲座叶斑叶兰

●**Goodyera brachystegia** Hand.-Mazz., Symb. Sin. 7: 1345-1346 (1936).

贵州、云南。

多叶斑叶兰

Goodyera foliosa (Lindl.) Benth. ex C. B. Clarke, J. Linn. Soc., Bot. 25: 73 (1889).

Georchis foliosa Lindl., Gen. Sp. Orchid. Pl. 496 (1840); *Cystorchis nebularum* Hance, J. Bot. 21 (8): 232-233 (1883); *Orchiodes foliosa* (Lindl.) Kuntze, Revis. Gen. Pl. 2: 675 (1891); *Goodyera nebularum* (Hance) Rolfe, J. Linn. Soc., Bot. 36 (249): 45 (1903); *Epipactis foliosa* (Lindl.) A. A. Eaton, Proc. Biol. Soc. Wash. 21: 64 (1908); *Epipactis nebularum* (Hance) A. A. Eaton, Proc. Biol. Soc. Wash. 21: 65 (1908); *Goodyera pachyglossa* Hayata, Icon. Pl. Formosan. 4: 117 (1914); *Peramium pachyglossum* (Hayata) Makino, J. Jap. Bot. 6: 36 (1929); *Goodyera sononarae* Fukuy., Trans. Nat. Hist. Soc. Taiwan 32: 297 (1942); *Goodyera commelinoides* Fukuy., Trans. Nat. Hist. Soc. Taiwan 32: 297 (1942); *Goodyera maximowicziana* var. *commelinoides* (Fukuy.) Masamune, Sci. Rep. Kanazawa Univ. 9: 127 (1964); *Goodyera maximowicziana* f. *commelinoides* (Fukuy.) Hiroe, Orchid Flowers 2: 70 (1971); *Goodyera foliosa* f. *alba* S. Y. Hu et Barretto, Chung Chi J. 13 (2): (1976); *Goodyera chilanensis* S. S. Ying, Col. Ill. Indig. Orch. Taiwan 5: 592 (1995).

香港。

烟色斑叶兰

Goodyera fumata Thw., Enum. Pl. Zeyl. 314. (1861).

Goodyera formosana Rolfe in Ann. Bot. 9: 159 (1895); *Epipactis formosana* (Rolfe) Eaton; Prodc. Biol. Soc. Wash. 21: 64 (1908); *Goodyera caudatilabella* Hayata, Icon. Pl. Formos. 4: 112. fig. 59 (1914).

云南、西藏、台湾、海南；日本、泰国、老挝、缅甸、马来西亚、菲律宾、印度。

脊唇斑叶兰

Goodyera fusca (Lindl.) Hook. f., Fl. Brit. India. 6: 112 (1890).

Hetaeria fusca Lindl., Gen. Sp. Orchid. Pl. 491 (1840); *Cystorchis fusca* (Lindl.) Benth. et Hook. f., Gen. Pl. 3: 599 (1889); *Orchiodes fusca* (Lindl.) Kuntze, Revis. Gen. Pl. 2: 675 (1891); *Epipactis fusca* (Lindl.) A. A. Eaton, Proc. Biol. Soc. Wash. 21: 64 (1908).

云南、西藏；缅甸北部、不丹、印度东北部、尼泊尔。

白网脉斑叶兰（银线莲，假金线莲）

Goodyera hachijoensis Yatabe, Bot. Mag. 5: 1, pl. 19 (1891).

Goodyera matsumurana (Eaton) Schltr., Bull. Herb. Boiss. ser. 2, 6: 298 (1906); *Epipactis hachijoensis* (Yatabe) A. A. Eaton, Proc. Biol. Soc. Wash. 21: 64 (1908); *Epipactis matsumurana* Eaton, Proc. Biol. Soc. Wash. 21: 65 (1908); *Goodyera alboreticulata* Hayata, J. Coll. Sci. Imp. Univ. Tokyo 30 (1): 342-343 (1911); *Peramium matsumuranum* (Schltr.) Makino, J. Jap. Bot. 6: 35 (1929); *Peramium hachijoense* (Yatabe) Makino, J. Jap. Bot. 6: 35 (1929); *Peramium albo-reticulatum* (Hayata) Makino, J. Jap. Bot. 6: 34 (1929); *Goodyera nachijoensis* var. *matsumurana* (Schltr.) Ohwi ex Hatus. et Amano, Fl. Okinawa S. Ryukyu 1. 150 (1958).

台湾；日本。

高黎贡斑叶兰

Goodyera hemsleyana King et Pantl., J. Asiat. Soc. Bengal 64: 342 (1895).

Goodyera dongchenii Lucksom var. *gongligongensis* X. H. Jin et S. C. Chen, Novon. 18: 72 (2008).

云南；印度。

光萼斑叶兰（短穗斑叶兰，童山白兰，翠玉斑叶兰）

Goodyera henryi Rolfe, Bull. Misc. Inform. Kew. 1896: 201 (1869).

Epipactis henryi (Rolfe) Eaton, Proc. Biol. Soc. Wash. 21: 64 (1908); *Peramium maximowicziana* (Makino)

Makino, J. Jap. Bot. 6: 36 (1929); *Goodyera maximowicziana* f. *commelinoides* (Fukuy.) Hiroe, Orchid Flowers 2: 70 (1971).
甘肃、浙江、江西、湖南、湖北、四川、贵州、云南、台湾、广东、广西；日本、朝鲜。

硬毛斑叶兰

Goodyera hirsuta Griff., Not. Pl. Asiat. 3: 393 (1851).
云南、海南；泰国、越南、马来西亚、印度。

硬叶毛兰

Goodyera hispida Lindl., J. Linn. Soc., Bot., Bot. 1: 183 (1857).
Orchiodes hispidum (Lindl.) Kuntze, Rev. Gén. Bot. Pl. 2: 675 (1891).
云南；印度、泰国、越南、马来西亚。

南湖斑叶兰

●**Goodyera nankoensis** Fukuy., Bot. Mag. 48: 432 (1934).
台湾。

小小斑叶兰

●**Goodyera pusilla** Bl., Coll. Orchid. 36 (1858).
Goodyera yangmeishanensis T. P. Lin, Native Orchids Taiwan 2: 173 (1977); *Goodyera shixingensis* K. Y. Lang, Acta Phytotax. Sin. 34 (6): 636-638, pl. 2 (1996).
云南、台湾、广东。

高斑叶兰（穗花斑叶兰，斑叶兰）

Goodyera procera (Ker Gawl.) Hook., Exot. Fl. 1 (3): t. 39 (1823).
Neottia procera Ker Gawl., Bot. Reg. 8: t. 639 (1822); *Goodyera carnea* A. Rich., Ann. Sci. Nat., Bot., sér. 2, 15: 80 (1841); *Orchiodes procera* (Ker Gawl.) Kuntze, Revis. Gen. Pl. 2: 675 (1891); *Epipactis procera* (Ker Gawl.) A. A. Eaton, Proc. Biol. Soc. Wash. 21: 65 (1908); *Peramium procerum* (Ker Gawl.) Makino, J. Jap. Bot. 6: 36 (1929).
安徽、浙江、四川、贵州、云南、西藏、福建、台湾、广东、广西、海南；日本、柬埔寨、印度尼西亚、老挝、缅甸、菲律宾、泰国、越南、孟加拉国、不丹、印度、尼泊尔、斯里兰卡。

小斑叶兰（袖珍斑叶兰，匍枝斑叶兰，南投斑叶兰）

Goodyera repens (L.) R. Br., Hortus Kew. (W. Aiton) ed. 2. 5: 198 (1813).
Satyrium repens L., Sp. Pl., 2: 945 (1753); *Epipactis repens* (L.) Crantz, Stirp. Austr. Fasc. 6: 473 (1769); *Serapias repens* Vill., Hist. Pl. Dauphiné 2: 53 (1787); *Neottia repens* (L.) Sw., Vei. Akad. Hand. Stock. 21: 226 (1800); *Orchis repens* (L.) Eystr. ex Poir., Encycl. 6 (2): 581 (1805); *Peramium repens* (R. Br.) Salisb., Trans. Linn. Soc. London 1: 301 (1812); *Gonogona repens* (L.) Link, Enum. Pl., 2: 369 (1822); *Goodyera marginata* Lindl., Gen. Sp. Orchid. Pl. 493 (1840); *Goodyera pubescens* var. *repens* (L.) Alph. Wood, Class-book Bot. ed. 2a: 537 (1847); *Elasmatium repens* Dulac, Fl. Hautes-Pyrénées. 121 (1867); *Orchiodes repens* (L.) Kuntze, Revis. Gen. Pl. 2: 674 (1891); *Orchiodes marginatum* (Lindl.) Kuntze, Revis. Gen. Pl. 2: 675 (1891); *Goodyera nantoensis* Hayata, J. Coll. Sci. Imp. Univ. Tokyo 30 (1): 343-344 (1911); *Goodyera chinensis* Schltr., Repert. Spec. Nov. Regni Veg., Beihefte 4: 59 (1919); *Goodyera mairei* Schltr., Repert. Spec. Nov. Regni Veg. 17: 65 (1921); *Goodyera brevis* Schltr. ex Limpr., Repert. Spec. Nov. Regni Veg. Beih. 12: 345 (1922); *Epipactis chinensis* (Schltr.) H. H. Hu, Rhodora 27: 106 (1925); *Peramium nantoense* (Hayata) Makino, J. Jap. Bot. 6: 36 (1929); *Goodyera repens* var. *marginata* (Lindl.) Tang et F. T. Wang, Acta Phytotax. Sin. 1 (1): 33, 68 (1951).
黑龙江、吉林、辽宁、内蒙古、河北、山西、陕西、甘肃、青海、新疆、安徽、福建；日本、朝鲜、缅甸、印度、不丹、尼泊尔、俄罗斯、克什米尔、欧洲、北美洲。

滇藏斑叶兰

Goodyera robusta Hook. f., Fl. Brit. Ind. 6: 113 (1890).
Epipactis robusta (Hook. f.) A. A. Eaton, Proc. Biol. Soc. Wash. 21: 65 (1908); *Goodyera bilamellata* Hayata, Icon. Pl. Formosan. 4: 111, f. 58 (1914); *Peramium bilamellatum* (Hayata) Makino, J. Jap. Bot. 6: 34 (1929).
贵州、云南、西藏、台湾；印度东北部。

红花斑叶兰

Goodyera rubicunda (Bl.) Lindl., Edwards's Bot. Reg. 25 (Misc.): 61 (1839).
Neottia rubicunda Blume, Edwards's Bot. Reg.61 (1839); *Goodyera grandis* (Bl.) Bl., Fl. Jav. Orch. 36 (1858); *Goodyera rubens* Bl., Coll. Orchid.43 (1858); *Goodyera longibracteata* Hayata, Icon. Pl. Formos. 4: 114, fig. 61 (a-h) (1914); *Goodyera cyrtoglossa* Hayata, Icon. Pl. Formos. 4: 113, fig. 60.; *Goodyera longicolumna* Hayata, Icon. Pl. Formos. 4: 92. (1916); *Goodyera longibracteata* Hayata, Icon. Pl. Formosan. 4:114, pl. 61 (a-h) (1914); *Goodyera longicolumna* Hayata, Icon. Pl. Formosan. 6: 92. (1916); *Goodyera yaeyamae* Ohwi, J. Jap. Bot. 13: 439. (1937); *Goodyera*

clavata N. Pearce et P. J. Cribb, Edinburgh J. Bot. 58: 116 (2001).
云南、台湾；日本、马来西亚、越南、印度尼西亚、印度、澳大利亚。

垂叶斑叶兰

Goodyera recurva Lindl., J. Linn. Soc., Bot. 1: 183. (1857).
Goodyera pendula Maxim., Bull. Acad. Imp. Sci. Saint-Pétersbourg 32: 623 (1888); *Epipactis pendula* Eaton, Proc. Biol. Soc. Wash. 21: 65 (1908); *Peramium pendulum* (Maxim.) Makino, J. Jap. Bot. 6: 36 (1929).
台湾；日本、尼泊尔、印度。

斑叶兰（大斑叶兰，白花斑叶兰，大武山斑叶兰）

Goodyera schlechtendaliana Rchb. f., Linnaea 22: 861 (1849).
Georchis schlechtendaliana (Rchb. f.) Rchb. f., Bonplandia, 5. 36 (1854); *Goodyera similis* Blume, Coll. Orchid. 39, pl. 9, f. 2 et pl. 11, f. D (1858); *Goodyera japonica* Blume, Coll. Orchid. 38, pl. 9, f. 1 et 11, f. C (1858); *Orchiodes secundiflorum* (Lindl.) Kuntze, Revis. Gen. Pl. 675 (1891); *Orchiodes schlechtendalianum* (Rchb. f.) Kuntze, Revis. Gen. Pl. 675 (1891); *Epipactis schlechtendahliana* (Rchb. f.) Eaton, Proc. Biol. Soc. Wash. 21: 68 (1908); *Goodyera labiata* Pamp., Nuovo Giorn. Bot. Ital. n.s. 17 (2): 246 (1910); *Goodyera arisanensis* Hayata, Icon. Pl. Formosan. 6: 91-92 (1916); *Goodyera melinostele* Schltr., Repert. Spec. Nov. Regni Veg. Beih. 4: 59, 165 (1919); *Epipactis labiata* (Pampanini) H. H. Hu, Rhodora 27: 106 (1925); *Epipactis melinostele* H. H. Hu, Rhodora. 27: 106 (1925); *Epipactis secundiflora* (Lindl.) H. H. Hu, Rhodora. 27: 106 (1925); *Peramium arisanense* (Hayata) Makino, J. Jap. Bot. 6: 34 (1929); *Goodyera daibuzanensis* Yamam., J. Soc. Trop. Agric. Taiwan, 4: 305 (1932); *Goodyera kwangtungensis* C. L. Tso, Sunyatsenia, 1: 134 (1933); *Goodyera rontabunensis* Chow, Formosan Orchid. 66 (1968).
山西、河南、陕西、甘肃、安徽、江苏、浙江、江西、福建、台湾；日本、越南、泰国、印度尼西亚（苏门答腊）、不丹、印度、尼泊尔。

歌绿斑叶兰（歌绿怀兰，新港山斑叶兰）

Goodyera seikoomontana Yamam., J. Soc. Trop. Agric. 4: 187 (1932).
Neottia viridiflora Blume, Bijdr. Fl. Ned. Ind. 408 (1825); *Georchis cordata* Lindl., Gen. Sp. Orchid. Pl. 496 (1840); *Physurus viridiflorus* Lindl., J. Linn. Soc., Bot. 1: 180 (1857); *Georchis viridiflora* (Blume) F. Muell., Fragmenta Phytographiae Australiae 8: 29 (1872); *Goodyera cordata* (Lindl.) Benth. et Hook. f., Fl. Brit. Ind. 6 (17): 114 (1890); *Orchiodes viridiflora* (Blume) Kuntze, Revis. Gen. Pl. 2: 675 (1891); *Orchiodes cordata* (Lindl.) Kuntze, Revis. Gen. Pl. 2: 675 (1891); *Erythrodes viridiflora* (Blume) Schltr., Fl. Schutzgeb. Südsee 87 (1905); *Epipactis viridiflora* (Blume) Ames, Orchidaceae 2: 61 (1908); *Epipactis cordata* (Lindl.) A. A. Eaton, Proc. Biol. Soc. Wash. 21: 64 (1908); *Goodyera longirostrata* Hayata, Icon. Pl. Formosan. 4: 115, f. (1914); *Peramium longirostratum* (Hayata) Makino, J. Jap. Bot. 6: 35 (1929); *Peramium ogatae* (Yamam.) Makino, J. Jap. Bot. 6: 36 (1929); *Goodyera schlechtendaliana* var. *ogatae* (Yamam.) M. Hiroe, Orchid Flowers 2: 70 (1971); *Goodyera youngsayei* S. Y. Hu et Barretto, Chung Chi J. 13 (2): 10, f. 5 (1976); *Goodyera viridiflora* var. *sekioomontana* (Yamam.) S. S. Ying, Col. Illustr. Indig. Orch. Taiwan 1: 198, 463, f. 73 (1977); *Goodyera viridiflora* var. *ogatai* (Yamam.) T. S. Liu et H. J. Su, Fl. Taiwan 5: 1016, pl. 1604 (1978).
台湾、香港。

绒叶斑叶兰（鸟嘴莲，白肋斑叶兰）

Goodyera velutina Maxim., Gartenflora 16: 38, pl. 533, f. 1. (1867).
Orchiodes velutina (Maxim. ex Regel) Kuntze, Revis. Gen. Pl. 2: 675 (1891); *Epipactis velutina* (Maxim. ex Regel) A. A. Eaton, Proc. Biol. Soc. Wash. 21: 66 (1908); *Goodyera morrisonicola* Hayata, J. Coll. Sci. Imp. Univ. Tokyo 30 (1): 343 (1911); *Peramium velutinum* (Maxim. ex Regel) Makino, J. Jap. Bot. 6: 37 (1929); *Peramium morrisonicola* (Hayata) Makino, J. Jap. Bot. 6: 36 (1929); *Goodyera schlechtendaliana* var. *velutina* (Maxim. ex Regel) M. Hiroe, Orchid Flowers 2: 69 (1971); *Goodyera makuensis* Ormer., Taiwania 58 (1): 24 (2013).
浙江、湖南、湖北、四川、云南、福建、台湾、广东、广西、海南；日本、朝鲜。

秀丽斑叶兰

Goodyera vittata Benth. ex Hook. f., Fl. Brit. India 6: 113 (1890).
西藏；尼泊尔、印度。

卧龙斑叶兰

●**Goodyera wolongensis** K. Y. Lang, Acta Phytotax. Sin. 22 (4): 314, pl. 1, f. 7-15 (1984).
四川。

天全斑叶兰

•**Goodyera wuana** Tang et F. T. Wang, Acta Phytotax. Sin. 1 (1): 69 (1951).

四川。

兰屿斑叶兰（兰屿金银草）

•**Goodyera yamiana** Fukuy., Bot. Mag. 50: 18 (1936).

台湾。

川滇斑叶兰

•**Goodyera yunnanensis** Schltr., Repert. Spec. Nov. Regni Veg. Beih. 4: 60 (1919).

Epipactis yunnanensis Schltr., Repert. Spec. Nov. Regni Veg. Beih. 4: 57 (1919).

四川、云南。

火炬兰属 Grosourdya Rchb. f.

火炬兰（长脚兰）

Grosourdya appendiculata (Blume) Rchb. f., Xen. Orch. 2: 123 (1867).

Dendrocolla appendiculata Blume, Bijdr. Fl. Ned. Ind. 289 (1825); *Sarcochilus hirtulus* Hook. f., Fl. Brit. India 6: 39 (1890); *Pteroceras appendiculata* (Blume) Holtt., Kew Bull. 14: 269 (1960).

海南；菲律宾、越南、泰国、缅甸、马来西亚、印度尼西亚、印度。

手参属 Gymnadenia R. Br.

角距手参

•**Gymnadenia bicornis** Tang et K. Y. Lang, Acta Phytotax. Sin. 16 (4): 126 (1978).

西藏。

手参

Gymnadenia conopsea (L.) R. Br., Hortus Kew. (W. Aiton) ed. 2. 5: 191 (1813).

Orchis conopsea L., Sp. Pl., 942 (1753); *Gymnadenia sibirica* Turcz. ex Lindl., Gen. Sp. Orchid. Pl. 277 (1835); *Gymnadenia conopsea* var. *ussuriensis* Regel, Tent. Fl. Ussur. 474 (1861); *Gymnadenia conopsea* var. *latifolia* Schltr., Repert. Spec. Nov. Regni Veg. 16: 279 (1919).

黑龙江、吉林、辽宁、内蒙古、河北、山西、河南、陕西、甘肃、四川、云南、西藏；日本、朝鲜、俄罗斯、欧洲。

短距手参

•**Gymnadenia crassinervis** Finet, Rev. Gen. Bot. 13: 514, t. 15, B, 11-19. (1901).

Gymnadenia crassinervis Finet var. *elatior* Tang et F. T. Wang, Bull. Fan Mem. Inst. Biol. Bot. 7: 131 (1936); *Herminium chiwui* Tang et F. T. Wang, Bull. Fan Mem. Inst. Biol. Bot. ser. 10: 33. (1940); *Platanthera fugongensis* Ormer., Taiwania 58 (1): 29 (2013).

四川、云南、西藏。

峨眉手参

•**Gymnadenia emeiensis** K. Y. Lang, Acta Phytotax. Sin. 20 (2): 182 (1982).

四川。

西南手参

Gymnadenia orchidis Lindl., Gen. Sp. Orchid. Pl. 278 (1835).

Habenaria orchidis (Lindl.) Hook. f., Fl. Brit. India6 (17): 142-143 (1890); *Habenaria stoliczkae* Kraenzl., Bot. Jahrb. Syst. 16: 215 (1893); *Peristylus orchidis* (Lindl. ex Wall.) Kraenzl., Orchid. Gen. Sp. 1: 515 (1898); *Habenaria microgymnadenia* Kraenzl., Bot. Jahrb. Syst. 36 (Beibl. 82): 23 (1905); *Orchis cylindrostachya* (Lindl.) Kraenzl., Repert. Spec. Nov. Regni Veg. 5: 197-198 (1908); *Gymnadenia microgymnadenia* (Kraenzl.) Schltr., Repert. Spec. Nov. Regni Veg. 16: 282 (1919); *Gymnadenia himalayica* Schltr., Repert. Spec. Nov. Regni Veg. 16: 283 (1919); *Gymnadenia souliei* Schltr., Repert. Spec. Nov. Regni Veg. 16: 282 (1919); *Gymnadenia conopsea* var. *yunnanensis* Schltr., Repert. Spec. Nov. Regni Veg. Beih. 4: 105 (1919); *Platanthera orchidis* Lindl., Gen. Sp. Orchid. Pl. 278 (1935).

陕西、甘肃、青海、湖北、四川、云南、西藏；巴基斯坦、印度西北部、尼泊尔、不丹。

玉凤花属 Habenaria Willd.

小花玉凤花

•**Habenaria acianthoides** Schltr., Acta Hort. Gothob. 1: 138 (1924).

甘肃、青海、四川、西藏。

凸孔坡参

Habenaria acuifera Wall. ex Lindl., Gen. Sp. Orchid. Pl. 325 (1835).

四川、云南、广西；缅甸、越南、泰国、老挝、马来西亚、印度东北部。

落地金钱

•**Habenaria aitchisonii** Rchb. f., Trans. Linn. Soc. Bot. ser. 2, 3: 113 (1886).

Habenaria diceras Schltr., Notes Bot. Gard. Edinb. 5: 101, t. 78 (1912); *Habenaria bihamata* Kraenzl., Fedde Repert. Sp. Nov. 17: 106 (1921); *Habenaria pubicaulis*

Schltr., Acta Hort. Gothob. 1: 139 (1924); *Habenaria diceras* Schltr. var. *pubicaulis* (Schltr.) Soo in Ann, Mus. Nat. Hung. 26: 370 (1929).
甘肃、青海、四川、西藏。

抱茎玉凤花

Habenaria amplexicaulis Rolfe ex Downie, Kew Bull. 417 (1925).
云南；越南、泰国。

异瓣玉凤花

Habenaria anomaliflora Kurzweil et Chantanaorr, Gard. Bull. Singapore 60 (2): 373.
海南；老挝。

毛瓣玉凤花

Habenaria arietina Hook. f., Fl. Brit. Ind. 6: 138 (1890).
Habenaria pectinata var. *arietina* (Hook. f.) Kraenzl., Orchid. Gen. Sp. 1: 405 (1898); *Habenaria intermedia* var. *arietina* (Hook. f.) Finet, Rev. Gén. Bot. 13: 530 (1901); *Ochyrorchis arietina* (Hook. f.) Szlach., Richardiana 4: 53 (2004).
西藏；尼泊尔、不丹、印度。

薄叶玉凤花

Habenaria austrosinensis Tang et F. T. Wang, Bull. Fan Mem. Inst. Biol. Bot. 7: 134 (1936).
云南；泰国。

滇蜀玉凤花

•**Habenaria balfouriana** Schltr., Repert. Spec. Nov. Regni Veg. 20: 381 (1924).
Habenaria diceras Schltr., Notes Roy. Bot. Gard. Edinburgh. 5 (24): 101, pl. 78 (1912); *Habenaria pubicaulis* Schltr., Acta Horti Gothob. 1 (3): 139 (1924); *Habenaria diceras* var. *pubicaulis* (Schltr.) Soó, Ann. Hist.-Nat. Mus. Natl. Hung. 26: 370 (1929).
四川、云南。

毛葶玉凤花（线裂玉凤花，玉蜂兰，玉凤花）

Habenaria ciliolaris Kraenzl., Bot. Jahrb. Engler. 16: 169 (1892).
Habenaria malleifera Hand.-Mazz., Symb. Sin. 7: 1335 (1936); *Habenaria wangii* Ormer., Taiwania56 (1): 43 (2011).
甘肃、浙江、江西、湖南、湖北、四川、贵州、云南、福建、台湾、广东、广西、海南；越南。

斧萼玉凤花

Habenaria commelinifolia Wall. ex Lindl., Gen. Sp. Orchid. Pl. 325 (1835).
云南；印度、尼泊尔、缅甸北部、泰国、越南。

香港玉凤花

•**Habenaria coultousii** Barretto, Orchadian 7 (1): 10 (1981).
香港。

长距玉凤花

•**Habenaria davidii** Franch., Nouv. Arch. Mus. Hist. Nat. Paris 2, 10: 86 (1887).
Habenaria pectinata D. Don var. *davidii* (Franch.) Finet, Rev. Gen. Bot. 13: 531. (1901); *Habenaria chloropecten* Schltr., Fedde Repert. Sp. Nov. Beih. 4: 47 et 124. (1919); *Habenaria leucopecten* Schltr., Fedde Repert. Sp. Nov. Beih. 4: 49: 130.
湖南、湖北、四川、贵州、云南、西藏。

厚瓣玉凤花

•**Habenaria delavayi** Finet, Rev. Gen. Bot. 13: 527, t. 14 (B. 16-28.) (1901).
Habenaria yunnanensis Rolfe, J. Linn. Soc. Bot. 36: 61 (1903).
四川、贵州、云南。

鹅毛玉凤花

Habenaria dentata (Sw.) Schltr., Repert. Spec. Nov. Regni Veg. Beih. 4: 125 (1919).
Orchis dentata Sw., Kongl. Vetensk. Acad. Handl. 21: 207 (1800).
中国南方广布。

二叶玉凤花

Habenaria diphylla Dalzell, Hooker's J. Bot. Kew Gard. Misc. 2: 262 (1850).
Liparis diphyllos Nimmo, Cat. Pl. Bombay 252 (1839); *Habenaria humistrata* Rolfe ex Downie, Bull. Misc. Inform. Kew 1925: 419 (1925).
云南；泰国、印度北部。

小巧玉凤花

•**Habenaria diplonema** Schltr., Notes Roy. Bot. Gard. Edinburgh. 5: 100, pl. 77 (1912).
四川、云南、福建。

雅致玉凤花

•**Habenaria fargesii** Finet, Rev. Gen. Bot. 13: 528, t. 18A. 1-8 (1901).
四川、甘肃。

齿片玉凤花

•**Habenaria finetiana** Schltr., Fedde Repert. Sp. Nov. Beih. 4: 126 (1919).

Habenaria peyentsinensis Kraenzl., Fedde Repert. Sp. Nov. 17: 106 (1921); *Habenaria tienensis* T. Tang et F. T. Wang, Bull. Fan Mem. Inst. Biol. Bot. 7: 136 (1936).
云南、四川。

线瓣玉凤花

●**Habenaria fordii** Rolfe, Bull. Misc. Inform. Kew. 1896 (119): 202 (1896).
云南、广东、广西。

褐黄玉凤花

Habenaria fulva Tang et F. T. Wang, Bull. Fan Mem. Inst. Biol. Bot. 7: 138 (1936).
云南、广西；缅甸。

密花玉凤花

Habenaria furcifera Lindl., Gen. Sp. Orchid. Pl. 319 (1835).
云南；缅甸、泰国、印度、尼泊尔、不丹。

粉叶玉凤花

●**Habenaria glaucifolia** Bureau et Franch., J. Bot. (Morot) 5: 152 (1891).
Habenaria gnomifera Schltr., Repert. Spec. Nov. Regni Veg. Beih. 4: 48 (1919); *Senghasiella glaucifolia* (Bureau et Franch.) Szlach., J. Orchideenfr. 8: 365 (2001).
陕西、甘肃、四川、贵州、云南、西藏。

毛唇玉凤花

●**Habenaria hosokawa** Fukuy., Bot. Mag. Tokyo 48: 297 (1934).
台湾。

湿地玉凤花

Habenaria humidicola Rolfe, Bull. Misc. Inform. Kew. 1896: 202-203 (1896).
浙江、贵州、云南；缅甸。

粤琼玉凤花

Habenaria hystrix Ames, Orchidaceae 2: 35 (1908).
广东、海南。

大花玉凤花

Habenaria intermedia D. Don, Prodr. Fl. Nepal 24. (1825).
西藏；印度、尼泊尔。

岩坡玉凤花

Habenaria iyoensis Ohwi, J. Jap. Bot. 12: 382 (1936).
台湾；日本南部。

细裂玉凤花

●**Habenaria leptoloba** Benth., Fl. Hongk. 362 (1861).
香港。

宽药隔玉凤花

●**Habenaria limprichtii** Schltr., Repert. Spec. Nov. Regni Veg. Beih. 4: 50, 130 (1919).
Habenaria oligoschista Schltr., Repert. Spec. Nov. Regni Veg. Beih. 4: 51, 132 (1919); *Habenaria pectinata* var. *limprichtii* (Schltr.) Pradhan, Indian Orchids 1: 72 (1976); *Kryptostoma limprichtii* (Schltr.) Szlach. et Olszewski, in Fl. Cameroun 34: 231 (1998); *Kryptostoma oligoschistum* (Schltr.) Szlach. et Olszewski, n Fl. Cameroun 34: 231 (1998); *Ochyrorchis limprichtii* (Schltr.) Szlach., Richardiana 4: 55 (2004); *Ochyrorchis oligoschista* (Schltr.) Szlach., Richardiana 4: 55 (2004).
湖北、四川、云南。

线叶十字兰

Habenaria linearifolia Maxim., Mém. Acad. Imp. Sci. St.-Pétersbourg Divers Savans 9: 269 (1859); *Fimbrorchis linearifolia* (Maxim.) Szlach., Orchidee (Hamburg) 55: 492 (2004).
黑龙江、吉林、辽宁、内蒙古、河北、山东、河南、安徽、江苏、浙江、江西、湖南、福建；日本、朝鲜、俄罗斯（远东地区）。

坡参（小舌玉凤花）

Habenaria linguella Lindl., Gen. Sp. Orchid. Pl. 325 (1835).
Centrochilus gracilis Schauer, Nov. Actorum Acad. Caes. Leop.-Carol. German. Nat. Cur. 19 (suppl. 1) (1843); *Habenaria chrysantha* Schltr., Repert. Spec. Nov. Regni Veg. 17: 25 (1921).
贵州、云南、广东、广西、海南；越南。

细花玉凤花（光玉凤花，翘唇玉凤兰）

Habenaria lucida Lindl., Gen. Sp. Orchid. Pl. 319 (1835).
Peristylus longiracemus (Fukuy.) K. Y. Lang, Acta Phytotax. Sin. 25 (6): 448 (1987); *Habenaria dilatata* subsp. *lucida* (Willd.) S. S. Ying, Col. Illustr. Indig. Orch. Taiwan 2: 217 (1990); *Rhomboda taiwaniana* (S. S. Ying) Ormer., Orchadian 11: 332 (1995); *Platantheroides lucida* (Wall. ex Lindl.) Szlach., Richardiana 4: 107 (2004); *Habenella lucida* (Wall. ex Lindl.) Szlach. et Kras-Lap., Richardiana 6: 37 (2006).
云南、台湾、广东、海南；缅甸、越南、老挝、柬埔寨、泰国、印度东部。

棒距玉凤花

Habenaria mairei Schltr., Repert. Spec. Nov. Regni Veg. Beih. 4: 50-51, 132 (1919).
Ochyrorchis mairei (Schltr.) Szlach, Richardiana 4: 55 (2004).

四川、云南、西藏。

南方玉凤花（马宁玉凤花）

Habenaria malintana (Blanco) Merr., Bur. Sci. Publ. Manila. 12: 112 (1918).

Thelymitra malintana Blanco, Fl. Filip. 642 (1827); *Habenaria geniculata* var. *ecalcarata* King et Pantl., Ann. Roy. Bot. Gard. (Calcutta) 8: 310, pl. 405 (4-5) (1898); *Habenaria dentata* var. *ecalcarata* (King et Pantl.) Hand.-Mazz., Symb. Sin. 7: 1336 (1936); *Habenaria dentata* subsp. *ecalcarata* (King et Pantl.) Panigrahi et Murti, Fl. Bilaspur Distr. 2: 589 (1999); *Kraenzlinorchis malintana* (Blanco) Szlach., Orchidee (Hamburg) 55: 58 (2004).

浙江、四川、云南、广西、海南；马来西亚、缅甸、菲律宾、泰国、越南、印度、尼泊尔。

滇南玉凤花

Habenaria marginata Colebr., Exot. Fl. 2: 17, pl. 136 (1824).

Platanthera marginata (Colebr.) Lindl., Numer. List n. 7038 (1832).

云南；缅甸、泰国、尼泊尔、不丹、印度、克什米尔。

版纳玉凤花

Habenaria medioflexa Turrill, Bull. Misc. Inform. Kew. 1923: 118 (1923).

Habenaria trichochila Rolfe ex Downie, Bull. Misc. Inform. Kew. 1925: 421 (1925).

云南；越南、泰国。

勐远玉凤花

Habenaria myriotricha Gagnep., Bull. Soc. Bot. France 78: 72 (1931).

云南；泰国、老挝、越南。

细距玉凤花

•**Habenaria nematocerata** Tang et F. T. Wang, Bull. Fan Mem. Inst. Biol. Bot. 10: 39 (1940).

云南。

丝瓣玉凤花（冠毛玉凤兰，丝花玉凤兰，叉瓣玉凤兰）

Habenaria pantlingiana Kraenzl., Orchid. Gen. Sp. 1: 892 (1900).

Habenaria stenopetala var. *polytricha* Hook. f., Ann. Roy. Bot. Gard. (Calcutta) 5: 64, pl. 96 (1895); *Habenaria cirrhifera* Ohwi, Acta Phytotax. Geobot. 1: 141 (1932).

台湾、广西、海南；日本（琉球群岛）、越南、尼泊尔、印度。

剑叶玉凤花

Habenaria pectinata (J. E. Sm.) D. Don, Prodr. Fl. Nepal. 24 (1825).

Orchis pectinata J. E. Sm., Exot. Bot. 2: 77 (1806); *Kryptostoma pectinata* (D. Don) Oksz. et Szlach., Ann. Bot. Fenn. 37: 299 (2002); *Ochyrorchis pectinata* (D. Don) Szlach., Richardiana 4: 55 (2004); *Ochyrorchis ensifolia* (Lindl.) Szlach., Richardiana 4: 53 (2004).

云南；尼泊尔、印度。

裂瓣玉凤花（毛瓣玉凤花）

Habenaria petelotii Gagnep., Bull. Soc. Bot. France. 78: 73 (1931).

Habenaria pseudodenticulata Hand.-Mazz., Symb. Sin. 7 (5): 1334 (1936).

安徽、浙江、江西、湖南、四川、贵州、云南、福建、广东、广西；越南。

莲座玉凤花

•**Habenaria plurifoliata** Tang et F. T. Wang, Bull. Fan Mem. Inst. Biol. Bot. 10: 40 (1940).

云南、广西。

丝裂玉凤花（裂瓣玉凤兰，多裂缘玉凤兰）

Habenaria polytricha Rolfe, Hooker's Icon. Pl. 25: pl. 2496 (1896).

Medusorchis polytricha (Rolfe) Szlach., Orchidee (Hamburg) 55: 489 (2004).

江苏、浙江、四川、台湾、广西；日本（琉球群岛）、菲律宾。

肾叶玉凤花

Habenaria reniformis (D. Don) Hook. f., Fl. Brit. Ind. 6: 152 (1894).

Listera reniformis D. Don, Prodr. Fl. Nepal 28 (1825); *Aopla reniformis* Lindl., Bot. Reg. 20: t. 1701 (1834).

广东、海南；柬埔寨、泰国、越南、印度。

橙黄玉凤花

Habenaria rhodocheila Hance, Ann. Sci. Nat. ser. 5, 5: 243 (1866).

Smithanthe rhodochelia (Hance) Szlach. et Marg., Orchidee (Hamburg). 55: 174 (2004).

江西、湖南、贵州、福建、广东、广西、海南；柬埔寨、老挝、马来西亚、菲律宾、泰国、越南。

齿片坡参

Habenaria rostellifera Rchb. f., Otia Bot. Hamb. 2: 34 (1878).

Habenaria hancockii Rolfe, Kew Bull. 1896: 202 (1896).

贵州、云南；柬埔寨、马来西亚、泰国、越南。

喙房坡参

Habenaria rostrata Lindl., Gen. Sp. Orch. pl. 325 (1835).

Habenaria acuifera Lindl. var. *rostrata* Finet, Rev. Gen. Bot. 13: 526 (1901).

四川、云南；柬埔寨、泰国、越南、缅甸。

十字兰

Habenaria schindleri Schltr., Repert. Spec. Nov. Regni Veg. 16: 354 (1920).

Habenaria sagittifera f. *lacerata* Matsuda, Bot. Mag. 25: 65, 121 (1911); *Fimbrorchis linearifolia* subsp. *schindleri* (Schltr.) Szlach., Orchidee (Hamburg) 55: 648 (2004).

吉林、辽宁、河北、安徽、江苏、浙江、江西、湖南、福建、广东；日本、朝鲜。

中缅玉凤花

Habenaria shweliensis W. W. Smith et Banerji, Rec. Bot. Surv. India 6: 33 (1913).

Habenaria crassilabia Kraenzl., Fedde Repert. Sp. Nov. 17: 108 (1921).

贵州、云南；缅甸。

中泰玉凤花

Habenaria siamensis Schltr., Fedde Repert. Sp. Nov. 2: 82. (1906).

贵州；泰国。

狭瓣玉凤花

Habenaria stenopetala Lindl., Gen. Sp. Orch. pl.: 319 (1835).

Habenaria delessertiana Kraenzl., Orch. Gen. Sp. 1: 233 (1897); *Habenaria linearipetala* Hayata, Icon. Pl. Formos. 4: 126. t. 23 (1914); *Habenaria sutepensis* Rolfe ex Downie, Kew Bull. 1925: 420 (1925); *Habenaria amanoana* Ohwi, J. Jap. Bot. 31: 8 (1956).

贵州、西藏、台湾；菲律宾、泰国、越南、印度、日本、尼泊尔。

四川玉凤花

•**Habenaria szechuanica** Schltr., Acta Hort. Gothob. 1: 140 (1924).

陕西、四川、云南。

西藏玉凤花

•**Habenaria tibetica** Schltr. ex Limpricht, Fedde Repert. Sp. Nov. Beih. 12: 338 (1922).

青海、四川、云南、西藏。

丛叶玉凤花

Habenaria tonkinensis Seidenf., Dansk Bot. Ark. 31 (3): 114, fig. 70 (1977).

云南、广西；越南、老挝、柬埔寨。

绿花玉凤花

Habenaria viridiflora (Rottl. ex Sw.) R. Br., Prodr. Fl. N. Holl. 312 (1810).

Orrhis viridiflora Rottl. ex Sw., Vet. Akad. Nya Handl. 21: 206 (1800).

云南；越南、老挝、柬埔寨、泰国、印度、斯里兰卡。

卧龙玉凤花

•**Habenaria wolongensis** K. Y. Lang, Acta Phytotax. Sin. 22 (4): 314-315, pl. 1, f. 12-15 (1984).

四川。

川滇玉凤花

•**Habenaria yuana** Tang et F. T. Wang, Bull. Fan Mem. Inst. Biol. Bot. 7: 135. (1936).

四川、云南。

滇兰属 **Hancockia** Rolfe

滇兰

Hancockia uniflora Rolfe, J. Linn. Soc., Bot., 36: 20 (1903).

Chrysoglossella japonica Hatus., Sci. Rep. Yokosuka City Mus. 13: 29 (1967).

云南、台湾；日本（琉球群岛）、越南北部。

香兰属 **Haraella** Kudô

香兰

•**Haraella retrocalla** (Hayata) Kudô, J. Soc. Trop. Agric. 2: 26 (1930).

Saccolabium retrocallum Hayata, Icon. Pl. Formosan. 4: 92, f. 4 (1914); *Gastrochilus retrocallus* (Hayata) Hayata, Icon. Pl. Formosan. 6 (Suppl.): 79 (1917); *Gastrochilus retrocallosus* Schltr., Repert. Spec. Nov. Regni Veg. Beih. 4: 289 (1919); *Haraella odorata* Kudo, J. Soc. Trop. Agric. 2: 26 (1930); *Saccolabium odoratum* (Kudô) Makino et Nemoto, Fl. Japan ed. 2: 1675 (1931); *Gastrochilus odoratus* (Kudô) J. J. Sm., Bull. Jard. Bot. Buitenzorg III, 14: 168 (1937).

台湾。

舌喙兰属 **Hemipilia** Lindl.

小花舌喙兰（短距小红门兰）

•**Hemipilia brevicalcarata** Finet, Bull. Soc. Bot. France 44: 420. pl. 14. A-C (1897).

Orchis brevicalcarata (Finet) Schltr., Repert. Spec. Nov. Regni Veg. Beih. 4: 87 (1919); *Ponerorchis*

brevicalcarata (Finet) Soó, Acta Bot. Acad. Sci. Hung. 12 (3-4): 353 (1966); *Chusua brevicalcarata* (Finet) P. F. Hunt, Kew Bull. 26: 173 (1971).
四川、云南。

美叶舌喙兰

Hemipilia calophylla E. C. Parish et Rchb. f., Jour. of Bot., British and Foreign 12: 197 (1874).
Orchis subrotunda King et Pantl., Journal of the Asiatic Society of Bengal 66: 600 (1895); *Hemipilia amethystina* Rolfe ex Hook. f., Botanical Magazine 123: t. 7521 (1897); *Galearis subrotunda* (King et Pantl.) P. F. Hunt, Kew Bulletin 26: 172 (1971).
云南；缅甸、泰国、越南北部。

心叶舌喙兰

Hemipilia cordifolia Lindl., Gen. Sp. Orchid. Pl. 296 (1835).
Hemipilia cruciata Finet, Bull. Soc. Bot. France 44: 421, t. 14. fig. H-P (1897); *Hemipilia yunnanensis* (Finet) Schltr., Repert. Spec. Nov. Regni Veg. 9 (196-198): 22 (1910); *Hemipilia formosana* Hayata, J. Coll. Sci. Imp. Univ. Tokyo 30 (1): 354-355 (1911); *Hemipilia bulleyi* Rolfe, Notes Roy. Bot. Gard. Edinburgh. 8: 27, pl. 12 (1913).
四川、云南、西藏、台湾；缅甸、不丹、尼泊尔、印度。

粗距舌喙兰

Hemipilia crassicalcarata S. S. Chien, Contr. Biol. Lab. Sci. Soc. China Bot. 6: 80 (1931).
Hemipilia silvestrii Pamp., Nuov. Giorn. Bot. Ital. n.s. 22: 271 (1915).
山西、陕西、四川。

扇唇舌喙兰

•**Hemipilia flabellata** Bureau et Franch., J. Bot. (Morot) 5: 152 (1891).
Hemipilia flabellata var. *grandiflora* Finet, Rev. Gén. Bot. 13: 511 (1901); *Hemipilia cordifolia* var. *subflabellata* Finet, Rev. Gén. Bot. 13: 510 (1901); *Hemipilia leptoceras* Schltr. ex Soó, Ann. Hist.-Nat. Mus. Natl. Hung. 26: 355 (1929); *Hemipilia flabellata* var. *leptoceras* Soó, Ann. Hist.-Nat. Mus. Natl. Hung. 24: 355 (1929).
四川、贵州、云南、西藏。

长距舌喙兰

•**Hemipilia forrestii** Rolfe, Notes Roy. Bot. Gard. Edinburgh. 8: 27 (1913).
Hemipilia forrestii var. *macrantha* Hand.-Mazz., Symb. Sin. 7: 1329, pl. 41, f. 7 (1936).
四川、云南、西藏。

裂唇舌喙兰

•**Hemipilia henryi** Rolfe, Bull. Misc. Inform. Kew, 1896: 203 (1896).
Hemipilia cordifolia var. *cuneata* Finet, Rev. Gén. Bot. 13: 510 (1901); *Hemipilia cuneata* Schltr., Repert. Spec. Nov. Regni Veg. 9: 21-22 (1910); *Hemipilia amesiana* Schltr., Repert. Spec. Nov. Regni Veg. Beih. 4: 41 (1919).
湖北、四川。

广西舌喙兰

•**Hemipilia kwangsiensis** Tang et F. T. Wang ex K. Y. Lang, Guihaia 18 (1): 7. fig. 2 (1998).
云南、广西。

齿唇舌喙兰

•**Hemipilia limprichtii** Schltr., Repert. Spec. Nov. Regni Veg. Beih. 12: 331 (1922).
Hemipilia cordifolia var. *bifoliata* Finet, Rev. Gén. Bot. 13: 509 (1901).
贵州、云南。

紫斑兰（紫斑玉凤花）

•**Hemipilia purpureopunctata** (K. Y. Lang) X. H. Jin, Schuit. et W. T. Jin, Mol. Phylogenetic. Evol. 77: 50 (2014).
Habenaria purpureopunctata K. Y. Lang, Acta Phytotax. Sin. 16 (4): 172 (1978); *Hemipiliopsis purpureopunctata* (K. Y. Lang) Y. B. Luo et S. C. Chen, Novon 13 (4): 450 (2003).
西藏；印度东北部。

角盘兰属 Herminium L.

裂瓣角盘兰

•**Herminium alaschanicum** Maxim., Bull. Acad. Imp. Sci. Saint-Pétersbourg 31: 105 (1887).
Monorchis alaschanica (Maxim.) O. Schwarz, Mitt. Thüring. Bot. Ges. 1: 95 (1949); *Peristylus alaschanicus* (Maxim.) N. Pearce et P. J. Cribb, Edinburgh J. Bot. 58: 117 (2001).
内蒙古、河北、山西、陕西、宁夏、甘肃、青海、四川、云南、西藏；蒙古。

狭唇角盘兰

Herminium angustilabre King et Prantl, J. Asiat. Soc. Bengal 65 (2): 131 (1896).
Monorchis angustilabris (King et Pantl.) O. Schwarz, Mitt. Thüring. Bot. Ges. 1: 95 (1949).

云南；印度。

孔唇兰

●**Herminium biporosum** Maxim., Bull. Acad. Imp. Sci. Saint-Pétersbourg 31: 106 (1887).

Porolabium biporosum (Maxim.) Tang et F. T. Wang, Bull. Fan Mem. Inst. Biol. Bot. 10: 38 (1940); *Monorchis biporosa* (Maxim.) O. Schwarz, Mitt. Thüring. Bot. Ges. 1: 95 (1949).

山西、青海。

厚唇角盘兰

●**Herminium carnosilabre** Tang et F. T. Wang, Bull. Fan Mem. Inst. Biol. Bot. 10: 32 (1940).

云南。

矮角盘兰

●**Herminium chloranthum** Tang et F. T. Wang, Bull. Fan Mem. Inst. Biol. Bot. 10: 34 (1940).

云南、西藏。

条叶角盘兰

●**Herminium coiloglossum** Schltr., Repert. Spec. Nov. Regni Veg. 3: 15 (1906).

Monorchis coiloglossa (Schltr.) O. Schwarz, Mitt. Thüring. Bot. Ges. 1: 95 (1949).

云南。

无距角盘兰

●**Herminium ecalcaratum** (Finet) Schltr., Feddes Repert. Spec. Nov. Regni Veg. 3: 15 (1906).

Peristylus ecalcaratus Finet, Rev. Gén. Bot.13: 520, pl. 12, f. B (3-19) (1901).

四川、云南。

雅致角盘兰

●**Herminium glossophyllum** Tang et F. T. Wang, Bull. Fan Mem. Inst. Biol. Bot. 7: 127 (1936).

Herminium ophioglossoides Schltr. var. *minus* Hand.-Mazz., Symb. Sin. 7: 1333 (1936).

四川、云南。

冷兰

●**Herminium humidicola** (K. Y. Lang et D. S. Deng) X. H. Jin, Schuit., Raskoti et L.Q. Huang in Cladistics, doi. 10.1111/cla.12125(2015）.

Peristylus humidicolus K. Y. Lang et D. S. Deng, Novon 6 (2): 190, f. 2 (1996); *Bhutanthera humidicola* (K. Y. Lang et D. S. Deng) Ormer., Taiwania 48 (3): 139 (2003).

青海。

宽唇角盘兰

Herminium josephii Rchb. f., Flora 55: 276 (1872).

Herminium forrestii Schltr., Notes Bot. Gard. Edinb. 5: 96, t. 77A (1912).

云南、西藏；印度、尼泊尔、缅甸。

叉唇角盘兰（余粮子草，脚根兰，细叶零余子草）

Herminium lanceum (Thunb. ex Sw.) Vuijk, Blumea 11: 228 (1961).

Ophrys lancea Thunb. ex Sw., Kongl. Vetensk. Acad. Handl.21: 223 (1800); *Satyrium lanceum* (Thunb. ex Sw.) Pers., Syn. Pl. 2: 507 (1807); *Aceras angustifolia* Lindl., Bot. Reg. 18: sub. pl. 1525 (1832); *Aceras lanceum* (Thunb. ex Sw.) Steud., Nomenclator Botanicus ed. 2, 1: 12 (1840); *Aceras longicruris* C. Wright ex A. Gray, Mém. Amer. Acad. Arts new ser. II 6: 411 (1858); *Aceras angustifolia* var. *longicruris* (C. Wright ex A. Gray) Makino, Prol. 139 (1866); *Platanthera angustifolia* (Lindl.) Rchb. f., Otia Bot. Hamburg.: 39 (1878); *Herminium angustifolium* (Lindl.) Benth. ex Hook. f., Fl. Brit. Ind. 6: 129 (1890); *Herminium angustifolium* var. *longicruris* (C. Wright ex A. Gray) Makino, Bot. Mag. 10: 109 (1896); *Herminium altigenum* Schltr. ex Limpr., Repert. Spec. Nov. Regni Veg. Beih. 12: 334 (1922); *Herminium stenostachyum* Tang et F. T. Wang, Bull. Fan Mem. Inst. Biol. Bot. 7: 130 (1936); *Monorchis minutiflora* (Schltr.) O. Schwarz, Mitt. Thüring. Bot. Ges. 1: 95 (1949); *Monorchis angustifolia* (Lindl.) Schwarz, Mitt. Thuring. Bot. Ges. 1. 95 (1949); *Spiranthes lancea* Backer, Bakh. f. et V. Steenis: K. Y., Blumea 6: 361 (1950); *Herminium angustifolium* var. *brevilabre* Tang et F. T. Wang, Acta Phytotax. Sin. 1 (1): 28, 61 (1951).

陕西、甘肃、安徽、浙江、江西、福建；日本、朝鲜、越南、印度尼西亚、泰国、马来西亚、缅甸、菲律宾、老挝、柬埔寨、尼泊尔、印度、克什米尔。

耳片角盘兰

Herminium macrophyllum (D. Don) Dandy, J. Bot. 70: 328 (1932).

Neottia macrophylla D. Don, Prodr. Fl. Nepal 27 (1825); *Spiranthes microphylla* (D. Don) Spreng., Syst. Veg. 3: 708 (1826).

西藏；巴基斯坦、印度、尼泊尔、不丹。

角盘兰

Herminium monorchis (L.) R. Br. in W. T. Aiton, Hort. Kew. ed. 2, 5: 191 (1813).

Ophrys monorchis L., L. Sp. Pl. ed. 1. 947 (1753); *Herminium alaschanicum* var. *tanguticum* Maxim., Bull. Acad. Sci. St. Petersb. 31: 105 (1886); *Herminium*

tanguticum (Maxim.) Rolfe, J. Linn. Soc. Bot. 36: 51 (1903).
吉林、内蒙古、河北、山西、山东、河南、宁夏、甘肃、青海、新疆、安徽、四川、云南、西藏；蒙古、日本、韩国、巴基斯坦、尼泊尔、俄罗斯、欧洲。

长瓣角盘兰

•**Herminium ophioglossoides** Schltr., Notes Roy. Bot. Gard. Edinburgh. 5: 96, pl. 76 (1912).
Monorchis ophioglossoides (Schltr.) O. Schwarz, Mitt. Thüring. Bot. Ges. 1: 95 (1949).
四川、云南。

秀丽角盘兰

Herminium quinquelobum King et Pantl., J. Asiat. Soc. Beng. 65 (2): 130 (1896).
云南；不丹、印度、尼泊尔。

西藏角盘兰

•**Herminium orbiculare** Hook. f., Fl. Brit. India6: 129 (1890).
Monorchis orbicularis (Hook. f.) O. Schwarz, Mitt. Thüring. Bot. Ges. 1: 95 (1949).
西藏；不丹、印度。

宽萼角盘兰

Herminium souliei (Finet) Rolfe, J. Linn. Soc., Bot. 36 (249): 51 (1903).
Herminium gangustifolium var. *souliei* Finet, Rev. Gén. Bot. 13: 518 (1901).
四川、云南、西藏。

宽叶角盘兰

•**Herminium tangianum** (S. Y. Hu) K. Y. Lang, Acta Phytotax. Sin. 25: 458 (1987).
Peristylus tangianus S. Y. Hu, Quart. J. Taiwan Mus. 27 (3-4): 462 (1974).
云南。

云南角盘兰

•**Herminium yunnanense** Rolfe, Notes Roy. Bot. Gard. Edinburgh. 8: 24 (1913).
云南。

爬兰属 **Herpysma** Lindl.

爬兰

Herpysma longicaulis Lindl., Bot. Reg. 19: t. 1618. (1833).
云南、西藏；印度尼西亚、缅甸、泰国、越南、不丹、印度、尼泊尔。

翻唇兰属 **Hetaeria** Blume

滇南翻唇兰

Hetaeria affinis (Griff.) Seidenf. et Ormer., Oasis Suppl. 2: 9 (2001).
Goodyera affinis Griff., Not. Pl. Asiat. 3: 391 (1851); *Cerochilus rubens* Lindl., Gard. Chron. 87 (1854); *Rhamphidia rubens* (Lindl.) Lindl., J. Linn. Soc., Bot. 1: 182 (1857); *Hetaeria rubens* (Lindl.) Benth. ex Hook. f., Fl. Brit. Ind. 6: 115 (1890).
云南；缅甸北部、泰国、越南、不丹、印度东北部。

四腺翻唇兰

Hetaeria anomala Lindl., J. Linn. Soc., Bot. 1: 185 (1857).
Zeuxine biloba Ridl., J. Fed. Malay States Mus. 4: 73 (1909); *Hetaeria grandiflora* Ridl., Journal of the Asiatic Society, Science 1: 98 (1923); *Hetaeria rotundiloba* J. J. Sm., Svensk Bot. Tidskr. 20: 470 (1927); *Hetaeria biloba* (Ridl.) Seidenf. et J. J. Wood, Orchids Penins. Malaysia et Singapore: 95 (1992).
台湾、海南；印度尼西亚、老挝、马来西亚、缅甸、菲律宾、泰国、越南、印度东北部。

长序翻唇兰

Hetaeria finlaysoniana Seidenf., Contr. Orchid Fl. Thailand 13: 10 (1997).
Rhamphidia elongata (Lindl.) Lindl., J. Linn. Soc., Bot. 1: 181 (1857); *Hetaeria elongata* (Lindl.) Hook. f., Fl. Brit. Ind. 6: 116, 197 (1890); *Etaeria elongata* Lindl., Hooker's Icon. Pl. 22: t. 2190 (1895).
广西、海南；泰国、斯里兰卡。

斜瓣翻唇兰

Hetaeria obliqua Blume, Coll. Orch. Arch. Ind. 104, t. 34, fig, 1 (1858).
Dossinia obliqua (Blume) Miq., Fl. Ind. Bot. 3: 731 (1859).
海南；泰国、马来西亚、印度尼西亚。

矩叶翻唇兰

Hetaeria rubicunda Rchb. f., Bonplandia 3: 214 (1855).
Rhamphidia tenuis Lindl., J. Linn. Soc., Bot. 1: 182 (1857); *Hetaeria micrantha* Blume, Coll. Orchid. 103 (1858); *Rhamphidia rubicunda* (Blume) F. Muell., Fragm. 7: 30 (1869); *Hetaeria forcipata* Rchb. f., Linnaea 41: 62 (1877); *Rhamphidia discoidea* Rchb. f., Linnaea 41: 59 (1877); *Hetaeria tenuis* (Lindl.) Benth., J. Linn. Soc., Bot. 18: 345 (1880); *Hetaeria helferi* Hook. f., Fl. Brit. India6: 115 (1890); *Hetaeria*

samoensis Rolfe, Kew Bulletin 199 (1898); *Goodyera erimae* Schltr., Fl. Schutzgeb. Südsee 93 (1905); *Goodyera discoidea* (Rchb. f.) Schltr., Bot. Jahrb. Syst. 39: 57 (1906); *Epipactis erimae* (Schltr.) A. A. Eaton, Proc. Biol. Soc. Wash. 21: 64 (1908); *Epipactis discoidea* (Rchb. f.) A. A. Eaton, Proc. Biol. Soc. Wash. 21: 64 (1908); *Hetaeria similis* Schltr., Repert. Spec. Nov. Regni Veg. 9: 88 (1910); *Hetaeria erimae* (Schltr.) Schltr., Repert. Spec. Nov. Regni Veg. 9: 89 (1910); *Hetaeria discoidea* (Rchb. f.) Schltr., Repert. Spec. Nov. Regni Veg. 9: 89 (1910); *Hetaeria pauciseta* J. J. Sm., Repert. Spec. Nov. Regni Veg. 11: 134 (1912); *Hetaeria raymundi* Schltr., Bot. Jahrb. Syst. 56: 453 (1921).

台湾；日本南部、印度尼西亚、马来西亚、缅甸、菲律宾、泰国、越南、巴布亚新几内亚、澳大利亚、太平洋岛屿。

香港翻唇兰

Hetaeria youngsayei Ormer., Oasis, The Journal Suppl. 3: 7 (2004).

Hetaeria shiuyingiana L. Li et F. W. Xing, Novon, 19 (2): 187 (2009).

海南、香港；泰国。

槽舌兰属 **Holcoglossum** Schltr.

大根槽舌兰

Holcoglossum amesianum (Rchb. f.) Christenson, Notes Roy. Bot. Gard. Edinburgh. 44 (2): 255 (1987).

Vanda amesiana Rchb. f., Gard. Chron. ser. 3. 1: 764 (1887).

云南；印度、缅甸、泰国、老挝、越南。

短距槽舌兰

●**Holcoglossum flavescens** (Schltr.) Z. H. Tsi, Acta Phytotax. Sin. 20 (4): 441 (1982).

Aerides flavescens Schltr., Repert. Spec. Nov. Regni Veg. 19: 382 (1924); *Saccolabium yunpeense* Tang et F. T. Wang, Acta Phytotax. Sin. 1: 97 (1951); *Papilionanthe flavescens* (Schltr.) Garay, Bot. Mus. Leafl. 23 (4): 370 (1974).

湖北、四川、云南。

圆柱叶乌舌兰

Holcoglossum himalaicum (Deb, Sengupta et Malick) Aver., Bot. Zhurn. (Moscow et Leningrad) 73: 432 (1988).

Saccolabium himalaicum Deb, Sengupta et Malick, Bull. Bot. Soc. Bengal 22 (2): 213 (1968); *Ascocentrum himalaicum* (Deb, Sengupta et Malick) Christenson, Notes Roy. Bot. Gard. Edinburgh. 44 (2): 256 (1987); *Holcoglossum junceum* Z. H. Tsi, Acta Phytotax. Sin. 20 (4): 442 (1982); *Ascocentrum himalaicum* var. *roseolum* H. Jiang, Acta Bot. Yunnan. 28 (3): 259 (2006); *Pendulorchis gaoligongensis* G. Q. Zhang, Ke Wei Liu et Z. J. Liu, PLoS ONE 8 (4): e60097. doi: 10. 1371/journal.pone.0060097.

云南；缅甸、不丹、印度东北部。

管叶槽舌兰

Holcoglossum kimballianum (Rchb. f.) Garay, Bot. Mus. Leafl. 23 (4): 182 (1972).

Vanda kimballiana Rchb. f., Gard. Chron. ser. 3. 5: 232 (1889); *Vanda saprophytica* Gagnep., Bull. Soc. Bot. France 79: 37 (1932); *Holcoglossum saprophyticum* (Gagnep.) Christenson, Notes Roy. Bot. Gard. Edinburgh 44: 255 (1987); *Holcoglossum singchianum* G. Q. Zhang, L. J. Chen et Z. J. Liu, PloS ONE 6 (10): e60097 (2013).

云南；泰国、老挝、缅甸、越南西北部。

舌唇槽舌兰

Holcoglossum lingulatum (Aver.) Aver., Vasc. Pl. Syn. Vietnama. Fl. 1: 110 (1990).

Holcoglossum kimballianum var. *lingulatum* Aver., Bot. Žhurn. (Moscow et Leningrad) 73 (2): 426, f. 4. (1988); *Holcoglossum tangii* Christenson, Lindleyana 13: 131 (1998).

云南、广西；越南西北部。

小花槽舌兰

Holcoglossum nagalandensis (Phukan et Odyuo) X. H. Jin, PloS ONE 7 (12): e0052050 (2012).

Penkimia nagalandensis Phukan et Odyuo, Orchid Rev. 114: 331 (2006); *Chenorchis singchii* Z. J. Liu, K. W. Liu et L. J. Chen, Acta Ecol. Sin. 28: 2436 (2008).

云南；印度东北部。

怒江槽舌兰

●**Holcoglossum nujiangense** X. H. Jin et S. C. Chen, Nordic J. Bot. 25: 126 (2007).

Holcoglossum linearifolium Z. J. Liu, S. C. Chen et L. J. Chen, PloS ONE 6 (10): e24846 (2011).

云南。

峨眉槽舌兰

●**Holcoglossum omeiense** Z. H. Tsi ex X. H. Jin et S. C. Chen, Kew Bull. 59: 633 (2004).

四川。

槽舌兰

●**Holcoglossum quasipinifolium** (Hayata) Schltr., Fedde

Repert. Sp. Nov. Beih. 4: 285 (1919).
Saccolabium quasipinifolium Hayata, Icon. Pl. Formos. 2: 144 (1912).
台湾。

尖叶槽舌兰

Holcoglossum pumilum (Hayata) X. H. Jin, PloS ONE 7 (12): e0052050 (2012).
Saccolabium pumilum Hayata, Bot. Mag. (Tokyo) 20: 77 (1906).
台湾。

滇西槽舌兰

•**Holcoglossum rupestre** (Hand.-Mazz.) Garay, Bot. Mus. Leafl. 23 (4): 182 (1972).
Vanda rupestris Hand.-Mazz., Anz. Akad. Wiss. Wien, Math.-Naturwiss. Kl. 62: 241 (1925).
云南。

中华槽舌兰

•**Holcoglossum sinicum** Christenson, Notes Roy. Bot. Gard. Edinburgh. 44 (2): 255 (1987).
云南。

凹唇槽舌兰

Holcoglossum subulifolium (Rchb. f.) Christenson, Notes Roy. Bot. Gard. Edinburgh. 44 (2): 255 (1987).
Vanda subulifolia Rchb. f., Flora 69: 552 (1886); *Vanda watsonii* Rolfe, Gard. Chron. 1905 (1): 82 (1905); *Holcoglossum auriculatum* Z. J. Liu, S. C. Chen et X. H. Jin, J. Wuhan Bot. Res. 23 (2): 154 (2005).
云南、海南；缅甸、泰国、越南。

筒距槽舌兰

Holcoglossum wangii Christenson, Lindleyana. 13: 123 (1998).
云南、广西；越南南部。

维西槽舌兰

•**Holcoglossum weixiense** X. H. Jin et S. C. Chen, Novon 13 (2): 178 (2004).
云南。

先骕兰属 **Hsenhsua** X. H. Jin, Schuit. et W. T. Jin

先骕兰（黄花小红门兰）

Hsenhsua chrysea (W. W. Sm) X. H. Jin, Schuit., W. T. Jin et L. Q. Huang, Mol. Phylogenetic. Evol. 77: 48 (2014).
Habenaria chrysea W. W. Sm., Notes Roy. Bot. Gard. Edinburgh. 13: 204 (1921); *Orchis chrysea* (W. W. Sm.) Schltr., Repert. Spec. Nov. Regni Veg. 19: 372 (1924); *Ponerorchis chrysea* (W. W. Sm.) Soó, Acta Bot. Acad. Sci. Hung. 12: 353 (1966); *Chusua chrysea* (W. W. Sm.) P. F. Hunt, Kew Bull. 26: 174 (1971).
云南、西藏；不丹。

袋唇兰属 **Hylophila** Lindl.

袋唇兰

•**Hylophila nipponica** (Fukuy.) S. S. Ying, Coloured Ill. Indig. Orchids Taiwan 1: 469 (1977).
Dicerostylis nipponica Fukuy., Botanical Magazine 50 (589): 19 (1936).
台湾。

瘦房兰属 **Ischnogyne** Schltr.

瘦房兰

•**Ischnogyne mandarinorum** (Kraenzl.) Schltr., Fedde Repert. Sp. Nov. 12: 107 (1913).
Coelogyne mandarinorum Kraenzl., Bot. Jahrb. 29: 269 (1901); *Pleione mandarinorum* (Kraenzl.) Kraenzl, Pflanzenreich IV (50) Heft 32: 128 (1907).
陕西、甘肃、湖北、四川、重庆、贵州。

旗唇兰属 **Kuhlhasseltia** J. J. Sm.

旗唇兰

Kuhlhasseltia yakushimensis (Yamam.) Ormer., Lindleyana 17: 209 (2003).
Anoectochilus yakushimensis Yamam., Bot. Mag. (Tokyo), 38: 131 (1924); *Cystopus humilis* Fukuy., Bot. Mag. 48: 307 (1934); *Vexillabium yakushimense* (Yamam.) F. Maek., J. Jap. Bot. II: 459 (1935); *Pristiglottis humilis* (Fukuy.) Fukuy., Bot. Mag. 49: 666 (1935); *Pristiglottis integra* Fukuy., Bot. Mag. 50: 20 (1936); *Pristiglottis yakushimensis* (Yamam.) Masam., Col. Illustr. Fl. Nippon 8: 218 (1970); *Vexillabium integrum* (Fukuy.) S. S. Ying, Col. Illustr. Indig. Orch. Taiwan 1: 509 (1977); *Vexillabium humillum* (Fukuy.) S. S. Ying, Col. Illustr. Indig. Orch. Taiwan 1: 509 (1977); *Kuhlhasseltia integra* (Fukuy.) T. C. Hsu et S. W. Chung, Taiwania 54: 82 (2009).
陕西、安徽、浙江、湖南、四川、台湾；日本、菲律宾。

盂兰属 **Lecanorchis** Blume

盂兰

Lecanorchis japonica Blume, Mus. Bot. 2: 188 (1856).
Lecanorchis bihuensis T. P. Lin et Shu H. Wu, Taiwania

57 (4): 381 (2012).
安徽、湖南、福建、台湾；日本。

屏东盂兰

Lecanorchis latens T. P. Lin et W. M. Lin, Taiwania. 56: 315 (2011).
台湾。

多花盂兰

Lecanorchis multiflora J. J. Sm., Bull. Jard. Bot. Buitenz. Ser. 2, 26: 8 (1918).
云南；泰国、马来西亚、印度尼西亚。

全唇盂兰

Lecanorchis nigricans Honda, Bot. Mag. Tokyo 45: 470 (1931).
Lecanorchis purpurea Masamune, Prel. Rep. Veg. Yak. 60 (1929); *Lecanorchis oligotricha* Fukuy., Trans. Nat. Hist. Soc. Formos. 32: 242 (1942).
福建、台湾；日本。

亚辐射皿兰

●**Lecanorchis subpelorica** T. C. Hsu et S. W. Chung, Taiwania, 55 (4): 363 (2010).
台湾。

灰绿盂兰（纹皿柱兰）

●**Lecanorchis thalassica** T. P. Lin, Native Orchids Taiwan 3: 153 (1987).
Lecanorchis japonica var. *thalassica* (T. P. Lin) S. S. Ying, Col. Illustr. Indig. Orch. Taiwan 2: 563 (1990).
台湾。

羊耳蒜属 Liparis Rich.

白花羊耳蒜

●**Liparis amabilis** Fukuy., Bot. Mag. 52 (589): 245 (1938).
台湾。

狭瓣羊耳蒜

●**Liparis angustioblonga** P. H. Yang et X. H. Jin, Nordic J. Bot. 27: 4 (2009).
陕西。

扁茎羊耳蒜

Liparis assamica King et Pantl., Ann. Bot. Gard. (Calcutta) 8: 36. Pl. 53 (1898).
云南；印度。

圆唇羊耳蒜（海南羊耳蒜）

Liparis balansae Gagnep., Bull. Soc. Bot. France. 79: 165 (1932).
Liparis hainanensis Tang et F. T. Wang, Acta Phytotax. Sin. 12 (1): 38-39 (1974).
四川、云南、西藏、广西、海南；越南、泰国。

须唇羊耳蒜

Liparis barbata Lindl., Gen. Sp. Orchid. Pl. 27 (1830).
Liparis wrayii Hook. f., Fl. Brit. Ind. 6: 181 (1890); *Leptorkis wrayi* (Hook. f.) Kuntze, Revis. Gen. Pl. 2: 671 (1891); *Diteilis wrayi* (Hook. f.) M. A. Clem. et D. L. Jones, Orchadian 15: 41 (2005).
台湾、海南；印度尼西亚、缅甸、菲律宾、马来西亚、泰国、印度、斯里兰卡、巴布亚新几内亚、太平洋岛屿（萨摩亚、瓦努阿图）。

保亭羊耳蒜

●**Liparis bautingensis** Tang et F. T. Wang, Acta Phytotax. Sin. 12 (1): 39 (1974).
Liparis superposita Ormer., Taiwania, 52 (4): 311 (2007).
云南、海南。

折唇羊耳蒜

Liparis bistriata Par. et Rchb. f., Trans. Linn. Soc. 30: 155 (1874).
Liparis saltucola Kerr, Kew Bull. 216 (1927).
云南、西藏；缅甸、印度、尼泊尔。

镰翅羊耳蒜

Liparis bootanensis Griff., Not. Pl. Asiat. 3: 278 (1851).
Liparis plicata Franch. et Savat., Enum. Pl. Jap. 2: 509 (1879); *Liparis lancifolia* Hook. f., Hook. Icon. Pl. ser. 3, 9: t. 1855 (1889); *Cestichis plicata* (Franch. et Savat.) F. Maekawa, Nakai, Icon. Pl. As. Orient. 2: 103. t. 43 (1937); *Liparis subplicata* Tang et F. T. Wang, Acta Phytotax. Sin. 12 (1): 40 (1974); *Liparis ruybarretto* S. Y. Hu et Barretto, Chung Chi J. 13 (2): 22 (1976); *Liparis pterostyloides* Szlach., Fragm. Flor. Geo1ot. 38 (2): 454 (1993).
四川、贵州、云南、西藏、福建、台湾、广东、广西、海南；日本、越南、马来西亚、缅甸、菲律宾。

褐花羊耳蒜

●**Liparis brunnea** Ormer., Taiwania 52 (4): 309, fig. 2 (2007).
Liparis damingshanensis L. Wu et Y. S. Huang, Taiwania. 57: 62 (2012).
广东、广西。

羊耳蒜

Liparis campylostalix Rchb. f., Linnaea 41: 45 (1877).
Leptorkis campylostalix (Rchb. f.) Kuntze, Revis. Gen. Pl. 2: 671 (1891); *Liparis yuana* Ormer., Taiwania 52

(4): 312, fig. 5 (2007).
黑龙江、吉林、辽宁、内蒙古、河北、山西、山东、河南、甘肃、湖北、四川、贵州、云南、西藏、台湾；日本、朝鲜、俄罗斯（远东地区）。

二褶羊耳蒜

Liparis cathcartii Hook. f., Hooker's Icon. Pl. 19: pl. 1808 (1889).

Leptorkis cathcartii (Hook. f.) Kuntze, Revis. Gen. Pl. 2: 671 (1891).

四川、云南；尼泊尔、不丹、印度东北部。

丛生羊耳蒜

Liparis cespitosa (Thouars) Lindl., Edwards's Bot. Reg. 11: sub pl. 882 (1825).

Malaxis caespitosa Thouars, Hist. Orchid. 90 (1822); *Epidendrum cespitosum* Lam., Encycl. 1: 187 (1783); *Malaxis angustifolia* Blume, Bijdr. Fl. Ned. Ind. 391 (1825); *Liparis angustifolia* (Blume) Lindl., Gen. Sp. Orchid. Pl. 31 (1830); *Liparis pusilla* Ridl., J. Linn. Soc., Bot. 22: 294 (1886); *Leptorkis cespitosa* (Lam.) Kuntze, Revis. Gen. Pl. 2: 671 (1891); *Cestichis caespitosa* (Thouars) Ames, Orchidaceae (Ames) 2: 132 (1908).

云南、西藏、海南；热带非洲和亚洲广布、太平洋岛屿。

平卧羊耳蒜

Liparis chapaensis Gagnep., Bull. Soc. Bot. France. 79: 166 (1932).

贵州、云南、广西；越南北部、缅甸。

高山羊耳蒜

Liparis cheniana X. H. Jin, Ann. Bot. Fennici. 48: 163 (2011).

四川、云南、西藏。

细茎羊耳蒜

Liparis condylobulbon Rchb. f., Hamb. Gartenz. 18: 34 (1862).

Liparis confusa J. J. Sm., Fl. Buitenz. 6: 275. fig. 211 (1905); *Liparis dolichopoda* Hayata, Icon. Pl. Formosan. 4: 27, pl. (1914); *Cestichis dolichopoda* Hayata, Icon. Pl. Formosan. 4: 27 (1914).

台湾；泰国、马来西亚、印度尼西亚、菲律宾、巴布亚新几内亚、太平洋岛屿。

心叶羊耳蒜（银铃虫兰）

Liparis cordifolia Hook. f., Hooker's Icon. Pl. 19: pl. 1811 (1889).

Leptorkis cordifolia (Hook. f.) Kuntze, Revis. Gen. Pl. 2: 671 (1891); *Liparis keitaoensis* Hayata, Icon. Pl. Formosan. 7: 40, f. 1 (1918); *Liparis argentopunctata* Aver., Bot. Zhurn. (Moscow et Leningrad) 73: 106 (1988).

云南、西藏、台湾、广西；缅甸、不丹、尼泊尔、印度北部、越南。

小巧羊耳蒜

Liparis delicatula Hook. f., Icon. Pl. 19: pl. 1889 (1889).

Leptorkis delicatula (Hook. f.) Kuntze, Revis. Gen. Pl. 2: 671 (1891); *Platystyliparis delicatula* (Hook. f.) Marg., Richardiana 7: 39 (2007).

云南、西藏、海南；越南、印度东北部、老挝北部。

大花羊耳蒜

Liparis distans C. B. Clarke, J. Linn. Soc. Bot. 25: 71. t. 29 (1889).

Liparis yunnanensis Rolfe, J. Linn. Soc. Bot. 36: 8 (1903); *Liparis oxyphylla* Schltr., Fedde Repert. Sp. Nov. Beih. 4: 63 (1919).

四川、贵州、云南、西藏、海南；老挝、泰国、越南、印度。

福建羊耳蒜

●**Liparis dunnii** Rolfe, J. Linn. Soc., Bot. 38: 368 (1908).

福建。

扁球羊耳蒜

Liparis elliptica Wight, Icon. Pl. Ind. Orient. (Wight) 5: 17, pl. 1735 (1851).

Liparis wightii Rchb. f., Ann. Bot. Syst. 6: 218 (1861); *Liparis hookeri* Ridl., J. Linn. Soc., Bot. 22: 288 (1886); *Leptorkis elliptica* (Wight) Kuntze, Revis. Gen. Pl. 2: 671 (1891); *Liparis platybolba* Hayata, Icon. Pl. Formosan. 4: 30, f. 8 (1914); *Liparis playbulba* (Hayata) Kudo, J. Soc. Trop. Agric. 2: 147 (1930); *Cestichis platybolba* (Hayata) Kudo, J. Soc. Trop. Agric. 2: 147 (1930).

四川、云南、西藏、台湾；印度尼西亚、缅甸、菲律宾、泰国、越南、印度、斯里兰卡、尼泊尔、太平洋岛屿。

宝岛羊耳蒜

Liparis elongata Fukuy., Annual Rep. Taihoku Bot. Gard. 3: 82 (1933).

Liparis derchiensis S. S. Ying, Mem. Coll. Agric. Natl. Taiwan Univ. 31: 21 (1991).

台湾。

贵州羊耳蒜

●**Liparis esquirolii** Schltr., Repert. Spec. Nov. Regni

Veg. 12: 108 (1913).
贵州、广西。

小羊耳蒜（石米）

●**Liparis fargesii** Finet, Bull. Soc. Bot. France. 55: 340, pl. 11, f. 13-22 (1908).
Liparis seidenfendiana Szlach., Novon. 3 (3): 302, f. 1 (1993).
陕西、甘肃、湖南、湖北、四川、贵州、云南。

锈色羊耳蒜

Liparis ferruginea Lindl., Gard. Chron. 55 (1848).
Leptorkis ferruginea (Lindl.) Kuntze, Revis. Gen. Pl. 2: 671 (1891); *Liparis hensoaensis* Kudo, J. Soc. Trop. Agric. 2: 237 (1930); *Cestichis hensoaensis* (Kudo) F. Maek., Iconogr. Pl. Asiae Orient. 2: 102, 104 (1937); *Liparis nigra* var. *hensoaensis* (Kudo) S. S. Ying, Col. Illustr. Indig. Orch. Taiwan 2: 579 (1990); *Empusa ferruginea* (Lindl.) M. A. Clem. et D. L. Jones, Orchadian 15: 41 (2005).
福建、台湾、海南、香港；柬埔寨、印度尼西亚、马来西亚、泰国、越南。

裂瓣羊耳蒜

Liparis fissipetala Finet, Bull. Soc. Bot. France. 55: 340, pl. 11, f. 1-12 (1908).
Ypsilorchis fissipetala (Finet) Z. J. Liu, S. C. Chen et L. J. Chen, J., Syst. Evol. 46: 623 (2008); *Platystyliparis fissipetala* (Finet) Marg., Richardiana 9: 94 (2009).
重庆、云南。

巨花羊耳蒜

Liparis gigantea C. L. Tso, Sunyatsenia, 1: 136 (1933).
贵州、云南、西藏、台湾、广东、广西、海南。

方唇羊耳蒜

Liparis glossula Rchb. f., Linnaea 41: 44 (1876).
云南、西藏；印度、尼泊尔。

贡山羊耳蒜

●**Liparis gongshanensis** X. H. Jin, stat. nov.
Liparis cordifolia var. *gongshanensis* X. H. Jin, Novon. 20: 282 (2010).
云南。

恒春羊耳蒜

Liparis grossa Rchb. f., Gard. Chron. n.s., 19: 110 (1883).
Liparis rizalensis Ames, Orch. 6: 295 (1920); *Liparis tateishii* Kudo, J. Soc. Trop. Agr. Taihoku Imp. Univ. 3: 16 (1931); *Liparis fissilabris* Tang et F. T. Wang, Acta Phytotax. Sin. 12 (1): 37 (1974).
海南、台湾；菲律宾。

广西羊耳蒜

●**Liparis guangxiensis** C. L. Feng et X. H. Jin, Nordic J. Bot. 28: 697 (2010).
云南、广西。

长苞羊耳蒜

●**Liparis inaperta** Finet, Bull. Soc. Bot. France. 55: 341, pl. 11, f. 23-25 (1908).
贵州。

尾唇羊耳蒜

Liparis krameri Franch. et Sav., Enum. Pl. Jap. 2: 509 (1879).
Leptorchis krameri (Franch. et Sav.) Kuntze, Revis. Gen. Pl. 2: 671 (1891); *Liparis krameri* var. *viridis* Makino, J. Jap. Bot. 3: 21 (1926).
湖南；日本、朝鲜、俄罗斯（远东地区）。

广东羊耳蒜

●**Liparis kwangtungensis** Schltr., Repert. Spec. Nov. Regni Veg. 19: 379-380 (1924).
贵州、福建、广东。

宽叶羊耳蒜

Liparis latifolia (Bl.) Lindl., Gen. Sp. Orch. Pl. 30 (1830).
Malaxis latifolia Bl., Bijdr. 339 (1825).
海南；印度尼西亚、马来西亚、泰国。

阔唇羊耳蒜

Liparis latilabris Rolfe, J. Linn. Soc., Bot. 36 (249): 6 (1903).
台湾、海南。

黄花羊耳蒜

Liparis luteola Lindl., Gen. Sp. Orch. Pl. 32 (1830).
海南；缅甸、泰国、越南、印度。

三裂羊耳蒜

Liparis mannii Rchb. f., Flora 55: 275 (1872).
Leptorkis mannii (Rchb. f.) Kuntze, Revis. Gen. Pl. 2: 671 (1891); *Liparis liangzuensis* T. P. Lin et W. M. Lin, Taiwania. 56: 315 (2011).
云南、台湾、广西；越南、印度东北部。

凹唇羊耳蒜

●**Liparis nakaharai** Hayata, J. Coll. Sci. Imp. Univ. Tokyo 30 (1): 310-311 (1911).
Liparis taiwaniana Hayata, J. Coll. Sci. Imp. Univ. Tokyo 30 (1): 311-312 (1911); *Liparis kawakamii* Hayata, Icon. Pl. Formosan. 4: 28, f. 5 (1914); *Cestichis*

taiwaniana (Hayata) Nakai, Bot. Mag. (Tokyo) 30: 148 (1916); *Cestichis nakaharae* (Hayata) Kudô, J. Soc. Trop. Agric. 2: 147 (1930); *Liparis nokoensis* Fukuy., Bot. Mag. (Tokyo) 48: 435 (1934); *Cestichis nokoensis* (Fukuy.) Maek., Iconogr. Pl. Asiae Orient. 2: 102 (1937); *Cestichis kawakamii* (Hayata) Maek., Iconogr. Pl. Asiae Orient. 2: 102 (1937).
台湾。

见血青

Liparis nervosa (Thunb. ex A. Murray) Lindl., Gen. Sp. Orchid. Pl. 26 (1830).
Ophrys nervosa Thunb. ex A. Murray, Syst. Veg., ed. 14, 814 (1784); *Epidendrum nervosum* (Thunb. ex A. Murray) Thunb., Trans. Linn. Soc. London 2: 327 (1794); *Malaxis nervosa* (Thunb. ex A. Murray) Sw., Kongl. Vetensk. Akad. Handl. 21: 235 (1800); *Sturmia nervosa* (Thunb.) Rchb. f., Bonplandia (Hannover) 3: 250 (1855); *Liparis formosana* Rchb. f., Gard. Chron., n.s., 13: 394 (1880); *Liparis bituberculata* var. *formosana* Ridl., J. Linn. Soc., Bot. 22: 263 (1886); *Liparis bituberculata* var. *khasiana* Hook. f., Fl. Brit. Ind. 5: 696 (1890); *Liparis bambusaefolia* Makino, Bot. Mag. 6: 48 (1892); *Liparis sootenzanensis* Fukuy., Annual Rep. Taihoku Bot. Gard. 3: 84 (1933); *Liparis khasiana* (Hook. f.) Tang et F. T. Wang, Acta Phytotax. Sin. 1 (1): 76 (1951); *Liparis tixieri* Guillaumin, Bull. Mus. Natl. Hist. Nat. II, 33: 434 (1961); *Liparis formosana* f. *aureo-variegata* Nakaj., J. Geobot. 17: 55 (1969); *Liparis nervosa* var. *formosana* (Rchb. f.) Hiroe, Orchid Flowers 2: 77 (1971); *Liparis macrantha* var. *sootenzanensis* (Fukuy.) S. S. Ying, Col. Illustr. Indig. Orch. Taiwan 1: 224 (1977); *Liparis nigra* var. *sootenzanensis* (Fukuy.) T. S. Liu et H. J. Su, Fl. Taiwan 5: 1047 (1978); *Liparis piriformis* Szlach., Fragm. Florist. Geobot. 38: 456 (1993); *Diteilis sootenzanensis* (Fukuy.) M. A. Clem. et D. L. Jones, Orchadian 15: 41 (2005).
浙江、江西、湖南、湖北、四川、贵州、云南、西藏、福建、台湾、广东、广西；日本、越南、印度、尼泊尔。

南岭羊耳蒜

●**Liparis nanlingensis** H. Z. Tian et F. W. Xing, Jour. Syst. Evo. 50 (6): 577 (2013).
广东。

紫花羊耳蒜

Liparis nigra Seidenf., Bot. Tidsskr. 65: 129, f. 19 (1969).
贵州、云南、西藏、广东、广西、海南、香港、台湾；泰国、越南。

香花羊耳蒜

Liparis odorata (Willd.) Lindl., Gen. Sp. Orchid. Pl. 26 (1830).
Malaxis odorata Willd., Sp. Pl., ed. 4: 91 (1805); *Empusa paradoxa* Lindl., Edwards's Bot. Reg. 10: sub pl. 825 (1824); *Liparis olivacea* Lindl., Gen. Sp. Orchid. Pl. 27 (1830); *Liparis paradoxa* (Lindl.) Rchb. f., Ann. Bot. Syst. 6: 218 (1861); *Liparis parishii* (Hook. f.) Hook. f., Fl. Brit. Ind. 6: 182 (1890); *Liparis paradoxa* var. *parishii* Hook. f., Fl. Brit. Ind. 5: 698 (1890); *Liparis tenii* Schltr., Repert. Spec. Nov. Regni Veg. 17: 66 (1921); *Liparis teniana* Schltr., Repert. Spec. Nov. Regni Veg. 17: 122 (1922); *Liparis simeonis* Schltr., Repert. Spec. Nov. Regni Veg. 20: 283 (1924); *Liparis odorata* var. *longiscapa* Rolfe ex Downie, Kew Bull. 370 (1925); *Liparis tonkinensis* Gagnep., Bull. Soc. Bot. France. 79: 167 (1932); *Liparis longiscapa* (Rolfe ex Downie) Gagnep. et Guill., Fl. Gen. Indo-Chine 4. 182 (1932).
浙江、江西、湖南、湖北、四川、贵州、云南、福建、台湾、广东、广西、海南；日本、缅甸、老挝、越南、泰国、不丹、尼泊尔、印度、太平洋岛屿（关岛）。

长唇羊耳蒜

●**Liparis pauliana** Hand.-Mazz., Anz. Akad. Wiss. Wien, Math.-Naturwiss. Kl. 58: 65 (1921).
Liparis cucullata S. S. Chien, Contr. Biol. Lab. Sci. Soc. China, Bot. Ser. 6: 29, fig. 2, pl. 3 (1930).
陕西、浙江、江西、湖南、湖北、贵州、云南、广东、广西。

狭叶羊耳蒜

Liparis perpusilla Hook. f., Hooker's Icon. Pl. t. 1856B (1856).
Leptorkis perpusilla (Hook. f.) Kuntze, Revis. Gen. Pl. 2: 671 (1891); *Liparis togashii* Tuyama, Fl. E. Himal. 441 (1966); *Platystyliparis perpusilla* (Hook. f.) Marg., Richardiana 7: 39 (2007).
云南；不丹、尼泊尔、印度。

柄叶羊耳蒜

Liparis petiolata (D. Don) P. F. Hunt et Summerh., Kew Bull. 20: 52 (1966).
Acianthus petiolatus D. Don, Prodr. Fl. Nepal. 29 (1825); *Liparis nepalensis* Lindl., Bot. Reg. 11: sub pl. 882 (1826); *Liparis taronensis* S. C. Chen, Acta Phytotax. Sin. 31: 344 (1983).
江西、湖南、云南、西藏、广西；泰国、越南、尼泊尔、不丹、印度东北部。

凭祥羊耳蒜（富宁羊耳蒜）

●**Liparis pingxiangensis** L. Lin et H. F. Yan, PloS ONE. 8 (11): e78112.

Liparis funingensis Y. Y. Su, Yuan Meng et Z. J. Liu, Phytotaxa 166 (1): 90 (2014).

云南、广西。

小花羊耳蒜

Liparis platyrachis Hook. f., Hooker's Icon. Pl. 19: pl. 1890 (1889).

Leptorkis platyrachis (Hook. f.) Kuntze, Revis. Gen. Pl. 2: 671 (1891); *Platystyliparis platyrachis* (Hook. f.) Marg., Richardiana 7: 39 (2007).

云南；印度、尼泊尔。

中越羊耳蒜

Liparis pumila Aver., Updated Checkl. Orchids Vietnam. 85 (2003).

云南；老挝、越南。

华西羊耳蒜

Liparis pygmaea King et Pantl., Ann. Roy. Bot. Gard. (Calcutta) 8: 34 (1898).

中国西部；尼泊尔、印度东北部。

翼蕊羊耳蒜

Liparis regnieri Finet, Bull. Soc. Bot. France. 55: 338, f. 2 (1908).

Liparis craibiana Kerr, Bull. Misc. Inform. Kew. 215 (1927); *Liparis dalatensis* Guillaumin, Bull. Mus. Hist. Nat. (Paris) ser. 2. 33: 434 (1961).

四川、云南；缅甸、泰国、越南。

蕊丝羊耳蒜

Liparis resupinata Ridl., J. Linn. Soc., Bot. 22: 290 (1886).

Leptorkis resupinata (Ridl.) Kuntze, Revis. Gen. Pl. 2: 671 (1891); *Platystyliparis resupinata* (Ridl.) Marg., Richardiana 7: 39 (2007).

云南、西藏；尼泊尔、不丹、印度。

若氏羊耳蒜

●**Liparis rockii** Ormer., Taiwania 52 (4): 310, fig. 3 (2007).

云南、西藏。

齿突羊耳蒜

Liparis rostrata Rchb. f., Linnaea 41: 44 (1877).

Liparis diodon Rchb. f., Linnaea 41: 43 (1877).

云南、西藏；印度、尼泊尔。

阿里山羊耳蒜

●**Liparis sasakii** Hayata, Icon. Pl. Formos. 4: 32. fig. 9 (1914).

Liparis krameri Franch. et Sav. var. *sasakii* (Hayata) Hashimoto, Bull. Nat. Sci. Mus. Tokyo ser. B. 13 (1): 39 (1987).

台湾。

滇南羊耳蒜

Liparis siamensis Rolfe ex Downie, Bull. Misc. Inform. Kew. 371 (1925).

Liparis oppositifolia Szlach., Fragm. Florist. Geobot. 38, 2: 458, fig. 6 (1993).

云南；老挝、缅甸、泰国。

台湾羊耳蒜（高士佛羊耳蒜）

Liparis somai Hayata, Icon. Pl. Formosan. 4: 33, pl. 6 (1914).

Liparis sikkimensis Lucksom et S. Kumar, J. Indian Bot. Soc. 73: 159 (1994).

台湾；印度。

疏花羊耳蒜

Liparis sparsiflora Aver., Upda. Checkl. Orch. Viet. 87-89 (2003).

海南；越南。

扇唇羊耳标

Liparis stricklandiana Rchb. f., Gard. Chron. n.s. 13: 232 (1880).

Liparis chloroxantha Hance, J. Bot. 21: 231 (1883); *Liparis dolabella* Hook. f., Hooker's Icon. Pl. 21: t. 2010 (1890); *Leptorkis stricklandiana* (Rchb. f.) Kuntze, Revis. Gen. Pl. 2: 671 (1891); *Leptorkis dolabella* (Hook. f.) Kuntze, Revis. Gen. Pl. 2: 671 (1891); *Liparis malleiformis* W. W. Sm., Notes Roy. Bot. Gard. Edinburgh. 13: 212 (1921); *Liparis stricklandiana* var. *longibracteata* S. C. Chen, Acta Phytotax. Sin. 21 (3): 345 (1983).

贵州、云南、西藏、广东、广西、海南；越南北部、不丹、印度东北部。

折苞羊耳蒜

Liparis tschangii Schltr., Repert. Spec. Nov. Regni Veg. 19: 380 (1924).

Liparis sutepensis Rolfe ex Downie, Bull. Misc. Inform. Kew. 371 (1925).

四川、云南；老挝、泰国、越南。

狭翅羊耳蒜

Liparis uchiyamae Schltr., Bull. Herb. Boissier ser. 2, 6: (308) (1906).

Liparis laurisilvatica Fukuy., Rep. (Annual) Taihoku Bot. Gard. 3: 83 (1933); *Liparis bootanensis* var. *an-*

gustissima S. C. Chen et K. Y. Lang, Acta Phytotax. Sini. 23 (1): 544 (1983); *Liparis averyanoviana* Szlach., Fragm. Flor. Geobot. 38 (2): 451 (1993).
贵州、广西；日本、老挝、越南。

长茎羊耳蒜

Liparis viridiflora (Blume) Lindl., Gen. Sp. Orchid. Pl. 31 (1830).
Malaxis viridiflora Blume, Bijdr. Fl. Ned. Ind. 392 (1825); *Liparis pendula* Lindl., Edwards's Bot. Reg. 24: Misc. 34 (1838); *Liparis spathulata* Lindl., Edwards's Bot. Reg. 28: Misc. 189 (1840); *Sturmia longipes* (Lindl.) Rchb. f., Bonplandia (Hannover) 3: 250 (1855); *Leptorchis viridiflora* (Blume) Kuntze, Rev. Gén. Bot. Pl. 2: 671 (1891); *Leptorchis longipes* (Lindl.) Kuntze, Revis. Gen. Pl. 2: 670-671 (1891); *Cestichis longipes* (Lindl.) Ames, Orchidaceae (Ames) 1: 75 (1905); *Liparis pleistantha* Schltr., Repert. Spec. Nov. Regni Veg. Beih. 4: 64 (1919); *Liparis simondii* Gagnep., Bull. Mus. Hist. Nat. (Paris) ser. 2. 21: 738 (1950).
福建、台湾、广东、海南；缅甸、越南、老挝、柬埔寨、泰国、马来西亚、印度尼西亚、菲律宾、尼泊尔、不丹、斯里兰卡、印度、孟加拉国、太平洋岛屿。

血叶兰属 **Ludisia** A. Rich.

血叶兰（异色血叶兰）

Ludisia discolor (Ker Gawl.) A. Rich., Dict. Class. Hist. Nat. 7: 437 (1825).
Goodyera discolor Ker Gawl., Bot. Reg. 4: 271 (1818); *Neottia discolor* (Ker Gawl.) Steud., Nomencl. Bot. (ed. 2) 2: 189 (1821); *Gonogona discolor* (Ker Gawl.) Link, Enum. Pl., 2: 369 (1822); *Ludisia odorata* Blume, Coll. Orchid. 114 (1858); *Ludisia furetii* Blume, Coll. Orchid. 114 (1858); *Haemaria otletae* Rolfe, L'illustration horticole 38: 31, t. 524 (1891); *Haemaria discolor* var. *dawsoniana* (H. Low ex Rchb. f.) B. S. Williams, Orch.-Grow. Man. ed. 7: 419 (1894); *Ludisia otletae* (Rolfe) Aver., Bot. Zhurn. SSSR 73 (3): 432 (1988); *Ludisia dawsoniana* (H. Low ex Rchb. f.) Aver., Bot. Zhurn. SSSR 73 (3): 432 (1988).
云南、广东、广西、海南；柬埔寨、印度尼西亚、老挝、马来西亚、缅甸、菲律宾、泰国、越南。

钗子股属 **Luisia** Gaudich.

小花钗子股

Luisia brachystachys (Lindl.) Blume, Rumphia 4: 50 (1848).
Mesoclastes brachystachys Lindl., Gen. Sp. Orchid. Pl. 44 (1830); *Luisia siamensis* Rolfe ex Downie, Bull. Misc. Inform. Kew 1925: 384 (1925).
云南；老挝、缅甸、越南、不丹、印度。

圆叶钗子股

Luisia cordata Fukuy., Bot. Mag. Tokyo 48: 306 (1934).
台湾。

长瓣钗子股

Luisia filiformis Hook. f., Fl. Brit. Ind. 6: 23 (1890).
Luisia trichorhiza (Hook.) Blume, Quart. J. Taiwan Mus. 27 (3-4): 432 (1974).
云南；泰国、老挝、越南、印度（东北部和奥里萨邦）、不丹。

纤叶钗子股

●**Luisia hancockii** Rolfe, Bull. Misc. Inform. Kew. 1896: 199 (1896).
浙江、湖北、福建。

长穗钗子股

●**Luisia longispica** Z. H. Tsi et S. C. Chen, Acta Phytotax. Sin. 32 (6): 556 (1994).
云南。

吕氏金钗兰

●**Luisia lui** T. C. Hsu et S. W. Chung, Taiwania, 55 (4): 363 (2010).
台湾。

紫唇钗子股

Luisia macrotis Rchb. f., Gard. Chron. 1110 (1869).
云南；老挝、越南、印度。

大花钗子股

●**Luisia magniflora** Z. H. Tsi et S. C. Chen, Acta Phytotax. Sin. 32 (6): 558 (1994).
云南。

台湾钗子股

●**Luisia megasepala** Hayata, Icon. Pl. Formosan. 4: 85, f. 4 (1914).
台湾。

钗子股

Luisia morsei Rolfe, J. Linn. Soc., Bot. 36: 33 (1903).
Luisia tonkinensis Schltr., Orchis 9: 8 (1915).
贵州、云南、广西、海南；老挝、越南、泰国。

宽瓣钗子股

Luisia ramosii Ames, Philipp. J. Sci. 6: 55 (1911).
广西、海南；菲律宾、越南。

叉唇钗子股

Luisia teres (Thunb. ex A. Murray) Blume, Rumphia 4: 50 (1849).

Epidendrum teres Thunb. ex A. Murray, Syst. Veg., ed. 14, 818 (1784); *Luisia botanensis* Fukuy., Bot. Mag. 49: 442, f. 5, 5 (1935); *Luisia teres* var. *botanensis* (Fukuy.) T. P. Lin, Native Orchids Taiwan 2: 251 (1977).

四川、贵州、云南、台湾、广西；日本、朝鲜。

长叶钗子股

Luisia zollingeri Rchb. f., Walp. Ann. Bot. Syst. 6: 622 (1863).

云南；印度尼西亚、马来西亚、泰国、越南、印度。

原沼兰属 **Malaxis** Sol. ex Sw.

原沼兰

Malaxis monophyllos (L.) Sw., Nov. Act. Holm. 21: 234 (1800).

Ophrys monophyllos L., Sp. Pl.2: 947 (1753); *Microstylis monophyllos* (L.) Lindl., Gen. Sp. Orch. Pl. 19 (1830); *Microstylis yunnanensis* Schltr., Notes Bot. Gard. Edinb. 5: 109. t. 83 (1912); *Microstylis arisanensis* Hayata, Icon. Pl. Formos. 6: 68. fig. 10. Pl. 11 (1916); *Malaxis muscifera* (Lindl.) Kuntze var. *stelostachya* Tang et F. T. Wang, Acta Phytotax. 1 (1): 73 (1951); *Malaxis yunnanensis* (Schltr.) Tang et F. T. Wang, Acta Phytotax. 1 (1): 73 (1951); *Malaxis yunnanensis* (Schltr.) Tang et F. T. Wang var. *nematophylla* Tang et F. T. Wang, Acta Phytotax. 1 (1): 76 (1951); *Malaxis arisanensis* (Hayata) S. Y. Hu, Quart. J. Taiwan Mus. 27 (3, 4): 432 (1974); *Malaxis taiwaniana* S. S. Ying, Quart. J. Chin. For. 8 (4): 143 (1975); *Malaxis malipoensis* Y. F. Meng, A. Q. Hu et F. W. Xing, Phytotaxa 167 (2): 195 (2014).

黑龙江、吉林、辽宁、内蒙古、河北、山西、河南、陕西、宁夏、甘肃、青海、湖北、四川、台湾、云南、西藏；日本、朝鲜、俄罗斯、欧洲、北美洲。

槌柱兰属 **Malleola** J. J. Sm. et Schltr.

槌柱兰

Malleola dentifera J. J. Sm., Bull. Jard. Bot. Buitenz. Ser. 3, 9: 191 (1927).

云南、海南；越南、泰国、马来西亚、印度尼西亚。

海南槌柱兰

●**Malleola insectifera** (J. J. Sm.) J. J. Sm. et Schltr. ex J. J. Sm. et Schltr., Repert. Spec. Nov. Regni Veg. Beih. Beihefte 1: 981 (1913).

Saccolabium insectiferum J. J. Sm., Orch. Java. 641, f. 477 (1905).

海南；泰国。

西藏槌柱兰

●**Malleola tibetica** W. C. Huang et X. H. Jin, Nordic J. Bot. 31: 717 (2013).

西藏。

小囊兰属 **Micropera** Lindl.

小囊兰

Micropera poilanei (Guill.) Garay, Bot. Mus. Leafl. 23 (4): 186 (1972).

Sarcanthus poilanei Guillaumin, Bull. Soc. Bot. France 77: 330 (1930); *Camarotis poilanei* (Guill.) Seidenf. et Smitinand, Orch. Thail. 4 (2): 74, fig. 528 (1965).

海南；越南。

西藏小囊兰

●**Micropera tibetica** X. H. Jin et Y. J. Lai, Nordic J. Bot. 30: 687 (2012).

西藏。

拟蜘蛛兰属 **Microtatorchis** Schltr.

拟蜘蛛兰（假蜘蛛兰，卵叶假蜘蛛兰）

Microtatorchis compacta (Ames) Schltr., Repert. Spec. Nov. Regni Veg. 10: 209 (1911).

Taeniophyllum compactum Ames, Orchidaceae 2: 247 (1908); *Microtatorchis taiwanianum* S. S. Ying, Col. Illustr. Indig. Orchi. Taiwan 1: 248, f. 108 (1977).

台湾；菲律宾。

葱叶兰属 **Microtis** R. Br.

葱叶兰

Microtis unifolia (Forst.) Rchb. f., Beitr. Syst. Pflanzenk. 62 (1871).

Ophrys unifolia Forst., Fl. Ins. Austr. 59 (1786); *Microtis formosana* Schltr., Bot. Jahrb. Engler. 45: 382 (1911).

安徽、浙江、江西、湖南、四川、福建、台湾、广东、广西；日本、菲律宾、印度尼西亚、澳大利亚、新西兰。

短瓣兰属 **Monomeria** Lindl.

短瓣兰

Monomeria barbata Lindl., Gen. Sp. Orchid. Pl. 61 (1830).

Epicranthes barbata (Lindl.) Rchb. f., Ann. Bot. Syst. 6: 265 (1861); *Monomeria fengiana* Ormer., Taiwania 56 (1): 44 (2010). syn. nov.

贵州、云南、西藏；印度东北部、缅甸、泰国、越南北部、尼泊尔。

拟毛兰属 **Mycaranthes** Blume

拟毛兰

Mycaranthes floribunda (D. Don) S. C. Chen et J. J. Wood, Fl. China. 25: 348 (2009).

Dendrobium floribundum D. Don, Prodr. Fl. Nepal. 34 (1825); *Pinalia paniculata* (Lindl.) Kuntze, Revis. Gen. Pl. 2: 679 (1891); *Callista floribunda* (D. Don) Kuntze, Revis. Gen. Pl. 2: 654 (1891).

云南；柬埔寨、老挝、缅甸、泰国、越南、不丹、印度东北部、尼泊尔。

指叶拟毛兰

Mycaranthes pannea (Lindl.) S. C. Chen et J. J. Wood, Fl. China. 25: 348 (2009).

Eria pannea Lindl., Pl. Asiat. Rar. 1: 32, pl. 36 (1828); *Eria teretifolia* Griff., Itin. Pl. Khasyah Mts. 202 (1848); *Eria odoratissima* Teijsm. et Binn., Natuurk. Tijdschr. Ned.-Indië 27: 17 (1864); *Eria calamifolia* Hook. f., Fl. Brit. Ind. 6: 191 (1890); *Pinalia pannea* (Lindl.) Kuntze, Revis. Gen. Pl. 2: 679 (1891); *Pinalia calamifolia* (Hook. f.) Kuntze, Revis. Gen. Pl. 2: 679 (1891).

贵州、云南、西藏、广西、海南；柬埔寨、印度尼西亚、老挝、马来西亚、缅甸、新加坡、泰国、越南、不丹、印度东北部。

全唇兰属 **Myrmechis** (Lindl.) Blume

全唇兰

●**Myrmechis chinensis** Rolfe, J. Linn. Soc., Bot. 36: 44 (1903).

湖北、四川、福建。

阿里山全唇兰（南湖全唇兰，白花全唇兰）

●**Myrmechis drymoglossifolia** Hayata, Icon. Pl. Formosan. 6: 90, f. 2 (1916).

Rhamphidia japonica Rchb. f., Botanische Zeitung. Berlin. 26: 39 (1878); *Myrmechis gracilis* var. *sasakii* (Yamam.) S. S. Ying, Mém. Coll. Agric. Natl. Taiwan Univ. 29 (1): 75 (1989).

台湾。

日本全唇兰

Myrmechis japonica (Rchb. f.) Rolfe, J. Linn. Soc. Bot. 36: 44 (1903).

Rhamphidia japonica Rchb. f., Bot. Zeit. 26: 39 (1878).

四川、云南、西藏、福建；日本、韩国。

矮全唇兰

Myrmechis pumila (Hook. f.) Tang et F. T. Wang, Acta Phytotax. 1: 69 (1951).

Odontochilus pumilus Hook. f., Fl. Brit. Ind. 6: 99 (1890); *Zeuxine pumila* (Hook. f.) King et Pantl., Ann. Bot. Gard. (Calcutta) 8: 292, t. 398 (1898).

云南；缅甸、泰国、越南、不丹、印度、尼泊尔。

宽瓣全唇兰

●**Myrmechis urceolata** Tang et K. Y. Lang, Acta Phytotax. Sin. 34 (6): 638, pl. 3 (1996).

云南、广东、海南。

风兰属 **Neofinetia** H. H. Hu

风兰

Neofinetia falcata (Thunb. ex A. Murray) H. H. Hu, Rhodora. 27: 107 (1925).

Orchis falcata Thunb. ex A. Murray, Syst. Veg., ed. 14 (J. A. Murray) ed. 14: 811 (1784); *Limodorum falcatum* (Thunb.) Thunb., Trans. Linn. Soc. London 2: 326 (1794); *Angraecum falcatum* (Thunb.) Lindl., Coll. Bot. (Lindl.) 15 (1821); *Oeceoclades falcata* (Thunb.) Lindl., Gen. Sp. Orchid. Pl. 237 (1833); *Vanda falcata* (Thunb.) Beer, Prakt. Stud. Orchid. 317 (1854); *Angorchis falcata* (Lindl.) Kuntze, Revis. Gen. Pl. 651 (1891); *Angraecopsis falcata* (Lindl.) Schltr., Orchideen (Schltr.) 601 (1914); *Finetia falcata* (Thunb.) Schltr., Beih. Bot. Centralbl. 36 (2): 140 (1918); *Nipponorchis falcata* (Thunb.) Masam., Mem. Fac. Sci. Taihoku Imp. Univ. 11 (4): 592 (1934).

甘肃、浙江、江西、湖北、四川、福建；日本、朝鲜。

短距风兰

●**Neofinetia richardsiana** Christenson, Lindleyana 11 (4): 220-221 (1996).

Neofinetia xichangensis Z. J. Liu et S. C. Chen, Acta Bot. Yunnan. 26 (3): 300 (2004).

重庆。

附注：有学者将本属并入万代兰属（*Vanda*）。

新型兰属 **Neogyna** Rchb. f.

新型兰

Neogyna gardneriana (Lindl.) Rchb. f., Bot. Zeit. 10: 931 (1852).

Coelogyne gardneriana Lindl., Pl. Asiat. Rar. 1: 33, t. 38 (1830); *Pleione gardneriana* (Lindl.) Kuntze, Revis. Gen. Pl. 2: 680 (1891); *Neogyne gardneriana* var. *basi-trilamellata* Tang et F. T. Wang, Acta Phytotax. Sin. 1 (1): 79 (1951); *Neogyne gardneriana* var.

basi-quinquelamellata Tang et F. T. Wang, Acta Phytotax. Sin. 1 (1): 79 (1951).
云南、西藏；老挝、缅甸、泰国、越南北部、不丹、印度东北部、尼泊尔。

鸟巢兰属 Neottia Guett.

尖唇鸟巢兰

Neottia acuminata Schltr., Acta Horti Gothob. 1: 141 (1924).
Neottia micrantha Lindl., Gen. Sp. Orchid. Pl. 458 (1840), nom. illeg. hom.; *Aphyllorchis parviflora* King et Pantl., J. Asiat. Soc. Bengal, Pt. 2, Nat. Hist. 65: 128, pl. 2 (1894); *Neottia parviflora* (King et Pantl.) Schltr., Acta Horti Gothob. 1: 141 (1924); *Neottia asiatica* Ohwi, Bot. Mag. 45: 384 (1931); *Neottia subsessilis* Ohwi, Bot. Mag. 45: 385 (1931); *Neottia oblonga* Tang et F. T. Wang, Acta Phytotax. Sin. 1 (1): 66 (1951).
吉林、内蒙古、河北、山西、陕西、甘肃、青海、湖北、四川、云南、西藏、台湾；日本、朝鲜、俄罗斯（远东地区）、印度、尼泊尔。

高山对叶兰

Neottia bambusetorum (Hand.-Mazz.) Szlach., Fragm. Florist. Geobot., suppl. 3: 117 (1995).
Listera bambusetorum Hand.-Mazz., Symb. Sin.7 (5): 1338 (1936).
云南。

二脊对叶兰

Neottia bicallosa X. H. Jin, Phytotaxa 177 (3): 188 (2014).
云南、西藏。

二花对叶兰

Neottia biflora (Schltr.) Szlach., Fragm. Florist. Geobot., suppl. 3: 117 (1995).
Listera biflora Schltr., Acta Horti Gothob.1 (3): 143 (1924).
四川。

短茎对叶兰

Neottia brevicaulis (King et Pantl.) Szlach., Fragm. Florist. Geobot., suppl. 3: 117 (1995).
Listera brevicaulis King et Pantl., J. Asiat. Soc. Bengal 65 (2): 126 (1896).
云南；印度。

短唇鸟巢兰

●**Neottia brevilabris** Tang et F. T. Wang, Acta Phytotax. Sin. 1 (1): 65-66 (1951).
重庆。

北方鸟巢兰（堪察加鸟巢兰）

Neottia camtschatea (L.) Rchb. f., Icon. Fl. Germ. Helv. 13: 146, pl. 478 (1851).
Ophrys camtschatea L., Sp. Pl., 2: 948 (1753); *Ophrys kamtschatica* Georgi, Bemer. Russ. Reich. 5: 1273 (1775); *Serapias camtschatea* (L.) Steud., Nomencl. Bot. 766 (1821); *Neottia camtschatica* Spreng., Syst. Veg., 3: 707 (1826); *Epipactis kamtschatica* (Georgi) Lindl., Gen. Sp. Orchid. Pl. 458 (1840); *Neottia kamtschatica* Lindl., Gen. Sp. Orchid. Pl. 458 (1840).
内蒙古、河北、陕西、甘肃、青海、新疆；哈萨克斯坦、俄罗斯（远东地区、西伯利亚）。

巨唇对叶兰

●**Neottia chenii** S. W. Gale et P. J. Cribb, Fl. China. 25: 191 (2009).
Listera grandiflora var. *megalochila* S. C. Chen, Acta Phytotax. Sin. 25 (6): 473 (1987); *Listera megalochila* (S. C. Chen) S. C. Chen et G. H. Zhu, Novon 12 (4): 440 (2002).
甘肃、四川。

叉唇对叶兰

Neottia divaricata (Panigrahi et P. Taylor) Szlach., Fragm. Florist. Geobot., suppl. 3: 117 (1995).
Listera divaricata Panigrahi et Taylor, Kew Bull. 30 (3): 559 (1975).
西藏；印度东北部。

扇唇对叶兰

●**Neottia fangii** (Tang et F. T. Wang ex S. C. Chen et G. H. Zhu) S. C. Che, Fl. China. 25: 193 (2009).
Listera fangii Tang et F. T. Wang ex S. C. Chen et G. H. Zhu, Novon 12 (4): 438 (2002).
四川。

长唇对叶兰

●**Neottia formosana** S. C. Chen, S. W. Gale et P. J. Cribb, Fl. China. 25: 192 (2009).
Neottia macrantha (Fukuy.) Szlach., Fragm. Florist. Geobot. Suppl. 3: 117 (1995).
台湾。

福贡对叶兰

●**Neottia fugongensis** (X. H. Jin) T. C. Hsu et S. W. Chung, Taiwan J. For. Sci. 24 (1): 77 (2009).
Listera fugongensis X. H. Jin, Brittonia 59 (3): 243 (2007).
云南。

无喙兰

●**Neottia gaudissartii** Hand.-Mazz., Oesterr. Bot. Z. 86:

302 (1937).

Holopogon gaudissartii (Hand.-Mazz.) S. C. Chen, Acta Phytotax. Sin. 35 (2): 179 (1997); *Archineottia gaudissartii* (Hand.-Mazz.) S. C. Chen, Acta Phytotax. Sin. 17 (2): 13 (1979).

辽宁、山西、河南。

合欢山对叶兰

•**Neottia hohuanshanensis** T. P. Lin et S. H. Wu, Taiwania 57 (4): 381 (2012).

台湾。

日本对叶兰

Neottia japonica (Blume) Szlach., Fragm. Florist. Geobot., suppl. 3: 117 (1995).

Listera japonica Blume, Fl. Jav. Orch. 115 (1859); *Diphryllum japonicum* (Blume) Kuntze, Revis. Gen. Pl. 2: 659 (1891); *Listera shikokiana* Makino, Bot. Mag. (Tokyo) 7: 68 (1893); *Ophrys shikokiana* (Makino) Makino, J. Jap. Bot. 6: 34 (1929); *Ophrys japonica* (Blume) Makino, J. Jap. Bot. 6: 33 (1929); *Listera shaoii* S. S. Ying, Col. Illustr. Indig. Orchi. 1: 236 (1977); *Neottia shaoi* (S. S. Ying) Szlach., Fragm. Florist. Geobot. Suppl. 3: 118 (1995).

台湾；日本南部。

卡氏对叶兰

Neottia karoana Szlach., Fragm. Florist. Geobot., suppl. 3: 117 (1995).

Listera micrantha Lindl., J. Proc. Linn. Soc., Bot. 1: 176 (1857); *Diphryllum micranthum* (Lindl.) Kuntze, Revis. Gen. Pl. 2: 659 (1891).

云南；印度。

关山对叶兰

•**Neottia kuanshanensis** (H. J. Su) T. C. Hsu et S. W. Chung, Taiwania. 54: 83 (2009).

Listera kuanshanensis H. J. Su, J. Exp. Forest. Natl. Taiwan Univ. 13 (3): 206 (1999).

台湾。

高山鸟巢兰

Neottia listeroides Lindl., Gen. Sp. Orchid. Pl. 458 (1840).

Neottia lindleyana Decne., Jacquem. Voy. Bot. 4: 163. t. 163 (1843); *Nidus listerodes* (Lindl.) Kuntze, Revis. Gen. Pl. 2: 674 (1891); *Listera lindleyana* (Decne.) King et Pantl., Ann. Roy. Bot. Gard. (Calcutta) 8: 258, pl. 343 (1898); *Neottia dongrergoensis* Schltr., Acta Horti Gothob. 1: 142-143 (1924).

山西、甘肃、四川、云南、西藏；巴基斯坦、不丹、印度、尼泊尔、克什米尔。

毛脉对叶兰

Neottia longicaulis (King et Pantl.) Szlach., Fragm. Florist. Geobot., suppl. 3: 117 (1995).

Listera longicaulis King et Pantl., J. Asiat. Soc. Bengal 65: 126, pl. 2 (1895).

西藏；不丹、印度东北部。

大花鸟巢兰

•**Neottia megalochila** S. C. Chen, Acta Phytotax. Sin. 17 (2): 17 (1979).

Neottia schlechteriana Szlach., Fragm. Florist. Geobot. Suppl. 3: 118 (1995).

四川、云南。

梅峰对叶兰

•**Neottia meifongensis** (H. J. Su et C. Y. Hu) T. C. Hsu et S. W. Chung, Taiwania. 54: 83 (2009).

Listera meifongensis H. J. Su et C. Y. Hu, Taiwania 45 (3): 240 (2000).

台湾。

小叶对叶兰

•**Neottia microphylla** (S. C. Chen et Y. B. Luo) S. C. Chen, S. W. Gale et P. J. Cribb, Fl. China. 25: 189 (2009).

Listera microphylla S. C. Chen et Y. B. Luo, Novon 12 (4): 438 (2002).

云南。

浅裂对叶兰

•**Neottia morrisonicola** (Hayata) Szlach., Fragm. Florist. Geobot., suppl. 3: 118 (1995).

Listera morrisonicola Hayata, Icon. Pl. Formosan. 2: 140 (1912); *Ophrys morrisonicola* (Hayata) Makino, J. Jap. Bot. 6: 34 (1929); *Listera taiwaniana* S. S. Ying, Bull. Exp. For. Nat. Taiwan Univ. 114: 156 (1974); *Neottia taiwaniana* (S. S. Ying) Szlach., Fragm. Florist. Geobot. Suppl. 3: 119 (1995).

台湾。

短柱对叶兰

Neottia mucronata (Panigrahi et J. J. Wood) Szlach., Fragm. Florist. Geobot., suppl. 3: 118 (1995).

四川、云南；日本、不丹、印度、尼泊尔。

南川对叶兰

•**Neottia nanchuanica** (S. C. Chen) Szlach., Fragm. Florist. Geobot., suppl. 3: 118 (1995).

Listera nanchuanica S. C. Chen, Kew Bull. 35 (4): 761 (1981).

重庆。

台湾对叶兰

●**Neottia nankomontana** (Fukuy.) Szlach., Fragm. Florist. Geobot., suppl. 3: 118 (1995).

Listera nankomontana Fukuy., Bot. Mag. 49: 291, 340 (1935).

台湾。

圆唇对叶兰

●**Neottia oblata** (S. C. Chen) Szlach., Fragm. Florist. Geobot., suppl. 3: 118 (1995).

Listera oblata S. C. Chen, Kew Bull.35 (4): 759, f. 1 (C) (1981).

重庆。

凹唇鸟巢兰

Neottia papilligera Schltr., Repert. Spec. Nov. Regni Veg. 16: 356 (1920).

Neottia nidus-avis var. *manshurica* Kom., Acta Horti Petrop. 20: 528 (1901).

黑龙江、吉林；日本、朝鲜、俄罗斯（远东地区、西伯利亚）。

西藏对叶兰

Neottia pinetorum (Lindl.) Szlach., Fragm. Florist. Geobot., suppl. 3: 118 (1995).

Listera pinetorum Lindl., J. Linn. Soc., Bot. 1: 175-176 (1857); *Listera yueana* Tang et F. T. Wang, Acta Phytotax. Sin. 1: 65 (1951); *Listera brachybotryosa* Tang et F. T. Wang, Acta Phytotax. Sin. 1 (1): 31, 64 (1951); *Listera yuana* Tang et F. T. Wang, Acta Phytotax. Sin. 1 (1): 65 (1951); *Neottia yueana* (Tang et F. T. Wang) Szlach., Fragm. Florist. Geobot. Suppl. 3: 119 (1995).

云南、西藏、福建；不丹、印度东北部、尼泊尔。

耳唇对叶兰

●**Neottia pseudonipponica** (Fukuy.) Szlach., Fragm. Florist. Geobot., suppl. 3: 118 (1995).

Listera pseudonipponica Fukuy., Bot. Mag. 49: 665, 733 (1935).

台湾。

对叶兰

Neottia puberula (Maxim.) Szlach., Fragm. Florist. Geobot., suppl. 3: 118 (1995).

Listera puberula Maxim., Bull. Acad. Imp. Sci. Saint-Pétersbourg 29: 204 (1884); *Listera savatieri* Maxim. ex Kom., Acta Hort. Petrop. 20: 526 (1901); *Listera yatabei* Makino, Bot. Mag. Tokyo 19: 8 (1905); *Listera major* Nakai, Bot. Mag. 28: 327 (1914); *Listera bungeana* Yabe, Bot. Mag. (Tokyo). 19: 240 (1915).

对叶兰（原变种）

Neottia puberula var. **puberula**

黑龙江、吉林、辽宁、内蒙古、河北、山西、甘肃、青海、四川、贵州；日本、朝鲜、俄罗斯（远东地区）。

花叶对叶兰

Neottia puberula var. **maculata** (Tang et F. T. Wang) S. C. Chen, S. W. Gale et P. J. Crib, Fl. China. 25: 190 (2009).

Listera savatieri var. *maculata* Tang et F. T. Wang, Acta Phytotax. Sin. 1 (1): 65 (1951); *Listera maculata* (Tang et F. T. Wang) K. Y. Lang, Vasc. Pl. Hengduan Mount. 2: 2549 (1994).

甘肃、四川、重庆。

叉唇无喙兰（无喙鸟巢兰）

●**Neottia smithiana** Schltr., Repert. Spec. Nov. Regni Veg. 19: 375-376 (1924).

Holopogon smithianus (Schltr.) S. C. Chen, Acta Phytotax. Sin. 35 (2): 179 (1997); *Neottia kungii* Tang et F. T. Wang, Bull. Fan Mem. Inst. Biol. Bot. 7 (1): 6-7 (1936); *Archineottia smithiana* (Schltr.) S. C. Chen, Acta Phytotax. Sin. 17 (2): 14 (1979).

陕西、四川。

川西对叶兰

●**Neottia smithii** (Schltr.) Szlach., Fragm. Florist. Geobot., suppl. 3: 118 (1995).

Listera smithii Schltr., Acta Horti Gothob. 1: 144 (1924).

四川。

无毛对叶兰

●**Neottia suzukii** (Masamune) Szlach., Fragm. Florist. Geobot., suppl. 3: 119 (1995).

Listera suzukii Masam., Trop. Hort. 3: 42 (1933); *Listera deltoidea* Fukuy., Bot. Mag. 49: 759 (1935); *Listera uraiensis* S. S. Ying, Col. Illustr. Indig. Orch. Taiwan 1: 240 (1977); *Neottia uraiensis* (S. S. Ying) Szlach., Fragm. Florist. Geobot. Suppl. 3: 119 (1995); *Neottia deltoidea* (Fukuy.) Szlach., Fragm. Florist. Geobot. Suppl. 3: 117 (1995).

台湾。

太白山鸟巢兰

●**Neottia taibaishanensis** P. H. Yang et K. Y. Lang, Acta Phytotax. Sin. 44 (1): 86 (2006).

陕西。

小花对叶兰

●**Neottia taizanensis** (Fukuy.) Szlach., Fragm. Florist.

Geobot. Suppl. 3: 119 (1995).

Listera taizanensis Fukuy., Bot. Mag. 48: 431, 504 (1934).

台湾。

耳唇鸟巢兰

•**Neottia tenii** Schltr., Repert. Spec. Nov. Regni Veg. 19: 376 (1924).

云南。

天山对叶兰

•**Neottia tianschanica** (Grubov) Szlach., Fragm. Florist. Geobot., suppl. 3: 119 (1995).

Listera tianschanica Grubov, Rast. Tsentr. Azii 7: 106 (1977).

新疆。

大花对叶兰

•**Neottia wardii** (Rolfe) Szlach., Fragm. Florist. Geobot., suppl. 3: 119 (1995).

Listera wardii Rolfe, Notes Roy. Bot. Gard. Edinburgh. 8: 127 (1913); *Listera grandiflora* Rolfe, Bull. Misc. Inform. Kew. 1896: 200 (1896); *Neottia grandiflora* Schltr., Notes Roy. Bot. Gard. Edinburgh. 5: 104, pl. 80 (1912).

湖北、四川、云南、西藏。

云南对叶兰

•**Neottia yunnanensis** (S. C. Chen) Szlach., Fragm. Florist. Geobot., suppl. 3: 119 (1995).

Listera yunnanensis S. C. Chen, Kew Bull. 35 (4): 759 (1981).

云南。

芋兰属 Nervilia Comm. ex Gaudich.

广布芋兰

Nervilia aragoana Gaudich., Freyc. Voy. Bot. 422. t. 35 (1826).

Epipactis carinata Roxb., Hort. Bengal. 63 (1832); *Pogonia flabelliformis* Lindl., Gen. Sp. Orchid. Pl. 415 (1840); *Pogonia carinata* (Roxb.) Lindl., Gen. Sp. Orchid. Pl. 414 (1840); *Pogonia nervilia* Blume, Mus. Bot. Ludg. Bat. 1: 32 (1849); *Pogonia gracilis* Blume, Coll. Orchid. 155 (1858); *Pogonia scottii* Rchb. f., Flora 55: 276 (1872); *Nervilia carinata* Schltr., Bot. Jahrb. Syst. xlv. 404 (1911); *Nervilia yaeyamensis* Hayata, Icon. Pl. Formosan. 2: 140 (1912); *Nervilia tibetensis* Rolfe, Notes Roy. Bot. Gard. Edinburgh. 8: 128 (1913); *Aplostellis flabelliformis* (Lindl.) Ridl., The Flora of the Malay Peninsula 4: 203 (1924); *Nervilia flabelliformis* (Lindl.) Tang et F. T. Wang, Acta Phytotax. Sin. 1: 68 (1951).

湖北、四川、云南、西藏、台湾；日本（琉球群岛）、印度尼西亚、老挝、马来西亚、缅甸、菲律宾、泰国、越南、孟加拉国、不丹、印度、尼泊尔、巴布亚新几内亚、澳大利亚、太平洋岛屿。

白脉芋兰（四脉溪脉叶兰）

Nervilia crociformis (Zoll. et Moritzi) Seidenf., Dansk Bot. Ark. 32 (2): 151. fig. 92 (1978).

Bolborchis crociformis Zoll. et Moritzi, Syst. Verz. Pl. Zoll. 89 (1846); *Pogonia crispata* Blume, Mus. Bot. 1: 32 (1849); *Pogonia prainiana* King et Pantl., J. Asiat. Soc. Bengal, Pt. 2, Nat. Hist. 65: 129 (1896); *Nervilia crispata* (Blume) Schltr. ex K. Schum. et Lauterb., Fl. Schutzgeb. Südsee 240 (1900); *Nervilia monantha* Blatt. et McCann, J. Bombay Nat. Hist. Soc. 35: 724 (1932); *Nervilia prainiana* (King et Pantl.) Seidenf., Dansk Bot. Ark. 32 (2): 149 (1978).

台湾；印度尼西亚、马来西亚、菲律宾、泰国、越南、印度、尼泊尔、巴布亚新几内亚、非洲、澳大利亚。

流苏芋兰

Nervilia cumberlegii Seidenf. et Smitin., Orch. Thail. Part 4 (2): 729. fig. 541 (1965).

台湾；泰国。

毛唇芋兰（福氏芋兰）

Nervilia fordii (Hance) Schltr., Bot. Jahrb. Engl. 45: 403 (1911).

Pogonia fordii Hance, J. Bot. 23: 247 (1885).

四川、云南、广东、广西；泰国北部、越南北部。

七角叶芋兰

Nervilia mackinnonii (Duthie) Schltr., Bot. Jahrb. Engl. 45: 402 (1911).

Pogonia mackinnonii Duthie, J. Asiat. Soc. Bengal 71: 43 (1906); *Nervilia lanyuensis* S. S. Ying, Mém. Coll. Agric. Natl. Taiwan Univ. 29: 55, pl. 5, col. phot. 11-12 (1989); *Nervilia brevilobata* C. S. Leou, C. L. Yeh et S. W. Gale, Nordic J. Bot. 31 (4): 403 (2013); *Nervilia alishanensis* T. C. Hsu, S. W. Chung et C. M. Kuo, Taiwania. 57 (30: 274 (2012).

贵州、云南、台湾；缅甸、印度东北部。

滇南芋兰

•**Nervilia muratana** S. W. Gale et S. K. Wu, Makinoa, n.s. 7: 81 (2008).

Nervilia tahanshanensis T. P. Lin et W. M. Lin, Taiwania, 54 (4): 329 (2009).

云南、台湾。

毛叶芋兰

Nervilia plicata (Andr.) Schltr., Bot. Jahrb. Engl. 45: 403. (1911).

Arethusa plicata Andr., Bot. Reg. 5: t. 321 (1803); *Pogonia pulchella* Hook. f., Curtis's Bot. Mag. 41: t. 6851 (1885).

江西、福建、台湾、广东、广西。

台东芋兰

Nervilia taitoensis (Hayata) Schltr., Repert. Spec. Nov. Regni Veg.10 (234-238): 6 (1911).

Pogonia taitoensis Hayata, J. Coll. Sci. Imp. Univ. Tokyo. 30 (1): 346 (1911).

台湾。

台湾芋兰（单花脉叶兰，台湾一点广）

●**Nervilia taiwaniana** S. S. Ying, Quart. J. Chin. Forest. 11 (2): 104 (1978).

Nervilia punctata var. *nipponica* T. P. Lin, Native Orchids. Taiwan 3: 174-176 (fig). col. phot. 99 (1987).

台湾。

三蕊兰属 Neuwiedia Blume

三蕊兰

Neuwiedia singapureana (Baker) Rolfe, Kew Bull. 1907: 412 (1907).

Tupistra singapureana Baker, J. Linn. Soc., Bot. 14: 581 (1875); *Neuwiedia curtisii* Rolfe, J. Linn. Soc., Bot. 25: 233 (1889); *Neuwiedia balansae* Gagnep., Bull. Soc. Bot. France, 80: 350 (1933); *Neuwiedia zollingeri* var. *singapureana* (Baker) E. F. de Vogel, Blumea 17 (2): 331, f. 6 (1969).

云南、海南、香港；越南、泰国、马来西亚、新加坡、印度尼西亚。

麻栗坡三蕊兰

●**Neuwiedia malipoensis** Z. J. Liu, L. J. Chen et K. Wei Liu, Novon 22 (1): 43 (2012).

云南。

鸢尾兰属 Oberonia Lindl.

显脉鸢尾兰

Oberonia acaulis Griff., Not. Pl. Asiat. 3: 275, pl. 286, f. 1 (1851).

Oberonia sikkimensis Lindl., Fol. Orchid. 8: 4 (1859); *Malaxis sikkimensis* (Lindl.) Rchb. f., Ann. Bot. Syst. 6: 212 (1861); *Malaxis myriantha* (Lindl.) Rchb. f., Ann. Bot. Syst. 6: 213 (1861); *Iridorkis myriantha* (Lindl.) Kuntze, Revis. Gen. Pl. 2: 669 (1891); *Oberonia gongshanensis* Ormer., Taiwania, 55 (1): 25 (2010).

显脉鸢尾兰（原变种）

Oberonia acaulis var. **acaulis**

云南、西藏；缅甸、泰国、越南、不丹、印度北部。

绿春鸢尾兰

●**Oberonia acaulis** var. **luchunensis** S. C. Chen, Acta Phytotax. Sin. 20 (2): 192, pl. 1, f. 8 (1982).

云南。

长裂鸢尾兰（拟虾须莪白兰）

Oberonia anthropophora Lindl., Gen. Sp. Orchid. Pl. 16 (1830).

Malaxis anthropophora (Lindl.) Rchb. f., Ann. Bot. Syst. 6: 215 (1861).

海南；马来西亚、越南、缅甸、泰国。

阿里山鸢尾兰（阿里山莪白兰）

Oberonia arisanensis Hayata, Icon. Pl. Formosan. 4: 23, f. 3 (a-e, h) (1914).

台湾；日本（琉球群岛）。

滇南鸢尾兰

●**Oberonia austroyunnanensis** S. C. Chen et Z. H. Tsi, Acta Phytotax. Sin. 20 (2): 193, pl. 2, f. 4-6 (1982).

云南。

中华鸢尾兰

●**Oberonia cathayana** Chun et Tang ex S. C. Chen, Acta Phytotax. Sin. 20 (2): 192 (1982).

广西。

狭叶鸢尾兰

Oberonia caulescens Lindl., Gen. Sp. Orch. Pl. 15 (1830).

Malaxis caulescens (Lindl.) Rchb. f., Walp. Ann. 6: 216 (1861); *Oberonia longilabris* King et Pantl., J. As. Soc. Beng. n.s., 64: 330 (1895); *Oberonia yunnanensis* Rolfe, J. Linn. Soc. Bot. 36: 6 (1903); *Oberonia bilobatolabella* Hayata, Icon. Pl. Formos. 4: 24. fig. 4 (1914); *Oberonia pterorachis* C. L. Tso, Sunyatsenia 1: 135 (1933); *Oberonia gongshanensis* Ormer., Taiwania 55 (1): 25 (2010).

湖南、湖北、四川、云南、西藏、台湾、广东；越南、不丹、印度、尼泊尔。

棒叶鸢尾兰

Oberonia cavaleriei Finet, Bull. Soc. Bot. France 55: 334, pl. 10 (1908).

贵州、广西。

附注：本种以前被鉴定为 *Oberonia myosurus* (Forst. f.) Lindl.。

无齿鸢尾兰

●**Oberonia delicata** Z. H. Tsi et S. C. Chen, Acta Phytotax. Sin. 32 (6): 559 (1994).

云南、福建。

剑叶鸢尾兰

Oberonia ensiformis (J. E. Sm.) Lindl., Fol. Orchid. 4 (Oberonia): 8 (1859).

Malaxis ensiformis J. E. Sm., Cyclop 22. No. 14 (1812); *Oberonia trilobata* Griff., Not. Pl. Asiat. 3: 273 (1851); *Iridorchis ensiformis* (J. E. Sm.) Kuntze, Revis. Gen. Pl. 2: 669 (1891); *Oberonia iridifolia* Roxb. ex Lindl., Fl. Hainan. 4: 209. t. 1097 (1977).

云南、广西；缅甸、老挝、越南、泰国、尼泊尔、印度。

镰叶鸢尾兰

Oberonia falcata King et Pantl., J. Asiat. Soc. Bengal. 64: 329 (1895).

云南；缅甸、印度。

短耳鸢尾兰

Oberonia falconeri Hook. f., Hooker's Icon. Pl. 18: pl. 1780 (1888).

Iridorchis falconeri (Hook. f.) Kuntze, Revis. Gen. Pl. 2: 669 (1891); *Oberonia siamensis* Schltr., Repert. Spec. Nov. Regni Veg. 2: 84 (1906).

云南；老挝、马来西亚、泰国、越南、印度、尼泊尔。

齿瓣鸢尾兰

Oberonia gammiei King et Prantl, J. Asiat. Soc. Bengal 66: 578 (1897).

Oberonia regnieri Finet, Bull. Soc. Bot. France. 55: 335 (1908).

云南、海南；老挝、越南、泰国、缅甸、孟加拉国。

橙黄鸢尾兰（大莪白兰）

●**Oberonia gigantea** Fukuy., Bot. Mag. 49: 295 (1935).

台湾。

全唇鸢尾兰（粗花茎鸢尾兰）

Oberonia integerrima Guillaumin, Bull. Mus. Hist. Nat. (Paris) ser. 2. 26 (6): 262 (1954).

云南；老挝、越南、马来西亚（婆罗洲）。

小骑士兰

Oberonia insularis Hayata, J. Coll. Sci. Imp. Univ. Tokyo 30 (1): 310 (1911).

Hippeophyllum pumila Futuyama ex Chen S. C. et K. Y. Lang, Acta Phytotax. Sin. 36: 72 (1988); *Oberonia pumila* (Futuyamaex Chen S. C. et K. Y. Lang) Ormer., Taiwania 47: 242 (2002); *Oberonia pumilum* var. *rotundum* T. P. Lin et W. M. Lin Ormer., Taiwania, 54 (4): 330 (2009).

台湾。

小叶鸢尾兰（日本莪白兰，台湾莪白兰）

Oberonia japonica (Maxim.) Makino, Ill. Fl. Nippon 1: pl. 41 (1891).

Malaxis japonica Maxim., Bull. Acad. Imp. Sci. Saint-Pétersbourg 22: 257 (1877); *Oberonia formosana* Hayata, J. Coll. Sci. Imp. Univ. Tokyo 30 (1): 309 (1911); *Oberonia makinoi* Masam., Mém. Fac. Sci. Taihoku Imp. Univ., 11: 583 (1934).

福建、台湾；日本（琉球群岛）、朝鲜。

条裂鸢尾兰

Oberonia jenkinsiana Griff. ex Lindl., Fol. Orchid. 8: 4, no. 20 (1859).

Malaxis jenkinsiana (Griff. ex Lindl.) Rchb. f., Ann. Bot. Syst. 6: 211 (1861); *Oberonia clarkei* Hook. f., Hooker's Icon. Pl. 18: pl. 1779A (1888).

云南；缅甸、泰国、越南、印度东北部。

苏瓣鸢尾兰

Oberonia kanburiensis Seidenf., Bot. Tidsskr. 68 (1): 47 (1973).

云南；缅甸、印度、尼泊尔、泰国。

广西鸢尾兰

Oberonia kwangsiensis Seidenf., Dansk Bot. Ark. 25 (3): 31, f. 14 (1968).

云南、西藏、广西；越南、泰国。

阔瓣鸢尾兰

●**Oberonia latipetala** L. O. Williams, Bot. Mus. Leafl. 5 (9): 169 (1938).

云南。

圆唇鸢尾兰

Oberonia linguae T. P. Lin et Y. N. Chang, Taiwania 58 (4): 263 (2014).

台湾。

长苞鸢尾兰（长苞莪白兰）

Oberonia longibracteata Lindl., Gen. Sp. Orchid. Pl. 15 (1830).

Malaxis longibracteata (Lindl.) Rchb. f., Ann. Bot. Syst. 6: 209 (1861); *Iridorkis longibracteata* (Lindl.) Kuntze, Revis. Gen. Pl. 2: 669 (1891).

海南；泰国、越南、斯里兰卡。

小花鸢尾兰

Oberonia mannii Hook. f., Hooker's Icon. Pl. 21: pl. 2003 (1890).

云南、西藏、福建；印度。

勐海鸢尾兰

•**Oberonia menghaiensis** S. C. Chen, Acta Phytotax. Sin. 20 (2): 190 (1982).

云南。

勐腊鸢尾兰

•**Oberonia menglaensis** S. C. Chen et Z. H. Tsi, Acta Phytotax. Sin. 20 (2): 193 (1982).

云南。

鸢尾兰

Oberonia mucronata (D. Don) Ormer. et Seidenf. in Seidenf., Contr. Orchid Fl. Thailand. 13: 20 (1997).

Stelis mucronata D. Don, Prodr. Fl. Nepal. 32 (1825); *Cymbidium iridifolium* Roxb., Fl. Ind. ed. 2, 3: 458 (1832); *Oberonia denticulata* Wight, Icon. Pl. Ind. Orient. 5: t. 1625 (1851); *Malaxis denticulata* (Wight) Rchb. f., Ann. Bot. Syst. 6: 208 (1861); *Malaxis iridifolia* (Roxb. ex Lindl.) Rchb. f., Ann. Bot. Syst. 6: 208 (1861); *Oberonia iridifolia* var. *brevifolia* Hook. f., Fl. Brit. India 5: 676 (1890); *Iridorkis iridifolia* (Lindl.) Kuntze, Revis. Gen. Pl. 2: 669 (1891); *Oberonia denticulata* var. *iridifolia* (Roxb.) S. Misra, J. Orchid Soc. India 3: 69 (1989); *Oberonia denticulata* var. *brevifolia* (Hook. f.) S. Misra, J. Orchid Soc. India 3: 70 (1989); *Oberonia brevifolia* (Hook. f.) Panigrahi, Fl. Bilaspur Distr. 2: 591 (1999); *Oberonia smisrae* Panigrahi, Fl. Bilaspur Distr. 2: 593 (1999).

云南；印度尼西亚、老挝、马来西亚、缅甸、菲律宾、孟加拉国、不丹、印度、尼泊尔。

橘红鸢尾兰

Oberonia obcordata Lindl., Fol. Orchid. 4 (1859).

Malaxis obcordata (Lindl.) Rchb. f., Ann. Bot Syst. 6: 216 (1861); *Oberonia treutleri* Hook. f., Hooker's Icon. Pl. 18: t. 1786 (1888); *Oberonia orbicularis* Hook. f., Fl. Brit. India 5: 677 (1888); *Iridorkis treutleri* (Hook. f.) Kuntze, Revis. Gen. Pl. 2: 669 (1891); *Iridorkis orbicularis* (Hook. f.) Kuntze, Revis. Gen. Pl. 2: 669 (1891); *Iridorchis obcordata* (Lindl.) Kuntze, Revis. Gen. Pl. 2: 669 (1891).

西藏；泰国、尼泊尔、印度东北部。

扁葶鸢尾兰

Oberonia pachyrachis Rchb. f. ex Hook. f., Fl. Brit. Ind. 6: 681 (1890).

Oberonia umbraticola Rolfe, Bull. Misc. Inform. Kew. 62 (1909).

云南、西藏；缅甸、泰国、越南、不丹、印度北部、尼泊尔。

裂唇鸢尾兰

Oberonia pyrulifera Lindl., Fol. Orchid. 3 (1859).

Oberonia verticillata var. *khasiana* Lindl., Fol. Orchid. 8: 3 (1859); *Malaxis pyrulifera* (Lindl.) Rchb. f., Ann. Bot. Syst. 6: 211 (1861); *Iridorkis pyrulifera* (Lindl.) Kuntze, Revis. Gen. Pl. 2: 669 (1891).

云南；泰国、不丹、印度。

华南鸢尾兰

Oberonia recurva Lindl., Edwards's Bot. Reg. 25 (Misc.): 14 (1839).

Oberonia setifera Lindl., Fol. Orchid. 8: 3 (1859); *Oberonia parvula* King et Pantl., J. Asiat. Soc. Bengal, Pt. 2, Nat. Hist. 64 (2): 330 (1895).

广西；印度。

玫瑰鸢尾兰（裂瓣莪白兰）

Oberonia rosea Hook. f., Hooker's Icon. Pl. 21: pl. 2005 (1890).

Oberonia kusukusensis Hayata, Icon. Pl. Formosan. 4: 28, f. 3 (i-k) (1914).

台湾；马来西亚、越南。

红唇鸢尾兰（红唇莪白兰）

Oberonia rufilabris Lindl., Sert. Orchid., pl. 8A (1838).

Malaxis rufilabris (Lindl.) Rchb. f., Ann. Bot. Syst. 6: 213 (1861).

云南、海南；马来西亚、缅甸、泰国、越南、柬埔寨、孟加拉国、尼泊尔、印度东北部。

齿唇莪白兰

•**Oberonia segawae** T. C. Hsu et S. W. Chung, Taiwania, 53 (2): 165 (2008).

台湾。

密花鸢尾兰

•**Oberonia seidenfadenii** (H. J. Su) Ormer., Taiwania 47 (4): 242 (2002).

Hippeophyllum seidenfafenii H. J. Su, J. Expt. Forest. Natl. Taiwan Univ. 13 (3): 204 (1999).

台湾。

套叶鸢尾兰

•**Oberonia sinica** (S. C. Chen et K. Y. Lang) Ormer., Taiwania 48 (2): 91 (2003).

Hippeophyllum sinicum S. C. Chen et K. Y. Lang, Acta Phytotax. Sin. 36 (1): 70 (1998).
甘肃。

圆柱叶鸢尾兰

Oberonia teres Kerr, Kew Bull. 1927: 24 (1927).
云南；越南。

密苞鸢尾兰

Oberonia variabilis Kerr, Bull. Misc. Inform. Kew, 214 (1927).
海南；泰国、越南。

小沼兰属 **Oberonioides** Szlach.

小沼兰

•**Oberonioides microtatantha** (Schltr.) Szlach., Fragm. Florist. Geobot., suppl. 3: 135 (1995).
Microstylis microtatantha Schltr., Repert. Spec. Nov. Regni Veg. Beih. 4: 192 (1919); *Microstylis minutiflora* Rolfe ex Dunn, J. Linn. Soc., Bot. 38. 367 (1908); *Microstylis pusilla* Rolfe, Orchid Rev. 19: 229 (1911); *Malaxis tairukouensis* S. S. Ying, Col. Illustr. Indig. Orch. Taiwan 2: 268 (1990).
安徽、江西、福建、台湾。

齿唇兰属 **Odontochilus** Blume

短柱齿唇兰

Odontochilus brevistylis Hook. f., Fl. Brit. Ind. 6: 100 (1890).
Cystopus crispus (Hook. f.) Kuntze, Revis. Gen. Pl. 2: 658 (1891); *Anoectochilus tonkinensis* Gagnep., Bull. Mus. Hist. Nat. (Paris) 2, ser. 3, 7: 679 (1931); *Odontochilus candidus* T. P. Lin et C. C. Hsu, Taiwania 21 (2): 234 (1976); *Odontochilus inabai* var. *candidus* (T. P. Lin et C. C. Hsu) S. S. Ying, Quart. J. Chin. Forest. 21 (2): 116 (1988); *Anoectochilus inabae* var. *candidus* (T. P. Lin et C. C. Hsu) S. S. Ying, Col. Illustr. Orch. Fl. Taiwan 1: 62 (1996).
云南、西藏；马来西亚、泰国、越南。

峨眉齿唇兰

•**Odontochilus clarkei** Hook. f., Fl. Brit. Ind. 6: 100 (1890).
Cystopus clarkei (Hook. f.) Kuntze, Revis. Gen. Pl. 2: 658 (1891); *Anoectochilus clarkei* (Hook. f.) Seidenf. et Smitin., Orch. Thail. part 1. 88 (1959).
四川。

小齿唇兰

Odontochilus crispus (Lindl.) Hook. f., Fl. Brit. Ind. 6: 99 (1890).
Anoectochilus crispus Lindl., J. Linn. Soc., Bot.1: 180. 1857.
云南、西藏；不丹、印度东北部、尼泊尔。

西南齿唇兰

Odontochilus elwesii C. B. Clarke ex Hook. f., Fl. Brit. Ind. 6: 100 (1890).
Cystopus elwesii (C. B. Clarke ex Hook. f.) Kuntze, Rev. Gén. Bot. Pl. 658 (1891); *Anoectochilus elwesii* (C. B. Clarke ex Hook. f.) King et Pantl., Ann. Roy. Bot. Gard. (Calcutta) 8: 296, pl. 394 (1898); *Anoectochilus purpureus* (C. S. Leou) S. S. Ying, Col. Illustr. Orch. Fl. Taiwan 1: 62 (1996).
四川、贵州、云南、台湾、广西；缅甸北部、泰国、越南北部、不丹、印度东北部。

广东齿唇兰

•**Odontochilus guangdongensis** S. C. Chen, S. W. Gale et P. J. Cribb, Fl. China 25: 81-82 (2009).
Chamaegastrodia nanlingensis H. Z. Tian et F. W. Xing, Novon, 18 (2): 261 (2008).
湖南、广东。

台湾齿唇兰

Odontochilus inabae Hayata ex T. P. Lin, Native Orchids Taiwan 1: 216-217, pl. col. Photos 136-137 (1975).
Anoectochilus inabae Hayata, Icon. Pl. Formosan. 4: 102, pl. 16 (1914).
台湾；日本（琉球群岛）、越南北部。

齿唇兰

Odontochilus lanceolatus (Lindl.) Blume, Coll. Orch. Arch. Ind. 80, pl. 29, f. 2 et 36A (1858).
Anoectochilus lanceolatus Lindl., Gen. Sp. Orchid. Pl. 499 (1840); *Anoectochilus luteus* Lindl., J. Linn. Soc., Bot. 1: 179 (1857); *Anoectochilus flavus* Benth. et Hook. f., Gen. Pl. 3: 598 (1889); *Cystopus lanceolatus* (Blume) Kuntze, Revis. Gen. Pl. 2: 658 (1891); *Cystopus flavus* (Blume) Kuntze, Revis. Gen. Pl. 2: 658 (1891); *Odontochilus yunnanensis* Rolfe, J. Linn. Soc., Bot. 36: 43 (1903); *Odontochilus bisaccatus* Hayata, Icon. Pl. Formosan. 4: 99 (1914); *Anoectochilus bisaccatus* Hayata, Icon. Pl. Formosan. 4: 99-100, pl. 15 (1914); *Pristiglottis bisaccata* (Hayata) Nackej., Biol. Mag. Okinawa 13: 3 (1975).
云南、台湾、广东、广西；缅甸、泰国、越南、不丹、印度东北部、尼泊尔。

南岭齿唇兰

Odontochilus nanlingensis (L. P. Siu et K. Y. Lang)

Ormer., Taiwania 48 (2): 91 (2003).
Anoectochilus nanlingensis L. P. Siu et K. Y. Lang, Acta Phytotax. Sin. 40 (2): 164 (2002).
台湾、广东。

齿爪齿唇兰

Odontochilus poilanei (Gagnep.) Ormer., Lindleyana 17: 225 (2002).
Evrardia poilanei Gagnep., Bull. Mus. Hist. Nat. (Paris) ser. 2. 4 (5): 596 (1932); *Hetaeria poilanei* (Gagnep.) Tang et F. T. Wang, Acta Phytotax. Sin. 1 (1): 71, et 1 (3-4): 264 (1951); *Evrardianthe poilanei* (Gagnep.) Rauschert, Feddes Repert. Spec. Nov. Regni Veg. Beih. 94 (7-8): 433 (1983); *Evrardiana poilanei* (Gagnep.) Aver., Bot. J. (Leningr.) 78 (3): 432 (1988); *Chamaegastrodia poilanei* (Gagnep.) Seidenf. et A. N. Rao, Nord. J. Bot. 14 (3): 297 (1994).
云南、西藏；日本、缅甸、泰国、越南南部。

腐生齿唇兰

Odontochilus saprophyticus (Aver.) Ormer., Taiwania 48 (3): 141 (2003).
Pristiglottis saprophytica Aver., Updated Checkl. Orchids Vietnam 90, f. 9a-h (2003).
海南；越南。

一柱齿唇兰

Odontochilus tortus King et Pantl., J. Asiat. Soc. Bengal 65: 125 (1896).
Anoectochilus tortus (King et Pantl.) King et Pantl., Ann. Roy. Bot. Gard. (Calcutta) 8: 298, pl. 396 (1898); *Odontochilus repens* Downie, Bull. Misc. Inform. Kew 1925: 413 (1925); *Odontochilus densiflorus* (Mansf.) Tang et F. T. Wang ex Merr. et Metcalf, Lingnan Sci. J. 21: 12 (1945); *Anoectochilus repens* (Downie) Seidenf. et Smitin., Orch. Thail. 89 (1959); *Pristiglottis torta* (King et Pantl.) Aver., Bot. Zhurn. (Moscow et Leningrad) 81 (10): 78 (1996).
云南、西藏、广西、海南；缅甸、泰国、越南北部、不丹。

红门兰属 **Orchis** L.

四裂红门兰

Orchis militaris L., Sp. Pl., ed. 1, 941 (1753).
新疆；蒙古、阿富汗、亚洲西南部、俄罗斯、欧洲。

山兰属 **Oreorchis** Lindl.

西南山兰

•**Oreorchis angustata** L. O. Williams ex N. Pearce et Cribb, Edinburgh J. Bot. 54 (3): 294 (1997).
四川、云南。

大霸山兰

•**Oreorchis bilamellata** Fukuy., Bot. Mag. 48: 436 (1934).
Tainia bilamellata (Fukuy.) S. S. Ying, Col. Illustr. Indig. Orch. Taiwan 2: 503 (1977).
台湾。

短梗山兰

•**Oreorchis erythrochrysea** Hand.-Mazz., Anz. Akad. Wiss. Wien, Math.-Naturwiss. Kl. 62: 252 (1925).
四川、云南、西藏。

长叶山兰

•**Oreorchis fargesii** Finet, Bull. Soc. Bot. France. 43: 697, pl. 13 (1896).
Oreorchis fargesii var. *subcapitata* Hayata, Icon. Pl. Formosan. 2: 142-143 (1912); *Oreorchis subcapitata* Ames et Schltr., Repert. Spec. Nov. Regni Veg. Beih. 4: 225 (1919); *Oreorchis intermedia* S. S. Chien, Contr. Biol. Lab. Sci. Soc. China, Bot. Ser. 6. No. 3, 26 (1930); *Oreorchis ohwii* Fukuy., Bot. Mag. 49: 296 (1935).
陕西、甘肃、浙江、湖南、湖北、四川、云南、福建、台湾。

囊唇山兰

Oreorchis foliosa (Lindl.) Lindl., J. Linn. Soc., Bot. 3: 27 (1859).
四川、云南、西藏、台湾；日本、不丹、印度北部、尼泊尔。

Oreorchis foliosa var. **foliosa**
原变种中国不产。

Oreorchis foliosa var. **indica** (Lindl.) N. Pearce et Cribb, Edinburgh J. Bot. 54 (3): 307, fig. 8 (1997).
Corallorhiza indica Lindl., J. Linn. Soc., Bot. 3: 26 (1859); *Oreorchis indica* (Lindl.) Hook. f., Fl. Brit. Ind. 5: 709 (1890); *Tainia gokanzanensis* Masam., Mat. Syst. 6: 38 (1937).
四川、云南、西藏、台湾；日本、不丹、印度北部、尼泊尔。

狭叶山兰（四裂山兰）

Oreorchis micrantha Lindl., J. Proc. Linn. Soc., Bot. 3: 27 (1859).
Oreorchis rolfei Duthie, J. Asiat. Soc. Bengal, Pt. 2, Nat. Hist. 71: 38 (1902).
西藏、台湾；缅甸、不丹、印度东北部、尼泊尔。

硬叶山兰

•**Oreorchis nana** Schltr., Acta Horti Gothob. 1: 151 (1924).

湖北、四川、云南。

大花山兰

Oreorchis nepalensis N. Pearce et Cribb, Edinburgh J. Bot. 54 (3): 315, fig. 11 (1997).

西藏；尼泊尔。

少花山兰

●**Oreorchis oligantha** Schltr., Acta Horti Gothob. 1: 152 (1924).

Oreorchis rockii Schweinf., J. Arnold Arbor. 10: 173 (1929).

甘肃、四川、云南、西藏。

矮山兰

●**Oreorchis parvula** Schltr., Repert. Spec. Nov. Regni Veg. 10: 483 (1912).

四川、云南。

山兰

Oreorchis patens (Lindl.) Lindl., J. Linn. Soc., Bot. 3: 27 (1859).

Corallorhiza patens Lindl., Gen. Sp. Orchid. Pl. 535 (1840); *Oreorchis lancifolia* A. Gray, Mém. Amer. Acad. Arts n.s. 6 (2): 410 (1858); *Oreorchis gracilis* Franch. et Sav., Enum. Pl. Jap. 2: 27, 512 (1877); *Oreorchis gracilis* var. *gracillima* Hayata, Icon. Pl. Formosan. 2: 141 (1912); *Oreorchis wilsonii* Rolfe ex Adamson, J. Bot. 51: 130 (1913); *Oreorchis setchuanica* Ames et Schltr., Repert. Spec. Nov. Regni Veg. Beih. 4: 65 (1919); *Oreorchis patens* var. *gracilis* (Franch. et Sav.) Makino ex Schltr., Repert. Spec. Nov. Regni Veg. Beih. 4: 224 (1919); *Oreorchis gracillima* (Hayata) Schltr., Repert. Spec. Nov. Regni Veg. Beih. 4: 223 (1919); *Oreorchis setschuanica* Ames et Schltr., Repert. Spec. Nov. Regni Veg. 4; 65 (1919); *Oreorchis yunnanensis* Schltr., Repert. Spec. Nov. Regni Veg. 17 (477-480): 68 (1921); *Oreorchis patens* var. *confluens* Hand.-Mazz., Symb. Sin. 7 (5): 1353, pl. 42, f. 10 (1936); *Diplolabellum confluens* (Hand.-Mazz.) Garay et W. Kittr., Bot. Mus. Leafl. 30: 182 (1986); *Oreorchis patens* var. *gracillima* (Hayata) S. S. Ying, Quart. J. Chin. Forest. 21 (2): 116 (1988).

黑龙江、吉林、辽宁、河南、甘肃、江西、湖南、四川、贵州、云南、台湾；日本、朝鲜、俄罗斯（远东地区）。

羽唇兰属 **Ornithochilus** (Wall. ex Lindl.) Benth. et Hook. f.

羽唇兰

Ornithochilus difformis (Wall. ex Lindl.) Schltr., Repert. Spec. Nov. Regni Veg. Beih. 4: 277 (1919).

Aerides difformis Wall. ex Lindl., Gen. Sp. Orchid. Pl. 242 (1833); *Ornithochilus fuscus* Wall. ex Lindl., Gen. Sp. Orchid. Pl. 242 (1833); *Ornithochilus eublepharon* Hance, J. Bot. 22: 364 (1884); *Ornithochilus delavayi* Finet, Bull. Soc. Bot. France. 43: 496, pl. 11 (1896); *Sarcochilus difformis* (Lindl.) Tang et F. T. Wang, Acta Phytotax. Sin. 1 (1): 48, 92 (1951).

四川、云南、广东、广西；缅甸、老挝、越南、泰国、马来西亚、印度尼西亚、不丹、印度、尼泊尔。

盈江羽唇兰

●**Ornithochilus yingjiangensis** Z. H. Tsi, Acta Phytotax. Sin. 22 (6): 479 (1984).

云南。

附注：有学者将本属并入蝴蝶兰属（*Phalaenopsis*）。

耳唇兰属 **Otochilus** Lindl.

白花耳唇兰

Otochilus albus Lindl., Gen. Sp. Orchid. Pl. 35 (1830).

Coelogyne alba (Lindl.) Rchb. f., Ann. Bot. Syst. 6: 236 (1862).

西藏；缅甸、泰国、越南、尼泊尔、印度东北部。

狭叶耳唇兰

Otochilus fuscus Lindl., Gen. Sp. Orchid. Pl. 35 (1830).

Otochilus lancifolia Griff., Not. Pl. Asiat. 3: 278 (1851); *Coelogyne fusca* (Lindl.) Rchb. f., Ann. Bot. Syst. 6: 236 (1864); *Broughtonia fusca* (Lindl.) Wall. ex Hook. f., Fl. Brit. India 5: 844 (1890).

云南；缅甸、越南、柬埔寨、泰国、尼泊尔、不丹、印度东北部。

宽叶耳唇兰（耳唇兰）

Otochilus lancilabius Seidenf., Bot. Tidsskr. 71: 13, pl. 11 (1976).

Otochilus albus var. *lancilabius* (Seidenf.) Pradhan, Indian Orchid J. 2: 706 (1979).

云南、西藏；老挝、越南、不丹、印度东北部、尼泊尔。

耳唇兰（宽叶耳唇兰）

Otochilus porrectus Lindl., Gen. Sp. Orchid. Pl. 36 (1830).

Tetrapeltis fragrans Wall. ex Lindl., Bot. Reg. 18: sub. t. 1522 (1832); *Otochilus latifolia* Griff., Not. Pl. Asiat. 3: 279 (1851); *Coelogyne porrecta* (Lindl.) Rchb. f., Ann. Bot. Syst. 6: 236 (1861); *Otochilus fragrans* (Wall. ex Lindl.) G. Nicholson, Ill. Dict. Gard. 2: 534 (1886); *Otochilus forrestii* W. W. Sm., Notes Roy. Bot. Gard. Edinburgh. 13: 216 (1921).

云南；缅甸、泰国、越南、印度东北部、尼泊尔。

拟石斛属 **Oxystophyllum** Blume

拟石斛

•**Oxystophyllum changjiangense** (S. J. Cheng et C. Z. Tang) M. A. Clements, Telopea. 10: 276 (2003).

Dendrobium changjiangense S. J. Cheng et C. Z. Tang, Acta Phytotax. Sin. 18 (1): 98 (1980).

海南。

粉口兰属 **Pachystoma** Blume

绿岛粉口兰

•**Pachystoma ludaoense** S. C. Chen et Y. B. Luo, Acta Phytotax. Sin. 40 (2): 140 (2002).

Eulophia hirsuta T. P. Lin, Native Orchids Taiwan 3: 68 (1987); not J. Joseph et Vajr. (1975).

台湾。

粉口兰

Pachystoma pubescens Blume, Bijdr. Fl. Ned. Ind. 376, pl. 29 (1825).

Apaturia senilis Lindl., Gen. Sp. Orchid. Pl. 130 (1831); *Apaturia chinensis* Lindl., Gen. Sp. Orchid. Pl. 131 (1831); *Pachychilus chinensis* Blume, Mus. Bot. Lugd. Bat. 2: 173 (1855); *Pachystoma chinensis* (Lindl.) Rchb. f., Bonplandia. 3: 251 (1855); *Pachychilus pubescens* (Blume) Blume, Mus. Bot. 2: 178 (1856); *Pachystoma chinense* (Lindl.) Hayata, J. Coll. Sci. Imp. Univ. Tokyo 30: 321 (1911); *Pachystoma formosanum* Schltr., Repert. Spec. Nov. Regni Veg. Beih. 4: 246 (1919); *Pachystoma brevilabium* Schltr., Repert. Spec. Nov. Regni Veg. 17: 69 (1921); *Pachystoma chinense* var. *formosanum* (Schltr.) S. S. Ying, Col. Ill. Indig. Orch. Taiwan 1 (2): 488 (1977).

贵州、云南、台湾、广东、广西、海南；柬埔寨、印度尼西亚、老挝、马来西亚、缅甸、菲律宾、越南、孟加拉国、不丹、印度、尼泊尔、巴布亚新几内亚、澳大利亚。

曲唇兰属 **Panisea** (Lindl.) Lindl.

平卧曲唇兰

•**Panisea cavaleriei** Schltr., Repert. Spec. Nov. Regni Veg. 20: 383 (1924).

贵州、云南、广西。

矮曲唇兰

Panisea demissa (D. Don) Pfitzer in Engler, Pflanzenr. 32 (IV. 50. II. B. 7): 141 (1907).

Dendrobium demissum D. Don, Prodr. Fl. Nepal. 34 (1825); *Coelogyne parviflora* Lindl., Gen. Sp. Orchid. Pl. 44 (1833); *Panisea parviflora* (Lindl.) Lindl., Fol. Orchid. 5: 1 (1854).

中国中部和南部；老挝、缅甸、泰国、越南、印度东北部、尼泊尔。

海南曲唇兰

•**Panisea moi** M. Z. Huang, J. M. Yin et G. S. Yang, Phytotaxa 60: 13. (2012).

海南。

曲唇兰（双叶曲唇兰）

Panisea tricallosa Rolfe, Bull. Misc. Inform. Kew 1901: 148 (1901).

Sigmatogyne tricallosa (Rolfe) Pfitzer, Pflanzenr. IV (50) Heft 32: 133 (1907); *Sigmatogyne pantlingii* Pfitzer, Pflanzenr. 4. (50) Helft. 32: Orch.-Coelog. 134 (1907); *Panisea pantlingii* (Pfitzer) Schltr., Orchideen (Schltr.) 155 (1914); *Sigmatogyne bia* Kerr, J. Siam Soc., Nat. Hist. Suppl. 9: 236 (1933); *Panisea bia* (Kerr) R. Tang et F. T. Wang, Iconogr. Cormophyt. Sin. 5: 689. fig. 8208 (1976); *Panisea unifolia* S. C. Chen, Acta Bot. Yunnan. 2 (3): 304 (1980).

云南、海南；老挝、泰国、越南、不丹、印度东北部、尼泊尔。

单花曲唇兰

Panisea uniflora (Lindl.) Lindl., Fol. Orchid. 2 (1854).

Coelogyne uniflora Lindl., Gen. Sp. Orchid. Pl. 42 (1830); *Coelogyne thuniana* Rchb. f., Allg. Gartenzeitung 23: 145 (1855); *Coelogyne biflora* E. C. Parish ex Rchb. f., Gard. Chron. 1865: 1035 (1865); *Pleione uniflora* (Lindl.) Kuntze, Revis. Gen. Pl. 2: 680 (1891); *Pleione thuniana* (Rchb. f.) Kuntze, Revis. Gen. Pl. 2: 680 (1891); *Chelonistele biflora* (E. C. Parish ex Rchb. f.) Pfitzer, Pflanzenr. IV, 50 II B 7: 139 (1907).

云南；缅甸、泰国、老挝、越南、柬埔寨、尼泊尔、不丹、印度东北部。

云南曲唇兰

Panisea yunnanensis S. C. Chen et Z. H. Tsi, Acta Bot. Yunnan. 2 (3): 301, pl. 1 (fig. 3-7) (1980).

云南；越南北部。

兜兰属 **Paphiopedilum** Pfitzer

卷萼兜兰

Paphiopedilum appletonianum (Gower) Rolfe, Orchid Rev. 4: 364 (1896).

Cypripedium appletonianum Gower, Gardenia 1893: 95 (1893); *Cypripedium bullenianum* var. *appletonianum*

(Gower) Rolfe, Orchid Rev. 1: 135 (1893); *Cordula appletoniana* (Gower) Rolfe, Orchid Rev. 20: 2 (1912); *Paphiopedilum hookerae* subsp. *appletonianum* (Gower) M. W. Wood, Orchid Rev. 85: 11 (1977); *Paphiopedilum hainanense* Fowlie, Orchid Digest 51: 69 (1987); *Paphiopedilum appletonianum* var. *hainanense* (Fowlie) Braem, C. O. Baker et M. L. Baker, Gen. Paphiopedilum Nat. Hist. Cult. 2: 295 (1999).
广西、海南；柬埔寨、老挝、泰国、越南。

根茎兜兰

Paphiopedilum areeanum O. Gruss, Orchidee (Hamburg) 52: 645 (2001).
Paphiopedilum rhizomatosum S. C. Chen et Z. J. Liu, J. Wuhan Bot. Res. 20: 12 (2002).
云南；缅甸。

杏黄兜兰

Paphiopedilum armeniacum S. C. Chen et F. Y. Liu, Acta Bot. Yunnan. 4 (2): 163 (1982).
Paphiopedilum armeniacum var. *mark-fun* Fowlie, Orchid Digest 51: 205 (1987); *Paphiopedilum armeniacum* var. *markii* O. Gruss, Orchidee (Hamburg) 48: 215 (1997); *Paphiopedilum armeniacum* var. *undulatum* Z. J. Liu et J. Y. Zhang, Acta Phytotax. Sin. 39 (5): 458, f. 2 (2001); *Paphiopedilum armeniacum* var. *parviflorum* Z. J. Liu et J. Y. Zhang, Acta Phytotax. Sin. 39 (5): 459, f. 1 (2001).
云南。

小叶兜兰

Paphiopedilum barbigerum Tang et F. T. Wang, Bull. Fan Mem. Inst. Biol. Bot. 10 (1): 23 (1940).
Paphiopedilum insigne var. *barbigerum* (Tang et F. T. Wang) Braem, Paphiopedilum. 113 (1988); *Paphiopedilum barbigerum* Tang et F. T. Wang var. *aureum* H. S. Hua, Orchids (West Palm Beach) 68 (3): 242 (1999); *Paphiopedilum barbigerum* var. *lockianum* Aver., Komarovia 2: 13 (2002).
贵州、云南、广西；越南北部。

巨瓣兜兰

Paphiopedilum bellatulum (Rchb. f.) Stein, Orchideenbuch. 456 (1892).
Cypripedium bellatulum Rchb. f., Gard. Chron. Ser. 3, 3: 648, 747 (1888); *Cordula bellatula* (Rchb. f.) Rolfe, Orchid Rev. 20 (1): 2 (1912).
贵州、云南、广西；缅甸、泰国。

红旗兜兰

Paphiopedilum charlesworthii (Rolfe) Pfitzer, Bot. Jahrb. Syst. 19: 40 (1894).
Cypripedium charlesworthii Rolfe, Orchid Rev. 1: 303 (1893); *Cordula charlesworthii* Rolfe, Orchid Rev. 20: 2 (1912).
云南；缅甸、泰国。

同色兜兰

Paphiopedilum concolor (Bateman) Pfitzer in Engler and Pantl, Nat. Pflanzenfam. 2, 6: 84 (1888).
Cypripedium concolor Bateman.,Bot. Mag.91, pl. 5513 (1865); *Cordula concolor* (Lindl.) Rolfe, Orchid Rev. 20 (1): 2 (1912); *Paphiopedilum concolor* var. *immaculatum* Z. J. Liu et J. Y. Zhang, Acta Bot. Yannan. 22 (4): 393 (2000); *Paphiopedilum concolor* var. *dahuaense* Z. J. Liu et J. Y. Zhang, Acta Bot. Yannan. 22 (4): 393, pl. 1, f. 5-8 (2000).
贵州、云南、广西；柬埔寨、老挝、缅甸、泰国、越南。

德氏兜兰

Paphiopedilum delenatii Guillaumin, Bull. Soc. Bot. France 71: 554 (1924).
Cypripedium delenatii (Guillaumin) C. H. Curtis, Gard. Chron. 89: 208 (1931); *Paphiopedilum xichouense* Z. J. Liu et S. C. Chen, J. Fairy Lake Bot. Gard. 17: 2 (2006).
云南、广西；越南。

长瓣兜兰

Paphiopedilum dianthum Tang et F. T. Wang, Bull. Fan Mem. Inst. Biol. Bot. 10: 24 (1940).
Paphiopedilum parishii var. *dianthum* (Tang et F. T. Wang) Karas. et Saito, Bull. Hiroshima Bot. Gard. 5: 38 (1982); *Paphiopedilum aranianum* Petchl., Orchidee (Hamburg) 60 (4): 436 (2009).
贵州、云南、广西；越南北部。

白花兜兰

Paphiopedilum emersonii Koop. et Cribb, Orchid Advocate 12 (3): 86 (1986).
贵州、广西；越南北部。

格力兜兰

Paphiopedilum gratrixianum Rolfe, Orchid Rev. 13: 63 (1905).
Cypripedium gratrixianum Mast., Gard. Chron., ser. 3 37: 76 (1905); *Paphiopedilum affine* De Wild., Tribune Hort. 1: 57 (1906); *Cordula gratrixiana* (Rolfe) Rolfe, Orchid Rev. 20: 2 (1912); *Paphiopedilum villosum* var. *gratrixianum* (Rolfe) Braem, *Paphiopedilum* 119 (1988); *Paphiopedilum villosum* var. *affine* (De Wild.) Braem,

Paphiopedilum 119 (1988); *Paphiopedilum gratrixianum* (Mast.) Rolfe var. *cangyuanense* Z. J. Liu et L. J. Chen, Orchidee (Hamburg) 61 (4): 283 (2010).
云南；老挝、越南北部。

广东兜兰

Paphiopedilum guangdongense Z. J. Liu et L. J. Chen, J. Syst. Evol. 48 (5): 355 (2010).
广东。

绿叶兜兰

Paphiopedilum hangianum Perner et O. Gruss, Orchidee (Hamburg) Suppl. 6: 5 (1999).
Paphiopedilum singchii Z. J. Liu et J. Y. Zhang, Acta Phytotax. Sin. 38 (5): 468 (2000).
云南；越南北部。

巧花兜兰

Paphiopedilum helenae Aver., Orchids (West Palm Beach) 65: 1064 (1996).
Paphiopedilum delicatum Z. J. Liu et J. Y. Zhang, Acta Phytotax. Sin. 39 (1): 78 (2001).
广西；越南北部。

亨利兜兰

Paphiopedilum henryanum Braem, Schlechteriana 1 (1): 3. pl. (1987).

亨利兜兰（原变种）

Paphiopedilum henryanum var. **henryanum**
Paphiopedilum dollii E. Lueckel, Orchideen 38 (5): 266 (1987); *Paphiopedilum chaoi* H. S. Hua, Die Orchidee 50: 495 (1999).
云南、广西；越南北部。

无斑兜兰

Paphiopedilum henryanum var. **christae** Braem, Schlechteriana. 2 (4): 160 pl. (1991).
中国与云南边界；越南。

带叶兜兰

Paphiopedilum hirsutissimum (Lindl. ex Hook. f.) Stein, Orchideenbuch. 470 (1892).
Cypripedium hirsutissimum Lindl. ex Hook. f., Bot. Mag. 83: pl. 4990 (1857); *Cordula hirsutissima* (Lindl. ex Hook. f.) Rolfe, Orchid Rev. 20 (1): 2 (1912); *Paphiopedilum esquirolei* Schltr., Repert. Spec. Nov. Regni Veg. Beih. 4: 39 (1919); *Cordula esquirolei* (Schltr.) H. H. Hu, Rhodora 27: 105 (1925); *Paphiopedilum chiwuanum* Tang et F. T. Wang, Acta Phytotax. Sin. 1 (1): 56 (1951); *Paphiopedilum hirsutissimum* var. *esquirolii* (Schltr.) Karas. et Saito, Bull. Hiroshima Bot. Gard. 5: 40 (1982); *Paphiopedilum hirsutissimum* var. *chiwuanum* (Tang et F. T. Wang) Cribb, Genus Paphiopedilum 140 (1987); *Paphiopedilum saccpetalum* S. H. Hu, Orchideen (Schltr.) 49 (1): 38 (1998); *Paphiopedilum esquirolei* var. *chiwuanum* (Tanget F. T. Wang) Braem et Chiron, Paphiopedilum 181 (2003).
贵州、云南、广西；老挝、泰国、越南北部、印度东北部。

波瓣兜兰

Paphiopedilum insigne (Wall. ex Lindl.) Pfitzer, Morph. Stud. Orchideenbl. 11 (1886).
Cypripedium insigne Wall. ex Lindl., Coll. Bot. (Lindl.) T. 32 (1821); *Cordula insignis* (Wall. ex Lindl.) Raf., Fl. Tellur. 4: 46 (1838).
云南；印度东北部。

麻栗坡兜兰

Paphiopedilum malipoense S. C. Chen et Z. H. Tsi, Acta Phytotax. Sin. 22 (2): 119 (1984).
贵州、云南、广西；越南北部。

麻栗坡兜兰（原变种）

Paphiopedilum malipoense var. **malipoense**
贵州、云南、广西；越南北部。

窄瓣兜兰

Paphiopedilum malipoense var. **angustatum** (Z. J. Liu et S. C. Chen) Z. J. Liu et S. C. Chen, Acta Bot. Yunnan. 24 (2): 196 (2002).
Paphiopedilum angustatum Z. J. Liu et S. C. Chen, Acta Phytotax. Sin. 38 (5): 464 (2000).
云南。

钩唇兜兰

Paphiopedilum malipoense var. **hiepii** (Aver.) Cribb, Gen. *Paphiopedilum*, ed. 2 88 (1998).
Paphiopedilum hiepii Aver., Orchids (West Palm Beach) 67 (3): 261 (1988); *Paphiopedilum jackii* var. *hiepii* (Aver.) Koop., Orchid Digest 64: 168 (2000).
云南；越南北部。

浅斑兜兰

Paphiopedilum malipoense var. **jackii** (S. H. Hu) Aver. et al., Orchids (West Palm Beach) 66 (2): 153 (1997).
Paphiopedilum jackii S. C. Hu, Orchideen (Schltr.) 46 (3): 114 (1996).
云南；越南北部。

硬叶兜兰

Paphiopedilum micranthum Tang et F. T. Wang, Acta Phytotax. Sin. 1 (1): 56 (1951).

Paphiopedilum micranthum subsp. *eburneum* Fowlie, Orchid Digest 57: 186, 187 (1993); *Paphiopedilum micranthum* var. *extendatum* Fowlie, Orchid Digest 57: 186 (1993); *Paphiopedilum micranthum* var. *eburneum* Fowlie, Orchid Digest 57: 186 (1993); *Paphiopedilum micranthum* var. *marginatum* Fowlie, Orchid Digest 57: 186 (1993); *Paphiopedilum glanzeanum* O. Gruss et F. Roeth, Orchideen Suppl. 2: 16 (1994); *Paphiopedilum micranthum* var. *alboflavum* Braem, Leafl. Schltr. Inst. 1: 4 (1994); *Paphiopedilum micranthum* var. *glanzeanum* O. Gruss et Roeth, Orchidee (Hamburg) 2: 16 (1999); *Paphiopedilum globulosum* Z. J. Liu et S. C. Chen, Acta Phytotax. Sin. 40 (4): 365 (2002); *Paphiopedilum micranthum* var. *oblatum* Z. J. Liu et J. Y. Zhang, Acta Phytotax. Sin. 40 (4): 366, f. 2 (2002).
贵州、云南、广西；越南北部。

飘带兜兰

Paphiopedilum parishii (Rchb. f.) Stein, Orchideenbuch. 479 (1892).
Cypripedium parishii Rchb. f., Flora 52: 322 (1869); *Selenipedilum parishii* André, Ill. Hort. 22: 122, pl. 214 (1875); *Cordula parishii* (Rchb. f.) Rolfe, Orchid Rev. 20 (1): 2 (1912).
云南；缅甸、泰国、老挝。

紫纹兜兰

Paphiopedilum purpuratum (Lindl.) Stein, Orchideenbuch. 487 (1892).
Cypripedium purpuratum Lindl., Edwards's Bot. Reg. 23: pl. 1991 (1837); *Cypripedium sinicum* Hance ex Rchb. f., Ann. Bot. Syst. 3: 602 (1853); *Paphiopedilum sinicum* (Hance ex Rchb. f.) Stein, Orchideenbuch. 481 (1892); *Cordula purpurata* (Lindl.) Rolfe, Orchid Rev. 20: 2 (1912); *Paphiopedilum purpuratum* var. *hainanense* F. Y. Liu et Perner, Orchidee (Hamburg) 52: 64 (2001); *Paphiopedilum aestivum* Z. J. Liu et J. Y. Zhang, Acta Phytotax. Sin. 39 (6): 568 (2001).
云南、广东、广西、海南；越南北部。

白旗兜兰

Paphiopedilum spicerianum (Rehb. f.) Pfitzer, Pringsh. Jaheb. Wiss. Bot. 19: 164 (1888).
Cypripedium spicerianum Rchb. f., Gard. Chron. 13: 41, 363 (1880); *Cordula spiceriana* (Rchb. f.) Rolfe, Orchid Rev. 20: 2 (1912).
云南；缅甸北部。

虎斑兜兰

Paphiopedilum tigrinum Koopowitz et Hasegawa, Orch. Advocate 16 (3): 78. fig. 1. (1990).
Paphiopedilum markianum Fowlie, Orch. Dig. 54 (3): 125 (1990); *Paphiopedilum smaragdinum* Z. J. Liu et S. C. Chen, J. Wuhan Bot. Res. 21 (6): 489-491 (2003).
云南；缅甸。

天伦兜兰

Paphiopedilum tranlienianum O. Gruss et Perner, Caesiana 11: 66 (1998).
Paphiopedilum tranlienianum var. *saxosum* X. M. Xu et X. Quyang, J. S. China Agric. Coll. 26 (1): 124, fig. 1 (2005).
云南；越南北部。

秀丽兜兰

Paphiopedilum venustum (Wall. ex Sims) Pfitzer, Jahrb. Wiss. Bot. 19: 163 (1888).
Cypripedium venustum Sims, Bot. Mag. 47: t. 2129 (1820); *Stimegas venustum* (Wall. ex Sims) Raf., Flora Telluriana 4: 45 (1838); *Cordula venusta* (Wall. ex Sims) Rolfe, Orchid Rev. 20: 2 (1912); *Paphiopedilum qingyongii* Z. J. Liu et L. J. Chen, Orchidee (Hamburg) 61 (4): 281 (2010).
西藏；不丹、印度东北部、尼泊尔。

紫毛兜兰

Paphiopedilum villosum (Lindl.) Stein, Orchideenbuch. 490 (1892).
Cypripedium villosum Lindl., Gard. Chron. 135 (1854); *Cordula villosa* (Lindl.) Rolfe, Orchid Rev. 20 (1): 2 (1912); *Paphiopedilum densissimum* Z. J. Liu et S. C. Chen, Acta Phytotax. Sin. 40 (3): 283 (2002); *Paphiopedilum villosum* var. *densissimum* (Z. J. Liu et S. C. Chen) Z. J. Liu et S. C. Chen, Gen. Paphiopedilum China 148 (2009); *Paphiopedilum cornuatum* Z. J. Liu, O. Gruss et L. J. Chen, Orchidee (Hamburg) 62 (4): 275 (2011).

紫毛兜兰（原变种）

Paphiopedilum villosum var. **villosum**
云南；缅甸、越南、泰国、印度东北部。

白边兜兰

Paphiopedilum villosum var. **annamense** Rolfe, Bot. Mag. 133: ad pl. 8216 (1907).
云南；越南。

包氏兜兰

Paphiopedilum villosum var. **boxallii** (Rchb. f.) Pfitzer, Pflanzenr. 12 (IV. 50): 73 (1903).
Cypripedium boxallii Rchb. f., Gard. Chron. 1: 367 (1877); *Paphiopedilum boxalli* (Rchb. f.) Pfitzer, Die Natürlichen Pflanzenfamilien 2: 6: 84 (1888); *Cordula boxallii* (Rchb. f.) Rolfe, Orchid Rev. 20: 2 (1912).

云南；缅甸、越南北部。

彩云兜兰

Paphiopedilum wardii Summerh., Gard. Chron. ser. 3. 92: 446, f. 218 (1932).

Cypripedium wardii (Summerh.) C. Curtis, Orchid Rev. 41: 2, 9, f. (1933); *Cypripedium guttatum* var. *wardii* (Rolfe) P. Taylor, Indian Orchid J. 1: 45 (1976); *Paphiopedilum brevilabium* Z. J. Liu et J. Y. Zhang, Acta Phytotax. Sin. 39 (6): 565 (2001); *Paphiopedilum microchilum* Z. J. Liu et S. C. Chen, Acta Phytotax. Sin. 39 (2): 156 (2001); *Paphiopedilum multifolium* Z. J. Liu et J. Y. Zhang, Acta Bot. Yunnan. 24 (2): 191 (2002).
云南；缅甸。

文山兜兰

•**Paphiopedilum wenshanense** Z. J. Liu et J. Y. Zhang, Acta Bot. Yunnan. 22 (4): 391 (2000).
云南。

凤蝶兰属 Papilionanthe Schltr.

白花凤蝶兰

Papilionanthe biswasiana (Ghose et Mukerjee) Garay, Bot. Mus. Leafl. 23 (10): 371 (1974).

Aerides biswasiana Ghose et Mukerjee, Orchid Rev. 53: 124 (1945).
云南；缅甸、泰国。

台湾凤蝶兰

•**Papilionanthe taiwaniana** (S. S. Ying) Ormer., Taiwania 47 (4): 242 (2002).

Vanda taiwaniana S. S. Ying, Mém. Coll. Agric. Natl. Taiwan Univ. 29 (2): 65, pl. 15-16, f. 8. (1989); *Papilisia taiwaniana* (S. S. Ying) J. M. H. Shaw, Orchid Rev. Suppl. 112 (1257): 47 47 (2004).
台湾。

凤蝶兰

Papilionanthe teres (Roxb.) Schltr., Orchis 9: 78 (1915).

Dendrobium teres Roxb., Fl. Ind. ed. 2, 3: 485 (1832); *Vanda teres* (Roxb.) Lindl., Gen. Sp. Orchid. Pl. 217 (1833).
云南；缅甸、泰国、老挝、越南、尼泊尔、不丹、印度、孟加拉国。

万代凤蝶兰

Papilionanthe vandarum (Rchb. f.) Garay, Bot. Mus. Leafl. 23: 372 (1974).

Aerides vandarum Rchb. f., Gard. Chron. 1867: 997 (1867).
西藏；缅甸、不丹、印度东北部。

虾尾兰属 Parapteroceras Aver.

虾尾兰

Parapteroceras elobe (Seidenf.) Aver., Bot. Zhurn. [Moscow et Leningrad] 75 (5): 723 (1990).

Pteroceras elobe Seidenf., Bot. Tidsskr. 65: 149, f. 32 (1969); *Tuberolabium elobe* (Seidenf.) Seidenf., Opera Bot. 95: 327, f. 312 (1988); *Chroniochilus sinicus* L. J. Chen et Z. J. Liu, Novon. 20: 252 (2010).
云南、海南；泰国、越南。

白蝶兰属 Pecteilis Raf.

滇南白蝶兰

Pecteilis henryi Schltr., Repert. Spec. Nov. Regni Veg. Beih. 4: 45 (1919).

Platanthera lacei Rolfe ex Downie, Bull. Misc. Inform. Kew 422 (1925); *Pecteilis susannae* subsp. *henryi* Soó, Ann. Hist.-Nat. Mus. Natl. Hung. 26: 368 (1929); *Habenaria bassacensis* Gagnep., Bulletin de la Société Botanique de France 78: 67 (1931); *Habenaria lacei* (Rolfe ex Downie) Gagnep., Flore Générale de l'Indo-Chine 6: 623 (1934); *Pecteilis lacei* (Rolfe ex Downie) Tang et F. T. Wang, Acta Phytotax. Sin. 1 (1): 62 (1951); *Pecteilis bassacensis* (Gagnep.) Tang et F. T. Wang, Acta Phytotax. Sin. 1 (1): 62 (1951).
云南；老挝、泰国、越南、柬埔寨、缅甸。

狭叶白蝶兰（狭叶白蝶花）

Pecteilis radiata (Thunb.) Raf., Fl. Tellur. 2: 38 (1836).

Orchis radiata Thunb., Trans. Linn. Soc. London 2: 326 (1794); *Habenaria radiata* (Thunb.) Spreng., Syst. Veg., 3: 693 (1826); *Platanthera radiata* (Thunb.) Lindl., Gen. Sp. Orchid. Pl. 296 (1835); *Plantaginorchis radiata* (Thunb.) Szlach., Richardiana 4: 65 (2004).
河南；日本。

龙头兰（鹅毛白蝶花，白蝶兰）

Pecteilis susannae (L.) Raf., Fl. Tellur. 2: 38 (1836).

Orchis susannae L., Sp. Pl., 939 (1753); *Platanthera robusta* Lindl., A Numerical List of Dried Specimens n. 7036 (1828); *Platanthera susannae* (L.) Lindl., Gen. Sp. Orchid. Pl. 295 (1835).
江西、四川、贵州、云南、福建、广东、广西、海南；柬埔寨、印度尼西亚、老挝、泰国、越南南部、马来西亚、缅甸、印度、尼泊尔。

钻柱兰属 Pelatantheria Ridl.

尾丝钻柱兰

Pelatantheria bicuspidata (Rolfe et Downie) Tang et

F. T. Wang, Acta Phytotax. Sin. 1. 101 (1951).
Sarcanthus bisuspidatus Rolfe et Downie, Kew Bull.: 391 (1925).
贵州、云南；泰国。

锯尾钻柱兰

Pelatantheria ctenoglossum Ridl., J. Linn. Soc. Bot. 32: 372 (1896).
云南；柬埔寨、老挝、泰国、越南。

钻柱兰

Pelatantheria rivesii (Guillaumin) Tang et F. T. Wang, Acta Phytotax. Sin. 1 (1): 101 (1951).
Sarcanthus rivesii Guillaumin, Bull. Soc. Bot. France. 77: 330 (1930).
云南、广西；老挝、越南。

肥根兰属 **Pelexia** Poit. ex Lindl.

肥根兰

Pelexia obliqua (J. J. Sm.) Garay, Bot. Mus. Leafl. 28 (4): 345 (1980).
Spiranthes obliqua J. J. Sm., Bull. Dept. Agric. Indes Neerl. 43: 74 (1910); *Manniella hongkongensis* S. Y. Hu et Barretto, Chung Chi J. 13 (2): 6, f. 13 (1976).
香港；原产于中美洲、引种于印度尼西亚（爪哇）、太平洋岛屿。

巾唇兰属 **Pennilabium** J. J. Sm.

巾唇兰

Pennilabium proboscideum A. S. Rao et Joshp, Bull. Bot. Surv. India 10 (2): 232 (1968).
云南；印度。

云南巾唇兰（巾唇兰）

Pennilabium yunnanense S. C. Chen et Y. B. Luo, Acta Phytotax. Sin. 42 (5): 457, t. 1 (2004).
云南；泰国、印度东北部。

阔蕊兰属 **Peristylus** Blume

小花阔蕊兰

Peristylus affinis (D. Don) Seidenf., Dansk Bot. Ark. 31 (3): 48, f. 23 (1977).
Habenaria affinis D. Don, Prodr. Fl. Nepal 25 (1825); *Peristylus sampsoni* Hance, J. Bot. 6: 37, 371 (1868); *Habenaria sampsoni* (Hance) Hance, J. Bot. 7: 163 (1869); *Gymnadenia affinis* (D. Don) Rchb. f., Otia Bot. Hamburg. 33 (1878); *Habenaria goodyeroides* var. *affinis* King et Pantl., Ann. Roy. Bot. Gard. (Calcutta) 8: 327, pl. 430 bis (1898); *Peristylus goodyeroides* var. *affinis* (King et Pantl.) Cooke, Fl. Bombay 2: 712 (1908); *Phyllomphax affinis* (D. Don) Schltr., Repert. Spec. Nov. Regni Veg. 16: 286 (1919); *Habenaria cavaleriei* Schltr., Repert. Spec. Nov. Regni Veg. Beih. 4: 47 (1919).
江西、湖南、湖北、四川、贵州、云南、广东、广西；缅甸、老挝、泰国、尼泊尔、印度东北部。

条叶阔蕊兰（条叶角盘兰）

●**Peristylus bulleyi** (Rolfe) K. Y. Lang, Acta Phytotax. Sin. 25 (6): 448 (1987).
Habenaria bulleyi Rolfe, Notes Roy. Bot. Gard. Edinburgh. 8: 25 (1913); *Peristylus gracillimus* f. *lankongensis* Finet, Rev. Gén. Bot. 13: 522 (1901); *Habenaria beesiana* W. W. Sm., Notes Roy. Bot. Gard. Edinburgh. 8: 189 (1914); *Platanthera praeustipetala* Kraenzl., Repert. Spec. Nov. Regni Veg. 17: 103-104 (1921); *Herminium bulleyi* (Rolfe) Tang et F. T. Wang, Bull. Fan Mem. Inst. Biol. Bot. 7: 130 (1936).
四川、云南。

长须阔蕊兰（猫须兰）

Peristylus calcaratus (Rolfe) S. Y. Hu, Quart. J. Taiwan Mus. 27 (3-4): 460 (1974).
Glossula ealcarata Rolfe, Kew Bull.: 145 (1913); *Platanthera pricei* Hayata, Icon. Pl. Formosan. 4: 125, f. (1914); *Habenaria calcarata* (Rolfe) Schltr., Repert. Spec. Nov. Regni Veg. Beih. 4: 124 (1919); *Habenaria lilungshania* S. S. Ying, Col. Ill. Indig. Orch. Taiwan 4: 800 (1992).
江苏、浙江、江西、湖南、云南、台湾、广东、广西；越南。

凸孔阔蕊兰（凸孔角盘兰）

Peristylus coeloceras Finet, Rev. Gén. Bot. 13: 519, pl. 12, f. 1-12 (1901).
Herminium unicorne Kraenzl., Repert. Spec. Nov. Regni Veg. 5: 199 (1903); *Herminium tenianum* Kraenzl., Repert. Spec. Nov. Regni Veg. 17: 110 (1921); *Monorchis teniana* (Kraenzl.) O. Schwarz, Mitt. Thüring. Bot. Ges. 1: 96 (1949); *Monorchis coeloceras* (Finet) O. Schwarz, Mitt. Thüring. Bot. Ges. 1: 95 (1949).
四川、云南、西藏；缅甸北部。

大花阔蕊兰

Peristylus constrictus (Lindl.) Lindl., Gen. Sp. Orchid. Pl. 300 (1835).
Herminium constrictum Lindl., Bot. Reg. 18: sub pl. 1499 (1833).
云南；缅甸、越南、泰国、柬埔寨、尼泊尔、不丹、印度。

狭穗阔蕊兰（狭穗鹭兰）

Peristylus densus (Lindl.) Santapau et Kapadia, J. Bombay Nat. Hist. Soc. 57: 128 (1960).

Coeloglossum densum Lindl., Gen. Sp. Orchid. Pl. 302 (1835); *Platanthera stenostachya* Lindl., Hooker's J. Bot. Kew Gard. Misc. 7: 37 (1855); *Habenaria stenostachya* (Lindl. ex Benth.) Benth., Fl. Hongk. 362 (1861); *Habenaria flagellifera* Makino, Bot. Mag. Tokyo 6: 48 (1892); *Habenaria neglecta* King et Pantl., J. Asiat. Soc. Bengal, Pt. 2, Nat. Hist. 66: 603 (1897); *Peristylus stenostachyus* (Lindl. ex Benth.) Kraenzl., Orchid. Gen. Sp. 1: 502 (1898); *Peristylus neglectus* (King et Pantl.) Kraenzl., Orchid. Gen. Sp. 1: 924 (1901); *Coeloglossum flagelliferum* Maxim. ex Makino, Bot. Mag. 16: 89 (1902); *Habenaria stenostachya* subsp. *buchneroides* Soó, Ann. Hist.-Nat. Mus. Natl. Hung. 26: 274 (1929); *Habenaria evrardii* Gagnep., Bull. Soc. Bot. France 78: 69 (1931); *Peristylus xanthochlorus* Blatt. et McCann, J. Bombay Nat. Hist. Soc. 35: 733 (1932); *Habenaria dankiaensis* Gagnep., Bull. Soc. Bot. France 79: 35 (1932); *Glossula passerina* Gagnep., Flore Générale de l'Indo-Chine 6: 627 (1934); *Habenaria passerina* (Gagnep.) Tang et F. T. Wang, Acta Phytotax. Sin. 1: 63 (1951); *Peristylus flagellifer* (Makino) Ohwi, Fl. Jap. 344 (1953).

浙江、江西、湖南、贵州、云南、福建、广东、广西；日本、朝鲜、柬埔寨、缅甸、泰国、越南、孟加拉国、印度。

西藏阔蕊兰

Peristylus elisabethae (Duthie) Gupta, Fl. Nainital. 351 (1968).

Habenaria elisabethae Duthie, J. Asiat. Soc. Bengal, Pt. 2, Nat. Hist. 71 (2): 44 (1902); *Herminium elisabethae* (Duthie) Tang et F. T. Wang, Bull. Fan Mem. Inst. Biol. Bot. 7: 129 (1936).

西藏；不丹、印度、尼泊尔。

盘腺阔蕊兰

Peristylus fallax Lindl., Gen. Sp. Orchid. Pl. 298 (1835).

Herminium fallax Lindl., Fl. Brit. Ind. 6: 129 (1890); *Platanthera fallax* (Lindl.) Schltr., Repert. Spec. Nov. Regni Veg. Beih. 4: 111 (1919).

四川、云南、西藏；尼泊尔、不丹、印度。

一掌参

●**Peristylus forceps** Finet, Rev. Gén. Bot. 13: 521 (1901).

Herminium forceps (Finet) Schltr., Notes Roy. Bot. Gard. Edinburgh. 5: 97 (1912); *Habenaria forceps* (Finet) Schltr., Repert. Spec. Nov. Regni Veg. Beih. 4: 127 (1919); *Habenaria herminioides* Ames et Schltr., Repert. Spec. Nov. Regni Veg. Beih. 4: 48 (1919); *Herminium tsoongii* Tang et F. T. Wang, Contr. Inst. Bot. Natl. Acad. Peiping. 2: 134 (1934).

甘肃、湖北、四川、贵州、云南、西藏。

台湾阔蕊兰（台湾鹭草，触须兰）

Peristylus formosanus (Schltr.) T. P. Lin, Native Orchids Taiwan 2: 274, 276, f. (1977).

Habenaria formosana Schltr., Repert. Spec. Nov. Regni Veg. Beih. 4: 127 (1919); *Coeloglossum formosanum* Makino et Hayata ex Matsum et Hayata, J. Coll. Sci. Imp. Univ. Tokyo 22: 420 (1906); *Peristylus flagellifer* var. *acutifolius* (Hayata) Hatus., Fl. Ryukyus 840 (1971); *Peristylus lacertiferus* var. *formosanus* (Makino et Hayata) S. S. Ying, Col. Illustr. Indig. Orch. Taiwan 2: 631 (1990).

台湾；日本（琉球群岛）。

条唇阔蕊兰

●**Peristylus forrestii** (Schltr.) K. Y. Lang, Acta Phytotax. Sin. 25 (6): 454 (1987).

Habenaria forrestii Schltr., Notes Roy. Bot. Gard. Edinburgh. 5: 101, pl. 79 (1912); *Herminium suave* Tang et F. T. Wang, Bull. Fan Mem. Inst. Biol. Bot. 7: 131 (1936).

四川、云南。

阔蕊兰（绿花阔蕊兰，南投玉凤兰，白缘边玉凤兰）

Peristylus goodyeroides (D. Don) Lindl., Gen. Sp. Orchid. Pl. 299 (1835).

Habenaria goodyeroides D. Don, Prodr. Fl. Nepal. 25 (1825); *Habenaria goodyeroides* var. *formosana* Hayata, Icon. Pl. Formosan. 4: 126, pl. (1914); *Habenaria pandurilabia* Schltr., Repert. Spec. Nov. Regni Veg. Beih. 4: 51 (1919); *Habenaria hayataeana* Schltr., Repert. Spec. Nov. Regni Veg. Beih. 4: 129 (1919); *Habenaria tenii* Schltr., Repert. Spec. Nov. Regni Veg. 17: 27 (1921); *Peristylus sphaerocentron* Tang et F. T. Wang, Acta Phytotax. Sin. 1 (1): 30, 64 (1951).

浙江、江西、湖南、四川、贵州、台湾、广东、广西；缅甸、越南、泰国、老挝、柬埔寨、马来西亚、菲律宾、印度尼西亚、尼泊尔、不丹、印度北部、巴布亚新几内亚。

兰屿阔蕊兰

Peristylus gracilis Bl., Bijdr. Fl. Ned. Ind. 8: 404 (1825).

台湾；印度尼西亚。

金川阔蕊兰

•**Peristylus jinchuanicus** K. Y. Lang, Acta Phytotax. Sin. 25 (6): 447, pl. 1 (1987).

四川、云南。

撕唇阔蕊兰

Peristylus lacertifer (Lindl.) J. J. Smith, Bull. Jard. Bot. Buitenzorg, sér. 3. 9: 23 (1927).

Coeloglossum lacertiferum Lindl., Gen. Sp. Orchid. Pl.302 (1835).

四川、云南、福建、台湾、广东、广西、海南；东南亚广布。

撕唇阔蕊兰（原变种）

Peristylus lacertifer var. **lacertifer**

四川、云南、福建、台湾、广东、广西、海南；东南亚广布。

短裂阔蕊兰

•**Peristylus lacertifer** var. **taipoensis** (S. Y. Hu et Barretto) S. C. Chen, S. W. Gale et P. J. Cribb, Fl. China. 25: 143 (2009).

Peristylus spiranthes var. *taipoensis* S. Y. Hu et Barretto, Chung Chi J. 13 (2): 2 (1976); *Peristylus taipoensis* (S. Y. Hu et Barretto) T. C. Hsu et S. W. Chung, Taiwania 54: 84 (2009).

台湾、香港。

纤茎阔蕊兰

Peristylus mannii (Rchb. f.) Mukerjee, Notes Bot. Gard. Edinb. 21: 153 (1953).

Coeloglossum mannii Rchb. f., Linnaea 41: 54 (1877); *Habenaria gracillima* Hook. f., Fl. Brit. India 6: 163 (1890); *Platanthera mannii* (Rchb. f.) Schltr., Repert. Spec. Nov. Regni Veg. Beih. 4: 114 (1919); *Herminium yüanum* Tang et F. T. Wang, Bull. Fan Mem. Inst. Biol. Bot. 7: 129 (1936).

四川、云南；印度。

川西阔蕊兰

•**Peristylus neotineoides** (Ames et Schltr.) K. Y. Lang, Acta Phytotax. Sin. 25 (6): 453 (1987).

Herminium neotineoides Ames et Schltr., Repert. Spec. Nov. Regni Veg. Beih. 4: 42 (1919); *Monorchis neotineoides* (Ames et Schltr.) O. Schwarz, Mitt. Thüring. Bot. Ges. 1: 95 (1949).

四川。

滇桂阔蕊兰

Peristylus parishii Rchb. f., Trans. Linn. Soc. London 30: 139 (1874).

Habenaria parishii (Rchb. f.) Hook. f., Fl. Brit. Ind. 6: 161 (1890).

云南、广西；缅甸、泰国、越南、印度、尼泊尔。

触须阔蕊兰（触须玉凤花）

Peristylus tentaculatus (Lindl.) J. J. Sm., Fl. Buitenz. 6: 35 (1905).

Glossula tentaculata Lindl., Bot. Reg. 10: pl. 862 (1825); *Glossaspis tentaculata* (Lindl.) Spreng., Syst. Veg., 3: 694 (1839); *Glossaspis antennifera* (Lindl.) Rchb. f., Linnaea 25: 225 (1852); *Habenaria tentaculata* (Lindl.) Rchb. f., Otia Bot. Hamburg. 34 (1878); *Habenaria garrettii* Rolfe ex Downie, Bull. Misc. Inform. Kew 418 (1925); *Peristylus garrettii* (Rolfe ex Downie) J. J. Wood et Ormer., Taiwania 48 (3): 141 (2003).

云南、福建、广东、广西、海南；越南、泰国、柬埔寨。

鹤顶兰属 Phaius Lour.

仙笔鹤顶兰

•**Phaius columnaris** C. Z. Tang et S. J. Cheng, Bull. Bot. Lab. N. E. Forest. Inst., Harbin 5 (2): 141 (1985).

Phaius guizhouensis G. Z. Li, J. Wuhan Bot. Res. 8 (2): 142 (1990); *Paraphaius columnaris* (C. Z. Tang et S. J. Cheng) J. W. Zhai, Z. J. Liu et R. W. Xing, Mol. Phylogenetic. Evol. 77: 221 (2014).

贵州、云南、广东。

黄花鹤顶兰（斑叶鹤顶兰，黄鹤兰）

Phaius flavus (Blume) Lindl., Gen. Sp. Orchid. Pl. 128 (1856).

Limodorum flavum Blume, Bijdr. Fl. Ned. Ind. 8: 375 (1825); *Bletia flava* (Blume) Wall. ex Lindl., Gen. Sp. Orchid. Pl. 127 (1831); *Phaius maculatus* Lindl., Gen. Sp. Orchid. Pl. 127 (1831); *Phaius minor* Blume, Mus. Bot. 2: 181 (1856); *Phaius undulatomarginata* Hayata, Icon. Pl. Formosan. 4: 59, f. 2 (1914); *Phaius somai* Hayata, Icon. Pl. Formosan. 6: 74-75 (1916); *Phaius woodfordii* (Hook.) Merr., J. Arnold Arbor. 29: 211 (1948); *Phaius tankervilliae* var. *superbus* (Van Houtte) S. Y. Hu, Quart. J. Taiwan Mus. 27 (3-4): 465 (1974); *Phaius tankervilliae* f. *veronicae* S. Y. Hu et Barretto, Chung Chi J. 13 (2): 25 (1976); *Paraphaius flavus* (Blume) J. W. Zhai, Z. J. Liu et R. W. Xing, Mol. Phylogenetic. Evol. 77: 221 (2014).

湖南、四川、贵州、云南、西藏、福建、台湾、广东、广西、海南；日本、印度尼西亚、老挝、马来西亚、菲律宾、泰国、越南、不丹、印度东北部、斯里兰卡、尼泊尔、巴布亚新几内亚。

海南鹤顶兰

•**Phaius hainanensis** C. Z. Tang et S. J. Cheng, Acta Phytotax. Sin. 20 (2): 199 (1982).

海南。

河口鹤顶兰

•**Phaius hekouensis** Tsukaya, M. Nakaj. et S. K. Wu, Bot. Mag. 27 (4): 345 (2010).

云南。

紫花鹤顶兰（细茎鹤顶兰）

Phaius mishmensis (Lindl. et Paxton) Rchb. f., Bonplandia. 5: 43 (1857).

Limatodes mishmensis Lindl. et Paxton, Paxton's Fl. Gard. 3: 36 (1852); *Calanthe crinita* Gagnep., Bull. Mus. Natl. Hist. Nat. II, 3: 322 (1931); *Calanthe ramosa* Gagnep., Bull. Mus. Natl. Hist. Nat. II, 22: 626 (1951).

云南、西藏、台湾、广东、广西；日本（琉球群岛）、缅甸、越南、老挝、泰国、菲律宾、不丹、印度东北部。

长颈鹤顶兰

Phaius takeoi (Hayata) H. J. Su, Quart. J. Exp. Forest. Natl. Taiwan Univ. 3 (4): 77 (1989).

Calanthe takeoi Hayata, Icon. Pl. Formosan. 9: 111 (1920); *Phaius longicruris* Z. H. Tsi, Acta Phytotax. Sin. 19 (4): 505 (1981); *Paraphaius takeoi* (Hayata) J. W. Zhai, Z. J. Liu et R. W. Xing, Mol. Phylogenetic. Evol. 77: 221 (2014).

云南、台湾；越南。

鹤顶兰

Phaius tancarvilleae (L'Héritier) Blume, Mus. Bot. 2: 177 (1856).

Limodorum tancarvilleae L'Hér., Sert. Angl. 28 (1789); *Phaius grandifolius* Lour., Fl. Cochinch., ed. 2, 2: 529 (1790); *Phaius grandifolius* var. *superbus* Van Houtte, Fl. Serres Jard. Eur. 7: 259, pl. 758 (1851); *Phaius sinensis* Rolfe, Bull. Misc. Inform. Kew. 1913: 142 (1913).

云南、西藏、福建、台湾、广东、广西、海南；亚洲和大洋洲热带及亚热带广布。

中越鹤顶兰

Phaius tonkinensis (Aver.) Aver., Danh luc cac loai thuc vat viet nam 3: 638 (2005).

广西；越南。

大花鹤顶兰

Phaius wallichii Lindl. in Wall., Pl. Asiat. Rar. 2: 46 (1831).

Phaius magniflorus Z. H. Tsi et S. C. Chen, Acta Phytotax. Sin. 32 (6): 560 (1994).

云南、西藏、香港；越南、不丹、印度东北部。

文山鹤顶兰

•**Phaius wenshanensis** F. Y. Liu, Acta Bot. Yunnan. 13 (4): 372 (1991).

云南。

附注：目前的研究表表明本属应并入虾脊兰属（*Calanthe*）。

蝴蝶兰属 Phalaenopsis Blume

蝴蝶兰（蝶兰，台湾蝴蝶兰）

Phalaenopsis aphrodite Rchb. f., Hamb. Gartenz. 18: 35 (1862).

Phalaenopsis amabilis var. *aphrodite* (Rchb. f.) Ames, Orchis 2: 226 (1908); *Phalaenopsis formosana* Miwa, Pract. Hort. 27: 117 (1941).

台湾；菲律宾。

蝴蝶兰（原亚种）

Phalaenopsis aphrodite subsp. **aphrodite**

台湾；菲律宾。

台湾蝴蝶兰

•**Phalaenopsis aphrodite** subsp. **formosana** Christenson, Phalaenopsis Monogr. 197 (2001).

台湾。

尖囊蝴蝶兰

Phalaenopsis braceana (Hook. f.) Christenson, Selbyana. 9: 169 (1986).

Doritis braceana Hook. f., Fl. Brit. Ind. 6: 196 (1890); *Kingidium braceanum* (Hook. f.) Seidenf., Opera Bot. 95: 187 (1988).

云南；越南北部、不丹。

大尖囊蝴蝶兰

Phalaenopsis deliciosa Rchb. f., Bonpl. 2: 93. 1854.

Phalaenopsis wightii Rchb. f., Bot. Zeitung (Berlin). 20: 214 (1862); *Aerides latifolia* Thwaites, Enum. Pl. Zeyl. 1864. 429 (1864); *Doritis latifolia* (Thwaites) Benth. et Hook. f., Gen. Pl.3: 574 (1889); *Doritis wightii* (Rchb. f.) Benth. et Hook. f., Gen. Pl. 3: 574 (1889); *Kingidium deliciosum* (Rchb. f.) Sweet, Amer. Orch. Soc. Bull. 39: 1095 (1970); *Kingidium wightii* (Rchb. f.) O. Gruss et Roellke, Orchidee (Hamburg). 46: 23 (1995); *Doritis deliciosa* (Rchb. f.) T. Yukawa et K. Kita, Acta Phytotax. Geobot.56: 156 (2005).

云南；柬埔寨、印度尼西亚、老挝、马来西亚、缅甸、菲律宾、泰国、越南、印度、尼泊尔、斯里兰卡。

小兰屿蝴蝶兰（桃红蝴蝶兰，半屿小蝴蝶兰）

Phalaenopsis equestris (Schauer) Rchb. f., Linnaea 22: 864 (1849).

Stauroglottis equestris Schauer, Nov. Act Acad. Caes. Leop.-Carol. Nat. Cur. Suppl. 1: 422 (1843); *Phalaenopsis riteiwanensis* Masam., Trans. Nat. Hist. Soc. Taiwan 24: 213 (1934).

台湾；菲律宾.

囊唇蝴蝶兰

Phalaenopsis gibbosa Sweet, Amer. Orchid Soc. Bull. 39: 1095 pl. (1970).

云南；越南。

海南蝴蝶兰（海南蝶兰）

●**Phalaenopsis hainanensis** Tang et F. T. Wang, Acta Phytotax. Sin. 12 (1): 47 (1974).

Doritis hainanensis (Tang et F. T. Wang) T. Yukawa et K. Kita, Acta Phytotax. Geobot. 56: 156 (2005).

云南、海南。

红河蝴蝶兰

●**Phalaenopsis honghenensis** F. Y. Liu, Acta Bot. Yunnan. 13 (4): 373 (1991).

Doritis honghenensis (F. Y. Liu) T. Yukawa et K. Kita, Acta Phytotax. Geobot. 56: 156 (2005).

云南。

萼脊蝴蝶兰

Phalaenopsis japonica (Rchb. f.) Kocyan et Schuit., Phytotaxa 161: 67 (2013).

Aerides japonica Linden et Rchb. f., Hamb. Gartenz. 19: 210 (1863); *Sedirea japonica* (Linden et Rchb. f.) Garay et Sweet, Orchids S. Ryukyu Islands 149 (1974).

浙江、云南；日本（琉球群岛）、朝鲜。

罗氏蝴蝶兰

Phalaenopsis lobbii (Rchb. f.) H. R. Sweet, Genus Phalaenopsis 53 (1980).

Phalaenopsis parishii var. *lobbii* Rchb. f. et W. W. Saunders, Refug. Bot. 2: t. 85 (1870); *Phalaenopsis decumbens* var. *lobbii* (Rchb. f. ex Kanitz) P. F. Hunt, Amer. Orchid Soc. Bull. 40: 1094 (1971); *Polychilos lobbii* (Rchb. f.) Shim, Malayan Nat. J. 36 (1): 24 (1982); *Doritis lobbii* (Rchb. f.) T. Yukawa et K. Kita, Acta Phytotax. Geobot. 56: 156 (2005).

云南；缅甸、越南、印度、不丹。

麻栗坡蝴蝶兰

●**Phalaenopsis malipoensis** Z. J. Liu, Acta Bot. Yunnan. 27 (1): 37 (2005).

云南。

版纳蝴蝶兰

Phalaenopsis mannii Rchb. f., Gard. Chron. 902 (1871).

Polychilos mannii (Rchb. f.) Shim, Malayan Nat. J. 36: 24 (1982).

云南；缅甸、越南、不丹、尼泊尔、印度东北部。

湿唇蝴蝶兰

Phalaenopsis marriottiana (Rchb. f.) Kocyan et Schuit., Phytotaxa 161: 67 (2013).

Vanda parishii var. *mariottiana* Rchb. f.,Gard. Chron. n.s., 13: 743 (1880).

云南；泰国、老挝、越南。

Phalaenopsis marriottiana var. **marriottiana**

原变种中国不产。

湿唇蝴蝶兰

Phalaenopsis marriottiana var. **parishii** (Rchb. f.) Kocyan et Schuit., Phytotaxa 161: 67 (2013).

Vanda parishii Rchb. f., Xenia Orchid. 2: 138 (1868); *Hygrochilus parishii* (Rchb. f.) Pfitzer, Nat. Pflanzenfam. 1 (II-IV): 112 (1897); *Vandopsis parishii* (Rchb. f.) Schltr., Repert. Spec. Nov. Regni Veg. 11 (271-273): 47 (1912); *Stauropsis parishii* (Rchb. f.) Rolfe, Orchid Rev. 27: 97 (1919).

云南；泰国、老挝、越南。

小花蝴蝶兰

Phalaenopsis mirabilis (Seidenf.) Schuit., Orchideen J. 14: 62 (2007).

Lesliea mirabilis Seidenf., Opera Bot. 95: 190 (1988); *Doritis mirabilis* (Seidenf.) T. Yukawa et K. Kita, Acta Phytotax. Geobot. 56: 157 (2005).

云南；泰国。

五唇兰

Phalaenopsis pulcherrima (Lindl.) J. J. Sm., Repert. Spec. Nov. Regni Veg. 32: 366 (1933).

Doritis pulcherrima Lindl., Gen. Sp. Orchid. Pl. 178 (1832); *Phalaenopsis esmeralda* Rchb. f., Gard. Chron. n.s., 2: 582 (1874); *Phalaenopsis buyssoniana* Rchb. f., Gard. Chron. 1888 (2): 395 (1888).

海南；缅甸、老挝、柬埔寨、越南、泰国、马来西亚、印度尼西亚、印度。

滇西蝴蝶兰

●**Phalaenopsis stobartiana** Rchb. f., Gard. Chron. n.s. 8: 392 (1877).

Phalaenopsis wightii var. *stobartiana* (Rchb. f.) Burb.,

Garden (London 1871-1927) 22: 19 (1882); *Doritis stobartiana* (Rchb. f.) T. Yukawa et K. Kita, Acta Phytotax. Geobot. 56: 157 (2005).

云南。

东亚蝴蝶兰

•**Phalaenopsis subparishii** (Z. H. Tsi) Kocyan et Schuit., Phytotaxa 161: 67 (2013).

Hygrochilus subparishii Tsi, Acta Bot. Yunnan. 4 (3): 267 (1982); *Sedirea subparishii* (Z. H. Tsi) Christenson, Taxon 34 (3): 518 (1985).

浙江、湖南、湖北、四川、贵州、福建、广东。

小尖囊蝴蝶兰

•**Phalaenopsis taenialis** (Lindl.) Christenson et Pradhan, Indian Orchid J. 1 (4): 154 (1985).

Aerides taeniale Lindl., Gen. Sp. Orchid. Pl. 239 (1830); *Aerides taenialis* Lindl., Gen. Sp. Orchid. Pl. 239 (1833); *Doritis taenialis* (Lindl.) Hook. f., Fl. Brit. Ind. 6: 31 (1890); *Kingiella taenialis* (Lindl.) Rolfe., Orchid Rev. 25: 197 (1917); *Biermannia taenialis* (Lindl.) Tang et F. T. Wang, Acta Phytotax. Sin. 1 (1): 96 (1951); *Kingidium taeniale* (Lindl.) P. F. Hunt, Kew Bull. 24: 89 (1970); *Polychilos taenialis* (Lindl.) Shim, Malayan Nat. J. 36: 28 (1982).

云南、西藏。

华西蝴蝶兰（小蝶兰，楚雄蝶兰）

Phalaenopsis wilsonii Rolfe, Bull. Misc. Inform. Kew. 1909: 65 (1909).

Polychilos wilsonii (Rolfe) Shim, Malayan Nat. J. 36: 27 (1982); *Phalaenopsis minor* F. Y. Liu, Acta Bot. Yunnan. 10 (1): 119 (1988); *Kingidium wilsonii* (Rolfe) O. Gruss et Roellke, Orchidee (Hamburg) 47: 149 (1996); *Phalaenopsis chuxiongensis* F. Y. Liu, Acta Bot. Yunnan. 18 (4): 411 (1996); *Doritis wilsonii* (Rolfe) T. Yukawa et K. Kita, Acta Phytotax. Geobot. 56: 157 (2005).

四川、贵州、云南、西藏、广西；越南北部。

象鼻蝴蝶兰

•**Phalaenopsis zhejiangensis** (Z. H. Tsi) Schuit., Renziana 2: 50 (2012).

Nothodoritis zhejiangensis Z. H. Tsi., Acta Phytotax. Sin. 27 (1): 59 (1989).

浙江。

石仙桃属 **Pholidota** Lindl. ex Hook.

节茎石仙桃

Pholidota articulata Lindl., Gen. Sp. Orchid. Pl. 38 (1830).

Pholidota khasiana Rchb. f., Bonplandia 4: 329 (1856); *Coelogyne khasiana* (Rchb. f.) Rchb. f., Ann. Bot. Syst. 6: 238 (1861); *Coelogyne articulata* (Lindl.) Rchb. f., Ann. Bot. Syst. 6: 238 (1861); *Pholidota griffithii* Hook. f., Hooker's Icon. Pl. 19: pl. 1881 (1889); *Pholidota obovata* Hook. f., Fl. Brit. Ind. 5: 845 (1890); *Pholidota lugardii* Rolfe, Bull. Misc. Inform. Kew. 1893: 6 (1893); *Pholidota articulata* var. *griffithii* (Lindl.) King et Prantl, Ann. Roy. Bot. Gard. (Calcutta) 8: 147, pl. 204 (1898); *Pholidota articulata* var. *obovata* (Hook. f.) Tang et F. T. Wang, Acta Phytotax. Sin. 1 (1): 79 (1951).

四川、贵州、云南、西藏；柬埔寨、印度尼西亚、老挝、马来西亚、缅甸、泰国、越南、不丹、印度、尼泊尔。

细叶石仙桃

•**Pholidota cantonensis** Rolfe, Bull. Misc. Inform. Kew. 1896: 196 (1896).

Pholidota uraiensis Hayata, Icon. Pl. Formosan. 4: 64, f. 29 (1914).

浙江、江西、湖南、福建、台湾、广东、广西。

石仙桃

Pholidota chinensis Lindl., J. Hort. Soc. London 2: 308 (1847).

Coelogyne chinensis (Lindl.) Rchb. f., Ann. Bot. Syst. 6: 237 (1861); *Pholidota chinensis* var. *cylindracea* Tang et F. T. Wang, Acta Phytotax. Sin. 1 (1): 77 (1951).

浙江、贵州、云南、西藏、福建、广东、广西、海南；缅甸、越南。

凹唇石仙桃

Pholidota convallariae (Rchb. f.) Hook. f., Hooker's Icon. Pl. 19: pl. 1880 (1889).

Coelogyne convallariae Rchb. f., Flora 55: 277. (1872).

云南；缅甸、越南、泰国、印度东北部。

宿苞石仙桃

Pholidota imbricata Hook., Exot. Fl. 2: pl. 138 (1825).

Cymbidium imbricatum Roxb., Hort. Bengal. 63 (1832); *Coelogyne imbricata* (Hook.) Rchb. f., Ann. Bot. Syst. 6: 238 (1861); *Ornithidium imbricatum* Wall. ex Hook. f., Fl. Brit. Ind. 5: 846 (1890); *Pholidota henryi* Kraenzl., Vierteljahrsschr. Naturf. Ges. Zürich. 60: 427 (1915); *Pholidota imbricata* var. *henryi* (Kraenzl.) Tang et F. T. Wang, Acta Phytotax. Sin. 1 (1): 79-80 (1951).

四川；缅甸、越南、老挝、柬埔寨、泰国、马来西亚、印度尼西亚、巴基斯坦、尼泊尔、不丹、印度、斯里兰卡、巴布亚新几内亚、澳大利亚、太平洋西南部岛屿。

单叶石仙桃

Pholidota leveilleana Schltr., Repert. Spec. Nov. Regni Veg. 12 (312-316): 107 (1913).

贵州、云南、广西；越南。

长足石仙桃

•**Pholidota longipes** S. C. Chen et Z. H. Tsi, Acta Phytotax. Sin. 21 (3): 346 (1983).

云南。

尖叶石仙桃

•**Pholidota missionariorum** Gagnep., Bull. Mus. Hist. Nat. (Paris) ser. 2. 3: 145 (1931).

贵州、云南。

西畴石仙桃

Pholidota niana Y. T. Liu, R. X. Li et C. L. Long, Ann. Bot. Fenn. 39 (3): 227 (2002).

云南。

粗脉石仙桃

Pholidota pallida Lindl., Edwards's Bot. Reg. 21: sub pl. 1777 (1835).

Coelogyne pallida (Lindl.) Rchb. f., Ann. Bot. Syst. 6: 288 (1862); *Pholidota yunpeensis* H. H. Hu, Rhodora. 27: 107 (1925); *Pholidota kouytcheensis* Gagnep., Bull. Mus. Natl. Hist. Nat. II, 3: 145 (1931); *Pholidotaschlechteri* Gagnep., Bull. Mus. Natl. Hist. Nat. II, 3: 147 (1931); *Pholidota tixieri* Guillaumin, Bull. Mus. Natl. Hist. Nat. II, 28: 548 (1957).

云南；老挝、缅甸、泰国、越南、不丹、印度东北部、尼泊尔。

尾尖石仙桃

Pholidota protracta Hook. f., Hooker's Icon. Pl. 19: pl. 1877 (1889).

云南、西藏；缅甸、不丹、印度东北部、尼泊尔。

绿春石仙桃

Pholidota recurva Lindl., Gen. Sp. Orchid. Pl. 37 (1830).

Coelogyne recurva (Lindl.) Rchb. f. Walp., Ann. Bot. Syst. 6: 237 (1861).

云南；缅甸、越南、泰国、尼泊尔、印度东北部。

贵州石仙桃

Pholidota roseans Schltr., Repert. Spec. Nov. Regni Veg. 12: 107 (1913).

贵州；越南北部。

岩生石仙桃

Pholidota rupestris Hand.-Mazz., Symb. Sin. 7: 1349, pl. 42, f. 4, 5 (1936).

云南、西藏；缅甸、越南、不丹。

附注：本种与尖叶石仙桃区别明显。

文山石仙桃

•**Pholidota wenshanica** S. C. Chen et Z. H. Tsi, Bull. Bot. Lab. N. E. Forest. Inst., Harbin 8 (1): 7 (1988).

云南、广西。

云南石仙桃

•**Pholidota yunnanensis** Rolfe, J. Linn. Soc. Bot. 36: 24 (1903).

湖南、湖北、四川、贵州、云南、广西。

馥兰属 **Phreatia** Lindl.

垂茎馥兰（垂茎芙乐兰）

Phreatia caulescens Ames, Orchidaceae (Ames) 2: 200 (1908).

Octarrhena caulescens (Ames) Ames, Orchidaceae (Ames) 5: 192 (1915).

台湾；菲律宾、太平洋岛屿。

雅致馥兰

Phreatia elegans Lindl., Gen. Sp. Orchid. Pl.: 63 (1830).

西藏；尼泊尔、印度。

馥兰（套叶馥兰）

Phreatia formosana Rolfe, Ann. Bot. 9: 156 (1895).

Phreatia evrardii Gagnep., Bull. Mus. Hist. Nat. (Paris) ser. 2. 3 (7): 684 (1931); *Phreatia kotoinsularis* Fukuy., Bot. Mag. 50: 21 (1936); *Octarrhena kotoinsularis* (Fukuy.) S. S. Ying, Col. Ill. Orch. Taiwan 2: 612 (1990); *Octarrhena formosana* (Rolfe) S. S. Ying, Col. Illustr. Indig. Orch. Taiwan 2: 303, 612 (1990).

云南、台湾；越南、泰国。

大馥兰（大芙乐兰）

•**Phreatia morii** Hayata, Icon. Pl. Formosan. 4: 58, pl. 25 (1914).

台湾。

台湾馥兰（白芙乐兰，台湾芙乐兰）

•**Phreatia taiwaniana** Fukuy., Bot. Mag. 49 (583): 441 (1935).

Thelasis taiwaniana (Fukuy.) S. S. Ying, Col. Illustr. Indig. Orch. Taiwan 1: 504 (1977).

台湾。

苹兰属 Pinalia Lindl.

钝叶苹兰

Pinalia acervata (Lindl.) Kuntze, Revis. Gen. Pl. 2: 679 (1891).

Eria acervata Lindl., J. Hort. Soc. London 6: 57 (1851); *Eria poilanei* Gagnep., Bull. Mus. Hist. Nat. Paris II, ser. 2, 3: 310 (1930).

云南、西藏；柬埔寨、印度东北部、老挝、缅甸、泰国、越南、不丹、尼泊尔。

粗茎苹兰

Pinalia amica (Rchb. f.) Kuntze, Revis. Gen. Pl. 2: 679 (1891).

Eria amica Rchb. f., Xenia Orchid. 2: 162, pl. 168, f. 3 (6-9) (1870); *Eria confusa* Hook. f., Hooker's Icon. Pl. 19: pl. 1850 (1889); *Eria andersonii* Hook. f., Fl. Brit. Ind. 5: 795 (1890); *Pinalia andersonii* (Hook. f.) Kuntze, Revis. Gen. Pl. 2: 679 (1891); *Pinalia confusa* (Hook. f.) Kuntze, Rev. Gén. Bot. 2: 679 (1891); *Eria hypomelana* Hayata, Icon. Pl. Formosan. 4: 54, f. 22 (1914).

云南、台湾；柬埔寨、老挝、缅甸、泰国、越南、不丹、印度、尼泊尔。

双点苹兰

Pinalia bipunctata (Lindl.) Kuntze, Revis. Gen. Pl. 2: 679 (1891).

Eria bipunctata Lindl., Edwards's Bot. Reg. 27: Misc 83 (1841); *Eria eberhardtii* Gagnep., Bull. Mus. Natl. Hist. Nat. II, 2: 306 (1930).

云南；泰国、越南、印度东北部。

密苞苹兰

•**Pinalia conferta** (S. C. Chen et Z. H. Tsi) S. C. Chen et J. J. Wood, Fl. China. 25: 354 (2009).

Eria conferta S. C. Chen ex Z. H. Tsi, Acta Bot. Yunnan. 6 (4): 383 (1984).

西藏。

台湾苹兰

Pinalia copelandii (Leavitt) W. Suarez et Cootes, Orchideen J. 16 (2): 70 (2009).

Eria formosana Rolfe, Bull. Misc. Inform. Kew. 1896: 194 (1896); *Eria tomentosiflora* Hayata, Icon. Pl. Formosan. 2: 137-138 (1912); *Eria plicatilabella* Hayata, Icon. Pl. Formosan. 4: 55, pl. (1914).

台湾；菲律宾。

中越苹兰

Pinalia donnaiensis (Gagnep.) S. C. Chen et J. J. Wood, Fl. China. 25: 356 (2009).

Dendrobium donnaiense Gagnep., Bull. Mus. Natl. Hist. Nat. II, 21: 740 (1950); *Eria donnaiensis* (Gagnep.) Seidenf., Opera Bot. 114: 187 (1992).

云南；老挝、越南。

反苞苹兰

Pinalia excavata (Lindl.) Kuntze, Revis. Gen. Pl. 2: 679 (1891).

Eria excavata Lindl., Gen. Sp. Orchid. Pl. 67 (1830); *Eria sphaerochila* Lindl., J. Proc. Linn. Soc., Bot. 3: 54 (1859); *Eria flava* var. *rubida* Lindl., J. Proc. Linn. Soc., Bot. 3: 49 (1859).

西藏；不丹、印度东北部、尼泊尔。

禾颐苹兰

Pinalia graminifolia (Lindl.) Kuntze, Revis. Gen. Pl. 2: 679 (1891).

Eria graminifolia Lindl., J. Linn. Soc., Bot. 3: 54 (1859).

云南、西藏；缅甸、不丹、印度东北部、尼泊尔。

龙陵苹兰

•**Pinalia longlingensis** (S. C. Chen) S. C. Chen et J. J. Wood, Fl. China. 25: 354 (2009).

Eria longlingensis S. C. Chen, Acta Phytotax. Sin. 26 (3): 238 (1988).

云南。

长苞苹兰

•**Pinalia obvia** (W. W. Smith) S. C. Chen et J. J. Wood, Fl. China. 25: 357 (2009).

Eria obvia W. W. Sm., Notes Roy. Bot. Gard. Edinburgh. 8: 335 (1915).

云南、广西、海南。

大脚筒

Pinalia ovata (Lindl.) W. Suarez et Cootes, Orchideen J. 16 (2): 71 (2009).

Eria ovata Lindl., Edwards's Bot. Reg. 30: sub. t. 29 (1844); *Pinalia retroflexa* (Lindl.) Kuntze, Revis. Gen. Pl. 2: 679 (1891); *Eria luchuensis* Yatabe, Bot. Mag. 7: 131, pl. 6 (1893); *Eria nudicaulis* Hayata, Icon. Pl. Formosan. 2: 138-139 (1912); *Eria ovata* var. *retroflexa* (Lindl.) Garay et H. R. Sweet, Orchids S. Ryukyu Is. 113 (1974); *Roegneria retroflexa* (B. Rong Lu et B. Salomon) L. B. Cai, Acta Phytotax. Sin. 35 (2): 161 (1997).

台湾；日本（琉球群岛）、印度尼西亚、菲律宾、巴布亚新几内亚。

厚叶苹兰

Pinalia pachyphylla (Avery.) S. C. Chen et J. J. Wood, Fl. China. 25: 355 (2009), not Ridl. 1915.

Eria pachyphylla Aver., Turczaninowia 5 (4): 77 (2002); *Eria crassifolia* Z. H. Tsi et S. C. Chen, Acta Phytotax. Sin. 32 (6): 561 (1994), not Ridl. 1915..
贵州、云南、广西；越南北部。

五脊苹兰

Pinalia quinquelamellosa (Tang et F. T. Wang) S. C. Chen et J. J. Wood, Fl. China. 25: 356 (2009).
Eria quinquelamellosa Tang et F. T. Wang, Contr. Inst. Bot. Natl. Acad. Peiping. 2: 135 (1934).
海南。

怒江萍兰

Pinalia salwinensis (Hand.-Mazz.) Ormer., Taiwania. 56 (1): 47 (2011).
Eria salwinensis Hand.-Mazz., Symb. Sin. 7: 1352, pl. 42, f. 8, 9 (1936); *Eria connata* Joseph, Hegde et Abbareddy, Bull. Bot. Surv. India. 24: 14. f. 1-7 (1982).
云南、西藏；印度。

密花苹兰

Pinalia spicata (D. Don) S. C. Chen et J. J. Wood, Fl. China. 25: 354 (2009).
Octomeria spicata D. Don, Prodr. Fl. Nepal. 31 (1825); *Octomeria convallarioides* Wall. ex Lindl., Gen. Sp. Orchid. Pl. 70 (1830); *Eria convallarioides* Lindl., Gen. Sp. Orchid. Pl. 70 (1830); *Eria spicata* (D. Don) Hand.-Mazz., Symb. Sin. 7: 1352 (1936).
云南、西藏；缅甸、泰国、越南北部、不丹、印度东北部、尼泊尔。

鹅白苹兰

Pinalia stricta (Lindl.) Kuntze, Revis. Gen. Pl. 2: 679 (1891).
Eria stricta Lindl., Coll. Bot. (Lindl.) 8: pl. 41 B (1826); *Mycaranthes stricta* (Lindl.) Lindl., Gen. Sp. Orchid. Pl. 63 (1830); *Eria secundiflora* Griff., Not. Pl. Asiat. 3: 302 (1851).
云南、西藏；缅甸、越南北部、不丹、印度东北部、尼泊尔。

马齿苹兰

Pinalia szetschuanica (Schltr.) S. C. Chen et J. J. Wood, Fl. China. 25: 356 (2009).
Eria szetschuanica Schltr., Repert. Spec. Nov. Regni Veg. Beih. 12: 348 (1922); *Eria lochongensis* C. L. Tso, Sunyatsenia, 1: 150 (1933).
湖南、湖北、四川、云南、广东。

滇南苹兰

Pinalia yunnanensis (S. C. Chen et Z. H. Tsi) S. C. Chen et J. J. Wood, Fl. China. 25: 355 (2009).
云南。

舌唇兰属 Platanthera Rich.

南方舌唇兰

Platanthera angustata Lindl.,Gen. Sp. Orchid. Pl.290 (1835).
海南、香港；印度尼西亚、泰国。

弧形舌唇兰

Platanthera arcuata Lindl., Gen. Sp. Orchid. Pl. 289 (1835).
Habenaria arcuata (Lindl.) Hook. f., Fl. Brit. India 6: 155 (1890).
西藏；不丹、印度东北部、尼泊尔。

滇藏舌唇兰

Platanthera bakeriana (King et Pantl.) Kraenzl., Orchid. Gen. Sp. 1: 632 (1899).
Habenaria bakeriana King et Pantl., J. Asiat. Soc. Bengal 65: 132 (1895).
四川、云南、西藏；不丹、印度、尼泊尔。

细距舌唇兰

Platanthera bifolia (L.) Rich., Mém. Mus. Hist. Nat. 4: 57 (1818).
Orchis bifolia L., Sp. Pl. 2: 939 (1753); *Habenaria bifolia* (L.) Rich., Hort. Kew. (ed. 2) 5: 193 (1813); *Platanthera metabifolia* F. Maek., J. Jap. Bot. 11: 303 (1935).
黑龙江、吉林、辽宁、河北、山西、山东、河南、甘肃、青海、四川；蒙古、日本、朝鲜、俄罗斯、亚洲西部、欧洲、非洲北部。

短距舌唇兰（短距粉蝶兰）

Platanthera brevicalcarata Hayata, J. Coll. Sci. Imp. Univ. Tokyo 30 (1): 350 (1911).
Habenaria brevicalcarata Fukuy., Trans. Nat. Hist. Soc. Taiwan 22: 42 (1932).
台湾；日本南部。

反唇兰

•**Platanthera calceoliforme** (W. W. Sm.) X. H. Jin, Schuit. et W. T. Jin, Mole. Phylogenetic. Evol. 77: 51 (2014).
Herminium calceoliforme W. W. Sm., Notes Roy. Bot. Gard. Edinburgh. 13: 211-212 (1921); *Smithorchis calceoliformis* (W. W. Sm.) Tang et F. T. Wang, Bull. Fan Mem. Inst. Biol. Bot. 7: 140 (1936).
云南。

察瓦龙舌唇兰

•**Platanthera chiloglossa** (Tang et F. T. Wang) K. Y.

Lang, Vasc. Pl. Hengduan Mount. 2: 2523 (1994).
Habenaria chiloglossa Tang et F. T. Wang, Acta Phytotax. Sin. 1 (1): 63 (1951).
四川、云南、西藏。

藏南舌唇兰

Platanthera clavigera Lindl., Gen. Sp. Orchid. Pl. 289 (1835).
Habenaria densa Lindl., Gen. Sp. Orchid. Pl. 326 (1835); *Platantheroides densa* (Wall. ex Lindl.) Szlach., Richardiana 4 (3): 106 (2004); *Platantheroides clavigera* (Lindl.) Szlach., Richardiana 4 (3): 104 (2004); *Habenella densa* (Wall. ex Lindl.) Szlach. et Kras-Lap., Richardiana 6: 35 (2006); *Habenella clavigera* (Lindl.) Szlach. et Kras-Lap., Richardiana 6: 34 (2006).
西藏；不丹、印度、尼泊尔、克什米尔。
附注：目前的研究表明，藏南舌唇兰应转入角盘兰属（*Herminium*）。

长苞尖药兰

•**Platanthera contigua** Tang et F. T. Wang, Bull. Fan Mem. Inst. Biol. Bot. 10: 28 (1940).
Diphylax contigua (Tang et F. T. Wang) Tang, F. T. Wang et K. Y. La, Vasc. Pl. Hengduan Mount. 2: 2526 (1994); *Platanthera anatina* Ormer., Taiwania 58 (1): 29 (2013).
云南。

弓背舌唇兰

•**Platanthera curvata** K. Y. Lang, Fl. Xizang. 5: 696, f. 366 (1987).
Habenaria platantheroides Tang et F. T. Wang, Bull. Fan Mem. Inst. Biol. Bot. 7: 133 (1936); *Platanthera platantheroides* (Tang et F. T. Wang) K. Y. Lang, Bot. Res. Inst. Bot. 4: 9 (1989).
四川、云南、西藏。

大明山舌唇兰

•**Platanthera damingshanica** K. Y. Lang et H. S. Guo, Fl. Zhejiang 7: 552 (1993).
浙江、湖南、福建、广东、广西。

反唇舌唇兰

•**Platanthera deflexilabella** K. Y. Lang, Acta Phytotax. Sin. 20 (2): 186, pl. 6 (1982).
四川。

多叶舌唇兰

Platanthera densa Freyn, Oesterr. Bot. Z. 46: 96 (1896).
Platanthera densa subsp. *orientalis* (Schltr.) Efimov, Bot. Žurn. (Kiev) 91: 1723 (2006).
黑龙江、吉林、辽宁、内蒙古、河北、北京、河南、甘肃、安徽、江苏、江西、湖南、湖北、重庆、贵州、福建、广东、广西、海南、香港、澳门；朝鲜、俄罗斯（远东地区）。

长叶舌唇兰

•**Platanthera devolii** (T. P. Lin et T. W. Hu) T. P. Lin et K. Inoue, J. Phytogeogr. Taxon. 28 (1): 5 (1980).
Tulotis devolii T. P. Lin et T. W. Hu, Quart. J. Chin. Forest. 9 (1): 53 (1976); *Platanthera longicalcarata* var. *devolii* (T. P. Lin et T. W. Hu) S. S. Ying, Col. Illustr. Indig. Orch. Taiwan 2: 643 (1990).
台湾。

独龙舌唇兰

•**Platanthera dulongensis** X. H. Jin et Efimov, Nord. J. Bot. 30: 294. (2012).
云南、西藏。

小叶舌唇兰

Platanthera dyeriana Kraenzl., Orchid. Gen. Sp.1: 636 (1900).
云南；印度。

高原舌唇兰

Platanthera exelliana Soó, Ann. Hist.-Nat. Mus. Natl. Hung. 26: 359 (1929).
Platanthera elachyantha Tang et F. T. Wang, Acta Phytotax. Sin. 1 (1): 58 (1951).
四川、云南、西藏；不丹、尼泊尔、印度。

对耳舌唇兰

•**Platanthera finetiana** Schltr., Repert. Spec. Nov. Regni Veg. 9: 23 (1910).
甘肃、湖北、四川。

贡山舌唇兰

•**Platanthera handel-mazzettii** K. Inoue, J. Jap. Bot. 61 (7): 195 (1986).
云南。

高黎贡舌唇兰

•**Platanthera herminioides** Tang et F. T. Wang, Acta Phytotax. Sin. 1 (1): 26, 58 (1951).
云南。

密花舌唇兰

Platanthera hologlottis Maxim., Mém. Acad. Sci. St.-Petersb. Sav. Etrang. 9: 268 (1859).
Habenaria glossophora W. W. Sm., Notes Roy. Bot. Gard. Edinburgh. 13: 206 (1921); *Platanthera glossophora* (W. W. Sm.) Schltr., Repert. Spec. Nov. Regni Veg. 20: 381 (1924); *Limnorchis hologlottis* (Maxim.)

Nevski, Fl. USSR 4: 666 (1935); *Platanthera hologlottis* var. *glossophora* (W. W. Sm.) K. Inoue, J. Jap. Bot. 58 (10): 306, f. 1A et f. 2 (1983).
黑龙江、吉林、辽宁、内蒙古、河北、山东、河南、安徽、江苏、浙江、江西、湖南、四川、云南、福建、广东；日本、朝鲜、俄罗斯（远东地区）。

舌唇兰

Platanthera japonica (Thunb. ex A. Murray) Lindl., Gen. Sp. Orchid. Pl. 290 (1835).
Platanthera manubriata Kraenzl. ex Diels, Bot. Jahrb. 29: 265 (1900); *Platanthera setchuenica* Kraenzl., Bot. Jahrb. Syst. 29: 265 (1900); *Platanthera omeiensis* (Rolfe) Schltr., Repert. Spec. Nov. Regni Veg. Beih. 4: 116 (1919); *Platanthera stenantha* subsp. *omeiensis* (Rolfe) Soó, Ann. Hist.-Nat. Mus. Natl. Hung. 26: 363 (1929).
河南、陕西、甘肃、安徽、江苏、浙江、湖南、湖北、四川、重庆、贵州、云南、广西；日本、朝鲜。

小巧舌唇兰

Platanthera juncea (King et Prantl) Kraenzl., Orchid. Gen. Sp. 1: 942 (1901).
Habenaria juncea King et Pantl., J. Asiat. Soc. Bengal 65 (2): 132 (1895); *Herminium singulum* Tang et F. T. Wang, Bull. Fan Mem. Inst. Biol. Bot. ser. 10: 35 (1940).
云南、西藏；印度。

广西舌唇兰

●**Platanthera kwangsiensis** K. Y. Lang, Guihaia 18 (1): 5-6, f. 1 (1998).
广西。

披针唇舌唇兰

●**Platanthera lancilabris** Schltr., Repert. Spec. Nov. Regni Veg. 17: 25 (1921).
云南。

白鹤参

Platanthera latilabris Lindl., Gen. Sp. Orchid. Pl. 289 (1835).
Habenaria latilabris (Lindl.) Hook. f., Fl. Brit. Ind. 6: 153 (1890); *Platantheroides latilabris* (Lindl.) Szlach., Richardiana 4 (3): 107 (2004); *Habenella latilabris* (Lindl.) Szlach. et Kras-Lap., Richardiana 6: 36 (2006).
四川、云南、西藏；尼泊尔、不丹、印度、克什米尔。
附注：目前的研究表明，白鹤参应转入角盘兰属（*Herminium*）。

条叶舌唇兰

Platanthera leptocaulon (Hook. f.) Soó, Ann. Hist.-Nat. Mus. Natl. Hung. 26: 360 (1929).
Habenaria leptocaulon Hook. f., Fl. Brit. India6 (17): 154 (1890); *Platanthera silaensis* Hand.-Mazz., Symbolae Sinicae 7 (5): 1331, pl. 41, f. 6 (1936).
四川、云南、西藏；尼泊尔、不丹、印度。

丽江舌唇兰

●**Platanthera likiangensis** Tang et F. T. Wang, Acta Phytotax. Sin. 1 (1): 27, 58-59 (1951).
云南。

长距舌唇兰（长距粉蝶兰）

●**Platanthera longicalcarata** Hayata, J. Coll. Sci. Imp. Univ. Tokyo 30 (1): 350 (1911).
Tulotis longicalcarata (Hayata) T. S. Liu et H. J. Su, Fl. Taiwan 5: 1124 (1978); *Plantaginorchis longicalcarata* (Hayata) Szlach. et Kras-Lap., Richardiana 6: 32 (2006).
台湾。

长粘盘舌唇兰

●**Platanthera longiglandula** K. Y. Lang, Acta Phytotax. Sin. 20 (2): 188-189, pl. 7 (1982).
四川。

尾瓣舌唇兰

Platanthera mandarinorum Rchb. f., Linnaea 25: 226 (1852).
Platanthera mandarinorum var. *ophryodes* Finet, Rev. Gén. Bot. 13: 512 (1901); *Platanthera mandarinorum* var. *micrantha* Pamp., Nuovo Giorn. Bot. Ital. n.s., 22: 272 (1915); *Platanthera neglecta* Schltr., Repert. Spec. Nov. Regni Veg. Beih. 4: 43, 115 (1919); *Platanthera delavayi* Schltr., Repert. Spec. Nov. Regni Veg. 9: 281 (1919); *Platanthera minax* Schltr., Repert. Spec. Nov. Regni Veg. Beih. 12: 336 (1922); *Platanthera winkleriana* Schltr., Repert. Spec. Nov. Regni Veg. Beih. 12: 335 (1922); *Platanthera mandarinorum* var. *delavayi* (Schltr.) Soó, Ann. Hist.-Nat. Mus. Natl. Hung. 26: 361 (1929); *Platanthera mandarinorum* subsp. *winkleriana* (Schltr.) Soó, Ann. Hist.-Nat. Mus. Natl. Hung. 26: 361 (1929); *Platanthera cornu-bovis* Nevski, Fl. USSR 4: 662, 752, pl. 40 (8) (1935); *Habenaria mandarinorum* (Rchb. f.) Herklots, Orchids (Hong Kong. Nat. Ser.) 21: 42 (1939); *Platanthera mandarinorum* var. *neglecta* (Schltr.) F. Maek., Wild Orch. Jap. Col. 165, pl. 44 (1971); *Platanthera mandarinorum* var. *cornu-bovis* (Nevski) Kitag., Neolin. Fl. Manshur. 199 (1979).
山东、河南、陕西、安徽、江苏、浙江、江西、湖南、湖北、四川、贵州、云南、福建、台湾、广东、广西；日本、朝鲜。

尾瓣舌唇兰（原亚种）

Platanthera mandarinorum subsp. **mandarinorum**

山东、河南、陕西、安徽、江苏、浙江、江西、湖南、湖北、四川、贵州、云南、福建、台湾、广东、广西；日本、朝鲜。

宝岛舌唇兰

●**Platanthera mandarinorum** subsp. **formosana** T. P. Lin et K. Inoue, J. Phytogeogr. Taxon. 28 (1): 12, f. 10 (1980).

Platanthera mandarinorum var. *formosana* (T. P. Lin et K. Inoue) S. S. Ying, Col. Illustr. Indig. Orch. Taiwan 2: 644 (1990).

台湾。

厚唇舌唇兰（厚唇粉蝶兰）

●**Platanthera mandarinorum** subsp. **pachyglossa** (Hayata) T. P. Lin et K. Inoue, J. Phytogeogr. Taxon. 28: 10 (1980).

Platanthera pachyglossa Hayata, Icon. Pl. Formosan. 4: 123, pl. (1914); *Habenaria pachyglossa* (Hayata) Masam., J. Geobot. 16 (2): 4, 138 (1968).

台湾。

小舌唇兰（长距兰，卵唇粉蝶兰，高山粉蝶兰）

Platanthera minor (Miq.) Rchb. f., Botanische Zeitung. Berlin. 36: 75 (1878).

Habenaria japonica var. *minor* Miq., Ann. Mus. Bot. Lugduno-Batavi 2: 207 (1866); *Platanthera interrupta* Maxim., Bull. Acad. Imp. Sci. Saint-Pétersbourg 31: 106 (1886); *Habenaria henryi* Rolfe, Bull. Misc. Inform. Kew. 1896: 202 (1896); *Platanthera henryi* (Rolfe) Rolfe, Orchid. Gen. Sp. 1: 632 (1900); *Habenaria multibracteata* W. W. Sm., Notes Roy. Bot. Gard. Edinburgh. 13: 207 (1921); *Platanthera multibracteata* (W. W. Sm.) Schltr., Repert. Spec. Nov. Regni Veg. 20: 381 (1924); *Platanthera sigeyosii* Masam., Bot. Mag. 46: 773 (1932).

河南、安徽、江苏、浙江、江西、湖南、湖北、四川、贵州、云南、福建、台湾、广东、广西、海南；日本、朝鲜。

小花舌唇兰

Platanthera minutiflora Schltr., Acta Horti Gothob. 1: 138 (1924).

甘肃、陕西、四川、西藏、云南、新疆；塔吉克斯坦、哈萨克斯坦。

巧花舌唇兰

Platanthera nematocaulon (Hook. f.) Kraenzl., Orchid. Gen. Sp. 1: 942 (1901).

Habenaria nematocaulon Hook. f., Fl. Brit. India 6: 154 (1890); *Peristylus nematocaulon* (Hook. f.) Banerji et P. Pradhan, Orchids Nepal Himalaya. 106 (1984).

西藏；不丹、印度、尼泊尔。

大花舌唇兰

Platanthera ophiocephala (W. W. Sm.) Tang et Wang, Bull. Fan. Mem. Inst. 10: 29. (1940).

Habenaria ophiocephala W. W. Sm., Not. Roy. Bot. Gard. Edinb. 13-14: 208. (1921).

云南；缅甸。

齿瓣舌唇兰

●**Platanthera oreophila** (W. W. Sm.) Schltr., Repert. Spec. Nov. Regni Veg. 20: 381 (1924).

Habenaria oreophila W. W. Sm., Notes Roy. Bot. Gard. Edinburgh. 13: 208-209 (1921).

四川、云南。

卵唇舌唇兰

●**Platanthera ovatilabris** X. H. Jin et Efimov, Nord. J. Bot. 30: 291. (2012).

云南。

北插山舌唇兰

Platanthera peichatieniana S. S. Ying, Coloured Ill. Fl. Taiwan 2: 691 (1987).

台湾。

棒距舌唇兰

Platanthera roseotincta (W. W. Sm.) Tang et F. T. Wang, Bull. Fan Mem. Inst. Biol. Bot. 10: 30-31 (1940).

Habenaria roseotincta W. W. Sm., Bull. Fan Mem. Inst. Biol., Bot. 10: 30 (1940); *Platanthera altigena* Schltr., Repert. Spec. Nov. Regni Veg. 20: 380 (1924); *Orchis doyonensis* Hand.-Mazz., Symb. Sin. 7: 1324 (1936); *Galeorchis doyonensis* (Hand.-Mazz.) Soó, Acta Biol. Acad. Sci. Hung. 12: 352 (1966); *Galearis doyonensis* (Hand.-Mazz.) P. F. Hunt, Kew Bull. 26: 171 (1971); *Chondradenia doyonensis* (Hand.-Mazz.) Verm., Jahresber. Naturwiss. Vereins Wuppertal 25: 36 (1972).

云南、西藏；缅甸北部。

高山舌唇兰（高山粉蝶谷，长苞粉蝶兰）

Platanthera sachalinensis F. Schmidt, Reisen Amurl. 181 (1868).

Platanthera transnokoensis Ohwi et Fukuy., Bot. Mag. 48: 297 (1934); *Tulotis transnokoensis* (Ohwi et Fukuy.) S. S. Ying, Col. Illustr. Indig. Orch. Taiwan 1: 380, 466 (1977); *Tulotis ussuriensis* var. *transnokoensis* (Ohwi et Fukuy.) T. S. Liu et H. J. Su, Fl. Taiwan 5: 1126 (1987).

台湾；日本、俄罗斯。

长瓣舌唇兰

Platanthera sikkimensis (Hook. f.) Kraenzl., Orchid. Gen. Sp. 1: 621 (1899).

Habenaria sikkimensis Hook. f., Fl. Brit. India 6 (17): 155 (1890).

云南；尼泊尔、印度。

滇西舌唇兰

•**Platanthera sinica** Tang et F. T. Wang, Acta Phytotax. Sin. 1 (1): 27, 59 (1951).

云南。

蜻蜓舌唇兰

Platanthera souliei Kraenzl., Repert. Spec. Nov. Regni Veg. 5: 199-200 (1908).

Orchis fuscescens L., Sp. Pl., 943 (1753); *Orchis flava* L., Sp. Pl., 2: 942 (1753); *Habenaria herbiola* R. Br., Hortus Kew. (W. Aiton) ed. 2. 5: 193 (1813); *Platanthera herbiola* (R. Br.) Lindl., Gen. Sp. Orchid. Pl. 287 (1835); *Platanthera flava* (L.) Lindl., Gen. Sp. Orchid. Pl. 293 (1835); *Perularia fuscescens* (L.) Lindl., Gen. Sp. Orchid. Pl. 281 (1835); *Platanthera fuscescens* (L.) Kraenzl., Orchid. Gen. Sp. 1: 637 (1899); *Perularia souliei* (Kraenzl.) Schltr., Repert. Spec. Nov. Regni Veg. Beih. 4: 99 (1919); *Habenaria pugionifera* W. W. Sm., Notes Roy. Bot. Gard. Edinburgh. 13: 209-210 (1921); *Platanthera pugionifera* (W. W. Sm.) Schltr., Repert. Spec. Nov. Regni Veg. 20: 381 (1924); *Tulotis souliei* (Kraenzl.) H. Hara, J. Jap. Bot. 30 (3): 72 (1955); *Tulotis asiatica* H. Hara, J. Jap. Bot. 30 (3): 72 (1955); *Tulotis fuscescens* (L.) Czer., Fl. USSR 622 (1973).

黑龙江、吉林、辽宁、内蒙古、河北、山西、山东、河南、陕西、甘肃、青海、四川、云南；日本、朝鲜、俄罗斯。

条瓣舌唇兰

Platanthera stenantha (Hook. f.) Soó, Ann. Hist.-Nat. Mus. Natl. Hung. 26: 363 (1929).

Habenaria stenantha Hook. f., Fl. Brit. India 6 (17): 153 (1890).

云南、西藏；缅甸北部、尼泊尔、不丹、印度。

狭瓣舌唇兰（狭瓣粉蝶兰，薄唇粉蝶兰）

Platanthera stenoglossa Hayata, Icon. Pl. Formosan. 4: 123 (1914).

Platanthera stenosepala Schltr., Repert. Spec. Nov. Regni Veg. Beih. 4: 44 (1919); *Platanthera iriomotensis* Masam., Trans. Nat. Hist. Soc. Taiwan 24: 279 (1934); *Platanthera chingshuishania* S. S. Ying, Mém. Coll. Agric. Natl. Taiwan Univ. 28 (2): 36 (1988).

台湾；日本（琉球群岛）。

独龙江舌唇兰

•**Platanthera stenophylla** Tang et F. T. Wang, Acta Phytotax. Sin. 1 (1): 59 (1951).

云南、西藏。

台湾舌唇兰

•**Platanthera taiwanensis** (S. S. Ying) S. C. Chen, S. W. Gale et P. J. Cribb, Fl. China 25: 114 (2009).

Tulotis taiwanensis S. S. Ying, Quart. J. Chin. Forest. 8 (4): 144 (1975).

台湾。

西南尖药兰

•**Platanthera opsimantha** Tang et F. T. Wang, Bull. Fan Mem. Inst. Biol. Bot. 10: 29 (1940).

Platanthera uniformis Tang et F. T. Wang, Bull. Fan Mem. Inst. Biol. Bot. 10: 31 (1940); *Diphylax uniformis* (Tang et F. T. Wang) Tang, F. T. Wang et K. Y. Lang, Bot. Res. Inst. Bot. 4: 11 (1989); *Platanthera danghatuensis* Ormer., Taiwania 58 (1): 27 (2013); *Herminium gongganum* Ormer., Taiwania 58 (1): 27 (2013).

四川、贵州、云南。

尖药兰

Platanthera urceolata (Hook. f.) R. M. Bateman.

Diphylax urceolata Hook. f., in Hook. f. Icon., pl. xix (1889); *Habenaria urceolata* (Hook. f.) C. B. Clarke, J. Linn. Soc. Bot. 25: 73 t t30 (1889) ex Hook. f., Fl. Brit. Ind. 6: 165 (1896).

四川、云南；印度，尼泊尔。

东亚舌唇兰

•**Platanthera ussuriensis** (Regel et Maack) Maxim., Bull. Acad. Imp. Sci. Saint-Pétersbourg 31: 107 (1886).

Platanthera tipuloides var. *ussuriensis* Regel et Maack, Mém. Acad. Imp. Sci. St.-Pétersbourg 4 (4): 142, pl. 10, f. (1861); *Platanthera herbiola* var. *japonica* Finet, Bull. Soc. Bot. France. 98: 281 (1900); *Habenaria shensiana* Kraenzl., Bot. Jahrb. Syst. 36 (Beibl. 82): 24-25 (1905); *Perularia shensiana* (Kraenzl.) Schltr., Repert. Spec. Nov. Regni Veg. Beih. 4: 99 (1919); *Perularia ussuriensis* (Maxim.) Schltr., Repert. Spec. Nov. Regni Veg., Beihefte 4: 99 (1919); *Platanthera shensiana* (Kraenzl.) Tang et F. T. Wang, Acta Phytotax. Sin. 1 (1): 59 (1951); *Tulotis ussuriensis* (Regel et Maack) H. Hara, J. Jap. Bot. 30: 72 (1955); *Tulotis shensiana* (Kraenzl.) H. Hara, J. Jap. Bot. 30: 72 (1955).

吉林、河北、河南、陕西、安徽、江苏、浙江、江西、湖南、湖北、四川、福建、广西；日本、朝鲜、俄罗斯（远东地区）。

黄山舌唇兰

●**Platanthera whangshanensis** (S. S. Chien) Efimov, Taiwania 58 (3): 191 (2013).

Perularia whangshanensis S. S. Chien, Contr. Biol. Lab. Sci. Soc. China, Bot. Ser. 6: 75 (1931); *Tulotis whangshanensis* (S. S. Chien) H. Hara, J. Jap. Bot. 30: 72 (1955).

安徽。

阴生舌唇兰（阴粉蝶兰）

●**Platanthera yangmeiensis** T. P. Lin, J. Phytogeogr. Taxon. 28 (1): 7 (1980).

Platanthera lalashaniana S. S. Ying, Col. Illustr. Indig. Orch. Taiwan 2: 311, pl. 37 (1990).

台湾。

独蒜兰属 **Pleione** D. Don

滇西独蒜兰

●**Pleione × christianii** H. Perner, Orchidee Beih., Deutsch. Orchid. Ges. 6: 12 (1999).

云南。

大理独蒜兰

●**Pleione × taliensis** P. J. Cribb et Butterfield, Gen. Pleione, ed. 2. 123 (1999).

云南。

白花独蒜兰

Pleione albiflora Cribb et C. Z. Tang, Curtis's Bot. Mag. 184: 117 (1983).

云南；缅甸北部。

艳花独蒜兰

●**Pleione aurita** P. J. Cribb et H. Pfennig, Orchidee (Hamburg) 39: 111 (1988).

云南。

长颈独蒜兰

●**Pleione autumnalis** S. C. Chen et G. H. Zhu, Harvard Pap. Bot. 4 (2): 429 (1999).

云南。

独蒜兰

Pleione bulbocodioides (Franch.) Rolfe, Orch. Rev. 11: 291 (1903).

Coelogyne bulbocodioides Franch., Nouv. Arch. Mus. Paris ser. 2, 10: 84 (1888); *Coelogyne delavayi* Rolfe, Kew Bull. 195 (1896); *Coelogyne henryi* Rolfe, Kew Bull. 195 (1896); *Coelogyne pogonioides* Rolfe, Kew Bull. 195 195 (1896); *Pleione delavayi* (Rolfe) Rolfe, Orch. Rev. 11: 291 (1903); *Pleione amoena* Schltr., Kew Bull. 185 (1919); *Pleione henryi* (Rolfe) Schltr., Kew Bull. 186 (1919); *Pleione smithii* Schltr., Acta Hort. Gothob. 1: 149 (1924); *Pleione communis* Gagnep., Bull. Soc. Bot. France 78: 25 (1931); *Pleione communis* var. *subobtusum* Gagnep., Bull. Soc. Bot. France 78: 25 (1931); *Pleione fargesii* Gagnep., Bull. Soc. Bot. France 78: 25. (1931); *Pleione rhombilabia* Hand.-Mazz., Symb. Sinic. 7: 1348 (1936).

陕西、甘肃、安徽、湖南、湖北、四川、贵州、云南、西藏、福建、广东、广西。

陈氏独蒜兰

●**Pleione chunii** C. L. Tso, Sunyatsenia, 1: 148 (1933).

Pleione aurita Cribb et Pfennig, Orchideen 39 (3): 111 (1988); *Pleione milanii* Braem, Orchidées Cult. Protect. 38: 23 (1999); *Pleione hookeriana* var. *sinensis* G. Kleinh. ex Torelli et Riccab., Caesiana 14: 72 (2000).

湖北、贵州、云南、广东、广西。

芳香独蒜兰

Pleione confusa Cribb et C. Z. Tang, Bot. Mag. 184 (3): 126 (1983).

云南；缅甸北部。

台湾独蒜兰

●**Pleione formosana** Hayata, J. Coll. Sci. Imp. Univ. Tokyo 30: 326 (1911).

Pleione pricei Rolfe, Bot. Mag. t. 8729 (1917); *Pleione hui* Schltr., Repert. Spec. Nov. Regni Veg. 19 (552-555): 377 (1924); *Pleione formosana* f. *nivea* Fukuy., Trans. Nat. Hist. Soc. Taiwan 22: 415 (1932); *Pleione formosana* var. *nivea* (Fukuy.) Masam., Trop. Hort. 3: 48 (1933).

浙江、江西、福建、台湾。

黄花独蒜兰

Pleione forrestii Schltr., Notes Roy. Bot. Gard. Edinb. 5: 106 (1912).

云南；缅甸。

黄花独蒜兰（原变种）

Pleione forrestii var. **forrestii**

云南；缅甸。

白瓣独蒜兰

●**Pleione forrestii** var. **alba** (H. Li et G. H. Feng) P. J. Cribb in P. J. Cribb et Butte, Gen. Pleione, ed. 2. 88 (1999).

Pleione alba H. Li et G. H. Feng, Acta Bot. Yunnan.6 (2): 193, pl. 1 (1984).

云南。

大花独蒜兰

Pleione grandiflora (Rolfe) Rolfe, Orchid Rev. 11: 291 (1903).

Coelogyne grandiflora Rolfe, J. Linn. Soc., Bot. 36 (249): 22 (1903); *Pleione pinkepankii* Braem et H. Mohr., Orchis 67/68: 124 (1989); *Pleione mohrii* Braem, Orchidées Cult. Protect. 38: 21 (1999); *Pleione moelleri* Braem, Orchidées Cult. Protect. 38: 23 (1999); *Pleione harberdii* Braem, Orchidées Cult. Protect. 38: 21 (1999); *Pleione braemii* Pinkep., Orchidées Cult. Protect. 38: 27 (1999); *Pleione barbarae* Braem, Orchidées Cult. Protect. 38: 20 (1999).

云南；越南。

毛唇独蒜兰

Pleione hookeriana (Lindl.) B. S. Williams, Orch. Grow. Man. (ed. 6) 548 (1885).

Coelogyne hookeriana Lindl., Fol. Orchid. 5: 14 no. 37 (1854); *Coelogyne hookeriana* var. *brachyglossa* Rchb. f., Gard. Chron. ser. 3. 1: 833 (1887); *Pleione hookeriana* var. *brachyglossa* (Rchb. f.) Rolfe, Orchid Rev. 11: 291 (1903); *Pleione laotica* Kerr, J. Siam Soc., Nat. Hist. Suppl. 9: 235 (1933).

贵州、云南、西藏、广东、广西；老挝北部、缅甸、泰国、不丹、印度东北部、尼泊尔。

矮小独蒜兰

Pleione humilis (Smith) D. Don, Prodr. Fl. Nepal. 37 (1825).

Epidendrum humile Smith., Exot. Bot. 2: 75 (1806); *Coelogyne humilis* (Sm.) Lindl., Coll. Bot. t. 37 (1826); *Coelogyne humilis* var. *tricolor* Rchb. f., Gard. Chron. n.s., 13: 394 (1880); *Coelogyne humilis* var. *albata* Rchb. f., Gard. Chron. III, 3: 392 (1888); *Pleione humilis* var. *purpurascens* Pfitzer, Pflanzenr. IV, 50: 122 (1907); *Pleione humilis* var. *adnata* Pfitzer, Pflanzenr. IV, 50: 121 (1907); *Pleione diantha* Schltr., Orchis 9: 44 (1915).

西藏；缅甸、不丹、印度东北部（阿萨姆、曼尼普尔、锡金）、尼泊尔。

卡氏独蒜兰

•**Pleione kaatiae** P. H. Peeters, Richardiana. 3: 132 (2003).

四川。

春花独蒜兰

•**Pleione kohlsii** Braem, Schlecheriana. 2 (4): 168 (1991).

云南。

四川独蒜兰

Pleione limprichtii Schltr., Repert. Spec. Nov. Regni Veg. Beih. 12: 346 (1922).

Pleione bulbocodioides var. *limprichtii* (Schltr.) P. J. Cribb, Man. Cult. Orchid Sp. 372 (1981).

四川、云南；缅甸。

秋花独蒜兰

Pleione maculata (Lindl.) Lindl., Paxton's Fl. Gard. 2: 5, pl. 39 (1851).

Coelogyne maculata Lindl., Gen. Sp. Orchid. Pl. 43 (1830); *Pleione diphylla* (Lindl.) Lindl., Paxton's Fl. Gard. 2: 66. 1851-52 (1851); *Coelogyne diphylla* Lindl., Fol. Orchid. 15 (1854); *Coelogyne arthuriana* Rchb. f., Gard. Chron. n.s. 2, 15: 40 (1881); *Pleione maculata* var. *virginea* Rchb. f., Gard. Chron. ser. 3. 2: 682 (1887); *Pleione maculata* var. *arthuriana* (Rchb. f.) Rolfe ex Kraenzl., Pflanzenr. (Engler). IV (50, Heft 32): 128 (1907).

云南；泰国北部、缅甸、不丹、印度、尼泊尔。

小叶独蒜兰

•**Pleione microphylla** S. C. Chen et Z. H. Tsi, Acta Phytotax. Sin. 38 (2): 182 (2000).

广东。

美丽独蒜兰

•**Pleione pleionoides** (Kraenzl. ex Diels) Braem et H. Mohr, Orchis 65/66: 126 (1989).

Pogonia pleionoides Kraenzl. ex Diels, Bot. Jahrb. Syst. 29: 26 (1900); *Pleione speciosa* Ames et Schltr., Repert. Spec. Nov. Regni Veg. Beih. 4: 61 (1919).

湖北、四川、贵州。

疣鞘独蒜兰

Pleione praecox (J. E. Sm.) D. Don, Prodr. Fl. Nepal. 37 (1825).

Epidendrum praecox J. E. Sm., Exot. Bot. 2: 73. t. 97 (1806); *Dendrobium praecox* (Sm.) Sm., Cycl. 11: 3 (1808); *Coelogyne praecox* (J. E. Sm.) Lindl., Collectanea Botanica, sub pl. 37 (1821); *Cymbidium praecox* (Sm.) Lindl., Coll. Bot. t. 37 (1826); *Coelogyne wallichiana* Lindl., Gen. Sp. Orchid. Pl. 43 (1830); *Coelogyne wallichii* Hook., Bot. Mag. 76: pl. 4496 (1850); *Pleione wallichiana* (Lindl.) Lindl., Paxton's Fl. Gard. 2: 66. 1851-52 (1851); *Coelogyne reichenbachiana* T. Moore et Veitch, Gard. Chron. 1868: 1210 (1868); *Coelogyne birmanica* Rchb. f., Gard. Chron. n.s. 2, 18: 840 (1882); *Pleione reichenbachiana* (T. Moore et Veitch) Kuntze, Revis. Gen. Pl. 2: 680 (1891); *Pleione concolor* B. S. Williams, Orch.-Grow. Man. ed. 7: 681

(1894); *Pleione birmanica* (Rchb. f.) B. S. Williams, Orch. Grow. Man. (ed. 7) 681 (1894); *Pleione praecox* var. *birmanica* (Rchb. f.) Grant, Orch. Burm. 167 (1895); *Pleione praecox* var. *wallichiana* (Lindl.) E. W. Cooper, Roy. Hort. Soc. Dict. Gard. 1606 (1951); *Pleione praecox* var. *reichenbachiana* (T. Moore et Veitch) Torelli et Riccab., Caesiana 14: 101 (2000).
云南、西藏；老挝、缅甸、泰国北部、越南北部、孟加拉国、不丹、印度东北部、尼泊尔。

岩生独蒜兰

Pleione saxicola Tang et F. T. Wang ex S. C. Chen, Acta Phytotax. Sin. 25 (6): 473 (1987).
云南、西藏；不丹。

二叶独蒜兰

Pleione scopulorum W. W. Sm., Notes Roy. Bot. Gard. Edinburgh. 13: 218 (1921).
Bletilla scopulorum (W. W. Sm.) Schltr., Repert. Spec. Nov. Regni Veg. 19: 375 (1924); *Jimensia scopulorum* (W. W. Sm.) Garay et R. E. Schult., Bot. Mus. Leafl. 18: 184 (1958).
云南、西藏；印度东北部、缅甸。

云南独蒜兰

Pleione yunnanensis (Rolfe) Rolfe, Orchid Rev. 11: 291 (1903).
Coelogyne yunnanensis Rolfe, J. Linn. Soc., Bot. 36: 23 (1903); *Pleione chiwuana* Tang et F. T. Wang, Acta Phytotax. Sin. 1 (1): 78-79 (1951); *Pleione yunnanensis* var. *chiwuana* (Tang et F. T. Wang) G. Kleinh. ex Torelli et Riccab., Caesiana 14: 127 (2000).
四川、贵州、云南、西藏；缅甸北部。

柄唇兰属 **Podochilus** Blume

柄唇兰

Podochilus khasianus Hook. f., Fl. Brit. Ind. 6: 81 (1890).
Podochilus chinensis Schltr., Repert. Spec. Nov. Regni Veg. 19: 380 (1924).
云南、广东、广西、海南；越南北部、孟加拉国、不丹、印度东北部。

云南柄唇兰

●**Podochilus oxystophylloides** Ormer., Taiwania 48 (3): 143, pl. 3 (2003).
广西。

朱兰属 **Pogonia** Juss.

朱兰

Pogonia japonica Rchb. f., Linnaea 25: 228 (1852).
Pogonia similis Blume, Orch. Arch. Ind. 148, pl. 32 (1858); *Pogonia ophioglossoides* var. *japonica* (Rchb. f.) Finet, Bull. Soc. Bot. France 47: 273 (1900); *Pogonia parvula* Schltr., Repert. Spec. Nov. Regni Veg. Beih. 4: 54-55, 144 (1919); *Pogonia kungii* Tang et F. T. Wang, Contr. Inst. Bot. Natl. Acad. Peiping. 2: 135 (1934).
黑龙江、吉林、内蒙古、山东、安徽、浙江、江西、湖南、湖北、四川、贵州、云南、福建、广西；日本、朝鲜。

小朱兰（小须唇兰）

Pogonia minor (Makino) Makino, Bot. Mag. 23: 137 (1909).
Pogonia japonica var. *minor* Makino, Bot. Mag. 12: 103 (1898).
台湾；日本。

云南朱兰

●**Pogonia yunnanensis** Finet, Bull. Soc. Bot. France. 44: 419, pl. 13, f. K-F (1897).
四川、云南、西藏。

多穗兰属 **Polystachya** Hook.

多穗兰

Polystachya concreta (Jacq.) Garay et Sweet, Orquideologia 9 (3): 206 (1974).
Epidendrum concretum Jacq., Enum. Syst. Pl. 30 (1760); *Polystachya purpurea* Wight, Icon. Pl. Ind. Orient. (Wight) 5: 10, pl. 1679 (1852); *Dendrorkis purpurea* (Wight) Kuntze, Revis. Gen. Pl. 2: 658 (1891); *Polystachya pleistantha* Kraenzl., Gard. Chron. 1897 (1): 118 (1897); *Polystachya flavescens* (Blume) J. J. Sm., Fl. Buitenz. 6: 284, f. 213 (1905); *Polystachya purpurea* var. *lutescens* Gagnep., Fl. Gen. Indo-Chine 6: 434, pl. 40 (1934).
云南；柬埔寨、印度尼西亚、老挝、马来西亚、菲律宾、泰国、越南、印度、非洲、斯里兰卡。

鹿角兰属 **Pomatocalpa** Breda

鹿角兰

Pomatocalpa spicatum Breda, Gen. Sp. Orch. Asclep. 3: t. 15 (1827).
Cleisostoma wendlandorum Rchb. f., Allg. Gartenzeitung. 24 (28): 219 (1856); *Cleisostoma uteriferum* Hook. f., Fl. Brit. India 6: 74 (1890); *Saccolabium uteriferum* (Hook. f.) Ridl., Mat. Fl. Malay. Penins. 1: 167 (1907); *Pomatocalpa wendlandorum* (Rchb. f.) J. J. Sm., Nat. Tijds. Nedl. Ind. 72: 108 (1912).

海南；缅甸、泰国、老挝、越南、马来西亚、印度尼西亚、菲律宾、印度、不丹。

台湾鹿角兰

Pomatocalpa undulatum (Rchb. f.) J. J. Sm., Natuurw. Tijdschr. Ned.-Indië 72: 107 (1912).

Cleisostoma undulatum (Lindl.) Rchb. f., Flora 55: 274 (1872).

Pomatocalpa undulatum var. **undulatum**

原变种中国不产。

台湾鹿角兰

●**Pomatocalpa undulatum** subsp. **acuminatum** (Rolfe) S. Watthana et S. W. Chung, Harvard Pap. Bot. 11: 249 (2007).

Cleisostoma acuminatum Rolfe, Bull. Misc. Inform. Kew. 1913: 144 (1913); *Cleisostoma brachybotryum* Hayata, Icon. Pl. Formosan. 4: 94-95, f (1914); *Pomatocalpa brachybotryum* (Hayata) Hayata, Icon. Pl. Formosan. 4: Add. et C (1915); *Pomatocalpa acuminatum* (Rolfe) Schltr., Feddes Repert. Spec. Nov. Regni Veg. 4: 290 (1919).

台湾。

小红门兰属 Ponerorchis Rchb. f.

台湾无柱兰（南湖雏兰，高山雏兰，小黄斑兰）

●**Ponerorchis alpestris** (Fukuy.) X. H. Jin, Schuit. et W. T. Jin, Mole. Phylogenetic. Evol. 77: 51 (2014).

Amitostigma alpestre Fukuy., Bot. Mag. Tokyo 49: 664 (1935); *Orchis alpestre* (Fukuy.) S. S. Ying, Quart. J. Chin. Forest. 8 (4): 140 (1975).

台湾。

抱茎叶无柱兰

●**Ponerorchis amplexifolia** (Tang et F. T. Wang) X. H. Jin, Schuit. et W. T. Jin, Mole. Phylogenetic. Evol. 77: 51 (2014).

Amitostigma amplexifolium Tang et F. T. Wang, Bull. Fan Mem. Inst. Biol. Bot. 7: 3 (1936).

四川。

四裂无柱兰

●**Ponerorchis basifoliata** (Finet) X. H. Jin, Schuit. et W. T. Jin, Mole. Phylogenetic. Evol. 77: 51 (2014).

Peristylus tetralobus f. *basifoliatus* Finet, Rev. Gén. Bot. 13: 525, pl. 13 (C) (1901); *Orchis basifoliata* (Finet) Schltr., Notes Roy. Bot. Gard. Edinb. 5: 95 (1912); *Amitostigma basifoliatum* (Finet) Schltr., Feddes Repert. Spec. Nov. Regni Veg. Beih. 4: 92 (1919).

四川、云南。

棒距无柱兰（二叶无柱兰）

●**Ponerorchis bifoliata** (Tang et F. T. Wang) X. H. Jin, Schuit. et W. T. Jin, Mole. Phylogenetic. Evol. 77: 51 (2014).

Amitostigma bifoliatum Tang et F. T. Wang, Bull. Fan Mem. Inst. Biol. Bot. 7: 127 (1936).

甘肃、四川。

大花兜被兰

●**Ponerorchis camptoceras** (Rolfe) X. H. Jin, Schuit. et W. T. Jin, Mole. Phylogenetic. Evol. 77: 51 (2014).

Habenaria camptoceras Rolfe, J. Linn. Soc., Bot. 29: 319 (1892); *Neottianthe camptoceras* (Rolfe) Schltr., Repert. Spec. Nov. Regni Veg. 16: 292 (1919); *Gymnadenia camptoceras* (Rolfe) Schltr., Repert. Spec. Nov. Regni Veg. Beih. 4: 104 (1919); *Orchis constricta* L. O. Williams, Bot. Mus. Leafl. 5: 164 (1938); *Amitostigma potaninii* f. *macranthum* Ivanova, Bot. Mater. Gerb. Bot. Inst. Komarova Akad. Nauk S. S. S. R. 12: 91 (1950); *Galeorchis constricta* (L. O. Williams) Soó, Acta Bot. Acad. Sci. Hung. 12: 352 (1966); *Galearis constricta* (L. O. Williams) P. F. Hunt, Kew Bull. 26: 171 (1971).

四川。

头序无柱兰

●**Ponerorchis capitata** (Tang et F. T. Wang) X. H. Jin, Schuit. et W. T. Jin, Mole. Phylogenetic. Evol. 77: 51 (2014).

Amitostigma capitatum Tang et F. T. Wang, Bull. Fan Mem. Inst. Biol. Bot. 7: 4-5 (1936).

湖北、四川。

川西兜被兰（斑被兜被兰）

●**Ponerochis compacta** (Schltr.) X. H. Jin, Schuit. et W. T. Jin, Mole. Phylogenetic. Evol. 77: 51 (2014).

Neottianthe compacta Schltr., Acta Horti Gothob. 1: 136 (1924).

四川。

广布小红门兰

Ponerorchis chusua (D. Don) Soó, Acta Bot. Acad. Sci. Hung. 12 (3-4): 352 (1966).

Orchis chusua D. Don, Prodr. Fl. Nepal. 23 (1825); *Gymnadenia chusua* (D. Don) Lindl., Gen. Sp. Orchid. Pl. 280 (1835); *Orchis pauciflora* Fisch. ex Lindl., Gen. Sp. Orchid. Pl. 280 (1835); *Orchis chusua* var. *nana* King et Pantl., Ann. Roy. Bot. Gard. (Calcutta) 8 (2): 304, pl. 402bis (1898); *Gymnadenia chusua* var. *nana* (King et Pantl.) Finet, Rev. Gén. Bot. 13: 514 (1901); *Orchis giraldiana* Kraenzl. ex Diels, Bot. Jahrb. 36

(Beibl. 82): 25 (1905); *Orchis delavayi* Schltr., Repert. Spec. Nov. Regni Veg. 9 (222/226): 433-434 (1911); *Orchis nana* (King et Pantl.) Schltr., Feddes Repert. Spec. Nov. Regni Veg. 9: 434 (1911); *Orchis beesiana* W. W. Sm., Notes Roy. Bot. Gard. Edinburgh. 8 (38): 193-194 (1914); *Orchis tenii* Schltr., Repert. Spec. Nov. Regni Veg. 17 (474-476): 22 (1921); *Orchis unifoliata* Schltr., Repert. Spec. Nov. Regni Veg. 17: 22 (1921); *Orchis chusua* var. *tenii* (Schltr.) Soó, Ann. Hist.-Nat. Mus. Natl. Hung. 26: 344 (1929); *Orchis chusua* var. *delavayi* (Schltr.) Soó, Ann. Hist.-Nat. Mus. Natl. Hung. 26: 344 (1929); *Chusua secunda* Nevski, Fl. USSR 4: 670, pl. 42, f. 10 (1935); *Chusua donii* Nevski, Fl. USSR 4: 671 (1935); *Orchis parcifloroides* Hand.-Mazz., Symb. Sin. 7 (5): 1327, pl. 41, f. 1 (1936); *Ponerorchis pauciflora* (Lindl.) Ohwi, Acta Phytotax. Geobot. 5 (2): 145 (1936); *Amitostigma beesianum* (W. W. Sm.) Tang et F. T. Wang, Acta Phytotax. Sin. 1 (1): 57 (1951); *Ponerorchis chusua* var. *unifoliata* (Schltr.) Soó, Acta Bot. Acad. Sci. Hung. 12 (3-4): 352 (1966); *Orchis secunda* (Nevski) Vorosch., Fl. Sovetsk. Dal'n. Vost. 130 (1966); *Ponerorchis chusua* var. *giraldiana* (Kraenzl.) Soó, Acta Bot. Acad. Sci. Hung. 12 (3-4): 352 (1966); *Ponerorchis chusua* var. *tenii* (Schltr.) Soó, Acta Bot. Acad. Sci. Hung. 12 (3-4): 352 (1966); *Ponerorchis chusua* var. *delavayi* (Schltr.) Soó, Acta Bot. Acad. Sci. Hung. 12 (3-4): 352 (1966); *Chusua roborowskii* var. *delavayi* (Schltr.) P. F. Hunt, Kew Bull. 26 (1): 176 (1971); *Chusua roborowskii* var. *giraldiana* (Kraenzl.) P. F. Hunt, Kew Bull. 26 (1): 176 (1971); *Chusua roborowskii* var. *tenii* (Schltr.) P. F. Hunt, Kew Bull. 26 (1): 176 (1971); *Chusua roborowskii* var. *unifoliata* (Schltr.) P. F. Hunt, Kew Bull. 26 (1): 176 (1971); *Chusua roborowskii* var. *nana* (King et Pantl.) P. F. Hunt, Kew Bull. 26 (1): 175 (1971); *Chusua pauciflora* (Lindl.) P. F. Hunt, Kew Bull. 26 (1): 175 (1971); *Chusua nana* (King et Pantl.) Pradham f. *alba* Z. H. Wu et Q., Acta Bot. Boreal.-Orchid. Sin 27 (4): 822 (2007).

甘肃；日本、朝鲜、缅甸北部、不丹、印度北部、尼泊尔、俄罗斯（远东地区、西伯利亚）。

齿缘小红门兰

●**Ponerorchis crenulata** (Schltr.) Soó, Acta Bot. Acad. Sci. Hung. 12: 353 (1966).

Orchis crenulata Schltr., Repert. Spec. Nov. Regni Veg. 19: 373 (1924); *Chusua crenulata* (Schltr.) P. F. Hunt, Kew Bull. 26: 174 (1971); *Ponerorchis schlechteri* Perner et Y. B. Luo, Orchids Huanglong: 209 (2007).

云南。

二叶兜被兰

Ponerorchis cucullata (L.) X. H. Jin, Schuit. et W. T. Jin, Mole. Phylogenetic. Evol. 77: 51 (2014).

Orchis cucullata L., Sp. Pl. 2: 939 (1753).

欧亚大陆广布。

二叶兜被兰（原变种）

Ponerorchis cucullata var. **cucullata**

Gymnadenia pseudodiphylax Kraenzl., Bot. Jahrb. Syst. 36(5): 25 (1905); *Gymnadenia monophylla* Ames et Schltr., Repert. Spec. Nov. Regni Veg. Beih. Beihefte 4: 43 (1919); *Neottianthe cucullata* (L.) Schltr., Repert. Spec. Nov. Regni Veg. 16: 292 (1919); *Neottianthe angustifolia* K. Y. Lang, Acta Phytotax. Sin. 35 (6): 538 (1997).

欧亚大陆广布。

密花兜被兰

Ponerorchis cucullata var. **calcicola** (W. W. Sm.) X. H. Jin, Schuit. et W. T. Jin, Mole. Phylogenetic. Evol. 77: 51 (2014).

Gymnadenia calcicola W. W. Sm., Notes Roy. Bot. Gard. Edinburgh. 8: 188 (1914); *Neottianthe calcicola* (W. W. Sm.) Schltr., Acta Horti Gothob. 1: 136 (1924); *Neottianthe cucullata* var. *calcicola* (W. W. Sm.) Soó, Ann. Hist.-Nat. Mus. Natl. Hung. 26: 353 (1929); *Neottianthe camptoceras* var. *calcicola* (W. W. Sm.) Soó, Ann. Hist.-Nat. Mus. Natl. Hung. 26: 353 (1929); *Symphyosepalum gymnadenioides* Hand.-Mazz., Symb. Sin. 7: 1328, Abb. 41, f. 3-5 (1936); *Neottianthe gymnadenioides* Nakai et Kitag., Acta Phytotax. Sin. 35 (6): 541 (1997).

甘肃、青海、四川、贵州、云南、西藏；不丹、印度、尼泊尔。

长距无柱兰

●**Ponerorchis dolichocentra** (Tang, F. T. Wang et K. Y. Lang) X. H. Jin, Schuit. et W. T. Jin, Mole. Phylogenetic. Evol. 77: 51 (2014).

Amitostigma dolichocentrum Tang, F. T. Wang et K. Y. Lang, Acta Phytotax. Sin. 20 (1): 84, pl. 1 (3-4) (1982).

四川。

峨眉无柱兰

●**Ponerorchis faberi** (Rolfe) X. H. Jin, Schuit. et W. T. Jin, Mole. Phylogenetic. Evol. 77: 51 (2014).

Habenaria faberi Rolfe, Kew Bull. 1896: 201 (1896); *Gymnadenia faberi* (Rolfe) Rolfe, J. Linn. Soc., Bot. 36: 52 (1903); *Amitostigma faberi* (Rolfe) Schltr., Feddes Repert. Spec. Nov. Regni Veg. Beih. 4: 93 (1919);

Orchis faberi (Rolfe) Soó, Ann. Hist.-Nat. Mus. Natl. Hung. 26: 349 (1929).
四川、贵州、云南。

长苞无柱兰（滇藏无柱兰）

●**Ponerorchis farreri** (Schltr.) X. H. Jin, Schuit. et W. T. Jin, Mole. Phylogenetic. Evol. 77: 51 (2014).
Amitostigma farreri Schltr., Feddes Repert. Spec. Nov. Regni Veg. 20: 378 (1924); *Orchis farreri* (Schltr.) Soó, Ann. Mus. Nat. Hungar. 26: 348 (1929).
云南、西藏。

毛葶无柱兰

●**Ponerorchis forrestii** X. H. Jin, **comb. nov.**
Amitostigma forrestii Schltr., Feddes Repert. Spec. Nov. Regni Veg. 20: 379 (1924); *Orchis forrestii* (Schltr.) Soó, Ann. Hist.-Nat. Mus. Natl. Hung. 26: 350 (1929); *Amitostigma monanthum* var. *forrestii* (Schltr.) Tang et F. T. Wang, Acta Phytotax. Sin. 1 (1): 57 (1951).
云南。

贡嘎无柱兰

●**Ponerorchis gonggashanica** (K. Y. Lang) X. H. Jin, Schuit. et W. T. Jin, Mole. Phylogenetic. Evol. 77: 51 (2014).
Amitostigma gonggashanicum K. Y. Lang, Acta Phytotax. Sin. 22 (4): 315, pl. 1, f. 1-6 (1984).
四川。

无柱兰（细葶无柱兰，小雏兰，合欢山兰）

Ponerorchis gracilis (Blume) X. H. Jin, Schuit. et W. T. Jin, Mole. Phylogenetic. Evol. 77: 51 (2014).
Mitostigma gracile Blume, Mus. Bot. Lugd.-Bat. 2: 190 (1856); *Gymnadenia gracilis* (Blume) Miq., Ann. Mus. Bot. Lugduno-Batavi 2: 207 (1866); *Cynosorchis gracilis* (Blume) Kraenzl., Orchid. Gen. Sp. 1: 488 (1898); *Cynosorchis chinensis* Rolfe, J. Linn. Soc., Bot. 36: 369 (1908); *Amitostigma chinense* (Rolfe) Schltr., Feddes Repert. Spec. Nov. Regni Veg. Beih. 4: 92 (1919); *Amitostigma gracile* (Blume) Schltr., Feddes Repert. Spec. Nov. Regni Veg. Beih. 4: 93 (1919); *Orchis gracilis* var. *chinensis* (Rolfe) Soó, Ann. Hist.-Nat. Mus. Natl. Hung. 26: 349 (1929); *Orchis gracilis* (Blume) Soó, Ann. Hist.-Nat. Mus. Natl. Hung. 26: 348 (1929); *Amitostigma yunkiana* Fukuy., Bot. Mag. Tokyo 48: 429 (1933); *Orchis yunkiana* (Fukuy.) S. S. Ying, Quart. J. Chin. Forest. 8 (4): 140 (1975); *Orchis formosensis* S. S. Ying, Col. Illustr. Indig. Orch. Taiwan 1: 226, 486 (1977); *Ponerorchis formosensis* (S. S. Ying) S. S. Ying, Quart. J. Chin. Forest. 11 (2): 102 (1978); *Amitostigma formosana* (S. S. Ying) S. S. Ying, Quart. J. Exp. Forest, NTU. 1 (3): 106 (1987); *Orchis sooii* S. S. Ying, Col. Illustr. Indig. Orch. Taiwan 2: 618 (1990).
辽宁、河北、山东、河南、陕西、安徽、江苏、浙江、湖南、湖北、四川、贵州、福建、台湾、广西；日本、朝鲜。

卵叶无柱兰

●**Ponerorchis hemipiloides** (Finet) Soó, Acta Botanica Academiae Scientiarum Hungaricae 12: 353 (1966).
Gymnadenia hemipilioides Finet, Rev. Gén. Bot. 13: 515, pl. 13. (B12-26) (1901); *Amitostigma microhemipilia* Schltr., Feddes Repert. Spec. Nov. Regni Veg. 17: 23 (1921); *Orchis microhemipilia* (Schltr.) Soó, Ann. Mus. Nat. Hungar. 26: 349 (1929); *Amitostigma hemipilioides* (Finet) Tang et F. T. Wang, Bull. Fan Mem. Inst. Biol. Bot. 7: 5. (1936); *Chusua hemipilioides* (Finet) P. F. Hunt, Kew Bulletin 26: 174 (1971).
贵州、云南。

奇莱小红门兰

Ponerorchis kiraishiensis (Hayata) Ohwi, Acta Phytotax. Geobot. 5: 146 (1936).
Orchis kiraishiensis Hayata, Icon. Pl. Formosan. 9: 116 (1920); *Ponerorchis kiraishiensis* var. *leucantha* (Masam.) A. T. Hsieh, Quart. J. Taiwan Mus. 8 (3): 267 (1955); *Chusua kiraishiensis* (Hayata) P. F. Hunt, Kew Bull. 26 (1): 175 (1971); *Orchis nanhutashanensis* S. S. Ying, Col. Illustr. Indig. Orch. Taiwan 2: 297 (1990).
台湾。

华西小红门兰

●**Ponerorchis limprichtii** (Schltr.) Soó, Acta Bot. Acad. Sci. Hung. 12: 353 (1966).
Orchis limprichtii Schltr., Repert. Spec. Nov. Regni Veg. Beih. 12: 330 (1922) *Ponerorchis hui* (Tang et F. T. Wang) Soó, Acta Bot. Acad. Sci. Hung. 12: 353 (1966); *Chusua limprichtii* (Schltr.) P. F. Hunt, Kew Bull. 26: 175 (1971); *Chusua hui* (Tang et F. T. Wang) P. F. Hunt, Kew Bull. 26: 174 (1971).
河南、陕西、甘肃、四川、云南。

淡黄花兜被兰

●**Ponerorchis luteola** (K. Y. Lang et S. C. Chen) X. H. Jin, Schuit. et W. T. Jin, Mole. Phylogenetic. Evol. 77: 51 (2014).
Neottianthe luteola K. Y. Lang et S. C. Chen, Acta Phytotax. Sin. 35 (6): 545 (1996).
云南。

一花无柱兰（单花无柱兰）

●**Ponerorchis monantha** (Finet) X. H. Jin, Schuit. et W.

T. Jin, Mole. Phylogenetic. Evol. 77: 51 (2014).

Peristylus monanthus Finet, Rev. Gén. Bot. 13: 323 (1901); *Amitostigma monanthum* (Finet) Schltr., Ann. Missouri Bot. Gard. 56: 94 (1918); *Amitostigma nivale* Schltr., Acta Horti Gothob. 1 (3): 132-133 (1924); *Orchis monantha* (Finet) Soó, Ann. Mus. Nat. Hungar. 26: 349 (1929); *Orchis nivalis* (Schltr.) Soó, Ann. Hist.-Nat. Mus. Natl. Hung. 26: 349 (1929).

陕西、甘肃、四川、云南和西藏。

长圆叶兜被兰

●**Ponerorchis oblonga** (K. Y. Lang) X. H. Jin, Schuit. et W. T. Jin, Mole. Phylogenetic. Evol. 77: 51 (2014).

Neottianthe oblonga K. Y. Lang, Acta Phytotax. Sin. 35 (6): 544, pl. 1, f. 5-8 (1997).

云南。

峨眉小红门兰

●**Ponerorchis omeishanica** (Tang, F. T. Wang et K. Y. Lang) S. C. Chen, P. J. Cribb, Fl. China 25: 96 (2009).

Orchis omeishanica Tang, F. T. Wang et K. Y. Lang, Acta Phytotax. Sin. 18 (4): 416, f. 6 (1980).

四川。

卵叶兜被兰

●**Ponerorchis ovata** (K. Y. Lang) X. H. Jin, Schuit. et W. T. Jin, Mole. Phylogenetic. Evol. 77: 51 (2014).

Neottianthe ovata K. Y. Lang, Acta Phytotax. Sin. 35 (6): 542, t. 1 (9-12) (1997).

四川。

蝶花无柱兰

●**Ponerorchis papilionacea** (Tang, F. T. Wang et K. Y. Lang) X. H. Jin, Schuit. et W. T. Jin, Mole. Phylogenetic. Evol. 77: 51 (2014).

Amitostigma papilionaceum Tang, F. T. Wang et K. Y. Lang, Acta Phytotax. Sin. 20 (1): 83, pl. 1 (1-2) (1982).

四川。

附注：本种的系统学位置有待进一步研究。

少花无柱兰

●**Ponerorchis parciflora** (Finet) X. H. Jin, Schuit. et W. T. Jin, Mole. Phylogenetic. Evol. 77: 51 (2014).

Peristylus tetralobus f. *parceflorus* Finet, Rev. Gén. Bot.13: 525, pl. 13 (D) (1901); *Amitostigma parceflorum* (Finet) Schltr., Feddes Repert. Spec. Nov. Regni Veg. Beih. 4: 4: 94 (1919); *Orchis tetraloba* var. *parciflora* (Finet) Soó, Ann. Hist.-Nat. Mus. Natl. Hung. 26: 350 (1929); *Orchis parciflora* (Finet) Hand.-Mazz., Symb. Sin. 7: 1327 (1936).

四川、重庆。

球距无柱兰

●**Ponerorchis physoceras** (Schltr.) X. H. Jin, Schuit. et W. T. Jin, Mole. Phylogenetic. Evol. 77: 51 (2014).

Amitostigma physoceras Schltr., Acta Horti Gothob. 1: 133 (1924); *Orchis physoceras* (Schltr.) Soó, Ann. Hist.-Nat. Mus. Natl. Hung. 26: 350 (1929).

四川。

普格小红门兰

●**Ponerorchis pugeensis** (K. Y. Lang) S. C. Chen, P. J. Cribb et S. W. Gale, Fl. China 25: 96 (2009).

Orchis pugeensis K. Y. Lang, Acta Phytotax. Sin. 25 (5): 403, pl. 1 (1987).

四川。

齿片无柱兰

●**Ponerorchis pulchella** (Hand.-Mazz.) Soó, Acta Bot. Acad. Sci. Hung. 12 (3-4): 352 (1966).

Orchis pulchella Hand.-Mazz., Symb. Sin. 7 (5): 1325, pl. 41, f. 2 (1936); *Amitostigma yuanum* Tang et F. T. Wang, Bull. Fan Mem. Inst. Biol. Bot. 10: 26 (1940); *Orchis chusua* var. *pulchella* (Hand.-Mazz.) Tang et F. T. Wang, Acta Phytotax. Sin. 1 (1): 57 (1951); *Chusua pulchella* (Hand.-Mazz.) P. F. Hunt, Kew Bull. 26 (1): 175 (1971).

云南、西藏。

侧花兜被兰

●**Ponerorchis secundiflora** (Hook. f.) X. H. Jin, **comb. nov.**

Habenaria secundiflora Hook. f., Fl. Brit. Ind. 6: 165 (1890); *Peristylus secundiflorus* (Hook. f.) Kraenzl., Orch. Gen. Sp. 1: 518 (1898); *Neottianthe secundiflora* (Hook. f.) Schltr., Fedde Repert. Sp. Nov. 16: 291 (1919); *Neottianthe mairei* Schltr., Fedde Repert. Sp. Nov. 17: 24 (1931).

云南、西藏；缅甸、不丹、印度、尼泊尔。

黄花无柱兰

●**Ponerorchis simplex** (Tang et F. T. Wang) X. H. Jin, Schuit. et W. T. Jin, Mole. Phylogenetic. Evol. 77: 51 (2014).

Amitostigma simplex Tang et F. T. Wang, Bull. Fan Mem. Inst. Biol. Bot. Ser. 10: 25 (1940).

四川、云南。

滇蜀无柱兰

●**Ponerorchis tetraloba** (Finet) X. H. Jin, Schuit. et W. T. Jin, Mole. Phylogenetic. Evol. 77: 52 (2014).

Peristylus tetralobus Finet, Rev. Gén. Bot. 13: 524, pl. 13 (B). (1901); *Orchis tetraloba* (Finet) Schltr., Notes

Roy. Bot. Gard. Edinburgh. 5: 95 (1912); *Amitostigma tetralobum* (Finet) Schltr., Feddes Repert. Spec. Nov. Regni Veg. Beih. 4: 95 (1919); *Amitostigma yunnanense* Schltr., Feddes Repert. Spec. Nov. Regni Veg. 17: 24 (1921); *Orchis tetraloba* var. *yunnanense* Soó, Ann. Hist.-Nat. Mus. Natl. Hung. 26: 250 (1929).
四川、云南。

西藏无柱兰

●**Ponerorchis tibetica** (Schltr.) X. H. Jin, Schuit. et W. T. Jin, Mole. Phylogenetic. Evol. 77: 52 (2014).
Amitostigma tibeticum Schltr., Feddes Repert. Spec. Nov. Regni Veg. 20: 379 (1924); *Orchis tibetica* (Schltr.) Soó, Ann. Hist.-Nat. Mus. Natl. Hung. 26: 350 (1929).
云南、西藏。

四川小红门兰

●**Ponerorchis sichuanica** (K. Y. Lang) S. C. Chen, P. J. Cribb et S. W. Gale, Fl. China 25: 96-97 (2009).
Orchis sichuanica K. Y. Lang, Acta Phytotax. Sin. 25 (5): 401, pl. 1 (1987).
四川。

台湾小红门兰

●**Ponerorchis taiwanensis** (Fukuy.) Ohwi, Acta Phytotax. Geobot. 5: 146 (1936).
Orchis taiwanensis Fukuy., Bot. Mag. 49: 290 (1935); *Chusua taiwanensis* (Fukuy.) P. F. Hunt, Kew Bull. 26 (1): 176 (1971); *Orchis taitungensis* var. *alboflorens* S. S. Ying, Col. Illustr. Pl. Taiwan 1: 498, col. Photo (1985); *Orchis taitungensis* S. S. Ying, Col. Illustr. Pl. Taiwan 1: 497, col. Photo (1985); *Ponerorchis taitungensis* (S. S. Ying) S. S. Ying, Quart. J. Chin. Forest. 21 (2): 116 (1988); *Ponerorchis taitungensis* var. *alboflorens* (S. S. Ying) S. S. Ying, Quart. J. Chin. Forest. 21 (2): 116 (1998); *Ponerorchis exilis* (Ames et Schltr.) S. C. Chen, P. J. Cribb et S. W. Gale, Fl. China 25: 97 (2009).
台湾。

高山小红门兰

●**Ponerorchis takasago-montana** (Masam.) Ohwi, Acta Phytotax. Geobot. 5: 146 (1936).
Orchis takasago-montana Masam., Trop. Hort. 3: 45 (1933); *Chusua takasago-montana* (Masam.) P. F. Hunt, Kew Bull. 26 (1): 176 (1971); *Orchis chingshuishania* S. S. Ying, Mém. Coll. Agric. Natl. Taiwan Univ. 28 (2): 34, pl. 1, col. photos 1-2 (1988).
台湾。

白花小红门兰

●**Ponerorchis tominagae** (Hayata) H. J. Su et J. J. Chen, Flora of Taiwan (Second edition) 5: 1029 (2000).
Gymnadenia tominagai Hayata, Icon. Pl. Formosan. 6: 93 (1916); *Amitostigma tominagae* (Hayata) Schltr., Repert. Spec. Nov. Regni Veg., Beihefte 495: (1919); *Orchis kiraishiensis* var. *leucantha* Masam., Trop. Hort. 3: 45 (1933); *Orchis kunihikoana* Masam. et Fukuy., Bot. Mag. 49: 663 (1935); *Ponerorchis kiraishiensis* var. *leucantha* (Masam.) A. T. Hsich, Quart. J. Taiwan Mus. 8 (3): 267 (1955); *Ponerorchis kunihikoana* (Masam. et Fukuy.) Soó, Acta Bot. Acad. Sci. Hung. 12: 353 (1966); *Chusua kunihikoana* (Masam. et Fukuy.) P. F. Hunt, Kew Bull. 26: 175. (1971); *Orchis tominagai* (Hayata) S. S. Ying, Quart. J. Chin. Forest. 8 (4): 140 (1975); *Orchis taoloii* S. S. Ying, Alp. Pl. Taiwan Colour. 1: 75, pl. 102 (1975); *Ponerorchis taoloii* (S. S. Ying) T. P. Lin, Chin. Orch. Soc. Bull. 1 (2): 102 (1978); *Orchis kuanshanensis* S. S. Ying, Col. Illustr. Fl. Taiwan 1: 494, col. Photo (1985); *Ponerorchis kuanshanensis* (S. S. Ying) S. S. Ying, Fl. Taiwan, ed. 2.5: 1029 (2000).
台湾。

三叉无柱兰

●**Ponerorchis trifurcata** (Tang, F. T. Wang et K. Y. Lang) X. H. Jin, Schuit. et W. T. Jin, Mole. Phylogenetic. Evol. 77: 52 (2014).
Amitostigma trifurcatum Tang, F. T. Wang et K. Y. Lang, Acta Phytotax. Sin. 20 (1): 80, pl. 1 (5-8) (1982).
云南。

文山无柱兰

●**Ponerorchis wenshanensis** (W. H. Chen, Y. M. Shui et K. Y. Lang) X. H. Jin, Schuit. et W. T. Jin, Mole. Phylogenetic. Evol. 77: 52 (2014).
Amitostigma wenshanense W. H. Chen, Y. M. Shui et K. Y. Lang, Acta Bot. Yunnan. 25 (5): 521 (2003).
云南。

盾柄兰属 Porpax Lindl.

盾柄兰

Porpax ustulata (E. C. Parish et Rchb. f.) Rolfe, Orchid Rev. 16: 8 (1908).
Eria ustulata E. C. Parish et Rchb. f., Trans. Linn. Soc. London 30: 147 (1874); *Pinalia ustulata* (E. C. Parish et Rchb. f.) Kuntze, Revis. Gen. Pl. 2: 679 (1891).
云南；缅甸、泰国。

长足兰属 Pteroceras Hasselt ex Hassk.

长葶长足兰

Pteroceras asperatum (Schltr.) P. F. Hunt, Kew Bull. 24 (1): 96 (1970).

Sarcochilus asperatus Schltr., Repert. Spec. Nov. Regni Veg. Beih. 4: 75 (1919).

云南。

长足兰

Pteroceras leopardinum (E. C. Parish et Rchb. f.) Seidenf. et Smitinand, Orch. Thail. (Prelim. List) 4 (1): 535, f. 395 (1963).

Thrixspermum leopardinum E. C. Parish et Rchb. f., Trans. Linn. Soc. London 30: 145 (1874); *Sarcochilus leopardinus* (E. C. Parish et Rchb. f.) Hook. f., Fl. Brit. India 6: 38 (1890).

云南；缅甸、泰国、越南、菲律宾、马来西亚、印度。

滇越长足兰

Pteroceras simondianus (Gagnep.) Aver., Bot. J. (Leningrad) 73 (3): 432 (1988).

Ornithochilus simondianus Gagnep., Bull. Mus. HIst. Nat. (Paris) 2, s. 22 (5): 632 (1950); *Pteroceras insularum* Aver., Bot. J. (Leningr.) 73 (3): 426, fig. 5 (1988); *Thrixspermum insularum* (Aver.) Aver., Bot. J. (Leningrad) 74 (11): 723 (1990); *Pteroceras pallidum* Aver., Vasc. Pl. Syn. Vietnama. Fl. 146 (1990).

云南；越南。

火焰兰属 Renanthera Lour.

中华火焰兰

Renanthera citrina Aver., Orchids. 66: 1287 (1997).

Renanthera sinica Z. J. Liu et S. C. Chen, J. Wuhan Bot. Res. 21 (1): 39 (2003); *Renanthera citrina* var. *sinica* (Z. J. Liu et S. C. Chen) R. Rice, Oasis Suppl. 4: 11 (2005).

云南；越南。

火焰兰

Renanthera coccinea Lour., Fl. Cochinch., ed. 2, 2: 521 (1790).

云南、广西、海南；缅甸、泰国、老挝、越南。

云南火焰兰

Renanthera imschootiana Rolfe, Bull. Misc. Inform. Kew. 200 (1891).

云南；越南。

菱兰属 Rhomboda Lindl.

小片菱兰

Rhomboda abbreviata (Lindl.) Ormer., Orchadian 11: 329 (1995).

Etaeria abbreviata Lindl., Gen. Sp. Orchid. Pl. 491 (1840); *Hetaeria abbreviata* (Lindl.) Tang et F. T. Wang, Gen. Sp. Orchid. Pl. 481 (1840); *Zeuxine abbreviata* (Lindl.) Hook. f., Fl. Brit. Ind. 6: 109 (1890); *Odontochilus abbreviatus* (Lindl.) Tang et F. T. Wang, Acta Phytotax. Sin. 1 (1): 70 (1951); *Anoectochilus abbreviatus* (Lindl.) Seidenf., Dansk Bot. Ark. 32 (2): 42, fig. 20 (1978).

贵州、广东、广西、海南；缅甸、泰国、印度东北部、尼泊尔。

艳丽菱兰

Rhomboda moulmeinensis (E. C. Parish et Rchb. f.) Ormer., Orchadian 11: 325 (1995).

Hetaeria moulmeinensis E. C. Parish et Rchb. f., Trans. Linn. Soc. London 30: 142 (1874) *Zeuxine moulmeinensis* Par. et Rchb. f., Fl. Brit. Ind. 6: 109 (1890); *Anoectochilus multiflorus* Rolfe ex Downie, Kew Bull. 1925: 412 (1925); *Odontochilus moulmeinensis* (E. C. Parish et Rchb. f.) Tang et F. T. Wang, Acta Phytotax. Sin. 1 (1): 34, 70-71 (1951); *Anoectochilus moulmeinensis* (E. C. Parish et Rchb. f.) Seidenf., Bot. Tidsskr. 66: 307 (1971); *Rhomboda fanjingensis* Ormer., Orchadian 11: 327 (1995).

四川、贵州、云南、西藏、广西；缅甸、泰国。

白肋菱兰

Rhomboda tokioi (Fukuy) Ormer., Austral. Orchi. Rev. 63 (4): 11 (1998).

Hetaeria tokioi Fukuy., Bot. Mag. 48: 434 (1934); *Goodyera pogonorrhyncha* Hand.-Mazz., Beih. Bot. Centralbl. 56 (B): 473-474, f. 1 (1937); *Hetaeria cristata* var. *tokioi* (Fukuy.) S. S. Ying, Col. Illustr. Indig. Orch. Taiwan 1: 468 (1977); *Rhomboda pogonorrhyncha* (Hand.-Mazz.) Ormer., Orchadian 11: 331 (1995).

台湾、广东；日本、越南。

钻喙兰属 Rhynchostylis Blume

海南钻喙兰（钻喙兰）

Rhynchostylis gigantea (Lindl.) Ridl., J. Linn. Soc., Bot. 32: 356 (1896).

Saccolabium giganteum Lindl., Gen. Sp. Orchid. Pl. 221 (1833); *Vanda densiflora* Lindl., Fl. Gard. 2: 21, sub pl. 42 (1851); *Gastrochilus giganteus* (Lindl.)

Kuntze, Revis. Gen. Pl. 2: 661 (1891); *Vanda hainanensis* Rolfe, Bull. Misc. Inform. Kew. 119 (1896); *Anota densiflora* (Lindl.) Schltr., Orchideen (Schltr.) 587, f. 198 (1915); *Anota hainanensis* (Rolfe) Schltr., Repert. Spec. Nov. Regni Veg. Beih. 4: 296-297 (1919); *Anota gigantea* (Lindl.) Fukuy., Trans. Nat. Hist. Soc. Taiwan 34: 111 (1944).
海南；柬埔寨、印度尼西亚、老挝、马来西亚、缅甸、新加坡、泰国、越南。

钻喙兰

Rhynchostylis retusa (L.) Blume, Bijdr. Fl. Ned. Ind. 7: 285 (1825).
Epidendrum retusum L., Sp. Pl., 953 (1753); *Aerides retusa* (L.) Sw., J. Bot. (Schrader) 2: 233 (1799); *Limodorum retusum* (L.) Sw., Nova Acta Regiae Soc. Sci. Upsal. 6: 80 (1799); *Saccolabium retusum* (L.) Voigt, Hort. Suburb. Calcutt. 630 (1845); *Gastrochilus retusus* (L.) Kuntze, Revis. Gen. Pl. 2: 661 (1891).
贵州、云南；柬埔寨、印度尼西亚、老挝、马来西亚、缅甸、菲律宾、泰国、越南、不丹、印度、尼泊尔、斯里兰卡。

紫茎兰属 **Risleya** King et Pantl.

紫茎兰

Risleya atropurpurea King et Pantl., Ann. Roy. Bot. Gard. (Calcutta) 8: 247, pl. 328 (1898).
四川、云南、西藏；缅甸、印度、不丹。

寄树兰属 **Robiquetia** Gaudich.

大叶寄树兰（匙唇陆宾兰）

Robiquetia spatulata (Blume) J. J. Sm., Natuurk. Tijdschr. Ned.-Indi 72: 115 (1912).
Cleisostoma spatulatum Blume, Bijdr. Fl. Ned. Ind. 364 (1825); *Saccolabium densiflorum* Lindl., Gen. Sp. Orchid. Pl. 220 (1833); *Sarcanthus densiflorus* (Lindl.) E. C. Parish et Rchb. f., Trans. Linn. Soc. London 30: 136 (1874); *Aerides densiflora* (Lindl.) Wall. ex Hook. f., Fl. Brit. India 6: 72 (1890); *Gastrochilus densiflorus* (Lindl.) Kuntze, Revis. Gen. Pl. 2: 661 (1891); *Rhynchostylis densiflora* (Lindl.) L. O. Williams, Bot. Mus. Leafl. 5: 58 (1937); *Pomatocalpa densiflorum* (Lindl.) Tang et F. T. Wang, Acta Phytotax. Sin. 1 (1): 99 (1951).
海南；柬埔寨、印度尼西亚、老挝、马来西亚、缅甸、新加坡、泰国、越南、不丹、印度东北部。

寄树兰（小叶寄生兰，截叶陆宾兰）

Robiquetia succisa (Lindl.) Seidenf. et Garay, Bot. Tidsskr. 67: 119 (1972).
Sarcanthus succisus Lindl., Bot. Reg. 12: pl. 1014 (1826); *Oeceoclades paniculata* Lindl., Gen. Sp. Orchid. Pl. 236 (1833); *Saccolabium buccosum* Rchb. f., Gard. Chron. 1871: 938 (1871); *Cleisostoma virginale* Hance, J. Bot. 15: 38 (1877); *Robiquetia paniculata* (Lindl.) J. J. Sm., Natuurw. Tijdschr. Ned.-Indië 72: 114 (1912); *Pomatocalpa virginale* (Hance) J. J. Sm., Natuurw. Tijdschr. Ned.-Indië 72: 107 (1912); *Sarcanthus henryi* Schltr., Repert. Spec. Nov. Regni Veg. Beih. 4: 77 (1919); *Uncifera buccosa* (Rchb. f.) Finet ex Guillaumin, Bull. Soc. Bot. France 77: 333 (1930).
云南、福建、广东、广西、海南；柬埔寨、印度东北部、老挝、缅甸、泰国、越南、不丹。

拟囊唇兰属 **Saccolabiopsis** J. J. Sm.

台湾拟囊唇兰

Saccolabiopsis taiwaniana S. W. Chung, T. C. Hsu et T. Yukawa, Taiwan Quart. J. Forest Res. 28 (3): 27 (2006).
台湾。

拟囊唇兰

Saccolabiopsis wulaokenensis W. M. Lin, L. L. Huang et T. P. Lin, Taiwania 51 (3): 165 (2006).
台湾。

大喙兰属 **Sarcoglyphis** Garay

短帽大喙兰

Sarcoglyphis magnirostris Z. H. Tsi, Acta Phytotax. Sin. 23 (5): 387 (1985).
云南。

大喙兰

Sarcoglyphis smithiana (Kerr) Seidenf., Opera Bot. 114: 383 (1992).
Sarcanthus smithianus Kerr, J. Siam Soc., Nat. Hist. Suppl. 9: 239 (1933); *Sarcoglyphis yunnanensis* Z. H. Tsi, Acta Phytotax. Sin. 22 (6): 476 (1984).
云南；老挝、泰国、越南北部。

肉兰属 **Sarcophyton** Garay

肉兰（台湾肉兰，厚唇兰）

●**Sarcophyton taiwanianum** (Hayata) Garay, Bot. Mus. Leafl. 23 (4): 202 (1972).
Sarcanthus taiwanianus Hayata, J. Coll. Sci. Imp. Univ. Tokyo 30 (1): 337-338 (1911); *Cleisostoma taiwanianum* (Hayata) Hayata, Icon. Pl. Formosan. 4: 98, f. 5 (1914); *Acampe hayatae* Szlach., Ann. Bot. Fenn. 40: 67 (2003).

台湾。

鸟足兰属 **Satyrium** Sw.

鸟足兰（长距鸟足兰）

Satyrium nepalense D. Don, Prodr. Fl. Nepal. 26 (1825).

湖南、四川、贵州、云南、西藏；印度、缅甸、不丹、尼泊尔、斯里兰卡。

鸟足兰（原变种）

Satyrium nepalense var. **nepalense**

Satyrium perrottetianum A. Rich., Ann. Sci. Nat., Bot. II, 15: 76 (1841); *Satyrium pallidum* A. Rich., Ann. Sci. Nat., Bot. II, 15: 77 (1841); *Satyrium albiflorum* A. Rich., Ann. Sci. Nat., Bot. II, 15: 76 (1841); *Satyrium henryi* Schltr., Repert. Spec. Nov. Regni Veg. Beih. 4: 53, 137 (1919).

湖南、四川、贵州、云南、西藏；印度、缅甸、不丹、尼泊尔、斯里兰卡。

缘毛鸟足兰

Satyrium nepalense var. **ciliatum** (Lindl.) Hook. f., Fl. Brit. India 6 (17): 168. (1890).

Satyrium ciliatum Lindl. Gen. Sp. Orchid. Pl. 341. (1838); *Satyrium setchuenicum* Kraenzl., Bot. Jahrb. Syst. 29 (2): 266-267. (1901); *Satyrium mairei* Schltr., Repert. Spec. Nov. Regni Veg. Beih. 4: 54 (1919); *Satyrium tenii* Schltr., Repert. Spec. Nov. Regni Veg. 17 (477-480): 63-64 (1921); *Satyrium aceras* Schltr. ex Limpr., Repert. Spec. Nov. Regni Veg. Beih. 12: 339 (1922); *Satyrium tschangii* Schltr., Repert. Spec. Nov. Regni Veg.19 (552-555): 374 (1924).

四川、云南、西藏；尼泊尔、印度。

云南鸟足兰

●**Satyrium yunnanense** Rolfe, Notes Roy. Bot. Gard. Edinburgh. 8: 28 (1913).

Satyrium pycnostachyum Schltr., Repert. Spec. Nov. Regni Veg. 17: 63 (1921); *Satyrium microcephalum* Kraenzl., Repert. Spec. Nov. Regni Veg. 17: 109 (1921); *Satyrium nepalense* subsp. *yunnanense* (Rolfe) Soó, Ann. Hist.-Nat. Mus. Natl. Hung. 26: 380 (1929).

四川、云南。

匙唇兰属 **Schoenorchis** Blume

匙唇兰（海南匙唇兰）

Schoenorchis gemmata (Lindl.) J. J. Sm., Natuurk. Tijdschr. Ned.-Indi 72: 100 (1912).

Saccolabium gemmatum Lindl., Edwards's Bot. Reg. 24 (Misc.): 50 (1838); *Gastrochilus gemmatus* (Lindl.) Kuntze, Revis. Gen. Pl. 2: 661 (1891); *Saccolabium hainanense* Rolfe, Bull. Misc. Inform. Kew. 1895: 284-285 (1895); *Cleisostoma gemmatum* (Lindl.) King et Pantl., Ann. Roy. Bot. Gard. (Calcutta) 8: 234 (1899); *Schoenorchis hainanensis* (Rolfe) Schltr., Repert. Spec. Nov. Regni Veg. Beih. 1: 986 (1913).

云南、西藏、福建、广西、海南、香港；柬埔寨、印度东北部、老挝、缅甸、泰国、越南、不丹、尼泊尔。

圆叶匙唇兰

Schoenorchis tixieri (Guillaumin) Seidenf., Contrib. Revis. Orchid Fl. Cambodia, Laos et Vietnam. 102 (1975).

Saccolabium tixieri Guillaumin, Bull. Mus. Hist. Nat. (Paris) ser. 2. 30 (5): 462 (1958); *Saccolabium fragrans* Par. et Rchb. f., J. Bot. 12: 197 (1874); *Gastrochilus fragrans* (E. C. Parish et Rchb. f.) Kuntze, Rev. Gén. Bot. 2: 661 (1891).

云南；越南。

台湾匙唇兰（羞花兰，芦兰，密花芦兰）

Schoenorchis venoverberghii Ames, Orchidaceae (Ames) 5: 242 (1915).

Schoenorchis paniculata var. *vanoverbeghii* (Ames) S. S. Ying, Col. Illustr. Indig. Orch. Taiwan 1: 499 (1977).

台湾；菲律宾。

时珍兰属 **Shizhenia** X. H. Jin, L. Q. Huang, W. T. Jin et X.G. Xiang

时珍兰

Shizhenia pinguicula (Rchb. f. et S. Moore.) X.H. Jin, L.Q. Huang, W.T. Jin et X.G. Xiang, Biodiver. Sci. 243:240(2015).

Gymnadenia pinguicula Rchb. f. et S. Moore., Journal of Botany, British and Foreign 16: 135 (1878).

浙江。

心启兰属 **Singchia** Z. J. Liu et L. J. Chen

心启兰

●**Singchia malipoensis** Z. J. Liu et L. J. Chen, J. Syst. Evol. 47 (6): 602 (2009).

云南。

附注：本属的系统学位置有待进一步研究。

毛轴兰属 **Sirindhornia** H. A. Pedersen et Suksathan

毛轴兰

Sirindhornia monophylla (Collett et Hemsl.) H. A.

Pedersen et Suksathan, Nordic J. Bot. 22: 395 (2002).

Habenaria monophylla Collett et Hemsl., J. Linn. Soc., Bot. 28: 134 (1890); *Peristylus monophyllus* (Collett et Hemsl.) Kraenzl., Orchid. Gen. Sp. 1: 516 (1898); *Orchis monophylla* (Collett et Hemsl.) Rolfe, Orchid Rev. 6: 144 (1898); *Orchis geniculata* Finet, Rev. Gén. Bot. 13: 505 (1901); *Ponerorchis monophylla* (Collett et Hemsl.) Soó, Acta Bot. Acad. Sci. Hung. 12: 353 (1966); *Chusua monophylla* (Collett et Hemsl.) P. F. Hunt, Kew Bull. 26 (1): 175 (1971).

云南；缅甸、泰国。

怒江毛轴兰

Sirindhornia pulchella H. A. Pedersen et Indham., Nordic J. Bot. 22: 398. (2002).

云南；泰国。

盖喉兰属 **Smitinandia** Holttum

盖喉兰

Smitinandia micrantha (Lindl.) Holttum, Gard. Bull. Singapore 25: 106 (1969).

Saccolabium micranthum Lindl., Gen. Sp. Orchid. Pl. 220 (1833); *Cleisostoma micranthum* (Lindl.) King et Prantl., Ann. Roy. Bot. Gard. (Calcutta) 8: 234, pl. 312 (1898); *Cleisostoma poilanei* Gagnep., Bull. Soc. Bot. France 79: 34 (1932); *Pomatocalpa poilanei* (Gagnep.) Tang et F. T. Wang, Acta Phytotax. Sin. 1: 100 (1951).

云南；缅甸、泰国、越南、老挝、柬埔寨、马来西亚、马来西亚（婆罗洲）、尼泊尔、不丹、印度东北部。

苞舌兰属 **Spathoglottis** Blume

少花苞舌兰

Spathoglottis ixioides (D. Don) Lindl., Gen. Sp. Orchid. Pl. 120 (1831).

Cymbidium ixioides D. Don, Prodr. Fl. Nepal. 36 (1825).

西藏；不丹、印度、尼泊尔。

紫花苞舌兰

Spathoglottis plicata Blume, Bijdr. Fl. Ned. Ind. 6. f. 76 (1825).

台湾；日本（琉球群岛）、印度尼西亚、马来西亚、菲律宾、泰国、越南、印度、斯里兰卡、澳大利亚、巴布亚新几内亚、太平洋岛屿。

苞舌兰

Spathoglottis pubescens Lindl., Gen. Sp. Orchid. Pl. 120 (1830).

Spathoglottis fortunei Lindl., Edwards's Bot. Reg. 31: pl. 19 (1845); *Eulophia sinensis* Miq., J. Bot. Néerl. 1: 91 (1861); *Spathoglottis plicata* var. *pubescens* (Lindl.) M. Hiroe, Orchid Flowers 2: 89 (1971).

浙江、江西、湖南、四川、贵州、云南、福建、广东、广西；柬埔寨、老挝、缅甸、泰国、越南、印度东北部。

绶草属 **Spiranthes** Rich.

绶草

Spiranthes sinensis (Pers.) Ames, Orchidaceae (Ames) 2: 53 (1908).

Neottia sinensis Pers., Syn. Pl. 2: 511 (1807); *Neottia australis* R. Br., Prodr. Fl. Nov. Holland. 319 (1810); *Neottia amoena* M. Bieb., Fl. Taur.-Caucas. 3: 606 (1819); *Neottia australis* var. *chinensis* Ker Gawl., Bot. Reg. 7: pl. 602 (1821); *Spiranthes australis* Lindl., Bot. Reg. 10: sub. t. 823 (1824); *Spiranthes amoena* (M. V. Bieb.) Spreng., Syst. Veg., 3: 708 (1826); *Monustes australis* (R. Br.) Raf., Flora Telluriana 2: 87 (1836); *Spiranthes stylites* Lindl., J. Linn. Soc., Bot. 1: 178 (1857); *Gyrostachys australis* (R. Br.) Blume, Coll. Orchid. 129 (1858); *Spiranthes australis* var. *suishaensis* Hayata, Icon. Pl. Formosan. 6: 86-87 (1916); *Spiranthes suishaensis* Schltr., Repert. Spec. Nov. Regni Veg. Beih. 4: 161 (1919); *Spiranthes sinensis* var. *amoena* (M. V. Bieb.) H. Hara, J. Jap. Bot. 44: 59 (1969); *Spiranthes hongkongensis* S. Y. Hu et Barretto, Chung Chi J. 13 (2): 4-6 (1976); *Spiranthes sinensis* var. *australis* (R. Br.) H. Hara et S. Kitam., Acta Phytotax. Geobot. 36: 93 (1985); *Spiranthes sunii* Boufford et Wen H. Zhang, Harvard Pap. Bot., 13 (2): 261 (2007); *Spiranthes nivea* T. P. Lin et W. M. Lin, Taiwania. 56: 320 (2011).

山东、陕西、甘肃、青海、安徽、浙江、湖南、湖北、四川、重庆、贵州、云南、西藏、广东、广西；蒙古、朝鲜、日本、泰国、缅甸、越南、老挝、菲律宾、马来西亚、尼泊尔、不丹、印度、阿富汗、克什米尔、俄罗斯、澳大利亚。

掌唇兰属 **Staurochilus** Ridl. ex Pfitzer

掌唇兰

Staurochilus dawsonianus (Rchb. f.) Schltr., Orchideen 577 (1914).

Cleisostoma dawsonianum Rchb. f., Gard. Chron. 815 (1868); *Trichoglottis dawsoniana* (Rchb. f.) Rchb. f., Gard. Chron. 699 (1872); *Sarothrochilus dawsonianus* (Rchb. f.) Schltr., Repert. Spec. Nov. Regni Veg. 3: 50 (1906).

云南；老挝、缅甸、泰国。

小掌唇兰

Staurochilus loratus (Rolfe ex Downie) Seidenf.,

Opera Bot. 95: 95, f. 54 (1988).

Ascochilus loratus Rolfe ex Downie, Bull. Misc. Inform. Kew. 407 (1925); *Pteroceras loratus* (Rolfe ex Downie) Seidenf. et Smitinand, Orch. Thail. (Prelim. List) 4 (1): 534, f. 394 (1963).

云南；泰国。

豹纹掌唇兰

Staurochilus luchuensis (Rolfe) Fukuy., Trans. Nat. Hist. Soc. Formosa. 32: 270 (1942).

Stauropsis luchuensis Rolfe, Bull. Misc. Inform. Kew. 1907: 131 (1907); *Cleisostoma ionosmum* f. *lutschuense* Makino, Bot. Mag. 21: 60 (1907); *Vandopsis luchuensis* (Rolfe) Schltr., Repert. Spec. Nov. Regni Veg. 10: 196 (1911); *Pomatocalpa luchuense* (Rolfe) Tang et F. T. Wang, Acta Phytotax. Sin. 1 (1): 99-100 (1951); *Trichoglottis luchuensis* (Rolfe) Garay et Sweet, Bot. Mus. Leafl. 23 (4): 209 (1972); *Trichoglottis ionosma* var. *luchuensis* (Rolfe) S. S. Ying, Col. Illustr. Indig. Orch. Taiwan 1: 507 (1977).

台湾；日本（琉球群岛）、菲律宾。

坚唇兰属 Stereochilus Lindl.

短轴坚唇兰

Stereochilus brevirachis Christenson, Orchid Digest. 62: 123 (1998).

云南；越南南部。

坚唇兰

Stereochilus dalatensis (Guillaumin) Garay, Bot. Mus. Leafl. 23: 205 (1972).

Sarcanthus dalatensis Guillaumin, Bull. Mus. Natl. Hist. Nat. II, 27: 397 (1955).

云南；泰国、越南南部。

绿春坚唇兰

Stereochilus laxus (Rchb. f.) Garay, Bot. Mus. Leafl. 23 (4): 205 (1972).

Sarcanthus laxus Rchb. f., Bot. Zeitung (Berlin) 24: 378 (1866).

云南；越南。

肉药兰属 Stereosandra Blume

肉药兰

Stereosandra javanica Blume, Mus. Bot. 2: 176 (1856).

Stereosandra pendula Kraenzl., Bot. Tidsskr. 24: 11 (1901); *Stereosandra javanica* var. *papuana* J. J. Sm., Nova Guinea 14: 342 (1929); *Stereosandra koidzumiana* Ohwi, J. Jap. Bot. 13: 441 (1937); *Stereosandra liukiuensis* Tuyama, Iconogr. Pl. Asiae Orient. 2: 182, pl. 68 (1938).

云南、台湾；日本（琉球群岛）、越南、菲律宾、印度尼西亚、马来西亚、泰国、巴布亚新几内亚、太平洋岛屿（所罗门群岛）。

指柱兰属 Stigmatodactylus Maxim. ex Makino

指柱兰

Stigmatodactylus sikokianus Maxim. ex Makino, Ill. Fl. Nippon 1 (7): 70, pl. 43 (1891).

湖南、福建、台湾；日本。

大苞兰属 Sunipia Lindl.

黄花大苞兰（黄花堇兰，绿花宝石兰，台湾堇兰）

Sunipia andersonii (King et Pantl.) P. F. Hunt, Kew Bull. 26 (1): 183 (1971).

Ione andersonii King et Pantl., Ann. Roy. Bot. Gard. (Calcutta) 8: 159, Pl. 218 (1898); *Ione flavescens* Rolfe, Bull. Misc. Inform. Kew 1914: 373 (1914); *Ione bifurcatoflorens* Fukuy., Bot. Mag. 49: 440 (1935); *Ione andersonii* var. *flavescens* (Rolfe) Tang et F. T. Wang, Acta Phytotax. Sin. 1 (1): 47, 90 (1951); *Sunipia bifurcatoflorens* (Fukuy.) P. F. Hunt, Kew Bull. 26: 183 (1971); *Sunipia sasakii* (Hayata) P. F. Hunt, Kew Bull. 26 (1): 184 (1971).

云南、台湾；缅甸、泰国北部、越南北部、不丹、印度东北部。

狭瓣大苞兰

Sunipia angustipetala Seidenf., Nat. Hist. Bull. Siam Soc. 28: 7 (1980).

云南；泰国。

绿花大苞兰

Sunipia annamensis (Ridl.) P. F. Hunt, Kew Bull. 26 (1): 183 (1971).

Ione annamensis Rindl, J. Nat. Hist. Soc. Siam 4 (3): 115 (1931).

云南；越南。

二色大苞兰

Sunipia bicolor Lindl., Gen. Sp. Orchid. Pl. 179 (1833).

Ione bicolor (Lindl.) Lindl., Fol. Orchid. 3 (1853); *Bulbophyllum bicolor* (Lindl.) Hook. f., Fl. Brit. Ind. 5: 770 (1890); *Phyllorkis bicolor* (Lindl.) Kuntze, Revis. Gen. Pl. 2: 677 (1891); *Cirrhopetalum bicolor* (Lindl.) Rolfe, J. Linn. Soc., Bot. 36: 14 (1903).

云南、西藏；缅甸、泰国北部、孟加拉国、不丹、印度、尼泊尔。

白花大苞兰（白花堇兰）

Sunipia candida (Lindl.) P. F. Hunt, Kew Bull. 26 (1): 183 (1971).

Ione candida Lindl., Fol. Orchid. Ione 3 (1853); *Bulbophyllum candidum* (Lindl.) Hook. f., Fl. Brit. Ind. 5: 770 (1890).

云南、西藏；印度东北部、不丹。

长序大苞兰

Sunipia cirrhata (Lindl.) P. F. Hunt, Kew Bull. 26: 184 (1971).

Ione cirrhata Lindl., Fol. Orchid. 2: 1 (1853).

云南；缅甸、不丹、印度。

大花大苞兰

Sunipia grandiflora (Rolfe) P. F. Hunt, Kew Bull. 26 (1): 184 (1971).

Ione grandiflora Rolfe, Bull. Misc. Inform. Kew (1908): 413 (1908).

云南；越南。

海南大苞兰

•**Sunipia hainanensis** Z. H. Tsi, Acta Phytotax. Sin. 33 (3): 590 (1995).

海南。

少花大苞兰

Sunipia intermedia (King et Pantl.) P. F. Hunt, Kew Bull. 26 (1): 184 (1971).

Ione intermedia King et Pantl., J. Asiat. Soc. Bengal 65 (2): 120 (1897).

西藏；印度。

圆瓣大苞兰

Sunipia rimannii (Rchb. f.) Seidenf., Nat. Hist. Bull. Siam Soc. 28: 5 (1980).

Acrochaene rimannii Rchb. f., Gard. Chron. n.s. 17: 796 (1882); *Monomeria rimannii* (Rchb. f.) Schltr., Orchis 337 (1914); *Sunipia salweenensis* (Phillimore et W. W. Sm.) P. F. Hunt, Kew Bull. 26 (1): 184 (1971).

云南；缅甸、泰国。

大苞兰

Sunipia scariosa Lindl., Gen. Sp. Orchid. Pl. 179 (1833).

Stelis racemosa Sm., Cycl. 34: 10 (1816); *Tribrachia racemosa* (Sm.) Lindl., Coll. Bot. t. 41 (1826); *Sunipia racemosa* (J. E. Sm.) Tang et F. T. Wang, Acta Phytotax. Sin. 1 (1): 47, 90 (1951); *Ione racemosa* (Sm.) Seidenf., Bot. Tidsskr. 64: 227 (1969).

云南；印度东北部、缅甸、泰国北部、越南北部、尼泊尔。

苏瓣大苞兰

Sunipia soidaoensis (Seidenf.) P. F. Hunt, Kew Bull. 26 (1): 184 (1971).

Ione soidaoensis Seidenf., Bot. Tidsskr. 64: 220 (1969).

云南；泰国东南部。

光花大苞兰

Sunipia thailandica (Seidenf. et Smitinand) P. F. Hunt, Kew Bull. 26 (1): 184 (1971).

Ione thailandica Seidenf. et Smitin., Orch. Thailand (Prelim. List) 4 (2): 813, f. 610 (1964).

云南；泰国北部。

带叶兰属 Taeniophyllum Blume

扁根带叶兰

Taeniophyllum complanatum Fukuy., Bot. Mag. (Tokyo). 49 (583): 443 (1935).

Taeniophyllum crassipes Fukuy., Bot. Mag. (Tokyo). 52 (589): 247. (1938).

台湾。

带叶兰（蜘蛛兰）

Taeniophyllum glandulosum Blume, Bijdr. Fl. Ned. Ind. 8: 356 (1825).

Sarcochilus aphyllus Makino, Bot. Mag. Tokyo. 1: 75 (1887).

湖南、四川、云南、福建、台湾、广东、海南；日本、朝鲜、泰国、马来西亚、印度尼西亚、越南、印度、巴布亚新几内亚、澳大利亚。

兜唇带叶兰

Taeniophyllum pusillum (Willd.) Seidenf. et Ormer. in Seidenf., Descr. *Epidendrorum* J. G. König. 1791, 23 (1995).

Limodorum pusillum Willd., Sp. Pl. 4: 126 (1805); *Taeniophyllum obtusum* Blume, Bijdr. Fl. Ned. Ind. 8: 357 (1825); *Chiloschista pusilla* (Willd.) Schltr., Repert. Spec. Nov. Regni Veg. Beih. 4: 275 (1919).

云南；柬埔寨、印度尼西亚、马来西亚、新加坡、泰国、越南。

带唇兰属 Tainia Blume

密花带唇兰

•**Tainia caterva** T. P. Lin et W. M. Lin, Taiwania, 54 (4): 330 (2009).

台湾。

心叶带唇兰

Tainia cordifolia Hook. f., Hooker's Icon. Pl. 19: ad t. 1861 (1889).

Tainia fauriei Schltr., Repert. Spec. Nov. Regni Veg. 9: 282 (1911); *Mischobulbum cordifolium* (Hook. f.) Schltr., Repert. Spec. Nov. Regni Veg. Beih. 1: 98 (1911).

云南、福建、台湾、广东、广西；越南。

带唇兰（长叶杜鹃兰）

•**Tainia dunnii** Rolfe, J. Linn. Soc., Bot. 38: 368 (1908).

Tainia shimadai Hayata, Icon. Pl. Formosan. 6: 75 (1916); *Tainia gracilis* C. L. Tso, Sunyatsenia, 1: 145 (1933); *Tainia flabellilobata* C. L. Tso, Sunyatsenia, 1: 144 (1933); *Tainia parvifolia* C. L. Tso, Sunyatsenia, 1: 146 (1933); *Tainia quadriloba* Summerh., Bull. Misc. Inform. Kew. 189 (1933); *Tainia laxiflora* var. *shimadae* (Hayata) M. Hiroe, Orchid Flowers 2: 89 (1971); *Tainia procera* Senghas, Schltr. Orchideen 1 (14): 854 (1984).

浙江、江西、湖南、四川、贵州、福建、台湾、广东、广西、海南。

峨眉带唇兰（峨眉球柄兰）

•**Tainia emeiensis** (K. Y. Lang) Z. H. Tsi, Fl. Reipubl. Popularis Sin. 18: 236 (1999).

Mischobulbum emeiensis K. Y. Lang, Acta Phytotax. Sin. 20 (2): 185, pl. 4 (1982).

四川。

阔叶带唇兰（竹东杜鹃兰，大花邓兰，圆叶小杜鹃兰）

Tainia latifolia (Lindl.) Rchb. f., Bonplandia. 5: 54 (1857).

Ania latifolia Lindl., Gen. Sp. Orchid. Pl. 130 (1831); *Mitopetalum latifolium* (Lindl.) Blume, Mus. Bot. 2: 185 (1856); *Eulophia hastata* Lindl., J. Proc. Linn. Soc., Bot. 3: 25 (1859); *Tainia khasiana* Hook. f., Fl. Brit. India 5: 821 (1890); *Tainia hastata* (Lindl.) Hook. f., Fl. Brit. India 5: 821 (1890); *Tainia cordata* Hook. f., Fl. Brit. India 6: 193 (1890); *Tainia elliptica* Fukuy., Bot. Mag. Tokyo 49: 293 (1935); *Tainia shimadae* var. *elliptica* (Fukuy.) S. S. Ying, Col. Ill. Indig. Orch. Taiwan 1 (2): 504 (1977).

云南、台湾、海南；老挝、缅甸、泰国、越南、孟加拉国、不丹、印度东北部。

疏花带唇兰

Tainia laxiflora Makino, Bot. Mag. (Tokyo). 23: 138 (1909).

Tainia piyananensis Fukuy., Bot. Mag. Tokyo 49: 294 (1935); *Tainia laxiflora* var. *piyananensis* (Fukuy.) Masam., J. Geobot. 21 (4): xiv (1974); *Tainia minor* var. *laxiflora* (Makino) T. Hashim., Proc. World Orchid Conf. 12: 124 (1987).

台湾；日本。

卵叶带唇兰

Tainia longiscapa (Seidenf. ex H. Turner) J. J. Wood et A. L. Lamb, Malesian Orchid J. 2: 54 (2008).

Mischobulbum longiscapum Seidenf., Orchid Monogr. 6: 67 (1992); *Tainia ovifolia* Z. H. Tsi et S. C. Chen, Acta Phytotax. Sin. 32 (6): 558 (1994); *Mischobulbum ovifolium* (Z. H. Tsi et S. C. Chen) Aver., Updated Checklist Orchids Vietnam 89 (2003).

云南、海南；泰国、越南北部。

大花带唇兰（大花球柄兰）

Tainia macrantha Hook. f., Hooker's Icon. Pl. 19: pl. 1860 (1889).

Mischobulbum macranthum (Hook. f.) Rolfe, Orchid Rev. 20: 127 (1912).

广东、广西；越南。

滇南带唇兰

Tainia minor Hook. f., Fl. Brit. Ind. 5: 821 (1890).

云南、西藏；缅甸、印度东北部。

美丽云叶兰

Tainia pulchra (Blume) Gagnep., Bull. Mus. Hist. Nat. (Paris) sér. 2, 4 (5): 706 (1932); *Nephelaphyllum pulchrum* Blume, Bijdr. Fl. Ned. Ind. 373, tab., fig. 22 (1825); *Tainia latilabris* (Ridl.) Gagnep., Bull. Mus. Hist. Nat. (Paris) sér. 2, 4 (5): 706 (1932).

海南；缅甸、越南、老挝、柬埔寨、泰国、马来西亚、新加坡、印度尼西亚、菲律宾群岛。

云叶兰（鸡冠云叶兰）

Tainia tenuiflora (Blume) Gagnep., Bull. Mus. Natl. Hist. Nat. II, 4: 706 (1932).

Nephelaphyllum tenuiflorum Blume, Bijdr. Fl. Ned. Ind. 8: 373 (1825); *Tainia cristata* (Rolfe) Gagnep., Bull. Mus. Natl. Hist. Nat. II, 4: 708 (1932); *Nephelaphyllum cristigerum* Aver., Bot. Zhurn. (Moscow et Leningrad) 73: 432 (1988).

海南、香港；印度尼西亚、马来西亚、泰国、越南。

泰兰属 **Thaia** Seidenf.

泰兰

Thaia saprophytica Seidenf., Bot. Tidsskr. 70 (1): 73 (1975).

云南；泰国。

矮柱兰属 Thelasis Blume

滇南矮柱兰

Thelasis khasiana Hook. f., Fl. Brit. Ind. 6: 87 (1890).

Thelasis pygmaea var. *khasiana* (Hook. f.) Schltr., Mém. Herb. Boissier 21: 71 (1900).

云南；印度、泰国、越南北部。

矮柱兰（闭花八粉兰）

Thelasis pygmaea (Griff.) Blume, Fl. Jav. Orch.: 23 (1858).

Euproboscis pygmaea Griff., Calcutta J. Nat. Hist. 5: 731, pl. 26 (1845); *Thelasis triptera* Rchb. f., Bonplandia. 3: 219 (1853); *Thelasis elongata* Blume, Bot. Mus. Lugd. 2: 187 (1856); *Thelasis pygmaea* var. *multiflora* Hook. f., Fl. Brit. India 6: 86 (1890); *Thelasis hongkongensis* Rolfe, Bull. Misc. Inform. Kew. 1896 (119): 199-200 (1896); *Thelasis clausa* Fukuy., Bot. Mag. 49 (583): 440 (1935).

云南、台湾、海南、香港；印度尼西亚、马来西亚、缅甸、菲律宾、泰国、越南、印度、尼泊尔、巴布亚新几内亚、太平洋岛屿（所罗门群岛）。

白点兰属 Thrixspermum Lour.

抱茎白点兰

Thrixspermum amplexicaule (Blume) Rchb. f., Xenia Orchid. 2: 121 (1867).

Dendrobium amplexicaulis Blume, Bijdr. Fl. Ned. Ind. 7: 288 (1825).

海南；菲律宾、泰国、越南、马来西亚、印度尼西亚、印度（安达曼群岛）、巴布亚新几内亚、太平洋岛屿（所罗门群岛）。

海台白点兰（海南白点兰）

Thrixspermum annamense (Guillaumin) Garay, Bot. Mus. Leafl. 23 (4): 206 (1972).

Ascochilus annamensis Guillaumin, Bull. Mus. Hist. Nat. Paris, Ser. 2, 33: 333 (1961); *Thrixspermum austrosinense* Tang et F. T. Wang, Acta Phytotax. Sin. 12 (1): 46-47 (1974); *Thrixspermum devolium* T. P. Lin et C. C. Hsu, Taiwania 22: 69 (1977).

台湾、海南；泰国、越南。

白点兰

Thrixspermum centipeda Lour., Fl. Cochinch., ed. 2, 520 (1790).

Dendrocolla arachnites Blume, Bijdr. 287 (1825); *Dendrobium auriferum* Lindl., Gen. Sp. Orchid. Pl. 83 (1830); *Aerides arachnites* (Blume) Lindl., Gen. Sp. Orchid. Pl. 238 (1833); *Sarcochilus arachnites* (Blume) Rchb. f., Ann. Bot. Syst. 6: 498 (1863); *Thrixspermum arachnites* (Blume) Rchb. f., Xenia Orchid. 2: 121 (1868); *Thrixspermum auriferum* (Lindl.) Rchb. f., Xenia Orchid. 2: 121 (1868); *Sarcochilus centipeda* (Lour.) Náves, Fl. Filip., ed. 3 4 (13A): 238 (1880); *Sarcochilus hainanensis* Rolfe, Bull. Misc. Inform. Kew. 199 (1896); *Thrixspermum hainanense* (Rolfe) Schltr., Orchis 5: 55 (1911); *Sarcochilus auriferus* (Lindl.) Rchb. f., Ann. Bot. Syst. 6: 498 498 (1963).

云南、广西、海南、香港；柬埔寨、印度尼西亚、老挝、马来西亚、缅甸、泰国、越南、印度东北部。

异色白点兰（异色瓣，异色瓣白娥兰）

Thrixspermum eximium L. O. Wms., Bot. Mus. Leafl. 6: 87 (1938).

台湾；菲律宾。

金唇白点兰（小风兰，金唇风铃兰）

Thrixspermum fantasticum L. O. Williams, Bot. Mus. Leafl. 6: 82 (1938).

Thrixspermum neglectum Fukuy., Trans. Nat. Hist. Soc. Formos. 32: 269 (1942).

台湾；日本（琉球群岛）、菲律宾。

台湾白点兰（台湾风兰，台湾风铃兰）

Thrixspermum formosanum (Hayata) Schltr., Repert. Spec. Nov. Regni Veg. Beih. 4: 273 (1919).

Sarcochilus formosanus Hayata, J. Coll. Sci. Imp. Univ. Tokyo 30 (1): 336 (1911); *Dendrocolla pricei* Rolfe, Bull. Misc. Inform. Kew. 144 (1913); *Thrixspermum pricei* (Rolfe) Schltr., Repert. Spec. Nov. Regni Veg. Beih. 4: 274 (1919); *Thrixspermum sasaoi* Masam., Trans. Nat. Hist. Soc. Taiwan 24: 280 (1934).

台湾；越南北部。

小叶白点兰

Thrixspermum japonicum (Miq.) Rchb. f., Botanische Zeitung. Berlin. 36: 75 (1878).

Sarcochilus japonicus Miq., Prolus. Fl. Jap. 2: 138 (1866).

湖南、四川、贵州、福建、台湾、广东；日本。

黄花白点兰

Thrixspermum laurisilvaticum (Fukuy.) Garay, Bot. Mus. Leafl. 23 (4): 207 (1972).

Sarcochilus laurisilvaticus Fukuy., Bot. Mag. (Tokyo). 52 (589): 246 (1938).

湖南、福建、台湾；日本、越南。

三毛白点兰（高士佛风铃兰，高士佛风兰）

Thrixspermum merguense (Hook. f.) Kuntze, Revis. Gen. Pl. 2: 682 (1891).

Sarcochilus merguense Hook. f., Fl. Brit. Ind. 6: 40 (1890); *Sarcochilus kusukusense* Hayata, Icon. Pl. Formosan. 6: 83 (1916); *Thrixspermum kusukusense* (Hayata) Schltr., Repert. Spec. Nov. Regni Veg. Beih. 4: 274 (1919).
台湾；印度尼西亚、马来西亚、缅甸、菲律宾、泰国、越南。

香花白点兰

•**Thrixspermum odoratum** X. Q. Song, Q. W. Meng et Y. B. Luo, Ann. Bot. Fennici. 46: 595 (2009).
海南。

垂枝白点兰

Thrixspermum pensile Schltr., Bot. Jahrb. Syst. 45 (Beibl. 104): 59 (1911).
Dendrobium pendulicaule Hayata, Icon. Pl. Formosan. 4: 44 (1914); *Aporum pendulicaule* Hayata, Icon. Pl. Formosan. 4: 44 (1914); *Thrixspermum pendulicaule* (Hayata) Schltr., Repert. Spec. Nov. Regni Veg. Beih. 4: 274 (1919).
台湾；印度尼西亚、马来西亚、泰国。

西藏白点兰

Thrixspermum pygmaeum (King et Pantl.) Holttum, Kew Bull. 14: 275 (1960).
西藏；印度、尼泊尔。

长轴白点兰（小白娥兰，黄娥兰）

Thrixspermum saruwatarii (Hayata) Schltr., Repert. Spec. Nov. Regni Veg. Beih. 4: 275 (1919).
Sarcochilus saruwatarii Hayata, Icon. Pl. Formosan. 6: 84, f. 1 (1916); *Thrixspermum xanthanthum* Tuyama, J. Jap. Bot. 16: 523, f. 1, 2 (1940).
台湾。

厚叶白点兰（肥垂兰，厚叶风兰）

Thrixspermum subulatum (Blume) Rchb. f., Xenia Orchid. 2: 122 (1867).
Dendrocolla subulata Blume, Bijdr. 291 (1825); *Aerides subulata* (Blume) Lindl., Gen. Sp. Orchid. Pl. 241 (1833); *Sarcochilus subulatus* (Blume) Rchb. f., Ann. Bot. Syst. 6: 500 (1863); *Thrixspermum falcilobum* Schltr., Bull. Herb. Boissier II, 6: 469 (1906).
台湾；印度尼西亚、菲律宾。

同色白点兰

Thrixspermum trichoglottis (Hook. f.) Kuntze, Revis. Gen. Pl. 2: 682 (1891).
Sarcochilus trichoglottis Hook. f., Fl. Brit. Ind. 6: 39. (1890).
云南；印度、印度尼西亚、老挝、马来西亚、缅甸、新加坡、泰国、越南。

吉氏白点兰

•**Thrixspermum tsii** W. H. Chen et Y. M. Shui, Brittonia 57 (1): 55 (2005).
云南。

笋兰属 **Thunia** Rchb. f.

笋兰

Thunia alba (Lindl.) Rchb. f., Botanische Zeitung. 10: 764 (1852).
Phaius albus Lindl., Pl. Asiat. Rar. 2: pl. 198 (1931); *Thunia marshalliana* Rchb. f., Linnaea 41: 65 (1877); *Phaius marshallianus* (Rchb. f.) N. E. Br., Bull. Misc. Inform. Kew 101 (1889); *Thunia venosa* Rolfe, Orchid Rev. 13: 206 (1905).
四川、云南、西藏；缅甸、越南、泰国、马来西亚、印度尼西亚、尼泊尔、印度东北部、不丹。

筒距兰属 **Tipularia** Nutt.

软叶筒距兰

Tipularia cunninghamii (King et Prain) S. C. Chen, S. W. Gale et P. J. Cribb, Fl. China. 25: 251 (2009).
Didiciea cunninghamii King et Prain, J. Asiat. Soc. Bengal, Pt. 2, Nat. Hist. 65: 119 (1896).
台湾；印度、尼泊尔。

短柄筒距兰

Tipularia josephii Rchb. f. ex Lindl., J. Proc. Linn. Soc., Bot. 1: 174 (1857).
西藏；印度东北部、缅甸、不丹、尼泊尔。

台湾筒距兰

•**Tipularia odorata** Fukuy., Bot. Mag. Tokyo 53: 243 (1938).
台湾。

筒距兰

•**Tipularia szechuanica** Schltr., Acta Horti Gothob. 1: 153 (1924).
陕西、甘肃、四川、云南。

三角兰属 **Trias** Lindl.

Trias disciflora (Rolfe) Rolfe, Hand-List Orch. Cult. Roy. Gard. Kew, ed. 1 35. 215 (1896).
Bulbophyllum disciflorum Rolfe, Bull. Misc. Inform. Kew1895. 7 (1895).
云南；老挝、泰国。
附注：部分学者将本属并入石豆兰属（*Bulbophyllum*）。

毛舌兰属 Trichoglottis Blume

短穗毛舌兰

●**Trichoglottis rosea** (Lindl.) Ames in E. D. Merr., Enum. Philipp. Fl. Pl. 1: 440 (1925).

Cleisostoma roseum Lindl., Edwards's Bot. Reg. 24 (Misc.): 80 (1838); *Cleisostoma breviracemum* Hayata, J. Coll. Sci. Imp. Univ. Tokyo 30 (1): 338 (1911); *Cleisostoma oblongisepalum* Hayata, Icon. Pl. Formosan. 2: 134 (1912); *Pomatocalpa breviracemum* (Hayata) Hayata, Icon. Pl. Formosan. 4: Add. et Corr (1915); *Trichoglottis oblongisepala* (Hayata) Schltr., Repert. Spec. Nov. Regni Veg. Beih. 4: 286 (1919); *Trichoglottis breviracema* (Hayata) Schltr., Repert. Spec. Nov. Regni Veg. Beih. 4: 286 (1919); *Trichoglottis rosea* var. *breviracema* (Hayata) T. S. Liu et H. J. Su, Native Orchids Taiwan: 186, t. 39 (1975).

台湾。

毛舌兰（小毛舌兰）

Trichoglottis triflora (Guillaumin) Garay et Seidenf., Bot. Mus. Leafl. 23 (4): 209 (1972).

Saccolabium triflorum Guillaumin, Bull. Mus. Hist. Nat. (Paris) ser. 2. 28 (2): 239 (1956).

云南；泰国、越南。

毛鞘兰属 Trichotosia Blume

瓜子毛鞘兰

Trichotosia dasyphylla (E. C. Parish et Rchb. f.) Kraenzl., Pflanzenr. 45 (IV. 50. 2. B. 21): 138. fig. 29 (1911).

Eria dasyphylla E. C. Parish et Rchb. f., Trans. Linn. Soc. London 30: 147 (1874); *Pinalia dasyphylla* (E. C. Parish et Rchb. f.) Kuntze, Revis. Gen. Pl. 2: 679 (1891).

云南；印度、老挝、缅甸、泰国、越南、尼泊尔。

东方毛叶兰

●**Trichotosia dongfangensis** X. H. Jin et L. P. Siu, Ann. Bot. Fenn. 41: 465 (2004).

海南。

小叶毛鞘兰

Trichotosia microphylla Blume, Bijdr. Fl. Ned. Ind. 7: 343 (1825).

Eria microphylla (Blume) Blume, Mus. Bot. 2: 184 (1856); *Pinalia microphylla* (Blume) Kuntze, Revis. Gen. Pl. 2: 679 (1891).

云南、海南；印度尼西亚、马来西亚、泰国、越南。

高茎毛鞘兰

Trichotosia pulvinata (Lindl.) Kraenzl., Pflanzenr. 45 (IV. 50. 2. B. 21): 142 (1911).

Eria pulvinata Lindl., J. Linn. Soc., Bot. 3: 56 (1859); *Eria rufinula* Rchb. f., Hamburger Garten-Blumenzeitung 19: 13 (1863); *Pinalia rufinula* (Rchb. f.) Kuntze, Revis. Gen. Pl. 2: 679 (1891); *Pinalia pulvinata* (Lindl.) Kuntze, Revis. Gen. Pl. 2: 679 (1891); *Trichotosia rufinula* (Rchb. f.) Kraenzl., Pflanzenr. 45 (IV. 50. 2. B. 21): 138 (1911).

云南、广西；柬埔寨、老挝、马来西亚、缅甸、泰国、越南、印度。

竹茎兰属 Tropidia Lindl.

阔叶竹茎兰（东亚摺唇兰）

Tropidia angulosa (Lindl.) Blume, Coll. Orch. Arch. Ind. 122 (1858).

Decaisnea angulosa Lindl. ex Wall., Numer. List 7388 (1832); *Cnemidia semilibera* Lindl., Edwards's Bot. Reg. 19: t. 1618 (1833); *Cnemidia angulosa* Lindl., Edwards's Bot. Reg. 19: pl. 1618 (1833); *Govindooia nervosa* Wight, Icon. Pl. Ind. Orient. 6: 34 (1853); *Tropidia semilibera* (Lindl.) Blume, Coll. Orchid. 122 (1859); *Tropidia govindovii* Blume, Coll. Orchid. 122 (1859); *Tropidia barbeyana* Schltr., Bull. Herb. Boissier II, 6: 300 (1906); *Tropidia calcarata* Ames, Philipp. J. Sci. 7: 7 (1912); *Tropidia bellii* Blatt. et McCann, J. Bombay Nat. Hist. Soc. 35: 730 (1932); *Tropidia angustifolia* C. L. Yeh et C. S. Leou, Taiwania, 54 (2): 140 (2009); *Tropidia namasiae* C. K. Liao, T. P. Lin et M. S. Tang, Novon 22 (4): 424 (2013).

云南、西藏、台湾、广西；日本、印度尼西亚、马来西亚、缅甸、泰国、越南、不丹、印度。

短穗竹茎兰（仙茅摺唇兰）

Tropidia curculigoides Lindl., Gen. Sp. Orchid. Pl. 497 (1840).

Tropidia squamata Blume, Coll. Orchid. 123 (1859); *Tropidia graminea* Blume, Coll. Orchid. 124 (1859); *Tropidia assamica* Blume, Coll. Orchid. 124 (1859); *Tropidia formosana* Rolfe, Ann. Bot. (Oxford) 9: 158 (1895); *Tropidia hongkongensis* Rolfe, J. Linn. Soc., Bot. 36: 40 (1903).

四川、云南、西藏、台湾、广西、海南、香港；缅甸、越南、柬埔寨、泰国、马来西亚、印度尼西亚、印度。

峨眉竹茎兰

●**Tropidia emeishanica** K. Y. Lang, Acta Phytotax. Sin. 20 (2): 184, pl. 3 (1982).

四川。

南北竹茎兰

●**Tropidia nanhuae** W. M. Lin, L. L. Huang er T. P. Lin, Taiwania 51 (3): 165-168, fig. 4, 5c et 6 (2006).
台湾。

竹茎兰

Tropidia nipponica Masam., Bot. Mag. Tokyo 43: 249 (1929).
Tropidia angulosa var. *nipponica* (Masam.) S. S. Ying, Col. Illustr. Indig. Orch. Taiwan 2: 677 (1990).
台湾；日本南部（琉球群岛）。

台湾竹茎兰

●**Tropidia somai** Hayata, Icon. Pl. Formosan. 6: 85, pl. (1916).
台湾。

长喙兰属 Tsaiorchis Tang et F. T. Wang

长喙兰

Tsaiorchis keiskeoides (Gagnep.) X. H. Jin, Schuit. et W. T. Jin, Mole. Phylogenetic. Evol. 77: 52 (2014).
Tsaiorchis neottianthoides Tang et F. T. Wang, Bull. Fan Mem. Inst. Biol. Bot. 7: 133 (1936).
云南、广西；泰国。

管唇兰属 Tuberolabium Yamam.

管唇兰（兰屿管唇兰，红头兰）

●**Tuberolabium kotoense** Yamam., Bot. Mag. Tokyo 38: 209 (1923).
Saccolabium kotoense (Yamam.) Yamam., Icon. Pl. Formosan. 2: 6, f. 3 (1926).
台湾。

叉喙兰属 Uncifera Lindl.

叉喙兰

Uncifera acuminata Lindl., J. Linn. Soc., Bot. 3: 40 (1858).
Saccolabium acuminatum (Lindl.) Hook. f., Fl. Brit. India 6: 65 (1890).
贵州、云南；尼泊尔、不丹、印度东北部。

中泰叉喙兰

Uncifera thailandica Seidenf. et Smitinand, Orchids Thailand. 4 (2): 828 (1965).
云南；泰国。

钝叶叉喙兰

Uncifera obtusifolia Lindl., J. Proc. Linn. Soc., Bot. 3: 40. (1859).
云南；尼泊尔、不丹、印度东北部。

万代兰属 Vanda Jones ex R. Br.

垂头万代兰

Vanda alpina (Lindl.) Lindl., Fol. Orchid. 4 (*Vanda*): 10 (1853).
Luisia alpina Lindl., Edwards's Bot. Reg. 24 (Misc.): 56, no. 101 (1838); *Stauropsis alpina* (Lindl.) Tang et F. T. Wang, Acta Phytotax. Sin. 1: 93 (1951); *Trudelia alpina* (Lindl.) Garay, Orchid Digest 50: 76 (1986).
云南；越南北部、尼泊尔、不丹、印度。

白柱万代兰（白花万代兰）

Vanda brunnea Rchb. f., Xenia Orchid. 2: 138 (1868).
Vanda denisoniana var. *hebraica* Rchb. f., Gard. Chron. 2: 39 (1885); *Vanda henryi* Schltr., Repert. Spec. Nov. Regni Veg. 17: 71 (1921).
云南；缅甸、泰国、越南。

大花万代兰

Vanda coerulea Griff. ex Lindl., Edwards's Bot. Reg. 33: sub pl. 30 (1847).
云南；缅甸、泰国北部、印度东北部。

琴唇万代兰

Vanda concolor Blume, Rumphia. 4: 49 (1849).
Vanda esquirolei Schltr., Repert. Spec. Nov. Regni Veg. 17: 71 (1921).
贵州、云南、广西；越南。

小蓝万代兰

Vanda coerulescens Griff., Not. Pl. Asiat. 3: 352 (1851).
云南；缅甸、泰国、越南。

叉唇万代兰

Vanda cristata Lindl., Gen. Sp. Orchid. Pl. 216 (1833).
Aerides cristata (Wall. ex Lindl.) Wall. ex Hook. f., Fl. Brit. India 6: 53 (1890).
云南、西藏；越南北部、不丹、印度、尼泊尔。

广东万代兰

Vanda fuscoviridis Lindl., Gard. Chron. 1848: 351 (1848).
Vanda kwangtungensis S. J. Cheng et Z. J. Tang, Acta Bot. Yunnan. 8 (2): 219 (1986).
广东；越南北部。

广西万代兰

Vanda guangxiensis Fowlie, Orchid Digest 57: 185 (1993).
广西。

雅美万代兰

Vanda lamellata Lindl., Edwards's Bot. Reg. 24 (Misc.): 66 (1838).

Vanda amiensis Masam. et Segawa, Trans. Nat. Hist. Soc. Taiwan 24: 212 (1934); *Vanda yamiensis* Masam. et Segawa, Trans. Nat. Hist. Soc. Formos. 24: 212 (1934).

台湾；日本（琉球群岛）、菲律宾。

矮万代兰

Vanda pumila Hook. f., Fl. Brit. Ind. 6: 53-54 (1896).

Trudelia pumila (Hook. f.) Senghas, Schltr. Orchideen 1 (19-20): 1211 (1988).

云南、广西、海南；老挝、缅甸、泰国北部、越南、不丹、印度东北部、尼泊尔。

纯色万代兰

•**Vanda subconcolor** Tang et F. T. Wang, Acta Phytotax. Sin. 12 (1): 48 (1974).

Vanda subconcolor var. *disticha* Tang et F. T. Wang, Acta Phytotax. Sin. 12 (1): 49 (1974).

云南、海南。

拟万代兰属 **Vandopsis** Pfitzer

拟万代兰

Vandopsis gigantea (Lindl.) Pfitzer in Engler, Nat. Pflanzenfam. ed. 2, 6: 210 (1889).

Vanda gigantea Lindl., Gen. Sp. Orchid. Pl. 215 (1833); *Fieldia gigantea* (Lindl.) Rchb. f., Xenia Orchid. 2: 39 (1862); *Stauropsis gigantea* (Lindl.) Benth. ex Pfitzer, Grundz. Morph. Orchid. 14 (1881); *Stauropsis chinensis* Rolfe, Bull. Misc. Inform. Kew. 130 (1907); *Vandopsis chinensis* (Rolfe) Schltr., Repert. Spec. Nov. Regni Veg. 10: 196 (1911).

云南、广西；老挝、越南、泰国、缅甸、马来西亚。

白花拟万代兰（船唇兰）

Vandopsis undulata (Lindl.) J. J. Sm., Nat. Tijds. Ned. Ind. 72: 77 (1912).

Vanda undulata Lindl., J. Linn. Soc., Bot. 3: 42 (1859); *Stauropsis undulata* (Lindl.) Benth. ex Hook. f., Fl. Brit. Ind. 6 (17): 27 (1890); *Stauropsis polyantha* W. W. Sm., Notes Roy. Bot. Gard. Edinburgh. 13 (63-64): 220-221 (1921).

云南、西藏；不丹、印度东北部和西北部、尼泊尔。

香荚兰属 **Vanilla** Plumier ex P. Mill.

南方香荚兰

Vanilla annamica Gagnep., Bull. Mus. Paris 2. s. 3, 7: 686 (1931).

贵州、云南、福建、香港；泰国、越南。

深圳香荚兰

•**Vanilla shenzhenica** Z. J. Liu et S. C. Chen, Acta Phytotax. Sin., 45 (3): 301 (2007).

广东。

大香荚兰（大香果兰）

Vanilla siamensis Rolfe ex Downie, Bull. Misc. Inform. Kew. 410 (1925).

云南；泰国。

台湾香荚兰

•**Vanilla somai** Hayata, Icon. Pl. Formosan. 6: 88, pl. 14 (1916).

Vanilla griffithii f. *ronoensis* (Hayata) S. S. Ying, Col. Illustr. Indig. Orch. Taiwan 1: 509 (1977).

台湾。

宝岛香荚兰

•**Vanilla taiwaniana** S. S. Ying, Quart. J. Chin. Forest. 20: 55 (1987).

台湾。

二尾兰属 **Vrydagzynea** Blume

二尾兰

Vrydagzynea nuda Blume, Fl. Jav. Orch. 61, t. 20, f. 3. (1858).

Vrydagzynea formosana Hayata, Icon. Pl. Formosan. 6: 88-89 (1916); *Vrydagzynea albida* var. *formosana* (Hayata) T. Hashim., Proc. World Orchid Conf. 12: 122 (1987).

台湾、海南、香港；印度尼西亚（爪哇）、马来西亚。

宽距兰属 **Yoania** Maxim.

宽距兰

Yoania japonica Maxim., Bull. Acad. Imp. Sci. Saint-Pétersbourg 18: 68-69 (1872).

Yoania japonica var. *squamipes* Fukuy., Bot. Mag. 52: 244 (1938).

江西、福建、台湾；日本、印度东北部。

线柱兰属 **Zeuxine** Lindl.

宽叶线柱兰

Zeuxine affinis (Lindl.) Benth. ex Hook. f., Fl. Brit. Ind. 6: 108 (1890).

Monochilus affinis Lindl., Gen. Sp. Orchid. Pl. 487 (1840); *Zeuxine arisanensis* Hayata, Icon. Pl. Formo-

san. 4: 106, f. (1914); *Adenostylis arisanensis* (Hayata) Hayata, Icon. Pl. Formosan. 6 (Suppl.): 75 (1917); *Zeuxine sutepensis* Rolfe ex Downie, Bull. Misc. Inform. Kew 413 (1925); *Zeuxine taiwaniana* S. S. Ying, Quarterly Journal of Chinese Forestry 20 (2): 57 (1987); *Zeuxine uraiensis* S. S. Ying, Coloured Illustr. Pl. Taiwan 3: 620 (1988).
湖南、云南、台湾、广东、海南；马来西亚、泰国、老挝、缅甸、越南、不丹、孟加拉国、印度。

绿叶线柱兰（绿叶角唇兰，阿玉山伴兰，阿玉线柱兰）

●**Zeuxine agyokuana** Fukuy., Bot. Mag. 48: 433 (1934).
台湾；日本。

黄花线柱兰

Zeuxine flava (Wall. ex Lindl.) Trimen, Syst. Cat. Fl. Pl. 90 (1885).
Etaeria flava Wall. ex Lindl., Wall. Cat. n. 7380 A/B (1832); *Monochilus flavus* Wall. ex Lindl., Gen. Sp. Orchid. Pl. 487 (1840); *Haplochilus flavus* (Wall. ex Lindl.) D. Dietr., Syn. Pl. 5: 172 (1852); *Zeuxine aurantiaca* Schltr., Repert. Spec. Nov. Regni Veg. 19: 377 (1924); *Zeuxine chenkangensis* Ormer., Taiwania, 55 (1): 26 (2010).
云南；马来西亚、越南、缅甸、泰国、尼泊尔、不丹、印度北部。

耿马线柱兰

●**Zeuxine gengmanensis** (K. Y. Lang) Ormer., Lindleyana 17: 238 (2002).
Anoectochilus gengmanensis K. Y. Lang, Acta Phytotax. Sin. 34 (5): 554-556, pl. 1 (1996).
云南。

白肋线柱兰

Zeuxine goodyeroides Lindl., Gen. Sp. Orchid. Pl. 486 (1840).
Monochilus galeatus Lindl., J. Linn. Soc., Bot. 1: 187 (1857); *Monochilus goodyeroides* (Lindl.) Lindl., J. Linn. Soc., Bot. 1: 187 (1857).
云南、广西；越南、尼泊尔、不丹、印度东北部。

大花线柱兰

Zeuxine grandis Seidenf., Dansk Bot. Ark. 32 (2): 90, f. 56 (1978).
湖南、海南；泰国、越南。

海南线柱兰

●**Zeuxine hainanensis** Han Xu, H. J. Yang et Y. D. Li, Ann. Bot. Fennici 49 (1-2): 134 (2012).
海南。

全唇线柱兰

●**Zeuxine integrilabella** C. S. Leou, Quart. J. Exp. Forest, NTU. 8 (4): 1, fig 1-2 (1994).
Hetaeria integrilabella (C. S. Leou) S. S. Ying, Col. Ill. Indig. Orch. Taiwan 5: 604 (1995).
台湾。

关刀溪线柱兰

●**Zeuxine kantokeiensis** Tatew. et Masam., Bot. Mag. 46: 772 (1932).
台湾。

膜质线柱兰

Zeuxine membranacea Lindl., Gen. Sp. Orchid. Pl. 486 (1840).
Zeuxine godefroyi Rchb. f., Otia Bot. Hamburg. 34 (1878); *Zeuxine evrardii* Gagnep., Bull. Mus. Natl. Hist. Nat., sér. 2 3: 326 (1931); *Zeuxine debrajiana* Sud. Chowdhury, Indian Forester 122: 87 (1996).
香港；柬埔寨、缅甸、泰国、越南、不丹、印度东北部。

芳线柱兰（台湾线柱兰，黄花线柱兰，六龟线柱兰）

Zeuxine nervosa (Lindl.) Trimen, Cat. Pl. Ceyl. 90 (1885).
Monochilus nervosus Lindl., Gen. Sp. Orchid. Pl. 487 (1840); *Haplochilus nervosus* (Wall. ex Lindl.) D. Dietr., Syn. Pl. 5: 172 (1852); *Zeuxine formosana* Rolfe, Ann. Bot. 9: 158 (1895); *Adenostylis formosanus* (Rolfe) Hayata, Icon. Pl. Formosan. 75 (1917); *Adenostylis zamboangensis* Ames, Sched. Orch. 6: 10 (1923); *Zeuxine vittata* Rolfe ex Downie, Bull. Misc. Inform. Kew 414 (1925); *Zeuxine fluvida* Fukuy., Annual Rep. Taihoku Bot. Gard. 3: 81 (1933); *Zeuxine somai* Tuyama, Bot. Mag. 50: 27, f. 20-21 (1936); *Zeuxine zamboangensis* (Ames) Ames, Sched. Orch. 37 (1938); *Zeuxine cognata* Ohwi et Koyama, Bull. Natl. Sci. Mus. Tokyo, B. 3 (4): 274, pl. 41, f. 4 (1957); *Zeuxine hengchuanense* S. S. Ying, Col. Illustr. Indig. Orch. Taiwan 1. 1: 342, f. 124 (1977); *Heterozeuxine nervosa* (Wall. ex Lindl.) T. Hashim., Ann. Tsukuba Bot. Gard. 5: 21 (1986).
云南、台湾；日本（琉球群岛）、柬埔寨、老挝、泰国、越南、菲律宾、孟拉加国、不丹、印度东北部、尼泊尔、斯里兰卡。

眉原线柱兰

●**Zeuxine niijimai** Tatew. et Masam., Bot. Mag. Tokyo 46: 772 (1932).

台湾。

香线柱兰

Zeuxine odorata Fukuy., Bot. Mag. Tokyo 50: 20 (1936).

Heterozeuxine odorata (Fukuy.) T. Hashim., Ann. Tsukuba Bot. Gard. 5: 21 (1986).

台湾；日本（琉球群岛）。

卵叶线柱兰

●**Zeuxine ovalifolia** L. Li et S. J. Li, Phytotaxa 129 (1): 65 (2013).

海南。

白花线柱兰

Zeuxine parvifolia (Ridl.) Seidenf., Dansk Bot. Ark. 32 (2): 82 (1978).

Hetaeria parvifolia Ridl., J. Asiat. Soc., Sci.39: 87 (1903); *Zeuxine leucochila* Schltr., Repert. Spec. Nov. Regni Veg. 3: 46 (1907); *Adenostylis benguetensis* Ames, Leaflets of Philippine Botany 5: 1551 (1912); *Zeuxine tonkinensis* Gagnep., Bull. Mus. Natl. Hist. Nat., sér. 2 3: 328 (1931); *Zeuxine boninensis* Tuyama, Botanical Magazine 49: 369 (1935); *Zeuxine tenuifolia* Tuyama, Bot. Mag. (Tokyo) 50: 427 (1936); *Zeuxine sakagutii* Tuyama, Bot. Mag. (Tokyo) 50: 26 (1936); *Zeuxine benguetensis* (Ames) Ames, Botanical Museum Leaflets 5 (6): 100 (1938); *Zeuxine clandestina* Tang et S. C. Chen, auct. non Blume, Fl. Hainan. 4: 203 (1977); *Zeuxine gracilis* var. *tenuifolia* (Tuyama) T. Hashim., Ann. Tsukuba Bot. Gard. 5: 28 (1986); *Zeuxine gracilis* var. *sakagutii* (Tuyama) T. Hashim., Ann. Tsukuba Bot. Gard. 5: 28 (1986); *Zeuxine shuishiehensis* S. S. Ying, Mem. Coll. Agric. Natl. Taiwan Univ. 29: 57 (1989).

云南、台湾、海南、香港；日本、菲律宾、马来西亚、泰国、老挝、柬埔寨、越南、缅甸。

菲律宾线柱兰

Zeuxine philippinensis (Ames) Ames, Sched. Orch. 37 (1938).

Adenostylis philippinensis Ames, Sched. Orch. 6: 9 (1923).

台湾；菲律宾。

折唇线柱兰

Zeuxine reflexa King et Pantl., Ann. Roy. Bot. Gard. (Calcutta). 8: 291 (1898).

台湾、香港；泰国、不丹、印度东北部。

线柱兰（细叶线柱兰）

Zeuxine strateumatica (L.) Schltr., Bot. Jahrb. 5: 39 (1911).

Orchis strateumatica L., Sp. Pl., 2: 943 (1753); *Neottia strateumatica* R. Br., Prodr. 319 (1810); *Spiranthes strateumatica* (L.) Lindl., Bot. Reg. 10: pl. 823 (1825); *Adenostylis integerrima* Blume, Bijdr. Fl. Ned. Ind. 414 (1825); *Adenostylis emarginata* Blume, Bijdr. Fl. Ned. Ind. 414 (1825); *Pterygodium sulcata* Roxb., Fl. Ind., 3: 452 (1832); *Tripleura pallida* Lindl., A Numerical List of Dried Specimens n. 7391 (1832); *Zeuxine sulcata* Lindl., Gen. Sp. Orchid. Pl. 485 (1840); *Zeuxine emarginata* (Blume) Lindl., Gen. Sp. Orchid. Pl. 485 (1840); *Zeuxine integerrima* Lindl., Gen. Sp. Orchid. Pl. 486 (1840); *Zeuxine bracteata* Wight, Icon. Pl. Ind. Orient. t. 1724 (1852); *Zeuxine robusta* Wight, Icon. Pl. Ind. Orient., pl. 1726 (1852); *Zeuxine brevifolia* Wight, Icon. Pl. Ind. Orient. t. 1725 (1852); *Zeuxine tripleura* Lindl., J. Linn. Soc., Bot. 1: 186 (1857); *Zeuxine procumbens* Blume, Coll. Orchid. 68 (1858); *Adenostylis strateumatica* (L.) Ames, Orchidaceae 2: 59 (1908); *Zeuxine wariana* Schltr., Repert. Spec. Nov. Regni Veg. Beih. 1: 77 (1911); *Adenostylis sulcata* (Roxb.) Hayata, Icon. Pl. Formosan. 6 (Suppl.): 75 (1917); *Zeuxine stenochila* Schltr., Repert. Spec. Nov. Regni Veg. 21: 126 (1925); *Zeuxine bonii* Gagnep., Bull. Mus. Natl. Hist. Nat., sér. 2 3: 326 (1931); *Zeuxine rupicola* Fukuy., Bot. Mag. 49: 292 (1935); *Zeuxine strateumatica* var. *rupicola* (Fukuy.) S. S. Ying, Col. Illustr. Indig. Orch. Taiwan 1: 512 (1977).

湖北、四川、云南、福建、台湾、广东、广西、海南；日本、柬埔寨、老挝、马来西亚、缅甸、菲律宾、泰国、越南、不丹、印度、斯里兰卡、阿富汗、克什米尔、巴布亚新几内亚、太平洋岛屿。

拟线柱兰属 Zeuxinella Aver.

拟线柱兰

Zeuxinella vietnamica (Aver.) Aver., Updated Checkl. Orchids Vietnam 96, f. 11a-i. (2003).

Zeuxine vietnamica Aver., Bot. Zhurn. SSSR. 73 (3): 424 (1988).

广西；越南。

中文名索引

C

D

E

F

G

M

Q

R

T

W

X

Y

Z

学名索引

A

B

C

D

E

F

G

H

I

J

K

L

M

N

O

P

R

S

T

U

V

W

X

Y

Z